JN492143

CONVERSIONS BETWEEN U.S. CUSTOMARY UNITS AND SI UNITS

U.S. Customary unit		Times conversion factor		Equals SI unit	
		Accurate	Practical		
Acceleration(linear)					
foot per second squared	ft/s^2	0.3048*	0.305	meter per second squared	m/s^2
inch per second squared	$in./s^2$	0.0254*	0.0254	meter per second squared	m/s^2
Area					
circular mil	cmil	0.0005067	0.0005	square millimeter	mm^2
square foot	ft^2	0.09290304*	0.0929	square meter	m^2
square inch	$in.^2$	645.16*	645	square millimeter	mm^2
Density(mass)					
slug per cubic foot	$slug/ft^3$	515.379	515	kilogram per cubic meter	kg/m^3
Density(weight)					
pound per cubic foot	lb/ft^3	157.087	157	newton per cubic meter	N/m^3
pound per cubic inch	$lb/in.^3$	271.447	271	kilonewton per cubic meter	kN/m^3
Energy; work					
foot-pound	ft-lb	1.35582	1.36	joule(N·m)	J
inch-pound	in.-lb	0.112985	0.113	joule	J
kilowatt-hour	kWh	3.6*	3.6	megajoule	MJ
British thermal unit	Btu	1055.06	1055	joule	J
Force					
pound	lb	4.44822	4.45	newton($kg \cdot m/s^2$)	N
kip(1000 pounds)	k	4.44822	4.45	kilonewton	kN
Force per unit length					
pound per foot	lb/ft	14.5939	14.6	newton per meter	N/m
pound per inch	lb/in.	175.127	175	newton per meter	N/m
kip per foot	k/ft	14.5939	14.6	kilonewton per meter	kN/m
kip per inch	k/in.	175.127	175	kilonewton per meter	kN/m
Length					
foot	ft	0.3048*	0.305	meter	m
inch	in.	25.4*	25.4	millimeter	mm
mile	mi	1.609344*	1.61	kilometer	km
Mass					
slug	$lb\text{-}s^2/ft$	14.5939	14.6	kilogram	kg
Moment of a force; torque					
pound-foot	lb-ft	1.35582	1.36	newton meter	N·m
pound-inch	lb-in.	0.112985	0.113	newton meter	N·m
kip-foot	k-ft	1.35582	1.36	kilonewton meter	kN·m
kip-inch	k-in.	0.112985	0.113	kilonewton meter	kN·m

ONVERSIONS BETWEEN U.S. CUSTOMARY UNITS AND SI UNITS

U.S. Customary unit		Times conversion factor		Equals SI unit	
		Accurate	Practical		
Moment of inertia (area)					
inch to fourth power	in.^{4}	416,231	416,000	millimeter to fourth power	mm^4
inch to fourth power	in.^{4}	0.416231×10^{-6}	0.416×10^{-6}	meter to fourth power	m^4
Moment of inertia (mass)					
slug foot squared	slug-ft^2	1.35582	1.36	kilogram meter squared	$kg \cdot m^2$
Power					
foot-pound per second	ft-lb/s	1.35582	1.36	watt (J/s or $N \cdot m/s$)	W
foot-pound per minute	ft-lb/min	0.0225970	0.0226	watt	W
horsepower (550 ft-lb/s)	hp	745.701	746	watt	W
Pressure; stress					
pound per square foot	psf	47.8803	47.9	pascal (N/m^2)	Pa
pound per square inch	psi	6894.76	6890	pascal	Pa
kip per square foot	ksf	47.8803	47.9	kilopascal	kPa
kip per square inch	ksi	6.89476	6.89	megapascal	MPa
Section modulus					
inch to third power	in.^{3}	16,387.1	16,400	millimeter to third power	mm^3
inch to third power	in.^{3}	16.3871×10^{-6}	16.4×10^{-6}	meter to third power	m^3
Velocity (linear)					
foot per second	ft/s	0.3048*	0.305	meter per second	m/s
inch per second	in./s	0.0254*	0.0254	meter per second	m/s
mile per hour	mph	0.44704*	0.447	meter per second	m/s
mile per hour	mph	1.609344*	1.61	kilometer per hour	km/h
Volume					
cubic foot	ft^3	0.0283168	0.0283	cubic meter	m^3
cubic inch	in.^{3}	16.3871×10^{-6}	16.4×10^{-6}	cubic meter	m^3
cubic inch	in.^{3}	16.3871	16.4	cubic centimeter (cc)	cm^3
gallon (231 in.^{3})	gal.	3.78541	3.79	liter	L
gallon (231 in.^{3})	gal.	0.00378541	0.00379	cubic meter	m^3

An asterisk denotes an *exact* conversion factor

Note: To convert from SI units to USCS units, *divide* by the conversion factor

emperature Conversion Formulas

$$T(°C) = \frac{5}{9}[T(°F) - 32] = T(K) - 273.15$$

$$T(K) = \frac{5}{9}[T(°F) - 32] + 273.15 = T(°C) + 273.15$$

$$T(°F) = \frac{9}{5}T(°C) + 32 = \frac{9}{5}T(K) - 459.67$$

Engineering Fundamentals

An Introduction to Engineering

Saeed Moaveni

SI Edition Prepared By: Ishan Sharma

Indian Institute of Technology Kanpur

CENGAGE Learning™

Australia • Brazil • Japan • Korea • Mexico • Singapore • Spain • United Kingdom • United States

CENGAGE Learning®

SI ENGINEERING FUNDAMENTALS

4th Edition

MOAVENI SAEED

© 2013 Cengage Learning Korea Ltd.

Original edition © 2011 Cengage Engineering, a part of Cengage Learning.
SI ENGINEERING FUNDAMENTALS, 4th Edition by MOAVENI SAEED
ISBN:9781439062104

This edition is translated by license from Cengage Engineering, a part of Cengage Learning, for sale in Korea only.

ALL RIGHTS RESERVED. No part of this work covered by the copyright herein may be reproduced, transmitted, stored or used in any form or by any means graphic, electronic, or mechanical, including but not limited to photocopying, recording, scanning, digitalizing, taping, Web distribution, information networks, or information storage and retrieval systems, without the prior written permission of the publisher.

For permission to use material from this text or product, email to
asia.infokorea@cengage.com

ISBN-13: 978-89-6421-153-3

Cengage Learning Korea Ltd.
Suite 1801 Seokyo Tower Building
133 Yangwha-Ro, Mapo-gu
Seoul 121-837 Korea
Tel: (82) 2 322 4926
Fax: (82) 2 322 4927

Cengage Learning is a leading provider of customized learning solutions with office locations around the globe, including Singapore, the United Kingdom, Australia, Mexico, Brazil, and Japan. Locate your local office at: **www.cengage.com/global**

Cengage Learning products are represented in Canada by Nelson Education, Ltd.

For product information, visit **www.cengageasia.com**

Printed in Korea
1 2 3 4 16 15 14 13

4th Edition

Engineering Fundamentals An Introduction to Engineering

창의적 사고의 공학 개론

Saeed Moaveni 지음

박상성 장동식 노광현 김기찬 정태화 옮김

한티미디어

■ 역자 소개

박상성 고려대학교 기술경영전문대학원 교수
장동식 고려대학교 산업경영공학과 교수
노광현 한성대학교 산업경영공학과 교수
김기찬 한밭대학교 전기공학과 교수
정태화 한밭대학교 건설환경공학과 교수

창의적 사고의 공학 개론

발행일 2013년 03월 04일 초판 1쇄
지은이 Saeed Moaveni
옮긴이 박상성 장동식 노광현 김기찬 정태화
펴낸이 김준호
펴낸곳 한티미디어 | **주소** 서울시 마포구 연남동 570-20
등 록 제15-571호 2006년 5월 15일
전 화 02)332-7993~4 | **팩스** 02)332-7995
ISBN 978-89-6421-153-3 93530
정 가 30,000원

마케팅 박재인 노재천 장해원 | **관리** 전보라
편 집 홍현정 오선미 박새롬 | **표지 디자인** 박새롬 | **내지 디자인** 오선미
인 쇄 이산문화사

이 책에 대한 의견이나 잘못된 내용에 대한 수정정보는 한티미디어 홈페이지나 이메일로 알려주십시오.
독자님의 의견을 충분히 반영하도록 늘 노력하겠습니다.
홈페이지 www.hanteemedia.co.kr | **이메일** hantee@empal.com

■ 이 책의 한국어판 저작권은 Cengage Learning사와의 독점계약으로 한국어 판권을 한티미디어가 소유합니다.
저작권법에 따라 한국 내에서 보호를 받는 저작물이므로 무단전재와 복제를 금합니다.
■ 잘못된 도서는 구입처에서 바꾸어 드립니다.

서문

4판의 변화

20개의 장으로 구성되어 있는 개정판은 교수와 학생들이 3판을 사용하면서 제기되거나 요구된 사항들을 충족시키고자 새로운 몇 가지 사항을 추가시키거나 바꾸었다. 주요한 내용은 다음과 같다.

- 200개 이상 새로 추가된 문제들
- 토목공학 디자인 프로세스에 대한 새로운 섹션. 이 부분은 토목공학의 디자인 프로세스가 다른 공학과목과 조금 다르다는 사실을 다룬다.
- 디자인에서의 지속가능성에 대한 새로운 섹션. 이 부분은 미래의 공학자들이 생활 수준 및 헬스케어를 향상시키는 제품이나 서비스를 디자인하고 제공할 때 심각한 환경문제와 지속가능성에 대한 고려를 해야 한다는 것을 다룬다.
- 공학적인 기본 개념과 수치공간에서의 디자인 변수들에 대해 배우는 새로운 섹션. 성공한 공학자가 되려면, 학생들은 반드시 먼저 수치들과 디자인 변수들에 대해 최대한 확실히 알아야 한다. 그리고 이 변수들이 공학 분석 및 디자인에서 어떻게 계산되고 추정되고 측정되고 사용되는지를 알아야 한다.
- 10장에서 새로운 섹션 추가. 이 장은 기계역학의 중요한 개념들을 설명하기 위해 개정되었다.
- 도일과 에너지 평가에 대한 새로운 섹션. 현재의 에너지 상황과 지속가능성에 대한 고려와 함께 미래 공학자들이 몇몇 간단한 에너지 소비량 평가 절차를 이해하는 것은 중요하다.
- 조명 시스템에 관한 새로운 섹션. 조명 시스템은 빌딩에서 전기사용의 주요 부분을 차지하고 있고 최근에 큰 관심을 받아오고 있다. 이 부분은 조명시스템의 기본 용어나 개념들을 설명하기 위해 추가되었다. 이 기본 개념들을 익

히는 것은 전공분야에 상관없이 모든 공학자들에게 중요하다.

- 에너지 원천, 발전과 소비에 대한 새로운 섹션. 세계적으로 증가하는 에너지 수요의 시대 속에서 늘어나는 에너지 수요에 대한 문제는 우리가 직면한 가장 어려운 것인데, 미래의 공학자로서 학생들은 2가지 사항을 이해할 필요가 있다: 에너지 원천과 배출이다. 이 부분은 재래식 에너지 혹은 재생 에너지의 원천, 발전과 소비 패턴에 대해 소개하려고 추가되었다.
- 개정된 공학 도면과 기호들에 대한 장. 여러 다른 공학전공들의 새로운 도면들이 16장에 있다.
- 선형보간에 대한 새로운 섹션. 이 부분은 공학 분석에서 선형보간의 중요성에 대해 강조하고자 추가되었다.
- 엑셀 재무함수에 대한 새로운 섹션
- 추가 예제들
- 파워포인트 슬라이드를 포함한 매 장마다 교육용 정보와 문제 은행

구성

이 책은 6개의 Part와 20개의 장으로 구성되어 있다. 각 장을 시작할 때 장의 목적과 독자가 해당 장을 공부하면서 얻어야 하는 내용들을 요약한 것이 포함되어 있다. 이 책은 두 학기 동안 수업할 수 있는 충분한 자료들을 포함하고 있다. 이렇게 한 이유는 강의를 하는데 충분한 자료를 제공하고 필요로 하는 내용들을 충족시킬 수 있는 구체적인 주제들을 선택할 수 있는 융통성을 주기 위해서이다. 이 내용들과 관련된 평범한 예들을 각 장마다 제공하여 학생들이 쉽게 연관을 지어 생각할 수 있도록 하였다. 학생들은 각 장의 결론 부분에 있는 많은 문제들을 해결하기 위해서 정보를 모으고 분석해야 하는 적극적인 태도를 취해야만 한다. 또한, 수많은 문제들을 해결하기 위해서 전통적인 방법은 물론 인터넷을 통해 정보를 수집해야만 한다. 이렇듯 이 책의 문제들을 해결하면서, 정보를 수집하고 적절하게 이용하는 능력을 향상시킬 수 있다. 각 장의 끝 부분에 있는 많은 문제들을 해결하기 위해서 학생들은 뛰어난 작문실력과 커뮤니케이션 기술을 지닌 성공적인 엔지니어가 갖추어야 할 요약 보고서를 작성할 수 있어야 한다. 공학에서의 팀워크의 중요성을 강조하기 위해서, 그리고 그룹 참여를 증진시키기 위해서 많은 문제들이 그룹 작업을 요구하고 있다. 몇 개의 문제는 전체 클래스의 참여를 필요로

하기도 한다.

책의 주요 부분은 다음과 같다.

Part 1: 공학—흥미로운 직업

Part 1은 1장에서 5장까지 구성되어 있고, 이 부분에서는 공학 직업에 대해 소개하고 흥미로운 공학 직업, 디자인 절차, 공학 커뮤니케이션 그리고 윤리 등을 위해서 어떻게 준비해야 하는지 소개한다. 1장에서는 공학 직업과 그 영역에 대한 광범위한 내용을 소개한다. 학생들에게 공학 직업이 무엇인지 그리고 좋은 엔지니어의 일반적인 특징에 대해서 소개한다. 다양한 공학 훈련과 공학 조직이 토의된다. 또한, 엔지니어들이 문제 해결자라는 것을 강조한다. 그들은 개론적인 물리 및 화학 법칙 그리고 수학에 대해서 뛰어난 이해력을 가지고 있으며, 수백만 개의 상품과 서비스 제조품을 디자인하고, 개발하며, 테스트하고 그리고 감독할 수 있는 개론적인 법칙과 원칙을 적용한다. 또한, 예제를 통해서, 엔지니어라는 직업이 많은 기쁨과 도전적이라는 것을 보여줄 것이다. 1장에서는 엔지니어들의 행동이 다양하다고 할지라도, 오늘날 훌륭한 엔지니어로서의 인격적 특징과 업무 태도는 정형화되어 있다는 것을 강조한다.

- 엔지니어는 문제를 해결하는 사람이다.
- 훌륭한 엔지니어는 그가 여러 문제를 해결할 수 있도록 기본적인 원리들에 대한 확실한 이해력을 가지고 있다.
- 훌륭한 엔지니어는 분석적이고, 세부적이며 창조적이다.
- 훌륭한 엔지니어는 평생 교육에 대한 욕망을 가지고 있다. 예를 들자면, 엔지니어는 새로운 기술들과 어깨를 나란히 하기 위해 계속해서 수업을 듣고, 세미나와 워크숍에 참가한다.
- 훌륭한 엔지니어는 동료와의 순조로운 일 처리와 다양한 분야의 고객들에게 자신의 전문적인 지식을 전달할 수 있도록 하기 위한 글솜씨와 말솜씨를 가지고 있다.
- 훌륭한 엔지니어는 일을 생산적이고 효과적으로 만들기 위한 시간 분배 기술을 가지고 있다.
- 훌륭한 엔지니어는 그들의 조직체 내에서 다양한 사람들과의 효과적인 상호 의사소통을 위한 "people skills"을 가지고 있다.

- 엔지니어는 보고서를 작성할 줄 알아야 한다. 이 보고서들은 그래프와 차트, 그림들과 간단한 메모 혹은 실질적인 요약을 포함하는 세부적이고 기술적인 보고서이다.
- 엔지니어는 여러 다른 방법으로 실질적인 문제들을 모델링하고 분석하기 위해 컴퓨터 사용에 익숙해져야 한다.
- 훌륭한 엔지니어는 세미나, 워크숍, 회의 등에 참석함으로써 국내 특정 분야의 학회에 참여한다. 전문적인 회의에서 발표해야 할 때도 있다.
- 엔지니어는 일반적으로 복잡한 문제를 해결하기 위해 서로 의견을 나눌 수 있는 팀으로 일한다. 세계시장에서 현재 상호인지와 의사소통이 점점 더 중요해지고 있다.

1장에서는 공학자와 과학기술자 간의 다른 점과 둘 간의 직업선택에 있어서 다른 점을 설명한다. 2장에서는 고등학교에서 대학교로 진학하면서 올바른 공부 습관을 형성하는 데 필요로 하는 부분을 설명하고 효율적으로 시간을 활용할 수 있는 방법을 제공한다. 3장에서는 공학 디자인, 팀워크 그리고 표준 및 코드에 대한 소개가 제공된다. 또한, 엔지니어들이 배경이 없음에도 매일 사용하고 있는 생산품이나 서비스를 디자인할 때 취하게 되는 단계들을 설명한다. 4장에서는 어떤 공학 프로젝트를 한다고 할지라도 프레젠테이션이 통합적인 부분임을 설명한다. 프로젝트의 크기에 따라서 프레젠테이션은 짧게, 길게, 자주 할 수 있다. 그리고 계산, 그래프, 차트 그리고 공학 그림에서 요구되는 일정한 양식을 취한다. 이를 위해서는 숙제로 제출해야 하는 프레젠테이션을 포함한 다양한 형태의 공학 커뮤니케이션, 짧은 기술 메모, 중간보고, 세부적인 기술 보고, 그리고 연구논문 등을 설명한다. PowerPoint에 대한 간략한 소개 또한 포함되어 있다. 5장에서는 엔지니어들이 우리의 삶의 질과 안전에 영향을 미칠 수 있는 많은 상품을 디자인하고 서비스를 제공하는 데 있어서 필요로 하는 공학 윤리를 강조한다. 따라서 엔지니어들은 최상의 윤리적 행동 원칙을 지키기 위해서 요구되는 전문적인 행동표준하에서 일을 수행해야만 한다. 사례들과 연관된 많은 수의 공학 윤리들이 이 장에서 다뤄질 것이다.

Part 2: 공학 개론—모든 엔지니어들이 알아야 하는 개념들

Part 2는 6장에서 13장까지 구성되어 있으며, 공학개론을 중점적으로 다루고 학생들에게 앞으로 4년 동안 특정 형태 혹은 다른 형태에 있어서 계속 살펴보아야 하는 기본적인 원칙들과 물리적 법칙에 대해 소개한다. 훌륭한 엔지니어들은 많은 어려운 문제들을 이해하고 해결하여 사용하기 위해서는 개념들에 대해서 충분한 이해력을 가지고 있어야 한다. 이 개념들은 엔지니어의 전문 영역과 상관없이 알아야만 하는 것들이다.

Part 2의 각 장은 몇 개의 물리적 양들만을 필요로 하는 우리 주변에서 관측되는 것에서부터 발생하는 사건들과 우리 주변을 모두 기술하는 것까지를 나타낸다. 이것들은 길이, 시간, 질량, 힘, 온도, 몰 그리고 전자 전류이다. 또한, 우리 주변을 기술하는 물리적인 차원뿐 아니라 이 물리적 차원들을 높이거나 나눌 수 있는 방법을 설명한다. 예를 들어 시간은 물리적인 차원을 고려한다. 그러나 초, 분, 시간, 날, 연, 10년, 100년 그리고 1,000년과 같은 적거나 많은 부분을 나눌 수 있다.

일반적인 단위계에 대해서 설명하고 엔지니어들이 어떤 단위계에서 다른 단위계로 전환할 줄 알아야 하는 것도 강조하며 계산을 하는 데 있어서 적절한 단위를 항상 보여준다.

또한, 우리 주변을 관측하는 것을 기초로 하여 엔지니어들이 사용한 물리적 법칙과 공식을 설명한다. 관측한 것을 표현하기 위해서 수학과 기본적인 물리적인 양들을 사용한다.

Part 2의 각 장에서는 개론 차원(양)과 관련된 많은 공학 디자인 변수들에 대해서 설명한다. 훌륭한 엔지니어가 되기 위해서는 학생들이 먼저 개론, 관련 변수 그리고 관련된 통제 법칙 및 공식적인 부분을 완전히 이해해야 한다. 학생이 어떻게 이 변수들을 측정, 예측, 계산 혹은 실제로 사용하는 방법을 알기 위해서 중요하다.

6장에서는 공학문제를 분석하는 데 있어서 개론적인 차원 및 단위의 규칙과 중요성을 설명한다. 공학문제를 분석하는 기본적인 단계를 자세하게 토의할 것이다.

7장에서는 길이와 길이에 관련된 변수를 소개하고 공학 작업에 있어서 그 변수들의 중요성을 설명한다. 예를 들어서, 열 변환, 공기 역학, 적재화물 분배, 압력 분석 등의 법칙을 설명한다. 이 값들의 수리적 평가(사다리꼴 법칙과 같은)와 함께 길이, 면적 그리고 부피 측정 등을 표현한다.

8장에서는 시간과 그와 관련된 공학 변수들을 설명한다. 기간, 빈도, 선형 및 각의 속도와 가속도, 체적 측정의 유동률과 통행 흐름 역시 본 장에서 토의할 것이다.

밀도, 특정한 무게, 질량 유동률, 질량 관성 모멘트와 같은 질량과 질량 변수들과 공학 분석에서 그것들의 역할이 9장에서 다뤄질 것이다.

10장에서는 공학에서 힘과 힘에 관련된 변수들의 중요성에 대해서 언급한다. 힘, 압력, 탄성률, 추진력(시간에 걸쳐서 작용하는 힘), 일(거리에 걸쳐서 작용하는 힘) 그리고 모멘트(떨어져서 작용하는 힘)가 세부적으로 토의될 것이다.

온도와 온도 관련된 변수들은 11장에서 설명한다. 또한, 온도 차이와 열 변환, 특정 열 그리고 열전도율과 같은 개념들이 11장에서 다루어질 것이다. 현재 에너지 상황과 지속가능성에 대한 고려와 함께 미래 공학자들이 몇몇 간단한 에너지 소비량 평가 절차를 이해하는 것은 중요하다. 이런 이유로, 도일과 에너지 소비 평가에 관한 새로운 섹션을 추가하였다.

12장에서는 일상생활에서 방향과 관련된 전류, 전기, 기초 회로 구성, 전력 근원 그리고 전기 모터의 중대한 법칙과 관련된 주제들을 설명할 것이다. 조명 시스템은 빌딩에서 전기사용의 주요 부분을 차지하고 있고 최근에 큰 관심을 받아오고 있다. 12.6절은 조명 시스템의 기본 용어나 개념들을 설명하기 위해 추가되었다. 이 기본 개념들을 익히는 것은 전공분야에 상관없이 모든 공학자들에게 중요하다.

13장에서는 에너지와 일률에 대해서 나타내고 두 개의 주제 간의 차이점을 설명할 것이다. 일, 에너지, 일률, 와트, 마력을 이해하는 것의 중요성과 효율성도 본 장에서 다룰 것이다. 세계적으로 증가하는 에너지 수요의 시대 속에서 늘어나는 에너지 수요에 대한 문제는 우리가 직면한 가장 어려운 것인데, 미래의 공학자로서 학생들은 두 가지 사항을 이해할 필요가 있다: 에너지 원천과 배출이다. 13.6절은 재래식 에너지 혹은 재생 에너지의 원천, 발전과 소비 패턴에 대해 소개하려고 추가되었다.

Part 3: 계산 공학 도구—공학 문제를 해결하기 위해 사용 가능한 소프트웨어

Part 3은 14장과 15장으로 구성되어 있고, 공학 문제를 해결하는 데 있어서 일반적으로 사용하는 두 개의 계산도구인 Microsoft Excel과 MATLAB에 대해서 소개할 것이다. 이 계산 도구들은 공식을 사용하여 자료를 기록하고 조직화하고 분석하고, 차트 형태로 분석 결과를 나타낸다. MATLAB은 학생들이 어려운 문제를 해결하기 위해서 자신의 프로그램을 작성하여 모의로 적용하기 위한 용도로 이용된다.

Part 4: 공학 설계–또 다른 엔지니어들, 기계 숙련공, 기술자 그리고 경영자에게 정보를 전달하는 것

Part 4는 16장으로 구성되어 있고, 학생들에게 도해 공학 표현법, 공학적 상징의 법칙과 규칙에 대해서 소개한다. 이 법칙들에 대한 충분한 이해는 학생들이 효율적으로 정보를 전달하고 이해할 때 가능하다. 공학 도해는 물건의 형태, 차원, 생산품을 제작하는 데 사용한 물질 그리고 부품조립 단계와 같은 정보를 제공한다. 몇몇 공학 도해는 특정한 분야에 대해서 국한되어 사용한다. 예를 들어, 민간 엔지니어들은 육지 혹은 경계, 위상, 건축 그리고 길 측량 도해 등을 다룬다. 반면에 전기 및 전자 엔지니어들은 인쇄된 회로기판 부품조립 도해, 인쇄된 회로기판 드릴 계획 그리고 배선 도식 등을 다룬다. 또한, 엔지니어들은 그들의 문제에 대한 아이디어와 분석 그리고 해결한 것을 표현할 수 있는 특정한 심볼과 사인을 사용한다.

Part 5: 공학 물질(재료/도구) 선택–중요한 디자인 결정

엔지니어로서 기계의 일부, 장난감, 차의 프레임 혹은 구조 등을 디자인할 때 물질(재료/도구)의 선택은 중요한 디자인 결정요소이다. Part 5의 17장에서는 다양한 공학 분야의 적용에 일반적으로 사용되는 금속, 금속 합금, 플라스틱, 유리, 복합재료 그리고 콘크리트와 같은 물질들에 대해서 보다 자세하게 살펴볼 것이다. 또한, 디자인할 때 고려하는 물질(재료/도구)의 기본적인 특징에 관해서도 토의를 할 것이다.

Part 6: 수학, 통계학, 경제성 공학–그것이 왜 중요한가?

Part 6은 18장부터 20장으로 구성되어있다. 학생들에게 중요한 수학적, 통계적 그리고 경제적인 개념에 대해서 소개한다. 공학문제들은 물리적 환경에서의 수리적 모델임을 설명한다. 어떤 공학문제는 선형모델이 되고 그밖에 다른 문제들은 비선형 모델이 된다. 어떤 공학문제는 미분방정식의 형태로 수식화되고, 어떤 것은 적분의 형태로 수식화되기도 한다. 그러므로 많은 공학문제를 해결할 때, 수학적인 개념을 잘 이해하는 것이 필수적이다. 더 나아가, 통계적 모델도 품질 관리나 신뢰성의 문제 또는 고장분석을 수행하기 위해 현업에 종사하는 공학자들에 의해 자주 쓰이는 도구이다.

토목공학자들은 건설자재나 구조의 신뢰성 그리고 치수설계 등에 통계적 모델을 사용한다. 전기공학자는 신호처리나 음성인식 소프트웨어의 개발 등에 통계적 모델을 사용한다. 제조공학자는 제조하는 물건의 품질관리보증을 위해 통계학을 사용한다. 기계공학자는 재료나 기계부품의 고장을 연구하는데 통계학을 사용한다.

경제적 요소들은 공학 디자인을 결정하는 데 있어서 중요한 역할을 한다. 만약 여러분이 너무 비싸서 제조할 수 없는 생산품을 디자인한다면, 소비자가 구매할 수 없고 따라서, 판매되지 않기 때문에 회사에 이익을 줄 수 없다.

즉흥 설계

수업시간 동안 할 수 있는 4가지의 비용이 많이 들지 않는 즉흥적인 디자인이 포함되어 있다. 즉석 디자인의 몇몇 디자인에 대한 기본적인 아이디어는 the ASME 에서 참고하였다.

참고문헌

이 책을 쓰면서, 다른 많은 책들과 웹페이지 그리고 여러 글이 인용됐다. 수백 개에 달하는 이런 것들의 리스트를 제공하는 것보다 여러분에게 유용하다고 생각되는 몇 개의 인용문에 대한 정보를 덧붙이고자 한다. 나는 모든 공대 신입생들이 그들이 선택한 전공분야의 핸드북을 가지고 있어야 한다고 생각한다. 현재 화공학을 포함해서 토목공학, 전기전자공학, 기계공학 분야의 수많은 핸드북이 나와 있다. 나는 또한 공학도는 화학, 물리 그리고 수학에 대한 핸드북도 가지고 있어야 한다고 생각한다. 아마도 많은 엔지니어들이 American Society of Heating, Refrigerating and Air Condition Engineers에서 제공하는 ASHRAE 핸드북, Fundamental Volume을 가지고 있을 것이다.

이 책에서는 아래 책들의 허가 하에 몇 가지 데이터와 그래프들을 실었다.

- Baumeister, T., et al., Mark's Handbook, 8th ed., McGraw Hill, 1978.
- Electrical Wiring, 2nd ed., AAVIM, 1981.
- Electric Motors, 5th ed., AAVIM, 1982.
- Gere, J. M., Mechanics of Materials, 5th ed., Brooks/Cole, 2001.
- Hibbler, R. C., Mechanics of Materials, Macmillan, 1991.
- U.S. Standard Atmosphere, Washington D.C., U.S. Government Printing Office, 1962.
- Weston, K. C., Energy Conversion, West Publishing. 1992.

감사의 글

이 책을 출판하기까지 많은 노력을 기울여 준 Cengage의 편집, 출판 부서에, 특히 Hilda Gowns에게 깊은 감사를 드린다. 또한, RPK Editorial Service, Inc의 Rose Kernan에게 감사를 드린다. 또한, Northwestern University의 Dr. Karen Chou와 Mr. James Panko 그리고 토목공학디자인의 프로세스와 그에 관련된 디자인 사례연구를 제공해준 Paulsen Architects 그리고 기계/전기 공학 사례연구를 제공해 준 Bethany Lutheran College의 Mr. Pete Kjeer과 Johnson outdoors에 감사를 드린다. 그리고 일반적인 부분은 물론 세부적인 사항까지도 조언을 아끼지 않았던 다음의 검토위원들께도 감사를 표한다: University of Massachusetts의 Vijaya Chalivendra, Auburn University의 Dartmouth와 Yasser Gowayed, Virginia Tech의 Michael Gregg 그리고 Miami University의 Lei Kerr.

학생들을 위해 직업적 프로필 섹션에 대한 자신의 통찰을 기꺼이 제공해 준 다음 분들에게도 또한 감사를 드린다: Nahid Afsari, Jerry Antonio, Celeste Baine, Suzelle Barrington, Steve Chpman, Karen Chou, Ming Dong, Duncan Glover, Dominique Green, Lauren Heine, John Mann, Katie McCullough 그리고 Susan Thomas.

이 책을 선택한 것에 대해 감사드리며, 여러분이 4판의 내용을 즐기기 바란다.

Saeed Moaveni

역자 서문

이 책은 엔지니어가 창의적인 공학 설계를 할 수 있도록 기초적인 공학 이론을 소개하는 Saeed Moaveni저 Engineering Fundamentals-An Introduction to Engineering을 번역한 것이다. 미국 공학인증 프로그램인 ABET(The Accreditation Board for Engineering and Technology)에서나 우리나라의 유사한 프로그램인 ABEEK(Accreditation Board for Engineering Education of Korea)에서는 학생들의 전공지식 배양과 더불어 살아 있는 설계 경험을 학부 때부터 습득하게 하기 위하여 공학 교과 과정에서 체계적인 설계과정을 제공할 것을 규정하고 있다. 이러한 교과 과정 중 하나가 창의적 공학 설계이다. 역자들은 이 책이 학부 과정에 있는 많은 공학도에게 공학에 대한 다양한 주제들을 다루고 연습문제와 공학이 실제 생활에 적용되는 실례 등을 상세히 다루고 있어 엔지니어의 기본 자질 배양에 기초 교재로써 손색이 없다고 생각하여, 한티미디어로부터 한국어판의 번역을 의뢰받고는 반가운 마음에 모두 흔쾌히 수락하였다.

이 책을 번역하면서 어떻게 하면 저자가 의도하는 바를 어색하지 않고 간결하면서도 충실하게 전달할 수 있을지에 대해 초점을 맞추어 논의하였으며, 자연스러운 문맥의 흐름을 위해 과감한 의역을 시도하되, 가급적 원문에 충실한 번역을 하였다. 또, 국문으로 번역하기 어려운 각종 표준을 담당하는 국제기구와 단체명은 영어 원문을 그대로 실었다.

본 서가 다루는 부분은 공학도로서의 공부습관, 공학의 기본 개념, 문제 해결과 발표 등 공학도가 갖추어야 할 기본자세와 길이, 시간 질량 힘, 온도, 전기, 에너지, 재료 등 공학도가 반드시 이해해야 할 여러 가지 물리적인 성질들의 필수적인 모든 부분들이 간략하게 포함되어 있다. 또한, 공학 표준, 부호, 기호 등의 분야와 엑셀, 파워포인트, MATLAB, 공학 윤리, 경제성 공학 등을 설명하고 있어 공학을 배우는 학생으로서 갖추어야 할 모든 기본 지식을 습득할 수 있다.

이토록 중요한 내용을 포함한 이 책이 제대로 길잡이 역할을 해낼 수 있을 것인지에 대한 두려운 마음이 앞선다. 다만 오역된 부분이 많지 않기를 바랄 뿐이다.

이 책에 대한 평가는 강의를 담당하시는 각 대학의 교수님께서 하시겠지만, 동료 교수와 학생들은 강의와 수업 중에 잘못된 곳을 발견하게 되면, 언제든지 지적해 주길 바란다. 최선을 다해 주저 없이 고치도록 하겠다.

마지막으로 이 책이 출판되기까지 도와주신 한티미디어 대표 김준호님 이하 관계자 여러분께 감사드린다.

2013. 3

역자 일동

목차

PART

1

공학

흥미로운 직업

이 책의 Part 1에서는 공학 직업을 소개한다. 엔지니어는 문제를 해결하는 사람으로 기본적인 물리 법칙, 화학 법칙과 수학을 잘 이해하고 있으며 이러한 법칙과 원리를 수많은 제품과 서비스를 설계, 개발, 시험, 관리하는데 적용한다. 엔지니어들은 우리의 일상생활에서 사용하는 제품과 서비스를 설계할 때 그들의 배경 지식에 상관없이 일정한 절차를 따른다. 유능한 엔지니어는 뛰어난 의사소통 기술을 가지고 있으며 그들이 소속된 팀에서 중요한 역할을 수행한다.

윤리는 공학에서 매우 중요한 역할을 한다. NSPE(National Society of Professional Engineers)에 의해 잘 표현된 윤리강령을 보자. "공학은 중요하고 숙련된 직업이다. 이 직업의 구성원으로서 엔지니어는 높은 수준의 정직과 청렴을 보여줄 것으로 기대된다. 공학은 모든 사람의 삶의 질에 직접적이고 절대적인 영향을 미친다. 따라서 엔지니어에 의해 제공되는 서비스는 정직, 공명정대, 공정 그리고 공평함이 요구되며 공공의 건강, 안전 그리고 복지를 보호하기 위해 제공되어야 한다. 엔지니어는 모든 직업적 행위에서 높은 수준의 윤리적 행위를 수행해야 한다." Part 1의 다섯 개 장에서는 공학 직업, 흥미로운 공학 직업을 준비하는 방법, 설계 프로세스, 공학적 커뮤니케이션 그리고 윤리에 대해 설명한다.

CHAPTER

Engineering Fundamentals

1 공학 직업에 대한 소개

엔지니어는 문제를 해결하는 사람이다. 성공적인 엔지니어는 팀원들과의 원활한 의사소통 방법뿐만 아니라 물리학과 수학의 기본을 잘 알고 있어야 한다. 엔지니어는 수많은 제품과 서비스를 설계, 개발, 시험 및 생산 관리하는 과정에서 물리, 화학, 수학 지식 등을 적용한다. 또한, 제품 설계 시 지속성, 효율성, 가격, 신뢰성과 안전성 등의 요소를 고려해야 한다. 엔지니어는 평생 배움을 지속하고 다른 사람들을 위한 서비스에 헌신한다.

여러분 중 일부는 앞으로 4년 동안 공학을 공부해야겠다는 확신이 없을지도 모른다. 그리고 이런 의문점들을 가지고 있을 것이다.

내가 정말 공학을 공부하고 싶어 할까?
공학은 과연 무엇이고, 엔지니어들은 무슨 일을 할까? 공학에는 어떤 전문 분야가 있을까?
얼마나 많은 공학 분야가 있을까?
기계 분야의 엔지니어가 될까, 토목 분야의 엔지니어가 될까? 아니면, 전기 분야의 엔지니어가 되는 것이 더 나을까?
내가 선택한 분야가 내게 가장 잘 맞는 분야라는 것을 어떻게 확신할 수 있을까?
내가 졸업했을 때나 그 이후로도 나의 전공 분야가 사회적으로 수요가 있을까?

이 장에서는 위 질문들과 학생들이 가질 수 있는 다양한 질문들에 대한 답을 제시하고, 공학 직업들과 이와 관련된 다양한 분야들을 소개한다.

1.1 주변 환경에서 쉽게 볼 수 있는 공학

엔지니어는 우리 삶을 더 풍요롭게 만들어주는 제품들을 만들고 서비스를 제공하는 사람이다([그림 1.1] 참조). 우리의 일상을 더 풍요롭고 편안하게 만들기 위해 엔지니어들이 어떤 공헌을 했는지를 알기 위해서는 아침에 일어났을 때 주변을 좀 더 세심하게 살펴보기만 하면 된다. 난방기와 에어컨 그리고 환기 시스템을 설계한 기계 엔지니어 덕분으로 우리의 침실은 적당한 온도를 유지할 수 있다. 전력발전소에서 일하는 수많은 기계 엔지니어, 전기 엔지니어, 기술자들이 충분한 전기를 공급해주는 덕분에 여러분은 아침에 일어나 불을 켜고, TV나 라디오를 켜서 오늘 날씨를 들을 수 있으며, 이러한 전자제품도 전기, 전자 엔지니어들이 설계한 것들이다. 물론 어떤 제품의 최종 생산품을 만들기 위해서는 다른 여러 분야의 엔지니어들도 참여했다. 예를 들면, 생산 기술자나 산업공학 기술자들이 그들이다. 아침에 샤워를 할 때, 토목 엔지니어와 기계 엔지니어 덕분에 집에서 바로 깨끗한 물을 사용할 수 있다. 심지어 농장이 있는 산간벽지에 살고 있다 하여도, 토목 엔지니어와 기계 엔지니어들 덕분에 저 멀리 우물에서부터 집까지 물을 끌어다 쓸 수 있는 것이다. 샤워를 하기 위한 따뜻한 물은 화학, 기계, 토목 그리고 석유 엔지니어들에 의해 생산된 천연가스를 이용해 데워진 것이다.

그림 1.1
엔지니어에 의해 설계된 제품과 서비스들

그리고 샤워 후에 몸을 닦기 위해 수건을 사용할 때는 수건을 생산하기 위해 어떤 엔지니어들이 참여했는지 생각해 볼 필요가 있다. 그렇다! 순면 수건은 농학, 산업, 생산, 화학, 석유, 토목 그리고 기계 엔지니어들에 의해 만들어진 것이다. 목화를 거둬들이고 공장으로 옮기고, 세척한 후에 우리의 눈을 즐겁게 해주기 위해 예쁜 색으로 염색하는 기계들을 생각해 보라. 또 다른 기계들은 섬유로 면직을 짜고, 그것은 재봉틀 기계로 넘겨진다. 그리고 이러한 모든 것들은 기계 엔지니어들에 의해 설계된 기계로 작업이 이루어진다. 우리가 입고 있는 옷도 마찬가지다. 대부분의 옷은 아마도 폴리에스테르를 포함하고 있을 텐데, 그것은 석유, 화학 엔지니어들의 도움으로 가능해진 것이다.

여러분은 이렇게 말할지도 모르겠다. “자, 이제 나는 식탁에 앉아서 아침 식사를 하려고 하는데요, 여기선 어떤 엔지니어들이 이걸 가능하게 만들어 주었는지 생각하지 않아도 되겠죠?” 하지만 우리가 먹는 음식은 농학에서부터 기계공학까지 모든 분야의 엔지니어들에 의한 합작품이다. 우리가 마시는 우유는 냉장고 부품을 설계한 기계 엔지니어와 환경 친화적이며 적당한 열 효율적 특성을 갖는 냉매를 개발한 화학 엔지니어들과 더 나아가 냉장고의 전력 부품들을 조절할 수 있도록 설계한 전자 엔지니어들 덕분에 신선하게 유지되는 것이다.

이제 우리는 학교에 가기 위해 승용차나 버스를 타려고 한다. 우리가 타려는 차는 기계, 전기, 전자, 재료, 화학, 석유 엔지니어들의 협력에 의해 만들어진 것이다. 결국, 엔지니어들과 전혀 관계되지 않은 일상용품은 거의 없다는 것을 알았을 것이다. 그러니 엔지니어가 되기로 한 선택에 긍지를 가져라. 곧 여러분은 많은 사람들이 어떤 제품 이면의 노력에 감사할 엔지니어 중의 한 명이 될 것이다. 나아가 자신이 하는 일이 사람들의 생활을 더욱 풍요롭게 만드는 일이란 사실을 기쁘게 받아들일 것이다.

엔지니어는 인구 증가와 지속 가능성 문제를 생각한다.

우리는 세상 어느 곳에 살던지 음식, 옷, 거주지 그리고 마시거나 씻기 위해서 깨끗한 물이 필요하다. 덧붙여, 출퇴근하거나 다른 곳에 사는 친척, 친구를 만나기 위해서 이동을 위한 여러 종류의 운송 수단을 필요로 한다. 또한, 사생활이 보호받기를 원하고, 여가를 즐기고 싶어 하며, 가족과 친구들로부터 인정받고 싶어 한다.

20세기로 접어들면서 지구에는 대략 60억의 인구가 살고 있었다. 그전과 비교해 보자면, 110년 전인 19세기로 접어들 무렵엔 약 10억이 전 세계의 인구였다. 생각해 보라. 인류가 출현한 후부터 10억의 인구가 될 때까지 그만큼의 시간이 걸린 것이다. 그러나 그 인구가 대여섯 배로 증가하기까지 걸린 시간은 고작 110년에 지나지 않는다. 우리 중 일부는 아주 높은 생활수준을 자랑하지만, 개발도상국에 살고 있는 일부는 전혀 그렇지 못하다. 우리 모두가 충분히 먹을 수 있고, 편안하고 안전한 곳에 살며, 가치 있는 직업에 종사하면서 가끔은 삶의 여유를 즐길 수 있다면, 이 세계는 훨씬 더 살기 좋은 곳이 될 것이라는 사실에 모두 동의할 것이다.

미국 통계청(U.S. Census Bureau)의 최근 발표에 따르면, 2050년의 세계 인구는 93억에 이를 것이라고 한다. 총인구 숫자뿐 아니라 연령 구조도 함께 바뀔 것으로 예측된다. 25년 후, 전 세계의 65세 이상 노년층 인구는 현재의 두 배 이상이 될 것이다([그림 1.2] 참조).

이 발표 자료가 우리와 무슨 상관이 있는가? 이제 여러분은 엔지니어가 되기로 결정했으므로, 앞으로 졸업 후에 어떤 일을 할 것인가에 대해 이해할 필요가 있다. 현재의 세계 경제 상황을 보면 지속적인 성장이 어려울 것으로 예상된다. 유엔의 보고서에 따르면 우리 인간은 지구가 지속적으로 제공할 수 있는 자원의 약 20%를 초과해서 사용하고 있다고 한다.(UN Millenium Ecosystem Assessement Synthesis Report, 2005.) 여러분은 증가된 노년층뿐만 아니라 모든 연령층에 적합한 더 나은 제품들을 설계하게 될 것이다. 따라서 유능한 엔지니어가 되기 위한 준비를 철저히 해야 하며, 인류의 삶의 질을 높이고 환경과 인류의 지속 가능에 대한 문제를 다루는 엔지니어가 된다는 것에 자부심을 가져도 된다. 오늘날의 세계 경제는 상당히 유동적이다. 기업들은 더 나은 이윤과 효율의 창출을 위해 새로운 기술을 신속하게 도입하고 있다. 이러한 지속적 변화와 새 기술의 출현으로 새로운 직업이 생겨나고 어떤 직업들은 사라지기도 한다. 컴퓨터와 지능형 기계들이 지속적으로 우리 삶의 모습을 바꾸고 있다. 이런 장치들은 우리가 삶을 영위하는 방법들에 영향을 주고 깨끗한 물, 음식, 거주 공간을 제공하는데 많은 도움을 준다. 여러분은 인구와 환경 변화뿐만 아니라 기술 혁신에 따른 세계적인 변화에 재빠르게 적응하고 앞질러 가기 위해 평생 배움의 자세를 유지해야 한다. 미국 노동부의 통계에 따르면 엔지니어, 컴퓨터 전문가, 시스템 분석가 등의 직업이 빠르게 증가하고 있다.

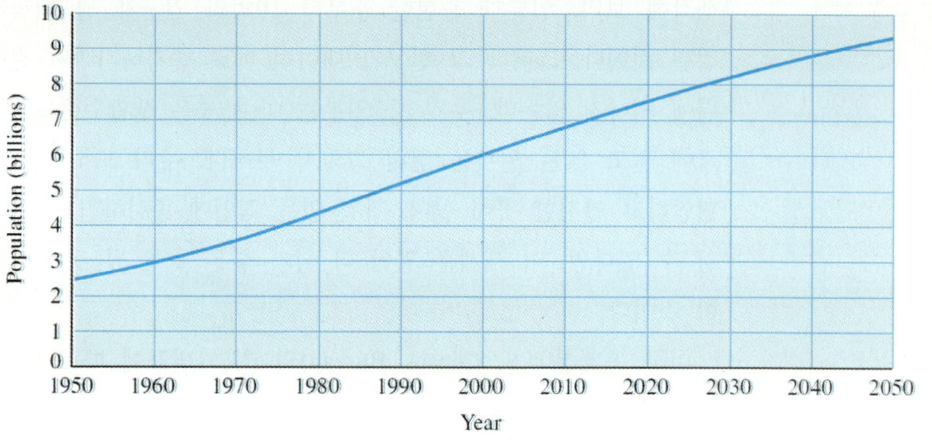

(a)

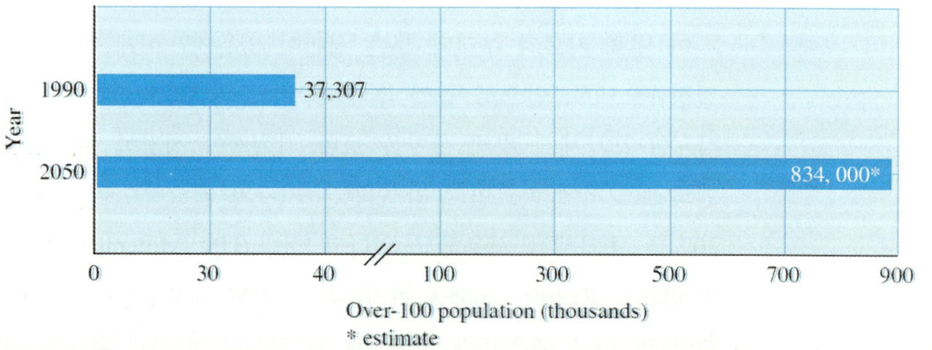

(b)

그림 1.2 (a)최근의 전 세계 인구와 예상 추세, (b)미국에서의 최근 노년층의 수와 예상치

1.2 직업으로서의 엔지니어와 훌륭한 엔지니어의 자세

이 절에서는 광범위한 시각으로 공학 분야에 대해 논하고, 선택된 공학적 특성에 대해 초점을 맞춘다. 그리고 일반적인 엔지니어들의 자세와 특징을 살펴보고 특정 공학 분야에 대해 이야기할 것이다. 이 장의 초반에서 지적한 것처럼 여러분 중 일부는 대학 생활 동안 무엇을 공부해야 할지 결정하지 못했을 수도 있으며, 대다수는 이런 궁금증을 가지고 있을 것이다. 공학은 무엇이고, 엔지니어는 어떤 일들을 하는가? 내가 정말 공학을 공부할 필요가 있을까? 내가 졸업한 이후에도 내 전공 분야를 사회에서 필요로 할까?

지금 당장 이런 질문에 대한 해답을 찾을 필요는 없다. 다양한 전공 분야에도 불구하고 공학을 배우는 학생으로서 1학년 때 배워야 하는 것들은 비슷해서, 위와 같은 질문의 답을 찾기 위한 시간은 충분히 있다. 따라서 여러분은 최소한 1년 동안은 다양한 가능성을 생각해 볼 수 있다. 그렇다 해도 자신의 전문 분야를 빨리 결정하기 위해 교수의 조언을 듣는 것이 좋다. 다음 절은 여러분이 만족할 만한 결정을 내리는데 도움이 될 것이다. 그리고 자신이 선택한 전문 분야에서 배운 것들이 전혀 쓸모없는 것으로 변할지도 모른다는 걱정은 하지 않아도 된다. 대부분의 기업들은 새로운 기술을 따라가기 위해 자사의 엔지니어들이 새로이 기술을 습득하고 배우는 것을 후원하기 때문이다. 훌륭한 공학 교육은 특정 문제나 상황에 관계없이 인생 전체를 통틀어 여러분을 훌륭한 문제 해결사로 만들어 줄 것이다. 여러분은 아마도 앞으로 왜 이것을 배워야 하는지 의문을 가질지도 모른다. 가끔은 이 책에서 제시된 과제가 현실과 관련이 없으며, 하찮고, 구식이라고 느낄 수도 있다. 하지만 이러한 과제들은 여러분에게 앞으로 맞부딪칠 새로운 문제와 도전들에 대한 사고의 방법과 전략들을 제시할 것이다.

공학은 무엇이며, 엔지니어는 무엇을 하는가?

엔지니어들은 우리가 일상에서 이용하고 있는 수많은 제품과 서비스를 설계하기 위해 물리, 화학 법칙 그리고 수학적 원리들을 활용한다. 이러한 제품에는 자동차, 컴퓨터, 비행기, 옷, 장난감, 가전기구, 의료기구, 냉동, 온열기, 건강기구들과 기타 여러 가지 제품들을 만들 수 있는 공구와 기계들이 포함된다([그림 1.3] 참조). 엔지니어들은 제품을 설계할 때 가격, 효율성, 신뢰성, 안정성 같은 중요한 요소를 고려한다. 또한, 설계된 제품들이 다양한 환경 및 조건에서 견딜 수 있는지 확인하기 위한 실험 및 기존 제품들을 개선하기 위한 연구도 꾸준히 수행한다. 그리고 건물, 댐, 고속도로와 대중교통 시스템, 가정과 공장, 사무실에 전기를 공급하기 위한 발전소 등을 설계, 감독하기도 한다. 엔지니어들은 통신시스템, 공공시설, 교통시스템 등의 국가 기반 시설을 설계하고 관리하는 중요한 역할을 한다. 엔지니어들은 여러 제품에 응용되는 더 가볍고 더 강한 새로운 재료들을 계속해서 개발하고 있으며, 석유와 천연가스, 천연광물을 얻는 방법들을 책임지고 있고, 곡식과 과일, 채소를 더 많이 그리고 더 안전하게 생산하는 일들에도 관여한다.

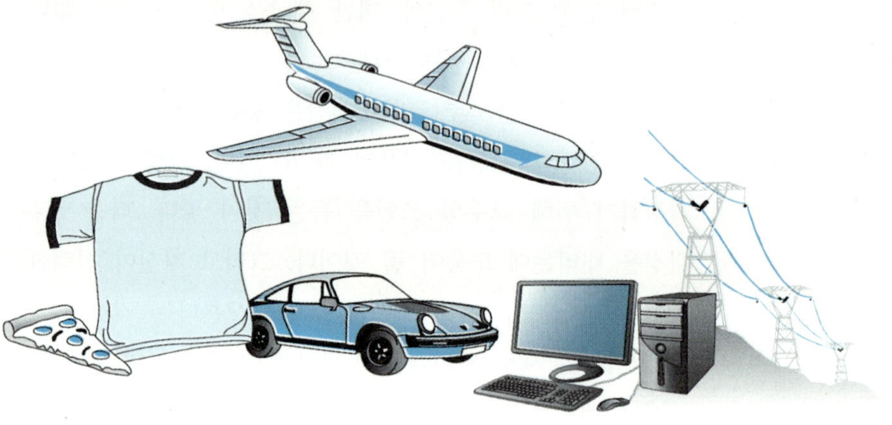

그림 1.3
엔지니어는 다양한 제품과 서비스들을 설계하기 위해 여러 가지 물리, 화학 법칙과 원리 그리고 수학 이론들을 적용한다.

엔지니어로서의 직업 분야는 다양하다. 설계 분야뿐만 아니라 일부 엔지니어들은 상품을 팔기 위한 영업을 하기도 하고, 일부는 기술 지원 또는 소비자에게 공급된 제품에 대한 애프터서비스와 같은 문제 해결을 담당하기도 한다. 모든 엔지니어가 사기업에서 근무하는 것은 아니다. 일부 엔지니어들은 농업, 방위산업, 에너지, 교통 등의 공공 및 정부 부처에서 일하기도 한다. 어떤 엔지니어들은 NASA에서 일하기도 한다. 이렇게 엔지니어가 일할 수 있는 공학 관련 직업은 다양하고 흥미로운 분야가 많다.

1.3 훌륭한 엔지니어의 자세

비록 엔지니어들이 다양한 분야에서 활동하지만 성공한 엔지니어들에게는 공통적인 개인적 특성과 자세가 있다.

- 엔지니어는 문제를 해결하는 전문가이다.
- 훌륭한 엔지니어는 다양한 문제들을 해결하는데 필요한 기본적인 공학 원리를 잘 알고 있다.
- 훌륭한 엔지니어는 분석적이고, 세심하며, 창조적이다.
- 훌륭한 엔지니어는 평생 배움에 대한 열정을 가지고 있다. 예를 들면, 새로운 기술을 습득하기 위해 지속적으로 강연을 듣고 세미나, 워크숍에 참가한다. 오늘날처럼 기술 변화가 빠른 시대에 이러한 탐구 정신은 아주 중요하다. 반면 공학적 지식을 발전시켜 나가지 않으면 성공은 불가능할 것이다.
- 훌륭한 엔지니어는 자신의 전문 분야뿐만 아니라 그 분야와 관련된 다른 분야의 일들도 할 수 있다. 예를 들어, 공학적 지식이 풍부한 기계 엔지니어는 자동차 엔지니어나 항공 엔지니어 혹은 화학 엔지니어로서도 일할 수 있다.
- 훌륭한 엔지니어는 동료나 다양한 분야의 고객들에게 자신의 전문 지식을 말이나 글로써 효과적으로 전달할 수 있는 방법을 잘 알고 있다.
- 훌륭한 엔지니어는 일을 효과적이고 생산적으로 할 수 있는 시간 관리 기법을 알고 있다.
- 훌륭한 엔지니어는 자신이 속한 조직의 다양한 사람들과 잘 어울리는데 필요한 "대인관계 기술"을 가지고 있다.
- 엔지니어에게는 보고서 작성 능력이 요구된다. 보고서는 보통 그래프와 차트, 도면을 포함하거나 실질적인 요약문을 포함한 기술 세부적인 것들이다.
- 엔지니어는 여러 가지 문제를 해결하기 위해 모델링하고 분석하기 위해 컴퓨터를 익숙하게 사용할 줄 알아야 한다.
- 훌륭한 엔지니어는 세미나, 워크숍에 참가함으로써 능동적으로 지역 학회나 국제 학회에 참여하고, 전문가 회의에서 발표를 하기도 해야 한다.
- 엔지니어는 일반적으로 복잡한 문제를 해결하기 위해 팀원으로 일한다. 그들은 또한 일을 분담하기 위한 더 작은 팀으로 나뉜다. 결국, 엔지니어들은 훌륭한 팀원이 되어야 한다. 오늘날은 글로벌마켓이기 때문에 엔지니어들의 의

사소통 기술은 더욱 중요해지고 있다. 예를 들어, 자동차의 여러 가지 부품들은 세계 각지의 여러 기업에서 만들어질 수 있다. 모든 부품이 함께 조립되고 작동되기 위해서는 협력과 협동이 필수적이며, 이러한 경우 훌륭한 의사소통 기술이 요구된다.

물론 어떤 것을 만들거나 분해하고, 퍼즐을 푸는 것에 대한 관심이 엔지니어가 되기 위해 필요한 요건의 전부는 아니다. 배움의 열정과 해결책을 찾기 위한 자세뿐 아니라 엔지니어는 개인적인 특성과 태도를 기를 필요가 있다. 이외에도 엔지니어에게 요구되는 주목할 만한 사실들이 있다.

- 미국의 노동 통계국에 따르면, 대부분 엔지니어들의 직업에 있어서 학사 학위는 기본적으로 요구된다.
- 엔지니어들의 초봉은 다른 분야의 학사 학위 소지자들보다 높으며, 전망이 밝다. 2010~2018년 사이에 공대를 졸업하는 학생들의 취업 기회가 클 것으로 기대된다.
- 많은 공학사의 전공은 여러 공학 분야의 모체라 할 수 있는 전기, 기계, 토목 분야이다.
- 2008년에 160만 개의 일자리가 엔지니어에게 제공되었다([표 1.1] 참조).

표 1.1 공학 분야별 취업 분포

Total, All Engineers	1,572,100	100%
Civil	278,400	17.7
Mechanical	238,700	15.2
Industrial	214,800	13.7
Electrical	157,800	10.0
Electronics, except computer	143,700	9.1
Computer hardware	74,700	4.8
Aerospace	71,600	4.6
Environmental	54,300	3.5
Chemical	31,700	2.0
Health and safety, except mining safety	25,700	1.6
Materials	24,400	1.6
Petroleum	21,900	1.4
Nuclear	16,900	1.1
Biomedical	16,000	1.0
Marine engineers and naval architects	8,500	0.5
Mining and geological, including mining safety	7,100	0.5
Agricultural	2,700	0.2
All other engineers	183,200	11.7

Source: Data from U.S. Bureau of Labor Statistics

표 1.2 엔지니어 평균 연봉(2009)-미국 노동 통계국 자료

Disciplines or Specialties	Average Salary($)
Aerospace/aeronautical/astronautical	56,311
Agricultural	54,352
Bioengineering and biomedical	54,158
Chemical	64,902
Civil	52,048
Computer	61,738
Electrical /electronics and communications	60,125
Industrial /manufacturing	58,358
Materials	57,349
Mechanical	58,766
Mining and mineral	64,404
Nuclear	61,610

Source: Data from U.S. Bureau of Labor Statistics

1.4 공학의 다양한 분야와 조직체(혹은 학회)

이제 여러분은 엔지니어들이 어떤 일들을 하는지에 대해 어느 정도 알게 되었으므로, 공학에서의 다양한 분야와 전문성에 대해 궁금해 할 것이다. 공학에서의 전문분야에 대해 자세히 알고 싶다면 공학 관련 단체 및 학회의 웹사이트 방문을 추천한다. 2장에서 이러한 단체에 대해 간략하게 설명할 것이고, 이를 통해 수많은 공통 관심사를 찾을 수 있고, 다양한 공학 분야의 엔지니어들이 활용할 수 있는 공통 서비스를 제공할 수도 있을 것이다. 아래는 다양한 공학 분야에 대한 정보를 얻고자 할 때 유용한 웹사이트들이다.

American Academy of Environmental Engineers
www.aaee.net

American Institute of Aeronautics and Astronautics
www.aiaa.org

American Institute of Chemical Engineers
www.aiche.org

The American Society of Agricultural and Biological Engineers
www.asae.org

American Society of Civil Engineers
www.asce.org

American Nuclear Society
www.ans.org

American Society for Engineering Education
www.asee.org

American Society of Heating, Refrigerating, and Air-Conditioning Engineers
www.ashrae.org

American Society of Mechanical Engineers
www.asme.org

Biomedical Engineering Society
www.bmes.org

Institute of Electrical and Electronics Engineers
www.ieee.org

Institute of Industrial Engineers
The Global Association of Productivity & Efficiency Professionals
www.iienet.org

National Academy of Engineering
www.nae.edu

National Science Foundation
www.nsf.gov

National Society of Black Engineers
www.national.nsbe.org

National Society of Professional Engineers
www.nspe.org

Society of Automotive Engineers
www.sae.org

Society of Hispanic Professional Engineers
www.shpe.org

Society of Manufacturing Engineering
www.sme.org

Society of Women Engineers
www.swe.org

Tau Beta Pi(All-Engineering Honor Society)
www.tbp.org

NASA Centers
Ames Research Center
www.arc.nasa.gov

Dryden Flight Research Center

www.dfrc.nasa.gov

Goddard Space Flight Center

www.gsfc.nasa.gov

Jet Propulsion Laboratory

www.jpl.nasa.gov

Johnson Space Center

www.jsc.nasa.gov

Kennedy Space Center

www.ksc.nasa.gov

Langley Research Center

www.larc.nasa.gov

Marshall Space Flight Center

www.msfc.nasa.gov

Glenn Research Center

www.grc.nasa.gov

Inventors Hall of Fame

www.invent.org

U.S. Patent and Trademark Office

www.uspto.gov

더 많은 공학 관련 웹 사이트들을 알고 싶으면 이 책의 제휴 사이트를 방문하길 바란다.

공학전문 분야에는 무엇이 있는가?

전문 엔지니어 협회(professional engineering societies)에서 인정하는 공학의 주요 분야와 전공은 20여 개가 넘는다. 또한, 각 주요 분야에서도 많은 세부 분야들이 있다. 예를 들어, 기계 공학은 전통적으로 크게 두 분야로 나뉠 수 있는데, (1)열/유체 시스템과 (2)구조/고체 시스템이다. 대부분의 기계공학과 과정에서 4학년의 경우에는 선택과목을 수강해 관심 분야를 추구하거나 이 분야들의 기본 지식을 더욱 넓힐 수 있다. 예를 들면, 만약 겨울 동안 건물의 난방이 어떻게 작동되고, 여름 동안 냉방이 어떻게 되는지에 대해 궁금하다면 열, 환기, 공기조화 과목들을 수강하면 된다. 특정 공학 분야의 다양한 세부 분야의 설명을 위해 토목공학의 예를 들어보자. 토목공학의 주요 분야는 일반적으로 환경, 수자원, 교통, 구조로 분류된다. 그리고 전기공학의 주요 분야는 (1)전력 발전 및 송전, (2)통신, (3)제어, (4)전자 그리고 (5)집적회로 등으로 분류된다.

공학의 더 다양하고 자세한 분야를 알고 싶다면 특정 관심 분야 학회의 웹 사이트를 찾아 더 세세한 부분들을 살펴보기 바란다.

엔지니어는 실질적인 문제를 모델링하고 분석하기 위해 다양한 방법으로 컴퓨터를 활용한다.

1.5 공학 기술 인증협회

300개가 넘는 미국의 전문대학들과 종합대학들이 ABET(Accreditation Board for Engineering and Technology : 공학교육프로그램 인증협회)로부터 인증 받은 공학 교육 과정을 제공하고 있다. ABET는 인증을 하기 전에 교수진, 교과 과정, 실습 장비 그리고 허가 기준 등을 검사한다. 따라서 여러분이 소속된 학과가 운영하는 공학 교육 프로그램의 인증 상태를 미리 확인하는 것이 좋다. ABET는 인증된 프로그램들의 리스트를 웹 사이트에 공개하고 있으므로 www.abet.org를 방문해 보길 바란다. ABET에 따르면, 인증된 프로그램들은 졸업생이 졸업 시점에 아래의 능력들을 확보했다는 것을 증명해야 한다.

- 수학, 과학 그리고 공학적 지식을 활용하는 능력
- 실험을 설계하고 수행할 뿐 아니라 데이터를 분석하고 해석하는 능력
- 시스템과 시스템 구성요소나 원하는 목적을 위한 프로세스를 설계하는 능력
- 다분야의 팀을 다룰 수 있는 능력
- 공학적 문제들을 정의하고 공식화하며 해결할 줄 아는 능력
- 전문가적, 윤리적 책임에 대한 이해
- 효과적으로 의사소통할 수 있는 능력
- 해결한 문제가 사회에 미칠 영향을 이해할 수 있는 다방면의 교육 배경
- 평생 교육에 대한 필요성을 인식하고 이에 임하는 자세
- 현대 사회의 이슈에 대한 지식
- 공학 작업을 위해 필요한 기술, 기법 및 현대의 공학 도구들을 활용할 수 있는 능력

따라서 이런 것들은 대학의 공학 교육 프로그램을 모두 마치고 졸업했을 때 요구되는 교육의 결과이다. 공학에서의 학사과정은 보통 4년으로 구성된다. 그러나 많은 학생들은 학위를 받기 위해 5년 동안 수학하기도 한다. 전형적인 공과대학에서 여러분은 수학, 영어, 물리, 화학, 공학개론, 컴퓨터과학, 인류학 그리고 사회과학 등을 배우면서 전반기 2년을 보낸다. 이 기간을 '공학전 과정(pre-engineering)'이라고 한다. 그리고 후반기 2년 동안은 대부분의 과목이 특정 전공 분야에 집중된다. 예를 들어, 전형적인 기계공학 과정에서 후반기 2년 동안 학생들은 열역학, 재료역학, 유체역학, 열전달, 응용 열역학 그리고 설계 같은 과목 들을 수강한다. 토목 공학의 경우에는 유체역학, 교통공학, 지반공학, 유압, 철강 혹은 콘크리트설계 등의 과목을 수강한다. 일부 공학 교육 프로그램들은 일반적인 공학 교육 과정을 제공하기 때문에 학생들은 대학원이나 기업에서 그들의 능력을 전문화하기도 한다.

많은 전문대학은 일반적인 종합대학 공과대 과정의 전반기 2년 동안의 프로그램을 제공한다. 일부 공과대학들은 5년에 걸친 학·석사 연계과정을 제공하기도 한다. 또 어떤 대학들은 학생들에게 현장 체험을 제공하기 위해 기업들과 손잡고 첫 3년 동안은 학교에서 수업을 듣고, 한 학기 동안은 기업에서 현장 실습을 하는 프로그램을 제공하기도 한다. 물론 한 학기나 두 학기 후에는 학교로 돌아와 남은 교육 과정을 마쳐야 한다. 이렇게 산학 프로그램들을 제공하는 학교에서는 학생들이 원하면 4년 이내에 졸업할 수 있도록 학기마다 모든 과목을 개설한다.

전문 엔지니어

미국의 모든 50개 주와 컬럼비아 주에서 공공의 안전에 영향을 미치는 일을 하는 엔지니어들은 자치 정부에 등록해야 한다. PE(professional engineer: 전문 엔지니어)로 등록되기 위한 첫 번째 단계는 ABET로부터 인증 받은 공학 교육 프로그램에서 학위를 받는 것이다. 그리고 4학년 기간 동안 FE(Fundamentals of Engineering: 공학 기본 시험)를 치러야 한다. 시험은 오전과 오후로 나눠 8시간 동안 진행된다. 오전에는 화학, 물리, 수학, 역학, 열역학, 전기 및 전자회로 그리고 재료공학에 대한 객관식 문제를 풀어야 하고, 오후의 4시간에는 자신의 전공 분야에 대한 객관식 문제를 풀거나, 일반적 공학 문제에 대해 풀어야 한다. FE 시험을 통과한 후에는 관련 공학 분야에서 5년간의 경험을 쌓거나 지방 정부에서 실시하는 다른 8시간짜리 시험(Principles and Practice of Engineering Exam)을 통과해야만 한다. 지원자는 16개의 공학 분야를 한 분야를 선택해서 시험을 볼 수 있다. 일부 엔지니어들은 여러 주에 등록하기도 한다. 보통 토목, 기계, 화학, 전기 엔지니어들은 이 등록이 필요하다.

여러분이 공대를 졸업하면 새내기 엔지니어로서 좀 더 경험이 많은 선배 엔지니어의 감독 하에 일하게 될 것이다. 여러분이 맡은 일에 따라 일부 회사는 새로운 기술을 습득하게 하거나 의사소통 능력 향상, 시간관리 능력 향상 등을 목적으로 일주일 동안 지속되는 짧은 교육과정과 같은 워크숍에 참가시키거나 하루 동안의 세미나에 참가시키기도 한다. 지식과 경험을 쌓을수록 여러분은 어떤 결정을 내리는데 있어 많은 힘이 될 것이다. 다년간의 경험을 쌓은 후에는 엔지니어들이나 기술자들의 팀 매니저가 될 수도 있다. 일부 엔지니어들은 학교에서 배운 전공 분야로서의 직업을 갖는 것이 아니라 공학 관련 제품, 서비스와 관련된 판매, 마케팅에 종사하기도 한다.

앞에서 설명한 것처럼 전문 학회로 인증된 공학 관련 분야는 20개가 넘는다. 하지만 많은 학생이 토목공학, 전기공학, 기계공학으로 학위를 받고 있다. 따라서 이들 분야부터 설명하도록 한다.

토목공학 토목공학은 아마 가장 오래된 공학 분야일 것이다. 이름이 의미하는 바와 같이 토목공학은 공공 기반 시설과 관련돼 있다. 토목 엔지니어들은 다리, 도로, 고속도로, 댐, 터널, 대형 교통 시스템 그리고 공항 등을 설계하거나 건설을 감독한다. 또한, 지방 정부의 상하수도 시스템의 설계와 감독에 관련된 일을 한다. 토목공학 분야의 대부분은 구조공학, 환경공학, 교통공학, 수자원공학, 지반공학과 관련된다. 또한, 토목 엔지니어들은 컨설턴트, 건설 감독, 도시 엔지니어 그리고 공공시설과 교통 관련 종사자로 일할 수 있다. 미국 노동 통계국에 따르면, 인구가 증가함에 따라 새로운 건물과 도로, 상하수도 시스템 등이 요구되므로 토목 엔지니어로서의 직업 전망은 좋다. 또한, 토목 엔지니어들은 현존하는 구조물과 도로, 다리, 항공, 항만시설의 유지 보수를 위해서도 필요하다.

토목 엔지니어의 일

전기 및 전자공학 전기 및 전자공학은 가장 많은 세부 분야를 가지고 있다. 전기 엔지니어들은 전기 기구들, 건물과 자동차, 버스, 기차, 배 그리고 비행기의 조명과 배선 등을 설계, 개발, 검증하고 생산, 관리한다. 또한, 전력 발전과 송전, 다양한 제품들에 사용되는 전기 모터, 제어 장치 그리고 레이더 장비 등을 담당한다. 전기공학의 주요 분야는 전력 발전, 송전, 배전 그리고 제어 등이다. 전자 엔지니어들은 컴퓨터 하드웨어를 포함해서 컴퓨터 네트워크 하드웨어, 휴대폰과 같은 통신 장비, 텔레비전, 오디오와 비디오 장비들뿐 아니라 여러 측정 장비들을 설계, 개발, 검증, 생산, 관리한다. 점점 규모가 커지고 있는 전자공학의 세부 분야는 컴퓨터와 통신 전자 분야이다. 사회 여러 방면에서 점점 빠른 컴퓨터와 통신 시스템이 요구되기 때문에 전기, 전자 엔지니어의 직업으로서의 전망은 매우 밝다. 물론 소비자 가전제품들도 이 직업으로서의 전망을 밝게 하는데 한몫하고 있다.

기계공학 기계공학 분야는 새로운 기술이 나타남에 따라 지속적으로 진화하면서 가장 광범위한 공학 분야 중 하나이다. 기계 분야 엔지니어들은 생산 설비 기계, 로봇, 도구, 스팀 및 가스 터빈 같은 발전 장치와 열/냉/난방 장치 그리고 내연기관 등의 설계, 개발, 검증, 생산, 관리 등과 관련된다. 주요 분야는 열/유체 시스템, 구조/고체 시스템이다. 좀 더 효율적인 기계들과 발전 장비들이 요구되고 대체 에너지 발전 장치들이 요구되기 때문에 기계 엔지니어로서의 직업 전망 역시 좋다. 많은 기계 분야 엔지니어들이 정부, 컨설팅 기업, 다양한 제조 기업, 자동차 기업과 이외의 교통 관련 기업에서 일하고 있다.

공학에서의 다른 일반적인 분야로는 항공우주공학, 생물공학, 화학공학, 환경 공학, 석유화학공학, 원자력공학, 재료공학 등이 있다.

항공우주공학 항공우주 엔지니어들은 상업용 혹은 군사용 항공기, 헬리콥터, 우주 비행기 그리고 미사일 등을 설계, 개발, 검증, 생산, 감독하는 일을 한다. 또한, 유도, 항법, 제어 시스템 등에 대해 연구하고 개발하는 일들을 한다. 대부분의 항공우주공학 엔지니어들은 항공기와 미사일을 만드는 일을 하거나, 국방성, NASA 등에서 일한다. 만약 여러분이 항공우주 엔지니어로서의 직업을 택하려 한다면, 아마도 캘리포니아, 워싱턴, 텍사스나 플로리다에 살게 될지도 모른다. 왜냐하면, 이곳들에 대규모 항공회사들이 자리 잡고 있기 때문이다. 미국 노동 통계국에 따르면 항공우주업계로의 예상 취업 증가율은 2010년까지는 크게 높아지지 않을 것이라고 한다. 이것은 국방성의 예산 지출 감소가 원인 중의 하나이다. 그러나 인구의 증가에 따라 항공 교통의 운송 부담률이 증가하게 되므로 상업 항공 회사의 전망은 밝다.

생물공학 생물공학은 의학과 건강에 관련된 넓은 범위의 문제를 해결하기 위해 생물학, 화학, 의학 그리고 공학을 결합한 새로운 분야이다. 생물공학자들은 의학에 사용되는 인공 수족, 인공장기, 영상 시스템과 장치 등을 만들기 위해 화학, 생물학, 의학 그리고 공학의 법칙과 원리를 적용한다. 또한, 생물학적 시스템과 신체의 다양한 면을 더 잘 이해하기 위해 의학자, 화학자, 생물학자와 함께 연구를 진행한다. 생물공학자에게는 생물학, 화학에 대한 교육과 더불어 기계공학이나 전기공학에 대한 배경 지식도 요구된다.

생물공학에는 생물역학, 생체적응재료, 조직공학, 재활 등 많은 전문 분야가 있다. 컴퓨터 지원을 받는 수술과 조직공학은 생물공학 분야에서 가장 빠르게 성장하고 있는 연구 분야이다. 미국 노동 통계국에 따르면 건강에 대한 관심 증가와 인구 노령화 현상으로 인해 생물공학 분야 졸업자에 대한 취업 전망이 아주 좋다.

화학공학 이름이 의미하는 바와 같이 화학공학 엔지니어들은 화학 원리와 기본적인 공학 원리를 이용해서 약제, 전자 그리고 사진 산업 등 다양한 분야에서 쓰이는 화학제품들을 생산하는 일에 종사한다. 대부분의 화학공학 엔지니어들은 화학, 석유정제, 필름, 종이, 플라스틱, 페인트 등과 관련된 기업에서 일한다. 또한, 금속 야금, 식료품 생산, 생명공학과 발효 산업과 관련된 기업에 종사하기도 한다. 증가하는 인구의 필요를 충족시키기 위해서라도 화학공학 엔지니어의 직업 전망 역시 밝다.

환경공학 환경공학은 환경에 대한 우리의 관심에서 파생된 또 다른 새로운 분야이다. 이름이 의미하는 바와 같이 환경공학은 환경과 관련된 문제를 푸는데 관심을 갖는다. 환경공학자들은 물과 공기의 오염관리, 위험 폐기물, 폐기물 처리 그리고 재활용과 관련된 문제를 다루기 위해 화학, 생물학, 공학의 법칙과 원리를 적용한다. 이러한 문제들은 적절하게 처리되지 않으면 공공의 건강에 부정적 영향을 미친다. 많은 환경공학자가 지역사회, 국가 그리고 국제적인 환경 정책과 규제를 개발하는데 관계되어 있고, 산업 폐기물과 자동차 배기가스에 따른 산성비와 오존층 파괴 등에 대해 연구한다. 또한, 그들은 현존하는 위험 폐기물의 정화를 다루는 문제에 대해서도 연구한다. 환경공학자들은 컨설턴트로 일하거나 지역, 주, 연방기관에 종사한다.

미국 노동 통계국에 따르면 이러한 환경문제들을 다루고 관리하기 위해 더욱 많은 수의 공학자가 요구되기 때문에 환경공학분야 졸업자에 대한 취업전망 역시 밝다. 환경공학자들의 취업전망은 다른 분야의 공학자들보다 정책에 영향을 받는다. 예를 들어 느슨한 환경 정책은 적은 수의 일자리를 만드는 반면 엄격한 환경 정책은 더 많은 수의 일자리를 만들 수 있다.

생산공학 생산공학 엔지니어들은 모든 제품의 생산 공정을 개발, 감독하는 일을 한다. 그들은 최소의 비용으로 최대의 효과로 제품을 생산하는 것과 관련되어 있다. 그들은 재료 활용과 생산 계획, 설계, 개발, 감독 그리고 조립라인의 제어 등 생산에서의 모든 공정과 관련된 일을 하는 것이다.

생산공학 엔지니어들은 로봇이나 머신비전 기술을 이용하기도 한다. 그리고 새로운 제품을 시험해보고, 시간과 비용을 절약하기 위해 실제 제품을 생산하기 전에 시제품(prototype)을 만든다. 이 과정을 프로토타이핑(prototyping)이라고 부른다. 생산공학 엔지니어들은 자동차, 항공 산업에서부터 식료품 생산 기업에 이르기까지 모든 생산 관련 기업에 고용된다. 직업 전망은 밝을 것으로 예상된다.

석유화학공학 석유화학 엔지니어들은 원유와 천연가스를 발견하고 시추하는 분야에서 전문화되어있다. 지질학자들과 협력하여 이들은 세계 곳곳에서 원유와 천연가스 원전을 찾는다. 지질학자들은 지표를 구성하고 있는 암반에 대한 지식을 가지고 있다. 지질학자들은 원유나 가스 원전 주변의 암반 구성을 파악한 후에 석유화학 엔지니어들과 함께 시추 방법에 대해 논의한다. 석유화학 엔지니어들은 원유에서 석유를 추출하는 과정에도 연관되어 있다. 다른 전문 엔지니어들과 협력해서 이들은 가장 효율적으로 석유와 가스를 추출하는 장치를 설계하고 공정을 개발한다. 그들은 컴퓨터를 이용하여 원전 모델을 만들고 여러 기술을 활용하여 효과적인 추출 방법을 실험한다. 만약 여러분이 석유화학 엔지니어가 된다면, 원유 시추 회사나 원유가공 등과 관련된 수많은 기업들에서 일하게 될 것이다. 컨설팅 기업이나 공기업, 정유회사와 시추 장치 생산 회사들에서도 석유화학 엔지니어들을 고용한다. 미국 노동국에 따르면, 많은 수의 석유화학 엔지니어들이 텍사스, 오클라호마, 루이지애나, 콜로라도 그리고 캘리포니아 등지에서 근무하고 있다. 또 많은 엔지니어들이 러시아, 중동, 남아메리카, 아프리카 등 원유가 생산되는 세계 각지에서 일하고 있다. 석유화학공학의 직업 전망은 원유와 가스의 가격과 밀접한 관련이 있다. 그럼에도 불구하고, 만약 여러분이 석유화학을 공부하고자 한다면 석유화학 엔지니어로서의 취업 기회는 좋다고 볼 수 있다. 왜냐하면 전통적으로 이 분야에서 학위를 가진 사람들은 그리 많지 않기 때문이다. 또한, 미국뿐 아니라 세계적으로 많은 원유 관련 회사들이 석유화학 엔지니어들을 찾고 있기 때문이다.

원자력공학 전 세계적으로 볼 때 각 나라에서 몇 안 되는 수의 대학들이 원자력공학 프로그램을 제공하고 있다. 원자력공학 엔지니어들은 주로 원자력 에너지로부터 동력을 생산하는 원자력 발전 장비들과 관련된 일을 한다.

원자력 엔지니어의 일

전기를 생산하는 원자력 발전소나 원자력 항공모함, 원자력 잠수함 등을 설계, 개발, 운전시키는 일을 하는 것이다. 그들은 또한 원자력 에너지원과 폐기물을 안전하게 처리하고 관리하는 일을 한다. 일부 엔지니어들은 해군, 원자력 설비 전문 기업 그리고 국가 산업자원부의 원자력 승인위원회(Nuclear Regulatory Commission)에서 일하기도 한다. 많은 비용과 안전성 문제로 현재 건설 중인 원자력 발전소는 얼마 되지 않는다. 그럼에도 불구하고 직업으로서의 전망은 그리 나쁘지 않다. 왜냐하면 이 분야의 전문 인력은 그리 많지 않기 때문이다. 덧붙여, 국방성과 산업자원부, 원자력 의료 분야 그리고 핵폐기물 관리 분야에도 원자력공학 엔지니어들을 위한 취업문이 열려 있다.

채광공학 채광공학 프로그램을 제공하는 대학은 그리 많지 않다. 채광 엔지니어들은 지질학자, 금속 야금 엔지니어들과 협력하여 여러 방면에서 사용되는 금속, 광 물, 석탄 등을 찾아내고, 캐내며, 가공하는 일과 광산을 설계, 건설, 감독하는 일을 한다. 또한, 새로운 채광 기법과 장비, 원석으로부터 원하는 광물을 추출하는 새로운 기법과 기술 등과 관련된 일도 한다.

대부분의 채광 엔지니어들은 채광을 주로 하는 사기업이나 공기업에서 일하지만 직업으로서의 전망은 다른 분야들처럼 그리 밝지 않다. 채광 산업은 원유 시추 산업과 비슷하다고 말할 수 있으며, 취업 기회는 금속이나 광물의 가격 변동과 관련이 깊다. 만약 이런 원자재의 가격이 낮다면 채광 기업들은 새로운 채광 기술이나 장비에 투자하지 않을 것이다. 석유화학 엔지니어들과 마찬가지로 채광 엔지니어들은 해외에서의 취업문이 더 넓은 편이다.

재료공학 전체적으로 몇몇의 대학만이 재료공학, 세라믹공학, 야금학 등의 프로그램을 제공한다. 재료공학 엔지니어들은 여러 제품들에 응용되어 사용될 새로운 재료들을 연구, 개발, 검증하는 일을 한다. 재료 엔지니어들은 재료의 질적, 원자 구조적, 열역학적 특성을 연구한다. 그들은 재료를 좀 더 가볍고, 강하고, 견고성 있게 만들기 위해 원자나 분자구조를 조정한다. 그들은 특정 분야에서 이용될 새로운 역학적, 전기적, 자기적, 화학적, 열역학적 특성들을 갖는 재료들을 만들어낸다. 예를 들어, 흑연 테니스 라켓은 종래의 나무로 만든 라켓보다 가볍고 단단하고, 스텔스 전투기에 사용되는 복합 재료는 특정 전자기적 특성을 갖는다. 그리고 우주왕복선의 겉면에 붙이는 세라믹 타일은 대기권 진입 시에 기체를 보호한다(세라믹은 높은 온도를 견디는 비금속 재료이다).

재료 분야의 엔지니어들은 금속 야금학이나 세라믹, 플라스틱 혹은 기타 특수 재료 분야로 세분화된다. 그리고 이 분야 엔지니어들은 항공 산업, 전기 재료, 유리 등의 재료 생산 기업에서 일하고 있다. 재료공학 분야의 전공자들은 그리 많지 않기 때문에 취업의 기회는 좋은 편이다.

공학 기술

앞에서는 공학 직업과 다양한 공학 전문 분야에 대해 소개했고, 다음으로 공학 기술에 대해 소개한다. 여러분이 이론이나 수학에 큰 흥미를 갖지 못하지만 직접 해보는 것을 좋아하는 편이라면 공학 기술을 배우는 것이 맞을 수 있다. 공학 기술 프로그램은 미적분학 수준의 기본 수학만 알면 되고, 주로 기술 응용과 프로세스 교육에 초점을 맞추고 있다. 비록 엔지니어보다는 낮은 수준이지만, 공학 기술자는 생산, 구조, 제품 개발, 검사, 관리, 판매, 연구 등에서 발생하는 문제를 해결하는 엔지니어를 지원하기 위해서 과학, 공학, 수학의 같은 원리를 사용한다. 또한, 시험 준비하고 시행하며, 데이터를 수집하고 결과를 측정하는 과정에서 엔지니어나 과학자를 돕기도 한다. 일반적으로 공학 기술자의 작업 영역은 좀 더 응용 분야에 국한되는 반면, 복잡한 설계에 필요한 수학 지식, 공학 이론, 과학적 개념을 덜 필요로 한다.

일반적으로 공학 기술 프로그램은 공학 프로그램과 같은 분야들로 제공된다. 이 프로그램을 통해 토목공학기술, 기계공학기술, 전자공학기술, 산업공학기술 등의 학위를 받을 수 있다. 하지만 공학기술학위를 받게 되면 공학기술 관련 대학원 과정을 받기는 어렵고 미국에서는 전문적인 엔지니어로 등록되기 어렵다.

공학 기술 프로그램 인증도 ABET에서 담당한다. ABET에 따르면 공학기술학위 프로그램은 최소 124학점으로 구성되어야 하고, 2년 단기 학위 프로그램은 최소 64학점으로 구성되어야 한다. 각 공학기술프로그램의 교과 내용은 커뮤니케이션, 수학, 물리 및 자연과학, 사회과학 및 인문학, 기술 콘텐츠를 포함해야 한다. 특정한 공학기술프로그램의 기술 콘텐츠는 과학과 공학의 응용 분야에 초점을 맞추고 있고, 특정한 기술 훈련과 관련된 기술, 지식, 방법, 절차 등을 개발하기 위한 것이어야 한다.

공학 기술 프로그램이 ABET의 인증을 받기 위해서는 해당 프로그램을 이수한 졸업생이 졸업 시점에서 아래의 능력을 확보했다는 것을 증명해야 한다.

- 해당 전공 관련 지식, 기술, 최신 도구에 대해 일정 수준이상 숙련되어야 함
- 기존 지식을 적용할 수 있으며, 수학, 과학, 공학이 관련되는 새로운 응용 분야에 적응할 수 있는 능력
- 실험 수행, 분석 및 해석 능력과 실험 결과를 프로세스 향상시키는데 적용하는 능력
- 프로그램 목표에 맞는 시스템, 컴포넌트나 프로세스를 설계하는데 있어서 창의력을 발휘하는 능력
- 팀원으로서 역할을 수행하는 능력
- 기술적인 문제를 정의하고 분석하고 해결하는 능력
- 효과적으로 의사소통 할 수 있는 능력
- 평생 교육에 대한 필요성을 인식하고 이에 임하는 자세
- 전문가적, 윤리적, 사회적 책임을 인식하는 능력
- 다양성과 동시대의 전문적, 사회적, 범세계적인 쟁점 관련 지식에 대한 존중
- 품질, 적시성, 지속적인 개선에 대한 노력

요약

이 장에서는 다음을 학습했다.

- 우리가 일상생활을 하는 데 필요한 물과 음식, 보금자리 그리고 다양한 생필품을 제공하는데 있어서 엔지니어가 중요한 역할을 한다는 점을 이해해야 한다.
- 훌륭한 엔지니어로서의 생활 태도와 습관 등에 대해 이해해야 한다. 엔지니어는 문제를 해결하는 전문가이다. 글과 말로 원활하게 의사소통할 수 있는 기술을 가지고 있으며, 물리학적 수학적 원리들도 잘 이해하고 있다. 또한, 물리, 화학, 수학적 원리들을 응용해 수많은 제품과 서비스를 설계, 개발, 검증, 생산, 관리한다. 또한, 팀원으로서의 역할도 훌륭하게 수행한다. 엔지니어는 제품을 설계할 때 비용, 효율성, 신뢰성, 안정성 등과 같은 중요한 요인들을 고려한다. 엔지니어들은 평생 배우는 자세를 가지고 있으며, 타인에게 봉사할 준비가 되어 있다.
- 엔지니어를 희망하고 있다면 여러 공학 분야에 친숙해져야 한다. 현재 토목, 전기, 기계공학 엔지니어들이 전체 엔지니어 중에 높은 비율을 차지하고 있다.

"노력할수록 행운은 따른다."
— Thomas Jefferson(1743~1826)

연습문제

1.1 여러분의 주변을 살펴보고, 생활하는데 필수적인 공학 결과물에는 어떤 것들이 있는지 찾아보아라.

1.2 인터넷을 이용해 아래에 열거된 분야와 관련된 학회들을 찾아보시오. 그리고 자신의 관심 분야와 관련해서 그것과 연관된 학회의 목적과 의무들을 간략한 보고서로 제출하라.

생명공학	환경공학
세라믹공학	산업공학
화학공학	생산공학
토목공학	재료공학
컴퓨터공학	기계공학
전기공학	전자공학

1.3 공학의 중요성을 대중에게 알리고, 새로운 세대들이 더 많이 공학 분야에 진출하도록 장려하기 위해 15분 분량의 웹 기반 프레젠테이션을 만들어라.

1.4 만약 현재 듣는 공학개론 수업에 학기말 프로젝트가 있다면, 자신이 수행한 프로젝트를 공개적으로 프레젠테이션 하라. 그리고 만약 그 수행물이 경쟁력을 갖고 있다면 각종 경진대회에 출품하라.

1.5 공학과 그 분야들에 대한 15분 분량의 프레젠테이션을 준비하라. 그리고 아직 고등학생인 동생이 있다면, 그들에게 프레젠테이션 해보자. 자신이 다니는 학교의 공학 분야 담당자나 교내에 상주하는 학회에 공학 관련 팸플릿을 부탁하라.

1.6 클래스 프로젝트: 공학과 그 분야에 대한 웹사이트를 구축하라. 여러분들 스스로 리더를 선출하고, 일을 분담하라. 프로젝트를 수행하면서 팀으로 일하면서 겪는 장·단점을 기술하라. 이 프로젝트를 수행하면서 자신이 겪은 경험에 대해 간단한 보고서를 제출하라. 만약 다른 사람들이 이와 비슷한 프로젝트를 수행하게 된다면 그들에게 어떤 조언을 해주고 싶은가?

1.7 팀 프로젝트: 공학의 과거와 미래에 대한 웹 기반 프레젠테이션을 준비하라. 사진이나 짧은 동영상, 그래프 등을 수집하라. 그리고 주요 연구 개발센터와 학회들을 링크시켜라.

1.8 클래스 프로젝트: 각자의 부모와 친척들에게 그들이 고등학교나 대학교를 졸업할 당시에는 존재하지 않았으나 오늘날에는 일상 생활용품이 된 물건들에 대해 물어보고 리스트를 만들어라. 그리고 과거에 이런 물건들에 대해 상상해본 적이 있는지 물어보라. 예를 들면 휴대폰, 현금지급기, 개인 컴퓨터, 자동차의 에어백, 슈퍼마켓의 바코드 스캐너, 교통카드 등. 그리고 이런 물건들이 그들의 일상을 얼마나 더 좋게(혹은 더 나쁘게) 만들었는지를 물어보라.

1.9 클래스 프로젝트: 현재 제공되지 않는 서비스나 제품이지만 50년 후에 나타날 것 같은 품목의 리스트를 만들어라. 반 전체의 리스트를 모아 반 인원 모두 프레젠테이션 하라.

1.10 이 책의 제휴 사이트들을 방문해서 특정 분야의 직업 종사자들의 수와 그들의 평균연봉에 대한 정보를 얻어라.

1.11 만약 여러분이 화학공학을 전공할 계획이라면, 다음의 단어들이 무슨 뜻인지 조사하라. polymers, plastics, thermoplastics, thermosetting. 그리고 매일 사용되는 플라스틱용품을 10개 제시하라. 자신이 찾은 용품들에 대한 간단한 설명을 덧붙여라.

1.12 만약 여러분이 전기공학을 전공할 계획이라면, 전기가 어떻게 발전되고 전송되는지 조사하고 간단한 설명을 덧붙여라.

1.13 전기 모터는 다양한 일상용품에서 응용되어 사용되고 있음을 알 수 있는데, 전기 모터를 사용하는 10개의 제품의 목록을 만들어라.

1.14 일상의 다양한 용품에 사용되는 20여개 이상의 재료들을 열거하라.

1.15 만약 여러분이 토목공학을 전공할 계획이라면, dead load, live load, impact load, wind load, snow load의 단어들이 건물을 설계할 때 어떤 의미로 사용되는지 조사하라. 그리고 간단한 설명을 덧붙여라.

1.16 그룹 프로젝트: 사람들은 엔지니어들이 제공하는 안전하고 신뢰성 있는 제품과 서비스에 크게 의존하며 살아간다. 게다가 여러분은 공학에서는 조금의 실수나 속임수도 허용되지 않는다는 것을 깨달았을 것이다. 엔지니어의 실수는 엄청난 비용을 요구할 뿐 아니라 타인의 생명에도 영향을 끼친다.

다음을 생각해 보자. 무능하고 비도덕적인 의사는 기껏해야 한 번에 한 사람의 생명을 앗아갈 수 있지만, 무능하고 비도덕적인 엔지니어는 한 번에 수백 명의 생명을 앗아갈 수 있다. 만약 비용을 절약하기 위해 비도덕적인 엔지니어가 교량이나 비행기의 부품을 안전 기준에 미달인 상태로 만들었다면, 수백 명의 생명이 위험에 처한 것이다.

National Society of Professional Engineering의 웹 사이트를 방문해서 엔지니어의 도덕성(윤리성)에 대해 조사하라. 엔지니어의 도덕성이 왜 그렇게 중요한지를 토의하고, 왜 엔지니어들이 높은 정직성과 존엄성을 가져야하는지 설명하라. 엔지니어로서의 도덕성의 예를 들고, 간단한 보고서를 제출하라.

실험 I

목적

아래의 규칙에 따라 주어진 재료로 낙하물을 설계하라.

- 제공되는 모든 아이템을 사용해야 한다.
- 낙하물을 3m 높이에서 낙하시킨다.
- 낙하물은 지정된 영역(1.5m×1.5m)내에 착륙해야 한다.
- 각 낙하물은 한 번의 시험 훈련만 허용된다.
- 낙하하는데 가장 많은 시간이 소요된 낙하물 제작자가 승자가 된다.
- 준비시간은 30분이다.

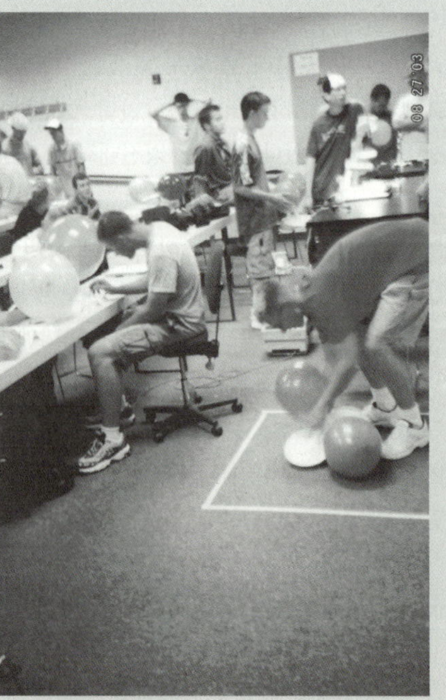

Source: Saeed Moaveni

재료

종이 접시 2개, Dixie cup(군사용 컵) 1개, 풍선 2개, 고무 밴드 3개, 빨대 1개, 접착식 라벨 12개

CHAPTER 2

Engineering Fundamentals

공학도가 되기 위한 준비

고등학교 과정에서 대학 과정으로의 진학은 많은 노력을 필요로 한다. 훌륭한 교육을 받기 위해서는 수업 준비를 철저히 해야 하며, 수업에 빠지지 않고, 적절한 방법으로 도움을 받고, 필기를 잘하고, 공부할 좋은 장소를 골라야 하며, 스터디 그룹을 형성해야 한다. 또한, 이 장에서 설명할 합리적인 일주일 계획 같은 시간관리 개념도 가져야 한다. 교육은 값비싼 투자이다. 현명하게 투자하라.

이 장에서 여러분은 공학도로서, 나아가 엔지니어로서 직업인의 길을 걸음에 있어 많은 도움을 받을 몇 가지 중요한 조언을 듣게 될 것이다. 이 조언들은 대학생활에 많은 도움이 될 것이므로 주의 깊게 숙독하기 바란다. 만약 공부를 하는데 어려움을 느낀다면 이 장을 통해 자신의 스스로 해결해 나갈 수 있는 아이디어를 얻길 바란다.

2.1 대학으로의 진학

엔지니어가 되기 위해 공부를 하는 여러분은 엘리트 그룹의 학생에 속해 있다. 고등교육신문(Chronicle of Higher Education)에 따르면, 미국의 대학이나 전문대에서 학사 학위를 받는 전체 학생 가운데 대략 5% 정도만이 엔지니어가 된다. 여러분은 다른 사람이 세상을 바라보는 것과 다르게 세상을 바라보도록 배울 것이다. 그리고 어떻게 사물이 만들어지며, 어떻게 작동되고, 어떻게 발전되며, 어떻게 어수룩한 스케치가 근사한 디자인으로 바뀌는지를 배운다. 나아가 종이 위의 아이디어가 어떻게 현실화되는지도 배운다.

이러한 일의 일부는 여러분에게 처음일 것이다. 고등학교를 졸업하고 대학으로 진학하는 것은 인생에서의 커다란 첫걸음이다. 앞으로 4~5년 동안 자신이 하는 일들이 인생에 큰 영향을 끼친다는 사실을 명심하기 바란다. 또한, 자신을 행복하게, 만족스럽게 만드는 것은 전적으로 자신에게 달려 있다는 것도 잊어서는 안 된다. 배우는 모든 일들이 자신의 책임일 뿐, 아무도 무엇을 배우도록 만들어주지 못한다. 어떤 고등학교에 다녔는지에 따라 좋은 성적을 얻기 위해 공부를 열심히 할 필요가 없었을지도 모른다. 그러나 공학도로서, 나아가 엔지니어로서 성공하기 위해서는 과거의 습관들을 버리고 새로운 습관을 형성, 발전시켜 나가야한다. 이 장의 나머지 부분은 여러분의 대학 생활을 성공적으로 만들어 주기 위한 여러 가지 아이디어와 조언들이 실려 있다. 이 아이디어와 조언을 자신의 것으로 만들어 대학 생활에 활용하기 바란다.

2.2 시간 계획

우리 모두는 똑같이 하루에 24시간을 가지고 있고, 어느 사람에게는 일상적인 일을 하기에 이 시간이 많을 수도 있다. 우리들 대부분은 하루에 대략 8시간 정도를 잔다. 덧붙여 우리는 일할 시간, 친구와 가족과 보낼 시간, 공부할 시간, 휴식을 취할 시간 그리고 그냥 빈둥거릴 시간들이 필요하다.

만약 여러분이 백만 달러를 받았고, 그것이 여러분의 나머지 인생에서 옷과 음식을 사고 여가를 즐기는 등의 생활을 하기 위한 돈의 전부라고 가정해보자. 그렇다면 여러분은 돈을 어떻게 써나갈 것인가? 물론 돈을 합리적으로 투자하고 쓰기 위해 노력할 것이다. 그리고 여러 곳에 최대한 돈을 유용하게 쓰기 위해 조심스럽게 예산을 짤 것이다. 세일하는 곳들을 찾을 것이며, 꼭 필요한 곳에 돈을 쓰도록 노력하며, 조금이라도 낭비하지 않도록 애쓸 것이다. 지금 현재 받고 있는 교육을 그것과 비슷하게 생각해 보라. 절대로 수업료를 내고 강의실에 앉아서 낮잠이나 자지 말기를 바란다. 현재 여러분이 받고 있는 교육은 자신을 경영하는 측면에서 보면 값비싼 투자이다.

사립대학에 다니는 한 여학생이 좋은 성적을 받지 못할 것 같아 교수에게 찾아가 수업 신청을 취소해 줄 것을 요구했다. 교수는 그녀에게 이 수업을 받기 위해 얼마나 지불했는지를 물었고, 그녀는 4학점을 따기 위해 대략 2,000달러를 지불했다고 말했다. 갑자기 교수는 책상의 컴퓨터를 가리키며 이렇게 말했다. "만약 학생이 컴퓨터를 한대 샀는데 소프트웨어를 설치하는데 어려움을 겪었다고 가정해보게. 학생은 그 컴퓨터를 그냥 쓰레기통에 버릴 텐가?" 학생은 마치 말도 안 되는 질문을 받았다는 표정으로 교수를 쳐다봤다. 교수는 학생에게 수업 신청을 취소하는 것은 어떤 소프트웨어를 설치하는 것이 어렵다고 해서 방금 산 컴퓨터를 쓰레기통에 버리는 것과 마찬가지로 자신이 지불한 수업료를 그냥 포기하는 것이라고 설명해주었다. 이 이야기에서 무엇을 느꼈는가? 일반적으로 우리 대부분은 배우는 일은 초기에 많은 노력을 필요로 하고, 재미있지도 않다고 생각한다. 하지만 얼마 지나지 않아 배우는 일은 자신감을 높여주는 즐거운 일이 된다.

간단한 산수 계산을 하는 것으로 시작해 보자. 우리는 하루에 24시간을 가지고 있으며, 1주일이면 총 168시간이 된다. 자, 일반적인 학생이라면 가질 법한 시간들을 배치해 보자. [표 2.1]을 참고로 해도 괜찮을 것이다. 이 표에 제시한 시간들은 아주 일반적이며 굳이 잠자는 시간이나 휴식시간 혹은 친구들과 어울리는 시간을 뺄 필요는 없다. 이 숫자들은 단지 여러분의 시간 계획에 도움이 될 만한 합리적인 기준인 것이다. 여러분은 원하는 항목에 대해 1시간이나 하루를 더 추가할 수 있다. 사회적인 활동이나 휴식에 인색하지 않으면서도 이 시간표는 주당 68시간을 교육에 투자하고 있다. 일반적인 공대 학생이라면 아마 학기 당 16학점을 수강할 것이다. 이 말의 의미는 단지 강의실에서 주당 16시간을 보낸다는 얘기다. 여러분에게는 아직 52시간의 공부할 시간이 남아 있는 것이다. 각 과목의 학점 당 2시간~3시간을 그 과목을 준비하는 시간으로 책정하는 것은 아주 좋은 습관이다. 이렇게 하면, 최소한 32시간에서 48시간이 필요하게 된다. 물론 어떤 과목은 다른 과목에 비해 과제나 예습, 복습에 필요한 시간이 더 많을 지도 모른다. 이제 여러분에겐 4시간에서 20시간 정도가 자기 재량으로 채울 시간으로 남아 있다.

표 2.1 일주일 활동의 한 예

Activity	Required Time per Week
Sleeping: (7days/week) × (8hours/day)	=56(hours/week)
Cooking and eating: (7days/week) × (3hours/day)	=21(hours/week)
Grocery shopping	=2(hours/week)
Personal grooming: (7days/week) × (1hour/day)	=7(hours/week)
Spending time with family, (girl/boy) friends, relaxing, playing sports, exercising, watching TV: (7days/week) × (2hours/day)	=14(hours/week)
Total	**=100(hours/week)**

여러분 중 몇몇은 아마도 부모님이 학비 대부분을 조달해 주는 보통의 19~20살 대학 신입생이 아닐 수도 있다. 혹은 직업을 가진 늦깎이 학생일 수도 있다. 아니면 이미 결혼을 해서 아이를 키우고 있으며, 그래서 최소한의 아르바이트라도 해야 하는 학생일 수도 있다. 이런 경우, 여러분은 시간표의 어떤 부분을 줄일 수밖에 없을 것이다. 예를 들면, 4년 대신 5년 졸업을 계획하고 매 학기의 수강 학점을 줄이는 방법 등이다. 여러분이 주당 몇 시간의 아르바이트를 하느냐에 따라 시간표를 재조정해야 한다. 이 예시 시간표의 목적은 단지 여러분 스스로 자신의 시간을 효율적으로 관리해야 한다는 점을 강조하는 것이다.

몇몇 과목을 제외한 대부분의 과목들은 50분 수업으로 이루어져 있을 것이다. 나머지 10분은 강의실을 옮겨 다니거나, 다음 수업에 집중할 수 있도록 잠시 휴식을 취하기 위한 시간이다. 우리 대부분은 집중할 수 있는 시간이 제한되어 있으므로, 잠시의 휴식 없이는 계속해서 집중하기가 불가능하다. 따라서 휴식은 중요하며 우리의 마음과 몸이 효과적으로 작동할 수 있도록 도와주는 것이다.

일반적으로, 공대 신입생으로서 여러분은 아래와 같은 수업 시간 계획을 가지고 있을 것이다.

화학(3)	미적분학(4)
화학 실험(1)	영어(3)
공학개론(2)	인문/사회과학 과목(3)

[표 2.2]는 공대 신입생의 시간표의 한 예이다. 여러분은 이미 자신의 장단점을 알고 있으므로 자신에게 가장 잘 맞는 시간표를 계획할 수 있다. 그러므로 예로 제시된 시간표를 자신에게 맞도록 약간 수정하는 것도 좋은 방법이다.

표 2.2 공과대 1학년 학생의 일주일 시간표의 예

Hour	Monday	Tuesday	Wednesday	Thursday	Friday	Saturday	Sunday
7-8	Shower/ Dress/ Breakfast	Shower/ Dress/ Breakfast	Shower/ Dress/ Breakfast	Shower/ Dress/ Breakfast	Shower/ Dress/ Breakfast	Extra sleep	Extra sleep
8-9	CALCULUS CLASS	CALCULUS CLASS	Study English	CALCULUS CLASS	CALCULUS CLASS	Shower/ Dress/ Breakfast	Shower/ Dress/ Breakfast
9-10	ENGLISH CLASS	Study Intro. to Eng	ENGLISH CLASS	Study Intro. to Eng	ENGLISH CLASS	Grocery shopping	OPEN HOUR
10-11	Study Calculus	INTRO. TO ENG. CLASS	Study H/SS	INTRO. TO ENG. CLASS	Study Calculus	Grocery shopping	OPEN HOUR
11-12	H/SS Class	Study Chemistry	H/SS Class	Study Chemistry	H/SS Class	Exercise	Relax
12-1	Lunch	Lunch	Lunch	Lunch	Lunch	Lunch	Lunch
1-2	CHEM. CLASS	Study Calculus	CHEM. CLASS	Study Intro. to Eng	CHEM. CLASS	Relax	Relax
2-3	Study H/SS	CHEM. LAB	Study H/SS	Study Intro. to Eng	Study H/SS	Study	Study English
3-4	Study Calculus	CHEM. LAB	Study H/SS	Study Calculus	Study Calculus	Study Chemistry	Study H/SS
4-5	Exercise	CHEM. LAB	Exercise	Exercise	Exercise	Study Chemistry	Study Chemistry
5-6	Dinner	Dinner	Dinner	Dinner	Dinner	Dinner	Relax
6-7	Study Chemistry	Study Calculus	Study Calculus	Study Calculus	Relax	Relax	Dinner
7-8	Study Chemistry	Study Calculus	Study Calculus	Study Chemistry	Study Calculus	Study Intro. to Eng.	Study Calculus
8-9	Study Intro. to Eng.	Study Chemistry	Study Intro. to Eng.	Study Chemistry	Recreation	Recreation	Study Calculus
9-10	Study English	Study Chemistry	Study English	Study English	Recreation	Recreation	Study English
10-11	Relax/Get ready for bed	Relax/Get ready for bed	Relax/Get ready for bed	Relax/Get ready for bed	Recreation	Recreation	Relax/Get ready for bed

2.3 매일 학습과 준비

강의 첫 시간부터 예습을 하고 수업을 준비하라! 여러분의 교수님이 강의 시간에 가르쳐 줄 내용을 미리 읽어보는 것은 아주 좋은 습관이다. 예습은 실질적으로 여러분의 이해력과 수업 내용에 대한 기억력 향상에 큰 도움이 된다. 수업이 끝난 후에 배운 것을 복습하는 것 또한 중요하다. 예습을 하는 것은 배울 내용을 미리 보는 것이므로, 이해가 잘 가지 않는다고 해서 걱정할 필요는 없다. 수업에 집중하고 그래도 이해가 안 된다면 질문을 하면 되는 것이다. 반대로 복습을 하는 경우엔 여러분이 들은 강의 내용을 충분히 이해해야 한다. 강의 전에 미리 내용을 읽어 두고 강의 후엔 그날 복습을 해야 한다는 것을 잊지 말아라.

수업 전에 수업 내용을 예습하라.

수업에 꼭 참석하라 그렇다. 강의가 좀 지루하다 해도 강의에 참석하는 것만으로 많은 것을 배울 수 있다. 교수는 교과서 외의 추가 설명이나 자료를 제공해 주기도 하기 때문이다. 더 나아가 여러분은 질문을 할 수도 있다. 예습을 하면서 잘 이해가 가지 않았던 부분이나 어려운 개념에 대해 메모를 해두고 수업 시간에 그 사항을 질문하면 되는 것이다. 만약 더 많은 도움이 필요하면, 교수 연구실로 직접 찾아가 도움을 구하라.

당장 도움을 청하라 도움이 필요한 경우에는 절대로 머뭇거리지 말고 도움을 요청하라. 대부분의 교수는 학생 면담시간을 홈페이지에 공개해 놓고 있을 것이다. 혹은 강의계획서에 기재해 놓는 경우도 있다. 교수님을 만나기가 어려우면 미리 약속 시간을 잡고 면담을 요청하면 된다. 대부분의 교수님들은 기꺼이 면담 요청을 받아들일 것이며, 반갑게 여러분의 상담에 응할 것이다. 물론 약속을 잡은 후엔 제시간에 교수님을 만나야 하며, 질문 사항에 대한 메모를 잊어서는 안 된다.

어떤 교수들은 그다지 달갑지 않은 학생들과의 면담 경험도 있다. 최근에 나의 경우엔, 한 학생이 월요일까지 마감인 과제를 미뤄달라고 일요일 밤 10시에 이메일을 보낸 적이 있었다. 월요일 아침에 내가 그 학생에게 "학생, 숙제를 언제 시작했죠?"라고 물었을 때, 그 학생은 "일요일 밤 10시요."라고 대답했다. 또 다른 경우로, 처음 보는 학생이 나에게 찾아와 추천서를 써달라고 부탁한 적이 있었다. 다른 대부분의 교수처럼 나 역시도 잘 모르는 학생에게 추천서를 써줄 수는 없었다. 그러므로 교수님을 자주 찾아가 안면을 익힌다고 해서 손해 볼 것은 전혀 없다.

필요한 경우에는 절대로 머뭇거리지 말고 교수님에게 도움을 청하라.

Source: © Ingram Publishing/SuperStock

노트 필기에 정성을 들이자 누구나 수업 시간에 노트 필기를 하는 것이 좋다는 것은 알고 있으나 많은 학생들이 교과서를 읽는 동안에도 노트 필기를 해야 한다는 것은 잘 깨닫지 못하고 있다. 수업시간에 집중해서 강의를 들으면서 중요한 개념과 생각들을 잘 판별해 필기를 해야 한다. 여러분이 예습을 했다면 교과서에 나와 있는 내용들이 이미 필기되어있는 노트가 수업 시간 전에 준비돼 있어야 한다. 물론 교수가 설명하는 모든 내용을 필기할 필요는 없다. 예습에서 잘 이해하지 못한 부분을 골라 필기하는 요령을 익혀야 한다는 것이다.

학습에 도움이 되는 필기를 위해서는 와이어로 제본된 노트를 사용하길 권장한다. 절대로, 낱장 종이를 사용하지 말기 바란다. 왜냐하면 그것은 잃어버리기 쉽기 때문이다. 지금부터라도 노트를 계속해서 보관하는 것이 좋다. 훗날 엔지니어로서 필요할 때 재빨리 찾아볼 수 있도록 토의 결과, 계산, 측정 결과 등을 날짜와 함께 계속 보관할 필요가 있다. 따라서 와이어 제본의 노트나 와이어 제본이 가능한 낱장에 필기한 후 정리하여 바인딩해 놓는 것이 최선의 방법이다. 또한, 노트 필기를 한 그날 최소 1, 2시간 공부하길 바란다. 그리고 항상 과제를 하기 전에 강의 시간에 다루어졌던 모든 개념과 생각들을 완벽히 이해하는 것이 필요하다. 이런 방법은 여러분의 시간을 절약해 줄 것이다! 절대로 최소한의 개념 이해만 가지고 과제와 연습문제를 뒤적거리는 학생이 되지 말길 바란다. 아마도 모든 개념을 다 이해하지 않고도 과제는 할 수 있을지 모른다. 하지만 기본 개념에 대한 확실한 이해 없이는 시험을 잘 치를 수 없으며, 결코 훌륭한 엔지니어가 될 수 없다.

나중에 필요할 때 잠시만 읽어도 원래의 개념을 잘 떠올릴 수 있고 읽기 쉽게 필기하는 것도 중요하다. 오늘날 대부분의 공학 과목 교과서들은 모든 페이지의 가장 자리를 조금씩 비워두고 있다. 이 여백에 간단한 메모 등을 하는 것을 습관화하라. 그리고 절대로 여러분의 교과서를 팔지 말길 바란다. 반드시 언젠가는 필요할 것이다. 또한, 자신의 컴퓨터에 중요한 개념들에 대해 정리를 해놓는 것이 좋다. 나중에 '찾기' 기능을 이용해 쉽게 다시 찾아볼 수 있기 때문이다. 이 정리 파일 내에 링크를 걸어두는 것도 좋다. 컴퓨터에 정리를 하는 일은 지금 당장 시간이 소요되지만 후에 여러분이 어떤 정보를 찾을 경우 많은 시간을 절약하게 될 것이다.

공부하기 좋은 장소를 찾아라 여러분도 이미 편안한 장소의 밝은 조명 아래에서 공부하는 것이 좋다는 것을 알고 있을 것이다. 또한, 방해 받지 않고 조용히 공부하고 싶을 것이다. 예를 들어, 여러분이 좋아하는 프로그램이 방영되고 있는 TV 앞에서 공부하지는 않을 것이다. 도서관은 확실히 공부하기 좋은 장소이지만 기숙사 방이나 가정의 자신의 방 역시도 공부하기 좋은 장소로 만들 수 있다. 기숙사에서 생활하는 학생이라면 룸메이트에게 자신의 공부 습관과 공부하는 시간을 말하라. 그리고 가능하다면, 공부의 필요성을 잘 알고 있는 같은 공과대 학생을 룸메이트로 삼는 것도 좋다.

공부하기 좋지 않은 장소

공부하기 좋은 장소

이성 친구의 무릎이나 팔은 공부하기 좋은 장소가 아니다! 그러므로 이성 친구의 사진을 책상에 두지 말고 항상 깨끗이 정리하라. 여러분이 집중해서 공부하는 동

안만이라도 달콤한 꿈은 잠시 접어두어라. 이성 친구와의 달콤한 시간은 앞으로도 얼마든지 많이 있다.

스터디 그룹을 결성하라 여러분의 교수님은 가르치는 것이 최선의 배우는 방법이란 것을 말해주는 첫 번째 사람이다. 무엇인가를 가르치기 위해서는 우선 기본 개념들을 완벽하게 알고 있어야 한다. 여러분은 우선 자기 스스로 확실히 공부한 후 클래스메이트들과 함께 모여 토의하고 주요 개념들을 서로에서 설명해주면서 많은 도움을 받을 수 있다. 스터디 그룹의 모든 참여자가 동의하는 주제에 대한 토의가 이루어져야 하며 모든 사람이 토의에 참여해야 한다.

또한, 스터디 그룹은 수업과는 다른 목적을 가지고 있다는 것을 알아야 한다. 만약 여러분과 함께 강의를 듣는 다른 친구의 질문을 받으면 자신이 알고 있는 한 친절하게 가르쳐 주어라. 설명을 잘할 수 없다면 아직 그 개념들에 대해 확실히 알고 있는 것이 아니므로 더 자세히 공부할 필요성을 느낄 것이다. 무엇인가를 배우기 위한 좋은 방법은 그 과목(주제)에 대한 스터디 그룹을 만들고 그 안에서 자신의 언어로 어떤 개념들을 설명하는 것이다. 부디 능동적인 학생이 되길 바란다.

시험을 준비하라 여러분이 수업에 대한 예습 복습 및 과제를 잘 진행하고 있다면, 이제 여러분은 시험에 대한 준비를 해야 한다. 시험 대비책으로 매일 매일의 공부를 대신할 만한 것은 아무것도 없다는 사실을 잊지 말자. 시험 전날에서야 공부하는 것은 절대로 금물이다. 시험 전날은 절대로 새로운 개념 등을 배우는 날이 아니다. 그동안 배운 것들을 간단하게 정리하고 되돌아보는 날이다. 이 날은 충분한 수면을 취해서 머리를 상쾌하게 만드는 것이 시험을 위해서 훨씬 도움이 된다.

그리고 사전에 교수님에게 어떤 형식의 시험이 될 것인지, 몇 문항이나 출제되는지, 어떻게 준비하는 것이 좋은지 등에 대해 묻는 것도 아주 좋은 방법이다. 어느 시험이든지, 그 문항이 요구하는 것이 정확히 무엇인지 파악하라. 시험 문제에서 모호한 것이 있다면 교수님에게 질문해서 정확히 알고 넘어가라. 시험지를 받아 한번 훑어본 후에는 쉬운 문제부터 풀은 뒤 좀 더 복잡한 문제로 넘어가는 것이 좋다. 마지막으로, 여러분 중에 몇몇은 시험을 치를 때 걱정을 할지도 모른다. 이러한 근심을 덜기 위해서는 과제를 철저히 하고 시간 관리를 잘해야 한다.

2.4 공학학회 참여

공학학회에 가입하는 것은 여러 가지 장점이 있다. 교류, 기업 견학, 전문가의 강연, 설계 경진대회, 사회적인 행사 참여, 세미나 등에서의 배움, 장학금 기회 등은 그 일부에 지나지 않는다. 공학에서의 여러 전문 분야에 대해 비교적 자세히 알아볼 수 있는 곳도 바로 공학학회들의 웹 사이트다. 이런 조직들에 관해 조금만 자세히 읽어보면, 엔지니어들의 현재 관심사나 여러 분야에서 도움이 되는 다양한 정보를 얻을 수 있다. 덧붙여 아래에 열거된 조직들의 기본 목적과 활동에 관해서도 알게 될 것이다.

1. 엔지니어들은 각자의 연구, 개발 성과나 아이디어들을 컨퍼런스나 회의 등을 통해 서로 공유할 수 있다.
2. 그들은 전문 엔지니어들이 계속해서 최신 기술을 접할 수 있도록 정기적인 학회지, 책, 보고서 그리고 잡지 등을 발간한다.
3. 그들은 자신의 전문 분야에 대한 신기술을 여러 엔지니어에게 전달하기 위해 강좌를 개설한다.
4. 기술과 관련된 국가 정책에 관해 정부나 자치단체에 조언을 해준다.
5. 공공의 이익을 위해 제품 설계와 관련된 표준, 신호, 기호 체계 등을 새로 만들거나 발전시킨다.
6. 여러 회사나 기관의 인력들이 서로 알 수 있는 네트워크를 구성하고 제공한다. 이것은 두 가지 이유에서 굉장히 중요하다. (1)만약 여러분이 일을 하는데 있어서 자신이 속한 조직 밖에서 도움이 필요할 때, 학회에서 만난 다른 사람들을 떠올려 그들에게 부탁할 수 있다. (2)학회에서 만난 사람 중 함께 일할 새로운 엔지니어를 구하는 사람이 있다면, 여러분은 좋은 기회를 잡은 것이나 다름없다.

여러분의 대학에서 국내 학회나 지역 학회와 관련된 학생들의 동아리를 찾아보라. 그리고 그들의 모임에 참석해 보자. 여러 정보들을 모은 후, 한 가지 학회를 골라서 참여하고, 능동적인 회원이 되길 바란다. 학회의 회원이 되는 것은 아주 많은 이득을 가져다준다.

공학 조직에 참여하라!

Source: Courtesy of AIChE

Source: Courtesy of ASME www.asme.org

Source: Courtesy of ASCE www.asce.org

2.5 졸업 계획

대부분 대학교에서 운영하는 전문 공학 프로그램에 들어가기 위해서는 3단계를 거쳐야 한다. 첫 번째는 대학교에 합격하는 것이다. 이를 위해서는 일부 요구사항을 만족해야 한다. 예를 들어 고등학교 성적이 상위 x% 이내에 들어야 하거나, ACT나 SAT 성적이 일정 점수 이상을 넘어야 하거나, 영어, 수학, 과학, 사회 공부를 수년 동안 수행해야 한다. 두 번째로 대학교 1학년을 마친 후 여러분이 관심 있는 분야의 공학 프로그램을 운영하는 단과 대학에 지원한다. 이를 통과하기 위해서는 추가적인 요구사항을 만족해야 한다. 마지막으로 2학년을 마무리하는 시점에 수학, 화학, 물리, 기본 공학 수업을 성공적으로 수료하면 여러분은 토목, 전기, 기계 등과 같은 전문 공학 프로그램에 지원하여 승인받을 수 있다. 많은 대학에서 운영하는 공학 프로그램에 들어가기가 상당히 까다롭기 때문에 단과 대학과 전문 공학 프로그램에 들어가기 위해서 어떤 요구사항이 필요한지에 대해 이해하기 위해서는 반드시 조언자와 상담해야 한다.

졸업 계획 또한 아주 중요하다. 우선 4, 5년 내에 학위를 받기 위해 필요한 모든 강의를 열거해보라. 만약 관심사가 변한다면 언제라도 이 계획을 수정할 수 있다. 각 과목을 위한 선수과목과 어느 학기에 강의가 개설되는지에 대해서도 알아두어야 한다. 공학자로서 사회적인 책임을 알기 위해 사회과학과 인문학 과목을 수강하는 것도 필요하다. 현재 여러분의 관심에 대해 생각해보고 사회과학과 인문학 강의의 선택에 대해 계획해 보아라. 이때 여러분의 관심사가 변하는 것에 대해 걱정할 필요는 없다. 계획은 언제든지 수정할 수 있다. 현재 여러분이 커뮤니티 칼리지에서 수학하고 있고 후에 대학교로 옮길 계획이라면 그 대학에 미리 접촉하여 그 대학의 공학 과정, 편입 정책과 요구 사항에 대해 알아보고 그에 따라 졸업 계획도 준비해야 한다.

2.6 더 생각해 볼 것들

자원봉사 시간을 쪼개 일주일에 몇 시간 정도는 자원 봉사를 하라. 그 보답은 굉장하다! 자기 자신에 대해 아주 자랑스러울 뿐 아니라 사회의 일원임을 깨닫게 될 것 이다. 또한, 자원봉사를 통해 학교에서 배울 수 없는 타인과의 대화법이라든가 조직의 관리, 감독 기술 등을 배울 수 있다.

선거에 참여하라 여러분은 대부분 18세 이상일 것이다. 그러므로 시민의 권한을 진지하게 생각해야 한다. 투표권을 제대로 행사하는 것은 자치단체나 정부에서 중요한 역할을 하는 것이나 다름없다. 자유권은 방임이 아님을 기억하라. 책임감 있는 시민이 되자.

친구를 만들라 과우들과 친하게 지내는 것에는 여러 좋은 점들이 있다. 여러분은 급우들과 함께 스터디 그룹을 만들고 싶을 것이다. 그리고 만약 수업에 참석하지 못할 경우, 과제나 그날의 수업 내용을 물어볼 친구가 필요하다. 그러므로 수업 첫 시간에 받는 강의계획서에 이런 것들도 적어두자: 옆자리에 앉은 친구의 이름, 전화번호, 이메일 주소.

선배와 친하게 지내라 3, 4학년 선배들과 알고 지내는 것은 수업, 시험에 관한 정보와 대학생활의 이런 저런 정보 등에서 많은 도움을 받을 수 있다. 여러 경로를 통해 선배들을 알게 된 후에는 그들의 이름, 전화번호, 이메일 주소 등을 기록해 두어라.

요약

이 장에서는 다음을 학습했다.

- 고등학교에서 대학으로의 진학에 따른 과도기 과정을 자연스럽게 만들기 위해서 여러분은 이 장 앞에서 소개한 여러 조언들을 따라야 한다. 또한 2.2절에서 소개한 시간표처럼 자신만의 합리적인 시간표를 만들기 위해 심사숙고해야 한다.
- 여러분은 수업의 첫 시간부터 수업에 대한 준비를 해야 하며, 수업에 반드시 참석하고, 도움이 필요하면 언제든지 요청하며, 노트 필기를 잘하고, 공부하기 좋은 장소를 고르며, 스터디 그룹을 만들어야 한다.
- 공학학회의 중요성을 깨달아야 하며, 수집한 정보들을 바탕으로 학회에 등록하고, 능동적인 회원이 되어야 한다.

연습문제

2.1 현재 학기의 시간표를 구성해 보자. 어느 것이 자신에게 가장 잘 맞는 시간표인지 검토해 보고, 선배나 친구, 교수님의 조언도 들어보자. 그들의 의견을 들어보고 필요하다면 시간표를 수정할 수 있다. 최종적으로 시간표를 구성한 후 교수님에게 제출하라. 그날그날의 일지를 준비하여 꾸준히 작성하고, 얼마나 시간표에 잘 따르고 있는지 점검하여 어느 부분에서 비효율적으로 시간을 소비하고 있는지 생각해보라. 매주 마다 시간표에서 일탈된 행동은 무엇이었는지 기록하고, 이에 대해 한 페이지 분량의 보고서를 작성하고, 단점을 개선하고 보완할 방법에 대해 생각하라. 이런 종류의 보고서를 2주 단위로 하나 더 만들어 제출하라. 이 연습문제는 계속해서 무엇인가에 대해 개선하고 정기적으로 보고해야 하는 일반적인 공학문제와 다름없음을 유념해 두기 바란다.

2.2 2.5절에 서술한 바와 같이 조언자를 만나서 졸업계획을 세우기 바란다.

Hour	Monday	Tuesday	Wednesday	Thursday	Friday	Saturday	Sunday
7-8							
8-9							
9-10							
10-11							
11-12							
12-1							
1-2							
2-3							
3-4							
4-5							
5-6							
6-7							
7-8							
8-9							
9-10							
10-11							

"결코 학교수업이 나의 교육에 방해가 되지 않는다."
— Mark Twain(1835~1910)

CHAPTER

3

공학 설계 개론

엔지니어는 자신의 전공지식과 상관없이 우리가 일상생활에서 사용하는 제품이나 서비스를 설계하기 위해 일정한 단계를 따른다. 이 단계는 (1)제품이나 서비스의 필요성 인식, (2)문제(필요성)의 확실한 정의 및 이해, (3)사전 연구와 준비, (4)가능한 해결책을 위한 아이디어의 개념화 (5)결과의 종합, (6)좋은 아이디어의 세부적인 평가, (7)최적의 해결책을 얻기 위한 결과의 최적화 그리고 (8)해결책에 대한 프레젠테이션이다.

엔지니어는 문제의 해결사다. 이 장에서는 공학 설계의 절차에 대해 배운다. 1장에서 설명했듯이 우리가 일상생활에서 사용하는 제품이나 서비스를 설계하기 위해서 엔지니어는 물리적, 화학적 원리와 수학의 원리들을 적용한다. 이제 우리는 디자인이란 정확히 어떤 의미를 가지고 있으며 엔지니어가 이러한 제품이나 서비스를 어떻게 설계하는지 살펴본다. 엔지니어가 설계를 할 때 따르는 기본적인 단계를 논의하고 또한 설계 공정과 제품 및 서비스 개발을 하는데 있어서 필수 구성요소인 경제성, 재료 선택, 팀워크, 프로젝트 스케줄링 그리고 공학 표준과 기호체계를 소개한다.

3.1 공학 설계 프로세스

우선 1장에서 설명한 엔지니어가 하는 일에 대해 다시 한 번 살펴보자. 엔지니어는 우리가 일상생활에서 사용하는 제품이나 서비스를 설계하기 위해 물리적이고 화학적인 원리와 수학의 원리를 적용한다. 이러한 제품들은 자동차, 컴퓨터, 항공기, 옷, 장난감, 가정용품, 수술 도구, 난방과 냉방장치, 건강 제품, 제품을 만드는 도구와 기구 등이다. 엔지니어는 제품을 설계할 때 원가, 효율성, 신뢰성, 안전성 등의 요소를 중요시 여기며, 설계하는 제품이 다양한 무게와 조건을 만족시킬 수 있도록 여러 차례의 실험을 한다. 또한, 엔지니어는 이미 존재하는 제품을 더욱 향상시키기 위해서 계속적으로 많은 연구를 한다. 엔지니어는 건물, 댐, 고속도로, 대중교통 시스템 건설도 설계하고 감독한다. 제조 공장, 회사, 가정, 사무실마다 전력을 공급하는 발전소의 건설도 엔지니어가 설계하고 감독한다. 엔지니어는 국가의 기반 시설이라고 할 수 있는 통신 시스템, 공익 설비, 운송 체계 등을 설계하고 감독하는데 중요한 역할을 하고 있다. 엔지니어는 새로운 응용 제품을 위해 더 가볍고 강한 재료를 개발하고 있다. 또한, 석유, 천연 가스, 원료 등을 추출하기 위해 필요한 장비를 설계하고 적합한 방법으로 찾는 데 책임을 지고 있다.

이제 설계 프로세스는 어떻게 구성되어 있는지 자세히 알아보자. 문제의 해결책을 찾기 위해서 엔지니어가 따르는 기본 단계는 다음과 같다. (1)제품이나 서비스의 필요성을 안다, (2)문제(필요성)를 확실하게 정의하고 이해한다, (3)사전 연구와 준비를 한다, (4)가능한 결과를 위해서 아이디어를 개념화한다, (5)결과를 종합한다, (6)좋은 아이디어를 세부적으로 평가한다, (7)최적의 솔루션을 내기 위해 결과를 최적화시킨다, (8)솔루션을 프레젠테이션한다.

뒤에서 자세히 설명하겠지만, 각 단계는 서로 연계되어 있으며 꼭 순서대로 이루어질 필요는 없다. 만약에 고객이 설계의 변수를 바꾸고 싶을 경우에는 1단계 또는 2단계로 돌아갈 수도 있다. 대개 엔지니어는 정기적으로 진도 보고서를 제출하도록 정해져 있다. 그러므로 프레젠테이션이 설계 프로세스 중 8단계에 있지만, 다른 설계 단계에서도 필요하다.

1단계: 제품 또는 서비스의 필요성 인식

주위를 둘러보면 우리가 일상적으로 사용하는 대다수의 제품과 서비스는 엔지니어가 설계한다. 우리는 일반적으로 이러한 제품과 서비스에 어떤 문제가 생겨 하자가 발생할 때까지 사용한다. 이미 쓰고 있는 제품 중 일부는 새로운 기술을 이용하여 끊임없이 변형되고 있다. 예를 들어 자동차 또는 가정용품은 새로운 기술을 적용하기 위해서 새롭게 설계되고 있다. 이미 사용되고 있는 제품이나 서비스 외에도 새로운 제품이 우리의 생활을 편하게 해주기 위해서 끊임없이 개발되고 있다. 옛말에 "누군가 상황이나 일에 대해서 불평하거나, 제품을 저주하면 바로 그 순간이 제품이나 서비스에게 오는 기회다."라는 말이 있듯이 모든 제품과 서비스에는 필요성이 있기 때문에 그 필요성을 알아내면 된다. 필요성을 알아내는 사람은 본인, 기업 또는 어떤 문제에 대한 해결책으로서 더 편리하고 효율적인 새 제품을 필요로 하는 제3의 고객일 수 있다.

2단계: 문제 정의와 이해

설계 엔지니어로서 가장 먼저 할 일은 문제를 완벽하게 이해하는 것이다. 이 단계는 모든 설계 프로세스에서 가장 중요하다. 문제 또는 고객이 무엇을 필요로 하는가를 정확히 이해하지 못하면 고객의 적절한 필요에 맞는 해결책을 찾지 못한다. 문제를 이해하기 위해서 가장 좋은 방법은 연속적인 질문이다. 고객에게 물어볼 질문은 주로 이 프로젝트에 얼마만큼의 투자를 할 것인가? 사용할 수 있는 재료의 크기나 종류에 제한이 있는가? 언제까지 필요한가? 이 제품의 수량은 어느 정도인가? 등이다. 일단 질문을 시작하면 계속하게 되므로 문제를 확실하게 정의할 수 있게 된다. 또한, 엔지니어는 일반적으로 하나의 팀으로 일을 하므로 복잡한 문제를 풀기 위해 서로 의논하고 문제를 나누어서 해결할 수 있다는 점을 기억해야 한다. 이제는 시장이 전 세계적으로 확대되었기 때문에 좋은 대인관계와 의사소통 능력이 아주 중요하다.

엔지니어는 맡은 문제를 확실하게 이해해야 하고 다른 문제들과의 조화가 잘 이루어져야 한다. 예를 들어, 여러 부품이 각각 다른 나라와 도시에 있는 기업에서 만들어질 수 있다. 모든 부품이 서로 잘 맞고 조화를 이루기 위해서는 협동과 조화가 필수적이며 이는 좋은 팀워크와 원활한 의사소통 능력을 요구한다. 그러므로 다음 단계로 가기 전에 문제를 분명하게 이해하고 확실하게 정의를 내려야 한다. 이 점은 아무리 강조해도 지나치지 않다. 뛰어난 문제의 해결사는 문제의 요점을 완벽하게 이해하는 사람이다.

3단계: 연구와 준비

이제 문제를 완전히 이해했으면 필요한 정보를 수집하는 단계이다. 이때 반드시 고객이 필요로 하는 제품이 이미 존재하는지 조사해야한다. 여러분의 회사에 이미 개발이 완료된 제품이 있을 경우, 고객의 필요에 맞도록 수정할 수 있다. 쓸데없이 처음부터 다시 시작하는 것은 시간 낭비다! 앞에서 말했듯이 일의 규모에 따라서 어떤 프로젝트는 다른 기업과의 공조가 필요할 수도 있으므로 다른 회사를 통해서 무엇을 얻을 수 있는가를 찾아내는 것도 필요하다. 그러므로 가능한 한 많은 정보를 수집하라. 고객뿐만 아니라 여러 엔지니어와 기술자가 시간을 함께 해야 한다. 요즘은 인터넷이 정보를 수집하는 일에 필수적인 도구가 되고 있다. 모든 정보를 수집했으면 검토를 하고 적절한 방식으로 구성한다.

4단계: 개념화

개념화 단계에서는 문제에 합당한 해결책이 될 수 있는 아이디어나 개념을 만들어 내는 것이 필요하다. 다시 말하면 그리 세부적인 분석 없이 문제를 해결할 수 있는 방법을 구상하고 생각해내야 한다. 이 단계에서는 창조적이어야 하고 몇 가지의 해결책을 개발해야 하지만 적절한 개념을 나열할 필요는 없다. 문제가 복잡한 시스템일 경우에는 시스템의 세부 구성을 확인해야 한다. 아직은 각 해결책의 자세한 내용은 필요 없지만 제시한 개념이 가치 있는지에 대한 충분한 분석이 필요하다. 간단히 말하자면 "향후에 이 개념이 실행 가능한지" 스스로 자문해야 한다. 또 4단계에서는 시간의 한계를 조절할 수 있어야 한다. 진정한 엔지니어는 일을 생산적이고 효율적으로 실행하도록 시간 관리에 대한 능력이 있다. 프로젝트를 완성하기 위해서 목표 달성 차트를 작성하고 계획한 기간 내에 일을 완성해야 한다.

5단계: 종합

진정한 엔지니어는 여러 문제를 해결하기 위해 공학의 기초 원리를 완벽하게 터득하고 있으며 분석적이고 목표가 확실하며 창조적이다. 5단계에서는 세부적인 내용을 다룬다. 수학적인 계산, 컴퓨터 모델의 실행, 사용할 재료의 범위 조절, 시스템의 부품 크기 결정, 제품의 조립 방법 등을 결정해야 한다. 적절한 코드와 기준을 설정하고 작성한 설계가 이 부호와 표준에 맞아야 한다. 3.11절에서 배울 공학 부호와 표준을 명심해야 한다.

6단계: 평가

이 단계에서는 문제를 더욱 상세하게 분석한다. 결정적인 설계 변수를 확인하고 최종 설계에 어떤 영향을 끼치는지 검토한다. 나아가 모든 계산과 산출의 정확한 실행을 확인해야 한다. 분석 과정에 불확실한 점이 있으면 실험적인 연구를 실행해야 하고 가능하면 작업 모델을 창조하고 실험해야 한다. 이 단계에서는 가장 바람직한 해결책을 선택하고 제품 조립의 상세한 내용도 완전하게 작업되어야 한다.

설계 과정 중 상세 내용에 대해 토론 중이다.

7단계: 최적화

최적화는 최소화 또는 최대화라는 의미이다. 설계는 일반적으로 기능성 설계와 최적화 설계로 분류된다. 기능성 설계는 미리 설립된 설계 요구를 모두 만족시키지만 특정 부분은 추가적인 개선을 필요로 한다. 기능성 설계에 대한 예를 보자. 무게가 1335N이고 사람을 안전하게 받쳐주는 3m 길이의 사다리를 설계한다고 하자. 그러면 3m 높이에 1335N(300lb)의 무게를 각 단마다 안전하게 받쳐줄 수 있는 강철 사다리를 설계할 것이고 비용도 어느 정도 들것이다. 이 설계는 힘과 크기를 포함한 모든 요구를 만족시킬 것이고 기능성 설계로 구성되어 있다. 이를 위해서는 이 설계를 개선하기에 앞서 디자인을 최적화하기 위해 어떤 기준을 사용할 것인지를 알아야 한다. 최적화 설계는 원가, 힘, 크기, 무게, 신뢰성, 소음, 성능 등과 같은 특정한 기준이 있어야 한다. 무게를 최적화 기준으로 채택한다면 사다리의 힘을 보존한 상태에서 무게를 줄여야 하는 점이 문제이다. 예를 들면, 알루미늄을 사다리의 재료로 사용할 수 있다. 또한, 사다리의 부하나 안전에 대한 요구조건을 만족한 상태에서 사다리의 특정 부분의 재료를 제거할 수 있는지 하중 분석을 할 수 있다.

한 가지 알아두어야 할 점은 공학 시스템의 각 부품을 최적화하는 작업이 최적화된 시스템을 가져오지는 않는다. 예를 들어 냉장고와 같은 열의 유동 시스템을 보자. 냉장고의 각 부품인 압축장치, 증발기, 응축기 등을 어떠한 기준에 맞게 각각 최적화한다고해서 전반적 시스템의 최적화라는 결론은 나오지 않는다.

전통적으로 설계를 개선하려면 설계를 시작으로 해서 분석을 실행하고 결과를 확인한 후에 처음 설계의 개선이 가능한지 검토를 한다. 그 단계가 [그림 3.1]에 나타나있다. 지난 몇 십 년 동안 최적화 과정이 선형에서 비선형 프로그래밍 기술까지 이르는 분야로 성장했다. 다른 분야와 마찬가지로 최적화 분야도 전문용어가 따로 존재하기 때문에 설계의 최적화 과정을 더 배우기 위해서는 전문적인 강의를 듣는 것이 좋다.

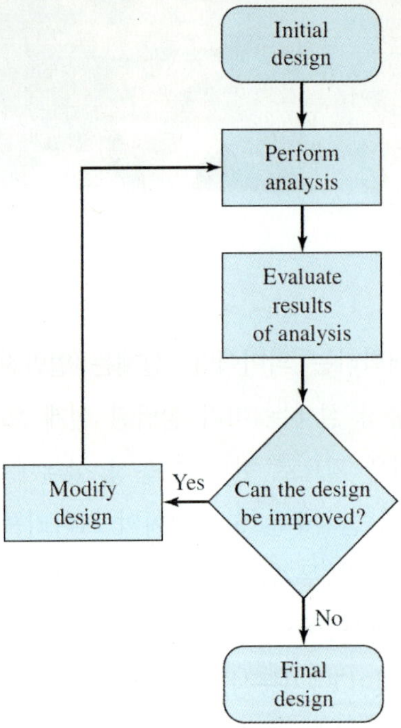

그림 3.1
최적화 과정

8단계: 프레젠테이션

이제 최종 해결책을 가지고 직접 상사 또는 기업 내의 다른 부서 또는 외부의 고객에게 보여준다. 프레젠테이션은 구술 형태뿐만 아니라 문서의 형태도 마련해야 한다. 1장에서 설명한 것처럼 엔지니어는 문서 보고서를 작성하는 능력이 있어야 한다. 프로젝트의 크기에 따라 보고서가 장황하고 상세하게 그래프, 차트, 공학 설계 등을 포함할 수 있고 또는 간결한 기록이나 행정적인 요약 형태일 수 있다. 물론 8단계에서 프레젠테이션을 한다고 했지만 상황에 따라 구술 또는 문서 형태의 중간 보고서를 정기적으로 프레젠테이션 해야 할 경우가 자주 있다. 따라서 프레젠테이션은 다른 설계 단계에서도 필수적인 부분이라고 할 수 있다.

마지막으로, 뛰어난 엔지니어는 회사 동료와 호흡이 잘 맞고 여러 고객에게 전문 지식을 정확하게 전달할 수 있도록 구술과 문서로 전달하는 능력이 있어야한다. 또한, 엔지니어는 조직 안에서 다양한 사람들과 부딪치고 의사소통을 가능케 해주는 훌륭한 '인간관계 기술'이 필요하다.

설계 프로세스 중 7단계에서 최적화를 배웠다. 다음 예제를 통해 최적화의 기초 개념과 전문용어를 배워보자.

예제 3.1

$1,680의 예산으로 회사의 저장탱크를 구매하려 한다. 요구사항에 맞는 탱크 제조업자 둘을 찾았다. 제조업자 A에게서는 한 개당 $120인 16m^{3}용량의 탱크를 살 수 있고, 바닥 면적은 7.5m^{2}가 필요하다. 제조업자 B에게서는 한 개당 $240인 24m^{3}용량의 탱크를 구입할 수 있고, 바닥 면적은 10m^{2}가 필요하다. 탱크는 바닥 면적이 90m^{2}인 연구실에 설치된다. 예산과 바닥 면적의 한계에서 가장 큰 저장 용량을 찾아야 한다. 각 탱크를 몇 개 구매해야 하는가?

우선 최소화하고 최대화를 시도할 함수인 목적함수(objective function)의 정의를 내린다. 창고 용량을 최대로 하고 싶은 요구사항을 수학적으로 해결한다면

$$\text{최대화 } Z = 16x_1 + 24x_2 \quad (3.1)$$

제약 조건:

$$120x_1 + 240x_2 \le 1680 \quad (3.2)$$

$$7.5x_1 + 10x_2 \le 90 \quad (3.3)$$

$$x_1 \ge 0 \quad (3.4)$$

$$x_2 \ge 0 \quad (3.5)$$

식 (3.1)에서 Z가 목적함수이고 변수 x_1과 x_2는 각각 16m^{3}용량의 탱크와 24m^3 용량의 탱크를 나타내는 설계 변수라고 한다. 식 (3.2)~(3.5)의 부등식이 보여주는 한계는 제약조건이라고 한다. 선형계획법 문제(목적함수와 제약조건이 선형)를 풀기 위한 특별한 방법이 있지만 추가적인 개념을 그림으로 보이기 위해서 그래프 형태로 풀자.

우선 부등식으로 주어진 영역을 어떻게 그릴 것인지 보자. 예를 들어, 선형 부등식 $120x_1 + 240x_2 \le 1680$의 영역을 보여주기 위해서는 $120x_1 + 240x_2 = 1680$을

먼저 그린 후에 영역이 선의 어떤 쪽인지 판단한다. $120x_1 + 240x_2 = 1680$을 그린 후, $x_1 = 0$와 $x_2 = 0$을 식에 입력해보고 영역에 포함되는지 확인한다. 이 두 값을 입력하면 부등식 $(120)(0)+(240)(0) \le 1680$을 만족시키므로 빗금을 친 부분이 부등식의 영역이다. 만약에 $x_1 = 15$와 $x_2 = 0$을 입력하면 부등식을 만족시키지 못하므로 영역 밖이다([그림 3.2(a)]를 참조). 부등식 (3.2)~(3.5)는 [그림 3.2(b)]에 그려졌다.

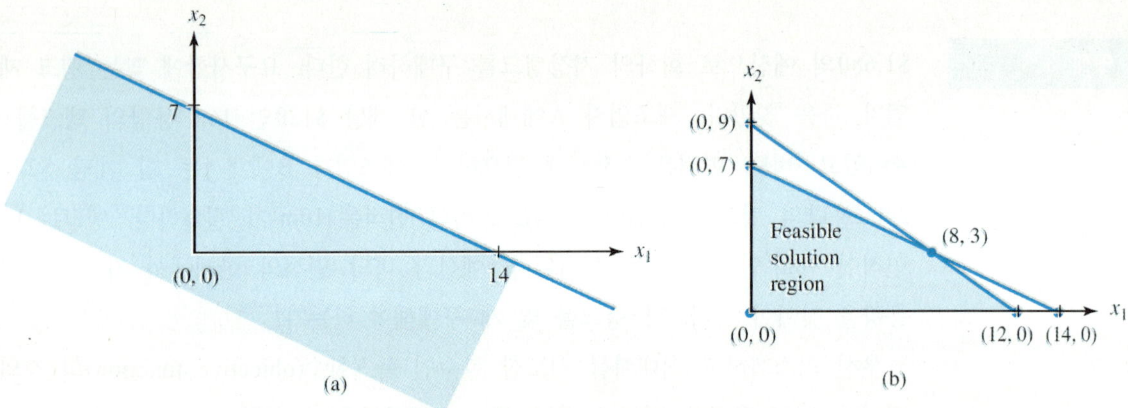

그림 3.2 (a) $120x_1 + 240x_2 \le 1680$인 선형 부등식의 영역, (b) 예제 3.1의 가능역

[그림 3.2(b)]의 빗금 친 부분을 가능 해결 영역(feasible solution region)이라 하고 이 영역의 모든 점은 부등식을 만족시킨다. 그러나 식 (3.1)의 주어진 목적함수를 최대화해야하므로 목적함수를 가능역으로 옮겨서 최댓값을 찾아야 한다. 목적함수의 최댓값은 가능역의 두 모서리의 점 중 하나일 것이다. 가능역의 모서리 점을 목적함수에 입력하면 [표 3.1]처럼 $x_1 = 8$과 $x_2 = 3$일 때 최댓값을 가진다.

결론적으로 제조업자 A에게서 $16m^3$용량의 탱크 8개 구입하고, 제조업자 B에게서 $24m^3$용량의 탱크 3개를 구입하면 주어진 제약조건 하에서 저장용량을 최대화시킬 수 있다.

표 3.1 가능역의 모서리 점에 있는 목적함수의 값

Corner Points(x_1, x_2)	Value of $Z = 16x_1 + 24x_2$
0, 0	0
0, 7	168
12, 0	192
8, 3	200(max.)

여러분이 향후 4년 동안 특정 분야에 대한 설계 강의를 수강하게 된다는 점은 주목할 만하다. 그리고 4학년이 되면 상대적으로 복잡한 설계 프로젝트를 수행하게 될 것이다. 결국 여러분은 대학 기간 중에 각자의 전문 분야에 대한 설계 프로세스와 이에 대한 응용을 좀 더 깊이 있게 배우게 될 것이다. 지금까지 설계 프로세스에 대해 소개했다. 앞으로 여러분이 많은 설계 작업에 참여할 것이라는 점을 명심하기 바란다.

토목 공학 설계 프로세스

토목 공학 설계 프로세스는 기계, 전기, 화학 공학 등의 분야와는 약간 다르다. 1장에서 설명한 바와 같이 토목 공학은 공공기반 시설 및 서비스 제공과 관련된다. 토목 엔지니어는 건물, 도로, 고속도로, 다리, 댐, 터널, 대형운송시스템, 공항 등을 설계하고 건설한다. 또한, 동시 용수 공급 및 하수 시스템을 설계하고 관리하는 일도 담당한다. 토목 엔지니어들의 프로젝트 특성상 이들은 지역적, 국가 차원에서 정해 놓은 특정한 절차, 법규, 표준을 따라야한다. 게다가 건물이나 대량수송시스템에 대한 설계 프로세스와 다리에 대한 프로세스에는 차이가 있다. 토목 공학 프로젝트가 수행되는 방법에 대해 알아보기 위해 건축물 설계를 예로 들어 기본 절차에 대해 설명한다. 학교, 사무실, 쇼핑몰, 병원과 같은 건축물 설계 시 일반적으로 다음의 절차를 따른다. 괄호 안의 설명은 앞 절에서 설명한 설계 절차와 관련되어 있다.

1. 건축물의 필요성 인식(1단계: 제품이나 서비스의 필요성 인식)
2. 건축물의 용도 정의(2단계: 문제 정의 및 이해)
3. 프로젝트 계획 수립(3단계: 연구 및 준비)
4. 기본 설계 단계(4, 8단계: 개념화 및 프레젠테이션)
5. 설계 전개 단계(5, 6, 8단계: 분석, 평가, 프레젠테이션)
6. 실시 설계 단계(5, 7단계: 분석, 최적화)
7. 감리 단계

1단계: 건축의 필요성 인식

새로운 건축물을 건설해야 하는 이유에는 여러 가지가 있을 것이다. 예를 들어,

한 지역의 인구 변화로 새로운 초등학교가 필요할 수도 있고, 6~12세 학생 수 증가에 따라 이들을 수용하기 위해 학교 건축물을 증축해야 할 수도 있다. 또한, 고령 인구 증가에 따라 새로운 병원이 필요할 수 있고, 특정 제품에 대한 사용자의 수요가 증가하여 공장을 확장해야 하는 경우도 있을 것이다.

사유 공간에서의 건축물 건설 여부는 기업 소유주나 소유하고 있는 부동산에 의해 결정된다. 반면에 지역이나 국가 소유 공간에서의 건축물 건설 여부는 학교법, 도시 엔지니어, 지역 엔지니어 등에 의해 계획되고, 학교위원회, 시의회, 교통국 등의 관련 단체의 승인을 받아야 한다.

2단계: 건축물의 용도 정의

건축물 건설에 대해 승인을 받은 다음에는 설계 작업을 시작하기 전에 해당 건축물에서 수행될 활동 및 기능에 대해 결정해야한다. 예를 들어, 새로운 초등학교를 건설하는 경우에 향후 입학할 학생 수를 예측해야 한다. 이 데이터를 기반으로 교실과 컴퓨터실의 수, 도서관이나 식당의 필요성 등을 결정할 수 있다. 병원의 경우에는 검사실, 방사선실, 접수 공간, 기록실 등의 수를 고려해야 한다. 건축물의 용도와 기능 수행을 위해 필요한 데이터를 활용해서 건축사는 건축물을 건설하고자 하는 고객의 요구를 만족할 수 있는 건축물 면적을 결정할 수 있다.

3단계: 프로젝트 계획 수립

이 단계에서 건축물을 건설하고자 하는 고객은 새로운 건축물을 건설할 후보 장소를 물색한다. 장소를 결정하는 과정에서는 소요 비용, 이상적인 건축물 위치, 지역, 주변 환경의 영향, 유물 존재, 교통량 등의 요소들이 고려되어야 한다. 이 단계에서는 상세한 연구나 설계가 필요하지는 않지만 고객은 프로젝트 소요 금액과 수행 가능성에 영향을 미칠 수 있는 모든 요소들을 인식해야 한다. 예를 들어, 건축물 위치를 거주 지역으로 고려하고 있다면 상업 지역으로 변경하는 것이 불가능하지는 않지만 상당히 어려울 것이다. 건축물이 위치한 지역을 변경하기 위해서는 지역 주민들의 의견을 수렴해야 하고, 시의회의 승인을 받아야 하기 때문이다. 가장 일반적인 주변 환경에 미치는 영향으로는 새로운 건축물로 인해 추가적으로 발생하는 교통 소음, 습지 개선, 야생 동물에 대한 영향 등이 있을 수 있다. 건축물 위치에 고대 유물이 존재한다면 건설 허가가 취소될 수도 있다. 설계에 변경 사항이 있다면 건설이 시작되기 전에 반영되어야 한다.

이 단계에서 고객은 설계를 시작하기 위해서 건설사나 도급업자를 선정한다. 고객이 도급업자를 선정하면 건설사는 이 도급업자를 고용한다. 건설사는 설계 업무에는 관여하지 않고 프로젝트를 완료하기 위해 구조 엔지니어, 기계 엔지니어, 전기 엔지니어, 실내 디자이너, 프로젝트 관리자 등과 협조하여 진행한다.

엔지니어는 프로젝트 일정 수립이 많은 요소를 고려해야 한다.

4단계: 기본 설계 단계

이 단계에서 건축사는 건물의 용도를 충분히 이해하고 프로젝트의 예산을 산정하기 위해 고객과 상담하다. 건축사는 건축물에 대한 여러 설계 도면을 준비한다. 고객과의 지속적인 대화를 통해서 건축사는 한두 개의 설계로 대안을 좁힌다. 이 설계에는 방과 공간의 배치가 포함되고, 재료 형태와 건축물 골격 시스템에 대해서도 제한한다. 건축사는 고객에게 설계 도면을 전달하고 설계 다음 단계에 필요한 피드백을 받는다.

5단계: 설계 전개 단계

설계 전개 단계에서 건축사는 건축물 내 배치를 마무리한다. 이 단계에서 건축사는 구조 엔지니어와의 논의를 통해 기둥 크기와 빔 크기를 결정한다. 빔 크기는 천정 높이와 건물의 전체 높이에 영향을 받고, 기둥 크기는 건축물 내 방들의 배치 형태에 영향을 받는다. 이러한 고려를 통해 방이나 공간 내에 위치할 기둥수를 줄일 수 있다.

일단 건축사가 방과 공간 배치를 마무리하면, 구조 엔지니어는 건축물에 대한 예비 설계를 수행하기 시작한다. 기계 엔지니어는 냉난방 공조시스템에 대한 사전 설계를 수행하고, 전기 엔지니어는 전기 설계를 수행한다. 다음으로 실내 디자이너는 건축물 내 실내 사전 디자인을 제공한다. 예비 설계를 기반으로 도급업자는 프로젝트 비용을 산정한다.

이 단계의 끝부분에서 다양한 분야의 엔지니어, 실내 디자이너, 도급업자를 대표하는 건축사는 고객에게 사전 설계 결과를 설명하고 수정 및 보완할 점을 찾는다. 고객은 금액적인 요인이나 다른 요인으로 방을 재배치하거나 실내 디자인 변경을 요구할 수도 있다. 고객의 요구를 받은 후 설계 다음 단계가 시작된다.

6단계: 실시 설계 단계

이 단계에서는 모든 세부 작업이 수행된다. 실시 설계에는 건축사, 토목/구조/기계/전기 엔지니어들, 실내 디자이너에 의해 도출된 상세 설계 및 도면이 포함된다. 일부 프로젝트에서는 조경사의 작업이 포함되기도 한다. 엔지니어들이 자신이 담당한 분야의 설계를 진행하는 동안 건축사는 건축물의 지붕에서 바닥 사이에 있는 모든 것들에 대한 세부적인 배치를 수행한다.

토목 엔지니어는 건축물의 주변부터 인도까지의 경사 완화, 주차 영역의 경사 완화, 노면의 빗물 배수시설 등을 포함한 배치 계획 설계를 제공한다. 또한, 건축할 지역에 기존 건축물이 있거나 송전선이 있으면, 기존 건축물을 제거하거나 송전선을 재배치 계획을 수립해야 한다.

구조 엔지니어는 건물의 토대, 빔, 기둥, 실내외 벽, 접속부와 창문, 문, 지붕, 마루 등을 위한 지지대과 같은 구조 요소들에 대한 상세한 설계를 제공한다. 이 과정에서 정부에서 제정한 건축물 법규를 따라야 한다. 대부분의 경우 정부는 건축물에 대한 법규를 채택하고 있다. 건축물 법규는 공학 설계 표준뿐만 아니라 복도 너비, 비상구 수 등과 같은 정보를 명시한다.

건축이 시작되기 전에 실시 설계 결과는 건축물 감독관에 검토 받은 후 승인 받아야 한다. 공공 프로젝트에서는 종종 있는 경우지만 고객이 도급업자를 선택하지 않았으면 관심 있는 도급업자들은 입찰 참여를 위해 실시 설계 문서를 구매하거나 건축사의 웹사이트에서 다운 받을 수 있다.

7단계: 감리 단계

실시 설계가 승인되고 도급업자가 선정되면 건축이 시작된다. 도급업자는 건축과 진행 상황을 관리하고, 하위 도급업자를 조정하는 관리자 역할을 하게 된다. 다리, 고속도로, 발전소와 같은 대형 프로젝트의 경우 건설 관리자는 등록된 전문 엔지니어야하고 현장 감리의 책임이 있다.

건축가를 대표하는 프로젝트 관리자는 건설 진행 과정을 검토하고 추가적인 관심이 필요한 이슈에 대해 대응하기 위해 현장 관리자와 고객을 만나고 정기적으로 만나야 한다. 많은 프로젝트에서 예측하지 못한 일 때문에 설계 내용에 대한 조정이 요구된다.

구조 엔지니어도 프로젝트의 진행 상황을 살펴보기 위해 주기적으로 건설 현장을 방문한다. 건설 기반을 세우거나 건축물의 골격을 세우는 시기에는 반드시 현장을 방문해야 한다. 작업자들이 주어진 도면에 따라 건설 작업을 수행하고 있다고 현장 관리자가 확신하고, 프로젝트 관리자가 건축물이 정상적으로 지어지고 있는지 종종 확인하더라도 구조 엔지니어는 자신의 눈으로 설계 사양에 따라 건축물이 제작되고 있는지를 확인해야한다. 건설 현장을 방문하는 것 이외에도 도급업자를 통해 제작자에게서 제출된 시공 상세서를 확인하는 책임을 가지고 있다. 시공 상세서는 구조 요소들의 상세 사항을 포함하고 있다. 예를 들어, 강철 제작자는 현장에 전달될 정확한 빔 길이에 대한 축척을 시공 상세서에 포함시켜야 한다. 또한, 연결을 위해 빔 끝부분에 위치하는 구멍의 수와 크기도 포함해야 한다. 프로젝트에 사용되는 각 빔에 고유번호를 부여해서 강철 작업자가 각 빔이 사용될 위치를 정확하게 알 수 있도록 한다.

프로젝트가 완료되면 프로젝트 관리자는 고객과 관리자와 함께 건축물을 살펴보고 잘못된 곳이나 수정할 부분이 있는지를 검토한다. 최종적으로 건축물 감독관이 승인하면 모든 단계가 완료된다.

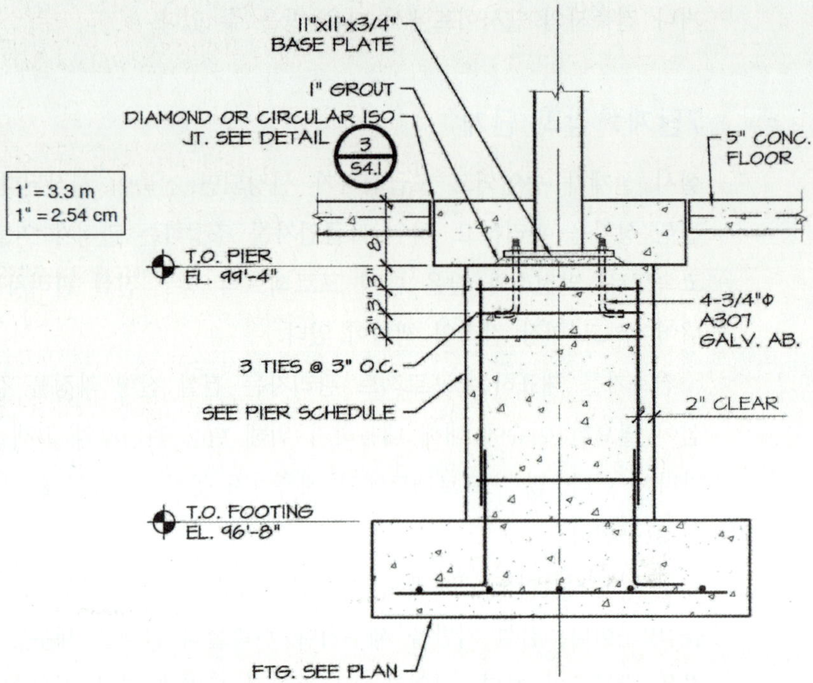

Source: Courtesy of Karen Chou

3.2 지속가능성을 고려한 설계[1)]

지난 몇 년간 여러분은 지속가능성(sustainability)에 대해 여러 번 접했을 것이다. 지속가능성이란 무엇을 의미하며 미래 엔지니어인 여러분이 지속가능성을 잘 이해해야하는 것이 왜 중요한가? 지속가능성과 지속가능한 공학에 대한 일반적인 정의는 없다. 다양한 분야에서 다른 의미로 사용되고 있다. 하지만 일반적으로 통용되는 정의 중 한 가지는 "미래 세대의 요구를 만족하기 위한 능력을 고려하지 않고 현재의 요구를 만족하는 설계와 발전"이다.

여러분이 알고 있는 바와 같이 엔지니어는 우리 사회의 민간 부문과 공공 부문 모두에 기여하고 있다. 민간 부문에서는 우리가 일상생활에서 사용하는 제품과 서비스를 설계하고 생산한다. 이러한 제품과 서비스는 우리가 좀 더 나은 삶을 살 수 있도록 도와준다. 엔지니어들은 공공 부문에서도 중요한 역할을 해오고 있다. 기반 시설에 대한 요구를 충족시키고, 에너지와 식품에 대한 안전, 국방과 같은

1) Source: Excerpted and adapted from Board of Direction Views Sustainability Strategy as Key Priority, ASCE News, January 2009 Volume 34, Number 1, http://www.asce.org/Content.aspx?id=2147484152

지방 및 국가의 임부를 지원한다. 세계적인 사회경제적인 추세에 따라 엔지니어에게 환경 문제와 지구의 자원 부족 해결에 대한 요구가 증대되고 있다.

미래의 엔지니어인 여러분은 삶의 수준을 올리고 의료 서비스를 증진시키는 제품과 서비스를 설계하고 제공하며 심각한 환경 문제나 지속가능성 문제에 대해 관심을 갖게 될 것이다. 다시 말하면, 제품과 서비스를 설계하는 경우, 지구의 자원 부족, 환경적, 사회적, 도덕적, 기술적, 경제적 요소들 간의 관계를 고려해야만 한다. 게다가 에너지와 식품 안전, 지속가능성 문제에 대한 해결책은 도출하려고 하는 엔지니어들 간의 국제 경쟁도 치열해지고 있다. 문제를 해결하고 의사 결정하는 과정에 지속가능성 개념, 방법, 툴을 적용할 수 있는 훈련을 받은 엔지니어의 부족은 향후 우리에게 심각한 문제를 초래할 수 있다. 이 사실 때문에 최근 American Society of Civil Engineers(ASCE), the American Society for Engineering Education(ASEE), the American Society of Mechanical Engineers(ASME), the Institute of Electrical and Electronics Engineers(IEEE) 등의 공학 단체에서는 공학 교과과정에 지속가능성 교육을 지원하고 있다.

토목 엔지니어는 정책입안자와 정치가들에 의해 국내외적으로 논의되고 있는 기후 변화와 지속가능성 문제를 해결하는데 있어서 그 역할이 점점 중요해지고 있다. American Society of Civil Engineers(ASCE)에서 지속가능성에 대해 언급한 다음 문장은 이 사실을 잘 설명하고 있다. "자연과 인간이 만든 재앙, 기후 변화에 대한 적응, 글로벌 물 공급과 같은 도전에 대처하는 과정에서 지속 가능한 건축 환경을 이루는 것이 대중의 성장이라는 인식을 통해 토목 엔지니어 임무가 설계사, 건축사에서 정치 지도자, 라이프사이클 플래너, 설계사, 건축사, 운영자, 관리자로 변경되고 있다. 토목 엔지니어는 지속 가능한 세계에 중요한 기여자로 인식되지는 않는다."

2008년 11월 4일, ASCE 위원회에서는 지속가능성을 ASCE의 4번째 우선 사항으로 채택하였다. 나머지 3가지는 국가 기반 시설 갱신, 토목 공학 교육의 수준 향상, 오늘날 전문화된 환경에서의 토목 엔지니어의 역할에 대한 고민이다. 게다가 2009년 1월 8일에 ASCE는 "ASCE 위원회는 지속가능성 전략을 주요한 우선 사항으로 본다."라는 타이틀의 기사를 게재하였다. 그리고 2005년 American Council of Engineering Companies는 엔지니어가 지속가능성 분야에서 새로운 책임을 부여받게 된다면 이해해야하는 5가지를 제시하였다.

1. 현재 세계의 경제 성정은 지속 가능하지 않다. 세계 인구는 이미 지구가 공급할 수 있는 것보다 약 20% 이상의 자원을 사용하고 있다.(UN Millennium Ecosystem Assessment Synthesis Report, 2005)
2. 지구의 환경수용력을 초과로 인해 위기 단계로 들어서고 있다. 이러한 위기로는 에너지 가격이 치솟고, 극심한 기후 변화로 인한 거대한 손실, 해수면 상승으로 인한 해안 도시에 대한 위협 등이 있다. 전 세계적 인구 증가 속도가 이들의 수용 시설을 용량을 앞지르고 있다.
3. 세상이 지속 가능한 방향으로 진행하기 위해서는 엄청난 양의 작업이 이루어져야 한다. 세상의 모든 프로세스, 시스템, 기반 시설에 대한 완벽한 점검이 필요하다.
4. 공학 관련 단체들은 지속 가능한 개발로 세상을 이끌어야 하지만 아직 책임감을 가질 필요는 없다. 토목 엔지니어는 이러한 변화를 따라가는 것에 대해 받을 수 있는 보상이 거의 없다. 대부분의 토목 엔지니어는 건축물 법규를 만족하는 기존의 공학 설계 업무를 하고 현재 상태를 유지하면 된다.
5. 공학 관련 공동체 밖의 사람들은 새로운 기회로 삼을 수 있다. Wallace라고 인용되는 회계 회사와 건축사무소가 그 예이다. Wallace 건축사무소는 에너지 및 환경 디자인(LEED) 그린 빌딩 평가 시스템에서 미국 그린 빌딩위원회의 리더십을 준수하는 있다는 자신의 사례를 제시하고 있다.

앞에서 언급한 바와 같이 다른 단체들도 공학 교육에서 지속가능성의 중요성을 인식하고 있다. 예를 들어, 2009년 1월 IEEE는 지속가능성 관련 이슈를 다루기 위해 지속가능성 임시 위원회를 구성하였고, 협조 영역을 판단하기 위해 다른 단체들의 지속가능성 관련 활동을 조사하였다. 또한, "지구의 맥박 소리를 듣자."라는 전 세계적인 지구 감시 네트워크를 만드는데 중요한 역할을 수행하였다. 전 지구 감시 시스템(Global Earth Observation System of Systems, GEOSS)이라고 알려진 프로젝트는 전 세계에 위치한 수천 개의 센서, 게이지, 부표, 기상국으로부터의 데이터 수집과 관련된 일을 수행한다. GEOSS의 목표는 지속 가능한 발전이 가능하도록 돕는 것이다. IEEE에서는 지속 가능한 발전을 다음과 같이 정의한다. "미래 세대의 요구를 만족하기 위한 능력을 고려하지 않고 현재의 요구를 만족하는 발전" 다른 공학 단체에서 제시한 접근 방법이나 성명에 나타난 바와 같이 지속가능성은 여러분의 공학 교육과 공학 설계에서 중요한 부분이 되어야 한다. 이제 지속가능성의 주요 개념, 방법, 도구에 대해 정의해보자. 이 용어들은 설명할 필요 없이 여러분 스스로 생각해 본 후 자신만의 정의를 만들어보기 바란다.

지속가능성의 주요한 개념 지구의 유한 자원과 환경 문제에 대한 이해, 지속가능성과 관련된 사회경제적 문제, 지속가능성의 도덕적 측면, 지속 가능한 발전

지속가능성의 주요한 방법 생명주기분석, 자원과 폐기물 관리(재료, 에너지), 환경에 미치는 영향 분석

지속가능성의 주요한 도구 생명주기평가, 환경평가, 지속 가능한 발전 지시자 사용, 에너지 및 환경 디자인(LEED) 그린 빌딩 평가 시스템에서의 미국 그린 빌딩 위원회의(USGBC) 리더십

USGBC의 웹사이트에 소개된 바와 같이 "LEED는 국제적으로 인정된 그린 빌딩 인증시스템으로 에너지 절약, 효율적인 물 사용, 이산화탄소 배출 감소, 향상된 실내 환경 조성, 자원관리, 이들의 영향에 대한 민감도와 같은 장점들을 향상시킬 수 있도록 설계되거나 건축된 빌딩이나 공통체를 평가한다. USGBC에 의해 개발된 LEED는 건물 소유지와 운영자에서 실제적이고 측정 가능한 그린 빌딩 설계, 건설, 운영, 관리 해결책을 정의하고 구현할 수 있는 간결한 프레임워크를 제공한다." LEED에 대해 좀 더 알고 싶으면 www.usgbc.org/LEED에 방문해 보기 바란다.

여러분이 공학과 설계 관련 과목을 추가로 수강하면 점진적으로 이러한 개념, 방법, 도구에 대해서 자세히 알게 될 것이고, 공학 문제를 해결하고 설계하는데 적용할 수 있을 것이다.

3.3 경제성 공학

경제적인 요소는 공학 설계를 결정하는데 중요한 역할을 한다. 제품 생산에 너무 많은 비용이 투자되면 소비자가 구매하기가 어렵고 그렇게 되면 회사에 수익이 없다. 기업이 제품을 설계하고 서비스를 제공하는 이유는 우리의 삶을 향상시키기 위한 것뿐만 아니라 돈을 벌기 위해서라는 점을 명심해야 한다. 이와 관련해서 20장에서 설명될 경제성 공학의 기초는 공학 프로젝트 수행 시 뿐만 아니라 자동차나 집과 관련된 금융, 은행 대출이나 투자 시 활용될 수 있다.

3.4 재료 선택

설계 엔지니어로서 여러분이 기계 부품, 장난감, 차의 형틀 또는 구조물 중 무엇을 설계하든지 재료의 선택은 설계의 중요한 결정 요소이다. 어떤 특정 응용 제품의 재료를 고르는데 있어서 엔지니어가 고려해야 할 요소는 수없이 많다. 몇 가지 예를 들자면 비중(Density), 극한강도(Ultimate Strength), 유연성(Flexibility), 절삭성(Machinability), 내구력(Durability), 열팽창(Thermal Expansion), 전기 및 열전도율(Electrical and Thermal Conductivity) 그리고 부식에 대한 저항성(Resistance to Corrosion) 등과 같은 재료의 속성을 고려해야 한다. 또 재료에 대한 비용과 구입의 용이성도 고려한다. 엔지니어는 항상 새로운 응용 제품에 대해 더 가볍고 강한 성질을 갖는 진보된 재료를 적용할 방법을 찾는다.

여러 공학 응용 제품에서 일반적으로 사용되는 재료에 대해서는 17장에서 자세히 설명할 것이다. 또한, 설계에 있어 고려되는 재료의 물리적 기본 성질에 대해서도 설명할 것이다. 금속이나 그 합금, 플라스틱, 유리, 목재 그리고 시간이 지나면서 고화하는 콘크리트와 같은 종류처럼 여러 고체 재료를 고찰하고 공기나 물처럼 삶의 영위뿐만 아니라 공학에서도 중요한 역할을 하는 기본 유체에 대해 좀 더 자세히 설명할 것이다.

설계 엔지니어는 어떤 제품에 사용할 재료를 선택할 때 종종 다음과 같은 질문을 던지곤 한다. 즉, 예상 부하에 대해 실험에서 얼마나 강해야 하는가? 만약 실험에서 실패했다면, 실패하지 않기 위해서는 얼마나 안전하게 부하를 지탱해야 하는가? 자체 온도가 변하면 재료는 어떻게 반응하는가? 자체 온도가 올라가도 보통 조건에서와 마찬가지로 여전히 강할까? 자체 온도가 증가할 때 얼마나 팽창할 것인가? 얼마나 무겁고 또 유연한가? 그 충격흡수(Energy-absorbing) 속성은 어떠한가? 부식성이 있는가? 어떤 화학제품에 대해서는 어떻게 반응하는가? 얼마나 비싼가? 열을 효과적으로 발산하는가? 전류에 대해서 전도체 또는 절연체로서 작용하는가?

이는 단지 근본적인 질문에 불과하다. 만약 어떤 응용 제품의 상세한 사항까지 고려한다면 추가적인 질문이 이어진다. 예를 들어 생체공학과 관련한 응용 제품을 만들게 되어 신체 이식 부위에 대한 재료를 고르는 경우라면, 재료가 인체에 유해한가? 살균이 되는가? 신체와 접촉할 때 부식하거나 성능이 저하되지는 않는가?

등을 포함해 추가적으로 더 많은 요소를 고려해야만 한다. 사람의 몸은 역동적임을 감안할 때, 재료가 기계적 충격이나 피로에 대해 어떻게 반응하는가? 접촉 표면에서 적절한 충격 분산을 보장하는 뼈처럼 신체 이식 부위의 기계적 속성이 그런 호환성이 있는가? 이러한 것들이 특정 응용 제품에 대한 적절한 재료를 찾기 위한 추가적인 특정 질문의 예이다.

이제부터 재료의 속성과 비용은 중요한 설계 요소라는 것을 명확히 하라. 지금까지 설명했듯이, 어떤 응용 제품을 위해 재료를 선택할 때 엔지니어로서 수많은 재료의 속성을 고려할 필요가 있다. 일반적으로 재료의 속성은 세 가지 부류로 나누어진다. 1)전기, 2)기계 그리고 3)열 물리적 속성이 바로 그것이다. 전기나 전자 응용 제품에 있어서는 재료의 전기적 저항이 중요하다. 재료가 전류에 대해 얼마나 큰 저항을 제공하는가를 고려해야 한다. 기계, 토목 그리고 우주항공공학의 여러 응용 제품에서는 재료의 기계적 속성이 중요하다. 이러한 속성은 탄성계수(Modulus of Elasticity), 가로 탄성계수(Modulus of rigidity), 인장강도(Tensile Strength), 압축강도(Compression Strength), 무게 대 강도 비율(Strength-to-Weight ratio), 탄성에너지 계수(Modulus of Resilience) 그리고 인성 계수(Modulus of Toughness)를 포함한다. 유체(액체나 기체)를 다루는 응용 제품에서는 열전도율, 열용량, 점성, 증기압, 압축성과 같은 열 물리적 속성이 중요하다. 또한, 고체이건 유체이건 재료의 열팽창은 중요한 설계 요소이다. 부식에 대한 저항성은 재료를 선택하는데 있어 고려해야 할 또 하나의 중요한 요소이다.

재료의 속성은 재료가 어떻게 가공되었는가와 그 사용 기간, 정확한 화학적 구성 그리고 재료 내의 비동질성이나 결함 같은 다양한 요소에 따라 다르다. 또한, 기온과 재료의 사용기간처럼 시간에 따라 함께 변한다. 재료를 판매하는 대부분의 회사는 생산한 재료의 중요한 속성에 대한 정보를 함께 제공한다. 엔지니어로서 제조업자의 재료 속성치를 설계 계산에 반드시 사용해야 하는 사실을 명심해라(이 책이나 다른 책에서 주어진 속성치는 정확한 값이 아니라 전형적인 값으로만 사용되어야 한다). 재료가 지닌 다양한 속성의 의미는 다음과 같다.

전기 저항(Electrical Resistivity) 전기 저항치는 전류에 대해 재료가 갖는 저항을 측정한 값이다. 예를 들어, 플라스틱이나 세라믹은 전형적으로 높은 저항을 갖는다. 반면에 금속은 전형적으로 낮은 저항을 갖고, 가장 좋은 전기 전도체는 은과 구리이다.

비중(Density) 비중은 단위 부피 당 질량으로 정의된다. 이는 재료가 주어진 부피에 대해 얼마나 조밀한가에 대한 측정치이다. 예를 들어 강철이 7850kg/m^3의 비중을 갖고 알루미늄 합금의 평균 비중이 2700kg/m^3인 것을 비교해 보면 알루미늄은 대략 강철의 1/3에 해당하는 비중을 갖는다.

탄성 계수(Modulus of Elasticity, Young's Modulus) 탄성 계수는 재료를 잡아 당겼을 때(인장력에 대한 실험) 얼마나 쉽게 늘어나는가, 또는 밀었을 때(압축력에 대한 실험) 얼마나 잘 움츠러드는가에 대한 측정치이다. 이 탄성 계수가 클수록 재료를 늘이거나 움츠러들게 하는데 필요한 힘이 더 커진다. 예를 들어, 알루미늄 합금의 탄성계수는 70~79Gpa의 범위에 있지만 강철의 탄성 계수는 190~210Gpa의 범위를 갖는다. 그러므로 강철은 알루미늄 합금에 비해 3배 정도 딱딱하다.

강성 계수(Modulus of Rigidity, Shear Modulus) 강성 계수는 재료가 얼마나 쉽게 꼬이거나 전단 변형을 할 수 있는지에 대한 측정치이다. 또 강성 계수는 전단 탄성계수(Shear Modulus)라고도 불리는데 그 값은 전단 변형에 대한 주어진 재료의 저항을 나타낸다. 이 값은 비틀리는 회전력을 받는 축이나 연결봉에 쓰일 재료를 고를 때 사용한다. 예를 들면, 알루미늄 합금의 강성 계수 또는 전단 탄성계수는 26~36Gpa의 범위에 있는데 반하여 강철의 강성 계수는 75~80Gpa의 범위에 있다. 그러므로 강철은 전단력에 있어 알루미늄보다 거의 3배 정도 강하다.

인장 강도(Tensile Strength) 재료의 인장 강도는 직사각형 형태의 막대기나 실린더형 시료가 파손되지 않고 지탱할 수 있는 최대 인장 부하를 측정하여 결정한다. 재료의 인장 강도 또는 극한 강도는 시료의 단위 단면 당 최대 인장력으로 나타난다. 그 시료의 강도를 검사할 때 적용하는 인장 부하는 천천히 증가한다. 검사의 아주 초기 수준에서는 재료가 신축적으로 변형되는데 이는 부하가 제거되면 재료는 원래의 크기나 형태로 아무런 항구적 변형 없이 돌아간다는 뜻이다. 재료가 이러한 신축적 행위를 보이는 지점을 항복점(Yield Point)이라고 부른다. 항복력은 재료가 어떤 영속적인 변형 없이 버틸 수 있는 최대 부하를 나타낸다. 어떤 공학 설계 응용제품에서는(특히 부서지기 쉬운 재료를 포함한) 항복 강도는 인장 강도로 사용된다.

압축 강도(Compression Strength) 어떤 재료는 인장보다 압축에 더 강하다. 콘크리트가 그 좋은 예이다. 재료 시편의 압축 강도는 실린더나 입방체 형태의 시료가 부서지지 않고 지탱할 수 있는 최대 압축 부하를 측정함으로써 결정된다. 재료의 극한 압축 강도는 시료의 단위 단면적 당 최대 압축력으로 나타낸다. 콘크리트는 10~70MPa 범위의 압축 강도를 가졌다.

탄성에너지 계수(Modulus of Resilience) 탄성에너지 계수는 영속적 손상을 입지 않은 채 기계적 에너지를 흡수하는데 있어서 얼마나 효과적인가를 보여주는 기계적 속성이다.

인성 계수(Modulus of Toughness) 인성 계수는 재료가 깨지기 이전에 과부하를 처리하는 능력을 나타내는 재료의 기계적 속성이다.

무게 대 강도 비율(Strength-to-Weight Ratio) 용어가 뜻하듯이 재료의 강도 대 특정한 무게(재료의 단위 체적 당 무게)의 비율이다. 엔지니어는 응용 제품에 대해 재료의 강도 대 무게의 비율을 결정할 경우, 재료의 항복 강도나 극한 강도 둘 중의 하나를 사용한다.

열팽창(Thermal Expansion) 선형 팽창 계수(coefficient of linear expansion)는 온도에 따른 재료의 길이 변화(원래 길이와 비교)를 결정하는데 쓰인다. 이것은 사용 기간 동안 비교적 큰 온도의 범위에 처할 것이 예상되는 제품이나 구조물을 설계할 때 고려해야 할 중요한 재료의 속성이다.

열전도율(Thermal Conductivity) 열전도율은 재료가 높은 온도에서부터 낮은 온도 영역으로 열에너지(열)를 전달하는데 있어 얼마나 우수한지를 나타내는 속성이다.

열용량(Heat Capacity) 어떤 재료는 다른 재료보다 열에너지를 저장하는 데 아주 우수하다. 열용량의 값은 재료 1kg의 양에 대해 온도를 섭씨 1°C 올리는데 요구되는 열에너지의 양(U.S. 단위계를 사용할 때는 재료 1파운드의 온도를 1°F 올리는데 요구되는 열에너지의 양)을 나타낸다. 큰 열용량 값을 갖는 재료는 열에너지를 저장하는데 우수하다.

이외에 점성, 기화 압력, 압축 체적 탄성 계수는 설계에서 고려해야 할 유체 속성이다.

점성(Viscosity) 유체의 점성값은 주어진 유체가 얼마나 쉽게 흐를 수 있는지에 대한 측정치로 표현한다. 점성의 값이 클수록 흐름에 대해 더 큰 저항을 갖는다. 예를 들면, 파이프를 통해 물을 수송하는 것이 자동차 윤활유나 글리세린을 수송하는 것보다 더 적은 에너지가 요구된다.

기화 압력(Vapor Pressure) 같은 조건에서 낮은 기화 압력값을 가진 유체는 높은 값의 기화 압력을 가진 유체만큼 빨리 증발하지 못한다. 예를 들어, 물이 들어 있는 증발 접시와 글리세린이 들어 있는 증발 접시를 나란히 놓았다면 글리세린에 어떠한 변화가 있기 훨씬 전에 물은 증발해서 사라진다.

압축 체적 탄성계수(Bulk Modulus of Compressibility) 유체의 압축 체적 탄성계수는 유체가 얼마나 압축될 수 있는지를 나타낸다. 압력이 증가할 때 얼마나 쉽게 유체의 부피를 줄일 수 있는가? 예를 들어 1m^3의 물의 부피를 1% 줄이는데 즉, 최종 부피를 0.99m^3로 만드는데 $2.24 \times 10^9 \text{N/m}^2$의 압력이 소요된다.

3.5 팀워크

설계팀은 문제를 해결하고 공동의 목표를 달성하기 위해 상보적인 전문 지식, 문제 해결 능력 그리고 재능을 가진 개인들의 공동 작업이 가능한 그룹으로 이루어진다. 그 목표란 설계, 개발 그리고 제품 생산과 같은 서비스를 제공하거나 현존하는 서비스나 제품을 향상시키는 것이다.

좋은 팀은 각각으로부터 최고의 것을 산출할 수 있는 팀이다. 좋은 팀을 구성하는 개개인은 팀을 위한 바람직한 일과 공동의 목표를 위해 양보할 때를 안다. 커뮤니케이션은 성공적인 팀워크를 위한 필수요소이다. 팀을 구성하는 개개인은 팀원으로서의 역할과 업무가 어떻게 조화를 이루어야하는지 확실히 이해해야 한다.

3.6 좋은 팀의 자세

사업주들은 공학적 기초가 탄탄하고 팀 환경에서 다른 사람들과 협력하여 일하는 사람을 찾는다. 성공적인 팀은 다음의 요소들을 가진다.

1. 팀에 할당된 프로젝트는 분명하고 현실적인 목표를 가져야한다. 이 목표들은

팀의 모든 구성원들에 의해 이해되고 받아들여져야 한다.

2. 팀은 서로 보완해 줄 수 있는 전문적인 지식, 문제 해결 능력, 배경 지식 그리고 재능을 가진 개개인들로 구성되어야 한다.
3. 팀은 좋은 리더를 가져야 한다.
4. 토론을 할 때 팀의 리더십과 환경은 팀원의 개방성, 존경심 그리고 정직함을 증진시켜야 한다.
5. 팀의 요구와 목표가 개인의 그것들보다 앞서야 한다.

좋은 팀을 구성하는 이러한 특징들과 더불어 벨빈(R. Meredith Belbin) 박사는 그의 책 『Management Teams: Why They Succeed or Fail』에서 좋은 팀이 갖추어야 할 역할에 대해 언급하였다. 다음과 같은 역할을 맡는 멤버를 가진 팀은 성공할 확률이 높다.

- Organizer는 많은 경험이 있고 자신감을 가진 사람이다. 이 사람은 팀의 멤버들에게 신뢰받으며 모든 프로젝트의 조정자로 일한다. 그러나 Organizer는 팀에서 가장 영리하거나 가장 창조적인 사람일 필요는 없다. 하지만 그에게는 목표를 명확하게 하고 보다 나은 결정을 하는 능력이 요구된다.
- Creator는 새로운 아이디어를 제안하고 그것을 팀의 다른 멤버들과 공유하고, 팀으로 하여금 그것을 더 발전시키도록 하는데 능숙한 사람이다. 반면 그는 문제 해결에는 능숙하지만 규약과 관련해 문제를 일으킬 수 있다.
- Gatherer는 어떤 것을 얻고 일어날 확률을 계산하고 접촉하는 것을 발전시키는데 열의가 있으며 능숙한 사람이다.
- Motivator는 활기차고 자신감이 있으며 뛰어난 사람이다. Motivator는 장애물을 뛰어넘는 방향을 찾는데 능숙하다. Motivator는 논리적이며, 모호한 것을 좋아하지 않기 때문에 객관적인 결정을 하는데 능숙하다.
- Evaluator는 지능적이며 전체적인 시야로 프로젝트를 완벽하게 이해할 수 있는 사람이다. 또한, 그는 정확하게 결과물을 판단하는데 능숙하다.
- Team worker는 모든 사람들을 함께 하도록 노력하는 사람이다. 왜냐하면 그는 팀원 간의 마찰이나 문제가 발생하는 것을 좋아하지 않기 때문이다.
- Solver는 신뢰적이고 결정력이 있는 사람이며 개념적인 문제를 실제적인 해결책으로 만들 수 있는 사람이다.

- Finisher는 주어진 일을 제시간에 마치도록 계산하고 이끄는 사람이다. 그는 상세한 것에 익숙하고, 할당된 일을 마치기 위해 팀의 진도에 대해 신경을 쓴다.

팀의 성과에 영향을 미치는 다른 많은 요인들이 있다.

- 회사의 구성 방향
- 프로젝트의 할당 방법
- 팀이 업무를 수행하는데 있어 이용할 수 있는 자원
- 회사 문화: 개방성, 정직함 그리고 존경심이 증진되는지 여부

여러 가지 요인들은 팀의 멤버들이 영향력을 행사할 수 없는 외부적인 요소이다. 그러나 팀 환경에 내부적인, 즉 팀이 통제할 수 있는 몇 가지 요소들이 있다. 커뮤니케이션, 의사 결정 과정 그리고 협조 수준과 같은 것들이 팀 수준에서 통제 가능한 요소들의 예이다.

3.7 논쟁의 해결

어떤 사람들이 그룹으로 일할 때 종종 논쟁이 발생한다. 논쟁은 의사소통의 오류, 성격 차이 또는 팀의 어떤 멤버에 의해 이벤트나 행동을 해석하는 방향의 차이의 결과이다. 논쟁을 다루는 것은 팀 동력의 중요한 부분이다. 논쟁을 다룰 때 사람들의 반응은 다양하게 나타난다. 우선 팀 환경에서 논쟁을 피하기 위해 노력하는 사람들이 있다. 이 방법은 좋은 방법처럼 보이지만 자기주장이 없고 협동심이 없는 것처럼 비쳐질 수 있다. 이러한 상황 하에서 자기주장을 하는 사람은 지배력을 발휘해 팀 업무를 진행시키게 된다.

팀 멤버들의 분쟁을 화해시키는 것은 매우 협동적인 것이다. 그러나 그들이 자기주장을 갖지 않는 것은 결론적으로 팀의 좋지 않은 결정으로 이어질 수 있다. 왜냐 하면 그룹에서 가장 자기주장이 강한 사람의 아이디어가 반드시 최상의 해결책을 보여주지는 않기 때문이다. 팀의 멤버들을 타협시키는 것은 적당한 정도의 자기주장과 협동심을 보여준다. 타협된 해결책은 최후의 수단으로 여겨질 수 있다. 또한, 타협을 함으로써 팀의 단결을 위해 최상의 해결책을 유도해 낼 수 있다.

더 나은 접근 방법은 팀 전체 멤버에 의해 높은 수준의 자기주장과 협력을 이끄는 방법이다. 이 방법은 문제가 발생했을 때 개개인을 비난하는 것 대신 논쟁을 통해 팀에 의해 해결한다. 팀은 평가의 해결책과 수단을 제안한다. 이러한 해결책으로 이상적인 해결이 가능하게 된다.

그러나 문제 해결을 위해서는 명백한 순서가 있는 계획이 제시되어야 한다. 원활한 커뮤니케이션은 논쟁 해결에 있어 꼭 필요한 부분이다. 커뮤니케이션의 가장 중요한 역할 중의 하나는 보낸 메시지가 어떠한 오해도 없이 받아들여진다는 것을 확신시켜주는 것이다. 그러므로 팀의 멤버들은 각각에게 서로 귀 기울여야 한다. 좋은 청취자는 일의 진행을 가로막지 않는다. 발언자에게 관련된 질문을 하는 것도 좋은 커뮤니케이션의 하나이다.

3.8 프로젝트 일정 계획과 업무 도표

프로젝트 일정 계획이란 공학 관리자가 프로젝트를 정해진 시간과 할당된 예산 범위 내에서 완료할 수 있도록 이용하는 과정이다. 좋은 일정 계획은 다양한 프로젝트라는 통제를 하는데 있어 적절한 인원과 자원을 배분한다. 잘 짜여진 일정 계획은 작업의 효율성을 증진시키고 작업 배분에 있어 불필요한 것을 제거한다. 프로젝트 일정 계획과 업무 할당에 대한 간단한 예를 [표 3.2]에 나타냈다. 이 일정 계획표는 공학 수업에서 소규모 설계 프로젝트를 소개하는데 사용된다.

3.9 대안 평가

설계를 할 때는 몇 가지의 실행 가능한 방안으로 범위를 좁혀야한다. 이때 더 세밀한 평가를 하기 위해 [표 3.3]과 같은 평가표를 이용하는 것이 일반적이다. 우선 중요도를 각각의 설계 기준으로 할당하는 것부터 시작한다. 예를 들어 낮은 중요도를 가리키는 $I=1$부터 높은 중요도를 뜻하는 $I=5$까지, 1에서 5까지의 크기를 사용할 수 있다. 다음으로 그것이 각각의 설계 기준에 얼마나 잘 부합하느냐에 따라 각각의 실행 가능한 방안을 평가한다. 높은 것에 $R=3$, 중간에 $R=2$, 낮은 것에 $R=1$의 값을 사용한다.

표 3.2 프로젝트 일정 계획표의 예

Task	Personnel	Week 1 9/9	2 9/16	3 9/23	4 9/30	5 10/7	6 10/14	7 10/21	8 10/28	9 11/4	10 11/11	11 11/18	12 11/25	13 12/2
Research and preparation	Jim and Julie													
Progress reports	Lisa													
Concept development	Jim, Julie and Lisa													
Synthesis and evaluation	Jim, Julie and Lisa													
Fabrication	Mr. machinist													
Testing	Julie and Lisa													
Optimization	Julie													
Preparing the written and oral reports	Lisa													
Final presentation	Jim, Julie and Lisa													

표 3.3 대안 평가에 사용되는 표

Design Criterion	I	Design I R	$R \times I$	Design II R	$R \times I$
Positive					
Originality					
Practicability					
Manufacturability					
Reliability					
Performance					
Durability					
Appearance					
Profitability					
Other					
Negative					
Production cost					
Operating cost					
Maintenance cost					
Time to complete the project					
Environmental impact					
Other					
Net score					

[표 3.3]에 나열한 설계 기준은 예제 일뿐 절대적인 설계 기준은 아니다. 설계 기준은 프로젝트에 따라 다양하게 나타난다. 여러분의 강의 프로젝트에서 중요하다고 생각되는 설계 기준들을 나열해보자. 설계 기준을 긍정적인 것과 부정적인 것으로 나누는 것이 일반적이라는 것을 알아야 한다. I와 R의 값을 여러분의 설계 기준에 할당한 후에 각각의 설계 방안에 $R \times I$값의 합을 매기고 더 높은 점수를 받은 설계 방안을 선택한다. 대안을 평가하는 방법의 예는 [표 3.4]와 같다.

표 3.4 두 가지의 대안 설계 비교

Design Criterion	I	Design I R	Design I $R \times I$	Design II R	Design II $R \times I$
Positive					
Originality	4	2	8	3	12
Practicability	5	3	15	2	10
Manufacturability	5	3	15	2	10
Reliability	5	3	15	3	15
Performance	5	3	15	2	10
Durability	4	2	8	2	8
Appearance	4	2	8	3	12
Profitability	5	3	15	2	10
Other					
			99		87
Negative					
Production cost	5	2	10	3	15
Operating cost	4	2	8	2	8
Maintenance cost	3	2	6	3	9
Time to complete the project	5	3	15	3	15
Environmental impact	5	2	10	3	15
Other					
			49		62
Net score			50		25

3.10 특허, 상표와 저작권

초창기에 상업 정보와 발명은 가족 내에서 지켜지면서 한 세대에서 다음 세대로 이어졌다. 예를 들어 쟁기를 만드는 사람이 더 나은 설계를 만들면 그는 설계의 세부 사항을 혼자 지니면서 아들, 형제를 포함한 가족에게만 새로운 발명의 상세한 사항을 공유하였다. 새로운 설계와 발명은 사업을 보호하기 위해 오직 가족 안에서만 머물렀으며 다른 사람이 발명자의 설계를 복제하지 못하게 했다. 그러나 새로운 설계와 발명은 만약 그것들이 모든 사람들의 삶의 발전을 가져온다면 공유될 필요가 있다. 한편 새로운 아이디어를 제안한 사람은 그것으로부터 이익을 얻을 수 있다. 상업 정보와 발명이 보호받지 못하고 빼앗긴다면 새로운 아이디어와 발명을 증진시키기 위해 다른 사람이 새로운 아이디어와 발명을 훔쳐가는 것을 방지할 수 있는 지적재산권이라 불리는 수단을 제공해야 한다.

특허, 상표, 서비스마크 그리고 저작권은 법에 의해 보호받는 지적재산권의 예들이다.

특허 누구든지 어떤 발명을 하게 되었을 때 다른 사람이 그것을 만들고 이용하고 또는 판매하는 것을 막기 위해 특허청에 특허를 신청할 수 있다. 법령과 증서에서 특허에 수여된 권리는 그 발명을 다른 사람이 만들거나 사용하거나 판매를 위해 제공되거나 또는 판매되는 것을 못하게 하는 권리와 발명품이 수입되는 것을 금지하는 권리를 포함한다.

특허가 발명자로 하여금 발명품을 만들고 이용하고 또는 판매하는 권리를 주는 것이 아니라 다른 사람으로 하여금 그 발명품을 만들고 이용하고 또는 판매하는 것을 못하게 하는 규제라는 것을 이해하는 것이 중요하다. 새로운 특허에 대해 발명은 특허가 응용된 제품이 정식으로 제출된 날로부터 20년간 유효하다.

미국 특허청은 모든 출원자가 등록된 특허 변호사나 특허 대리인으로 하여금 그들의 특허 적용을 준비하고 실행할 수 있게 유지하는 것을 추천한다. 의장특허는 인가 받은 날로부터 14년간 유효하다. 발명특허는 인가 받은 날로부터 17년이나 출원한 날로부터 20년 중에 더 긴 기간 동안 유효하다. 발명특허는 어떤 품목이 작동하고 사용되는 방법에 대해 인정된다. 이에 반해 의장특허는 품목의 외관에 대해 보호한다.

상표와 서비스마크 상표는 기업이 자신의 제품을 다른 것과 구분하기 위해 사용하는 이름, 단어 또는 상징이다. 상표 권리는 다른 기업들이 같거나 비슷한 마크를 사용하는 것을 방지한다. 그러나 다른 기업이 같거나 비슷한 상품을 만드는 것은 금지하지 않는다. Coke®, Pepsi®는 서로 다른 상표의 비슷한 제품의 예이다.

서비스마크는 기업이 자사의 서비스를 다른 것과 구별하기 위해 사용하는 이름, 단어 또는 상징이다. 서비스마크는 그것이 제품보다 서비스에 적용된다는 것만 제외하면 상표와 같다.

저작권 저작권은 원작자의 원본임을 법에 의해 보호받는 형태이다. 저작권법은 문학, 연극, 뮤지컬, 예술 작품 그리고 또 다른 형태의 지적 작품에 적용되며 출판되거나 출판되지 않은 작품 모두에 대해 적용된다. 저작권법은 작품의 내용이나 주제에 적용되는 것이 아니라 저자에 의해 사용된 표현의 방식을 보호한다. 예를 들어 작가는 물리학의 기초에 대해 책을 쓸 수 있다. 저작권법은 그 작가가 작품에서 설명하거나 기술하는 방식을 다른 사람이 똑같이 베끼지 못하게 보호하는 것이다. 다른 사람으로 하여금 같은 물리하의 기초에 대해 책을 쓰거나 또는 물리학의 기초법칙을 사용하는 것을 금지하는 것이 아니다. 저작권법은 1978년 1월 1일 이후에 제작된 창작물은 저자의 죽음 이후 저자의 생애에 70년을 더한 기간만큼 보호한다. 2명 이상의 저자를 가진 작품은 더 오래 산 저자의 생애에 70년을 더한 기간만큼 보호한다. 또한, 전 세계를 통틀어 저자의 작품을 보호하는 국제 저작권법은 현재 존재하지 않는다는 것을 알아두어야 한다.

3.11 공학 표준과 기호 체계

현존하는 표준(Standard) 및 부호(Code)는 안전한 구조물, 운송 시스템, 식수, 실내외 공기 품질, 믿을만한 제품과 서비스를 얻도록 보장한다. 또 표준은 세계 곳곳의 많은 제조업자가 생산하는 부품과 구성품에 있어서 그 크기를 균일하게끔 한다.

표준과 부호가 왜 필요한가?

제품의 안전과 서비스의 신뢰성을 보장하기 위해 여러 기구가 수년에 걸쳐 표준과 부호를 개발해왔다. 안전하고 믿을 수 있는 식품 공급, 구조물, 급수 시스템, 전기 시스템, 운송 시스템 그리고 통신 시스템 등을 위해 표준화기구는 권위 있는 표준을 정한다. 나아가 표준과 부호는 세계 도처의 여러 업자가 만들어내는 부품과 구성품의 크기가 모두 일정하도록 보장한다. 오늘날처럼 제품의 부품은 어느 곳에서 만들고 결합은 다른 곳에서 하는 범세계적 경제 상황 하에서 그 어느 때보다 부품과 부속품 그리고 그것을 만드는 방식에 있어서 일정성과 일치성에 대한 강력한 필요가 대두된다. 표준은 이러한 결합 공정에 있어서 한 부속품이 다른 여러 곳에서 만들어진 부속품과 적합하게 결합하도록 보장한다. 자동차가 이런 개념을 설명하는 좋은 예다. 자동차는 문자 그대로 미국과 세계 곳곳에서 수많은 회사가 만들어낸 수천 가지의 부속품으로 구성되므로 이런 각각의 부속품은 서로 잘 들어맞아야만 한다.

표 3.5 미국과 유럽의 신발과 셔츠의 표준 사이즈

Men's Shirts							
Europe	36	37	38	39	41	42	43
U.S.	14	$14\frac{1}{2}$	15	$15\frac{1}{2}$	16	$16\frac{1}{2}$	17

Men's Shoes								
Europe	38	39	41	42	43	44	45	46
U.S.	5	6	7	8	9	10	11	12

표준과 부호의 필요성을 더욱 명확히 하기위해 신발이나 셔츠와 같이 우리에게 친숙한 예를 생각해보자. [표 3.5]에서 보듯이 미국인은 9, 10 또는 11과 같은 신발 사이즈에 친숙하다. 유럽의 표준 신발 사이즈는 43, 44 또는 45로 표현된다. 비슷한 경우로 셔츠의 사이즈도 미국에서는 15, $15\frac{1}{2}$ 또는 16으로 나타내는데 반해 유럽의 표준 사이즈는 38, 39 또는 41이다. 만약 유럽의 셔츠 제조업자가 미국에서 셔츠를 팔고자 한다면 정확한 사이즈의 옷을 고르도록 하기 위해 미국 소비자가 알아볼 수 있는 라벨을 붙여야 한다. 반대로 미국의 신발 제조업자가 유럽에서 신발을 팔고자 한다면 유럽 소비자가 이해할 수 있는 라벨을 붙여야 한다. 만약 전 세계의 신발, 셔츠 제조업자들이 사이즈를 참조하며 확인해야 하는 필요를 없애기 위해 동일한 측정 기준을 사용했다면 훨씬 더 수월해지지 않았을까? 이 간단한 예가 제품의 사이즈 단위와 표시 방식에 있어서 균일성의 필요를 입증한다. 이제, 매일 전 세계 수천 개의 회사가 만들어내는 볼트, 너트, 나사 못, 케이블, 관, 파이프, 빔, 톱니바퀴, 도료, 접착제, 용수철, 전선, 연장 도구, 하수관, 지퍼 등과 같은 부속품에 대해 생각해보자. 만약 모든 제조업자들이 자신만의 고유한 기준과 사양으로 제품을 만든다면 혼란스럽고 서로 맞지 않는 부품을 만들어낼 것이다. 다행히도 세계 여러 나라의 제조업자들이 준수하는 국제 표준이 존재하고 있다.

국제 표준을 따른 좋은 제품의 예가 신용카드와 은행카드이다. 이런 카드는 세계의 모든 현금자동인출기나 업소용 신용카드 처리기에서 통한다. 카드의 사이즈와 그 안에 담긴 정보의 양식은 국제표준기구(International Organization of Standards; ISO)를 따르므로 어느 곳에 있는 현금자동인출기에서도 통용된다. 35mm 카메라의 필름 스피드(100, 200, 400 등)도 필름 제조업자가 사용하고 있는 또 하나의 ISO 표준이다. 차량용 계기판에 있어서도 ISO 표준에 근거한 경고 및 기능 표시들이 점차 일반화되고 있다. 전 세계의 더 많은 회사들이 나날이 ISO 표준을 사용하고 있다.

세계에는 많은 표준화기구가 있고, 그 중에는 다양한 공학 관련 기구도 있다. 2장에서 설명했듯이 많은 국가/국제 공학기구는 공공의 안전 보장을 목적으로 부품의 크기와 정확한 공학설계 방법에 있어서의 균일성을 다루는 부호와 표준을 개발, 유지, 전파하고 있다. 사실 American Society of Mechanical Engineers(ASME)는 1880년의 첫 모임에서 나사의 표준화된 크기에 대한 필요성을 의논했다. 이제 우리는 미국, 캐나다, 유럽 그리고 아시아의 몇몇 영향력 있는 표준화기구에 초점을 맞추어 이러한 기구의 역할과 어떤 영향을 끼치는지를 간단히 설명하겠다. 국제적으로 유명한 인지도를 가진 기구에는 American National Standards Institute(ANSI), the American Society for Testing and Materials(ASTM), the Canadian Standards Association(CSA), the British Standards Institute(BSI), the German Deutsches Institut für Normung(DIN), the French Association Française de normalisation(AFNOR), the Swedish Standardiserigen I Sverige(SIS), the China State Bureau of Quality and Technical Supervision(CSBTS), and the International Organization for Standardization(ISO) 등이 있다.

ISO를 따르는 제품의 예

Source: Digital Vision/Picture Quest

Source: Corbis Images/Picture Quest

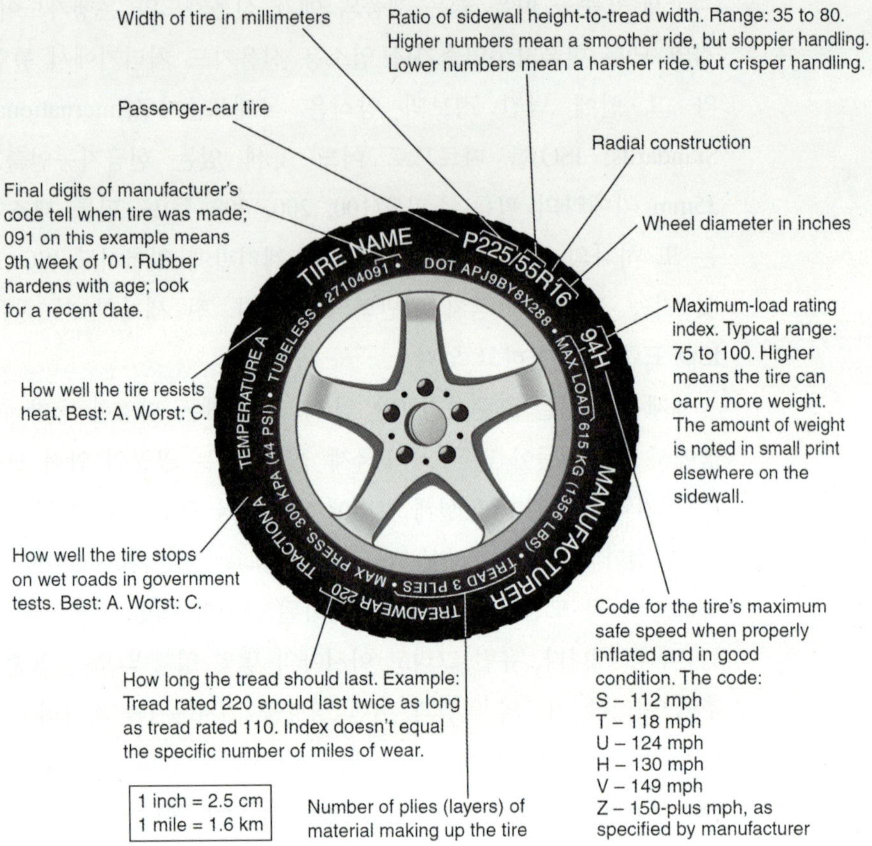

안전한 구조물, 교통시스템, 전기시스템, 식용수, 실내외 공기 품질을 보장하기 위해서 수십 년간 표준과 부호를 개발해 왔다. 이런 표준을 설명하는데 있어서 타이어는 좋은 공학 제품 예이다. 이러한 권위 있는 표준을 만드는 많은 국제표준기구가 있다. 표준과 부호는 전 세계의 다양한 제조업체에서 생산하는 부품과 구성요소들의 크기의 균일성을 보장한다.

Source: Rubber Manufacturer's Association

3.12 미국 내 표준화 및 부호화 기구

The American National Standards Institute(ANSI)

The American National Standards Institute(ANSI)는 미국 내에 있는 다섯 개의 공학협회와 세 곳의 정부기관이 표준화를 관리하고 조정하기 위해 1918년에 설립했다. ANSI는 여러 공립/사립 기구에 의해 지원을 받는 비영리단체이다. ANSI는 자체적으로 표준을 개발하지는 않고 대신에 자질을 갖추고 있는 여러 공학 기구

단체로 하여금 따라야할 표준과 절차를 개발하도록 지원한다. 오늘날 ANSI는 천 개가 넘는 기업에 관계하고 있다. ANSI에 따르면 현재 13,000가지 이상의 인가된 표준이 사용 중이고 더 많은 표준이 개발 중에 있다.

The American Society for Testing and Materials(ASTM)

1898년에 설립된 The American Society for Testing and Materials(ASTM)는 또 다른 비영리기구이다. 이 기구는 제품의 안전, 신뢰성 그리고 균일성에 대한 권위적 기술 지침으로 여겨지는 표준과 검증 절차를 발간한다. 검사는 국내외 예하 연구소에서 수행한다. ASTM은 재료 검사 방법을 다루는 100개 이상의 표준화 관련 집필위원회의 작업을 모아서 발간한다. 예를 들어, ASTM은 신축성, 충격 검사, 피로도 검사, 전단 및 뒤틀림 성질, 잔류 응력, 굽힘 및 휨 검사, 압축, 연성 그리고 선형 열팽창처럼 재료의 성질을 결정하기 위한 검사와 실행 절차에 대한 표준화 과정을 지정한다. 또 ASTM은 뼈 접합제, 나사, 볼트, 핀, 인공 보철물, 의치 그리고 이식 수술용 합금의 설명서와 같은 의료기구와 장비에 대한 표준도 정한다. 전기 절연이나 전자 분야 관련 표준도 ASTM에서 정한다. 추가적인 ASTM 업무의 예는 아래와 같다.

- 게르마늄 산화물의 경우처럼 규소의 기계적 성질에 대한 평가, 반도체 검사의 다른 여러 절차에 대한 시험 지침
- 알루미늄과 구리 그리고 알루미늄과 규소의 전자적 품질을 나타내는 금속적 불순성을 찾아내기 위한 검사 방법
- 도료의 화학적 분석이나 그 안에 들어있는 납 성분 검출과 관련된 표준 및 사용된 도료의 박막이 갖는 두께, 물리적 강도, 환경이나 화학 물질에 대한 저항력 같은 물리적 속성을 측정하기 위한 검사
- 내연기관 연료, 디젤유, 항공유, 천연석유, 유압 유체, 전기 절연유의 속성을 평가하기 위한 표준 절차
- 재료의 절연 속성을 측정하기 위한 검사 절차
- 밀도 특성, 토양 구성 그리고 수분 함유와 같은 토질 검사를 위한 표준 절차
- 금속판 지붕의 구조적 성능과 같은 건물/건축 관련 검사와 절차
- 솜과 양모를 포함한 직물 섬유의 특성 평가 검사
- 강으로 만든 봉, 관, 부속품의 표준

이상의 예에 나온 모든 재료를 다루는 특정한 표준은 ASTM의 연감에서 찾을 수 있다. 이 연감은 다음과 같은 분야에 대한 표준과 상세한 내용의 많은 도서를 포함한다.

- 철강 제품
- 비철금속 제품
- 금속 검사 방법과 분석 절차
- 건축
- 석유화학 제품, 윤활유, 화석 연료
- 착색제, 도료, 향료
- 직물
- 플라스틱 제품
- 고무 제품
- 전기 절연체와 전자공학
- 물과 환경관련 과학 기술
- 핵, 태양 그리고 지열 관련 에너지
- 의료 장비 및 서비스
- 일반적인 수단과 방법
- 일반 제품, 화학적 특질 그리고 최종용도 제품

ASTM의 표준은 CD-ROM이나 온라인에서도 열람이 가능하다. ASTM은 또 여러 학술잡지를 발행한다.

- Cement, Concrete & Aggregates
- Geotechnical Testing Journal
- Journal of Composites Technology and Research
- Journal of Forensic Sciences
- Journal of Testing and Evaluation

National Fire Protection Association(NFPA)

화재로 인한 손실은 연간 총 수십억 달러에 이른다. 불은 공식적으로 "재료의 빠른 산화 현상이 일어나는 과정"으로 정의되며, 느끼고 볼 수 있는 복사 에너지

(Radiant Energy)를 발산한다. 화재는 전기 시스템의 잘못된 조작이나 흡수력이 강한 표면(Hot Surfaces), 과열된 재료에 의해 발생된다. NFPA는 비영리기구로서 화재위험을 줄이기 위한 표준과 부호를 제공할 목적으로 1896년에 설립되었다. NFPA는 National Electrical Code, Life Safety Code, Fire Prevention Code, National Fuel Gas Code, National Fire Alarm Code을 발간한다. 또한, 훈련과 교육을 제공한다.

Underwriters Laboratories(UL)

The Underwriters Laboratories Inc.(UL)는 제품의 안전 검사와 인증을 수행하는 비영리기구이다. 1894년에 설립된 UL은 현재 미국과 영국, 덴마크, 홍콩, 인도, 이탈리아, 일본, 싱가포르 그리고 대만에 연구소를 갖고 있다. UL의 인증 마크(Certification Mark)는 제품에 있어서 가장 인지도가 높은 마크 중의 하나이다.

Source: Courtesy of Underwriters Laboratories Inc.

3.13 국제 표준과 부호의 예

The International Organization for Standardization(ISO)

그 이름에서도 알 수 있듯이, 1947년에 설립된 The International Organization for Standardization은 여러 국가의 국가표준연합으로 구성되어 있다. ISO는 국가 간에 제품, 물자 그리고 서비스의 자유롭고 안전한 교환을 보장해주는 표준화를 촉진하기 위해 세계 모든 국가에 의해 사용될 수 있는 표준을 개발하고 장려한다. ISO는 그리스어로 '같다'는 의미의 'isos'에서 유래했다. 앞으로 더 많은 공학 수업을 듣게 됨에 따라 'iso'란 접두사를 가진 많은 공학 용어를 보게 될 것이다. 예를 들자면, 같은 압력을 의미하는 isobar(등압선)나 같은 기온을 의미하는 isotherm(등온선)이 바로 그것이다. 다른 여러 언어로 표현되는 약호 방식에 있어서 일관성을 갖기 위해 IOS(International Organization for Standardization) 대신에 ISO가 채택되었다.

C€ 표준

유럽에서 판매되는 모든 제품은 C€ 표준을 따라야 한다. EU(유럽연합)의 구조와 C€ 표준의 활용에 대한 것을 고려하기 전에 유럽 내의 모든 생산자와 유럽으로 수출하는 생산자들은 특정한 국가의 서로 다른 표준을 따라야한다. C€는 유럽에서 사용되는 안전과 환경 표준을 제공한다. C€가 표기된 제품은 유럽의 표준을 따랐다는 것을 보증한다. C€란 문자는 불어 Conformité Europeenné에서 왔다.

다른 국제적 인지도를 갖는 표준기구

The British Standards Institute(BSI)는 국제적으로 널리 알려진 또 다른 표준화 업무 기구이다. 1901년에 설립된 BSI는 세계에서 가장 오래된 표준화 조직의 하나이며, 영국, 유럽 그리고 국제 표준을 정리하고 배포하는 비영리기구이다. 국제적으로 인지도가 있는 다른 표준화기구에는 독일의 Deutsches Institut für Normung(DIN), 프랑스의 Association Française de Normalisation(AFNOR), 스웨덴의 Standardiserigen I Sverige(SIS) 그리고 China State Bureau of Quality and Technical Supervision(CSBTS)이 있다. 더 많은 정보를 얻고자 한다면 이 기구들의 웹 사이트를 방문해 보아라. 여러분이 공학에 관한 표준과 부호를 다루는 기구에 대한 정보를 찾을 때 유용하게 참조할 수 있는 여러 표준화기구의 목록과 웹 사이트(가능한 경우)가 아래에 있다.

American Boiler Manufacturers Association(ABMA) www.abma.com
Air Conditioning Contractors of America(ACCA) www.acca.org
American Gas Association(AGA) www.aga.org
Association of Home Appliance Manufacturers(AHAM) www.aham.org
Air Movement and Control Association(AMCA) www.amca.org
American National Standards Institute(ANSI) www.ansi.org
Air Conditioning and Refrigeration Institute(ARI) www.ari.org
American Institute of Aeronautics and Astronautics www.aiaa.org
American Institute of Chemical Engineers www.aiche.org
The American Society of Agricultural and Biological Engineers www.asae.org
American Society of Civil Engineers www.asce.org
American Nuclear Society www.ans.org
American Society of Heating, Refrigerating and Air-Conditioning Engineers(ASHRAE)

www.ashrae.org

American Society of Mechanical Engineers(ASME International) www.asme.org

American Society for Testing and Materials(ASTM) www.astm.org

American Water Works Association(AWWA) www.awwa.org

Building Officials and Code Administrators International(BOCA)

British Standards Institute(BSI) www.bsi.org.uk

China State Bureau of Quality and Technical Supervision(CSBTS) www.esimcom.com

Council of American Building Officials(CABO)(see also International Code Council)

Compressed Air and Gas Institute(CAGI)

Canadian Gas Association(CGA) www.cga.ca

Canadian Standards Association(CSA) www.csa-international.org

Cooling Tower Institute(CTI)

France-Association Française de normalisation(AFNOR) www.afnor.fr

Germany-Deutsches Institut für Normung(DIN) www.din.de

Heat Exchange Institute(HEI)

Hydraulic Institute(HI)

Hydronic Institute(HYDI)

Institute of Electrical and Electronics Engineers www.ieee.org

Institute of Industrial Engineers www.iienet.org

International Association of Plumbing and Mechanical Officials(IAPMO) www.iapmo.org

Illuminating Engineering Society of North America(IESNA) www.iesna.org

International Fire Code Institute(IFCI)

International Organization for Standardization(ISO) www.iso.ch

Mechanical Contractors Association of America(MCAA) www.mcaa.org

Manufacturers Standardization Society of the Valve and Fittings Industry(MSS)

North American Insulation Manufacturers Association(NAIMA) www.naima.org

National Association of Plumbing-Heating-Cooling Contractors(NAPHCC) www.phccweb.org

National Conference of States on Building Codes and Standards(NCSBCS)

National Electrical Manufacturers Association(NEMA) www.nema.org

National Fire Protection Association(NFPA) www.nfpa.org

National Research Council of Canada(NRCC)

Occupatonal Safety and Health Act(OSHA) www.osha.gov

Sheet Metal and Air-Conditioning Contractors' National Association(SMACNA)

Society of Automotive Engineers www.sae.org

Society of Manufacturing Engineering www.sme.org

Sweden-Standardiserigen I Sverige(SIS) www.sis.se

Underwriters Laboratories(UL) www.ul.com

미국에서 사용 중인 특별한 표준과 부호

미국의 여러 공학 응용 제품과 실용품에 적용하는 특별한 표준과 부호는 [표 3.6]에 실려 있다.

다음 절에서는 식수와 우리가 숨 쉬는 공기에 대한 표준을 설명한다. 미국의 The Environmental Protection Agency(EPA)는 미국 의회의 요구가 있을 때 그 표준을 정한다. '맑은 공기에 대한 법령(The Clean Air Act)'이 1970년에 법으로 승인되었고 또 '안전한 식수에 대한 법령(The Safe Drinking Water Act)'은 1974년 의회에 의해 제정되었다.

표 3.6 부호와 표준의 예

Subject / Title	Publisher	Reference
Air Conditioning		
Room air conditioners	CSA	C22.2 No.117-1970 ANSI/AHAM (RA-C1)
General requirements for helicopter air conditioning (1970)	SAE	SAE RP292B
Boilers		
Heating, water supply, and power boilers-electric(1991)	UL	ANSI/UL 384-1991
Gas-fired low pressure steam and hot water boilers	AGA	ANSI Z21.13-1987;Z21.13a-1989
Building Codes		
ASTM standards used in building codes	ASTM	ASTM BOCA
National building code, 11th ed.(1990)	BOCA	BOCA
Safety codes for elevators and escalators	ASME	ANSI/ASME A17.1-1990
Chimneys		
Chimneys, fireplaces, and vents, and solid fuel burning appliances	NFPA	ANSI/NFPA 211-1988
Chimneys, factory built, residential type and building heating appliances(1989)	UL	ANSI/UL 103-1988
Clean Rooms		
Procedural standards for certified testing of cleanrooms	NEBB	NEBB-1988
Compressors		
Safety standards for air compressor systems	ASME	ANSI/ASME B19.1-1990
Computers		
Protection of electronic computer/data processing equipment	NFPA	ANSI/NFPA 75-1989
Controls		
Primary safety controls for gas- and oil-fired appliances(1985)	UL	ANSI/UL372-1985
Solid state control for appliances	UL	ANSI/UL 244A-1987
Gas appliance thermostats	AGA	ANSI Z21.23-1989;Z21.23-1991
Coolers		
Milk coolers	CSA	C22.2 No. 132-1973
Refrigerated vending machines(1989)	UL	ANSI/UL 541-1988
Drinking water coolers (1987)	UL	ANSI/UL 399-1986
Dehumdifiers		
Dehumidifiers(1987)	UL	ANSI/UL 474-1987
Electrical		
Voltage ratings for electrical power systems and equipment	ANSI	ANSI C84.1-1989
Enclosures for electric equipment	NEMA	NEMA 250-1991
General requirements for wiring devices	NEMA	NEMA WD1-1983(R 1989)

표 3.6 부호와 표준의 예(계속)

Subject / Title	Publisher	Reference
National electric code(1990)	NEMA	ANSI/NFPA-70-1990
Fuseholders(1987)	UL	ANSI/UL 512-1986
Energy		
Air conditioning and refrigerating equipment nameplate voltages	ARI	ARI 110-90
Energy conservation in existing buildings-high rise residential	ASHRAE	ANSI/ASHRAE /IES 100. 2-1991
Energy management equipment(1991)	UL	ANSI/UL 916-1987
Fans		
Duct design for residential winter and summer air conditioning	ACCA	Manual D
Fans	ASME	ANSI/ASME PTC 11-1984 (R-1990)
Electric fans	UL	ANSI/UL 507
Fire Protection		
Standard method for fire tests of building construction and materials	ASTM	ASTM E 119-88
Uniform fire code standards(1991)	IFCI	IFCI
Fire doors and windows	NFPA	ANSI/NFPA 80-1990
Fire protection handbook	NFPA	NFPA
National fire codes(annual)	NFPA	NFPA
Freezers		
Household refrigerators, combination refrigerators-freezers, and household freezers	AHAM	ANSI/AHAM; HRF-1
Household refrigerators and freezers(1983)	UL	ANSI/UL 250-1991
Commercial refrigerators and freezers(1992)	UL	ANSI/UL 471-1992
Humidifiers		
Humidifiers	UL	ANSI/UL 563-1985
Incinerators		
Incinerators, waste and linen handling systems and equipment	NFPA	ANSI/NFPA 82-1990
Residential incinerators(1973)	UL	UL 791
Insulation		
Test method for steady-state and thermal performance of building assemblies	ASTM	ASTM C236-89
National commercial and industrial insulation standards	MICA	MICA 1988
Measurements		
Measurement of fluid flow pipes, using orifice, nozzle, and venturi	ASME	ASME MFC-3M-1989
Measurement of industrial sound	ASME	ANSI/ASME PTC 36-1985
Measurement of rotary speed	ASME	ANSI/ASME PTC 19.13-1961
Measurement uncertainty	ASME	ANSI/ASME PTC 19.1-1985 (R 1990)
Pressure measurement	ASME	ANSI/ASME PTC 19.2-1987
Temperature measurement	ANSI	ANSI/ASME PTC 19.3-1974 (R 1986)
Mobile Homes and Recreational Vehicles		
Mobile homes	CSA	CAN/CSA-Z240 MH Series-M1992
Recreational vehicles	CSA	CAN/CSA-Z240 RV Series-M92
Recreational vehicles	NFPA	NFPA 501C-1990
Low voltage lighting fixtures for use in recreational vehicles	UL	UL 234
Motors and Generators		
Steam generating units	ASME	ANSI/ASME PTC 4.1-1964(R1991)
Motors and generators	NEMA	NEMA MG 1-1987
Electric motors(1989)	UL	ANSI/UL 1004-1988
Thermal protection for motors(1986)	UL	ANSI/UL 547-1991
Pipes, Tubings, and Fittings		
Power piping	ASME	ANSI/ASME B31.1-1989
Refrigeration piping	ASME	ASME/ANSI B31.5-1987
Specification for polyvinyl chloride(PVC) plastic pipe	ASTM	ASTM B42-89
Specification for seamless copper pipe, standard sizes	ASTM	ASTM B42-89
Plastic piping components and related materials	NSF	NSF-14
Plumbing		
Uniform plumbing code (1991)	IAPMO	IAPMO
National standard plumbing code(NSPC)	NAPHCC	NSPC 1993

표 3.6 부호와 표준의 예(계속)

Subject / Title	Publisher	Reference	Subject / Title	Publisher	Reference
Standard plumbing code	SBCCI	SBCCI(1991) (R 1992)	**Sound Measurement**		
Pumps			Measurement of industrial sound	ASME	ASME/ANSI PTC 36-1985
Centrifugal pumps	ASME	ASME PTC 8.2-1990	Procedural standards for measuring sound and vibration	NEBB	NEBB-1977
Centrifugal pump test standard(1988)	HI	HI			
Electric swimming pool pumps, filters and chlorinators(1986)	UL	ANSI/UL 1081-1985	**Space Heaters**		
Motor-operated water pumps	UL	ANSI/UL 343-1985	Electric air heaters(1980)	UL	ANSI/UL 1025-1980

Source: Copyright ©1993 American Society of Heating, Refrigerating and Air-Conditioning Engineers, Inc. www.ashrae.org. Reprinted by permission from ASHRAE 1993 Handbook-Fundamentals.

표 3.7 토목 공학 분야에 사용되는 부호와 표준의 예

Steel Construction Manual, American Institute of Steel Construction, Inc., 13th edition, Chicago, IL, 2005.

Building Code Requirements for Structural Concrete(ACI 318-2008) and Commentary(ACI 318R-2008), American Concrete Institute, Farmington, MI, 2008.

Minimum Design Loads for Building and Other Structures(ASCE/SEI-05) American Society of Civil Engineers, Reston, VA, 2005.

National Design Specification for Wood Construction with Commentary and Supplement: Design Values for Wood Construction(NDS-2005), The American Wood Council, American Forest & Paper Association, Inc., Washington, DC, 2005.

Building Code Requirements for Masonry Structures(ACI 530-02/ASCE 5-02/TMS 402-02) American Concrete Institute or The Masonry Society.

Seismic Design Manual, American Institute of Steel Construction, Inc. and the Structural Steel Educational Council.

International Building Code 2006, International Code Council.

AASHTO LRFD Bridge Design Specifications, 4th or 5th edition, American Association of State Highway and Transportation Officials.

A Policy on Geometric Design of Highways and Streets,5th edition, American Association of State Highway and Transportation Officials.

3:14 미국의 식수 표준

The U.S. Environmental Protection Agency(EPA)는 비록 식수에 잔류하지만 마셔도 안전하다고 여겨지는 최대 허용 오염치에 대한 표준을 정한다. 기본적으로 EPA는 수질 오염물질의 수준에 대한 두 가지 표준을 정한다. (1)최대 오염물질 수준 목표(the maximum contaminant level goal: MCLG)와 (2)최대 오염물질 수준(the Maximum contaminant level: MCL)이 바로 그것이다. MCLG는 주어진 오염물질이 물속에서 인체에 유해하다고 알려진 어떠한 영향도 일으키지 않는 최대 수준을 뜻한다. 반면에 MCL은 물속의 오염물질에 대해 조금 더 높은 수준을 나타내는데 이는 합법적으로 수용될 수 있는 오염물질의 수준이다. EPA는 MCL을 MCLG에 가깝게 맞추려고 노력하지만 경제적 및 기술적 이유 때문에 실현되기 어렵다. 식수 표준의 예가 [표 3.8]에 나와 있다.

지표수 처리 법칙(Surface Water Treatment Rule: SWTR)과 같이 EPA가 지정한 다른 표준은 연습문제 3.27을 참고하라.

표 3.8 식수 표준의 예

Contaminant	MCGL	MCL	Source of Contaminant by Industries
Antimony	6ppb	6ppb	copper smelting, refining, porcelain plumbing fixtures, petroleum refining, plastics, resins, storage batteries
Asbestos	7 M.L.(million fibers per liter)	7 M.L.	asbestos products, chlorine, asphalt felts and coating, auto parts, petroleum refining, plastic pipes
Barium	2ppm	2ppm	copper smelting, car parts, inorganic pigments, gray ductile iron, steel works, furnaces, papermills
Beryllium	4ppb	4ppb	copper rolling and drawing, nonferrous metal smelting, aluminum foundries, blast furnaces, petroleum refining
Cadmium	5ppb	5ppb	zinc and lead smelting, copper smelting, inorganic pigments
Chromium	0.1ppm	0.1ppm	pulp mills, inorganic pigments, copper smelting, steel works
Copper	1.3ppm	1.3ppm	primary copper smelting, plastic materials, poultry slaughtering, prepared feeds
Cyanide	0.2ppm	0.2ppm	metal heat treating, plating, and polishing
Lead	zero	15ppb	lead smelting, steel works and blast furnaces, storage batteries, china plumbing fixtures
Mercury	2ppb	2ppb	electric lamps, paper mills
Nickel	0.1ppm	0.1ppm	petroleum refining, gray iron foundries, primary copper, blast furnaces, steel
Nitrate	10ppm	10ppm	nitrogenous fertilizer, fertilizing mixing, paper mills, canned foods, phosphate fertilizers
Nitrite	1ppm	1ppm	
Selenium	0.05ppm	0.05ppm	metal coatings, petroleum refining
Thallium	0.5ppb	2ppb	primary copper smelting, petroleum refining, steel works, blast furnaces

EPA는 식수에 대한 MCL 표준을 정한다.

Source: 2001 PhotoDisc, Inc.

3.15 미국의 실외 공기 품질에 대한 표준

실외 공기 오염의 근원은 크게 세 가지 범주로 분류될 수 있다. 고정성 근원, 이동성 근원 그리고 자연적 근원이 바로 그것이다. 고정된 근원에는 발전소, 공장, 드라이클리닝 약품 같은 예가 있다. 이동성 근원에는 자동차, 버스, 트럭, 항공기 그리고 기차 따위가 있다. 자연적 근원은 그 이름에서 알 수 있듯이 바람에 날린 먼지, 화산 폭발물 그리고 산불 같은 것이 포함된다. 여섯 가지 주요 공기 오염물질의 표준을 정한 '맑은 공기에 대한 법령'은 1970년에 법률로 제정되었다. EPA는 이 여섯 가지 주요 공기 오염물질에 대한 표준을 설정하는 일을 한다. 일산화탄소(CO), 납(Pb), 이산화질소(NO_2), 오존(O_3), 이산화황(SO_2) 그리고 미립자 물질(PM)이 바로 그것이다. EPA는 도시 지역에서 이들 오염물질의 농도 수준을 측정한다. 또 전국에 걸친 수천 곳의 감시소에서 오염물질을 측정해 공기 품질에 대한 정보를 모은다. EPA가 수행한 연구에 따르면(1997년) 1970년과 1997년 사이에 미국의 인구는 31% 증가했고 차량의 운행 거리는 127% 증가했다. 이 기간 동안 '맑은 공기에 대한 법령'과 함께 차량의 효율화와 산업 발전에 힘입어 고정성 근원과 이동성 근원으로부터의 공기 오염물질 방출은 31%가 줄어들었다.

하지만 아직도 약 1억 7백만 명의 사람들이 유해한 공기오염지역에 살고 있다.

EPA는 산성비를 야기하고 수역과 어류(현재 미국에는 어류 소비 고문단(Fish Consumption Advisories) 예하에 2000개 이상의 수역이 있음), 성층권의 오존층 그리고 건물과 국립공원을 손상시키는 오염물질의 방출을 감시하고 표준을 정하기 위해 꾸준히 일하고 있다. 건강에 해로운 공기는 어린이와 노인들에게 더욱 뚜렷한 악영향을 미친다. 열악한 공기 품질과 관련된 인류의 건강 문제에는 여러 기관지 질병과 심장 또는 폐의 질병이 있다. 미 의회는 '맑은 공기에 대한 법령' 개정안을 1990년에 통과시켰으며 EPA는 현재 연료에 있는 황(Sulfur)의 양을 줄이고 자동차, 버스, 트럭 그리고 발전소에 대한 더 엄격한 방출 기준을 세우기 위해 노력하고 있다.

대기 오염

Source: 2001, PhotoDisc, Inc.

Source: © ThinkStock/SuperStock

Source: Corbis Images/PictureQuest

우리는 공기 오염을 건강뿐만 아니라 기후에도 영향을 미치는 전 세계에 걸친 문제점으로 이해할 필요가 있다. 이는 전 세계에 걸쳐 자연재해를 일으키는 지구 온난화 현상을 심화시킬지도 모른다. 이 문제 해결에 이바지해야 하며 그러기 위해서는 생활 습관이 갖는 중요성을 깨닫고 오염을 줄일 방법을 찾을 필요가 있다. 우리는 직장이나 학교에 갈 때 카풀이나 대중 교통수단을 사용할 수 있다. 차를 장시간 동안 공회전을 해서는 안 되며 사람들에게 에너지 소비를 줄이도록 권유할 수 있다. 또 가까운 학교와 가정에서부터 에너지를 절약해야 한다. 예를 들면, 사용하지 않는 실내등은 꺼야한다. 겨울철 집안에서는 온도 조절기를 18°C나 그에 약간 못 미치게 설정하고, 온기를 느낄 수 있도록 스웨터를 입어라. 여름에는 에어컨 온도를 25°C에 설정하라. 에너지를 조금 덜 소비하고 차를 조금 덜 타는 것이 환경을 보호하고 공기 오염을 줄일 수 있다.

3.16 미국의 실내 공기 품질에 대한 표준

앞 절에서 실외 공기 오염과 그것이 건강에 미치는 영향을 논의했다. 실내 공기 오염도 건강에 있어 위험한 영향을 미친다. 공기 오염물질에 대한 인간의 노출을 다룬 EPA의 연구에 따르면 실내 오염물질 수준이 실외에 비해 2~5배나 높다. 실내 공기 품질은 가정이나 학교 그리고 작업장에서 민감하다. 대부분의 사람들은 90% 이상의 시간을 실내에서 지내기 때문에 실내 공기 품질은 장·단기적으로 건강에 아주 중요한 영향을 끼친다. 게다가 실내에 맑은 공기가 부족하면 실내 근무자에게 불쾌감과 질병을 야기하면서 작업장의 생산성을 감소시키고 학교에서 바람직하지 못한 학습 환경을 조장할 수 있다. 실내 공기 품질(IAQ)의 감시나 실내 공기 오염의 방지를 막지 못하면 설비나 건물의 물질적 외양에도 바람직하지 않은 영향을 미친다. 최근에 "맛이 간 건물(Sick Building)"때문에 현기증, 두통 또는 다른 질병을 겪은 사람에 대한 책임의 문제로 건물주들은 많은 관심을 기울이고 있다. EPA에 따르면 열악한 실내 공기 품질이 야기하는 증상은

- 두통, 피로, 숨이 가쁜 현상
- 코피, 기침, 재채기
- 눈, 코, 목구멍 그리고 피부의 가려움
- 현기증과 구역질

물론 이런 증상은 반드시 열악한 공기 품질이 야기하는 것이 아니라 다른 원인에 의해 일어날 수도 있다. 학교, 직장 또는 집에서 받는 스트레스는 위에 언급한 것과 유사한 증상의 건강 문제를 야기할 수 있다. 게다가 유사한 문제점에 대해서도 개개인은 각기 다르게 반응한다.

공기 품질에 영향을 미치는 요소는 몇 가지 범주로 분류될 수 있다. 난방/통풍/냉방 시스템(HVAC), 실내 공기 오염의 근원, 실내 거주자가 바로 그것이다. 최근

수 년 동안 다음과 같은 이유 때문에 실내 공기 오염물질에 더욱 노출되었다. (1) 에너지절약을 목적으로 옛날 구조물에 비해 낮은 공기 유동성을 갖는 밀폐된 집을 짓고 있다. 더욱이, 에너지를 더욱 절약하기 위해 통풍률을 더욱 줄이고 있다. (2) 새로 집을 짓을 때 건축용 합성 화학재료를 더 많이 사용하고 있는데 이는 인체에 유해한 기체를 발산한다. (3)살충제를 비롯해 가정용 세제 같은 화학적 오염물질을 더 많이 사용하고 있다.

표 3.9 실내 공기 오염물질의 전형적 근원

Outside Sources	Building Equipment	Component/Furnishings	Other Indoor Sources
Polluted outdoor air Pollen, dust, fungal spores, industrial emissions and vehicle emissions **Nearby sources** Loading docks, odors from dumpsters, unsanitary debris or building exhausts near outdoor air intakes **Underground sources** Radon, pesticides, and leakage from underground storage tanks	**HVAC equipment** Microbiological growth in drip pans, ductwork, coils, and humidifiers, improper venting of combustion products, and dust or debris in ductwork **Non-HVAC equipment** Emissions from office equipment, and emissions from shops, labs and cleaning processes	**Components** Microbiological growth on soiled or water-damaged materials, dry traps that allow the passage of sewer gas, materials containing volatile organic compounds, inorganic compounds, damaged asbestos, and materials that produce particles(dust) **Furnishings** Emissions from new furnishings and floorings and microbiological growth on or in soiled or water-damaged furnishings	Science laboratories, copy and print areas, food preparation areas, smoking lounges, cleaning materials, emission from trash, pesticides, odors and volatile organic compounds from paint, chalk, and adhesives, occupants with communicable diseases, dry-erase markers and similar pens, insects and other pests, personal hygiene products

Source: EPA Fact sheets, EPA-402-F-96-004, October 1996

[표 3.9]에서 보듯이 실내 오염물질은 건물 내부에 있는 근원에서 생기거나 또는 실외에서 유입될 수 있다. 건물 내부의 오염물질 수준은 시간에 따라 달라진다는 것을 명심하라. 예를 들자면, 바닥을 마모와 파손으로부터 보호하기 위해 왁스를 칠하는 것이 관례이다. 사용된 화학약품의 종류에 따라 왁스칠이 남아있는 동안에는 가까이 있는 사람은 누구나 유해한 기화물질에 노출될 수 있다. 이 문제에 대한 간단한 처방은 많은 사람이 유해한 기화물질에 노출되지 않도록 금요일 오후

늦게 왁스칠을 하는 것이다. 게다가 이 방법은 통풍 시스템을 통해 기화물질을 건물 밖으로 방출할 시간을 제공한다.

잘 설계된 난방/통풍/냉방(HVAC) 시스템의 주목적은 실내 거주자에게 안락한 기온을 제공하는 것이다. 건물의 냉/난방 부하에 따라 건물을 순환하는 공기는 난방 장치, 냉방 장치, 가습 장치, 탈습 장치에 의해 조절된다. 잘 설계된 HVAC 시스템의 또 다른 중요한 역할은 오염물질을 걸러 내거나 공기 오염 수준을 희석하기 위해 적절한 통풍을 제공하는 것이다.

건물 내부 및 주변의 공기 흐름 유형도 실내 공기 품질에 영향을 미친다. 건물 내부의 공기 흐름 유형은 주로 HVAC 시스템에 의해 생긴다. 바람의 유형에 따라 건물 외부의 공기 흐름도 달라지는데 이 또한 건물 내부의 공기 흐름에 영향을 미칠 수 있다. 공기 흐름 유형에서 명심해야 할 중요한 개념은 바로 공기는 항상 고압대로부터 저압대로 옮겨간다는 사실이다.

오염물질 처리법

오염물질의 수준을 조절하는 몇 가지 방법이 있다. (1)근원의 제거나 이전, (2)근원의 대체, (3)적절한 통풍, (4)노출의 통제, (5)공기 정화가 바로 그것이다.

근원을 제거하는 좋은 예가 건물 내에서 담배를 피우지 못하게 하는 것이나 건물 밖의 실외 공기 흡입구 근처에서 차량의 공회전을 금하는 것이다. 달리 말하면 나쁜 공기가 퍼지기 전에 근원을 제거하는 것이다. 예를 들면 엔지니어가 건물에 대한 HVAC 시스템을 설계하는데 있어서 실외 공기 흡입구의 설치 위치가 짐을 부리는 장소나 쓰레기장 근처가 되지 않도록 명심하는 것이 중요하다. 근원을 대체하는 또 다른 좋은 예는 화장실이나 부엌을 청소할 때 유해한 기화물질을 발산하는 제품 대신 중성세제 제품을 사용하는 것이다. 국부적 배기 장치의 조절은 공기 전달 시스템에 의해서 오염물질이 건물의 다른 지역으로 확산되기 전에 근원을 제거하는 것을 뜻한다. 일상생활의 예로 유해한 오염물질을 강제로 배출시키는 화장실의 송풍 장치가 있다. 매연 후드는 연구실에서 널리 쓰이는 국부적 배기가스 제거의 다른 예다. 오염된 공기를 희석하기 위해 맑은 실외공기를 내부의 공기와 섞을 수도 있다. The American Society of Heating, Ventilating and Air Conditioning Engineers(ASHRAE)는 여러 응용 제품에서 얼마나 많은 신선한 외부 공기가 유입되어야 하는지에 대한 일련의 표준과 부호를 정했다. 공기 정화는 공기 속의 유해한 미립자나 기체를 어떤 정화 시스템을 거치면서 제거하는 것을 의미한다, 흡착이나 촉매 반응 그리고 공기 여과기와 같이 공기 오염물질을 제거하는 여러 방법이 있다.

우리는 실내 공기 품질에 대한 지금까지의 설명을 친구나 동료 그리고 가족에 대한 배려로 이끌 수 있다. 우리 모두는 우리의 본분을 깨닫고 건강한 실내 공기 품질을 만들고 유지하기 위해 노력해야 한다.

요약

이 장에서는 다음을 학습했다.

- 모든 엔지니어는 그들의 배경 지식과 무관하게 제품과 서비스를 설계하기 위해 따라야하는 기본적인 설계 순서를 알아야 한다. 이 순서는 다음과 같다.
  (1) 제품과 서비스에 대한 수요 인식
  (2) 문제에 대한 완벽한 정의와 이해
  (3) 예비 조사와 준비
  (4) 가능한 해결책을 위한 아이디어의 개념화 작업
  (5) 결과의 종합화
  (6) 좋은 아이디어에 대한 더 자세한 평가
  (7) 최상의 가능한 해결책에 도달하기 위한 해결책의 최적화 작업
  (8) 해결책 제출
- 경제성이 공학의 의사 결정에서 중요한 역할을 한다는 것을 알아야한다.
- 자료의 선택이 중요한 설계 결정 과정임을 알아야한다.
- 좋은 팀의 자세에 익숙해야한다.
- 프로젝트 관리의 중요성을 이해해야 한다.
- 특허, 상표 그리고 저작권의 개념에 대해 익숙해야 한다.
- 공학에서 왜 표준과 기호가 필요한지 알아야 한다.
- ANSI, ASTM, BSI, CSA, ISO, CSBTS, SIS, C, AFNOR 그리고 DIN과 같은 세계적인 표준화기구의 역할과 임무에 대해 익숙해야 한다.
- EPA의 역할과 EPA가 식수, 외부 공기의 질 그리고 실내공기 질에 대해 정하는 표준을 잘 알아야 한다.
- 내·외부의 공해 근원 물질의 명칭을 알아야 한다.
- 수질 오염 근원 물질의 명칭을 알아야 한다.

연습문제

3.1 이미 존재하면서 일상생활에서 사용하는 제품이고 새로운 기술을 이용해서 새롭게 개조되는 제품 10가지를 나열하라.

3.2 시장에 나와 있지 않지만 우리에게 도움이 되고 엔지니어나 전문가로부터 설계될 수 있는 제품 5가지를 나열하라.

3.3 스포츠를 더 흥미 있게 해주도록 설계되어야 한다고 생각되는 스포츠 제품 5가지를 나열하라.

3.4 아직은 불가능하지만 향후에 사용될 수 있는 인터넷 기반의 서비스 5가지를 나열하라.

3.5 일상생활에서 병과 용기 뚜껑을 많이 볼 수 있다. 다음에 나열되는 병뚜껑의 설계를 검토하라. 펩시 또는 코카콜라 병, 아스피린 병, 샴푸 병, 가글 병, 세제 병, 케첩 또는 머스터드 병. 설계할 때 중요한 변수와 각 설계의 장단점을 논의하라.

3.6 클립은 봉투를 봉하거나 물건들을 같이 묶기 위해서 사용된다. 종이 클립, 머리 클립, 과자봉투 클립 등의 설계를 연구하고 중요한 변수에 대해서 논의하라. 또한, 세 가지 설계의 장단점을 논의하라.

3.7 바쁜 시간에 슈퍼마켓에서 손님에게 더 좋은 서비스를 제공하기 위한 컨셉(예를 들어 행동, 과정, 방법)을 2가지 이상 논의하라.

3.8 항공사에서 손님의 가방을 집에서 최종 도착지까지 보내주는 방법 또는 과정을 2가지 이상 논의하라.

3.9 NASA는 멀지 않아 유인 우주선을 화성으로 보낼 것이다. 이 여행을 계획하는데 있어서 중요한 문제를 논의하라. 화성으로 가는 시간과 착륙할 시간에 대한 내용을 연구하고 논의하라(착륙 시간은 화성의 궤도에 따라서 지구와 화성의 거리가 달라진다는 점을 고려해야 한다). 이 여행에 가져갈 음식의 양과 종류는 무엇이 있는가? 장기간의 여행 동안 근육이 위축되지 않도록 운동해줄 운동 기구는 무엇이 있는가? 쓰레기는 어떻게 처리해야 하는가? 이러한 여행의 에너지 요구 사항은 무엇이 있는가? 여행의 중요한 설계 변수에는 무엇이 있다고 생각하는가? 모든 연구를 보고서로 제출하라.

3.10 필기도구로 펜과 샤프가 많이 사용된다. 5가지 이상의 펜과 샤프의 설계를 연구하고 중요한 변수에 대해 논의하라. 각 설계에 대한 장단점을 논의하고 각자의 연구 결과를 간단히 보고서로 제출하라.

3.11 설계 프로젝트로 300mm×300mm의 크기의 알루미늄시트로 가능한 많은 동전을 실을 수 있는 배를 만들어라. 이 문제에서 어떤 설계 변수가 중요한지 서로 논의하라. 하루 날을 잡아서 좋은 설계를 선발하기 위한 대회를 여는 방법도 좋다.

3.12 설계 프로젝트 : 마시는 빨대와 종이 클립을 이용해서 450mm 떨어진 두 의자사이에 다리를 만들어라. 다리는 적어도 15N을 유지할 수 있어야 한다. 이 문제에서 어떤 설계 변수가 중요한지 논의하라. 가장 많은 무게를 유지할 수 있는 다리를 뽑는 대회를 개최하라. 이 문제에 대한 중요 설계 매개변수에 대해 논의하라.

3.13 여러분의 가정 주변에서 The Under-writers Laboratories가 보장하는 제품을 확인하고 적어도 10개 이상의 목록을 만들어라.

3.14 미국과 유럽식으로 모자 사이즈를 나타내는 표를 만들어라.

Continental	51	52	53	. . .
U.S.	$6\frac{1}{4}$	$6\frac{3}{8}$	$6\frac{1}{2}$	. . .

3.15 미터법과 미국식 단위로 렌치의 사이즈를 나타내는 표를 만들어라.

3.16 전기 저항기에 있는 색이 무엇을 의미하는가에 대한 정보를 구한 뒤 전기 저항 부호를 나타내는 표를 만들어라. 여러분이 만든 표는 검은색, 갈색, 빨강색, 오렌지색, 노란색, 녹색, 파란색, 자주색, 회색, 흰색, 금색 그리고 은색이 포함된 세로줄을 포함할 것이다. 그리고 각 색의 값을 나타내는 세로줄이 있어야 한다. 이 표를 다른 사람들이 사용하도록 하기 위해 만든다고 가정하고 표 밑에 전기 저항기에 쓰인 부호를 읽는 방법의 예를 적어도 두 개 이상 포함하도록 하라.

3.17 미국 강관(Steel Pipes) 표준에 대한 정보를 수집하라(10mm에서 800mm까지). 기명 치수(Nominal Size)와 관 규격번호(Schedule Number), 내경(Inside Diameter), 외경(Outside Diameter), 벽두께(Wall Thickness), 단면적(Cross-sectional Area)을 나타내는 표를 만들어라.

3.18 American Wire Gage(AWG) 표준에 대한 정보를 수집하라. 규격번호(Gauge Number), 밀(Mils), 단위의 직경, 단면적, 500m당 저항력을 보이는 연동(Annealed Copper) 전선의 표를 만들어라.

3.19 The U.S. Department of Transportation(DOT)의 역할과 기능을 설명하는 간단한 메모를 작성해서 제출하라.

3.20 미국의 고속도로 표지판에 쓰이는 표지용 표준 활자체에 대한 정보를 구하라. The Federal Highway Administration은 '고속도로 표지용 표준 알파벳'이라고 불리는 일련의 표준을 발간한다. 얻은 정보를 간단한 메모로 작성하라.

3.21 방사선 물질을 다루는 조작과 기타 행위에 대한 표준을 제정하는 NRC에 대한 정보를 구한 뒤 간단한 보고서를 작성하라.

3.22 소화기의 분류법에 대한 정보를 구하라. 분류 A, 분류 B, 분류 C, 분류 D 등 각각이 의미하는 바를 간단한 보고서를 통해 설명하라.

3.23 차량용 안전벨트의 발전을 상술하는 보고서를 작성하라. 언제 최초로 안전벨트가 설계되었나? 최초로 안전벨트를 차의 표준 항목으로 채택한 제조업체는 어디인가?

3.24 다음의 각 표준화기구가 지닌 임무를 고찰하라. 각 기구마다의 역할과 임무에 대해 한 페이지씩의 메모를 작성하라.

a. The European Committee for Electrotechnical Standardization(CENELEC)
b. European Telecommunication Standards Institute(ETSI)
c. Pan American Standards Commission (COPANT)
d. Bureau of Indian Standards(BID)
e. Hong Kong Standards and Testing Centre Ltd. (HKSTC)
f. Korea Academy of Industrial Technology (KAITECH)
g. Singapore Academy of Industrial Technology (PSB)
h. Standards New Zealand(SNZ)

3.25 ISO 9000과 ISO 14000 인증이 의미하는 바에 대한 간단한 보고서를 작성하라.

3.26 지역 수도사업소에 요청해 우리가 쓰는 물을 검사하는 화학약품의 목록을 구하라. 또 여러분이 사는 곳의 물은 어떻게 처리되는지 문의하라.

3.27 EPA가 지정한 지표수 처리 법칙(SWTR) 표준에 대한 정보를 수집하라. 찾은 내용을 간단한 메모로 작성하라.

3.28 안티몬(Antimony), 바륨(Barium), 베릴륨(Beryllium), 카드뮴(Cadmium), 청산가리(Cyanide), 수은(Mercury)에 대한 EPA의 소비자 지침서(Consumer Fact Sheets)를 구하라(이것은 웹상에서 가능하다). 이 지침서를 읽은 다음 그것이 무엇을 의미하고 어떻게 쓰이며 또 어떤 건강상의 효과가 그것과 결부되어 있는지를 설명하는 보고서를 작성하라.

3.29 1970년에 미국 의회는 '직업상 안전과 건강에 대

한 법률(The Occupational Safety and Health Act.)'을 통과시켰다. 아래에 있는 것은 그 법령의 사본이다.

Public Law 91-596
91st Congress, S. 219
December 29, 1970
As Amended by Public Law 101-552,
Section 3101, November 5, 1990
As Amended by Public Law 105-198,
July 16, 1998
As Amended by Public Law 105-241
September 29, 1998

An Act

To assure safe and healthful working conditions for working men and women; by authorizing enforcement of the standards developed under the Act; by assisting and encouraging the States in their efforts to assure safe and healthful working conditions; by providing for research, information, education, and training in the field of occupational safety and health; and for other purposes.

Be it enacted by the Senate and House of Representatives of the United States of America in Congress assembled, that this Act may be cited as the "Occupational Safety and Health Administration Compliance Assistance Authorization Act of 1998."

노동성(Department of Labor's)의 Occupational Safety and health Act(OSHA) 홈페이지(www.osha.gov)를 방문하라. 그리고 OSHA에 의해서 보장되는 안전과 건강 표준의 형태를 설명하는 간단한 보고서를 작성하라.

실험 II

목적

255mm×330mm 크기의 종이와 600mm의 테이프를 가지고 최소한 1분 동안 버틸 수 있는 가장 높은 타워를 만들어보라.
준비시간은 30분.

Source: Saeed Moaveni

브레인스토밍 수업

- 브레인스토밍 수업의 목적과 규칙을 정의한다.
- 규칙의 예: 학생들이 표현한 아이디어는 비판을 금지하며 한 사람은 주어진 한 번의 기회에만 의견을 말한다. 규칙을 지키기 위해서 사회자를 선택한다.
- 모든 사람들이 볼 수 있도록 아이디어를 기록한다.
- 어리석은 아이디어라고 걱정하지 말고 모든 아이디어를 기록한다.
- 이것은 아이디어가 개인에 연관시키지 않도록 하는 좋은 연습이다.
- 각 아이디어를 그룹 아이디어로서 생각하라.

브레인스토밍 후

- 좋은 아이디어를 확인한다. 그러나 아이디어의 자세한 부분은 아직 평가하지 않는다.
- 좋은 아이디어로 향상시킬 수 있는 방법에 대해 의논하라.
- 자세한 평가를 위해서 아이디어를 선택하고 기록한다.
- 가장 좋은 아이디어를 평가하라.

CHAPTER

Engineering Fundamentals

4 공학적 커뮤니케이션

프레젠테이션은 공학 프로젝트에 있어서 꼭 필요한 부분으로 프로젝트의 규모에 따라 간결하거나 상세하게 혹은 빈번하게 수행될 수 있다. 프레젠테이션 자료에 포함되는 수식, 그래프, 차트, 공학도면 등은 정해진 양식을 따라야 한다.

엔지니어는 문제를 해결하는 전문가이다. 문제에 대한 해결책을 얻게 되면 조직 내외부의 다양한 사람들과 그 해결책을 효과적으로 커뮤니케이션해야 한다. 프레젠테이션은 어떠한 공학 프로젝트에서도 꼭 필요한 요소이다. 여러분은 공학을 배우는 학생으로서 할당된 과제에 대한 해결책 도출하고, 그 결과를 기술보고서로 작성하거나 강의시간이나 학술대회에서 프레젠테이션 하게 된다. 엔지니어로가 된 후에는 자신이 속한 설계 그룹의 상급자나 동료, 판매 및 마케팅 직원, 일반 대중, 고객들을 대상으로 프레젠테이션을 해야 한다. 프로젝트의 규모에 따라 프레젠테이션은 간결하거나 상세하게 또는 빈번하게 수행될 수 있으며, 정해진 형식을 따라야 할 수도 있다. 그래프, 차트, 공학적 도안을 포함하는 상세한 기술적 프레젠테이션 자료를 작성해야 하는 경우도 있고, 간결한 프로젝트의 형식을 갱신해야 하는 경우도 있을 것이다. 이번 장에서는 다양한 공학 프레젠테이션 자료 작성 시 활용할 수 있는 공통 형식을 소개한다.

4.1 커뮤니케이션 기술과 공학 작업의 프레젠테이션

공학을 공부하는 학생으로서, 여러분은 글이나 말로서 다른 사람과 의사소통하는 기술을 익혀야 한다. 앞으로 4, 5년 동안 여러분은 자신의 생각과 제품이나 서비스에 대한 개념, 주어진 문제에 대한 공학적 해석이나 해답 혹은 실험 결과를 제시할 때 어떻게 표현해야 하는지를 배울 것이다. 덧붙여, 도면이나 컴퓨터 모델링 등을 통해서 어떻게 다른 사람과 설계 아이디어들을 교환하는지도 배울 것이다. 공학적 해답을 다른 사람에게 전달하는 것은 해답 못지않게 중요하다. 여러분이 자신의 프로젝트에 몇 달을 소비했다 하여도 그 결과를 다른 사람들에게 제대로 전달하지 못한다면, 노력에 대한 결과는 아무런 의미가 없게 될 수 있다. 대부분의 엔지니어들은 보고서를 써야 한다. 이런 보고서들은 차트나 그래프 혹은 요점 등을 포함한 길고, 자세하고, 기술적인 글이 될 것이다. 이제부터 엔지니어 커뮤니케이션에서 활용되는 공통적인 의사소통 방법에 대해 간략하게 설명한다.

4.2 공학 문제를 해결하는 기본 절차

일반적인 공학 프레젠테이션 형식에 대해 설명하기 전에 공학 문제를 해결하는 절차에 대해 알아보자. 공학 문제를 해결하는 기본 절차는 크게 4단계로 이루어진다. (1)문제 정의, (2)가정과 추정을 통한 문제 간소화, (3)문제 해결과 분석, (4)결과 검증

1단계: 문제 정의

문제에 대한 적절한 해답을 얻기 전에, 여러분은 우선 문제 자체를 이해해야 한다. 그러므로 문제 해결 단계에 들어가기 전에 문제에 대해 많은 질문을 해야 한다. 내가 분석하고자 하는 것은 정확히 무엇인가? 문제에서 찾아내야 할 것과 문제에서 제시된 것은 무엇인가? 내가 찾아내고자 하는 것은 무엇인가? 해답을 찾기 위해 정확히 무엇을 해야 하는가?

초반에 문제를 완벽히 이해하기 위해 갖는 시간은 문제 해결 과정에서 소요되는 시간을 절약해 주고 실패를 피할 수 있게 해준다. 문제를 이해하고 나면 어떤 문제라도 두 가지 질문으로 나뉜다. 알고 있는 것은 무엇인가? 찾고자 하는 것은 무엇인가?

2단계: 문제 간소화

문제의 분석 단계로 들어가기 전에 우선 문제를 간소화시켜야 한다.

가정과 추정 문제를 이해했다면 스스로에게 이런 질문을 던져라. 합리적이고 논리적인 가정으로 문제를 간소화하고, 적절한 해답을 찾을 수 있을까? 물리 법칙들과 기본적인 개념들, 그것을 언제 어느 곳에 적용시켜야 하며, 한계는 무엇인가를 이해하는 것은 가정을 세우고 문제를 해결하는데 큰 도움을 준다. 따라서 앞으로 몇 년 동안 학습할 공학 관련 수업에서 기본적인 개념들을 충분히 이해해야 한다.

3단계: 문제 해결과 분석

주어진 문제에 대해 이해했다면 이제는 적절한 해답을 얻는 일을 진행해야 한다. 우선 해결하기 위한 공학적 시스템에 적용되는 물리 법칙과 기본 개념들을 문제에

적용시켜라. 이를 위해서는 여러분이 알고 있는 여러 공학 지식 중에서 수학 지식을 필요로 한다. 관련된 변수들로 주어진 문제를 매개 변수식(parametric form)으로 재정립하는 것은 아주 좋은 방법이다. 그리고 변수들이 전체 시스템을 어떻게 변화시키는지 관찰하는 것이다.

4단계: 결과 검증

문제를 해결하는 과정에서 가장 마지막 단계는 해결 결과를 검증하는 것이다. 다양한 오류원(sources of error)들이 잘못된 결과를 낳을 수 있다. 문제를 잘못 이해했다거나, 맞지 않는 가정으로 문제를 간소화했다거나, 주어진 문제와 맞지 않은 법칙들을 적용시켰다거나, 부적절한 물리량 적용 등이 주된 오류원이 될 수 있다. 여러분은 해결책이나 해답을 교수나 상사에게 제시하기 전에 결과를 다시 한 번 깊이 생각해 보아야 한다. 이때 자신에게 이런 질문을 던져야 한다. 결과가 합당한가?

훌륭한 엔지니어는 항상 결과를 확인하는 방법을 알고 있어야 한다. 여러분 자신에게 이런 추가 질문을 해보라. 만약 매개변수 중의 하나를 바꾸면 어떻게 될까? 어째서 결과가 바뀌는 거지? 그러고 나서 새로운 결과가 합리적인지 다시 생각해 보라. 만약 주어진 문제의 결과도 매개 변수식으로 나타나도록 설정했다면 여러 변수들을 쉽게 변화시켜가면서 결과를 지켜볼 수 있을 것이다. 어떤 경우에는 실제의 물리적 실험들로 결과를 검증해야 한다. 오늘부터 자신의 해답이 합당한지 질문하는 습관을 가지도록 노력하라. 자신에게 여러 질문들을 던짐으로써 해답이 적절한지를 확인하는 방법을 익혀야 한다.

4.3 과제 발표

공학 관련 문서들은 엔지니어나 공학도가 이해할 수 있도록 특정 형식을 따르고 있다. 보고서는 상부에 학번, 마감일, 여러분의 이름과 같은 정보가 표기될 3칸의 표를 갖추는 것이 바람직하다. 주어진 문제는 “Given”, “Find”, “Solution” 부분으로 나뉘어져야 한다. 가로선에는 문제에서 주어진 정보들(given)과 문제를 해결해서 찾아내야 하는 정보들(find), 분석 및 해답(solution) 부분으로 나누는 것이 바람직하다([그림 4.1] 참조).

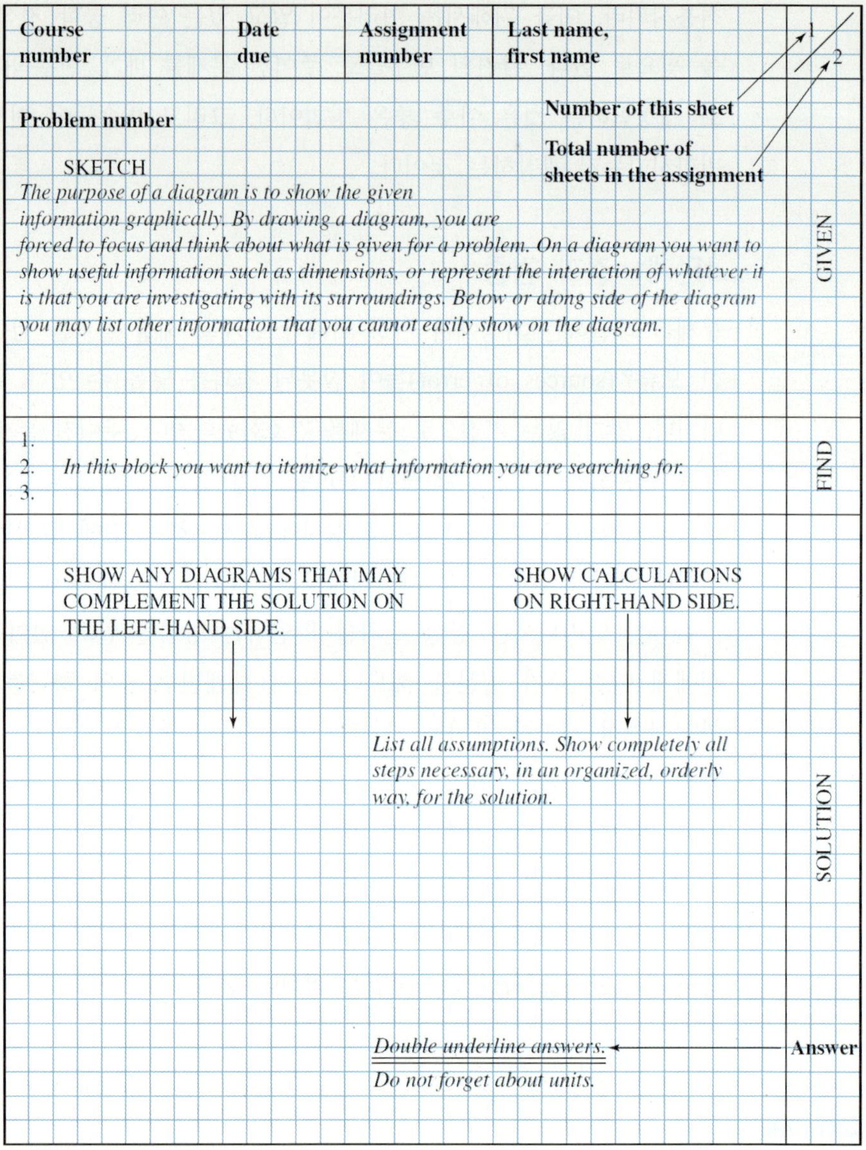

그림 4.1 공학문제 풀이제시의 예

종이의 뒷면에는 아무것도 쓰지 말길 바란다. 종이 뒷면에 인쇄된 바둑판 모양은 앞면에 그래프나 그림, 표 등을 손으로 작성할 때 도움이 된다. 일반적으로 공학 과제는 여러 개의 문제로 구성된다. 따라서 각 문제를 해결한 문서들은 하나로 묶어서 제출하도록 해야 한다. 그렇지 않은 경우 일부 문서의 분실 등으로 불이익을 받을 수도 있다.

공학 문제는 예제 4.1과 같이 제시된다. 간단한 문제들에 대한 해답과 복잡한 문제의 완벽한 해답을 한 페이지에 함께 제시할 경우에는 두 문제를 굵은 선이나 두 줄의 선으로 구분해 주는 것이 좋다.

예제 4.1

아래에 주어진 식에 따라 스쿠버다이빙 탱크의 압축된 공기의 무게를 계산하라. 탱크의 내부 체적은 10L이고, 탱크 내부 공기의 절대압력은 20.8MPa이다. 또한, 내부 공기 온도는 20°C이다. 아래에 주어진 이상기체 방정식을 이용하라.

$$PV = mRT$$

이 식에서

P = 파스칼 단위의 기체의 절대 압력, Pa

V = 기체의 부피, m^3

m = 질량, kg

R = 기체상수, $\frac{J}{Kg \cdot K}$

T = 절대 온도, 캘빈(K)

기체 상수 R의 값은 287J/kg·K이다. 지금 이상 기체 방정식을 이해할 필요는 없다. 이 법칙은 11장에서 자세히 소개될 것이다. 이 예제의 목적은 제시된 공학적 문제들을 어떻게 해결하는지를 소개하기 위한 것이다. [그림 4.2]에 제시된 절차를 이해하기 바란다.

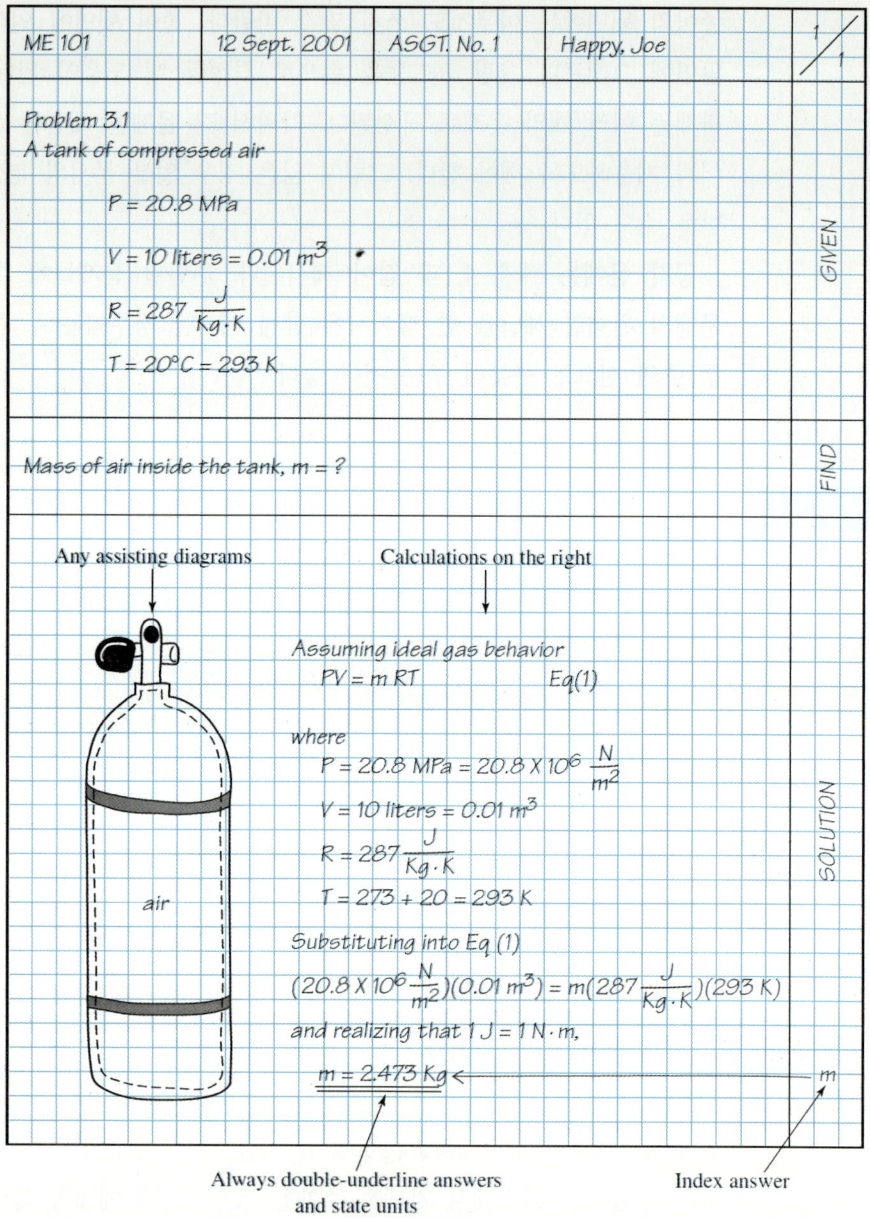
ME 101 | 12 Sept. 2001 | ASGT. No. 1 | Happy, Joe | 1/1

Problem 3.1

A tank of compressed air

$P = 20.8$ MPa

$V = 10$ liters $= 0.01\ m^3$

$R = 287 \frac{J}{Kg \cdot K}$

$T = 20°C = 293$ K

GIVEN

Mass of air inside the tank, $m = ?$

FIND

Any assisting diagrams

Calculations on the right

air

Assuming ideal gas behavior

$PV = mRT$ Eq(1)

where

$P = 20.8$ MPa $= 20.8 \times 10^6 \frac{N}{m^2}$

$V = 10$ liters $= 0.01\ m^3$

$R = 287 \frac{J}{Kg \cdot K}$

$T = 273 + 20 = 293$ K

Substituting into Eq (1)

$(20.8 \times 10^6 \frac{N}{m^2})(0.01\ m^3) = m(287 \frac{J}{Kg \cdot K})(293\ K)$

and realizing that $1\ J = 1\ N \cdot m$,

$m = 2.473$ Kg ← m

SOLUTION

Always double-underline answers and state units

Index answer

그림 4.2 예제 4.1의 공학문제 해답의 예

4.4 진행 보고서, 결과 요약과 간단한 메모

진행 보고서

진행 보고서는 같은 조직의 일원이나 프로젝트의 후원자에게 프로젝트의 주목적에 얼마나 근접해서 일이 진행되고 있는지를 알려주는 역할을 한다. 프로젝트의 전체 일정에 기초해서 진행 보고서는 1~2주일이나 한 달 또는 여러 달, 1년 단위로 작성된다. 진행 보고서의 형식은 전적으로 조직체의 매니저나 프로젝트 후원자에 의해 결정된다.

결과 요약

결과 요약문은 기업의 대표이사 같은 최고 책임자급의 사람들에게 연구 결과나 제안서의 핵심적인 내용을 제출할 때 필요하다. 결과 요약문은 간단명료해야 하고 2~3페이지 이내 분량으로 작성되어야 한다. 요약문에는 주석이나 참조를 달아서 읽는 사람이 더 많은 정보를 원할 때 찾아볼 수 있도록 해주어야 한다.

간단한 메모

간단한 메모는 관심 있는 사람들에게 정보를 간단하게 제시하는 방법이다. 일반적으로 두 페이지 분량을 넘지 않는다. 간단한 메모의 일반적인 형식은 이렇다. 페이지의 머리 부분에는 아래 그림과 같이 날짜, 보내는 사람, 받는 사람, 메모의 주제가 명시되어야 한다.

Date: May 3, 2001
From: Mr. John Doe
To: Members of Project X
Re: Budget Request

4.5 상세 기술 보고서

실험에 대한 상세 기술 보고서는 일반적으로 아래와 같은 항목을 담고 있다.

제목 보고서 제목은 보고서가 담고 있는 내용을 간략하게 표현해야 한다. 4.5절 뒷부분에 있는 예제 보고서 표지 양식을 참고하기 바란다. 보고서 분량이 많은 경우에는 표지 다음에 목차를 추가해야 한다.

초록 대부분의 사람들이 초록을 읽고 보고서 전체를 읽을지 결정하므로 이 부분은 신경 써서 작성해야 한다. 초록에는 보고서의 목적을 간단명료하게 설명하고, 중요한 결과를 강조하고, 결론과 권고 사항이 포함되어야 한다.

목적 이 부분에는 실험을 통해서 무엇을 얻고자 하는지를 기술해야 한다. 목적은 일목요연하게 리스트로 만드는 것이 좋다(예를 들면 1, 2,⋯, 등).

이론과 분석 이론과 분석 부분에는 아래의 내용들이 포함되어야 한다.

- 관련된 원리, 법칙과 방정식들을 기술한다(수식에는 순서 번호 부여).
- 실험에 사용될 분석 모델을 제시한다.
- 설명이 필요한 용어와 기호를 정의한다.
- 실험 설계와 관련된 중요한 가정들을 나열한다.

실험 장치와 실험 과정 이 부분의 주요 목적 두 가지는 다음과 같다.

1. 실험에 사용된 장치와 기구들을 나열하고 이들의 사양을 구체적으로 설명한다.
2. 실험 수행 방법을 기술한다. 실험의 수행 절차는 단계별로 나누도록 하고(단계 1, 2 등) 실험 과정을 도식화해서 포함하도록 한다.

자료와 결과 이 부분에서는 실험 목적에서 설명된 것과 같이 실험의 결과를 표나 그래프의 형태로 제시해야 한다. 이런 표나 그래프들은 해당 과제에 쏟은 노력의 산물이다. 표나 그림의 제목, 행과 열의 명칭, 단위, 축의 분류 명, 데이터 종류 등에 대한 설명을 덧붙여라(데이터 종류는 ■, ◈, @ 등과 같이 표시하라). 그리

세미나에 참석하게 되었다. 두 사람은 좋은 숙소를 사용하려고 2인용 호텔 스위트룸 비용을 공유하기로 했다.

질문 엔지니어 A와 B가 호텔 스위트룸을 공유한 것은 도덕적인가?

공학 작업에서의 신용—설계 공모전: 사례 번호. 92-1

사실 엔지니어 A는 도심지의 고가 고속도로시스템의 일환으로 다리를 설계하는 업무를 하고 있다. 이 엔지니어는 일부 설계 서비스에서 필요로 하는 수평 기하학, 대형 구조 설계, 입면도 전문가인 구조 엔지니어 B의 서비스에도 참여하고 있다. 엔지니어 B는 다리 설계에 있어서 중요한 요소인 곡선 용접형 판형교 3개를 설계한다.

다리를 완성하는데 7개월이 소요되었고, 이후 엔지니어 A는 이 결과물을 다리 설계 공모전에 제출했다. 이 설계는 상을 받았지만, 이 때문에 다리 설계 분야에서 엔지니어 B가 신용을 얻을 수 있는 기회가 상실되었다.

질문 엔지니어 A때문에 엔지니어 B가 다리 설계 분야에서의 신용을 얻는데 실패하도록 한 엔지니어 A가 도덕적인가?

서비스—다른 고객에게 동일한 서비스: 사례 번호. 00-3

사실 전문 엔지니어 A는 고객 X가 점포를 개설하기 위해 교통 흐름에 대한 고객의 허가신청서의 일환으로 교통조사를 수행한다. 엔지니어 A는 고객 X에게 완료된 교통조사에 대한 청구서를 보냈다.

이후, 고객 X는 엔지니어 A가 수행한 교통조사를 가까운 곳에 있는 고객 Y를 요청에 의해 이전에 수행된 결과이고 고객 Y에게 동일한 청구서를 보냈다는 것을 알게 되었다. 고객 X를 위한 새로운 프로젝트에 대한 두 번째 연구에서 고객 Y를 위한 프로젝트에서 사용된 것과 같은 동일한 원시 데이터 일부를 사용했다. 두 프로젝트의 최종 결론은 기본적으로 동일했다.

질문 엔지니어 A가 수행된 교통 연구에 대해 고객 X에서 비용을 청구한 것이 도덕적인가?

가공 시설에서 위험이 주장되는 물질 사용: 사례 번호. 99-11

사실 엔지니어 A는 가공 시설에서 독성 화학물질을 사용하는 생산 설비 관련 분야의 대졸 엔지니어이다. 엔지니어 A의 업무는 이러한 물질을 사용하거나 관리하는 것과는 관련이 없다.

"MegaX"라는 화학물질이 현장에서 사용된다. 최근 뉴스 기사에 따르면 MegaX를 흡입하거나 접촉하면 장·단기적인 유전적 장애가 발생할 수 있다고 한다. 뉴스 소재는 유명 대학의 생리학과의 대학원생이 쥐를 대상으로 수행된 실험 결과였다. 이 실험 결과는 다른 과학자들에 의해 확인되거나 반박되지도 않았다. 정부도 이에 대해서 공식적인 보도를 하지 않았다.

해당 회사 외부의 몇몇 동료들이 이 주제에 대해 엔지니어 A와 접촉했고, 가공 시설에서 MegaX 사용을 제거하기 위한 뭔가를 했는지를 질문했다. 엔지니어 A는 이에 대해 그녀의 상관에게 얘기했고, 상관은 해당 문제를 처리할 수 있는 산업 안전 전문가가 있으니 걱정하지 말라고 했다.

두 달이 지나고, MegaX는 여전히 공장에서 사용되고 있다. 언론에서의 논란은 계속되고 있지만 이 건에 대한 더 이상의 장단점을 증명할 과학적 증거가 없기 때문에 이 문제는 미해결 상태로 남게 되었다. 가공 시설에서의 화학물질 사용은 증가되고 있고, 두 달 전보다 좀 더 많은 작업자들이 해당 물질에 노출되고 있다.

질문 엔지니어 A는 위 사실과 주변 상황에 대해 뭔가 행동을 해야 하는가?

소프트웨어 설계 시험: NSPEBER 사례 번호. 96-4

사실 엔지니어 A는 소프트웨어 회사에서 근무하고 있고, 일반인의 건강과 안전(예를 들어, 방사능 측정, 공기 품질 관리, 수질 관리)에 영향을 미치는 시설의 동작과 관련된 특별한 소프트웨어 설계 관련 업무를 수행한다. 엔지니어 A는 특별한 소프트웨어 시스템 설계의 일부로서 광범위한 시험을 수행하고, 이 시험에서는 기존 표준에서 사용 시 안전한지를 시연하지만 엔지니어 A는 표준 제정기관에서 새로운 표준 초안을 배포했고, 새롭게 설계된 소프트웨어가 이 새로운 표준 초안을 만족하지 못할 것이라는 것도 알고 있다. 시험에는 많은 비용이 소요되고, 회사의 고객들은 시험이 계속 진행되기를 원한다. 소프트웨어 회사는 고객을 만족시키고, 소프트웨어 회사의 재정과 기존 직업을 보전하기를 원한다. 하지만 동시에 소프트웨어 회사 차원에서는 소프트웨어가 안전하게 사용되도록 관리하기를 원한다. 엔지니어 A가 제안하는 시험 결과들은 이 소프트웨어를 계속 사용할지에 대한 것을 판단하는데 영향을 미칠 것이다. 이 시험에는 많은 비용이 소요되고 이 소프트웨어를 출시할 때까지 최소 6개월이 지연될 것이다. 이로 인해 회사 입장에서는 타사와의 경쟁에 뒤질 수 있고, 회사 재정 측면에서도 문제가 될 수 있다. 또한, 구현상 지연 때문에 이 기간 동안 공공서비스위원회 사용률이 상당히 올라갈 것이다. 회사는 추가적인 소프트웨어 시험의 필요성에 대한 엔지니어 A의 제안을 요구한다.

질문 윤리 규범 기준으로 볼 때 엔지니어 A가 추가적인 시험이 필요한 이유와 이 시험을 수행해야 한다는 제안을 자신의 회사에 알려야 할 책임을 가지고 있는가?

내부고발: 사례 번호. 82-5

사실 엔지니어 A는 국방 프로젝트의 많은 부분을 담당하고 있는 대형 회사에 근무하고 있다. 엔지니어 A에게는 하도급업자가 제공하는 재료의 적절성과 수용 가능성에 대한 일정 검토를 포함한 하도급업자의 작업과 관련된 업무를 할당받았다. 작업 수행과정 중에 엔지니어 A는 하도급업자 중 한 업자가 제출한 문제 제안서를 상관에게 알렸고, 해당 작업을 취소하고 하도급업자가 부족한 점을 바로 잡도록 요구할 것을 권고했다. 상사는 엔지니어 A의 지적을 거부했다. 특히 엔지니어 A의 요구를 따르려면 하도급업자가 설계를 다시 해야 하고 이 과정에서 많은 비용과 시간 지연이 예상된다는 제안서를 거부했다. 엔지니어 A가 제시한 문제에 대해서 엔지니어 A와 관리 상사 간에 여러 번의 제안서가 교환되고 계속적으로 합의를 이루어지지 않은 후, 관리 부서에서는 엔지니어 A의 개인 파일에 요주 인물로 기록하고, 3개월간 근신하도록 했으며, 업무 성과가 향상되지 않으면 해고할 것이라고 알렸다. 엔지니어 A는 상당한 국방비를 절약할 수 있도록 하도급업자들이 사양에 따라 장비를 납품해야한다는 점을 계속적으로 상사에게 주장했다. 엔지니어 A는 자신의 행동에 대한 도덕적 평가와 적절성, 그리고 이런 상황에서 엔지니어의 도덕적 책임의 정도를 요구했다.

질문 이러한 상황에서 엔지니어 A가 상사에게 정책적 변화를 지속적으로 요구하거나 자신이 걱정하는 사항을 정상적으로 보고하고자 하는 도덕적 책임이나 도덕적 권리를 가지고 있는가?

학문적 자질: 사례 번호. 79-5

사실 엔지니어 A는 1940년에 인지공학에서 이학사 학위를 받았고, 2개 주에서 전문 엔지니어로 등록되었다. 이후 동일 기관에서 전문 학위를 받았다. 1960년에는 해당 기관으로부터 입학이나 수업에 참여하는 것 없이 학위남발로 볼 수 있는 박사학위를 받았다. 이후 엔지니어 A는 자신의 경력을 설명하는 여러 문서에 자세한 설명 없이 박사 학위를 항상 포함시켰다.

질문 이런 배경에서 엔지니어 A가 학문적 자질로서 박사 학위가 있다는 것을 언급하는 것이 도덕적인가?

취득 학위에 대한 잘못된 광고: 사례 번호. 92-2

사실 엔지니어 A는 작은 도시에 위치한 중급 공학 컨설팅 회사에서 근무하는 EIT로서 기계공학 학위를 가지고 있으며 기계공학 분야에 국한된 서비스만을 수행했다. 엔지니어 A는 회사가 마케팅운동을 시작했고, 자신을 전기 엔지니어로 포함시켰음을 알게 되었다. 회사에는 다른 전기 엔지니어가 있었다. 엔지니어 A는 마케팅 팀장에게 마케팅 자료에 오류가 있음을 알리고, 오류를 바로 잡겠다는 응답을 받았다. 하지만 6개월이 지난 후에도 오류는 고쳐지지 않았다.

질문 위의 같은 상황에서 엔지니어 A는 어떻게 처신해야 할까?

성공한 프로젝트에 대한 광고: 사례 번호 79-6

사실 엔지니어 A는 일간 신문지의 한쪽에 "비즈니스 서비스"라는 제목으로 광고를 실었다. 전체 내용은 다음과 같다. "공학 컨설팅을 통해서 기존 가열 처리 과정에서 소비되는 연료를 30%~70%까지 줄일 수 있고, 동일한 바닥 면적을 두 배로 사용할 수 있습니다. 추가적인 정보가 필요하면 엔지니어 A에게 연락하세요. 전화번호 123-456-7890."

질문 엔지니어 A의 광고는 도덕적으로 문제가 없었나?

다른 사람의 기술보고서 무단 사용: 사례 번호. 83-3

사실 엔지니어 B는 자치단체의회에 프로젝트 제안서를 제출했다. 제안서에는 의회가 프로젝트 선정에 필요한 기술 정보와 데이터가 포함되었다. 의회 직원인 스미스는 엔지니어 B의 제안서를 엔지니어 A가 사용할 수 있도록 했다. 엔지니어 A는 의회에 제출하는 다른 제안서를 작성하는데 엔지니어 B의 제안서를 동의 없이 활용했다. 엔지니어 A가 사용한 엔지니어 B의 정보와 데이터 정도가 논란이 되고 있다.

질문 엔지니어 A가 의회에 제출한 제안서를 작성하는데 엔지니어 B의 동의 없이 그의 보고서를 사용한 것이 비도덕적인 것인가?

고속도로 설계에 CD-ROM 사용: 사례 번호. 98-3

사실 시설 설계 및 건설에 대한 경험이 없는 화학 엔지니어 A가 편지로 다음과 같은 권유를 받았다.

> "오늘날 엔지니어는 새롭거나 익숙하지 않은 건설 프로젝트 업무를 포기해서는 안 됩니다.
>
> 이제 당신의 설계 경험과는 상관없이—혁신적인 CD-ROM만 활용하면—어떠한 건설 프로젝트에 필요한 설계와 회계 업무도 마우스로 클릭만 하면 쉽게 할 수 있습니다. 예를 들어, 이전에 고속도로를 설계해 본 경험이 없다고요? 문제없습니다. '고속도로' 윈도우를 가리킨 후 클릭만 하세요.
>
> 오늘 이 편지에 간단히 사인한 후 저희 회사로 보내면, 당신은 엄청나게 많은 표준 설계 라이브러리로 업무를 더 빠르게 할 수 있고, 회사의 수익도 늘려주는 첫 번째 엔지니어가 될 수 있을 것입니다."

엔지니어 A는 CD-ROM을 주문하고, 시설 설계와 건설 서비스를 제안하기 시작했다.

질문 엔지니어 A가 위의 내용에 따라 시설 설계와 건설 서비스를 제공하는 것이 도덕적인가?

요약

이 장에서는 다음을 학습했다.

- 공학 윤리의 중요성과 윤리 강령을 기준으로 살아가야 하는 이유를 배웠다.
- 엔지니어 강령과 이에 서약해야 하는 이유를 배웠다.

"좋은 사람들과 친구 관계를 유지하라. 그러면 너도 그들 중 한 명이 될 것이다."
— Italian Proverb

연습문제

5.1 다음은 NSPE 윤리 코드와 관련된 질문이다. 다음 진술이 참인지 거짓인지 기술하라. 이 질문들은 NSPE에서 제공된다.

참고: 이 윤리 테스트는 공학 윤리의 개인 지식이나 각 엔지니어의 윤리, 공학생의 지식을 측정하는 것이 아니라 NSPE 윤리 코드에 해당되는 개인의 지식을 테스트하기 위해서 사용된다.

1. 엔지니어는 공공의 안전, 건강, 복지를 신중하게 검토하고 전문적인 의무를 행해야 한다.
2. 엔지니어는 고용인이나 고객에게 솔직하게 보고하는 한 능력 밖의 서비스를 수행할 수 있다.
3. 엔지니어는 불완전한 내용일지라도 고용인, 고객, 대중의 큰 관심과 일치한다면 서술해도 된다.
4. 엔지니어는 각 고용주와 고객에게 신뢰할 수 있는 직원이나 대리인이 되어야한다.
5. 엔지니어는 대중의 건강, 안전, 복지를 보호하기 위해서는 신뢰하는 행동을 보증하는 것이 요구되지 않는다.
6. 엔지니어는 특정한 행동이 고용주나 고객의 관심사를 위태롭게 하거나 손상시킬 때 정부나 연방법의 양식을 따르지 않아도 된다.
7. 생명이나 소유물을 위태롭게 만들 경우에 엔지니어의 판단이 기각되면, 엔지니어는 고용주나 고객 또는 다른 권한의 소유자에게 보고한다.
8. 엔지니어는 적절한 기준과 일치하는 공학 서류를 검사해도 되지만 승인하지 않는다.
9. 엔지니어는 진상, 데이터, 정보를 법이나 이 코드에서 승인되거나 요구되지 않은 이상 고객이나 고용주의 사전 동의 없이 발표해서는 안 된다.
10. 엔지니어는 부정직하거나 신용이 없는 기업에 있는 사람이나 모임에게 본인 이름이나 동료 이름을 허용해서는 안 된다. 단, 이 기업이나 활동이 정부나 연방법과 일치하는 경우는 예외이다.
11. 이 코드에 의해 추정된 어떠한 위반에 대해서 알고 있는 엔지니어는 30일 이내에 그 사항이 정정되지 않으면 적합한 전문기관에 통보하고, 필요 시 공공 권한이나 법인에게 이러한 정보를 고치는 것을 통보하는 것이 요구된다.
12. 엔지니어는 특별한 기술 부문에서 교육을 받거나 경력이 수여된 경우에만 임무를 받는다.
13. 엔지니어는 본인 능력에 미치지 않는 일과 관계되는 계획이나 서류에 서명을 해서는 안 된다. 그러나 본인의 관리나 지지가 아닌 다른 소속으로부터 정당하게 마련된 계획이나 서류가 성공적으로 느껴지는 경우에는 예외이다.
14. 엔지니어는 전체 프로젝트의 임무를 받고 기획의 책임을 가정하고 계획이나 서류의 각 기술 부문이 포함된 전체 프로젝트를 위한 공학 서류를 서명하고 보증할 수 있다.
15. 엔지니어는 고객과 고용주의 가장 큰 관심사에서 주요 고려 사항이 있는 전문 리포트, 주장, 증명에 객관적이고 정직하도록 노력해야 한다. 엔지니어는 리포트를 준비하기 위해 고객이 엔지니어를 유지했다는 날짜가 적힌 리포트, 주장, 증명에 적절하고 타당한 정보만 포함되어야 한다.
16. 엔지니어는 해당되는 부문의 능력과 진상이 알려진 상태에서 기술적인 의견을 공적으로 표현해도 된다.
17. 엔지니어는 관련된 소속으로부터 전해지거나 지불된 기술적인 내용에 대한 진술이나 비평

이나 주장을 해서는 안 된다. 단, 주장에 앞서 어떤 소속을 대신하거나 엔지니어들이 관심을 가질만한 존재를 확실하게 주장한다면 예외이다.

18. 엔지니어는 서비스의 품질이나 본인의 판단에 영향을 끼칠 수 있는 경우에는 논쟁에 참여하지 않는다.

19. 엔지니어는 같은 프로젝트나 관련된 프로젝트의 서비스가 소속이 하나 이상인 경우 보상이나 급여 등을 받아서는 안 된다. 단, 모든 상황이 관련된 소속들과 협의되고 결정될 경우는 예외이다.

20. 엔지니어는 책임지고 있는 임무와 연관된 외부 대리인으로부터 직접적이건 간접적이건 유인해서는 안 되지만 재무나 다른 귀중한 고려사항들은 보상이 완전히 완료됐다면 받아도 된다.

21. 정부, 준 정부, 또는 학부의 멤버, 조언자 또는 종업원으로서 공공의 서비스에 있는 엔지니어는 유인된 서비스나 그와 관련된 조직의 판결에 사적이건 공적인 엔지니어 실습이건 전문능력을 소유하지 않은 기술적 공학과 관련이 없다면 참여해도 된다.

22. 엔지니어는 조직의 장이나 간부가 일원으로 있는 정부 단체로부터 계약을 요청하거나 받으면 안 된다.

23. 엔지니어는 본인이나 동료의 자격에 대한 허위 진술을 허락하거나 자격을 일부러 위조해서는 안 된다. 엔지니어는 이전 엔지니어로부터 고용되었을 때 수행했던 이전 임무에 대한 신용을 받을 수 있다. 고용을 요청하는 팸플릿이나 다른 프레젠테이션의 삽입부에는 수행한 업무와 엔지니어가 회사에 채용된 날짜를 표기해야 한다.

24. 엔지니어는 공공기관의 계약 체결에 영향을 끼치거나 외견상 그렇게 보일 수 있는 기부를 제안, 요청하거나 주거나 받아서는 안 된다. 단, 적합한 연방이나 정부 선거 재정법이나 규칙에 따른 기부가 있을 경우는 예외이다.

25. 엔지니어는 본인의 고용주나 고객과 협의한 후에 실수를 인정한다.

PART

2

공학 개론

모든 엔지니어들이 알아야 하는 개념들

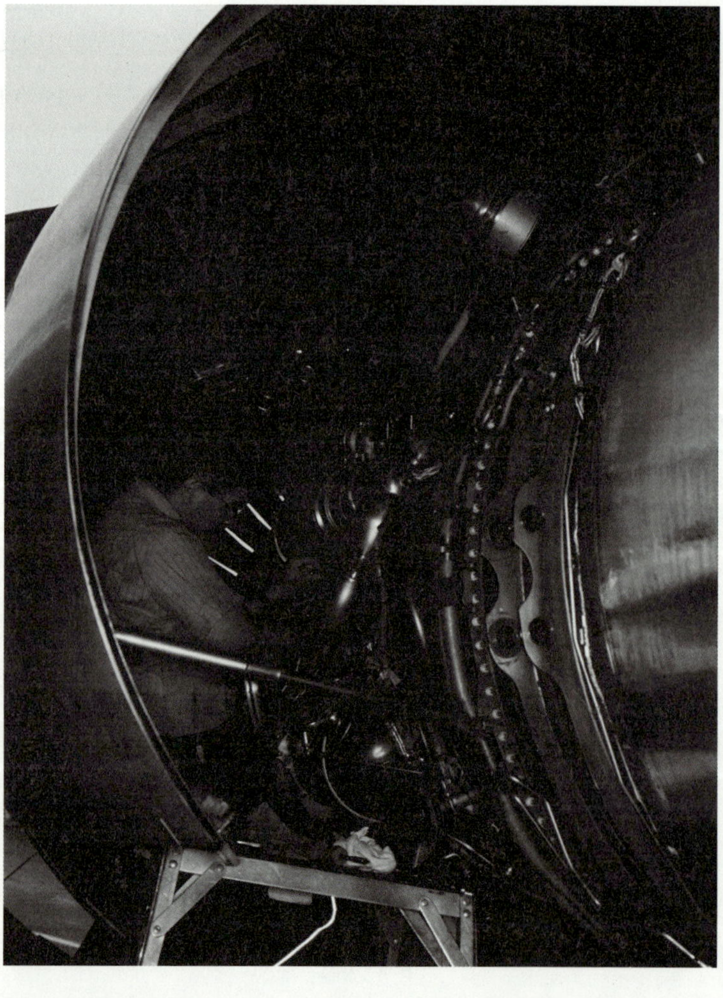

엔지니어는 문제를 해결하는 전문가이다. 훌륭한 엔지니어는 좋은 의사소통 능력과 팀 플레이어로서의 역할을 한다. 훌륭한 엔지니어는 공학에 관련된 충분한 기초 지식을 가지고 있고 이를 활용하여 다양한 문제를 이해하고 해결할 수 있다. Part 2에서는 모든 엔지니어들이 전공에 상관없이 알아야 하는 기본적인 공학 개념에 대해서 설명한다. 우리 주변에서 발생하는 사건이나 주변 환경을 설명하기 위해서 일정 부분은 물리적인 양으로 표현해야 하는 경우가 있다. 이러한 물리량으로는 길이, 시간, 질량, 힘, 온도, 몰 그리고 전류 등이 있다. 또한, 이들과 관련되어 있는 많은 디자인 변수들이 있다. 예를 들어, 높이가 얼마인지, 거리가 얼마인지, 폭이 얼마인지 등을 설명하기 위해서는 길이 차원이 필요하다. 기본 차원인 길이와 길이 관련된 변수들은 면적과 부피처럼 공학 디자인에서 중요한 역할을 수행한다. 훌륭한 엔지니어가 되기 위해서는 이러한 기본적인 차원과 관련된 변수들을 우선적으로 명확하게 이해해야 한다. 이후 이러한 변수들을 어떻게 측정하고, 근사치를 구하고, 계산하고, 공학 공식에서 사용하는지를 아는 것이 중요하다.

CHAPTER

Engineering Fundamentals

6 기본 차원과 단위

엔지니어들이 태양전지로 전원을 공급받고 원격 조종이 가능한 패스파인더의 테스트 비행을 준비하고 있다. 최대한 가볍게 제작되어야 하는 패스파인더는 복합재료, 플라스틱, 발포성 수지 등으로 이루어져 있다. 이 비행체의 날개 길이는 30m이고, 중량은 221kg이다. 초속 7m 속도로 이동할 수 있고, 태양전지판에서 전원을 공급받아 여섯 개의 전기 모터를 구동시켜 프로펠러를 회전시킨다. NASA는 이 비행체를 이용해서 대기권 상층부를 관찰하려고 한다.

이번 장에서는 길이와 시간과 같은 기본적인 공학 차원과 미터와 초와 같은 공학 단위에 대해 설명한다. 나아가 공학 설계와 분석에 있어서 이들의 역할에 대해서도 설명한다. 여러분이 공학도로서 혹은 후에 현장 엔지니어로서 공학 관련 분석 작업을 수행할 때 한 단위계에서 다른 단위계로 변환해야 하는 경우가 발생할 것이다. 그러므로 이러한 단위계의 전환 방법을 설명할 것이고, 계산하는 과정에서 적합한 단위계 사용의 중요성에 대해서도 강조할 것이다. 마지막으로 공학 시스템과 공학적 요소의 의미에 대해서도 설명할 것이다.

6.1 공학 문제와 기본 차원

인간의 지능은 수천 년 동안 진화해 왔다. 주변 환경을 관찰하고 이를 통해 많은 것을 배워온 것이다. 자연에서 배운 지식을 활용해 도구, 보금자리, 무기, 수리 시설, 농사를 짓고 수확량을 늘리는 방법을 설계하고, 개발하고, 시도하고 만들어왔다. 또한, 소수의 물리량을 이용해서 자연 현상과 주변 환경을 설명할 수 있다는 사실을 알게 되었다. 예를 들어, 얼마나 높고, 얼마나 길고, 얼마나 폭이 넓은 지를 표현하는데 길이 차원이 필요하게 되었다. 또한, 어떤 사물이 다른 것보다 무겁다는 것을 알게 되었고, 이 사실을 설명할 수 있는 물리량이 필요하게 되었다. 그것이 바로 무게와 질량이다. 초기 인류는 중력에 대해 제대로 이해하지 못했을 것이다. 결국 무게와 질량의 구분은 나중에 이루어진 것이다.

"몇 살이니?", "거기까지 가는데 얼마나 걸릴까?", "이 음식을 익히는데 얼마나 걸릴까?"와 같은 질문들에 답하고 이해하기 위해서는 시간이라는 물리 차원이 필요하다. 이런 질문들에 대한 초기 인류의 대답은 아마도 이랬을지도 모른다. "나는 아주 많은 달 동안 살아왔어."; "우리 마을에서 산 너머 마을을 가는데 여러 달이 변하는 만큼 걸립니다." 또한, 얼마나 차갑고 뜨거운지를 표현하기 위해서 온도라는 물리량 혹은 물리 차원이 필요했다.

지금까지 여러분은 왜 물리 변수들을 정의해야 하는지에 대해 알아보았다. 주변 환경을 구체적으로 설명하기 위해서는 물리적 차원이 필요할 뿐만 아니라 이러한 차원을 척도화하거나 세분화할 수 있는 방법이 필요하다. 이러한 필요성에 의해 단위 개념이 생성되었다. 예를 들어, 시간은 물리적 차원이며 초, 분, 시간, 일, 년, 세기, 천 년 등의 크고 작은 부분으로 나누어진다. 여러분에게 몇 살이냐고 물어본다면 “저는 19살입니다.”라고 대답할 것이다. 틀린 사실은 아니지만 170,000시간을 살았다거나 612,000,000초를 살았다고 대답하지는 않을 것이다. 또 다른 예로 두 도시간의 거리를 얘기할 때 2,000,000,000밀리미터의 거리라고 얘기하기 보다는 2,000킬로미터라고 얘기할 것이다. 이 두 가지 예의 요점은 숫자를 편리하게 다루기 위해서 우리는 기본적인 물리적 차원들을 적당히 분할해서 사용한다는 것이다. 인류는 특정한 자연 현상, 물체의 크기나 열적 상태 혹은 주변 환경과의 상호 작용을 그리 어렵지 않으면서 정확하게 표현하기 위해서 기본적인 차원을 적절하게 척도화하고 분할하는 것을 배워왔다.

오늘날 우리가 물리계에 대해 알고 있는 지식을 기반으로 자연계를 정확하게 기술하기 위해서 일곱 가지의 기본 차원이 필요하다.

일곱 가지 차원은 길이, 질량, 시간, 온도, 전류, 물질량, 광도이며, 이들을 가지고 자연계가 어떻게 작동하는지를 설명하는데 필요한 다른 물리량들을 도출할 수 있다.

6.2 단위계

오늘날 전 세계적으로 가장 널리 사용되는 단위 시스템은 국제표준단위계(SI), 영국중력단위계(BG), U.S. Customary 단위계이다.

국제표준단위계(SI)

우선, 세계에서 가장 일반적으로 사용되는 단위계인 국제표준단위계(SI)에 대해 알아보자. SI의 기원은 미터(m)와 킬로그램(kg) 두 가지 기본 단위의 정립된 1799년에서 시작된다. 가우스(Carl Friedrich Gauss, 1777~1855)가 1832년부터 시간의 가장 기본적인 단위로 초를 사용하기 시작하면서 자기장과 천문을 포함해 수학과 물리, 공학과 기초과학 여러 분야에서 새로운 발전기를 맞게 되었다. 그리고 1946년, General Conference on Weights and Measures(CGPM)에서 전류의 기본 단위로 암페어(ampere)를 승인하였다. 1954년에 GCPM은 암페어, 켈빈(kelvin), 칸델라(caldela)를 기본 단위로 포함시켰으며, 1971년의 14차 GCPM에서 몰(mole)을 기본 단위로 추가시켰다. SI 기본 단위는 [표 6.1]을 참고하기 바란다.

기본 단위들에 대한 정의는 아래와 같다(Bureau International des Poids et Mesures).

- **미터**는 진공 상태에서 빛이 1/299,792,458초 동안 날아간 거리이다.
- **킬로그램**은 질량의 단위이며, 국제킬로그램원기의 질량과 같다.
- **초**는 기저 상태의 세슘(Cesium) 133이 에너지 준위 레벨에서 두 단계만큼 해당하는 방출을 9,192,631,770 주기 동안 하는 기간이다.
- **암페어**는 무한소의 단면적을 가지고 무한대의 길이를 갖는 두 평행한 도체가 진공에서 1미터 떨어져 있을 때, 길이 미터 당 0.0000002 뉴턴의 힘이 작용하도록 해주는 고정된 전류값이다.
- **켈빈**은 절대온도의 단위로서 물의 삼중점에서의 열역학적 온도를 273.16 켈빈으로 정의한다. 켈빈과 섭씨 단위 간의 관계는 다음과 같다. K=℃+273.16
- **몰**은 원자량의 기준에 따라 탄소의 질량수 12인 동위원소 12C(탄소 12)의 12g 중에 포함되는 원자의 수이다. 몰이 사용될 때 물질의 기본 실체는 원자, 분자, 이온, 전자, 그 외의 입자들 혹은 사전 정의된 어떤 입자 그룹일 것이다.
- **칸델라**는 진동수가 540×10^{12}Hz인 단색광을 방출하는 광원의 복사도가 어떤 방향으로 1sr(스테라디안) 당 1/683W(와트)일 때 이 방향에 대한 광도이다.

표 6.1 SI 기본 단위들

Physical Quantity		Name of SI Base Unit	SI Symbol
Length	 1.6 m–2.0 m Range of height for most adults	Meter	m
Mass	 50 kg–120 kg Range of mass for most adults	Kilogram	kg
Time	 Fastest person can run 100 meters in approximately 10 seconds	Second	s
Thermodynamic temperature	Ice water: 273 kelvins  Comfortable room temperature: 295 kelvins	Kelvin	K
Electric current	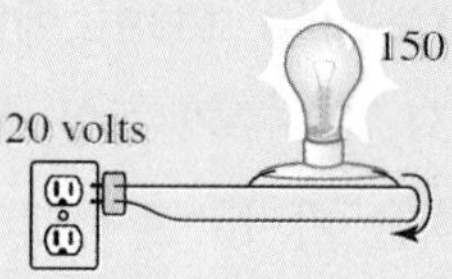 150 watts 120 volts 1.25 amps	Ampere	A
Amount of substance	Uranium 238 ← One of the heaviest atoms known Gold 197 Silver 108 Copper 64 Calcium 40 Aluminum 27 Carbon 12 ← Common Carbon is used as a standard Helium 4 Hydrogen 1 ← Lightest atom	Mole	mol
Luminous intensity	 A candle has luminous intensity of approximately 1 candela	Candela	cd

여러분은 이 단위들의 정의를 기억해두어야 한다. 일상에서의 경험으로 이런 단위들에 대한 적당한 개념들을 가지고 있을 것이다. 예를 들어, 1초가 얼마나 짧은지, 1년이 얼마나 긴 시간인지 이미 알고 있다. 나아가 다른 기초 단위들에 대해

서도 이런 느낌들을 가져야 한다. 예를 들어, 1m는 얼마나 긴가? 내 키는 얼마 정도인가? 2m 이상일까, 5m 이하일까? 대부분 어른들의 키는 대략 15m와 2m 사이다. 물론 예외도 있다. 여러분의 몸무게는 몇 킬로그램인가? 좀 더 뛰어난 엔지니어가 되기 위해서는 단위에 대한 감각을 발전시키는 것이 좋다. 예를 들어, 수동 공구를 설계하고 크기를 정해야 한다고 가정하고, 응력 계산에 기초해서 평균 두께를 1m로 결정한다. 이 단위들에 대한 감각을 통해 여러분은 이 계산에 어떤 실수가 있다는 것을 깨달았을 것이다. 기본 차원들의 역할과 기본 단위에서 유도되는 다른 단위에 대해서는 다음 장에서 더 자세히 설명한다.

표 6.2 SI 기본 단위들에 사용되는 십진법과 그에 따른 접두어

Multiplication Factors	Prefix	SI Symbol
$1{,}000{,}000{,}000{,}000{,}000{,}000{,}000{,}000=10^{24}$	yotta	Y
$1{,}000{,}000{,}000{,}000{,}000{,}000{,}000=10^{21}$	zetta	Z
$1{,}000{,}000{,}000{,}000{,}000{,}000=10^{18}$	exa	E
$1{,}000{,}000{,}000{,}000{,}000=10^{15}$	peta	P
$1{,}000{,}000{,}000{,}000=10^{12}$	tera	T
$1{,}000{,}000{,}000=10^{9}$	giga	G
$1{,}000{,}000=10^{6}$	mega	M
$1000=10^{3}$	kilo	k
$100=10^{2}$	hecto	h
$10=10^{1}$	deka	da
$0.1=10^{-1}$	deci	d
$0.01=10^{-2}$	centi	c
$0.001=10^{-3}$	milli	m
$0.000{,}001=10^{-6}$	micro	μ
$0.000{,}000{,}001=10^{-9}$	nano	n
$0.000{,}000{,}000{,}001=10^{-12}$	pico	p
$0.000{,}000{,}000{,}000{,}001=10^{-15}$	femto	f
$0.000{,}000{,}000{,}000{,}000{,}001=10^{-18}$	atto	a
$0.000{,}000{,}000{,}000{,}000{,}000{,}001=10^{-21}$	zepto	z
$0.000{,}000{,}000{,}000{,}000{,}000{,}000{,}001=10^{-24}$	yocto	y

1960년 CGPM은 SI 기본 단위계의 10의 배수 표기법을 채택했다. 수년 동안, 이 표기법들은 세월이 흐르면서 [표 6.2]와 같이 확장되었고, 세계에서 가장 널리 사용되는 단위계가 되었다.

공학에서 사용되는 다른 물리량들은 기본 단위들로부터 유도될 수 있다. 예를 들어, 힘의 단위는 뉴턴(newton)이고, 이것은 뉴턴의 제2운동법칙에서 유도된다. 1

뉴턴은 1킬로그램의 질량에 적용되는 1m/s^{2}의 가속도를 받게 하는 힘으로 정의된다. 즉 1N=(1kg)(1m/s^2)이다.

공학에서 사용되는 일반적인 유도 단위의 예는 [표 6.3]에 나와 있다. [표 6.3]의 물리량들은 다음 장에서 자세히 다룰 것이다. 7장에서는 이 단위들의 물리적 의미, 공학에서의 중요성과 관련성, 공학적 분석에서 어떻게 사용되는지에 설명할 것이다.

표 6.3 공학에서의 유도 단위들

Physical Quantity	Name of SI Unit	Symbol for SI Unit	Expression in Terms of Base Units
Acceleration			m/s^2
Angle	Radian	rad	
Angular acceleration			rad/s^2
Angular velocity			rad/s
Area			m^2
Density			kg/m^3
Energy, work, heat	Joule	J	N·m or kg·m^2/s^2
Force	Newton	N	kg·m/s^2
Frequency	Hertz	Hz	s^{-1}
Impulse			N·s or kg·m/s
Moment or torque			N·m or kg·m^2/s^2
Momentum			kg·m/s
Power	Watt	W	J/s or N·m/s or kg·m^{2}s^3
Pressure, stress	Pascal	Pa	N/m^2 or kg/m·s^2
Velocity			m/s
Volume			m^3
Electric charge	Coulomb	C	A·s
Electric potential	Volt	V	J/C or m^2·kg/(s^3·A^2)
Electric resistance	Ohm	Ω	V/A or m^2·kg/(s^3·A^2)
Electric conductance	Siemens	S	1/Ω or s^3·A^2/(m^2·kg)
Electric capacitance	Farad	F	C/V or s^4·A^2/(m^2·kg)
Magnetic flux density	Tesla	T	V·s/m^2 or kg/(s^2·A)
Magnetic flux	Weber	Wb	V·s or m^2·kg/(s^2·A)
Inductance	Henry	H	V·s/A
Absorbed dose of radiation	Gray	Gy	J/kg or m^2/s^2

영국중력단위계(British Gravitational(BG) System)

영국중력단위계(BG)는 길이 단위가 피트(ft)로 0.3048m와 같다. 시간 단위는 초(s)이고, 힘의 단위는 파운드(lb)이며 4.448 newton과 같다. BG 단위계에서는 파운드 포스(pound force)가 1차 단위이고 질량 단위는 뉴턴의 제2법칙에서 유도된 의해 슬러그(slug)이다. 1슬러그가 1파운드 포스인 경우, 제곱 초 당 1피트 비율(ft/s^2)로 나타낼 수 있다. 즉 $1lb = (1slug)(1ft/s^2)$이다. 영국중력단위계에서는 온도의 단위가 화씨(°F)이고, 절대온도 용어는 랜킨(°R)이다. 화씨온도와 랜킨 간의 관계는 다음과 같다.

$$°R = °F + 459.67$$

화씨온도와 섭씨온도 간의 관계는 다음과 같다.

$$T(°F) = \frac{9}{5} T(℃) + 32$$

그리고 랜킨과 켈빈온도 간의 관계는 다음과 같다.

$$T(°R) = \frac{9}{5} T(K)$$

이러한 관계에 대해서는 11장에서 추가 설명한다.

U.S. 단위계(U.S. Customary Units)

미국에서는 대부분의 엔지니어들이 여전히 U.S. 단위계를 사용한다. 길이의 단위는 0.3048m에 해당하는 피트(ft), 질량의 단위는 0.453592kg에 해당하는 파운드(lb_m)이고, 시간의 단위는 초(s)이며, 힘의 단위는 파운드 포스(lb_f)이다. $1lb_f$는 45° 위도의 해발 0m에서의 물체의 무게로 정의되며, 중력에 의한 가속도는 $32.2ft/s^2$이다. 1파운드 포스는 4.448 뉴턴과 같다. 파운드 포스는 뉴턴의 법칙으로 정의되는 대신 지표상의 특정 위치에서 정의되므로, U.S. 단위계에서 공학 공식으로 사용될 때는 정정변수가 사용되어야만 한다. 온도 단위는 BG 단위계와 같다.

마지막으로, BG 단위계와 U.S. 단위계의 질량 단위를 비교하면 $1slug \approx 32.2lb_m$으로 나타낼 수 있다. 몸무게가 과체중인 사람일 경우 킬로그램이나 파운드 질량보다는 slug로 표현하는 것이 더 현명할 것이다. 예를 들어 $200lb_m$ 혹은 90.7kg인 사람이 그의 몸무게가 6.2slugs라고 하면 더 날씬하다고 느낄 것이다. $200lb_m$ = 90.7kg = 6.2slugs이다. 따라서 그는 몸무게에 대해서 사실을 이야기한 것이다. 단위에 대한 지식은 어떤 운동이나 다이어트 없이도 즉시 결과를 얻을 수 있다.

우리의 일상에서 사용하고 있는 SI와 U.S. 단위의 예들이 각각 [표 6.4]와 [표 6.5]에 표현되어 있다. 공학에서 일반적으로 사용되는 기본 및 유도 차원들의 단위계간 환산 계수는 [표 6.6]과 같다. 상세한 환산표는 이 책의 맨 뒤를 참고하기 바란다.

표 6.4 일상에서 사용되고 있는 SI 단위들

Examples of SI Unit Usage	SI Units Used
Camera film	35mm
Medication dose such as pills	100mg, 250mg or 500mg
Sports:	
swimming	100m breaststroke or butterfly stroke
running	100m, 200m, 400m, 5000m and so on
Automobile engine capacity	2.2L(liter), 3.8L and so on
Light bulbs	60W, 100W or 150W
Electric consumption	kWh(killo-watt-hour)
Radio broadcasting signal frequencies	88-108 MHz(FM broadcast band) 0.54-1.6 MHz(AM broadcast band)
Police, fire	153-159 MHz
Global positioning system signals	1575.42 MHz and 1227.60 MHz

표 6.5 일상에서 사용되는 U.S. 단위들

Examples of U.S. Customary Unit Usage	U.S. Customary Units Used
Fuel tank capacity	20gallons or 2.67ft^3 (1ft^3=7.48gallons)
Sports(length of a football field)	100yd or 300ft
Power capacity of an automobile	150hp or 82500 lb · ft/s (1hp = 550 lb · ft/s)
Distance between two cities	100miles (1mile = 5280 ft)

표 6.6 단위 시스템과 환산 계수

Dimension	SI	BG	U.S. Customary	Conversion Factors
	System of Units			
Length	Meter(m)	Foot(ft)	Foot(ft)	1ft=0.3048m 1m=3.2808ft
Time	Second(s)	Second(s)	Second(s)	
Mass	Kilogram(kg)	Slugs*	Pound mass(lb_m)	$1lb_m=0.4536kg$ $1kg=2.2046lb_m$ $1slug=32.2lb_m$
Force	Newton(N) $1N=(1kg)\left(1\frac{m}{s^2}\right)$	$1lb_f^{**}=(1slug)\left(1\frac{ft}{s^2}\right)$	One pound mass*** weighs one pound force at sea level	$1N=224.809E\text{-}3lb_f$ $1lb_f=4.448N$
Temperature	Degree Celsius(°C) or Kelvin(K)**** K=°C+273.15	Degree Fahrenheit(°F) or degree Rankine(°R) °R=°F+459.67	Degree Fahrenheit(°F) or degree Rankine(°R) °R=°F+459.67	$°C=\frac{5}{9}[°F-32]$ $°F=\frac{9}{5}°C+32$ $K=\frac{5}{9}°R$ $°R=\frac{9}{5}K$
Work, Energy	Joule(J)=(1N)(1m)	$lb_f\cdot ft=(1lb_f)(1ft)$ Commonly written as $ft\cdot lb_f$	$lb_f\cdot ft=(1lb_f)(1ft)$	$1J=0.7375ft\cdot lb_f$ $1ft\cdot lb_f=1.3558J$ $1Btu=778.17ft\cdot lb_f$
Power	$Watt(W)=\frac{1\,Joule}{1\,second}$ kW=1000W	$\frac{lbf\cdot ft}{second}=\frac{(1\,lbf)\cdot(1\,ft)}{1\,second}$	$\frac{lbf\cdot ft}{second}=\frac{(1\,lbf)\cdot(1\,ft)}{1\,second}$	$1W=0.7375\frac{ft\cdot lb_f}{s}$ $1hp=550\frac{ft\cdot lb_f}{s}$ 1hp=0.7457kW

*Derived or secondary dimension

**Fundamental dimension

***Note unlike SI and BG systems, the relationship between pound force and pound mass is not defined using Newton's second law

****Note a Temperature value expressed in K reads Kelvin not degree Kelvin

6.3 단위 환산

얼마 전 NASA의 두 그룹 엔지니어들이 계산량을 적당한 단위로 환산하는데 소홀한 나머지 Mars Climate Orbiter라는 우주선을 잃어버린 사건이 있었다. NASA의 제트엔진 추진 연구실의 조사에 의하면 콜로라도의 우주선팀과 캘리포니아의 임무 운행팀 간 정보 교환 시 에러를 검출하고 수정하는 과정에서의 실수로 우주선을 분실했다고 한다. 조사팀에 의하면 한 팀은 영미단위계(피트와 파운드)를 사용했고, 다른 팀은 SI단위계(킬로그램과 미터)를 사용했던 것으로 드러났다. NASA에 의하면 두 팀이 교환한 정보는 우주선을 적당한 화성 궤도에 안착시키기 위한 조정에 사용되는 아주 중요한 정보였다고 한다. 화성 극지방 탐사선의 임무 수행 절차는 [그림 6.1]과 같다.

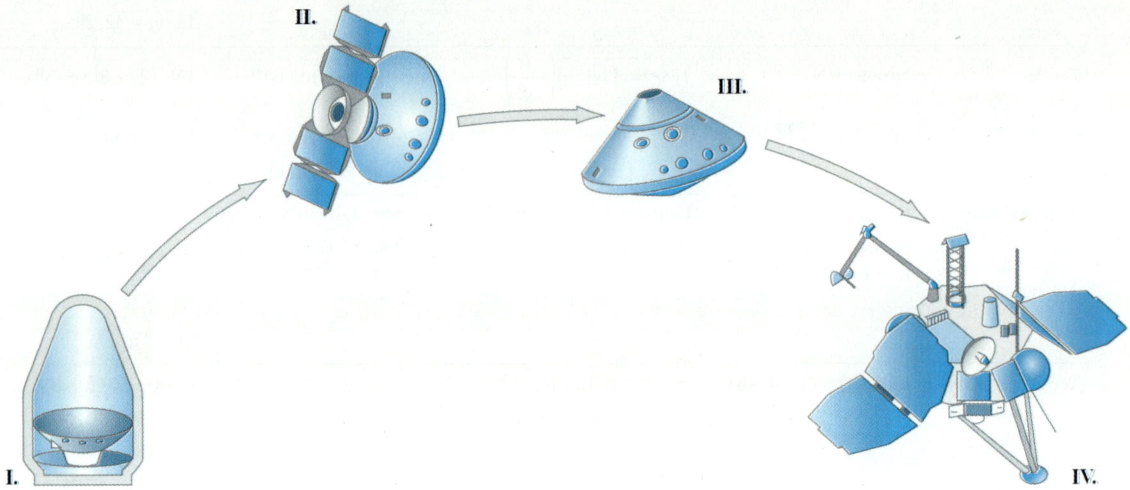

I. Launch
- Delta II 7425
- Launched January 3, 1999
- Launch mass: 574 kilograms

II. Cruise
- Thruster attitude control
- Four trajectory-correction maneuvers (TCM): site-adjustment maneuver September 1, 1999; contingency 5th TCM at entry −24 hours
- Eleven month cruise
- Near-simultaneous tracking with Mars Climate Orbiter or Mars Global Surveyor during approach

III. Entry, Descent, Landing
- Arrival: December 3, 1999
- Jettison cruise stage: microprobes separate from cruise stage
- Hypersonic entry
- Parachute descent: propulsive landing
- Descent imaging of landing site

IV. Landed Operations
- Lands in Martian spring at 76 degrees South latitude, 195 degrees West longitude (76S, 195W)
- 90-day landed mission
- Meteorology, imaging, soil analysis, trenching
- Data relay via Mars Climate Orbiter, Mars Global Surveyor, or direct-to-Earth high-gain antenna

그림 6.1 화성 극지방 탐사선 임무 개요
Source: Courtesy of NASA

공학도나 실무 엔지니어가 분석을 수행하는 경우 한 단위계를 다른 단위계로 환산할 수 있어야 한다. 그러므로 현 단계에서 한 단위계의 정보를 다른 단위계로 정확하게 환산하는 방법을 배워야 한다. 그리고 계산 과정에서 정확한 단위를 사용했다는 것을 보여주는 것도 중요하다. 항상 계산 과정에서 적절한 단위를 표기하도록 하라. 예제 6.1은 단위계 변환 과정을 보여준다.

예제 6.1

키가 6피트 1인치이고 185파운드 포스(lb_f)의 무게인 사람이 시속 65마일의 속도로 25마일의 거리를 자동차로 이동하고 있다. 대기 온도는 80°F이고 대기의 밀도는 $0.0735 lb_m/ft^3$이다. 이 예제의 모든 값들을 미국단위계에서 SI단위로 환산하라. (책 맨 뒤에 있는 환산표를 참고하라.)

이 사람의 키 H는

$$H = \left(6\,\text{ft} + (1\ \text{in.})\left(\frac{1\,\text{ft}}{12\ \text{in.}}\right)\right)\left(\frac{0.3048\,\text{m}}{1\,\text{ft}}\right) = 1.854\,\text{m}$$

혹은

$$H = (1.854\,\text{m})\left(\frac{100\,\text{cm}}{1\,\text{m}}\right) = 185.4\,\text{cm}$$

몸무게 W는

$$W = (185\ \text{lb}_\text{f})\left(\frac{4.448\,\text{N}}{1\,\text{lb}_\text{f}}\right) = 822.88\ \text{N}$$

자동차의 속력 S는

$$S = \left(65\,\frac{\text{miles}}{\text{h}}\right)\left(\frac{5280\ \text{ft}}{1\,\text{mile}}\right)\left(\frac{0.3048\,\text{m}}{1\ \text{ft}}\right) = 104{,}607\ \text{m/h} = 104.607\ \text{kmph}$$

혹은

$$S = \left(104{,}607\,\frac{\text{m}}{\text{h}}\right)\left(\frac{1\,\text{h}}{3600\,\text{s}}\right) = 29.057\ \text{m/s}$$

주행 거리 D는

$$D = (25\ \text{miles})\left(\frac{5280\ \text{ft}}{1\,\text{mile}}\right)\left(\frac{0.3048\ \text{m}}{1\ \text{ft}}\right)\left(\frac{1\,\text{km}}{1000\,\text{m}}\right) = 40.233\ \text{km}$$

대기 온도 T는

$$T(℃) = \frac{5}{9}[T(°\text{F}) - 32]$$

$$T(℃) = \frac{5}{9}(80-32) = 26.7℃$$

대기 밀도 ρ는

$$\rho = \left(0.0735\,\frac{\text{lb}_\text{m}}{\text{ft}^3}\right)\left(\frac{0.453\text{ kg}}{1\,\text{lb}_\text{m}}\right)\left(\frac{1\text{ ft}}{0.3048\text{ m}}\right)^3 = 1.176\text{ kg/m}^3$$

예제 6.2

아래 문제들에 대해서 이 책의 앞, 뒷면 표지에 있는 환산 계수를 사용하라.

a) 면적값 A를 cm^2에서 m^2로 변환하라.

$$A = 100\text{ cm}^2$$

$$A = (100\text{ cm}^2)\left(\frac{1\text{ m}}{100\text{ cm}}\right)^2 = 0.01\text{ m}^2$$

b) 부피값 V를 mm^3에서 m^3으로 변환하라.

$$V = 1000\text{ mm}^3$$

$$V = (1000\text{ mm}^3)\left(\frac{1\text{ m}}{1000\text{ mm}}\right)^3 = 10^{-6}\text{ m}^3$$

c) 기압값 P를 N/m^2에서 $\text{lb}_\text{f}/\text{in}^2$으로 변환하라.

$$P = 10^5\text{ N/m}^2$$

$$P = \left(10^5\,\frac{\text{N}}{\text{m}^2}\right)\left(\frac{1\,\text{lb}_\text{f}}{4.448\text{ N}}\right)\left(\frac{0.0254\text{ m}}{1\text{ in.}}\right)^2 = 14.5\,\text{lb}_\text{f}/\text{in}^2$$

d) 물 밀도값 ρ를 kg/m^3에서 $\text{lb}_\text{m}/\text{ft}^3$으로 변환하라.

$$\rho = 1000\text{ kg/m}^3$$

$$\rho = \left(1000\,\frac{\text{kg}}{\text{m}^3}\right)\left(\frac{1\,\text{lb}_\text{m}}{0.4536\text{ kg}}\right)\left(\frac{1\text{ m}}{3.28\text{ ft}}\right)^3 = 62.5\,\text{lb}_\text{m}/\text{ft}^3$$

6.4 차원의 동일성

여러분이 이해해야 할 또 다른 중요한 사항은 공학적 분석에서 사용되는 모든 수식들은 동일한 차원이어야 한다는 점이다. 차원이 동일하다는 것은 어떤 의미일까? 어떤 사람의 키가 2m에 몸무게 800N이고 체온이 37℃일 때 키에 몸무게와 체온을 더할 수 있을까? 물론 아니다. 계산 결과가 어떻게 될까? 따라서, $L = a + b + c$ 라는 식을 사용할 때 좌변의 L이 길이의 차원이면, 우변의 a, b, c도 길이의 차원이어야 한다. 그렇지 않고 a, b, c가 각각 길이, 무게, 온도의 차원이라면 이 식은 비동차가 되는 것이다. 예제 6.3은 공학 수식에서 차원의 동일성을 확인하는 방법을 설명한다.

예제 6.3

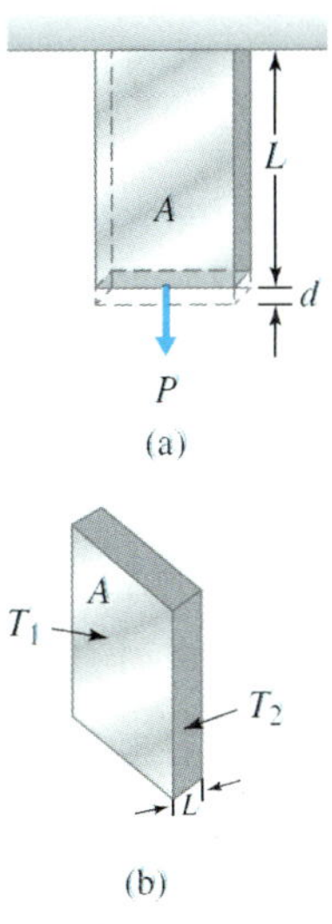

그림 6.2
(a) 예제 6.3의 바, (b) 고체 재료의 열전달률

(a) 일정한 하중이 [그림 6.2]처럼 작용할 때, 바의 끝부분은 아래의 식에 따라 변형을 일으킬 것이다.

$$d = \frac{PL}{AE} \tag{6.1}$$

d = 바의 끝부분의 변형량(m)
P = 작용된 하중(N)
L = 바의 길이(m)
A = 바의 단면적(m^2)
E = 재료의 탄성계수

탄성계수의 단위는 무엇일까?

식 (6.1)은 동차식이어야 한다. 즉, 좌변의 단위는 우변의 단위와 같아야 한다. 이 등식은 탄성계수가 N/m^2의 단위를 가져야함을 보여준다.

$$d = \frac{PL}{AE} \quad \Rightarrow \quad \mathrm{m} = \frac{(\mathrm{N})(\mathrm{m})}{\mathrm{m}^2 E}$$

이 식을 E에 대해 정리하면 탄성계수의 단위가 N/m^2임을 쉽게 알 수 있다.

(b) 고체 재료의 열전달률은 아래의 퓨리에의 법칙에 따라

$$q = kA\frac{T_1 - T_2}{L} \tag{6.2}$$

$q =$ 열전달률
$k =$ 고체 재료의 열전도율(W/m·°C)
$A =$ 면적(m^2)
$T_1 - T_2 =$ 섭씨 온도 차(°C)
$L =$ 미터 단위의 재료의 두께(m)

열전달률 q의 단위는 무엇일까?

k, A, T_1, T_2, L의 단위를 대입하면

$$q = kA\frac{T_1 - T_2}{L} = \left(\frac{\text{W}}{\text{m} \cdot ℃}\right)(\text{m}^2)\left(\frac{℃}{\text{m}}\right) = \text{W}$$

이 식에서 열전달률의 SI단위는 와트임을 알 수 있다.

6.5 수리적 해결 대 기호적 해결

여러분은 공학 수업을 통해 기본적인 개념과 원칙을 이해하고, 이를 적용하여 실제 문제나 상황을 해결하는 방법을 알게 된다. 기본적인 개념을 이해하기 위해서는 공학 수식에 대한 법칙 및 유도과정과 공학적 한계를 주의 깊게 공부해야 한다. 기본 개념을 공부한 후에는 문제를 해결하는 과정에서 이러한 개념들을 물리적 상황에 적용한다. 초반에 일부 개념을 공부한 후 해당 개념을 완벽하게 이해했다고 생각할 수도 있다. 하지만 과제와 같은 응용문제를 해결하는데 해당 개념을 적용하는 과정을 통해 개념에 대한 실제 이해 정도를 확인할 수 있다.

통상적으로 공학 과제는 수리적 혹은 기호적 해결을 요구한다. 수리적인 해결을 위해서는 데이터가 주어져야 한다. 반면에 기호적인 해결 방법에서는 각 단계와 마지막 답이 데이터를 대입할 수 있는 변수로 주어진다. 다음 예제는 수리적인 해결과 기호적인 해결간의 차이를 보여준다.

예제 6.4

아래의 수압 시스템으로 들어 올릴 수 있는 적재량을 결정하라. 필요한 모든 데이터는 [그림 6.3]을 참고하라.

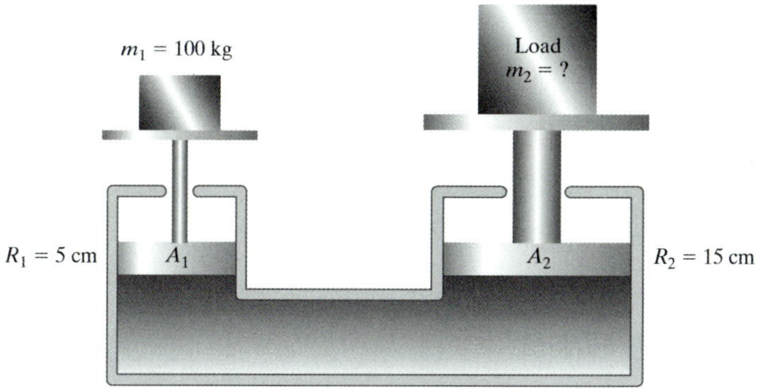

그림 6.3
예제 6.4의 수압시스템

힘, 압력, 면적 사이의 일반적인 관계는 10장에서 상세하게 설명할 것이므로 여기서는 이 관계를 이해할 필요는 없다. 이 예제의 목적은 수리적인 해결과 기호적인 해결간의 차이를 보여주는 것이다. 이 문제를 해결하기 위해서 사용되는 개념은 $F_1 = m_1 g$, $F_2 = m_2 g$ 그리고 $F_2 = (A_2/A_1)F_1$이다. 여기서 F는 힘을 의미하고, m은 질량을, g는 중력 가속도($g = 9.81\,\text{m/s}^2$), 그리고 A는 면적을 나타낸다.

수리적 해결

데이터가 주어지면 그 데이터를 아래의 적절한 방정식에 적용한다.

$$F_1 = m_1 g = (100\,\text{kg})(9.81\,\text{m/s}^2) = 981\,\text{N}$$

$$F_2 = \frac{A_2}{A_1}F_1 = \frac{\pi(0.15\,\text{m})^2}{\pi(0.05\,\text{m})^2}(981\,\text{N}) = 8829\,\text{N}$$

$$F_2 = 8829\,\text{N} = (m_2\,\text{kg})(9.81\,\text{m/s}^2) \quad \Rightarrow \quad m_2 = 900\,\text{kg}$$

기호적 해결

이 문제에서는 F_2를 F_1과 연관시키고, 다음과 같이 π, g와 같은 유사한 양을 단순화한다.

$$F_2 = \frac{A_2}{A_1}F_1 = m_2 g = \frac{\pi(R_2)^2}{\pi(R_1)^2}(m_1 g)$$

$$m_2 = \frac{(R_2)^2}{(R_1)^2}m_1 \quad \rightarrow \quad m_2 = \frac{(15\,\mathrm{cm})^2}{(5\,\mathrm{cm})^2}(100\,\mathrm{kg}) = 900\,\mathrm{kg}$$

이 방법은 방정식에 값을 직접 대입하고자 하는 경우 사용된다. 그 이유는 m_1 혹은 면적과 같은 변수의 값을 바꿀 수 있고, 이에 따른 결과를 볼 수 있기 때문이다. 예를 들어, 기호적 방법을 사용하여 m_1이 200kg으로 증가되면 m_2는 1800kg으로 바뀌는 것을 명확하게 알 수 있다.

6.6 유효 숫자

엔지니어는 측정하고 계산을 수행하며 그 결과를 기록한다. 유효 숫자는 기록되거나 계산된 데이터의 신뢰 정도를 나타내기 위해 사용된다. 예를 들어 [그림 6.4]의 도구들을 사용해서 측정한다고 생각해 보자.

우리는 온도계를 사용하여 방의 온도를 측정하고, 공학용 자를 사용해서 신용카드의 치수를 측정하며, 압력에 따라 바늘이 움직이는 기압계를 사용하여 압력을 측정한다. 이러한 예들을 볼 때, 측정된 값들은 각 도구들의 가장 작은 가늠자 사이에 위치한다. 측정 결과를 확인하고 일정한 값을 얻기 위해서 측정 도구의 최소 가늠자를 반으로 나눈 측정치를 기록한다. 일반적으로 최소 가늠자를 반으로 나누는 것을 측정 도구의 최소 수치이라고 부른다. 예를 들어 [그림 6.4]에서 온도계의 최소 수치 단위를 1℃로 하는 것이 더 정확한 측정치이다(최소 가늠자 값은 2℃). 줄자는 0.05mm, 압력계는 물에서 0.5mm이다. 따라서 온도계를 사용할 때 대기의 온도를 71.25℃라고 기록하는 것은 잘못된 방법이다. 이 값은 다른 계산을 수행할 때 사용되며 대신에 71±1℃로 기록하여야 한다. 이러한 표시 방법은 측정자에게 현재 온도계 눈금이 70℃와 72℃ 사이에 위치하고 있다는 것을 알려준다. ±기호와 최소 수치 단위를 사용하는 것이 정확한 표현 방법임을 명심해야 한다.

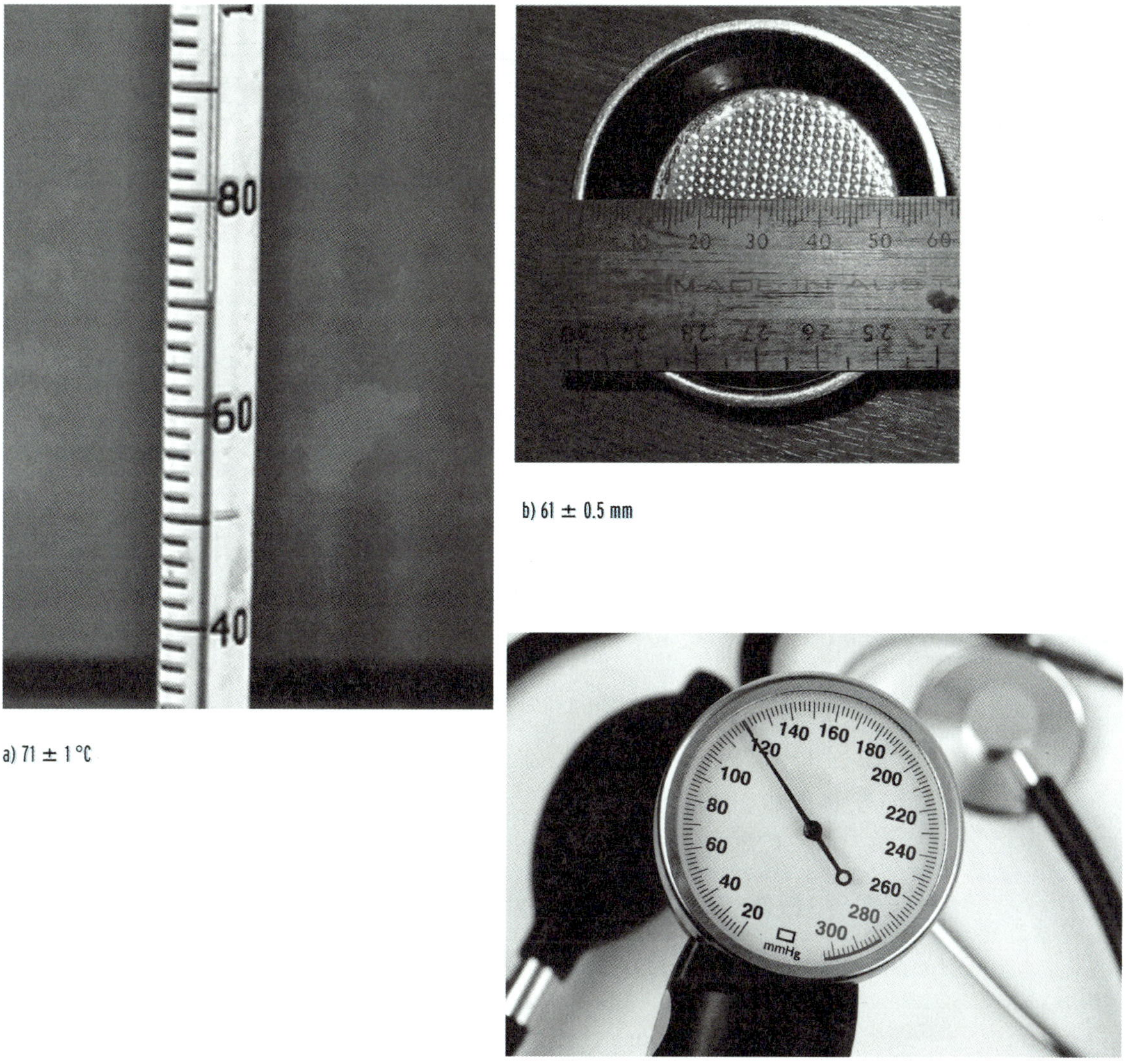

a) 71 ± 1 °C

b) 61 ± 0.5 mm

c) 119 ± 0.5 mm of mercury

그림 6.4 기록 측정기구 예
Source: Saeed Moaveni

앞에서 언급한 바와 같이 유효숫자는 기록되거나 계산된 데이터의 신뢰 정도를 나타낸다. 유효 숫자는 0부터 9까지의 수이다. 그러나 0은 소수점의 위치를 나타낼 때 사용되기 때문에 유효 숫자로 고려하지 않는다. 예를 들어 175, 25.5, 1.85 그리고 0.00125는 각각 유효 숫자가 셋이다. 0.00125에서 0의 수는 유효숫자로 고려하지 않는다. 왜냐하면 소수점을 나타내는데 사용되기 때문이다. 또 다른 예로, 1500의 유효 숫자는 명확하지 않다. 0을 유효 숫자로 보는지 여부에 따라 유효숫자가 2개, 3개 혹은 4개가 된다. 이 경우 1500은 1.5×10^3, 15×10^2 혹은 0.015×10^5로 표현할 수 있고, 2개의 유효숫자를 가지고 있음을 알 수 있다. 10승을 사용하여 숫자를 표현함으로써 보다 정확하게 유효숫자를 알 수 있다. 그러나 숫자가 처음부터 1500.0으로 표현되어 있다면 4개의 유효숫자를 가지고 있고 숫자의 정확도는 1/10000임을 의미하는 것이다.

덧셈 및 뺄셈 규칙 숫자를 더하거나 뺄 때, 계산 결과값의 마지막 유효숫자의 위치는 모든 수들의 공통된 마지막 열이 된다. 예를 들면,

152.47 +	or	132.853 −
3.9		5
156.37		127.853
156.3		127

152.47과 3.9는 각각 5개와 2개의 유효숫자를 가지고 있다. 두 숫자를 더할 때 계산값은 156.37이 된다. 그러나 십진 자리 이후의 첫 번째 열에서만 계산이 이루어지기 때문에 결과값은 156.3으로 표현한다.

곱셈 및 나눗셈 규칙 숫자를 곱하거나 나눌 때, 계산 결과값은 계산에 사용된 수들 중 최소 유효숫자를 따른다. 예를 들면,

152.47 ×	or	152.47 ÷
3.9		3.9
594.633		39.0948717949
5.9×10^2		39

위의 예제에서 152.47은 유효숫자가 5개, 3.9는 2개의 유효숫자를 가지고 있다. 두 숫자를 곱하면 유효숫자는 2개이다. 그 이유는 계산에서 사용된 3.9가 최소의 유효숫자를 가지고 있기 때문이다.

마지막으로 많은 공학 계산에서는 지금까지 설명하여 얻은 값보다 더 적은 유효숫자를 얻는 결과값을 갖는 것만으로도 충분하다. 이 책의 예제 문제들에 대한 결과값은 소수점 2~3자리까지 계산한다.

6.7 공학 요소와 시스템

모든 공학 제품은 여러 요소로 구성된다. 공학 시스템과 요소의 의미를 알기위해 간단한 예를 하나 들어보자. 우리 대부분은 겨울 코트를 가지고 있는데, 그것을 시스템이라 생각해 보자. 우선 코트에는 그에 합당한 목적이 있다. 코트의 주요 기능은 우리 몸이 열을 빨리 잃지 않도록 외부로부터 단열시켜주는 것이다. 코트는 옷 전체를 구성하는 섬유, 단열 재료, 실, 안감, 지퍼, 단추 등의 세부 요소들로 나뉜다. 각 요소는 더 작은 요소들로 나누어질 수 있다. 예를 들면 재킷 전체를 구성하는 섬유는 소매, 깃, 주머니, 앞부분, 뒷부분으로 나누어질 수 있다([그림 6.5] 참조).

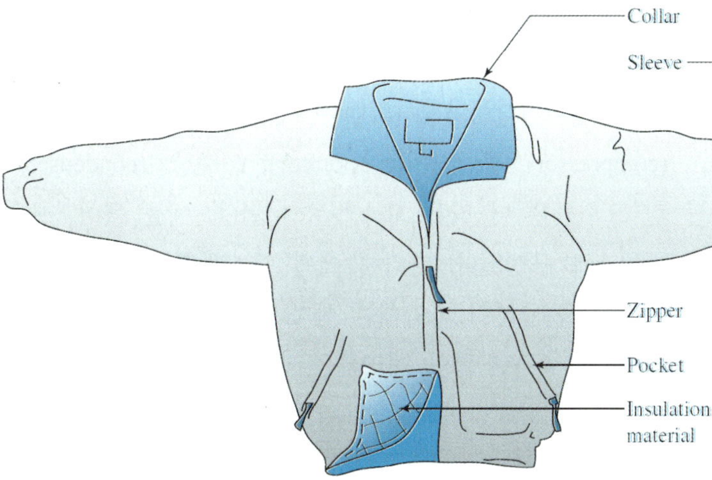

그림 6.5
간단한 시스템과 구성 요소

각 요소들은 각각의 목적이 있다. 주머니는 물건을 넣기 위한 것이고, 소매는 팔을 덮기 위한 것이다. 지퍼의 주요 기능은 재킷의 앞부분을 열고 닫을 수 있도록 해주는 것이며 더 작은 요소들로 구성된다. 코트의 전체적인 기능과 각 구성 요소들의 기능을 한 번 더 생각해 보라. 잘 디자인된 코트는 사람들의 눈을 끌 뿐 아니라 기능적인 주머니를 가지고 있고 따뜻하게 해 준다.

공학 시스템도 겨울 코트와 비슷하다. 어떤 공학 제품이나 공학 시스템도 그보다 작은 서브시스템과 더 작은 요소들로 나누어질 수 있다. 잘 설계된 시스템의 요소는 서로 잘 조합되어 전체 시스템의 목적이 훌륭하게 달성되도록 한다. 일반적인 예를 하나 들어보자. 자동차의 주목적은 원하는 시간 안에 우리를 원하는 장소로 이동시켜 주는 것이다. 우선 자동차는 편안하게 앉기 위한 자리를 제공해야 한다. 더 나아가 바깥의 궂은 날씨 등으로부터 우리를 보호할 안전한 장소를 제공해야 한다. 자동차는 수천 개의 부품으로 구성된다. 그리고 전체적으로 보자면 하나의 완전한 시스템이다. 수천 명의 엔지니어들이 자동차를 설계, 개발, 검증, 생산, 감독하기 위해 헌신했다. 이런 엔지니어들에는 전기/전자 엔지니어, 연소 엔지니어, 재료공학 엔지니어, 공기역학 전문가, 진동 및 제어 전문가, 공기조화 전문가, 생산 엔지니어 및 산업공학 엔지니어들이 있다.

시스템 측면에서 보면 자동차는 전기, 몸체, 차대, 동력 전달, 에어컨디셔닝과 같은 주요 서브시스템들로 나누어질 수 있다([그림 6.6] 참조). 주요 서브시스템들은 더 작은 단위의 서브시스템과 요소들로 나누어진다. 예를 들어 몸체는 문, 힌지, 잠금장치, 창문 등으로 나뉜다. 그리고 전기 시스템은 축전지, 시동장치, 교류 발전기, 배전, 전등장치, 스위치, 라디오, 마이크로프로세서 등으로 나뉜다. 차의 에어컨디셔닝 시스템은 팬(fan), 덕트(duct), 디퓨져(diffuser), 컴프레서(compressor), 증발장치(evaporator), 응축장치(condenser) 등으로 구성된다. 또 이런 요소들은 더 작은 요소들로 나뉜다. 예를 들어, 팬은 임팰러(impeller), 모터, 케이스로 구성된다. 따라서 어떤 시스템을 이해하기 위해서는 각 요소들의 역할과 기능을 충분히 파악해야 한다.

앞으로 4~5년 동안 여러분은 특정 주제에 대한 여러 공학 수업을 들을 것이다. 아마 정지 상태인 물체들의 평형에 대해 다룰 정역학을 수강할지도 모른다. 또한, 외부 힘, 내부 힘, 반작용힘의 역할과 그것들의 상호작용에 대해서도 배울 것이다. 요소들의 평형 상태와 그 개념에 대해서도 배울 것이다. 또한, 다른 여러 물리 법칙, 원리, 수학 그리고 시스템을 구성하는 여러 요소들을 설계, 분석, 개발하는 일과 이런 원리들의 관계에 대해서도 배울 것이다. 주어진 시스템의 궁극적인 목적을 이루기 위한 여러 요소들을 디자인하기 위해 이런 원리와 법칙을 배우는 것은 필수적이다. 이제 여러분은 기본을 배우는 것이 얼마나 중요한지 알았을 것이다. 만약 그렇지 못하다면 여러분은 요소 설계를 제대로 하지 못하게 될 것이고, 이 요소들이 조립된 시스템은 엉망이 될 것이다.

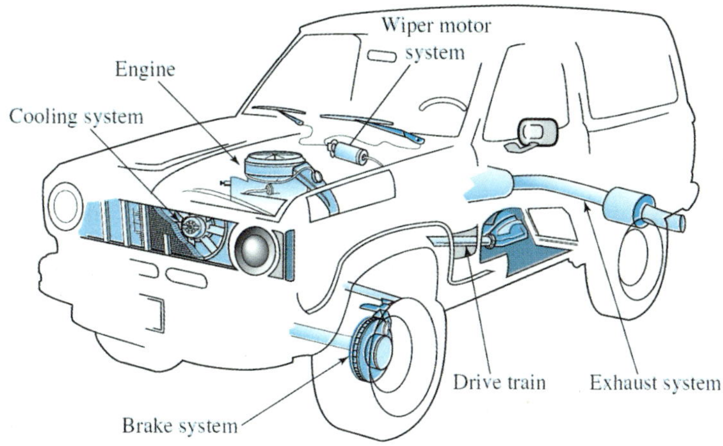

그림 6.6
공학 시스템과 주요 구성 요소

6.8 공학에 사용되는 물리 법칙과 관찰

엔지니어는 우리가 일상생활에서 사용하는 제품과 서비스를 설계, 개발하기 위해 수학뿐 아니라 물리, 화학 법칙과 원리를 적용한다. 여러분이 계속해서 기억하고 있어야 하는 개념들은 이런 물리, 화학, 수학 법칙과 원리인 것이다.

여러분은 고등학교 교육을 받았으므로 수학 이론들이 의미하는 것을 잘 알고 있을 것이다. 하지만 물리 법칙이란 무엇인가? 우리가 살고 있는 지구를 포함한 우주는 어떤 방식에 의해 만들어졌다. 그리고 우주의 기원에 관해서는 서로 다른 의견들이 있다. 신에 의해 창조되었을까, 빅뱅에 의해 시작되었을까? 여기서 우주 기원에 대해 얘기하려는 것은 아니다. 하지만 인류는 자연계를 관찰하고 정보들을 수집하면서 자연계의 개체들이 어떻게 작동하는지를 배워왔다. 예를 들어, 여러분이 손에 들고 있던 물체를 놓는 순간, 그것은 땅으로 떨어진다. 이것은 우리 모두가 동의하는 관찰 결과이다. 그리고 보통의 언어나 수학 같은 또 다른 형태의 언어로 그 관찰 결과를 설명할 수 있다. 뉴턴(Sir Isaac Newton, 1642~1727)은 그 관찰 결과를 수학을 사용해서 중력의 법칙으로 나타냈다.

중요한 점은 물리 법칙들은 관찰을 기초로 한다는 것이다. 우리가 관찰한 것들을 식의 형태로 표현하는데 수학과 물리량을 사용한다. 그럼에도 불구하고 인류는 자연계가 '왜' 그렇게 돌아가는지를 완전히 이해하지 못하고 있다. 우리는 그저 자연계가 '어떻게' 돌아가는지를 알 뿐이다. 그리고 자연계의 근본적인 행동 방식을 설명해줄 기본적인 법칙을 이해하는데 일생을 헌신하는 물리학자들도 있다. 어떤 엔지니어들은 기본적인 원리들을 더 깊게 연구하기도 하지만, 대부분의 엔지니어들은 사물을 설계하는데 이러한 법칙들을 적용한다.

또 다른 예로, 뜨거운 물체를 차가운 물체와 접촉시켜 놓으면 나중엔 두 초기 온도 사이의 어떤 열적 평형 상태에 이르기까지 뜨거운 물체는 열을 잃고, 차가운 물체는 열을 얻는다. 여러분은 일상의 경험으로 뜨거운 물체가 열을 잃지 않는 이상, 차가운 물체는 열을 얻지 못한다는 것을 알고 있다. 왜 그럴까? 그것은 단지 자연계의 현상이기 때문이다. 이런 관찰을 기초로 한 열역학 제2법칙은 고온 영역에서 저온 영역으로의 자발적인 열 흐름을 설명하고 있다. 고온의 물체(좀 더 에너지가 높은)는 저온의 물체(좀 더 에너지가 낮은)로 에너지를 전달한다. 따뜻한 음료수에 얼음을 조금 넣으면 얼음이 따뜻해지고 결국 녹아 없어지는 동안 음료수는 차가워진다. 여러분은 이것을 상식이라고 말하겠지만 불행하게도 이 문제를 사회적 이슈로 끄집어내면 사람들은 그 원리에 대해 자세히 설명하지 못한다.

열역학 제2법칙에 대해 더 이해하기 위해서 한 가지 예를 더 들어보자. 여러분 중 일부는 나이어린 동생이 있을 것이다. 만약 동생을 장난감들이 잘 정돈된 장소에 들여보내 놀게 하고 몇 분 후에 다시 찾아가 보면, 장난감들이 항상 방 여기저기에 흩어져 있는 것을 발견하게 될 것이다. 왜 물건이 제대로 정리된 방은 볼 수

고 이 부분에서 보고서의 부록에 실제 실험 결과 데이터를 표로 첨부했음을 알려주어야 한다.

결과 분석 이 부분에서는 실험을 통해 알게 된 중요한 사항을 강조해서 설명한다. 그리고 이론적인 계산 결과와 실험 결과를 비교하는 것이 좋다.

결론과 권고 결론과 권고 부분에서는 실험 목표와 실험 결과를 비교한다. 적절한 참고문헌들을 추가하여 결론을 뒷받침하고, 결론에 기초하여 독자에게 하고 싶은 권고 사항도 잊지 않도록 한다.

부록 이 부분에는 아래 내용을 포함한다.

- 실제 데이터, 도표, 보충설명을 제공한다.

All State University
Department of Mechanical Engineering

Course Title

Experiment No. ____________

Experiment Title ____
____
____

Date Experiment Completed ____________

Students' Names ________________
____
____

- 데이터 처리 과정에서 사용된 계산 과정을 예로 제공하고, 아래 내용을 포함해야 한다.
  - 계산의 제목
  - 수식에 대한 설명
  - 한 세트의 데이터를 상용한 계산 예

참고문헌 참고문헌은 번호를 부여해서 보고서에 기록되어야 한다. 참고문헌을 기술하는 예는 아래와 같다.

- 책: 저자, 제목, 출판사, 출판일, 페이지
- 정기 출간물: 저자, 논문의 제목, 학회지명, 권, 호, 페이지
- 인터넷 자료: 저자, 제목, 날짜, URL 주소

4.6 구두 대화와 프레젠테이션

우리는 타인과 대화를 나눌 때 주로 '말'을 사용한다. 정보 전달을 목적으로 하는 대화는 우리 일상의 일부이다. 스포츠, 날씨, 지구촌에서 일어나는 일들 혹은 숙제에 대해서 이야기한다. 그런데 어떤 이들은 자신의 생각을 이야기하는 능력이 남들 보다 뛰어나다. 가끔 우리는 고의가 아니었는데도 오해할 수 있을 법하게 이야기하여 좋지 않은 결과를 초래하기도 한다. 공식적인 프레젠테이션에는 고려해야 할 규칙과 전략들이 있다. 여러분의 구두 프레젠테이션 중 여러 달 혹은 일 년 동안의 시간을 쏟아 부은 프로젝트의 결과일지도 모른다. 만약 청중들이 제품의 설계에 대해 혹은 시스템 해석에 대해 잘 이해하지 못한다면 여러분의 노력은 물거품이 될 수도 있다. 모든 정보를 청취자들이 제대로 이해할 수 있도록 제공하는 것은 아주 중요한 일인 것이다.

기술 프레젠테이션을 구두로 하는 것은 여러 측면에서 문서 보고서와 비슷하다. 구두 프레젠테이션을 위해 전체적인 개요를 짜임새 있게 준비해야 하는데 무엇을 프레젠테이션 할 것인지에 대한 계획을 메모하는 것이 필요하다. 한 번 내뱉은 말을 취소하거나 바로잡기 어려우므로 구두 프레젠테이션 내용을 미리 작성하고 수정해야 한다. 청중에게 무엇을 말하고 이해시킬지에 대해 많은 노력을

기울여야 한다.

실제 프레젠테이션을 하기에 앞서 리허설을 하라. 친구들 앞에서 연습을 한 뒤 고쳐야 할 점을 지적 받거나, 프레젠테이션 내용에 대해 충고해 달라고 부탁하는 것도 좋은 방법이다.

청중들이 이해하기 쉽도록 프레젠테이션 하라. 생소한 용어나 어구는 피하는 것이 좋다. 그리고 중요한 개념이나 아이디어에 대해 너무 자세하게 설명하는 것도 피해야 한다. 왜냐하면, 정말 관심 있는 청중이라면 나중에 언제라도 질문을 할 것이기 때문이다.

대부분의 사람의 집중력은 20~30분 정도 되므로 말하는 시간은 반시간 정도로 지키는 것이 좋다. 프레젠테이션이 장시간 진행되는 경우에는 청중의 주목을 끌기 위해서 프레젠테이션 중간에 적당한 유머를 섞거나 흥미로운 이야기를 하면 좋다. 소수가 아닌 다수의 청중과 눈을 맞춰라. 절대로 오랫동안 청중들에게 등을 보이지 않도록 하라. 그리고 유용한 시각적 프레젠테이션 도구들을 사용하는 것이 좋다. 프레젠테이션을 위해 파워포인트 같은 소프트웨어를 사용하라. 가능하다면 차트, 그래프, 그림이나 짧은 동영상을 이용하라. 신제품을 홍보하는 경우라면 손에 시제품 들고 기본적인 기능을 시연하는 것도 좋은 방법이다. 중요한 개념이나 결과에 대한 요약을 담은 개요를 복사해서 미리 청중에게 나누어주는 것도 많은 도움이 된다. 요약하면 구두 프레젠테이션은 짜임새 있게 잘 준비하고, 전달하고자 하는 중요한 포인트를 명확히 해야 하며 청중의 기대와 요구를 고려해야 한다.

다음으로는 파워포인트 프레젠테이션에 대해 간략히 설명한다. 파워포인트는 슬라이드에 텍스트, 차트, 그래프, 비디오 클립 등을 포함시키고 효과적으로 구성하는데 프레젠테이션 도구이다. 파워포인트를 이용하면 청중들에게 유인물과 같은 보충 자료와 프레젠테이션을 위한 준비 노트를 만들 수 있다. 파워포인트는 프레젠테이션에 이용할 수 있는 많은 매력적인 템플릿과 레이아웃 옵션 기능을 제공한다. 공식적인 프레젠테이션을 위해 대학 로고나 학생 조직로고를 프레젠테이션 자료의 모든 슬라이드 하단 부분에 포함시킬 수 있다. 이러한 작업을 위해서는 먼저 슬라이드 마스터를 생성해야 한다. 애니메이션은 슬라이드에 시각, 청각적 효과를 주는 또 다른 방법이다. 예를 들어 한 번에 아이템이 부각되는 효과를 보이게 하거나 다음 아이템으로 이동할 때 각각의 아이템이 없어지는 효과를 보이게 할 수도 있다. 슬라이드 전환은 어떤 슬라이드가 사라지고 다음 슬라이드가 나올 때 프레젠테이션 자료로 하여금 청각이나 시각적 요소를 갖도록 한다. 액션 버튼은 현재 프레젠테이션 문서를 그 문서에 접근시키지 않고도 다른 파워포인트 파일, 워드 문서, 엑셀 파일의 특정한 슬라이드로 옮길 수 있게 한다. 액션 버튼은 그 파일에 연결되어 있다. 액션 버튼을 클릭하면 원하는 슬라이드나 문서가 포함된 파일로 이동한다. 프레젠테이션 준비를 마친 후에는 실제 청중에게 프레젠테이션을 행하기전에 예행연습을 하는 것이 필요하다. 리허설이 필요한 또 다른 이유는 공학적 프레젠테이션은 할당된 시간 내에 행해져야 하기 때문이다. 파워포인트는 프레젠테이션 시간을 맞춰 볼 수 있는 리허설 타이머 옵션을 제공한다.

4.7 공학의 시각적 커뮤니케이션

엔지니어는 제품에 대한 아이디어와 디자인 정보를 전달하기 위해 공학 도면이라고 하는 특별한 종류의 그림을 이용한다. 공학 도면은 제품의 모양, 크기, 사용된 재료의 형태 그리고 조립 순서와 같은 필수적인 정보를 포함한다. 더구나 기계 제작을 하는 사람은 부품을 만들기 위해 엔지니어나 초안을 그린 사람에 의해 공학적 도면으로 제공되는 정보를 이용한다. 엔지니어들은 여러 부품으로 구성된 복잡한 시스템을 이해하는데 공학 도면을 활용한다. 이를 통해 조립 방법과 여러 부품들의 어떻게 연결되는지를 알 수 있다. [그림 4.3], [그림 4.4], [그림 4.5]는 공학 도면의 예시이다. 공학의 시각적 커뮤니케이션 원리에 대해서는 16장에서 자세히 설명된다. 공학 도면이 왜 중요한지, 그것들이 어떻게 그려지는지, 그리고 그러한 도면을 제작하기 위해 따라야 할 규칙으로는 무엇이 있는지에 대해 설명할 것이다. 공학 기호와 부호 또한 중요한 정보를 제공한다. 엔지니어에게 이러한 기호들은 아이디어, 문제에 대한 해결책 또는 어떤 상황에 대한 분석을 전달하기 위해 사용되는 언어이다. 16장에서는 전통적인 공학 기호에 대해서도 설명할 것이고 토목공학, 전기공학, 기계공학에서 공통적으로 사용되는 일부 기호를 소개할 것이다.

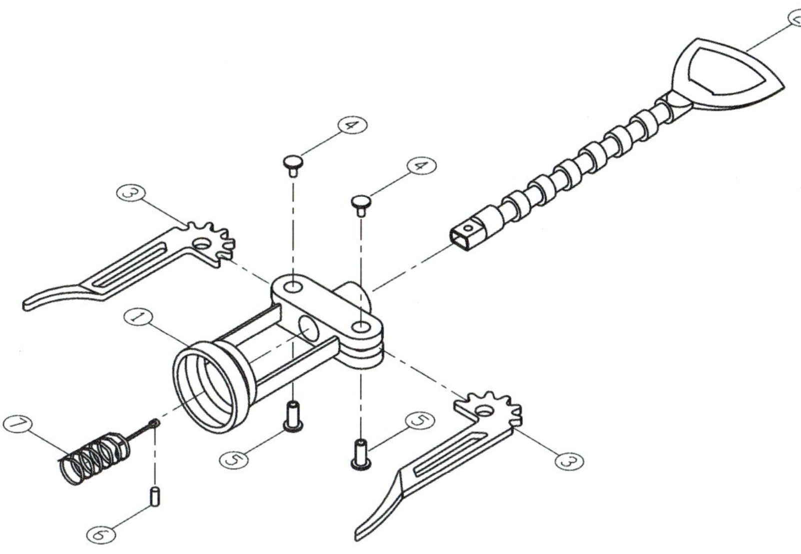

그림 4.3
코르크 마개 뽑는 기구의 조립도면
Source: Courtesy of Kasey Cassell

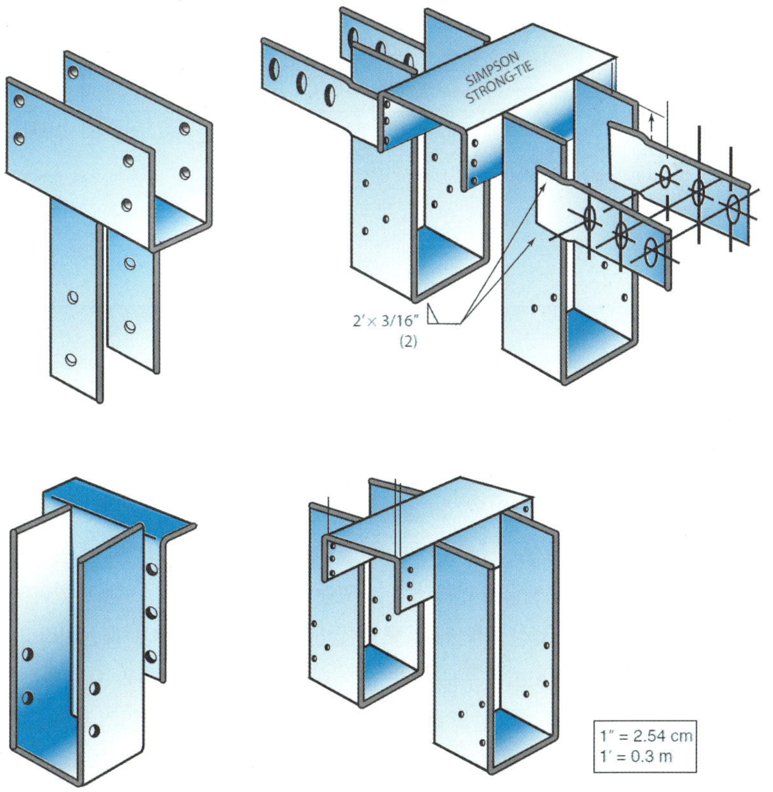

그림 4.4
공용 철제빔 커넥터
Source: Courtesy of Simpson Strong-Tie Company, Inc.

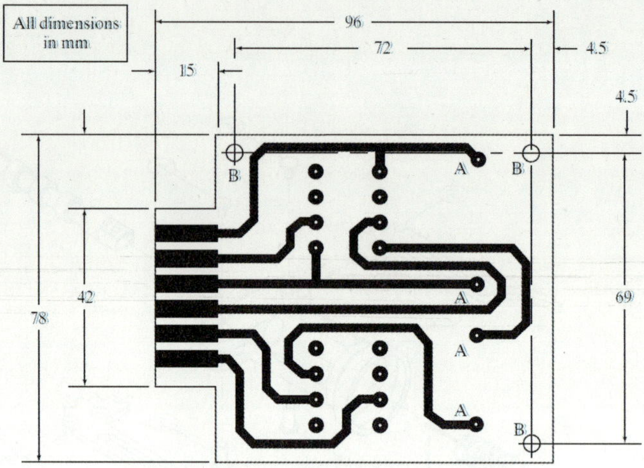

LTR	QTY	SIZE	REMARKS
NONE	16	0.1	PLATED THRU
A	4	0.15	PLATED THRU
B	3	4	

(a) A printed circuit board drill plan

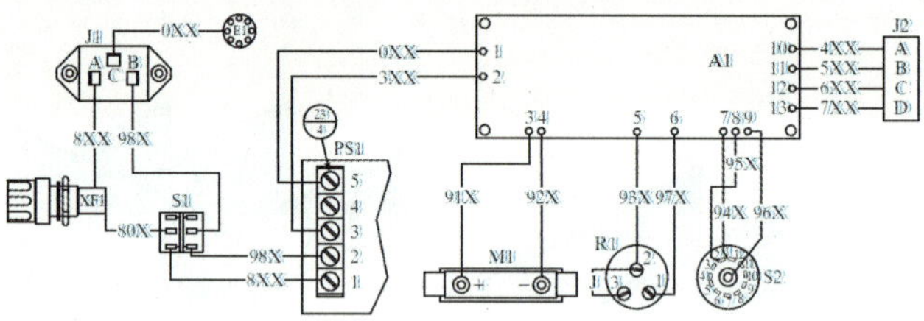

(b) A wiring diagram

그림 4.5
전기/전자공학에서 사용되는 회로 도면의 예

요약

이 장에서는 다음을 학습했다.

- 엔지니어는 공학적 문제의 해결과 관련된 기초적인 단계들을 알아야 한다. 문제는 무엇인가? 무엇을 찾아야 하는가? 적절한 가정 설정을 통해 문제 분석이 수월해질 수 있는가? 주어진 문제에 적용되는 물리적 법칙과 원리들은 무엇인가?
- 자신의 해답을 증명할 수 있는 자신만의 방법을 갖고 있어야만 한다. 왜냐하면 강의실 밖 세상 어디에도 모범 답안은 존재하지 않기 때문이다.
- 엔지니어는 구두로 혹은 문서상으로 다른 사람들과 대화하는 방법을 알아야 한다. 과제 발표, 진행 보고서, 요약서, 간단한 메모, 상세 기술 보고서 등을 프레젠테이션 하는데 사용할 수 있는 다양한 방법을 알고 있어야 한다.

연습문제

4.1 여러 가지 터빈의 작동에 대해 조사하라. 스팀 터빈, 수력 터빈, 가스 터빈, 풍력 터빈의 작동 원리를 설명하는 간단한 보고서를 제출하라.

4.2 왜 우리는 다양한 형태의 운송 수단이 필요한지에 대해 간단한 보고서를 작성하라. 그리고 운송 수단들은 어떻게 발전했는가? 대중교통, 수상교통, 고속도로, 철도, 항공 교통의 역할에 대해 토의해 보자.

4.3 컴퓨터의 주요 구성요소를 구분하고, 각 요소들의 역할과 기능에 대해 간략히 기술하라.

4.4 전자 통신은 점점 중요해지고 있다. 자기 자신의 입장에서 편지를 써야 하거나, 이메일을 보내야 하거나, 전화를 걸어야 하거나, 다른 이에게 어떤 얘기를 해야 하는 상황 등에서 왜 특정 통신 수단이 다른 통신 수단들보다 유용한지를 설명하라. 이모티콘은 인간의 감정을 아이콘으로 표현하는 간단한 문자로 이메일에서 널리 사용되고 있다. 다음은 이모티콘의 예이다.

:) or :-) Smiling
:-D Laughing
: (or :-(Sad
:,(or :.(Crying
:-O Surprised, Shocked
;) or ;-) Wink
>:-O Angry/Yelling
>:-(Angry/Grumpy
: -* Kiss
: -** Returning a kiss
<3 Heart(e.g. I<3 U)
</3 Broken Heart

다음의 과제들은 그룹 프로젝트이다.

4.5 여러분의 고등학교 후배들을 대상으로 프레젠테이션을 할 공학 자체와 공학의 학문 분야에 대한 15분 분량의 파워포인트 자료를 준비하라.

4.6 배울만한 가치가 있는 교육을 받기 위한 여러분의 계획과 공학도로서 성공적인 직업을 선택하기 위한 준비에 대해서 15분 분량의 파워포인트 프레젠테이션 자료를 준비하라. 이 자료를 준비할 때, 교외 활동, 인턴쉽, 자원봉사 등을 포함한 4~5년 가량의 상세한 연구 계획을 고려하라. 여러분의 계획을 급우들과 공유하라.

4.7 이 책에 언급된 주제들에서 하나를 선택해서 15분 분량의 파워포인트 프레젠테이션 자료를 만든 뒤 여러분의 학급에서 프레젠테이션 하라.

4.8 공학 강의에 대한 소개가 학기 프로젝트라면 교수에 의해 지정된 시간의 파워포인트 프레젠테이션 자료를 준비하고, 지정된 날짜에 제출하라.

4.9 공학의 역사와 미래에 대해 20분 분량의 파워포인트 프레젠테이션 자료를 준비하라. 그림, 짧은 동영상, 그래프 등을 프레젠테이션 자료를 활용하라.

4.10 대체 에너지 또는 여러분이 관심 있거나 더 배우기를 원하는 환경 문제에 대해 15분 분량의 파워포인트 자료를 준비하고 그것을 여러분의 학급에서 프레젠테이션 하라.

4.11 NSPE의 웹 사이트를 방문해서 공학 윤리에 대해 조사하여라. 그리고 공학적 윤리가 왜 중요한가를 보여주고, 공학에서 정직과 청렴이 왜 필수적인지를 설명해주는 파워포인트 자료를 만들어라. 공학적 윤리 강령의 예를 보여주어라. 윤리가 관련된 사례를 보여주고, 프레젠테이션 중에 급우들로 하여금 그것에 대해 토론할 수 있게 하라.

4.12 ASME, IEEE, ASCE와 같은 공학 조직의 웹 사이트를 방문하고 올해의 학생 설계 경진대회에 대해 파워포인트 자료를 준비하라. 그리고 그것을 여러분의 공학 관련 모임에서 프레젠테이션하라.

4.13 공학 전문가 등록에 대해 10분 분량의 파워포인트 프레젠테이션 자료를 준비하여라. 그리고 전문가 등록이 왜 중요한지, 요구사항이 무엇인지에 대해 설명하라.

문제 4.14~4.20

4.5절 자료와 결과에서 설명된 바와 같이 표와 그래프에는 제목, 행이나 열 제목, 단위, 축 제목, 데이터 종류와 같은 정보가 포함되어 있어야 하고 데이터 종류도 명확하게 구분되어야 한다. 그림에는 그림 순서와 그림을 설명하는 제목이 그림 하단에 포함되어야 한다. 표에도 그림과 동일하게 순서와 제목이 포함되어야 하는데 표 상단에 위치해야 한다.

4.14 아래 데이터를 도표화하라. 2개의 y축을 사용한다. 온도값의 범위는 0~40℃, 바람 속도값의 범위는 0~12km/h로 설정하라. 본 장에서 소개된 아이디어와 공학 보고서 작성 방식을 참고하여 과제를 제출하라.

Time (p.m.)	Temperature (℃)	Wind Speed (kmph)
1	24	4
2	27	5
3	28	8
4	28	5
5	26	5
6	24	4
7	21	3
8	20	3

4.15 섭씨온도와 화씨온도의 관계를 표로 작성하라. 온도의 범위는 −50℃~50℃이고, 10℃ 단위로 작성하라. 본 장에서 소개된 아이디어와 공학 보고서 작성 방식을 참고하여 과제를 제출하라.

4.16 무게 단위인 킬로그램과 파운드의 관계를 표로 작성하라. 무게의 범위는 50kg~120kg이고, 10kg 단위로 작성하라. 본 장에서 소개된 아이디어와 공학 보고서 작성 방식을 참고하여 과제를 제출하라.

4.17 다음은 토목 엔지니어가 도로 설계 시 사용하는 정시거리(stopping sight distance)표이다. 이 표를 활용하면 운전자가 운전 중 도로상 장애물을 발견하고 현재 속도에서 자동차를 정지시키기 위해 필요한 거리를 예측할 수 있다. 본 장에서 소개된 아이디어와 공학 보고서 작성 방식을 참고하여 도표화하라.

Speed(kmph)	Stopping Sight Distance(m)
0	0
5	6
10	14
15	23
20	34
25	47
30	60
35	76
40	93
45	111
50	131
55	152
60	175
65	200
70	226
75	253
80	282

4.18 다음은 반지름이 0.1인 원형 파이프 내부의 유속 분포이다. 본 장에서 소개된 아이디어와 공학 보고서 작성 방식을 참고하여 도표화하라.

Radial distance, r(m) r=0 corresponds to the center of pipe	U(r) Velocity(m/s)
−0.1	0
−0.09	0.095
−0.08	0.18
−0.07	0.255
−0.06	0.32
−0.05	0.375
−0.04	0.42
−0.03	0.455
−0.02	0.48
−0.01	0.495

Radial distance, r(m) r=0 corresponds to the center of pipe	U(r) Velocity(m/s)
0	0.5
0.01	0.495
0.02	0.48
0.03	0.455
0.04	0.42
0.05	0.375
0.06	0.32
0.07	0.255
0.08	0.18
0.09	0.095
0.1	0

4.19 유리나 금속을 높은 온도까지 가열한 후 서서히 냉각시켜 강도를 강하게 하는 열처리 방법인 어닐링(annealing) 과정에서 얇은 강철판을 900℃까지 가열한 후 주변 온도인 35℃까지 냉각한다. 다음은 이 강철판의 어닐링 가정의 결과이다. 본 장에서 소개된 아이디어와 공학 보고서 작성 방식을 참고하여 도표화하라.

Time (h)	Temperature (℃)
0	900
0.2	722
0.4	580
0.6	468
0.8	379
1	308
1.2	252
1.4	207
1.6	172
1.8	143
2	121
2.2	103
2.4	89
2.6	78
2.8	69
3	62
3.2	57
3.4	52
3.6	49
3.8	46
4	44
4.2	42
4.4	40
4.6	39
4.8	38
5	38

4.20 다음 표는 솟아오르려는 힘과 변위 관계를 나타낸다. 본 장에서 소개된 아이디어와 공학 보고서 작성 방식을 참고하여 도표화하라.

Deflection, X(mm)	Spring force, F(N)
0	0
5	10
10	20
15	30
20	40

4.21 6장의 예제 6.1을 본 장의 4.3절에서 설명한 양식에 맞춰 제출하시오. 예제 문제를 "Given", "Find", "Solution" 영역으로 나누시오.

4.22 6장의 예제 6.3을 본 장의 4.3절에서 설명한 양식에 맞춰 제출하시오. 예제 문제를 "Given", "Find", "Solution" 영역으로 나누시오.

4.23 7장의 예제 7.1을 본 장의 4.3절에서 설명한 양식에 맞춰 제출하시오. 예제 문제를 "Given", "Find", "Solution" 영역으로 나누시오.

4.24 7장의 예제 7.4를 본 장의 4.3절에서 설명한 양식에 맞춰 제출하시오. 예제 문제를 "Given", "Find", "Solution" 영역으로 나누시오.

4.25 8장의 예제 8.3을 본 장의 4.3절에서 설명한 양식에 맞춰 제출하시오. 예제 문제를 "Given", "Find", "Solution" 영역으로 나누시오.

4.26 8장의 예제 8.4를 본 장의 4.3절에서 설명한 양식에 맞춰 제출하시오. 예제 문제를 "Given", "Find", "Solution" 영역으로 나누시오.

4.27 9장의 예제 9.3을 본 장의 4.3절에서 설명한 양식에 맞춰 제출하시오. 예제 문제를 "Given", "Find", "Solution" 영역으로 나누시오.

4.28 9장의 예제 9.4를 본 장의 4.3절에서 설명한 양식에 맞춰 제출하시오. 예제 문제를 "Given",

"Find", "Solution" 영역으로 나누시오.

4.29 10장의 예제 10.7을 본 장의 4.3절에서 설명한 양식에 맞춰 제출하시오. 예제 문제를 "Given", "Find", "Solution" 영역으로 나누시오.

4.30 10장의 예제 10.14를 본 장의 4.3절에서 설명한 양식에 맞춰 제출하시오. 예제 문제를 "Given", "Find", "Solution" 영역으로 나누시오.

4.31 11장의 예제 11.5를 본 장의 4.3절에서 설명한 양식에 맞춰 제출하시오. 예제 문제를 "Given", "Find", "Solution" 영역으로 나누시오.

4.32 12장의 예제 12.4를 본 장의 4.3절에서 설명한 양식에 맞춰 제출하시오. 예제 문제를 "Given", "Find", "Solution" 영역으로 나누시오.

4.33 13장의 예제 13.1을 본 장의 4.3절에서 설명한 양식에 맞춰 제출하시오. 예제 문제를 "Given", "Find", "Solution" 영역으로 나누시오.

4.34 13장의 예제 13.6을 본 장의 4.3절에서 설명한 양식에 맞춰 제출하시오. 예제 문제를 "Given", "Find", "Solution" 영역으로 나누시오.

4.35 13장의 예제 13.9를 본 장의 4.3절에서 설명한 양식에 맞춰 제출하시오. 예제 문제를 "Given", "Find", "Solution" 영역으로 나누시오.

"쓴맛을 한 번도 맛본 적이 없는 사람은 달콤한 맛이 무엇인지 모른다."

— German Proverb

CHAPTER 5

공학 윤리

엔지니어는 삶의 질을 높이고 안락함을 제공하는 많은 제품을 디자인하고 서비스를 제공한다. 또한, 빌딩, 댐, 고속도로, 대형 수송 시스템, 전력 발전소 등의 건설을 감독한다. 엔지니어는 최고의 윤리적 행동 원칙을 고수하며 명확한 기본원칙을 수행할 수 있는 전문가로서 행동하여야만 한다.

The National Society of Professional Engineers(NSPE)의 윤리규범에는 엔지니어로서의 자세가 실려 있다. "공학은 중요하고 학문적인 직업이다. 이 직업의 일원으로서 엔지니어들은 최고의 정직함과 성실함의 표준이 되는 행동을 하기위해 노력해야 한다. 공학은 모든 사람들의 삶의 질에 직접적이고 필수적인 영향을 준다. 그러므로 엔지니어들에게 요구되는 것은 정직, 공정, 공명 그리고 공평이다. 나아가 공공의 건강, 안전 그리고 복지를 보호 하는데 기여해야만 한다. 엔지니어들은 최고의 윤리적 행동 원칙을 고수하며 명확한 기본원칙을 수행할 수 있는 전문가로서 행동하여야만 한다." 이번 장에서는, 공학 윤리의 중요성에 대해 논의하고 보다 세부적으로 NSPE의 윤리규범에 대해서 살펴볼 것이다. 덧붙여 두 가지의 사례 연구를 제공한다.

5.1 공학 윤리

윤리는 우리가 살아가는데 있어 지키기 위해서 노력하는 도덕적인 행동과 도덕적 선택을 의미한다. 의학, 공학과 같은 전문적인 사회에서는 그 구성원들이 지켜야 하는 지침, 표준 그리고 규칙을 오랫동안 세워왔다. 이러한 규칙들은 불만 사항이 나올 수 있는 윤리적 딜레마를 해결하기 위한 전문 조직의 윤리위원회의 구성원들에 의해 제정되었다.

1장에서 설명했듯이 엔지니어는 자동차, 항공기, 옷, 장난감, 가정용품, 수술도구, 난방과 냉방 도구, 건강용품, 제품을 만드는 도구와 기계 등을 포함한 많은 제품을 디자인한다. 엔지니어는 빌딩, 댐, 고속도로, 대중교통 시스템 등의 건설도 디자인하고 감독한다. 뿐만 아니라 회사, 가정, 사무실에 필요한 에너지를 공급하는 발전소의 건설도 디자인하고 관리한다. 엔지니어는 통신 시스템, 공익사업, 교통 시스템을 포함한 국가 기반시설의 디자인과 유지 보수에 큰 역할을 하고 있다. 엔지니어는 농작물, 과일, 야채 등을 증가시키는 방법과 음식 제품의 안전성을 향상시키는 일에도 노력을 기울이고 있다.

사람들은 엔지니어가 안전하고 신뢰성 있는 제품과 서비스를 마련해 주기를 바라고 있다. 공학에는 실수나 부정이란 없다! 엔지니어의 실수로 돈보다 더 중요한 사람의 목숨을 잃게 될 수 있다. 다음의 경우를 생각해보자. 무능력하고 부도덕적인 의사는 한 번에 한 명의 생명을 잃게 할 수 있지만(수술대에서 임산부가 사망할 경우 두 목숨을 잃게 됨), 무능력하고 부도덕적인 엔지니어는 한 번에 수백 명의 목숨을 앗아갈 수 있다. 만약에 무능력한 엔지니어가 교량 혹은 비행기의 안전 장치에 돈을 절약한다면 몇 백 명의 목숨이 위험해진다.

일반적으로 사람이 실수를 하면 덮어줄 수 있다. 예를 들어, 식당에서 웨이터가 실수로 손님이 주문한 펩시가 아닌 코카콜라나 또는 감자튀김이 아닌 양파링을 가져온다면 용서가 된다. 이러한 실수는 아무도 다치지 않고 회복할 수 있는 실수이다. 그러나 무능력하고 부도덕한 엔지니어가 교량, 빌딩 또는 비행기를 실수로 디자인할 경우에는 수많은 목숨을 책임져야 한다. 그러므로 미래의 엔지니어가 되기 위해서는 정직과 성실을 아주 중요하게 여겨야 한다.

다음 절에서는 미국 NSPE에서 발행한 윤리 강령의 예를 보겠다. 미국의 기계공학회, 토목기사학회, 전기/전자엔지니어학회에도 윤리 코드가 있고 각 웹 사이트에서 확인할 수 있다.

"잘못을 저지르고도 고치지 않는 것, 이를 잘못이라 이른다."

—공자

5.2 NSPE의 윤리 강령

National Society of Professional Engineers(NSPE)에서는 엔지니어가 지켜야 할 윤리 강령을 상세하게 제시하고 있다. NSPE의 윤리적 행위 규범은 NSPE의 윤리 심사위원회에 회부된 공학 윤리 문제에 관해서 판결을 내릴 때 사용된다. NSPE 윤리 강령은 다음과 같다.

5.3 엔지니어를 위한 윤리 강령[2]

전문

공학은 매우 중요하고 학구적인 전문 분야이다. 이 전문직의 일원으로서 엔지니어는 가장 높은 수준의 정직과 성실성을 갖추어야 한다. 공학은 모든 사람의 삶의 질에 직접적이고, 극히 중대한 영향을 끼치므로 엔지니어가 제공하는 서비스는 정

2) Source: From Code of Ethics for Engineers by National Society of Professional Engineers, Copyright (c) 2001 National Society of Professional Engineers. Reprinted by permission.

직, 공정, 공명, 공평이 요구되고 공공의 건강, 안전, 복지의 보호에 이바지해야 한다. 엔지니어는 가장 고결한 윤리적 행위의 원칙에 충실해야 한다는 전문 직업인의 행동 규범 아래서 일해야 한다.

I. 기본 규범

엔지니어는 다음과 같은 자신의 업무상 의무를 수행한다.

1. 공공의 안전, 건강, 복지를 최상의 가치로 여긴다.
2. 자신이 할 수 있는 영역의 서비스만 수행한다.
3. 객관적이고 신뢰할 수 있는 내용만을 말한다.
4. 전문인으로서 모든 사람들에게 신뢰할 수 있는 행동만을 한다.
5. 기만적인 행위를 하지 않는다.
6. 명예, 명성, 전문적인 지식의 사용을 향상시켜 명예, 책임, 윤리, 법에 근거한 행동만을 한다.

II. 실행 규칙

1. 엔지니어는 공공의 안전, 건강, 복지를 최우선시 해야 한다.
   a. 생명과 재산을 위협하는 상황에서 엔지니어의 결정이 기각되면 고용인이나 고객 또는 관련 당국에 적절하게 통보해야 한다.
   b. 엔지니어는 적절한 기준에 맞는 공학 서류에만 승인해야 한다.
   c. 엔지니어는 법이나 본 규범에 의해 위임 혹은 요청되는 경우를 제외하고는 고객이나 고용인과 사전 협의 없이 사실이나 데이터, 정보를 폭로하지 않아야 한다.
   d. 엔지니어는 부정직하거나 사기성이 있는 기업이나 개인과는 자신의 이름을 쓰도록 하거나 거래를 하지 않아야 한다.
   e. 본 규범이 규정한 위반 행위에 관련된 사실을 알고 있는 엔지니어는 즉각 적절한 전문 단체나 관계가 있을 경우에는 공공기관에 보고한다. 그리고 관련 기관의 요구에 따라 정보나 지원을 제공하는데 협조해야 한다.

2. 엔지니어는 자신이 할 수 있는 영역의 서비스만 수행해야 한다.
   a. 엔지니어는 특정 기술 분야에 대해 교육과 경험을 통한 능력이 있을 경우에

만 임무를 맡아야 한다.

b. 엔지니어는 자신의 능력이 부족한 분야에 관한 계획이나 문서에 서명해서는 안 되며, 자신의 지시나 통제에 따라 계획된 것이 아닌 계획서나 문서에도 서명하지 말아야 한다.

c. 엔지니어는 전체 프로젝트를 위해 연구 과제를 할당받고, 기능을 조정할 책임을 지니며 전체 프로젝트에 대한 공학 서류에 서명과 날인을 한다. 단, 각각의 기술적 분야는 그 분야를 계획한 자격을 갖춘 엔지니어가 서명하고 날인한다.

3. 엔지니어는 객관적이고 신뢰할 수 있는 내용만을 말해야 한다.

a. 엔지니어는 전문적인 보고서, 성명, 증언에 있어서 객관적이고 정직해야 한다. 여기에는 날짜가 포함되어 있어야 하며 관련이 있고 적절한 정보가 포함되어야 한다.

b. 엔지니어는 내용에 대한 능력과 사실에 대한 이해를 근거로 공식적이고 기술적 의견을 표명한다.

c. 엔지니어는 관심을 가진 어느 단체가 시사하거나 표명한 기술적 사안에 대해 그 단체가 명확하게 누구의 입장을 대신 하는가 또는 엔지니어가 가지고 있는 관심에 대해 미리 설명을 하지 않았다면 그에 대한 어떠한 언급이나 논쟁, 비판을 하지 않아야 한다.

4. 엔지니어는 전문인으로서 모든 사람들에게 신뢰할 수 있는 행동만을 해야 한다.

a. 엔지니어는 제공할 서비스의 결정이나 질에 영향을 미칠 수 있는 마찰 요소에 대해 알고 있는 모든 사항과 발생할 수 있는 가능성을 밝혀야 한다.

b. 엔지니어는 완전히 개방된 상황에서 이해관계가 얽힌 모든 단체가 승인한 경우가 아니라면 동일한 프로젝트에 대한 서비스나 동일한 프로젝트 안에 포함되는 서비스에 대한 보상이나 대가를 둘 이상의 업체로부터 받지 않아야 한다.

c. 엔지니어는 책임지고 있는 일과 관련해 외부인으로부터 어떠한 방법으로든 자금 또는 금전적인 대가를 받거나 청구하지 않아야 한다.

d. 정부, 준정부 또는 각 부처의 공공사업 분야에서 고문, 피고용인으로 있는 엔지니어는 사적으로 또는 공공연한 공학 관행에 따라 자신이나 자신의 조

직이 요청하거나 받은 서비스에 관한 결정에 참가하지 않아야 한다.

e. 엔지니어는 자신이 몸담고 있는 조직의 장 또는 고위 간부가 일원으로 있는 정부기관으로부터 어떤 계약을 요청하거나 받지 않아야 한다.

5. 엔지니어는 기만적인 행위를 하지 않아야 한다.

a. 엔지니어는 자신의 자격을 위조하거나 본인 또는 동료의 자격에 대한 허위 진술을 하도록 허용하지 않는다. 우선순위가 높은 사안에 관한 책임에 대해 허위 또는 과장하지 않는다. 고용에 대한 권유를 담은 팸플릿이나 다른 유인물에서 고용인, 피업체 그리고 실적에 대한 정당한 사실을 허위로 표현하지 않아야 한다.

b. 엔지니어는 공공 당국이 계약을 체결하는데 있어서 영향을 미칠 수 있거나, 계약을 체결하는데 영향을 미칠 의도를 가졌다고 의심되는 어떠한 기부를 직·간접적으로 제공하거나 받지 않는다. 일을 맡기 위해 어떠한 선물이나 금전적 대가를 제공하지 않고, 성실한 고용인이나 인정된 상업적 또는 마케팅 대리인의 경우를 제외하고는 커미션, 수수료, 중계료를 주지 않아야 한다.

III. 전문직으로서의 책무

1. 엔지니어는 최상의 정직과 성실로 모든 관계를 유지해야 한다.

a. 엔지니어는 실수를 인정하고, 사실을 왜곡하거나 바꾸지 않아야 한다.

b. 엔지니어는 프로젝트가 성공하지 못할 것으로 생각되면 고객이나 고용주에게 알려야 한다.

c. 엔지니어는 맡고 있는 일이나 사업에 손실을 주는 외부 작업을 받지 않는다. 외부에서 공학 계열의 작업을 받는다면 사전에 고용주에게 알려야 한다.

d. 엔지니어는 속임수를 이용해서 다른 고용인의 엔지니어를 끌어오는 시도를 하지 않아야 한다.

e. 엔지니어는 전문직의 존엄과 성실성을 버려가며 자신의 이익을 추구하지 않아야 한다.

2. 엔지니어는 공공의 이익을 위해 항상 노력해야 한다.

a. 엔지니어는 젊은이를 위한 직업의 안내와 같이 시민 행사에 참여하는 기회를 찾고 지역 사회의 안녕과 건강, 안전의 향상을 위해 일해야 한다.

b. 엔지니어는 적합한 공학 기준에 부합하지 않는 계획이나 사항에 대해서는 승인하지 않아야 한다. 고객이나 고용인이 비전문적 행위를 강요하면 그들을 관련 당국에 고발하고 향후의 프로젝트 서비스를 취소해야 한다.

c. 엔지니어는 공학과 그 업적에 대한 대중의 이해와 지식을 넓히기 위해서 노력해야 한다.

3. 엔지니어는 일반 대중을 속이는 행위나 관행을 금해야 한다.

a. 엔지니어는 허위 진술하거나 누락한 내용이 있는 성명의 사용을 금해야 한다.

b. 앞서 진술한 바와 같을 경우 엔지니어는 인력 채용을 위해서 광고를 해도 된다.

c. 앞서 진술한 바와 같을 경우 엔지니어는 기술적 프레젠테이션이나 출간을 위해서 기사를 준비해도 되지만 각 기사는 다른 자가 수행한 일이 자신에게 돌아간다는 것을 의미하지는 않는다.

4. 엔지니어는 현재 또는 과거에 일을 해준 고객이나 고용주 또는 공공기관의 동의 없이는 사업에 관련한 업무나 기술적 진보 사항에 대한 기밀을 밝히지 않아야 한다.

a. 엔지니어는 관심을 갖고 있는 모든 단체의 동의 없이 자신이 특별하고 특수화된 지식을 갖게 된 특정 프로젝트에 관해서 새로운 고용이나 실험을 준비하거나 추진하지 않아야 한다.

b. 엔지니어는 관심을 갖고 있는 모든 단체의 동의 없이 이전의 고객이나 고용인의 입장에서 자신이 특별하고 특수화된 지식을 갖게 된 특정 프로젝트나 절차에 관해서 반대된 이해관계를 가진 단체에 참가하거나 대표하지 않아야 한다.

5. 엔지니어는 상충하는 이해관계로 인해서 자신의 전문적 책무가 영향을 받지 않아야 한다.

a. 엔지니어는 무료 공학 설계를 포함해 홍보를 목적으로 원료나 장비 업체로부터 금전적 보상을 받지 않아야 한다.

b. 엔지니어는 자신이 책임지고 있는 일과 관련이 있는 엔지니어의 고객이나 고용주가 거래하고 있는 다른 단체나 계약자로부터 어떤 형태로든 중계료나 대가를 받지 않아야 한다.

6. 엔지니어는 다른 엔지니어를 거짓으로 비난하거나 또는 부적절하고 의심스런 방법을 통해 채용, 승진, 전문 계약을 얻어내지 않아야 한다.

a. 엔지니어는 자신의 판단이 절충될 우려가 있는 불확실한 기반에서는 위탁을 요청, 제안, 수락하지 않아야 한다.
b. 급여를 받는 엔지니어가 부업으로 공학 관련 업무를 받아들이려면 고용인의 정책과 도덕적 고려 사항이 일치하여야 한다.
c. 엔지니어는 외부의 사적인 업무를 위해서 고용주의 장비, 지급 물품, 연구실, 사무실 시설 등을 동의 없이 사용해서는 안 된다.

7. 엔지니어는 악의건 실수건 또는 직접적이건 간접적이건 전문직의 명성, 기대, 사회 관습 그리고 다른 엔지니어의 직업에 대한 손해를 끼치는 일은 하지 않아야 한다. 타인이 불법적인 행위를 했거나 윤리적 문제가 있으면 조치를 위해 관계 당국에 보고해야 한다.

a. 개별적으로 일하는 엔지니어는 같은 고객을 위해 일하는 다른 엔지니어의 일을 모르거나 또는 일과 관련한 계약이 만료되지 않았다면 살펴보지 않아야 한다.
b. 정부, 산업, 교육 관계 업무를 하는 엔지니어는 자신의 직업적 의무에 따르는 경우에 다른 엔지니어의 업무를 검사하고 평가할 자격을 갖는다.
c. 영업이나 산업 일을 하는 엔지니어는 다른 업체의 제품에 대해 공학적 비교를 할 자격이 있다.

8. 엔지니어는 자신의 전문적인 일에 대한 책임을 져야 한다. 그러나 엔지니어가 조잡한 과실보다는 다른 이유로 자신의 업무 밖에서 야기된 서비스에 대해 면책을 바란다고 해도 엔지니어의 이해관계는 달리 보호를 받을 수 없다.

a. 엔지니어가 공학을 실행하는 것을 주의 등록법에 따라야 한다.
b. 엔지니어는 비도덕적 행위를 위해서 위조로 엔지니어가 아닌 자, 법인, 동업자와 협의하지 않아야 한다.

9. 엔지니어는 정당한 사람들에게 공학적 작업에 대해 보장해야 한다. 그리고 다른 사람의 타당한 이해관계를 인정한다.

a. 엔지니어는 가능한 한 항상 디자인, 발명, 글, 다른 결과에 개인적으로 책임이 있는 사람이나 사람들을 임명할 수 있다.
b. 엔지니어는 고객이 공급한 디자인을 사용할 때 그 디자인이 고객의 소유물임을 명확히 하고 다른 엔지니어가 허가 없이 복제할 수 없도록 한다.

c. 엔지니어는 저작권이나 특허품을 정당화할 수 있는 향상력, 계획, 디자인, 발명, 기록에 대해 일을 맡기 전에 소유권에 대해 동의를 받아야 한다.
d. 엔지니어의 디자인, 데이터, 기록, 노트 등이 전적으로 고용주에게 속해 있으면 고용주의 소유이다. 고용주는 정보를 원래 목적 외의 다른 목적으로 사용할 경우 엔지니어에게 손상에 대한 보상을 받아야 한다.

2001년 2월 개정 내용 "콜롬비아주의 연방지방법원의 지시에 따라 경쟁 입찰을 금지하는 NSPE 윤리 규범 11(c)절의 이전 내용과 이와 관련된 모든 정책적 문구, 의견, 판결 혹은 다른 지침들이 폐지되었다. 이것은 해당 규범이 독점 금지법에서 보호받고 장래의 고객에게 가격 정보를 제공해야 하는 엔지니어들의 법적 권리를 불법적으로 침해했기 때문이다. 따라서 언제, 어느 정도의 분량이든 공학 서비스에 대한 가격 견적서 제출이나 경쟁 입찰을 금지하는 정책적 문구, 의견, 판례나 지침도 NSPE 윤리 규범에서 삭제되었다."

NSPE 행정위원의 진술 대법원의 결정과 최종 판결 등록이 발행된 후 몇 가지의 실례에서 지적된 오해를 바로잡기 위해 미국 대법원은 1978년 4월 25일에 "셔먼법은 경쟁입찰을 요하지 않는다."라고 선언했다.

또한, 대법원에서 내린 선언을 설명하면

1. 엔지니어와 기업은 공학적 서비스에 대한 입찰을 개별적으로 거절해도 된다.
2. 고객은 공학 서비스에 대한 입찰을 하도록 요구되지 않는다.
3. 공학 서비스를 알선하는 절차를 결정하는 연방, 정부, 지방의 법은 영향을 받지 않으며 전적으로 유효하다.
4. 주 정부 단체와 지역 정부는 공공 대리인에 의해 활발하고 적극적으로 전문적인 선택과 협상 과정에 대한 입법의 추구에 자유롭다.
5. 공학 서비스에 대한 경쟁입찰의 금지를 규정한 법을 포함하여 전문직의 행위를 규정하는 주 정부 등기위원회는 영향을 받지 않고 전적으로 유효하다. 전문직이 행위에 대한 법을 채택할 수 있는 당국과 함께 주 정부 등기위원회는 공학 서비스를 얻기 위해서 통제하는 절차에 대한 법을 선택할 수 있다.
6. 대법원의 선언에도 있듯이 "판결의 그 어떤 것도 NSPE와 그 일원들이 정부의 행동에 영향을 미치려는 움직임을 막지 못한다."

참조: 개개인의 사람과 비교해 기업의 경우, 규정의 활용에 대한 질문과 관련하여 사업의 형식이나 형태는 개인의 적합성을 무시하거나 또는 영향을 미쳐서는 안 된다. 규정은 전문적 서비스를 다루며 이 서비스는 실제로 사람에 의해 수행되어야만 한다. 실제 사람은 사업 구조 내에서 순차적으로 정책을 수립하고 실행한다. 규정은 엔지니어에게 적용하여 NSPE의 일원들이 각 조항에 맞게 살도록 노력하게끔 하기 위해 명확하게 기술되었다. 이것은 관련이 있는 모든 규정에 적용된다.

5.4 엔지니어 강령

1954년에 NSPE에 의해 채택된 엔지니어 강령은 의학 수련의들의 '히포크라테스 선서'와 유사하다. 엔지니어 강령은 명료하게 공학 철학을 선서하도록 발전되어 왔다. NSPE 엔지니어 강령은 다음과 같다.

- 최대한의 성과를 낼 것
- 정직한 기업에만 참여할 것
- 직업적 행동의 최고 기준과 인류의 법을 지키면서 살고 일할 것
- 중요시할 것은
  - 이익보다 서비스이고,
  - 개인적 이익보다 직업의 명예와 명성이며,
  - 다른 모든 것들보다 공익을 더 중요시하라.

겸손함으로 그리고 신의 인도를 위해 이 서약을 만들었다.

엔지니어 강령은 보통 졸업식 행사 혹은 자격증 수여식에서 사용된다. 다음은 주의를 기울여야 할 추가적인 정의들이다.

대학 부정행위 정직은 삶의 모든 관점에 있어서 가장 중요하다. 대학 부정행위는 시험, 숙제, 연구 보고서 표절, 아프다고 거짓말하고 시험을 보지 않는 행위, 다른 학생을 위해 대리 출석하는 행위 혹은 결석했을 경우에 다른 학생이 대신 출석부에 서명하는 경우 등을 포함한 행동을 의미한다.

표절 표절은 다른 사람의 업적을 자신의 것처럼 나타낸 것을 의미한다. 저널, 논문, 책, 온라인 자료, TV 혹은 라디오로부터의 정보를 포함한 다른 사람의 업적을

사용하거나 인용할 수 있다. 그러나 어디서 이 정보를 얻었는지 밝혀야만 한다.

이익의 상충 처해 있는 지위에 따른 개인적 이익과 개인적인 의무 사이의 충돌

계약 계약은 둘 혹은 그 이상의 당사자들 간의 협정이다. 즉, 자유롭게 협약을 맺는 것이다. 합법적인 계약은 법적으로 구속력이 있으며, 이행하지 못하는 경우 법적인 책임이 따른다.

직업적 책임감 사람이 소유하고 있는 특정한 지식의 숙련도와 사회의 행복과 이윤을 위해 지식을 사용하는 것과 관련된 책임감

다음 사례를 읽고 수업에서 논의할 수 있도록 준비하라.

The 2002 NSPF Milton F. Lunch 윤리 콘테스트

사실 엔지니어 A는 X 대학교를 훌륭한 성적으로 졸업하는 4학년이다. A는 전기 회사에 면접을 본 후 그의 고향인 Townville에 위치하고 있는 ABC 회사에 입사하기로 결정하고 다음 주에 ABC 회사에 이를 알려주려고 했다. 그 동안에 A는 이전에 인터뷰 했었던 XYZ 회사의 간부 엔지니어 B로부터 전화를 받았다. XYZ 회사를 대표해서 B는 A가 졸업에 맞춰 XYZ 회사에서 비용을 부담하는 조건으로 여행을 보내주고 여행지 근처에 위치한 도시 Mountainville에 있는 XYZ 회사의 본사를 방문할 기회를 주겠다고 하였다. 이전부터 A는 ABC 회사에 입사할 경우 XYZ 회사는 합격하더라도 입사하지 않으려고 하였다. 그 이유는 ABC 회사가 보다 더 직업의 안정성이 높기 때문이다. 그러나 XYZ 회사로부터 전화를 받은 이후에 A는 여행도 가고 XYZ 회사 본사를 방문하기로 하였다. 왜냐하면 XYZ 회사를 방문하는 것이 향후에 XYZ 회사에 취직할 수 있는 기회는 물론 구직 시장의 견문을 보다 넓히기 위해 좋다고 판단했기 때문이다. 여행을 다녀온 일주일 뒤에 A는 ABC 회사에 전화를 해서 입사할 의사를 밝혔다.

질문 A가 XYZ 회사의 초대를 받아들인 것은 윤리적인 행동이었는가?

The 2003 NSPF Milton f. Lunch 윤리 콘테스트

사실 A라는 사람이 교통사고를 일으켜 B가 사망했다. 경찰은 조사를 하면서 이 문제는 민사사건이 아닌 형사사건으로 봐야할 것 같다고 검찰에 의뢰했다. A에게

는 살인죄 혐의가 부여되었다. 검찰의 조사 중에 C검사는 기록과 수사에 도움이 될 과학 수사 보고서와 기소자 A의 증언을 정밀하게 검토하기 위해 공학전문가 엔지니어 D를 고용하였다. D는 기록을 검토하면서 사건의 원인이 범죄가 아니라는 근거를 보여주는 기술적인 증거를 찾았다. 그리고 그는 A의 행동이 범죄임을 밝히려고 하는 검찰 측에 도움을 줄 수 없었다. D의 결정 이후에도 C검사는 A를 계속 용의자로 판단하고 있었고, C검사는 D를 재판의 증인으로 부르지 않았다. 재판은 배심원들 간의 의견이 일치하지 않은 채로 끝났으며 향후에 재심하기로 하였다.

질문 사실과 주변 정황 하에서 엔지니어 D의 윤리적 의무는 무엇이었는가?

다음은 NSPE 윤리 검토 위원회 생성 이전에 다루어진 윤리 관련 사례이며, NSPE에 의해 승인 후 채택되었다.3)

공학 보고서의 비밀 보장: 사례 번호. 82-2

사실 엔지니어 A는 주택 소유주 점검 서비스를 수행한다. 장래의 주택 구매자에서 주택의 공학 점검을 수행하는 것이다. 점검을 통해서 엔지니어 A는 작성된 보고서를 장래 주택 구매자에게 전달한다. 엔지니어 A는 수수료를 받고 고객에게 이 서비스를 수행했고, 해당 주택은 큰 수리는 필요 없지만 일부 신경 쓸 부분이 있으므로 거주하기 좋다는 결론이 담긴 한 페이지의 보고서를 준비했다. 고객에게 전달한 보고서를 엔지니어 A는 주택 매매를 담당하는 부동산에 보였다. 고객은 이 행위가 주택 소유주들과 가격 협상을 하는데 있어서 손해를 끼칠 수 있다고 항의했다. 주택 소유주들도 엔지니어 A가 비도덕적으로 점검 서비스에 동의하지 않은 사람들에게 보고서를 제출한 행위에 대해 불평했다.

질문 엔지니어 A가 주택 소유주들을 대표하는 부동산 회사에 주택 점검 보고서를 제출한 것이 비도덕적인 행위라고 생각하는가?

호텔 스위트룸의 공유: 사례 번호. 87-4

사실 엔지니어 B는 다수의 공학 컨설턴트를 보유하고 있는 정부 조직의 임원이다. 엔지니어 A는 위의 정부 조직에 서비스를 제공하는 대형 공학 회사의 대표이다. 두 사람은 기술자 협회 소속 멤버로서 멀리 떨어진 도시에서 이틀간 개최되는

---

3) Source: Reprinted by Permission of the National Society of Professional Engineers(NSPE) www.nspe.org

없는 것 일까? 그것은 자연의 사물이 어떤 방향으로 자발적으로 작동하기 때문이다. 자연계의 사물은 그들 스스로 어떤 방향으로 작동한다.

엔지니어들은 또한 훌륭한 부기원이다. 이게 무슨 소린가? 우리는 자신의 은행 잔고가 얼마인지 기억해야 한다는 점을 알고 있다. 문제가 생기지 않도록 출금은 어디로 입금은 어디에서 오는지를 항상 꼼꼼하게 따진다. 훌륭한 부기원은 여러분 계좌의 입출금 현황을 즉시 알려 줄 수 있다. 그들은 입금과 출금이 이루어질 때마다 항상 정확한 기록을 해야 한다는 것을 알고 있다. 부기원들이 입출금을 정확히 관리하는 것과 마찬가지로 엔지니어들도 공학 문제를 해결하거나 분석하는 과정에서 물리량들에 대해 정확히 관리해야 한다.

이 개념을 좀 더 잘 이해하기 위해 자동차 타이어의 공기를 생각해 보자. 만약 타이어에 공기가 새는 구멍이 없다면, 타이어 안의 공기의 질량은 상수로 남을 것이다. 이 말은 우리의 관찰에 기초한 질량보존에 대한 표현이다. 만약 타이어에 구멍이 난다면 경험상으로 타이어가 납작해질 때까지 공기가 계속 빠져나간다는 것을 알고 있다. 더 나아가 여러분은 타이어에서 빠져나간 공기는 사라진 것이 아니라 주변 공기의 일부분이 되었다는 것을 알고 있다. 질량보존에 대한 진술은 공학 문제에 있어서 부기원들이 계좌의 입출금을 관리하는 것처럼 엔지니어들로 하여금 질량의 입·출력을 관리할 수 있게 해준다. 만약 그렇게 구멍 난 타이어에 계속해서 공기를 주입하면 어떤 일이 생길까? 그것은 구멍에서의 공기의 유량과 우리가 주입하는 공기압에 따라 결정된다. 구멍이 작다면 우리는 다시 타이어에 공기를 일시적으로 채울 수 있고, 구멍이 너무 크다면 우리가 주입하는 양만큼의 공기가 구멍으로 빠져 나갈 것이다. 타이어의 문제에 대한 설명을 완벽히 하기 위해 질량보존을 “타이어로 들어가는 공기의 질량 유동과 타이어에서 빠져나가는 공기의 질량 유동의 차이는 타이어 내부 공기의 증가율이나 감소율과 같다.”라고 표현할 수 있다. 물론 이 표현을 설명하기 위해 물리량과 함께 수학을 사용할 것이다. 질량보존에 대해서는 9장에서 자세히 다룰 것이다.

공학 문제를 해결할 때 사용하는 관찰을 기초로 한 물리 법칙들이 또 있다. 에너지 보존 법칙이 그 좋은 예이다. 그리고 이것은 또 다시 여러 가지 형태의 에너지의 입·출력과 에너지 형태의 전환을 관리하도록 해 준다. 이에 대해서는 13장에서 자세히 설명한다.

또 다른 중요한 물리 법칙은 여러분이 익히 들어봤을 뉴턴의 제2법칙이다. 여러분이 매끄러운 책상 면에 책을 놓고 힘껏 밀면 책은 운동을 할 것이다. 이것은 사물이 움직이는 간단한 방법이다. 뉴턴은 이런 것들을 관찰하고 이 결과를 우리가 뉴턴의 제2운동법칙이라 부르는 것으로 정형화시켰다. 그렇다고 뉴턴 이전의 사람들이 이런 운동 현상을 관찰한 적이 없다는 것은 아니며 다만 뉴턴이 이 현상들을 단계적으로 관찰했을 뿐이다. 그는 물체를 미는 힘의 크기를 고정시키고 밀리는 물체의 질량을 증가시킬수록 물체는 더 느리게 움직인다는 것을 알아냈다. 나아가 그는 물체를 미는 힘과 밀리는 물체의 질량과 물체의 가속도에는 직접적인 관계가 있다는 것과 힘의 방향과 가속도의 방향은 직접적인 관계를 갖고 있다는 것을 알아냈다. 뉴턴은 그의 관찰 결과를 간단한 수학으로 표현하였고, 이 법칙은 "물체에 작용하는 불균형적인 힘은 물체의 질량과 가속도의 곱과 같다."라는 것을 말해주고 있다. 여러분은 아마도 물리학 시간에 뉴턴의 제2운동법칙에 대해 더 자세히 배울 것이다. 또 힘과 운동 및 그 상관관계에 대해 자세히 다루는 동역학 과목을 들을 것이다. 여하튼 주된 개념을 잊지 말도록 하자. 물리적 법칙들은 관찰을 기초로 한다.

여러분이 기억해야 할 또 다른 중요한 개념은 물리 법칙들이 가능한 모든 상황을 완벽히 설명해 주지는 못한다는 것이다. 인류는 자연계를 완벽히 이해하지 못했기 때문에 물리 법칙들은 당연히 한계점을 가지고 있고, 따라서 우리는 자연계에 존재하는 사물의 행동에 영향을 끼칠 가능한 모든 다양성들에 대해 설명하지 못할 수도 있다. 어떤 자연 법칙들은 그 법칙을 설명하는 수학식을 간단히 하기 위해 특별한 방법으로 기술되기도 한다. 종종 우리는 특정 공학 문제를 해결하기 위해 실험에 의존한다. 예를 들면, 자동차의 공기 역학 문제를 해결하기 위해 자동차를 풍동 터널(wind tunnel)에 넣고 실험한다. 그리고 설계의 목적 범위에 따라 실험 결과를 그래프나 차트로 나타낸다. '법칙'과 기타 여러 형태의 '실험'과의 주된 차이점은 법칙은 자연계에 대한 광범위한 결과를 나타낸 것이며, 우리가 알고 있는 거의 모든 물리적 세계의 모든 것들은 이 법칙을 따른다는 것이다. 그러나 공학과 관련해서는 아주 제한적이고 특정한 범위에서만 이 법칙들을 적용할 수 있다.

6.9 기본 차원에서 공학 기본 개념과 설계 변수 이해학에 사용되는 물리 법칙과 관찰

여러분이 앞으로의 대학 생활에서 반복적으로 접하게 될 공학 기본에 대해서 7장부터 12장까지 공부하게 될 것이다. 이러한 개념에 대해 주의 깊게 공부하고 완벽하게 이해하기 바란다. 이러한 기본 개념은 전공과 무관하게 모든 공학도가 알아야 하지만 불행하게도 오늘날 많은 학생이 기본 개념에 대해 제대로 이해하지 못한 상태로 졸업하고 있다. 여러분에게 공학 기본 개념을 설명하는데 기본 차원(기본 물리량)을 사용하는 혁신적인 방법을 활용할 것이다. 또한, 대학 1학년 수준에서 쉽게 이해할 수 있는 방법으로 설명해 나갈 것이다.

이미 설명한 바와 같이 우리 주변 환경과 자연 현상 설명하는데 단지 몇 가지의 물리량만이 필요하다는 것을 알게 되었다. 이러한 기본적인 차원을 활용해서 공학 분석과 설계에서 공통적으로 사용되는 공학 변수를 정의하고 유도할 수 있다. 기본 차원(기본 물리량)과 관련된 많은 공학 설계 변수들에 대해서 7장부터 설명된다. 앞에서 설명하고 강조한 바와 같이 우리 주변 환경을 설명하는데 물리 차원뿐만 아니라 물리 차원을 척도화하거나 세분화하는 방법이 필요하다. 물리 차원 중 시간을 예로 들면, 시간은 초, 분, 시간 등의 크고 작은 단위로 분류된다. 뛰어난 엔지니어가 되기 위해서는 이런 기본을 완벽하게 알고 있어야 한다. 공학 분석과 설계 시 이런 변수들을 측정하고, 근사치를 구하고, 계산하고, 사용하는 방법을 아는 것도 중요하다. 기본 차원과 관련 공학 변수에 대한 내용을 [표 6.7]에 요약하였다. 이 개념들을 이해하고 나면 13장에서 에너지와 동력 개념에 대해 설명할 것이다. 아래 표를 열심히 공부하기 바란다.

표 6.7 기본 차원과 공학 분석 및 설계에 사용되는 변수들

Fundamental Dimension	Related Engineering Variables			
Length(L) [Chapter 7]	Radian$\left(\frac{L}{L}\right)$, Strain$\left(\frac{L}{L}\right)$	Area(L^2)	Volume(L^3)	Area moment of inertia(L^4)
Time(t) [Chapter 8]	Angular speed$\left(\frac{1}{t}\right)$, Angular acceleration$\left(\frac{1}{t^2}\right)$ Linear speed$\left(\frac{L}{t}\right)$, Linear acceleration$\left(\frac{L}{t^2}\right)$		Volume flow rate$\left(\frac{L^3}{t}\right)$	
Mass(M) [Chapter 9]	Mass flow rate$\left(\frac{M}{t}\right)$, Momentum$\left(\frac{ML}{t}\right)$ Kinetic energy$\left(\frac{ML^2}{t^2}\right)$		Density$\left(\frac{M}{L^3}\right)$, Specific volume$\left(\frac{L^3}{M}\right)$	
Force(F) [Chapter 10]	Moment(LF), Work, energy(FL), Linear impulse(Ft), Power$\left(\frac{FL}{t}\right)$	Pressure$\left(\frac{F}{L^2}\right)$, Stress$\left(\frac{F}{L^2}\right)$, Modulus of elasticity$\left(\frac{F}{L^2}\right)$, Modulus of rigidity$\left(\frac{F}{L^2}\right)$	Specific weight$\left(\frac{F}{L^3}\right)$,	
Temperature(T) [Chapter 11]	Linear thermal expansion$\left(\frac{L}{LT}\right)$, Specific heat$\left(\frac{FL}{MT}\right)$		Volume thermal expansion$\left(\frac{L^3}{L^3T}\right)$	
Electric Current(I) [Chapter 12]	Charge(It)	Current density $\left(\frac{I}{L^2}\right)$		

요약

이 장에서는 다음을 학습했다.

- 공학적 해석에 있어서 기본적인 차원의 중요성에 대해 이해해야 한다. 또한, 여러분은 공학 시스템과 요소가 의미하는 바를 알아야 한다. 그리고 물리 법칙들이 관찰과 실험의 기본이 됨을 깨달아야 한다.
- 가장 보편적인 단위 시스템(SI, BG 그리고 U.S. 단위)을 알아야 한다.
- 한 단위 시스템에서 다른 단위 시스템으로 변환하는 방법을 알아야 한다.
- 수리적 해결과 기호적 해결의 차이를 이해해야 한다.

"자연의 법칙이 지속하는 한 그 무엇도 자연보다 더 아름다울 수 없다."
— Michael Faraday(1791~1867)

연습문제

6.1 아래의 표에서 SI단위들을 U.S. 단위로 변환하라. 책의 앞, 뒤의 환산표를 참조하라. 문제의 모든 해결절차를 작성하라. 예제 6.1과 6.2를 참조하라.

Convert from SI Units	To U.S. Customary Units
120kmph	miles/h and ft/s
1000W	Btu/h and hp
$100m^3$	ft^3
80kg	lb_m
$1000kg/m^3$	lb_m/ft^3
900N	lb_f
100kPa	lb_f/in^2
$9.81m/s^2$	ft/s^2

6.2 아래의 표에서 U.S. 단위를 SI단위로 변환하라. 책의 앞, 뒤의 환산표를 참조하라. 문제의 모든 해결절차를 작성하라. 예제 6.1과 6.2를 참조하라.

Convert from U.S. Customary Units	To SI Units
65miles/h	kmphr and m/s
60,000Btu/h	W
$120lb_m/ft^3$	kg/m^3
$30lb_f/in^2$	kPa
$200lb_m$	kg
$200lb_f$	N

6.3 축의 비틀림 토크에 의한 비틀림 각은 아래 방정식과 같다.

$$\phi = \frac{TL}{JG}$$

ϕ = 비틀림 각도(rad)
T = 토크(N·m)
L = 축의 길이(m)
J = 축의 극 관성 모멘트(polar moment of inertia, 비틀림에 대한 저항의 측정 단위)
G = 재료의 전단계수(shear modulus, N/m^2)

J의 단위는 어떻게 되는가? 그 단위로는 위의 방정식이 동차식이 되는가?

6.4 아래의 식 중에 어느 것이 동차식인가? 증명하라.

a. $F = ma$

b. $F = m\frac{V^2}{R}$

c. $F(t_2 - t_1) = m(V_2 - V_1)$

d. $F = mV$

e. $F = m\frac{(V_2 - V_1)}{(t_2 - t_1)}$

F = 힘(N)
m = 질량(kg)
a = 가속도(m/s^2)
V = 속도(m/s)
R = 반지름(m)
t = 시간(s)

6.5 다음 숫자들의 유효숫자를 결정하고 기술하라.

	Number of Significant Digits
286.5	
2.2×10^2	
2200	
0.0286	

6.6 다음 연산을 수행하여 나온 실제 계산값과 유효숫자를 고려한 결과값을 기술하라.

	Your Calculator Displays	Should Be Recorded As
1.2856+10.1 =		
155−0.521 =		
155−0.52 =		
1558×12 =		
3.585÷1.2 =		

6.7 아래에 열거된 시스템들에 대해 각각의 주요 요소들을 찾아내고, 각 요소들의 주요 기능과 역할을 설명하라: 드레스 셔츠, 바지, 스커트, 신발, 자전거, 롤러 블레이드.

6.8 아래 시스템들에 대해 주요 요소들을 열거하라.

a. 가정용 냉장고
b. 컴퓨터
c. 인체
d. 빌딩
e. 온수 공급기
f. 토스터
g. 비행기

6.9 아래의 법칙들은 어떤 관찰에 의한 것인지 조사하라.

a. Fourier's law
b. Darcy's law
c. Newton's law of viscosity
d. Newton's law of cooling
e. Coulomb's law
f. Ohm's law
g. The ideal gas law
h. Hooke's law
i. The first of thermodynamics
j. Fick's law
k. Faraday's law

6.10 여러 가지 터빈의 작동에 대해 조사하라. 스팀 터빈, 수력(수압) 터빈, 가스 터빈, 풍력 터빈에 대해 설명하는 간단한 보고서를 작성하라.

6.11 왜 인류는 다양한 형태의 운송 수단이 필요한지에 대해 간단한 보고서를 작성하라. 그리고 운송수단들은 어떻게 발전했는가? 대중교통, 수로, 고속도로, 철도, 항공교통 등의 역할에 대해 토의하라.

6.12 컴퓨터의 주요 요소를 구분하고, 각 요소들의 역할과 기능에 대해 간략히 기술하라.

6.13 다음 방정식 중 동차인 것은 어느 것인지 증명하여라.

a. $F(x_2-x_1)=\frac{1}{2}mV_2^2-\frac{1}{2}mV_1^2$

b. $F=\frac{1}{2}mV_2^2-\frac{1}{2}mV_1^2$

c. $F(V_2-V_1)=\frac{1}{2}mx_2^2-\frac{1}{2}mx_1^2$

d. $F(t_2-t_1)=mV_2-mV_1$

F = 힘(N)
x = 거리(m)
m = 무게(kg)
V = 속도(m/s)
t = 시간(s)

6.14 1500kg의 질량인 차가 있다. BG와 U.S. 단위를 이용하여 차의 질량과 무게를 나타내라. 전환 단계를 기술하라.

6.15 SI, BG 그리고 U.S. 단위를 이용하여 1200kg의 질량을 가지고 100km/h인 차의 운동에너지 $\frac{1}{2}(\text{mass})(\text{speed})^2$을 나타내라. 전환 단계를 기술하라.

6.16 기계 판매 상점의 바닥 크기는 가로 30ft, 세로 50ft 크기의 직사각형 모양이다. 이 면적을 ft^2, m^2, in^2 그리고 cm^2로 나타내라. 전환 단계를 기술하라.

6.17 $18ft^3$ 크기의 짐을 들어 올릴 수 있는 트럭이 있다. 이것을 in^2, m^2 그리고 cm^2로 나타내라. 전환 단계를 기술하라.

6.18 2005 Acura RL은 300마력과 3.5리터 엔진을 가지고 있다. kW와 in^3로 엔진의 크기를 나타내라. 전환 단계를 기술하라.

6.19 방의 대기 표준 조건 밀도는 $1.2kg/m^3$이다. BG와 U.S. 단위로 밀도를 표현하라. 전환 단계를 기술하라.

6.20 애리조나주의 피닉스의 한 여름날, 방 안의 온도는 68°F이고 바깥온도는 지글지글 타는 110°F이다. (a)화씨 단위, (b)랜킨 단위, (c)섭씨 단위, (d)캘빈 단위에서의 외부와 내부 온도의 차이는 얼마인가? 섭씨온도에서의 1도 차이가 캘빈에서의 1도 차이와 같은가? 화씨온도에서의 1도 차이가 랜킨에서의 1도 차이와 같은가? 만약 같다면, 왜 그런가?

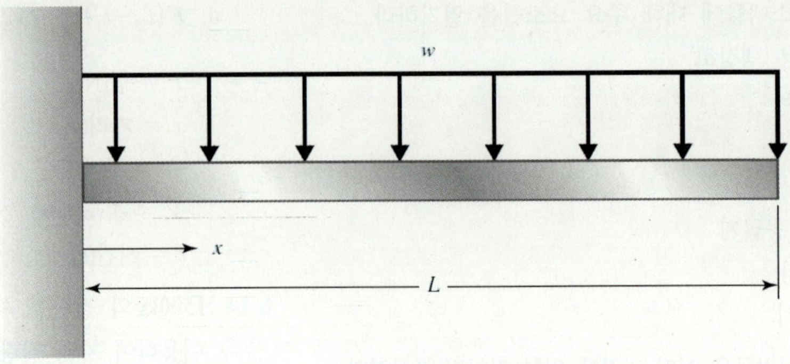

문제 6.21
외팔보
(cantilever beam)

6.21 [그림 6.21]에서의 외팔보(cantilever beam)는 발코니에서 화물 작업을 지지하는데 사용한다. 보의 중앙선의 편향은 다음 방정식을 통해 구한다.

$$y = \frac{-wx^2}{24EI}(x^2 - 4Lx + 6L^2)$$

y = x 위치에서의 편향
w = 분포된 화물
E = 탄성계수(N/m^2)
I = 면적의 2차 모멘트(m^4)
x = 주어진 지지대 거리(m)
L = 보의 길이(m)

위 방정식에서의 단위가 같은 종류라면 w의 적절한 단위는 무엇인가? 모든 절차를 기술하라.

6.22 엔지니어들은 도로를 설계하는데 정지 시야 거리(stopping sight distance)로 알려진 모델을 사용한다. 이 간단한 모델은 위험을 발견한 후 특정 속도에서 차를 멈추려고 할 때 운전사에게 필요로 하는 거리를 측정하는 것이다. 미고속도로 공무원 연합회(AASHO)에 의해 제안된 모델은 다음과 같다.

$$S = \frac{V^2}{2g(f \pm G)} + TV$$

S = 정지 시야 거리(m)
V = 최초 속도(m/s)
g = 중력 가속도, $9.81 m/s^2$
f = 타이어와 길 사이의 마찰계수
G = 길의 경사도
T = 운전자 반응 시간(s)

위 방정식이 단위가 모두 같을 경우 f와 G에 있어서 적절한 단위는? 모든 절차를 기술하라.

6.23 유리나 금속과 같은 물질을 높은 온도에서 열을 가한 후 그것들을 단단하게 하기 위해서 천천히 식히는 과정인 가열 냉각 과정에서는 일정 시간이 지난 후에 얇은 강철 판금의 온도를 결정하기 위해서 다음과 같은 방정식이 사용된다.

$$\frac{T - T_{\text{environment}}}{T_{\text{initial}} - T_{\text{environment}}} = \exp\left(-\frac{2h}{\rho c L}t\right)$$

T = 온도(℃)
h = 열전달계수
ρ = 밀도(kg/m^3)
c = 특정 온도(J/kg·K)
L = 판금 두께(m)
t = 시간(s)

여러분 중에서 우주항공, 화학, 기계 혹은 재료공학 공부를 하려고 하는 사람들은 열전달 수업에서 해결점을 찾아낼 수 있도록 근원적인 개념에 대해 공부해야 한다. 위의 방정식이 단위가 같다면 h의 적절한 단위는? 모든 절차를 기술하라.

6.24 차량의 이동 중의 공기저항은 엔지니어들이 연구하는데 있어 상당히 중요하다. 차를 제동하는 행위는 바람이 통하는 터널에 차를 세워둠으로써 실험에 의해 결정된다. 실험한 차의 데이터는 일반적으로 항력계수라고 하는 단일계수에 의해 나타낸다.

$$C_d = \frac{F_d}{\frac{1}{2}\rho V^2 A}$$

C_d = 항력계수
F_d = 측정한 제동력(lNb)
ρ = 공기 밀도(kg/m^3)
V = 바람이 통하는 터널 내에서의 공기 속도(m/s)
A = 차의 앞 면적(m^2)

위의 방정식이 단위가 같다면 C_d의 적절한 단위는? 모든 절차를 기술하라.

6.25 다양한 공학적인 적용을 통해 핀 혹은 넓은 평면은 냉각 기능을 보다 향상시킨다. 오토바이 엔진 뚜껑, 잔디 깎는 기계 뚜껑, 전자기구의 탈열기, 그리고 실내 냉난방기의 핀이 달려 있는 열교환기 등이 일반적인 예이다. 긴 핀들을 위해서 핀에 따른 온도분포가 다음의 지수관계로 주어진다.

$$T - T_{\text{ambient}} = (T_{\text{base}} - T_{\text{ambient}})\, e^{-mx}$$

T = 온도(K)
$m = \sqrt{\frac{hp}{kA}}$
h = the heat transfer coefficient(W/m^2·K)
p = perimeter of the fin(m)
A = cross-sectional area of the fin(m^2)
k = thermal conductivity of the fin material
x = distance from the base of the fin(m)

위의 방정식이 단위가 같다면 k의 적절한 단위는? 모든 절차를 기술하라.

6.26 키가 180cm이고 750 newton의 무게인 사람이 시속 90km의 속도로 80km의 거리를 자동차로 이동하고 있다. 대기 온도는 30℃이고 대기의 밀도는 1.2kg/m^{3}이다. 이 예제의 모든 값들을 SI 단위계에서 U.S. Customary 단위계로 환산하라.

6.27 본 교재의 앞, 뒤에 있는 변환계수를 참고하여 다음의 값들을 변환하라.
(a) 면적 A =16 in^{2}을 ft^{2}로 변환하라.
(b) 부피 V = 64 in^{3}을 ft^{3}로 변환하라.
(c) 면적 관성 모멘트 I = 21.3 in^{4}을 ft^{4}로 변환하라.

6.28 중력가속도 g는 9.81m/s^{2}이다. g값을 U.S. Customary 단위계와 B.G. 단위계로 변환하라. 단, 변환과정을 모두 작성하라.

6.29 뉴턴은 질량이 m_1, m_2인 두 물체에 작용하는 인력은 아래 식에 따라 두 물체의 질량의 곱에 비례하고 거리에 반비례한다는 것을 발견하게 되었다.

$$F = \frac{Gm_1m_2}{r^2}$$

F = 인력, N
G = 만유인력 상수
m_1 = 물체-1의 질량, kg
m_2 = 물체-2의 질량, kg
r = 두 물체간 거리, m

위 식이 동차식이라면 G의 적절한 단위는 무엇인가?

6.30 주어진 대기압 단위에 대해 변환 과정을 포함해서 다른 단위로 변환하라. (a)14.7lbf/in^{2}를 lbf/ft^2, (b)14.7lbf/in^{2}를 Pa, (c)14.7lbf/in^{2}를 kPa, (d)14.7 lbf/in^{2}를 bar(1bar=100kPa).

6.31 어떤 조건하에 있는 기체에 대해서 기체의 압력, 체적, 온도 간에는 이상 기체 법칙이라는 아래 식의 관계가 존재한다.

$$PV = mRT$$

P = 절대 기압, Pa
V = 기체 비적, m^3
m = 질량, kg
R = 기체 상수
T = 절대 온도, Kelvin

위 식이 동차식이라면 R의 적절한 단위는 무엇인가?

6.32 표면에서 방출되는 복사 에너지량은 다음 식으로 정의된다.

$$q = \epsilon\sigma A T_S^4$$

q = 단위 시간당 표면에서 방출되는 열에너지율, watts
ϵ = 표면 복사율($0 < \epsilon < 1$), 단위 없음
σ = Stefan-Boltzman 상수($\sigma = 5.67 \times 10^{-8}$)
A = 표면적, m^2
T_S = 사물의 표면 온도, Kelvin

위 식이 동차식이라면 σ의 적절한 단위는 무엇인가?

6.33 인간의 체온은 다음에 의해 조절된다.
(1)주변에 전달되는 대류열과 방사열, (2)발한, (3)주변 공기 호흡과 내쉼, (4)피부 부근의 혈류 (5)대사율. 대사율은 인체 내부에서 화학 물질이 열에너지로 변환되는 비율을 결정한다. 대사율은 사람의 활동 수준에 따라 다르다. 몸을 많이 움직이지 않는 일반적인 사람의 대사율을 나타나는데 사용되는 단위(단위 표면적당)는 met로 1met는 $58.2W/m^2$이다. 이 값을 $Btu/h{\cdot}ft^2$ 단위로 변환하라. 또한, 평균적인 성인의 대사율이 0.7mets이고, 인체의 표면적이 $19.6ft^2$이라면 성인이 잠자는 8시간 동안 방출하는 에너지량을 계산하라. 계산 결과를 Btu와 Joules(1Btu=1055 Joules)로 나타내라.

6.34 칼로리(calorie)는 물 1그램을 1℃ 올리는데 필요한 열량이다. 또한, 음식의 에너지량은 칼로리(Calories)로 표현되며 1000칼로리(calorie)와 같다. 앞문제의 결과를 칼로리(Calories)로 변환하라.(1Btu=252calories)

6.35 아래 표에 있는 물질의 내구력을 MPa에서 ksi로 변환하라. $1000lb_f/in^2 = 1ksi$이다.

Material	Ultimate strength (MPa)	Ultimate strength (ksi)
Aluminum alloys	100–550	
Concrete(compression)	10–70	
Steel		
Machine	550–860	
Spring	700–1,900	
Stainless	400–1,000	
Tool	900	
Structural Steel	340–830	
Titanium alloys	900–1,200	
Wood(Bending)		
Douglas fir	50–80	
Oak	50–100	
Southern pine	50–100	

6.36 물의 밀도가 $1000kg/m^3$이다. 물의 밀도를 lb_m/ft^3과 $lb_m/gallon(7.48gallons = 1ft^3)$으로 변환하라.

6.37 옷감의 단열값을 나타내는데 일반적으로 사용되는 단위는 clo이고, 1clo는 $0.155m^2{\cdot}℃/W$이다. 이 값을 U.S. Customary 단위계($°F{\cdot}ft^2{\cdot}h/Btu$)로 변환하라.

6.38 $1lb_f{\cdot}ft/s$를 $N{\cdot}m/s$로 변환하고, $1lb_f{\cdot}ft/s$가 1.36watts와 같음을 보여라. $550lb_f{\cdot}ft/s$가 1마력과 같다면, 몇 kilowatts인가?

6.39 점성은 많은 유체역학 문제를 분석하는데 중요한 역할을 한다. 물의 점성은 아래 관계에 따라 결정될 수 있다.

$$\mu = c_1 10\left(\frac{c_2}{T - c_3}\right)$$

μ = 점성($N/s{\cdot}m^2$)
T = 온도(K)

$c_1 = 2.414 \times 10^{-5}$

$c_2 = 247.8(\mathrm{K})$

$c_3 = 140(\mathrm{K})$

위 식이 동차식이라면 c_1의 적절한 단위는 무엇인가?

6.40 연습문제 6.31의 이상 기체 법칙에서 P, V, m, T의 단위가 각각 $\mathrm{lb_f/ft^2}$, $\mathrm{ft^3}$, $\mathrm{lb_m}$, Rankine(°R)으로 표현된다면, 이상 기체 법칙이 동차식이라면 R의 적절한 단위는 무엇인가?

6.41 연습문제 6.25에서 식에서 T, h, P, A, x의 단위가 각각 Rankine(°R), Btu/h·ft²·°R, ft, ft², ft이고 해당 식이 동차식이라면 k의 적절한 단위는 무엇인가? 모든 과정을 보여라.

6.42 연습문제 6.3(a)에 대해서 d, P, L, A의 단위가 각각 inches, $\mathrm{lb_f}$, inches, $\mathrm{in^2}$이면 탄성계수 E의 단위는 무엇인가?

6.43 연습문제 6.3(b)에 대해서 $k, A, T_1 - T_2, L$의 단위가 각각 Btu/h·ft·°F, ft², °F, ft이면 열전도율 q의 단위는 무엇인가?

6.44 연습문제 6.24의 항력계수에 대한 식에서 F_d, V, A, C_d의 단위가 각각 N, m/s, $\mathrm{m^2}$, unitless라면 ρ의 적절한 단위는 무엇인가?

6.45 연습문제 6.21의 외팔보 관련 식에서 y, w, E, x, L의 단위가 각각 inches, $\mathrm{lb_f/in}$, $\mathrm{lb_f/in^2}$, inches, inches라면 I의 적절한 단위는 무엇인가?

6.46 강체는 다음 식에 따라 회전한다.

$$\sum M = I\alpha$$

$\sum M$ = 외부 힘에 기인한 모멘트들의 합(N·m)

I = 질량관성 모멘트

α = 물체의 각가속도($\mathrm{rad/s^2}$)

질량관성 모멘트 I의 적절한 단위는 무엇인가?

6.47 유체의 점성값은 해당 유체가 얼마나 쉽게 흐를 수 있는지에 측정한 값이다. 점성값이 클수록 유체가 흐름을 막는 저항이 커진다. 예를 들어, 파이프를 통해 자동차 기름이나 글리세린을 전송할 때보다 물을 전송할 때 적은 에너지가 필요하다. 많은 유체의 점성은 다음의 뉴턴의 점성 법칙을 따른다.

$$\tau = \mu \frac{du}{dy}$$

τ = 전단 응력($\mathrm{N/m^2}$)

μ = 점성

du = 유속 변화(m/s)

dy = 높이의 변화(m)

점성의 적절한 단위는 무엇인가?

6.48 수력 터빈의 동력 출력이 $P = \rho g Q h$이다. P는 힘, ρ는 물 밀도($\mathrm{kg/m^3}$), g는 중력 가속도($\mathrm{m/s^2}$), Q는 통수속도($\mathrm{m^3/s}$), h는 가용한 워터헤드(water head, m)이다. P의 적절한 단위는 무엇인가?

6.49 파이프 내부 유체 흐름에 따른 마찰 손실 수두는 아래 식으로 계산된다.

$$h_{\text{Loss}} = f \frac{L}{D} \frac{V^2}{2g}$$

h_{Loss} = 마찰 손실 수두(m)

f = 마찰 계수

L = 파이프 길이(m)

D = 파이프 지름(m)

V = 평균 유속(m/s)

g = 중력 가속도($\mathrm{m/s^2}$)

마찰 계수 f의 적절한 단위는 무엇인가?

6.50 연습문제 6.49에 대해서 $h_{Loss}, L/D, V, g$의 단위가 각각 feet, inches, ft/s, ft/s²이라면 마찰 계수 f의 적절한 단위는 무엇인가?

CHAPTER

7

길이와 길이 관련 변수

길이의 중요성을 BMW Z3 로드스터의 그림으로 보여주고 있다. 기본 차원인 길이와 그와 관련된 면적이나 부피(예를 들어 좌석 면적, 트럭 용량)같은 길이 관련 변수들은 공학적 설계에 있어서 중요한 역할을 한다. 훌륭한 엔지니어는 길이의 크기나 여러 단위들에 대한 감각을 키워야 한다. 또한, 길이, 면적, 부피 등을 측정하고 계산하는 방법을 기르는 것도 중요하다.

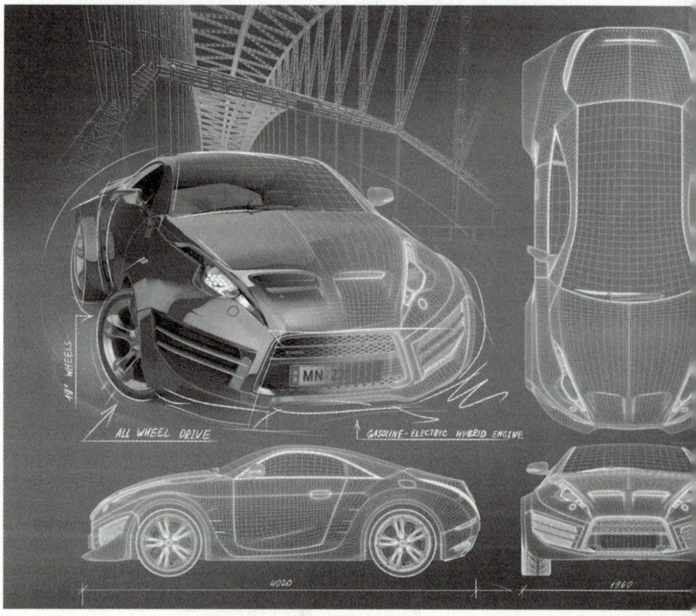

여러분이 공학 학위를 취득하고 실무 엔지니어가 된 이후에도 새로운 것을 꾸준히 배워야 한다는 것을 깨닫게 될 것이다. 예컨대 기계의 소음과 관련된 프로젝트를 수행하는 경우에 소음의 정도를 줄이는 방법에 대한 이런 저런 요구들을 접하게 될 것이다. 그렇지만 대학 4년 동안 소음 제어에 관한 수업을 받은 적이 없기 때문에 소음 제거에 대한 기본 지식이 부족하다면 여러분은 아마 해답을 제시해줄 소음 제어 전문가를 찾을 것이다. 하지만 여러분의 상사는 예산의 이유와 일회성 프로젝트일 뿐이라는 이유로 당신 스스로가 해답을 제시해야 한다고 말할지도 모른다. 따라서 여러분은 스스로 새로운 것들을 빨리 배워야 한다. 만약 여러분이 공학에 관한 기본 지식이 충실하다면 새로운 것을 배운다는 것은 그리 어렵지 않으며 시간도 그리 오래 걸리지 않는다.

공학을 공부하는 학생으로서, 주변 환경에 대한 예리한 지각도 갖추어야 한다. 이 장에서 우리는 길이와 관련된 매개변수와 함께 길이, 넓이, 부피의 역할에 대해 학습할 것이다. 이 물리 변수들이 공학적 설계에 있어서 어떤 영향을 끼치는지를 배울 것이다. 이 장에서 소개된 주제들은 기본적인 내용이므로 이것에 대한 완벽한 이해는 여러분을 능력 있는 엔지니어로 만들기 위한 초석이 된다. 그리고 여기에서 배운 개념과 아이디어들은 앞으로 배울 다른 과목들에서 다른 형태로 만나게 될 것이다. 기본적인 개념들을 소개하는 목적은 앞으로 배울 특정 주제들과 연관된 다른 공학적 매개 변수들과의 연계성에 이해를 돕기 위한 것이다.

본 장의 내용과 이후의 장에서 설명될 다른 기본 차원간의 관계를 보이기 위해 [표 6.7]을 반복해서 나타내고 있다.

7.1 기본 차원으로서의 길이

복도를 걸어가고 있을 때, 여러분은 천장이 얼마나 높은지 가늠할 수 있는가? 문이 얼마나 넓은지 혹은 복도가 얼마나 긴지 가늠할 수 있는가? 공학도는 이런 능력들을 발전시켜야 한다. 왜냐하면 차원에 관한 감각은 여러분을 더욱 훌륭한 엔지니어로 만들어 줄 것이기 때문이다. 주변 환경에 존재하는 사물들의 크기에 대한 감각을 가진 후에 어떤 것을 설계할 경우, 설계될 제품의 적절한 크기의 범위에 대한 좋은 아이디어를 갖게 될 것이다.

표 6.7 **기본 차원과 공학 분석 및 설계에 사용되는 변수들**

Fundamental Dimension	Related Engineering Variables			
Length(L) [Chapter 7]	Radian$\left(\frac{L}{L}\right)$, Strain$\left(\frac{L}{L}\right)$	Area(L^2)	Volume(L^3)	Area moment of inertia(L^4)
Time(t) [Chapter 8]	Angular speed$\left(\frac{1}{t}\right)$, Angular acceleration$\left(\frac{1}{t^2}\right)$ Linear speed$\left(\frac{L}{t}\right)$, Linear acceleration$\left(\frac{L}{t^2}\right)$		Volume flow rate$\left(\frac{L^3}{t}\right)$	
Mass(M) [Chapter 9]	Mass flow rate$\left(\frac{M}{t}\right)$, Momentum$\left(\frac{ML}{t}\right)$ Kinetic energy$\left(\frac{ML^2}{t^2}\right)$		Density$\left(\frac{M}{L^3}\right)$, Specific volume$\left(\frac{L^3}{M}\right)$	
Force(F) [Chapter 10]	Moment(LF), Work, energy(FL), Linear impulse(Ft), Power$\left(\frac{FL}{t}\right)$	Pressure$\left(\frac{F}{L^2}\right)$, Stress$\left(\frac{F}{L^2}\right)$, Modulus of elasticity$\left(\frac{F}{L^2}\right)$, Modulus of rigidity$\left(\frac{F}{L^2}\right)$	Specific weight$\left(\frac{F}{L^3}\right)$,	
Temperature(T) [Chapter 11]	Linear thermal expansion$\left(\frac{L}{LT}\right)$, Specific heat$\left(\frac{FL}{MT}\right)$		Volume thermal expansion$\left(\frac{L^3}{L^3T}\right)$	
Electric Current(I) [Chapter 12]	Charge(It)	Current density$\left(\frac{I}{L^2}\right)$		

모든 사물은 크기를 가지고 있다. 어떤 것은 다른 것들보다 크고, 어떤 것은 다른 것들보다 넓거나 길다. 이런 말들은 사물의 크기를 상대적으로 표현하는 일반

적인 방법이다. 6장에서 설명했듯이, 인류는 자연을 관찰함에 있어 환경을 더욱 자세히 표현하기 위해 물리량이나 물리적 차원이 필요함을 깨달았다. 인류는 또한 길이와 같은 물리량을 공통으로 정함으로써 서로 간의 의사소통을 원활하게 할 수 있음을 깨달았다. 사물의 크기를 측정하기 위해 초기 인류는 손가락, 팔, 보폭, 막대나 줄을 이용했었다. 6장에서 길이와 같은 치수의 숫자를 다루기 쉽게 하기 위한 축척이나 분할의 역할과 중요성을 강조했다. 오늘날 우리는 이런 축척인 분할 체계를 단위계라고 부른다. 이 장에서는 길이와 그 관련 물리량인 넓이, 부피에 대해 자세히 설명한다.

길이는 일곱 가지 기본 차원의 하나이다. 오늘날과 같은 글로벌 마케팅 시대의 제품들은 각지의 여러 공장에서 만들어진 부품이 한 곳에서 조립되는 생산체계 하에 있다. 따라서 제품의 각 부품은 공통적인 길이 단위와 넓이, 부피 단위 같은 물리량들로 설계되고 생산된다. 자동차는 이런 개념의 좋은 예이다. 자동차는 세계 각지의 다양한 기업에서 생산된 수천 가지의 부품의 조합이다.

6장에서 설명했듯이 인류는 환경에 대한 관찰로부터 여러 법칙과 원리들을 이끌어냈다. 우리는 이런 법칙과 원리를 재화 설계 및 생산하는 데 이용한다. 여러분은 주변 환경을 유심히 관찰하는가? 매일의 관찰로부터 무언가를 배우고 있는가? 여기 몇 가지 생각해 볼 만한 질문들이 있다. 음료수 캔의 크기에 대해 생각해 본 적이 있는가? 치수는 얼마나 될까? 중요한 설계 인자는 무엇일까? 여러분 중 대부분은 하루 한 개 이상의 캔 음료수를 마실 것이다. 그리고 캔이 여러분의 손 안에 딱 들어옴을 알 것이다. 또한, 무게를 가볍게 하기 위해 알루미늄으로 캔을 만들었음을 알 것이다. 또 다른 설계 인자는 없을까? 고속도로를 설계할 때의 중요한 설계 인자는 무엇일까? 복도는 얼마나 넓어야 할까? 슈퍼마켓을 설계할 때 통로는 얼마나 넓어야 할까? 여러분 대부분은 강의실에 12년 동안이나 출입했을 것이다. 하지만 강의실 좌석 배치에 대해 생각해 본 적이 있는가? 예를 들면, 교탁과는 얼마나 떨어져 있는가? 칠판 아래의 바닥은 얼마나 높은가? 학교로 가기위해 버스를 탔을 때 버스의 의자는 얼마나 넓을까? 고속도로의 차도는 얼마나 넓은가? 여러분이 생각하기에 자동차 의자의 크기를 정할 때 가장 큰 설계 인자는 무엇인가? 여러분은 또한 집안을 둘러봄으로써 길이와 치수에 대해 생각해 볼 수 있다. 자, 침대부터 시작해보자. 치수는 어떻게 되며, 바닥으로부터 얼마나 높은가? 계단에서 표준적인 계단 높이는 얼마일까? 다른 사람들에게 자신의 TV가 20인치라고 얘기할 때, 어떤 기준으로 그 치수를 얘기하는가? 문 손잡이, 샤워기, 싱크대, 전등 스위치 등은 바닥으로부터 얼마나 높이 있는가?

여러분은 길이가 아주 중요한 기본 차원임을 알 것이다. 좌표계는 길이가 아주 중요한 역할을 하는 또 다른 예이다. 좌표계는 미리 정해진 원점에 대해 사물의 위치를 결정하는 데 이용된다. 사실 깨닫고 있지만 못할 뿐 일상생활에서 좌표계를 사용하고 있다. 집에서 학교로 가거나 카페에서 친구를 만나러 갈 때, 여러분은 좌표계를 사용하고 있는 것이다. 좌표계의 사용은 여러분에게 거의 제2의 자연계가 된다. 여러분이 시내에 살고 있고, 학교는 사는 곳으로부터 북동쪽에 위치해 있다고 하자. 여러분은 집에서 학교까지의 상대적인 거리를 알고 있다. 어느 길로 얼마만큼, 그리고 어느 방향으로 가야 학교에 도달한다는 것을 알고 있다. 자신은 잘 모를지라도 여러분은 일상의 대부분에서 어떤 장소와 물건들을 좌표계를 사용해서 위치시키면서 살고 있다. 또한, 집에서 어떤 사물의 특정 위치와 자신의 위치를 알고 있다. 소파나 침대를 기준으로 TV가 어디에 위치해 있는지 알고 있는 것이다.

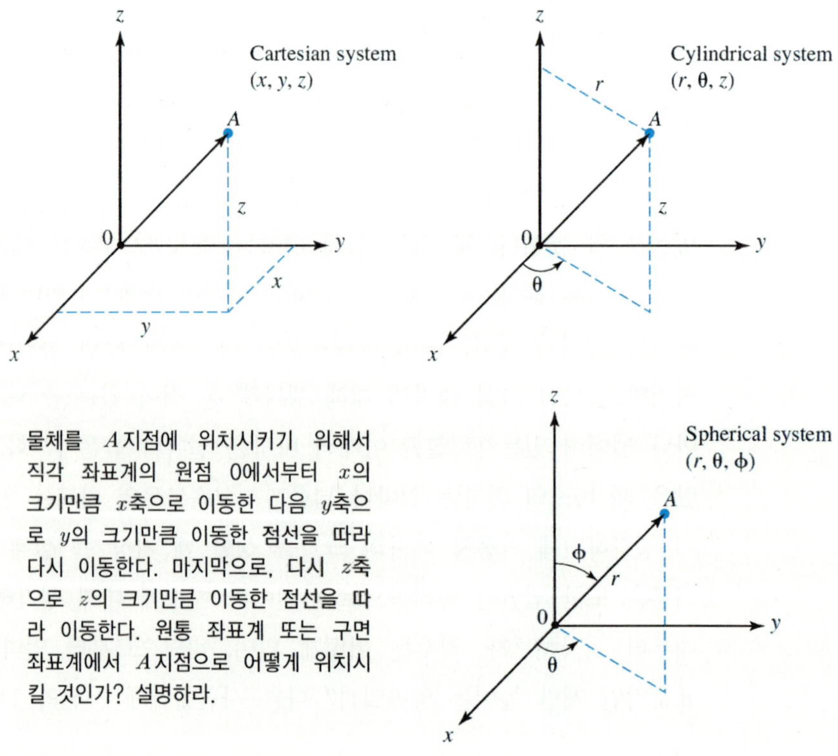

물체를 A 지점에 위치시키기 위해서 직각 좌표계의 원점 0에서부터 x의 크기만큼 x축으로 이동한 다음 y축으로 y의 크기만큼 이동한 점선을 따라 다시 이동한다. 마지막으로, 다시 z축으로 z의 크기만큼 이동한 점선을 따라 이동한다. 원통 좌표계 또는 구면 좌표계에서 A 지점으로 어떻게 위치시킬 것인가? 설명하라.

그림 7.1
좌표계의 예

[그림 7.1]과 같이 좌표계에는 직교 좌표계, 원통 좌표계, 구면 좌표계 등 여러 형태가 있다. 자연계의 특정 문제에 따라 우리는 이들 좌표계 중 한 개 이상을 사용한다. 가장 일반적인 좌표계는 직교 좌표계이다. 학교에서 집으로 가거나 친구를 만나러 갈 때, 여러분은 직교 좌표계를 사용한다. 다만, 그것을 그렇게 부르지 않고 동, 서, 남, 북의 방향을 사용하는 것이다. 눈이 보이지 않는 사람들은 직교 좌표계의 전문가이다. 왜냐하면 그들은 시각에 의존하지 않고 방향의 걸음걸이 수로 어디서 어디로 가는지 알기 때문이다. 그래서 좌표계를 이해하기 위해서 이런 실험을 해보자. 집에 있는 동안 눈을 감고 몇 분의 시간을 보낸 후 여전히 눈을 감은 채 침실에서 욕실로 가보자. 어느 방향으로 몇 발자국을 가야 하는지 생각해보라.

우리는 모두 한 번 이상 자신이 어디로 가고 있는지 알지 못했던 적이 있다. 다시 말해서, 길을 잃었던 것이다. 똑똑한 사람은 지도를 사용하거나 멈춰 서서 다른 사람에게 목적지의 방향이나 거리(x, y 좌표)를 물어본다. 위치를 표시하는 지도의 예가 [그림 7.2]이다. 좌표계는 밀링 머신이나 선반 같은 컴퓨터 수치 제어 기계의 소프트웨어에도 적용된다.

길이 차원의 중요성을 알았으므로 이제 그것의 세부 단위를 알아보자. 오늘날 공학에서 사용하는 단위계는 여러 가지가 있다. 우리는 그것들 중 두 가지, SI와 U.S. 단위계에만 초점을 맞추도록 하자. SI의 길이 단위는 미터(m)이다. 우리는 이것의 배수와 분수의 단위를 [표 6.2]에 따라 사용하고 있다. 미터의 일반적인 세부 단위는 마이크로미터(μm), 밀리미터(mm), 센티미터(cm), 킬로미터(km)이다. 6장에서 설명한 단위의 곱셈 접두어를 생각해보라. 우리는 이런 곱셈 접두어를 이용해 숫자를 다룰 수 있다. 국제단위계(International System of Units)는 미국을 제외한 거의 모든 국가에서 사용되고 있다. 그리고 미국은 현재 U.S. 단위계를 SI로 전환하고 있다. 곧 세계의 모든 사람이 SI단위들을 사용할 것이다. U.S. 단위계에서의 길이 단위는 피트(ft)이다. 피트와 미터의 관계는 1ft=0.3048m의 관계식으로 주어진다. [표 7.1]은 SI와 U.S. 단위에서의 일반적인 다른 단위들과 그것의 치수 및 다른 단위들과의 관계를 보여주고 있다. 자연계의 흥미로운 치수들은 아래와 같다.

가장 높은 산(에베레스트)의 높이: 8,848m

태평양의 평균 깊이: 4,028m

태평양에서 가장 깊은 곳의 깊이: 11,033m

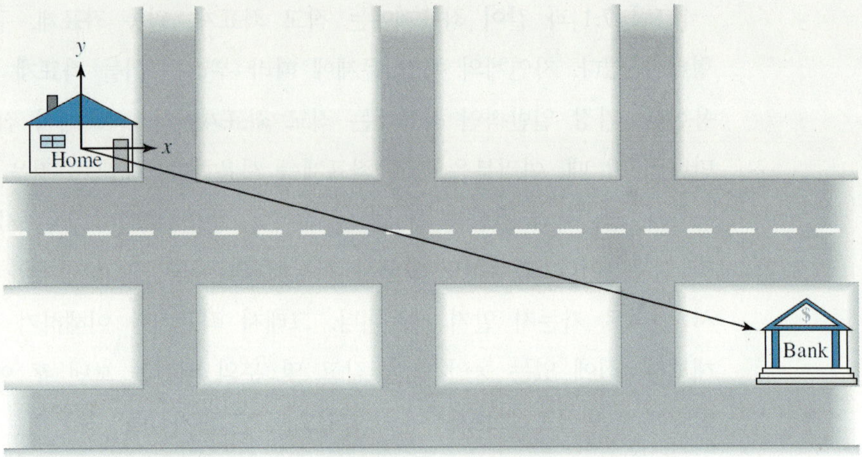

그림 7.2 좌표계를 사용한 예

표 7.1 길의 단위들과 수치

Units of Length in Increasing Order	Equivalent Value
1 angstrom	1×10^{-10}meter(m)
1 micrometer or 1 micron	1×10^{-6} meter(m)
1 mil	1/1000 inch ≈ 2.54×10^{-5}meter(m)
1 point(printer's)	3.514598×100^{-4}(m)
1 millimeter	1/1000 meter(m)
1 pica(printer's)	4.217 millimeter(mm)
1 centimeter	1/100 meter(m)
1 inch	2.54 centimeter(cm)
1 foot	12 inches(in.)
1 yard	3 feet(ft)
1 meter	1.0936 yard ≈ 1.1 yard(yd)
1 kilometer	1000 meter(m)
1 mile	1.6093 kilometer(km) = 5280 feet(ft)

7.2 길이 측정

초기 인류는 사물의 크기를 재거나 거리를 측정하는 데 손가락 길이나, 한 뼘의 길이, 팔의 길이, 보폭, 막대기, 줄 등을 사용했을 것이다. 오늘날에는 물체의 크기나 정확도의 요구에 따라 다르지만 대체로 자, 야드자, 둘둘 말린 철제자 등을 사용한다. 우리 대부분은 자 또는 테이프를 가지고 있다. 이런 도구들은 밀리미터, 센티미터, 미터 등과 같이 국제적으로 정의되고 받아들여진 단위들을 기초로 한다.

작은 물체에 대한 정확한 측정을 위해서는 1/100밀리미터까지 측정이 가능한 마이크로미터나 버니어 캘리퍼스 같은 도구들이 이용된다. 사실 기계공들은 매일같이 마이크로미터나 버니어 캘리퍼스를 사용한다.

버니어 캘리퍼스와 마이크로미터
Source: Saeed Moaveni

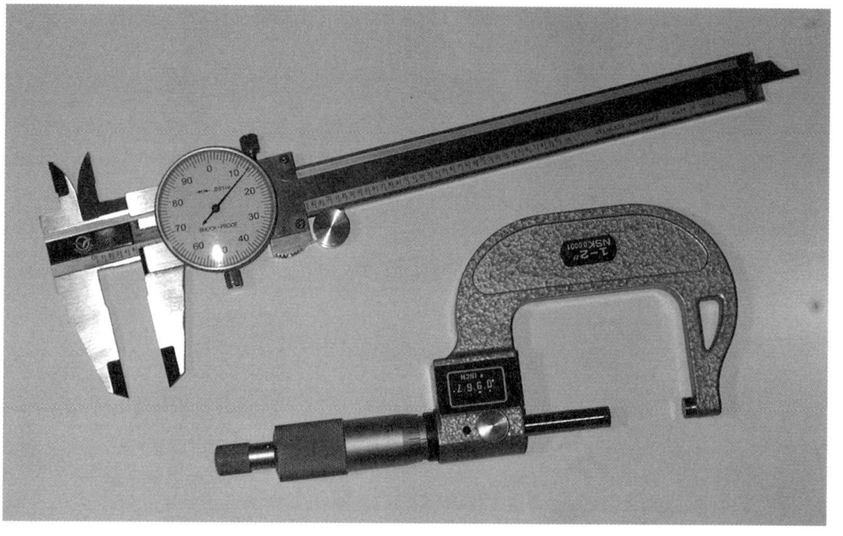

큰 규모로는 여러분도 많이 보았을 고속도로의 이정표를 들 수 있다. 어떤 사람들은 자신의 차의 주행 기록계를 체크하기 위해 이정표를 이용하기도 한다. 두 이정표 사이의 시간을 기록함으로써 자동차의 속도계를 체크할 수도 있다. 지난 20여 년간 EDMI(Electronic Distance Measuring Instrument, 전자거리측정기)가 눈부시게 발전함으로써 몇 미터의 짧은 거리부터 수 킬로미터의 먼 거리까지 정확하게 측정할 수 있다. 이 EDMI는 도시공학이나 토목공학에서의 측량에 자주 이용되고 있다. 이 장치는 먼 거리에 떨어져 있는 반사장치에 빛을 보내고 반사되어 돌아온 빛을 이용해 거리를 측정한다. GPS(Global Positioning System)는 지구 표면상의 사물의 위치를 정확하게 찾아낼 수 있는 가장 최근의 기술이다. 일반적으로 지구 표면의 궤도를 도는 대략 24개의 인공위성에서 전송하는 무선 신호는 지구 곳곳의 기지국으로 보내져 해석된다. 원래 미국 국방성에 의해 준비되고 통제되었던 GPS는 현재 수많은 민간인이 사용할 수 있도록 되어 있다. GPS 수신기는 현재 항공기나 자동차, 보행자들의 휴대용까지 이를 정도로 일반적이다.

전자적 거리측정 장치의 예

어떤 경우, 거리나 치수는 삼각함수의 원리를 이용해서 간접적으로 구해지기도 한다. 예를 들어 [그림 7.3]과 같은 빌딩의 높이를 측정하고 싶은데 정확한 측정 도구가 여의치 않을 경우가 있다. 이때 빨대와 각도기 그리고 스틸테이프를 가지고 각도 α와 치수 d, h_1을 구한 후 [그림 7.3]의 분석 방법으로 비교적 합리적인 수치의 건물 높이를 구할 수 있다.

이것은 여러분이 과거에 익숙히 다루었던 삼각함수를 이용한 방법이다. 그렇지만, 여러분은 최근에 삼각함수를 전혀 다루지 않았을 법도 하다. 만약 그런 경우라면 여러분 머릿속 어떤 공구함에 삼각함수라는 도구가 들어 있다고 하여도 그것은 아마 굉장히 녹이 많이 슬었을 것이다. 아니면 삼각함수를 사용하는 방법뿐 아니라 삼각함수 자체를 잊어버렸을 수도 있다. 삼각함수는 굉장히 중요하므로 잠시 기본적인 것들을 복습하고 넘어가도록 하자. 직각삼각형의 경우 피타고라스의 정리는 다음과 같다.

$$a^2 + b^2 = c^2$$

그림 7.3
간접적인 건물의 높이 측정

그림의 직각삼각형에서 변 a와 마주보고 있는 각을 α라 하고, 변 b와 마주보고 있는 각을 β라 하자. 사인(sine)과 코사인(cosine), 탄젠트(tangent)는 아래와 같이 정의된다.

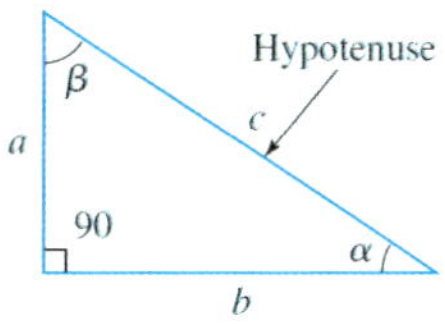

$$\sin\alpha = \frac{\text{opposite}}{\text{hypotenuse}} = \frac{a}{c} \qquad \cos\alpha = \frac{\text{adjacent}}{\text{hypotenuse}} = \frac{b}{c} \qquad \tan\alpha = \frac{\sin\alpha}{\cos\alpha} = \frac{\text{opposite}}{\text{adjacent}} = \frac{a}{b}$$

$$\sin\beta = \frac{\text{opposite}}{\text{hypotenuse}} = \frac{b}{c} \qquad \cos\beta = \frac{\text{adjacent}}{\text{hypotenuse}} = \frac{a}{c} \qquad \tan\beta = \frac{\sin\beta}{\cos\beta} = \frac{\text{opposite}}{\text{adjacent}} = \frac{b}{a}$$

사인법칙과 코사인법칙은 임의 형태의 삼각형에도 적용된다.

사인 법칙: $\dfrac{a}{\sin\alpha} = \dfrac{b}{\sin\beta} = \dfrac{c}{\sin\theta}$

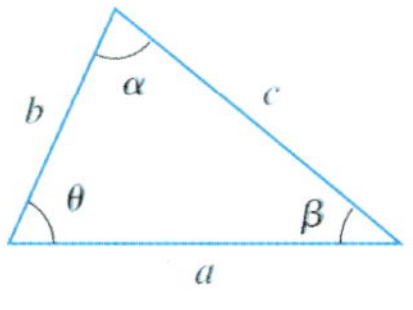

코사인 법칙: $a^2 = b^2 + c^2 - 2bc(\cos\alpha)$

$$b^2 = a^2 + c^2 - 2ac(\cos\beta)$$

$$c^2 = a^2 + b^2 - 2ba(\cos\theta)$$

또는

$$\cos\alpha = \frac{b^2 + c^2 - a^2}{2bc}$$

$$\cos\beta = \frac{a^2 + c^2 - b^2}{2ac}$$

$$\cos\theta = \frac{a^2 + b^2 - c^2}{2ba}$$

또 다른 유용한 삼각함수 공식은 아래와 같다.

$$\sin^2\alpha + \cos^2\alpha = 1$$

$$\sin 2\alpha = 2\sin\alpha\cos\alpha$$

$$\cos 2\alpha = \cos^2\alpha - \sin^2\alpha = 2\cos^2\alpha - 1 = 1 - 2\sin^2\alpha$$

$$\sin(-\alpha) = -\sin\alpha$$

$$\cos(-\alpha) = \cos\alpha$$

$$\sin(\alpha+\beta) = \sin\alpha\cos\beta + \sin\beta\cos\alpha$$

$$\sin(\alpha-\beta) = \sin\alpha\cos\beta - \sin\beta\cos\alpha$$

$$\cos(\alpha+\beta) = \cos\alpha\cos\beta - \sin\alpha\sin\beta$$

$$\cos(\alpha-\beta) = \cos\alpha\cos\beta + \sin\alpha\cos\beta$$

삼각함수는 앞으로 학습할 물리, 통계, 동역학 등의 과목에서 상당히 유용하게 사용된다.

7.3 공칭치수와 실치수

여러분은 2×4 사이즈의 목재를 본 적이 있을 것이다. 2와 4는 단면의 높이와 폭에 대한 인치 값이다. 만약 여러분이 2×4 목재의 단면의 치수를 측정하면, 실치수가 폭은 약 1.5인치(40mm)로 2인치(50mm)보다 작거나, 높이는 약 3.5인치(90mm)로 4인치 정도 작을 수 있다. 그런데 왜 50mm×100mm라고 할까? 공학 부품 제조사들은 사람들이 해당 부품의 치수를 기억해서 사용하기 쉽게 하려고 실제 치수들을 근사화시켜 사용한다([그림 7.4] 참조). 이 경우 2×4를 공칭치수라고 한다. 여러분이 I-빔과 같은 다른 구조물을 조사해보아도 제조사가 제공하는 공칭치수와 실치수 사이에 차이가 있음을 알 수 있을 것이다. 또한, 이런 상황은 파이프, 관, 나사 등의 여러 공학 부품들에서도 찾아볼 수 있다. 제조사들은 자신들이 만든 부품의 치수에 관한 정보를 제공할 때 공인된 표준을 제공하고, 공칭치수와 함께 실치수도 제공한다. 앞으로 배우겠지만 다양한 공학계산에서 부품의 실치수는 중요한 인자이기 때문이다. 몇몇 부품들의 공칭치수와 실치수는

[표 7.2]에서 볼 수 있다.

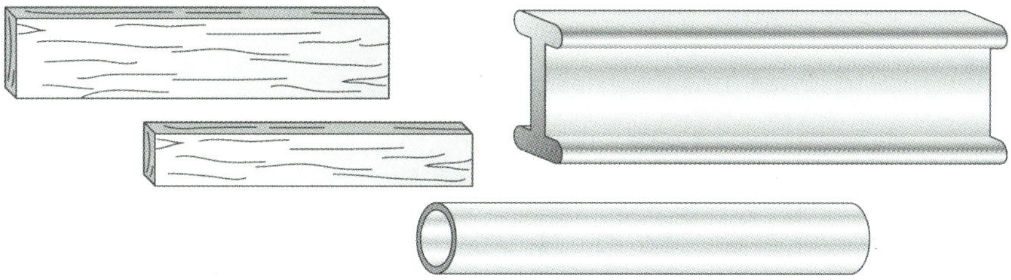

그림 7.4 제조사들은 부품이나 구조체 요소들의 실치수와 공칭치수를 제공한다.

표 7.2 공학 제품들의 공칭치수와 실치수들 [구리관의 치수(HVAC와 미국 내 수리 시설용 M타입)]

Nominal Size(in)	Outside Diameter(in)	Inside Diameter(in)	Outside Diameter(mm)	Inside Diameter(mm)
3/8	0.5	0.450	12.700	11.430
1/2	0.625	0.569	15.875	14.453
3/4	0.875	0.811	22.225	20.599
1	1.125	1.055	28.575	26.797
$1\frac{1}{4}$	1.375	1.291	35.925	32.791
$1\frac{1}{2}$	1.625	1.527	41.275	38.786
2	2.125	2.009	53.975	51.029
$2\frac{1}{2}$	2.625	2.495	66.675	63.373
3	3.125	2.981	79.375	75.717
$3\frac{1}{2}$	3.625	3.459	95.075	87.859
4	4.125	3.935	104.775	99.949
5	5.125	4.907	130.175	124.638

표준 Wide-Flange 빔의 예

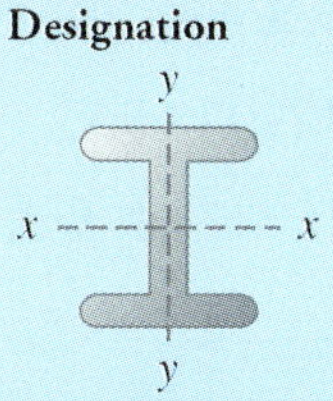

Designation	Depth (mm)	Flange Width (mm)	Area (mm^2)
W460 × 113*	463	280	14,400
W410 × 85	417	181	10,800
W360 × 57	358	172	7,230
W200 × 46.1	203	203	5,890

*Nominal depth (mm) and mass (kg) per one meter length.

7.4 두 길이의 비: 라디안(Radian)

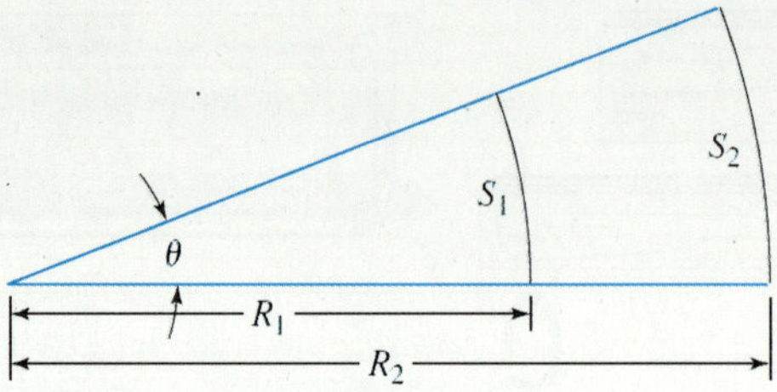

그림 7.5
원호와 반지름, 사이각의 관계

[그림 7.5]와 같은 원호를 생각해보자. 원호의 길이 S와 부채꼴의 반지름 R, 그리고 라디안 단위로 각도 θ 사이의 관계는 다음과 같다.

$$\theta = \frac{S_1}{R_1} = \frac{S_2}{R_2} \tag{7.1}$$

라디안은 두 길이의 비율이므로 단위가 없음을 주의하라. 앞으로 물리나 동역학 수업에서 배우겠지만, 식 (7.1)을 물체의 한 점의 직선속도와 회전속도 사이의 관계에 대한 기본식으로 사용할 수 있다. 2π 라디안은 360°이고, 1 라디안은 57.30°이다.

7.5 두 길이의 비: 변형율(Strain)

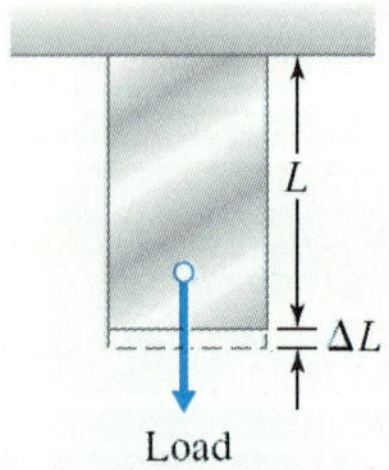

그림 7.6
아래로 당기는 하중을 받고 있는 바

어떤 재료(예를 들면, 직육면체의 바)가 인장하중(당기는 힘)은 변형을 일으킨다. [그림 7.6]에서처럼 변형 ΔL은 원래의 길이 L로 나누어져서 수직 변형율이라 불린다. 10장에서 하중과 변형에 대해 자세히 설명한다. 또한, 공학적 해석에서 하중과 변형이 어떻게 이용되는지도 설명할 것이다. 하지만 변형율은 변형 길이와 원래 길이의 비율로 역시 무차원임을 기억하자.

$$\text{strain} = \frac{\Delta L}{L} \tag{7.2}$$

변형율은 길이 관련 공학 변수 중 하나인 점을 명심하자.

7.6 면적

면적은 유도된 혹은 부차적인 물리량이다. 이것은 많은 공학문제에서 중요한 역할을 한다. 예를 들어, 표면으로부터의 열전달률은 직접적으로 외부 표면면적에 비례한다. 이런 이유로 [그림 7.7]에서 보이는 것처럼 오토바이 엔진이나 잔디 깎기 엔진이 넓은 외부 표면이나 핀을 가지고 있는 것이다.

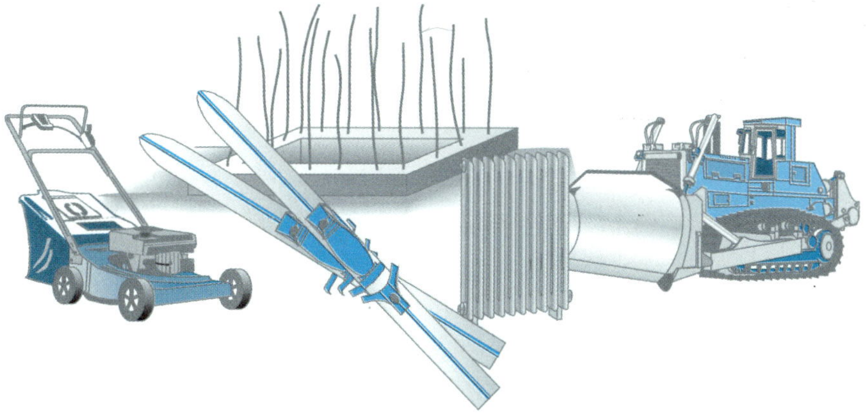

그림 7.7
다양한 시스템 설계에서 중요한 역할을 하는 면적

여러분이 캠퍼스 내의 건물들을 자세히 보면 창문 아래나 벽 쪽에 구불구불하게 표면적을 늘려 놓은 열교환기나 라디에이터를 볼 수 있을 것이다. 이런 열 교환기나 라디에이터는 겨울동안 방과 복도로 열을 공급한다. 또 다른 예로, 잘게 부서진 얼음 조각이 큰 얼음 덩어리 보다 더 빨리 음료를 차게 만드는 현상을 생각해 본 적이 있는가? 왜냐하면, 같은 양의 얼음이라도 잘게 부서진 얼음 조각들이 액체와 맞닿는 표면적을 더 크게 갖기 때문이다. 또한, 같은 양의 고기라도 통째로 굽는 것보다 작게 잘라서 물에 끓이는 것이 더 빨리 익는다는 것을 알 것이다. 이것 역시 마찬가지 원리다. 따라서 여러분이 으깬 감자를 만들 경우 감자를 우선 작은 조각들로 자르도록 하라. 조각들이 작으면 작을수록 요리시간은 절약된다. 물론 반대의 경우도 있다. 따라서 어떤 것으로부터의 열손실을 줄이고 싶다면 표면적을 줄이면 된다. 예를 들어, 춥다고 느끼면 인체는 자연적으로 몸을 움츠리게 된다. 이것은 외부로 노출된 표면적을 줄여서 체온을 유지하려 하기 때문이다. 왜 나무들은 커다란 잎 하나 대신 작은 여러 개의 잎을 가지고 있을까? 그것은 그렇게 함으로써 더 많은 태양 광선을 받을 수 있기 때문이다. 빨래를 널 때를 생각해 보자. 옷들은 공기와 햇볕에 더 많이 노출되도록 펼쳐져 옷걸이에 걸린다. 예를 들자면, 이불 같은 경우는 빨랫줄 전체에 걸쳐 널어져있는 것을 볼 수 있다.

이제는 주어진 부피와 외부 노출 표면적의 관계에 대해 생각해보자. 1m×1m×1m 사이즈의 정육면체를 생각해 보자. 부피는 얼마인가? 당연히 $1m^3$이다. 표면적은 얼마인가? $6m^2$이다. 만약 우리가 각 치수를 모두 반씩 자른다면, [그림 7.8]처럼 0.5m×0.5m×0.5m 사이즈의 작은 정육면체 8개를 얻는다. 8개의 정육면체의 부피의 합은 얼마인가? 물론 $1m^3$이다. 그러면 외부 노출 면적의 합은 얼마인가? 각 정육면체의 표면적은 $1.5m^2$이므로 총 표면적의 합은 $12m^2$이다.

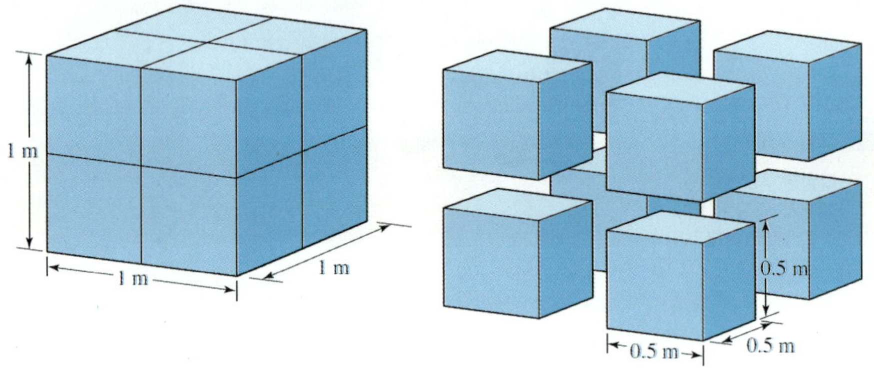

그림 7.8
정육면체의 부피와 면적과의 관계

이제는 1m×1m×1m의 정육면체를 0.25m×0.25m×0.25m의 더 작은 정육면체로 나눠보자. 우리는 이제 64개의 정육면체를 가지고 있고, 여전히 총 부피는 $1m^3$이다. 그러나 각 정육면체의 표면적이 $0.375m^2$이므로 총 표면적은 $24m^2$가 된다. 따라서 64개의 작은 정육면체로 잘라진 경우의 총 표면적은 원래의 정육면체 표면적의 4배가 된다.

간단한 생각으로 왜 같은 양의 얼음 덩어리보다 잘게 쪼개진 얼음 조각들이 더 잘 녹는지 쉽게 이해가 갈 것이다. 여러분은 잘 모르겠지만, 여러분은 이미 세계 최고의 성능을 자랑하는 열과 질량 유동 장치를 가지고 있다. 바로 여러분의 폐이다. 인간의 폐는 가장 훌륭한 열·질량 유동 장치로 그 면적밀도는 $20,000m^2/m^3$이나 된다.

면적은 공기 역학에서도 중요한 역할을 한다. 가장 익숙한 예로 차의 운동에 대한 공기 저항이 있다. 차에 가해지는 저항력(drag force)은 직접 차를 풍동 장치에 넣고 실험함으로써 얻어진다. 풍동 장치에서 공기의 속도는 계속 바뀌고, 이때 차에 가해지는 저항력을 측정하는 것이다. 엔지니어들은 이런 실험을 통해서 자동차의 전체 면적과 전면 면적(frontal area)이 공기 저항을 줄이는데 중요한 인자임을 알아냈다. 실험 데이터는 보통 저항계수(drag coefficient)라 불리는 하나의 계수로 나타내진다. 그리고 저항계수는 아래와 같이 정의된다.

$$\text{저항계수} = \frac{\text{저항력}}{\frac{1}{2}(\text{공기 밀도})(\text{공기 속도})^2(\text{전면 면적})}$$

전면 면적은 자동차의 면적을 자동차 정면에 정사영시킨 면적을 말하며, 대략적으로는 자동차의 가로 너비와 높이를 곱한 면적에 0.85를 곱해서 얻을 수 있다. 이 면적은 여러분이 자동차의 정면이나 후면에서 눈높이를 맞추고 바라봤을 때의 면적이다. 여러분 중 일부는 나중에 비행역학 과목을 들을 것이고, 그 과목에서 항공기의 양력(lift force)은 날개의 평면(plan form) 면적에 비례함을 배울 것이다. 그리고 평면 면적은 날개의 위쪽에서 바라봤을 때의 면적이다. 즉, 날개를 발밑에 놓고 바라봤을 때의 면적인 것이다. 더 정확히는 날개의 평평한 면의 법선 벡터 방향으로의 정사영 면적이다.

단면(cross-section) 면적 또한 면적 영역 전체로 힘을 분산시키는데 중요한 역할을 한다. 건물의 기초공사, 수력 시스템 그리고 [그림 7.9]의 자르는 면적이 중요한 역할을 하는 물체들의 대표적인 예이다. 예를 들어, 칼의 날카로운 끝부분이 왜 물체를 잘 자를 수 있는지 생각해 본 적이 있는가? “날카로운”의 의미는 무엇인가? 날카로운 칼이란 자르는 끝부분으로 갈수록 작은 단면적을 갖는 칼을 이르는 것이다. 칼의 자르는 모서리에 가해지는 압력은 아래와 같이 간단한 식으로 나타낼 수 있다.

$$\text{절단면에서의 압력} = \frac{\text{힘}}{\text{절단면 모서리의 단면 면적}} \tag{7.3}$$

그림 7.9

절삭 도구의 설계에서 면적은 중요한 역할을 한다.

식 (7.3)에서 보듯이 칼에 같은 힘이 가해지더라도 단면적을 줄임으로써 압력을 높일 수 있다. 또한, 단면적을 넓힘으로써 압력을 낮출 수 있다. 스키를 탈 때, 우리는 발바닥 아래의 면적을 크게 함으로써 눈 속으로 발이 빠지는 것을 막을 수 있다. 또, 식 (7.3)은 하이힐이 보통의 평평한 신발보다 훨씬 나쁜 디자인임을 깨닫게 한다. 이 예들의 목적은 면적이 공학적 설계에 있어서 중요한 인자임을 강조하기 위한 것이다.

이제 여러분은 공학적 해석에서 면적이 얼마나 중요한 지를 깨달았을 것이다. 이제는 그것의 단위를 보자. SI에서 면적의 단위는 m^2이다. 또한, mm^2, cm^2, km^2

처럼 보다 큰 단위와 작은 단위도 있다([표 6.2] 참조). 우리가 이런 단위들을 사용하는 것은 숫자들을 좀 더 편하게 다루기 위한 것임을 기억하라. [표 7.3]은 일반적으로 사용되는 실질적인 단위들과 그것의 환산값을 보여준다.

표 7.3 면적의 단위와 수치

Units of Area in Increasing Order	Equivalent Value
1 mm^2	$1\times10^{-6}m^2$
1 cm^2	$1\times10^{-4}m^2=100\ mm^2$
1 in^2	645.16 mm^2
1 ft^2	144 in^2
1 yd^2	9 ft^2
1 m^2	1.196 yd^2
1 acre	43,560 ft^2
1 km^2	1,000,000 m^2=247.1 acres
1 square mile	2.59 km^2=640 acres

면적 계산

삼각형, 원, 직사각형 등의 일반적인 형태의 도형의 면적은 [표 7.4]의 면적 공식을 이용해서 구할 수 있다. 이런 간단한 면적들을 기본 단위 면적(primitive areas)이라고 부른다. 실제 사물의 표면들 대부분은 이런 기초 면적으로 나누어진다. [그림 7.10]과 같은 복잡한 표면의 면적을 구하기 위해서는 일차적으로 표면을 좀 더 간단한 기초 면적으로 세분화하고, 그 다음 이 기초 면적들을 모두 합해서 총면적을 구하는 것이 좋다.

유용한 면적 공식도 [표 7.4]에 나와 있다.

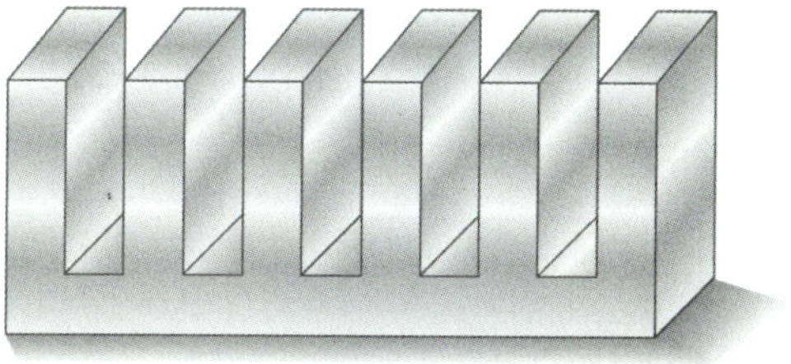

그림 7.10
복합적인 표면(방열판)은 기본단위 면적들로 구성된다.

표 7.4 면적 공식

Triangle

$$A = \frac{1}{2}bh$$

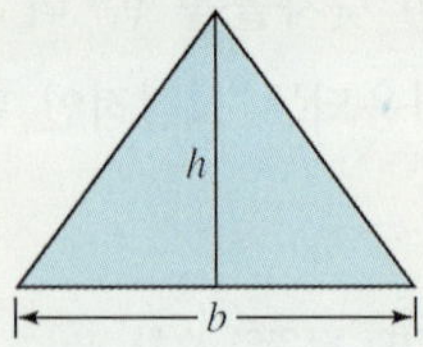

Rectangle

$$A = bh$$

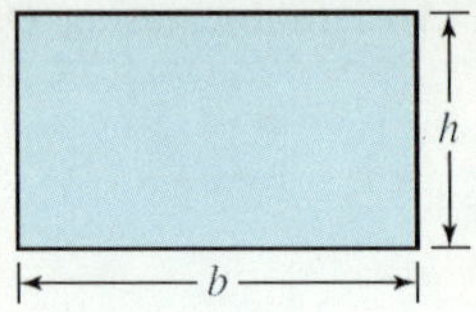

Parallelogram

$$A = bh$$

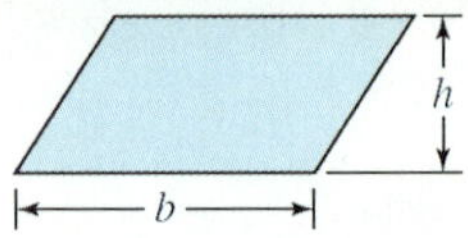

Trapezoid

$$A = \frac{1}{2}(a + b)h$$

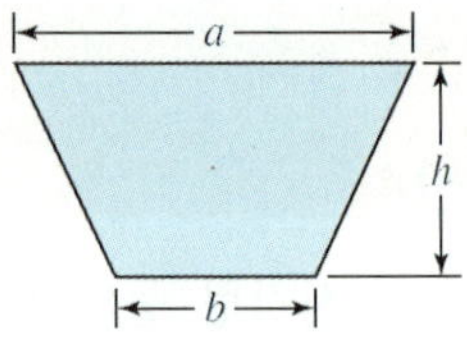

n-sided Polygon

$$A = \left(\frac{n}{4}\right)b^2 \cot\left(\frac{180°}{n}\right)$$

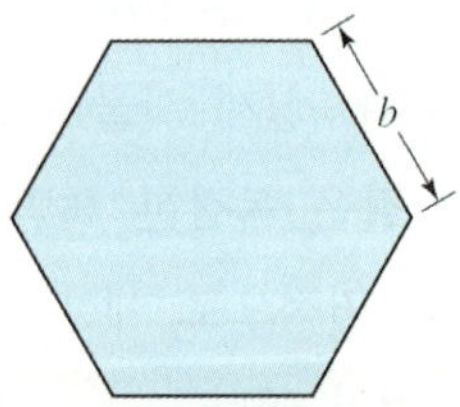

Circle

$$A = \pi R^2$$

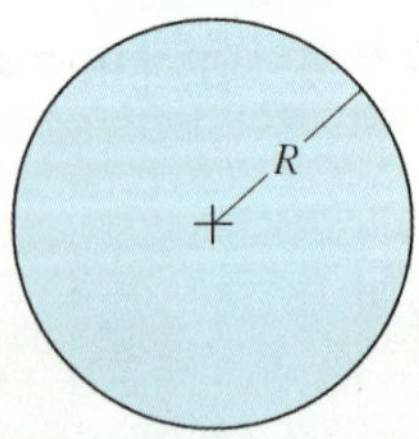

Ellipse

$$A = \pi ab$$

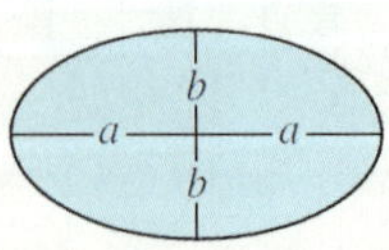

Continued

표 7.4 면적 공식(계속)

Cylinder

$A_s = 2\pi Rh$

$A_{top} = A_{bottom} = \pi R^2$

$A_{total} = A_s + A_{top} + A_{bottom}$

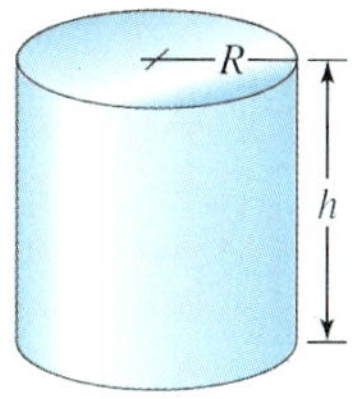

Right Circular Cone

$A_s = \pi Rs = \pi R\sqrt{R^2 + h^2}$

$A_{bottom} = \pi R^2$

$A_{total} = A_s + A_{bottom}$

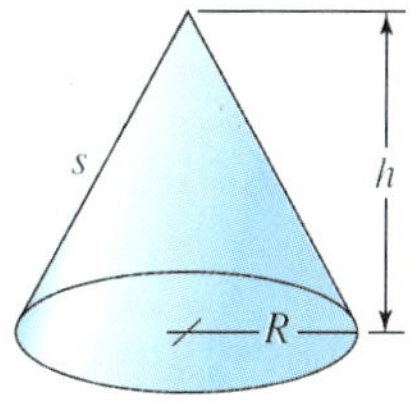

Sphere

$A = 4\pi R^2$

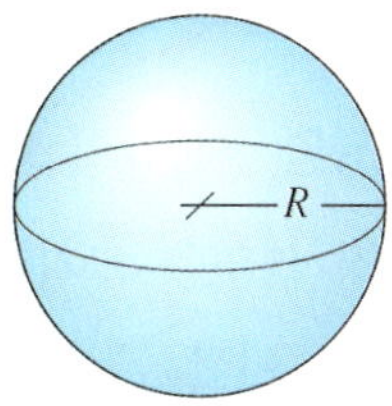

평면 면적의 근삿값

실무 공학 문제에서 불규칙 형태의 평면 면적을 계산해야 하는 경우가 종종 있다. 이런 평면의 경계를 우리가 알고 있는 기본 단위 면적들의 조합으로 구성할 수 없을 때, 우리는 근사화를 사용하여 대략적인 해답을 얻을 수 있다.

사다리꼴 방법 불규칙적인 형태의 평면 면적을 사다리꼴 방법으로 비교적 정확하게 근사할 수 있다. [그림 7.11]과 같은 평면을 생각해보자.

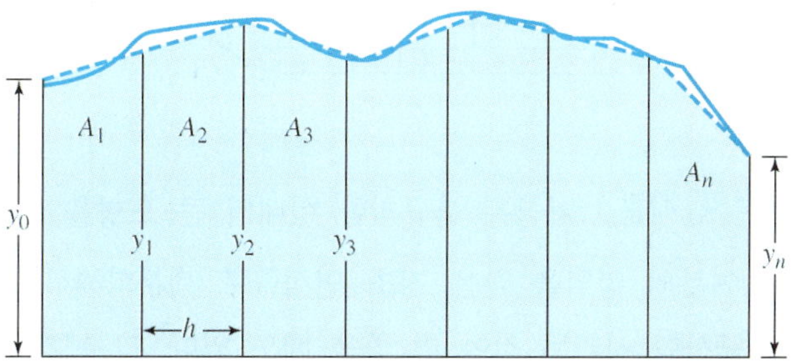

그림 7.11
사다리꼴 방법에 의한 임의 면적의 근사

이 그림의 전체 면적을 구하기 위해서 사다리꼴 방법을 이용해보자. 우선 [그림 7.11]과 같이 전체 영역을 같은 높이 h를 갖는 작은 사다리꼴들로 나눈다. 그런 다음 이 사다리꼴들의 면적을 모두 합하는 것이다. 따라서 식은 아래와 같다.

$$A \approx A_1 + A_2 + A_3 + \cdots + A_n \tag{7.4}$$

$$A \approx \frac{h}{2}(y_0 + y_1) + \frac{h}{2}(y_1 + y_2) + \frac{h}{2}(y_2 + y_3) + \cdots + \frac{h}{2}(y_{n-1} + y_n) \tag{7.5}$$

$$A \approx h\left(\frac{1}{2}y_0 + y_1 + y_2 + \cdots + y_{n-2} + y_{n-1} + \frac{1}{2}y_n\right) \tag{7.6}$$

식 (7.6)을 사다리꼴 방법이라 한다. 물론 h를 작게 함으로써 사다리꼴들을 더 작게 만들어 근사의 정확도를 높일 수 있다.

미소 정사각형 방법 불규칙한 모양을 근사화 시키는 간단한 방법이 또 있다. 그 중 하나는 주어진 영역을 크기가 정해진 작은 정사각형들로 분할한 후 정사각형의 수를 세는 것이다. 이런 근사 방법을 [그림 7.12]에 나타냈다. 그런 다음 전체 영역의 경계 선상에서 정사각형들이 남는다면, 이 부분을 다시 작은 삼각형으로 근사화 할 수도 있다.

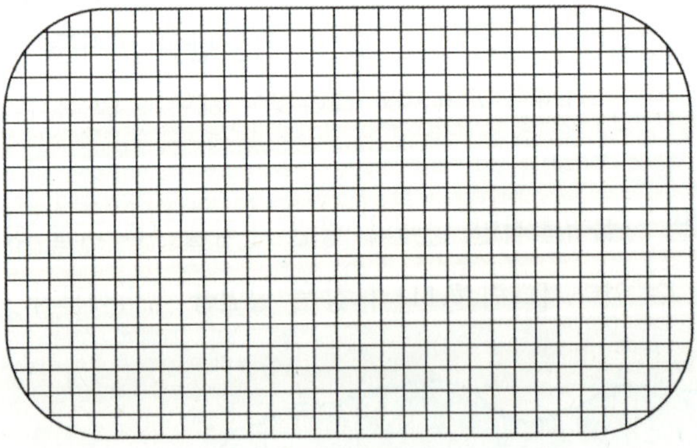

그림 7.12
작은 정사각형들을 이용한 임의 면적의 근사

불필요한 면적의 차분 가끔은 불규칙한 형태의 큰 도형을 먼저 큰 기초 면적으로 근사화한 후 여분의 영역을 작은 기초 면적들로 세분화해서 첫 번째 면적에서 빼는 방법으로 근사화 시키는 것이 더 좋을 때도 있다. 그 예가 [그림 7.13]에 있다.

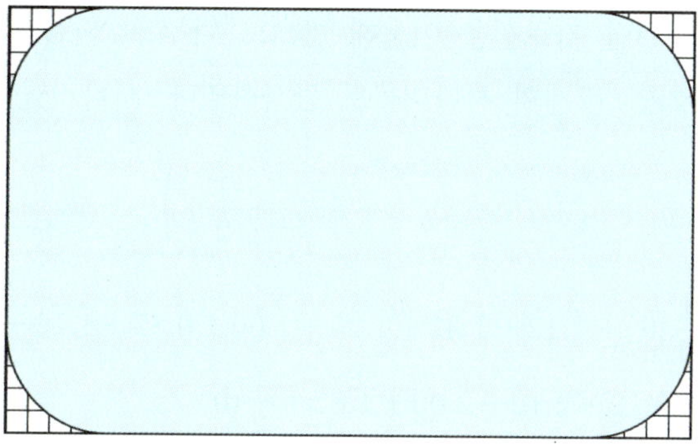

그림 7.13

직사각형과 작은 정사각형들, 작은 삼각형들을 이용한 평면 면적의 근사

덧붙여, 대칭의 형태인 영역은 원래 영역의 1/2, 1/4, 1/8 등으로 나눈 후 그 부분만 근사화한 후 근사된 값에 다시 2, 4, 8 등을 곱해서 해답을 얻을 수도 있다.

영역 질량 측정 또 다른 근사 방법은 정확한 화학 저울의 사용이 요구된다. $8\frac{1}{2}\times 11$ 크기의 종이 위에 그려질 수 있는 영역의 도면을 놓은 후 우선 $8\frac{1}{2}\times 11$ 크기의 여백 종이 무게를 측정한다. 화학 저울을 사용하여 위에 놓여진 종이의 무게를 측정하고 기록한다. 그 다음으로, 빈 여백 종이 위의 보이지 않는 영역의 경계선을 그린 후 그 영역 경계 주위를 잘라낸다. 잘라진 종이 부분의 무게를 다시 측정한다. 이제는 빈 여백 종이의 무게와 종이 도면의 무게를 비교함으로써 주어진 도면의 무게를 결정할 수 있다. 이러한 근사 방법을 사용하기 위해서는 실험종이가 균일한 두께와 밀도를 가지고 있다고 가정한다.

예제 7.1

사다리꼴 방법을 이용해서 [그림 7.14]의 운동화 바닥의 면적을 계산하라.

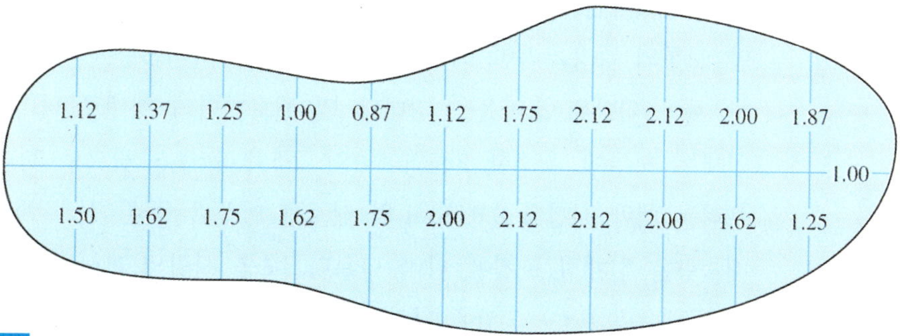

그림 7.14 예제 7.1의 운동화 면적

주어진 그림을 일단 가로선을 이용해 반으로 나누고, 다음으로 사다리꼴 방법을 이용해 h가 1인치인 12개의 사다리꼴로 근사하였다. 사다리꼴 근사식을 이용하면,

$$A \approx h\left(\frac{1}{2}y_0 + y_1 + y_2 + \cdots + y_{n-2} + y_{n-1} + \frac{1}{2}y_n\right)$$

$$A_1 \approx (1.0)\begin{bmatrix}\frac{1}{2}(0) + 1.12 + 1.37 + 1.25 + 1.00 + 0.87 + 1.12 + 1.75 \\ + 2.12 + 2.12 + 2.00 + 1.87 + \frac{1}{2}(0)\end{bmatrix} \approx 16.6\,\mathrm{m}^2$$

$$A_2 \approx (1.0)\begin{bmatrix}\frac{1}{2}(0) + 1.50 + 1.62 + 1.75 + 1.62 + 1.75 + 2.00 + 2.12 \\ + 2.12 + 2.00 + 1.62 + 1.25 + \frac{1}{2}(0)\end{bmatrix} \approx 19.3\,\mathrm{m}^2$$

$$A_{\text{total}} \approx 16.6 + 19.3 \approx 35.9\,\mathrm{m}^2$$

가 된다.

7.7 부피

부피는 또 다른 중요한 물리량 또는 물리적 변수이다. 우리는 3차원 세계에 살고 있으므로 자연계를 구성하는 사물의 모양과 관련해서 부피는 당연히 중요할 수밖에 없다. 우선 우리의 일상에서 부피의 역할에 대해 생각해보자. 오늘 여러분은 아마 355ml의 음료수를 한 캔 마셨을 것이다. 그리고 엔진 사이즈가 리터의 단위로 표기된 자동차를 탔을 것이다. 예를 들어 여러분이 Buick Park Avenue 차를 가지고 있다면 그것의 엔진 사이즈는 3.8리터이다. 엔진의 사이즈에 따라 다르지만 보통의 승용차라면 57~77리터의 휘발유를 기름통에 채울 수 있다. 우리는 또한 차의 휘발유 소비율을 리터당 몇 킬로미터의 형태로 나타낸다. 의사들은 보통 인체는 하루에 최소한 8잔의 물(약 2.5~3리터)을 필요로 한다고 말한다. 그리고 우리는 대략 시간당 $0.0453\mathrm{m}^3$의 산소를 마신다. 물론 산소 소비량이나 이산화탄소 배출량은 신체적 조건에 따라 다르다. 보통 사람의 폐에서의 산소 소비량, 이산화탄소 배출량은 [표 7.5]에 나와 있다.

표 7.5 사람의 산소 소비량, 이산화탄소 배출량 그리고 호흡량

Level of Physical Activity	Oxygen Consumption (m^3/h)	Carbon Dioxide Production (m^3/h)	Rate of Breathing (m^3/h)
Exhausting effort	0.187	0.161	1.137
Strenuous work or sports	0.126	0.108	2.747
Moderate exercise	0.084	0.071	1.812
Mild exercise; light work	0.052	0.044	1.133
Standing; desk work	0.031	0.026	0.680
Sedentary, at ease	0.020	0.018	0.453
Reclining, at rest	0.009	0.016	0.340

1ft=0.3m
Source: Copyright(c) 1991 American Society of Heating and Air-Conditioning Engineers, Inc. www.ashrae.org.
Reprinted by permission.

우리는 몸을 씻고 요리나 음식을 하기 위해서 1인당 하루에 보통 76~152리터의 물을 소비한다. 부피는 또한 음식의 포장이나 제약 응용 분야에서 중요한 역할을 한다. 예를 들어, 큰 우유통은 1리터의 우유를 담도록 되어있다. 또 약을 투여 받을 때, 의사는 우리에게 수 밀리리터의 약을 주입한다. 많은 다른 재료들도 수 리터나 수 리터의 단위로 포장되곤 한다. 이처럼 우리가 소비하는 다양한 형태의 유체들의 양을 표현하기 위해 부피를 사용한다. 부피는 또한 공학에서도 중요한 역할을 한다. 예를 들면, 재료의 밀도는 단위 부피당 그 재료가 얼마나 무거운지 가벼운지를 나타내준다. 밀도, 질량 그리고 부피 관련 매개변수들은 9장에서 설명한다. 부력은 부피가 중요한 역할을 하는 또 다른 중요한 원리이다. 부력은 유체가 유체에 잠긴 물체에게 가하는 힘이다. [그림 7.15]처럼 부력의 합이 위쪽 방향으로 향하는 이유는 아래쪽으로부터 물체에 가해지는 유체의 압력이 위쪽으로부터 가해지는 압력보다 크기 때문이다. 따라서 유체에 의해 물체의 표면에 분산된 형태로 작용하는 압력이 부력이 된다. 부력의 크기는 유체 안에서 물체가 차지한 부피만큼의 유체 무게와 같다.

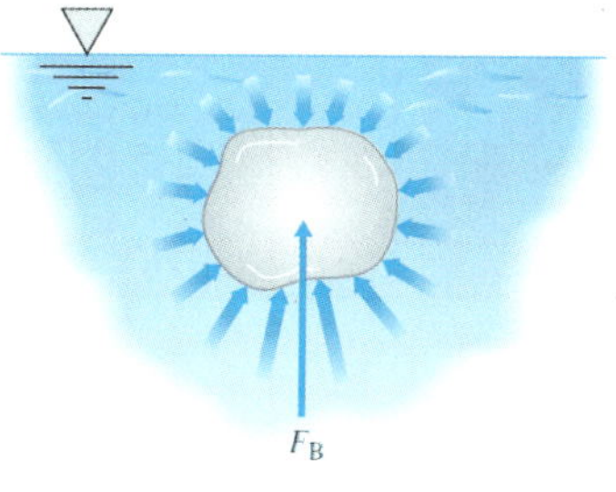

그림 7.15 부력은 유체에 잠긴 부분의 표면에 작용한다.

$$F_B = \rho V g \tag{7.7}$$

F_B는 부력을 나타내고(N), ρ는 유체의 밀도이고(kg/m^3), g는 중력에 의해 가해지는 가속도이다($9.81 m/s^2$). 만약 [그림 7.15]와 같이 어떤 물체가 유체에 완전히 잠겼다면, 물체의 부피와 같은 양의 유체가 물체를 위해 공간을 만들어주기 위해 자리를 비켜주었다는 것을 알 것이다. 이 원리를 어떤 물체의 부피를 계산하는데 사용할 수도 있다. 이런 개념은 예제 7.2에서 NASA가 우주 공간에서 인공위성 등을 고칠 때 물속에서 우주비행사들을 훈련시키는 과정으로 응용되기도 했다. 이런 훈련은 사진에서 보듯이 수중 무중력상태 재현기(Underwater Neutral Buoyancy Simulater)에서 이루어진다. 물속에서 우주비행사들의 무게 변화는 그들이 무중력상태에서 일할 경우를 대비할 수 있도록 도와주는 것이다.

우주 공간의 허블 우주망원경 수리를 위해 우주비행사들이 수중 무중력 상태 재현기에서 훈련을 하고 있다.
Source: NASA (Marshall Space Flight Center)

여러분은 이제 부피의 중요성을 어느 정도 알았을 것이다. 이제 그 단위에 대해서도 알아보자. 부피의 단위는 [표 7.6]에 제시되었다. [표 7.6]을 보면서 수(order)에 대한 감(feel)을 잡기 바란다. 예를 들어 스스로에게 1pint가 더 큰지 1리터가 더 큰지 질문하는 것이다.

표 7.6 부피 단위와 수치

Volume Units in Increasing Capacity Order	Equivalent Value
1 milliliter	1/1000 liters
1 teaspoon(tsp)	4.928 milliliters
1 tablespoon(tbsp)	3 tsp
1 fluid ounce	2 tbsp ≈ 28.32 milliliters
1 cup	8 ounces = 16 tbsp
1 pint	16 ounces = 2 cups
1 quart	2 pints
1 liter	1000 cm^3 ≈ 4.2 cups
1 gallon	4 quarts
1 cubic foot	28.317 liters
1 cubic meter	1000 liters ≈ 264 gallons ≈ 35.3 ft^3

* 1 milliliter < 1 teaspoon < 1 tablespoon < 1 fluid ounce < 1 cup < 1 pint < 1 quart < 1 liter < 1 gallon < 1 cubic foot < 1 cubic meter.

부피 계산

원기둥이나 원뿔, 구 같은 간단한 모양에 대한 부피 계산은 [표 7.7]을 보면 쉽게 알 수 있다. 어떤 물체의 부피를 직접 혹은 간접적으로 구하는 방법은 예제 7.2와 7.3에 나와 있다.

표 7.7 부피 공식

Cylinder

$V = \pi R^2 h$

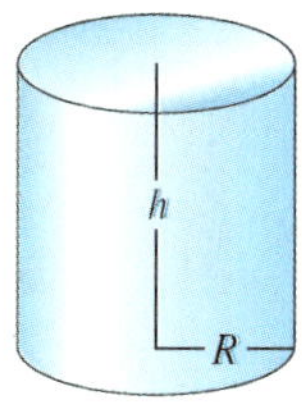

Right Circular Cone

$V = \frac{1}{3}\pi R^2 h$

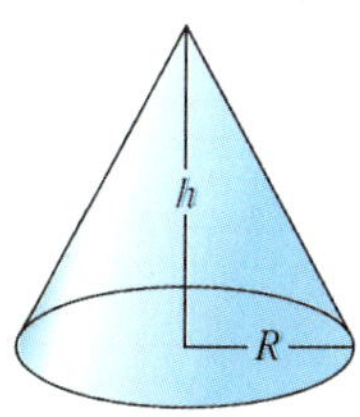

Continued

표 7.7 부피 공식(계속)

Section of a Cone

$$V = \frac{1}{3}\pi h(R_1^2 + R_2^2 + R_1R_2)$$

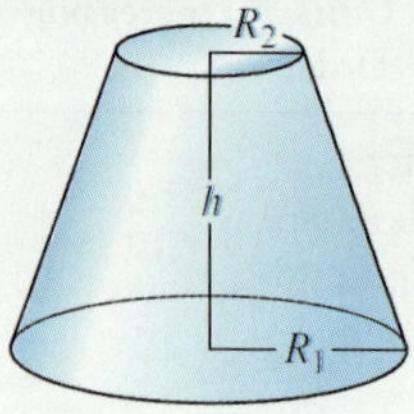

Sphere

$$V = \frac{4}{3}\pi R^3$$

Section of a Sphere

$$V = \frac{1}{6}\pi h(3a^2 + 3b^2 + h^2)$$

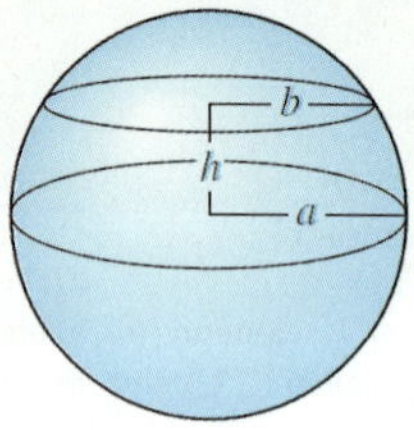

예제 7.2

[그림 7.16]의 물체의 부피를 계산하라.

이 예에서, 우리는 부력을 이용해 부피를 계산할 것이다. 우선 물체를 담을 수 있을 정도의 큰 수조를 준비하자. 그리고 수조를 그보다 큰 수조에 담그고 안쪽의 수조에 끝까지 찰랑찰랑할 정도로 물을 붓자. 그리곤 물체를 물 표면 바로 아래까지만 담근다. 이 과정은 물체의 부피만큼의 물을 넘치게 한다. 넘친 물은 바깥 수조에 담겨지고 후에 이 물을 메스실린더에 부어 부피를 측정하면 된다. 이 과정은 [그림 7.17]을 참조하라.

그림 7.16
예제 7.2의 물체

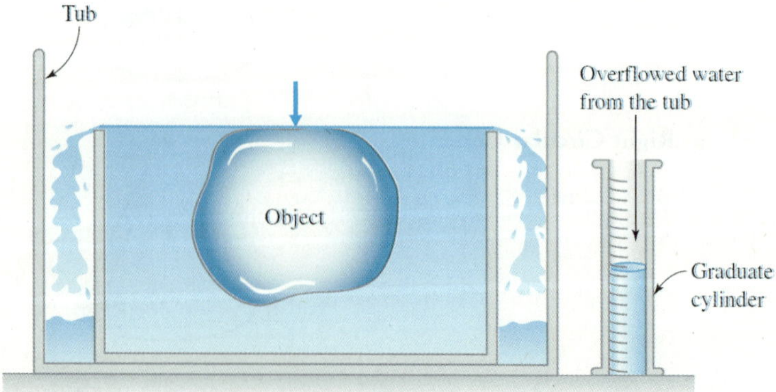

그림 7.17
주어진 물체의 부피를 측정하기 위해 물체를 대체한 물의 부피를 측정한다.

두 번째 방법은 부력을 이용해 부피를 직접 측정하는 것이다. 우선 스프링저울을 이용해 물체의 무게를 측정한다. 다음으로, 물체를 여전히 스프링저울을 매단 채로 물체를 물에 완전히 잠기도록 한 후 그때의 무게를 측정한다. 앞서의 무게와 물에 담근 후의 무게의 차가 바로 부력이 된다. 이렇게 부력을 알고 식 (7.7)을 이용해 물체의 부피를 계산하는 것이다. 이 과정은 [그림 7.18]에 나타나 있다.

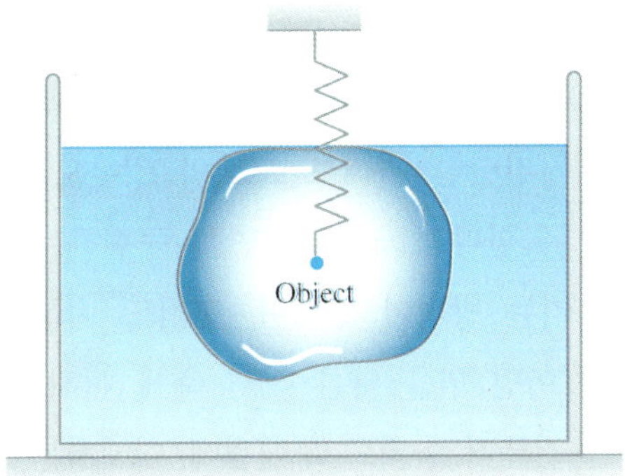

그림 7.18 주어진 물체의 부피를 측정하기 위해 물체의 실제 무게와 부력의 차를 이용한다.

예제 7.3 소다 캔의 내부 부피를 계산하라.

캔의 높이와 지름은 [그림 7.19]처럼 자를 이용해 측정하라.

우리는 캔의 부피를 같은 사이즈의 원기둥의 부피로 근사하겠다.

$$V = \pi R^2 h = (3.1415)\left(\frac{6.3\text{ cm}}{2}\right)^2 (12.0\text{ cm})$$
$$= 374\text{ cm}^3 = 374\text{ mL}$$

그림 7.19 예제 7.3의 음료수 캔

보통의 캔 내용물의 양이 355mL인 것을 감안하면, 우리가 구한 근삿값은 제법 합리적이라 할 수 있다. 근삿값과 실제값이 다른 이유는 여러 가지가 있을 수 있다. 우선, 소다 캔은 완전한 원기둥이 아니다. 캔을 자세히 보면 끝부분으로 가서 지름이 약간 줄어드는 것을 알 수 있다. 이것은 우리의 근삿값이 약간 큰 이유에 대한 설명으로 충분하다. 두 번째로, 우리는 캔의 내부 지름이 아니라 외부 지름을 측정했다. 그러나 이 근삿값에 대한 여러 이유로 이것은 적당치 않다.

왜냐하면, 캔의 두께는 굉장히 작기 때문이다.

우리는 캔에 물을 채운 후 물을 메스실린더에 부어서 캔의 내부 부피를 측정할 수도 있다. 또 다른 방법으로 캔에 부었던 물의 무게를 측정하고, 물의 밀도를 이용하여 내부 부피를 측정할 수도 있다.

여기서 컴퓨터로 물체의 면적과 부피를 계산하는 솔리드 모델링에 대해 이야기해보자. 솔리드 모델링 소프트웨어는 현대에 들어서는 일반적인 툴이 되어있다. 컴퓨터로 구현된 솔리드 모델은 훌륭한 영상뿐 아니라 꽤 정확한 물체의 표면적이나 부피 수치를 제공한다. 간단한 솔리드 모델의 경우도 면적이나 부피는 기초적인 형태의 도형을 바탕으로 한다. 그리고 표면을 구현하는 방법으로 어떤 선을 다른 직선을 축으로 회전시키는 방법이 있으며, 면적도 이를 통해 구할 수 있다. 마찬가지로 부피의 경우는 어떤 면을 다른 직선 축에 대해 회전시켜 구현하며, 수치를 계산할 수 있다. 이런 컴퓨터 솔리드 모델링에 대해서는 16장에서 설명한다.

7.8 단면 이차 모멘트

이 절에서 우리는 단면 이차 모멘트라 불리는 면적의 특성에 대해 설명한다. 단면 관성 면적 모멘트로도 알려진 이것은 재료가 얼마나 구부러질까에 대한 정보를 제공하는 중요한 특성이다. 다음에 여러분이 공사장을 지나게 되면, 하중 지지 빔의 단면을 살펴보고, 빔이 하중을 어떻게 받고 있는지를 자세히 살펴보길 바란다. 특히 I-빔이 하중을 받을 때 어떤 방향으로 하중을 받고 있는지 집중해서 보길 바란다. I-빔이 하중을 [그림 7.20(a)]처럼 받고 있는가, 아니면 [그림 7.20(b)]처럼 받고 있는가?

강철 I-빔은 다양한 하중을 견디는 일반적인 구조체로서, 사각 빔에 비해 재료가 덜 쓰임에도 불구하고 구부러짐에 아주 잘 견딘다. 기찻길이나 다리의 하중 지지 빔 혹은 지붕이나 바닥의 하중 지지 빔에서 I-빔을 볼 수 있다. 위의 질문에 대한 답은 [그림 7.20(a)]이다. I-빔이 [그림 7.20(a)]처럼 하중을 받는 이유는 그림의 $z-z$축 때문이다. $z-z$축에 대한 단면 이차 모멘트가 그림 (b)의 경우일 때보다 크기 때문이다.

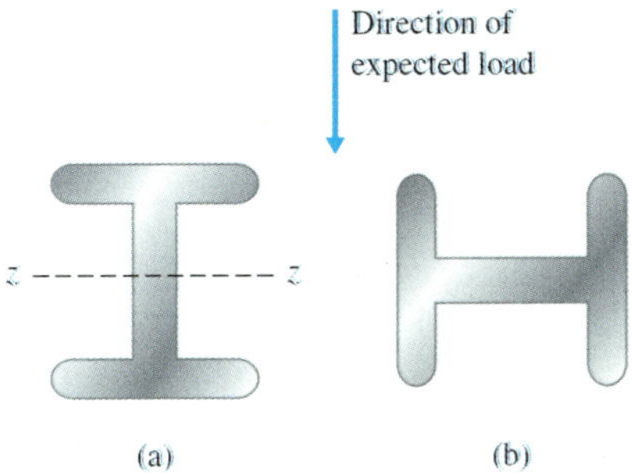

그림 7.20
I-빔은 어느 방향에서 하중을 더 잘 견딜까?

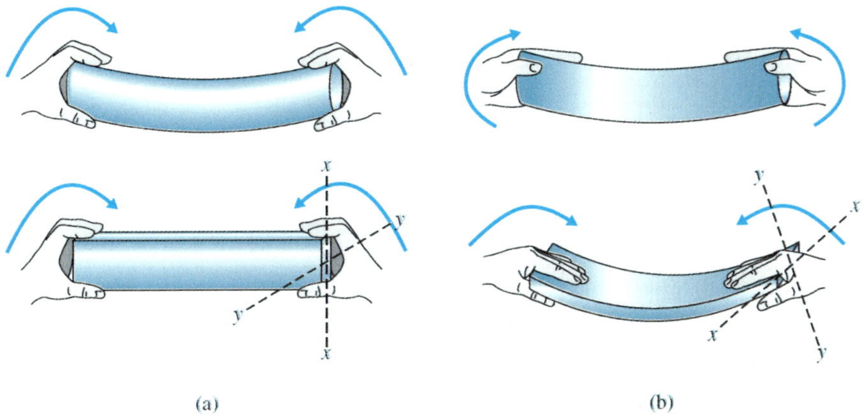

그림 7.21
나무 막대와 나무 자를 그림과 같이 구부려 보자.

면적과 그에 따른 단면 이차 모멘트의 중요성을 좀 더 이해하기 위해서 구부러짐에 대한 저항 정도를 측정하는 간단한 실험을 해보자. 우선 둥근 나무막대와 역시 나무로 된 자를 준비하자. [그림 7.21]과 같은 방향으로 나무막대를 구부려보자. 어떤 방향으로 구부리려 하여도 그 저항력은 항상 똑같음을 알게 될 것이다. 이유는 사각 막대의 경우, 중심축에 대한 면적이 일정하게 분포되어 있기 때문이다. 그리고 현재 우리는 비틀림이 아니라 구부러짐에 대해 생각하고 있다는 것을 잊지 말자. 이제는 나무 자를 [그림 7.21]과 같이 구부려보자. 어느 방향이 더 구부리기 어려운가? 물론 [그림 7.21(a)]처럼 구부릴 경우 더 힘이 많이 든다. 이유는 그림 (a)의 경우, 중심축에 대한 단면 이차 모멘트가 더 크기 때문이다.

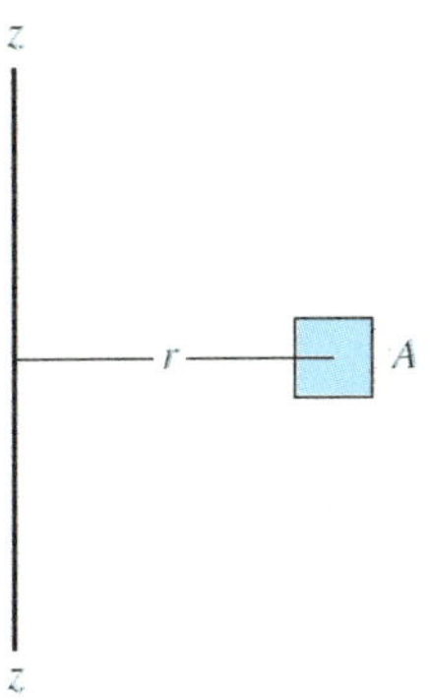

그림 7.22
$z-z$축으로부터 r 만큼 떨어져 있는 작은 면적 요소

여러분은 앞으로 정역학 과목을 들을 것이다. 그리고 그 과목에서 구조물 설계에 있어 중요한 역할을 하는 단면 이차 모멘트나 관성 면적 모멘트에 대해 더 깊게, 자세히 배울 것이다. 따라서 지금은 [그림 7.22]처럼 간단한 경우만 생각해 보자. $z-z$축으로부터 r 만큼 떨어져 있는 작은 면적 요소에 대해 단면 이차 모멘

트는 아래와 같이 정의된다.

$$I_{z-z} = r^2 A \tag{7.8}$$

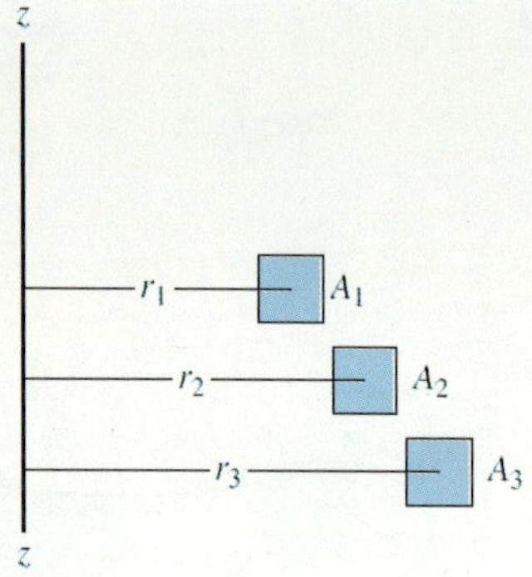

그림 7.23
3개의 작은 면적 요소들에 대한 단면 이차 모멘트

이제 이 문제를 [그림 7.23]처럼 여러 개의 작은 면적 요소들의 합으로 확장시킬 수 있을 것이다. 그림과 같이 작은 면적 요소들이 축과 다른 거리상에 위치하는 경우에 있어서 식은 아래와 같이 확장될 수 있다.

$$I_{z-z} = r_1^2 A_1 + r_2^2 A_2 + r_3^2 A_3 \tag{7.9}$$

비슷하게, 직사각형이나 원과 같은 어떤 단면에 대해 단면을 구성하는 작은 면적 요소들의 단면 이차 모멘트를 전부 더함으로써, 전체 면적의 단면 이차 모멘트를 구할 수 있다. 미적분학 시간에 배우겠지만, 연속적인 단면을 갖는 면적에 대해 작은 면적 요소들을 모두 더해주는 것 대신 적분을 취할 수 있다. 결국 적분 기호 $\int$은 덧셈을 뜻한 기호 S를 좀 더 크게 쓴 것일 뿐이다.

$$I_{z-z} = \int r^2 \, dA \tag{7.10}$$

또한, 이 면적의 특성을 '단면 이차 모멘트'라 부르는 이유는 이 식이 길이의 제곱과 면적의 곱이기 때문임을 알아두자. 10장에서는 물체의 회전과 관계 깊은 모멘트에 대해 자세히 배울 것이다. 특정 지점에 대한 모멘트는 힘을 작용하는 지점과 특정 지점까지의 직선거리와 이 지점에서의 힘의 수직 방향의 곱으로 나타낸다. 여러분은 힘이나 축에 대한 모멘트에 대한 의미와 모멘트라는 개념이 단면 이차모멘트나 관성 면적 모멘트에도 사용됨을 잘 알아야 한다. 왜냐하면 면적과 축에 대한 거리의 곱(모멘트는 거리와 힘의 곱임을 기억하라)이 바로 단면 이차 모멘트이기 때문이다.

여러분은 어떤 형태의 기하학적 도형이라도 주어진 식 (7.10)을 이용해 적분함으로써 그 도형의 관성 면적 모멘트를 구할 수 있다. 일반적인 형태의 도형에 대한 관성 면적 모멘트의 식은 아래와 같다.

Rectangle

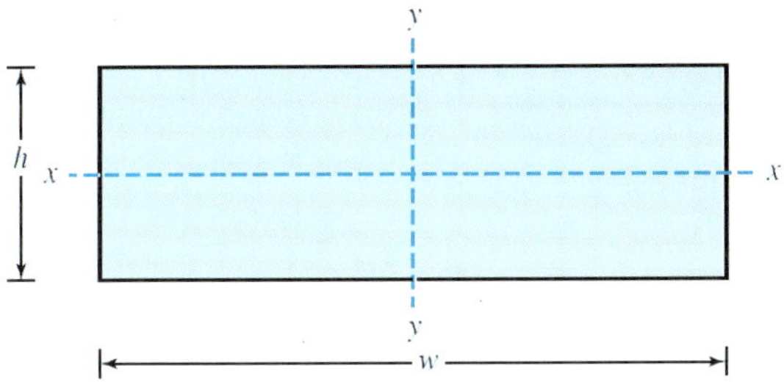

$$I_{x-x} = \frac{1}{12}wh^3 \qquad (7.11)$$

$$I_{y-y} = \frac{1}{12}hw^3$$

Circle

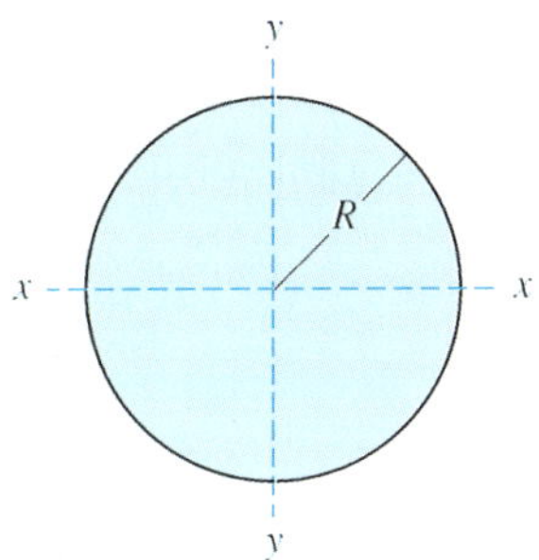

$$I_{x-x} = I_{y-y} = \frac{1}{4}\pi R^4 \qquad (7.12)$$

표준 I-빔의 단면 이차 모멘트는 [표 7.8]에 나와 있다.

표 7.8 표준 I-빔의 단면 이차 모멘트의 예

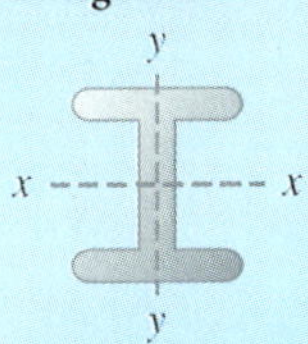

Designation	Depth (mm)	Width (mm)	Area (mm^2)	I_{x-x} (mm^4)	I_{y-y} (mm^4)
W460 × 113	463	280	14,400	554 × 10^6	63.3 × 10^6
W410 × 85	417	181	10,800	316 × 10^6	17.9 × 10^6
W360 × 57	358	172	7,230	160 × 10^6	11.1 × 10^6
W200 × 46.1	203	203	5,890	45.8 × 10^6	15.4 × 10^6

9장에서는 회전 운동에 대한 저항력의 측정 단위가 되는 관성 질량 모멘트에 대해 배운다.

예제 7.4

2×4 사이즈인 사각 보의 실치수가 그림에 나와 있다. 단면 이차 모멘트를 계산하라.

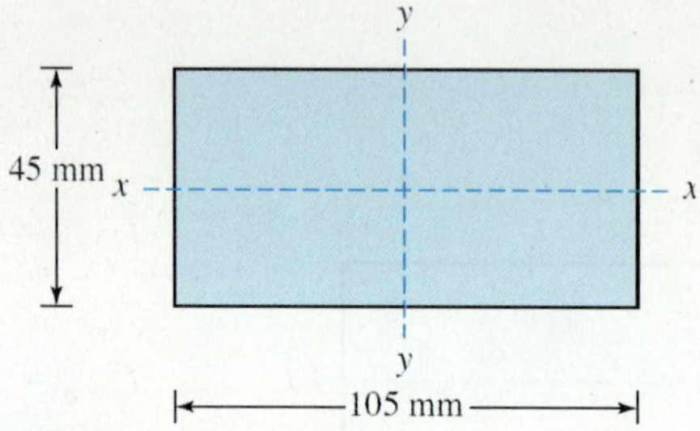

그림 7.24

$$I_{x-x} = \frac{1}{12}wh^3 = \left(\frac{1}{12}\right)(105 \text{ mm})(45 \text{ mm})^3 = 797343.8 \text{ mm}^4$$

$$I_{y-y} = \frac{1}{12}hw^3 = \left(\frac{1}{12}\right)(45 \text{ mm})(105 \text{ mm})^3 = 4341093.8 \text{ mm}^4$$

식에서 보인 것처럼 사각 보의 $y-y$축에 대한 단면 이차 모멘트는 $x-x$축에 대한 그것보다 5배나 크다는 것을 주목하라.

예제 7.5

[그림 7.25]에서 5cm의 직경을 갖는 축의 $x-x$축과 $y-y$축에 대한 단면 이차 모멘트를 계산하라.

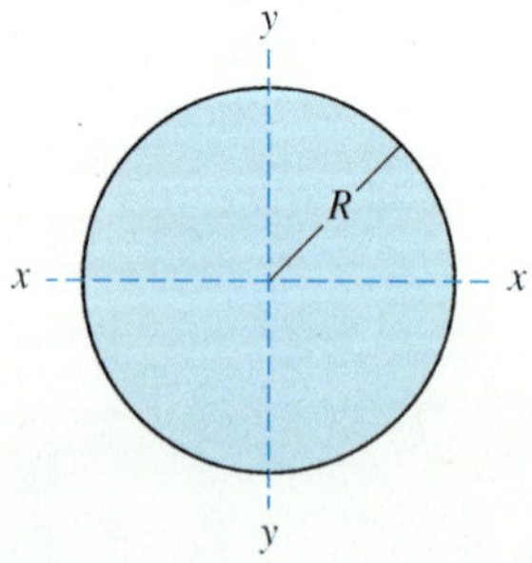

그림 7.25 예제 7.5의 샤프트

$$I_{x-x} = I_{y-y} = \frac{1}{4}\pi R^4 = \frac{1}{4}(3.1415)\left(\frac{5 \text{ cm}}{2}\right)^4 = 30.7 \text{ cm}^4$$

강조하자면, 여기서 우리가 설명했던 물리량들은 모두 길이라는 기본 차원에 기초한 것들이다. 예를 들어 면적은 길이의 제곱이고, 부피는 길이의 세제곱이며, 단면 이차 모멘트는 길이의 네제곱과 관련이 있는 것이다. 8장에서는 길이에 덧붙여 시간과 길이 모두와 관계 깊은 물리량들에 대해서 배운다.

요약

이 장에서는 다음을 학습했다.

- 공학 문제에서 중요한 역할을 하는 길이에 대해 잘 이해해야 한다. 또한, 길이의 확장 차원인 면적과 부피의 중요성도 알아야 한다.
- 길이 뿐 아니라 면적과 부피의 다양한 단위에 대한 '감각'을 키워야 한다.
- 물체의 실치수와 공칭치수의 차이점을 알아야 한다.
- 면적을 계산하는 방법과 평면 도형의 면적을 사다리꼴 방법으로 근사시키는 방법을 알아야 한다.
- 구조역학에서 주로 응용되는 단면 이차 모멘트의 물리적 중요성을 잘 알아야 한다.

연습문제

7.1 노련한 엔지니어들은 도구나 기구들을 쓰지 않고 사물의 물리량들을 측정하는 것에 아주 능숙하다. 따라서 여러분은 다양한 물리량들에 대한 '감'을 키울 필요가 있다. 이 문제는 이런 감을 키우기 위한 훈련이다. 아래의 표를 이용하라. 우선 주어진 물체의 치수를 추정하라. 다음으로, 직접 측정하거나 자료를 찾아서 실치수를 기입하고, 자신이 추정한 치수와 비교하라. 추정치는 실치수에 얼마나 가까운가?

Object	Estimated Values		Measured Values		Difference	
	(cm)	(mm)	(cm)	(mm)	(cm)	(mm)
This book						
A pen or a pencil						
A laptop computer(closed)						
The distance from home to school Use your car's odometer to measure the actual distance	(m)	(km)	(m)	(km)	(m)	(km)
A dollar bill	(cm)	(mm)				
The height of your engineering building	(m)	(mm)				
Wingspan of a Boeing 747	(m)	(mm)	(m)	(mm)	(m)	(mm)

7.2 이 문제는 여러분이 주변의 다양한 물리량들에 대한 중요성을 알게 하기 위한 것이다. 여러분은 이 치수 들을 매일 보겠지만, 엔지니어의 눈은 아니었을 것이다. 아래에 나열된 항목의 치수를 측정하고 중요성을 이야기해보자.

a. 침실과 거실의 치수
b. 복도의 치수
c. 창문의 치수
d. 아파트 문이나 기숙사 문의 너비, 높이, 두께
e. 바닥에서부터 손잡이까지의 높이
f. 바닥에서부터 전등 스위치까지의 높이
g. 책상의 치수
h. 침대의 치수
i. 화장실의 개수대와 바닥까지의 거리
j. 바닥에서부터 샤워기까지의 높이

7.3 이 문제에서 여러분은 강의실의 크기라든가 좌석 배치, 출입구로부터의 칠판 위치, 강의실 크기에 대비한 칠판의 크기 등을 알게 될 것이다. 여러분이 조사한 것을 간단한 보고서로 작성하라.

a. 강의실의 치수는?
b. 의자들은 서로 얼마나 떨어져 있는가? 편안한 좌석 배치인가? 아니라면, 그 이유는?
c. 칠판은 바닥으로부터 얼마나 높이 있는가? 칠판의 너비는 얼마인가? 칠판의 세로 높이는 얼마인가? 교실에서의 상대적인 위치는 어디인가? 강의실 구석에 앉은 학생은 큰 어려움 없이 칠판을 볼 수 있는가?

7.4 이 문제는 스포츠와 관련된 문제이다. 아래에 나열된 항목에 대해 치수를 조사하고, 그림으로 나타내 보자.

a. 농구장
b. 테니스 코트
c. 축구장
d. 미식 축구장
e. 배구장

7.5 교통수단에 대한 치수 문제이다. 아래의 운송수단들에 대한 치수를 조사하라. 조사한 모델의 연식과 정보의 출처를 밝혀라.

a. 현대 투스카니
b. 대우 마티즈
c. 기아 옵티마
d. a~c까지의 각 차의 운전석은 얼마나 넓은가?
e. 시내버스
f. 버스의 좌석은 얼마나 넓은가?
g. 고속 철도
h. 운전석은 얼마나 넓은가?

7.6 이 문제는 생명공학과 관련된 문제이다. 아래 나열된 항목의 치수들을 조사하고 간단한 보고서를 작성하라.

a. 건강한 적혈구의 평균적인 직경은 얼마인가?
b. 백혈구의 평균적인 직경은 얼마인가?
c. 남자어른 10명의 열 손가락의 길이를 측정하고 기록하라. 또한, 10명의 여자어른 열 손가락의 길이를 측정하고 기록하라. 남자와 여자의 평균을 계산하고 비교하라. 결과를 SI단위와 U.S. 단위로 기록하라.
d. 성인 남자의 팔을 종이로 감싸고 그 종이의 넓이를 측정하는 방법으로 팔의 표면적을 계산하라. 마찬가지 방법으로 성인 남성의 다리의 표면적을 계산하라. 평균적인 남성 어른의 다리에 2mm 두께로 석고 깁스를 한다면 얼마만큼의 석고가 필요하겠는가? 필요한 석고의 부피는 얼마인가?
e. 성인 남성의 평균적인 전체 표피(피부) 표면적을 구하라.
f. 인간의 소장과 대장의 길이는 얼마인가?

7.7 이 문제는 토목 공학과 관련된 문제이다.

a. 여러분이 사는 주택가 주변의 차선의 너비는 얼마인가? 도시공학 관계자를 만나보라.
b. 고속도로의 차선 너비는 얼마인가? 모든 고속도로의 차선 너비가 같은가?
c. 대청댐의 높이는 얼마인가? 그리고 너비는 얼마인가? 수면 위로 나와 있는 댐의 넓이는 얼마인가? 댐의 높이에 따라 댐의 두께가 얼마씩인지, 그리고 그 이유가 무엇인지 토의해 보자.
d. 보통의 화물차가 그 밑을 지나갈 수 있을 정도의 도로를 가로지르는 육교의 높이는 얼마나 되는가?
f. 신호등은 얼마나 높이 있는가?
g. 터널의 평균 높이는 얼마인가? 터널 입구의 넓이는 얼마인가?

7.8 여러분 동네의 주 상수관의 사이즈를 조사하라. 외경과 내경은 각각 얼마인가? 관의 공칭치수는 얼마인가? 단면적은 얼마인가? 또한, 여러분 집안의 상수관에 대해서도 조사하라. 결과에 대해 토의해 보자.

7.9 알래스카의 송유관에 대해 조사하라. 원유를 송유하는데 사용되는 관의 외경과 내경은 얼마인가? 증폭 펌프기까지 거리는 얼마인가? 파이프라인의 두께는 얼마인가? 파이프의 단면적은 얼마인가? 파이프의 공칭치수는 얼마인가? 결과에 대해 토의해보자.

7.10 도시 가스관에 대해 조사하라. 외경과 내경은 얼마인가? 증폭기까지의 거리는 얼마인가? 파이프의 단면적은 얼마인가? 결과에 대해 토의해 보자.

7.11 여러분의 집에서 사용되는 전선의 직경을 조사하라. 송전소로부터 연결되는 고압 전선의 직경은 얼마인지 조사하라. 단면적은 얼마인가? 결과에 대해 토의해보자.

7.12 아래에 나열된 항목들의 물품이 사용하는 파장은 얼마인가?

a. 휴대폰
b. FM 라디오
c. 위성 TV 방송

그리고 결과에 대해 토의해 보자.

7.13 사다리꼴 방법에 대한 결과 식 (7.6)을 증명하라.

7.14 아래에 주어진 미국 지도에 흰 종이를 대고 외곽선을 따라 그려라.

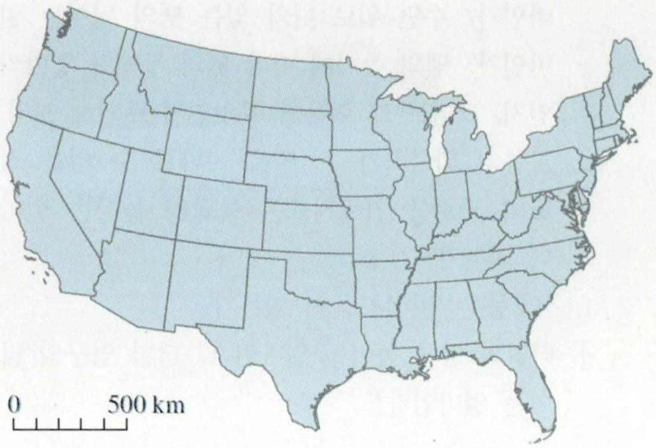

문제 7.14

a. 사다리꼴 방법을 이용해서 면적을 구하라.

b. 그림을 작은 정사각형들로 나누어 면적을 근사하라(계산하라). 작은 정사각형들로 근사하고 남은 부분의 면적은 얼마일거라고 생각하는가? 결과를 (a)와 비교하라.

c. 밀도가 균일하고 정확하게 분포된 종이를 구해서 (화학 관련 실험실에 문의하라) 밀도 등 여러 정보를 기록한 후, 지도 위에 포개어 놓고 외곽선을 따라 그린 후, 오려내어 질량을 측정하는 방법으로 면적을 구하라. 이 결과를 얻기 위한 기본적인 가정은 무엇인가? 결과를 (a), (b)의 결과와 비교하라. 그리고 지도의 면적을 근사할 또 다른 방법이 있는가? 설명하라.

7.15 여성용 하이힐 구두와 운동화를 준비하라. 각 신발에 대해 바닥의 도장을 찍고, 각각의 면적을 계산하라. 120lb의 몸무게인 여성이 이 신발들을 신는다면, 각 신발에서 바닥에 가해지는 압력은 얼마가 되겠는가? 그리고 여러분은 어느 신발을 추천하겠는가? 아래 식을 이용하라.

$$\text{압력} = \frac{\text{힘}}{\text{면적}}$$

7.16 두 가지 다른 상표의 스키를 구해서 눈과 맞닿는 바닥의 면적의 도장을 찍어 면적을 계산하고, 180lb의 몸무게를 가진 사람이 스키를 신었을 때 바닥의 압력을 각각 계산하라.

7.17 아래의 차들이 도로를 지나갈 때의 평균적인 압력을 계산하라.

a. 승용차

b. 트럭

c. 불도저

결과를 토의해 보자.

7.18 면적을 변수로 해서 쿠키를 빠르고 신선하게 구워 내는 방법을 제안하라.

7.19 100,000개의 정지 신호를 만들기 위해 각 재료는 얼마만큼이나 필요한지 추정하라. 우선, 정지 신호 등 하나의 재료별 사이즈를 조사하라.

7.20 100,000개의 양보 신호를 만들기 위해 각 재료는 얼마만큼이나 필요한지 추정하라. 우선, 양보 신호등 하나의 재료별 사이즈를 조사하라.

7.21 앞서 설명했듯이 주행 중인 자동차의 공기 저항력은 풍동 실험을 통해 경험적으로 구할 수 있다. 풍동에서의 공기의 속도가 계속 바뀌면서 각각의 저항력이 측정되는 것이다. 실험 결과는 보통 저항 계수라는 한 개의 변수로 제시되는데, 아래와 같이 정의된다.

$$\text{저항계수} = \frac{\text{저항력}}{\frac{1}{2}(\text{공기 밀도})(\text{공기 속도})^2(\text{전면 면적})}$$

혹은 수학적 형태로

$$C_\mathrm{d} = \frac{F_\mathrm{d}}{\frac{1}{2}\rho V^2 A}$$

전면 면적(frontal area)에 대해서는 앞서 설명했다. 자동차의 가로와 세로의 높이를 곱한 직사각형의 면적에 0.85를 곱한 것이 대략적인 전면 면적이 되고, 그것은 여러분이 자동차를 전면에서 바라보았을 때의 넓이를 말한다. 0.85라는 숫자는 둥글게 처리된 모서리라든지, 범퍼 아래의 빈 공간 등을 고려한 수치이다. 스포츠카의 저항 계수는 보통 0.27과 0.38사이이며, 고급 승용차의 경우는 0.34와 0.5사이이다. 이 문제는 여러분이 실제로 자동차의 전면 면적을 측정하는 문제이다. 자동차의 전면 사진을 찍고 앞서 배운 면적의 근사법을 이용해서 자동차의 전면 면적을 계산하라.

7.22 기계 상점의 한 기계 기술자가 너비, 길이, 두께가 10ft×12ft×1in인 사이즈의 플라스틱 패널을 주문했다. 기술자가 문의 사이즈가 6ft×8ft인 상점 안으로 패널을 가지고 들어갈 수 있을까? 문으로 가지고 들어갈 수 있는 패널의 최대사이즈를 제시하고 그 사이즈의 패널을 가지고 들어가는 방법을 설명하라.

7.23 1배럴의 원유를 갤런, 피트의 세제곱, 세제곱미터로 환산하라. 또한, 곡식의 1부셸(bushel, 약 35리터)을 인치 세제곱, 피트 세제곱, 미터 세제곱으로 환산하라.

7.24 게양대나 가로등의 대의 직경을 줄을 이용해서 측정하라. 왜 게양대나 가로등의 대는 아래쪽(땅에 묻혀 있는 부분)으로 갈수록 직경이 큰지 설명하라.

7.25 물레의 너비와 길이를 측정하고, 이 치수로 설계된 설계 요소는 무엇인지 생각해보자.

7.26 자동차바퀴의 표준 치수에 대한 정보를 모아 표를 만들어 보자. 수치들은 타이어의 무엇을 의미하는가?

7.27 기계공구 상가를 찾아가 아래의 품목들의 표준치수를 조사하라.

a. 볼트
b. 베니어 합판
c. PVC관
d. 목재

또한, 실치수와 공칭치수에 대한 표를 만들어라.

7.28 길이를 측정할 수 있는 긴 자나 테이프만을 이용해서 강의실 문을 35°만큼 열어라. 절대로 각도기를 사용해서는 안 된다.

7.29 그룹 프로젝트: 반 전체 학생들의 오른손 면적을 각각 계산하라. 방법은 앞서 배운 여러 가지 것들을 이용하라. 모든 데이터를 모아서 평균을 낸 다음, 평균에 따라 그보다 작은 사이즈, 중간 사이즈, 큰 사이즈로 구분하자. 그리고 이 크기대로 각각 100,000장의 장갑을 만든다고 했을 때 필요한 재료의 양은 얼마겠는가?(안감과 바깥의 가죽을 모두 생각해야 한다.) 얼마나 많은 실패가 필요하겠는가? 그리고 손 모양의 천을 잘라낼 때 버려지는 재료의 양을 최소로 줄일 수 있는 밑그림 디자인은 어떻게 하면 되는지 그림으로 그려보라.

7.30 그룹 프로젝트: 주어진 $1km^2$의 공터에 얼마나 많은 차들이 주차할 수 있겠는가? 적당한 주차 공간과 주행로를 결정하라. 그리고 여러분의 해답을 보여줄 간단한 그림을 그려라.

7.31 자전거의 톱니 축을 감쌀 관의 길이를 측정하라.

7.32 전기다리미의 밑바닥의 넓이를 계산하라.

7.33 백열전구의 유리로 된 부분의 넓이를 계산하라.

7.34 쓰레기봉투의 용량을 계산하라.

7.35 피부용 티슈와 종이 타월, 화장실 휴지의 사이즈에 대해 얘기해보자.

7.36 차 숟가락, 보통 숟가락, 포크와 칼이 한 세트라 할 때, 이 세트 4개를 도금하기 위한 은의 양은 얼마나 될지 추정하라. 여러분의 가정과 결과에 대해 토의해보자.

7.37 아래 그림처럼 직경이 2인치인 축의 $x-x$, $y-y$ 축에 대한 단면 이차 모멘트를 계산하라.

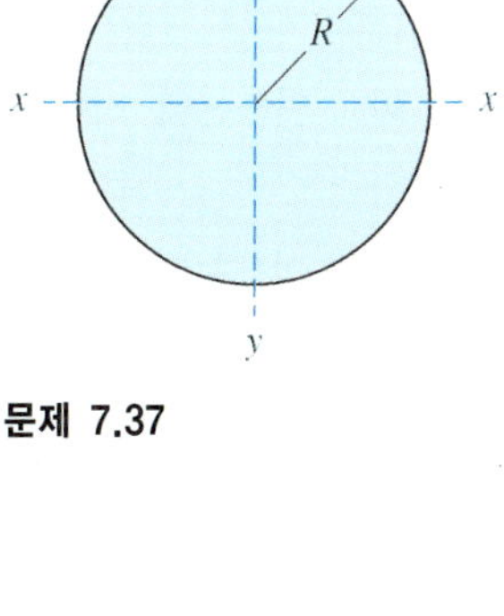

문제 7.37

7.38 아래 그림과 같은 2×6 사이즈인 목재의 $x-x$, $y-y$ 축에 대한 단면 이차 모멘트를 각각 계산하라. 여러분은 이 표준 사이즈 목재의 실치수를 알아야 할 것이다.

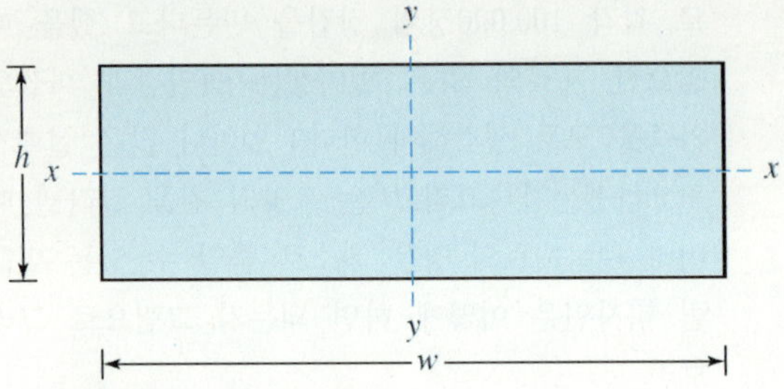

문제 7.38

7.39 부분적으로 가라앉은 보트($V=2.0\text{m}^3$)에 작용하는 부력을 계산하라. 물의 밀도는 1000kg/m^3이다.

7.40 지름이 157.5mm이고, 120mm 길이의 원통형 컨테이너에 지름이 150mm이고, 두께가 7.5mm인 디스크를 몇 개 넣을 수 있는가?

7.41 아래 그림의 S_1 길이를 계산하라.
$R_2=8\,\text{m}$, $R_1=5\,\text{m}$, $S_2=6.28\,\text{m}$ 이다.

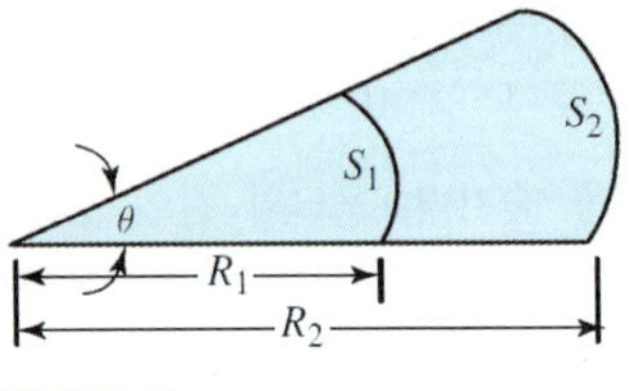

문제 7.41

7.42 10cm 길이의 직사각형 바에 인장하중이 적용되었을 때 0.1mm 변형되는 경우 정상 변형율을 계산하라.

7.43 100mm K형 동관을 30m 만드는데 사용되는 재료의 부피를 계산하라.

7.44 100mm L형 동관을 30m 만드는데 사용되는 재료의 부피를 계산하라.

7.45 100mm M형 동관을 30m 만드는데 사용되는 재료의 부피를 계산하라.

7.46 W200×46.1 빔 위에 W460×113 빔을 사용한다면 $x-x$축에 대해서 구부림 저항을 증가시키는 요소는 무엇인가?

7.47 W200×46.1 빔 위에 W460×113 빔을 사용한다면 $y-y$축에 대해서 구부림 저항을 증가시키는 요소는 무엇인가?

7.48 아래 그림 속의 핸드폰 전면 면적을 근사치로 계산하라.(단, 화면 부분은 제외할 것)

문제 7.48

7.49 아래 그림 속의 차량 전면 면적을 근사치로 계산하라.

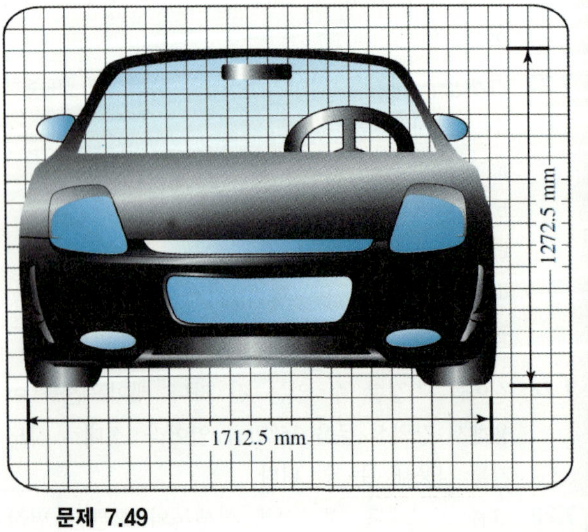

문제 7.49

실험 Ⅲ

목적

150mm×150mm 크기의 알루미늄 호일로 가능한 많은 동전을 실을 수 있는 배를 만들어라. 최소한 1분은 떠있어야 한다. 준비시간은 30분이다.

Source: Saeed Moaveni

"팀워크는 업무를 분할하고 성공을 두 배로 한다."
— Andrew Carnegie(1835~1919)

CHAPTER

8

Engineering Fundamentals

시간과 시간 관련 변수

훌륭한 엔지니어는 그들의 삶에서 뿐만 아니라 속력, 가속도와 교통량 그리고 물질의 유량 등에서 시간의 역할이 얼마나 중요한지 알고 있다. 나아가 주기와 주파수가 무엇을 의미하는지 알고 있으며, 정상 상태와 과도 상태의 차이점도 이해하고 있다. 또한, 회전운동과 직선운동의 차이점에 대해서도 잘 알고 있다.

앞 장에서 우리는 길이와 공학 분석 및 설계에서 면적과 부피 같은 길이에 관련된 매개 변수들에 대해 공부했다. 이 장에서는 기본 차원으로 시간과 주기 · 주파수와 같은 시간관련 매개 변수들에 대해 학습한다. 우선 시간이라는 변수가 왜 필요한지에 대해 주변 환경의 물리적 현상들을 바탕으로 설명한다. 그 후에는 반복적인 혹은 주기적인 현상과 관련해서 주기와 주파수에 대해서 설명한다. 교통량에 대해 설명해줄 변수들에 대해서도 간단한 소개를 할 것이다. 결국, 우리는 속도와 가속도, 체적 유량을 포함해서 길이와 시간과 관계된 공학적 변수들에 대해서 살펴 볼 것이다. 그리고 이 장의 마지막 부분에서는 회전운동에 대해 소개한다. 이 장의 내용과 다른 장에서 사용되는 기본적인 차원과의 관계를 보여주기 위해 [표 6.7]을 다시 한 번 인용한다.

8.1 기본 차원으로서의 시간

우리는 동적인 세계에 살고 있다. 우주의 모든 것은 일정한 운동 상태에 있다. 생각해보라. 우주의 모든 것은 끊임없이 움직이고 있다. 지구 그리고 지구와 관련된 모든 것들은 태양을 중심으로 회전하고 있다. 태양계를 구성하고 있는 모든 것들은 태양을 중심으로 회전하고 있는 것이다. 또한, 태양계 바깥의 것들 역시 움직이고 있다. 그리고 일상의 관찰을 통해 어떤 것들은 다른 것들보다 빨리 움직인다는 것을 알 수 있다. 예를 들면, 인간은 개미보다 빨리 혹은 토끼는 거북이보다 빨리 움직인다. 제트기는 고속도로의 자동차보다 빠르다.

시간은 운동을 기술하는 중요한 변수다. 어떤 거리를 가는데 얼마나 걸리는가? 아주 오래 전에 인류는 시간이라는 변수를 정의함으로써 자연계에서 어떤 현상들의 빈도를 설명할 수 있었다. 여러분의 일상에서 자주 듣는 질문을 생각해보자. 몇 살인가요? 여기서 저기로 가는데 얼마나 걸리죠? 이 음식을 요리하는데 얼마나 걸릴까요? 몇 시까지 영업합니까? 휴가 기간은 얼마나 긴가요? 크리스마스 휴가 기간은 얼마나 되죠? 두 분이 얼마동안이나 알고 지내셨나요?

우리는 나이를 설명하기 위해 시간이라는 변수를 사용한다. 또한, 태양을 기준으로 한 지구의 위치를 나타내기 위해 낮, 밤, 새벽 2시나 오후 3시 혹은 5월 30일처럼 항상 시간이라는 변수를 사용한다. 시간이라는 변수는 편의를 위해 초, 분, 시간, 일, 월, 년, 세기, 천 년 등 더 작게 혹은 더 크게 정의되어 사용되고 있다.

표 6.7 **기본 차원과 공학 분석 및 설계에 사용되는 변수들**

Fundamental Dimension	Related Engineering Variables			
Length(L) [Chapter 7]	Radian$\left(\frac{L}{L}\right)$, Strain$\left(\frac{L}{L}\right)$	Area(L^2)	Volume(L^3)	Area moment of inertia(L^4)
Time(t) [Chapter 8]	Angular speed$\left(\frac{1}{t}\right)$, Angular acceleration$\left(\frac{1}{t^2}\right)$ Linear speed$\left(\frac{L}{t}\right)$, Linear acceleration$\left(\frac{L}{t^2}\right)$		Volume flow rate$\left(\frac{L^3}{t}\right)$	
Mass(M) [Chapter 9]	Mass flow rate$\left(\frac{M}{t}\right)$, Momentum$\left(\frac{ML}{t}\right)$ Kinetic energy$\left(\frac{ML^2}{t^2}\right)$		Density$\left(\frac{M}{L^3}\right)$, Specific volume$\left(\frac{L^3}{M}\right)$	
Force(F) [Chapter 10]	Moment(LF), Work, energy(FL), Linear impulse(Ft), Power$\left(\frac{FL}{t}\right)$	Pressure$\left(\frac{F}{L^2}\right)$, Stress$\left(\frac{F}{L^2}\right)$, Modulus of elasticity$\left(\frac{F}{L^2}\right)$, Modulus of rigidity$\left(\frac{F}{L^2}\right)$	Specific weight$\left(\frac{F}{L^3}\right)$,	
Temperature(T) [Chapter 11]	Linear thermal expansion$\left(\frac{L}{LT}\right)$, Specific heat$\left(\frac{FL}{MT}\right)$		Volume thermal expansion$\left(\frac{L^3}{L^3T}\right)$	
Electric Current(I) [Chapter 12]	Charge(It)	Current density$\left(\frac{I}{L^2}\right)$		

인류는 자연을 합하는 방식의 측면에서 우리의 환경에 대해 끊임없이 배우고 있으며, 그에 따라 마이크로세컨드나 나노세컨드 같은 시간 단위들이 정의되어 사용되고 있다. 예를 들어, 고속 통신 라인에서 전자의 움직임은 짧은 거리인 나노세컨드 단위로 측정되고 있다.

또한, 우리는 자연계를 기술하면서 시간이 길이와 함께 사용되어 어떤 사물이 얼마나 빨리 운동하고 있는지를 표현할 수 있음을 배웠다. 어떤 사물이 얼마나 빠른가에 대한 질문을 받았을 때, 우리는 무엇을 기준으로 대답해야할지 잘 생각해야 한다. 우주의 모든 것은 움직이고 있음을 잊어선 안 된다.

공학적 해석에서 시간의 역할에 대해 설명하기 전에, 시간이 일상에서 어떤 역할을 하는지에 대해 생각해보자. 오늘날 서양에 살고 있는 보통 사람의 예상 평균수명은 약 75년이라고 말해도 괜찮을 것이다. 이 숫자를 가지고 흥미로운 관점에서 약간의 셈을 해보자. 75년을 시간으로 환산하면 아래와 같다.

(75년)(365.25일/년)(24시간/일) = 657,450시간

일반적인 기준에 맞추어, 우리는 일생의 1/3을 잠자는 것으로 소비한다. 이 시간을 제외하면 우리에겐 438,300의 시간이 남는다. 일반적으로 대학 1학년은 18~19세이고, 75세까지 산다고 가정하면, 앞으로 333,108시간 이상이 남아 있다. 잠시 생각해보자. 만약 여러분의 여생동안 333,108달러만 주어진다면, 여러분은 한가롭게 여기저기에다가 1달러씩 버릴 것인가? 아마 그렇지 않을 것이다. 특히 더 이상의 돈을 가질 수 없다는 것을 알고 있다면 말이다. 인생은 짧다. 시간을 유용하게 보내라. 동시에 인생을 즐기길 바란다.

여러분에겐 아직 인생에서의 많은 시간들이 남아있다.

이제는 공학적인 문제와 해결측면에서 시간의 역할을 생각해보자. 대부분의 공학적 문제들은 정상(steady)과 비정상(unsteady)으로 크게 두 가지로 나눌 수 있다. 어떤 문제에 대해 그 물리량들이 시간에 따라 변하지 않는 경우에 그 문제는 정상이라고 말할 수 있다. 예를 들어, 신용카드의 폭과 길이가 온도나 하중의 영향

을 받지 않는다고 가정하면 이 물리량(길이, 폭)은 시간에 따라 변하지 않는다. 물리량들이 시간에 따라 변하는 경우에는 비정상 혹은 과도(transient, 일시적인) 현상 문제라고 말할 수 있다.

내가 20세가 되면 정말로 신체 치수가 그대로 있을까? 몸무게가 늘어난다면 어떻게 되는가?

비정상 현상의 아주 쉬운 예는 사람의 신체적 변화이다. 여러분이 태어난 이후부터 십대 이후나 이십대 초반에 이르기까지 신체의 치수는 시간에 따라 변해왔다. 키가 크거나, 팔이 굵어지거나, 어깨가 넓어진다. 물론 이 예는 여러분의 신체 외부적 치수가 변한다는 것뿐 아니라 몸무게가 변한다는 것도 포함한다. 비정상 상태의 문제에 대한 또 다른 예는 온도 변화이다. 여러분이 방금 구워낸 쿠키를 공기 중에 두었을 때 쿠키의 온도는 공기 온도에 다다를 때까지 시간에 따라 감소한다. 비정상 상태의 공학적 문제들도 많다. 재료의 주물이나 주조 과정 혹은 플라스틱 형성 과정, 난방이나 냉방 과정에서 비정상 상태를 관찰할 수 있다. 기계나 구조 시스템에서 갑자기 힘을 받았을 때의 과도(transient) 응답이란 또 다른 비정상상태의 예이다. 예를 들어 차를 타고 가다가 움푹 파인 곳을 지날 때 완충장치의 움직임이나 지진이 발생했을 때 건물의 움직임 등이 과도 응답의 좋은 예이다.

8.2 시간의 측정

초기 인류는 태양이나 달, 별, 다른 행성의 움직임을 시간에 따라 기록함으로써 상대적인 지구의 위치를 알아낼 수 있었다. 달력은 초기 농경문화에서 많이 사용되곤 했다. 이 천체 달력은 긴 시간을 측정하는데 아주 유용했으나 인류는 오늘날 우리가 사용하는 시간처럼 짧은 시간을 측정할 무엇인가를 개발해야만 했다. 이런 필요성들이 시계의 발전을 가져왔다([그림 8.1] 참조). 해시계는 해가 비추는 낮 동안을 작은 주기들로 나누어놓은 것이다. 해시계의 움직이는 그림자는 시간 주기들을 표시하는 것이다. 인류가 개발한 다른 장치들처럼 해시계도 낮 동안밖에 사용할 수 없다는 단점과 여름과 겨울에서의 시차라는 단점 때문에 시간이 지나면서 다른 새로운 장치로 발전했다. 모래시계와 물시계는 태양계에서의 지구의 위치를 이용하지 않고 시간을 측정한 최초의 시계이다.

여러분의 대부분은 모래시계를 보았을 것이다. 그리고 물시계는 눈금이 새겨진 수조 아래 부분에 물이 흘러나갈 수 있는 구멍이 있다. 수조의 물은 시간이 지날수록 점점 줄어들고, 새겨진 눈금으로 시간을 측정할 수 있다. 시간이 지나면서 물시계 역시 전환기를 맞게 되었다. 14세기에 무거운 물건을 매단 기계적 장치의 시계가 유럽에서 사용되면서부터 시계는 혁명기를 맞게 되었다. 후에 16세기를 거치면서 용수철의 힘을 이용한 시계가 등장했다. 용수철 장치를 이용한 설계로 작은 시계들을 만들 수 있었고, 나아가 손목시계도 등장하게 된다. 진자의 진동을 이용한 괘종시계는 그 후에 등장하게 된다.

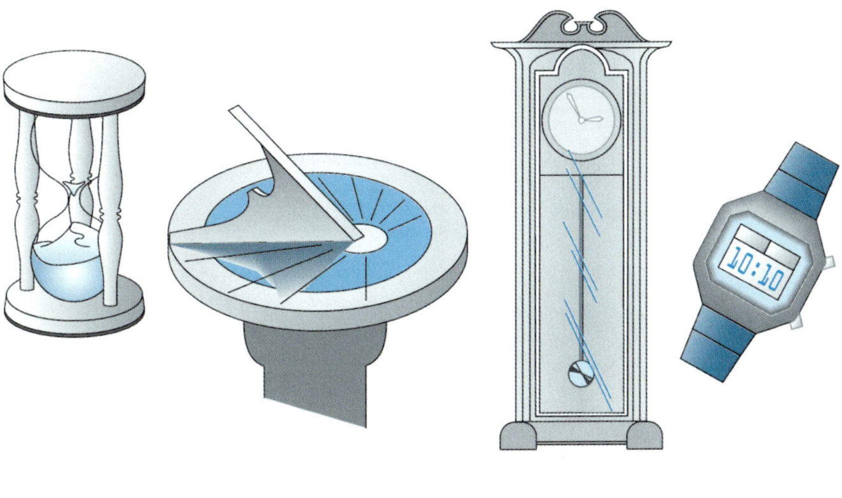

그림 8.1
우리는 실제로 시간을 측정하고 있는 걸까?

20세기 중반에 등장한 석영시계는 이전의 기계적 시계를 대체하게 되었다. 석영시계는 석영결정의 압전 효과를 이용한 것이다. 석영결정이 역학적 압력을 받게 되면 전기장이 발생한다. 그 반대도 성립한다. 말하자면, 전기장을 받으면 결정의 모양이 바뀌는 것이다. 이 원리는 석영 결정을 진동시키고 일정한 주기로 전기 신호를 생산하는 시계의 설계를 가능케 했다.

6장에서 설명했듯이, 세슘 원자의 자연적 주기가 시계의 새로운 단위로 채택되었다. 현재 우리가 일상적으로 사용하고 있는 1초는 세슘 133원자가 기저 상태에서 들뜬 상태로 9,192,631,770번 전이하는 동안의 시간이다.

시간대(time zone)의 필요성

지구는 남극과 북극을 잇는 지축을 중심으로 24시간에 한 바퀴를 회전한다. 그리고 지구본과 세계지도를 보면, 동쪽에서 서쪽으로 똑같은 크기로 나누어진 360개의 원호를 볼 수 있다. 이것을 경도(longitude)라 부른다. 0도 경도선은 영국의 그리니치(Greenwich)를 지나는 원호로 정해져 있다. 지구가 지축을 중심으로 한 바퀴 회전하는데 24시간이 걸리므로, 경도 15도는 한 시간 동안 회전한 각도와 같다(360도/24시간=15도/1시간). 예를 들면, 시카고에서 정확히 서쪽으로 15도 경도만큼 떨어져 있는 사람은 한 시간 후에 시카고 사람들이 한 시간 전에 있던 자리에 위치하게 되는 것이다. 지구는 또한 위도로도 나뉘어져 있으며, 이것은 [그림 8.2] 처럼 지구의 특정 위치와 적도 사이의 각을 측정하기 위한 것이다. 위도는 0도(적도)에서부터 북쪽으로 90도(북극)까지 그리고 남쪽으로 90도(남극)까지이다.

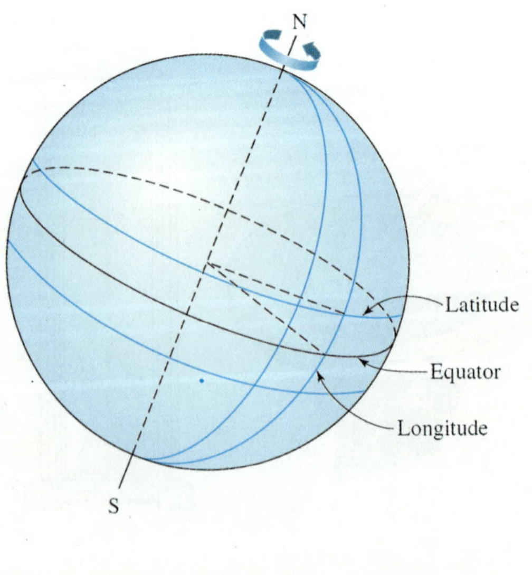

그림 8.2 지구의 경도와 위도

철도회사가 크게 확장되기 전인 19세기 후반까지 인류는 시간대의 필요성을 느끼지 못했었다. 철도 라인이 길게 연장되면서 철도회사는 새로운 시간기준이 필요함을 느끼게 된 것이다. 뉴욕에서의 아침 8시는 콜로라도주 덴버에서의 아침 8시가 아니다. 따라서 지구의 각 지방에서의 시간 사이의 관계를 정리하고 시간을 추적할 수단이 필요했다. 철도회사의 기차 시간 스케줄링 문제가 결국엔 여러 국가들이 함께 시간대를 정의하는 일을 하게 만든 것이다. 시간대는 [그림 8.3]에 나와 있다.

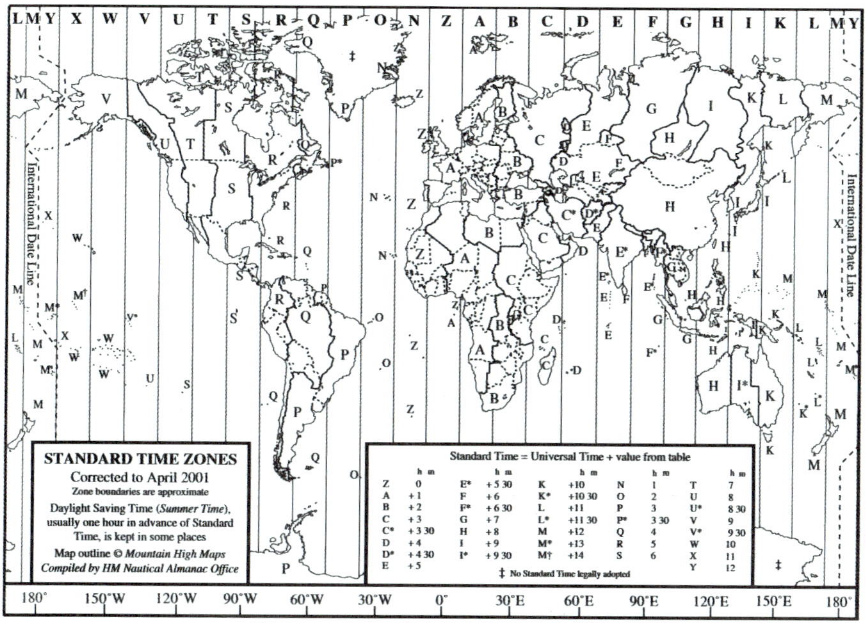

그림 8.3 표준 시간대

낮 시간절약: 서머타임(summer time) 제도

서머타임 제도는 원래 제1차 세계대전과 2차 대전 같은 시기에 연료를 절약하기 위해 도입되었다. 아이디어는 간단하다. 늦봄에 시간을 빠르게 맞추어 놓고 여름을 지나 가을까지 지속하는데, 결국 해가 떠있는 낮 시간을 연장함으로써 에너지를 절약할 수 있는 것이다. 예를 들어, 서머타임제가 없는 봄엔 보통 오후 8시가 되어서야 어두워져 사람들은 전등을 켜게 되지만, 시간을 한 시간 앞당기면 오후 9시가 되어서야 어두워지므로 한 시간 늦게 전등을 켜는 것이다. 미국 통계청에 따르면, 낮 시간에 집 밖에서 시간을 더 많이 보내므로 서머타임 제도는 에너지

절약에 효과적인 것으로 나타났다. 또한, 사람들이 자동차를 운전하는 시간동안 해가 더 오래 떠 있게 되므로 교통사고도 줄었으며 사망자 수도 감소한 것으로 조사되었다.

1966년에 미국 의회는 공통적인 시간 체계를 갖기 위해 Uniform Time Act법을 통과시켰고, 1986년에는 서머타임제의 시작 시기를 4월 마지막 일요일에서 4월 첫 번째 일요일로 변경했다. 2005년에 의회는 2007년부터 서머타임을 3월의 두 번째 일요일에 시작하고 11월의 첫 번째 일요일에 마치는 개정안을 승인하였다. 오늘날 세계의 많은 나라들이 서머타임제를 도입했으며, 유럽연합의 여러 국가들에서 서머타임제는 3월 마지막 일요일부터 10월 마지막 일요일까지 시행되고 있다.

8.3 주기와 주파수

반복적으로 일어나는 현상에서 주기는 사건이 다시 반복되기까지의 시간이다. 예를 들면, 지구는 365.24일 만에 태양을 기준으로 다시 원래의 위치로 돌아온다. 태양 주위를 도는 지구의 궤도는 주기적이라고 말할 수 있다. 그리고 주기의 역수는 주파수라고 한다. 예를 들어, 지구가 태양 주변을 도는 빈도는 1년에 한 번이다.

주기와 주파수의 차이점을 설명하기 위해 쉬운 예를 하나 더 들어보자. 여러분은 최소한 일주일에 한 번 이상 빨래를 하거나 식료품점에 갈 것이다. 이런 경우, 빨래를 하거나 식료품을 사는 주파수는 일주일에 한 번이 된다. 또는 여러분은 아마 6개월에 한 번씩 치과에 갈지도 모른다. 그리고 이것이 여러분이 치과에 가는 사건의 주파수가 된다. 따라서 주파수란 어떤 사건이 얼마나 자주 일어나는지에 대한 측정값이고, 주기는 그 사건이 완전히 재발생하기까지의 시간이다. 주기적인 운동을 포함한 공학적인 예로는 쉐이커, 믹서나 진동기 같이 진동하는 시스템들이다. 자동차의 엔진 실린더 내부에 있는 피스톤 역시 주기운동의 또 다른 좋은 예이다. 자동차의 완충장치, 항공기의 날개나 강한 바람에 의한 건물의 진동 또한 주기적인 운동을 보여주는 좋은 예이다.

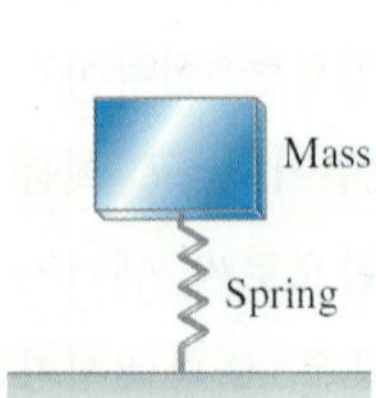

그림 8.4 용수철–질량 시스템

[그림 8.4]와 같은 간단한 용수철–질량 시스템을 생각해보자. 이 시스템은 쉐이커 같은 진동 시스템의 가장 간단한 예이다. 만약 질량체를 눌렀다가 다시 놓으면 어떤 일이 생길까? 질량은 명백히 자기 스스로 오르락내리락하는 진동운동을 할

것이다. 여러분이 진동공학을 공부하게 되면, 이 시스템의 자연 비감쇠 주파수 (natural undamped frequency)는 아래 식과 같다.

$$f_{\mathrm{n}} = \frac{1}{2\pi}\sqrt{\frac{k}{m}} \qquad (8.1)$$

f_{n}은 이 시스템의 자연주파수이고 초당 운동 횟수를 나타내며, 단위는 헤르츠(Hertz, Hz)이고, k는 용수철이나 탄성체의 강성계수(N/m)이며, m은 시스템의 질량(kg)이다. 진동주기 T는 질량이 한 번 왕복 운동을 하는 시간을 나타내며 아래 식과 같다.

$$T = \frac{1}{f_{\mathrm{n}}} \qquad (8.2)$$

왕복 운동하는 진자를 매달고 있는 괘종시계를 본적이 있을 것이다. 진자는 주기적 시스템의 또 다른 좋은 예이다. 이렇게 진동하는 진자의 주기는 다음과 같다.

$$T = 2\pi\sqrt{\frac{L}{g}} \qquad (8.3)$$

여기서 L은 진자의 길이(m)이고, g는 중력가속도(m/s^2)이다. 식에서 보듯이 진동의 주기는 진자의 질량과 관련이 없음을 주의하라. 얼마 전까지만 해도 석유 시추 회사들은 지하 석유 매장고때문에 발생하는 중력 변화로 진자의 주기가 변함을 이용해 석유 시추지를 결정하기도 했다.

주기와 주파수의 이해는 전기, 전자부품들을 설계하는 데에도 유용하게 쓰인다. 일반적으로 기계 시스템의 주파수들은 전기·전자시스템의 주파수들보다 낮다. 여러 전기·전자시스템의 주파수가 [표 8.1]에 나와 있다.

표 8.1 다양한 전기 · 전자 시스템들의 주파수의 예

Application	Frequency
Alternating current(USA)	60 Hz
AM radio	540 kHz~1.6 MHz
FM radio	88~08 MHz
Emergency, fire, police	153~159 MHz
Personal computer clocks(as of year 2010)	up to 3 GHz
Wireless router(2009)	5 GHz

예제 8.1 [그림 8.5]의 간단한 질량–용수철 시스템의 자연 주파수를 결정하라.

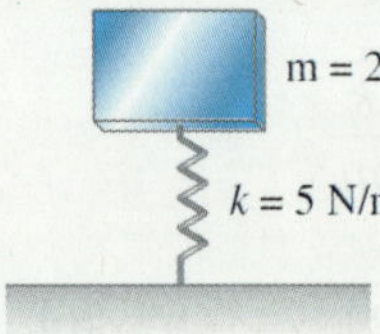

그림 8.5 간단한 용수철–질량 시스템

식 (8.1)에 의해

$$f_n = \frac{1}{2\pi}\sqrt{\frac{k}{m}} = \frac{1}{2\pi}\sqrt{\frac{5000\ \text{N/m}}{2\ \text{kg}}} \approx 8\ \text{Hz}$$

8.4 교통량

대도시에 살고 있는 사람들은 교통량이 의미하는 바를 잘 알고 있다. 토목공학 혹은 도시공학의 어떤 분야들은 고속도로, 일반도로 그리고 길과 교통량을 조정하는 장치 등을 설계하기도 한다. 이번 절에서 우리는 교통공학과 관련된 몇 가지 기초적인 개념들을 간략히 설명할 것이다. 이런 개념들은 시간과 관련된 변수들이다. 우선, 교통량이 무엇인지 정의해보자.

혼잡한 교통
Source: (c) Aaron Kohr/Shutterstock

토목공학에서 교통량은 아래의 식으로 정의된다.

$$q = \frac{3600n}{T} \tag{8.4}$$

식 (8.4)에서 q는 시간당 차량의 수로 교통량을 나타내며, n은 시간 T(초)동안 어떤 지점을 통과한 차량의 숫자이다. 또 다른 유용한 교통 정보는 밀도로서 얼마나 많은 차들이 고속도로에서 늘어선 채 차선을 점유하고 있는 지이다. 그리고 차량 밀도는 아래와 같이 정의된다.

$$k = \frac{1000n}{d} \tag{8.5}$$

이 식에서 k는 차량 밀도로서 킬로미터 당 차량 숫자이며, n은 고속도로 위의 차량 숫자, d는 미터 단위의 길이다.

도로나 차량을 통제하는 장치 등을 설계하는 분야에서 자동차들의 평균 속력에 대한 정보 또한 중요하며 이것은 아래의 식으로 정의된다.

$$\bar{u} = \frac{1}{n}\sum_{i=1}^{n} u_i \tag{8.6}$$

식 (8.6)에서 u_i는 각 차량들의 개별 속력(속력에 대해서는 8.5절에서 더 자세히 다룬다)이고 n은 차량의 총 숫자이다. 방금 보인 교통변수들, 즉 교통량, 차량 밀도 그리고 평균 속력들의 관계는 아래와 같은 식을 따른다.

$$q = k\bar{u} \tag{8.7}$$

여기서 q, k 그리고 $\bar{u}$는 식 (8.4)에서 식 (8.6)을 통해 이미 정의되었다.

교통량, 밀도 그리고 평균 속력의 관련성은 [그림 8.6]과 [그림 8.7]에서 보여준다. [그림 8.6]에서 차량의 평균 속력이 높을 때 차량 밀도는 거의 0에 가까워지는데 이는 도로에 차량이 거의 없음을 의미한다. 차량 밀도가 증가하면 평균 속력은 감소하다가 결국엔 거의 0에 가까워질 것이다. 그리고 이것은 범퍼와 범퍼가 맞붙은 것 같은 교통흐름(bumper-to-bumper traffic)을 의미한다. [그림 8.7]에서는 평균 속력과 교통량의 관계를 알 수 있다. 차량이 진행하지 못하고 범퍼와 범퍼가 붙은 것 같은 교통 상황에서 교통량은 더 이상 증가하지 못하며, q는 0의 값을 갖는다. 이것은 [그림 8.7]에서 보듯이 정체 상황으로 접어드는 시작점이 된다. 차량의 평균 속력이 증가할수록 교통량도 증가하여 결국 최고점에 이르고, 계속해서 평균 속력이 증가하면 교통량은 감소하게 된다. 이 영역이 비정체 영역으로 표시된다.

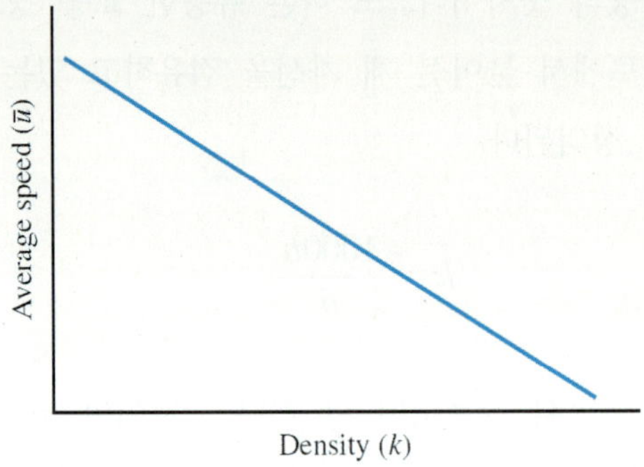

그림 8.6 속력과 밀도 사이의 관련성

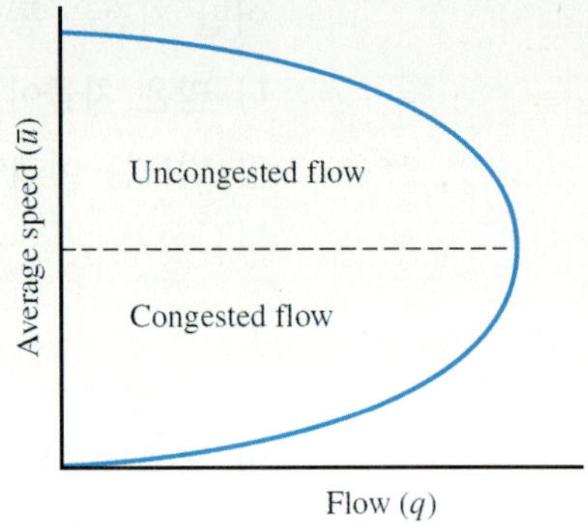

그림 8.7 속력과 흐름 사이의 관련성

결국, 교통공학은 현재의 교통량을 실시간으로 얻기 위해 다양한 장비와 기술을 이용한다. 관련 엔지니어들은 차량의 흐름을 효율적으로 만들기 위해 각종 정보를 모으는 것이다. 여러분은 교통량을 측정하기 위해 설치된 공압관이나 카운터를 본 적이 있을 것이다. 또 다른 일반적인 측정기기로는 자기 유도 고리(magnetic induction loop)와 속도 측정기 등이 있다.

예제 8.2

식 (8.7)에서 각 항의 적절한 단위를 고려하여 이 식이 동차식임을 보여라.

$$q\left(\frac{\text{vehicles}}{\text{hour}}\right) = k\left(\frac{\text{vehicles}}{\text{kilometer}}\right)\bar{u}\left(\frac{\text{kilometer}}{\text{hour}}\right)$$

8.5 길이와 시간에 관련된 변수

이 절에서 우리는 기본 차원인 길이와 시간에 의해 유도된 물리량(derived physical quantities)들에 대해 생각해볼 것이다. 우선 선속도와 가속도에 대해 생각해보고, 다음으로 체적 유량에 대해 다룬다.

선속도

우선 선속력에 대한 개념을 설명하면서 시작하자. 선속력과 가속도는 항공기에 짐을 싣거나 생산 조립라인의 기본인 컨베이어 벨트부터 시작해서 엘리베이터, 에스컬레이터, 파이프 내의 유동, 우주선, 롤러코스터, 교통 시스템, 컴퓨터의 백업 테이프 및 드라이브 등 이루 말할 수 없는 많은 공학 분야에서 매우 중요한 역할을 하고 있는 물리량이다. 토목공학 분야 또한 속도와 밀접한 관련을 맺고 있는데, 특히 건물 등 구조물을 설계할 때의 풍속은 아주 중요하다. 구조물 부재의 크기를 조정할 때 바람의 속도와 방향을 고려하여 계산을 수행하여야 한다.

이제 선속력과 선속도가 의미하는 바에 대해 자세히 알아보자. 여러분 모두는 자동차 속도계를 알고 있을 것이다. 이것은 자동차의 순간속력을 보여준다. 순간속력을 설명하기에 앞서 우선 이해하기 쉬운 평균 속력이라는 물리량을 정의하자. 이것은 아래의 식으로 정의된다.

$$\text{평균 속력} = \frac{\text{이동거리}}{\text{시간}} \tag{8.8}$$

정의 식에서 사용된 모든 기본 차원은 길이와 시간이라는 점을 염두에 두기 바란다. 평균 속력은 기본 차원인 길이와 시간을 바탕으로 유도된 물리량(derived physical quantity)이다. 그리고 속력의 SI단위는 m/s이며, 빨리 움직이는 물체에 대해서는 km/h가 많이 사용된다. 이제 순간 속력이 의미하는 바와 그것이 어떻게 평균 속력과 연관되는지 살펴보자.

평균 속력과 순간 속력의 차이를 이해하기 위해서 다음과 같은 사고 실험을 해보자. 여러분이 뉴욕에서 보스턴으로 220마일(354km)의 거리를 가고 있다고 생각해보자. 그리고 뉴욕을 벗어나 보스턴으로 접어들기까지 4.5시간이 걸린다면 식 (8.8)로부터 평균 속력을 계산할 수 있으며, 이것은 49mph(79km/h)이다. 이때 어느 곳에선가 커피 한 잔을 마시기 위해 잠시 휴게소에 들렀을 수도 있다. 또한, 도로의 교통 상황에 따라 차가 다른 차선들의 차보다 느렸을 경우도 있을 것이며, 더 빨랐을 경우도 있었을 것이다. 이런 복합적인 여러 가지 상황의 최종 평균 속력이 49mph(79km/h)인 것이다. 또한, 여러분이 타고 있는 자동차의 속력을 매초

마다 기록해 두었다고 생각해 보자. 이렇게 차를 타고 있는 동안 주어진 어떤 순간의 속력을 바로 순간속도라고 부른다.

평균 속력과 순간 속력의 차이를 더 잘 이해하기 위해 이런 질문들을 던져 보라. 만약 여러분이 어떤 차량의 위치를 추적해야 한다면 그 차량의 평균 속력만으로 위치를 추적할 수 있는가? 차량의 평균 속력에 대한 정보만으로는 부족할 것이다. 언제든지 차량이 어디에 있는지 알기 위해서는 순간 속도나 차량이 움직이고 있는 방향 등과 같은 더 많은 정보가 필요하다. 이것은 반드시 순간 속도를 알아야한다는 뜻이다. 우리가 어떤 차량의 속도를 이야기할 때, 그 차량의 속력뿐 아니라 움직이는 방향도 함께 언급하는 것임을 잊지 말아야 한다.

여러 물리량 중 방향과 크기를 함께 가지는 물리량을 벡터(vector)라고 부른다. 여러분은 미적분학, 물리학 그리고 역학 과목들에서 벡터에 대해 더 자세히 배울 것이다. 지금은 벡터량이라는 것이 방향과 크기를 모두 가지고 있다는 것만 기억하자. 덧붙여, 크기만 가지는 물리량은 스칼라(scalar)량이라고 부른다. 스칼라량에는 온도, 부피, 질량 등이 있다. 다양한 물체의 속력의 범위가 [표 8.2]에 나와 있다.

표 8.2 몇 가지 속력의 예

Situation	m/s	kmph
Average speed of a person walking	1.3	4.7
The fastest runner in the world(100m)	10.2	36.7
Professional tennis player serving a ball	58	209
Top speed of a sports car	67	241
777 Boeing airplane(cruise speed)	248	893
Orbital speed of the space shuttle	7741	27,869
Average orbital speed of the earth around the sun	29,000	104,400

선형 가속도

가속도는 시간에 따라 속도가 얼마나 빨리 변하는가에 대한 측정량이다. 등속도로 움직이는 물체의 가속도는 0이 된다. 속도는 벡터량으로 방향과 크기를 가지므로 방향이나 크기의 변화가 가속도를 만든다. 예를 들어, 항상 같은 속력으로 원호를 그리면서 회전하는 자동차는 가속도를 갖는다. 왜냐하면 [그림 8.8]에서처럼 속도에서 방향 성분이 변하기 때문이다. 그러나 우리는 여기서 일직선상으로만 운동하는 물체에 대해서만 다룬다. 그리고 평균 가속도는 다음과 같이 정의된다.

$$\text{평균 가속도} = \frac{\text{속도의 변화량}}{\text{시간}} \tag{8.9}$$

가속도 역시 길이와 시간의 차원만 사용하고 있음을 유의하자. 가속도는 움직이는 물체의 속도가 시간에 따라 변하는 양을 나타낸다. 따라서 가속도는 속도의 변화에 대한 시간의 비율이다. 가속도의 SI단위는 m/s^2이다.

순간 가속도와 평균 가속도의 차이는 순간 속도와 평균 속도의 차이와 비슷하다. 순간 가속도는 식 (8.9)에서 분모 시간 간격을 더 작게 만듦으로써 구할 수 있다. 말하자면, 순간 속도라는 것은 움직이는 물체의 속도가 순간 어떻게 변하는지 보여주는 것이다.

이제는 중력에 의한 가속도로 초점을 옮겨 보자. 중력에 의한 가속도는 자연계의 물체의 무게와 관련해 중요한 역할을 할 뿐 아니라 발사체를 설계하는데도 중요한 인자가 된다. 여러분이 어떤 물체를 쥐고 있다가 손에서 놓으면 어떻게 되는가? 그것은 땅으로 떨어진다. 뉴턴은 두 물체가 아래의 식에 따라 서로 잡아당기는 사실을 발견했다.

$$F = \frac{Gm_1m_2}{r^2} \tag{8.10}$$

이 식에서 F는 두 물체 사이의 인력(N)이고, G는 만유인력 상수를 나타내며 $6.7 \times 10^{-11}\,m^3/kg \cdot s^2$와 같다. m_1과 m_2는 각 질점의 질량이며 r은 두 질점 사이의 직선거리이다.

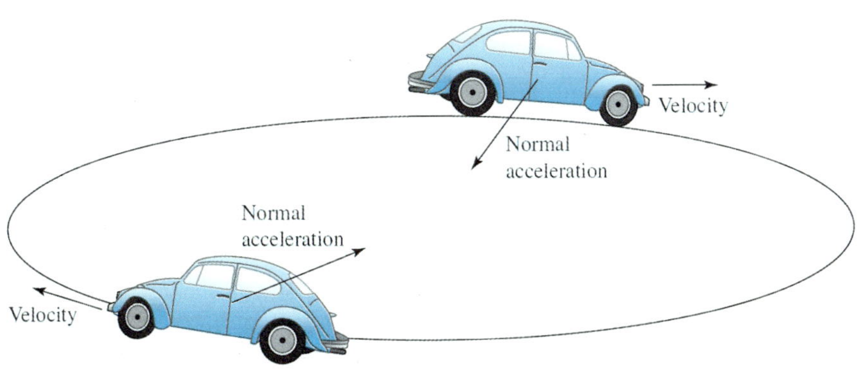

그림 8.8
원호를 따라 등속으로 회전하고 있는 자동차의 가속도

식 (8.10)에서 m_1과 m_2는 m으로 대체하여 질량 m을 가지는 물체의 무게를 결정할 수 있다. 지구 반경을 m_1과 m_2 사이의 거리인 r로 사용한다.

지구 표면에서 인력 F는 물체의 무게로 불리고 이 힘에 의해 만들어진 가속도는 중력가속도라고 불린다. 지구 표면에서 g는 9.81m/s^{2}이다. 일반적으로 중력에 의한 가속도는 위도와 경도의 함수지만, 대부분의 공학 응용문제에서 지표의 중력가속도는 9.81m/s^2 상숫값만으로도 충분하다.

표 8.3 공기 저항을 무시한 자유 낙하의 속력, 가속도, 낙하 거리

Time (s)	Acceleration of the Object (m/s^2)	Speed of the Falling Object (m/s)(V =gt)	Distance Traveled(m) $\left(d=\frac{1}{2}gt^2\right)$
0	9.81	0	0
1	9.81	9.81	4.90
2	9.81	19.62	19.62
3	9.81	29.43	44.14
4	9.81	39.24	78.48
5	9.81	49.05	122.62
6	9.81	58.86	176.58

[표 8.3]은 자유 낙하하는 물체의 속력, 가속도 그리고 낙하 거리를 보여주고 있다. 이 표에서는 공기 저항을 무시했으며, 시간에 따라 낙하 거리와 속도가 변하는 것에 주목하라.

예제 8.3

자동차가 정지 상태에서 15초 만에 100km/h의 속력에 도달했으며 이 시간 동안의 가속도는 상수이다. 다음 30분 동안 자동차는 100km/h의 등속도로 운동했으며, 이후 브레이크를 밟아 10초 만에 정지했다. [그림 8.9]는 시간에 따른 자동차의 속력 변화를 보여주고 있다. 자동차의 총 이동 거리와 이 거리에 따른 평균 속력을 구하는데 초점을 두기로 한다.

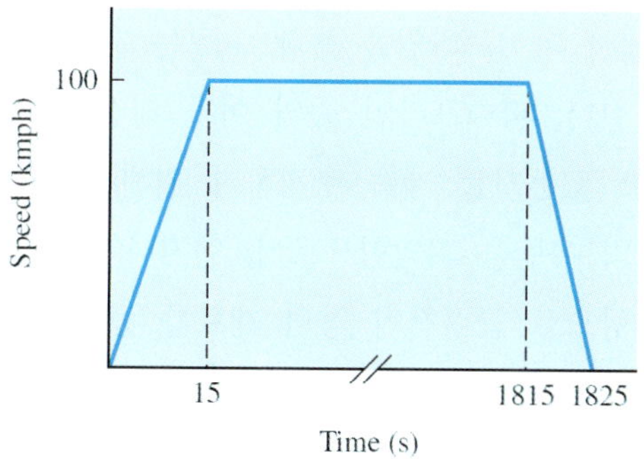

그림 8.9 예제 8.3을 위한 시간에 따른 자동차의 속력 변화

처음 15초 동안 자동차의 속력은 0~100km/h까지 선형적으로 증가했다. 따라서 평균 속력은 50km/h가 된다. 이 시간 동안 이동한 거리는

$$d_1 = (\text{time})(\text{average speed}) = (15\text{s})(50\frac{\text{km}}{\text{h}})(\frac{1\text{h}}{3600\text{s}})(\frac{1000\text{m}}{1\text{km}}) = 208.3\text{m}$$

다음 30분 동안(1800초) 자동차는 100km/h의 등속 운동을 했으므로, 이 시간 동안의 이동거리는

$$d_2 = (1800\,\text{s})(100\frac{\text{km}}{\text{h}})(\frac{1\,\text{h}}{3600\,\text{s}})(\frac{1000\,\text{m}}{1\,\text{km}}) = 50000\,\text{m}$$

자동차는 100km/h에서 정지까지 일정한 비율로 감속했으므로, 마지막 10초 동안의 평균 속력은 50km/h가 되고, 이 시간 동안의 자동차의 이동 거리는

$$d_3 = (10\,\mathrm{s})(50\frac{\mathrm{km}}{\mathrm{h}})(\frac{1\mathrm{h}}{3600\,\mathrm{s}})(\frac{1000\,\mathrm{m}}{1\,\mathrm{km}}) = 138.9\,\mathrm{m}$$

따라서 자동차의 총 이동거리는

$$d = d_1 + d_2 + d_3 = 208.3 + 50000 + 138.9 = 50347.2\,\mathrm{m} = 50.3472\,\mathrm{km}$$

결국, 전체 시간동안의 자동차의 평균 속력은

$$V_{average} = \frac{\text{distance traveled}}{\text{time}} = \frac{50347.2}{1825} = 27.56\,\mathrm{m/s} = 99.2\,\mathrm{km/h}$$ 이다.

체적 유량

엔지니어들은 공장 등에서 파이프라인을 통해 흐르는 유체의 양을 측정하는 유량 측정 장치를 설계해야 한다. 파이프라인 등의 어느 지점에서 다음 지점으로 얼마만큼의 재료가 이동되고 있는지를 계속 추적하기 위해서 체적 유량의 측정은 꼭 필요하다. 덧붙여, 재료의 유량을 파악함으로써, 엔지니어들은 재료의 소비량을 가늠할 수 있고, 이를 바탕으로 균형적인 양의 재료를 공급함으로써 꾸준한 생산을 이룰 수 있다. 유량 측정 장치는 또한 우리 주변에서 수도나 가스의 사용량을 가늠할 수 있도록 해준다. 도시공학 엔지니어들은 각 가정이나 공장에 적량의 물이나 가스를 공급하기 위해서 반드시 시, 도 단위 전체의 하루 또는 일주일 분 소비량을 알아야만 한다. 전 세계의 많은 가정들이 요리를 하거나 난방을 위해 천연가스를 소비한다. 예를 들어, 찬 공기를 데우기 위한 가스로(gas furnace)는 열교환기 내부에서 천연가스를 태워 데워진 공기를 찬 공기와 바꿔주는 역할을 반복적으로 수행하는 것이다. 천연가스를 공급하는 기업들은 각 가정이 하루, 한 달 혹은 일주일 단위로 얼마만큼의 연료를 사용하고 있는지를 알고 있어야 한다. 그래야 그들 고객에게 정확한 요금을 청구할 수 있다. 한 건물이 지어질 때, 이 건물에 필요한 따뜻한 공기 혹은 찬 공기의 유량을 알아야 에너지 손실이나 부족함 없이 알맞게 난방, 냉방을 공급할 수 있다. 건물의 환기 장치 등에서 사용되는 유량의 단위는 보통 분당 입방 피트, 혹은 시간당 입방미터로 표현한다. 좀 더 작은 규모로 보면, 컴퓨터 내부에 위치한 microprocessor가 적정한 온도에서 원활히 작동하게 하기 위해서는 공기의 체적유량을 결정해야 한다.

여러분에게 익숙한 또 다른 체적 유량의 예는 자동차의 부동액과 냉각수의 혼합액일 것이다. 자동차의 냉각 시스템을 설계하는 엔지니어들은 이 혼합액이 엔진 블록을 통해 흐르는 체적 유량(예를 들어, 분 당 갤런)을 알아야만 한다.

여러분은 이제 체적 유량이 의미하는 바를 배웠으므로 식으로 이것을 정의해보자. 체적 유량은 단순히 일정 단위 시간동안 무엇을 통해 흘러간 물질의 부피로 정의된다.

$$\text{체적 유량} = \frac{\text{부피}}{\text{시간}} \tag{8.11}$$

일반적인 체적 유량의 단위는 m^3/s, m^3/h, L/s, ml/s이다. 식 (8.11)에서의 정의는 길이와 시간의 기본 차원을 사용하고 있음을 유념하라.

재미있는 실험 스톱워치와 펩시 또는 코카콜라 캔을 사용하여 분수에서 나오는 물의 체적 유량을 측정할 수 있다. 현재 결과는 초당 리터나 분당 갤런으로 나타내어 파이프나 도관, 노즐을 통해 흐르는 유체의 체적 유량은 유체의 평균 속도, 단면적은 아래와 같은 관계식을 갖는다.

$$\text{체적 유량} = (\text{평균 속력})(\text{유동의 단면적}) \tag{8.12}$$

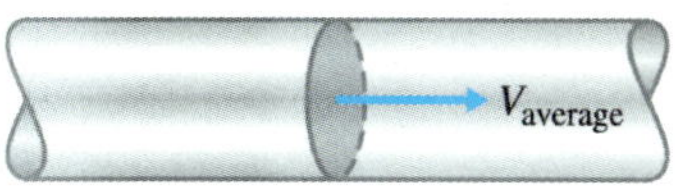

사실 어떤 체적 유량 측정 장치들은 유체의 평균 속도를 측정하고 유량의 단면적을 측정해서 식 (8.12)에 따라 체적 유량을 계산해낸다. 다음 9장에서는 파이프나 도관을 통해 흐르는 유체의 질량 흐름을 말하는 질량 유동에 대해서도 자세히 배울 것이다.

예제 8.4

[그림 8.10]에서 보여주는 파이프 시스템을 생각해보자. 12인치 파이프 부분에 흐르는 물의 평균 속력은 5m/s이다. 이 파이프 시스템의 체적 유량은 얼마인가? 체적 유량을 m^3/s, L/s의 단위로 각각 계산하라. 파이프 시스템의 물 유동이 정상 유동(steady flow)이라면 6인치 부분에서의 유동 속력은 얼마가 되는가?

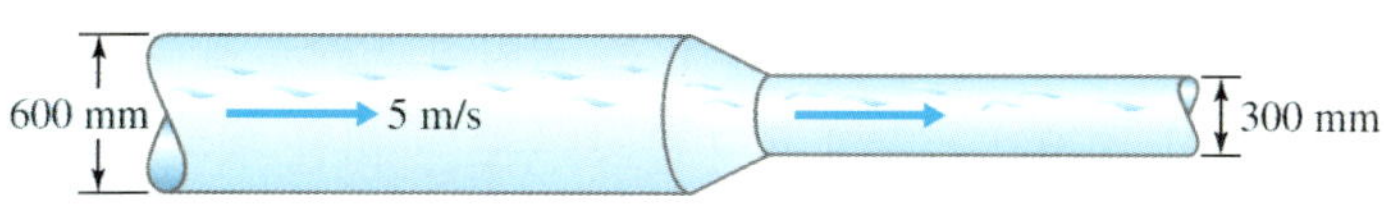

그림 8.10 예제 8.4를 위한 파이프 시스템

우리는 식 (8.12)를 통해서 체적 유량을 구할 수 있다.

체적 유량 = (평균 속력)(유동의 단면적)

$$Q = \text{volume flow rate} = (5\,\text{m/s})\left(\frac{\pi}{4}\right)(0.6\,\text{m})^2 = 1.414\,\text{m}^3/\text{s}$$

$$Q = (1.414\,\text{m}^3/\text{s})\left(\frac{1000\,\text{L}}{1\,\text{m}^3}\right) = 1414\,\text{L/s}$$

파이프 시스템을 지속적으로 흐르는 물의 체적유량은 일정하다. 이러한 사실로부터 파이프 시스템의 6인치 구역을 지나는 물의 속도를 계산할 수 있다.

Q = 1.414 m^3/s = (평균 속력)(유동의 단면적)

1.414 m^3/s = (평균 속도)$\left(\frac{\pi}{4}\right)(0.3\,\text{m})^2$

평균 속도 = 6m/s

이 예제의 결과로부터 파이프의 단면적이 1/2로 줄어들 때, 줄어든 단면적에서의 물의 속도는 4배가 됨을 알 수 있다.

8.6 각운동

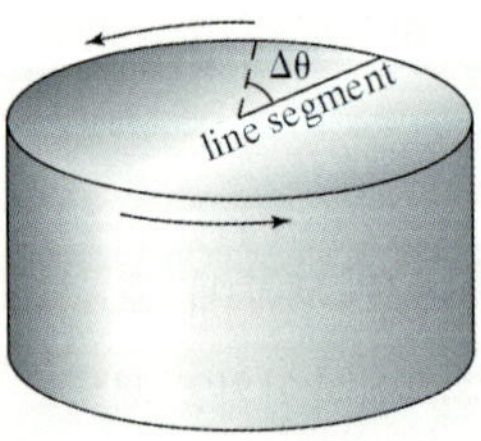

다음 두 절에서는 회전하는 물체의 각속도와 각가속도를 포함한 각운동에 관하여 알아볼 것이다.

각속도

앞 절에서는 속도와 가속도의 개념에 관해서 설명하였다. 이번 절에서는 각운동과 관련된 변수를 고려하고자 한다. 회전은 공학 문제에 있어서 꽤 일반적인 현상이다. 축, 휠, 기어, 드릴, 플리, 펜 또는 회전 날개, 헬리콥터 날개, 하드 드라이브, CD 드라이브, Zip 드라이브 등 많은 공학적 요소들에 회전이 동반된다.

축과 같이 회전하는 물체의 평균 각속도는 회전 위치의 변화량을 회전하는데 걸리는 시간으로 나눈 값으로 정의된다.

$$w = \frac{\Delta\theta}{\Delta t} \tag{8.13}$$

식 (8.13)에서 w는 평균 각속도(단위 시간당 라디안 값)를, $\Delta\theta$는 회전량(라디안 값)을, 그리고 Δt는 회전하는데 걸리는 시간(초)을 나타낸다. 앞서 말했던 순간 속도의 정의와 비슷하게 순간 각속도는 시간 간격이 0에 접근할 때의 평균 각속도로 정의된다. 회전 속도를 구할 때는 회전 속력뿐만 아니라 회전 방향도 고려해야한다. 각속도는 초당 움직인 거리(rad/s)보다 1분에 물체가 회전한 횟수(rpm: revolutions per minute)를 일반적으로 사용한다. 예를 들어, 펌프 임펠러의 회전속도는 1600rpm으로 표시된다. rpm을 rad/s로 변환시키기 위해서는 다음과 같은 과정을 거친다.

$$1600\left(\frac{\text{회전 수}}{\text{분}}\right)\left(\frac{2\pi\ \text{radians}}{1\text{회전}}\right)\left(\frac{1\text{분}}{60\text{초}}\right) = 167.5\,\frac{\text{rad}}{\text{s}}$$

회전하는 물체의 각속도는 타코미터(tachometer)나 스트로보스코프(stroboscope)를 이용하여 측정한다.

일반적인 물체가 얼마나 빨리 회전하는지 알아보기 위해 다음의 예를 보자. 치과 의사의 드릴은 400,000rpm으로 회전하며 현재 통용되는 하드디스크의 회전 속도는 7200rpm이다. 지구가 한 바퀴를 회전하는데 24시간이 걸리므로 지구의 각속도는 1시간당 15도 또는 4분당 1도가 된다.

물체의 속도와 각속도 사이에는 회전뿐만 아니라 이동에 관해서도 서로 관계가 있다. 예를 들어 자동차 휠은 (미끄러지지 않는다면) 회전할 뿐만 아니라 이동도 한다. 각속도와 이동 속도 간의 관계식을 세워보자.

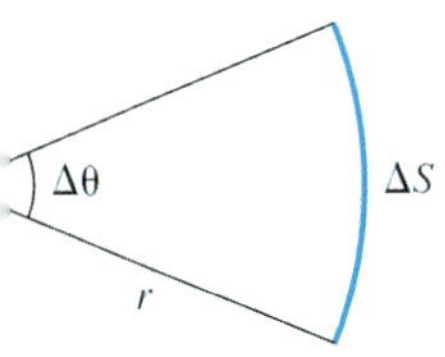

$$\Delta S = r\Delta\theta \tag{8.14}$$

양변을 회전하는데 걸린 시간으로 나누면 다음과 같다.

$$\frac{\Delta S}{\Delta t} = r\frac{\Delta\theta}{\Delta t} \tag{8.15}$$

이 식을 속도와 각속도의 정의를 사용하기 위하여 바꾸면 다음과 같다.

$$V = rw \tag{8.16}$$

예를 들어 각속도가 1000rpm(104.7rad/s)인 축의 중심으로부터 0.1m 떨어져있는 부분의 속도는 약 10.5m/s가 된다.

예제 8.5 자동차가 90kmph로 움직이고 있을 때 자동차 휠의 각속도를 구하여라. 휠의 반지름은 400mm이다.

식 (8.16)을 사용하면 다음과 같다.

$$w = \frac{V}{r} = \frac{\left(90\frac{\text{km}}{\text{h}}\right)\left(\frac{1\,\text{h}}{3600\,\text{s}}\right)\left(\frac{1000\,\text{m}}{1\,\text{km}}\right)}{(400\,\text{mm})\left(\frac{1\,\text{m}}{1000\,\text{mm}}\right)} = 62.5\ \text{rad/s} = 597\ \text{rpm}$$

각가속도

앞 장에서 우리는 각속도를 정의하고 이의 공학적 응용의 중요성을 살펴보았다. 이제부터는 각속도의 변화량을 의미하는 각가속도를 정의하고자 한다. 평균 가속도와 순간 가속도 사이에 비슷한 관계가 있듯이 평균 각가속도를 다음과 같이 정의하면

$$\text{각가속도} = \frac{\text{각속도의 변화량}}{\text{시간}} \tag{8.17}$$

순간 각가속도는 식 (8.17)에서의 시간 간격이 0에 접근할 때의 각가속도로 정의된다.

예제 8.6 모터의 축이 0rpm에서 1600rpm으로 바뀌는데 5초의 시간이 걸린다. 각가속도가 일정하다고 가정하면 축의 각가속도는 얼마인가?

우선, 마지막 각속도를 rad/s로 바꾼다.

$$1600\left(\frac{\text{회전 수}}{\text{분}}\right)\left(\frac{2\pi\ \text{radians}}{1\text{회전}}\right)\left(\frac{1\text{분}}{60\text{초}}\right) = 167.5\,\frac{\text{rad}}{\text{s}}$$

그런 다음 식 (8.17)을 이용하면 각가속도를 계산할 수 있다.

$$\text{각가속도} = \frac{\text{각속도의 변화량}}{\text{시간}} = \frac{(167.5-0)\text{rad/s}}{5\,\text{s}} = 33.5\,\frac{\text{rad}}{\text{s}^2}$$

마지막으로, 이 장에서 논의되고 있는 모든 변수들은 시간 또는 길이와 시간의 관계를 기억하라.

요약

이 장에서는 다음을 학습했다.

- 시간과 공학적 해석에 사용되는 시간의 의미에 관해 잘 이해해야 한다. 또한, 속도, 가속도 그리고 물질의 흐름을 계산할 때 사용되는 시간의 역할을 잘 이해해야 한다.
- 주기와 진동수가 무엇을 의미하는지 잘 이해해야 하며 이와 관련된 기계 또는 전자 공학의 예제들을 풀 수 있어야 한다.
- 평균속도와 순간속도의 정의에 관해서 잘 알아야 하며, 평균가속도와 순간가속도를 정의할 수 있어야 한다.
- 회전과 움직임의 차이를 이해하여야 한다. 그리고 각속도와 각가속도를 어떻게 정의하는지 잘 알아야 한다.
- 일상생활 및 공학적 적용에서의 체적유량의 중요성을 이해하여야 한다. 그리고 체적유량이 무엇을 의미하는지 잘 알아야 한다.

연습문제

8.1 2009년과 2016년 사이의 서머타임 시작일과 종료일에 관한 달력을 작성하라.

Year	Daylight Saving Time Begins at 2:00 A.M.	Daylight Saving Ends at 2:00 A.M.
2012		
2013		
2014		
2015		
2016		
2017		
2018		

8.2 운송과에서 조사한 에너지 소비량에 따르면 1974년과 1975년의 4월 서머타임 시간동안 매일 10,000 배럴(1barrel=158.97liters)의 석유가 절약되었다고 한다. 매년 서머타임을 실행하는 나라에서 절약되는 에너지의 양이 얼마가 될지 예측해보라.

8.3 적도 근처의 나라들은 서머타임을 해야 하는가? 이유를 설명해 보라.

8.4 에너지절약과 더불어 서머타임을 함으로써 어떠한 이점을 얻을 수 있는가?

8.5 매년 전 세계에서는 다양한 의식이 열린다. 예를 들어 기독교 문화의 국가에서 부활절은 봄에 있고 크리스마스 행사는 12월에 있다. 유대교에서는 속죄일(Yom Kippur)이 10월에 있으며, 이슬람 문화권에서는 라마단(이슬람 달력의 9월) 기간이 있다. 기독교, 유대교, 이슬람교 그리고 중국 달력의 유래에 관해서 간단하게 이야기해보라.

8.6 일주일, 한 달 그리고 1년 동안 수도꼭지에서 얼마나 많은 물이 새는지 조사해 보자. 새는 수도꼭지 밑에 용기를 두고 한 시간에 얼마만큼의 물이 새는지 지속적으로 측정해 보자(수도꼭지를 약간 열어서 측정해도 된다). 실험도구를 디자인해 보자. 각 값을 측정하는데 있어서 필요한 측정 단위는 어떠한 것이 있는가? 측정한 값을 liters/day, liters/week, liters/month, liters/year 단위로 나타내 보자. 이러한 비율로 하면 10,000,000 가정에서 버려지는 물의 총량은 얼마가 되는가? 간단하게 이야기해보아라.

8.7 주유소에서 자동차에 가솔린을 넣고 있을 때 체적유량을 구하여보자. 자동차 연료통의 체적을 알고 있다고 가정하고, 가솔린을 주입하는데 걸리는 시간을 측정하자. 가솔린 유량계는 얼마만큼의 가솔린이 차로 유입되었는지 알려줄 것이다. 그러므로 시간만을 측정하면 된다. 근처에 있는 주유소의 저장탱크 크기를 비교해보자. 얼마나 자주 저장탱크에 가솔린을 보충해주어야 하는가? 가정을 해보아라.

8.8 집, 아파트 또는 기숙사에서 사용하는 물의 양을 조사해 보라. 예를 들어 욕실에서 일반적으로 샤워를 할 때 필요한 물의 양을 측정해 보자. 정해진 시간동안 샤워기 앞에 물통을 놓아두고 축적되는 물의 양을 측정한다. 이러한 방식으로 일반적으로 샤워하는데 필요한 물의 양을 측정해 보라. 1년에 샤워를 하기위해 여러분은 얼마만큼의 물을 사용하는가? 물을 사용하는 다른 행동에 관해서도 얼마만큼의 물을 사용하는지 측정해 보라.

8.9 이 장에서 사용된 개념을 이용하여 마시는 샘물의 체적유량을 측정해 보라.

8.10 자동차를 소유하고 있는 대부분의 사람들은 1년에 평균 12,000km을 이동한다. 10km/liters의 가스가 소비된다고 가정하였을 때, 1억 5천만 대의 자동차가 다음과 같은 시간동안 사용하는 연료소비량은 어떻게 되는가?

a. 하루

b. 일주일

c. 한 달

d. 1년

e. 10년

결과를 liters 단위로 나타내어라.

8.11 U.S. 표준 대기에서 $c = \sqrt{kRT}$를 사용하여 소리의 속도를 계산하라. 여기서 c는 소리의 속도 m/s를, k는 공기의 비열을($k = 1.4$), R은 공기의 기체상수를($R = 286.9$J/kg·K), T는 절대 온도를 의미한다. 대기 내에서 소리의 속도는 공기를 통해서 전달되는 소리의 전파 속도를 의미한다.

Altitude (m)	Air Temperature (K)	Speed of Sound(m/s)	Speed of Sound(kmph)
500	284.9		
1000	281.7		
2000	275.2		
5000	255.7		
10,000	223.3		
15,000	216.7		
20,000	216.7		
40,000	250.4		
50,000	270.7		

8.12 지구의 회전 각속도를 rad/s와 rpm으로 나타내보라.

8.13 지구가 자전할 때 적도 지역에 있는 사람의 속도는 어떻게 되는가?

8.14 주유소에서 노즐을 통해 배출되는 가솔린의 평균 속도를 계산하라. 이를 위하여 주유소 노즐의 직경 및 체적유량을 측정하라. 식 (8.12)를 이용하여 노즐로부터 나오는 가솔린의 평균 속도를 구하라.

힌트: 먼저, 매우 많은 양의 가솔린을 가스탱크에 넣기 위해 필요한 시간을 측정하여라.

8.15 수도꼭지에서 나오는 물의 체적유량 및 평균속도를 구하라.

8.16 지구의 표면에서의 속도를 m/s, kmph의 단위로 구하라.

8.17 미국에는 얼마나 많은 시간대가 존재하는가?

8.18 60kmph로 달리는 자동차 휠의 각속도는 어떻게 되는가?

8.19 길이가 5m인 진자의 진동수는 어떻게 되는가?

8.20 시스템의 진동수가 5Hz일 때, 예제 8.1의 스프링 상숫값을 결정하라.

8.21 어느 지점에 10초 동안 100대의 자동차가 지나갔다면 교통량(traffic flow)은 어떻게 되는가?

8.22 컨베이어 벨트가 90mm 드럼에 의해 움직이고 있다. 0~6초 동안 1m/s로 움직였다면 드럼의 최종 각속도는 어떻게 되겠는가? 가속도는 일정하다고 가정하자.

8.23 군용헬기 Chinook는 반대 방향으로 작동하는 2개의 날개를 가지고 있다. 각 날개의 지름은 12m이다. 날개는 최대 225rpm으로 회전할 수 있다. 날개의 끝에 위치한 조각의 회전 속도를 m/s, kmph로 나타내라.

8.24 다음 그림에 있는 파이프 시스템을 고려해보자. 지름이 100mm인 관을 흐르는 물의 속도가 1m/s일 때, 파이프 내부의 체적유량을 구하라. 구한 값을 m^3/s, L/s 단위로 나타내어라. 파이프 내의 흐름이 일정하다고 가정할 때 지름이 75mm인 관에서 나오는 물의 속도를 구하라.

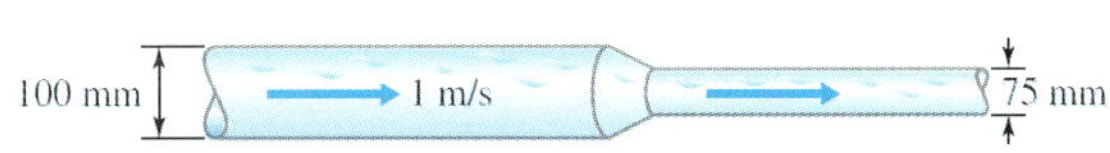

문제 8.24

8.25 다음 그림의 덕트(duct)를 고려해보자. 공기가 면적이 200mm×250mm인 두 개의 덕트를 통해서 유입되어 450mm×350mm인 덕트에서 합쳐지고 있다. 200mm×250mm인 덕트에서 들어오는 공기의 속도는 10m/s이다. 450mm×350mm인 덕트의 체적 유량은 어떻게 되는가? 구한 값을 m^3/s, mm^3/hour로 나타내보자. 그리고 450mm×350mm인 덕트 내에 흐르는 공기의 속도는 얼마인가?

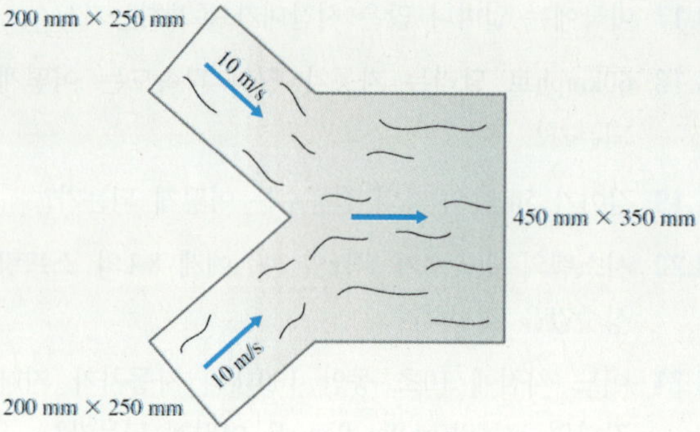

문제 8.25

8.26 정지해있던 자동차가 20초 동안 60kmph의 속도로 가속된다. 이 시간 동안의 가속도는 일정하다. 다음 20분 동안 자동차는 60kmph의 일정한 속도로 달린 후 운전자가 브레이크를 사용하여 10초 후에 자동차를 완전히 정지시킨다. 이 자동차의 속도는 다음 그림과 같다. 자동차가 움직인 총거리를 구하여라. 이 거리를 움직이는 동안 자동차의 평균 속도는 어떻게 되는가? 자동차의 가속도와 시간 사이의 관계를 도시하라.

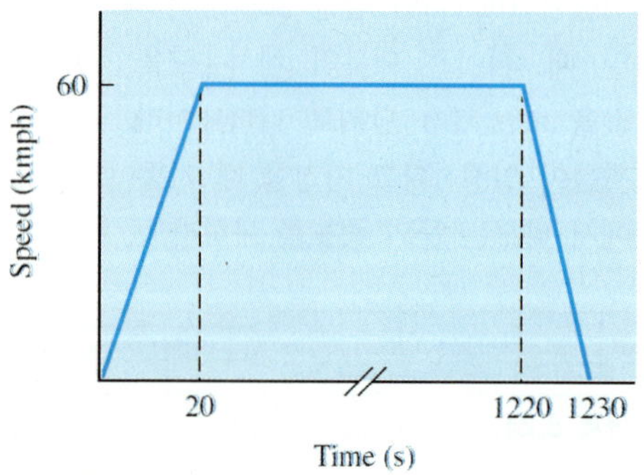

문제 8.26

8.27 초당 한 바퀴를 도는 건조기의 문을 갑자기 열면 완전히 멈추기까지 1.5초가 걸린다. 이때의 건조기의 감속도를 구하여라. 또한, 계산을 위해 사용한 가정을 기술하여라.

8.28 드릴이 분당 1,200바퀴를 돌고 있다. 전원을 끊었을 때, 드릴이 $40 rad/s^2$의 감속도로 멈춘다고 하면 완전히 멈출 때까지 얼마가 걸리겠는가?

8.29 터빈이 분당 200바퀴를 돌고 있다. 돌풍이 부는 날 터빈의 고장을 피하기 위해 브레이크를 사용할 경우 $2 rad/s^2$의 감속도로 속도가 줄어들면 완전히 멈추는데 얼마나 걸리겠는가?

8.30 2m×1.5m×1m 크기의 식기 세척기가 100mm의 내경을 가진 수도꼭지로부터 나오는 물로 채워진다. 싱크대의 가장자리까지 물을 채우기 위해 35초가 걸린다면, 수도꼭지에서 나오는 물 체적 흐름을 추정하라.

8.31 문제 8.30에 설명된 싱크대에 누수가 있는 경우를 가정하자. 싱크대의 가장자리까지 물을 채우기 위해 40초가 소요되는 경우, 누수되는 체적 유량은 얼마가 되겠는가?

8.32 300mm×350mm의 크기인 직사각형 덕트를 통해 $50 m^3/min$ 속도로 공기가 방으로 유입된다. 만약 원형 덕트를 사용할 경우 방으로 유입되는 공기의 평균 속도를 동일하게 유지하기 위해서는 직경이 얼마가 되어야 하는가?

8.33 아래 그림과 같이 파이프 1과 2를 통해 탱크의 연료가 채워진다. 수심이 일정하게 유지되기 위해서는 3번 지점인 탱크에서 나오는 물의 체적 유량은 얼마가 되어야하는가? 또한, 탱크에서 나오는 물의 평균 속도는 얼마인가?

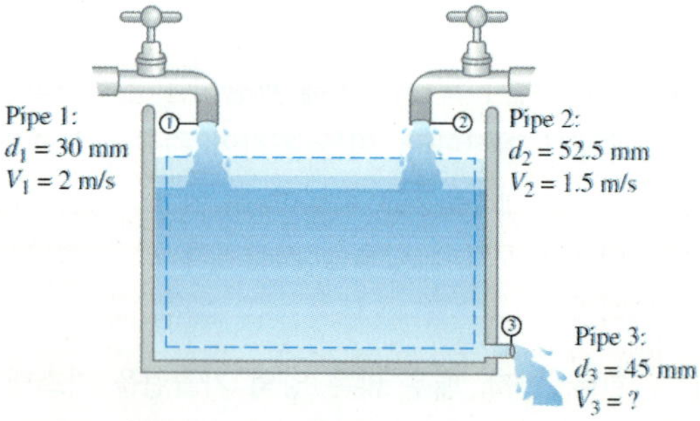

문제 8.33

8.34 문제 8.33에서 수위가 3mm/s의 속도로 상승하고 있다고 가정하라. 탱크의 직경은 180mm로 알고 있다. 탱크에서 나오는 평균 유속은 얼마인가?

8.35 자전거 타는 사람이 멈춰있는 상태에서 10kmph의 속도가 되기까지 20초가 걸린다면 가속도는 얼마인가? 이후, 10km의 거리를 10kmph의 일정한 속도로 이동한 후, 브레이크를 사용하여 정지하는 데 4초가 걸렸다. 자전거 탄 사람이 총 이동한 거리는 얼마인가? 처음 20초, 620초, 624초 동안 자전거 탄 사람의 평균 속도를 계산하라.

8.36 어떤 물체가 150m인 빌딩의 꼭대기로부터 떨어질 때 [표 8.3]과 같이 표를 만들어라. [표 8.3]은 개체의 속도, 가속도 및 움직인 거리를 시간의 함수로 보여준다.

8.37 개체의 초기 수직 상승 속도가 2m/s라고 할 때, 문제 8.36을 풀어라.

8.38 예제 8.1에서 질량이 2배로 주어진 경우, 시스템의 고유 진동수를 계산하여라.

8.39 지구에서 진자의 진동의 주기는 2초이다. 달 표면에서 진자가 4.9초의 주기로 진동한다면, 달 표면에서 중력에 의한 가속도는 얼마가 되겠는가? SI단위로 답하여라.

8.40 문제 8.40에 주어진 진자의 진동 주기는 화성에서는 얼마가 되겠는가? 단, $g_{\text{Earth}} = 9.81\text{m/s}^2$ 및 $g_{\text{Mars}} = 3.70\text{m/s}^2$이다.

8.41 1600rpm의 일정한 속도로 작동하는 전기 모터의 전원이 갑자기 꺼졌다. 모터가 작동에서 중지하기까지 10초가 걸린다고 가정하면 모터의 감속도는 얼마인가? 또한, 중지하기전까지 모터는 얼마나 회전하는가? 이때 사용한 가정사항도 기술하여라.

8.42 2009년 100m 단거리 경주의 세계기록은 우사인 볼트에 의해 세워진 9.58초이다. 일정한 속도로 가속하면서 달렸다고 가정하였을 때, 10m, 20m, 30m,⋯, 80m, 90m, 100m에서의 속도를 계산하여라.

8.43 1994년 남자 장대높이뛰기 세계 기록은 Sergey Budka에 의해 세워진 6.14m이다. 장대높이뛰기 매트의 치수가 6.0m×8.0m×0.8m라고 가정하면, Budka가 매트에 닿기 바로 직전의 연직속도는 얼마가 되겠는가?

8.44 일반적인 4명의 가족이 하루에 물을 약 350l 소비한다고 했을 때, 인구가 10만 명인 도시의 연간 물 소비율을 연간 $l/year$와 $m^3/year$로 구하여라.

8.45 The American Society of Heating, Ventilating, and Air Conditioning Engineers(ASHRAE)는 환기 목적을 위해 야외공기 필요조건에 대한 표준을 설정한다. 예를 들어, 체육관에는 한 사람당 $0.6\text{m}^3/\text{minute}$의 야외공기가 요구된다. 평균 30명의 사람들이 매 분마다 체육관을 사용한다면, 12시간 동안 체육관에 유입되어야 할 야외 공기의 총체적은 얼마인가? l와 m^3로 답을 나타내어라.

8.46 미국에 Mead 호수 근처의 가장 큰 인공호수인 Hoover 댐은 $35{,}071{,}973{,}000\text{m}^3$의 물이 있다. 이 물의 체적을 l 및 m^3으로 나타내어라.

8.47 향후 10~15년 이내에, 직경 180m의 회전자를 가진 풍력 터빈이 유럽에서 개발되어 설치될 것으로 예상된다. 이러한 터빈 날이 분당 5번 회전속도로 작동할 경우, 터빈 날의 끝점의 속도는 얼마가 되겠는가? m/s와 km/h로 답을 나타내라.

8.48 태양 온수 히터 시스템을 통해 흐르는 유량(일반적으로 물과 부동액)은 $(1l/\text{s})/\text{m}^2$이다. 만약 2개의 태양 전지 패널(각 2m×4m)을 3시간 동안 지속적으로 운용하면 히터 시스템을 통과하는 유체의 총 양은 얼마가 되겠는가? l와 m^3로 표현하여라.

"만약 기억하려고 공부하면, 금방 잊어버릴 것이다. 그러나 만약 이해하려고 공부한다면, 기억할 것이다."
— 미상

CHAPTER

9

질량과 질량 관련 변수

카약 선수는 급류의 수문을 통과하면서 활강해야 한다. 질량은 공학 설계와 분석에 있어서 중요한 역할을 하는 기초적인 차원 중 하나이다. 질량은 움직이는 물체의 이동 운동에 대한 저항의 측정 단위를 제공한다. 움직이는 물체의 운동량을 결정하기 위해서는 질량을 아는 것이 매우 중요하다. 공학에 있어서 물체의 가볍고 무거움을 구별하는 방법으로 밀도와 비중 같은 단위계를 사용한다.

7장 및 8장에서 우리는 길이, 시간 그리고 면적, 부피, 속도, 체적 유량 등과 같은 길이와 시간과 관련된 변수들이 공학적인 해석과 설계에서 어떠한 역할을 하는지 살펴보았다. 이번 장의 목적은 공학에서 고려하는 질량 및 이와 관련된 양의 개념을 소개하는 것이다. 모든 물질의 기초적인 요소(원자와 분자)에 관하여 논의하면서 이 장을 시작할 것이다. 그리고 어떤 물질이 가지고 있는 원자들의 총합을 측정하는 정량적인 측정 단위인 질량의 개념에 관하여 소개할 것이다. 그다음으로 밀도(density), 비중(specific gravity), 운동량(momentum) 그리고 질량 유량(mass flow rate) 등 질량과 관계되어있는 공학 양에 관하여 논의하고, 정의할 것이다. 또한, 질량보존과 그것의 공학적인 적용을 살펴볼 것이다. 평균, 분산, 표준편차와 같은 통계학적인 정보는 이번 장의 마지막 부분에서 다룬다. [표 6.7]은 기본 차원의 역할과 질량차원과 관성모멘트 등과 같이 질량이 포함된 변수들을 정의하기 위해 기본 차원들이 어떻게 결합하는지를 보여주기 위해 재사용되었다.

표 6.7 기본 차원과 공학 분석 및 설계에 사용되는 변수들

Fundamental Dimension	Related Engineering Variables			
Length(L) [Chapter 7]	Radian$\left(\frac{L}{L}\right)$, Strain$\left(\frac{L}{L}\right)$	Area(L^2)	Volume(L^3)	Area moment of inertia(L^4)
Time(t) [Chapter 8]	Angular speed$\left(\frac{1}{t}\right)$, Angular acceleration$\left(\frac{1}{t^2}\right)$ Linear speed$\left(\frac{L}{t}\right)$, Linear acceleration$\left(\frac{L}{t^2}\right)$		Volume flow rate$\left(\frac{L^3}{t}\right)$	
Mass(M) [Chapter 9]	Mass flow rate$\left(\frac{M}{t}\right)$, Momentum$\left(\frac{ML}{t}\right)$ Kinetic energy$\left(\frac{ML^2}{t^2}\right)$		Density$\left(\frac{M}{L^3}\right)$, Specific volume$\left(\frac{L^3}{M}\right)$	
Force(F) [Chapter 10]	Moment(LF), Work, energy(FL), Linear impulse(Ft), Power$\left(\frac{FL}{t}\right)$	Pressure$\left(\frac{F}{L^2}\right)$, Stress$\left(\frac{F}{L^2}\right)$, Modulus of elasticity$\left(\frac{F}{L^2}\right)$, Modulus of rigidity$\left(\frac{F}{L^2}\right)$	Specific weight$\left(\frac{F}{L^3}\right)$,	

표 6.7 기본 차원과 공학 분석 및 설계에 사용되는 변수들(계속)

Fundamental Dimension	Related Engineering Variables		
Temperature(T) [Chapter 11]	Linear thermal expansion$\left(\frac{L}{LT}\right)$, Specific heat$\left(\frac{FL}{MT}\right)$		Volume thermal expansion$\left(\frac{L^3}{L^3 T}\right)$
Electric Current(I) [Chapter 12]	Charge(It)	Current density$\left(\frac{I}{L^2}\right)$	

9.1 기초적인 차원으로서의 질량

6장에서 설명했듯이, 우리는 일상의 관찰에서 어떤 물체가 다른 것보다 무겁다는 것을 발견하고, 이러한 관찰을 묘사하기 위한 물리적인 양의 필요성을 깨달았다. 옛날 사람들은 중력에 관한 개념을 완전히 이해하지 못했다. 결과적으로 질량과 무게의 정확한 구별은 나중에 이루어지게 되었다. 그러면 보다 주의 깊게 물리적인 변수로서의 질량을 살펴보자. 주위 환경을 살펴보면 여러분 주위에 있는 다양한 모양과 형태의 물질을 발견할 것이다. 또한, 그 물질이 주위 환경의 변화 또는 상태의 변화로 인해 모양이 변화한다는 것을 발견할 것이다. 모든 고체와 생명체는 물질이다. 그리고 그 물질은 원자 또는 화학원소로 만들어진다. 지금까지 106가지의 알려진 화학원소가 있다. 주기율표에서 비슷한 특성을 가진 원자는 같은 그룹을 이룬다. 주기율표의 예가 [그림 9.1]에 있다.

원자는 우리가 소위 전자, 양성자 그리고 중성자라고 부르는 매우 작은 부분으로 이루어져 있다. 만약 여러분이 아직 이러한 개념을 배우지 않았다면 화학 시간에 이러한 개념을 보다 자세하게 공부하게 될 것이다. 우선 간단하게 원자는 모든 물질을 구성하는 기초적인 성분이라고 기억하기 바란다.

분자는 원자의 자연적인 또는 실험을 통한 결합에 의해 생성된다. 예를 들어, 물 분자는 수소 원자 두 개와 하나의 산소 원자로 만들어진다. 한 컵의 물은 수십억 개의 균질한 물 분자로 구성된다. 분자는 물질의 화학적 성질을 잃지 않고 존재하는 최소 단위의 입자를 이르는 말이다. 물질은 주위 환경과 물질 자체의 상태에 따라 고체, 액체, 기체 또는 플라즈마(plasma)의 네 가지의 상태로 존재할 수 있다. 우리가 매일 마시는 물에 관해서 생각해보자. 어떤 상태에서 물은 얼음이라고 일컬어지는 고체 상태로 존재한다. 표준 대기압에서 물은 온도가 0℃ 이하로 유지되는 한 고체로 존재한다. 표준 대기압에서 얼음을 가열하여 온도가 변화하게 되면 얼음은 녹아서 액체의 형태로 바뀌게 될 것이다. 표준 압력, 표준 해면(sea level)에서 물을 계속 가열하면 100℃에 이르기 전까지 액체 상태로 존재할 것이다. 이 상태에서 계속 가열하게 되면 액체 상태의 물은 기체로 상태 변환을 하게 된다. 이러한 기체 상태의 물을 일반적으로 증기(Steam)라고 부른다. 만약 2000℃가 넘도록 물을 가열하면 물 분자가 깨져 원자 상태로 바뀌게 되고, 심지어 원자도 깨져 소위 플라즈마(Plasma)라고 말하는 자유 전자와 핵으로 분리된다.

	IA	IIA	IIIB	IVB	VB	VIB	VIIB	VIIIB			IB	IIB	IIIA	IVA	VA	VIA	VIIA	VIIIA
1	1 **H** 1.0079																	2 **He** 4.003
2	3 **Li** 6.941	4 **Be** 9.012											5 **B** 10.811	6 **C** 12.011	7 **N** 14.007	8 **O** 15.999	9 **F** 18.998	10 **Ne** 20.180
3	11 **Na** 22.990	12 **Mg** 24.305											13 **Al** 26.982	14 **Si** 28.086	15 **P** 30.974	16 **S** 32.066	17 **Cl** 35.453	18 **Ar** 39.948
4	19 **K** 39.098	20 **Ca** 40.078	21 **Sc** 44.956	22 **Ti** 47.88	23 **V** 50.942	24 **Cr** 51.996	25 **Mn** 54.938	26 **Fe** 55.845	27 **Co** 58.933	28 **Ni** 58.69	29 **Cu** 63.546	30 **Zn** 65.39	31 **Ga** 69.723	32 **Ge** 72.61	33 **As** 74.922	34 **Se** 78.96	35 **Br** 79.904	36 **Kr** 83.8
5	37 **Rb** 85.468	38 **Sr** 87.62	39 **Y** 88.906	40 **Zr** 91.224	41 **Nb** 92.906	42 **Mo** 95.94	43 **Tc** 98	44 **Ru** 101.07	45 **Rh** 102.906	46 **Pd** 106.42	47 **Ag** 107.868	48 **Cd** 112.411	49 **In** 114.82	50 **Sn** 118.71	51 **Sb** 121.76	52 **Te** 127.60	53 **I** 126.905	54 **Xe** 131.29
6	55 **Cs** 132.905	56 **Ba** 137.327	57 **La** 138.906	72 **Hf** 178.49	73 **Ta** 180.948	74 **W** 183.84	75 **Re** 186.207	76 **Os** 190.23	77 **Ir** 192.22	78 **Pt** 195.08	79 **Au** 196.967	80 **Hg** 200.59	81 **Tl** 204.383	82 **Pb** 207.2	83 **Bi** 208.980	84 **Po** 209	85 **At** 210	86 **Rn** 222
7	87 **Fr** 223	88 **Ra** 226.025	89 **Ac** 227.028	104 **Rf** 261	105 **Db** 262	106 **Sg** 263	107 **Bh** 262	108 **Hs** 265	109 **Mt** 266	110 **Uun** 269	111 **Uuu** 272	112 **Uub** 277		114		116		118

Lanthanide series	58 **Ce** 140.115	59 **Pr** 140.908	60 **Nd** 144.24	61 **Pm** 145	62 **Sm** 150.36	63 **Eu** 151.964	64 **Gd** 157.25	65 **Tb** 158.925	66 **Dy** 162.5	67 **Ho** 164.93	68 **Er** 167.26	69 **Tm** 168.934	70 **Yb** 173.04	71 **Lu** 174.967
Actinide series	90 **Th** 232.038	91 **Pa** 231.036	92 **U** 238.029	93 **Np** 237.048	94 **Pu** 244	95 **Am** 243	96 **Cm** 247	97 **Bk** 247	98 **Cf** 251	99 **Es** 252	100 **Fm** 257	101 **Md** 258	102 **No** 259	103 **Lr** 262

그림 9.1 화학 요소 데이터(2010)

그런데 이러한 모든 것이 질량과 무슨 관계가 있는 것일까? 질량은 얼마나 많은 분자 또는 원자들이 주어진 물체에 있는지 측정할 수 있는 정량적인 측정 단위를 제공한다. 물질의 상이 변할지라도 그 물질의 질량은 변하지 않는다. 여러분 중의 몇몇은 동역학 수업을 받았을 것이고, 그 수업에서 움직임을 방해하는 단위로 거시적인 크기의 질량이 존재한다는 것을 배웠을 것이다. 여러분은 일상생활에서 이러한 것을 이미 알고 있다. 오토바이와 트럭 중에서 어떤 것이 더 밀기 어려운가? 트럭을 미는데 더 많은 힘이 든다. 무엇인가를 회전시키려고 할 때, 회전중심으로부터 질량이 어떻게 분포되어 있는가는 매우 중요한 요소이다. 질량의 분포가 회전중심으로부터 멀어질수록 물질을 회전시키기가 더 어려워진다. 회전 중심과 연관되어 물질을 회전시키기가 얼마나 어려운가에 대한 측정 단위를 질량 관성 모멘트라 한다. 질량 관성 모멘트에 관해서는 9.5절에서 더 자세히 설명한다.

이번 장에서 다룰 질량에 관계된 요소는 모멘트이다. 다른 질량의 두 물체가 같은 속도로 움직이고 있다고 가정해보자. 무거운 물체와 가벼운 물체 중 어떤 물체가 더 정지시키기 쉽겠는가? 여러분은 벌써 이에 대한 답을 알고 있다. 무거운 물체가 더 정지시키기 어렵다. 미식축구 경기를 보자. 만약 몸무게가 다른 두 선수가 같은 속도로 달리고 있다고 가정해보자. 당연히 더 무거운 선수를 넘어뜨리는 것이 더 힘들 것이다. 이러한 관찰로부터 운동량이란 개념을 얻을 수 있다. 이에 관해서는 9.6절에서 다룬다.

질량은 열에너지를 저장하는데 중요한 역할을 한다. 물체가 무거울수록 더 많은 열에너지를 축적할 수 있다. 어떠한 물질은 다른 물질보다 더 많은 열에너지를 저장한다. 예를 들면, 물은 공기보다 더 많은 열에너지를 저장한다. 사실, 열에너지의 저장이라는 개념은 수동적인 태양열 주택의 설계에서 전적으로 사용되고 있다. 일광욕실에는 크고 무거운 벽돌이나 콘크리트 마루가 있다. 어떠한 사람은 큰 물병을 일광욕실에 두어 매일 이용 가능한 태양 복사 에너지를 흡수하도록 하여 저녁시간에 이용한다. 물질의 열용량에 관해서는 11장에서 자세히 설명한다.

9.2 질량의 측정

킬로그램은 질량 측정의 국제표준단위(SI)이다. 이것은 국제킬로그램 원기와 동일하다. 사실 어떤 물질의 질량이 얼마나 되는지는 간접적으로 측정된다. 지구에 있는 어떠한 물질의 무게는 지구의 중력 때문에 야기되는 힘 때문에 발생한다. 여러분은 집에 있는 침대 또는 슈퍼마켓에서 주로 볼 수 있는 스프링저울에 의한 무게 측정에 더 많이 친숙할 것이다. 중력에 의해서 발생되는 힘은 스프링을 압축시키거나 인장시킬 것이다. 이때 스프링 계기의 바늘이 얼마나 편향되는지 측정함으로써 우리는 그 물체의 무게를 결정할 수 있다. 결과적으로 어떤 물질의 질량은 스프링의 변형을 발생시킨다. 어떤 저울들은 스트레인 게이지(strain gauge)를 사용하여 힘의 변화를 전자적으로 측정함으로써 무게를 측정한다. 여러분은 질량과 무게의 차이를 알아야 하고, 공학적인 해석을 할 때 특히 조심스럽게 사용해야 한다. 무게의 개념에 관해서는 10장에서 보다 자세히 설명한다.

9.3 밀도, 비체적, 비중

공학에 있어서 어떠한 물질이 얼마나 가벼운지 또는 얼마나 무거운지 나타내기 위해 단위 체적에 기초한 특성을 정의한다. 즉 어떤 물체가 얼마나 무거운지를 나타내는 것이 바로 단위 체적이다. $1m^3$의 나무와 $1m^3$의 철 중 어느 것이 더 무거운가? 당연히 철이 무겁다. 어떤 물질의 밀도(density)는 그 물질을 이루는 부피와 질량의 비로 정의된다.

$$\text{밀도} = \frac{\text{질량}}{\text{부피}} \tag{9.1}$$

밀도는 어떤 물질이 주어진 부피에 얼마나 촘촘하게 있는지 측정할 수 있는 단위를 제공한다. 수은 또는 금과 같이 단위 부피($1m^3$ 또는 $1ft^3$)당 밀도가 높은 물질들은 물처럼 밀도가 낮은 물질에 비해 더 많은 무게가 나간다. 물질의 밀도는 온도와 압력의 변화에 따라 변한다는 사실에 주의해야 한다. 밀도의 표준단위는 kg/m^3이다.

밀도의 역함수인 비체적(specific volume)은 다음과 같이 정의된다.

$$\text{비체적} = \frac{\text{부피}}{\text{질량}} \tag{9.2}$$

비체적은 열역학에 일반적으로 사용된다. 비체적의 표준 단위는 m^3/kg으로 정의된다. 어떤 물질의 경중을 가릴 수 있는 또 다른 방법으로 물질의 밀도와 물의 밀도를 비교하는 비중(specific gravity)을 사용한다. 비중은 다음과 같이 정의된다.

$$\text{비중} = \frac{\text{물질의 밀도}}{4℃ \text{ 물의 밀도}} \tag{9.3}$$

비중은 무차원임을 주의해야 한다. 왜냐하면 이 방법은 두 차원의 크기 비를 나타내는 것이기 때문이다. 그러므로 어떤 물질의 비중을 사용하게 되면 컴퓨터를 사용하여 계산할 때 어떤 측정 단위를 사용하는지는 중요하지 않게 된다.

비중량(specific weight)은 주어진 부피의 물질이 정말로 무거운지 가벼운지를 구분하는 다른 단위계이다. 비중량은 단위 부피당의 무게로 정의된다.

$$비중량 = \frac{무게}{부피} \tag{9.4}$$

위에서 설명했듯이 지구상에서 어떠한 물체의 무게는 그 물질의 질량에 미치는 중력으로 인해 생긴 힘이다. 우리는 10장에서 무게에 관한 개념에 대하여 더 자세히 논의하게 될 것이다. 이번 장에서는 밀도와 비중량의 관계를 증명하는 일만 남아 있다(예제 9.4 참조).

$$비중량 = (밀도)(중력\ 가속도)$$

각종 물질들의 밀도, 비중 그리고 비중량이 [표 9.1]에 있다.

표 9.1 특정온도에 대한 여러 물질의 밀도, 비중, 비중량

Material	Density(kg/m^3)	Specific Gravity	Specific Weight(N/m^3)
Aluminum	2740	2.74	26,880
Asphalt	2110	2.11	20,700
Cement	1920	1.92	18,840
Clay	1000	1.00	9810
Fireclay brick	1790@100°C	1.79	17,560
Glass(soda lime)	2470	2.47	24,230
Glass(lead)	4280	4.28	41,990
Glass(Pyrex)	2230	2.23	21,880
Iron(cast)	7210	7.21	70,730
Iron(wrought)	7700@100°C	7.70	75,540
Paper	930	0.93	9120
Steel(mild)	7830	7.83	76,810
Steel(stainless 304)	7860	7.86	77,110
Wood(ash)	690	0.69	6770
Wood(mahogany)	550	0.55	5400
Wood(oak)	750	0.75	7360
Wood(pine)	430	0.43	4220
Fluids			
Standard air	1.225	0.0012	12
Gasoline	720	0.72	7060
Glycerin	1260	1.26	12,360
Mercury	13,550	13.55	132,930
SAE 10 W oil	920	0.92	9030
Water	1000@4°C	1.0	9810

9.4 질량유량

8장에서 우리는 체적유량의 중요성에 관해서 논의했었다. 질량유량은 공학적인 적용에 있어서 매우 중요한 역할을 하는 요소 중 하나이다. 많은 공업 공정에서 유체의 흐름을 측정하는 것은 매우 중요하다. 질량유량은 엔지니어에게 얼마나 많은 물질이 한 주기의 시간동안 사용되거나 이용되었는지 알려줌으로써 엔지니어가 물질의 공급을 보충할 수 있도록 한다. 엔지니어는 물, 기름, 가스, 화학 액체 그리고 식품의 질량유량을 측정하기 위해 유량계를 사용한다. 어떠한 흐름을 측정하는 장치를 디자인하는데 있어서 기초가 되는 것은 공학적 원리의 이해이다. 질량유량과 체적유량의 측정은 일상생활에도 필요하다. 예를 들면, 여러분이 주유소에 갔을 때 얼마나 많은 양의 휘발유가 연료통에 들어가는지 알아야 할 필요가 있다. 다른 예로 가정에서 사용되는 물의 양의 측정을 들 수 있다. 100종류 이상의 질량유량이나 체적유량을 측정할 수 있는 유량계가 시중에 있다. 적절한 유량계의 선택은 정확성, 가격, 측정 범위, 사용의 용이성, 제품의 수명 그리고 사용되는 유체의 종류(가스와 액체 또는 더러움, 슬러리 그리고 부식성)에 따라서 결정된다.

질량유량(mass flow rate)은 단위 시간당 물질의 흐름의 총량으로 정의된다.

$$\text{질량유량} = \frac{\text{질량}}{\text{시간}} \tag{9.5}$$

질량유량의 일반적인 단위는 kg/s, kg/min, kg/h로 나타낸다. 수도꼭지에서 나오는 물의 질량유량 또는 정수기의 질량유량을 어떻게 측정할 것인가? 정수기 밑에 컵을 하나 두고, 그 컵에 물이 가득 차는 시간을 측정한다. 그리고 물을 채운 컵의 질량을 측정하여 빈 컵의 무게를 뺌으로써 물의 질량만을 얻는다. 이렇게 하여 얻은 물의 질량을 컵에 물이 가득 차기까지 걸린 시간으로 나누면 질량유량을 구할 수 있다.

유체의 밀도를 알고 있으면 질량유량과 체적유량을 서로 연관 지을 수 있다. 질량 유량과 체적유량은 다음과 같은 관계를 가진다.

$$\text{질량유량} = \frac{\text{질량}}{\text{시간}} = \frac{(\text{밀도})(\text{체적})}{\text{시간}} = (\text{밀도})\left(\frac{\text{체적}}{\text{시간}}\right) = (\text{밀도})(\text{체적유량}) \tag{9.6}$$

질량유량의 비를 계산하는 것은 굴착할 때나 터널을 만들 때 굴착기나 수송기의 성능을 고려하여 하루 또는 일주일에 얼마나 많은 양의 흙을 제거할지를 결정하는데 매우 중요하다.

9.5 질량 관성 모멘트

이번 장의 앞부분에서 설명했듯이, 어떠한 물체가 회전할 때 회전 중심으로부터의 질량의 분포는 중요한 역할을 한다. 질량이 회전 중심으로부터 멀리 떨어져 있을수록 그 물체를 회전시키는 것은 더 힘들어진다. 회전 중심으로부터 어떠한 물체를 회전시키는 것이 얼마나 힘든지를 나타내는 것이 질량 관성 모멘트(mass moment of inertia)이다. 질량 관성 모멘트의 형식적 정의는 물리학이나 동역학 강의에서 자세하게 다루겠지만 여기에서는 [그림 9.2]와 같은 간단한 상황을 고려해 보자. 회전축인 $z-z$축을 중심으로 질량이 m인 물체가 거리 r을 두고 회전할 때 질량 관성 모멘트는 다음과 같이 정의된다.

$$I_{z-z} = r^2 m \tag{9.7}$$

이제부터 이 문제를 [그림 9.3]에서 보여 지는 질량 시스템을 포함하여 설명해 보자. $z-z$축에 대한 질량 관성 모멘트는 다음과 같다.

$$I_{z-z} = r_1^2 m_1 + r_2^2 m_2 + r_3^2 m_3 \tag{9.8}$$

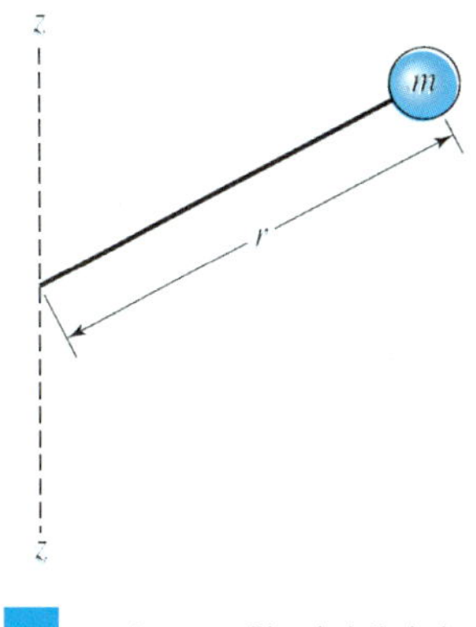

그림 9.2 한 질점에서의 질량 관성 모멘트

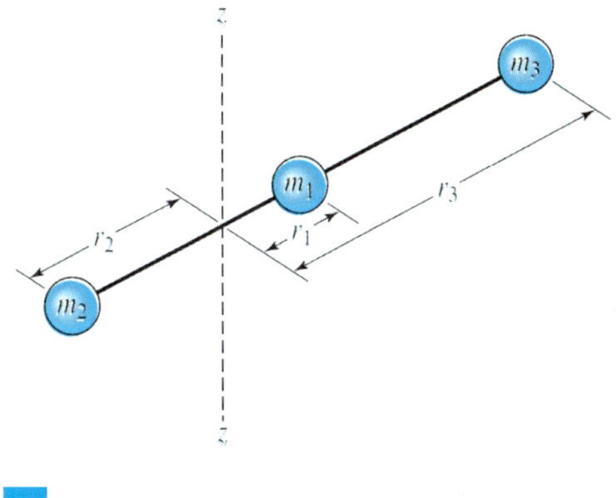

그림 9.3 세 질점으로 구성된 시스템의 질량 관성 모멘트

휠 또는 축과 같은 물체의 질량 관성 모멘트는 몸체를 이루는 부분 질량의 질량 관성 모멘트를 구함으로써 간단하게 얻을 수 있다. 미적분학 시간에 배운 적분으로 연속체의 질량 관성 모멘트를 구할 수 있다. 여기서 적분 기호 $\int$는 합을 나타내는 대문자 S자 모양의 기호이다.

$$I_{z-z} = \int r^2\, dm \tag{9.9}$$

다양한 형태의 질량 관성 모멘트는 식 (9.9)로부터 구할 수 있다. 실린더, 디스크, 구 그리고 얇은 사각판과 같은 몇 가지 전형적인 물의 질량 관성 모멘트에 관한 예는 다음과 같다.

원반

$$I_{z-z} = \frac{1}{2}mR^2 \tag{9.10}$$

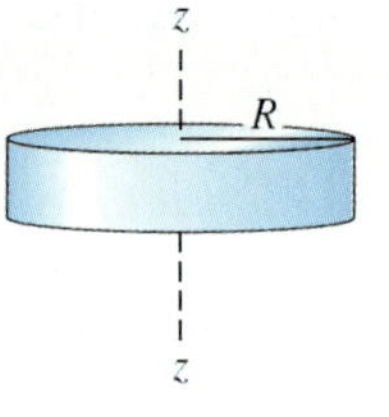

원기둥

$$I_{z-z} = \frac{1}{2}mR^2 \tag{9.11}$$

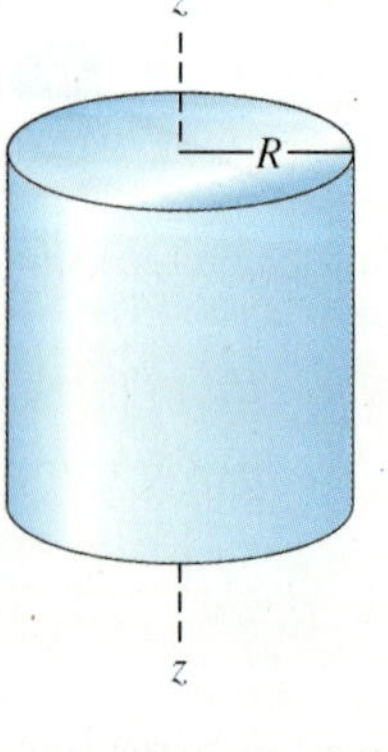

구

$$I_{z-z} = \frac{2}{5}mR^2 \tag{9.12}$$

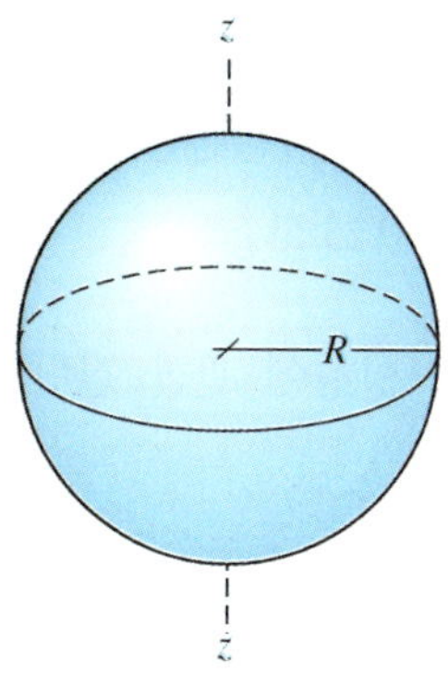

얇은 사각판

$$I_{z-z} = \frac{1}{12}mW^2 \tag{9.13}$$

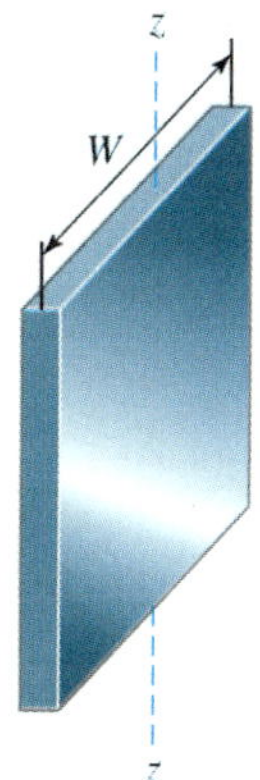

예제 9.1

길이가 2m이고, 지름이 10cm인 철로 만들어진 축의 질량 관성 모멘트를 구하여라. 철의 밀도는 7860kg/m^{3}이다.

먼저 식 (9.1)을 사용하여 축의 질량을 구할 수 있다. 축의 체적은 다음과 같다.

$$\text{volume} = (\pi/4)(d^2)(\text{length}) = (\pi/4)(0.1\,\text{m})^2(2\,\text{m}) = 0.01571\,\text{m}^3$$

$$밀도 = \frac{질량}{부피}$$

$$7860\text{kg/m}^3 = \frac{질량}{0.01571\text{m}^3}$$

$$질량 = 123.5\text{kg}$$

축의 길이 방향에 관한 질량 관성 모멘트를 계산하기 위하여 식 (9.11)을 사용하자.

$$I_{z-z} = \frac{1}{2}mR^2 = \frac{1}{2}(123.5\,\text{kg})(0.05\,\text{m})^2 = 0.154\ \text{kg}\cdot\text{m}^2$$

9.6 운동량

질량은 움직이는 물체와 관련된 문제에 있어서 중요한 역할을 한다. 운동량(Momentum)은 질량과 속도의 곱으로 정의되는 물리적 변수이다.

$$\vec{L} = m\vec{V} \tag{9.14}$$

식 (9.14)에서 $\vec{L}$은 운동량, m은 질량, $\vec{V}$는 속도 벡터를 의미한다. 움직이는 물체의 속도는 방향성을 가지고 있기 때문에 운동량 역시 방향성을 가진다. 운동량의 방향은 속도 벡터의 방향 또는 움직이는 물체의 방향과 같다. 그러므로 1000kg의 자동차가 북쪽으로 20m/s로 달린다면 운동량은 북쪽으로 20,000kg·m/s가 될 것이다. 운동량은 스포츠 이벤트의 스포츠 캐스터들에 의해 가장 많이 남용되는 물리적 개념 중의 하나이다. 작전타임 동안 운동선수들은 가만히 서서 코치의 작전을 듣는다. 이때 아나운서는 "Bob, 기세(momentum)가 확실하게 넘어갔군요. B팀이 더 좋은 기세를 갖고 4쿼터를 시작합니다."라고 말한다. 위에서 서술한 운동량의 개념을 사용한다면 물체 또는 사람의 운동량은 제로이다.

왜냐하면 선형 운동량의 크기는 질량과 속도의 단순한 곱으로 나타내어진다. 비교적 작은 질량은 그 물체의 속도에 따라 큰 운동량을 가질 수도 있다. 예를 들어

권총에서 발사되는 탄환의 질량은 매우 작지만 빠른 속도로 인해 많은 피해를 주거나 어떠한 물체의 표면을 관통할 수 있다. 탄환의 운동량의 크기는 매우 크다. 여러분은 스턴트맨이 높은 빌딩의 옥상에서 뛰어 내리는 장면을 많이 보았을 것이다. 그 사람들은 어떻게 상처 입는 것을 피할 수 있을까? 당연히 스턴트맨은 접촉 시의 충격을 줄이기 위해서 접촉 시간을 늘려주는 에어백이나 부드러운 재질로 만들어진 물체 위로 뛰어내린다.

이제 힘의 개념에 관하여 논의한 뒤 10장에서 선형 운동량과 선형 충격량(impulse)에 관하여 논의하도록 하자.

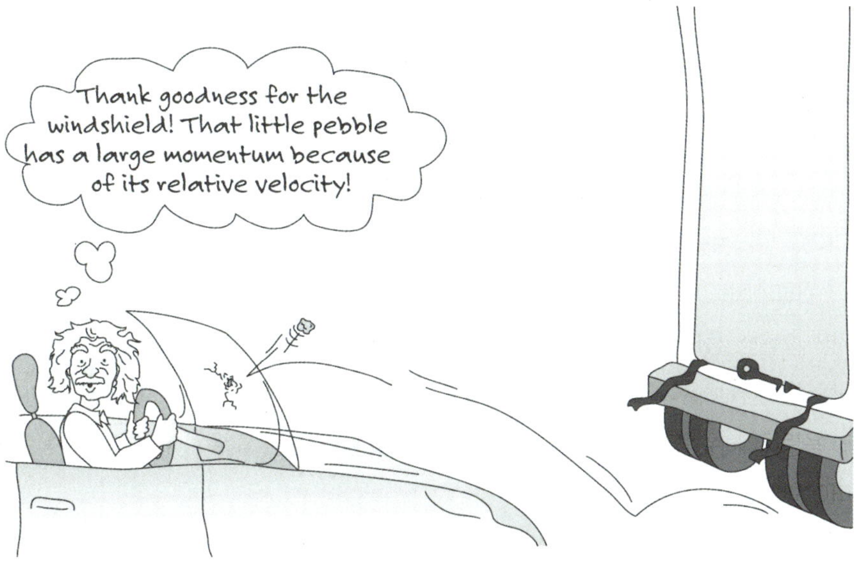

예제 9.2

질량이 80kg인 사람이 3m/s의 속도로 달리고 있을 때 선형 운동량을 구하여라. 그리고 이 운동량을 30m/s로 달리는 2000kg의 자동차의 운동량과 비교하라.

식 (9.14)로부터 다음과 같은 답을 구할 수 있다.

사람: $\vec{L} = m\vec{V} = (80\text{kg})(3\text{m/s}) = 240\text{kg·m/s}$

자동차: $\vec{L} = m\vec{V} = (2000\text{kg})(30\text{m/s}) = 60{,}000\text{kg·m/s}$

운동에너지는 공학해석 및 설계에서 자주 사용되는 질량과 관련된 또 다른 물리량이다. 질량 m인 물체가 V의 속도로 움직일 때 이 물체가 갖는 운동에너지는 $\frac{1}{2}mV^2$이 된다. 기계적 일에 대해 정의한 후 13장에서 운동에너지에 대해 좀 더 자세하게 다룰 것이다.

9.7 질량 보존

6장에서 엔지니어는 좋은 부기원(bookkeeper)이 되어야 한다고 말했었다. 공학적인 문제를 분석할 때 질량, 에너지, 운동량 등의 물리적인 양을 잘 따라가야 할 필요가 있다. 어떻게 엔지니어들이 질량을 잘 유지하고 부기(bookkeeping)를 하는지 살펴보자([그림 9.4] 참조). 질량의 보존에 관해서 간단히 말하면 질량은 새로 생성되거나 소멸되지 않는다는 것이다. 다음 예를 살펴보자. 여러분이 욕조에서 샤워를 하고 있다. 우선 물을 틀고 몸을 씻기 시작할 것이다. 우리의 초점을 욕조에 맞춰서 살펴보자. 죽은 피부 조직과 머리카락을 모두 제거했다고 가정한 상태에서 배수구가 열려있다면 샤워기에서 나오는 물의 양은 욕조 밖으로 나가는 물의 양과 같을 것이다. 이것은 욕조 안에 있는 물에 적용된 질량보존에 관한 설명이다.

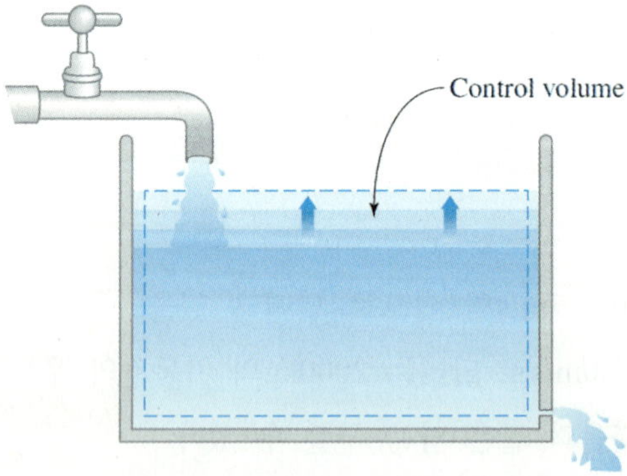

그림 9.4 컨테이너 내부에 축적되거나 감소하는 물의 양은 컨테이너 내부로 들어오는 물의 양에서 밖으로 나가는 물의 양을 뺀 것과 같다.

만약 배수구가 머리카락이나 죽은 피부 조직에 의해서 막힌다면 어떠한 상황이 발생할 것인가? 여러분 대다수는 이러한 경험을 한두 번쯤 했을 것이다. 배수구를 뚫을 시간이다. 이제 욕조에 들어오는 물의 양과 욕조 밖으로 나가는 물의 양이 정확하게 같지는 않을 것이다. 왜냐하면 욕조의 수면이 증가하기 때문이다. 이러한 상황에서 어떻게 질량보존의 원리를 사용할 것인가? 다음과 같은 방법으로 이야기하면 된다. 욕조로 들어오는 물의 양은 욕조 밖으로 나가는 물의 양과 시간당 욕조에 축적되는 물의 양의 합과 같다.

만약 물이 가득 차있는 욕조에서 목욕을 한다면 어떠한 상황이 발생하겠는가? 여러분이 목욕을 마치고 배수구를 열어 물이 빠져나가고 있다고 생각해보자. 물이 빠져나가는 상황에서 천천히 샤워기를 틀었다면 욕조의 수면이 매우 느린 속도로 내려가는 것을 볼 수 있을 것이다. 욕조 안으로 들어오는 물의 양에서 욕조 밖으로 나가는 물의 양을 빼면 욕조 내의 물이 줄어드는 양과 같다.

질량보존을 설명하기 위해 내일 학생들을 이곳 수업에 초대할 계획입니다.

이제 공학적인 관점에서 질량보존을 살펴보자. 공학 문제에서 욕조는 검사체적(control volume)으로 볼 수 있다. 왜냐하면 우리는 어떠한 체적을 가지는 특별한 물체에 초점을 맞추고 있기 때문이다. 검사체적은 펌프 내의 유동 경계, 파이프의 마디, 탱크의 내부 체적, 압축기의 유동 통로 또는 강의 경계 등이 될 수 있다. 욕조의 예에서 질량보존에 관한 일반적인 공식을 말할 수 있다. 검사체적 내에 들어가는 유체의 양과 검사체적을 빠져 나가는 유체의 양 그리고 검사체적 내에서 축적되거나 줄어드는 양은 같아야한다. 넓은 의미로 수학과 기술 경영 그리고 공학

적인 문제 접근으로 '대기행렬'로 불린다. 대기행렬이란 서비스 상에서 사람들이 기다리는 것 또는 조립라인에서 생산을 기다리는 것 또는 컴퓨터 네트워크 상에서 이동하기 위해 디지털 정보를 기다리는 것을 의미한다. 은행과 주유소 또는 슈퍼마켓 계산대가 매우 혼잡하다면 어떠한 상황이 벌어지겠는가? 사람들 또는 자동차들로 이루어진 줄이 점점 길어질 것이다. 여러분은 이러한 상황을 질량보존의 용어로 설명할 수 있어야 한다. 매우 혼잡한 시간에 사람들이 줄을 서는 양은 줄에서 빠져 나가는 사람들의 양과 다를 것이다. 따라서 줄이 길어지게 된다. 이러한 분석은 일상생활에서의 물질의 유동과 밀접하게 관련될 수 있다.

예제 9.3

(a), (b) 각각의 탱크에 5분 후에 얼마만큼의 물이 축적될 것인가? $12m^3$ 크기의 각각의 탱크에 물이 가득 차는데 얼마의 시간이 걸리는가? 물의 밀도는 $1000kg/m^3$이다.

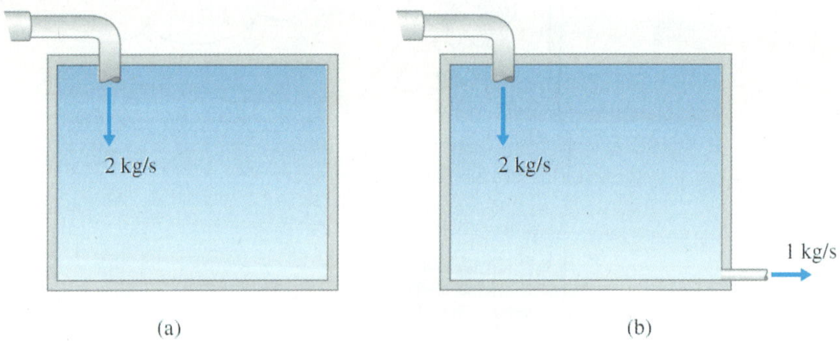

그림 9.5
예제 9.3의 탱크

이 문제를 풀기 위하여 질량보존의 법칙을 사용하자.

(검사체적에 들어오는 유체의 양)−(검사체적을 빠져나가는 유체의 양)
= (검사체적 내에서 축적되거나 감소하는 유체의 양)

(a)에서는 나가는 물의 양이 없으므로

$$(2kg/s) - (0) = \frac{\text{검사체적 내에서의 질량의 변화}}{\text{시간의 변화}}$$

5분 후에,

$$\text{검사체적 내에 축적되는 물의 질량} = (2\,\text{kg/s})(5\,\text{min})\left(\frac{60\,s}{1\,\text{min}}\right) = 600\,\text{kg}$$

탱크를 가득 채우는데 얼마의 시간이 걸릴지 알기 위해서 질량과 밀도 그리고 체적의 상호관계를 이용해보자.

$$\text{질량} = (1000\text{kg/m}^3)(12\text{m}^3) = 12{,}000\text{kg}$$

질량보존식을 변형시켜 탱크를 가득 채우는데 걸리는 시간을 구할 수 있다.

$$\text{탱크를 채우는데 필요한 시간} = \left(\frac{12{,}000\,\text{kg}}{(2\,\text{kg/s})}\right) = (6000\,\text{s}) = 100\,\text{min}$$

(b)에서는 물이 2kg/s로 들어오고, 1kg/s로 빠져나가고 있다. (b)에 질량보존의 법칙을 사용하면

$$(2\text{kg/s}) - (1\text{kg/s}) = \frac{\text{검사체적 내에서의 질량의 변화}}{\text{시간의 변화}}$$

5분 후에,

$$\begin{aligned}\text{검사체적 내에 축적되는 물의 질량} &= [(2\,\text{kg/s}) - (1\,\text{kg/s})](5\,\text{min})\left(\frac{60\,\text{s}}{1\,\text{min}}\right)\\ &= 300\,\text{kg}\end{aligned}$$

그리고 (b)탱크를 가득 채우는데 필요한 시간은

$$\begin{aligned}\text{탱크를 채우는데 필요한 시간} &= \frac{12000\,\text{kg}}{[(2\,\text{kg/s}) - (1\,\text{kg/s})]} = 12000\,\text{s}\\ &= 200\,\text{min}\end{aligned}$$

예제 9.4

작은 차의 연료탱크로부터 연료 주입구로 유입되는 연료의 질량유량에 대하여 생각해보자. 차가 90kmph의 일정한 속도로 움직일 때 연비는 15km/ℓ이다. 만약에 이와 같은 연비를 가지는 차 백만 대가 도로 상에 있다고 가정하면, 한 시간에 소비되는 가솔린의 양은 얼마가 되겠는가? 가솔린의 비중은 0.72이다.

먼저, 식 (9.2)를 이용하여 가솔린의 밀도를 구한다.

$$SG_{gasoline} = 0.72 = \frac{\text{density of gasoline}}{1000\,\text{kg/m}^3} \rightarrow \text{density of gasoline} = 720\,\text{kg/m}^3$$

차 한 대의 체적유량은 다음과 같이 구할 수 있다.

$$\text{volume - flow rate} = \frac{90\,\text{kmph}}{15\,\text{km}/\ell} = 6\,\ell/\text{h}$$

다음으로, 식 (9.6)을 이용하여 연료의 질량유량을 구한다.

$$\text{질량유량} = (\text{밀도})(\text{체적유량})$$

$$\text{질량유량} = \left(720\frac{\text{kg}}{\text{m}^3}\right)\left(6\frac{\ell}{\text{h}}\right)\left(\frac{1\,\text{m}^3}{1000\,\ell}\right) = 4.32\,\text{kg/h}$$

각각의 차는 시간당 4.32kg의 연료를 소비한다. 따라서 백만 대의 차는 시간당 4,320,000kg의 가솔린을 사용한다.

요약

이 장에서는 다음을 학습했다.

- 질량이 무엇을 의미하는지 잘 이해해야 하고, 공학적인 적용과 분석에 있어서 질량의 역할을 알아야 한다.
- 공학적인 관점에서 무게의 경중을 알아야 한다. 이를 위해 밀도, 비체적, 비중량과 비중을 사용하였다. 여러분은 이러한 요소의 공식적인 정의를 알아야한다.
- 질량유량의 의미에 관해서 잘 이해해야 하며, 체적유량과 어떠한 관계가 있는지 알아야한다.
- 질량이 이동운동에 대한 저항의 측정 단위를 제공한다는 것을 알아야 한다. 또한, 어떠한 물건을 회전하기 위해서는 회전축으로부터의 질량 분포가 중요한 역할을 한다는 것을 알아야 한다. 질량이 회전축에서 멀리 떨어져 있을수록 회전에 대한 저항이 커지게 된다.
- 움직이는 물체의 운동량에 관한 정의를 알아야 한다. 또한, 빠른 속도를 갖는다면 비교적 질량이 작은 물체도 큰 운동량을 가질 수 있다는 사실을 알아야 한다.

연습문제

9.1 다음 물체의 질량을 조사해보자.

a. 최신 모델의 자동차

b. 지구

c. 완전 탑재되어 있는 보잉 777기

d. 개미

9.2 표준 공기의 밀도는 온도의 함수이다. 그리고 이상 기체로 가정하면 $\rho = \dfrac{P}{RT}$ 이다. 여기서 각각의 문자는 다음과 같다.

ρ = 밀도(kg/m^3)

P = 표준 대기압(101.3kPa)

R = 기체상수, 공기에 대한 값은 $286.9\left(\dfrac{\text{J}}{\text{kg}\cdot\text{K}}\right)$

T = 공기의 캘빈온도

0℃(273.15K)와 50℃(323.15K) 사이에서 5℃씩 증가시켜가면서 온도와 밀도의 관계에 해당하는 표를 만들어라. 그리고 밀도와 온도의 관계를 보여주는 그래프도 그려라.

9.3 다음 물질의 비중을 구하여라.
금(ρ = 19350kg/m^3), 백금(ρ = 21465kg/m^3), 은(ρ = 10476kg/m^3), 모래(ρ = 1515kg/m^3), 눈(ρ = 496.5kg/m^3), 타르(ρ = 1201kg/m^3), 딱딱한 고무(ρ = 1192kg/m^3)

9.4 무게 = (밀도)(중력 가속도)임을 증명하라.

9.5 다음의 운동량을 구하라.

a. 90kg의 미식축구 선수가 6m/s로 달리고 있을 때

b. 1500kg의 자동차가 100kmph로 움직이고 있을 때

c. 200,000kg의 보잉 777기가 500kmph로 움직이고 있을 때

d. 15g의 탄환이 500m/s로 움직이고 있을 때

e. 140g의 야구공이 120kmph로 움직이고 있을 때

f. 10층에서 뛰어내린 80kg의 스턴트맨이 30m/s로 떨어지고 있을 때

9.6 여러분의 심장에 흐르는 피의 질량 유량을 조사하고, 발견한 점에 관하여 보고하라.

9.7 알래스카의 파이프라인을 통과하는 오일의 질량 유량을 조사하고, 발견한 점에 관하여 보고하라.

9.8 미시시피 강을 흐르는 물의 질량 유량을 조사하고, 발견한 점에 관하여 보고하라. 질량보존을 사용하여 홍수에 관하여 설명하라.

9.9 가솔린 탱크에서 자동차 연료주입 시스템으로 들어가는 연료의 질량 유량을 결정하라. 자동차가 90kmph로 움직일 때 연료 소비량은 8.5km/liter이다. 가솔린의 비중은 0.72이다.

9.10 다음 물체의 질량 관성 모멘트를 구하라: 얇은 디스크, 원형 실린더, 구

식 (9.10)~식 (9.13)을 참조하라. 만약 이러한 물체를 기울어진 면에 나란히 놓는다면, 어떠한 물체가 가장 먼저 바닥으로 떨어질 것인가? 각 물체의 질량과 지름은 같다고 가정한다.

9.11 일반적으로 공기 순환을 위하여 환풍기를 사용한다. 흔들리는 팬을 조정하기 위한 방법을 질량 관성 모멘트의 관점에서 제안하라. 동전, 츄잉껌과 같은 것을 사용할 수 있다고 할 때, 팬이 흔들리는 것을 어떻게 멈추도록 할 것인가? 조심스럽게 실험해보자.

9.12 [표 9.1]에서 주어진 밀도값을 이용하여 길이가 1m이고, 지름이 5cm인 철로 만들어진 축의 질량 관성 모멘트를 구하라.

9.13 볼베어링에 사용되는 지름이 2cm인 강철 볼의 질량 관성 모멘트를 구하라.

9.14 지구의 양극을 회전축으로 하여 회전하는 지구의 질량 관성 모멘트를 구하라. 지구의 형상을 구라고 가정하자. 적도에서 측정된 지구의 질량 및 반경을 조사하여 값을 구하라.

9.15 주유소에서 여러분의 차에 가솔린을 넣을 때 가솔린의 질량 유량을 측정해보라. 차에 넣는 가스의 총량을 갤런(또는 리터) 단위로 기록하라. 그리고 주입하는데 걸리는 시간을 측정하라. 가솔린의 밀도를 사용하여 질량 유량을 체적 유량으로 적절하게 전환해보라.

9.16 마시는 샘물에서 나오는 물의 밑 부분에 컵을 두어 컵을 가득 채우는데 걸리는 시간을 측정하여 질량 유량을 구하라. 물의 질량은 물을 담은 컵의 전체 무게에서 빈 컵의 무게를 빼서 구한다.

9.17 화학 실험실에서 눈금이 있는 비커와 정확한 저울을 구하여 다음 액체의 밀도를 구하여라.

a. 쿠킹 오일
b. SAE 10W−40 엔진오일
c. 물
d. 우유
e. 에틸렌 글리콜(ethylene glycol), 부동액

구한 값을 kg/m^3로 나타내어라. 각 액체의 비중도 구하라.

9.18 크기를 알고 있는 철, 나무 그리고 콘크리트 조각을 구하라. 쉽게 체적을 계산할 수 있는 간단한 모양을 찾아라. 그리고 정확한 저울을 사용하여 각각의 무게를 측정하고 밀도를 구하라.

9.19 감겨있는 500장의 연속 용지를 풀어서 길이와 높이, 넓이를 측정하라. 이 용지의 체적과 질량, 밀도를 구하라. 표준 박스에서 얼마나 많은 양의 연속 용지가 나오는지 측정하고 박스의 총질량을 계산하라. 여러분이 사용한 가정과 추정방법에 관하여 설명하라.

9.20 새기 쉬운 수도꼭지에서 얼마나 많은 양의 물이 낭비되는지 계산해보자. 새는 수도꼭지의 밑에 큰 컵을 두자. 만약 집에 새는 수도꼭지가 없다면, 컵에 약간의 물이 떨어질 정도로 수도꼭지를 연다. 실험을 시작하는 시간을 기록해두고 컵을 제거할 때의 시간을 기록하자. 실험에서 얻어지는 질량 유량을 구하여라. 100,000명의 사람이 1년 동안 같은 양의 물을 낭비한다고 생각해보자.

9.21 화학 실험실에서 눈금이 있는 비커와 정확한 저울을 구하여 SAE 10W−40 엔진오일의 밀도를 정확하게 측정하자. 이러한 실험을 10번 반복한다. 이 실험의 평균, 분산 그리고 표준 편차를 구하여라.

9.22 [그림 9.5]를 참조하여 20분 후에 얼마나 많은 양의 물이 각각의 탱크에 저장되는지 구하라. (a)의 체적이 $24m^3$이고, (b)의 체적이 $36m^3$일 때, 각각의 탱크를 가득 채우는데 걸리는 시간은 어떻게 되는가? 물의 밀도는 $1000kg/m^3$라 가정하자.

9.23 주유소에 있는 저장 탱크의 크기를 조사해보자. 질량보존을 적용하여 주유소에서의 가솔린의 질량 유량을 구해보자. 검사체적을 그려보고 시스템에서의 가솔린의 흐름에 관련된 적절한 구성 요소를 보여라. 저장 탱크에서 하루에 얼마나 많은 양의 가솔린이 빠져나가는지 예측해보라. 얼마나 자주 저장 탱크를 채워야 하는가? 이것은 지속적인 과정인가?

9.24 아래 그림과 같은 얇은 링에 작용하는 관성 질량 모멘트를 계산하여 $kg \cdot m^2$와 $kg \cdot mm^2$의 단위로 답하라.

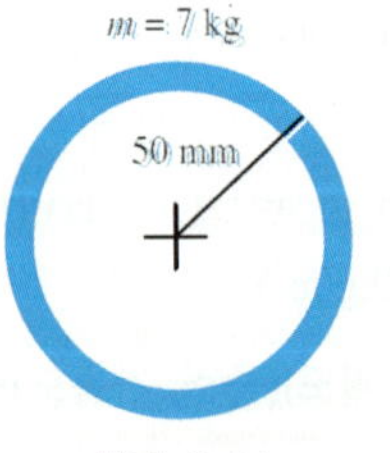

문제 9.24

9.25 길이 2m, 직경 50mm인 스틸 샤프트의 관성 질량 모멘트를 계산하라. $kg \cdot m^2$와 $kg \cdot mm^2$의 단위로 답하라.

9.26 직경 50mm인 강구의 관성 질량 모멘트를 계산하라. $kg \cdot m^2$와 $kg \cdot mm^2$의 단위로 답하라.

9.27 한 변의 길이가 100mm인 사각강판의 관성 질량 모멘트를 계산하라. 식 9.13을 사용하고, $kg \cdot m^2$와 $kg \cdot mm^2$의 단위로 답하라.

9.28 공기의 밀도 $1.23kg/m^3$와 비교하여 다음과 같은 가스의 비중을 계산하라. 헬륨: $0.166kg/m^3$, 산소: $1.33kg/m^3$, 질소: $1.16kg/m^3$, 천연가스: $0.667kg/m^3$, 수소: $0.0838kg/m^3$.

9.29 차의 속도가 100km/h에서 15km/h로 줄어들 때 운동량 변화를 계산하라. 차의 질량은 1000kg이고, 일직선을 따라 움직인다. SI단위계를 이용하여 답하라.

9.30 무게 200,000kg의 보잉 777 비행기의 속도가 720kmph에서 300kmph로 줄어들 때, 모멘트의 변화를 구하라. SI유닛을 이용하여 답하라.

9.31 운동에너지는 질량과 관련 있는 물리량으로, 질량 m인 물체가 V의 속도로 움직일 때 $1/2\, m\, V^2$의 운동에너지를 갖는다. 운동에너지의 개념은 일의 개념을 배운 후 13장에서 상세히 다룰 것이다. 우선 여기에서는 다음과 같은 경우에 대하여 물체의 운동에너지를 구하여라. (a)1500kg의 차가 100kmph의 속도로 움직일 때, (b)200,000kg의 보잉 777이 700kmph의 속도로 움직일 때. SI유닛을 이용하여 답하라.

9.32 회전운동에너지는 질량과 관련 있는 또 다른 물리량이다. 관성 질량 모멘트 I를 가지는 물체가 ω(rad/s)의 각속도로 움직일 때 $\frac{1}{2}I\omega^2$의 회전운동에너지를 갖는다. 길이 2m, 지름 50mm의 스틸샤프트가 100rpm의 각속도로 움직일 때 회전운동에너지를 구하라. SI유닛을 이용하여 답하라.

9.33 회전 중심에서의 거리가 두 배가 될 때, 점 질량 m으로 모델링 할 수 있는 개체의 관성 질량 모멘트의 변화를 계산하라.

9.34 규격이 350mm×400mm×15.0mm인 싱크대 식기세척기는 내부직경 25mm인 수도꼭지와 연결되어 물이 채워진다. 만일 싱크대를 채우는데 220초가 걸리는 경우, 수도꼭지에서 나오는 물의 질량 흐름율을 추정하라.

문제 9.34
Source: Saeed Moaveni

9.35 문제 9.34에서 묘사된 싱크대에 누출이 있다고 가정하라. 싱크대의 가장자리를 채우는데 250초가 소요되는 경우, 누출의 질량 흐름율을 추정하라.

9.36 아래 그림과 같이 수조 탱크가 파이프 1과 2를 통해 물이 채워지고 있다. 수위를 일정하게 유지하는 경우, 탱크의 파이프 3에서 나오는 물의 질량 흐름율은 얼마인가? 탱크에서 나오는 물의 평균 유속은 얼마인가?

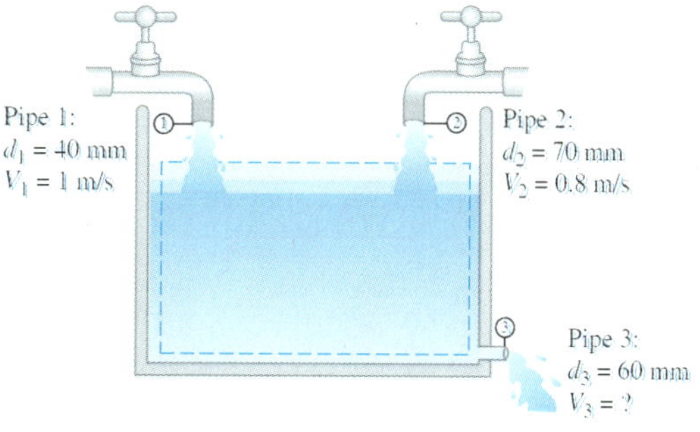

문제 9.36

9.37 문제 9.36에서 수조 탱크 내의 수위가 4mm/s의 속도로 상승한다고 가정하라. 탱크의 직경은 240mm일 때, 탱크에서 나오는 물의 평균유속은

얼마인가? m/s와 mm/min의 단위로 답하라.

9.38 해수면에 위치한 도시 San Diego의 공기 밀도는 $1.225kg/m^3$인 반면에, 고도가 높은 곳에 위치한 도시인 Denver는 $1.048kg/m^3$이다. 면적이 15m×30m×6m인 2개의 강당이 하나는 San Diego에 있고 다른 하나는 Denver에 있다. 각각의 강당의 공기 질량을 계산하라. kg의 단위로 답하라.

9.39 360mm×420mm의 규격을 가지는 사각형 배관이 $1.2kg/m^3$의 밀도를 가지는 공기를 $50m^3/min$의 속도로 방으로 유입시키고 있다. 공기의 질량 흐름율은 kg/h 단위로 얼마가 되겠는가? 또한, 배관 속에서 공기의 평균속도는 얼마가 되겠는가? m/s 단위로 나타내어라.

9.40 고무풍선은 10g의 질량을 갖고 있다. 풍선은 공기로 채워져 있고, 형태는 대략 구 형태이며 지름은 0.5m이다. 풍선의 총 질량은 얼마인가? 그리고 만약 공기 대신 헬륨으로 채워져 있다면 풍선의 총질량은 얼마인가? g으로 나타내어라.

9.41 보통 4명이 사는 가정집의 하루 물 소비량은 400리터 정도이다. 십만 명이 사는 도시에서의 연간 물 소비율을 kg/year로 나타내어라.

9.42 Hoover Dam 근처에 있는 Mead 호수는 미국에서 가장 큰 인공호수로 $35,071,973,000m^3$의 물을 저장하고 있다. 이에 해당하는 질량은 kg으로 나타내라.

문제 9.42
Source: U.S. Bureau of Reclamation

9.43 $0.45kg/m^3$의 밀도를 가지는 공기가 180m/s의 속도로 실험용 제트엔진 속으로 들어가고 있다. 엔진 유입구의 면적은 $0.5m^2$이다. 연료가 연소한 후, 공기와 연소부산물이 $0.4m^2$의 유출구를 통해 650m/s의 속도로 유출되는 경우, 엔진 내의 공기밀도는 어떻게 되겠는가? kg/m^3 단위로 나타내어라.

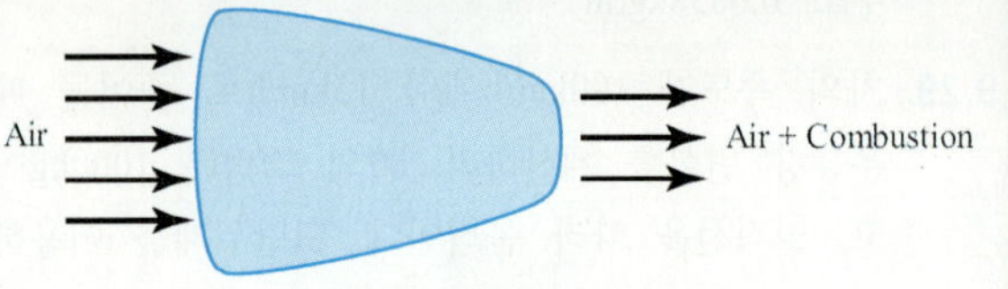

문제 9.43

9.44 음식을 건조시키는 공정에서, 공기는($\rho = 1.10kg/m^3$, $V = 3m/min$) 500mm×450mm의 유입관을 통해 건조실로 들어가며 $\rho = 1.25kg/m^3$의 밀도를 가지고 400mm×450mm의 유출관을 통해 배출된다. 유출구를 통하는 나가는 공기의 평균속도는 얼마가 되겠는가? m/s 단위로 나타내라.

9.45 실험용 잔디 깎는 기계의 연료소비량을 측정하기 위하여 그림과 같이 저울눈위에 있는 탱크를 통해서 연료가 주입된다. 초기에 탱크와 연료의 합이 10kg이였으며 30분 후에 9.45kg이 되었다. 연료의 소비량은 얼마가 되는가? l/hr로 나타내어라.

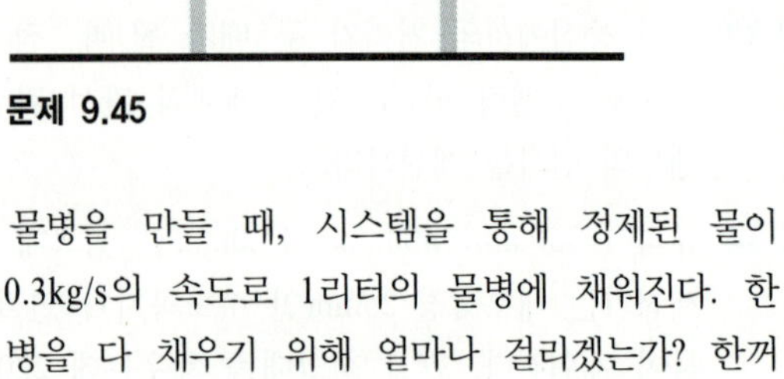

문제 9.45

9.46 물병을 만들 때, 시스템을 통해 정제된 물이 0.3kg/s의 속도로 1리터의 물병에 채워진다. 한 병을 다 채우기 위해 얼마나 걸리겠는가? 한꺼번에 20개의 병에 물을 주입할 수 있다면 1시간

동안 얼마나 많은 병에 물을 채울 수 있는가? 채워진 물병을 빈 물병으로 교체하는데 3초가 걸린다고 가정하여라.

9.47 4개의 동으로 구성된 작은 아파트 단지에서 2000L/min의 물을 사용할 수 있다. 주어진 시간 내에 1, 2, 3동에서 각각 9kg/s, 7kg/s, 8kg/s를 소비한다고 가정하면 4동에서는 물을 얼마나 이용할 수 있는가? m^3/s와 kg/s 단위로 답하라.

9.48 비중계(hydrometer)는 액체의 비중(S.G.)을 측정하는 장치로 부력의 원리를 사용한다. 1.2<S.G.<1.5인 비중의 액체를 측정하기 위해, 작은 사이즈의 비중계를 디자인하라. 장치의 면적과 질량은 명시되어 있다. 최종 디자인이 나오면, 이에 대한 간단한 보고서를 작성하라. 또한, 하나의 추가적인 비중을 읽어 보정 눈금을 보여주는 스케치를 포함하고, 모델을 구성하고 적용되는 모델에 눈금을 첨부하라. 간단하게 하기위해 비중계는 원통형 모양을 가지고 있다고 가정하라.

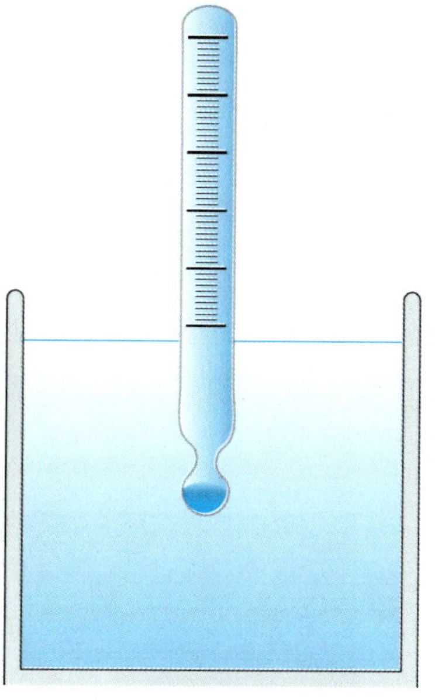

문제 9.48

"교육은 학교에서 배웠던 모든 것을 읽고 난 후에 남는 것이다."
— Albert Einstein(1879~1955)

실험 Ⅳ

목적

다음의 주어진 재료를 이용하여 동전을 운반하는 차량을 설계하여라. 차량은 항상 동전과 땅과 접촉을 유지해야 한다. 동전을 가장 멀리 이동시키는 차량이 이긴다. 디자인한 차량은 한 번 테스트할 수 있다.

재료

작업용 종이(하나는 270mm×360mm, 나머지 하나는 360mm×540mm), 풍선 1개, 빨대 2개, 300mm 테이프

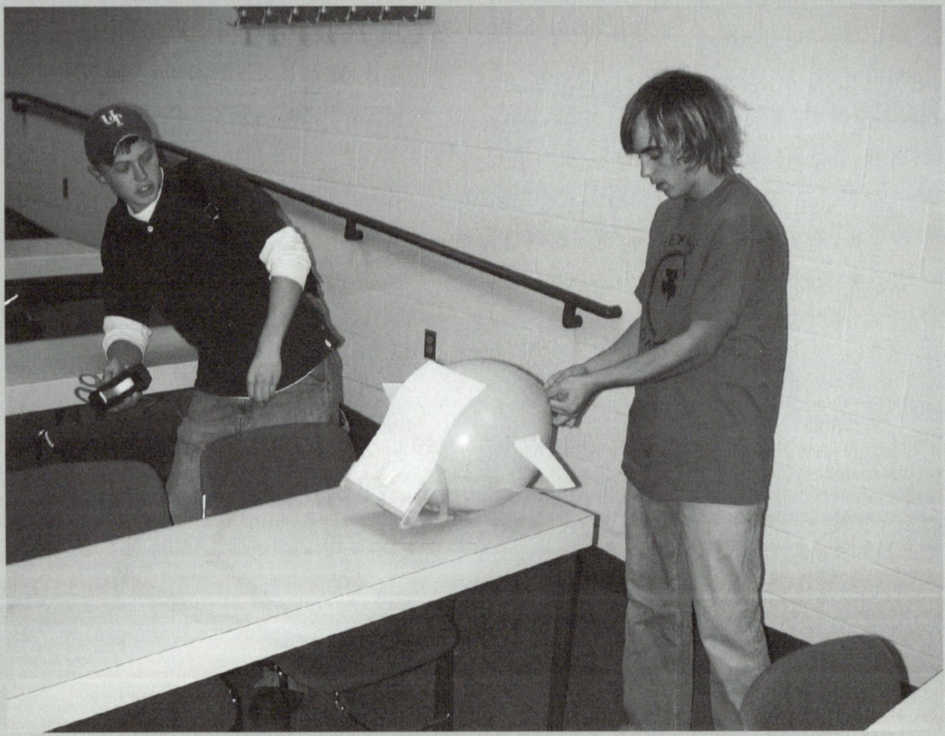

Source: Saeed Moaveni

"만약 기억하기 위해 공부한다면 금방 잊어버릴 것이다. 그러나 이해하기 위해 공부한다면 기억할 것이다."
— 미상

CHAPTER 10

Engineering Fundamentals

힘과 힘에 관련된 변수

잠수함의 부양을 위해 잠수함을 더 가볍게 하려면 잠수함의 블라스트 탱크로 공기를 밀어 넣어 탱크 안에 차있는 물을 밀어낸다. 이렇게 하면 잠수함이 떠오른다. 반대로 잠수하려면 블라스트 탱크를 열어 물을 받아들이고 공기를 밀어낸다. 이러한 과정을 거쳐 잠수함은 가라앉는다. 잠수함의 부양과 잠수는 잠수함에 작용하는 중력과 부력의 관계를 말해준다.

이 장의 목적은 힘의 개념과 힘의 다양한 형태 그리고 압력과 응력 등 여러 종류의 힘을 소개하는 것이다. 이 장에서는 뉴턴의 법칙들에 대해 설명할 것이다. 뉴턴의 법칙들은 역학의 기본과 구조물, 비행기 뼈대(동체와 날개) 및 자동차 뼈대, 골반과 다른 관절에 대한 의학적 이식 조직, 기계 부품 그리고 달의 궤도 등 많은 공학 문제의 설계와 분석에 적용되고 있다. 또한, 물체를 이동시키거나 회전시키는 불균형적인 역학적 힘의 경향에 대해서도 설명한다. 게다가 물체가 힘을 받을 때 얼마나 딱딱한지 혹은 물렀는지를 보여주는 물체의 기계적 속성을 논의한다. 그러고 나서 어떤 점에 대한 모멘트를 만드는 어떤 거리에서 작용하는 힘의 효과와 기계적 일이라 정의되는 어떤 거리에 걸쳐서 작용하는 힘의 효과 그리고 일반적으로 선형 충격량이라 불리는 한 주기에 걸쳐서 작용하는 힘의 효과에 대해 설명한다.

이 장에서 사용되는 내용이 기본 차원들과 어떠한 관계가 있는지를 보여주기 위해 [표 6.7]을 다시 한 번 인용한다.

10.1 힘의 의미는 무엇인가

힘은 무엇인가? 간단하게 두 물체 사이의 상호관계로 표현하자면 '밀고', '당기는' 것이다. 여러분이 잔디 깎는 기계 또는 진공청소기를 밀거나 당길 때 손과 잔디 깎는 기계 사이의 상호작용 혹은 손과 진공청소기 사이의 상호작용을 힘이라 부른다. 자동차가 트레일러를 당길 때 트레일러의 범퍼를 통해 힘이 작용한다([그림 10.1] 참조). 이러한 예에서 힘은 직접적인 접촉을 통해 한 물체에서 다른 물체로 작용한다는 것을 알 수 있다. 그러나 모든 힘이 직접적인 접촉을 통해 작용하는 것은 아니다. 예를 들어 중력과 자기력은 직접적인 접촉을 통해 작용하지 않는다. 가령, 지면으로부터 3ft 높이에서 책을 들고 있다가 놓으면 어떤 일이 생길까? 그것은 떨어진다. 그 이유는 지구와 책 사이에서 작용하는 중력 때문이다. 중력에 의한 인력은 거리를 두고 작용한다. 지구를 공전하는 위성은 지구 중심방향으로 지구에 의해 끊임없이 인력을 받는다. 이러한 인력과 원운동에 의해 발생한 원심력이 같도록 하여 위성이 궤도를 유지할 수 있도록 한다. 만유인력의 법칙에 대해 이후 더 자세히 다루도록 하겠다.

표 6.7 기본 차원과 공학 분석 및 설계에 사용되는 변수들

Fundamental Dimension	Related Engineering Variables			
Length(L) [Chapter 7]	Radian$\left(\frac{L}{L}\right)$, Strain$\left(\frac{L}{L}\right)$	Area(L^2)	Volume(L^3)	Area moment of inertia(L^4)
Time(t) [Chapter 8]	Angular speed$\left(\frac{1}{t}\right)$, Angular acceleration$\left(\frac{1}{t^2}\right)$ Linear speed$\left(\frac{L}{t}\right)$, Linear acceleration$\left(\frac{L}{t^2}\right)$		Volume flow rate$\left(\frac{L^3}{t}\right)$	
Mass(M) [Chapter 9]	Mass flow rate$\left(\frac{M}{t}\right)$, Momentum$\left(\frac{ML}{t}\right)$ Kinetic energy$\left(\frac{ML^2}{t^2}\right)$		Density$\left(\frac{M}{L^3}\right)$, Specific volume$\left(\frac{L^3}{M}\right)$	
Force(F) [Chapter 10]	Moment(LF), Work, energy(FL), Linear impulse(Ft), Power$\left(\frac{FL}{t}\right)$	Pressure$\left(\frac{F}{L^2}\right)$, Stress$\left(\frac{F}{L^2}\right)$, Modulus of elasticity$\left(\frac{F}{L^2}\right)$, Modulus of rigidity$\left(\frac{F}{L^2}\right)$	Specific weight$\left(\frac{F}{L^3}\right)$,	
Temperature(T) [Chapter 11]	Linear thermal expansion$\left(\frac{L}{LT}\right)$, Specific heat$\left(\frac{FL}{MT}\right)$		Volume thermal expansion$\left(\frac{L^3}{L^3T}\right)$	
Electric Current(I) [Chapter 12]	Charge(It)	Current density$\left(\frac{I}{L^2}\right)$		

두 물체 사이에 떨어져서 작용하는 중력이든 두 물체 사이에 직접 작용하는 힘이든 모든 힘은 그 힘의 크기, 방향, 작용점에 의해 정의된다. 힘의 크기, 방향, 작용점에 의한 효과를 보기 위해 [그림 10.2]가 사용되었다. [그림 10.2]에서 보여준 서로 다른 상황에 대하여 bar가 어떻게 변형할지 비교해보자.

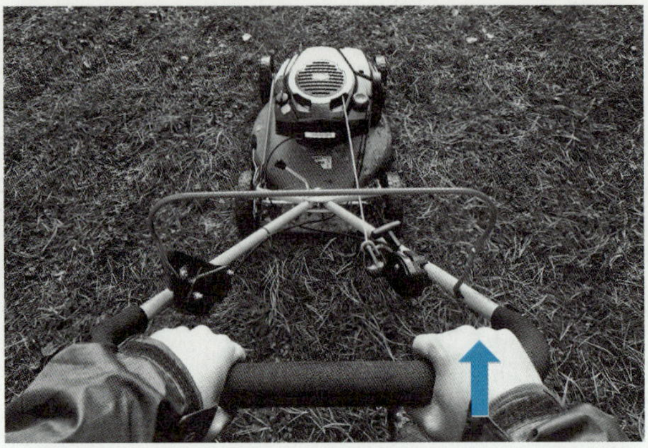

(a)

(b)

그림 10.1
(a)잔디 깎기에 가한 힘의 손, (b)트레일러가 범퍼 히치에 의해 가해진 힘

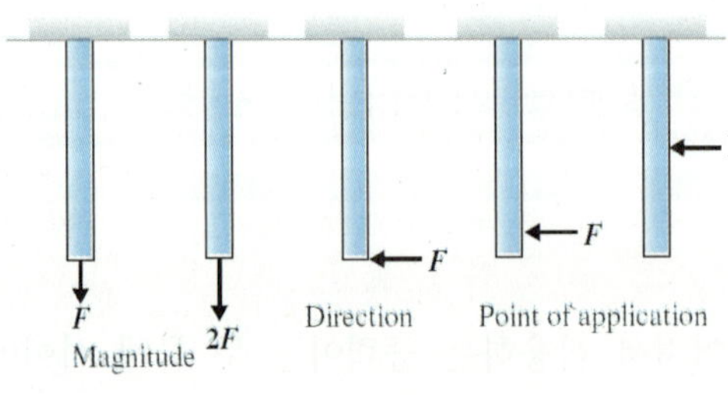

그림 10.2 크기, 방향, 같은 개체의 힘의 작용점의 효과를 설명하기 위한 간단한 예. 각각의 상황을 설명하라.

힘의 경향

힘의 개념을 이해하였다면, 이제는 외부에서 작용하는 힘의 성질을 알아보도록 한다. 개체에 작용하는 힘의 자연적인 성질이 불균형한 경우에 개체는 형태가 바뀌거나 (힘을 따라 이동) 회전할 수 있다. 또한, 개체에 작용하는 힘은 개체에 수축, 연장, 휨 또는 비틀림을 줄 수 있다. 이러한 수축, 연장, 휨 또는 비틀림의 정도는 작용하는 조건과 재질 및 기하학적 특성(길이, 면적, 관성 모멘트)에 따라 달라진다.

기계 구성 요소, 도구, 인간의 몸의 일부 그리고 구조적인 부분은 일반적으로 로딩의 푸시풀(push-pull), 휨 또는 비틀림의 영향을 받게 된다. 공학에서 이러한 힘의 성질을 정량화하기 위해 모멘트, 일, 충격, 압력, 응력 등의 용어를 정의한다. 항공 우주, 토목, 제조 또는 기계 엔지니어가 되기 위해 공부하고 있는 사람들은 힘, 응력 그리고 더 심화적으로 물질의 거동을 탐색하는 자료의 기본 역학 및 역학 수업을 수강하게 될 것이다.

힘의 단위

뉴턴(N)은 SI단위계에서 힘의 단위이다. 1N은 1kg의 질량을 1m/s^2로 가속시키는데 필요한 힘으로 정의된다. 이 관계는 뉴턴의 운동법칙에 기초한다.

$$1 \text{ newton} = (1\text{kg})(1\text{m/s}^2) \quad \text{or} \quad 1\text{N} = 1\text{kg}\cdot\text{m/s}^2 \tag{10.1}$$

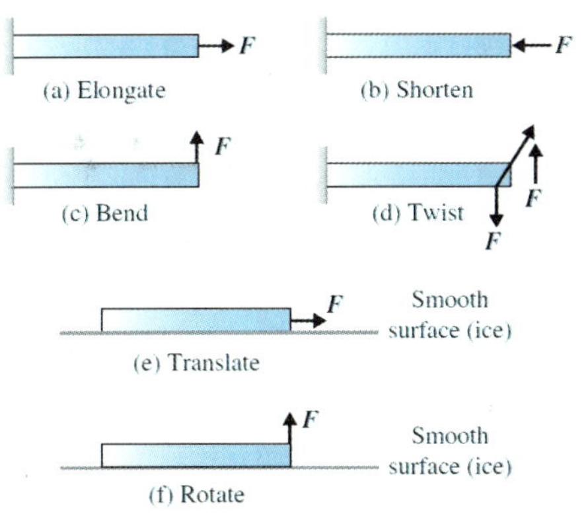

그림 10.3 힘의 경향을 설명하는 간단한 예제

공학도로서 학습 과정 동안에 풍력, 항력, 점성력, 표면장력, 접착력 그리고 법선력(수직력)과 같은 다양한 힘의 유형을 접하게 된다. 다음절에서, 모든 엔지니어가 전공에 상관없이 알아야 할 기본적인 2가지 힘(탄성력과 마찰력)을 설명할 것이다.

스프링 힘과 훅의 법칙

대부분 스프링은 자동차 및 기관차, 빨래집게, 저울, 감자 칩 봉투에 쓰이는 클립 등에 쓰이고 있다. 스프링은 또한 의료기구 및 프린터나 복사기 같은 전자 장비와 넓은 영역에서 적용되는 복원 구조(원래 위치로 복원하는 형태의 구조)에서 쓰인다. 스프링의 종류에는 팽창, 압축, 비틀림 스프링 등이 있다. 이러한 여러 종류의 스프링의 그림이 [그림 10.4]에 있다.

훅의 법칙(이 법칙을 제안한 영국 과학자 로버트 훅의 이름을 따서 명명됨)은 작용한 힘과 스프링의 변형이 탄성 영역 내에서 선형적으로 비례함을 말해준다. 이는 다음과 같이 표현된다.

$$F = kx \tag{10.2}$$

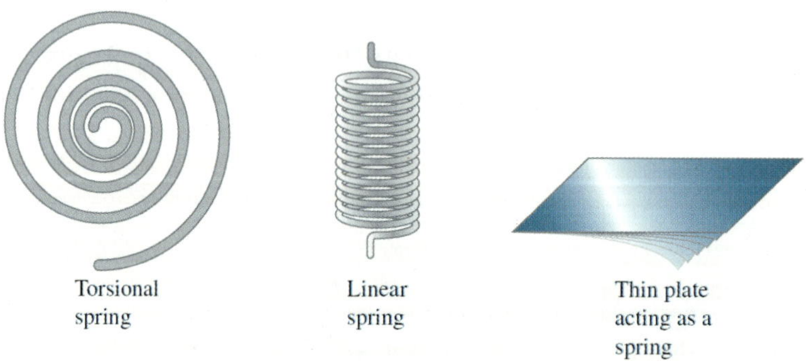

그림 10.4 다양한 형태의 스프링들

여기에서 각 문자는 다음을 의미한다.

$F =$ 작용력(N)

$k =$ 스프링 상수(N/mm)

$x =$ 스프링의 변형(mm)

탄성 영역 내에서 스프링에 가해진 작용력을 제거했을 때 스프링은 최초의 형태로 복원되고 영구 변형은 없게 된다. 스프링 상수의 값은 스프링을 만들 때 사용된 재료에 의해 결정된다. 또 스프링의 모양과 회전수도 k값에 영향을 준다. 스프링 상수는 실험을 통해 결정된다.

예제 10.1

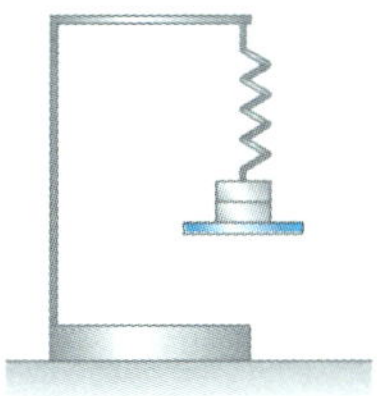

그림 10.5
스프링 장치

주어진 스프링 상숫값을 결정하기 위해 [그림 10.5]와 같이 한쪽 끝에 추를 달았다. 추의 무게에 따른 스프링의 변형이 [표 10.1(a)]에 있다. 스프링 상수는 어떻게 되는가? [그림 10.6]은 Excel을 이용하여 실험 결과값을 그래프로 그린 것이다.

표 10.1(a) 예제 10.1의 실험으로부터 얻은 결과

Weight(N)	The Deflection of the Spring(mm)
4.9	9
9.8	18
14.7	27
19.6	36

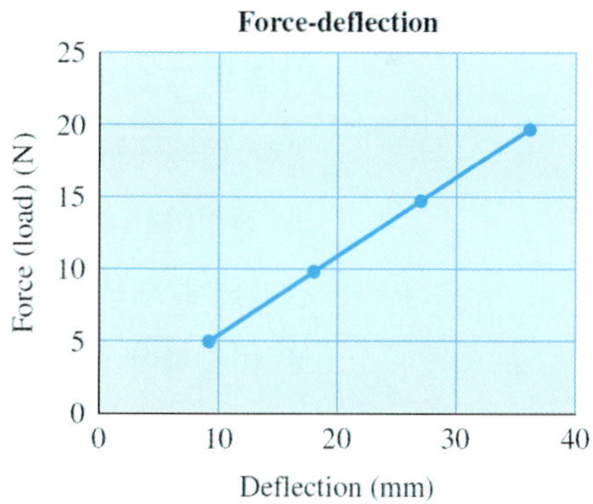

그림 10.6 예제 10.1에서 사용된 스프링의 힘—변형관계 도표

스프링 상수는 힘—변형 직선의 기울기를 구하여 얻을 수 있다(기울기=힘의 변화/변형량의 변화). 이 문제에서 $k = 0.54\text{N/mm}$가 된다.

종종 실험을 통해 얻은 힘—변형의 점들을 연결할 때 우리는 각각의 점들을 직선으로 연결하여 그래프를 얻지 않는다. 이러한 경우에는 직선이 각 점의 최소 오차 지점을 통과하도록 하여 그래프를 그린다(최소 자승 기법을 포함하는 수학적 기법이 요구된다). 여기에서는 실험을 통해 구한 각 점들의 가장 적절한 위치를 지나는 단지 한 개의 직선을 커브 맞춤을 이용하여 구하였다. 예를 들어 [그림 10.7]과 같이 [표 10.1(b)]의 힘—변형의 정보에 해당하는 커브 맞춤을 구하였다.

표 10.1(b) 힘—변형 데이터

Weight(N)	The Deflection of the Spring(mm)
5.0	9
10.0	17
15.0	29
20.0	35

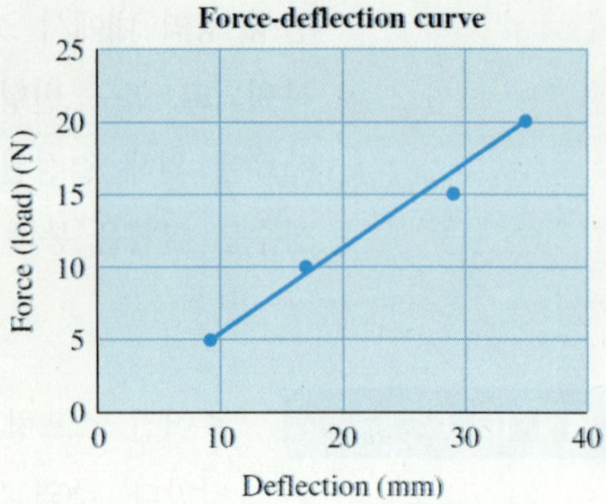

그림 10.7 힘—변형 데이터에 가장 적절하게 커브 맞춤을 한 그래프

마찰력—건마찰과 점성마찰

공학 설계에서 중요한 고려 요소인 마찰력에는 두 가지 종류가 있다. 바로 건마찰과 점성마찰(혹은 유체마찰)이다. 먼저 우리가 걷거나 자동차를 운전할 때 생기는 건마찰에 대해 알아보자. 얼음 위를 걷거나 빙판 위를 운전할 경우처럼 상대적으로 마찰력이 작은 경우를 생각해보라. 간단히 말하자면 건마찰은 접촉 표면 사이의 비규칙적인 접촉 때문에 존재한다. 마찰력에 대해 더 잘 이해하기 위해 다음과 같은 실험을 수행한다고 상상해보자. 탁자 위에 책을 놓고 책을 살짝 밀어 보자. 책이 움직이지 않음을 확인할 수 있을 것이다. 이러한 상황은 접촉면에서 작용력과 마찰력이 균형을 이루고 있는 상태이다. 이제 책을 약간 더 세게 밀어 보자. 작용력이 책의 움직임을 방해하는 마찰력을 넘어설 때까지 책은 움직이지 않을 것이다. 이 실험의 결과를 그래프로 그리면 [그림 10.8]과 비슷하게 그려진다. 마찰력은 최고치에 다다를 때까지 일정한 값이 아니라는 것에 주목하라.

마찰력은 다음과 같이 주어진다.

$$F_{\max} = \mu N \quad (10.3)$$

여기에서 N은 수직력이고, 이 경우에서는 책의 무게와 같다. 그리고 μ는 두 마찰면(책과 탁자 표면)에 대한 정적 마찰 계수이다. [그림 10.8]을 보면, 일단 책이 움직이게 되었을 때 마찰력은 동적 마찰력 혹은 운동 마찰력이라 부르는 값으로 떨어지게 됨을 관찰할 수 있다.

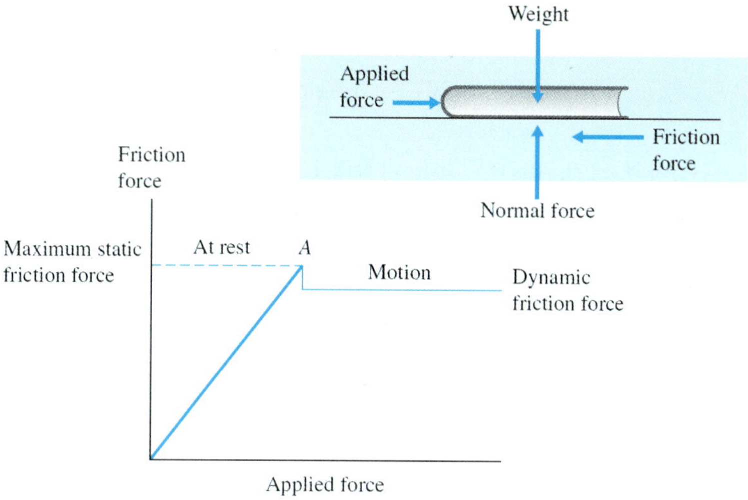

그림 10.8 적용된 힘과 마찰 사이의 관계

공학 해석을 위해 규정되어야 하는 또 다른 형태의 마찰은 유체마찰이다. 유체마찰은 점성이라 불리는 유체의 특성에 의해 정량화된다. 유체의 점성값은 얼마나 쉽게 유체가 흐를 수 있는가를 표현해준다. 점성치가 높을수록 유체의 흐름을 방해하는 저항값이 커진다. 예를 들면, 경사면에서 물과 꿀을 흘려보낼 때 두 액체 중 어느 액체가 더 쉽게 흐르겠는가? 여러분은 정답을 알고 있을 것이다. 물의 점성이 낮으므로 경사면에서 더 빠르게 흐른다. 파이프를 통해 유체를 이동시킬 때 점성이 작은 유체는 상대적으로 적은 에너지가 소모된다. 예를 들어 파이프를 통해 모터오일이나 글리세린을 전송하는 것보다 물을 전송하는 것이 더 적은 에너지를 필요로 한다. 유체의 점성은 온도의 함수이다. 일반적으로 기체의 점성은 온도가 증가함에 따라 증가하지만, 액체의 점성은 온도가 증가함에 따라 감소한다. 액체의 점성에 대한 지식과 온도 변화에 따른 점성의 변화에 관해 아는 것은 작동부분 사이의 마찰 감소를 위한 윤활제의 선택에 도움을 준다.

예제 10.2

책과 탁자 표면 사이의 정적 마찰 계수는 0.6이고, 책의 무게는 20N이다. 만약 책에 수평력이 10N으로 작용한다면 책은 움직일 것인가? 그렇지 않다면 마찰력의 크기는 어떻게 되는가? 그리고 책이 움직이기 위해서는 수평력의 크기가 얼마나 되어야 하는가?

최대 마찰력은 다음과 같이 계산된다.

$$F_{max} = \mu N = (0.6)(20) = 12 \text{ newtons}$$

수평력의 크기(10N)가 최대 마찰력(12N)보다 작기 때문에 책은 움직이지 않는다. 즉 마찰력은 작용력(10N)과 같다. 수평력의 크기가 12N보다 커야 책이 움직이게 된다.

10.2 뉴턴의 역학 법칙

6장에서 설명한 것과 같이 물리법칙은 사물에 대한 관찰에 기본을 두고 있다. 이 절에서는 역학의 기초를 이루고 있는 뉴턴의 법칙에 대해 간단히 설명할 것이다. 구조물, 기계 부품, 위성 궤도를 포함하는 많은 공학 문제의 설계와 분석은 뉴턴의 법칙을 적용함으로써 시작한다. 여러분 대부분은 물리학, 정역학, 동역학 수업에서 뉴턴의 법칙과 적용 방법에 관하여 더 깊게 다룰 기회를 갖게 될 것이다.

역학의 의미는 무엇인가

다음으로, 우리가 의도하는 것을 역학적으로 정의하는 것이 중요하다. 여기에는 독자가 완전히 이해해야 하는 3가지 개념이 있다: (1)역학은 힘을 받는 개체 또는 구조물의 거동과 관련된 연구를 다룬다. 앞서 언급한 바와 같이 힘은 개체에 변형, 회전, 압력, 단축, 연장, 휨 또는 비틀림을 줄 수 있다. (2)거동을 이용하여 우리는 무엇을 할 수 있는가? 역학에서 거동이라는 용어를 이용하여 개체의 선형 및 각(회전) 변위, 속도, 가속도, 선형, 각 변형, 응력에 대한 정보를 얻을 수 있다. 6장에서 언급한 바와 같이, 엔지니어는 회계사와 같은 북 키퍼(book keeper)이다. 회계분야에서 회계사는 돈의 매출 및 지출 추적을 하지만 엔지니어는 힘, 질량, 에너지, 변위, 가속, 변형, 회전, 압력을 추적한다. (3)또한, 개체는 기하학적 특성과 재료 특성에 의해 정의된다. 기하학적 특성은 길이, 단면적 그리고 단면적의 일차 및 이차 모멘트와 같은 정보를 제공한다. 한편, 재료 특성은 개체의 밀도, 탄성계수, 전단계수 등과 같은 재료 특성에 대한 정보를 제공한다. 개체와 개체 주변과의 상호작용은 경계조건 및 초기조건, 힘이 작용하는 방식에 의해 정의된다. 다음 절에서, 우리는 이러한 개념들에 대한 설명과 이러한 개념들이 물체의 거동에 어떠한 영향을 끼치는지를 설명할 것이다. 그리고 이러한 개념을 설명하기 위해 간단한 예시를 제공할 것이다.

뉴턴의 제1법칙

물체가 정지해 있을 때 물체에 작용하는 불균형적인 힘이 없다면 그 물체는 계속 정지해 있다. 만약 물체가 어떤 방향으로 일정한 속도로 움직이고 있을 때 물체에 작용하는 불균형적인 힘이 없다면 그 물체는 같은 방향, 같은 속도로 움직인다. 뉴턴의 제1법칙은 꽤 명백하고 직관적이다. 예를 들어 여러분은 책이 탁자에 정지해 있을 때, 책을 밀거나 당기거나 들어 올리는 등의 불균형적인 힘을 가하지 않는다면 책은 움직이지 않는다는 것을 알고 있다.

뉴턴의 제2법칙

우리는 이 법칙을 6장에서 간단히 설명했다. 표면이 매끄러운 탁자에 책을 놓고 충분히 강한 힘을 가하면 책은 움직일 것이다. 뉴턴은 이 현상을 관찰하여 뉴턴의 제2법칙으로 공식화하였다. 뉴턴은 일정한 크기의 힘으로 물체를 밀면서 물체의 질량을 증가시켰다. 그러자 물체는 급속히 움직이지 않았고 속도의 변화율은 점점 낮아졌다. 이렇게 뉴턴은 힘과 물체의 질량 그리고 물체의 가속도 사이에 일정한 관계가 있음을 알아냈다. 그는 또한 힘의 방향과 가속도의 방향 사이에 직접적인 관계가 있음을 알아냈다. 뉴턴의 제2법칙은 물체에 작용하는 불균형적인 힘의 총합이 물체의 질량과 그 물체의 가속도의 곱과 같다는 것을 말해준다. 이것을 수식으로 표현하면 다음과 같다.

$$\sum \vec{F} = m\vec{a} \tag{10.4}$$

여기에서 $\sum$(시그마 기호)는 총합을 의미한다. F는 N 단위인 힘을 나타내고, m은 kg 단위로 물체의 질량을 나타낸다. 그리고 a는 그 물체의 무게 중심의 가속도를 나타내며, 단위는 m/s^2이다. 식 (10.3)에서 힘의 총합은 물체에 하나 이상의 힘이 작용할 때 적용하면 된다.

뉴턴의 제3법칙

[그림 10.9]에서 보듯이, 책이 책상을 누르고 있는 것과 마찬가지로 책상도 책을 위로 밀고 있다. 그렇지 않다면 책상은 책을 지탱하지 못할 것이다. 뉴턴의 제3법칙은 모든 작용에 대한 반작용이 존재한다는 것을 말해준다. 그리고 작용력과 반작용력은 같은 선상에서 같은 크기를 갖지만, 방향은 반대이다.

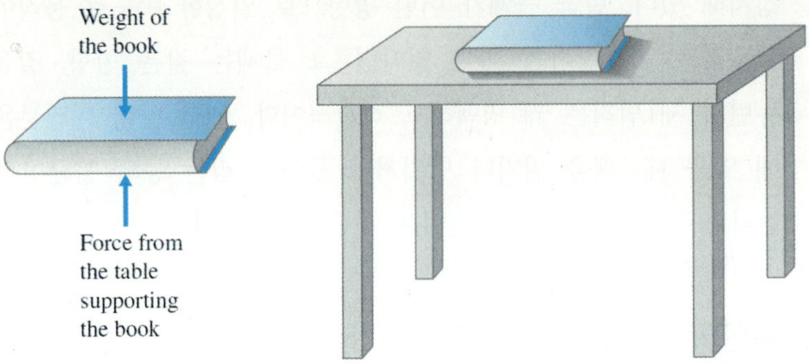

그림 10.9 작용과 반작용. 둘 다 같은 크기와 같은 운동선상에서 발생하지만 방향은 반대이다.

뉴턴의 중력법칙

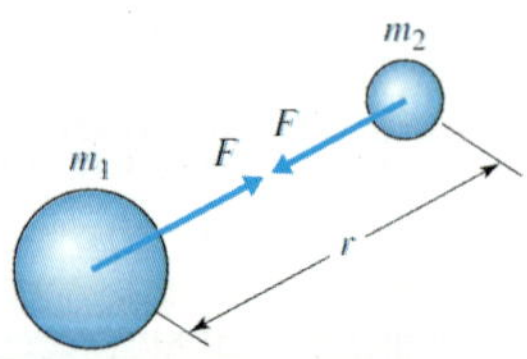

그림 10.10 두 물체 사이의 만유인력

물체의 무게는 지구의 인력에 의해 발생하는 물체의 질량에 걸리는 힘이다. 뉴턴은 [그림 10.10]과 같이 m_1과 m_2의 질량을 가진 어떠한 두 개의 물체 사이에 같은 크기의 인력이 서로 다른 방향으로 작용한다는 것을 발견하였다. 이러한 관계는 다음과 같이 표현된다.

$$F = \frac{Gm_1m_2}{r^2} \tag{10.5}$$

여기서

F = 인력(N)

G = 만유인력 상수($6.673 \times 10^{-11} m^3/kg \cdot s^2$)

m_1 = 질점 1의 질량(kg, [그림 10.10] 참조)

m_2 = 질점 2의 질량(kg, [그림 10.10] 참조)

r = 각각의 질점의 중심 사이의 거리(m)

식 (10.5)의 질점 1의 질량에 물체의 질량 m을, 질점 2의 질량에 지구의 질량 ($M_{\text{Earth}} = 5.97 \times 10^{24}\text{kg}$)을 그리고 두 질점 사이의 거리에 지구의 반지름을 대입함으로써 지구에 있는 한 물체의 무게를 결정할 수 있다. 지구의 반지름은 지구 위에 있는 어떠한 물체와 비교해도 매우 크므로 두 질점 사이의 거리 r을 $R_{\text{Earth}} = 6378 \times 10^3\text{m}$로 근사화 할 수 있다. 그리하여 지구 표면에서 질량 m인 물체의 무게(W)는 다음과 같이 주어진다.

$$W = \frac{GM_{\text{Earth}}m}{R_{\text{Earth}}^2}$$

그리고 $g = \dfrac{GM_{\text{Earth}}}{R_{\text{Earth}}^2}$이라 하면, 다음과 같이 쓸 수 있다.

$$W = mg \tag{10.6}$$

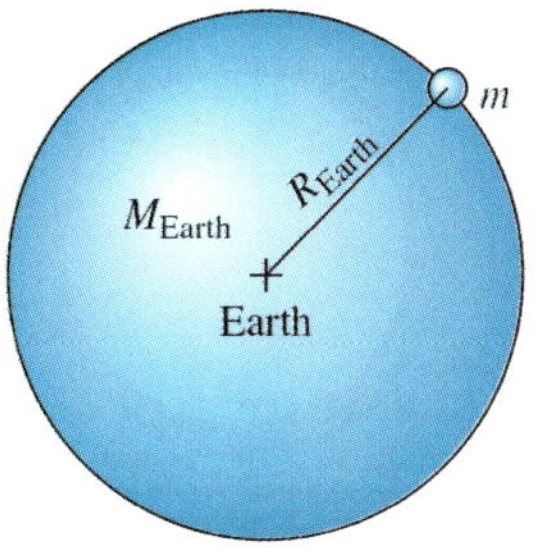

식 (10.6)은 물체의 무게와 질량 그리고 중력으로 인한 가속도 사이의 관계를 보여준다. 이처럼 간단한 관계를 완전하게 아는 것이 중요하다. 지구는 완전한 구형이 아니므로 g값은 위도와 경도에 따라 변하게 된다. 그러나 대부분의 공학 문제에 있어서는 $g = 9.8\text{m/s}^2$이 사용된다. 또한, g값은 지구 표면으로부터 멀리 떨어질수록 감소한다. 이러한 사실은 식 (10.5)와 식 (10.6)에서 명백하게 알 수 있다.

예제 10.3

지구에서 질량이 250kg인 탐사선의 무게를 구하여라. 그리고 달($g_{\text{Moon}} = 1.6\text{m/s}^2$)과 화성($g_{\text{Mars}} = 3.7\text{m/s}^2$)에서 탐사선의 질량은 어떻게 되는가? 또 달과 화성에서 탐사선의 무게는 어떻게 되는가?

달과 화성에서 탐사선의 질량은 250kg으로 같다. 탐사선의 무게는 $W = mg$로부터 구할 수 있다.

지구에서: $W = (250\,\text{kg})\left(9.8\,\dfrac{\text{m}}{\text{s}^2}\right) = 2450\,\text{N}$

달에서: $W = (250\,\text{kg})\left(1.6\frac{\text{m}}{\text{s}^2}\right) = 400\,\text{N}$

화성에서: $W = (250\,\text{kg})\left(3.7\frac{\text{m}}{\text{s}^2}\right) = 925\,\text{N}$

예제 10.4

우주선이 목적에 따라 최저 250km에서 최고 965km 고도로 지구 주위를 돌고 있다. 최저 및 최고 고도에서 우주선 안에 있는 비행사가 느끼는 중력 가속도 g값을 각각 구하여라. 만약 비행사의 질량이 70kg이라면 우주선이 지구 주위를 돌 때 우주비행사의 무게는 어떻게 되는가?

$$g = \frac{GM_{\text{Earth}}}{R^2} = \frac{\left(6.673 \times 10^{-11}\frac{\text{m}^3}{\text{kg}\cdot\text{s}^2}\right)(5.97 \times 10^{24}\,\text{kg})}{[(6378 \times 10^3 + 250 \times 10^3)\text{m}]^2} = 9.07\,\text{m/s}^2$$

$$W = (70\,\text{kg})\left(9.07\frac{\text{m}}{\text{s}^2}\right) = 635\,\text{N}$$

965km 고도에서

$$g = \frac{GM_{\text{Earth}}}{R^2} = \frac{\left(6.673 \times 10^{-11}\frac{\text{m}^3}{\text{kg}\cdot\text{s}^2}\right)(5.97 \times 10^{24}\,\text{kg})}{[(6378 \times 10^3 + 965 \times 10^3)\text{m}]^2} = 7.38\,\text{m/s}^2$$

$$W = (70\,\text{kg})\left(7.38\frac{\text{m}}{\text{s}^2}\right) = 517\,\text{N}$$

이러한 고도에서도 우주비행사는 여전히 상당한 무게를 갖고 있음을 알 수 있다. TV에서 볼 수 있는 무중력 상태는 우주선의 궤도속도에 의해 만들어진다. 예컨대 우주선이 935km의 고도에서 7,744m/s의 속도로 지구 주위를 공전할 때 8.2m/s^2의 수직 가속도가 생긴다. g와 수직 가속도의 차이가 무중력 상태를 만들어내는 것이다.

10.3 모멘트, 토크―먼 거리 작용의 힘

앞에서 설명한 대로 물체에 작용하는 불균형적인 힘은 물체를 병진 이동(즉 불균형적인 힘의 방향으로 이동한다.)시키거나 물체에 회전, 굽힘, 비틀림을 주게 되는 두 가지 경향으로 나타난다. 이 절에서는 불균형적인 힘으로 인해 일어나는 물체의 회전, 굽힘, 비틀림에 대해 초점을 맞춰 공부해보자. 다양한 지점과 축에 작용하는 힘에 의해 발생하는 모멘트는 많은 공학 설계 문제에 있어서 매우 중요하다. 예를 들어 가로등이나 신호등의 기둥을 살펴보면 상단 부분보다 지면 쪽이 더 두꺼움을 알 수 있다.

이렇게 만드는 주된 이유는 바람으로 인해 굽힘 모멘트가 생기는데, 이 값은 기둥의 지면 부분에서 최댓값이 되기 때문이다. 모멘트에 의한 파괴를 막기 위해서는 기둥의 기초 부분의 단면이 더 두꺼워야 한다. 자연은 굽힘 모멘트의 개념을 매우 잘 이해하고 있다. 나무줄기가 지면에 가까울수록 두꺼운 이유는 풍력과 가지의 무게에 의한 모멘트를 지탱하기 위함이다. 샤프트나 기어 또는 바퀴 등 회전하는 물체를 설계할 때 모멘트와 토크를 이해하는 것은 매우 중요하다.

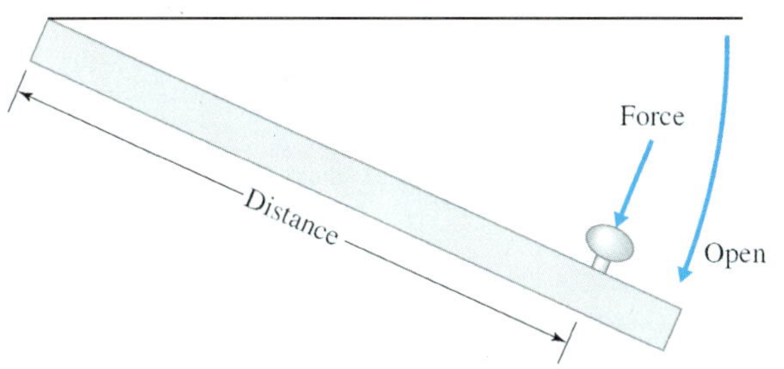

그림 10.11 문을 열거나 닫을 때 사용된 힘으로 인해 발생되는 모멘트

모멘트의 개념을 더 확실히 깨닫기 위해 간단한 예를 생각해보자. 여러분은 문을 열 때 문 손잡이에 밀거나 당기는 힘을 가할 것이다. 이 힘은 문의 경첩을 축으로 문이 회전하도록 만든다. 역학에서는 이러한 힘의 경향을 한 축이나 점에 대한 힘의 모멘트(moment of a force)라는 용어로 정의한다. 모멘트는 방향과 크기를 둘 다 가지고 있다. 예컨대 방향은 문이 도는 이치에 따라 정의된다. [그림 10.11]과 같이 위에서 문을 바라봤을 때 힘을 작용하여 문을 열 때 모멘트의 방향

은 시계 방향이고 문을 닫을 때 작용하는 힘은 시계 반대 방향의 모멘트를 만든다. 모멘트의 크기는 힘과 모멘트 팔의 곱으로 구한다. 모멘트 팔은 힘의 작용선과 물체가 회전하는 중심점 사이의 수직 거리를 나타낸다.

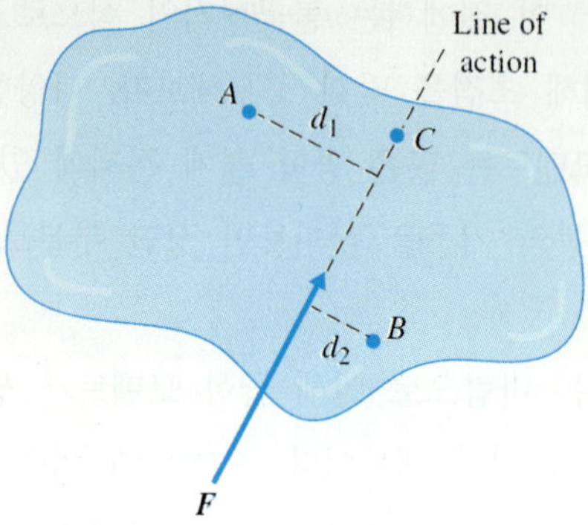

그림 10.12 A, B, C 점에서의 힘 F에 대한 모멘트

이 책에서는 한 점에 대한 힘의 모멘트에 관해서만 다룬다. 역학 수업에서 여러분은 임의의 축에 대한 모멘트의 크기와 방향을 계산하는 법을 배울 것이다. 힘 F가 수반되는 물체에 대한 작용선과 모멘트 팔의 관계는 [그림 10.12]와 같다. 임의의 점 A, B, C에 대한 모멘트의 크기는 다음과 같이 주어진다.

$$M_A = d_1 F \circlearrowleft \tag{10.7}$$

$$M_B = d_2 F \curvearrowright \tag{10.8}$$

$$M_C = 0 \tag{10.9}$$

점 C에 대한 F의 모멘트는 힘의 작용선이 점 C를 지나가기 때문에 모멘트의 팔이 0이므로 0이 된다. 일정한 점에 대한 여러 힘으로 생기는 모멘트의 합을 계산하려면 각각에 힘에 대한 정확한 모멘트를 이용해야 하고, 각 힘에 대한 물체의 회전 방향이 시계 방향인지 반 시계 방향인지 확실히 알아야 한다. 위에 언급한 대로 시계 방향의 회전을 양수값, 시계 반대 방향의 회전을 음수값이라 지정하자. 힘에 의한 전체의 경향은 모멘트의 부호를 고려한 최종 합에 의해 결정된다. 이 접근법을 예제 10.5에서 풀어보자.

예제 10.5 [그림 10.13]에서 보여 지는 점 O에서의 힘 모멘트의 합을 구하라.

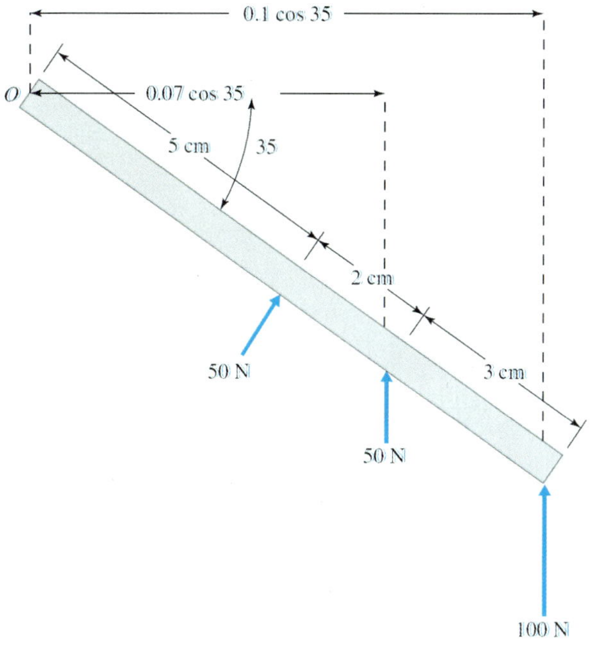

그림 10.13 예제 10.5를 위한 개략도

$$\circlearrowleft^{+} \sum M_O = (50\,\mathrm{N})(0.05\,\mathrm{m}) + (50\,\mathrm{N})(0.07\cos 35\,\mathrm{m}) + (100\,\mathrm{N})(0.1\cos 35\,\mathrm{m})$$

$$= 13.55\,\mathrm{N \cdot m}$$

각각의 힘에 대한 모멘트 계산을 위해 O점과 각각의 힘에 대한 작용선 사이의 수직 거리를 이용하였다. 또한, 시계 반대 방향의 회전으로 양의 값을 할당하였다.

예제 10.6 [그림 10.14]와 같이 A, B, C, D점에 대해 두 힘에 대한 모멘트를 구하여라.

$$\circlearrowleft^{+} \sum M_A = (100\mathrm{N})(0) + (100\mathrm{N})(0.1\mathrm{m}) = 10\mathrm{N \cdot m}$$

$$\circlearrowleft^{+} \sum M_B = (100\mathrm{N})(10\mathrm{m}) + (100\mathrm{N})(0) = 10\mathrm{N \cdot m}$$

$$\circlearrowleft^{+} \sum M_C = (100\mathrm{N})(0.25\mathrm{m}) - (100\mathrm{N})(0.15\mathrm{m}) = 10\mathrm{N \cdot m}$$

$$\circlearrowleft^{+} \sum M_D = (100\mathrm{N})(0.35\mathrm{m}) - (100\mathrm{N})(0.25\mathrm{m}) = 10\mathrm{N \cdot m}$$

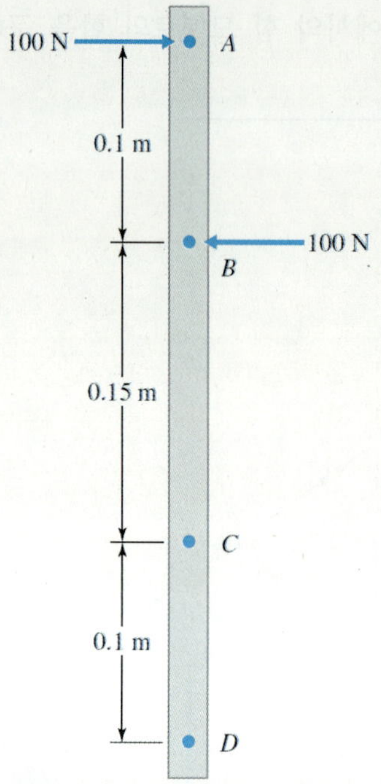

그림 10.14 예제 10.6을 위한 계략도

예제 10.6에서 언급한 것과 같이 모멘트는 크기가 같고, 방향이 반대인 두 힘(힘의 동선이 같지 않은)으로 구성되어있다. 이 예제의 결과로 알 수 있듯이, 한 쌍으로 이루어진 모멘트는 한 쌍의 힘 중 하나의 크기에 두 힘 사이의 수직거리를 곱한 값과 같다. 이 문제에서 시계방향이 양의 방향으로 정의됐다. 따라서 계산된 모멘트의 합이 양의 값을 가지기 때문에 물체는 전체적으로 시계방향으로 회전하려는 경향을 보인다.

외력, 내력, 반력

지금까지는 외부 힘과 모멘트의 개념을 설명하였고 지금부터는 내력 및 반력의 개념을 설명할 것이다. 개체가 외력을 받게 되면 개체의 내부요소들은 상태를 유지하기 위해 내력을 생성한다. [그림 10.15]를 내력의 예로 제시하였다. 또한, 힘이 작용하면 작용 지점에 물체의 상태를 유지하기 위해 반력이 생성된다. [표 10.2]는 다양한 지지 조건과 그것들이 개체의 움직임에 어떤 영향을 미치는지를 간단한 예를 통해 보여준다. 독자들도 앞서 배운 내용을 토대로 어떻게 움직일지 예측해보길 바란다. 먼저, 맨 왼쪽 열의 지지 방식을 보고 반력을 예측한 후 오른쪽 열의 반력 그림을 보길 바란다. 잘 이해가 가지 않을 경우에는 가운데 열의 설명을 참조하길 바란다.

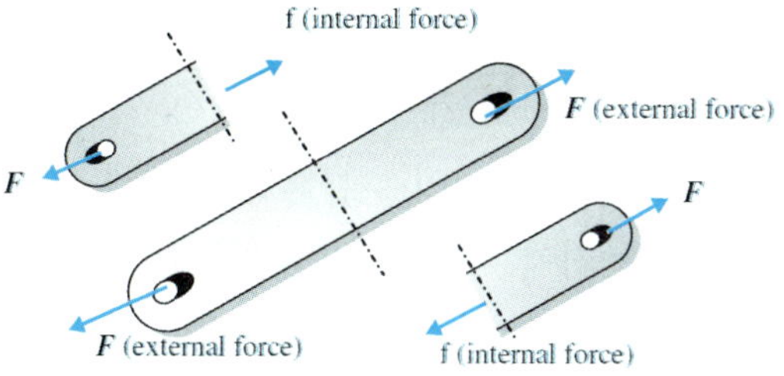

그림 10.15 내력의 예. 막대를 분리시키려고 할 때, 막대는 하나의 개체로 유지하기 위해 막대의 내부에서 내력이 발생한다.

표 10.2 다양한 지지방식과 이들이 물체의 거동에 어떠한 영향을 끼치는지 보여주는 간단한 사례들

Examples of Supports	Explanation	Reaction Forces
Fixed Support 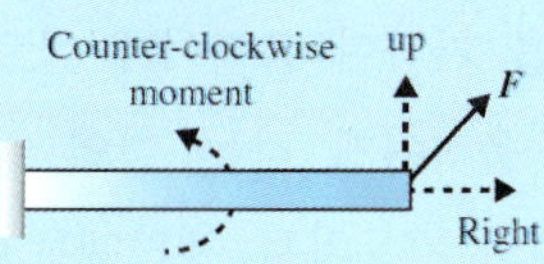	For a fixed support, the object cannot move up and down, nor can it move sideways, or be bent at the support location point. Therefore, there are support (reaction) forces in the vertical and horizontal directions and a reaction moment to prevent rotation at the support location. For the example shown, the external force will have the tendency to move the object up and to the right and also bend it in a counter-clockwise direction. Therefore, to prevent these tendencies, the support reaction forces should act downward and to the left, and the reaction moment is in a clockwise direction.	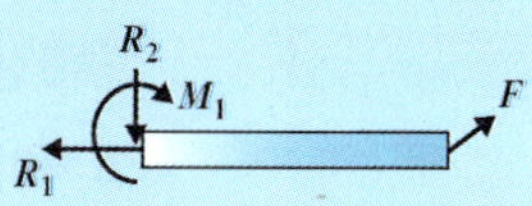
Pin Support 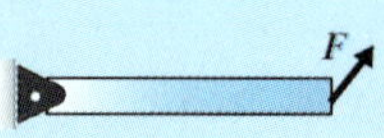	At the support location, the object can not move up and down, nor can it move sideways, however, it could rotate about the pin. Therefore, there are only two support (reaction) forces in the vertical and horizontal directions. Nothing prevents the object from rotating. For the example shown, the external force will have the tendency to move the object up and sideways to the right and also rotate it in a counter-clockwise direction. The support reaction shown can only prevent the translational tendencies.	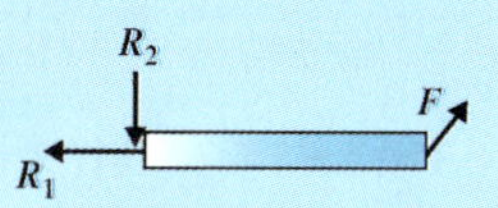
Pin and Roller Supports 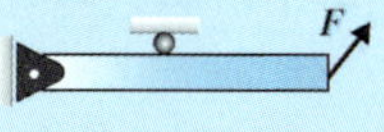	In this example, we have added a roller to prevent the bar from rotating. Note the change in the direction of the vertical force at pin support and addition of the downward vertical force at the roller location. Ask students to explain the difference.	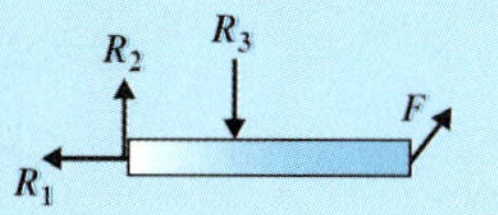

경계조건과 초기조건

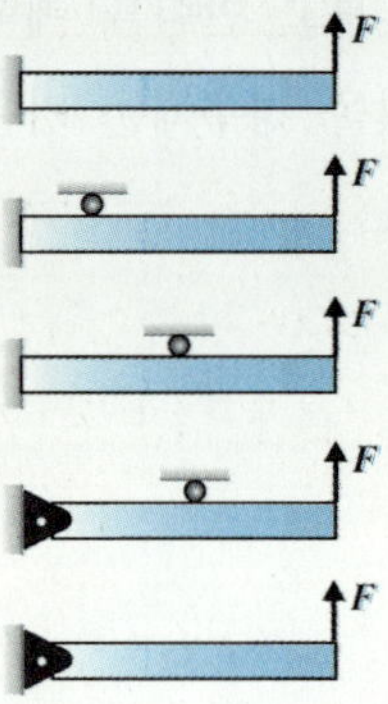

그림 10.16
경계조건이 어떠한 영향을 끼치는지를 보여주는 간단한 예제들. 각각의 경우에 대하여 구조물이 어떻게 움직일 것인지 예측해보아라.

개체가 유지되는 방식도 개체의 움직임에 영향을 미친다. [그림 10.16]은 경계 조건의 효과를 보여준다. 각각의 빔들이 어떤 요소들에 의해 얼마나 휨이 발생할지 정성적으로 어떻게 설명할 수 있는가? 이 질문에 대답하기 위해서는 개체의 경계조건을 정확히 이해하는 것은 매우 중요하다—경계조건이라는 용어는 개체의 경계에서 어떠한 일이 일어나고 있는지를 설명한다. 이러한 조건은 개체가 경계에서 어떻게 지지가 되는지에 대한 정보를 제공한다. 어떠한 경우에는 지지상태 또는 하중이 시간에 따라 변할 수 있기 때문에 물체의 움직임을 예측하기 전에 초기조건을 설정하는 것도 중요하다.

10.4 일—거리에 작용하는 힘

여러분이 자동차를 밀어서 일정 거리를 움직이게 했다면 여러분은 기계적 일을 수행한 것이다. 또한, 잔디 깎는 기계를 어떤 방향으로 움직였다면 여러분은 일을 한 것이다. 기계적 일(mechanical work)은 물체에 힘을 가하여 움직이게 함으로써 행해진다. 단순하게 말하자면 기계적인 일은 물체를 움직이게 하는 힘의 성분과 물체가 움직인 거리의 곱으로 정의된다. [그림 10.17]의 자동차를 생각해보자. 일은 위치 1에서 위치 2까지 미는 힘으로 수행된다. 그것은 다음과 같이 서술된다.

$$W_{1-2} = (F\cos\theta)(d) \qquad (10.10)$$

식 (10.10)으로부터 힘의 수직 성분은 기계적 일을 수행하지 않음을 알 수 있다. 이것은 지면의 수직 방향으로 자동차가 움직이지 않기 때문이다. 다음에 여러분이 잔디 깎는 기계를 이용한다면 잔디 깎는 기계를 수평 방향으로 밀 것인가? 혹은 비스듬한 방향으로 밀 것인가? 여러분이 고려해야 할 또 다른 점은 물체를 움직이기 위해 지칠 때까지 열심히 밀었지만, 그 물체가 움직이지 않는다면 기계적 일을 전혀 하지 않은 것이라는 점이다.

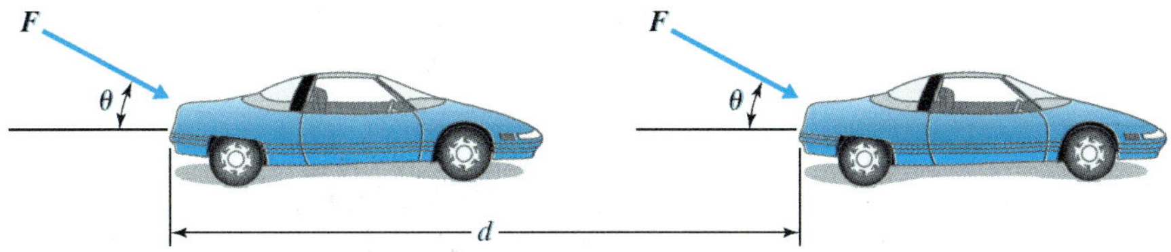

그림 10.17 자동차에 적용된 힘 F에 의한 일은 $W_{1-2}=(F\cos\theta)(d)$와 같다.

예를 들어 건물의 벽을 아무리 세게 밀어도 벽이 움직이지 않는다면 힘의 정의에 의해 여러분은 기계적 일을 전혀 하지 못한 것이 된다.[4)]

예제 10.7

[그림 10.18]과 같이 무게가 100N인 상자를 지면에서 1.5m만큼 들기 위해 요구되는 일을 구하라.

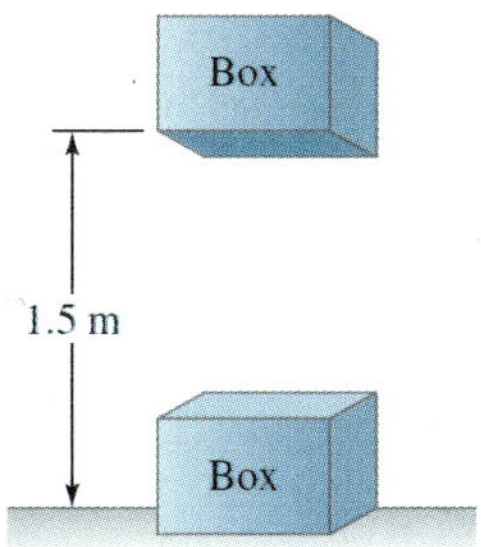

그림 10.18
예제 10.7의 박스

$$W = (100\text{N})(1.5\text{m}) = 1.50\text{N}\cdot\text{m}$$

일에 대한 SI단위는 줄(joule)이라고 부르는 N·m이다. 그래서 줄의 단위(J)는 1N의 힘으로 1m의 거리를 움직인 일이라고 정의한다.

$$1 \text{ joule} = (1\text{N})(1\text{m})$$

학생들은 동력과 일의 개념을 종종 혼동하기도 한다. 동력은 얼마나 빨리 원하는 일을 하는가를 나타내는 것이다. 다른 식으로 표현하자면 시간당 행해진 일의 양이다. 동력은 일을 그 일이 수행된 시간으로 나눠서 구한다. 예를 들어 예제 10.16에서 상자를 3초 동안 들어 올리기를 바란다면 필요한 동력은 다음과 같다.

4) Of course, your effort goes into deforming the wall on a very, very small scale that cannot be detected by the naked eye. The forces created by your push deform the wall material, and your effort is stored in the material in the form of what is called the strain energy.

$$\text{power} = \frac{\text{work}}{\text{time}} = \frac{150\,\text{J}}{3\,\text{s}} = 50\,\text{J/s} = 50\,\text{watts}$$

1J/s를 1와트(W)라 부른다는 것을 기억해두자. 만약 상자를 1.5초 동안 들어 올리기를 원하면 필요한 동력은 150J/1.5s 또는 100W가 된다. 즉 두 배의 동력이 요구된다. 각각의 경우에 수행된 일은 모두 같다. 만약 일을 더 짧은 시간에 하길 바란다면 더 많은 동력을 투입해야 한다. 13장에서 동력과 동력의 단위에 대해 더 자세히 설명한다.

10.5 압력과 응력—면적에 걸쳐 작용하는 힘

압력은 어떤 면적에 걸쳐 작용하는 힘의 농도에 관한 척도이다. 압력은 접촉면의 면적에 대한 힘의 비로 정의된다.

$$\text{pressure} = \frac{\text{force}}{\text{area}} \tag{10.11}$$

압력의 크기를 더 잘 이해하기 위해 [그림 10.19]와 같은 상황을 생각해보자. 먼저 [그림 10.19(a)]와 같은 크기 216×64×102mm, 무게 28N의 옆으로 누워있는 사각기둥을 관찰해보자. 식 (10.11)을 이용하여 접촉면의 압력을 구하면 다음과 같다.

$$\text{pressure} = \frac{\text{force}}{\text{area}} = \frac{28\,\text{N}}{(0.216\,\text{m})(0.102\,\text{m})} = 1271\frac{\text{N}}{\text{m}^2} = 1271\,\text{Pa}$$

1m^2당 1N에 해당하는 압력을 1파스칼(Pa)이라 부른다($1\text{N}/1\text{m}^2 = 1\text{Pa}$). [그림 10.19(b)]처럼 끝 쪽으로 벽돌을 세워 놓으면 벽돌의 무게에 의한 압력은 다음과 같다.

$$\text{pressure} = \frac{\text{force}}{\text{area}} = \frac{28\,\text{N}}{(0.064\,\text{m})(0.102\,\text{m})} = 4289\frac{\text{N}}{\text{m}^2} = 4289\,\text{Pa}$$

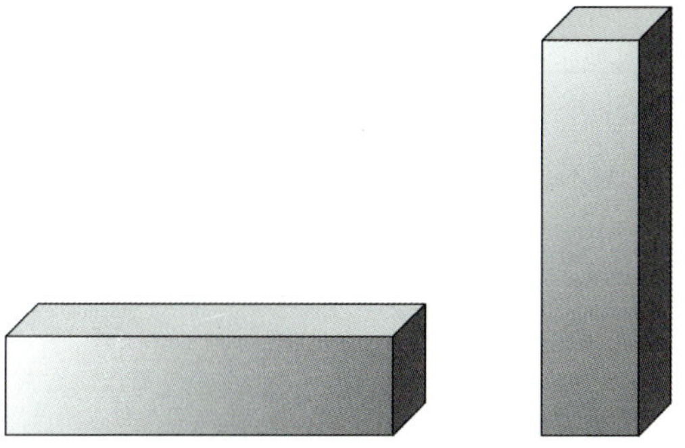

(a) (b)

그림 10.19 압력의 개념을 설명해주는 실험. (a)측면으로 지탱하고 있는 벽돌, (b)끝 면으로 지탱하고 있는 벽돌. 이 면에서 더 높은 압력이 생긴다.

벽돌을 어떻게 놓는가에 상관없이, 여기서 벽돌의 무게는 28N임을 기억하자. 그러나 접촉면에 생기는 압력의 크기는 접촉면의 면적에 따라 다르다. 접촉면이 더 작아질수록 같은 힘이라도 더 많은 압력이 생기게 된다. 여러분은 이러한 사실을 여러 경험을 통해 이미 알고 있을 것이다. 팔을 손가락과 압정 중에서 어느 것으로 찌르는 것이 더 아픈가?

7장의 공학 적용 문제에서 면적의 중요성과 역할 부분에서 건물의 기초 부분, 유압 시스템, 자르는 도구에 관해 설명할 때 압력을 이해하는 것이 매우 중요하다고 설명하였다. 날카로운 칼을 디자인하기 위해서는 잘리는 모서리를 따라 큰 압력이 생기도록 설계해야 한다. 이것은 잘리는 면을 따라 접촉면이 최소한으로 줄어들도록 함으로써 가능하다. 유압 분포를 이해하는 것은 정수역학, 동수역학 그리고 공기역학 등의 공학 문제에서 매우 중요하다. 정수역학은 물이 움직이지 않는 상태에 관해 다루는 학문이다. 정수역학에서는 다른 종류의 유체에 대해서도 다룬다. 정수역학 문제의 좋은 예는 댐의 표면에 작용하는 수압을 계산하고 댐의 높이에 따라 수압이 어떻게 변하는가를 계산하는 것이다. 압력을 이해하는 것은 동수역학에서도 매우 중요하며 동수역학에서는 파이프에서 오일과 물이 교차하여 흐르는 문제나 배 또는 잠수함 선체 주위의 물 흐름에 대한 문제 등에서 물과 다른 유체의 운동에 대해 다룬다. 자동차의 공기 저항이나 비행기 날개의 양력을 분석하는 문제에서는 공기 압력의 분포가 매우 중요한 역할을 한다. 공기역학은 어떤 표면 주위의 공기 운동을 이해하는 것에 대하여 다룬다.

압력의 공통단위

국제단위체계(SI)에서 압력 단위는 파스칼로 표현된다. 1파스칼은 $1m^2$의 면적에 1 뉴턴의 힘을 작용하여 생기는 압력이다.

$$1\,\mathrm{Pa} = 1\frac{\mathrm{N}}{\mathrm{m}^2} \tag{10.12}$$

많은 다른 압력단위가 사용되고 있다. 예컨대 일반적으로 대기압은 수은 밀리미터 (mmHg) 단위로 표현되고 있다. 예제 10.9에서 이러한 단위들과 Pa 사이의 관계를 다룬 뒤 정적 상태에서 유압이 깊이에 따라 어떻게 변하는지 설명하도록 하겠다.

정적상태의 유체에 관한 두 가지 기본 법칙이 있다.

(1) 한 점에서 유압은 모든 방향으로 같다는 파스칼의 법칙

(2) 유압은 유체의 깊이에 따라 증가한다는 법칙

이렇게 법칙이 단순한데도, 다양한 공학문제를 해석하는 데 있어서 매우 강력한 도구로 이용된다.

파스칼의 법칙

파스칼의 법칙은 한 점의 압력은 모든 방향으로 동일하다는 것을 말해준다. 한 점의 압력에 대해 심층적으로 논의해 보자. 이 법칙을 설명하기 위해서 [그림 10.20]의 용기를 살펴보자. 이 용기에서 A점의 압력은 모든 방향으로 동일하다.

또 다른 법칙은 단순하지만, 정적인 유체에 있어서 중요한 개념인 "유체의 깊이에 따라 압력이 증가한다."는 것이다. 그래서 잠수함이 수심 100m를 순항할 때보다 수심 300m를 순항할 때 잠수함의 선체는 더 큰 압력을 받는다. 여러분 중 일부는 스쿠버다이빙이나 강에서 수영하는 경험을 통해 깊이에 따른 압력의 변화를 직접 느꼈을 것이다. 물속 깊숙이 들어갈수록 몸에 더 큰 압력이 걸렸던 경험을 상기해보자. [그림 10.20]을 참고하면, 게이지 압력과 유체의 높이에 대한 관계는 다음과 같이 주어진다.

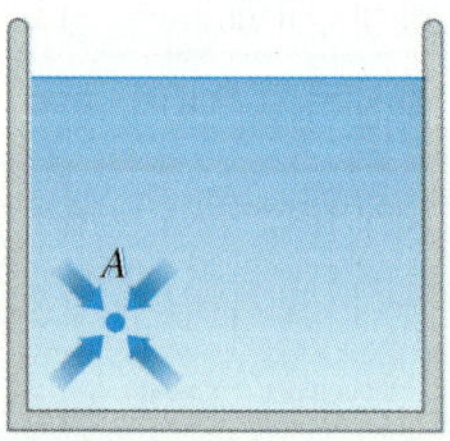

그림 10.20
움직이지 않는 유체에서 한 점에 작용하는 유압은 모든 방향으로 같다.

$$P = \rho g h \tag{10.13}$$

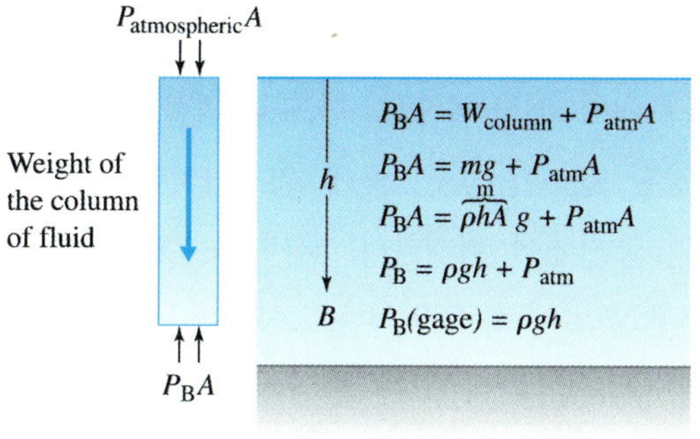

그림 10.21 깊이에 따른 압력의 변화

여기서,

P = B 점에서 유체의 압력([그림 10.21] 참조)(in Pa)

ρ = 유체의 밀도(in kg/m^3)

g = 중력에 의한 가속도(g = 9.8m/s^2)

h = 유체 기둥의 높이(in m)

[그림 10.21]에서 보는 바와 같이, 바닥면에 작용하는 유체 기둥의 압력과 무게 사이에 힘의 균형이 이루어지고 있다. 식 (10.13)은 유체밀도가 일정하다는 가정하에 유도되었다.

압력 분포와 관련된 또 다른 개념엔 부력이 있다. 우리가 7장에서 설명한 대로 부력은 "유체에 잠긴 물체에 유체가 작용하는 힘"이다. 물체의 밑면에 미치는 압력이 윗면에 걸리는 압력보다 크기 때문에 전체적으로 물체를 위쪽으로 뜨게 하는 힘이 작용하게 된다. 이렇게 유체에 잠긴 물체에 작용하는 유압 분포의 총합이 부력이다. 부력의 크기는 유체에 잠긴 물체가 차지하고 있는 부피에 해당하는 유체의 무게와 같다. 수식으로 옮기면 다음과 같다.

$$F_B = \rho V g$$

여기서 F_B는 부력(N), ρ는 유체의 밀도(kg/m^3), g는 중력 가속도(9.8m/s^2), V는 물체의 부피를 나타낸다(m^3).

예제 10.8

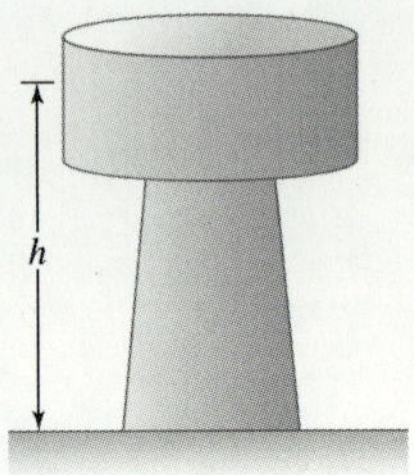

그림 10.22
예제 10.8의 급수탑

여러분 대부분은 작은 도시에서 급수탑을 봤을 것이다. 급수탑은 물이 필요한 곳에 물을 보내기 위한 수압을 만드는 역할을 한다. 이를 위해서는 많은 양의 물이 저장된 탱크를 높은 곳에 위치시켜야 한다. 종종 급수탑은 언덕 위 혹은 마을의 고지대에 위치한다. 국지적 수압은 마을마다 다르다. 그러나 일반적으로 350kN/m^{2}에서 500kN/m^2 사이의 압력강하가 일어난다. 우리는 [그림 10.22]의 급수탑 안에 있는 물의 지면으로부터의 높이와 급수탑의 기초에 설치된 파이프 수압 사이에 관한 표를 완성하려고 한다. 물의 높이를 10m씩 증가시키면서 급수탑의 기초에 위치한 파이프에서의 수압을 kN/m^{2}로 계산해 보자. 700kN/m^{2}까지 압력이 나오도록 표를 만들어 보자. 이 완성된 높이-압력 표를 이용하여 "급수탑의 기초에 위치한 파이프에서 350kN/m^{2}의 압력을 만들기 위해서는 급수탑에서 어느 정도 수위가 되어야 하는가?"의 질문에 답할 수 있다. 급수탑에서 지면으로부터의 수위와 급수탑의 기초에 위치한 파이프 수압 사이의 관계는 식 (10.13)과 같다.

$$P = \rho g h$$

여기서 각 문자는 다음을 의미한다.

P = 급수탑 기초에서의 수압(N/m^2)
ρ = 물의 밀도(1000kg/m^{3}과 같다)
g = 중력 가속도(g=9.81m/s^2)
h = 지면으로부터의 물의 높이(m)

식 (10.13)에 각각의 값을 대입하면

$$P\left(\frac{\mathrm{N}}{\mathrm{m}^2}\right) = \left(1000\frac{\mathrm{kg}}{\mathrm{m}^3}\right)\left(9.81\frac{\mathrm{m}}{\mathrm{s}^2}\right)[h(\mathrm{m})] = (9810)h\,\mathrm{N/m^2}$$

$$= (9.810)h\,\mathrm{kN/m^2}$$

9.810이란 인자는 h값이 m로 주어졌을 때 kN/m^{2}로 압력을 환산해주는 단위임을 주목하라. 그리고 위의 식에 h를 10m씩 증가시켜 대입하여 [표 10.3]을 얻는다. [표 10.3]으로부터 급수탑의 토대 부분에 있는 파이프의 수압이 350kN/m^{2}가 되기 위해서는 급수탑의 수위가 약 40m가 되어야 함을 알 수 있다.

표 10.3 급수탑 내부에 있는 물의 높이와 토대부분에 있는 파이프 내부의 압력과의 관계

Water Level in the Tower(m)	Water Pressure (kN/m^2)	Water Level in the Tower(m)	Water Pressure (kN/m^2)
10	98.1	130	1275.3
20	196.2	140	1373.4
30	294.3	150	1471.5
40	392.4	160	1569.6
50	490.5	170	1667.7
60	588.6	180	1765.8
70	686.7	190	1863.9
80	784.8	200	1962.0
90	882.9	210	2060.1
100	981.0	220	2158.2
110	1079.1	230	2256.3
120	1177.2	240	2354.4

기압

지구의 대기압은 지표면과 대기 사이의 공기 무게로 인한 것이다. 대기압은 공기 기둥의 무게(대기의 끝 부분까지 고려한)를 단위 면적으로 나눠서 구한다. 표준 해수면에서의 표준 대기압은 101.325kPa이다. 대기압의 정의로부터 대기압이 고도의 함수가 됨을 알 수 있다. 고도에 따른 표준 대기압과 공기의 밀도변화는 [표 10.4]에 나타나 있다.

예컨대 에베레스트 산의 정상에서의 대기압과 공기밀도는 약 31kPa, 0.467kg/m^{3}이다. 에베레스트 산의 고도는 약 9,000m(정확히 8,848m)이고, 그렇기 때문에 해수면에 있는 공기보다 에베레스트 산 정상에서의 공기량이 훨씬 적다. 에베레스트 산 정상에서의 기압은 해수면 기압의 30%밖에 되지 않으며, 산 정상에서의 공기 밀도는 해수면 공기 밀도의 38%밖에 되지 않는다. 약 11,000m의 고도에서 운항하는 새로운 여객기가 나오고 있다. [표 10.4]에서 이 고도에서의 기압은 해수면 기압의 약 1/4에 해당함을 확인할 수 있다. 그러므로 여객기 내부에 가압을 위한 장치가 필요하다. 또한, 이 고도에서는 공기 밀도가 낮아서 낮은 고도를 비행할 때에 비해 공기 저항(비행기가 대기 사이를 이동하기 위한)을 극복할 동력이 적게 필요하다. 대기압은 보통 파스칼, 수은 밀리미터(millimeters of mercury), 수은 인치(inches of mercury)와 같은 단위 중의 하나로 값들은 다음과 같다.

표 10.4 고도에 따른 표준 기압의 변화

Altitude(m)	Atmospheric Pressure(kPa)	Air Density(kg/m^3)
0(sea level)	101.325	1.225
500	95.46	1.167
1000	89.87	1.112
1500	84.55	1.058
2000	79.50	1.006
2500	74.70	0.957
3000	70.11	0.909
3500	65.87	0.863
4000	61.66	0.819
4500	57.75	0.777
5000	54.05	0.736
6000	47.22	0.660
7000	41.11	0.590
8000	35.66	0.526
9000	30.80	0.467
10,000	26.50	0.413
11,000	22.70	0.365
12,000	19.40	0.312
13,000	16.58	0.266
14,000	14.17	0.228
15,000	12.11	0.195

Source: Data from U.S. Standard Atmosphere(1962)

$$1\text{atm} = 101{,}325\text{Pa} = 101.3\text{kPa}$$

$$1\text{atm} = 760\text{mmHg}$$

예제 10.9를 통해 이러한 단위와 대기압의 다른 단위 사이의 관계를 살펴보자.

예제 10.9

101,325Pa의 대기압에서 시작해서 다음 단위로 압력의 크기를 표현하라.

(a) 수은 밀리미터(mmHg)

(b) 물 미터(meters of water)

물과 수은의 밀도는 $\rho_{H_2O} = 1{,}000\ \text{kg/m}^3$, $\rho_{Hg} = 13{,}550\ \text{kg/m}^3$이다.

(a) 유체 기둥의 높이와 밑면적에 걸리는 압력 사이의 관계로부터 출발하자. 관계식은 다음과 같이 된다.

$$P = \rho gh = 101{,}325\left(\frac{\text{N}}{\text{m}^2}\right) = 13{,}550\left(\frac{\text{kg}}{\text{m}^3}\right)\left[9.81\left(\frac{\text{m}}{\text{s}^2}\right)\right]h(\text{m})$$

그리고 h에 관해 풀면

$$h = 0.76\,\text{m} = 760\,\text{mm}$$

그러므로 표준 대기압은 760mm짜리 수은 기둥의 밑면적에서 생기는 압력과 같다. 다른 식으로 말하자면 1atm=760mmHg이다.

(b) 다음의 수은 밀리미터로 표현된 단위를 수은 인치 단위로 변환하자.

$$P = \rho gh = 101{,}325\left(\frac{\text{N}}{\text{m}^2}\right) = 1000\left(\frac{\text{kg}}{\text{m}^3}\right)\left[9.81\left(\frac{\text{m}}{\text{s}^2}\right)\right]h(\text{m})$$

그리고 나서 h에 대해 풀면 다음과 같은 결과를 얻는다.

$$h = 10.328\,\text{m}$$

그러므로 표준 대기압은 10.328m짜리 물기둥의 밑면에서의 압력과 같다. 즉 1atm =10.328m·H_2O이다.

절대 압력과 게이지 압력

대부분의 압력 계측은 기체나 액체의 압력을 대기압과 비교하여 상대적으로 측정한다. 예를 들어 타이어 압력이 220kN/m^2로 측정될 때 이것은 타이어 안의 기압이 대기압보다 220kN/m^2 더 높다는 것을 의미한다. 일반적으로 우리는 절대 압력과 게이지 압력 사이의 관계를 다음과 같이 표현한다.

$$P_{\text{absolute}} = P_{\text{gauge}} + P_{\text{atmospheric}} \tag{10.14}$$

진공은 대기압 수준 아래로 압력이 떨어졌음을 나타낸다. 따라서 음수의 게이지 압력을 진공이라고 말한다. 여러분 중 일부는 고등학교 물리 과목에서 진공 펌프와 연결된 용기에 대해 학습했을 것이다. 진공 펌프가 용기의 바깥으로 공기를 빼냄에 따라 용기 안에 진공이 형성되고 대기압은 용기의 바깥에서 용기가 구겨지도록 작용한다. 더 많은 공기가 빠져나감에 따라 용기는 계속 찌그러지고 용기 내부의 절대 압력이 0이 되면 용기 안에 공기가 전혀 없게 된다. 실제로 절대 압력을 0으로 만드는 것은 불가능하다. 즉 용기 안에는 최소한 아주 조금의 공기는 남아 있게 된다.

예제 10.10

우리는 자동차 타이어 안에서 220kN/m^{2}의 기압을 측정했다. 자동차 타이어 안의 절대 압력은 어떻게 되는가? (a)자동차가 해수면과 같은 고도의 도시에 위치하는 경우와 (b)고도 1500m의 콜로라도에 위치했을 때의 경우를 각각 구하여라. 이 두 결과를 Pa 단위로 구하여라.

절대 압력은 다음과 같은 게이지 압력과의 관계에서 구할 수 있다.

$$P_{\text{절대 압력}} = P_{\text{게이지 압력}} + P_{\text{대기압}}$$

(a) 해수면과 동일한 고도의 도시에 대해서는, $P_{\text{대기압}} = 101.28\text{kN/m}^2$

$$P_{\text{absolute}} = 220 + 101.28 = 321.28\,\text{kN/m}^2$$
$$= 321.28\,\text{kPa}$$

(b) [표 10.4]를 이용하여 고도 1500m에 위치한 콜로라도에 있는 도시의 표준 대기압을 구할 수 있다. 고도 1500m의 대기압은 $P_{\text{atmospheric}} = 84.55\text{kPa}$이다.

$$P_{\text{absolute}} = (220 + 84.55)\text{kN/m}^2 = 304.55\ \text{kN/m}^2$$
$$= 304.55\ \text{kPa}$$

예제 10.11

용기 안에 진공 압력을 측정하였더니 200mmHg 진공이었다. 게이지 압력과 절대 압력은 어떻게 되는가? 결과를 파스칼 단위로 표시하라.

진공 압력은 게이지 압력으로 나타낸다. 그리고 수은 밀리미터 단위를 파스칼 단위로 전환하기 위해 1mmHg=133.3Pa의 변환 인자를 이용하자. 이 결과는 다음과 같다.

$$P_{\text{gauge}} = -200\,\text{mmHg}\left(\frac{133.3\,\text{Pa}}{1\,\text{mmHg}}\right) = -26{,}660\ \text{Pa}$$

절대 압력은 게이지 압력과 다음과 같은 관계가 있다.

$$P_{\text{절대 압력}} = P_{\text{게이지 압력}} + P_{\text{대기압}}$$

$$P_{\text{absolute}} = -26,660 + 101,325 = 74,665\ \text{Pa}$$

게이지 압력의 음의 값은 진공 혹은 대기 이하임을 표시한다.

액체의 증기압

같은 환경에서 어떤 액체가 다른 액체보다 더 빨리 증발하는 경우를 누구나 경험했을 것이다. 예를 들어 방안에 알코올이 든 냄비와 물이 든 냄비를 놓아보자. 알코올이 거의 증발하였을 때, 냄비 안에 있는 물의 깊이는 거의 변화하지 않는다. 이러한 상황이 발생하는 것은 알코올이 물보다 증기압이 더 높기 때문이다. 같은 상태하에서 글리세린처럼 낮은 증기압을 가진 유체는 높은 증기압을 가진 유체에 비해 늦게 증발한다. 즉, 주어진 온도에서 낮은 증기압을 가진 유체는 증발을 못하게 막는 자유 표면에서 상대적으로 더 작은 주변의 압력을 요구한다.

혈압 누구나 병원에 가본 경험이 있을 것이다. 의사나 간호사가 가장 먼저 하는 일 중 하나가 혈압을 재는 것이다. 혈압은 보통 두 수치로 읽는다(예: 115/75mmHg). 먼저 높은 수치는 심장이 수축할 때의 최대 혈압인 수축 혈압을 나타낸다. 뒤에 있는 낮은 수치는 심장이 이완했을 때 동맥의 확장 혈압을 의미한다. 혈압을 나타내는 압력 단위는 보통 수은 밀리미터(mmHg)를 이용한다. 혈압은 활동 정도, 음식량, 온도, 감정 상태에 따라 변한다.

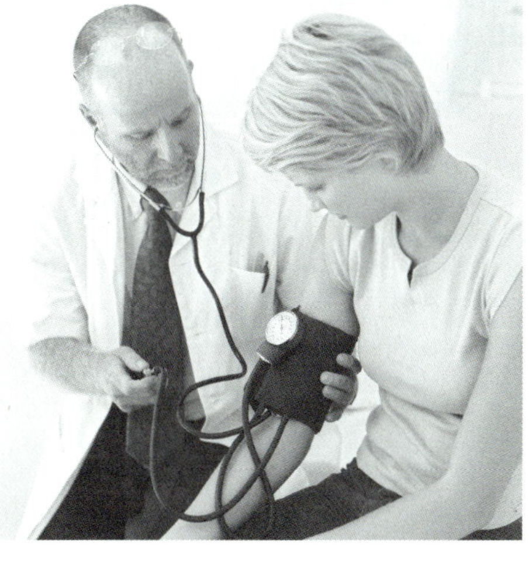

수혈측정
Source: ©Stockbyte/Corbis

유압 시스템

유압식 채굴기계나 불도저는 몇 시간씩, 수일 또는 수 주 동안 작동된다. 오늘날 자동차의 제동 및 조향 장치, 비행기의 보조 날개 및 주 날개의 조정장치, 자동차를 들어 올리는 기계 등 많은 분야에서 유압 시스템이 이용되고 있다. 유압 시스템을 이해하기 위해서는 압력의 개념을 완전하게 이해하여야 한다. 막힌 공간의 유체 시스템에서 한 점에 힘이 가해질 때 그 점에서 압력이 생성되면, 작동 유체가 비압축성이므로 생성된 힘은 유체를 통해 다른 점으로 전달된다.

자동차의 브레이크 페달을 밟을 때 힘이 발생하면서 연속적으로 브레이크 마스터 실린더에도 압력이 생기게 된다. 그 힘은 유체를 마스터 실린더에서 휠 실린더로 보낸다(휠 실린더에 있는 피스톤은 브레이크 드럼(회전자)과 마주한 브레이크 접촉부를 누른다.). 기계적 동력이 유압 동력으로 전환되고 전환된 유압 동력이 다시 기계적 동력으로 전환되는 과정을 거친다. 동력이 무엇을 의미하는지는 이번 장과 13장에서 설명한다. 자동차의 유압 브레이크에 걸리는 유체의 압력은 보통 10MPa 정도 된다.

[그림 10.23]과 같은 간단한 유압 시스템에서 면적과 힘, 압력 사이의 관계를 살펴보자. 이와 같은 유압 시스템에서는 압력이 거의 같으므로 힘 F_1과 F_2 사이의 관계는 다음과 같은 방법으로 나타낼 수 있다.

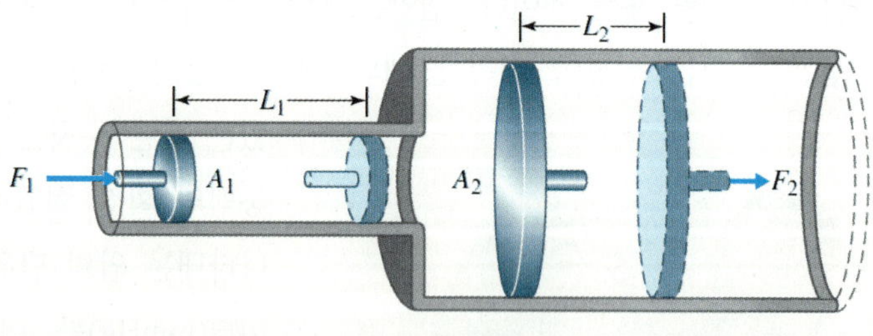

그림 10.23 유압시스템의 간단한 예

$$P_1 = \frac{F_1}{A_1} \tag{10.15}$$

$$P_2 = \frac{F_2}{A_2} \tag{10.16}$$

$$P_1 = P_2 = \frac{F_1}{A_1} = \frac{F_2}{A_2} \tag{10.17}$$

$$F_2 = \frac{A_2}{A_1} F_1 \tag{10.18}$$

힘 F_1이 작용할 때 피스톤 1은 L_1만큼 이동하는 반면에 피스톤 2는 L_2만큼 덜 이동한다. 그러나 [그림 10.23]에서 알 수 있듯이 유체를 밀어내는 부피는 일정하다. 막힌 시스템에서 밀어낸 유체의 부피는 일정하다는 사실을 이용하면, 피스톤 1이 움직인 거리 L_1을 이용하여 피스톤 2가 움직인 거리 L_2를 구할 수 있다.

$$\text{fluid volume displaced} = A_1 L_1 = A_2 L_2 \tag{10.19}$$

$$L_2 = \frac{A_1}{A_2} L_1 \tag{10.20}$$

또 구동 피스톤과 피구동 피스톤의 속도 사이의 관계는 식 (10.20)의 양면을 각각의 피스톤이 움직이는 데 걸린 시간으로 나누면 구할 수 있다. 이것을 수식으로 표현하면 다음과 같다.

$$V_2 = \frac{A_1}{A_2} V_1 \tag{10.21}$$

여기서 V_1은 구동 피스톤의 속도를 나타내고, V_2는 피구동 피스톤의 속도를 나타낸다.

다음으로, 손으로 작동하는 수리학적 시스템의 운영과 펌프로 작동하는 수리학적 시스템의 운영에 대하여 설명할 것이다. 이러한 시스템들의 예는 [그림 10.24(a)] 및 (b)에서 묘사되어 있다. [그림 10.24(a)]는 손으로 작동하는 유압잭의 계통도를 보여주고 있다. 이 시스템은 저장소, 수동펌프, 하중 피스톤, 안전밸브 및 고압체크 밸브로 구성되어있다. 하중을 올리기 위해서 핸드 펌프의 손잡이를 아래로 밀면 유체는 부하 실린더로 밀려가게 되어 부하 피스톤으로 압력이 전달되고, 결과적으로 하중이 올라간다. 하중을 낮추기 위해서는 릴리즈 밸브를 열면 된다. 릴리즈 밸브를 통과하는 유체의 양이 하중의 하향 속도를 결정하게 된다. 물론 작동 유체의 점성과 하중의 크기도 하중이 내려가는 속도에 영향을 끼친다. 이 시스템에서 볼 수 있듯이 대체로 유체 저장소는 구동 피스톤을 원하는 위치까지 움직이는 데 필요한 양만큼의 작동 유체를 유압 선에 공급하는 역할을 한다.

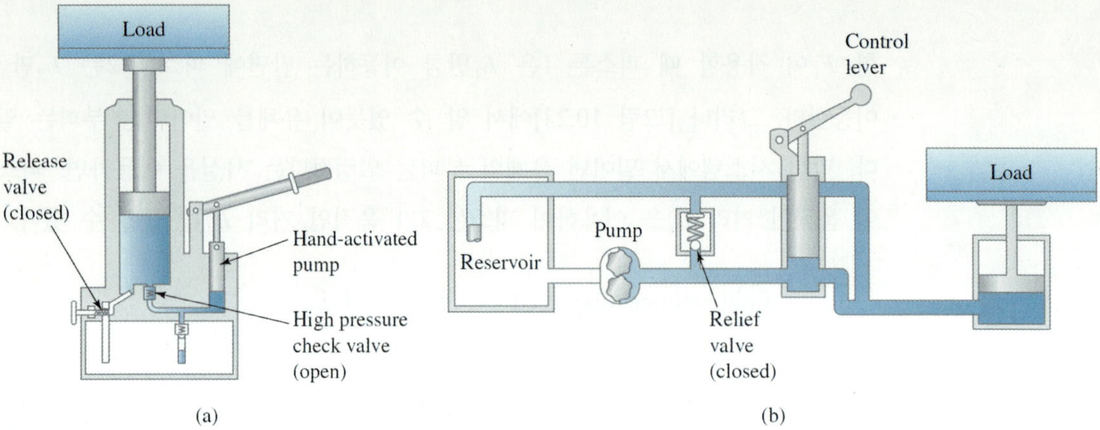

그림 10.24 두 가지 유압 시스템의 예. (a)손으로 작동되는 시스템, (b)기어 또는 회전 펌프를 이용한 시스템

[그림 10.24(b)]의 유압 시스템은 유압 선에 필요한 압력을 만드는 데 사용되는 수동 작동 펌프를 기어나 회전 펌프로 대체한 것이다. 조정핸들이 위로 올라가면 유체 통로가 열리게 되고 이에 따라 작동 유체가 하중을 지지하고 있는 실린더로 들어가서 하중이 위로 올라가게 된다. 이와 반대로 조정핸들이 아래로 내려가면 작동 유체는 저장소로 되돌아간다. [그림 10.24]의 릴리프 밸브는 작동 유체가 저장소로 되돌아가게 하는 유체의 압력을 원하는 만큼 조절할 수 있도록 한다.

예제 10.12

식 (10.18)을 이용하여 [그림 10.25]의 유압 시스템으로 지지할 수 있는 하중을 구하라. $g=9.81\text{m/s}^2$을 사용하라.

$$F_1 = m_1 g = (100\,\text{kg})(9.81\,\text{m/s}^2) = 981\,\text{N}\ ;$$

$$F_2 = \frac{A_2}{A_1}F_1 = \frac{\pi(0.15\,\text{m})^2}{\pi(0.05\,\text{m})^2}(981\,\text{N}) = 8829\,\text{N}$$

$$F_2 = 8829\,\text{N} = (m_2\,\text{kg})(9.81\,\text{m/s}^2) \quad \Rightarrow \quad m_2 = 900\,\text{kg}$$

이 문제를 풀기 위해 F_1과 F_2가 관련된 수식에서 출발하자. 그리고 π와 g를 다음과 같은 방법으로 단순화하자.

$$F_2 = \frac{A_2}{A_1}F_1 = m_2 g = \frac{\pi(R_2)^2}{\pi(R_1)^2}(m_1 g);$$

$$m_2 = \frac{(R_2)^2}{(R_1)^2}m_1 = \frac{(15\,\text{cm})^2}{(5\,\text{cm})^2}(100\,\text{kg}) = 900\,\text{kg}$$

이러한 접근 방식을 사용하는 이유는 m_1 또는 면적과 같은 변숫값을 변화시켜서 수식에 직접 대입할 수 있도록 정리하기 위함이다. 예를 들어 두 번째 접근법을 이용하여 m_1을 200kg으로 증가하면 m_2가 1800kg으로 변하는 것을 명확히 알 수 있다.

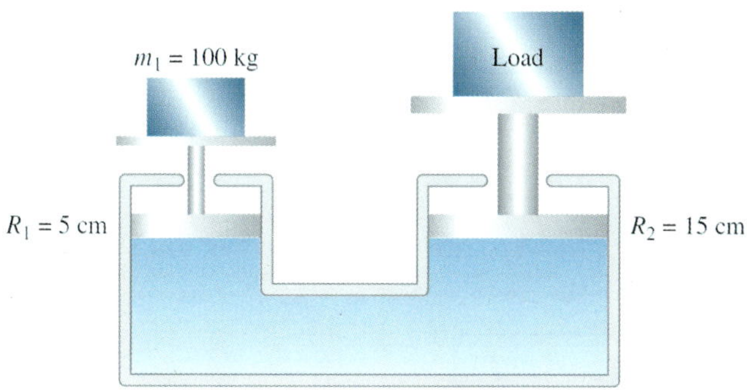

그림 10.25 예제 10.12의 수리학적 시스템

응력

길이, 면적 및 단면적의 일차 및 이차 모멘트와 같은 개체의 기하학적 속성은 개체가 힘에 응답하는 방식에 중요한 역할을 한다. 앞서 설명한 바와 같이, 개체가 외력을 받을 때 원래의 형태를 유지하기 위해 내력이 발생한다.

응력은 면적에 걸쳐 작용하는 힘의 강도에 관한 척도이다. [그림 10.26]과 같은 상황을 생각해보자. 판은 압축력을 수반하고 있다. 힘이 각을 이루며 비스듬히 작용하고 있기 때문에 두 개(수평 성분과 수직 성분)의 성분을 갖고 있다. 수평 방향의 힘은 판에 전단을 주려는 성향이 있고, 수직 방향의 힘은 판에 압축을 가하는 성향이 있다.

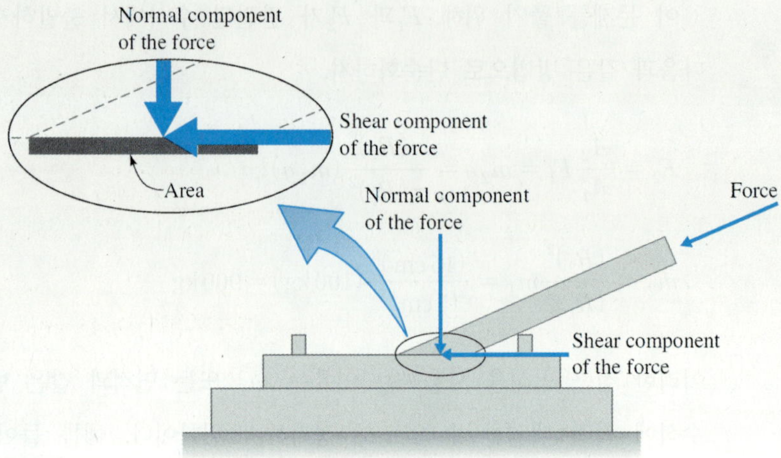

그림 10.26 압축력과 전단력을 지지하고 있는 판

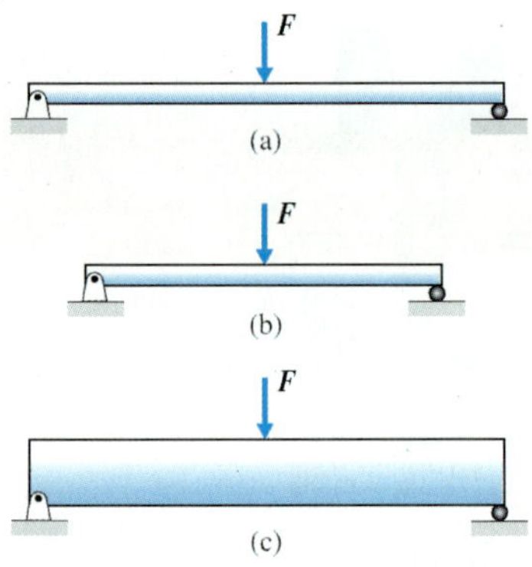

그림 10.27 물체의 길이 및 단면적이 휨에 끼치는 영향을 보여주는 간단한 예제들

힘의 수직 성분과 면적의 비를 수직응력(normal stress)이라 부른다. 그리고 힘의 수평 성분(판의 수평 방향과 평행한 방향)과 면적의 비를 전단응력(shear stress)이라 부른다. 수직응력 성분은 종종 압력이라고도 불린다.

물체의 또 다른 중요한 기하학적인 성질은 단면 이차 모멘트이다. 7장에서 설명한 대로, 단면 이차 모멘트는 휨을 일으키는 힘 및 모멘트에 대하여 부재가 저항할 수 있는 정도를 의미한다. 물체의 휨 및 휨과 관련된 긴장과 관련하여 길이 또한 매우 중요한 역할을 한다. [그림 10.27]에서, 가해지는 힘은 빔의 아랫부분을 늘어나게 하며 윗부분을 압축시키려고 하는 경향이 있다. 그림에서 어떤 빔이 가장 잘 휘어지겠는가? 왜 그런지 설명하여라.

10.6 탄성계수, 강성계수, 압축성 팽창계수

이 장에서 우리는 물질의 중요한 성질에 대해 다룰 것이다. 엔지니어가 물품이나 구조 부재를 설계할 경우, 작용력이 가해질 때 선택된 물질이 어떻게 전해질 것인가 또는 열에너지나 전기가 얼마나 전도를 잘할 것인가에 대해 알아야 한다. 여기에서는 고체가 밀거나 잡아 당겨지거나 뒤틀릴 때 이에 대한 반응을 정량화하는 것에 대해 살펴보도록 한다. 또한, 가해진 압력에 대한 유체의 반응을 압축성 팽창계수란 용어로 알아볼 것이다.

인장시험은 탄성계수와 고체의 내구력을 측정하기 위해 행해진다. 시편의 크기는 ASTM(American Society for Testing and Materials)을 준수하여 제작되며 인장 시험기에 놓여진다. 시편이 내구력 측정을 위해 테스트 될 때, 작용 인장하중은 서서히 증가시킨다. 테스트의 초기에는 시편이 탄성변형을 하게 된다. 탄성변형은 하중이 제거되었을 때 영구변형 없이 원상태로 돌아올 수 있는 상태를 의미한다. 이 탄성거동의 징후가 보이는 지점을 가리켜 탄성점(elastic point)이라 한다.

재료가 늘어남에 따라 수직응력(수직력을 단면적으로 나눈 값)에 해당하는 변형률(시편의 처음 길이로 변형량을 나눈 값)은 다양한 값을 가진다. [그림 10.28]은 연강 시편에 대한 실험 결과를 나타낸 것이다.

탄성계수(modulus of elasticity) 혹은 영의 계수(young's modulus)는 탄성 영역에서의 응력–변형률의 기울기를 계산한 것이다. 탄성계수(modulus of elasticity)는 재료를 잡아당길 때(인장력이 수반될 때) 얼마나 쉽게 늘어날 것인가 또는 재료를 수축시킬 때(수축력이 수반될 때) 얼마나 잘 압축될 것인가를 나타내주는 척도이다. 탄성계수가 커질수록 재료를 같은 길이만큼 수축시키거나 인장시키기 위한 힘이 더 많이 필요하게 된다. 탄성계수에 대한 표현을 더 잘 이해하기 위해 다음과 같은 예를 생각해보자. 모두 사각 모양, 같은 단면적, 같은 최초 길이를 갖고 있는 고무 조각과 알루미늄 조각 그리고 강철 조각이 [그림 10.29]처럼 주어져 있다. 같은 힘 F가 작용하면 어느 조각이 가장 많이 늘어날 것인가?

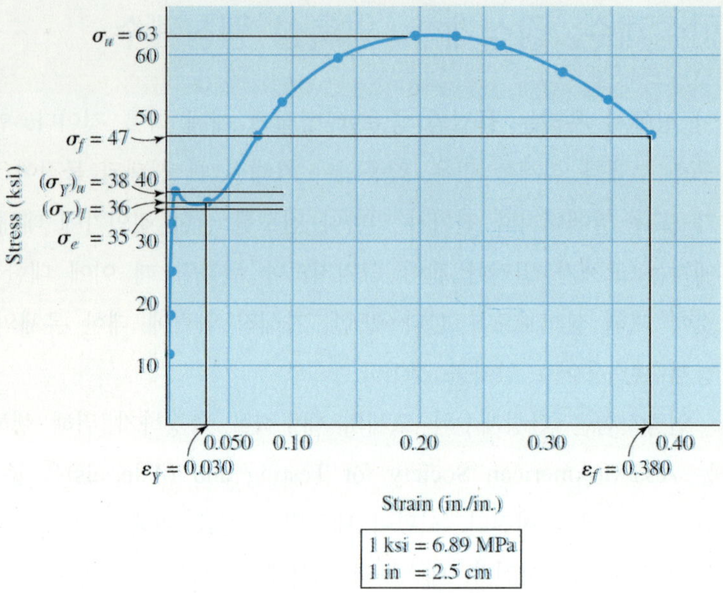

그림 10.28 순철 시편의 응력-변형률 도표(ksi=1000lb/in^2, σ_e = elastic stress, $(\sigma_Y)_u$ = upper-yield stress, $(\sigma_Y)_l$ = lower-yield stress, σ_u = ultimate stress, and σ_f = fracture stress).
Source: R. C. Hibbler, Mechanics of Materials

여러분은 이미 경험으로 결과를 알고 있을 것이다. 고무 조각을 늘리는 것이 알루미늄이나 강철 조각을 늘리는 것보다 더 작은 힘을 요구한다. 강철 조각을 다른 조각들과 같은 길이로 늘리기 위해서는 가장 큰 힘을 사용해야 한다.

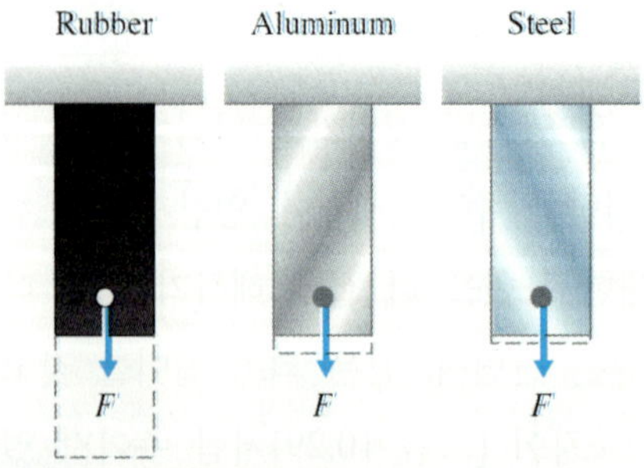

그림 10.29
같은 힘이 작용했을 때, 어느 물질이 더 늘어나는가?

이것은 강철이 다른 시료에 비해 가장 큰 탄성계수를 갖고 있기 때문이다. 관찰결과를 훅의 법칙(Hooke's Law)을 이용하여 모든 고체재료에 적용할 수 있는 일반화된 형태로 표현할 수 있다.

훅의 법칙은 스프링에 대해 설명할 때 논의했었다. 훅의 법칙은 고체 재료의 인장이나 압축 문제에도 적용할 수 있다. 훅의 법칙은 응력과 변형률의 항으로 표현된다.

$$\sigma = E\varepsilon \tag{10.22}$$

여기에서

σ = 수직응력(N/m^2)

E = 탄성계수(때때로 영의 계수라 부른다), 재료의 성질(N/m^2)

ε = 수직 변형률, 초기 길이에 대한 길이 변화에 대한 비(무차원)

먼저 설명한 것과 같이 응력–변형률 도표의 기울기는 시편의 탄성계수 값을 계산하는 데 이용된다. 식 (10.22)는 응력–변형률 도표에서 응력과 변형률이 관련된 직선의 식을 나타낸 것이다.

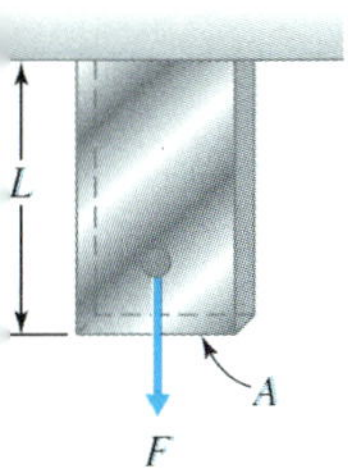

그림 10.30
사각형 막대기를 가정하여 인장부하

이제 E를 측정하는 데 이용되는 대안적인 접근방법의 간단한 절차에 관해 알아보자. 다음의 절차가 재료의 탄성계수를 얻기 위한 정식적인 방법은 아닐지라도 탄성 계수에 대한 부가적인 통찰력을 제공해주는 간단한 방법이다. [그림 10.30]과 같이 초기 길이가 L이고 단면적이 A인 사각 모양의 재료를 생각해보자. 알고 있는 힘 F를 가하면 그 재료는 늘어날 것이다. 이때 늘어난 재료의 길이(최종 길이–초기 길이)를 측정하여 다음 방법을 사용하면 재료의 탄성계수를 측정할 수 있다. 훅의 법칙으로부터 출발하자. $\sigma = E\varepsilon$ 그리고 σ와 변형률 ε을 알고 있는 값으로 변형하여 대입하자.

$$\frac{F}{A} = E\frac{x}{L} \tag{10.23}$$

식 (10.23)을 탄성계수 E에 대해 풀기 위해 재정렬하면

$$E = \frac{FL}{Ax} \tag{10.24}$$

여기서

E = 탄성계수(N/m^2)

F = 작용력(N)

L = 막대기의 처음 길이(m)

A = 막대기 단면적(m^2)

x = 늘어난 길이, 최종 길이–초기 길이(m)

물리적 변수들이 7장에서 설명한 길이와 면적의 기초 단위와 이 장에서 설명한 물리적 변수인 힘을 포함하고 있음을 알 수 있다. 또 식 (10.26)으로부터 탄성계수

E는 늘어난 길이 x에 반비례함을 알 수 있다. 즉, 재료가 많이 늘어날수록 E값은 작아지게 된다. 선택된 재료의 탄성계수 E는 [표 10.5]와 같다.

표 10.5 각 재료의 탄성계수(modulus of elastics)와 전단계수(shear modulus)

Material	Modulus of Elasticity(GPa)	Shear Modulus(GPa)
Aluminum alloys	70-79	26-30
Brass	96-110	36-41
Bronze	96-120	36-44
Cast iron	83-170	32-69
Concrete(compression)	17-31	
Copper alloys	110-120	40-47
Glass	48-83	19-35
Magnesium alloys	41-15	15-17
Nickel	210	80
Plastics		
Nylon	2.1-3.4	
Polyethylene	0.7-1.4	
Rock(compression)		
Granite, marble, quartz	40-100	
Limestone, sandstone	20-70	
Rubber	0.0007-0.004	0.0002-0.001
Steel	190-210	75-80
Titanium alloys	100-120	39-44
Tungsten	340-380	140-160
Wood(bending)		
Douglas fir	11-13	
Oak	11-12	
Southern pine	11-14	

Source: From Gere. Mechanics of Materials, 5E. © 2001 Cengage Learning, a part of Cengage Learning, Inc. Reproduced by permission. www.cengage.com/permissions

또 다른 재료의 기계적 성질로 강성계수(modulus of rigidity) 또는 전단계수(shear modulus)가 있다. 강성계수는 재료가 얼마나 쉽게 비틀리고 전단 될 수 있는지 알 수 있는 척도이다. 강성계수의 값은 주어진 재료의 전단 변형에 대한 저항도를 나타낸다. 엔지니어들은 비틀림 토크를 받는 축이나 막대를 선택해야 할 때 전단계수의 값을 고려한다. 예를 들어 알루미늄에 대한 강성계수 또는 전단계수는 26~36GPa의 영역에 존재하고 강철에 대한 강성계수 또는 전단계수는 75~80GPa의 범위에 존재한다. 그러므로 강철은 알루미늄과 비교하여 약 3배 이상 전단에 대해 강하다. 전단계수는 비틀림 시험 장치를 이용하여 측정된다. 크기를 알고 있는 원통 모양의 시편에 작동 토크가 수반될 때 비틀림 각도가 측정되고 이것이 전단계수 값을 결정하는데 쓰인다(예제 10.14 참조). 다양한 고체에 해당하는 전단응력 값은 [표 10.5]에 주어져 있다.

기계학적 거동에 따라, 고체는 취성 또는 연성으로 구분된다. 연성인 물질은 인장력을 받게 되면 파괴되기 전에 상당한 양의 영구변형을 겪게 된다. 철과 알루미늄이 대표적인 연성물질의 예이다. 반면에, 취성인 물질은 파괴되기 전에 거의 또는 전혀 변형을 일으키지 않는다. 유리와 콘크리트 등이 취성 물질의 대표적인 예이다.

인장 강도와 압축 강도는 재료의 중요한 특성이다. 재료의 파괴를 예측하기 위해서 엔지니어는 재료의 압축, 인장 강도를 비교하여 응력을 계산해야 한다.

인장시험 기계의 예
Source: Courtesy of MTS Systems Corporation

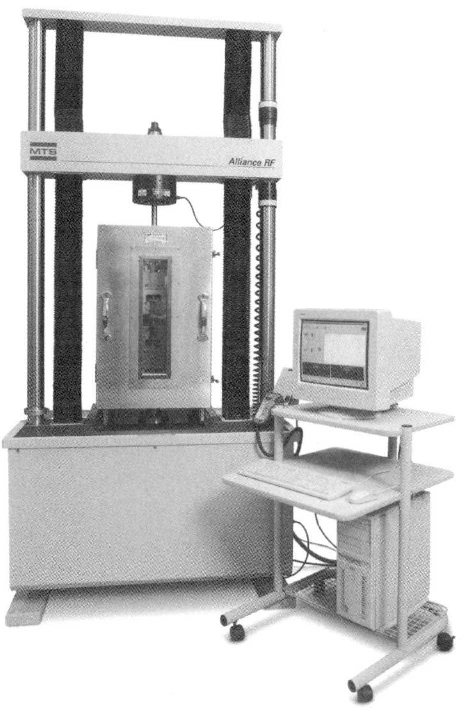

압축 강도는 사각 막대 모양이나 원통 모양의 시편에 파괴가 일어나지 않는 최대 인장 하중을 측정함으로써 구할 수 있다. 인장 강도나 재료의 최종 강도는 시

편의 초기 단위 단면에 대한 최대 인장력으로 표현된다. 앞에서 설명한 것과 같이 시편을 테스트할 때 작용하는 인장력은 서서히 증가하기 때문에 탄성 영역에서의 탄성 계수를 결정할 수 있다. 테스트 초반에는 재료가 탄성 변형을 한다. 탄성 변형이란 하중이 제거되었을 때 영구변형 없이 초기의 상태로 되돌아오는 것이다. 이 탄성 움직임의 징후가 보이는 지점을 가리켜 탄성점이라 한다. 탄성 강도는 영구 변형이 없는 한도 내에서 견딜 수 있는 최대 하중을 나타낸다. 많은 공학 설계 문제에서 탄성 강도나 항복 강도(항복값은 탄성 강도값과 매우 비슷하다.)가 인장 강도로서 이용된다.

어떤 재료는 인장력을 받을 때보다 압축력에 대해 더 강하다. 좋은 예로 콘크리트를 들 수 있다. 재료의 압축 강도(compressive strength)는 정육면체의 시편이 파괴되지 않는 한도 내에서 최대로 수반할 수 있는 압축 하중을 의미한다. 재료의 최종 압축 강도는 시편의 단위 면적당 최대 압축력으로 표현된다. 콘크리트의 압축 강도는 10~70MPa의 영역에 존재한다. 몇몇 재료의 강도가 [표 10.6]에 수록되어 있다.

예제 10.13

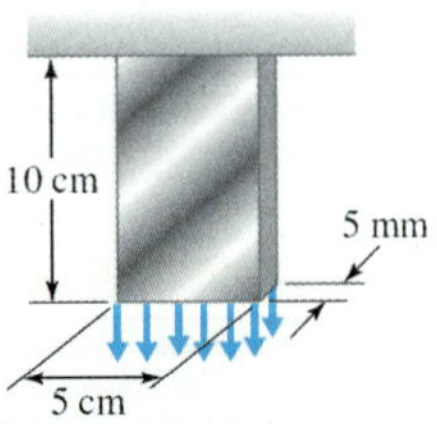

그림 10.31 예제 10.13의 구조물

[그림 10.31]과 같이 사각 단면의 구조 부재에 단면을 따라 4000N의 하중이 균일하게 분포되어있다. 이 하중을 무사히 지탱하기 위해서는 어떤 재료를 사용해야 하는가?

구조 부재에 대한 재료 선택은 재료의 밀도, 강도, 거친 정도, 주변 환경과의 반응, 외관 등의 많은 요소에 달려있다. 그러나 이 예제에서는 재료의 강도만 설계 요소로 고려하겠다. 부재의 평균 수직응력은 다음과 같다.

$$\sigma = \frac{4000\,\mathrm{N}}{(0.05\,\mathrm{m})(0.005\,\mathrm{m})} = 16\,\mathrm{MPa}$$

알루미늄 합금이나 건축용 강철 재료는 각각 항복 응력이 50MPa, 200MPa이므로 안전하게 하중을 견딜 수 있다.

표 10.6 선택한 물질들의 길이

Material	Yield Strength(MPa)	Ultimate Strength(MPa)
Aluminum alloys	35-500	100-550
Brass	70-550	200-620
Bronze	82-690	200-830
Cast iron(tension)	120-290	69-480
Cast iron(compression)		340-1,400
Concrete(compression)		10-70
Copper alloys	55-760	230-830
Glass		30-1,000
Plate glass		70
Glass fibers		7,000-20,000
Magnesium alloys	80-280	140-340
Nickel	100-620	310-760
Plastics		
Nylon		40-80
Polyethylene		7-28
Rock(compression)		
Granite, marble, quartz		50-280
Limestone, sandstone		20-200
Rubber	1-7	7-20
Steel		
High-strength	340-1,000	550-1,200
Machine	340-700	550-860
Spring	400-1,600	700-1,900
Stainless	280-700	400-1,000
Tool	520	900
Steel wire	280-1,000	550-1,400
Structural steel	200-700	340-830
Titanium alloys	760-1,000	900-1,200
Tungsten		1,400-4,000
Wood(bending)		
Douglas fir	30-50	50-80
Oak	40-60	50-100
Southern pine	40-60	50-100
Wood(compression parallel to grain)		
Douglas fir	30-50	40-70
Oak	30-40	30-50
Southern pine	30-50	40-70

Source: From Gere. Mechanics of Materials, 5E. ⓒ 2001 Cengage Learning, a part of Cengage Learning, Inc. Reproduced by permission. www.cengage.com/permissions

대부분의 구조 해석의 목적은 파괴가 일어나는지 확인하기 위한 것이다. 파괴의 예측은 본래 꽤 복잡하다(많은 연구자가 이 주제에 관해 연구하였다). 공학 분석에서는 재료의 거동을 정확히 모르므로 이것을 보상하기 위해서 또는 아직 계산에 넣지 못한 요소를 고려하기 위해서 안전율(F.S.: factor of safety)을 사용한다. 안전율은 다음과 같이 정의된다.

$$\text{F.S.} = \frac{P_{\max}}{P_{\text{allowable}}} \tag{10.25}$$

여기서 $P_{\max}$는 파괴를 일으키는 하중이다. 작용 하중이 응력과 선형적으로 관련되어 있을 때, 안전율은 대개 파괴를 일으키는 최대 응력과 허용 응력의 비로 정의된다. 예제 10.13의 항복 응력이 50MPa인 알루미늄 합금의 안전율은 3.1이다.

예제 10.14

[그림 10.32]와 비슷한 형태로 전단계수 G가 보통 측정된다. 길이 L, 지름 D인 시편이 시험기에 놓여있다. 크기를 알고 있는 토크 T가 시편에 작용할 때 비틀림 각이 ϕ로 측정된다면, 전단계수는 다음과 같이 표현된다.

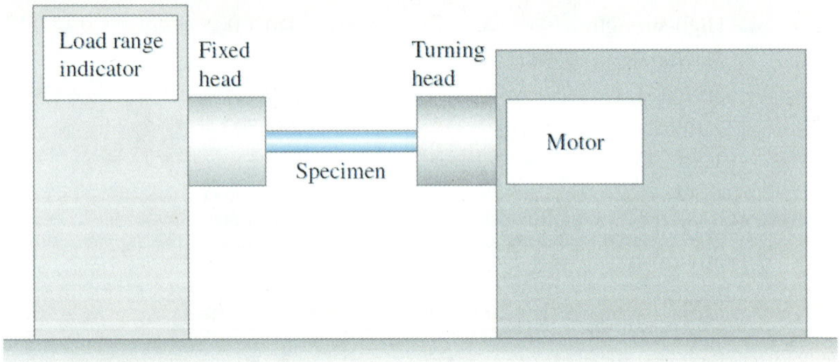

그림 10.32 물질의 전단계수를 측정하기 위한 설치기구

$$G = \frac{32TL}{\pi D^4 \phi} \tag{10.26}$$

식 (10.26)을 이용하여 $T=3450\text{N}\cdot\text{m}$, $L=20\text{cm}$, $D=5\text{cm}$, $\phi=0.015\text{rad}$인 시편의 전단계수를 계산하면 다음과 같다.

$$G = \frac{32TL}{\pi D^4 \phi} = \frac{32(3450\,\text{N}\cdot\text{m})(0.2\,\text{m})}{\pi(0.05\,\text{m})^4(0.015\,\text{rad})} = 75\,\text{GPa}$$

압축성 팽창계수(Bulk Modulus of Compressibility)

여러분은 한 번 혹은 그 이상 자전거 타이어에 바람을 넣어봤을 것이다. 이러한 경험 및 이와 비슷한 경험으로부터 기체는 액체에 비해 쉽게 압축된다는 사실을 알 것이다. 공학에서는 유체의 압축성을 보기 위하여 압축성 팽창계수를 사용한다. 유체의 팽창계수는 점점 증가하는 압력에 대해 얼마나 쉽게 유체의 부피가 줄어드는가에 대한 값을 나타낸다.

압축성 팽창계수는 보통 다음과 같이 정의된다.

$$E_V = \frac{\text{increase in pressure}}{\dfrac{\text{decrease in volume}}{\text{original volume}}} = \frac{\text{increase in pressure}}{\dfrac{\text{increase in density}}{\text{original density}}} \tag{10.27}$$

식 (10.23)을 수학적으로 표현하면

$$E_V = \frac{dP}{-\dfrac{dV}{V}} = \frac{dP}{\dfrac{d\rho}{\rho}} \tag{10.28}$$

여기서

E_V = 압축계수(N/m^2)

dP = 압력 변화(압력 증가)(N/m^2)

dV = 부피 변화(부피 감소, 음수)(m^3)

V = 초기 부피(m^3)

$d\rho$ = 밀도의 변화(밀도 증가)(kg/m^3)

ρ = 초기 밀도(kg/m^3)

압력이 증가할 때(양의 변화) 유체의 부피는 감소하기 때문에(음의 변화) E_V값을 양수로 만들어주기 위해 dV항에 $-$부호를 붙인다. 식 (10.28)을 보면 압력이 증가할 때(양의 변화) 유체의 밀도도 증가하기 때문에(양의 변화) E_V값을 양수로 만들기 위해 $d\rho$앞에 $-$부호를 붙일 필요가 없다. 일반 유체에 대한 압축성 값은 [표 10.7]에 주어져 있다.

예제 10.15F 압축성 팽창계수를 정의할 때 우리는 압력이 증가하고 유체의 부피가 감소하기 때문에 결과적으로 유체의 밀도가 증가한다고 말한다. 부피가 감소할 때 왜 유체의 밀도는 증가하는가?

밀도는 다음과 같이 질량과 부피의 비로 정의된다.

$$\text{밀도} = \frac{\text{질량}}{\text{부피}}$$

이 식을 통해 설명하면, 주어진 질량에서 부피가 감소하면 밀도는 증가하게 된다.

예제 10.16 용기에 $1m^3$의 물이 있다. 물의 부피를 1% 줄이기 위해서는 얼마나 큰 압력을 가해야 하는가?

표 10.7 일반 유체에 대한 압축계수의 값

Fluid	Compressibility Modulus(N/m^2)
Ethyl alcohol	1.06×10^9
Gasoline	1.3×10^9
Glycerin	4.52×10^9
Mercury	2.85×10^{10}
SAE 30 oil	1.5×10^9
Water	2.24×10^9

[표 10.7]에서 물의 압축계수는 $2.24 \times 10^9 N/m^2$이므로, 초기 부피 $1m^3$의 부피를 $0.99m^3$으로 압축하기 위해서는 $2.24 \times 10^7 N/m^2$의 압력이 필요하다. 즉 물의 단위 부피 1%를 줄이기 위해서는 221 기압($2.24 \times 10^7 N/m^2$)이 필요하다.

10.7 선형 충격량–시간에 대해 작용하는 힘

이제까지 모멘트를 만드는 일정 거리에서 작용하는 힘의 효과에 대해 살펴보았다. 이제 한 주기 동안 작용하는 힘에 대해서 알아보자. 선형 충격량과 충격력은 상처 방지를 위한 스포츠 헬멧과 자동차 에어백 같은 제품 설계에서 매우 중요하다. 충격력을 이해하는 것은 낙하하거나 충격이 가해질 때 손상을 줄여주는 완충물 설계에서도 매우 중요하다. 여러분은 TV에서 스턴트맨이 고층 빌딩에서 점프하여 지면에 설치된 에어매트에 떨어졌을 때 다치지 않는 광경을 시청하였을 것이다. 콘크리트 바닥에 스턴트맨이 떨어졌다면 살아남지 못할 것이다. 왜 그런가? 공기 팽창식의 매트를 이용하면 스턴트맨은 지면과 접촉하기 전에 에어매트에 머무르고 있는 시간이 늘어난다. 선형 충격량과 선형 운동량 사이의 관계를 설명한 뒤에 위에 서술한 말에 대해 더 명확하게 설명하도록 하겠다.

선형 충격량(Linear impulse)은 한 주기에 걸쳐서 작용한 힘의 총합이다. 선형 충격량과 선형 운동량 사이의 관계를 알아보자. 우리는 9.6절에서 선형 운동량의 의미에 대해 설명하였다. 한 주기의 시간 동안 물체에 작용하는 힘은 물체의 선형 운동량의 변화를 초래하고 이는 다음과 같은 선형 충격량을 만들어낸다.

$$\vec{F}_{\mathrm{average}}\Delta t = m\vec{V}_{\mathrm{f}} - m\vec{V}_{\mathrm{i}} \qquad (10.29)$$

여기서

F_{average} = 물체에 작용하는 힘의 평균 크기(N)

Δt = 물체에 힘이 작용하는 동안의 시간 주기(s)

m = 물체의 질량(kg)

V_{f} = 물체의 최종 속도(m/s)

V_{i} = 물체의 초기 속도(m/s)

식 (10.29)는 크기와 방향 둘 다 가진 벡터 관계라는 것을 잊지 말자. 식 (10.29)를 이용하여 스턴트맨이 에어매트에 낙하할 때 다치지 않는 이유에 대해 알아보자. 스턴트맨이 한 층의 높이가 평균 5m인 10층 건물에서 점프했다고 가정하자. 그리고 5m의 에어매트로 뛰어들었다고 생각하자. 계산의 편의를 위해 그가 낙하할 동안 받는 공기저항은 무시하고 에어매트에 닿기 직전의 속도를 다음과 같이 나타낸다.

$$V_{\mathrm{i}} = \sqrt{2gh} \qquad (10.30)$$

여기서 V_{i}는 스턴트맨이 공기매트에 도달하기 직전 그의 속도를 나타내며, g는 중력 가속도($g = 9.81 m/s^2$), 그리고 h는 빌딩의 높이에서 매트의 높이를 뺀 수치를 의미한다($h=45$m). 식 (10.30)에 $g=9.81\text{m/s}^2$, $h=45$m를 대입하면 $V_i=$ 29.4m/s의 초기속도를 얻는다. 또한, 스턴트맨이 에어매트에 떨어지면 최종 속도는 0이 된다. 따라서 식 (10.29)로부터 $F_{average}$의 값을 구할 수 있다. 질량은 70kg으로 가정하였으며 Δt를 어떻게 가정하느냐에 따라 값이 바뀐다([표 10.8] 참조). $F_{average}$는 스턴트맨이 공기매트에 가한 후 공기를 통해 최종적으로 지면에 전달되는 힘을 의미한다. 뉴턴의 제3법칙에 의하면 힘이 작용할 때 동일한 크기지만 반대로 작용하는 반력이 항상 작용한다. 따라서 지면이 스턴트맨에게 가하는 힘의 크기는 $F_{average}$와 동일하다. 이러한 반력은 스턴트맨의 신체 뒤쪽에 전체적으로 분포되고 따라서 상대적으로 작은 압력분포를 갖게 된다. [표 10.8]에 따르면 에어매트에 접촉하는 시간이 길어질수록 반력은 작아지고 스턴트맨이 받는 압력도 낮아진다.

떨어지는 연습을 하는 두 명의 스턴트맨
Source: Kahana's Stunt School

표 10.8 스턴트맨이 행한 평균 반응 힘

Time of Contact(s)	Average Reaction Force(kN)
0.1	20.790
0.5	4.158
1.0	2.079
2.0	1.040
5.0	0.416
10.0	0.208

요약

이 장에서는 다음을 학습했다.

- 힘의 의미와 공통 단위에 대해 배웠다. 여러분은 다양한 힘에 대해서도 알아야 하며 물체의 회전, 병진을 초래하는 불균형적인 힘의 경향에 대해서도 이해하여야 한다. 물체에 힘이 작용하면 물체는 짧아지거나 늘어나며 혹은 구부러지고 비틀린다.
- 역학에서 쓰이는 뉴턴의 법칙에 친숙해져야 한다. 이러한 법칙은 많은 공학 문제 설계의 기초가 된다.
- 압력의 의미를 이해해야 한다. 정적인 유체의 경우, 한 점에서 모든 방향으로의 유체의 압력이 같다는 파스칼의 법칙을 이해해야 한다. 또한, 유압과 유체의 깊이 사이의 관계도 이해해야 한다. 점성과 압축 팽창계수와 같은 유체의 성질에 대해서도 이해해야 한다. 어떻게 유압 시스템이 작동하는가에 대한 원리도 이해하고 있어야 한다.
- 선택된 재료에 힘이 작용할 때 재료가 어떻게 거동하는가에 대해 알아야 제품을 설계할 수 있다. 탄성계수, 전단계수 그리고 인장 강도와 압축 강도에 대해서도 알고 있어야 한다.
- 물체에 힘이 작용할 때 많은 방법으로 물체 상태에 영향을 줄 수 있다는 것을 이해해야 한다. 공학에서 이러한 효과는 응력, 모멘트, 일, 선형 충격량 등의 용어로 측정된다. 재료를 잡아당기거나 압축, 전단하는 힘의 강도는 응력이라는 용어로 측정된다. 한 점이나 축에 대해 만드는 모멘트로 정의되는 어떤 거리에서 작용하는 힘의 효과, 기계적 힘이라 표현되는 어떤 거리에 걸쳐 작용하는 힘의 효과 그리고 선형 충격량으로 구분되는 한 주기에 걸쳐서 작용하는 힘의 효과에 대해 잘 이해하여야 한다.

연습문제

10.1 화성 표면에서 중력 가속도를 측정하기 위한 질량-스프링 시스템을 설계하라. 여러분이 설계한 것을 설명하고, 어떻게 보정할 것인가에 대해 말하라.

10.2 과거에는 과학자와 엔지니어는 한 지점의 g값을 측정하기 위해 진자를 이용하였다. 현재 위치에서 g값을 측정하기 위해 이용될 진자를 설계하라. 중력 가속도를 측정하기 위한 공식은 다음과 같다.

$$T = 2\pi\sqrt{\frac{L}{g}}$$

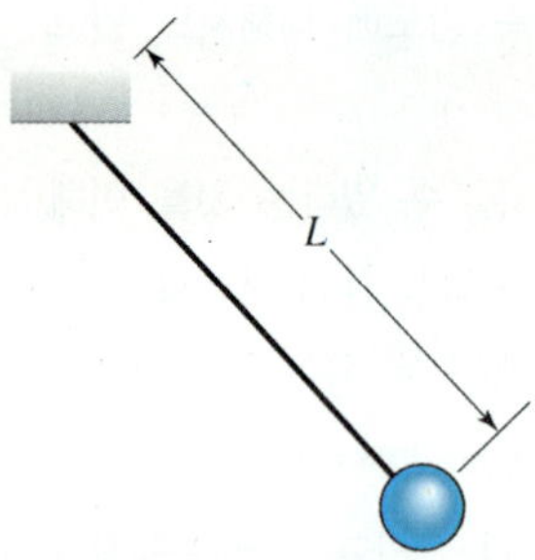

문제 10.2

10.3 우주비행사의 질량은 70kg이다. 해수면에서 비행사의 무게는 어떻게 되는가? 달과 화성에서 비행사의 질량과 무게는 어떻게 되는가? 지구와 화성에서 우주비행사의 신발에 의해 가해진 압력의 비는 어떻게 되는가?

10.4 무게가 70kg과 85kg 나가는 두 학생 사이에서의 인력을 구하여라. 학생들은 1m 정도 떨어져있다. 각각의 학생들에게 작용하는 인력을 비교하여라.

10.5 농구선수 샤킬 오닐의 몸무게는 약 1675N이고 신발 사이즈는 23(US)이다. 바닥에 작용하는 압력을 예측하라. 만약 신발 사이즈가 13(US)으로 된다면 압력은 어떻게 될 것인가? 사용한 모든 가정을 말하고 어떻게 결과를 얻었는지 밝혀라.

10.6 압력과 다음 상황 사이의 관계를 조사하라.

a. 맨발로 서 있을 때

b. 등으로 누워 있을 때

c. 긴 의자에 앉아서 발을 지면에서 떼었을 때

10.7 다음과 같은 물건에 의해 표면에 생기는 압력을 조사하라.

a. 불도저

b. 자동차

c. 자전거

d. 한 짝의 크로스컨트리 스키

10.8 사람의 키, 몸무게, 신발 사이즈 사이에 상호 관계가 있다고 생각해 보았는가? 만약 그렇다면, 그 대답을 증명하여라. 설계자들은 자연 주변상황으로부터 종종 여러 가지를 배운다. 큰 동물은 더 큰 발을 갖고 있는가?

10.9 150m 깊이로 대양을 순항하는 잠수함 표면에 걸리는 압력을 계산하라. 바다의 밀도는 $\rho =$ 1025kg/m^{3}이라 가정하라.

10.10 압력계, 보던 튜브, 횡경막 압력센서와 같은 압력을 측정하는 장치의 작동 원리에 대해 조사하라.

10.11 인간의 수축/확대 140/110mmHg를 Pa의 단위로 전환하라.

10.12 공기탱크에서 게이지 압력이 120Pa라면 절대압력은 어떻게 되는가? 다음 단위로 표현하라.

a. Pa

b. 물 피트

c. 수은 피트

10.13 공기 압축기는 대기를 101.4kPa로 흡입하여 1208kPa의 압력으로 증가시킨다(게이지 압력). 가압된 공기는 수평 탱크에 저장된다. 탱크 안에 있는 공기의 절대압력은 어떻게 되는가? 다

음 단위로 표현하라.

a. mmHg

b. kPa

c. 표준 기압(1atm=101.325kPa)

10.14 스쿠버다이버가 수심 20m를 수영할 때 받는 압력을 계산하라.

10.15 다음과 같은 수력 시스템에서 작동 압력 범위를 조사하라.

a. 비행기 주 날개 조정

b. 자동차의 조향 장치

c. 자동차 정비소에서 자동차를 들어 올리는 잭

Altitude(m)	$\frac{\rho}{\rho_{\text{sea level}}}$	$\frac{P}{P_{\text{sea level}}}$
0(sea level)		
1000		
3000		
5000		
8000		
10,000		
12,000		
14,000		
15,000		

문제 10.16

10.16 [표 10.4]에서 주어진 정보를 이용하여 각각의 고도에서의 압력, 밀도와 해수면에서의 압력, 밀도의 비를 구하라.

10.17 보던 타입(bourdon-type)의 압력 계측기는 수천 가지의 적용 분야에 쓰인다. 정하중 측정기는 압력 측정을 보상하는데 쓰인다. 정하중 측정기의 작동 원리에 대해 조사하라.

10.18 다음과 같은 상황에서 평균적인 압력의 범위를 조사하라: 자전거 타이어, 가정의 수도선, 도시 가스 선, 냉장고의 증발기와 컨덴서 라인. 간단하게 쓰시오.

10.19 130/85의 수축/확대 압력을 수은 밀리미터에서 Pa로 변환하라.

10.20 그림의 유압 시스템에 의해 들려지는 하중을 구하라. 모든 필요한 정보는 그림에 주어져 있다.

10.21 문제 10.22에서 R_1이 40mm로 감소될 경우, 시스템이 들어 올릴 수 있는 하중을 계산하라.

10.22 문제 10.22에서 R_2가 250mm로 감소될 경우, 시스템이 들어 올릴 수 있는 하중을 계산하라.

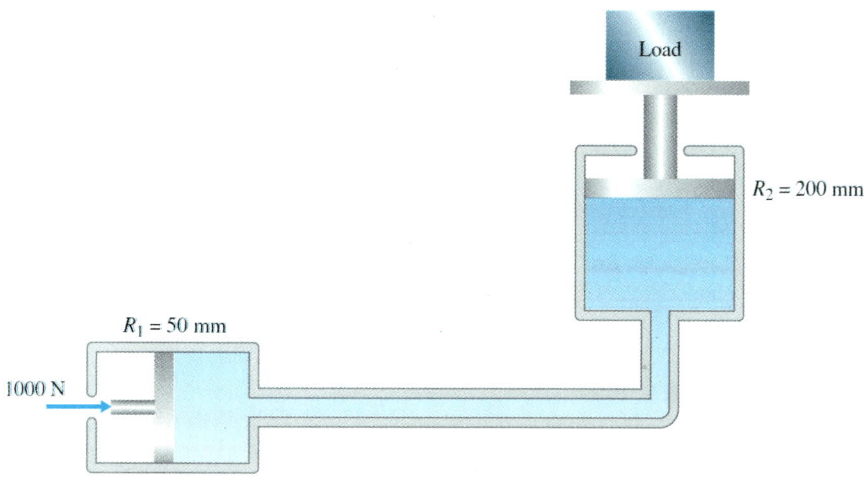

문제 10.20

10.23 다음과 같은 유체의 부피를 2% 줄이는데 필요한 압력을 구하라.

a. 물

b. 글리세린

c. SAE 모터오일

10.24 SAE 30 오일이 직경 30mm 및 길이 0.5m인 실린더에 포함되어 있다. 오일의 체적을 2% 감소하는데 필요한 압력은 얼마인가?

10.25 막대에 2500N의 하중이 작용할 때 알루미늄으로 만들어진 구조 부재의 변형을 계산하라. 부재의 단면은 아래 그림처럼 10mm×160mm인 동일한 사각 단면이다.

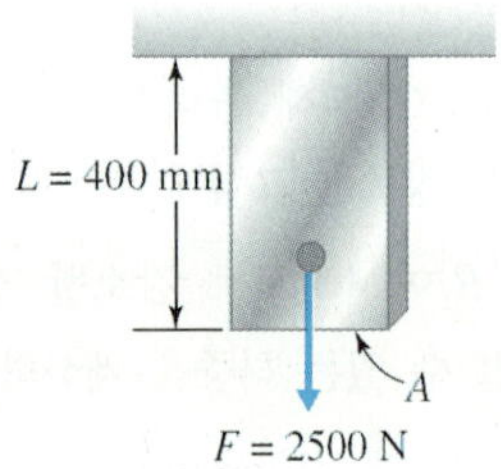

문제 10.25

10.26 직경 200mm의 막대기가 한쪽 끝에서 1000N의 인장하중을 받고 다른 한쪽은 고정되어 있다. 막대기의 길이가 500mm일 경우 변위를 계산하라.

10.27 아래 그림과 같이 직사각형 단면의 부재가 2500N의 하중을 지지하고 있다. 안전하게 하중을 이동시키기 위해선 어떤 재질을 사용해야 하는가? 항복강도와 안전율은 2.0으로 가정하여라.

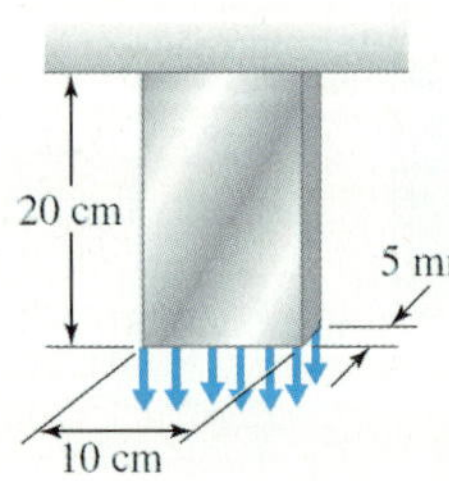

문제 10.27

10.28 아래 그림과 같이 타이어 렌치는 바퀴의 볼트를 조이는데 사용된다. 주어진 도표를 이용해서, 점 O에 대해 다음과 같이 힘이 작용하는 경우 모멘트를 결정하라.

a. 렌치를 수직적으로 미는 경우

b. 그림과 같이 75°의 각도로 미는 경우

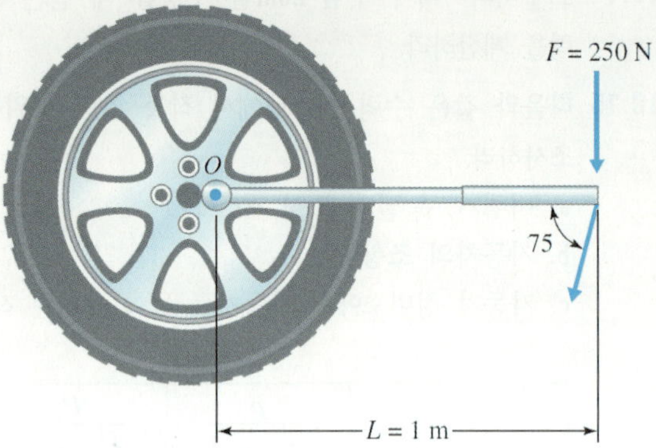

문제 10.28

10.29 점 O에 대해 중지된 무게에 의해 생성된 모멘트를 계산하라. 면적과 지지대의 표시는 그림에 제시되었다. 표시된 것은 2mm의 두께인 알루미늄이다.

10.30 점 O에 대해 램프의 무게에 의해 생성된 모멘트를 계산하라. 램프의 면적과 길이는 그림에 제시되었다. 램프의 무게는 100N이다.

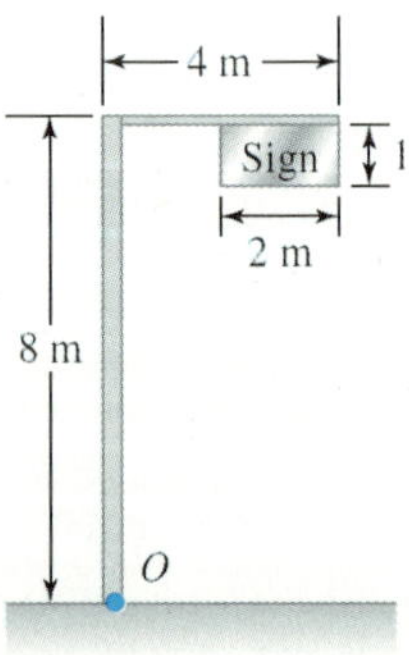

문제 10.29

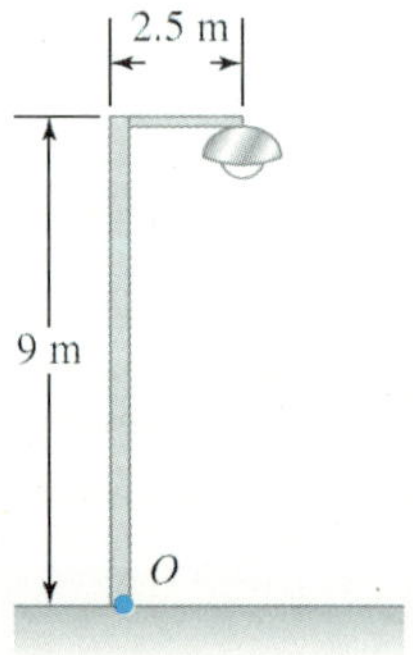

문제 10.30

10.31 점 O에 대해 신호등의 무게에 의해 생성된 모멘트를 계산하라. 신호등의 면적과 길이는 그림에 제시되었다. 신호등의 무게는 200N이다.

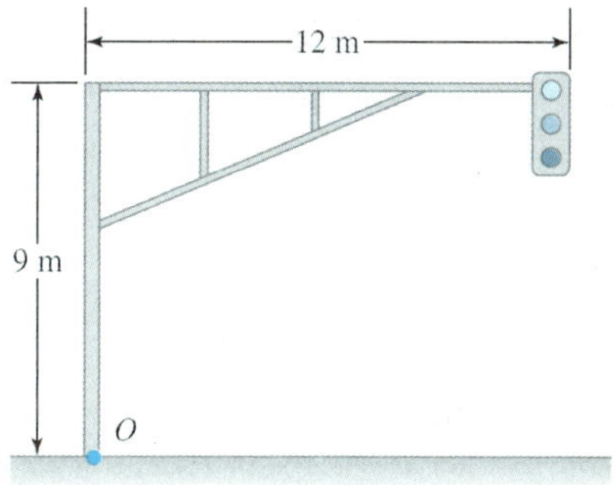

문제 10.31

10.32 그림에 제시된 점 A, B, C, D에 대하여, 힘에 의해 생성된 모멘트를 결정하라.

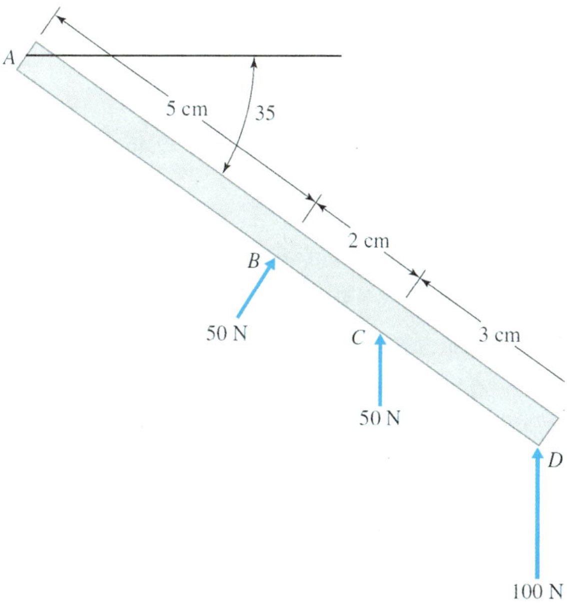

문제 10.32

10.33 콘크리트 블록과 표면 사이의 정적 마찰 계수는 0.8이다. 블록의 무게는 100N이다. 수평력 75N이 블록에 작용할 경우 블록은 이동하는가? 만일 이동하지 않는다면, 수평력을 얼마나 주어야 블록이 움직이는가?

10.34 다음과 같은 원통형 금속 표본과 $T=1700$N·m, $L=20$cm, $D=5$cm, $\varphi=0.02$rad의 테스트 결과에 대한 전단계수를 계산하라. 어떤 금속인지 알 수 있는가?

10.35 차의 연료가 떨어져서 차를 밀어야 할 때, 당신과 당신의 친구가 한 작업의 양을 계산하라. 200N의 크기로 100m 밀고 있다고 가정하라.

10.36 5000N의 무게인 엘리베이터를 5층까지 들어올리기 위해 전기모터가 수행한 일의 양을 구하라. 각 층은 6m의 거리만큼 떨어져있다. 첫 번째 층에서 다섯 번째 층까지 다음과 같은 시간 내에 들어올리기 위해 필요한 일률을 계산하여라.

a.5초

b.8초

단위는 kW로 나타내어라.

10.37 무게 22N의 노트북 컴퓨터가 바닥으로부터 1m 되는 거리에서 떨어지는 경우, 마루로부터의 평균반력을 구하라. 접촉 시간은 아래 표에 나온 것과 같이 다른 쿠션재료를 사용함에 따라 변화될 수 있다.

Time of Contact(s)	Average Reaction Force(N)
0.01	
0.05	
0.1	
1.0	
2.0	

10.38 20℃의 방에서 알코올, 물, 글리세롤의 증기압은 각각 얼마인가?

10.39 테니스, 골프 또는 야구와 같은 일부 스포츠 게임을 배울 때, 왜 스윙이 중요한지를 식 (10.29)를 사용하여 설명하라.

10.40 많은 응용 프로그램에서, 보정된 스프링은 일반적으로 힘의 크기를 측정하는데 사용된다. 일반적으로 이러한 스프링 장치들이 어떻게 힘을 측정하는지 조사하여 보고서 양식으로 작성하여라.

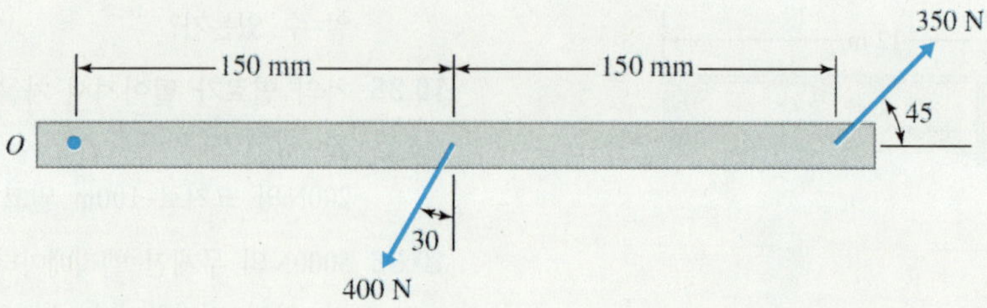

문제 10.41

10.41 그림에서 제시한 점 O에 대하여, 힘에 의해 생성되는 모멘트를 계산하라.

10.42 스프링 상수를 결정하기 위하여, 예제 10.1과 유사한 실험설정을 사용했다. 해당 가중치에 의한 처짐이 표에 나와 있다. 스프링 상수는 얼마인가?

Weight(N)	The Deflection of the Spring(mm)
5.0	2.88
10.0	6
15.0	11.4
20.0	17.7

10.43 우주비행사와 그의 우주복이 지구에서 1250N의 중력을 받는다. 만일 우주비행사가 7장에서 언급한 NASA의 수중 중성 부력 시뮬레이터에서 무중력 상태를 연습할 경우, 우주복의 체적은 얼마가 되어야 하는가?

10.44 1000N의 벤치를 50mm 들어올리기 위해 필요한 힘을 계산하라.

10.45 아래 그림과 같이 같은 재질로 만들어진 3개의 막대기에 같은 힘 F를 작용할 때, (a)막대기와 (b)막대기를 비교하면 어느 것이 더 신축성이 좋은가? (a)막대기와 (b)막대기는 같은 단면적이지만, 길이가 다르다. (a)막대기와 (c)막대기를 비교하면 어느 것의 신축성이 더 좋은가? 이 두 개의 막대기는 같은 길이지만 단면적이 다르다.

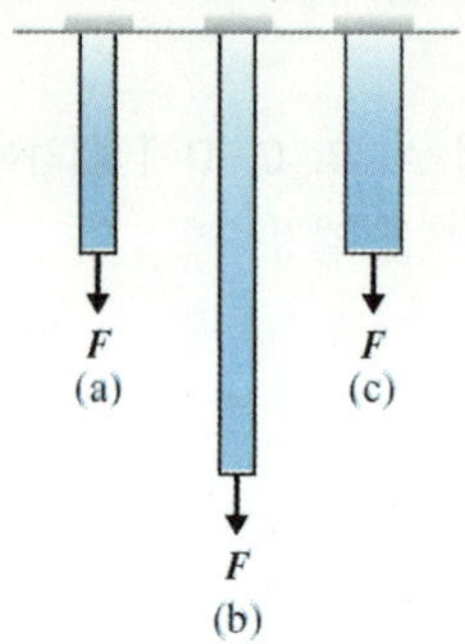

문제 10.45

10.46 알루미늄합금, 구리합금, 티타늄합금, 고무, 나무와 철강 탄성계수의 상대적 강도를 나타내는 표를 작성하라.

10.47 아래 그림에 나온 평행한 스프링을 고려하라. 각 스프링의 변위는 동일하며, 가해진 총 힘은 개별 스프링 힘의 합계와 같다. 스프링의 등가상수 K_e는 $K_e = K_1 + K_2 + K_3$의 식으로 나타낼 수 있음을 증명하라.

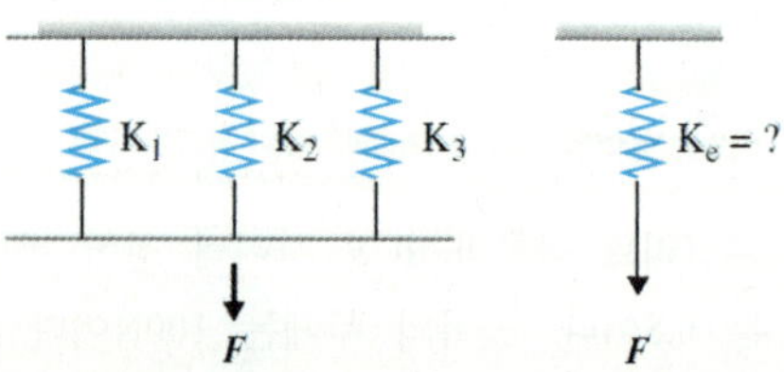

문제 10.47

10.48 아래 그림에 나온 일련의 스프링을 고려하라. 스프링의 총 변위는 개별 스프링의 변위 합이다. 각 스프링의 힘은 스프링에 작용된 힘과 같다. 일련의 스프링에 대해 상응하는 스프링 상수 K_e

는 $K_e = \dfrac{1}{\dfrac{1}{K_1}+\dfrac{1}{K_2}+\dfrac{1}{K_3}}$로 나타낼 수 있음을 증명하라.

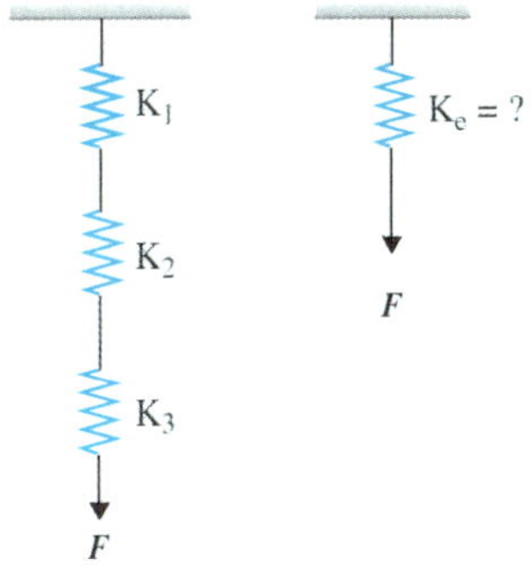

문제 10.48

실험 V

목적

아래에 열거된 재료들을 이용하여 최대한 많은 하중을 지지할 수 있는 연결장치를 만들려고 한다. 연결장치는 두 조각의 끈을 사용할 수 있도록 가운데에 최소한 60mm 이상의 직경을 갖는 구멍이 있어야 한다. 끈 조각들은 체인을 만들기 위해 각각의 연결장치들을 잇는데 사용된다. 하나의 끈 조각은 인접한 두 개의 연결장치를 관통하며 관통한 끈 조각은 빠져나오지 않도록 매듭이 지어져 있다. 다수 연결장치가 연결될 때까지 이러한 작업을 반복한다. 그다음에 줄다리기 시합을 하듯이 양 끝에서 체인을 잡아당긴다. 만약 중간에 하나의 끈이 끊어지면 나머지 연결장치를 연결하여 다시 잡아당긴다. 최종적으로 하나의 끈이 남을 때까지 이러한 일을 반복한다. 주어진 시간은 30분이다.

재료

고무 밴드 4개, 접착테이프 600mm, 줄 1200mm, 종이 2장(각 250mm×330mm), 빨대 4개

CHAPTER

11

온도와 온도 관련 변수

용해된 철은 제품을 만들거나 다른 생산과정으로 이송되기 위해 주조 형틀 안으로 옮겨진다. 철에 포함된 탄소 함유량에 따라 철의 용해점은 1,300℃를 초과할 수 있다.

Source: ⓒ Masterfile

이 장에서는 온도와 열에너지 그리고 열전달의 의미를 설명한다. 공학적 설계에서 이용되는 온도와 열전달의 규칙들에 대해 자세히 살펴보고, 일상생활에서 그것들이 어떤 숨은 역할을 하는지 알아보자. 아울러 온도의 도씨, 섭씨, 화씨, 랜킨, 캘빈을 포함한 다양한 스케일(scales)에 대해서 설명한다. 비열, 열팽창, 열전도와 같은 온도 관련 속성의 수에 대해서도 설명한다. 이 단원을 공부한 후에 우리는 물체 안에 온도 차가 존재하거나 두 물체 사이 또는 물체와 그 주위와의 온도 차가 존재하면 언제든지 열에너지 전달이 발생한다는 것을 알 수 있다. 간단히 말해서 우리는 열전달의 다양한 형태와 절연체의 R값의 의미, 변형비라는 용어의 의미에 대해 논의할 수 있다. 또한, 연료의 가열값들을 설명한다.

표 6.7 기본 차원과 공학 분석 및 설계에 사용되는 변수들

Fundamental Dimension	Related Engineering Variables			
Length(L)	Radian$\left(\frac{L}{L}\right)$,	Area(L^2)	Volume(L^3)	Area moment of inertia(L^4)
[Chapter 7]	Strain$\left(\frac{L}{L}\right)$			
Time(t)	Angular speed$\left(\frac{1}{t}\right)$,			
[Chapter 8]	Angular acceleration$\left(\frac{1}{t^2}\right)$		Volume flow rate$\left(\frac{L^3}{t}\right)$	
	Linear speed$\left(\frac{L}{t}\right)$,			
	Linear acceleration$\left(\frac{L}{t^2}\right)$			
Mass(M)	Mass flow rate$\left(\frac{M}{t}\right)$,		Density$\left(\frac{M}{L^3}\right)$,	
[Chapter 9]	Momentum$\left(\frac{ML}{t}\right)$		Specific volume$\left(\frac{L^3}{M}\right)$	
	Kinetic energy$\left(\frac{ML^2}{t^2}\right)$			
Force(F)	Moment(LF),	Pressure$\left(\frac{F}{L^2}\right)$,		
[Chapter 10]	Work, energy(FL),	Stress$\left(\frac{F}{L^2}\right)$,		
	Linear impulse(Ft),	Modulus of elasticity$\left(\frac{F}{L^2}\right)$,	Specific weight$\left(\frac{F}{L^3}\right)$,	
	Power$\left(\frac{FL}{t}\right)$	Modulus of rigidity$\left(\frac{F}{L^2}\right)$		

표 6.7 기본 차원과 공학 분석 및 설계에 사용되는 변수들(계속)

Fundamental Dimension	Related Engineering Variables		
Temperature(T) [Chapter 11]	Linear thermal expansion$\left(\frac{L}{LT}\right)$, Specific heat$\left(\frac{FL}{MT}\right)$		Volume thermal expansion$\left(\frac{L^3}{L^3T}\right)$
Electric Current(I) [Chapter 12]	Charge(It)	Current density$\left(\frac{I}{L^2}\right)$	

이 장이 지금까지 배운 공부에 어떻게 적용되는지를 알기 위해서, 물리적 세계에 대해 6장에서 토론한 내용을 상기하라. 자연현상을 정확하게 표현하기 위해서는 7개의 기본 차원이 필요하다. 7개의 기본 차원은 길이, 질량, 시간, 온도, 전류, 물질의 양 그리고 광도이다. 이러한 기초 차원의 도움으로 우리는 자연이 작용하는 방법을 묘사하는 데 필요한 물리량을 설명할 수 있었다. 앞 장에서 우리는 일상생활 및 공학에서의 응용을 위한 길이와 질량 그리고 시간의 역할을 배웠다. 이 장에서는 온도의 역할과 공학적 분석에서의 또 다른 기본 차원을 토론할 것이다. [표 6.7]은 공학설계와 분석에 사용되고 있는 변수들이 어떻게 정의되어 결합하는지를 다시 상기시켜준다.

11.1 기본 차원으로서의 온도

온도가 무엇이고 그것의 크기나 값이 나타내는 것이 무엇인지 이해하는 것은 환경을 이해하는데 아주 중요하다. 어떤 물질이 뜨거운지 차가운지를 알 수 있도록 하기위한 물리적 양 또는 차원이 온도이다(6장에서 배운 것을 상기하라). 일상생활에서 사물의 다양한 상태를 설명해주는 온도의 중요한 역할에 대해 생각해보자.

다음의 질문에 대한 답을 해보자. 당신의 체온은 얼마인가? 방의 공기 온도는 얼마인가? 아침에 샤워할 때 사용하는 물의 온도는 얼마인가? 밤새 우유를 시원하게 보관하는 냉장고 안의 기온은 얼마인가? 냉장고의 냉동실 안의 온도는 얼마인가? 헤어드라이어에서 나오는 바람의 온도는 얼마인가? 높게 설정된 난로의 발열부 표면 온도는 얼마인가? 100와트 전구의 표면온도는 얼마인가? TV나 컴퓨터 안의 전자 칩의 평균 작동 온도는 얼마인가? 자동차 엔진에서 나오는 연소물의 온도는 얼마인가? 주위에서 발생하는 여러 현상의 양을 정하는 데서 온도의 역할에 대해 생각하면 위와 비슷한 수백 개의 질문을 할 수 있다.

여러분이 수행하려고 하는 문제가 어떠한 공학 분야인가에 상관없이 어떠한 일을 수행하고 계획하는 데 있어서 온도의 의미가 무엇이고 어떻게 그 양을 표현하는지를 잘 이해하는 것이 필요하다. [그림 11.1]은 이러한 이해가 중요한 몇몇 시스템을 보여준다. 전자와 컴퓨터 엔지니어들은 컴퓨터나 텔레비전 또는 다른 전자기기를 설계할 때 전자 부품들이 타당한 작동 수준에서 적당한 기능을 하기 위한 다양한 전자 부품들의 온도를 유지하는 방법을 고려한다. 사실, 전자 칩을 냉각하기 위해 핀(heat sinks: 열이 흡수되는 영역)과 팬을 이용한다. 도시 공학자들은 다리나 다른 구조물을 설계할 때 온도를 잘 이해하는 것이 필요하다. 그들은 주위 온도가 변해서 발생하는 철이나 콘크리트와 같은 재료의 팽창과 수축을 허용하도록 구조물을 설계해야 한다. 기계 공학자들은 우리가 휴식하고 일하고 노는 쾌적한 환경을 만들기 위해 공기조화장비(HVAC)를 설계한다. 그들은 이 장비를 디자인할 때 열전달 과정과 온도와 습도를 포함한 공기의 양을 이해하는 것이 필요하다. 자동차 공학자들은 엔진의 냉각 시스템을 설계할 때 온도와 열전달률을 이해하는 것이 필요하다. 식품 가공 공장에서 일하는 엔지니어들은 건조 및 냉각 공정의 온도를 모니터링 해야 한다. 재료 공학자들은 바람직한 자료를 만들기 위해 온도 및 열전달의 좋은 이해가 필요하다.

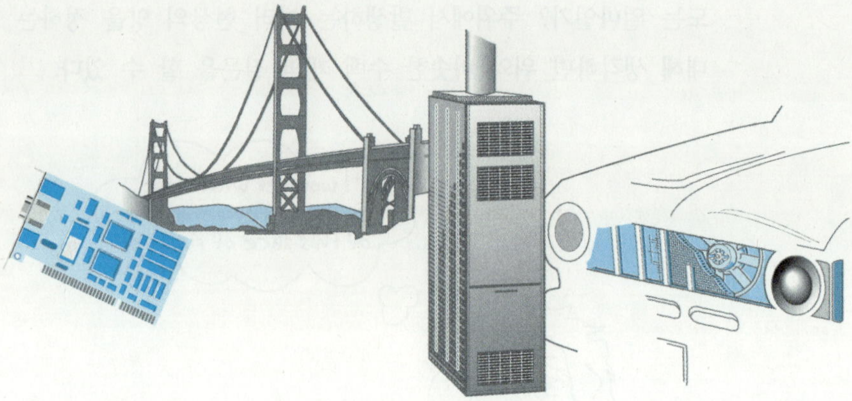

그림 11.1
온도와 열전달의 중요성을 이해하기 위한 공학 시스템의 예

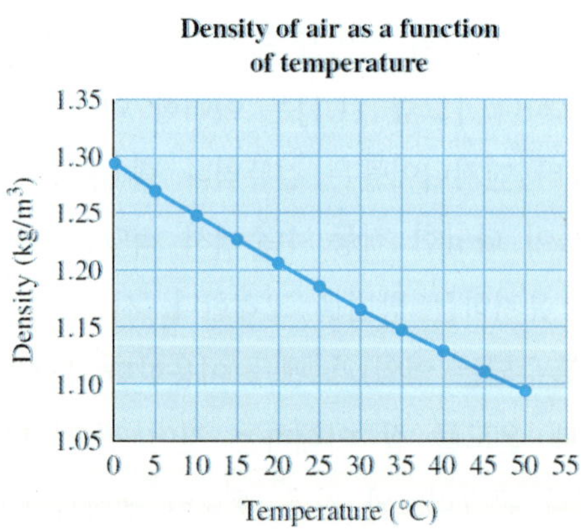

그림 11.2 온도 함수로서 대기압에서 공기의 밀도

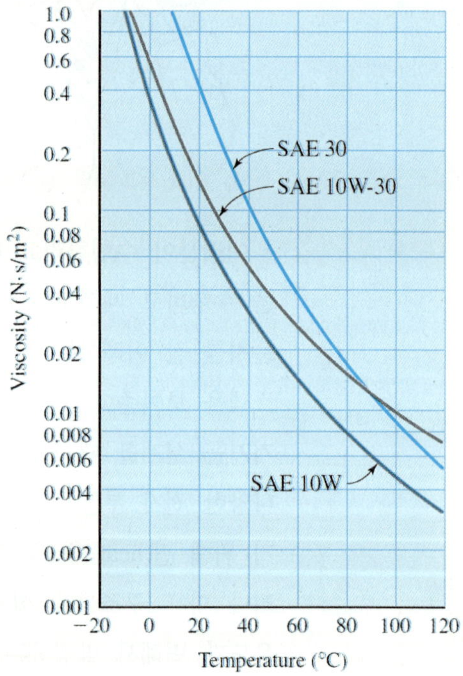

그림 11.3 온도 함수로서 SAE 10W, SAE 10W-30 그리고 SAE 30oil의 점성

물질의 특성은 온도의 함수이다. 고체, 액체 그리고 기체의 물리적, 열적 특성은 온도에 따라 변한다. 예를 들어 차가운 공기는 뜨거운 공기보다 밀도가 높다. 따라서 자동차 운동에 대한 공기 저항은 같은 속도로 운동하는 경우 여름철보다 겨울에 더 크게 된다. 대부분 사람들은 겨울철 아침에 자동차의 시동 걸기가 어렵다

는 것을 안다. 시동을 걸기가 어려운 것은 온도 저하에 따른 기름의 점성이 증가한 결과이다. [그림 11.2]는 온도에 따른 공기의 밀도 변화를 보여준다. [그림 11.3]은 SAE 10W, SAE 10W-30 그리고 SAE 30오일(oil)의 온도 의존성을 보여준다. 이것은 엔지니어들이 설계하는 데 있어서 온도와 그것의 역할을 잘 이해하는 것이 왜 필요한지에 대한 작은 예이다.

이제 온도가 의미하는 것에 대해 좀 더 자세히 알아보자. 온도는 분자 운동의 양과 물체의 내부 에너지의 단위를 제공한다. 모든 물체나 생물들은 물질로 구성되어 있고 물질 자체는 원자나 화학적 요소로 구성되어 있다는 것을 기억하자. 게다가 원자들은 분자를 만들기 위해 자연스럽게 결합하여 있거나 연구실에서 임의로 만들어진다.

예를 들어, 물 분자는 두 개의 수소 원자와 한 개의 산소 원자로 구성되어 있다. 온도는 물질의 분자 활동 정도를 나타낸다. 고온에서 물질의 분자는 저온에서보다 더 활동적이다. 아마 이것을 형상화하는 간단한 방법은 냄비 안의 팝콘 존재를 기체의 분자로 생각하는 것이다. 냄비 안에 있는 높은 온도의 팝콘(분자)은 낮은 온도에 있는 것보다 더 빨리 움직이고 회전하고 주위로 튀게 된다. 따라서 온도는 극미의 수준에서 분자가 활동하는 정도를 측정하는 방법을 제공한다. 예컨대 공기 분자는 25°C보다 50°C에서 더 활동적이다. 여러분은 온도를 다음과 같이 생각할 수 있다. 우리는 모든 미세 분자 운동을 온도라고 부르는 하나의 육안으로 보이는 측정 가능한 값으로 묶는다.

11.2 온도의 측정과 SI단위

예전에는 인간은 어떤 것이 얼마나 차갑고 뜨거운지를 측정하는데 촉각이나 시각에 의존했다. 사실 우리는 오늘날에도 여전히 촉각에 의존한다. 목욕을 할 때 먼저 뜨거운 물과 차가운 물을 틀고 욕조를 가득 채운다. 그러나 욕조에 들어가기 전에 물이 얼마나 따뜻한지 느끼기 위해 손을 넣어본다. 기본적으로 여러분은 온도의 정보를 얻으려고 촉각을 사용한다. 물론 촉각만으로는 물의 온도를 정확하게 측정할 수는 없다. 예컨대 물이 21.5°C라고 말할 수는 없다. 따라서 어떤 것의 온도를 좀 더 정확하게 측정할 필요가 있으며, 물의 온도를 표현할 때는 모두가 이해할 수 있는 숫자를 사용해야 한다.

바꿔 말하면, 우리는 측정할 필요가 있고 모두가 이해할 수 있는 단위나 척도를 사용할 필요가 있는 것이다. 온도를 측정하기 위해 사람들이 감각에 의존하는 방법의 또 다른 예는 대장장이들이 불이 얼마나 뜨거운지 측정하기 위해 눈을 이용하는 방법이다. 그들은 편자나 철 조각을 불에 대기 전에 연료의 색으로 온도를 판단한다. 사실 열을 받은 철과 그것의 실제 온도 사이의 관계는 측정되고 확립되었다. [표 11.1]은 이러한 관계를 보여준다.

표 11.1 철의 온도와 색과의 관계

Color	Temperature(°C)
Dark blood red, black red	530
Dark red, blood red, low red	570
Dark cherry red	640
Medium cherry red	680
Cherry, full red	750
Light cherry, light red	850
Orange	900
Light orange	940
Yellow	1000
Light yellow	1080
White	1210

$T(°\mathrm{F}) = \frac{9}{5}T(℃) + 32$

Source: MARK'S STANDARD HANDBOOK FOR MECHANICAL ENGINEERS. 8TH EDITION by Baumeister et al. Copyright 1978 by MCGRAW-HILL COMPANIES, INC.-BOOKS. Reproduced with permission of MCGRAW-HILL COMPANIES, INC.-BOOKS in the format Textbook via Copyright Clearance Center.

이러한 예를 통해 우리의 감각이 사물이 얼마나 차갑고 뜨거운지를 판단하는데 유용하다는 것을 알 수 있다. 하지만 그것들의 정확도에는 한계가 있고 온도의 값으로 정량화할 수는 없다. 따라서 더 정확하고 효율적으로 어떤 것의 온도에 대한 정보를 제공할 수 있는 측정 장치가 필요하다.

이러한 필요성은 알코올과 같은 액체나 수은과 같은 액체금속의 열적 팽창, 수축에 기초한 온도계의 발전을 이끌어냈다. 대부분 사람들은 거의 모든 물질이 온도가 증가할 때 팽창(길이가 늘어나고)하고 온도가 떨어질 때는 수축(길이가 줄어드는)한다는 것을 알고 있다. 우리는 이 장의 마지막에 더 자세히 물질의 열팽창에 관해 토론할 것이다. 그러나 지금은 수은 온도계가 온도가 변화할 때 수은의 팽창과 수축의 원리로 작동하는 온도 감지계라는 것으로 기억하자. 대부분은 수은으로 채워진 눈금이 있는 유리막대기의 온도계를 보았을 것이다. 섭씨 단위로 기본 대기압하에서 0의 값은 임의로 물이 어는 온도로 지정되었다. 그리고 100의 값은 물이 끓는 온도로 지정되었다. 이런 과정은 장비의 측정이라 불리고 [그림 11.4]에 묘사되었다.

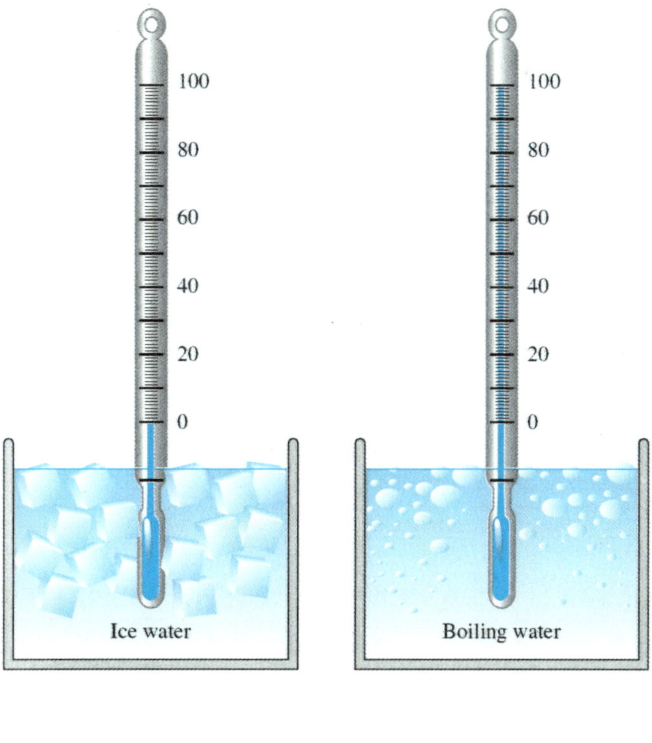

그림 11.4
수은 온도계의 보정

숫자들이 임의로 지정되었다는 것을 이해하는 것은 중요하다. 최초에 누군가가 100의 값을 물이 어는 온도로 정하고 1000의 값을 물의 끓는 온도로 정했다면 우리는 오늘날 아주 어려운 온도 척도의 유형을 가졌을 것이다. 실제로, 화씨온도 단위는 기본 대기압하에서 물이 어는 온도를 32°C의 값으로 그리고 물이 끓는 온도를 212°C의 값으로 정한 것이다. 두 온도 단위 사이의 관계는 다음과 같다.

$$T(℃) = \frac{5}{9}[T(°\mathrm{F}) - 32] \tag{11.1}$$

$$T(°\mathrm{F}) = \frac{9}{5}[T(℃)] + 32 \tag{11.2}$$

다른 장비와 함께 온도계는 1/100°C의 온도 변화를 측정할 수 있는 정확한 장비로 발전하였다.

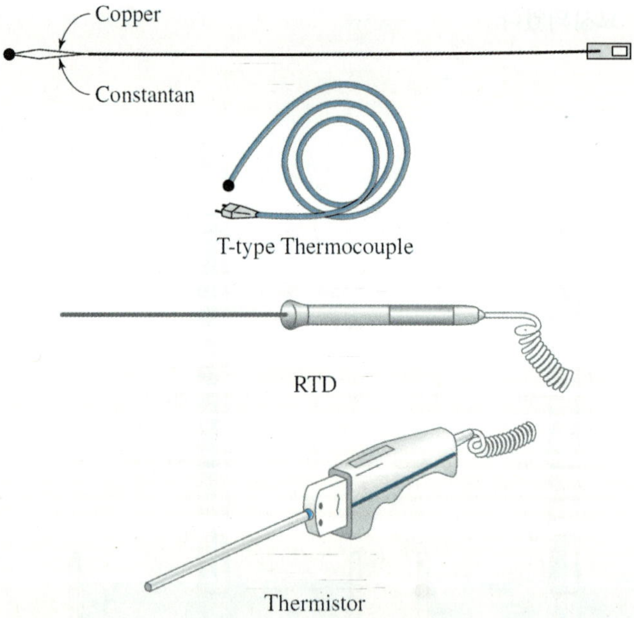

그림 11.5
온도 측정 장치의 예들

오늘날 우리는 온도를 측정하기 위해 전기적 저항이나 광학, 기전력의 변화와 같은 물질 특성의 또 다른 변화를 이용한다. 그러한 특성의 변화는 물질 안에서 물질의 온도가 변화할 때 발생한다. [그림 11.5]에 보이는 열전쌍(Thermocouples)

과 서미스터(thermistors)는 그러한 특성을 이용한 온도 측정 장치의 예들이다. 열전쌍은 두 개의 서로 다른 금속으로 구성되어 있다. 온도 차가 발생하면 열전쌍의 두 접합부 사이에서 상대적으로 작은 전압 출력이 생긴다. 전압 출력은 두 접합부 사이의 온도 차에 비례한다. 철/콘스탄탄(J－타입), 구리/콘스탄탄(T－타입)과 같은 두 개의 서로 다른 금속의 보통 결합이 열전쌍 선에 사용된다(J와 T는 그런 열전쌍 선을 나타내는데 사용되는 미국 규격협회의 기호이다). 서미스터는 물질의 작은 온도 변화가 큰 전기저항 변화를 만드는 특성이 있는 반도체로 구성된 온도 감지 장치이다. 따라서 서미스터의 전기 저항은 온도값과 관련되어 있다.

절대 영도

앞에서 설명한 것처럼, 섭씨와 화씨 단위 모두는 임의로 정의되었기 때문에 과학자들은 더 좋은 온도 단위의 필요를 깨달았다. 이런 필요로 인해 이상기체의 행동에 기초를 둔 절대 단위인 캘빈(Kelvin)과 랜킨(Rankine) 단위를 정의하게 되었다. 여러분은 일상생활에서 추운 겨울 낮 동안 자동차 타이어 압력에 어떠한 변화가 생기는지 또는 추운 밤 동안 실외에 놓아둔 농구공 안의 기압에 어떤 변화가 생겼는지 보았을 것이다. 주어진 압력에서 이상기체의 온도가 감소함에 따라 그것의 부피도 감소한다. 어떤 상황에서 기체는 압력과 부피 그리고 온도 사이에 보통 이상기체 방정식(ideal gas law)이라 불리는 하나의 관계가 있다. 이상기체 방정식은 아래와 같다.

$$PV = mRT \tag{11.3}$$

여기서

P = 기체의 절대 압력(Pa)

V = 기체의 부피(m^3)

m = 질량(kg)

R = 기체 상수$\left(\dfrac{J}{kg \cdot K}\right)$

T = 절대 온도(캘빈)

다음의 실험을 고려해보자. 강체 용기(캡슐)를 기체로 가득 채웠다고 생각하자. 용기는 [그림 11.6]과 같이 용기 내부에 있는 기체의 절대 압력을 읽을 수 있는 압력 계량기에 연결되어 있다. 이때 주위 온도가 용기 온도보다 낮다고 생각하자.

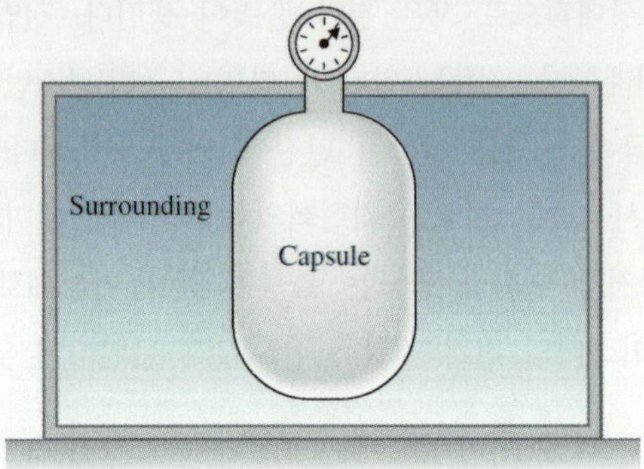

그림 11.6
절대 영도의 예로 사용된 캡슐

당연히 충분한 시간이 지난다면 용기 안의 기체온도는 주위 온도와 같아질 것이다. 또한, 기체가 강체 용기 안에 들어있기 때문에 일정한 부피와 일정한 질량을 가진다는 것을 명심하자. 이제 주위 온도를 낮출 때 압력 계량기에 의해 나타나는 용기 안의 기체 압력에는 무슨 일이 생길까?

압력은 기체의 온도가 감소함에 따라 감소할 것이다. 우리는 식 (11.3)의 이상기체 법칙에 사용된 압력과 온도 사이의 관계를 결정할 수 있다.

일련의 실험을 계속해보자. 주위 온도를 T_r이라는 어떤 기준온도로 하고 용기가 주위와 평형에 도달하도록 충분한 시간을 둔다. 그리고 그때의 기체 압력 P_r을 기록한다. 기체의 압력과 온도는 이상기체 방정식에 따라 관련된다.

$$T_r = \frac{P_r V}{mR} \tag{11.4}$$

이제 T_1으로 주위 온도를 낮추고 평형에 도달한 후 기체 압력을 기록하고 P_1으로 표시한다. 기체의 온도가 더 낮기 때문에 압력 또한 더 낮다.

$$T_1 = \frac{P_1 V}{mR} \tag{11.5}$$

식 (11.5)를 식 (11.4)로 나누면 다음과 같고

$$\frac{T_1}{T_r} = \frac{\dfrac{P_1 V}{mR}}{\dfrac{P_r V}{mR}} \tag{11.6}$$

m, R, V를 소거하면 아래와 같다.

$$\frac{T_1}{T_r} = \frac{P_1}{P_r} \tag{11.7}$$

$$T_1 = T_r\left(\frac{P_1}{P_r}\right) \tag{11.8}$$

식 (11.8)은 기체의 온도, 압력 그리고 기준 압력, 온도 사이의 관계를 보여준다. 만약 우리가 주위 온도를 계속 낮춘다면 압력도 낮아질 것이다. 그리고 실험의 결과를 추정하면 결국 0의 압력과 0의 온도에 도달할 것이다. 이 온도를 절대 열역학적 온도라 부르며 이 온도를 섭씨와 화씨 단위에 관련시키면 다음과 같다. 캘빈(K)과 섭씨(°C) 단위 사이의 관계는 SI단위로 다음과 같이 나타내지며,

$$T(\mathrm{K}) = T(℃) + 273.15 \tag{11.9}$$

랜킨(°R)과 화씨(°F) 단위 사이의 관계는 U.S. 단위로 다음과 같이 나타내진다.

$$T(°\mathrm{R}) = T(°\mathrm{F}) + 459.67 \tag{11.10}$$

기체의 온도가 감소함에 따라 점점 기체의 액화점에 도달하기 때문에 실험이 완벽하게 수행된다고 할 수 없다는 것을 주목하자. 따라서 이상기체 방정식은 타당하지 않다. 이것이 이론적인 절대 영도를 얻기 위해 결과를 추정한 이유이다. 또한, 어떤 것이 차가워지는 것에는 한계가 있지만 어떤 것이 뜨거워지는 데는 이론적인 한계가 없다는 점을 주목하자. 마지막으로, 랜킨과 캘빈 단위 사이의 관계를 수립할 수 있다.

$$T(\mathrm{K}) = \frac{5}{9}T(°\mathrm{R}) \tag{11.11}$$

식 (11.9)와 식 (11.10)에서, 아주 자세한 실험을 다루지 않는다면 섭씨 단위로부

터 캘빈 단위로 바꿀 때 273.15를 273으로 쓸 수 있다. 같은 방법으로 화씨 단위로부터 랜킨 단위로 바꿀 때 459.67을 460으로 할 수 있다.

예제 11.1

캘빈 단위로 $T = 50°C$ 값은 얼마인가?

식 (11.9)를 사용할 수 있다.

$$T(\mathrm{K}) = T(℃) + 273 = 50 + 273 = 323\,\mathrm{K}$$

예제 11.2

여름날, 애리조나 피닉스의 바깥 기온은 몹시 뜨거운 43.3℃인 반면 방안의 온도는 20℃로 유지된다. 실외·실내 온도 차이는 얼마인가? (a)섭씨 단위, (b)캘빈 단위로 구하라. 섭씨로 1° 온도 차가 캘빈으로 1° 온도 차와 같은가? 그렇다면 이유는?

먼저 이 질문에 긴 방법으로 풀이하고, 간단하게 토의하자.

(a) $T_{실외}(℃) = 43.3\,℃$

$T_{실내}(℃) = 20℃$

$T_{실외} - T_{실내} = 43.3℃ - 20℃ = 23.3℃$

(b) $T_{실외}(\mathrm{K}) = T_{실외}(℃) + 273 = 43.3 + 273 = 316.3\,K$

$T_{실내}(\mathrm{K}) = T_{실내}(℃) + 273 = 20 + 273 = 293\,\mathrm{K}$

$T_{실외} - T_{실내} = 316.3\,\mathrm{K} - 293\,\mathrm{K} = 23.3\,\mathrm{K}$

섭씨 단위로 표시되는 온도 차와 캘빈 단위로 표시되는 온도 차는 같다는 것을 주목하자.

섭씨 1° 차는 캘빈 1° 차와 같다는 것은 이제 명확해졌다. 물론, 이 관계는 두 개의 온도 차를 대입하고 절대온도 단위로 변환할 때 각각의 온도에 같은 기본값을 더했기 때문이다.

11.3 온도 차와 열전달

열에너지 전달은 한 물체에서 또는 두 물체 사이 또는 물체와 그 주위 사이에 온도 차가 존재하면 언제든지 발생한다. 다른 온도의 물체 사이에서 발생하는 이러한 에너지전달의 형식을 열전달이라 부른다. 열은 항상 높은 온도에서 낮은 온도로 흐른다. 이것은 주위에서 쉽게 확인할 수 있다. 컵에 담겨있는 뜨거운 커피를 방안(낮은 온도의 환경)에 놓아두면 커피는 차가워진다. 열에너지는 뜨거운 커피에서 컵으로 그리고 컵 표면으로부터 주위 공기로 전달된다. 열에너지 전달은 커피와 그 주위 사이의 온도 차만큼 발생한다. 이 말은 온도와 열 사이의 차이를 이해하기 쉽게 해준다. 온도는 한 곳의 거시적인 수준을 나타내지만 열은 미세한 분자운동의 수준으로 지역 사이의 온도 차의 결과로서 한 지역에서 다음 지역으로 전달되는 에너지의 형식이다.

열에너지의 양을 표현하는 데는 보통 2가지 SI단위가 있다. (1)칼로리(calorie)와 (2)줄(joule)이다. 칼로리(calorie)는 1g의 물을 1°C 올리는 데 필요한 열의 양으로 정의된다. 그러나 음식에너지 표시로 일반적으로 사용되는 칼로리는 1000칼로리와 같다. SI단위에서 열에너지와 기계적 에너지의 단위는 구별하지 않는다. 따라서 에너지는 기초적인 차원인 질량, 길이 그리고 시간을 사용하여 정의된다. 우리는 이에 관련해서 13장에서 보다 자세히 다룰 것이다.

SI단위계에서 줄(joule)은 에너지의 단위이고 다음과 같이 정의된다.

$$1\text{joule} = 1\text{N}\cdot\text{m} = 1\text{kg}\cdot\text{m}^2/\text{s}^2$$

표 11.2 열에너지와 단위시간(동력)동안 열에너지의 변환 인자

Relationship Between the Units of Thermal Energy	Relationship Between the Units of Thermal Energy per Unit Time(Power)
1cal = 4.186J	1W = 1J/s 1cal/s = 4.186W

열의 다양한 단위 간의 변환 요소는 [표 11.2]에서 보여준다.

이제 열에너지 전달이 한 물체나 물체들 사이의 온도 차로 인해 발생한다는 것을 알았으므로 열전달의 다른 형식을 알아보자. 높은 온도 영역에서 낮은 온도 영역으로 전달되는 에너지에는 세 가지 다른 형태가 있다. 그것들을 열전달의 형식이라 표현하며 전도(conduction), 대류(convection) 그리고 복사(radiation)이다.

전도

전도는 매개체에 온도 차이가 존재할 때 발생하는 열전달의 형식이다. 에너지는 분자운동이 활발한 구역에서 덜 활발한 구역의 매개체 안으로 전달된다. 물론, 에너지 전달이 가능하게 하는 주위 분자의 상호작용이 있다. 분자 상호작용의 원리를 더 잘 이해하기 위해 전도 열전달의 다음 예를 고려해보자. 대부분은 난로 위에 있는 알루미늄 용기 안의 수프가 뜨거워질 때 무슨 일이 생기는지 경험해보았을 것이다. 손잡이와 뚜껑이 직접 열 발생부에 접촉하지 않았는데도 불구하고 왜 수프 용기의 손잡이와 뚜껑이 뜨거워졌을까? 이제, 무슨 일이 생겼는지 알아보자.

열 발생부로부터의 에너지 전달 때문에 열 발생부 근처에 있는 용기 분자는 멀리 있는 분자보다 더 왕성하게 운동한다. 운동량이 더 왕성한 분자는 옆으로 그 에너지를 공유하거나 전달하여 결국 에너지 전달이 용기의 뚜껑과 손잡이에 도달할 때까지 에너지는 옆으로 전달된다. 에너지는 높은 온도 지역에서 낮은 온도 지역으로 분자 활동에 의해 전달된다. 전도에 의한 열전달률이 푸리에 법칙으로 주어져 있다.

푸리에 법칙은 물질을 통한 열전달률은 온도 차와 열전달이 발생하는 수직 면적 A 그리고 물질이 포함된 타입에 비례한다는 것을 말해준다. 또한, 이 법칙은 열전달률은 온도 차가 존재하는 물질의 두께에 반비례한다는 것을 말해준다. 예를 들어 [그림 11.7]에 나타난 단일 유리창의 푸리에 법칙을 다음과 같이 쓸 수 있다.

$$q = kA\frac{T_1 - T_2}{L} \tag{11.12}$$

여기서

$q =$ 열전달률(W)

$k =$ 열전도도($\frac{\mathrm{W}}{\mathrm{m} \cdot ℃}$)

$A =$ 열이 흐르는 수직 단면적(m^2)

$T_1 - T_2 = L$ 두께 물질사이의 온도 차(℃)

$L =$ 물질의 두께(m)

물질 두께에서의 온도 차 $T_1 - T_2$는 보통 온도변화로 나타낸다. 열전달이 발생하기 위해서는 온도변화가 존재해야 한다. 열전도도는 물질 내부에서 고온에서 저온으로 열에너지가 얼마나 잘 전달될 수 있는지를 보여주는 물질의 특성이다. 일반적으로 고체는 액체보다 더 높은 열전도도를 갖고 있고, 액체는 기체보다 더 높은 열전도도를 가진다. 물질의 열전도도는 [표 11.3]에 나타냈다.

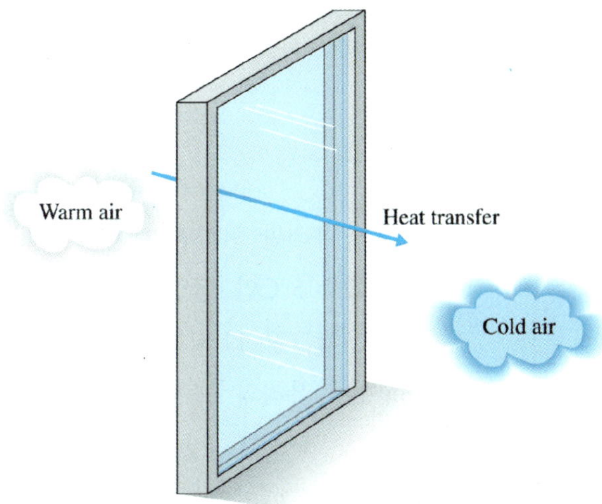

그림 11.7
유리창을 통한 전도 열전달

표 11.3 300K의 약간의 물질의 열전도도

Material	Thermal Conductivity(W/m · K)
Air(at atmospheric pressure)	0.0263
Aluminum(pure)	237
Aluminum alloy-2024-T6(4.5% copper, 1.5% magnesium, 0.6% manganese)	177
Asphalt	0.062
Bronze(90% copper, 10% aluminum)	52
Brass(70% copper, 30% zinc)	110
Brick(fire clay)	1.0
Concrete	1.4
Copper(pure)	401
Glass	1.4
Gold	317
Human fat layer	0.2
Human muscle	0.41
Human skin	0.37
Iron(pure)	80.2

표 11.3 300K의 약간의 물질의 열전도도(계속)

Material	Thermal Conductivity(W/m · K)
Stainless steels(AISI 302, 304, 316, 347)	15.1, 14.9, 13.4, 14.2
Lead	35.3
Paper	0.18
Platinum(pure)	71.6
Sand	0.27
Silicon	148
Silver	429
Zinc	116
Water(liquid)	0.61

예제 11.3

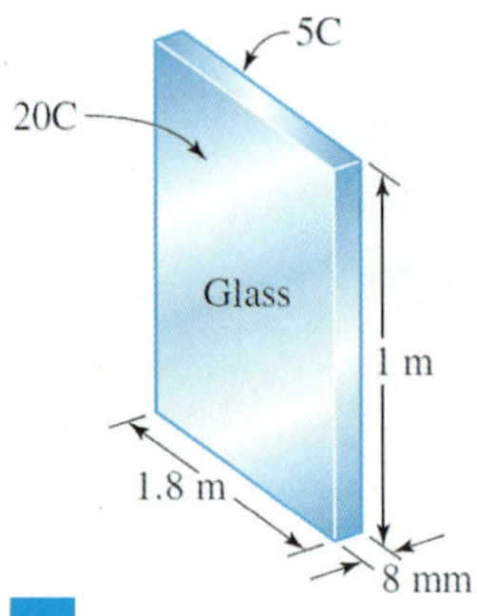

그림 11.8

예제 11.3의 한 개의 유리판 창문

한 개의 유리판 안쪽면의 온도가 대략 20°C이고, 바깥 면의 온도가 5°C인 단일 유리창의 열전달률을 계산하여라. 유리창은 [그림 11.8]과 같이 높이 1m, 넓이 1.8m, 두께 8mm이다. 유리의 열전도도는 대략 $k=1.4$W/m·K이다.

$$L = 8(\text{mm})\left(\frac{1\,\text{m}}{1000\,\text{mm}}\right) = 0.008\,\text{m}$$

$$A = (1\,\text{m})(1.8\,\text{m}) = 1.8\,\text{m}^2$$

$$T_1 - T_2 = 20℃ - 5℃ = 15℃ = 15\,\text{K}$$

앞에서 설명했듯이 15°C 온도 차는 15K 온도 차와 같다. $(T_1 - T_2)$, k와 A 그리고 L을 식 (11.12)에 대입하면 다음과 같다.

$$q = kA\frac{T_1 - T_2}{L} = (1.4)\left(\frac{W}{m \cdot \text{K}}\right)(1.8\,\text{m}^2)\left(\frac{15\,\text{K}}{0.008\,\text{m}}\right) = 4725\,\text{W}$$

(열전도도를 나타내는 소문자 k와 절대온도 단위에서 캘빈을 나타내는 대문자 K를 주의하자.)

열 저항

여기에서는 절연체 R값의 의미가 무엇인지를 설명한다. 대부분 사람들은 단열이 더 잘된 집이 난방, 냉방비용이 적게 들기 때문에 단열이 잘된 집을 만드는 것이 중요하다고 생각한다. 예를 들어 지붕 밑층을 통한 열 손실을 줄이기 위해 절연체의 R값이 40이 되게 하기 위해 그 지붕 밑층에 충분한 단열재를 덧붙인다. 하지만 일반적으로 40이라는 R값이 무슨 뜻이고 절연체의 R값은 무엇일까? 식 (11.12)를 다음과 같이 재배열하자. 식 (11.12)는 다음과 같다.

$$q = kA\frac{T_1 - T_2}{L} \tag{11.12}$$

그리고 이것을 재배열하면 다음과 같다.

$$q = \frac{T_1 - T_2}{\frac{L}{kA}} = \frac{\text{온도 차}}{\text{열 저항}} \tag{11.13}$$

여기에서 열 저항 $= L/kA$이다.

[그림 11.9]는 열 저항의 개념과 물질의 두께, 면적 그리고 열전도도의 상관관계를 보여준다. 식 (11.13)을 자세히 보면 다음을 알 수 있다. (1)열전달률은 직접적으로 온도 차에 비례하고, (2)열 유량은 열 저항에 반비례한다. 열 저항이 높으면 열전달률은 떨어진다.

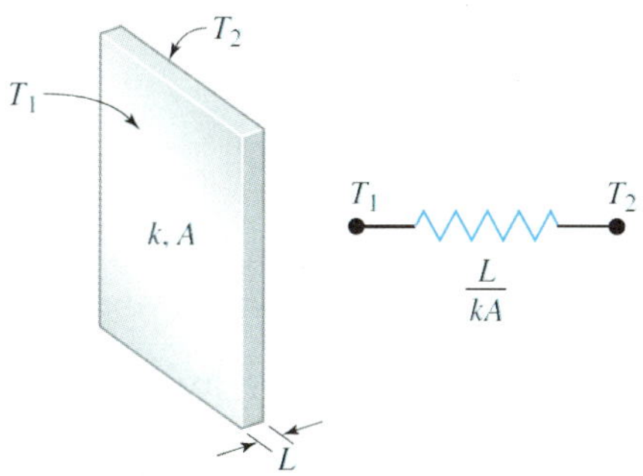

그림 11.9
평판 물질과 그것의 열 저항

식 (11.13)의 형식으로 푸리에 법칙을 표현하면 우리는 열의 흐름과 전선의 전기 흐름이 서로 유사함을 알 수 있다. 전압 V, 전류 I와 저항 R_e의 상관관계를 나타내는 옴의 법칙은 열 흐름과 유사하다. 옴의 법칙을 나타내면

$$V = R_e I \tag{11.14}$$

또는

$$I = \frac{V}{R_e} \tag{11.15}$$

우리는 12장에서 더 자세히 옴의 법칙을 다룰 것이다. 식 (11.13)과 식 (11.15)를 비교하면, 열 흐름이 전기 흐름과 유사하고 온도 차가 전압 차, 열 저항이 전기저항과 유사하다는 것을 알 수 있다.

이제 열 저항과 식 (11.13)을 살펴보면, 물질의 단위 면적당 열 저항이 다음과 같이 정의된다.

$$R' = \frac{L}{kA} \tag{11.16}$$

R'의 단위는 °C/W(K/W)이다. 식 (11.16)은 물질의 단위 면적당 값으로 표현할 수 있으며, 그것을 R값 또는 R인자로 나타낸다.

$$R = \frac{L}{k} \tag{11.17}$$

여기서 R의 단위는

$$\frac{\mathrm{m}^2 \cdot ℃}{\mathrm{W}}\left(\frac{\mathrm{m}^2 \cdot \mathrm{K}}{\mathrm{W}}\right)$$

R'이나 R은 무차원이 아니고 때때로 단위두께로 표현되는 것을 주목하자. 어떤 물질의 R값이나 R인자는 그 물질이 열 흐름에 얼마나 저항하는지의 단위를 제공한다. 그 값이 높을수록 물질의 열 흐름에 대한 저항이 더 커진다. 결국, 물질이 다양한 요소들로 구성되어 단열의 목적으로 사용될 때 그 복합 물질의 총 R값은 다양한 요소들에 의한 저항의 합으로 나타내진다.

예제 11.4

예제 11.3의 유리창의 열 저항 R'과 R값을 구하여라.

유리창의 열 저항 R'와 R값은 식 (11.16)과 식 (11.17)에서 구할 수 있다. 각각에

$$R' = \frac{L}{kA} = \frac{0.008\,\text{m}}{1.4\left(\frac{\text{W}}{\text{m}\cdot\text{K}}\right)(1.8\,\text{m}^2)} = 0.00317\frac{\text{K}}{\text{W}}$$

그리고 주어진 유리판의 R값 또는 R인자는 다음과 같다.

$$R = \frac{L}{k} = \frac{0.008\,\text{m}}{1.4\left(\frac{\text{W}}{\text{m}\cdot\text{K}}\right)} = 0.0057\,\frac{\text{m}^2\cdot\text{K}}{\text{W}}$$

예제 11.5

두 개의 유리판으로 된 유리창의 두께가 각각 8mm이고, 열전도도는 $k = 1.4\text{W/m}\cdot\text{K}$이다. 두 개의 유리판은 [그림 11.10]에서 보이듯이 10mm 떨어진 공기 공간이 있다. 공기의 열전도도를 $k = 0.025\text{W/m}\cdot\text{K}$로 가정하고 유리창의 총 R값을 구하라.

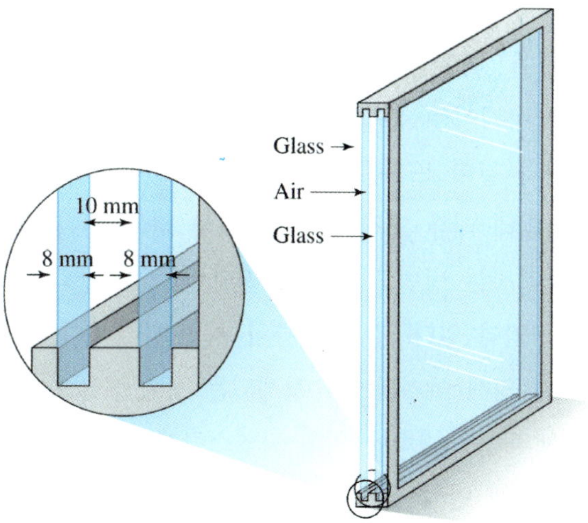

그림 11.10 예제 11.5의 이중 유리창

유리창의 총 열 저항은 각 유리판의 저항과 공기 공간의 저항의 합이므로 아래와 같은 식으로 구할 수 있다.

$$R_{\text{전체}} = R_{\text{유리}} + R_{\text{공기}} + R_{\text{유리}} = \frac{L_{\text{유리}}}{k_{\text{유리}}} + \frac{L_{\text{공기}}}{k_{\text{공기}}} + \frac{L_{\text{유리}}}{k_{\text{유리}}}$$

$L_{\text{유리}}$, $k_{\text{유리}}$, $L_{\text{공기}}$, $k_{\text{공기}}$ 를 대입하면,

$$R_{\text{전체}} = \frac{0.008(\text{m})}{1.4\left(\frac{\text{W}}{\text{m}\cdot\text{K}}\right)} + \frac{0.01(\text{mm})}{0.025\left(\frac{\text{W}}{\text{m}\cdot\text{K}}\right)} + \frac{0.008(\text{m})}{1.4\left(\frac{\text{W}}{\text{m}\cdot\text{K}}\right)} = 0.4\left(\frac{\text{m}^2\cdot\text{K}}{\text{W}}\right)$$

예제 11.4와 예제 11.5의 결과로부터 알 수 있듯이 보통의 유리창은 열 흐름에 큰 저항을 주지는 않는다. 유리창의 R값을 증가시키기 위해서는 3개의 유리판을 이용하고 유리판 사이 공간에는 아르곤 기체로 채우면 된다. 측면, 외장, 단열재 그리고 석고 벽판(벽체)으로 구성된 집의 전형적인 외부 형틀 벽의 총 열 저항을 간단히 계산하기 위한 예제 11.8을 보라.

대류

대류 열전달은 움직이는 유체(기체나 액체)가 그것과 온도가 다른 표면에 접촉할 때 생긴다. 예를 들어, 더운 여름날 여러분이 냉각팬 앞에 앉아있을 때, 뜨거운 몸에서부터 냉각기로 움직이는 공기로 일어나는 열전달률은 대류에 의한 것이다. 또는 방금 만든 쿠키와 같이 뜨거운 음식을 차갑게 할 때 입으로 바람을 부는데, 그것은 부는 바람에 의해 대류 열전달이 생기도록 하는 것이다. 공기를 통과시킴으로써 컴퓨터 칩을 냉각하는 방법도 대류 열전달에 의한 냉각의 예이다. 대류 열전달에는 두 가지 큰 영역이 있다. 강제 대류와 자연 대류이다. 강제 대류는 유체의 흐름이 팬이나 펌프에 의해 야기되거나 강제되는 상황을 말한다. 반면에 자연 대류는 유체의 흐름이 유체의 밀도변화에 의해 자연스럽게 발생하는 상황이다.

물론 밀도 차는 유체 안의 온도분포에 의해 발생한다. 뜨거운 파이를 차갑게 하기 위하여 부엌 테이블 위에 놓아두는 것은 자연 대류를 사용하려는 것이다. 뜨거운 오븐의 외부 표면으로부터의 열 손실도 자연 대류에 의한 것이다. 자연 대류에 의한 다른 예를 들면 동력 변압소의 바깥에 놓인 큰 전기 변압기도 자연 대류에 의해 냉각된다.

CPU는 팬에 의해 냉각된다.

강제 대류와 자연 대류에서 일어나는 유체와 표면 사이의 전체 열전달률은 아래에 주어진 뉴턴의 냉각 법칙에 지배된다.

$$q = hA(T_s - T_f) \tag{11.18}$$

여기서 h는 W/m^2·K인 열전달 계수이고, A는 m^{2}인 노출 표면의 면적이고, T_s는 표면 온도(℃) 그리고 T_f는 움직이는 유체의 온도(℃)를 나타낸다. 특정 상황에서의 열전달 계수의 값은 실험적 상관관계로부터 구한다. 이 값들은 열전달에 관한 많은 책에서 구할 수 있다. 지금 단계에서는 열전달 계수의 수치적 값을 어떻게 구하는지를 고려할 필요는 없다. 그렇지만 강제 대류의 h값이 자연 대류의 값보다 더 높다는 것을 아는 것은 중요하다. 물론 여러분은 이미 이것을 알고 있다. 빨리 시원해지기 위해 팬 앞에 앉아 있을 것인가 아니면 공기가 가만히 있는 방안에 앉아있을 것인가? 더욱이 열전달 계수 h는 기체보다 액체가 더 높다. 실외 기온이 20℃일 때 편안히 T-셔츠를 입고 걸을 수 있지만, 수온이 20℃인 수영장 안에 있었다면 춥다고 느낄 수 있었을까? 그것은 액체인 물이 공기보다 더 높은 열전달 계수를 갖기 때문에 식 (11.18)의 뉴턴의 냉각 법칙에 따라 물이 몸의 열을 더 많이 가져갔기 때문이다. 열전달 계수값의 특정 범위는 [표 11.4]에 주어졌다.

표 11.4 열전달 계수의 특정 값들

Convection Type	Heat Transfer Coefficient, h(W/m²·K)
Free Convection	
Gases	2 to 25
Liquids	50 to 1000
Forced Convection	
Gases	25 to 250
Liquids	100 to 20,000

열전달에서 대류 과정에서의 저항의 정의는 전도의 R값과 기본적으로 비슷하다. 열대류 저항은 다음과 같이 정의된다.

$$R' = \frac{1}{hA} \tag{11.19}$$

여기서 R'의 단위는 °C/W(K/W)이다. 식 (11.19)는 보통 단위 면적당 물체 표면 노출로 표현되고 이것을 막 저항(film resistance) 또는 막 계수(film coefficient)라 한다.

$$R = \frac{1}{h} \tag{11.20}$$

여기서 R의 단위는

$$\frac{\text{m}^2 \cdot ℃}{\text{W}}\left(\frac{\text{m}^2 \cdot \text{K}}{\text{W}}\right)$$

R'와 R은 무차원이 아님을 다시 한 번 유의하고, 이것은 열 흐름에 대한 저항의 단위를 제공한다. R값이 높을수록 주위 유체에서 또는 유체로부터의 열 흐름에 대한 저항이 커진다.

예제 11.6

표면 온도가 35°C이고 노출된 표면적이 9cm²인 전자칩의 대류에 의한 열전달률을 구하라. 주위 공기의 온도는 20°C이다. 이 상황에서의 열전달 계수는 h = 40W/m²·K이다.

$$A = 9(\text{cm}^2)\left(\frac{1\,\text{m}^2}{10{,}000\ \text{cm}^2}\right) = 0.0009\,\text{m}^2$$

$$T_s - T_f = 35℃ - 20℃ = 15℃ = 15\,\text{K}$$

15°C 온도 차는 15K 온도 차와 같다는 것을 역시 주목하자. 우리는 식 (11.18)에 h, A 그리고 $(T_s - T_f)$의 값을 대입하여 칩으로부터 열전달률을 구할 수 있다. 결과는 다음과 같다.

$$q_{대류} = hA(T_s - T_f) = 40\left(\frac{\text{W}}{\text{m}^2\cdot\text{K}}\right)(0.0009\,\text{m}^2)(15\,\text{K}) = 0.54\,\text{W}$$

예제 11.7

다음 상황의 R 인자(막 저항)를 계산하라.
(a)벽으로 바람이 불 때, $h = 5.88\text{W/m}^2\cdot\text{K}$이고, (b)벽 근처 방안에 공기가 가만히 있을 때, $h = 1.47\text{W/m}^2\cdot\text{K}$이다.

바람이 벽으로 부는 상황일 때,

$$R = \frac{1}{h} = \frac{1}{5.88\,\text{W/m}^2\cdot\text{K}} = 0.17\,\text{m}^2\cdot\text{k/w}$$

그리고 벽 근처에서 방안의 공기가 가만히 있을 때,

$$R = \frac{1}{h} = \frac{1}{1.47\dfrac{\text{W}}{\text{m}^2\cdot\text{K}}} = 0.68\frac{\text{m}^2\cdot\text{k}}{\text{W}}$$

예제 11.8

집의 특정한 외부 형틀 벽(60mm×120mm로 간주한)은 [표 11.5]와 [그림 11.11]과 같은 물질로 구성되어있다. 대부분 주택에서 방 내부의 온도는 21℃로 유지된다. 외부 온도를 −6℃로, 노출 면적을 16m^{2}로 가정하면 벽을 통한 열 손실을 구할 수 있다.

일반적으로 벽, 창문, 문 또는 건물의 지붕을 통한 열 손실은 단열 재료, 석고 벽판(벽체), 유리 등을 포함한 건물 재료를 통한 전도 열 손실과 내부의 따뜻한 공기와 외부의 차가운 공기에 노출된 벽 표면을 통한 대류 손실 때문에 발생한다.

표 11.5 벽의 물질에 따른 열 저항

Items	Thermal Resistance $\frac{m^2K}{W}$
1. Outside film resistance (winter, 24kmph wind)	0.029
2. Siding, wood(15mm×240mm lapped)	0.138
3. Sheathing(15mm regular)	0.225
4. Insulation batt(90mm−105mm)	1.877
5. Gypsum wallboard(15mm)	0.077
6. Inside film resistance(winter)	0.116

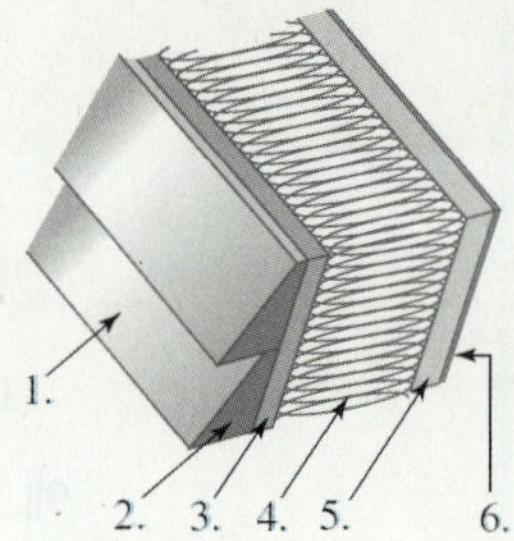

그림 11.11 표 11.5에 동반된 벽의 층들

열 흐름의 전체 저항은 각 열 흐름요소의 저항의 합이다. 평판에 적용하면

$$q = \frac{T_{내부} - T_{외부}}{\Sigma R'} = \frac{(T_{내부} - T_{외부})A}{\Sigma R}$$

열 흐름의 전체 저항은 다음과 같다.

$$\begin{aligned}\Sigma R &= R_1 + R_2 + R_3 + R_4 + R_5 + R_6 \\ &= 0.029 + 0.138 + 0.225 + 1.887 + 0.077 + 0.116 = 2.462\frac{m^2 \cdot K}{W}\end{aligned}$$

$$q = \frac{(T_{내부} - T_{외부})A}{\Sigma R} = \frac{(21-(-6))(16)}{2.462} = 175.5\,W$$

이 문제의 등가 열 저항회로는 [그림 11.12]에서 보여준다.

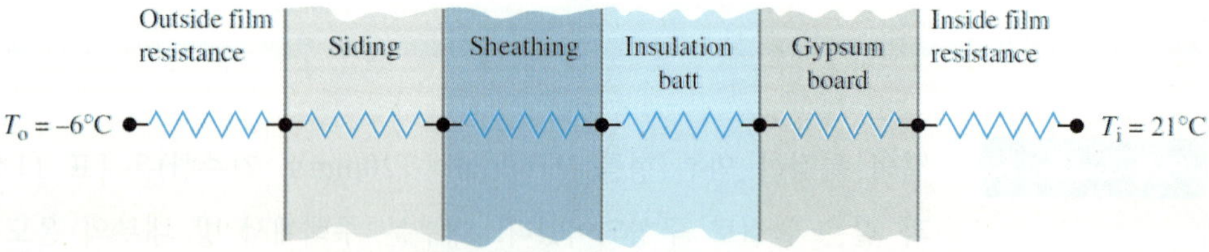

그림 11.12 예제 11.8을 위한 등가 열 저항

건물을 가열하는 가열로를 선택하기 위한 난방 부하 분석을 수행할 때, $q = UA\Delta T$를 이용하여 건물의 벽, 문, 지붕, 창문을 통한 열 손실을 계산하는 것이 일반적이다.

이와 같은 방정식에서 U는 전체적인 열전달 계수이고, 간단하게는 벽, 지붕, 창문, 문에 대한 U-factor이다. U-factor는 전체 열 저항의 상호관계이며 $\frac{\mathrm{W}}{\mathrm{m}^2 \cdot \mathrm{K}}$의 단위를 가지고 있다. 위의 문제를 예로 들어, 벽의 U-factor는 다음과 동일하다.

$U = \frac{1}{\sum R} = \frac{1}{2.462} = 0.4062 \frac{\mathrm{W}}{\mathrm{m}^2 \cdot \mathrm{K}}$이 U값을 이용하면, 벽을 통한 열 손실은

$q = UA \triangle A = (0.4062 \frac{\mathrm{W}}{\mathrm{m}^2 \cdot \mathrm{K}})(16\,\mathrm{m}^2)(16-(-6)) = 175.5\,\mathrm{W}$로 계산된다.

체감온도

몸으로부터 주위 공기로의 열전달률은 춥고 바람 부는 날에 증가한다. 간단히 말해서, 잠잠하고 추운 날씨보다 바람 불고 추운 날씨에 더 많은 열 손실이 있다. 지금까지 우리는 자연 대류와 강제 대류의 열전달의 차이점을 학습했다. 체감온도는 바람의 속도 효과와 기온의 결합 효과를 설명하기 위해 도입되었다. 따라서 춥고 바람 부는 날 생기는 추가적인 열 손실을 고려하기 위해 제안되었다.

그렇지만 일반적인 상관 식은 몹시 추운 기후의 다양한 주위 기온과 바람 조건하에서 플라스틱 용기의 물이 얼 때까지 여러 번 수행된 일련의 실험에 근거하고 있다. 체감온도를 구하기 위해 사용된 상관 식은 다음과 같다.

$$\mathrm{WCI} = (10.45 - V + 10\sqrt{V})(33 - T_a) \tag{11.21}$$

여기서

WCI = 체감온도(kcal/m²·h)

V = 풍속(m/s)

T_a = 대기온도(℃)

그리고 33이라는 값은 몸의 표면온도를 섭씨로 나타낸 값이다. 보통의 등가 체감온도 $T_{\mathrm{equivalent}}$(°C)는 다음과 같이 주어진다.

$$T_{\mathrm{equivalent}} = 0.045(5.27V^{0.5} + 10.45 - 0.28V)(T_a - 33) + 33 \tag{11.22}$$

식 (11.22)의 V는 시간당 킬로미터를 나타낸다(km/h). [표 11.6]은 임의온도 $-30°C < T_a < 10°C$와 $20km/h < V < 80km/h$의 풍속 범위에서의 체감온도를 보여준다.

표 11.6 체감온도

Wind Speed (kmph)	Ambient Temperature(°C)								
	10	5	0	−5	−10	−15	−20	−25	−30
20	3.6	−2.8	−9.2	−15.6	−22.0	−28.4	−34.8	−41.2	−47.6
30	1.0	−6.0	−12.9	−19.9	−26.8	−33.8	−40.7	−47.7	−54.6
40	−0.7	−8.1	−15.4	−22.7	−30.0	−37.4	−44.7	−52.0	−59.4
50	−1.9	−9.5	−17.1	−24.7	−32.2	−39.8	−47.4	−55.0	−62.6
60	−2.7	−10.4	−18.2	−25.9	−33.7	−41.5	−49.2	−57.0	−64.7
70	−3.2	−11.0	−18.9	−26.8	−34.6	−42.5	−50.3	−58.2	−66.1
80	−3.4	−11.3	−19.3	−27.2	−35.1	−43.0	−50.9	−58.8	−66.8

복사

모든 물질은 열복사를 한다. 이 규칙은 물질이 절대 영도가 아닌 곳에 있는 한 사실이다. 물체 표면의 온도가 더 높아질수록 물체에서 방출되는 열에너지는 더 많아진다. 열복사의 좋은 예는 화로에서 불에 의해 방출되는 열이다. 간단히 말해 표면에서 방출되는 복사에너지 양은 다음 식과 같다.

$$q = \varepsilon\sigma A T_s^4 \tag{11.23}$$

여기서 q는 표면에서 방출되는 시간당 열에너지율을 나타낸다. ε은 $0 < \varepsilon < 1$인 표면 방사율이고 σ는 스테판—볼츠만 상수이다($\sigma = 5.67 \times 10^{-8} W/m^2 \cdot K^4$). A는 표면의 넓이(m^2)이고, T_s는 캘빈으로 표시되는 물체의 표면온도이다. 방사율 ε은 물체 표면의 특성이고 그것의 값은 흑체(이상적인 완벽한 방사체)와 비교한 물체의 열복사 반사정도를 나타낸다. 전도와 대류형식과는 다르게 복사에 의한 열전달은 진공 상태에서도 발생할 수 있다. 이것의 일상적인 예는 우주 속 진공을 통해서 지구 대기에 도달한 태양 복사에너지이다. 모든 물체가 열복사를 내보내기 때문에 우리는 물체 사이의 정미 에너지(net energy)교환을 살펴볼 필요가 있다. 이런 이유로 자연의 열복사를 계산하는 것은 일반적으로 복잡하며 기하학과 기초개념의 깊은 이해가 요구된다.

예제 11.9

더운 여름날 높은 빌딩의 평평한 지붕은 온도가 50℃에 달한다. 지붕의 면적은 400m^{2}이다. 주위 공기와 하늘의 온도가 20℃일 때 밤에 지붕에서 하늘로 복사되는 열을 구하라. 지붕의 온도는 서서히 감소한다. 지붕온도가 50, 40, 30 그리고 25℃라 할 때 지붕으로부터 복사된 에너지율을 구하라. 지붕의 $\varepsilon = 0.9$로 가정한다.

식 (11.23)으로부터 표면에 의해 복사된 열에너지의 양을 구할 수 있다. 지붕의 온도가 50℃일 때,

$$q = \epsilon\sigma A T_s^4 = (0.9)\left(5.67 \times 10^{-8}\left(\frac{\mathrm{W}}{\mathrm{m}^2 \cdot \mathrm{K}^4}\right)\right)(400\,\mathrm{m}^2)(323\,\mathrm{K})^4 = 222{,}000\,\mathrm{W}$$

나머지 풀이는 [표 11.7]에서 보여준다.

표 11.7 **예제 11.12의 결과**

Surface Temperature (℃)	Surface Temperature(K) $T(\mathrm{K}) = T(℃) + 273$	Energy Emitted by the Surface(W) $q = \varepsilon\sigma A T_s^4$
50	323	$(0.9)(5.67 \times 10^{-8})(400)(323)^4 = 222{,}000\mathrm{W}$
40	313	$(0.9)(5.67 \times 10^{-8})(400)(313)^4 = 196{,}000\mathrm{W}$
30	303	$(0.9)(5.67 \times 10^{-8})(400)(303)^4 = 172{,}000\mathrm{W}$
25	298	$(0.9)(5.67 \times 10^{-8})(400)(298)^4 = 161{,}000\mathrm{W}$

열전달 및 전달 방법의 다양한 형식에 대해서는 3학년 때 자세히 배우게 될 것이다. 또한, 전자장비의 냉각과 변압기, 오토바이 그리고 잔디 깎는 기계의 엔진 헤드와 자동차 라디에이터 또는 용광로와 보일러의 열교환기 같은 또 다른 열교환기의 설계를 포함한 다양한 상황의 열전달률을 계산하는 방법을 배울 것이다.

11.4 열적 안락, 신진대사율 그리고 의복 단열

인간의 열적 안락함은 특히 생명 공학자와 기계 공학자에게 중요하다. 예를 들어 기계 공학자들은 가정, 회사, 병원 그리고 생산 공장을 위한 공기조화 시스템(HVAC)을 설계한다. 공기조화 시스템을 설계할 때 엔지니어들은 건물의 열 손실

과 이득뿐 아니라 내부가 편안함을 느낄 수 있는 환경이 되도록 설계를 한다. 무엇이 우리를 열적으로 편안하게 해줄까? 알다시피, 주변 온도와 공기의 습도는 열적 편안함을 정의하는 중요한 요소이다. 예를 들어 일반적으로 사람은 21℃ 온도와 상대습도가 40~50%인 방에서 편안함을 느낀다. 물론 심한 운동을 하고 TV를 본다면 21℃보다 더 낮은 10~16℃인 온도에서 더 편안함을 느낄 것이다. 따라서 활동의 정도 또한 중요한 요소이다. 일반적으로 사람이 발생하는 에너지의 양은 나이와 성별, 체격, 활동 수준에 달려 있다. 사람의 체온은 (1)주위로의 대류와 복사적인 열전달, (2)땀, (3)주위 공기를 들이쉬고 체온과 비슷한 온도의 공기를 내뿜는 호흡, (4)피부 표면 근처의 혈액순환, (5)신진대사율에 의해 조절된다. 신진대사율은 신체 안의 열에너지로 화학적 변환율을 결정한다. 신진대사율은 사람의 활동정도에 의존한다. 앉아있는 보통 사람의 신진대사율을 표현하는 보통의 단위는 met이라 불리는 단위 표면적이다. 1met는 58.2W/m^2와 같다. met이라는 단위로 정의될 때 보통 사람의 열전달 표면적은 1.82m^2로 가정하였다. [표 11.8]은 다양한 활동에서의 신진대사율을 보여준다. 알다시피 의복도 열적안락을 제공한다. 옷의 단열값을 표현하는데 일반적으로 사용되는 단위는 clo이다. 1clo는 0.155m^2·°C/W이다. [표 11.9]에서 여러 가지 의복의 단열값을 보여준다.

예제 11.10

[표 11.8]을 이용하여 다음과 같이 행동하는 평균 성인의 에너지 소모량을 계산하라. (a)3시간의 운전, (b)8시간의 잠, (c)2시간 동안 평지에서 5kmph의 속력으로 조깅, (d)2시간의 춤

(a) 평균값을 사용하여 3시간 운전한 보통 성인의 소모된 에너지양은

$$\left(\frac{211+434}{2}\right)\left(\frac{\text{kJ}}{\text{h}\cdot\text{m}^2}\right)(1.82\,\text{m}^2)(3\,\text{h}) = 1761\,\text{kJ}$$

(b) 평균값을 이용하여 8시간 잠을 잔 성인의 소모된 에너지양은

$$152\left(\frac{\text{kJ}}{\text{h}\cdot\text{m}^2}\right)(1.82\,\text{m}^2)(8\,\text{h}) = 2213\,\text{kJ}$$

(c) 2시간 동안 평지에서 5kmph 속도로 조깅하면

$$563\left(\frac{\text{kJ}}{\text{h}\cdot\text{m}^2}\right)(1.82\,\text{m}^2)(2\,\text{h}) = 2049\,\text{kJ}$$

(d) 2시간 동안 춤추면

$$\left(\frac{516+949}{2}\right)\left(\frac{\text{kJ}}{\text{h}\cdot\text{m}^2}\right)(1.82\,\text{m}^2)(2\,\text{h}) = 2666\,\text{kJ}$$

문제 11.23에서, 이 결과를 Btu에서 Calorie로 변환하라.

표 11.8 다양한 인간의 활동에 대한 일반적인 신진대사 열 발생

Activity	Heat Generation(met)
Resting	
Sleeping	0.7
Seated, quiet	1.0
Standing, relaxed	1.2
Walking on Level Surface	
2 miles*/h	2.0
3 miles/h	2.6
4 miles/h	3.8
Office Work	
Reading, seated	1.0
Writing	1.0
Typing	1.1
Filing, seated	1.2
Filing, standing	1.4
Driving/Flying	
Car	1.0 to 2.0
Aircraft, routine	1.2
Aircraft, instrument landing	1.8
Aircraft, combat	2.4
Heavy vehicle	3.2
Miscellaneous Housework	
Cooking	1.6 to 2.0
House cleaning	2.0 to 3.4
Miscellaneous Leisure Activities	
Dancing, social	2.4 to 4.4
Calisthenics/exercise	3.0 to 4.0
Tennis, singles	3.6 to 4.0
Basketball	5.0 to 7.6
Wrestling, competitive	7.0 to 8.7

Source: American Society of Heating, Refrigerating, and Air-Conditioning Engineers
*1mile = 1.6km.

표 11.9 의류에 대한 일반적인 절연값

Clothing	Insulation Values(clo) 1clo = 0.155m^2 · °C/W
Walking shorts, short-sleeve shirt	0.36
Trousers, short-sleeve shirt	0.57
Trousers, long-sleeve shirt	0.61
Trousers, long-sleeve shirt, plus suit jacket	0.96
Same as above, plus vest and T-shirt	1.14
Sweatpants, sweatshirt	0.74
Knee-length skirt, short-sleeve shirt, panty hose, sandals	0.54
Knee-length skirt, short-sleeve shirt, full slip, panty hose	0.67
Knee-length skirt, long-sleeve shirt, half slip, panty hose, long-sleeve sweater	1.10
Same as above, replace sweater with suit jacket	1.04

Source: Copyright © 1997 American Society of Heating, Refrigerating and Air-Conditioning Engineers, Inc. www.ashrae.org. Reprinted by permission from ASHRAE 1997 Handbook-Fundamentals.

11.5 온도와 관련 있는 물질의 속성

열팽창

이번 장의 초반부에서 설명했듯이, 열팽창의 고려와 물질의 온도변동에 따른 물질의 수축은 다리, 도로, 뜨거운 물이나 스팀이 지나는 파이프, 엔진 블럭, 가스터빈의 날개, 전자 장치, 취사도구, 타이어 등의 많은 산업과정의 설계 및 공학적인 문제에 있어서 매우 중요하다. 일반적으로 물체의 온도가 증가하면 물체는 팽창(길이가 증가함)하고, 온도가 감소하면 수축(길이가 줄어듦)한다. 신장 또는 수축의 정도는 구성 물질의 온도 변화에 의존한다. 선형적인 열팽창 계수는 온도 변화에 따른 길이의 변화를 측정하는 단위이다. 이 효과는 [그림 11.13]에 묘사되었다.

그림 11.13
온도가 상승함에 따라 금속은 팽창하게 된다.

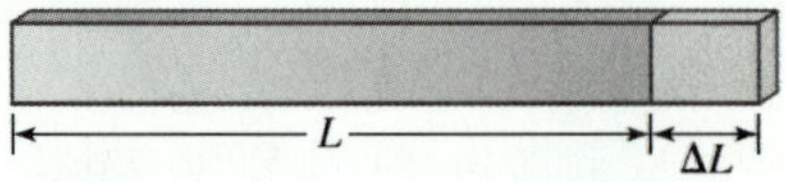

열팽창 계수 α_L은 길이의 변화(ΔL)를 최초 길이 L과 온도 변화(ΔT)의 곱으로 나눈 값으로 정의되어지며 다음과 같다.

$$\alpha_L = \frac{\Delta L}{L \Delta T} \tag{11.24}$$

선형 열팽창 계수는 물질의 특성이며 단위로 1/°C를 사용한다는 것을 기억해두자. 섭씨 1°의 변화는 1 캘빈온도의 변화와 같기 때문에 α_L은 1/K을 사용한다. 선형 열팽창계수의 크기는 온도에 의존하지만 특정한 온도범위 내에서는 평균값이 사용된다. 0~100°C 사이에서의 다양한 고체 물질의 열팽창 계수가 [표 11.10]에 있다. 식 (11.24)는 온도 변화에 따른 길이의 직접적인 변화로 표현할 수 있다.

$$\Delta L = \alpha_L L \Delta T \tag{11.25}$$

액체와 기체에 있어서 선형 열팽창 계수는 일반적으로 체적 열팽창 계수 α_V로 대체된다. 체적 열팽창 계수는 부피의 변화(ΔV)를 최초 부피 V와 온도변화(ΔT)의 곱으로 나눈 값으로 정의하며 다음과 같다.

$$\alpha_V = \frac{\Delta V}{V \Delta T} \tag{11.26}$$

체적계수 또한 1/°C 단위를 사용한다는 것을 기억해두자. 식 (11.26)은 고체의 경우에도 같이 사용된다. 무엇보다도, 균질한 고체 물질에 있어서 선형팽창과 부피팽창의 관계는 다음과 같다.

$$\alpha_V = 3\alpha_L \tag{11.27}$$

예제 11.11

300m의 스테인리스에 38°C의 온도 변화가 생겼을 때의 길이 변화를 구하여라.

식 (11.25)와 [표 11.10]을 이용하여 이 문제를 풀 수 있다. [표 11.10]으로부터 스테인리스의 열팽창 계수($\alpha = 1.6 \times 10^{-6}/1℃$)를 구할 수 있다. 이제 식 (11.25)를 사용해보자.

$$\Delta L = \alpha_L L \Delta T = (1.6 \times 10^{-6}\ 1/℃)(300\,\text{m})(38℃) = 0.0182\,\text{m} = 18.2\,\text{mm}$$

표 11.10 다양한 금속 재료의 선형 열팽창 계수(평균값은 0℃~100℃)

Solid Material	Mean Value of α_L (1/°C)
Brick	2.9×10^{-6}
Bronze	5.5×10^{-6}
Cast iron	3.3×10^{-6}
Concrete	4.4×10^{-6}
Glass(plate)	2.8×10^{-6}
Glass(Pyrex)	1.0×10^{-6}
Glass(thermometer)	2.5×10^{-6}
Masonry	$1.4\times10^{-6}-2.8\times10^{-6}$
Solder	7.4×10^{-6}
Stainless steel(AISI 316)	1.6×10^{-6}
Steel(hard-rolled)	3.1×10^{-6}
Steel(soft-rolled)	3.5×10^{-6}
Wood(oak) normal to fiber	1.7×10^{-6}
Wood(oak) parallel to fiber	1.5×10^{-6}
Wood(pine) parallel to fiber	1.7×10^{-6}

Source: T. Baumeister, *et al.*, *Mark's Handbook*

비열

같은 양의 열에너지에 노출되었을 때 어떠한 물체가 다른 물체보다 뜨거운 것을 발견한 적이 있는가? 예를 들어 1kg의 물과 1kg의 콘크리트에 초당 100J의 에너지를 주입하면 콘크리트의 온도가 더 많이 올라가는 것을 볼 수 있다. 이러한 결과가 나오는 이유는 콘크리트의 열용량이 물에 비해 낮기 때문이다. 이와 관련된 설명은 예제 11.13에서 더 많이 하게 될 것이다.

비열은 1kg의 물체를 섭씨 1°C 만큼 올리기 위한 열에너지의 양을 보여주는 정량적인 측정 단위이다. [표 11.11]은 일정한 압력에서 다양한 물질의 비열을 보여주고 있다. 고체와 액체에 있어서 어떠한 상이 변화할 때 필요한 열에너지($E_{열}$)는 주어진 물체의 질량(m), 그 물체의 비열(c) 그리고 온도상승($T_{최종} - T_{최초}$)의 곱으로 이루어진다.

$$E_{열} = mc(T_{최종} - T_{최초}) \tag{11.28}$$

여기서

$E_{열}$ = 열에너지(J)

m = 질량(kg)

c = 비열(J/kg·K 또는 J/kg·°C)

$T_{최종} - T_{최초}$ = 온도변화(°C)

이제 식 (11.28)을 사용하여 두 개의 예제를 증명할 것이다.

예제 11.12

지름이 15cm, 두께가 4mm인 알루미늄 원판이 초당 200J의 열에너지를 방출하는 열공급원에 노출되어 있다. 알루미늄의 밀도는 2700kg/m^{3}이다. 주위로의 열 손실이 없다고 가정하고 15초 후 이 디스크의 온도상승을 구하여라.

식 (11.28)과 [표 11.11]을 이용하면 이 문제를 풀 수 있다. 하지만 처음에는 주어진 정보를 이용하여 디스크의 질량을 계산할 필요가 있다.

$$질량 = m = (밀도)(부피)$$

$$부피 = V = \frac{\pi}{4}d^2(두께) = \frac{\pi}{4}(0.15m)^2(0.0004m) = 7.06858 \times 10^{-5}\text{m}^3$$

$$m = (7.06858 \times 10^{-5}\text{m}^3)(2700\text{kg/m}^3) = 0.191\text{kg}$$

$$E_{열} = mc(T_{최종} - T_{최초})$$

$$200\text{J} = (0.191\text{kg})(875\text{J/kg·K})(T_{최종} - T_{최초})$$

$$T_{최종} - T_{최초} = 1.2\text{K}$$

결국 15초 후의 온도상승은 18°C 또는 18K이 될 것이다.

예제 11.13 o

1kg의 물과, 1kg의 벽돌, 1kg의 콘크리트가 각각 초당 100J의 에너지를 방출하는 열원에 노출되어 있다. 각 물질에 공급되는 에너지는 손실이 없으며, 초기 온도는 모두 같다고 가정하자. 10초 후 어떤 물질의 온도가 가장 높을 것인가?

식 (11.28)과 [표 11.11]을 사용하면 해답을 구할 수 있다. 우선 물과 벽돌 그리고 콘크리트의 비열을 살펴보아야 할 것이다. 각각의 값은 $c_{물}$ = 4180J/kg·K, $c_{벽돌}$ = 960J/kg·K, $c_{콘크리트}$ = 880J/kg·K이다. 이제 식 (11.28), $E_{열} = mc(T_{최종} - T_{최초})$를 각각의 상황에 적용하자.

표 11.11 300K에서 금속의 비열

Material	Specific Heat(J/kg · K)
Air(at atmospheric pressure)	1007
Aluminum(pure)	903
Aluminum alloy-2024-T6(4.5% copper, 1.5% Mg, 0.6% Mn)	875
Asphalt	920
Bronze(90% copper, 10% aluminum)	420
Brass(70% copper, 30% zinc)	380
Brick(fire clay)	960
Concrete	880
Copper(pure)	385
Glass	750
Gold	129
Iron(pure)	447
Stainless steels(AISI 302, 304, 316, 347)	480, 477, 468, 480
Lead	129
Paper	1340
Platinum(pure)	133
Sand	800
Silicon	712
Silver	235
Zinc	389
Water(liquid)	4180

각각의 물질이 같은 질량을 가지고 있고 최초 온도 또한 같다는 점을 기억한다면 콘크리트가 가장 높은 온도로 올라갈 것임을 알 수 있다. 왜냐하면 콘크리트의 열 용량이 세 물질 중 가장 낮기 때문이다.

11.6 연료의 열 수치

엔지니어들은 연료의 열 수치를 아는 것이 필요하다. 자동차를 움직이게 하는 에너지는 어디에서 오는가? 추운 겨울에 집을 따뜻하게 만들거나 아늑하게 만드는 에너지는 어디서 오는가? 발전소에서는 어떻게 전기를 만들어 공장, 가정 그리고 사무실에 전원을 공급하는가? 이러한 모든 질문은 연료의 연소로부터 시작될 것이다. 오늘날 사용하고 있는 대부분의 연료는 석탄, 천연가스, 석유 또는 가솔린이다. 이러한 연료들은 탄소와 수소로 구성되어 있다.

가스 또는 석유 등의 연료가 연소할 때 열에너지가 나온다. 단위 부피(m^3 또는 L) 또는 단위 질량(킬로그램)이 연소할 때 나오는 열에너지의 총합은 연료의 열 수치를 나타낸다. 다른 연료는 다른 열 수치를 가진다. 무엇보다도, 연소의 산물로서 생기는 물의 상변화(액체인지 기체인지)에 따라 두 가지의 다른 열 수치가 보고된다. 이름이 의미하듯이 높은 열 수치의 연료일수록 연소할 때 높은 에너지를 방출한다. 따라서 연소 시의 부산물로 생성되는 물은 액체의 형태를 보인다. 반면에 열 수치가 낮은 연료는 연소 시의 부산물로 생성되는 물을 증기로 내놓게 된다(즉 열에너지가 부산물인 물을 증기로 만드는데 사용되어서 필요한 열에너지를 방출하지 못한다. 역자 주). 전형적인 액화 연료, 석탄, 천연가스의 열 수치가 [표 11.12]에서 [표 11.14]까지 보이고 있다.

표 11.12 석유와 가솔린 연료의 표준 등급에 따른 열 수치

Grade No.	Density(kg/m^3)	Heating Value(Gj/m^3)
1	833 to 800	38.2 to 37
2	874 to 834	39.5 to 38.2
4	933 to 886	41.3 to 39.9
5L	951 to 921	41.8 to 40.9
5H	968 to 945	42.4 to 41.6
6	1012 to 965	43.5 to 42.2

1 lb = 0.45 kg; 1 Btu = 1.06 kJ; 1 gal = 3.785 liters.
Source: American Society of Heating, Refrigerating, and Air-Conditioning Engineers.

표 11.13 석탄의 종류에 따른 열 수치

Coal Type	Higher Heating Value(Btu/lb_m)
Anthracite	27
Lignite	15

1 Btu = 1.05 kJ; 1 lb_m = 0.45 kg.
Source: Babcock and Wilcox Company, *Steam: Its Generation and Use*

표 11.14 천연가스의 열 수치

Source of Gas	Heating Value(kj/m³)
Algeria	42,000
Bangladesh	36,000
Canada	38,200
Indonesia	40,600
Netherlands	33,320
Norway	39,877
Russia	38,231
Saudi Arabia	38,000
United Kingdom	39,710
United States	38,416
Uzbekistan	37,889

1 Btu = 1.06 kJ; 1 lbm = 0.45 kg; 1 ft = 0.3 cm; 1 in. = 2.5 cm; T(°F) = $\frac{9}{5}T(℃)+32$

Source: International Energy Agency, key world Energy Statistics, 2005

예제 11.14

Utah주의 Emroy에서 채굴된 5kg의 석탄을 연소시키면 얼마만큼의 열에너지가 나오겠는가? 연료가 연소할 때 나오는 열에너지의 총량($E_{열}$)은 연료의 질량(m)과 열 수치(H_V)의 곱으로 구할 수 있다.

$$E_{열} = mH_V = (5\,\text{kg})(31460\,\text{kJ/kg}) = 157300\,\text{kJ}$$

예제 11.15

부피가 2m^3인 Louisiana의 천연가스가 가스로 안에서 연소할 때 생성되는 열에너지의 총량을 구하여라.

$$E_{열} = (2\,\text{m}^3)\,37270\left(\frac{\text{kJ}}{\text{m}^3}\right) = 745400\,\text{kJ}$$

11.7 도일과 에너지 평가

미래 공학도로서 현재 에너지와 지속 가능성의 관심으로 간단한 에너지 평가절차의 몇몇을 이해하는 것은 중요하다. 예를 들어, 건물 난방에 연간 및 월간 에너지 소비를 측정하기 위해 도일(Degree-days, DD)을 이용한다. 도일(Degree-days, DD)이란 24시간 동안 18℃(일반적으로)와 외부온도 평균치의 차이다. 예를 들어, 2009년 10월 10일에 Minnesota주 Mankato의 최저 온도는 −3℃였고, 최고 온도는 3℃였다. 그러면, 2009년 10월 10일 Minnesota주 Mankato의 도일은 DD=18℃−[(3℃)+(−3℃)/2]=18℃이다. 여기서, 한 달 동안 각 날의 도일을 추가한다면 그달의 총 도일을 얻을 수 있다. 이와 유사하게 우리가 매달 도일을 추가한다면 연간 총 도일을 얻을 수 있다. 이러한 공학적인 실습으로 기록된 도일의 값(보통 30년에 기초한)은 다음 관계식으로부터 건물을 난방하기 위한 매달과 연간 에너지 소비를 측정하기 위해 사용된다.

$$Q_{DD} = \frac{\text{Heat Loss}(\frac{\text{kJ}}{\text{h}}) \times 24\text{hr}}{\text{Design Temperature Difference}(℃)} \tag{11.29}$$

$$Q_{monthly} = (Q_{DD})(\text{Monthly Degree} - \text{Days}) \tag{11.30}$$

$$Q_{yearly} = (Q_{DD})(\text{Yearly Degree} - \text{Days}) \tag{11.31}$$

예제 11.16

연간 8382의 난방도일과 62,000kJ의 난방부하(열 손실) 그리고 45°C 차이가 나는 설계온도(20도의 실내 온도와 −25도의 실외 온도)를 가지고 있는 Minnesota에 위치한 건물에 대해 연간 에너지 소비량을 계산한다. 만약 건물이 94%의 효율을 가진 보일러로 난방을 한다면 20°C의 온도를 유지하기 위해서는 얼마나 많은 가스가 소비되어야 하는가? 식 (11.29)와 식 (11.31)을 사용하여 문제를 풀어보자.

$$Q_{DD} = \frac{62,000(\frac{\text{kJ}}{\text{h}}) \times 24\,\text{hrs}}{45(℃)} = 33067\,\text{kJ/DD}$$

$$Q_{yearly} = 33,067(\frac{\text{kJ}}{\text{DD}})(8382DD) = 277 \times 10^6\,\text{kJ/year}$$

Minnesota에서 사용되는 가스가 1,000kJ/m^3 열을 낸다면, 보일러에서 연소하는 가스의 총량은 다음 식으로부터 산출될 수 있다.

$$\text{Volume of gas burn} = \left[\frac{(277 \times 10^6\,\text{kJ/year})}{0.94}\right]\left[\frac{1}{1000\,\text{kJ/m}^3}\right]$$

$$= 294{,}680\ \text{m}^3/\text{year}$$

요약

이 장에서는 다음을 학습했다.

- 온도가 어떻게 측정되는지 그리고 어떻게 열전달이 이루어지는지에 대해 잘 이해해야 한다.
- 서로 다른 온도 스케일과 상호관계에 대해서 잘 알아야 한다.

$$T(\text{K}) = T(℃) + 273.15 \qquad T(\text{R}) = T(°\text{F}) + 459.67$$

- 절대 온도 0에 관해서 잘 이해해야 한다.
- 일반적으로 쓰이는 열의 의미를 잘 이해해야 한다. 그리고 다른 형태의 열전달 모델에 친숙해야 한다.
- 보온의 개념에 필요한 R값 또는 R요소에 관해서 잘 이해해야 한다.
- 간단한 열전달 문제를 풀 수 있어야 한다.
- 열전도도, 비열 그리고 열팽창과 같은 열역학적 특성에 친숙해야 한다.
- 연료의 열 수치에 관해서 잘 이해해야 한다.

연습문제

11.1 다음 물질의 열 수치를 조사한 뒤 각각의 영역에 사용된 값을 토론하라.

a. 사람의 일반적인 체온은?

b. 임상적으로 열병이라고 진단할 수 있는 체온의 범위는?

c. 피부 표면의 체온은? 그리고 그 온도는 항상 일정한가?

d. 편안한 방의 온도 범위는? 사람이 편안하게 느끼는 온도의 범위는? 습도의 역할은?

e. 집에 있는 냉장고의 응축기가 작동하는 온도는? 응축기는 열이 주위 대기로 빠져나가는 부분으로 냉장고 뒤쪽에 있다.

11.2 $T = 100°F$와 동일한 섭씨온도와 절대온도는?

11.3 부엌 외부온도가 25℃일 때, 오븐의 내부온도는 230℃이다. 오븐과 부엌의 온도 차이는 얼마인가?

a. 섭씨온도

b. 절대온도

11.4 K-형태, E-형태와 R-형태의 온도계를 구하라. 그리고 그 온도계의 정확도와 적용 가능한 온도 범위, 일반적으로 사용되는 범주에 대해 조사하라.

11.5 섬유소로 구성된 단열재를 공급하는 회사가 두께와 재료의 R-값에 해당하는 표를 제공하고 있다. 제조사에서 제공하는 표는 다음과 같다.

단열재의 열전도도를 계산하라. 그리고 R-값이 다음과 같을 때 얼마의 단열이 되는지 계산하라.

***R*-value(units?)**	**Thickness(mm)**
R-40	275
R-32	225
R-24	162.5
R-19	131.5
R-13	87.5

a. R-30

b. R-20

11.6 다음 물질의 R-값을 계산하라.

a. 100mm 두께의 벽돌

b. 10cm 두께의 벽돌

c. 300mm 두께의 콘크리트 평판

d. 20cm 두께의 콘크리트 평판

e. 1cm 두께의 사람의 지방층

11.7 다음과 같은 상황의 대류 현상으로 인한 열 저항을 구하라.

a. $h = 200\text{W/m}^2\cdot\text{K}$의 따뜻한 물

b. $h = 10\text{W/m}^2\cdot\text{K}$의 따뜻한 공기

c. $h = 30\text{W/m}^2\cdot\text{K}$의 바람이 부는 상황에서의 움직이는 따뜻한 공기

11.8 다음 그림과 같은 돌로 만들어진 전형적인 집의 외벽은 다음 표와 같은 요소들로 구성되어 있다. 내부 온도가 20℃이고 집 밖의 온도가 −12℃이고, 외부로 노출되어 있는 벽의 넓이가 15m²인 벽에서 일어나는 열 손실을 구하라.

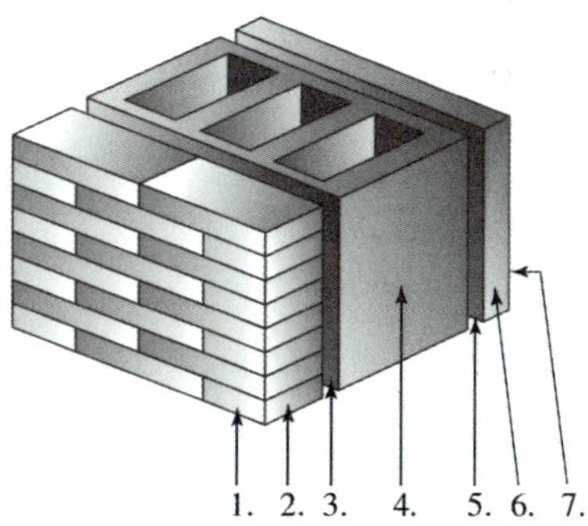

문제 11.8

Items	**Resistance** $\frac{\text{m}^2\cdot\text{K}}{\text{W}}$
1. Outside film resistance (winter, 24kmph wind)	0.029
2. Face brick(100m)	0.075
3. Cement mortar(15mm)	0.017

Items	Resistance $\frac{m^2 \cdot K}{W}$
4. Cinder block(200mm)	0.292
5. Air space(22.5mm)	0.218
6. Gypsum wallboard(15mm)	0.077
7. Inside film resistance(winter)	0.116

11.9 예제 11.8에서 보이는 것과 같은 전형적인 외벽의 열 저항을 증가시키기 위해 60mm×120mm 크기의 단추 대신 60mm×180mm 크기의 단추를 사용한다. 전형적인 집의 외벽(60mm×180mm)은 다음 그림과 같이 구성되어 있다. 방안 온도는 20℃이고, 바깥 온도는 −6℃라고 가정하자. 노출되는 면적은 $15m^2$이다. 이 벽을 통해 생기는 열 손실을 구하라.

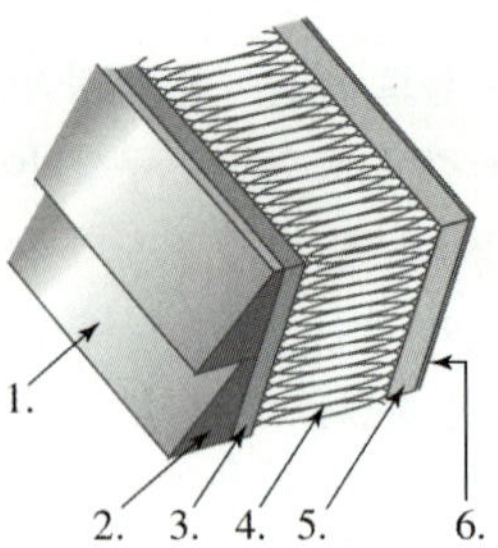

문제 11.9

Items	Resistance $\frac{m^2 \cdot K}{W}$
1. Outside film resistance (winter, 24kmph wind)	0.029
2. Siding, wood (15mm×240mm lapped)	0.138
3. Sheathing(15mm regular)	0.225
4. Insulation batt(165mm)	3.23
5. Gypsum wallboard(15mm)	0.077
6. Inside film resistance(winter)	0.116

11.10 집의 천장은 일반적으로 다음 그림과 같은 재료로 구성된다. 방 안의 온도가 21℃이고 다락의 온도는 −10℃라고 가정하자. 노출되는 면적은 $100m^2$이다. 천장을 통한 열 손실을 구하라.

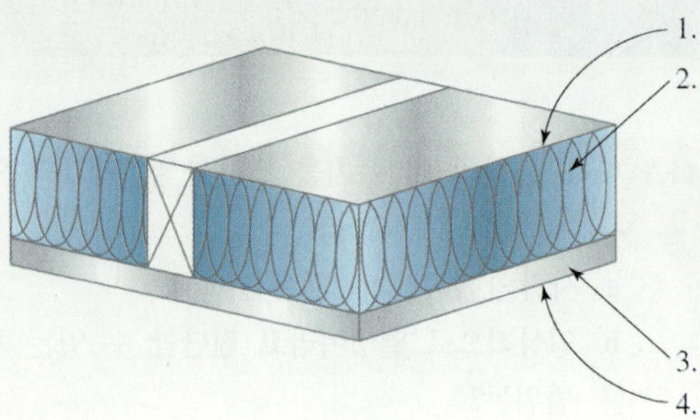

문제 11.10

Items	Resistance $\frac{m^2 \cdot K}{W}$
1. Inside attic film resistance	0.116
2. Insulation batt(180mm)	3.23
3. Gypsum wallboard(15mm)	0.077
4. Inside film resistance(winter)	0.116

11.11 여러분이 살고 있는 곳의 온도가 10℃ 변할 때, 전신주의 전선의 길이는 얼마나 변하는가?

11.12 온도가 60℃ 변할 때 길이가 5m인 구리 와이어의 변화량을 구하라.

11.13 2kg하는 다음의 물체가 500J의 열에 노출되었을 때, 온도가 얼마나 올라가는지 구하라.

a. 구리

b. 알루미늄

c. 콘크리트

11.14 다음 그림과 비슷한 장치로부터 고체 물질의 열전도도를 구할 수 있다. 이미 알고 있는 물질(구리)과 미지의 샘플 사이에 열전대가 2.5cm 간격으로 설치되어 있다(copper alloy, K=52W/(m·K)). 알려진 물질의 윗부분은 열원에 의해 가열되고 있고 미지의 샘플의 아랫바닥은 탈열제의 흐르는 물에 의해 냉각되고 있다. 아래 주어진 표의 데이터를 사용하여 미지의 샘플의 열전도도를 결정하여라. 주변으로의 열 손실이 없고 구리와 미지의 샘플의 공통 접촉면은 완벽한 열적 접촉을 한다고 가정한다.

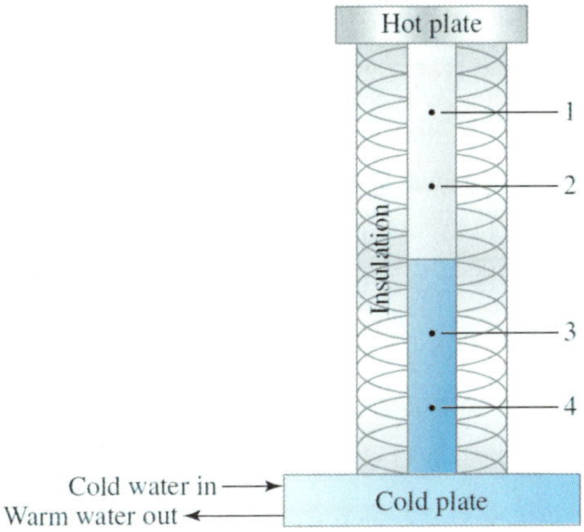

문제 11.14

Thermocouple Location	Temperature(°C)	
1	120	Copper
2	100	
3	85	
4	72	

11.15 문제 11.14의 기본개념을 사용하여 고체 샘플의 열전도도를 50~300W/m·K의 범위에서 측정할 수 있는 기구를 설계하라. 기구의 크기, 열원, 냉각원, 절연체와 같은 구성 부품, 측정 도구와 같은 세부사항을 보고하라. 보고서에는 도면과 샘플 실험이 포함되어 있어야 한다. 이러한 기구를 만드는데 필요한 비용을 추정하라. 또한, 이 기구에 익숙하지 않은 사람을 위한 실험 절차를 기술하라.

11.16 3cm×3cm×5cm(길이, 폭, 두께) 크기의 구리판이 다음 그림과 같이 매초 150J의 열을 방출하는 열원으로부터 열을 받고 있다. 구리의 밀도는 8900kg/m^{3}이다. 주변 블록으로의 열 손실이 없다고 가정할 때 10초 후 구리판의 온도 상승을 계산하라.

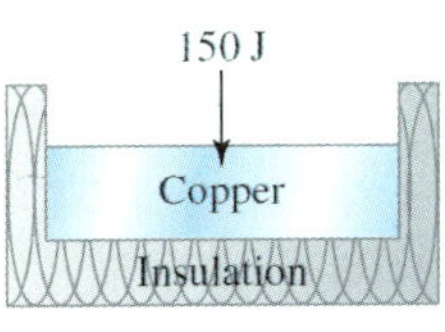

문제 11.16

11.17 3cm×3cm×5cm(길이, 폭, 두께) 크기의 알루미늄 판이 다음 그림과 같이 매초 150J의 열을 방출하는 열원으로부터 열을 받고 있다. 구리의 밀도는 2700kg/m^{3}이다. 주변 블록으로의 열 손실이 없다고 가정할 때 10초 후 구리판의 온도 상승을 계산하라.

11.18 문제 11.16의 기본 개념을 사용하여 고체 샘플의 열용량을 500~800J/kg·K범위에서 측정할 수 있는 기구를 설계하라. 기구의 크기, 열원, 냉각원, 절연체와 같은 구성 부품, 측정 도구와 같은 세부사항을 보고하라. 보고서에는 도면과 샘플 실험이 포함되어 있어야 한다. 이러한 기구를 만드는데 필요한 비용을 추정하라. 또한, 이 기구에 익숙하지 않은 사람을 위한 실험 절차를 기술하라.

11.19 어떤 물체의 열 방출량을 측정하기 위해서 문제 11.16의 원리를 어떻게 사용할 수 있는가? 예를 들어 문제 11.16의 원리를 사용하여 다리미의 열 방출량을 측정하는 기구를 설계하라.

11.20 열량계는 연료의 열 수치를 측정하는데 일반적으로 사용되는 도구이다. 예를 들어, Junkers flow 열량계는 기체연료의 열 수치를 측정하는데 사용된다. 반면에 Bomb 열량계는 등유, 난방유를 석탄과 같은 액체 또는 고체 연료의 열 수치를 측정하는데 사용된다. 이 두 가지 형태의 열량계에 관련된 정보를 조사하라. 이 열량계들의 동작 원리에 대하여 보고하라.

11.21 [표 11.12]와 [표 11.13]을 참고하여 물음에 답하여라. West Virginia의 McDowell에 5kg의 석탄 샘플을 태울 때 방출되는 최대 에너지는 얼마인가? Oklahoma의 2m^{3}의 천연가스를 태울 때 방출되는 에너지의 양도 계산하라.

11.22 여러분이 살고 있는 도시가스 공급회사에 연락하여 m^{3}의 천연가스 당 얼마를 지불해야 되는지 조사하라. 또한, 전기회사에 연락하여 1kWh의 전력을 소비할 때 얼마를 지불해야 되는지 조사

하라. 열기 난방로의 효율이 94%이고 전기 히터의 효율이 100%일 때, 열기 난방로와 전기 히터 중 여러분의 집을 따뜻하게 하는데 더 경제적인 방법은 어떤 것인가?

11.23 예제 11.10의 결과를 Watt 단위에서 칼로리 단위로 변환하라.

11.24 100m^2, 180mm 크기이고 내부표면과 외부표면의 온도가 20℃와 0℃인 콘크리트 벽의 열전도율을 계산하라.

11.25 문제 11.24에서 열전도도 $k = 0.05\text{W/(m·K)}$인 60mm 단열 속 솜을 벽에 덧붙였을 때 열전도율 감소값을 계산하라.

11.26 냉장고의 측면이 각각 4mm인 두 얇은 금속 철판이고, 열전도도 $k=72\text{W/(m·K)}$이고, 60mm인 고무절연이 열전도도 $k=0.05\text{W/(m·K)}$이다. 냉장고의 내부와 외부의 표면온도가 각각 2℃, 21℃라 할 때, 1m^2당 열 손실을 계산하라.

11.27 물 80liters의 온도가 20℃에서 40℃로 오르기 위해 필요한 열에너지의 양을 J와 cal로 표현하라.

11.28 상업 가열 용수 80liters/min가 20℃에서 60℃까지 가열되고 있다. 단위 시간당 필요한 에너지양을 구하라.

11.29 Minnesota에 위치한 한 집에서 열 손실을 보상하기 위해 가스 용광로에서 90,000kmph 열을 방출하고 있다. 용광로의 화력(단위 시간당 열에너지) 출력은 몇 watt인가?

11.30 열전도도 $k=1.3\text{W/(m·K)}$, 각각 10mm의 두께를 가진 두 부분으로 구성된 2중 유리 창문의 열손실을 구하라. 2중 유리는 7mm의 간격으로 나누어져있다. 간격의 열전도도 $k=0.22\text{W/(m·K)}$라 가정하라. 또한, SI단위로 전체 R-값, U-값을 표현하라.

11.31 표면온도가 30℃, 표면적이 4cm^2인 전자칩의 열전도율을 구하라. 주위온도는 25℃이다. 이때, 열전달 계수 $h=25\text{W/(m·K)}$이다. SI단위로 답을 표현하라. 이때 R-factor(필름 저항)는 무엇인가?

11.32 각 상황에 따른 단위 면적(1m^2)당 방출되는 복사열의 양을 SI단위로 계산하라.

a. Arizona에서 50℃, $\varepsilon \approx 0.8$인 뜨거운 노면

b. 40℃, $\varepsilon \approx 0.9$인 차의 덮개

c. 38℃, $\varepsilon \approx 0.9$인 선탠침대

11.33 문제 11.8~11.10까지 U-요소를 구하라.

11.34 R-19인 단열 속 솜이 22의 R-값을 갖는 발포 단열재로 교체되었을 때, 문제 11.9에 대한 천장을 통한 열 손실을 구하라.

11.35 R-19인 단열 속 솜이 22의 R-40값을 갖는 섬유유리 단열재로 교체되었을 때, 문제 11.10에 대한 천장을 통한 열 손실을 구하라.

11.36 Nine, old, $U = 7\text{W/m}^2\text{·K}$의 1m^2 창문을 $U = 1.8\text{W/m}^2\text{·K}$의 새로운 창문으로 교체했을 때, $T_{\text{in}} = 20℃$, $T_{\text{outside}} = -10℃$일 때 하루 5시간 동안의 에너지절약을 계산하라.

11.37 문제 11.36에 대한 Louisiana에서 절약된 m^3의 천연가스를 계산하라. 용광로의 효율이 92%라 가정하라.

11.38 한 가족이 하루에 온수 300 liters를 사용한다. 12℃에서 60℃까지 물을 가열할 때, 효율 80%를 갖는 가열기를 사용해서 물을 가열할 때 필요한 천연가스의 양을 계산하라.

11.39 문제 11.14에 대해 주어진 데이터에 대한 미지의 샘플의 열전도도를 계산하라.

Temperature Location	Temperature (°C)
1	125
2	105
3	80
4	75

11.40 사람의 피부, 근육과 지방조직의 열전도율을 비교하라. 두께는 5mm, 각각의 층에 2℃의 온도 차이를 가진다고 가정하라.

11.41 $U = 5\text{W}/(\text{m}^2 \cdot \text{K})$를 갖는 2m^2의 문을 통한 열전도율을 계산하라. 실내, 실외온도는 20℃, −10℃이다.

11.42 당신이 살고 있는 도시에 대해 2009년 10월의 높은 일 기온과 낮은 일 기온을 조사하고 그달의 도일을 계산하라.

11.43 당신의 2009년 1월, 2월, 12월의 도일을 계산하고 2009년 1년의 도일값과 비교하라.

11.44 연간 4654의 난방도일(heating degree-days), 30,000kJ/h의 난방부하(열 손실), 30℃의 차이(20℃의 내부온도와 −10℃의 외부온도)가 나는 설계온도를 갖는 Baltimore, Martland에 위치한 건물에 대해 연간 에너지 소비량을 산출하시오. 만약 건물이 92%의 효율을 가진 보일러로 난방을 한다면 20℃의 온도를 유지하기 위해서는 얼마나 많은 가스가 연소되어야 하는가? 가정을 진술하시오.

11.45 연간 5634의 난방도일, 42,000kJ/h의 난방부하(열 손실), 35℃의 차이(20℃의 내부온도와 −15℃의 외부온도)가 나는 설계온도를 갖는 Baltimore, Martland에 위치한 건물에 대해 연간 에너지 소비량을 산출하시오. 만약 건물이 98%의 효율을 가진 보일러로 난방을 한다면 20℃의 온도를 유지하기 위해서는 얼마나 많은 가스가 연소되어야 하는가? 가정을 진술하시오.

11.46 연간 6232의 난방도일, 52,000kJ/h의 난방부하(열 손실), 40℃의 차이(20℃의 내부온도와 −20℃의 외부온도)가 나는 설계온도를 갖는 Detroit, Martland에 위치한 건물에 대해 연간 에너지 소비량을 산출하시오. 만약 건물이 98%의 효율을 가진 보일러로 난방을 한다면 20℃의 온도를 유지하기 위해서는 얼마나 많은 가스가 연소되어야 하는가? 가정을 진술하시오.

11.47 National Fenestration Rating Council(NFRC, www.nfrc.org) 웹사이트를 방문해 A와 E까지의 에너지 수행율의 정의를 조사하라. 당신이 조사한 것을 토론한 간단한 보고서를 작성하라.

A. U-요소
B. 일사 열 취득 계수
(Solar Heat Gain Coefficient: SHGC)
C. 가시 투과율(Visible Trasmittance: VT)
D. 공기 누설(Air Leakage)
E. 응결 저항(Condensation Resistance)

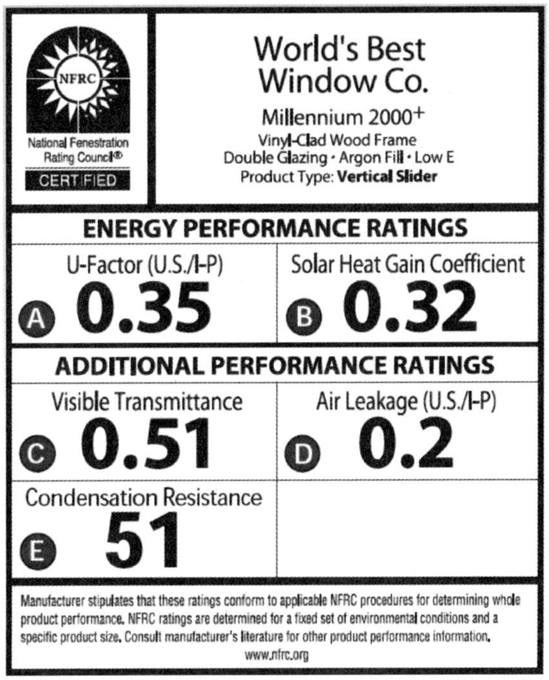

문제 11.47

Source: Courtesy of The National Fenestration Rating Council(NFRC)

CHAPTER 12

전기 전류와 관련된 파라미터

엔지니어는 전기와 전력의 중요성을 인식하고 그것이 일상생활에 미치는 역할 등을 이해해야 한다. 미래의 엔지니어로서 여러분은 전압, 전류의 의미와 직류와 교류의 차이점 그리고 다양한 전류원과 전기가 생성되는 방법 등을 이해해야 한다.

모든 엔지니어는 전기와 자기의 기본 개념을 알아야 한다. 우리는 주위에서 손쉽게 전기의 힘으로 작동되는 장치나 가전제품, 기계 등을 접한다, 이 장에서는 전기의 기초적인 지식과 전하, 전류(교류 AC, 직류 DC), 저항, 전압에 대해 간략히 설명한다. 또 전기적인 회로와 구성 요소 등을 정의하고, 일상생활에서 사용되는 전기모터와 특정 분야에는 어떤 모터가 유용한지를 결정하는 방법에 대해 알아본다.

표 6.7 **기본 차원과 공학 분석 및 설계에 사용되는 변수들**

Fundamental Dimension	Related Engineering Variables			
Length(L) [Chapter 7]	Radian$\left(\frac{L}{L}\right)$, Strain$\left(\frac{L}{L}\right)$	Area(L^2)	Volume(L^3)	Area moment of inertia(L^4)
Time(t) [Chapter 8]	Angular speed$\left(\frac{1}{t}\right)$, Angular acceleration$\left(\frac{1}{t^2}\right)$ Linear speed$\left(\frac{L}{t}\right)$, Linear acceleration$\left(\frac{L}{t^2}\right)$		Volume flow rate$\left(\frac{L^3}{t}\right)$	
Mass(M) [Chapter 9]	Mass flow rate$\left(\frac{M}{t}\right)$, Momentum$\left(\frac{ML}{t}\right)$ Kinetic energy$\left(\frac{ML^2}{t^2}\right)$		Density$\left(\frac{M}{L^3}\right)$, Specific volume$\left(\frac{L^3}{M}\right)$	
Force(F) [Chapter 10]	Moment(LF), Work, energy(FL), Linear impulse(Ft), Power$\left(\frac{FL}{t}\right)$	Pressure$\left(\frac{F}{L^2}\right)$, Stress$\left(\frac{F}{L^2}\right)$, Modulus of elasticity$\left(\frac{F}{L^2}\right)$, Modulus of rigidity$\left(\frac{F}{L^2}\right)$	Specific weight$\left(\frac{F}{L^3}\right)$,	
Temperature(T) [Chapter 11]	Linear thermal expansion$\left(\frac{L}{LT}\right)$, Specific heat$\left(\frac{FL}{MT}\right)$		Volume thermal expansion$\left(\frac{L^3}{L^3T}\right)$	
Electric Current(I) [Chapter 12]	Charge(It)	Current density$\left(\frac{I}{L^2}\right)$		

6장에서 설명한 것과 같이, 우리가 살고 있는 현실세계에 대한 이해를 바탕으로 현실을 지배하고 있는 물리적 법칙을 정확히 표현하기 위해서는 기본적인 7가지 차원이 필요하다. 그것은 길이, 질량, 시간, 온도, 전류, 물질량과 빛의 밝기이다. 또한, 기본 차원의 도움으로 어떻게 자연 현상이 이루어지는가를 나타내는 모든 필요한 물리량을 유도해낼 수 있다.

이전 장에서 우리는 공학적인 분석과 설계에서 사용되는 기본 차원인 길이와 면적 그리고 체적 같은 길이와 관련된 매개 변수들에 대해 알아보았고, 기본 차원인 질량과 질량에 관련된 매개변수, 기본 차원인 시간과 시간에 관련된 매개변수 그리고 기본 차원인 온도와 온도에 관련된 매개변수들에 대해 알아보았다. 이제 또 다른 기본 차원인 전류에 대해 알아보자.

[표 6.7]은 기본적 수치들과 공학 설계와 분석에 사용되는 변수들을 정의하기 위해 사용되는 방법을 상기시키기 위해 반복한 것이다.

12.1 기본차원으로서의 전기 전류

6장에서 설명했듯이, 1946년에서야 비로소 암페어를 전류의 기본 단위로 하자는 제안이 CGPM(Weights and Measure)에 관한 학술대회에서 비로소 상정되었고, 1954년에 CGPM은 암페어를 기본단위로 포함시켰다. 암페어는 공식적으로 무시할 수 있을 만큼 아주 작은 횡단면과 무한길이를 가진 2개의 도체가 진공 상태에서 1m 떨어진 상태로 수평으로 놓였을 경우, 두 도체 사이에 길이 1m당 2×10^{-7}뉴턴의 힘을 발생하는 일정한 전류로서 정의된다.

암페어가 나타내는 의미를 더 잘 이해하기 위해서, 원자보다 더 미세한 수준에서 물질의 행동을 관찰할 필요가 있다. 9장에서 우리는 원자와 분자의 의미를 설명했다. 원자는 주요한 3개의 원자 소립자인 전자, 양성자, 중성자를 가지고 있다. 중성자와 양성자는 원자의 핵을 구성한다. 어떻게 물질이 전기를 통하게 되는가는 전자의 수와 배치에 영향을 받는다. 전자는 음전하를 가지고 있고, 양성자는 양전하를 가지며, 중성자는 전하를 가지고 있지 않다.

간단히 말해서, 전하의 기본 법칙은 다른 것은 서로 끌어당기며 같은 것은 배척한다는 것이다. SI단위에서 전하의 단위는 쿨롱(C)이다. 1쿨롱은 1암페어의 전류가 전선을 흐를 때 전선의 한 점을 통과하는 1초당 전하의 양으로 정의된다. 10장에서, 두 질량 사이에 존재하는 일반적인 중력에 대해 설명했다. 마찬가지로, 두 개의 반대 전하 사이에는 서로 당기는 전기적인 힘을 표현하는 법칙이 있다. 한 점이 다른 점에 의해 영향을 받는 전기적 힘은 각각 전하의 크기에 비례하고, 두 점 사이의 거리의 제곱에 반비례한다. 전하가 반대일 경우는 서로 끌어당기는 전기적인 힘이 되고, 같은 부호의 전하일 경우는 서로 배척한다. 두 점 사이에 발생하는 전기적인 힘은 쿨롱의 법칙에 의해 아래와 같다.

$$F_{12} = \frac{kq_1q_2}{r^2} \tag{12.1}$$

여기서 $k = 8.99 \times 10^9 \mathrm{N \cdot m^2/C^2}$이고, q_1(C), q_2(C)는 점전하, r은 점전하 사이의 거리(m)이다. 한 가지 명심해야 할 사실은 전하는 보존된다는 것이다. 즉, 전하는 생성되지도 않고 소멸되지도 않는다. 다만, 한 물체에서 다른 물체로 이동만 한다는 것이다.

여러분은 물이 파이프를 통해 흐르려면 압력차가 있어야만 한다는 것을 알고 있다. 물은 압력이 높은 영역에서 낮은 영역으로 흐른다. 11장에서 우리는 물질에 온도 차가 존재하면 고온 영역에서 저온 영역으로 열에너지가 이동한다는 것을 설명했다. 비슷한 방법으로, 두 물체 간의 전기적 전위의 차이가 있으면 전하는 높은 전위에서 낮은 전위의 영역으로 이동할 것이다. 전하의 흐름은 두 물체가 구리선과 같은 전기적 도체로 연결되어 있으면 발생한다. 전하의 흐름을 전기적 흐름 또는 간단히 전류라고 부른다. 전류 또는 전하의 흐름은 암페어로 측정된다. 1암페어(amp, A)는 1초당 1단위의 전하의 흐름이다. 예컨대 6암페어를 끌어들이는 토스터기는 초당 가열요소를 흐르는 6개의 전하를 가지고 있다. 전기적 소자를 흐르는 전류의 양은 전기적 전위 혹은 전압 그리고 전하의 흐름을 방해하는 정도에 따라 다르다.

12.2 전압

전압은 두 점 사이에서 전하를 움직이는데 필요한 일의 양을 표현하고, 단위 시간당 두 점 사이에서 흐르는 전하의 양은 전류로 표시한다. 기전력(emf)은 과도한 자유 전자(음전하)를 가지는 영역과 부족한 전하를 가지는 영역 사이의 전기적 전위를 나타낸다. 전압 혹은 기전력은 회로에 전류를 흐르도록 유도한다. 가장 일반적인 전기원은 화학반응, 빛 그리고 자기장이다.

전지

여러분은 때때로 다양한 목적으로 전지를 사용했을 것이다. 모든 전지에는 내부에서 발생하는 화학 반응에 의해 전기가 생성된다. 전지를 사용하는 장치가 켜지면, 그 회로는 전자가 흐를 수 있는 길을 만든다. 장치가 꺼지면 전자가 흐르는 길이 없어진다. 즉, 화학 반응이 멈춘다.

전지는 화학복합물, 내부 전도체, 양/음 연결, 외부 케이스 등으로 이루어져 있다. 전지의 크기는 N, AA, AAA, C, D 등이 있다. 다시 충전이 되지 않는 전지를 1차 전지라 한다. 알카라인 전지가 그 예이다. 반면에 2차 전지는 다시 충전할 수 있다. 재충전은 전류의 흐름을 양에서 음의 영역으로 바꿈으로써 이루어진다. 자동차에서 사용되는 납축전지와 니켈—카드뮴(NiCd), 니켈—메탈수소화물(NiMH) 전지는 2차 전지의 예이다. NiCd는 무선전화, 장난감, 이동전화 등에 사용되는 가장 일반적인 재충전 전지이다. 보다 소형인 NiMH는 크기와 용량으로 인해 많은 소형 이동전화에 사용되고 있다.

전압 출력을 증가시키기 위해서 전지는 직렬로 연결된다. 직렬로 연결된 전지에서는 개개의 직렬로 연결된 전지의 합인 순전압을 생산할 수 있다. 예컨대 1.5볼트 전지 4개를 직렬로 연결하면 [그림 12.1]에서와 같이 6볼트의 전위를 얻을 수 있다. 병렬로 연결된 전지는 [그림 12.2]에서와 같이 동일한 전압을 생성하지만 더 많은 전류를 생성한다.

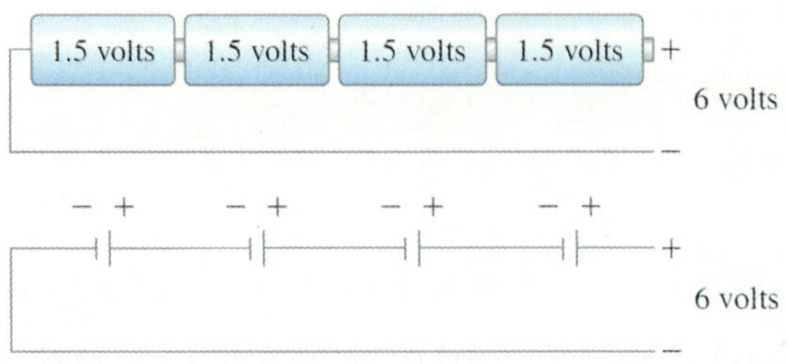

그림 12.1
직렬로 연결된 전지

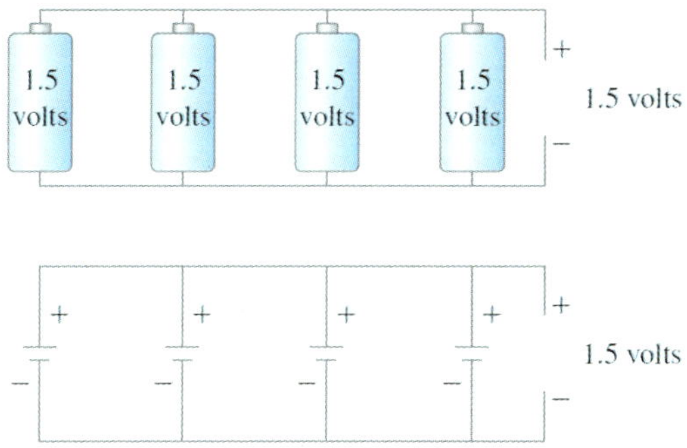

그림 12.2 병렬로 연결된 전지

광전자 방출

광전자 방출은 전기를 발생시키는 또 하나의 원리이다. 빛이 어떤 특성을 가지고 있는 표면에 부딪히면 자유전자가 생성되며, 따라서 전력이 생성된다. 여러분은 사진촬영(photography)에 사용되는 광 메타기, 포켓용 계산기에 사용되는 광기전력(photovoltaic) 전지, 먼 지역에서 전기를 발생시키는 태양전지들의 예를 보았을 것이다.

전지는 많은 인공위성에서 배열의 형태로 이루어져 전력을 생산하는데 사용된다. 광기전력 태양열 농장도 점점 일반화되고 있다. 태양열 농장은 넓은 면적에 수많은 태양배열을 서로 연결하여 태양광선을 전기로 변환한다.

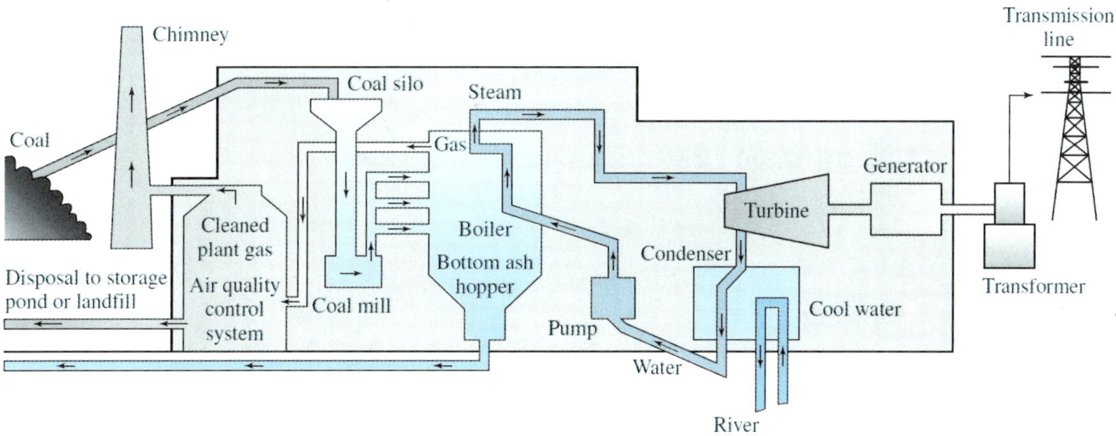

그림 12.3(a) 스팀전력 공장의 개략도
Source: Courtesy of Xcel Energy

발전소

가정과 학교, 상가 그리고 다양한 산업에서 소비되는 전기는 발전소에서 생산한다. 물은 증기전력을 생성하는 공장에서 전기를 생산하기 위해 이용된다. 간단한 발전소의 도식은 [그림 12.3]에 나타나 있다. 연료는 열을 생성하기 위해 연소되고, 이것은 차례로 물에 가해져서 증기가 된다. 증기는 터빈 날개를 회전시키고 차례로 터빈에 연결된 발전기를 동작시켜 전기를 생성한다. 전기는 자기장 내에 있는 전선 코일을 회전시킴으로써 발생한다. 변화하는 자기장 내에 있는 도체는 자기장 내에서 유기된 전류를 가진다. 자기는 전기를 발생시키는 가장 일반적인 방법이다. 터빈을 떠나는 저압증기는 콘덴서에서 액화하고 보일러를 통해서 다시 공급하고 [그림 12.3(a)]에서와 같이 한 주기를 마친다. 2005년 동안 연료종류에 따른 미국의 전기발전은 [그림 12.3(b)]에 나타난다.

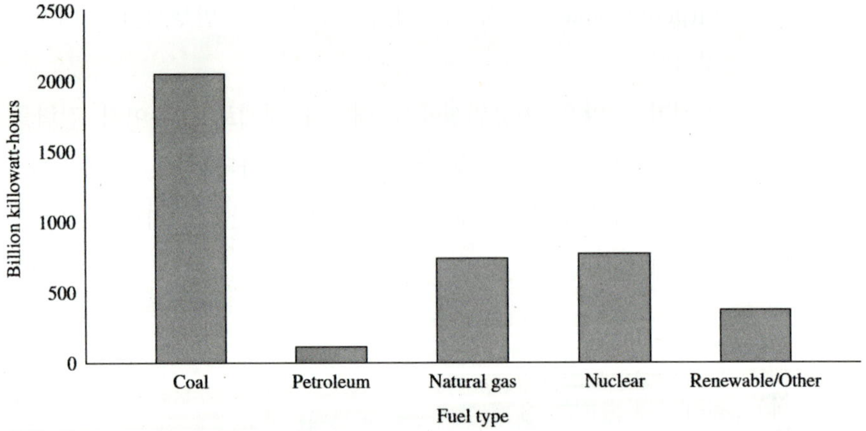

그림 12.3(b) 연료종류에 따른 미국의 전기 생산(2005)

12.3 직류와 교류

직류(dc)는 [그림 12.4(a)]와 같이 한 방향으로 발생하는 전하의 흐름이다. 직류는 전형적으로 전지와 직류 발생기를 통해서 생성된다. 19세기 후반에는 기술에 대한 이해 부족과 경제적인 이유로 원거리까지 직류를 전송하지 못하고 교류(ac)를 통해서 전송을 실현하였다. 직류변환은 원거리 전송을 위한 고전압을 필요로 하기 때문에 경제적으로 실현 가능성이 없다가, 1960년대 들어 관련 기술의 발달로 먼 거리로의 전송이 가능하게 되었다.

교류(ac)는 주기적으로 방향이 바뀌는 전하의 흐름이다. [그림 12.4(b)]에 묘사된 것같이, 전류의 크기는 0에서 시작하여 최댓값으로 증가한 다음, 다시 0으로 감소한다. 전하의 흐름은 최댓값에 도달한 후 방향을 바꿔서 다시 0으로 감소한다. 이러한 흐름은 주기적으로 반복된다. 두 개의 연속 사이클에서 전류의 최대치 사이의 시간 간격을 주기(period)라 하고, 초당 사이클 수를 주파수(frequency)라고 한다. 양방향에서 교류의 피크(최대)값을 크기(amplitude)라 한다. 교류는 발전소 내의 발전기에서 생성된다. 가정에 있는 다양한 전기기구로 유입되는 전류는 교류이다. 미국에서 가정과 산업용의 목적으로 사용되는 교류는 초당 60사이클(hertz)이다.

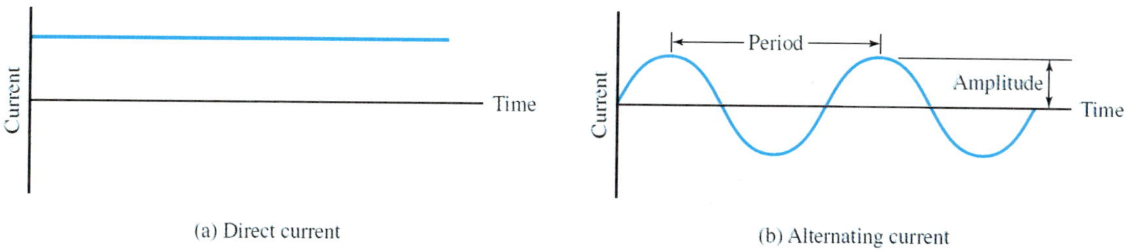

그림 12.4 직류와 교류

키르히호프의 전류법칙

키르히호프(Kirchhoff)의 전류법칙은 전기회로에서 전류의 해석을 위해 사용하는 기본 법칙 중의 하나이다. 이 법칙은 주어진 시간에 노드(node)로 유입되는 전류의 합은 그 노드를 통해서 나가는 전류의 합과 동일한 것이다. [그림 12.5]는 이 내용을 설명한다.

앞에서 설명한 것과 같이 물리적 법칙은 관찰에 근거하고, 키르히호프의 법칙도 예외는 아니다. 이 법칙은 전하는 전기 회로에서 언제나 보존된다는 물리적 사실을 나타낸다. 전하는 전기적인 노드에서 축적되거나 소멸될 수 없다. 따라서 노드로 유입되는 전류의 양은 노드를 떠나는 전류의 양과 일치해야 한다. 예컨대 [그림 12.5]의 회로에 적용된 키르히호프의 전류 법칙은 $i_1 + i_2 = i_3 + i_4$와 같이 된다.

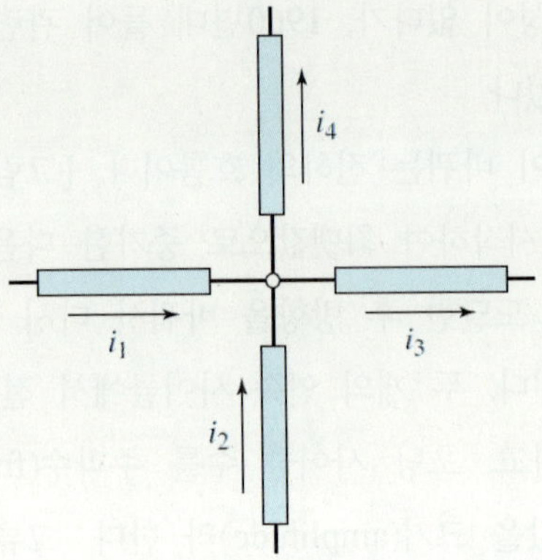

그림 12.5
노드로 유입되는 전류의 합은 노드를 통해 나가는 전류의 합과 같아야 한다:
$i_1 + i_2 = i_3 + i_4$

예제 12.1

[그림 12.6]에서 보여 지는 회로에서 전류 i_3의 값을 구하라.

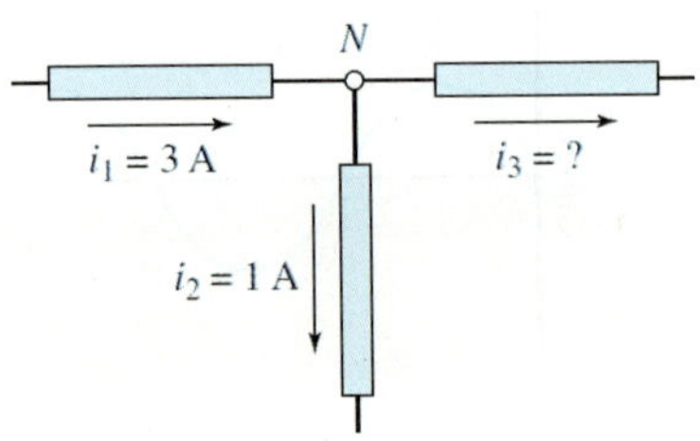

그림 12.6 예제 12.1의 회로

노드 N에 아래와 같이 키르히호프의 전류법칙을 적용하면 문제를 쉽게 풀 수 있다.

$$i_1 = i_2 + i_3$$

$$i_3 = 2A$$

주거지 전력 분포

[그림 12.7]은 전형적인 주거지 전력 사용분포를 나타낸다. 이 그림은 콘센트(outlet), 조명(light), 주방용품, 중앙 공기조절장치에 어느 정도의 암페어가 필요한지를 보여준다. 빌딩에 배선을 하기 위해서는, 먼저 전기 계획이 수립되어야 한다. 계획에는 스위치와 콘센트의 위치와 형태 등이 지정되어야 한다. 공학 기호에 대해서는 16장에서 구체적으로 다룰 것이다. 가정에서 사용되는 전기기호의 예는 [그림 12.8]에 나타나 있고, 거주용 빌딩에서 전기 계획의 예는 [그림 12.9]에 나타나 있다.

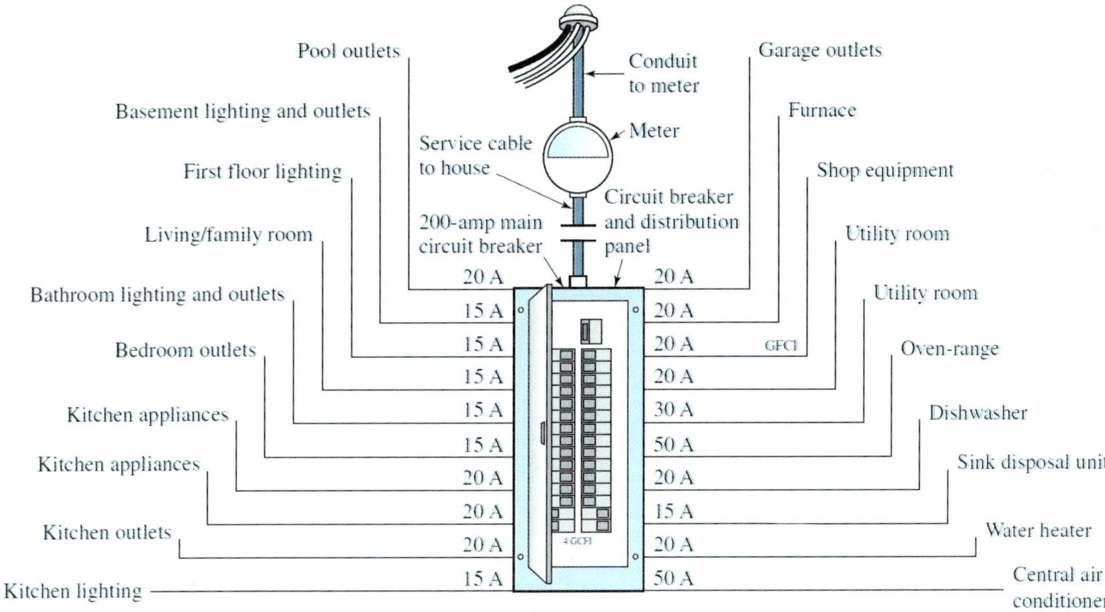

그림 12.7 주거용 빌딩의 전기 분포의 예

Source: From Electrical Wiring, Second Edition, 1981, p18, Copyright © 1981 AAVIM. Reprinted by permission.

Common Electrical Symbols			
○	Ceiling outlet		Service entrance panel
	Wall outlet	S	Single-pole switch
$○_{PS}$	Ceiling outlet with pull switch	S_2	Double-pole switch
$○_{PS}$	Wall outlet with pull switch	S_3	3-way switch
	Duplex convenience outlet	S_4	4-way switch
WP	Weatherproof convenience outlet	S_P	Switch with pilot light
1,3	Convenience outlet 1 = single 3 = triple		Push button
R	Range outlet	CH	Bell or chimes
S	Convenience outlet with switch		Telephone
D	Dryer outlet	TV	Television outlet
	Split-wired duplex outlet	S	Switch wiring
	Special-purpose outlet		Fluorescent ceiling fixture
D	Electric door opener		Fluorescent wall fixture

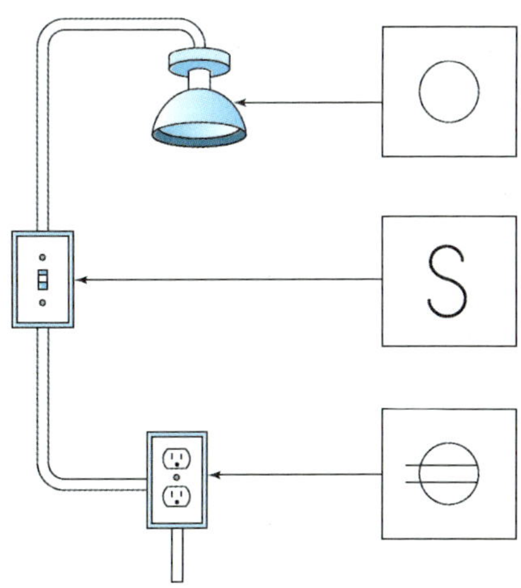

그림 12.8 가정에서 사용되는 전기기호의 예

Source: AAVIM, Electrical Wiring

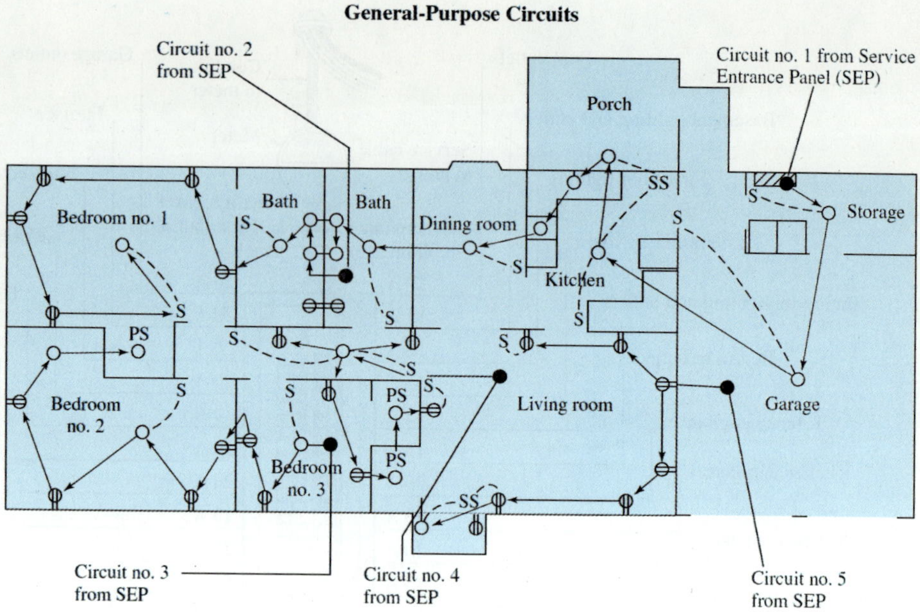

그림 12.9 가정에서의 전기설치 계획의 예

Source: From Electrical Wiring, Second Edition, 1981, p28, Copyright ⓒ 1981 AAVIM. Reprinted by permission

12.4 전기회로와 부품

전기회로는 서로 연결된 다양한 전기부품의 조합으로 이루어져 있다. 전기부품의 예로서 전선(도선), 스위치, 콘센트, 저항기, 콘덴서 등이 있다. 먼저, 전선에 대해 살펴보자. 전선에 흐르는 전류의 저항은 전선을 만든 물질과 길이, 직경, 온도 등에 따라 다르다. 물질은 전류의 흐름에 대해 각각 다양한 저항을 가지고 있다. 저항률(resistivity)은 한 조각의 물체에서 전류의 흐름을 방해하는 정도를 나타낸다.

그 값은 보통 1cm의 입방체나 면적 $1m^2$, 길이 1m를 가지는 원통샘플을 가지고 측정한다. 샘플의 저항은 아래와 같다.

$$R = \frac{\rho \ell}{a} \tag{12.2}$$

여기서 ρ는 저항률, ℓ은 샘플의 길이, a는 단면적이다. 다양한 재료로 이루어진 면적 $1m^2$, 길이 1m인 도선의 저항은 [표 12.1]에 나타나 있다. 재료의 전기저항은 온도에 따라 변한다. 일반적으로 탄소를 제외하고 도선의 저항은 온도가 증가하면 증가한다. 어떤 재료는 아주 낮은 온도(절대 영도에 근접하는 온도)에서 거의 저항이 없다. 이러한 현상을 초전도라고 한다.

표 12.1 20℃에서 면적 1m², 길이 1m인 다양한 재료로 만들어진 전선의 전기저항

Metal	Resistance($\times 10^{-8}\,\Omega$)
Aluminum	2.82
Brass	17.2
Copper	1.68
Gold	2.44
Iron	10
Lead	22
Nickel	6.99
Platinum	10.6
Silver	1.59
Tin	10.9
Tungsten	5.6
Zinc	5.9

옴의 법칙

옴의 법칙은 전압 V, 저항 R 그리고 전류 I 사이의 관계를 기술한다.

$$V = RI \tag{12.3}$$

식 (12.3)에서 전류는 전압에 비례하고 저항에 반비례함을 주목하라. 전위가 증가하면 전류도 증가한다. 만약 저항이 증가하면, 전류는 감소한다. 전기저항은 옴(Ω)의 단위로 측정된다. 1옴의 저항을 가진 소자는 그 소자에 1볼트의 전위가 존재할 때 1암페어의 전류를 흘린다. 다시 말해서, 1옴의 저항을 가지고 있는 도체에 1볼트의 전위가 존재하면 1암페어의 전류가 그 도체에 흐른다는 것을 말한다.

The American Wire Gage(AWG)

전선은 보통 구리나 알루미늄으로 이루어져 있다. 선의 실질적인 크기는 일반적으로 게이지 번호(gauge number)로 나타낸다. AWG는 직경 간 약 1.12의 일정 비율을 가진 연속적인 게이지 번호에 근거한다. 예를 들어, No.1 AWG는 직경이 No.2

에 비해 1.12배가 크다(7.348mm/6.544mm=1.12). 다른 예로, No.0000은 No.000에 비해 1.12배가 크다(11.684mm/10.404mm=1.12). 그리고 연속적인 게이지 번호의 횡단면의 비율은 약 $(1.12)^2=1.25$이다. 6게이지 번호 차이를 가지는 전선의 직경 비율은 약 2.0이다. 예를 들어, No.1의 No.7에 대한 직경 비율은 2(7.348/3.665mm ≈2.0)이거나, No.30의 No.36에 대한 직경 비율은 2(0.255mm/0.127mm=2.0)이다. [표 12.2]는 구리선에 대한 게이지 번호, 직경, 저항 등을 나타낸다. [표 12.2]에서 게이지 번호가 작을수록 선의 직경은 증가함을 주목하라. 또한, 직경이 감소함에 따라 선의 전기저항이 증가함을 주어진 [표 12.2]에서 주목하라.

표 12.2 고체 동선에 대한 미국 도선 게이지의 예

American Wire Gauge(AWG) Number	Diameter (mm)	Resistance per 1000m@20°C (ohms)
0000(4/0)	11.684	0.1608
000(3/0)	10.404	0.2028
00(2/0)	9.266	0.2557
0(1/0)	8.252	0.3224
1	7.348	0.4066
2	6.544	0.5127
3	5.827	0.6465
4	5.189	0.8152
5	4.621	1.028
6	4.115	1.296
7	3.665	1.634
8	3.264	2.061
9	2.906	2.599
10	2.588	3.277
11	2.305	4.132
12	2.053	5.211
13	1.828	6.571
14	1.628	8.286
15	1.45	10.45
16	1.291	13.17
17	1.15	16.61
18	1.024	20.95
19	0.912	26.42
20	0.812	33.31

표 12.2 (계속)

American Wire Gauge(AWG) Number	Diameter (mm)	Resistance per 1000m@20°C (ohms)
21	0.723	42
22	0.644	52.96
23	0.573	66.79
24	0.511	84.22
25	0.455	106.2
26	0.405	133.9
27	0.361	168.9
28	0.321	212.9
29	0.286	268.5
30	0.255	338.6
31	0.227	426.9
32	0.202	538.3
33	0.18	678.8
34	0.16	856
35	0.143	1079
36	0.127	1361
37	0.113	1716
38	0.101	2164
39	0.0897	2729
40	0.0799	3441

Fire Protection Association에서 출판되는 국가 전기 부호(National Electrical Code)는 전선의 타입에 대한 특정 정보를 가지고 있다. 부호는 선의 형태, 최대 동작 온도, 외부 피복제, 사용 형태, 전선이 사용되는 특정 위치 등에 대한 것을 기술한다.

전력

다양한 전기 부품에 대한 전력소비는 다음의 법칙에 의해 결정된다.

$$P = VI \tag{12.4}$$

여기서 P는 watt로 표시된 전력, V는 전압, I는 amp로 표시된 전류이다. 가정과 산업에서 전기소비의 비율은 kilowatt hour 단위로 측정된다. 1 kilowatt hour는 1 kilowatt(kW) 또는 1,000 J/s를 사용하는 장치가 1시간 동안 소비된 전력의 양을 나타낸다.

예제 12.2

전등의 전기저항은 145 Ω 이다. 전등이 120V에 연결되었을 때, 램프를 통해 흐르는 전류의 값을 결정하라.

식 (12.3)의 옴의 법칙을 사용하면

$$V = RI$$

$$I = \frac{V}{R} = \frac{120}{145} = 0.83\,\text{A}$$

예제 12.3

전력회사가 매 kWh 당 10센트를 부과한다고 가정하자. 매일 밤 6시에서 11시까지 5개의 100W 전구를 30일 동안 사용했을 때 부과되는 요금은 얼마인가?

$$(5\text{ light bulbs})\left(100\frac{\text{W}}{\text{light bulb}}\right)\left(\frac{1\,\text{kW}}{1000\text{W}}\right)\left(5\frac{\text{h}}{\text{nights}}\right)(30\text{ 일})\left(10\frac{\text{cents}}{\text{kWh}}\right)$$

$$= 750\,\text{cents}$$

$$= \$7.50$$

직렬회로

전기 부품은 직렬 혹은 병렬 형태로 연결된다. 이 장의 서두에서 말했듯이, 다양한 형태의 전기 부품들이 있다. 이 절에서는 저항기와 콘덴서에 대해 살펴본다.

저항기는 직류 혹은 교류의 흐름을 막는 전기 부품이다. 저항기는 보통 민감한 부품을 보호하는데 사용되거나, 회로에서 전류의 흐름을 제어하는데 사용된다. 더욱이 저항기는 회로에서 전압을 분할하거나 제어하는데 사용될 수도 있다. 저항기의 종류에는 고정 저항기와 가변 저항기 두 가지 그룹이 있다. 이름에서 알 수 있듯이, 고정 저항기는 고정된 저항값을 가지지만, 전위차계(photentiometers)라고 불리는 가변 저항기는 값을 조정할 수 있다. 가변 저항기는 다양한 회로에서 전류의 흐름을 조정하는데 사용된다. 예를 들어, 가변 저항기는 빛의 밝기를 조정하는 데 사용할 수 있다. 저항기는 라디오의 소리를 조정하는데도 사용된다. 저항기는 저항기를 통과하는 전류의 흐름에 따라 열을 분산시킨다. 열이 분산되는 양은 저항기의 크기와 저항기를 통과하는 전류의 양에 따라 다르다.

파이프를 통해 물이 일정하게 흐르는 것과 같이, 전기회로에 있는 직렬로 연결된 다양한 소자를 통해 흐르는 전류도 동일하다(일정하다). 또한, 소자들이 직렬로 연결된 회로에서는 다음이 성립한다.

- 각 소자에서 전압강하는 옴의 법칙에 따른다.
- 각 소자에서 전압강하의 합은 회로에 인가된 전체 전압과 같다.
- 총 저항은 회로에서 각 저항의 합과 같다.

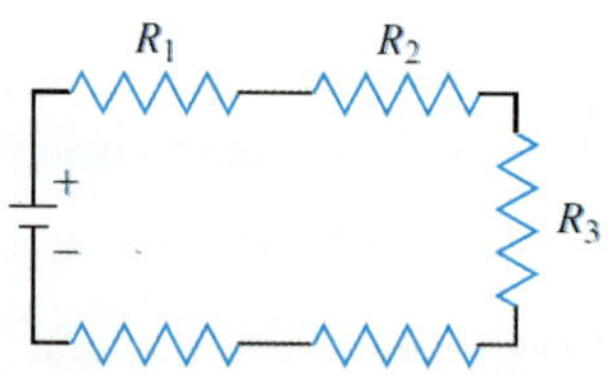

그림 12.10
직렬로 연결된 저항기

저항이 직렬로 연결되어있을 때 [그림 12.10]에서와 같이 총 저항은 각각의 저항의 합과 같다.

$$R_{\text{total}} = R_1 + R_2 + R_3 + R_4 + R_5 \tag{12.5}$$

직렬로 연결된 소자들을 가지고 있는 회로에서 한 가지 문제점은 한 개의 소자가 고장 나면, 다른 소자에도 전류가 흐르지 않으므로 전체 회로가 고장 나게 된다는 것이다. 아마도 크리스마스트리를 만들려고 전구를 직렬로 연결하다가 문제가 생긴 경험이 있을지도 모른다. 직렬연결에서 전구 하나가 고장 나면 다른 전구로 흐르는 전류도 멈추게 되므로 결국 모든 전구에 빛이 들어오지 않게 된다.

예제 12.4 [그림 12.11]의 회로에서 총 저항과 전류를 구하라.

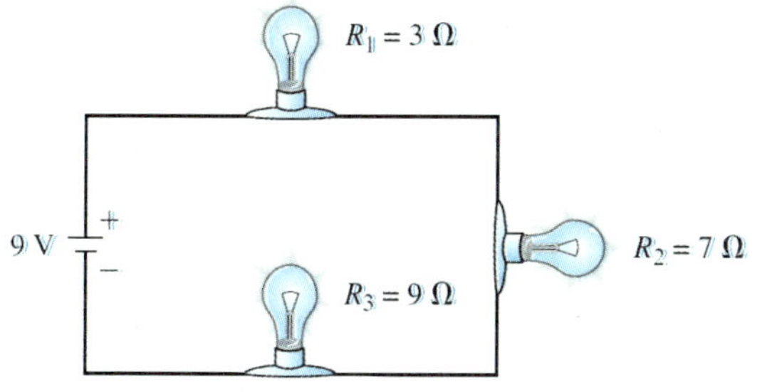

그림 12.11 예제 12.4의 회로

전구는 직렬로 연결되었으므로 전체 저항은 다음과 같다.

$$R_{\text{total}} = R_1 + R_2 + R_3 = 3\Omega + 7\Omega + 9\Omega = 19\Omega$$

회로를 흐르는 전류를 구하기 위하여 옴의 법칙을 이용하면

$$I = \frac{V}{R_{\text{total}}} = \frac{9}{19} = 0.47\,\text{A} \approx 0.5\,\text{A}$$

옴의 법칙을 이용하여 각 램프에서 발생하는 전압강하를 아래와 같이 구한다.

$$V_{1-2} = R_1 I = (3)(0.47) = 1.41\,\text{V}$$

$$V_{2-3} = R_2 I = (7)(0.47) = 3.29\,\text{V}$$

$$V_{3-4} = R_3 I = (9)(0.47) = 4.23\,\text{V}$$

반올림 오차를 무시하면 각 전구에 걸리는 전압강하의 총합은 9볼트가 되어야 함을 주목하라.

병렬회로

[그림 12.12]의 회로를 보자. 회로에서 저항은 병렬로 연결되어있다. 이런 상황에서 전류는 각 분기로 나누어 흐르게 된다. [그림 12.12]에서 보여주는 병렬연결에서, 전위 혹은 전압은 각 분기에서 동일하게 분포한다. 각 분기에서 흐르는 전류의 합은 전체 전류의 합과 같다. 각 분기에서 흐르는 전류는 옴의 법칙에 의해 구

할 수 있다. 직렬과는 달리, 한 개의 분기가 고장 나더라도 다른 분기는 동작할 수 있다. 이러한 이유로 병렬연결이 빌딩 내의 여러 지역을 연결하는데 사용된다. 그러나 한 개의 분기가 고장 나면 다른 분기에서 전류가 증가하는 바람직하지 못한 상태를 초래할 수 있다.

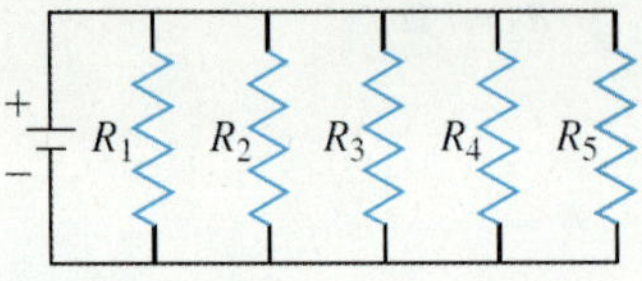

그림 12.12 병렬로 연결된 저항.

$$\frac{1}{R_{\text{total}}} = \frac{1}{R_1} + \frac{1}{R_2} + \frac{1}{R_3} + \frac{1}{R_4} + \frac{1}{R_5}$$

예제 12.5

예제 12.4에서 보았던 회로의 전구가 [그림 12.13]에서 병렬로 연결되어있다. 각 분기에서 흐르는 전류를 구하라. 각 전구에서 발생하는 전체 저항을 구하라.

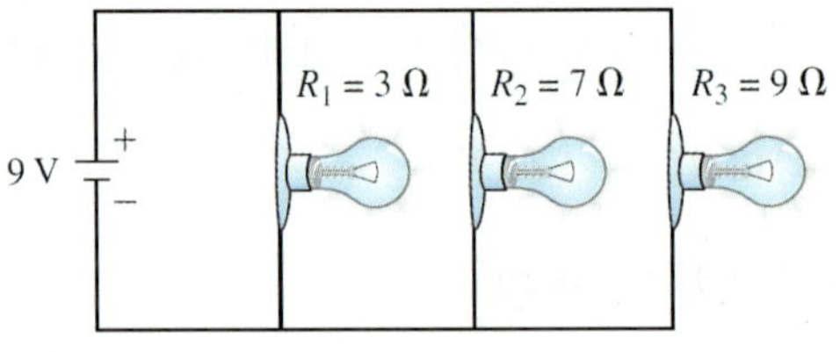

그림 12.13 예제 12.5의 회로

전구가 병렬로 연결되어있기 때문에, 각 전구에 걸친 전압강하는 모두 9볼트로 동일하다. 각 분기에 흐르는 전류는 옴의 법칙을 사용하여 아래의 방법으로 구한다.

$$V = R_1 I_1 \quad \Rightarrow \quad 9 = 3I_1 \quad \Rightarrow \quad I_1 = 3.0\,\text{A}$$

$$V = R_2 I_2 \quad \Rightarrow \quad 9 = 7I_2 \quad \Rightarrow \quad I_2 = 1.3\,\text{A}$$

$$V = R_3 I_3 \quad \Rightarrow \quad 9 = 9I_3 \quad \Rightarrow \quad I_3 = 1.0\,\text{A}$$

회로 내의 전체 전류는

$$I_{\text{total}} = I_1 + I_2 + I_3 = 3.0 + 1.3 + 1.0 = 5.3\,\text{A}$$

전체 저항은

$$\frac{1}{R_{\text{total}}} = \frac{1}{R_1} + \frac{1}{R_2} + \frac{1}{R_3} = \frac{1}{3} + \frac{1}{7} + \frac{1}{9} \quad \Rightarrow \quad R_{\text{total}} = 1.7\,\Omega$$

전체 저항과 옴의 법칙을 이용하여 회로에서 발생하는 전체 전류는 아래의 방법을 통해 구한다.

$$V = R_{\text{total}} I_{\text{total}} \quad \Rightarrow \quad 9\,\text{V} = (1.7\,\Omega)(I_{\text{total}}) \quad \Rightarrow \quad I_{\text{total}} = 5.3\,\text{A}$$

예제 12.6

[그림 12.14]의 회로에서 흐르는 전체 전류를 구하라.

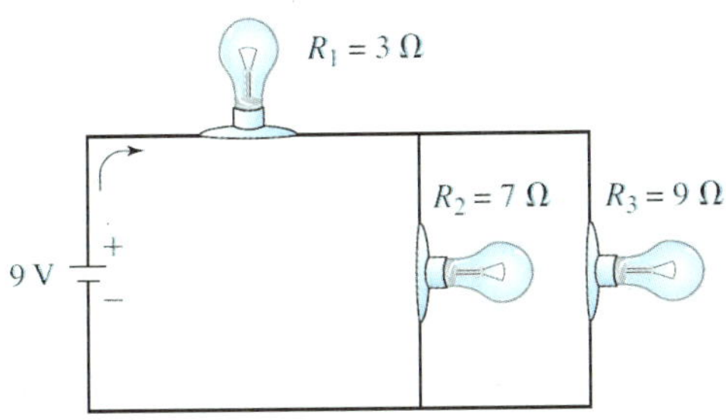

그림 12.14 예제 12.6의 회로

이 예제의 회로에서는 소자들이 직렬과 병렬로 연결되어 있다. 먼저 병렬로 연결된 전구를 합쳐서 하나의 등가저항으로 한다.

$$\frac{1}{R_{\text{등가}}} = \frac{1}{R_2} + \frac{1}{R_3} = \frac{1}{7} + \frac{1}{9} \quad \Rightarrow \quad R_{\text{등가}} = 3.9\Omega$$

다음, 등가 저항을 R_1에 더하면 두 저항은 이제 직렬로 연결되게 된다.

$$R_{\text{total}} = R_1 + R_{\text{등가}} = 3 + 3.9 = 6.9\,\Omega$$

$$V = R_{\text{total}} I_{\text{total}} \quad \Rightarrow \quad 9\text{V} = (6.9\Omega)(I_{\text{total}}) \quad \Rightarrow \quad I_{\text{total}} = 1.3\,\text{A}$$

콘덴서

콘덴서는 전기에너지를 저장하는 전기 부품이다. 콘덴서는 2개의 반대로 충전된 전극(electrode)을 가지고 있다. 각 전극 사이에는 유전체 재료(dielectric material)

를 가지고 있다. 유전체는 전기를 잘 통하지 못한다. 콘덴서는 보통 급작스러운 전기 충격(surge)에 대응해 회로에서 민감한 전기 부품을 보호하기 위한 필터로 사용된다. 컴퓨터에서 일시적으로 전력을 잃을 때 정보를 저장하는 메모리로도 사용된다. 라디오 수신기의 조정회로나 오디오 필터링 장치, 스트로브(strobe) 조명에서 시간 소자로도 사용된다.

패럿(F)은 콘덴서의 용량을 나타내는 기본 단위이다. 1F는 1볼트 당 1쿨롱과 같다. 패럿은 매우 큰 단위이기 때문에, 대부분 콘덴서의 용량은 마이크로패럿($\mu F = 10^{-6}F$) 혹은 피코패럿($pF = 10^{-12}F$)으로 표현된다.

12.5 Electric Motors

공학을 배우는 학생으로서, 적어도 기본 전기회로에 관한 한 과목의 강좌는 수강할 것이다. 기본 전기회로에서는 회로이론과 저항기, 콘덴서, 유도기, 변환기 등 다양한 부품에 대해서 학습할 것이고 다양한 타입의 모터와 그것들의 운용에 대해서도 소개받을 것이다. 만약 토목공학을 공부하는 학생이라면, 특별히 전기회로에서 모터 부분에 관심을 기울여야 한다. 모터는 우리의 생활을 보다 안락하고 편리하게 하는 많은 장치를 구동하기 때문이다. 일상생활에서 모터의 중요성을 이해하기 위해 주위를 살펴보자. 가정, 상업용 빌딩, 병원, 여가 장비, 자동차, 컴퓨터, 프린터, 복사기 등 수많은 장비가 모터에 의해 가동되고 있다. 예를 들어, 가정에서 보통 느끼지는 못하지만, 주변에 조용히 작동하는 수많은 모터를 발견할 수 있다. 모터를 장착한 몇 개의 가정용 제품을 살펴보자.

- 냉장고: 압축 모터, 팬 모터
- 쓰레기 분쇄기
- 회전 받침대가 있는 전기 오븐
- 팬을 가진 난로 덮개
- 욕실의 송풍기
- 천장에 고정된 팬
- VCR에서 테이프 플레이어
- 파워 스크루 드라이버 혹은 파워드릴
- 가열 팬 혹은 냉각팬

- 진공청소기
- 헤어드라이어
- 전기면도기
- 컴퓨터: 냉각팬, 하드 드라이브

엔지니어들이 응용분야를 위해 모터를 선택할 때 고려하는 요소 중에는 (a)모터 타입, (b)모터 속도(rpm), (c)출력 토크 면에서의 모터 성능, (d)효율, (e)듀티 싸이클, (f)비용, (g)기대수명, (h)소음레벨 그리고 (i)유지와 서비스 요구사항 등이 있으며 이들 중 대부분은 따로 설명이 필요 없다. 전 장에서 스피드와 토크에 대해서 논해보았고 다음 장에서는 모터 타입과 듀티 싸이클에 대해 논해 볼 것이다.

모터 타입

응용분야를 위한 모터를 선택하는 것은 모터의 스피드를 포함하여(in rpm), 필요 동력 그리고 부하 타입 등 많은 요소에 달려있다. 팬 부하처럼 낮은 기동부하를 다루는 반면 몇몇 응용분야에서는 컨베이어처럼 높은 기동부하를 다룬다. 이러한 이유 때문에 다른 여러 타입의 모터가 있는 것이다. 여기서는 다양한 모터들이 어떻게 기동하는지 원리를 논하지 않고 주어진 [표 12.3]에서처럼 다양한 모터와 그들의 응용을 제시할 것이다. 여러분 대다수는 나중에 이론과 모터의 작동에 대한 수업을 듣게 될 것이다.

듀티 사이클

모터 제조자들은 모터가 작동되어야 하는 시간에 따라 모터들을 분류한다. 모터는 일반적으로 연속사용과 단시간 사용으로 분류된다. 연속사용 모터는 한 시간 또는 그 이상의 기간 동안 작동하는 응용에 사용된다. 몇몇 응용에서는 이러한 연속사용이 요구될 것이고 짧은 기간에만 작동하고 멈추는 모터 응용분야에서는 단시간 사용 모터가 사용된다. 연속사용 모터는 단시간 사용모터보다 좀 더 비싸다.

이번 장에서는 전기와 몇 가지 기본적인 전기 부품들에 대해 소개할 것이다. 여러분 대다수는 전기기초회로수업을 듣게 되고 전기기초회로수업에서는 전기, 전기 부품들에 대해서 보다 자세히 배우게 될 것이다. 따라서 이번 장에서 집중하고 주의 깊게 살펴보자.

표 12.3 **다른 분야에서 사용되는 모터의 예**

Schematic Diagrams for AC Motors

Split-phase | Repulsion-start induction | Capacitor-start | Repulsion-induction | Capacitor-motor

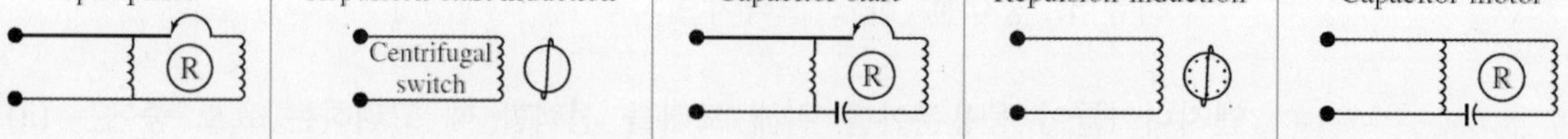

Load Type	Motor Type (1)	Starting Ability (Torque) (2)	Starting Current (3)	Size hp (4)	Electrical Power Requirements: Phase (5)	Voltage (6)
Easy Starting Loads	Shaded-pole induction	Very low 1/2 to 1 times running torque	Low	.035–.2 kW (1/20–1/4 hp)	Single	Usually 120
	Split-phase	Low 1 to $1\frac{1}{2}$ times running torque	High 6 to 8 times running current	.035–.56 kW (1/20–3/4 hp)	Single	Usually 120
	Permanent-split, capacitor-induction	Very low 1/2 to 1 times running torque	Low	.035–.8 kW (1/20–1 hp)	Single	Single voltage 120 or 240
	Soft-start	Very low 1/2 to 1 times running torque	Low 2 to $2\frac{1}{2}$ times running current	5.6–25 kW ($7\frac{1}{2}$–50 hp)	Single	240
Difficult Starting Loads	Capacitor-start, induction-run	High 3 to 4 times running torque	Medium 3 to 6 times running current	.14–8 kW (1/6–10 hp)	Single	120–240
	Repulsion-start, induction-run	High 4 times running torque	Low $2\frac{1}{2}$ to 3 times running current	.14–16 kW (1/6–20 hp)	Single	120–240
	Capacitor-start, capacitor-run	High $3\frac{1}{2}$ to $4\frac{1}{2}$ times running torque	Medium 3 to 5 times running current	.4–20 kW (1/2–25 hp)	Single	120–240
	Repulsion-start, capacitor-run	High 4 times running torque	Low $2\frac{1}{2}$ to 3 times running current	.8–12 kW (1–15 hp)	Single	Usually 240
	Three-phase, general-purpose	Medium 2 to 3 times running torque	High 3 to 6 times running current	.4–300 kW (1/2–400 hp)	Three	120–240; 240–480 or higher

Source: From Electric Motors, Fifth Edition, 1982. Copyright © 1982 AAVIM. Reprinted by permission

continued

표 12.3 다른 분야에서 사용되는 모터의 예(계속)

Schematic Diagrams for AC Motors

Universal motor	Two-value capacitor	Shaded pole	Repulsion motor	Three-phase squirrel cage
	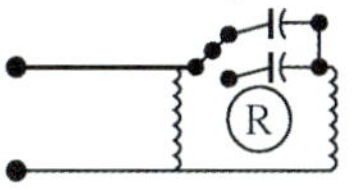			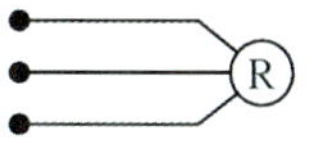

Load Type	Speed Range (7)	Reversible (8)	Relative Cost (9)	Other Characteristics (10)	Typical Uses (11)
Easy Starting Loads	900, 1200, 1800, 3600	No	Very low	Light duty, low in efficiency	Small fans, freezer blowers, arc welder blower, hair dryers
	900, 1200, 1800, 3600,	Yes	Low	Simple construction	Fans, furnace blowers, lathes, small shop tools, jet pumps
	Variable 900–1800	Yes	Low	Usually custom-designed for special application	Small compressors, fans
	1800, 3600	Yes	High	Used in motor sizes normally served by 3-phase power when 3-phase power not available	Centrifugal pumps, crop dryer fans, feed grinder
Difficult Starting Loads	900, 1200, 1800, 3600	Yes	Moderate	Long service, low maintenance, very popular	Water systems, air compressors, ventillating fans, grinders, blowers
	1200, 1800, 3600	Yes	Moderate to high	Handles large load variations with little variation in current demand	Grinders, deep-well pumps, silo unloaders, grains conveyors, barn cleaners
	900, 1200, 1800, 3600	Yes	Moderate	Good starting ability and full-load efficiency	Pumps, air compressors, drying fans, large conveyors, feed mills
	1200, 1800, 3600	Yes	Moderate to high	High efficiency, requires more service than most motors	Conveyors, deep-well pumps, feed mills, silo unloaders
	900, 1200, 1800, 3600	Yes	Very low	Very simple construction, dependable, service-free	Conveyors, dryers, elevators, hoists, irrigation pumps

Source: AAVIM, Electric Motors

12.6 조명 시스템

이 절에서는 조명 시스템에 대해 간략한 소개를 할 것이다. 조명 시스템은 건물의 전기 사용의 주요 부분을 차지하며 최근에는 에너지의 지속가능성에 대한 우려로 관심을 받고 있다. 조도를 줄이거나 빛의 효율을 증가시키고 또한 주광조명의 장점을 활용한다면 에너지를 절약할 수 있다. 주광조명이란, 인공조명의 필요성을 줄이기 위해 창문과 햇빛을 사용하여 실내로 빛을 가져오는 조명방식을 말한다. 어떤 새로운 지역을 탐험하는 경우 조명은 그것만의 전문용어를 가진다. 그러므로 스스로 전문용어에 익숙해지기 위해 시간을 투자해야 할 것이다. 다음과 같은 예시를 따라가 보자.

조명을 정의하면서 시작해보자. 조명이란 수평면상의 배광을 뜻하고 램프에서 발산되는 빛의 양은 루멘이라고 표현한다. 예를 들자면 100와트의 전구는 1700루멘을 발산한다. 또 다른 중요한 빛의 특성은 조도인데 조도는 빛이 구역으로 얼마나 분포되는가에 대한 수치이다. 조도의 단위는 피트촉광(Footcandle)이며, 그 크기는 1평방피트에 분포되는 1루멘을 뜻한다. 피트촉광이 나타내는 개념에 대해 알려주자면 밤거리에서 길을 찾기 위해서는 5~20피트촉광이 필요하고, 사무실 업무를 위해서는 30~50개의 피트촉광이 필요하다. 만약 전기기기 또는 태엽 시계를 고칠 때처럼 정밀한 작업을 해야 한다면 약 200피트촉광의 조도가 필요하다.

효율은 조명기사가 사용하는 또 다른 용어이다. 효율은 램프에서 얼마나 많은 빛이 생성되는가에 대한 비율이고 램프에서 얼마나 많은 에너지가 소비되는가를 뜻한다(와트).

$$\text{효율} = \frac{\text{생산되는 빛(lumens)}}{\text{램프의 에너지소비량(watts)}}$$

효율은 조명기사들이 빌딩에서 최상의 조명계통을 설계할 때 사용되고 빌딩의 에너지 회계감사를 하는 기사들이 조명계통이 에너지가 효율적인지 검사하기 위해 사용된다. 기사들은 조명계통을 디자인할 때 활동과 안전 그리고 업무와 같은 많은 요소를 고려하고 빌딩의 어떤 특별함과 특성을 강조할 수 있도록 설계한다. 그 후 이른바 엑센트 조명을 설계한다.

알다시피 많은 타입의 전구와 조명기구가 있다. U.S.의 에너지 부서를 따르면 백열전구는 집에서 사용하는 전구의 85%를 차지한다(2009). 불운하게도 백열전구는 매우 저조한 효율값(10~17 lumens/watt)을 가지고 있고 짧은 수명을 가지고 있다(750~2500시간). 응용분야에서 조명시스템을 선택할 때 또 다른 중요한 요소는 광원 색이다. [그림 12.15]처럼 백열전구 안에서 전류가 리드 선을 통해 흐르며 필라멘트를(텅스텐 선의 작은 코일) 달구는데 결과적으로 그것은 텅스텐을 달구고 빛을 생산해낸다.

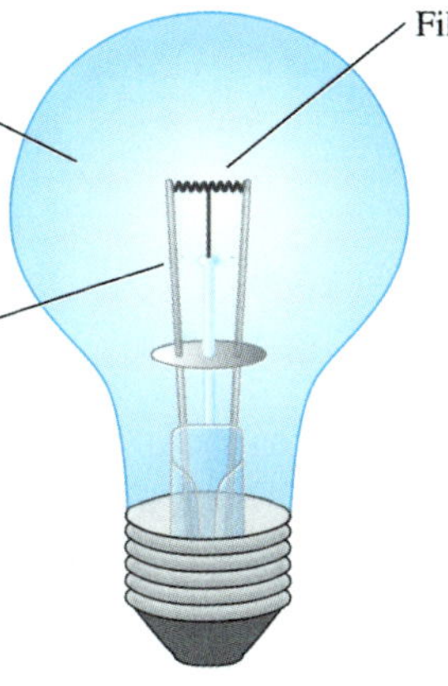

그림 12.15
백열등의 도식도
Source: DOE's Office of Energy Efficiency and Renewable Energy

이러한 방식으로 생산되는 빛은 노란색이다. 일반적으로 빛의 색은 따뜻하고 차가운 범주로 구분된다. 노란색과 빨간색은 따뜻함으로 여겨지는 반면 파란색과 초록색은 차갑게 여겨진다. 광원은 흔히 캘빈의 색온도로 정의한다. 높은 캘빈온도(3600~5500K)는 차가운 색으로 간주되고 낮은 캘빈온도(2700~3000K)는 따뜻한 색으로 간주된다. 따뜻한 광원은 일반적으로 실내업무에서 선호된다. 광원은 직관과는 반대로 따뜻함과 시원한 것이 정의되기 때문에 조심해야 한다(높은 온도는 차가운 색인 반면 낮은 온도에서는 따뜻한 색이다). 광원에 의해서 비춰질 때 나타나는 물체의 색깔을 어떻게 알아내는가는 광원의 색온도보다 중요하다. 이러한 이유로 변동이 심한 연색 색인(CRI)이란 것이 정의된다. CRI는 태양의 직사광선과 비교했을 때 광원이 물체의 실제 색깔을 얼마나 잘 알아내는가에 대한 수치를 알려준다. CRI는 1~100까지의 등급을 가지고 있는데 100와트의 백열전구가 가지고 있는 CRI의 크기는 대략 100 정도이다. 대부분 실내기구에서는 80의 CRI를 가지는 광원 또는 더 큰 것이 선호된다.

다양한 타입의 백열전구들이 있다. 표준 백열등은 screw-in-A-type으로 언급된다. 또한, 텅스텐 할로겐 그리고 R타입의 전구들도 있다. 텅스텐 할로겐램프는 빛을 반사하는 내피가 있어서 A타입보다 높은 효율을 가진다. 결과적으로는 특정 온도에서 필라멘트 열을 유지하기 위해 적은 에너지 손실이 요구된다. R타입의 백열등 또한 확산되고 특정구역으로 직사광이 향한다. 그것들은 흔히 투광기 또는 스포트라이트로 사용된다. [표 12.4]에서는 백열등의 성능을 비교하여 나타낸 것이다.

표 12.4 백열등 비교

Incandescent Lighting Type	Efficacy (lumens/W)	Life (hours)	Color Rendition Index(CRI)	Color Temperature(K)
Standard A	10-17	750-2500	98-100	2700-2800 (warm)
Tungsten halogen	12-22	2000-4000	98-100	2900-3200 (warm to neutral)
Reflector	12-19	2000-3000	98-100	2800(warm)

Source: U.S. Department of Energy.

두 번째로 흔한 조명 시스템의 타입은 형광등이며 이것은 백열등의 25~35% 정도 사용되며 같은 빛의 양을 낸다. 백열등의 효율은 30~110 lumens/watt 사이이다. 백열등과 비교하여 더 긴 사용시간을 가지며 그 범위는 7,000~24,000시간이다. 형광막에서 빛을 생산해내기 위해 비활성 가스와 수은을 통해 전류가 전도된다. 형광등은 나쁜 연색성을 가지고 있다. 하지만 기술 향상으로 인해 높은 CRI 값을 가진다. 40W, 1.2m 길이의 램프 그리고 75W, 2.4m 길이의 램프 둘 다 최근 형광등으로 사용하는 램프이다. 이러한 램프들은 특별한 조명기구로 사용되지만 새로운 세대의 소형 형광 램프들(CFLs)은 백열 조명기구에 잘 들어맞는다([그림 12.16] 참조).

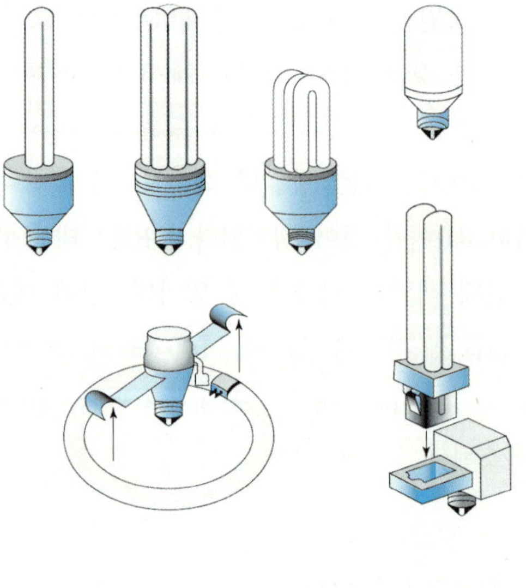

그림 12.16 Screw-in-A-type과 잘 맞는 소형 형광등

Source: DOE's Office of Energy Efficiency and Renewable Energy

표 12.5 형광등 비교

Fluorescent Lighting Type	Efficacy (lumens/watt)	Lifetime (hours)	Color Rendition Index(CRI)	Color Temperature(K)
Straight tube	30-110	7,000-24,000	50-90(fair to good)	2700-6500 (warm to cold)
Compact fluorescent lamp (CFL)	50-70	10,000	65-88(good)	2700-6500 (warm to cold)

비록 CFLs는 백열전구보다 비싸지만(3~10배), 긴 사용시간(16,000~15,000시간)과 높은 효율값 때문에 형광등을 사용하면 비용을 절약할 수 있다. [표 12.5]에서는 다른 유형의 형광등을 비교하여 나타낸 것이다.

조명 시스템에서 흔히 사용되는 또 다른 타입의 유형은 HID(High Intensity Discharge)램프이며([그림 12.17] 참조), 가장 높은 효율값과 모든 조명 시스템 중 가장 긴 사용시간을 갖는다. HID램프는 흔히 실내경기장이나 실외경기장에서 사용된다. 당신의 경험에서 알다시피 HID램프는 낮은 연색 지수를 갖고 [표 12.6]에서는 HID램프의 다른 유형들을 비교해서 나타내었다.

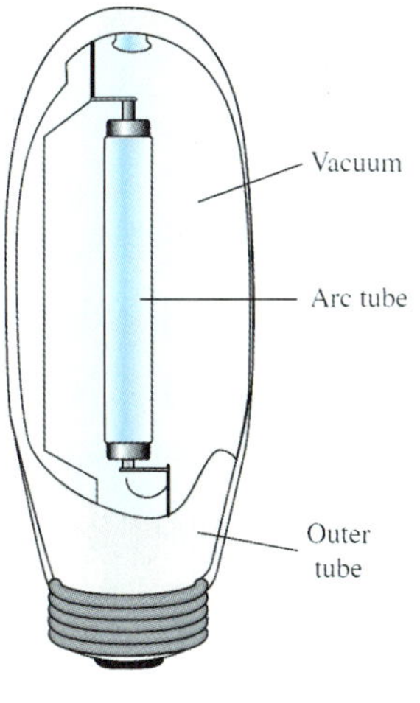

그림 12.17 HID램프의 도식도

Source: DOE's Office of Energy Efficiency and Renewable Energy

조명 시스템에서 가장 새로운 유형은 LED(Light Emitting Diode)등이다. LED는 백열 크리스마스 등의 대중적인 대체품이며 대략 20,000시간의 사용기간을 갖는 기존 백열등보다 더 오래 사용할 수 있다. LED등은 또한 훨씬 적은 전력으로 사용할 수 있고 낮은 온도로 작동하기 때문에 축제기간 동안 화재위험도 감소시킨다. 나아가 LED등은 신호등, 가로등, 실내등, 대형 스크린과 같이 다른 응용분야에서 대중적인 대체품으로 사용되고 있다. 미 에너지부는 2027년까지 LED전구가 널리 사용되면 350×10^9kW.h.만큼의 에너지를 절약할 수 있다고 추정하였다.

표 12.6 HID 램프들 간의 비교

High Intensity Discharging Lighting Type	Efficacy (lumens/W)	Life (hours)	Color Rendition Index(CRI)	Color Temp. (K)
Mercury Vapor	25-60	16,000-24,000	50(poor to fair)	3200-7000 (warm to cold)
Metal Halide	70-115	5,000-20,000	70(fair)	3700(cold)
High Pressure Sodium	50-140	16,000-24,000	25(poor)	2100(warm)

예제 12.7

Sylvania의 전구 제조업체에 따르면, 75W CFL 투광기는 23W를 소비하고 1250 루멘스를 생산한다. 투광기의 효율은?

$$\text{Efficacy} = \frac{\text{생산되는 빛(lumens)}}{\text{소비전력(watts)}} = \frac{1250}{23} = 54$$

예제 12.8

Buyer's Choice에서 제조한 100-W CFL 전구는 23와트를 소비하고 1600루멘스의 조명등급과 8,000시간의 사용시간, 1.81달러의 비용이 든다. 대안으로서 100-W의 백열전구는 0.38달러의 비용이 들고 1500루멘스가 발생하며 750시간의 사용시간을 가진다고 할 때 조명을 위한 효율을 계산함으로써 각각 전구의 실적을 비교해 보아라. 그리고 1년 중 220일을 사용하고 하루에 8시간을 사용한다고 했을 때 비용은 얼마가 드는지 계산하여라(kWh당 9cent의 전기요금으로 가정하여 계산).

Buyer's Choice 100-W CFL light인 경우

$$\text{효율} = \frac{1600}{23} = 70$$

$$\text{cost} = \left(\frac{8\,\text{hours}}{\text{day}}\right)(220\,\text{days})(23\,\text{W})\left(\frac{1\,\text{kW}}{1000\,\text{W}}\right)\left(\frac{\$0.09}{\text{kWh}}\right) = \$3.64$$

100-W의 백열전구인 경우

$$\text{효율} = \frac{1500}{100} = 15$$

$$\text{cost} = \left(\frac{8\,\text{hours}}{\text{day}}\right)(220\,\text{days})(100\,\text{W})\left(\frac{1\,\text{kW}}{1000\text{W}}\right)\left(\frac{\$0.09}{\text{kWh}}\right) = \$15.84$$

CFL의 전구가 백열전구에 비해 더 효율적이고 경제적인 것을 알 수 있다.

조명 시스템 감사

조명 에너지 감사에 대해 몇 가지 단어를 말하기 위한 좋은 장이다. 이번 장의 첫 부분에서 말했듯이 조명 시스템은 빌딩에서 사용하는 전기의 큰 부분을 차지하고 에너지의 지속가능성에 대한 우려로 많은 관심을 받고 있다. 조명에너지의 회계감사는 공간을 분류하면서 시작한다. 즉, 이 공간은 무엇을 위해 사용되는가? 회사, 창고, 제조공장, 기타 등이 있다. 다음으로 에너지 회계감사는 공간의 특징(길이, 넓이, 높이)과 조명기구(램프 유형, 그들의 숫자, 램프의 전력량)와 그것들의 제어장치를 알아낸다. 사용자에게 조명의 레벨, 그것들이 하는 일, 공간 프로필 등을 말하고 노출계(light meter)를 사용하여 조명의 레벨을 측정한다. 그 후 주어진 일에 대해 IES(Illumination Engineering Society)에서 권장하는 것과 측정치를 비교한다. 회계감사들은 또한 단위 면적당 조명 시스템의 전력 소비량을 계산하고 지침서를 설계하기 위해 그것들을 비교한다.

마지막으로, 에너지 감사들은 보고서를 준비하는데 그 보고서에는 연간 조명에너지 비용에 대한 견적서와 조명 시스템이 축소될 수도 있기 때문에 에너지 소비에 대한 방법(예를 들어 조명 레벨을 축소한다거나, 주광조명의 장점을 이용하는 것 또는 조명 계통의 효율을 증가시키는 방법)에 대해 논하고 있다. 문제 12.34와 문제 12.35는 이러한 에너지 회계 감사에 대한 단계적이고 직접적인 경험을 해볼 수 있게 구성되었다.

요약

이 장에서는 다음을 학습했다.

- 일상생활에서 전기와 전력의 중요성을 이해했다.
- 전류의 의미를 이해하고 직류와 교류의 차이점을 알았다.
- 다양한 전기원에 대해서 다루었다.
- 전기저항과 단위의 개념을 이해했다.
- AWG 전선 표시를 이해했다.
- 일상생활에서 전기모터의 역할을 배웠다.
- 조명기술에 대해 배웠다.

연습문제

12.1 TI 85와 같은 포켓용 계산기, 플래시, 휴대용 라디오에서 전지가 어떻게 연결되었는가? 직렬연결인가 또는 병렬연결인가?

12.2 다음 제품에서의 전지의 형태를 표시하라.

a. 랩탑 컴퓨터
b. 전기면도기
c. 무선드릴
d. 캠코더
e. 무선 전화기
f. 플래시
g. 손목시계
h. 카메라

12.3 토스터, 헤어드라이어, 커피메이커, 전기스토브에서 가열소재로 사용되는 재료와 그 크기를 조사하라.

12.4 이 장에서 설명한 바와 같이, 전위차계(rheostats)는 회로에 흐르는 전류를 조절하는데 사용된다. 다양한 분야에서 사용되는 여러 가지의 저항소자를 조사하라. 전위차계의 저항소자는 보통 금속선이나 리본, 탄소 혹은 통전액으로 만들어진다. 예컨대 전류가 적게 흐르는 분야에서는 탄소의 형태가 사용된다. 여러분의 조사를 토론할 간단한 리포트를 작성하라.

12.5 전기 화로는 자동차, 항공 산업 등에서 소비되는 철의 생산에 사용된다. 전기 화로는 전형적으로 저항로, 아크로, 유도 등으로 분류된다. 위의 세 가지 형태의 화로가 어떻게 동작하는지를 간략히 서술하라.

12.6 최근 자동차에서 사용되는 모터의 예를 들어라. 모터는 차내에 찬 공기와 더운 공기를 전달하는 팬을 동작시킨다.

12.7 여러분이 거주하는 건물의 전류와 전압에 관한 정보를 구하라. 가능하다면 [그림 12.7]과 같이 전력 분포를 나타내는 다이어그램을 그려라.

12.8 40W, 60W, 75W, 100W의 전구를 통해 흐르는 전류를 구하라. 각 전구는 120V선에 연결되어 있다.

12.9 1500W 헤어드라이어가 120V선에 연결되어 있다면, 얻어지는 최대 전류는?

12.10 [표 12.1]을 참고해서, 1m의 길이에 직경 $1m^2$를 가지는 금속과 1m의 길이에 직경 $1m^2$를 가지는 구리와의 상대 저항을 나타내는 표를 작성하라. 예를 들어, [표 12.1]의 데이터에서 1m 길이에 $1m^2$직경의 알루미늄과 1m 길이에 $1m^2$ 직경의 구리선의 상대 저항은 1.68(2.82×15−8 Ω/1.68×10−8 Ω =1.68)이다.

12.11 알카라인 전지와 자동차에서 정비가 필요 없는 전지(lead acid, gel cell)가 어떻게 동작하는지를 간략히 서술하라.

12.12 압력을 받을 때 어떤 재료는 작은 전압을 생산한다. 이렇게 동작하는 재료를 압전소자(piezoelectrics)라 부른다. 압전소자가 사용되는 분야를 간략히 서술하라.

12.13 여러분의 아파트 혹은 가정에서 어떻게 전기를 계획할 것인지를 [그림 12.9]와 같이 작성하라.

12.14 국가전기기호(NEC)는 선 연결, 전기 장치, 개인과 공공용 장비 등을 안전하고 적절히 설치하는 것을 다룬다. NEC는 국가 화재 방지 협회(NFPA)에서 3년마다 발행된다. NEC 조항에 따르면 주거용 방에서 콘센트는 연장선 코드의 사용을 줄이기 위해서 아웃렛에서 1.8m 이상 떨어진 벽면에는 설치하지 못하게 되어있다. 인터넷이나 NEC 핸드북을 참고하여 가정 주거에 관련된 NEC의 예를 3가지 이상 들어라.

12.15 멀티측정기(전압계, 저항계, 전류계)를 가지고 자동차의 뒤 유리에 있는 가열소자의 저항과 전압을 측정하라. 그리고 히터의 출력전력을 구하라.

12.16 하드웨어를 파는 상점에서 가정용 온수 히터에 사용되는 가열소자들의 크기에 대한 정보를 구하라. 만약에 고온히터가 240V의 선에 연결되어 있으면, 그 히터를 통해서 얻어지는 전류와 소비전력을 구하라.

12.17 국가전기기호는 일반적인 연결용 전선의 형태에 대한 정보를 제공한다. 전선의 형태와 최대 동작온도, 절연재료, 외부 피복제와 사용 형태 등의 정보를 얻어서 기술하라. 이러한 기호의 예를 보여주는 표를 구성하라. 표에는 전선의 크기, 온도의 정도, 적용 조항, 절연, 외부 커버 등이 기입되어야 한다.

12.18 아래 그림의 회로에서 전체 저항과 전류를 구하라.

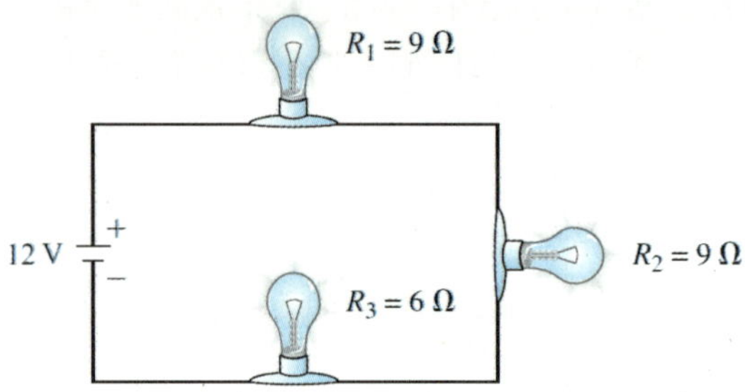

문제 12.18

12.19 아래 그림의 회로에서 각 분기에 흐르는 전류와 전체 저항을 구하라.

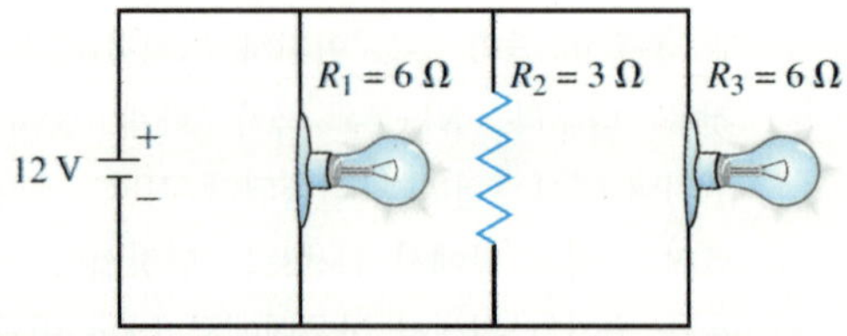

문제 12.19

12.20 아래 그림의 회로에서 키르히호프의 법칙을 사용하여 빠진 전류를 구하라.

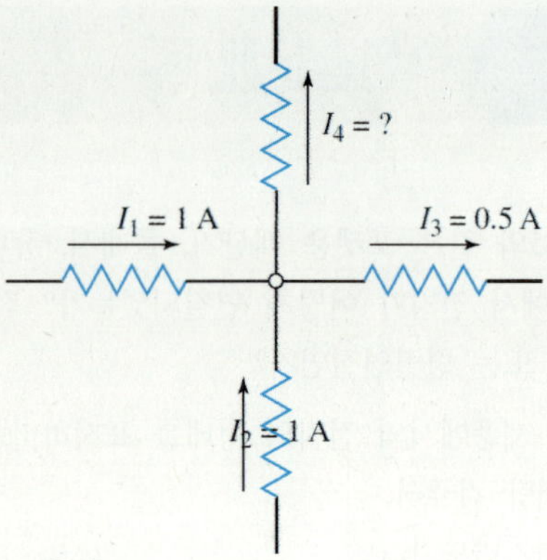

문제 12.20

12.21 플래시와 전압계를 사용하여 플래시에 있는 전구의 저항을 측정하라. 플래시 내부의 회로를 그리고, 플래시가 켜졌을 때 빛에 의해 유기되는 전류를 추정하라.

12.22 전기회사에 연락하여 kWh당 요금이 얼마나 부가되는지를 조사하고, 하루 동안의 전력 소비에 대한 비용이 얼마인지를 추정하라. 여러분의 하루 동안의 활동 상황을 요약하고 사용하는 제품에 대해 전력 소비량을 추정하여 간략히 서술하라.

12.23 예제 12.6에서, 회로에 의해 얻어지는 총 전류를 계산했다. 예제 12.6에서 각 분기에서의 전류를 구하라.

12.24 자동차 전지에서 다음 용어의 의미를 서술하라.

- ampere hour rating
- cold-cranking rating
- reserve capacity rating

12.25 알카라인 전지 같은 1차 전지에서, amp-hour가 의미하는 것은? 몇 개의 알카라인 전지에 대한 amp-hour rating의 정보를 수집하고 1페이지 정도로 요약하라.

12.26 퓨즈는 과도한 전류에 대해 회로를 보호하기 위해서 사용하는 안전장치이다. 다양한 퓨즈의 형태와 모양, 재료, 크기 등을 조사하여 간략히 서술하라.

12.27 세라믹, 공기, 마이카(mica), 종이, 전해질 등 다양한 형태의 콘덴서가 존재한다. 전기나 전자장치에서 그것들이 어떻게 사용되는지 간단히 서술하라.

12.28 배터리, 전구, 한 가닥의 선이 주어졌다. 이 아이템을 이용하여 플래시를 만들어라.

12.29 실베니아 전구 제조업체의 40-W CFL 조명은 9와트를 소비하고 495루멘스를 생산한다. 이 조명의 efficacy는?

12.30 다음 조명들의 efficacy를 계산하라. (a)2와트를 사용하고 60루멘스를 생산하는 실베니아 LED조명, (b)9와트를 사용하고 495루멘스를 생산하는 실베니아 40-W CFL.

12.31 20와트를 사용하고 1280루멘스를 생산하며 비용이 $4.49인 실베니아의 Super Saver 75-W조명, $0.40인 75-W 1200루멘스 사용시간 750시간인 백열전구. 1년간 300일을 사용하며 하루에 4시간을 사용하였을 때 비용을 계산하여 각 전구의 성능을 비교하라. kWh당 9cent로 가정하라.

12.32 조명 시스템과 관계된 에너지 낭비를 줄일 수 있는 많은 방법이 있다. 한 가지 방법은 스마트한 제어기를 사용하는 것이고 lighting-dimmercontrols, lighting-motion-sensor controls, lighting occupancy controls, lighting-photosensor controls, lighting-timer controls와 같은 장치를 사용하는 것이다. 이러한 다양한 조명 컨트롤이 어떻게 작동하는지와 사용예시에 대해 간결한 보고서를 작성하라.

12.33 철물점의 조명 부분에 방문하여 비교할만한 백열전구, CFL, LED등의 정보를 찾아보고 포장지에 있는 제조등급을 읽어라. 그리고 루멘스와 광원색의 온도, 와트단위의 전력소비량을 기록하여 조사한 것으로 간략하게 보고서를 작성하라.

12.34 당신 강의실의 조명에너지 회계를 작성하라. 첫째, 반의 넓이, 길이, 높이를 기록하여 공간의 특성을 분명히 하고 다음으로 조명계통의 타입에 대한 정보를 모아라. 정보는 광원의 수이고 그것들의 제어기이다. 또한, 사용프로필에 대한 정보를 모으는데 매시간 강의실을 사용하는 사람들에 대한 숫자를 확인하라. 시간에 대한 함수로서 Watts/m^{2}를 계산해보아라. 리포트를 작성하여 조사한 것을 당신의 강사에게 제출하라. 반의 조명에너지 소비를 향상할만한 방법을 제시해보아라.

12.35 이것은 수업 프로젝트다. 당신은 실내 스포츠 경기장의 조명에너지 회계감사를 할 것이다. 경기장 크기, 매 15분 또는 30분 동안 시설을 이용하는 사람들 수에 대한 정보를 수집하라. 또한, 조명 시스템(형광등, 백열등, 수은등, 다른 방식)과 공간에서 사용되는 제어기들에 대한 정보를 모아라. 시간에 대한 함수로 watt/m^{2}를 계산하고 강사에게 결과물을 리포트로 제출하고 조명에너지 소비량을 향상시킬 수 있는 방법을 제시해보아라.

CHAPTER 13

에너지와 일률

동력 크레인은 구조물을 들어 올리거나 내려서 제자리에 위치시키는 일을 한다. 집을 짓거나 음식을 가공하거나, 재화를 만드는 등 우리의 생활공간을 보다 편리하게 하기 위해서는 에너지가 필요하다. 물건을 움직이거나 들어 올리는 일 혹은 물체를 가열하거나 냉각시키는 데 필요한 요소를 정량화하기 위해서는 에너지가 정의되어야 하고, 그 에너지는 여러 분야로 분류되어야 한다. 일률(Power)은 단위 시간당 한 일을 나타낸다. 어떤 작업을 수행하는 데 필요한 일률값은 얼마나 빨리 작업을 수행했는가를 나타낸다. 만약 적은 시간으로 일을 끝내기 위해서는 그만큼 더 많은 일률이 필요하다.

이 장에서는 에너지의 개념과 다양한 형태의 에너지를 소개하고 일률(power)이라는 용어에 대해 알아본다. 운동에너지(kinetic energy), 위치에너지(potential energy), 탄성에너지(elastic energy)와 같은 다양한 형태의 기계적 에너지도 설명한다. 11장에서 정의된 열에너지와 내부에너지를 참고하여 에너지를 축적하여 이용하는 분야도 설명한다. 일하는 비율로서의 일률을 정의하고 일/에너지와 일률의 차이점을 구체적으로 살펴볼 것이다. 이를 통해서 여러분은 차이점을 더욱 명확히 이해할 수 있다. 일반적인 일률의 단위인 와트(watt), 마력(horsepower)을 설명할 것이다. 이러한 일과 에너지, 일률에 대한 이해를 하고 나면, 생산자가 엔진과 모터에 대해 일률을 평가하는 방법을 더 잘 이해할 수 있다. 또한, 효율(efficiency)의 의미를 알아보고, 발전소와 내부연소 엔진(자동차 엔진), 전기모터, 펌프, 열 공기조화기, 냉장시스템의 효율에 대해서도 설명한다.

13.1 일, 기계에너지, 열에너지

10장에서 설명한 바와 같이, 힘을 가해서 물체를 일정 거리만큼 이동시키기 위해서는 기계적인 일이 필요하다. 에너지는 무엇인가? 에너지는 우리가 잘 느끼고 있는 추상적인 용어 중 하나이다. 예를 들어 상품을 운반하거나, 건물을 세우고, 식품을 가공하는 일, 주거환경을 보다 편안한 온도와 습도로 유지하기 위해서는 에너지가 필요하다. 그러나 우리는 에너지가 여러 가지 다양한 형태를 지니고 있다는 것을 잘 인식하지 못하고 있다. 과학자나 기술자가 자연을 지배하는 다양한 물리적 현상을 설명하기 위해서 사용하는 용어와 개념을 정의하는 것을 생각해 보자. 물건을 움직이거나 들어 올리는 일, 물체를 가열하고, 냉각시키고, 팽창시키는 일을 보다 정량적으로 잘 설명하기 위해서는 에너지가 여러 분야로 정의되고 분류되어야 한다.

운동에너지를 생각해보자. 어떤 물체에(혹은 물체로부터) 일이 가해질 때, 해당 물체의 운동에너지가 변한다([그림 13.1] 참조). 물리학 수업이나 동역학 수업을 통해서 이미 배웠겠지만, 어떤 물체에 행해지는 기계적인 일은 해당 물체의 운동에너지 변화를 아래의 방정식과 같이 실행한다.

$$\text{work}_{1-2} = \frac{1}{2}mV_2^2 - \frac{1}{2}mV_1^2 \tag{13.1}$$

여기서 m은 물체의 질량, V_1과 V_2는 위치 1과 위치 2에서 물체의 초기와 최종 속도를 나타낸다. 식 (13.1)을 보다 잘 설명하기 위해 아래의 예제를 생각해보자. 최초 정지해있는 잔디 깎는 기계를 움직일 때, 기계에 기계적인 일을 가하면 기계는 움직이며, 이때 운동에너지는 최초 0에서 0이 아닌 값으로 변하게 된다.

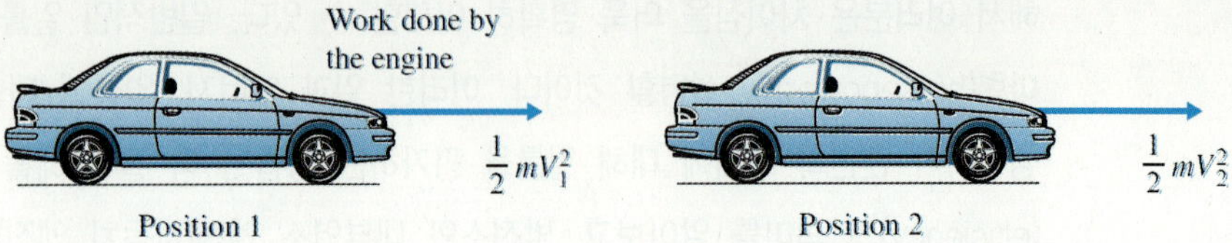

그림 13.1
일과 운동에너지 변화와의 관계

운동에너지

질량 m과 속도 V로 움직이고 있는 물체는 운동에너지를 가진다.

$$\text{운동에너지} = \frac{1}{2}\text{mV}^2 \tag{13.2}$$

운동에너지에 대한 SI단위는 줄(Joule)이다. 줄 단위는 아래와 같이 kg을 질량의 단위로, m/s를 속도의 단위로 대체함으로써 얻어진다.

$$\text{운동에너지} = \frac{1}{2}mV^2 = (\text{kg})\left(\frac{\text{m}}{\text{s}}\right)^2 = \overbrace{(\text{kg})\left(\frac{\text{m}}{\text{s}^2}\right)}^{\text{N}}(\text{m}) = \text{N}\cdot\text{m} = \text{joule} = \text{J}$$

운동에너지 방정식에서 계수$\frac{1}{2}$은 단위가 없음에 유의하라. 앞 절에서 설명한 것처럼 그것은 식 (13.1)에 주어진 것과 같이 공학 분석에서 사용되는 운동에너지의 변화(ΔKE)이다. 운동에너지의 변화는 아래의 식으로 주어진다.

$$\Delta\text{KE} = \frac{1}{2}mV_2^2 - \frac{1}{2}mV_1^2 \tag{13.3}$$

예제 13.1

90km/h의 속도로 움직이고 있는 자동차를 100m거리에서 완전히 정지시키는데 드는 힘을 구하라. 자동차의 질량은 1400kg이다. 먼저 속도의 단위를 m/s로 바꾸고 식 (13.1)을 사용하여 구한다.

$$V_1 = V_{초기} = 90\left(\frac{\text{km}}{\text{h}}\right)\left(\frac{1\,\text{h}}{3600\,\text{s}}\right)\left(\frac{1000\,\text{m}}{1\,\text{km}}\right) = 25\frac{\text{m}}{\text{s}}$$

$$V_2 = V_{최종} = 0$$

$$일_{1-2} = (힘)(거리) = \frac{1}{2}mV_2^2 - \frac{1}{2}mV_1^2$$

$$(힘)(100\,\text{m}) = 0 - \frac{1}{2}(1400\,\text{kg})\left(25\frac{\text{m}}{\text{s}}\right)^2$$

$$힘 = -4375\,\text{N}$$

예제 13.1에서 운동에너지의 변화를 분석에 이용했음을 주목하라. 또한, 힘의 음의 값은 예상했던 동작 방향의 반대로 힘이 적용되는 것을 나타내는 것을 유의하라.

위치에너지

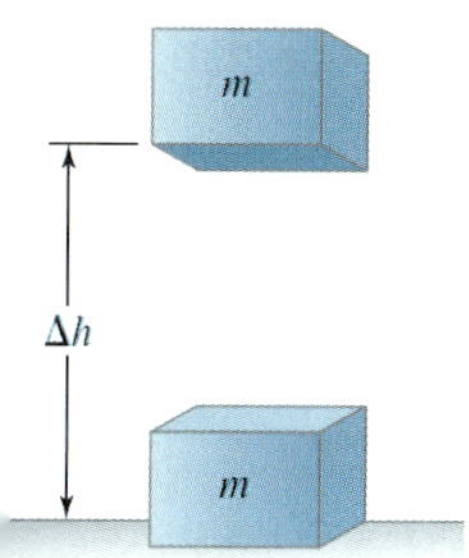

그림 13.2
물체의 위치에너지 변화

질량 m인 물체를 수직으로 Δh만큼 이동시키는 데 필요한 일을 중력 위치에너지라고 부른다. 그것은 물체에 작용하는 지구 중력을 극복해야 하는 기계적인 일이다([그림 13.2] 참조). 물체의 높이가 변했을 때 위치에너지의 변화는 아래의 식으로 주어진다.

$$위치에너지의\ 변화 = \Delta \text{PE} = mg\Delta h \tag{13.4}$$

여기서,

m = 물체의 질량(kg)
g = 중력 가속도(9.81m/s^2)
Δh = 높이의 변화(m)

위치에너지의 SI단위도 줄이다. 그것은 질량의 단위를 kg, 중력 가속도의 단위를 m/s^2, 높이 변화의 단위를 m으로 하여 얻어진다.

$$위치에너지 = mgh = \overbrace{(\text{kg})\left(\frac{\text{m}}{\text{s}^2}\right)}^{\text{N}}(\text{m}) = \text{N}\cdot\text{m} = \text{J}$$

운동에너지의 경우처럼 공학 계산에서 위치에너지의 변화는 대단히 중요하다는 것을 명심하라. 예컨대 건물의 각 층의 길이가 동일하다고 가정하고, 엘리베이터를 1층에서 2층으로 올리는 데 필요한 일은 3층에서 4층으로 올리는 일과 동일하다.

예제 13.2

2000kg의 질량을 가지고 있는 물체가 엘리베이터에 있을 때 이 엘리베이터를 다음과 같은 상황에서 들어 올리는데 필요한 에너지를 계산하라.

(a)1층에서 2층으로, (b)3층에서 4층으로, (c)1층에서 4층으로([그림 13.3] 참조). 각 층간의 수직 거리는 4.5m이다.

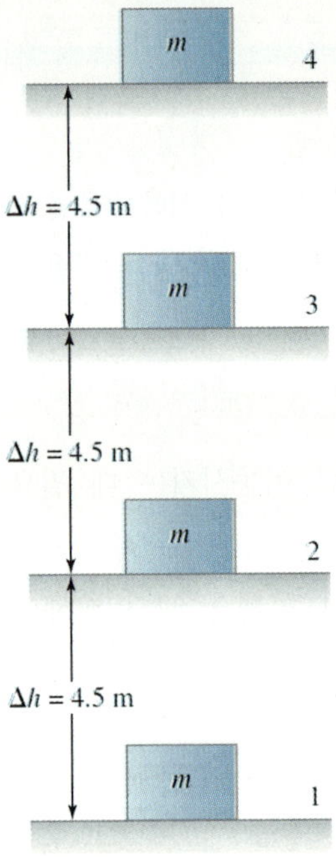

그림 13.3
예제 13.2의 다이어그램

이 문제를 풀기 위해서 식 (13.4)를 이용한다. 엘리베이터를 올리는데 필요한 에너지는 위치에너지의 변화와 동일하다. 우선

(a) 위치에너지의 변화 $= mg\Delta h$

$$= (2000\,\text{kg})\left(9.81\,\frac{\text{m}}{\text{s}^2}\right)(4.5\,\text{m}) = 88{,}290\,\text{J}$$

(b) 위치에너지의 변화 $= mg\Delta h$

$$= (2000\,\text{kg})\left(9.81\,\frac{\text{m}}{\text{s}^2}\right)(4.5\,\text{m}) = 88{,}290\,\text{J}$$

(c) 위치에너지의 변화 $= mg\Delta h$

$$= (2000\,\text{kg})\left(9.81\,\frac{\text{m}}{\text{s}^2}\right)(13.5\,\text{m}) = 264{,}870\,\text{J}$$

엘리베이터를 1층에서 2층으로 올리는데 필요한 에너지의 양은 엘리베이터를 3층에서 4층으로 올리는데 필요한 에너지의 양과 동일하다는 것을 주목하라. 이 문제에서 마찰 효과는 없는 것으로 가정한다. 실제적으로 필요한 에너지는 마찰이 존재할 때 커질 수 있다는 점을 알아야 한다.

탄성에너지

스프링을 늘리거나 줄일 때 탄성에너지가 스프링에 저장된다. 이 에너지는 원래의 형태로 돌아오면 없어진다([그림 13.4] 참조). 압축 혹은 늘어난 스프링은 아래의 식과 같은 탄성에너지를 저장한다.

$$\text{탄성에너지} = \frac{1}{2}kx^2 \tag{13.5}$$

여기서,

$k =$ 스프링 상수(N/m)

$x =$ 스프링의 원래 위치에서 편향된 거리(m)

탄성에너지의 SI단위는 줄이다. 그것은 스프링 상수의 단위를 N/m으로, 편향의 단위를 m으로 대체해서 아래와 같이 얻어진다.

$$\text{탄성에너지} = \frac{1}{2}kx^2 = \left(\frac{\mathrm{N}}{m}\right)(\mathrm{m})^2 = \mathrm{N}\cdot\mathrm{m} = \mathrm{J}$$

계수 탄성에너지 방정식에서 계수$\frac{1}{2}$은 단위가 없음을 주목하라. 이제 [그림 13.5]를 주목하자. 스프링은 위치 1에서 x_1위치로 늘려진 후 다시 x_2위치로 늘려졌다. 위치 1에서 스프링에 저장된 탄성에너지는 아래와 같다.

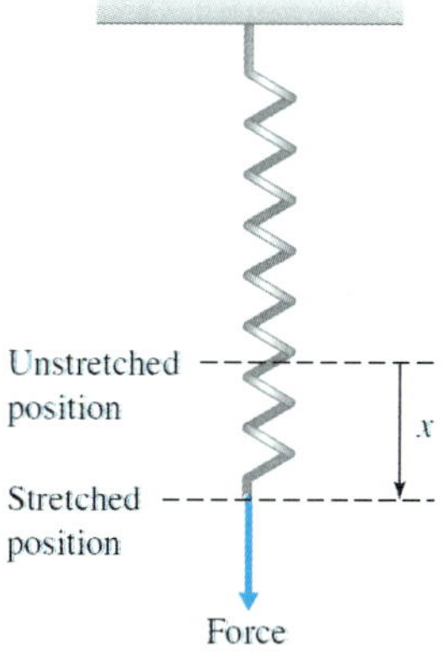

그림 13.4
스프링의 탄성에너지

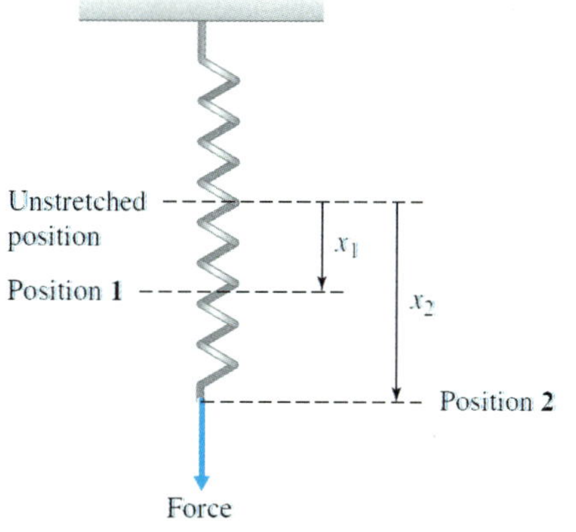

그림 13.5
스프링의 탄성에너지의 변화

$$탄성에너지 = \frac{1}{2}kx_1^2$$

$$탄성에너지 = \frac{1}{2}kx_2^2$$

$$탄성에너지의\ 변화 = \Delta EE = \frac{1}{2}kx_2^2 - \frac{1}{2}kx_1^2 \tag{13.6}$$

예제 13.3

[그림 13.6]의 스프링이 아래와 같이 늘어났을 때 탄성에너지의 변화를 구하라. (a)위치 1에서 위치 2, (b)위치 2에서 위치 3 그리고 위치 1에서 위치 3. 스프링 상수는 $k = 100$N/cm이다. 부가적인 정보는 [그림 13.6]에 있다.

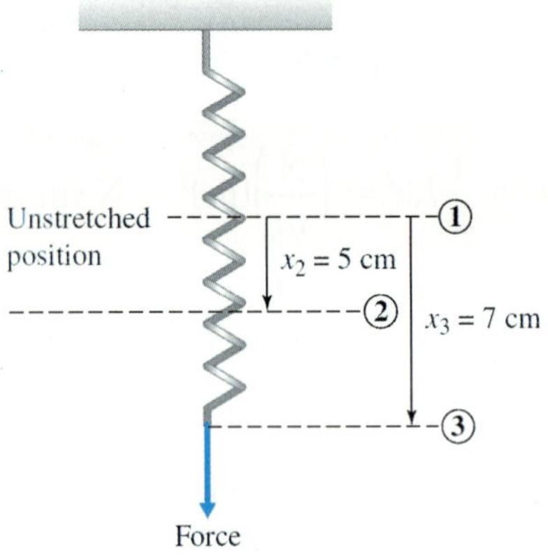

그림 13.6
예제 13.3의 스프링

아래와 같이, 먼저 스프링 상수의 단위를 N/cm에서 N/m로 바꾼다.

(100N/cm)(100cm/m) = 10,000N/m

식 (13.6)을 이용하여 아래와 같은 답을 얻는다.

$$탄성에너지의\ 변화 = \Delta EE = \frac{1}{2}kx_2^2 - \frac{1}{2}kx_1^2$$

$$(a)\ \Delta EE = \frac{1}{2}kx_2^2 - \frac{1}{2}kx_1^2 = \frac{1}{2}(10{,}000\,N/m)(0.05)^2 - 0 = 12.5\,J$$

$$(b)\,\Delta \mathrm{EE} = \frac{1}{2}kx_3^2 - \frac{1}{2}kx_2^2 = \frac{1}{2}(10{,}000\,\mathrm{N/m})(0.07)^2 - \frac{1}{2}(10{,}000\,\mathrm{N/m})(0.05)^2$$

$$= 12\,J$$

$$(c)\,\Delta \mathrm{EE} = \frac{1}{2}kx_3^2 - \frac{1}{2}kx_1^2 = \frac{1}{2}(10{,}000\,\mathrm{N/m})(0.07)^2 - 0 = 24.5\,\mathrm{J}$$

기계에너지 보존

열전달이 없고 열 손실이 없다는 가정 하에 기계에너지의 보존은 시스템의 총 기계에너지는 일정하다는 것을 나타낸다. 바꾸어 말하면, 물체의 "운동에너지의 변화량+탄성에너지의 변화량+위치에너지의 변화량=0"이다. 이 말은 수학적으로 아래와 같다.

$$\Delta \mathrm{KE} + \Delta \mathrm{PE} + \Delta \mathrm{EE} = 0 \tag{13.7}$$

식 (13.7)은 시스템의 에너지 형태는 변할 수 있지만, 총 에너지는 일정하다는 것을 의미한다.

예제 13.4

제조에 사용되는 운반차가 [그림 13.7]과 같이 기울어진 면을 내려오고 있다. 수레가 A 점을 지날 때 속도 2.5m/s를 가지도록 수레의 원래 위치(즉, 높이)를 구하라. 마찰력은 무시하라.

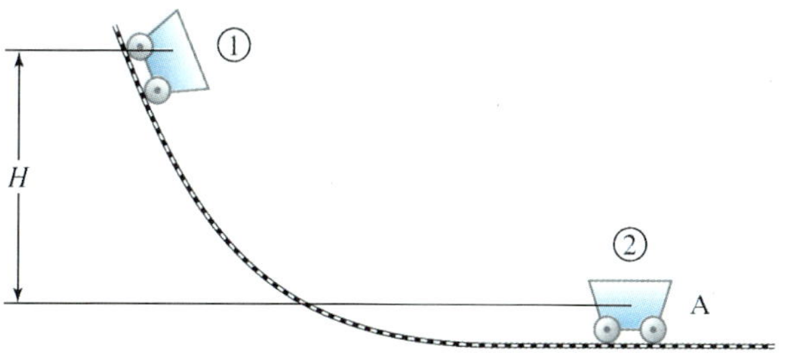

그림 13.7 예제 13.4의 다이어그램

문제를 식 (13.7)을 가지고 아래와 같이 풀 수 있다.

$$\Delta \mathrm{KE} + \Delta \mathrm{PE} + \Delta \mathrm{EE} = 0$$

$$\Delta \mathrm{KE} = \frac{1}{2} m V_2^2 - \frac{1}{2} m V_1^2 = \frac{1}{2} m (2.5\ \mathrm{m/s})^2 - 0$$

$$\Delta \mathrm{EE} = 0$$

$$\Delta \mathrm{PE} = mg\Delta h = -m\left(9.81 \frac{\mathrm{m}}{\mathrm{s}^2}\right) H$$

$$\frac{1}{2} m (2.5\ \mathrm{m/s})^2 + -m\left(9.81 \frac{\mathrm{m}}{\mathrm{s}^2}\right) H = 0$$

H 에 대해서는

$$H = 0.318\mathrm{m}$$

위치에너지의 변화와 관련된 음의 부호는 카트의 위치에너지가 감소하고 있음을 보여주고 있다.

열에너지 단위

11장에서, 열에너지 전달은 물체 내에 온도 차가 존재하거나 두 물체 사이에 온도가 차이가 날 때 혹은 물체와 그 주변 사이에 온도의 차이가 있을 때에 발생한다고 설명했다. 이런 형태의 에너지전달을 열이라고 한다. 열은 항상 고온에서 저온으로 이동함을 기억하라.

또한, 우리는 세 가지 다른 형태의 열전달 전도(Conduction), 대류(Convection), 방사(Radiation)에 대해 알아보았다. 열에너지를 정량화하는데 사용되는 두 가지 단위인 (1)칼로리, (2)줄도 알아보았다. 칼로리는 1g의 물을 1°C 올리는 데 필요한 열량이다. 11장에서 설명했듯이 SI단위로 표시할 때 열에너지와 기계에너지 사이에는 차이가 없다. 그러므로 열에너지의 단위는 기본적인 질량, 길이, 시간의 차원으로 정의된다. SI단위 시스템에서는 줄은 에너지의 단위로서 아래와 같이 정의된다.

$$1\ \mathrm{joule} = 1\mathrm{N} \cdot \mathrm{m} = 1\mathrm{kg} \cdot \mathrm{m}^2/\mathrm{s}^2$$

마지막으로 내부에너지는 분자 활동을 측정하는 것으로 물체의 온도와 관련이 있다. 11장에서와 같이 물체의 온도가 증가하면 분자 활동도 증가하고, 따라서 내부에너지도 증가한다.

13.2 에너지 보존—열역학 제1법칙

이번 장의 처음 부분에서, 기계에너지의 보존에 대해서 설명하였다. 열전달과 열손실이 없고, 일도 없는 상태에서 기계에너지의 보존은 시스템의 총 기계에너지는 일정하다는 것을 나타낸다. 이번 절에서는, 에너지 보존 상태에서 열과 일의 효과에 대해 다룬다. 에너지 보존 혹은 열역학 제1법칙의 일반적인 형태를 기술하는 데는 많은 방법이 있다. 간단히 말해서, 열역학 제1법칙은 에너지가 보존된다는 것이다.

에너지는 생성되거나 파괴되지 않고 다만 형태만 변하는 것이다. 제1법칙을 보다 구체적으로 서술하면 고정된 질량을 가진 시스템에서 "시스템으로의 순 열전달 −시스템이 한 일=시스템의 전체 에너지의 변화"이다([그림 13.8] 참조). 아래의 식은 그것을 서술한다.

$$Q - W = \Delta E \tag{13.8}$$

여기서

Q = 줄(J)로 표현된 시스템($\Sigma Q_{내부} - \Sigma Q_{외부}$)으로의 순 열전달

W = 줄(J)로 표현된 시스템($\Sigma W_{외부} - \Sigma W_{내부}$)이 한 순 일

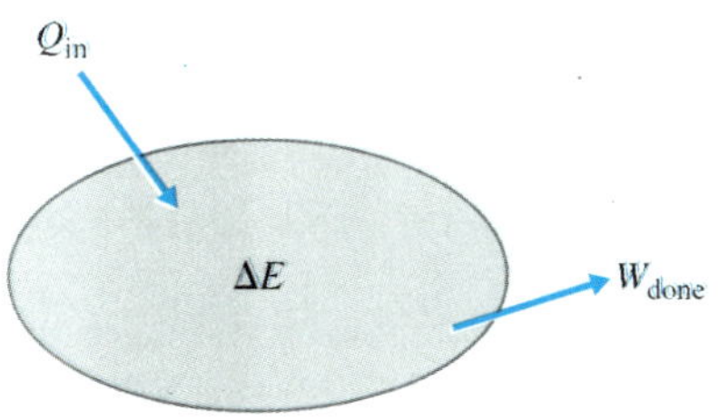

그림 13.8 고정 질량을 가진 물체에 대한 열역학 제1법칙

ΔE = 줄(J)로 표현된 시스템의 전체에너지의 순 변화. 여기서 E는 내부에너지, 운동에너지, 위치에너지, 탄성에너지, 기타 형태의 에너지 합을 나타낸다.

식 (13.8)에서 부호 표시는 유의해서 사용해야 한다. 시스템으로의 열전달 혹은 시스템이 한 일은 +정량을 나타내고, 시스템으로부터의 열전달 혹은 시스템에 행해

진 일 등은 −양을 나타낸다. 이런 형태의 부호가 나오는 이유는 시스템에 행해진 일은 시스템의 전체 에너지를 증가시키는 반면 시스템이 한 일은 전체 에너지를 감소시키기 때문이다. 시스템으로의 열전달은 시스템의 전체 에너지를 증가시키지만, 시스템에서 나오는 열전달은 전체 에너지를 감소시키므로 이러한 부호를 사용한다는데 유의하라.

여러분은 열역학 제1법칙을 이렇게 생각할 수도 있다. 에너지 측면에서 할 수 있는 최대의 방법은 균등하게 분배하는 것이다. 당신이 시스템에 부가한 에너지양보다 많은 에너지를 시스템으로부터 얻을 수는 없다. 만약 100J을 시스템에 부가했다면, 내부에너지나 운동에너지 혹은 위치에너지로 변화된 형태로 100J을 시스템에서 얻을 수 있을 것이다. 에너지에 관해 더 많은 것을 알수록 불행히도 열역학 제2법칙에 의해 에너지는 균등하게 나눌 수가 없다는 것을 알게 된다. 왜냐하면, 그러한 과정 중에는 언제나 손실이 있기 때문이다. 손실 효과는 다양한 시스템의 성능과 효율 면에서 이 장의 후반부에서 설명한다.

예제 13.5

[그림 13.9]에 있는 시스템의 전체 에너지변화를 구하라. 물을 넣은 용기에 150W(J/s)는 열 손실은 60W이다. 5분 후에 용기 내 물의 전체 에너지변화를 계산하라.

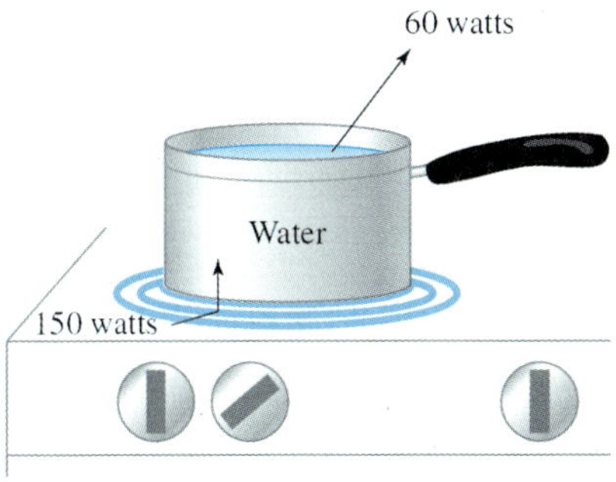

그림 13.9 예제 13.9의 개략도 다이어그램

식 (13.8)을 가지고 이 문제를 풀 수 있다.

$$Q - W = \Delta E$$

$$W = 0$$

$$(150\,\text{J/s})(300\,\text{s}) - (60\,\text{J/s})(300\,\text{s}) = \Delta E$$

$$\Delta E = 27\,\text{kJ}$$

이 문제를 위해서 주전자 안에 있는 물의 운동에너지와 위치에너지의 변화는 없다는 점에 주목하자. 결과적으로, 총에너지의 변화는 물의 내부에너지 변화와 동등하다. 게다가, 내부에너지의 상승은 물 온도의 상승을 나타낸다.

13.3 일률의 이해

13.1절에서는, 10장에서 설명한 일의 개념을 살펴보고 여러 가지 형태의 에너지를 설명했다. 이제 일률(power)이라는 용어의 의미를 살펴보자. 일률은 단위 시간당 한 일을 나타낸다. 간단히 말해서, 일을 수행하는 데 필요한 일 혹은 에너지를 시간으로 나눈 것을 말한다.

$$\text{일률} = \frac{\text{일}}{\text{시간}} = \frac{(\text{힘})(\text{거리})}{\text{시간}} \tag{13.9}$$

또는

$$\text{일률} = \frac{\text{에너지}}{\text{시간}}$$

식 (13.9)의 일률의 정의에서 작업을 수행하는 데 필요한 일률은 그 작업을 수행하는 데 얼마나 빠른가를 나타낸다. 작업을 빨리하려면 그만큼의 일률이 필요하다. 이 점을 보다 명확히 하기 위해서, 작업을 수행하기 위해서는 3600J이 필요하다고 생각해보자. 1초 안에 수행하려면 3600J/s의 일률이 필요하다. 1분 안에 수행하려면 60J/s의 일률이 필요하다. 1시간 안에 수행하려면 1J/s의 일률이 필요하다. 이 예제로부터 여러분은 짧은 시간 내에 똑같은 일을 수행하기 위해서는 보다 많은 일률이 필요함을 알 수 있다. 더 많은 일률은 초당 더 많은 에너지를 필요로 한다. 또 다른 예는 여러분이 다음과 같은 경험을 했을 때이다. 계단을 걸어 올라갈 때와 뛰어 올라갈 때 어느 쪽이 더욱 많은 일률을 필요로 하는가? 물론 뛰어 올라갈 때이다. 왜냐하면. 뛰어 올라가는 것은 걸어 올라갈 때와 비교해서 동일한 일을 좀 더 짧은 시간 내에 수행하는 것이기 때문이다. 공학을 하는 매니저들은 팀워크가 가져다주는 이익을 잘 알기 때문에 일률의 개념을 잘 이해할 것이다.

주어진 프로젝트를 짧은 시간 내에 끝내기 위해서는 임무를 한 개인에게 할당하기보다는 여러 명의 팀원에게 분배해야 한다. 유용한 에너지 소비는 한 개인보다는 팀으로부터 가능하며, 따라서 어떤 프로젝트나 일을 보다 짧은 시간에 끝마칠 수 있게 한다.

13.4 와트와 마력

이전 장에서 설명한 바와 같이 일률은 단위 시간당 한 일을 나타낸다. 다시 말하면 일이나 에너지를 시간으로 나눈 값이다. SI단위계에서 일률의 단위는 아래와 같이 정의된다.

$$\text{일률} = \frac{\text{일}}{\text{시간}} = \frac{(\text{힘})(\text{거리})}{\text{시간}} = \frac{\text{N}\cdot\text{m}}{s} = \frac{\text{J}}{\text{s}} = \text{W} \tag{13.10}$$

다음을 주목하라. 1N·m은 1J이고 1J/s는 1와트(W)이다.

더욱이,

$$1\text{hp} = 745.69\text{W} \cong 746\text{W} \tag{13.11}$$

또한, 1hp는 1kW보다 약간 작은 값임을 상기하라. 때때로 혼란을 일으키는 또 다른 일률의 단위는 가정이나 제조 산업에서 소비되는 전기의 양을 표시하는 킬로와트 아워(kilowatt hour)이다. 우선 kWh는 일이 아닌 에너지의 단위이다. 1kWh는 초당 1kW 혹은 1000J을 사용하는 장치가 1시간 동안 소모하는 에너지의 양을 나타낸다(J/s). 그러므로

$$1\text{kW} = 1000\text{W} = 1000\text{J/s}$$
$$1\text{kWh} = (1000\text{J/s})(3600\text{s}) = 3{,}600{,}000\text{J} = 3.6\text{MJ}$$
$$1\text{kWh} = 3.6\text{MJ}$$

공기조화와 냉동 시스템에서 사용되는 일반적인 단위는 냉동 혹은 냉각 톤(ton of refrigeration or cooling)이다. 1냉동톤은 24시간 안에 0°C에서 1톤의 액체 상태의 물을 0°C의 얼음 상태로 냉동시키는 시스템의 용량을 나타낸다.

$$1 \text{ ton of refrigeration} = 211\text{kJ/min}$$

공기조절에서 사용되는 단위에 관해, 1냉각톤은 1분 이내에 빌딩에서 211kJ의 열 에너지를 제거하는 공기조절 시스템의 용량을 나타낸다. 주거용 공기조절 시스템의 용량은 건물의 크기, 건축, 그림자 정도, 창문의 방향, 기후대 등에 따라 다르다. 주거용에서 공기조절의 단위는 보통 1~5톤의 용량을 갖는다.

와트(watt)와 마력이 물리적으로 나타내는 관련된 크기에 대한 감을 얻기 위해 다음 예제를 풀어보자.

예제 13.6 사람당 평균 질량이 61kg일 경우 2초 동안에 30명을 층에서 층으로 수직거리로 5m 움직이는 데 필요한 일률을 계산하라.

필요한 일률은 아래와 같이 계산된다.

$$\text{power} = \frac{\text{work}}{\text{time}} = \frac{(30\text{ persons})\left(61\dfrac{\text{kg}}{\text{person}}\right)\left(9.81\dfrac{\text{m}}{\text{s}^2}\right)(5\text{m})}{2\text{s}} \cong 45{,}000\text{W}$$

이 일을 하는 데 필요한 최소에너지 요구량은 15개의 100W 전구에 1분(90,000J) 동안 전기를 공급하는 것과 같은 값이다. 당신이 1층을 이동할 때도 엘리베이터를 이용한다면 다시 생각해 보아야 한다. 왜냐하면, 엘리베이터를 이용하는 대신 걸어 올라가는 것이 많은 에너지를 절약할 수 있기 때문이다. 예컨대 매일 백만 명의 사람들이 걸어 올라가는 것을 선택하면 연간 절약할 수 있는 최소에너지는 1년에 220일을 근무한다고 가정할 때 아래와 같이 된다.

$$\text{energy saving} = \left(\frac{90{,}000\,\text{J}}{30\,\text{persons}}\right)\left(\frac{1}{\text{day}}\right)(1{,}000{,}000\,\text{persons})(220\,\text{days})$$

$$= 66 \times 10^9\,\text{J} = 660\,\text{GJ}$$

이 문제는 효율에 관해서 다룬 후, 예제 13.6에서 계산된 에너지의 양을 공급하는 데 필요한 발전소의 연료량을 구하기 위해 다시 제기할 것이다.

예제 13.7 1초 이내에 무게 1000N인 사람을 수직으로 1m 들어 올리는데 필요한 일률을 구하라.

$$\text{power} = \frac{\text{work}}{\text{time}} = \frac{(1000\,\text{N})(1\,\text{m})}{1\,\text{s}} = 1000\frac{\text{N}\cdot\text{m}}{\text{s}} = 1\,\text{kW}$$

따라서 1kW는 1000N의 무게를 가진 사람을 1초 이내에 1m 올리는데 필요한 일률을 나타낸다. 1kW가 물리적으로 얼마를 의미하는지를 나타내는 다른 방법이 있을 것이다. 100N 무게의 물건을 1초 이내에 10m 올리기 위해 필요한 힘으로써 해석이 될 수 있다. 당신은 얼마나 힘이 센가?

예제 13.8

2초 동안 800N의 무게를 지닌 물체를 수직 방향으로 4m 들어 올리는데 필요한 일률을 구하라.

SI단위계로 표시한 요구 일률은 아래와 같다.

$$\text{power} = \frac{\text{work}}{\text{time}} = \frac{(800\,\text{N})(4\,\text{m})}{2\,\text{s}} = 1600\,\text{W}$$

마력으로 표시하면

$$\text{power} = (1600\,\text{W})\left(\frac{1\,\text{hp}}{746\,\text{W}}\right) = 2.14\,\text{hp}$$

이 예제에서 같은 시간에 같은 일의 양을 수행하기 위해 필요한 일률의 다양한 단위의 관계에 대해 생각하라.

예제 13.9

한 제조업자가 광고에서 차를 소개하면서 이 차는 빠른 시간 내에 0에서 100kmph의 속도를 낼 수 있다고 자랑했다. 제조업자에 따르면 BMW 750iL 2001은 6.7초 안에 0에서 100kmph의 속력을 낼 수 있다고 한다. 이 속력은 실험 주행환경에서 측정한 것이다. 자동차의 엔진은 5000rpm에서 326hp이고 무게는 22,985N이다. 제조업자의 설명이 정당화될 수 있는가?

답을 얻기 위한 가장 좋은 방법은 직접 BMW를 운전하여 실험 주행을 해보는 것이다. 그러나 지금까지 얻은 지식으로 이 문제를 풀어보자. 먼저 몇 가지 가정이 필요하다. 운전자의 체중은 900N이고 자동차는 충분한 연료를 가지고 있다. 우선 속도와 질량을 적절한 단위로 변화시킨다.

$$V_1 = V_{\text{initial}} = 0\,\frac{m}{s}$$

$$V_2 = V_{\text{final}} = \left(100\frac{\text{km}}{\text{h}}\right)\left(\frac{1\,\text{h}}{3600\,\text{s}}\right)\left(\frac{1000\,\text{m}}{1\,\text{km}}\right) = 27.8\,\frac{\text{m}}{\text{s}}$$

$$m = \frac{\text{weight}}{\text{g}} = \frac{(22{,}985 + 900)\,\text{N}}{9.81\,\frac{\text{m}}{\text{s}^2}} = 2434.8\,\text{kg}$$

식 (13.1)을 사용해서 0에서 100kmph로 속도를 올리는 데 필요한 일을 구할 수 있다.

$$\text{work}_{1-2} = \frac{1}{2}mV_2^2 - \frac{1}{2}mV_1^2$$

$$\text{work}_{1-2} = \frac{1}{2}(2434.8\,\text{kg})\left(27.8\frac{\text{m}}{\text{s}}\right)^2 - 0 = 940{,}855\cdot 4\,\text{N}\cdot\text{m}$$

6.7초 안에 이 일을 하는 데 필요한 일률은

$$\text{일률} = \frac{\text{일}}{\text{시간}} = \frac{940{,}855\cdot 4}{6.7\,\text{s}} = 140{,}426\frac{\text{N}\cdot\text{m}}{\text{s}}$$

마력으로 표현하면

$$\text{일률} = \left(140{,}426\,\frac{\text{N}\cdot\text{m}}{\text{s}}\right)\left(\frac{1\,\text{hp}}{746\frac{\text{N}\cdot\text{m}}{\text{s}}}\right) = 188.2\,\text{hp}$$

일률은 공기 저항을 극복해야 하고, 항상 자동차에는 부가적 기계 손실이 있다는 것을 명심해도 상기의 결과는 타당성을 가지고 있다.

13.5 효율

앞에서 설명한 바와 같이 역학 시스템에는 언제나 손실이 있다. 공학에서 기계나 시스템이 얼마나 잘 동작하는지 보이고 싶을 때 효율을 사용한다. 일반적으로, 시스템의 전체 효율은 아래와 같이 정의된다.

$$\text{efficiency} = \frac{\text{actual output}}{\text{required input}} \tag{13.12}$$

모든 기계와 공학 시스템은 출력보다 많은 입력을 필요로 한다. 이후의 절들에서는 일반적인 공학 제품과 시스템에서의 효율에 대해 살펴본다.

발전소 효율

물은 증기발전소에서 전기를 생산하기 위해 사용된다. 간단한 발전소 다이어그램이 [그림 13.10]에 나와 있다. 연료는 열을 생산하기 위해 보일러에서 태워지고, 그 열은 액체 물에 전달되어 증기로 된다. 증기는 터빈 날을 지나서 날을 회전시키고, 터빈과 연결된 발전기를 동작시켜 전기를 생산한다. [그림 13.10]에서 보는 것과 같이, 저압증기는 콘덴서에서 액화되고 보일러를 통해서 다시 펌프질되어 보일러로 돌아감으로써 한 사이클이 마무리된다. 증기발전의 전체 효율은 아래와 같이 정의된다.

$$\text{power plant efficiency} = \frac{\text{energy generated}}{\text{energy input from fuel}} \tag{13.13}$$

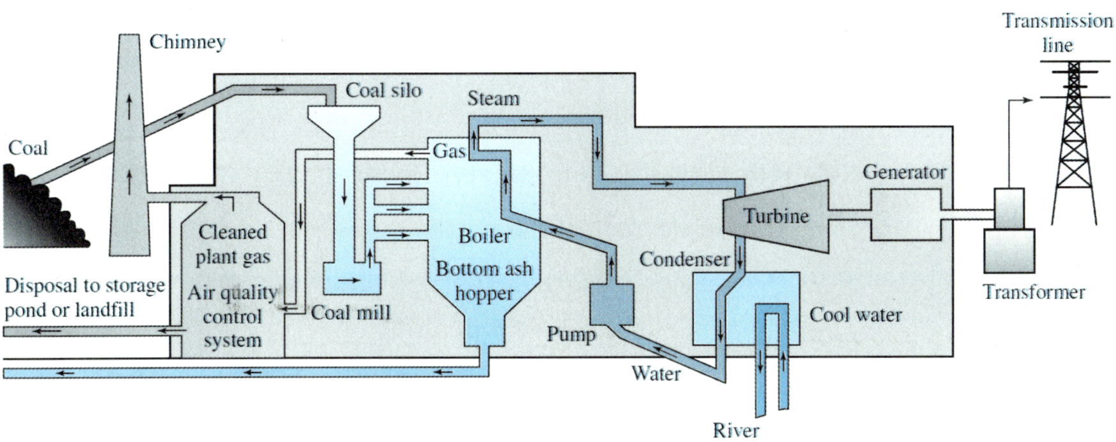

그림 13.10 증기발전소의 방법 다이어그램
Source: Courtesy Xcel Energy

오늘날 화석(기름, 가스, 석탄)연료를 사용하는 발전소의 효율은 대체로 40%이며 원자력 발전소의 전체 효율은 34% 정도이다.

또한, 전기는 댐에 저장된 물에 의해 발전된다. 물은 전기를 발전시키기 위해 댐 내부의 수력발전소의 터빈으로 진행한다. 댐에 저장된 물의 위치에너지는 물이 터빈으로 흘러가 발전기를 회전시키는 터빈을 회전시킴에 따라 운동에너지로 바뀐다.

예제 13.10

예제 13.6에서 사람당 평균 61kg일 경우 2초 안에 30명을 층에서 층으로(수직거리 5m) 움직이는 데 필요한 일률을 구했다. 필요한 에너지와 일률은 90,000J과 45,000W이었다. 그리고 백만 명이 매일 엘리베이터를 이용하지 않고 걸어서 1층 거리를 이동한다면 절약할 수 있는 에너지를 추정해보았다. 1년에 220일을 일한다면 1년간 절약할 수 있는 최소에너지는 660GJ이었다. 이제 전체 효율이 38%인 발전소에서 절약할 수 있는 석탄과 같은 연료량을 계산해 보아라. 석탄의 가열값(heating value)은 7.5MJ/kg이라고 가정한다.

$$\text{발전 효율} = \frac{\text{에너지 발생량}}{\text{연료에너지 입력}}$$

$$0.38 = \frac{660\text{Gh}}{\text{연료에너지 입력}} \Rightarrow \text{연료에너지} = 1.74 \times 10^{12}\text{J} = 1.74\text{TJ}$$

$$\text{필요한 석탄의 양} = \frac{1.74 \times 10^{12}\,\text{J}}{7.5 \times 10^{6}\,\frac{\text{J}}{\text{kg}}} = 232{,}000\,\text{kg}$$

위의 계산결과처럼 절약할 수 있는 석탄의 양은 엄청나다. 이제부터 여러분은 엘리베이터를 타기 전에 걸어 올라가면 절약할 수 있는 연료의 양과 공해도 줄일 수 있는 것에 대하여 생각해보자.

내부연소 엔진효율

전형적인 가솔린 엔진의 열효율은 25~30%정도이고 디젤 엔진의 경우는 35~40%이다. 내부 연소 엔진의 열효율은 아래와 같이 정의된다.

$$\text{thermal efficiency} = \frac{\text{power output}}{\text{heat power input as fuel is burned}} \tag{13.14}$$

자동차의 전반적인 효율을 표현할 때 기계적인 손실을 고려해야 함을 명시하라.

모터와 펌프의 효율

12장에서 설명한 바와 같이 모터는 수많은 장치와 기계를 동작시킴으로써 우리의 생활을 보다 편안하게 해준다. 가정에서 많은 제품에 사용되는 수많은 모터를 볼 수 있다. 예를 들어, 냉장고에서 압축기(compressor)를 동작시키는 모터, 쓰레기 분쇄기, 선풍기, VCR 플레이어, 진공청소기, 전자레인지의 선분, 헤어드라이어, 전기면도기 그리고 컴퓨터 내부의 팬과 하드 드라이버까지 아주 다양하다. 엔지니어는 제품을 설계할 때 어떤 모터를 이용할지를 효율에 근거해서 고려해야 한다. 전기모터의 효율은 아래와 같이 간단히 정의된다.

$$\text{efficiency} = \frac{\text{power input to the device being driven by the motor}}{\text{electric power input to the motor}} \qquad (13.15)$$

모터의 효율은 부하와 속도의 함수이다. 전기 모터를 제조하는 제작자는 모터의 효율을 나타내는 성능곡선과 표를 제공한다.

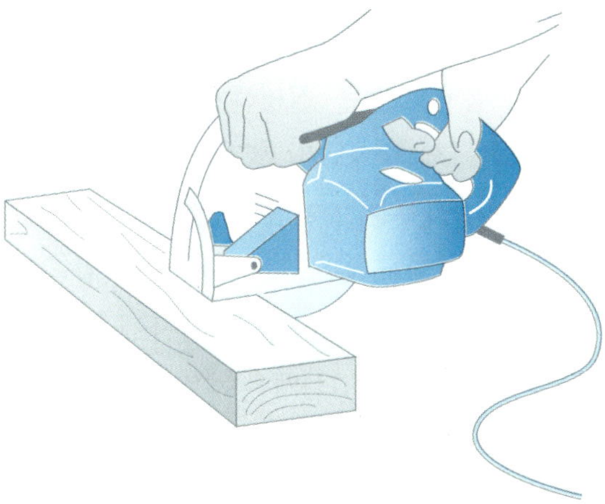

우리는 수력 시스템과 자동차의 연료 시스템, 물을 도시로 공급하는 파이프 시스템에서 펌프를 발견할 수 있다. 펌프는 음식을 가공할 때나 석유화학 공장에서도 사용된다. 펌프의 기능은 펌프로 유입되는 액체의 압력을 높이는 것이다. 증가된 압력으로 액체는 파이프 내의 마찰과 밸브 등의 손실을 극복하고 고도가 높은 곳으로 이동할 수 있는 것이다. 펌프 자체는 모터와 엔진에 의해 구동되며 효율은 아래와 같이 정의된다.

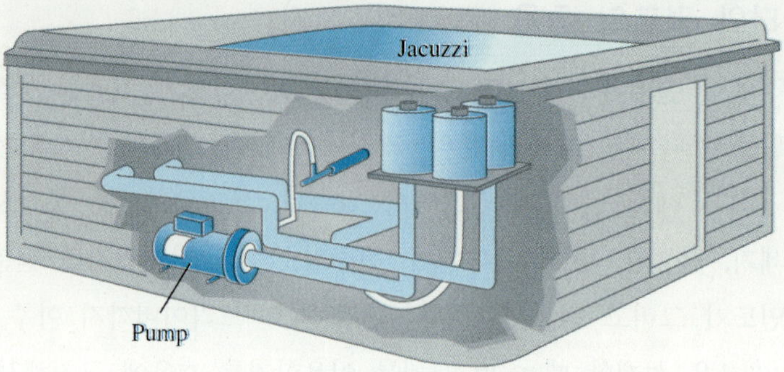

$$\text{efficiency} = \frac{\text{power input to the fluid by the pump}}{\text{power input to the pump by the motor}} \qquad (13.16)$$

주어진 동작 속도에서 펌프의 효율은 액체의 흐름과 펌프의 압력 상승에 대한 함수이다. 펌프를 제조하는 제작자는 펌프의 효율을 나타내는 성능곡선과 다른 성능 데이터들이 나타난 표를 제공한다.

난방, 냉각, 냉동 시스템의 효율

난방, 냉각, 냉동 시스템의 효율을 설명하기 전에 이러한 시스템의 주요 요소와 어떻게 시스템이 동작하는지 알아보자. 냉각과 냉동 시스템은 설계와 동작 과정이 비슷하므로 먼저 다룬다. 대부분 오늘날의 공기조절기구와 냉장고 시스템은 증기—압력 사이클에 따라 설계되어 있다. 간단한 증기—압력 사이클의 작동 다이어그램이 [그림 13.11]에 나타나 있다. 증기—압력 사이클의 주요 부품은 응축기, 증발기, 컴프레서 그리고 [그림 13.11]에서 나타낸 팽창 밸브나 캐필러리 튜브(capillary tube) 등과 같은 교축장치(throttling device)로 이루어져 있다.

냉매는 열을 흡수되는 증발기에서 나오는 열에너지를 열을 밖으로 방출하는 응축기에 전달하는 유체이다. [그림 13.11]의 상태 1을 참고하면 냉매는 액체와 가스의 혼합물로 존재한다. 냉매가 증발기를 통해 흘러감에 따라 증기로 완전히 변하게 된다. 이러한 상태의 변화는 주위로부터 증발기로의 열전달에 따라서 결국 냉매로의 열전달 때문에 발생한다. 냉매는 증발기 튜브로 액체나 증기의 혼합물 상태로 매우 낮은 온도와 압력 상태에서 유입된다. 증발기 주위의 공기 온도는 증발기 온도보다 고온이고, 따라서 열전달은 주위의 공기에서 증발기로 일어나고 냉매는 증기의 형태로 변환된다.

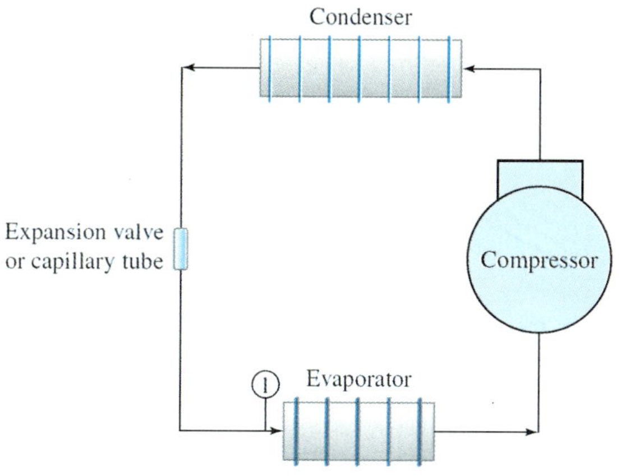

그림 13.11
증기 배출 사이클의 작동 다이어그램

냉장고의 증발기는 냉장고의 냉각부 내에 있는 여러 개의 튜브로 이루어진 코일이다([그림 13.12] 참조). 공기 조절 장치에서 증발기 코일은 가정 내부의 팬—퍼니스 장치(fan-furnace unit) 근처의 덕트 안에 내장되어 있다. 냉매는 증발기에서 나와서 컴프레서로 흘러들어 가고 컴프레서 내의 냉매의 온도와 압력은 상승한다. 컴프레서의 배출부(discharge side)는 응축기의 인입부(inlet side)에 연결되어 있다. 응축기에서는 냉매가 고온과 고압의 가스 상태로 유입된다. 응축기에서 냉매는 주위의 공기 온도보다 높아서 공기로의 열전달이 일어나고 따라서 열에너지가 주위로 방출된다.

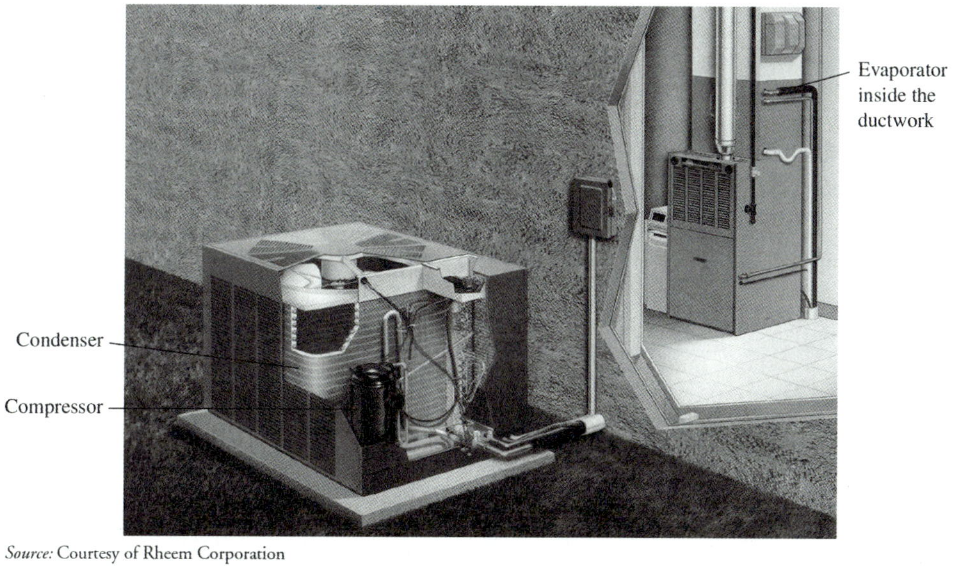

Source: Courtesy of Rheem Corporation

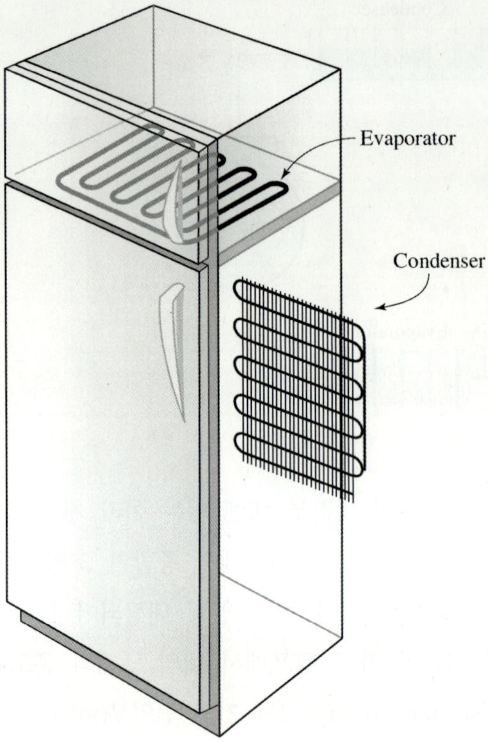

그림 13.12 가정용 냉장고의 일반적인 증발기와 응축기의 위치

증발기처럼 응축기는 높은 열전도를 지닌 여러 개의 튜브로 이루어져 있다. 냉매가 응축기를 통해서 흐르기 때문에 점점 더 열은 제거되고(혹은 주위로 전달되고) 결과적으로 냉매는 가스에서 액체 상태로 변하며 응축기 코일을 액체 상태로 빠져나온다. 예전의 가정용 냉장고에서 응축기는 냉장고의 뒷면에 여러 개의 검은색 튜브로 이루어져 있다. 공기조절기구에서 응축기는 공기를 응축기 외부로 배출하는 컴프레서와 송풍기가 있는 경우 건물 외부에 설치되어 있다. 액체 상태의 냉매가 응축기를 나와서 냉매를 팽창시키는 팽창 밸브 혹은 기다란 캐필러리 튜브를 통해 흐른다. 팽창 후에는 냉매 온도와 압력이 떨어진다. 냉매는 팽창 밸브 혹은 캐필러리 튜브를 나와서 증발기로 유입되면 [그림 13.11]에서와 같이 한 사이클이 완성된다.

여기서 알아둬야 할 점은 따뜻한 공기가 공기조절 장치의 증발부로 흘러가고 공기가 차가워짐에 따라 공기 중의 습기(증기)는 증발기 코일의 외부에 응결된다. 증발기 외부에 형성된 응축 형태는 결국 배출된다. 그러므로 응축기는 습기제거 장치로서도 동작한다.

이러한 과정은 고온다습한 공기가 한 잔의 차가운 물과 접촉할 때 일어나는 현상과 비슷하다. 주위 공기가 고온다습할 때 얼음물이 있는 유리잔 외부에 응축 상태를 본 경험이 있을 것이다. 절대습도와 상대습도의 의미는 17장에서 설명한다.

냉장 시스템 혹은 공기조절 장치의 효율은 아래와 같이 정의된 성능계수(coefficient of performance, COP)로 주어진다.

$$\text{COP} = \frac{\text{heat removal from the evaporator}}{\text{energy input to the compressor}} \tag{13.17}$$

성능계수를 계산하기 위해서는 일관된 단위를 사용해야 한다. 대부분 증기압 단위의 COP는 2.9~4.9 사이이다. 미국에서는 냉장 시스템이나 공기조절 시스템의 성능계수를 SI단위와 U.S. 단위를 혼용하는 것이 관례화되어있다. 성능계수는 에너지 효율비(EER) 혹은 계절 에너지 효율비(SEER)로도 불린다. 그런 경우 열을 제거하는 데는 kJ로 표현되고 컴프레서에 부가되는 입력에너지는 와트–아워(watt-hour)로 계산된다. 1Wh=3.6kJ이므로 10보다 큰 EER 혹은 SEER 값은 성능계수로 얻어진다. 그러므로 미국에서는 아래의 방법으로 EER이 정의된다는 것을 명심하라.

$$\text{EER} = \frac{\text{heat removal from the evaporator(kJ)}}{\text{energy input to the compressor(Wh)}} \tag{13.18}$$

컴프레서로 유입되는 에너지 단위로 Wh를 사용하는 이유는 컴프레서는 전기에 의해 동작하고, 전기 소비는 kWh로 측정되기 때문이다. 오늘날 공기조절 시스템의 단위는 약 10~17 사이의 SEER 값을 가진다. 사실 미국에서 판매되는 모든 공기조절 장치는 적어도 10 SEER 값을 가져야 한다. 1992년 미국정부는 공기조절 장치나 가스난로 등을 포함한 다양한 가전제품의 최소 표준효율을 지정했다.

가스난로에서는 천연가스가 연소된 결과로 뜨거운 연소 생성물이 열 교환기 내부를 흐르며, 교환기 내에서는 열에너지가 차가운 실내 공기로 전달되고 다시 실내 공기는 열 교환기로 전달된다. 따뜻한 공기는 도관을 통해서 가정 내부의 여러 곳으로 분배된다. 1992년에 미국 정부는 최소 연간 연료이용 효율(Annual Fuel Utilization Efficiency: AFUE)을 신축 주거지 난로에는 78%로 지정했으며, 모든 제작자는 이러한 표준에 맞춰 난로를 생산해야 한다. 오늘날 대부분의 고효율난로는 80~96%의 AFUE를 제공한다.

예제 13.11

공기조절 장치의 냉방 용량이 24,000kJ/h이다. 장치의 에너지 효율(EER)이 10이라면 1h에 장치가 소모하는 전기에너지는 얼마인가? 전기회사가 kWh당 12센트를 부과한다면 30일 동안 공기조절 장치를 동작시키는데 소요되는 비용은 얼마인가? 하루에 10시간을 사용한다고 가정하라. 해당 장치의 성능계수(COP)는 얼마인가?

식 (13.21)로부터 장치의 에너지 소비를 계산할 수 있다.

$$\text{EER} = \frac{\text{heat removal from the evaporator(kJ)}}{\text{energy input to the compressor(Wh)}}$$

$$10 = \frac{24{,}000(\text{kJ})}{\text{컴프레서로 유입되는 에너지(Wh)}}$$

1시간 동안 장치에 입력되는 에너지=2400Wh=2.4kWh

하루 10시간 사용하면 30일 동안 동작시키는데 들어가는 비용은 아래의 방법으로 계산된다.

$$\text{30일 동안 운전하기 위한 가격} = \left(\frac{2.4\,\text{kWh}}{1\,\text{h}}\right)\left(\frac{10\,\text{h}}{\text{day}}\right)\left(\frac{12\,\text{센트}}{\text{kWh}}\right)(30\,\text{days}) = \$86.40$$

성능계수(COP)는 식 (13.21)로부터 아래와 같이 계산된다.

$$\text{COP} = \frac{\text{증발기 열 제거}}{\text{컴프레서로 유입되는 에너지}} = \frac{24{,}000\,\text{kJ}}{(2400\,\text{Wh})\left(\frac{3.6\,\text{kJ}}{1\text{Wh}}\right)} = 2.8$$

EER과 COP의 관계를 주목하라.

$$\text{COP} = \frac{\text{EER}}{3.6} = \frac{10}{3.6} = 2.8$$

13.6 에너지 원, 발전, 소비

이 책에서 강조하여 말했기 때문에 각각의 엔지니어들은 그들의 전공이 아님에도 아는 어떤 개념들이 있다. 이 장에서는 공학 분석과 우리의 일상생활에서 에너지와 힘의 중요성을 설명한다. 건물을 짓고, 물품을 만들고, 어느 것을 이동시키거나 놓을 때, 음식을 만들거나 경작할 때, 건물을 온·냉방할 때 힘이 필요로 하는 것을 강조한다. 따라서 토목기사, 기계 공학자 또는 전기 공학자가 되는 것을 계획하고 있는지, 우리가 필요로 하거나 전송할 에너지의 양을 어떻게 증명할 것인지의 명확히 파악하는 것을 갖는 것을 필요로 한다. 또한, 각각의 엔지니어가 에너지원과 발전, 소비 비율에 대해 아는 것은 중요하다. 이것은 우리의 역사 속에서 이 기간 동안에 특히 사실이다. 에너지를 위한 세계 성장 요구는 우리가 직면한 어려운 도전 중 하나이다. 여러분은 장래에 공학자로서 에너지원과 방출이라는 두 가지 문제를 직면할 것이며 혁신적인 접근이 요구되는 문제들에 대한 해결방안이 요구된다. 전 세계적으로 1인당 에너지 소비량은 세계 경제가 성장함에 따라서 끊임없이 증가하고 있다. 게다가 50년쯤에 세계 인구는 65억 명에서 약 90억 명으로 증가할 것이다. 후진국들이 생활 기준을 성장하는 것을 허락되는 동안에 여러분은 그 걱정들을 해결할 것이라고 기대한다.

에너지원, 발전과 소비를 설명하기 위하여 미국 정보를 집중할 것이다. 그러나 이것이 전 세계에서 모든 공학자에게 세계적인 해결책을 요구하는 세계적인 이슈라는 것을 깨달아야 한다. 여러분에게 중요한 정보를 제공하기 위해 여기서는 단지 미국의 데이터를 사용한다.

미국의 가장 많은 에너지 소비를 하는 자원과 분야는 [그림 13.13]에서 보여주며 이것을 [그림 13.14]에선 나누어 보여준다. 다음은 몇몇 주요 자원에 대하여 설명할 것이다.

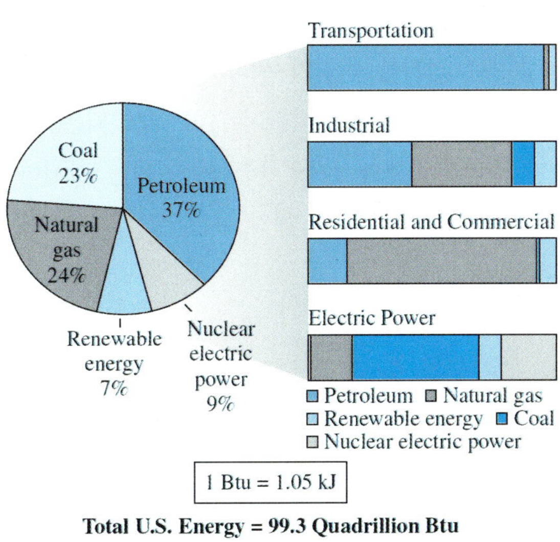

그림 13.13 2008년 미국 에너지 소비 자원과 부문

Source: Energy Information Administration, Annual Energy Review(2008)

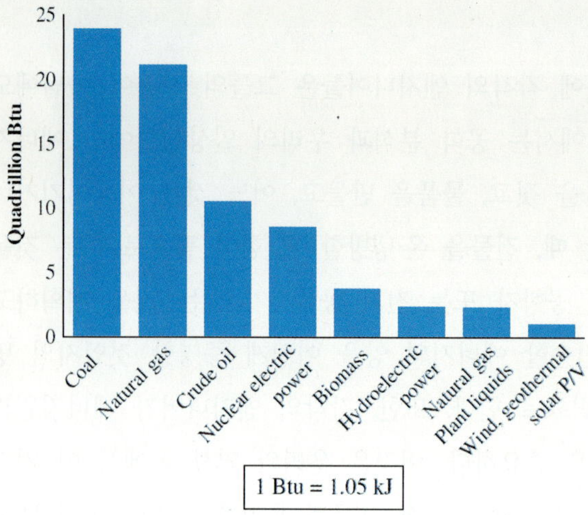

그림 13.14 2008년 미국 에너지 소비 자원 종류

Source: Graph from Energy Information Administration, Annual Energy Review(2008), Table 1.2(June 2009)

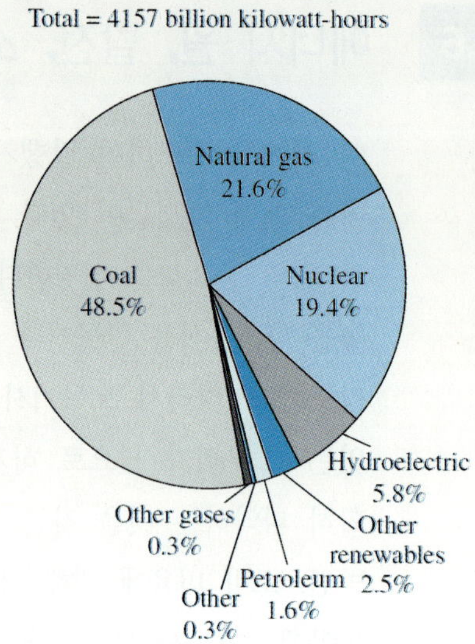

그림 13.15 2007년 미국 전력 산업의 발전량

Source: EIA, Form EIA-923, "Power Plant Operations Report" and predecessor form(s) including Form EIA-906, "Power Plant Report" and Form EIA-920, "Combined Heat and Power Plant Report"

석탄

2007년 미국 전력 산업은 거의 4조 1,570억 kWh를 발전했다. 석탄, 천연가스, 석유, 원자력 그리고 신재생에너지는 전기를 발전하기 위해 사용되었다. [그림 13.15]의 예시로부터 미국에서 생산된 전체 전기의 거의 반(48.5%)은 석탄으로부터 발전되었다. 화력발전소는 증기를 만들기 위하여 석탄을 보일러나 증기 발전기에 넣고 태운다. 증기는 전기를 만들기 위하여 발전기에 연결되어 있는 터빈을 회전시킨다. [그림 13.16]은 미국에서 석탄이 주로 채굴되는 지역을 보여준다. 미국 에너지부에 따르면 석탄의 93%는 거의 미국의 전기를 발전하기 위하여 사용된다. 나머지 석탄은 재료를 만들기 위하여 철강, 시멘트 그리고 종이 산업을 포함한 다른 산업에 이용된다.

천연가스

미국의 천연가스 운송망은 주요 관과 두 번째 파이프 관의 240만 km로 구성되어 있다. 2008년에 파이프 경로는 약 700만 소비자에게 천연가스 650조 리터 이상을 운반했다([그림 13.17 참조]). 소금 동굴 또는 고갈된 원전은 계절적 예비 공급으로서 천연가스를 저장하기 위한 지하저장고를 제공한다. 또한, 지상 액체 천연가스 저장장치는 천연가스를 저장하기 위해 사용된다. 2007년에는 약 400개 정도의 저장고가 있었다. 미국에서 주로 이용된 가스 운송 파이프 경로는 [그림 13.17]에서 보여주며 각각의 주에서 천연가스 운송 파이프 경로 거리의 비율은 [그림 13.18]에서 보여준다.

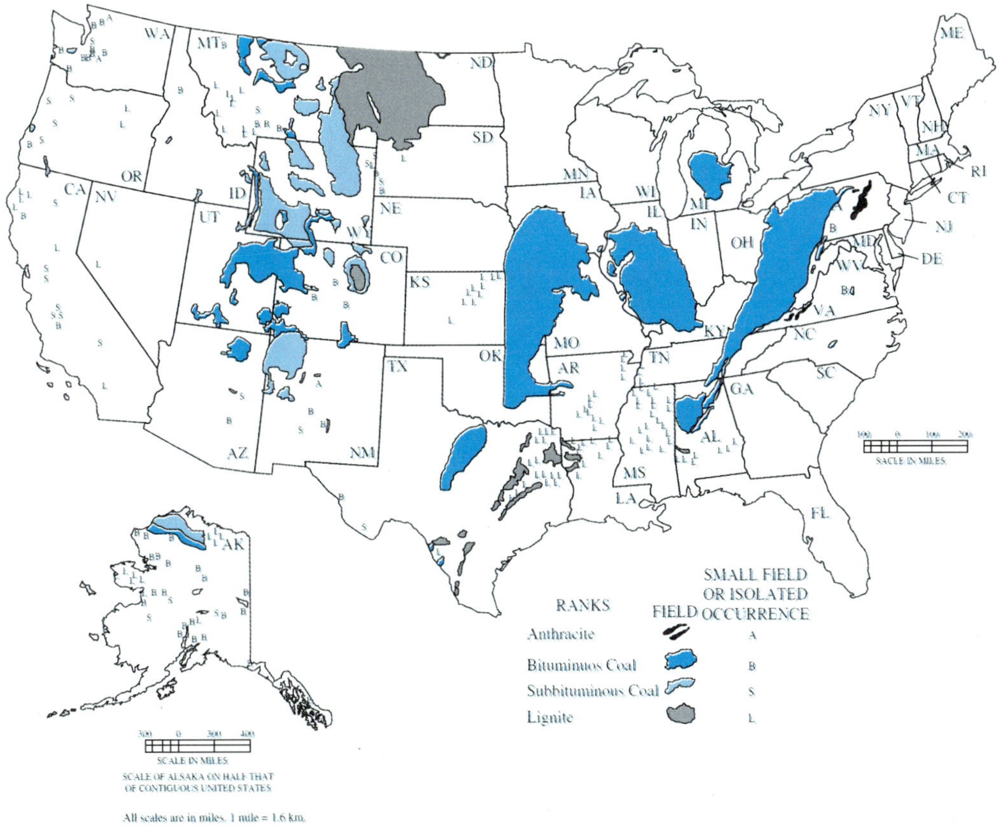

그림 13.16 미국에서 석탄이 채굴되는 지역
Source: Energy Information Administration

난방유

난방유는 미국에서 특히 북동지역에서 집을 난방하기 위해 이용되는 석유이다. 정제 공장에서 원유는 윤활유와 가솔린, 디젤, 비행기 연료/등유 그리고 난방유를 포함한 다른 타입의 연료로 정제된다. 난방유와 디젤 연료는 구성요소가 비슷하다.

두 연료 사이에 가장 다른 점은 황의 구성이다. 난방유는 디젤보다 황을 더 많이 포함한다. 게다가 난방유는 세금이 면제되고 고속도로에서 자동차나 트럭에 연료로 사용되는 것이 불법이기 때문에 미국 국세청은 붉게 물들인 난방유를 요구한다. 빨간색은 그것이 면세 제품이며, 고속도로 디젤로서 사용할 수 없는 것을 확실하게 나타낸다.

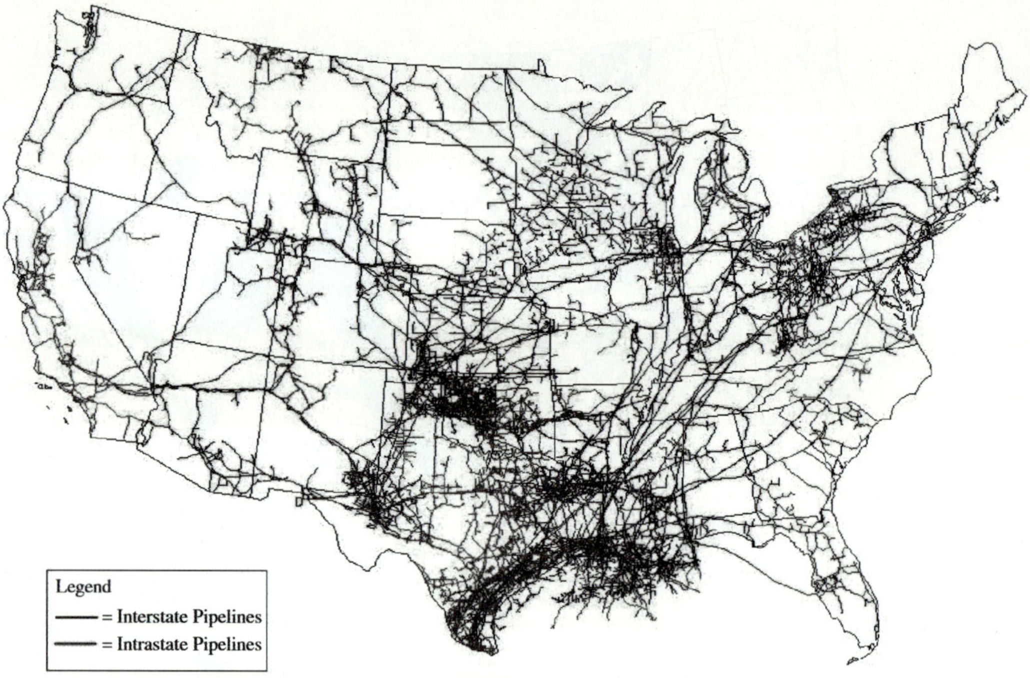

그림 13.17 미국 천연가스 운송망, 생산 지역과 마켓을 이어주는 주경로 2,400km와 다른 파이프 경로
Source: Energy Information Administration.

그림 13.18
2008년 미국 각 주의 천연가스 운송 파이프 마일리지 퍼센트
Source: Energy Information Administration.

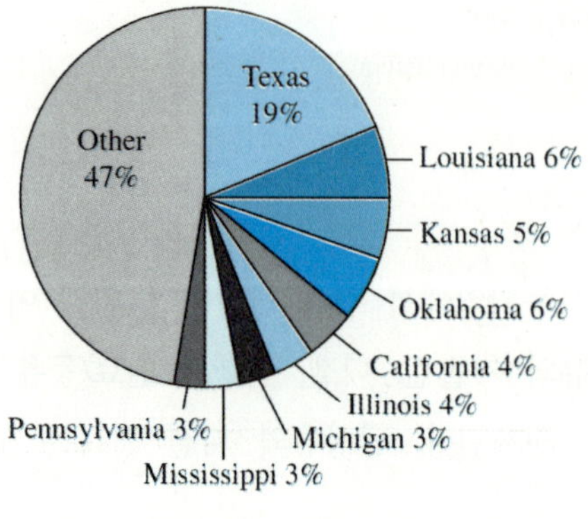

원자력

원자력을 만드는 두 가지 과정은 핵융합과 핵분열이 있다. 원자력 발전소는 전기를 생산하기 위해 핵분열을 이용한다. 핵분열에서 에너지 방출을 위한 우라늄 원자는 중성자라 불리는 작은 입자들에 의해 충격을 받는다. 이 과정에서 우라늄 원자는 분열되고 더 많은 중성자와 열과 방사능 형태의 에너지를 방출한다. 추가된 중성자는 다른 우라늄 원자에 충격을 가하며 그것끼리 이 과정을 계속 반복하여 반응을 일어나게 한다. 이 과정은 [그림 13.19]에서 보여준다. 원자력 발전소에서 가장 많이 사용되는 원료는 우라늄 235이거나 단순한 U-235이다. U-235는 상대적으로 희귀하고 채굴된 우라늄으로부터 가공되어야만 한다.

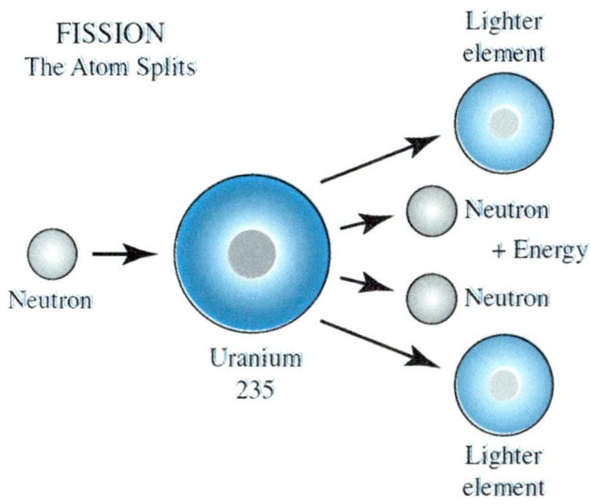

그림 13.19
핵분열 과정

미국 에너지국에 따르면 2008년 동안 미국 민간인 원자로의 구동자와 주인은 2,400kg의 우라늄을 구매했으며 그중 14%는 미국, 86%는 국외(오스트레일리아와 캐나다 42%, 카자흐스탄, 러시아, 우즈베키스탄 33%, 브라질, 체코, 나미비아, 니제르, 남아프리카, 영국 11%)이다.

원자의 핵에너지는 핵융합에 의해 발생할 수 있다. 핵융합에서 더 큰 원자를 형성하기 위하여 함께 융해하거나 합성할 때 에너지는 방출된다. 이 과정은 핵융합이라 불리며 태양광 에너지를 발생시키는 과정이다. 1973년부터 2008년까지 핵연료로부터 발전된 전기 비율은 [그림 13.20]에서 나타낸다. 다음에는 수력, 태양광 에너지, 풍력, 에탄올, 바이오디젤과 같은 신재생 에너지에 대하여 간단히 논할 것이다.

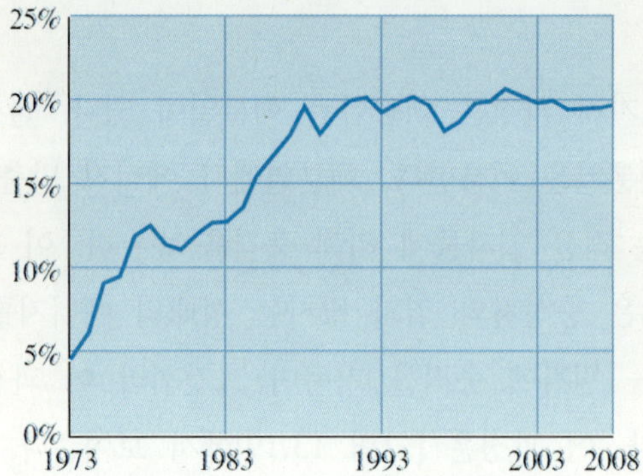

그림 13.20 1973년부터 2008년까지 핵 연료에 의하여 발전되는 전기의 비율
Source: Energy Information Administration, Monthly Energy Review

수력

수력은 미국 전체 발전량의 6%를 차지한다. 2008년에는 신재생 에너지원의 발전량의 67%를 차지한다. 수력발전소에서 전기를 발전하기 위하여 댐 뒤에 저장한 물을 발전소 내에 있는 발전기에 연결된 터빈으로 흘려보낸다. 미국 전체 수력발전의 약 31%는 나라에서 가장 큰 수력발전소인 워싱턴 주의 Grand Coulee 댐 뒤에 저장된 물에 의하여 발전된다.

태양열 에너지

현재 에너지는 환경 파괴 없이 지속될 수 있는 가능성에 관한 관심 때문에 태양열 에너지에 관한 흥미가 재개되었다. 태양열 에너지는 지구로부터 약 1억 49만 km 떨어진 태양으로부터 시작된다. 태양은 약 5500°C의 표면온도가 넘는 핵융합 발전소이다. 지구에 도달하는 태양열 에너지는 에너지와 파장의 광대한 스펙트럼으로 구성된 전자기 방사의 형태이다. 지구가 받는 태양열 에너지의 반은 가시광선 영역이다. 태양열 방사는 자외선, 가시광선, 적외선인 3개의 영역으로 나뉠 수 있다. 여러분 중 대부분은 태양열의 자외선에 의해 화상을 입은 경험이 한 번쯤은 있을 것이다. 가시광선은 열을 내기 위해 약 48%의 유용한 방사로 구성되어 있으며, 나머지는 근적외선으로 이루어져 있다. 여러분이 아는 것처럼 태양주변 지구의 궤도는 타원이다. 태양이 지구 근처일 때, 지구의 표면은 약간 더 많은 태양열에너지를 받는다. 지구가 태양과 더 가까우면 남반구는 여름이고 북반구는 겨울이다. 1년 동안 지구로부터 태양까지 거리가 변하기 때문에 지구의 대기에 도달하는 에너지는 1300W/m^{2}부터 1480W/m^{2}까지 변한다. 평균 지구–태양거리에서 지구 대기의 바깥 공간에 태양열 에너지 밀도는 1350W/m^{2}이다. 지구의 표면 위에 위치에서 이용 가능한 방사의 양은 지리적 위치, 계절, 지역적 환경과 날씨, 시간 등을 포함한 많은 요소에 의해 결정된다.

지구의 대기권을 통과하는 태양열 에너지는 대기에서 일부는 흡수되고, 일부는 흩어지고, 몇몇은 구름, 먼지, 오염물질, 산불, 화산 또는 증기에 반사된다. 분산되는 것 없이 지구 표면에 도달하는 태양열 방사를 직접 태양열 방사라고 부른다. 대기상태는 직접 태양열 방사가 맑은 날 10%까지 구름 낀 날은 100%까지 감소할 수 있다. 직접 방사와 산란 방사의 선속은 [그림 13.21]에서 묘사된다.

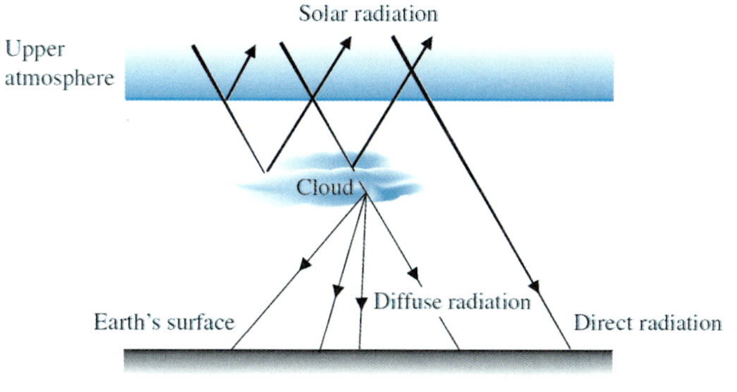

그림 13.21 직접 방사와 산란 방사

태양열 시스템

다양한 기술을 이용하여 태양열 방사를 물과 공기를 가열하는 것 또는 전기가 발전하는 것과 같이 유용한 형태의 에너지로 전환시킨다. 태양열 시스템의 경제적 실행 가능성은 지역에 이용가능 태양열의 양에 의해 결정된다. 많은 나라에서 태양열 물 가열과 공간 가열에 관한 복사 데이터는 kW/m^2/day로 표현된다. 태양 전지 시스템용 태양열 데이터는 kW/m^{2}로 나타낸다.

가장 활발한 태양열 가열 시스템은 액체와 공기인 두 가지 기본 방식이 있다. 액체 시스템은 태양열 에너지를 모으기 위해 물 또는 물과 부동액의 혼합액이 사용된다. 이와 같은 시스템은 태양열 집열 장치([그림 13.22] 참조)에 있는 액체를 가열하고 그다음 펌프를 걸쳐 저장시스템으로 이동한다. 대조적으로 공기 시스템에서 "공기 집열 장치"에 있는 공기를 가열하고 그것을 공기 공급기를 이용하여 저장소로 이동한다. 대부분의 태양열 시스템은 적당한 공간 또는 온수를 제공하지 못할 수도 있다. 결과적으로 보조 가열 시스템을 필요로 한다. 태양열 온수 시스템의 주된 요소는 [그림 13.23]에서 나타낸다. 액체 태양열 시스템(liquid solar system)을 이용한 Colorado의 Golden에 있는 집의 사진이 [그림 13.24]에 나타낸다.

온화한 기후에서 태양열 온수 시스템은 수영장을 가열하기 위해 사용된다. 이 시스템의 목표는 수영 기간을 확대한다. 수영장 솔라 히터 시스템은 주변 공기 온도보다 약간 더 따뜻하도록 작동한다. 이 시스템은 비싸지 않고 유리가 없는 플라스틱으로 만든 태양열 집열 장치이다. 이 시스템은 단열이 되지 않기 때문에 수영장의 약 50~100%인 큰 집열 장치 영역([그림 13.25] 참조)이 요구된다.

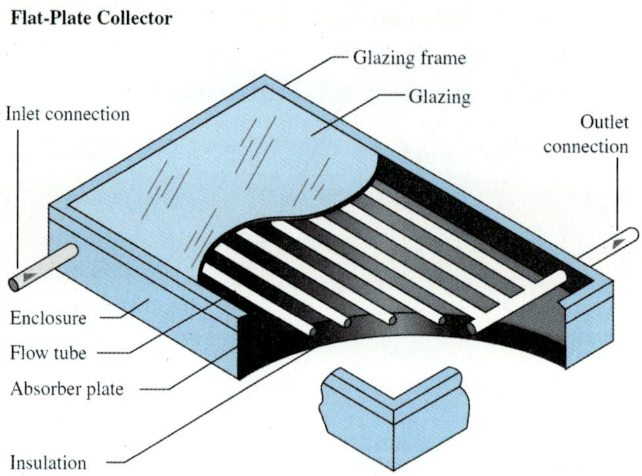

그림 13.22
태양열 집열 장치 기법
Source: U.S. Department of Energy

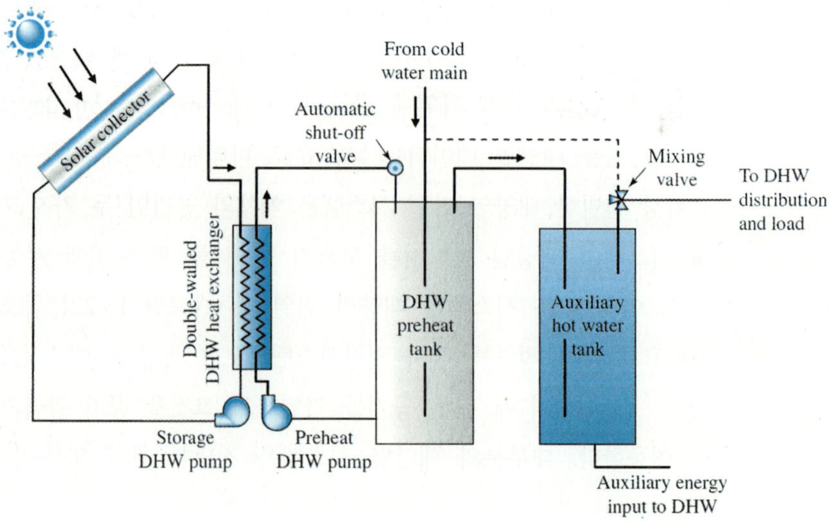

그림 13.23
태양열 온수 시스템. DHW는 가정 온열에 대한 약어이다.

그림 13.24 Colorado의 Golden에 있는 이 집은 온수와 난방을 위한 액체 기본형 태양열 시스템을 사용한다.

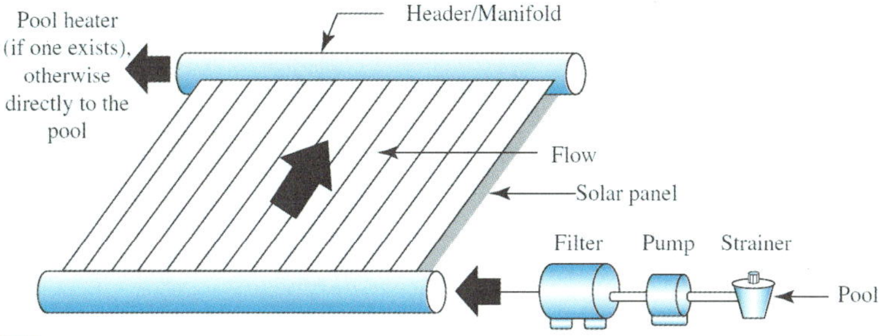

그림 13.25 수영장 솔라 히터

패시브 솔라 시스템

패시브 솔라 시스템은 집열 장치, 펌프, 공기 공급기 또는 건물의 여러 곳에서 태양열을 분배하거나 운송하거나 집열하기 위한 팬 등과 같은 기계적인 요소들을 사용하지 않는다. 대신에 직접 패시브 솔라 시스템은 건물의 남쪽 벽에 큰 유리 또는 태양열 에너지를 모으기 위한 상승 온난기류를 사용한다. 낮에는 태양열 에너지를 내부의 두꺼운 돌로 만든 벽에 저장하고, 밤에는 방출한다. 추운 기후에는 간접 패시브 시스템을 사용하고, 밤에는 열 손실을 줄이기 위해 유리를 덮는 단열 커튼을 사용한다. 간접 태양열 시스템의 다른 특징은 [그림 13.26]에서 보이는 것과 같이 여름에 그림자를 만들어준다. 간접적인 패시브 솔라 시스템의 디자인은 유리벽과 가열지역([그림 13.27] 참조) 사이에 있는 저장 공간을 이용한다. 유리와 벽 사이에 공기가 가열되기 때문에 가열된 공기는 상승하거나 벽의 윗구멍을 통하여 방으로 들어간다. 방의 공기는 벽의 아랫구멍으로 들어가고 가열되어 창문과 벽 사이를 상승한다. 태양열은 모두 공기로 전달되지 않고 일부는 저장된다.

다른 태양열 시스템은 태양열 공간(sun space)이다. 태양열 공간은 안마당, 화원 또는 일광욕실 등으로 이용될 것이다. 돌 또는 콘크리트 벽과 층, 물 컨테이너 또는 풀이 있는 풀장은 온도 저장고로 제공될 것이다. [그림 13.28]에서는 간접 집의 내부 구역 사진을 보여준다.

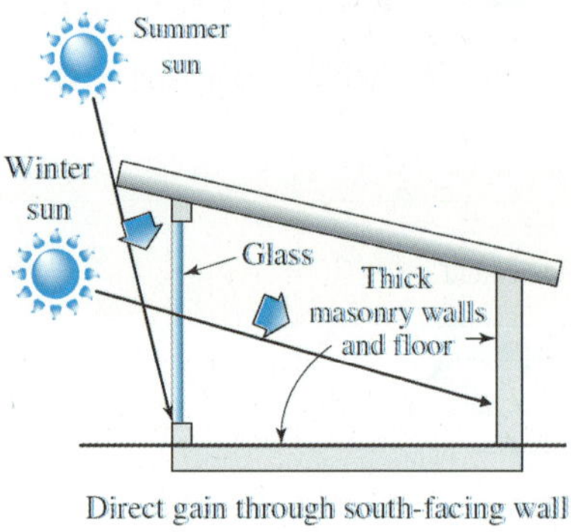

그림 13.26 직접 패시브 솔라 시스템

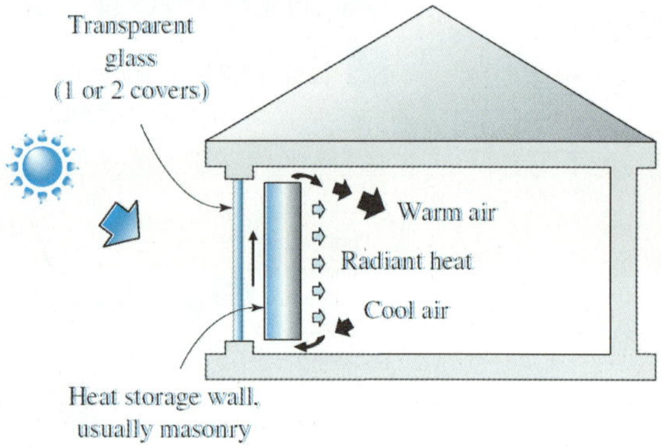

그림 13.27 간접적인 패시브 솔라 시스템

그림 13.28 간접 패시브 솔라 시스템 집의 내부구조 사진
Source: Courtesy of DOE /NREL

태양광전지 시스템

태양전지 시스템은 빛 에너지를 전기로 직접 변환한다. 이 시스템은 태양전지 세트, 배터리, 전하 제어기 그리고 인버터(직류를 교류로 변환해주는 장치)로 구성되어 있다. 태양전지 시스템의 예시는 [그림 13.29]에서 보여준다.

그림 13.29 태양전지 시스템의 예시: (a)주차장 천장, (b)태양광 자전거, (c)우주 정거장, (d)건물 천장, (e)단층형 태양전지 천장, (f)원격 통신 장치

Source: Courtesy of DOE/NREL. (c) Courtesy NASA, ID: jsc2006e43519

태양전지 시스템은 모든 크기와 형태로 나타나고 보통 독립형, 혼합형, 계통 연계형으로 구분된다. 급전 망이 연결되지 않은 이 시스템은 독립형이라 불린다. 혼합형은 태양전지 시스템 세트와 디젤 발전기 또는 풍력 에너지와 같은 다른 형태의 에너지를 조합하여 사용한다. 계통 연계형은 급전 망에 연결한다. 미국에서 가장 큰 계통 연계형 태양전지 발전소는 중남부지역의 Colorado에 있는 Alamosa 태양전지 발전소([그림 13.30] 참조)이다. 이 발전소의 면적은 82acres이다. 2007년에 약 8.2MW를 발전했다.

어느 태양전지 시스템의 장비와 장비 간 연결은 셀이다. 태양전지 셀은 모듈을 구성하기 위해 묶이며 모듈은 어레이를 구성하기 위해 묶인다. 태양전지 셀은 결정형, 다결정 실리콘, 비정질 실리콘으로 구분된다. 태양전지 셀의 예시는 [그림 13.31]에서 보여준다.

그림 13.30 Colorado에 있는 Alamosa 태양전지 발전소

그림 13.31 태양전지 물질의 예시

풍력

풍력은 태양광 에너지의 형태이다. 여러분이 알고 있는 것과 같이 지구의 기울기와 궤도 때문에 태양은 지구와 대기를 각각 다른 비율로 달군다. 또한, 뜨거운 공기는 상승하고 차가운 공기는 뜨거운 공기를 채우기 위해 가라앉으며, 이 대류 때문에 에너지 흐름이 생긴다. [그림 13.32]는 미국 풍력발전 지도를 나타낸다. 이 그림에서 보이는 것처럼 바람으로 전기를 발전시키는 것에 대한 잠재력은 풍속에 의해 많이 결정되기 때문에 미미하다고 구분된다. 두 가지의 풍속 터빈인 수직축 터빈과 수평축 터빈은 풍력에너지를 얻기 위해 사용된다. [그림 13.33]은 수평축과 수직축 터빈의 구동 다이어그램을 나타낸다. 수직축 터빈은 어느 각도의 바람을 이용할 수 있으며 가벼운 중량의 타워가 요구되며, 보수가 쉽다. 수직축 터빈의 주된 단점은 로터가 땅 근처에 있어서 풍속이 상대적으로 낮으며 좋지 못한 성능을 낸다. 미국에서 이용되는 대부분의 터빈은 수평축 타입이다. 수평축 타입 터빈은 소형(<100kW), 중형(<250kW), 대형(250kW~2MW)으로 나뉜다.

여기서 터빈의 주장치를 공부하는 동안에 몇몇 전문용어를 찾을 것이다.

- 날개(blades)와 허브(hub)는 로터(rotor)라고 명명한다. 대부분의 수평축 터빈은 둘 또는 세 개의 날개를 갖고 있다.
- Gearbox는 샤프트를 로터에 부착된 저속 샤프트와 발전기의 고속 샤프트에 연결한다.
- Yaw motor는 풍향의 변화에 따라 터빈의 날개를 풍향의 정면으로 보도록 유지하기 위해 yaw 운전을 가동한다.
- 제어기는 10~25km/h의 속도에서 풍력 터빈을 동작시키고 날개와 구성품에 손상을 예방하기 위해 100km/h에서 터빈을 멈춘다.
- 브레이크는 긴급 상황이나 빠른 풍속에서 회전체를 정지시킨다. 브레이크는 기계적, 전기적, 수력으로 적용된다.

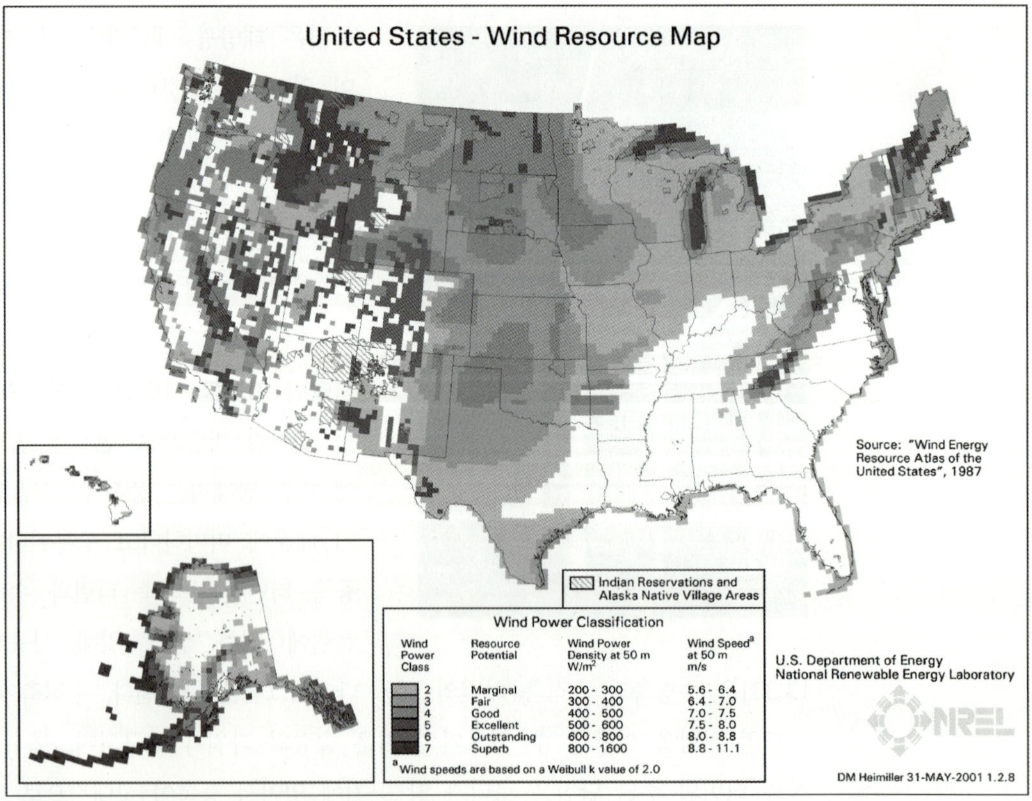

그림 13.32 미국의 풍력 자원 지도
Source: Courtesy of DOE/NREL

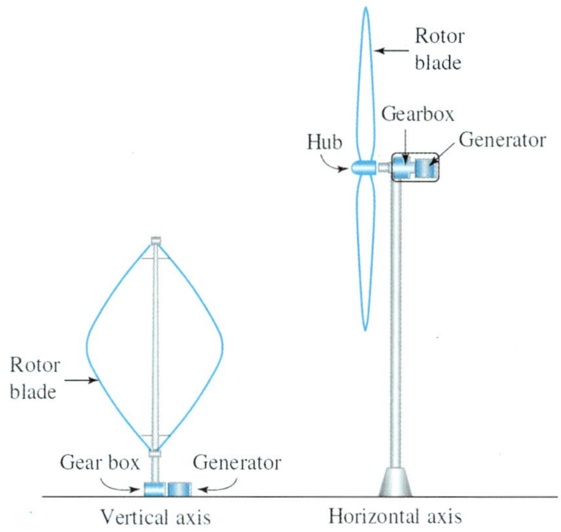

그림 13.33
수직축 터빈과
수평축 터빈

에탄올과 바이오디젤

에탄올은 보리와 옥수수에서 찾은 설탕으로 만든 연료를 기반으로 둔 알코올이다. 쌀, 사탕수수와 감자껍질 같은 다른 원천 또한 에탄올을 만드는 데 사용된다. 오늘날 미국에서 에탄올의 대부분은 옥수수로부터 추출된다. 주유소에서 E10 표시를 보았을 것이다. E10 명칭은 10% 에탄올과 90% 가솔린의 혼합된 연료를 나타낸다. 전에 들은 적 있는 다른 재생 가능한 연료는 바이오디젤이다. 바이오디젤은 흔히 식물성기름 또는 재활용된 식당 구리스로 만들어진 연료이다. B20 명칭은 20% 바이오디젤과 80% 석유디젤의 혼합을 나타낸다.

이 장의 초반에 언급했듯이, 미래공학도로서 에너지 원천과 배출이라는 두 문제점에 직면하게 될 것이다. 이 문제의 해결책은 혁신적인 접근이 필요하다. 그래서 공학수업을 열심히 연구하고 준비하고 이 문제를 해결하려는 방법을 생각해야 한다.

요약

이 장에서는 다음을 학습했다.

- 기계에너지의 다른 형태가 어떻게 정의되는지 알아야 한다. 운동에너지, 위치에너지와 탄성에너지를 공학적 분석 측면에서 언제 어떻게 사용되는지 알아야 한다.
- 내부에너지와 열이 무엇을 의미하는지 알아야 한다.
- 공학적 문제를 해결하기 위해 에너지 변환이 언제 어떻게 사용되는지 알아야 한다.
- 일률과 그 단위하고 일과 에너지에 어떻게 연관되는지를 명확히 이해해야 한다.
- 펌프, 컴프레셔와 모터 같은 구성품의 효율을 표현에 사용되는 열효율, SEER과 AFUE의 정의를 포함한 효율의 다양한 형태에 익숙해야 하며, 효율의 기초정의를 알아야 한다.

연습문제

13.1 에너지를 절약할 수 있는 방법을 알아보자. 예를 들어 엘리베이터 대신에 계단을 이용한다든지, 차를 이용하는 대신에 하루 1시간을 걷거나 자전거를 이용하는 방법이 있다. 이렇게 해서 연간 절약할 수 있는 에너지의 양을 추정하라. 동일한 방법으로 절약할 수 있는 연료의 양을 추정하라. 이것을 위해서 가정할 것은 무엇이고 결과는 무엇인지 자세히 분석하라.

13.2 아래의 자동차에 대해 가장 최근의 제조 데이터를 찾아보라.

a. 토요타 Camry
b. 혼다 Accord
c. BMW 750 Li

정보를 얻기 위해서 cars.com의 웹 사이트를 방문하라. 모든 차에 대해서 예제 13.9와 같이 차를 0에서 100km/h로 가속하는데 필요한 일률을 계산하라. 가정이 필요하면 서술하라.

13.3 엘리베이터가 1000N의 용량을 가지고 있다. 1층에서 5층 사이를 7초간 이동하는 데 필요한 일률을 계산하라. 층간의 수직 거리는 5m이다.

13.4 110km/h로 이동하고 있는 자동차를 100m 앞에서 완전히 정지시키는 데 필요한 총 힘을 계산하라. 차의 질량은 2100kg이다. 초기의 운동에너지는 얼마인가? 이 과정에서 운동에너지는 어떠한 에너지로 변환되는가?

13.5 원심력 펌프는 모터에 의해 동작된다. 펌프의 성능은 아래 정보와 같다.

모터(kW)에 의해 펌프로 입력되는 일률 :
0.5, 0.7, 0.9, 1.0, 1.2
펌프(kW)에 의해 유체로 입력되는 일률 :
0.3, 0.55, 0.7, 0.9, 1.0

효율곡선을 그려라. 펌프의 효율은 흐름의 비의 함수이다. Power data points에 상응하는 흐름의 비의 수치는 동등하게 구분되어져 있다고 생각하자.

13.6 발전소의 전체 효율이 30%이다. 발전소는 20MW의 전기를 생산하고 연료로 석탄을 사용한다([표 11.12] 참조). 20MW의 전기 생산을 지속하기 위해서는 얼마나 많은 석탄이 연소되어야 하는가?

13.7 미국에서 모든 승객용 자동차가 매년 1000km씩을 절약하여 운행된다면 얼마나 많은 가솔린을 절약할 수 있는지를 계산하라. 답과 함께 이를 위해서 당신이 설정한 가정을 서술하라.

13.8 아래 제품의 일반적인 전력소비를 구하라.

a. 가정용 냉장고
b. 25인치(63cm) 텔레비전
c. 세탁기
d. 세탁건조기
e. 진공청소기
f. 헤어드라이어

13.9 아래 제품의 일반적인 전력 소비를 구하라.

a. 19인치(48cm) 모니터를 가진 개인용 컴퓨터
b. 레이저 프린터
c. 이동전화기
d. 포켓용 계산기

13.10 가정(혹은 아파트)의 난로와 공기조절 장치의 크기를 보고, SEER과 AFUE를 조사하라.

13.11 뉴욕 주의 일반적인 단세대 주택에서 사용하는 가스난로의 용량을 조사하고 미네소타 주와 캔자스 주의 가스난로의 용량과 비교하라.

13.12 공기조절 장치가 18,000kJ/h의 냉방용량을 가지고 있다. 이 장치의 효율이 11 EER이면 1시간에 소비되는 전기에너지는 얼마인가? 만약 전력회사가 kWh당 14센트를 부과한다면 하루 당 8시간

을 동작시킨다는 가정 하에 한 달(31일)동안 공기조절 장치를 작동하는데 드는 비용을 계산하라. 장치의 성능계수(COP)를 계산하라.

13.13 창문에 설치하는 공기조절 장치를 판매하는 상점을 방문해서 제품의 냉방 용량과 EER값을 조사하고 전력회사와 접촉하여 여러분이 거주하는 지역의 전기료를 계산하라. 여름 내내 공기조절 장치를 동작시킬 경우 들어가는 비용을 계산하라.

연습문제 13.14~13.20은 아래에 보이는 표를 참조하시오.

연료에 의한 전기 생산, 1980~2030(백만 킬로와트－시간)－미국 에너지국의 데이터

Year	Coal	Petroleum	Natural Gas	Nuclear	Renewable/Other
1980	1161.562	245.9942	346.2399	251.1156	284.6883 actual values
1990	1594.011	126.6211	372.7652	576.8617	357.2381 actual values
2000	1966.265	111.221	601.0382	753.0726	356.4786 actual values
2005	2040.913	115.4264	751.8189	774.0726	375.8663 actual values
2010	2217.555	104.8182	773.8234	808.6948	475.7432 projected values
2020	2504.786	106.6799	1102.762	870.698	515.1523 projected values
2030	3380.674	114.6741	992.7706	870.5909	559.1335 projected values

Source: Data from U.S. Department for Energy

13.14 표를 보고 각 연도에 전기를 발전하는 데 사용된 각 연료의 비율을 계산하고 도표로 나타내어라.

13.15 표를 보고 연료 소비량의 증가에 대한 비율을 계산하고 도표로 나타내어라.

13.16 표에 주어진 데이터를 kWh의 단위에서 kJ로 변환하라.

13.17 표를 보고 발전소의 효율이 35%와 약 7.5MJ/kg의 열 단위를 가정하고 각 연도에 전기 발전량에 대해 요구되는 연료(in kg)의 양을 계산하여라.

13.18 만약에 발전소의 평균 효율을 1% 올려 36%가 되면 몇 kg의 석탄을 절약할 수 있는지 계산하여라.

13.19 표를 보고 발전소의 평균 효율 35%와 약 40,000kJ/m^{3}의 열 단위를 가정하고 각 연도에 전기발전량에 대해 천연가스의 양이 몇 m^{3}와 kg을 요구하는지 계산하여라.

13.20 만약에 발전소의 평균 효율을 1% 올려 36%가 되면 몇 m^{3}와 kg의 천연가스를 절약할 수 있는지 계산하여라.

13.21 태양열 집열기 제조업체를 방문하고 단일구조 집열기와 이중구조 집열기의 가격과 효율을 포함한 데이터시트를 얻어라.

13.22 [그림 13.27]에서 나타낸 벽을 이를 개발한 Felix Trombe을 기념한 “Trombe” 벽을 참조하여라. "trombe” 벽의 사이즈(두께)를 측정할 때 고려되어야 할 요소에 대해 조사하여라. 간단히 보고서를 써라.

13.23 태양전지 시스템은 “최대 일조시간”을 바탕으로 설계된다. 최대 일조시간은 무엇인지 설명하여라.

13.24 집열판이 어떤 각도로 기울어져 있다. 집열판의 기울기를 조사하라. 집열판의 기울기는 무엇에 기반을 두는가? 조사결과를 토론한 간결한 결과를 기술하라.

13.25 풍력 터빈에서 다음 용어를 조사하라. 회전자계 형성(rotor solidity), 선단 속도율(tip speed ratio), 설비 이용률(capacity factior), Betz limit 조사결과를 토론한 간결한 결과를 기술하라.

실험 Ⅵ

목적

기술된 재료로 새총을 설계한 것을 명시된 방향으로 최대 거리로 탁구공을 던져라. 시작절차 동안 새총은 반드시 한 팀의 한 명에 의해서 다뤄져야만 한다. 각 팀은 한 번의 연습을 할 수 있다. 준비시간은 30분이다.

재료

고무 밴드 8개, 접착테이프 600mm, 끈 600mm, 큰 냄비 2개, 250mm×330mm 종이 2장, 플라스틱 빨대 4개, 플라스틱 스푼 2개, 압정 4개, 탁구공 1개

명시된 방향으로 최대 거리를 던진 새총이 이긴다.

PART

3

계산적 공학 도구들

공학 문제들을 해결하기 위한 유용한 소프트웨어의 사용

Source: Tonis Valing/Shutterstock

이 책의 Part 3에서는 공학적 문제들을 해결하기 위해 공학자들에 의해서 주로 쓰이는 두 가지 계산적 도구, Microsoft Excel과 MATLAB에 대해서 소개할 것이다. 이러한 계산적 도구들은 공식을 사용하여 데이터를 분석, 정리, 기록하기 위해 사용되며 차트 형태의 분석 결과를 나타낸다. MATLAB은 또한 복잡한 문제들을 해결하기 위하여 직접 프로그램을 작성할 수 있게 해주는 다목적인 도구이다.

CHAPTER

14

Engineering Fundamentals

전자 스프레드시트

전자 스프레드시트는 공학 문제를 해결하기 위해서 사용할 수 있는 도구이다. 스프레드시트는 공식을 이용해서 데이터를 저장, 정리, 분석하기 위해서 주로 사용되고 또한 분석 결과를 차트의 형태로 발표하기 위해서 사용된다. 엔지니어들은 아직까지 복잡한 공학문제를 풀기 위해서 컴퓨터 프로그램을 작성하고 있지만 간단한 문제들은 스프레드시트를 이용해서 해결할 수 있다.

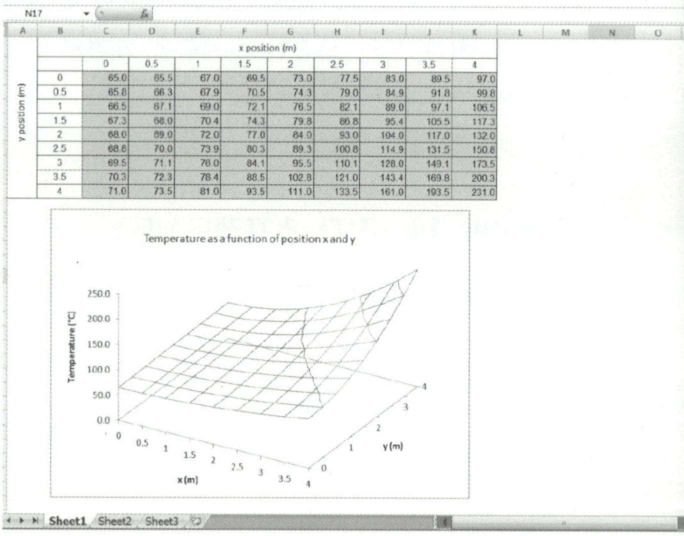

y position (m) \ x position (m)	0	0.5	1	1.5	2	2.5	3	3.5	4
0	65.0	65.5	67.0	69.5	73.0	77.5	83.0	89.5	97.0
0.5	65.8	66.3	67.9	70.5	74.3	79.0	84.9	91.8	99.8
1	66.5	67.1	69.0	72.1	76.5	82.1	89.0	97.1	106.5
1.5	67.3	68.0	70.4	74.3	79.8	86.8	95.4	105.5	117.3
2	68.0	69.0	72.0	77.0	84.0	93.0	104.0	117.0	132.0
2.5	68.8	70.0	73.9	80.3	89.3	100.8	114.9	131.5	150.8
3	69.5	71.1	76.0	84.1	95.5	110.1	128.0	149.1	173.5
3.5	70.3	72.3	78.4	88.5	102.8	121.0	143.4	169.8	200.3
4	71.0	73.5	81.0	93.5	111.0	133.5	161.0	193.5	231.0

Source: Saeed Moaveni

이 장에서 공학문제들을 해결하기 위해서 스프레드시트가 어떻게 사용되는지 배울 것이다. 전자 스프레드시트가 보급되기 전에 엔지니어들은 컴퓨터 프로그램을 직접 작성했다. 컴퓨터 프로그램들은 대체로 계산기로 풀기 어려운 문제를 위해서 작성되었다. FORTRAN은 엔지니어들이 숫자계산을 실행하기 위해서 주로 사용하는 프로그램 언어이다. 엔지니어들은 아직까지 복잡한 공학 문제를 풀기 위해서 컴퓨터 프로그램을 작성하고 있지만 간단한 문제들은 스프레드시트를 이용하여 해결할 수 있다. 컴퓨터 프로그램을 작성하고 디버깅하는 복잡한 단계에 비해서 스프레드시트는 사용하기 간편하고 사용자가 입력한 수식을 이용해서 데이터를 저장, 정리, 분석할 수 있다. 스프레드시트는 또한 분석의 결과를 차트의 형태로 보여줄 수 있다. 이러한 스프레드시트의 간편함은 영업, 마케팅, 경리와 같은 여러 분야에서 사용되고 있다.

이 장은 일반 스프레드시트인 마이크로소프트사 엑셀의 기본부터 시작해서 스프레드시트의 행과 열이 나뉘는 방법과 활성 셀에 데이터와 수식을 입력하는 방법을 설명한다. 엑셀의 수학적, 통계적, 논리적 함수와 같은 도구의 사용에 대한 설명과 엑셀을 사용해서 공학 분석의 결과를 구상하는 방법도 배우게 될 것이다.

14.1 마이크로소프트 엑셀—기본 개념

우리는 엑셀의 기본적인 구성요소에 대한 설명을 시작할 것이다. 일단 이 개념을 잘 이해한다면 엑셀을 이용해서 공학문제를 해결할 수 있다. 스프레드시트도 다른 분야에서 새로운 것을 배우는 것과 마찬가지로 각각의 전문용어가 있다. 시간을 조금 투자해서 이러한 전문용어를 미리 알아두고 익숙해지는 것이 이 단원 뒤에 가서 도움이 될 것이다. [그림 14.1]에 일반적인 엑셀의 화면이 있는데, 엑셀 화면의 기본적인 구성요소는 [그림 14.1]에서 번호로 표시된 것으로 다음과 같다.

1. 제목 줄: 현재 활성화된 워크북의 이름
2. 메뉴 줄(탭): 엑셀에서 작업하기 위해 사용되는 명령어의 모음
3. 도구 버튼: 엑셀에서 사용되는 명령을 실행시키는 버튼
4. 활성 셀: 워크시트는 행과 열로 나누어지는데, 셀은 행과 열이 교차하는 하나의 상자이며 활성 셀은 선택된 셀
5. 수식 줄: 활성 셀에 사용되는 데이터 또는 수식

6. 이름 상자: 활성 셀의 주소
7. 열 머리글: 워크시트는 행과 열로 나누어지는데 열은 A, B, C, D와 같이 표시됨
8. 행 머리글: 행은 1, 2, 3, 4와 같이 숫자로 표시됨
9. 워크시트 탭: 하나의 시트에서 다른 시트로 옮기게 해주며, 뒤에서 설명이 나오겠지만 각 시트의 이름을 지을 수 있음
10. 상태 표시줄: 명령 모드에 대한 정보. 예를 들어 "준비"는 프로그램이 셀에 입력해도 된다고 알리는 표시이고, "편집"은 엑셀이 편집하는 상태에 있다고 보여줌

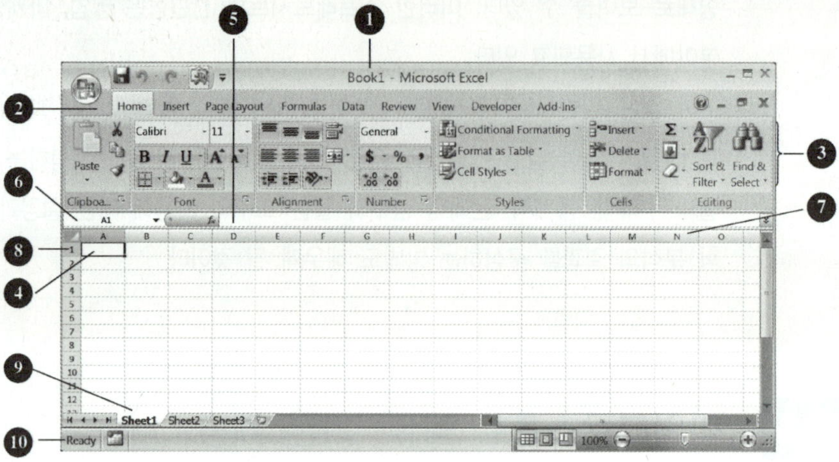

그림 14.1 엑셀 화면의 구성 요소

워크북(workbook)이란 생성하고 저장할 수 있는 스프레드시트 파일이며, 여러 워크시트와 차트로 구성되어 있을 수 있다. 워크시트(worksheet)란 데이터, 수식 또는 여러 계산의 결과와 같은 정보를 입력하는 행과 열을 나타낸다. 차트도 워크시트에 포함할 수 있는 점은 뒤에서 배우게 될 것이다.

워크시트 제목

워크시트에 제목을 붙이기 위해서는 우선 제목을 붙일 시트의 탭을 더블 클릭한 후 제목을 입력하고 엔터키를 친다. 워크북 안의 워크시트를 움직이거나 위치를 변경하기 위해서는 시트의 탭을 선택한 후 마우스의 왼쪽버튼을 누른 상태에서 옮기고 싶은 시트의 위치로 탭을 드래그한다.

14.2 셀과 주소

[그림 14.1]에서 보았듯이 워크시트는 행과 열로 나뉘어 있다. 열은 A, B, C, D와 같이 표시되어 있고 행은 1, 2, 3, 4와 같이 숫자로 표시되어 있다. 셀(cell)이란 행과 열이 교차할 때 나타나는 상자이다. 셀에는 글자, 숫자 또는 수식 등 다양한 요소를 입력할 수 있다. 셀에 글자 또는 숫자를 입력하기 위해서는 입력할 셀을 선택해서 내용을 입력한 후에 키보드의 엔터키를 친다. 워크시트에서는 마우스를 이용하는 것이 더 간편할 수 있다. 예를 들면, 셀 A5에서 셀 C8로 옮기고 싶으면 마우스의 포인터를 원하는 셀로 옮겨가서 마우스의 버튼을 클릭한다. 셀의 내용을 편집하기 위해서는 셀을 선택하고 마우스를 더블 클릭한 후 워드 문서에서의 편집과 같은 방법으로 삭제, 백스페이스키 또는 화살표를 이용해서 셀의 내용을 편집한다. 마우스를 더블 클릭하는 방법 대신 F2를 클릭하면 편집 모드를 선택할 수 있다.

앞으로 엑셀 기능에 더욱 숙달되면 작업을 하는데 여러 가지 방법을 이용할 수 있으며 이 장에서는 쉽게 따라 할 수 있는 방법을 배울 것이다.

범위

데이터를 구성, 분석 또는 구상할 때 여러 셀을 한 번에 선택하는 방법이 유용할 수 있다. 여러 셀이 한 번에 선택될 때 이를 범위(range)라고 한다. 우선 범위에 포함될 첫 번째 셀을 선택한 후에 범위의 마지막 셀까지 마우스로 드래그(왼쪽 버튼을 계속 누른 상태)한다. [그림 14.2]에서 범위의 예를 볼 수 있다. 스프레드시트 언어에 있어서 범위는 좌측 상단에 주소를 정하고 그 뒤에 콜론(:)이 붙여지며 그 뒤 우측 하단에 주소가 표시된다는 사실을 주시하라. 예를 들어 셀 A3에서 B10까지 선택하기 위해서는 셀 A3을 선택한 후에 마우스를 B10까지 대각선으로 드래그한다. 이 범위를 스프레드시트 언어로 표기하면 A3:B10이다. 서로 붙어 있지 않은 셀을 선택할 경우도 있다. 이런 경우에는 우선 연속된 셀을 선택한 후에 다시 컨트롤(Ctrl) 키를 누른 상태에서 다른 셀들을 마우스로 드래그한다.

엑셀에서 사용자가 범위(선택된 셀)에 이름을 지을 수 있다. 범위에 이름을 주기 위해서는 앞에서 설명했듯이 범위를 선택하고 수식 줄에 있는 이름 상자를 클릭한 후 이름을 입력한다. 대문자, 소문자 또는 숫자를 입력할 수 있으나 글자 사이에 스페이스를 띄우면 안 된다. 예를 들면 [그림 14.2]처럼 측정된 전압과 저항력을 묶은 범위를 '측정'이라고 했다.

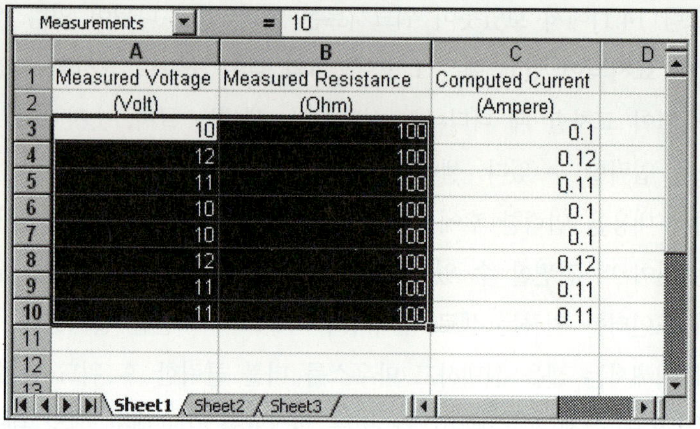

Measurements = 10

	A	B	C	D
1	Measured Voltage	Measured Resistance	Computed Current	
2	(Volt)	(Ohm)	(Ampere)	
3	10	100	0.1	
4	12	100	0.12	
5	11	100	0.11	
6	10	100	0.1	
7	10	100	0.1	
8	12	100	0.12	
9	11	100	0.11	
10	11	100	0.11	
11				
12				

Sheet1 / Sheet2 / Sheet3

그림 14.2 셀 범위의 선택을 나타내는 예

셀과 행과 열의 삽입

스프레드시트에 데이터를 입력한 후에 당신은 어쩌면 추가적인 데이터가 방금 만들어진 두 개의 셀, 행 또는 열 사이에 필요하다는 사실을 알 수 있을 것이다. 이런 경우에는 워크시트에 이미 존재하는 데이터 셀, 행, 열 사이에 새로운 셀, 행, 열을 삽입할 수 있다. 이미 존재하는 셀 사이에 새로운 셀을 삽입하기 위해서는 새로운 셀이 위치할 셀을 선택한다. 다음 삽입 메뉴에서 셀을 클릭하고 현재 선택된 셀이 밀려날 방향 즉 오른쪽 또는 아래쪽을 선택한다. 예를 들어, 새로운 셀 3개를 E8과 E11(E8:E11) 사이에 넣고 E8:E11을 아래로 밀고 싶을 경우에는 우선 E8:E11의 셀들을 선택한다. 다음 삽입 메뉴에서 셀을 선택하고 셀을 아래로 밀기를 선택한다. 새로운 열을 삽입하기 위해서는 새로 삽입할 열의 오른쪽에 있는 머리글 버튼을 클릭한다. 삽입 메뉴에서 열을 클릭한다. 새로운 행을 삽입하는 방법도 이와 마찬가지다. 예를 들면, 열 D와 E 사이에 새로운 열을 삽입하기 위해서는 우선 열 E를 선택한 후에 삽입 메뉴에서 열을 선택하면 새로운 열이 열 E의 왼쪽에 삽입된다. 한 번에 여러 열 또는 행을 삽입하기 위해서는 새로 삽입할 열의 오른쪽으로 여러 열 머리글을 선택한다. 예를 들면, 열 D와 E 사이에 3개의 열을 삽입하기 위해서 우선 열 E, F, G를 선택한 후에 삽입 메뉴에서 열을 클릭하면 새로운 열 3개가 열 E의 왼쪽에 생긴다.

14.3 엑셀에서 수식 작성

이제는 기본적으로 엔지니어들이 여러 문제를 분석하기 위해서 주변의 물리적이고 화학적인 법칙을 표현하는 수식을 사용한다는 점은 알 것이다. 엑셀을 사용해서 공학수식을 입력하고 결과를 계산할 수 있다. 엑셀에서의 수식은 항상 '='로 시작하고 수식을 입력하기 위해서는 우선 수식의 결과가 입력될 셀을 선택한 후에 수식 줄에 '='과 수식을 입력한다. 수식을 입력할 때 순서를 표기하기 위해서 괄호를 사용해야 한다는 점을 유의해야 한다.

예를 들어 =100+5*2를 입력할 경우 엑셀에서는 곱셈을 먼저 계산해서 10이 나온 후에 100을 더해서 110이 수식의 결과로 나온다. 만약에 100과 5를 먼저 더한 후에 105인 결과에 2를 곱하고 싶을 경우에는 다음과 같이 100과 5를 괄호로 묶으면 =(100+5)*2, 210인 답이 나온다. 기본적인 엑셀의 산술 계산은 [표 14.1]에서 보여준다.

표 14.1 기본적인 엑셀 산술계산

Operation	Symbol	Example: Cells A5 contains and A6 contain values 10 and 2, respectively	Cell A7 contains the result of the formula given respectively in the example
Addition	+	=A5+A6+20	32
Subtraction	−	=A5−A6	8
Multiplication	*	=(A5*A6)+9	29
Division	/	=(A5/2.5)+A6	6
Raised to a power	^	=(A5^A6)^0.5	10

예제 14.1

앞장에서 설명했듯이 밀도, 점성율, 열전도율, 열용량을 포함하는 물체의 열−물리적 속성은 공학 계산에서 큰 역할을 하고 있다. 앞에서 설명한 바와 같이 열−물리적 속성값은 주어진 부피에서 재료의 조밀함(밀도), 액체의 흐름도(점성율), 재료가 열을 전도하는 정도(열전도율), 재료가 열에너지를 저장하는 정도(열용량)와 같은 정보를 보여준다. 열−물리적 속성은 주로 실험실에서 주어진 환경하에서 측정된다. 더욱이 물질의 열−물리적 속성값은 온도에 따라서 달라진다. 다음의 예에서 평균 공기의 밀도가 온도에 따라서 달라지는 것을 알 수 있다. 평균대기의 밀도는 온도의 함수이고 다음과 같은 이상적인 기체의 법칙을 사용해서 평균을 낼 수 있다.

$$\rho = \frac{P}{RT}$$

여기서

P = 평균 대기의 압력(101.3kPa)

R = 기체의 상수와 그 대기의 값은 $286.9 \frac{\text{J}}{\text{kg} \cdot \text{K}}$

T = 대기 기온은 Kelvin(K)

엑셀을 사용해서 0°C(273.15K)에서 50°C(323.15K)까지 5°C씩 증가하는 함수로 대기의 밀도를 보여주는 표를 만들고 싶다.

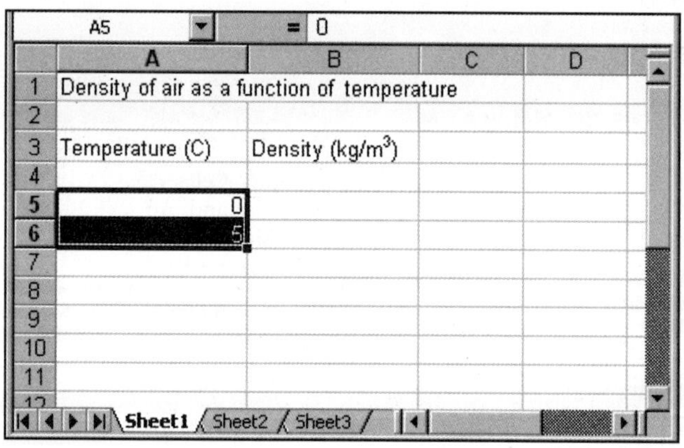

각 단계에 나와 있는 엑셀 시트 그림을 참고하라.

1. 셀 A1에 온도의 함수는 대기의 밀도를 입력한다.
2. 셀 A3과 B3에 각각 온도(C)와 밀도(kg/m^3)를 입력한다.
3. 셀 A5와 A6에 각각 0과 5를 입력한다.
4. 셀 A5와 A6을 선택한 후 '+'로 채우기 핸들을 사용해서 셀 A7과 A15에 패턴을 복사한다.

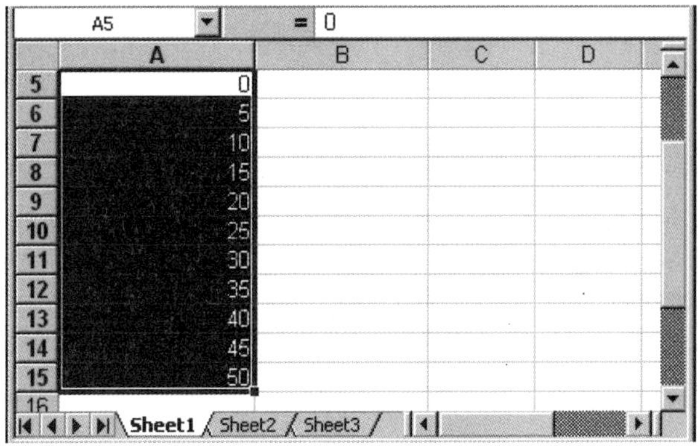

5. 셀 B5에 수식 =(101300)/((286.9)*(A5+273))을 그림과 같이 입력한다.

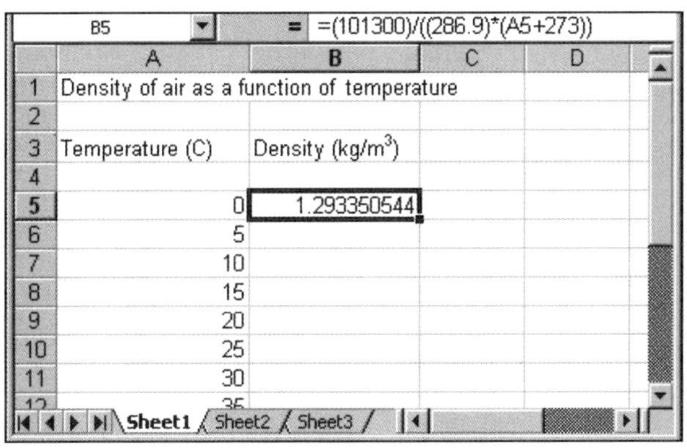

6. 셀 B6부터 B15까지의 식을 홈 메뉴(탭)와 채우기를 사용하여 복사한다. 또한, 채우기와 + 핸들을 사용하여 식을 복사할 수 있다.

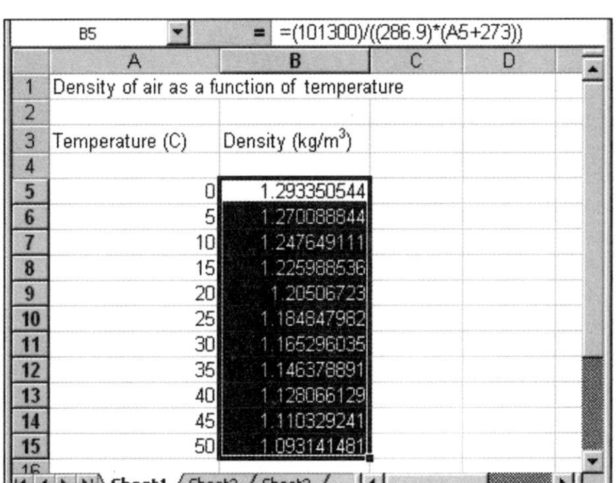

7. 셀 B5:B15를 선택하여 오른쪽을 클릭하고 셀 서식을 선택한다. 보기와 같이 소수 둘째 자리수로 변환한다.

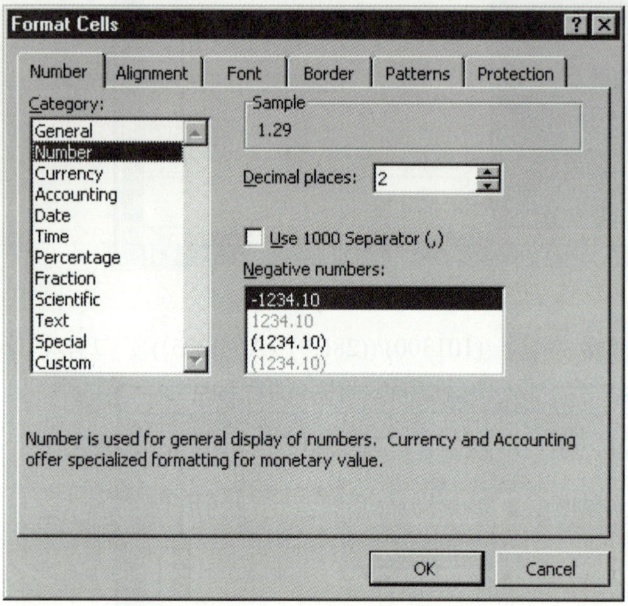

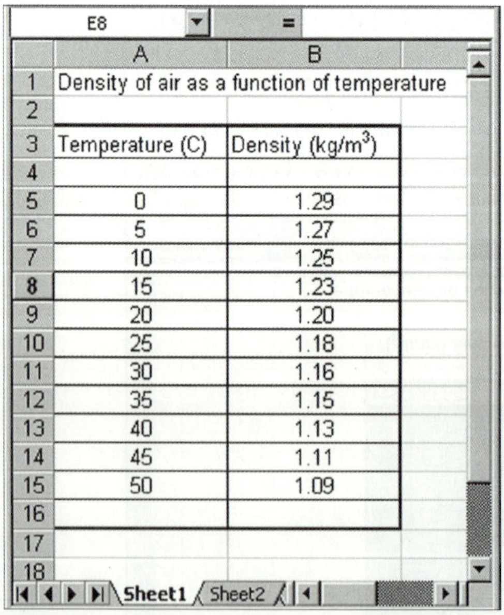

그림 14.3 예제 14.1의 최종 결과

[그림 14.3]을 보면 예제 14.1의 결과가 나와 있다. 셀의 결과값들은 툴바의 가운데 버튼(아이콘)을 선택함으로써 가운데 정렬되어있다.

절대 셀 참조, 상대 셀 참조, 복합 셀 참조

수식을 작성할 때 다른 셀에 패턴 복사하기 위해서 채우기 명령어를 쓸 경우 참조할 셀의 주소를 주의해야 한다. 수식에서 셀의 주소를 참조하는 방법은 절대, 상대, 복합 참조인 세 가지로 나뉜다.

절대, 상대, 복합 참조의 차이점을 자세하게 이해하기 위해서 [그림 14.4]에 보여주는 예제에서 알 수 있다. 절대 참조(absolute reference)는 글자 그대로 절대라는 의미이고 채우기 명령을 사용해서 수식을 다른 셀로 복사할 때 바뀌지 않는다. 셀의 절대 참조의 형식은 $열–글자$행–숫자이다. 예를 들면 A3은 수식이 어떤 방식으로 복사되어도 항상 셀 A3 내용을 의미한다. 아래에서 보여준 예를 보면 셀 A3은 1000이란 값을 가지고 있고 만약에 셀 B3에 수식 =0.06*A3을 입력하면 결과는 60이 된다. 만약에 채우기 명령을 사용해서 수식을 셀 B4에서 B11까지 복사하면 [그림 14.4(a)]에 보인 것처럼 셀 B4에서 B11까지의 값이 모두 60이 된다.

반면에 상대 참조(relative reference)를 셀 A3에 사용할 경우 채우기 명령을 사용해서 수식을 복사했을 때 모두 다르게 복사된다.

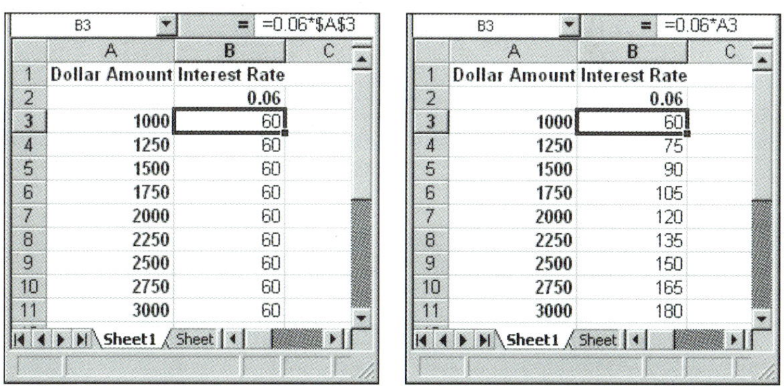

(a) (b)

그림 14.4 공식에서 절대 셀 참조와 상대 셀 참조가 쓰인 경우 그 결과의 차이를 보이는 예

셀에 상대 참조를 만들기 위해서는 $와 같은 기호가 필요 없이 셀의 주소만 참조한다. 예를 들면 셀 B3에 수식 =0.06*A3을 입력하면 결과가 60이 나오고, 채우기 명령을 사용해서 셀 B4에 수식을 복사했을 경우 A3의 수식이 자동으로 A4로

바뀌게 되어서 결과는 75가 나온다. 이제 셀 B4의 수식은 =0.06*A4인 점을 기억해야 한다. 채우기 명령을 B4에서 B11까지 적용한 결과는 [그림 14.4(b)]에 나온다.

복합 셀 참조(mixed cell reference)에는 두 가지 방법이 있다: (1)절대(안 바뀜)적인 열과 상대적인 행을 두는 방법, (2)절대적인 행과 상대적인 열. 예를 들면 수식에 $A3을 사용했을 경우 열 A는 절대적으로 바뀌지 않고 행 3은 상대적으로 수식이 다른 셀에 복사될 때마다 바뀐다. 반면에 A$3은 행 3이 절대적으로 고정되어있고 열 A는 수식이 다른 셀에 복사될 때마다 바뀜을 뜻한다. 다음 예를 보면 복합 셀 참조가 명시되어 있다.

예제 14.2

엑셀을 이용해서 [표 14.2]에서 보여준 것처럼 이자와 예금한 금액의 관계를 작성하라.

예제 14.2에서 표를 작성하기 위해서는 [그림 14.5]에서처럼 달러 금액을 열로 정하고 행을 이자로 정한다. 셀 B3에 수식 =$A3*B$2를 입력한 후에 [그림 14.5]와 같이 채우기 명령을 사용해서 수식을 다른 셀에 복사한다. A3 앞의 달러 기호는 다른 셀에 수식을 복사하여 계산할 때 행 A는 바뀌지 않는다는 뜻이다. 또 2 앞에 있는 달러 기호는 채우기 명령이 실행되어서 계산될 때 열 2는 바뀌지 않는다는 뜻이다.

표 14.2 이자와 예금액의 관계

	Interest Rate			
Dollar Amount	0.06	0.07	0.075	0.08
1000	60	70	75	80
1250	75	87.5	93.75	100
1500	90	105	112.5	120
1750	105	122.5	131.25	140
2000	120	140	150	160
2250	135	157.5	168.75	180
2500	150	175	187.5	200
2750	165	192.5	206.25	220
3000	180	210	225	240

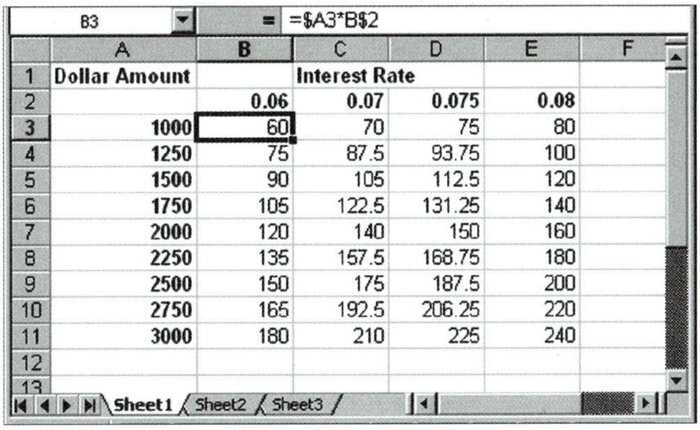

B3 = =$A3*B$2

	A	B	C	D	E	F
1	Dollar Amount		Interest Rate			
2		0.06	0.07	0.075	0.08	
3	1000	60	70	75	80	
4	1250	75	87.5	93.75	100	
5	1500	90	105	112.5	120	
6	1750	105	122.5	131.25	140	
7	2000	120	140	150	160	
8	2250	135	157.5	168.75	180	
9	2500	150	175	187.5	200	
10	2750	165	192.5	206.25	220	
11	3000	180	210	225	240	
12						

Sheet1 / Sheet2 / Sheet3

그림 14.5 예제 14.2의 엑셀 스프레드시트

14.4 엑셀 함수 사용

엑셀은 데이터를 분석하기 위해서 사용할 수 있는 많은 양의 고유함수를 제공한다. 고유함수는 각도의 사인, 코사인뿐만 아니라 데이터 점들의 총 값, 평균값, 표준편차와 같은 표준 함수들을 의미한다. 엑셀 함수는 수학과 삼각법, 통계, 회계, 논리 등으로 분류되어 있다. 이 장에서는 공학 교육 또는 향후의 엔지니어로서 사용할 일반적인 함수에 대해서 배울 것이다. 이미 아는 함수가 있을 경우에는 함수의 이름을 셀 안에 입력하고 모르는 함수인 경우에는 메뉴 줄에서 입력 함수(f_x) 버튼을 선택하고 함수의 목록에서 함수의 이름을 선택한다. 또한, 입력 함수 메뉴 좌측 하단의 도움버튼을 활성화하면 함수의 계산과 함수의 사용방법에 관한 정보를 얻을 수 있다.

일반적으로 사용되는 엑셀 함수는 다음의 예에서 보여 지며 [표 14.3]에 적합한 쓰임과 설명이 나열되어 있다. [표 14.3]을 익힐 때 예제 14.3과 [그림 14.6]을 참조하라.

표 14.3 **공학 분석에 사용할 수 있는 엑셀 함수들**

Function	Description of the Function	Example	Result of the Example
SUM(range)	It sums the values in the given range.	=SUM(A1:B10) or =SUM(values)	164
AVERAGE(range)	It calculates the average value of the data in the given range.	=AVERAGE(A1:B10) or =AVERAGE(values)	8.2
COUNT	It counts the number of values in the given range.	=COUNT (A1:B10) or =COUNT(values)	20
MAX	It determines the largest value in the given range.	=MAX(A1:B10) or =MAX(values)	10
MIN	It determines the smallest value in the given range.	=MIN(A1:B10) or =MIN(values)	6
STDEV	It calculates the standard deviation for the values in the given range.	=STDEV(A1:B10) or =STDEV(values)	1.105
PI	It returns the value of π, 3.141519265358979 accurate to 15 digits.	=PI()	3.141519265358979
DEGREES	It converts the value in the cell from radians to degrees.	DEGREES(PI())	180
RADIANS	It converts the value from degrees to radians.	RADIANS(90) or =RADIANS(D1)	1.57079 3.14159
COS	It returns the cosine value of the argument. The argument must be in radians.	=COS(PI()/2) or =COS(RADIANS(D1))	0 -1
SIN	It returns the sine value of the argument. The argument must be in radians.	=SIN(PI()/2) or =SIN(RADIANS(D1))	1 0

엑셀 함수의 더 많은 예는 [표 14.4]에 나타난다.

예제 14.3

[그림 14.6]의 워크시트에 값들이 주어져 있고, [표 14.3]의 엑셀에는 앞으로 자주 사용될 함수들이 있으며, [그림 14.3]의 열 A와 B에는 인수라고 하는 데이터 범위가 주어져 있는데 셀 D1은 각도 180이다. 셀 E1에서 E14까지는 함수가 입력되어 있다는 점을 주목하고 엑셀의 함수로 계산된 결과가 모두 그 셀에 나타난다.

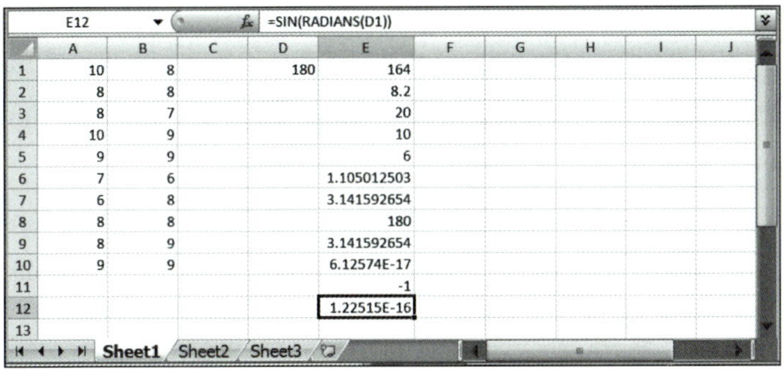

그림 14.6 예제 14.3에 대한 엑셀 워크시트

표 14.4 추가적인 엑셀 함수의 예

Function	Description of the Function
SQRT(x)	Returns the square root of value x.
FACT(x)	Returns the value of the factorial of x. For example, FACT (5) will return: (5)(4)(3)(2)(1)=120.
Trigonometric Functions	
TAN(x)	Returns the value for the tangent of x. The argument must be in radians.
DEGREES(x)	Converts the value of x from radians to degrees. It returns the value of x in degrees.
ACOS(x)	This is the inverse cosine function of x. It is used to determine the value of an angle when its cosine value is known. It returns the angle value in radians, when the value of cosine between -1 and 1 is used for argument x.
ASIN(x)	This is the inverse sine function of x. It is used to determine the value of an angle when its sine value is known. It returns the angle value in radians when the value of sine falls between -1 and 1.
ATAN(x)	This is the inverse tangent of the x function. It is used to determine the value of an angle when its tangent value is known.
Exponential and Logarithmic Functions	
EXP(x)	Returns the value of e^x
LN(x)	Returns the value of the natural logarithm of x. Note that x must be greater than 0.
LOG(x)	Returns the value of the common logarithm of x.

Now와 Today 함수

중요한 엑셀 문서 작업을 할 때, 문서가 마지막으로 수정된 것을 표시해주는 것은 좋은 방법이다. 마지막으로 수정됨: =now() 또는 =today() 형태로 사용할 수 있

다. 이 엑셀 문서를 수정할 때마다 now() 함수는 자동으로 마지막으로 수정된 날짜와 시간을 업데이트시킬 것이다. 그래서 시트를 프린트할 때 날짜와 시간이 표시될 것이다. 만약 today() 함수를 사용한다면 날짜만 업데이트될 것이다.

예제 14.4

[표 14.5]에 주어진 물의 밀도 데이터들의 평균(산술 평균)과 표준편차를 엑셀을 사용해서 계산하라.

각 단계를 확인하면서 [그림 14.7]을 참조하라.

1. 셀 B1에 그룹 A 결과를 입력하고 셀 C1에는 그룹 B 결과를 입력한다.
2. 셀 B3와 C3에는 각각 밀도(kg/m^3)를 입력한다. 입력한 kg/m^{3}에서 3을 강조하고 3을 위 첨자로 나타내기 위해 다음과 같은 명령을 따른다. 서식에서 셀을 누르고 다시 셀 메뉴에서 위 첨자의 토글 스위치를 켜라. 셀 B5에서 셀 C14에는 그룹 A와 그룹 B에 대한 밀도값을 입력한다.

표 14.5 예제 14.4의 데이터

Group A Findings	Group B Findings
ρ(kg/m^3)	ρ(kg/m^3)
1020	950
1015	940
990	890
1060	1080
1030	1120
950	900
975	1040
1020	1150
980	910
960	1020

3. 다음은 그룹 A와 그룹 B의 데이터의 산술 평균을 계산하기 위해서 제목을 작성해야 한다. 제목은 데이터의 평균을 계산하는 것이기 때문에 평균이란 단어를 사용하기로 한다. 셀 B15에 제목을 평균이라고 입력한다.
4. 엑셀에서 평균을 계산하기 위해서는 다음과 같이 평균 함수를 이용한다. 셀 B16에 =AVERAGE(B5:B14)를 입력하고 셀 C16에도 동일한 방법으로 =AVERAGE(C5:C14)를 입력한다.

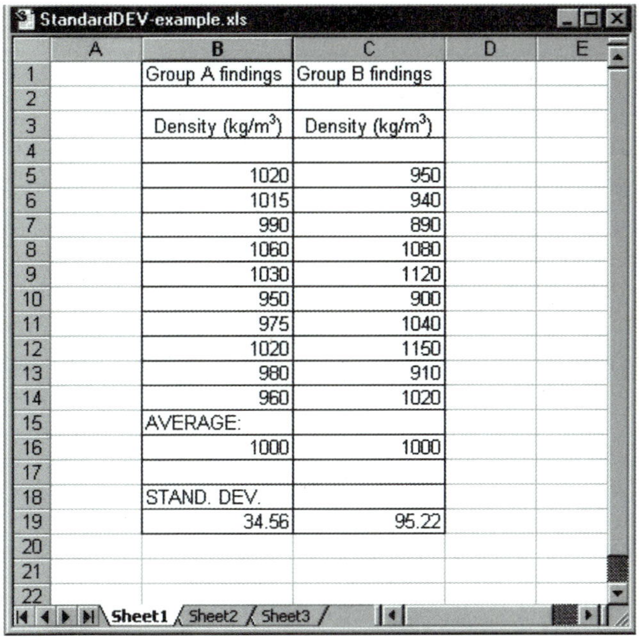

StandardDEV-example.xls

	A	B	C	D	E
1		Group A findings	Group B findings		
2					
3		Density (kg/m³)	Density (kg/m³)		
4					
5		1020	950		
6		1015	940		
7		990	890		
8		1060	1080		
9		1030	1120		
10		950	900		
11		975	1040		
12		1020	1150		
13		980	910		
14		960	1020		
15		AVERAGE:			
16		1000	1000		
17					
18		STAND. DEV.			
19		34.56	95.22		
20					
21					
22					

Sheet1 / Sheet2 / Sheet3

그림 14.7 예제 14.4의 엑셀 스프레드시트

5. 다음은 표준편차의 제목을 표준편차로 정하고 셀 B18에 입력한다.
6. 그룹 A의 결과의 표준편차를 계산하기 위해서는 셀 B19에 =STDEV(B5:B14)를 입력하고 그룹 B의 결과의 표준편차를 계산하기 위해서는 셀 C19에 =STDEV(C5:C14)를 입력한다. 이 단계에서 STDEV라는 함수와 적절한 데이터 범위를 사용했다.

예제 14.4의 결과는 [그림 14.7]에 보여 진다.

14.5 엑셀 논리 함수의 사용

엑셀의 논리 함수는 데이터를 분석하기 위해서 수식을 프로그래밍할 때 여러 조건을 실험할 수 있다. 엑셀의 논리 함수와 그 설명은 [표 14.6]에 나열되어 있다.

엑셀에는 여러 상대적 크기나 규모의 비교를 실험해 볼 수 있도록 관계 또는 비교 연산자가 있다. 이러한 관계 연산자는 [표 14.7]에 나타나 있다. 엑셀의 논리 함수와 비교 연산자의 사용을 예제 14.5를 통해 배워보겠다.

표 14.6 엑셀의 논리 함수

Logical Functions	Description of the Function
AND(logic1, logic2, logic3, …)	Returns true if all arguments are true and returns false if any of the arguments are false.
False( )	Returns the logical value false.
IF(logical test, value_if_true, value_if_false)	It first evaluates the logical test; if true, then it returns the value_if_true; if the evaluation of the logical test deems false, then it returns the value_if_false value.
NOT(logical)	Reverses the logic of its argument; returns true for a false argument and false for the true argument.
OR(logical1, logical2, …)	Returns TRUE if any argument is true and returns FALSE if all arguments are false.
TRUE( )	Returns the logical value TRUE.

표 14.7 엑셀의 관계 연산자와 그 설명

Relational Operator	Description
<	Less than
<=	Less than or equal to
=	Equal to
>	Greater than
>=	Greater than or equal to
< >	Not equal to

예제 14.5

[그림 14.8]에 있는 수송관은 조절(점검) 밸브에 연결되어 있고 이 밸브는 압력이 20kPa에 도달하면 열린다. 여러 시간에 걸쳐서 압력을 읽고 기록했다. 엑셀의 논리 함수를 이용해서 점검 밸브의 열림과 닫힘 상태의 리스트를 작성하라([그림 14.9] 참조).

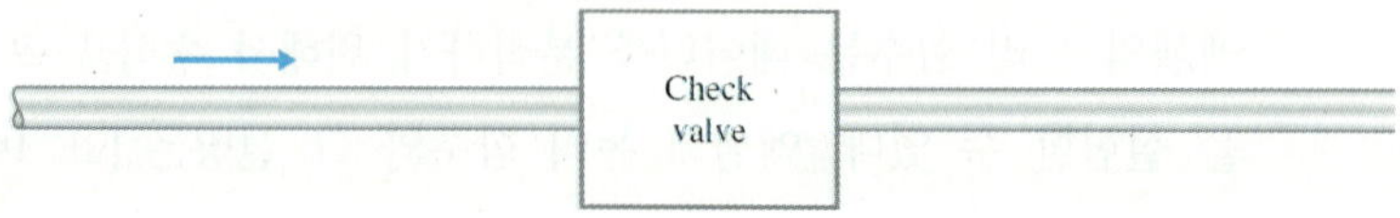

그림 14.8
예제 14.5의 개요도

예제 14.5의 결과는 그림에 나타나 있다. 읽힌 압력은 열 A에 입력되어 있다.

셀 B3에는 함수 =IF(A3>=20,“OPEN”,“CLOSED”)를 입력하고 채우기 명령을 이용해서 함수를 셀 B4에서 B10까지 복사했다. 여기서 비교 연산자인 >=을 이용했고 상대 참조를 IF 함수에서 이용했다.

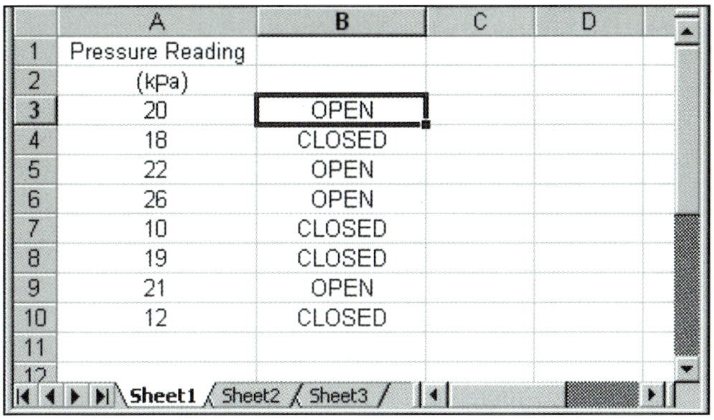

그림 14.9
예제 14.5의 결과

14.6 엑셀을 이용한 그래프

오늘날 스프레드시트는 차트를 작성하는 데 여러 가지 옵션이 있다. 막대형 차트(분포도), 파이 차트, 선형 차트, xy 차트 등을 작성할 수 있다. 엔지니어가 되고자 하는 학생으로서 앞으로 xy-형태의 차트가 가장 많이 쓰일 것이므로 xy 차트를 작성하는 방법을 자세하게 설명한다.

엑셀에는 차트를 작성하기 위해서 단계별 설명이 있는 차트 마법사라는 대화 상자가 있다. 엑셀 차트 마법사를 이용해서 차트를 작성할 때는 아래의 단계를 따라가면 된다.

이 장 앞에서 설명한 바와 같이 데이터 범위를 선택한다.

- 툴바에 있는 버튼 중 차트 마법사를 클릭한다.
- 차트 종류 중 XY(분산형)를 선택한다. XY(분산형)를 선택하면 4개의 하위 종류가 있다(꺾은 선형을 XY(분산형)로 착각할 수 있다는 점을 유의해야 함).
- 네 가지의 하위 종류 중에서 곡선으로 연결된 분산형을 선택한다.
- 다음을 클릭한다.
- 선택된 데이터의 범위가 데이터 범위 박스에 나타난다.

- 다음을 클릭한다.
- 차트의 옵션 대화상자 안에서 차트 제목, 종류(X) 축(X축의 제목), 값(Y) 축(Y축의 제목)을 입력하고 다음을 클릭한다.

공학 차트를 작성 시 어떤 방법을 사용하던 각 축에 적절한 이름과 단위를 입력해야 한다. 또한, 차트가 무엇을 의미하는지 제목과 함께 숫자를 포함해서 자세하게 나타내야 한다. 같은 차트상에 데이터의 세트가 하나 이상인 경우 일람표나 각 데이터 세트에 사용되는 기호의 리스트가 있어야 한다.

예제 14.6

예제 14.1의 결과를 이용해서 공기 밀도의 값을 온도의 함수로 나타내도록 그래프를 작성하라.

1. 보기와 같이 데이터의 범위를 선택한다.

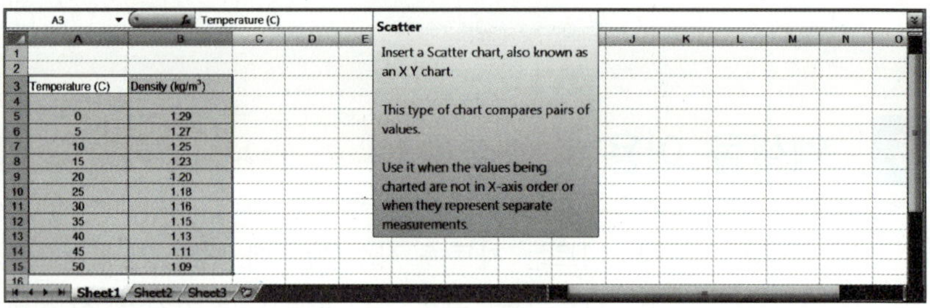

2. 다음으로 삽입 탭을 누르고 "분산형"에서 "곡선 및 표식이 있는 분산형"을 선택한다.

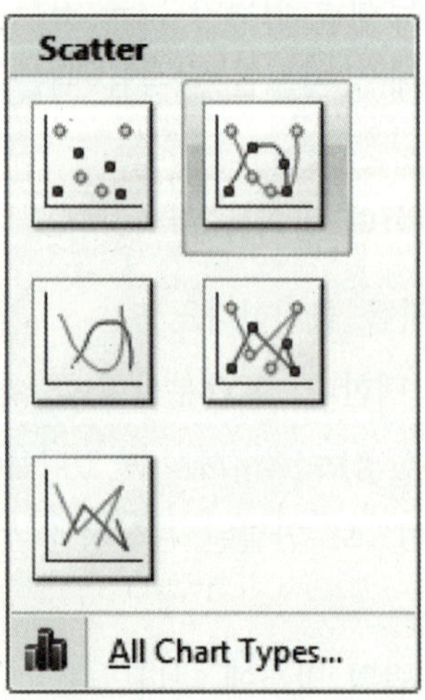

3. 차트가 보이면 X축과 Y축의 제목을 입력하고 차트의 제목과 윤곽선을 원하는 대로 변경한다. 이를 위해 레이아웃 탭을 선택하고 축 제목버튼, 차트 제목버튼, 그리드 라인 등의 적절한 버튼을 클릭한다.

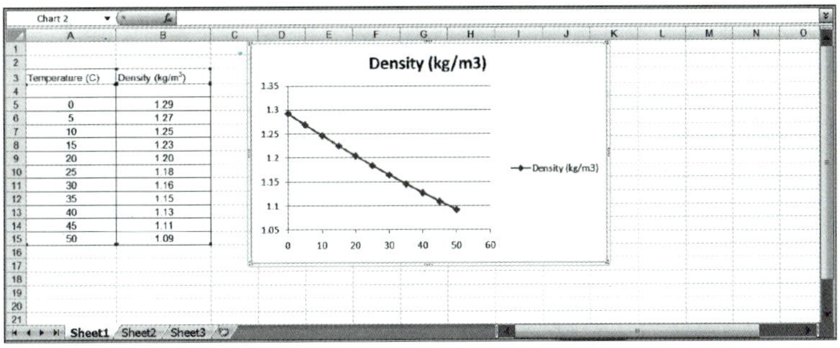

4. 마지막으로 차트를 다음과 같이 적절한 위치로 옮길 수 있다. 만약 차트를 변경해야 한다면 변경하고 싶은 항목을 선택하고 오른쪽 클릭을 하면 메뉴 창이 나타난다.

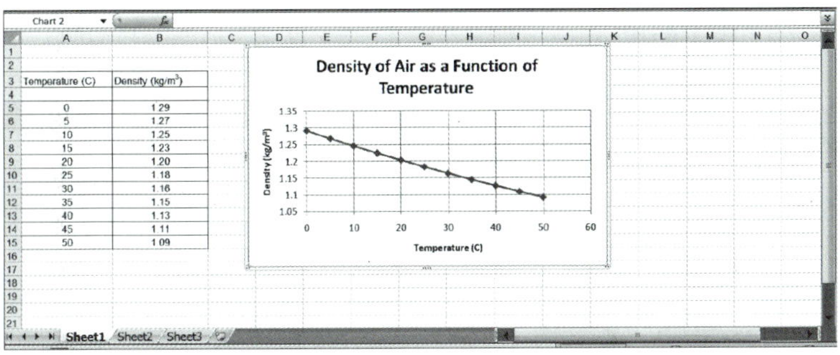

하나의 차트상에 여러 데이터 세트를 놓을 수 있다는 점을 알아두면 유용하다. 그렇게 하기 위해서는 차트상에 아무 곳이나 클릭하고 차트를 선택한다. 차트 메뉴에서 데이터 추가라는 명령을 선택하고 단계별로 다른 데이터 세트를 차트상에 구상할 수 있다.

동일한 차트에서 두 가지 다른 범위의 데이터 그래프

때때로, 하나의 차트상에 동일한 종속 변수에 대하여 두 가지 변수들의 차트를 나타내는 것은 편리하다. 예를 들어 [그림 14.10]에서와 같이, 온도와 바람의 세기가 동일한 종속 변수인 시간에 대하여 어떻게 변하는가를 보여주고 있다.

예제 14.7을 통해, 우리는 동일한 차트상에서 어떻게 두 가지 다른 범위의 데이터들을 나타낼 수 있는가를 보여줄 것이다.

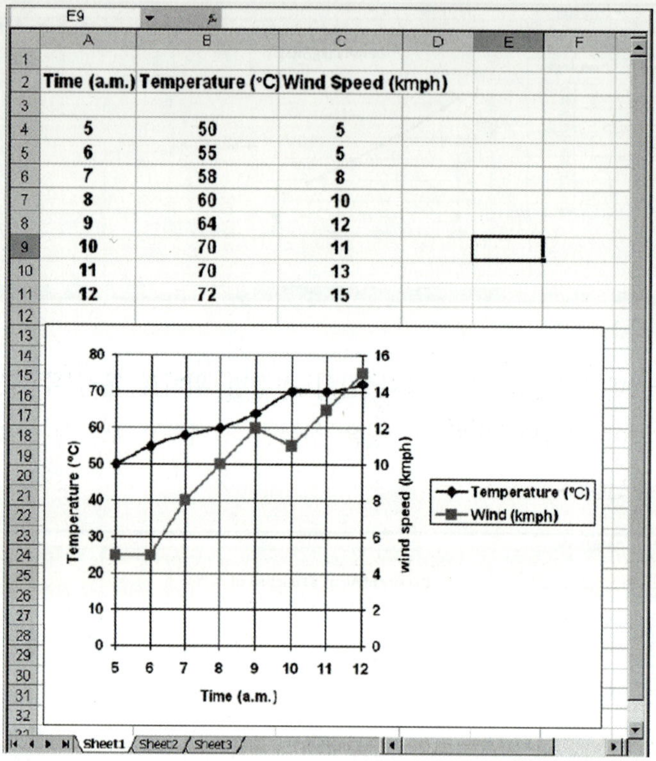

Time (a.m.)	Temperature (°C)	Wind Speed (kmph)
5	50	5
6	55	5
7	58	8
8	60	10
9	64	12
10	70	11
11	70	13
12	72	15

그림 14.10 다른 범위의 두 가지 데이터를 나타내기 위한 엑셀 사용

예제 14.7

km per Liter와 Liters per km 두 가지를 고려한 연료 소비량을 나타내기 위해서 다음과 같은 실험조건을 사용하시오: V는 시간당 자동차가 주행하는 속도이고, 주어진 조건 범위는 $20 \leq V \leq 75$이다.

$$Fuel\ Consumption(\text{km per Liter}) = \frac{1000 \times V}{900 + V^{1.85}}$$

각 단계별에 따라 나와 있는 엑셀 시트를 참고하시오.

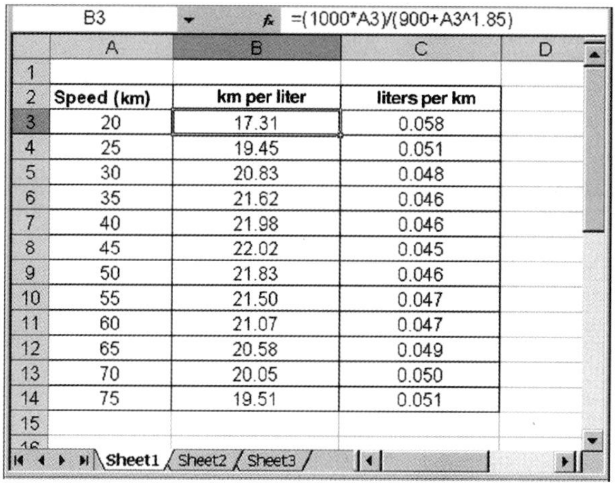

1. 먼저 엑셀과 주어진 공식을 사용, 주어진 속도의 범위에 따라서 km per liter와 liters per km에서의 연료 소비량을 계산한다. 셀 C3부터 C14까지의 값들은 셀 B3부터 B14까지의 역의 값이라는 것을 주의해야 한다.

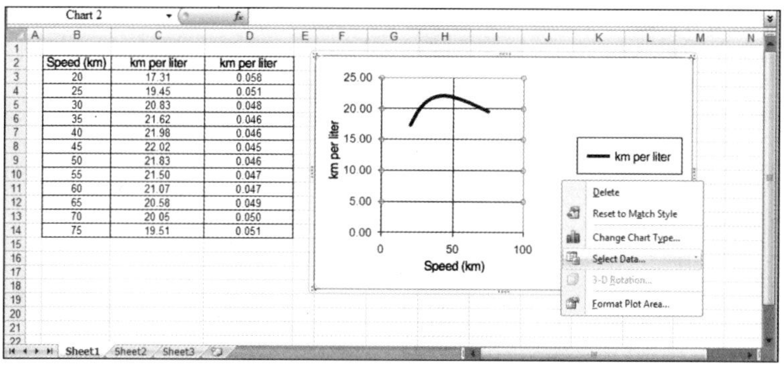

2. 그림에서 보듯이 속도에 대한 km per liter의 연료 소비량을 나타내고 있다.
3. 차트 영역에서 마우스 오른쪽 버튼을 클릭하고 그림에서와 같이 Select Data… 를 선택한다.

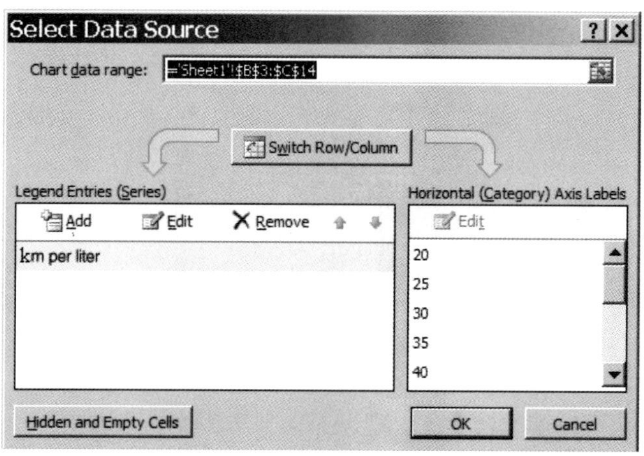

4. Select Data Source 창에서 범례항목 밑에 있는 추가버튼을 클릭한다. 그리고 그림과 같이 계열 이름란에 입력하고 X계열 값과 Y계열 값을 선택한다.

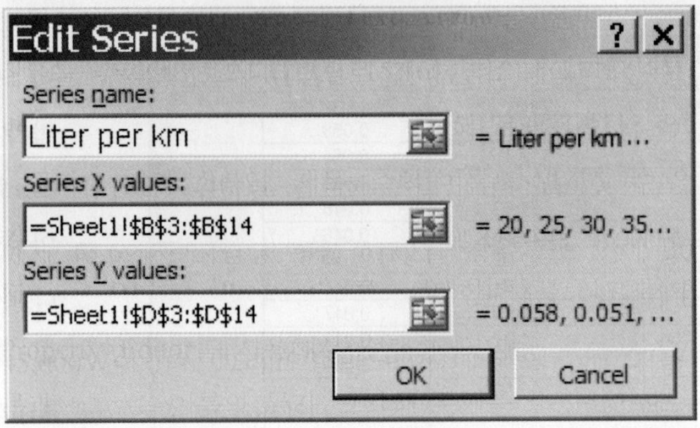

5. 마우스 포인터를 liters per km 곡선 위에 놓고, 왼쪽 버튼을 더블 클릭한다. Format data series…,를 선택하고 계열 옵션에서 보조 축을 선택한다. 차트를 출력할 때 선 스타일을 대시 선으로 변경하여 차트의 두 곡선을 비교하기 쉽게 할 수 있다.

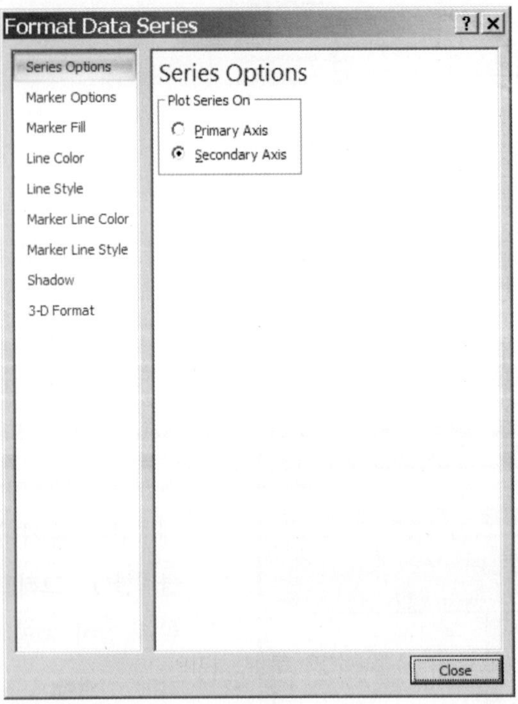

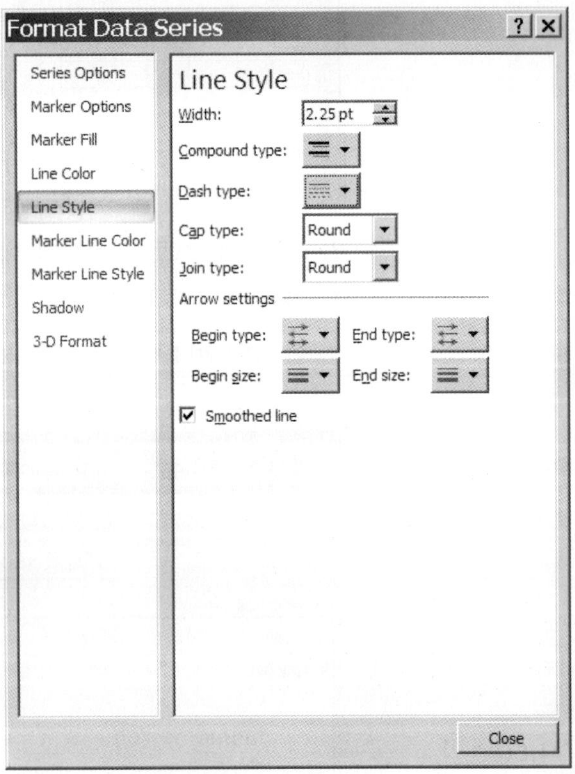

[그림 14.11]에서 보인 예제 14.7에 대한 마지막 결과값

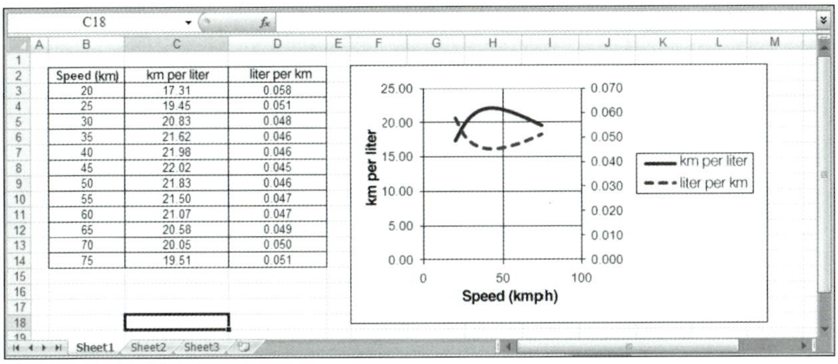

Speed (km)	km per liter	liter per km
20	17.31	0.058
25	19.45	0.051
30	20.83	0.048
35	21.62	0.046
40	21.98	0.046
45	22.02	0.045
50	21.83	0.046
55	21.50	0.047
60	21.07	0.047
65	20.58	0.049
70	20.05	0.050
75	19.51	0.051

그림 14.11 예제 14.11에 대한 마지막 결과값

14.7 엑셀을 이용한 행렬 계산

여러분이 공학 교육을 받는 동안, 다양한 특성의 물리적 변수들에 대해서 배우게 될 것이다. 이러한 변수들은 명백한 하나의 값이나 크기를 가지고 있다. 예를 들어, 시간은 2시간과 같이 하나의 값으로써 설명된다. 하나의 명백한 값으로 표현되는 이러한 물리적 변수들은 스칼라(scalars)라고 부른다. 온도는 스칼라 변수의 또 다른 예이다. 반면, 만약 차량의 속도를 설명한다고 할 때 차량이 얼마나 빠른지는 물론 진행방향까지도 설명할 수 있다. 크기와 방향을 가진 이러한 물리적 변수들은 벡터(vectors)라고 부른다. 그뿐만 아니라, 두 가지 이상의 정보를 정확히 설명하기 위하여 사용되는 다른 기호들이 있다. 예를 들어, 몇 개의 층으로 이루어진 주차장에 주차된 자동차의 위치를 설명해야 한다면, 자동차가 몇 층에(z 좌표) 있는지, 어느 구역과 어느 열에(x, y 좌표) 세워져 있는지를 설명해야 한다. 행렬은 여러 개의 값이 필요한 상황을 설명하기 위하여 자주 쓰인다. 행렬은 숫자, 변수 또는 수학 기호들의 배열이다. 행렬 안을 구성하고 있는 변수들의 수는 행렬의 요소(성분)라 부른다. 행렬의 크기는 열과 행으로 정의되며, m개의 행과 n개의 열로 구성된다. 예를 들면,

$$[N] = \begin{bmatrix} 6 & 5 & 9 \\ 1 & 26 & 14 \\ -5 & 8 & 0 \end{bmatrix} \qquad L = \begin{Bmatrix} x \\ y \\ z \end{Bmatrix}$$

행렬 성분이 숫자인 3×3 행렬 $[N]$이 있고, 변수 x, y 그리고 z를 나타내는 행렬 $\{L\}$이 있다. $[N]$은 정방행렬이라고 부르며, 행의 수와 열의 수가 똑같다. 행렬의 성분들은 각각의 위치로 정의된다. 예를 들어, 첫 번째 행과 세 번째 열의 Matrix $[N]$의 성분값 9는 n_{13}으로 표시된다. 이 책에선, 행렬을 [], {}안에 볼드체 문자로 표시한다. 예를 들어, $[N], [T], \{F\}$ 등으로 표시하고, 행렬 요소들은 소문자로 나타낸다. {}는 열을 구분하기 위해서 사용한다.

열 matrix는 하나의 열을 가지고 있는 행렬로 정의되지만 여러 개의 행을 가질 수 있다. 반면, 행 matrix는 하나의 행을 가지고 있지만 여러 개의 열을 가질 수 있다.

$$\{A\} = \begin{Bmatrix} 1 \\ 5 \\ -2 \\ 3 \end{Bmatrix} \quad \text{and} \quad \{X\} = \begin{Bmatrix} x_1 \\ x_2 \\ x_3 \end{Bmatrix}$$

열 matrix의 예

$$[C] = [5 \ \ 0 \ \ 2 \ \ -3] \quad \text{and} \quad [Y] = [y_1 \ \ y_2 \ \ y_3]$$

행 matrix의 예

18.5절에서, 우리는 행렬 대수에 대해 더 자세히 다룰 것이다. 만약 행렬 대수에 대한 사전지식이 없다면 아래의 예제를 풀기 전에 18.5절을 먼저 살펴보면 된다.

행렬 대수

예제 14.8을 통해서, 우리는 행렬 계산이 어떻게 이루어지는가를 살펴볼 것이다.

예제 14.8

주어진 행렬: $[A] = \begin{bmatrix} 0 & 5 & 0 \\ 8 & 3 & 7 \\ 9 & -2 & 9 \end{bmatrix}$, $[B] = \begin{bmatrix} 4 & 6 & -2 \\ 7 & 2 & 3 \\ 1 & 3 & -4 \end{bmatrix}$, $\{C\} = \begin{Bmatrix} -1 \\ 2 \\ 5 \end{Bmatrix}$ 에 대해

엑셀을 이용하여 다음과 같은 연산을 수행하시오.

(a) $[A] + [B] = ?$

(b) $[A] - [B] = ?$

(c) $[A][B] = ?$

(d) $[A]\{C\} = ?$

행렬 대수의 연산 규칙을 모른다면, 책의 18.5에 나와 있는 행렬 대수의 연산 규칙을 참고하시오. 예제에서 사용하는 계산방법은 현재 Part에서 이미 다루고 있다. 단계별로 나와 있는 엑셀 그림 예제를 참고하시오.

1. 현재 셀에서 알맞은 값들과 문자들을 입력한다. Format Cells와 Font를 이용하여 아래 그림과 같은 형태로 만든다.

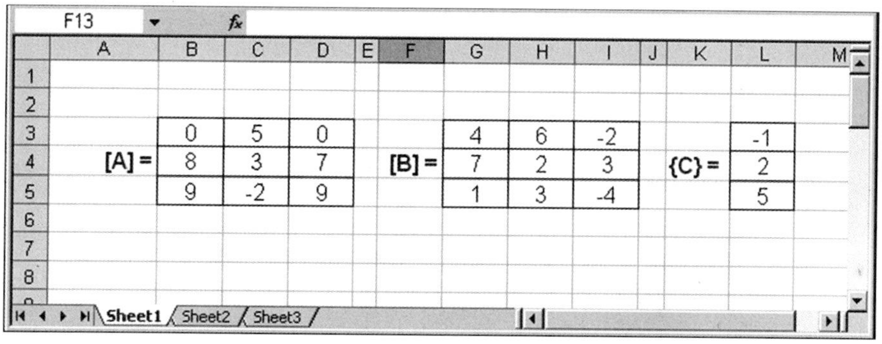

2. 셀 A10에서 $[A]+[B]$.=를 입력하고, 마우스 왼쪽버튼을 사용하여 셀 B9부터 D11영역을 선택한다.

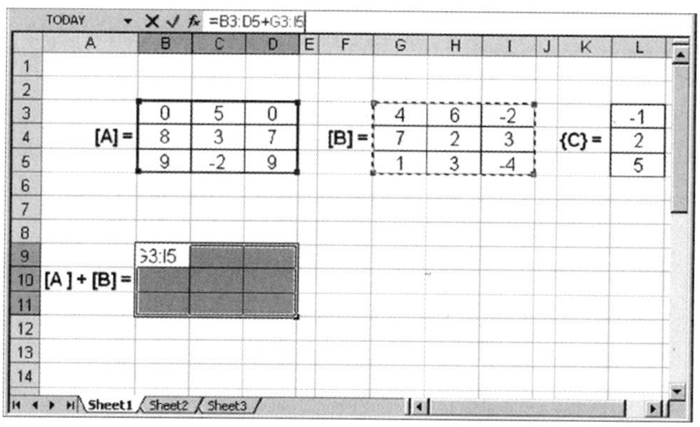

3. 다음으로, 수식 줄에서 =B3:D5+G3:I5를 입력한 후 Ctrl+Shift키를 누른 상태에서 Enter키를 친다. 마우스를 이용하여 데이터 값을 입력할 필요 없이 B3:D5 영역이나 G3:I5 영역도 선택할 수 있다. 이 연산의 입력을 마치면 결과값을 나타낸다.

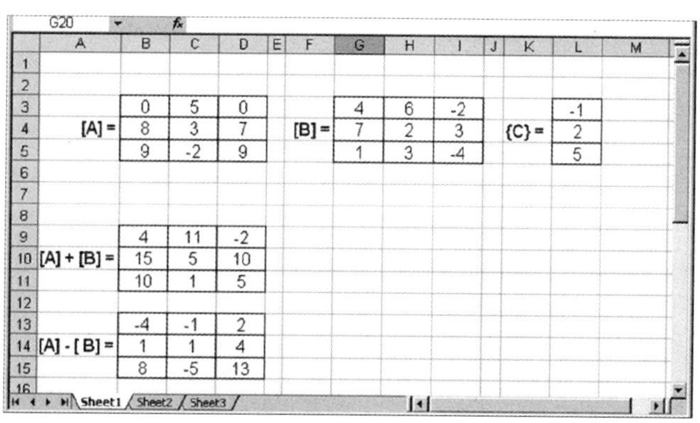

위와 동일한 방법으로 $[A]-[B]$도 구할 수 있다(단, 수식 창에서 =B3:D5−G3:I5 기호에 주의).

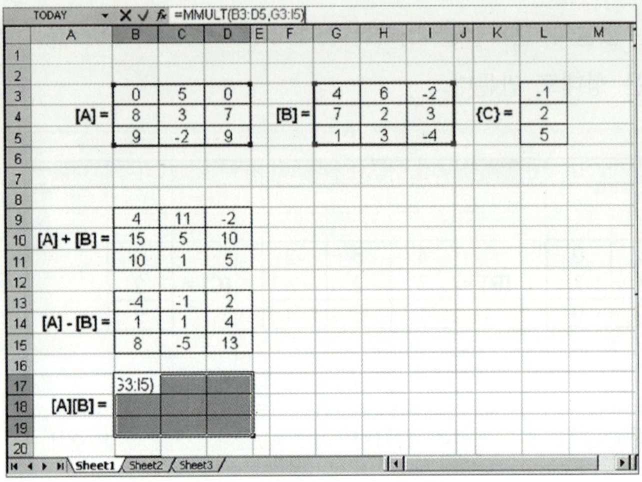

4. 행렬의 곱을 수행하기 위해서, 우선 $[A][B]$=을 셀 A18에 입력한 뒤 그림과 같이 셀 영역 B17부터 D19를 선택한다.

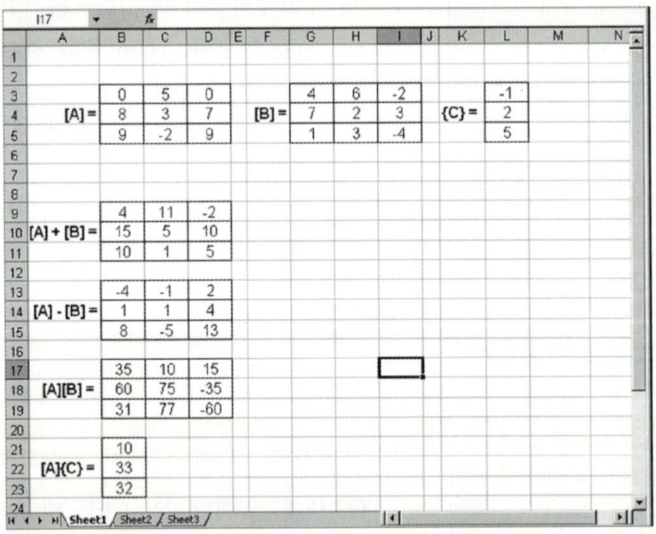

5. 수식 줄에서, =MMULT(B3:D5, G3:I5)를 입력한 후, Ctrl+Shift 키를 누른 상태에서 Enter키를 친다. 비슷한 방법으로, $[A]\{C\}$연산을 수행한다. 셀 영역 B21부터 B23 영역을 선택하고 수식 줄에서 =MMULT(B3:D5, L3:L5)를 입력한 뒤, Ctrl+Shift키를 누른 상태에서 Enter키를 친다.

많은 공학 문제의 수식들은 수학 방정식 구조로 가져왔다. 차후 수학과 공학 수업들을 통해서, 선형 방정식의 문제들을 해결할 수 있는 많은 방법이 존재한다는 것을 알게 될 것이다. 예제 14.9에서는 연립 1차 방정식을 해결하기 위하여 엑셀을 사용하는 방법을 보여준다.

예제 14.9

다음과 같은 3가지 1차 방정식을 고려하여, 엑셀을 어떻게 사용하여 문제를 해결하는지 알아본다.

$$2x_1 + x_2 + x_3 = 13$$

$$3x_1 + 2x_2 + 4x_3 = 32$$

$$5x_1 - x_2 + 3x_3 = 17$$

이 문제는 18장에서 자세하게 다루고 있으며, 주어진 각각의 해는 $x_1 = 2$, $x_2 = 5$, $x_3 = 4$이다. 주어진 해의 값을 각각의 방정식에 대입시킴으로써 쉽게 문제를 확인해볼 수 있다.

$$2(2) + 5 + 4 = 13$$

$$3(2) + 2(5) + 4(4) = 32$$

$$5(2) - 5 + 3(4) = 17 \qquad \text{Q.E.D.}$$

단계별로 나와 있는 엑셀 그림 예제를 참고하시오.

1. 현재 셀에서 알맞은 값들과 문자들을 입력한다. Format Cells와 Font를 이용하여 아래 그림과 같은 형태로 만든다.

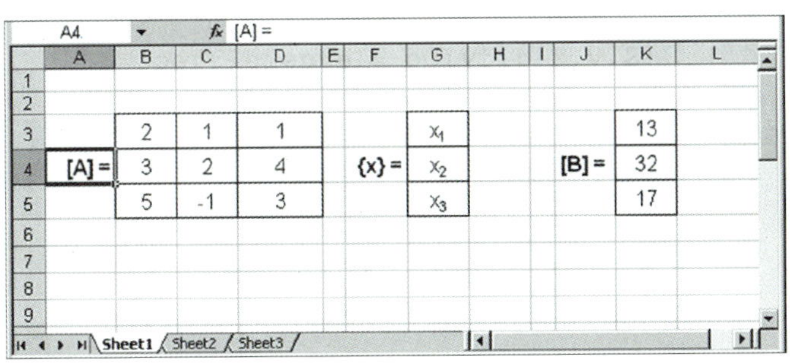

2. 셀 A10에서 $[A]^{-1}$ =을 입력한 후, 왼쪽 마우스 버튼을 이용하여 셀 영역 B9에서 D11을 선택한다.

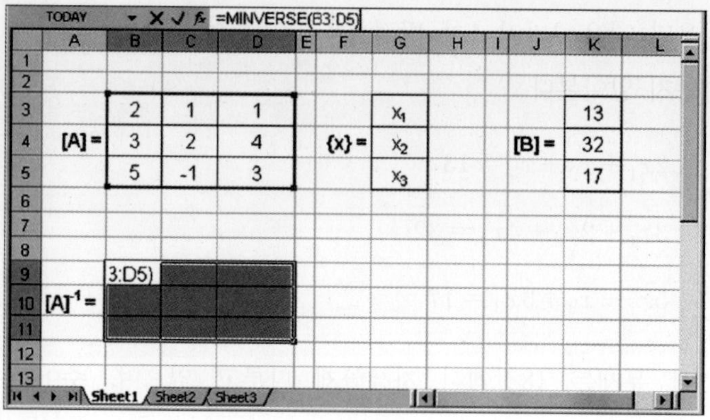

3. 다음으로, 수식 줄에서 =MINVERSE(B3:D5)를 입력한 후, Ctrl+Shift키를 누른 상태에서 엔터키를 친다. $[A]$의 역함수 값이 계산된다.

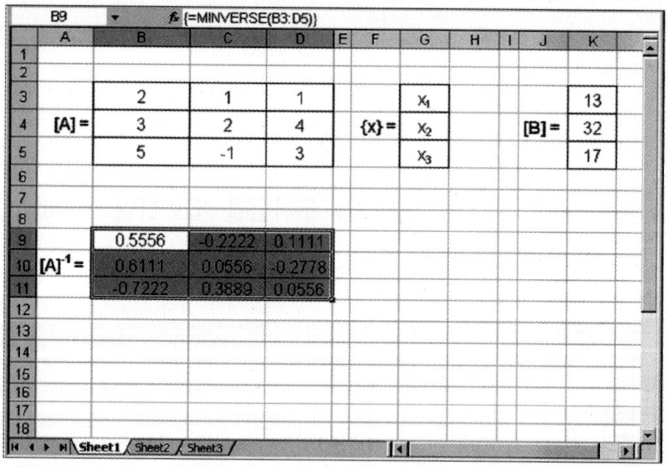

4. 아래 그림과 같이 A14, B13행으로부터 B15, C14, D14 그리고 E14에 알맞은 값들을 입력한다.

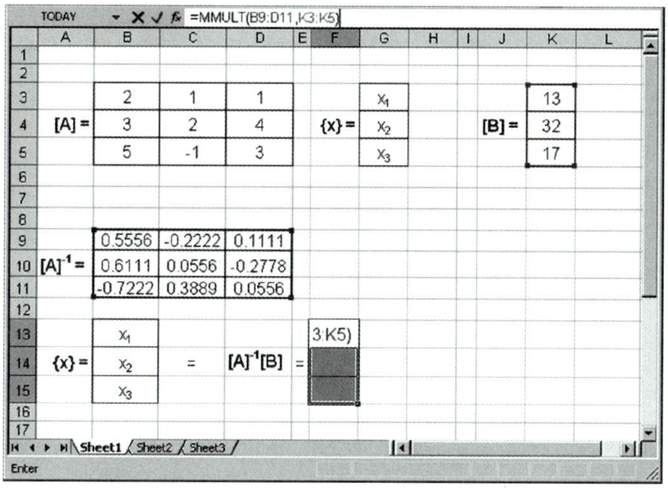

5. 셀 영역 F13부터 F15를 선택하고, 수식 줄에서 =MMULT(B9:D11,K3:K5)를 입력한 후, Ctrl+Shift키를 누른 상태에서 엔터키를 친다. x_1, x_2, x_3의 값들이 그림과 같이 계산된다.

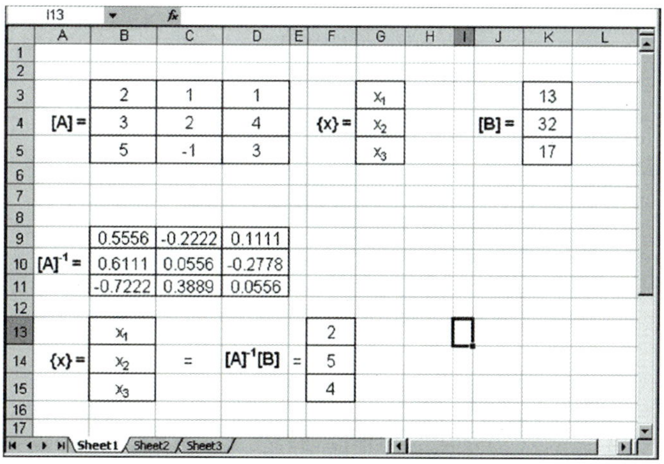

14.8 엑셀을 이용한 곡선 맞춤(curve fitting)

Curve fitting은 데이터 집합에 가장 적합한 방정식을 찾아내는 일을 처리한다. 이러한 기능을 이용할 수 있는 기술은 많이 존재한다. 계산적 방법들과 다른 공학 수업들을 통해 이와 같은 기술들을 배우게 될 것이다. 이 Part에서의 목적은 입력된 데이터 집합에 가장 적합한 방정식을 엑셀을 이용해서 찾아가는 과정을 설명하는 것이다. 예제를 통해 엑셀의 curve fitting 특징들을 설명할 것이다.

예제 14.10

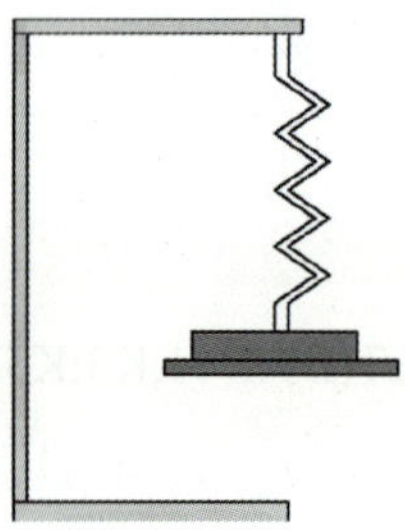

그림 14.12 예제 14.10을 위한 설정된 스프링

우리는 10장에서 선형 스프링에 대해 의논했다. 선형 스프링의 힘과 편향에 대한 데이터 집합에 가장 적합한 방정식을 얻기 위한 엑셀의 사용 방법을 예제 10.1을 통해 다시 살펴볼 것이다. 스프링 상숫값을 측정하기 위하여 주어진 스프링에 [그림 14.12]처럼 고정된 무게 추를 달았다. [표 14.8]에서 제시한 무게크기에 따라 스프링의 편향을 측정하고 기록하였다. 스프링 상숫값은 무엇인가?

표 14.8 예제 14.10에 대한 실험 결과값

Weight(N)	The Deflection of the Spring (mm)
5.0	9
10	17
15.0	29
20.0	35

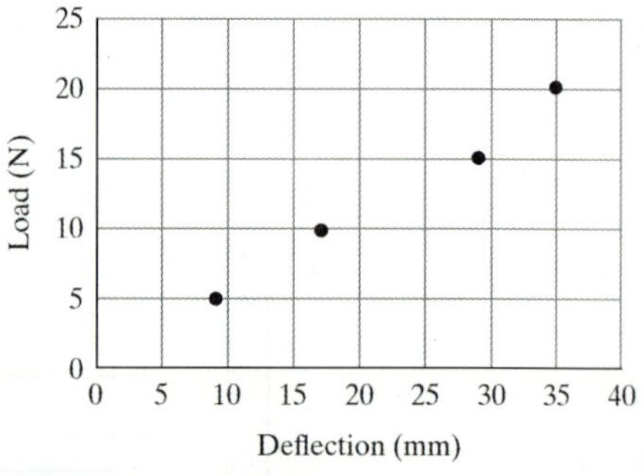

그림 14.13 실험 데이터들의 위치 점들을 연결하지 않은 XY좌표 차트

스프링 상수 k는 힘과 편향의 선 기울기를 계산함으로써 결정된다(slope= 힘의 변화/편향의 변화). 실험에서 [그림 14.13]과 같이 데이터의 위치 점들을 연결하지 않은 XY값들을 사용하여 실험의 편향–무게량의 값들을 나타내기 위해서 엑셀을 사용하였다. 실험에서 얻은 힘과 편향의 위치들을 연결하려 한다면, 각각 실험값의 위치를 지나가는 직선을 얻을 수 없을 것이다.

이러한 경우, 데이터 위치들에 대해서 최적해를 찾기 위하여 노력할 것이다. 이러한 데이터 집합의 최적해를 찾기 위한 여러 가지 수학적 절차가 존재하는데 엑셀에서는 이러한 방법들을 사용한다.

최적해나 추세선을 추가하기 위해서, 마우스 포인터를 데이터 위치 점에 올려놓고 오른쪽 버튼을 클릭 후 [그림 14.14]와 같이 Add Trendline을 선택한다. 다음으로, Format Trendline 대화상자에서 [그림 14.15]와 같이 Trend/Regression type의 Linear 항목을 선택하고 Set intercept=와 Display Equation on chart를 선택한다.

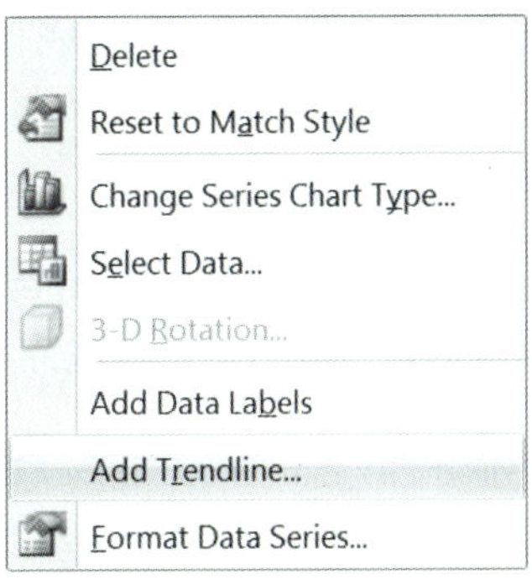

그림 14.14 Add Trendline….

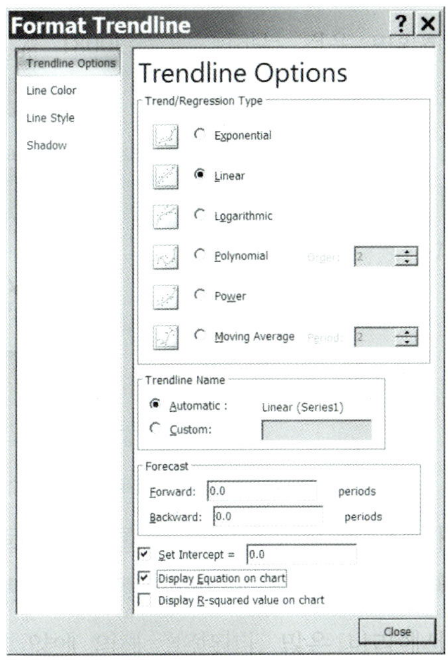

그림 14.15 The Format Trendline 대화상자 형식

닫기를 하면 [그림 14.16]과 같이 $y=0.5542x$가 차트 위에 나타날 것이다. [그림 14.17]과 같이 실험에서의 변수값들을 반영하기 위해 방정식에서의 변수들을 수정하였다.

방정식을 수정하기 위해, 마우스 포인터를 방정식($y=0.5542x$) 위에 놓고 왼쪽 버튼을 클릭하여 [그림 14.17]에서처럼 $F=0.5542x$, 여기서 $F=$ load(N), $x=$deflection(mm)으로 변화시킨다.

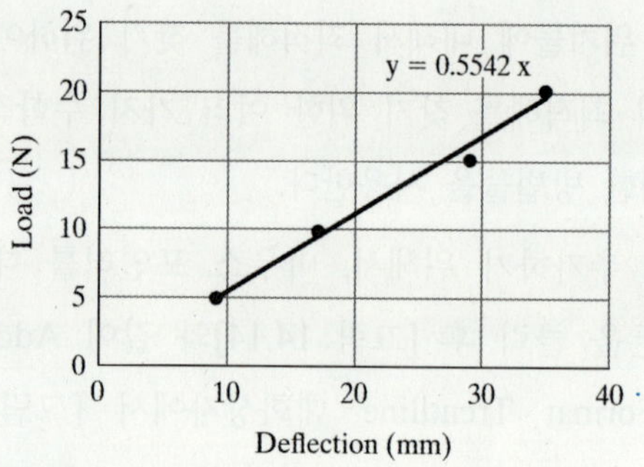

그림 14.16 예제 14.10의 데이터에 대한 선형함수

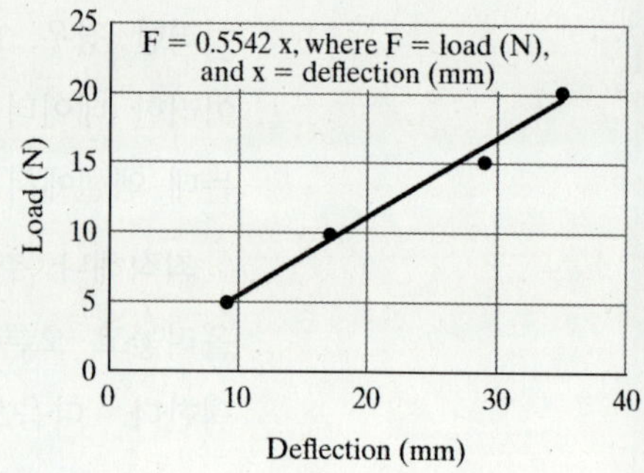

그림 14.17 예제 14.10의 데이터에 대한 수정된 선형함수

표 14.9 측정된 결과값과 예측된 스프링 힘과의 비교

The Measured Deflection of the Spring, x(mm)	Measured Spring Force(N)	The Predicted Force (N) using: $F=0.5542x$
9	5.0	5.0
17	10	9.4
29	15.0	16.1
35	20.0	19.4

선형방정식 $F=0.5542x$가 데이터에 얼마나 적합한지를 시험하기 위해 [표 14.9]와 같이 실제 데이터 값들과 방정식에서 얻어진 값들을 비교하였다. 보는 바와 같이, 방정식은 데이터에 상당히 적합한 것으로 나타난다.

예제 14.11 [표 14.10]에 나와 있는 데이터 집합들에 대해서 최적해를 갖는 방정식을 구하라.

[그림 14.18]과 같이 데이터 위치들의 연결 없이 XY 좌표를 사용하여 데이터 값들을 나타낸다.

추세선을 추가하기 위하여 데이터 위치 점 위에서 마우스 오른쪽 버튼을 클릭한다. 데이터 점들에 관한 그래프는 x와 y 사이의 관계를 나타내고 있는 비선형 방정식이어야 한다. [그림 14.19]와 같이 이차다항식(Order: 2)을 선택하고 Display equation on chart와 Display R-squared value on chart를 선택한다. 닫기 버튼을 누르면, [그림 14.20]과 같이 차트상에 $y=x^2-3x+2$, $R^2=1$이 나타난다. R^2은 결정계수라고 부르며, 이 값은 얼마나 모델이 적합한지를 나타내는 적합도를 의미한다.

표 14.10 A Set of Data Points

X	Y
0.00	2.00
0.50	0.75
1.00	0.00
1.50	−0.25
2.00	0.00
2.50	0.75
3.00	2.00

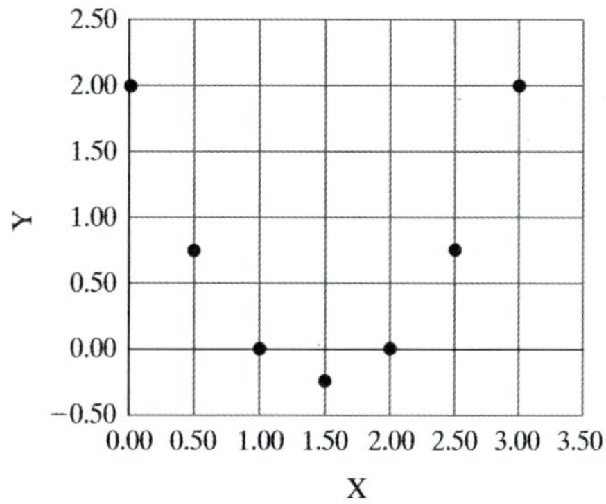

그림 14.18 예제 14.11에 대한 데이터 XY 좌표 차트

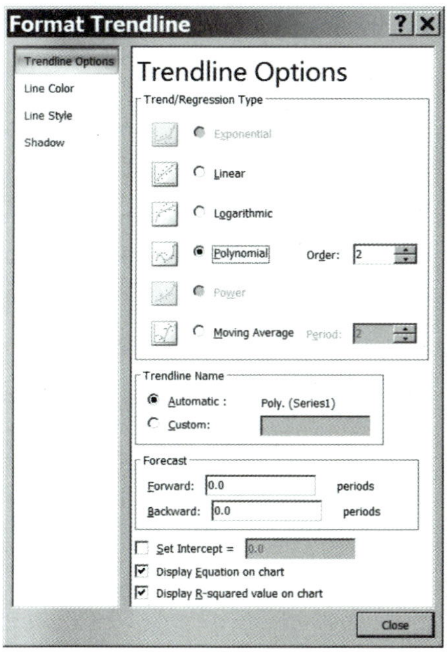

그림 14.19 The Add Trendline dialog box-Type

$R^2 = 1$은 최적 적합도를 나타내며, R^2값이 0으로 가까워질수록 적합도가 낮다. [표 14.11]에서는 실제 데이터 y값과 $y = x^2 - 3x + 2$ 방정식을 사용하여 예측된 y값의 비교를 나타낸다.

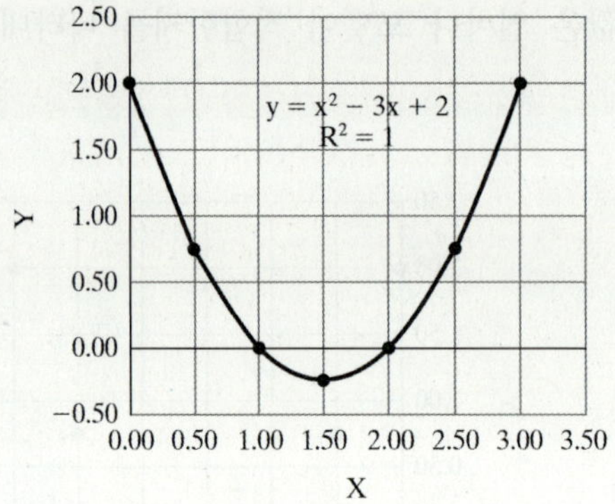

그림 14.20 예제 14.11의 결과

표 14.11 실제 y값과 예측된 y값과의 비교

X	Actual Y	Predicted value of y using $y=x^2-3x+2$
0.00	2.00	2.00
0.50	0.75	0.75
1.00	0.00	0.00
1.50	−0.25	−0.25
2.00	0.00	0.00
2.50	0.75	0.75
3.00	2.00	2.00

요약

이 장에서는 다음을 학습했다.

- 스프레드시트는 공학 문제를 풀기 위해서 사용되는 도구이고 수식을 이용해서 데이터를 저장, 정리 또는 분석하기 위해 많이 사용된다. 또한, 엑셀 같은 스프레드시트를 차트의 형태로 결과를 발표할 수 있다. 사용자가 수식을 개별적으로 입력할 수 있고 스프레드시트에서 제공하는 함수를 이용할 수 있다.
- 워크북을 활용해서 셀 안에 데이터를 입력할 수 있고 셀의 내용을 편집할 수 있다.
- 여러 셀을 한 번에 선택하고 범위를 정할 수 있다. 정한 범위의 제목을 만들어서 사용자의 수식이나 데이터를 구상하는 데 사용할 수 있다.
- 주소를 이용해서 셀을 조회할 수 있다. 셀의 상대 주소, 절대 주소, 복합 주소의 차이를 알고 수식을 작성할 때 적절한 주소의 사용법을 알 수 있다.
- 엑셀에 이미 들어있는 함수가 무엇인지 알 수 있다.
- 이미 존재하는 워크시트에 셀, 행, 열을 삽입할 수 있다.
- 엑셀을 사용해서 적절한 공학 차트를 작성할 수 있다.
- 엑셀을 사용해서 행렬 연산을 수행할 수 있다.
- 엑셀을 사용해서 curve fitting을 수행할 수 있다.

연습문제

14.1 엑셀의 도움 메뉴를 이용해서 다음 함수들의 사용법을 논의하라. 함수의 적절한 예를 증명하라.

a. TRUNC(number, num_digits)
b. ROUND(number, num_digits)
c. COMBIN(number, number_chosen)
d. DEGREES(angle)
e. SLOPE(known_y's, known_x's)
f. CEILING(number, significance)

14.2 20장에서 경제성 공학을 다룰 것이다. 지금은 도움 메뉴를 사용해서 다음의 함수를 알아두어라. 각 함수의 적절한 예를 증명하라.

a. FV(rate, nper, pmt, pv, type)
b. IPMT(rate, per, nper, pv, fv, type)
c. NPER(rate, pmt, pv, fv, type)
d. PV(rate, nper, pmt, fv, type)

14.3 10장에서 액체의 기압과 작은 마을에서 급수탑의 역할을 배웠다. 급수탑의 함수는 한 마을의 가정집과 그 밖의 용도에 사용되는 적절한 물 기압을 작성해야 한다는 점을 되살려보자. 이를 작성하기 위해서는 우선 탱크 안에 많은 양의 물이 들어있어야 한다. 또한, 시립 물 기압이 마을마다 다르지만 대체로 345~550kN/m^2 사이이다. 엑셀을 사용해서 급수탑 안에 지상 물의 높이와 급수탑 받침대에 있는 파이프라인의 물 기압의 관계를 보여주는 표를 작성하라. 관계의 공식은

$$P = \rho g h$$

여기서,

P = 급수탑 받침대의 물 기압은 N/m^2
ρ = 물의 밀도는 kg/m^2(ρ = 1000kg/m^2)
g = 중력에 의한 가속도(g = 9.81m/s^2)
h = 지상에서 물의 높이(m)

물의 높이가 3m씩 증가할 때 급수탑의 받침대에 위치하고 있는 파이프의 수압을 N/mm^{2}로 보여주는 표를 작성하라. 또 수압(N/mm^2)과 높이(m)를 비교하라. 급수탑의 받침대에 위치하고 있는 파이프의 수압이 550kN/m^{2}이기 위해서는 급수탑의 물의 높이가 얼마가 되어야 하는가?

14.4 10장에서 설명했듯이 점성율은 액체의 흐름도를 말한다. 예를 들면 물하고 꿀을 동시에 경사진 평면에 흘리면 물이 더 빨리 흐르므로 꿀의 점성율이 물의 점성율보다 높다. 액체의 점성율은 액체 역학 문제를 푸는 과정에서 중요한 역할을 한다. 다음의 상호관계에서 물의 점성율을 결정할 수 있다.

$$\mu = c_1 10^{c_2/(T-c_3)}$$

여기서,

$\mu \equiv$ 점도율(N/s·m^2)
$T \equiv$ 온도(K)
$c_1 \equiv 2.414\times10^{-5}$(N/s·m^2)
$c_2 \equiv$ 247.8K
$c_3 \equiv$ 140K

엑셀을 사용해서 온도 함수에 대응하는 물의 점성율을 나타내는 표를 작성하라. 온도의 범위는 0°C(273.15K)~100°C(373.15K)로 정하고 5°C씩 증가한다. 또한, 온도 함수에 대응하는 점성율의 값을 보여주는 그래프를 그려라.

14.5 엑셀을 사용해서 섭씨와 화씨로 온도 단위의 관계를 보여주는 표를 작성하라. 온도의 범위는 −50°C부터 150°C이고 증가량은 10°C로 정한다.

14.6 엑셀을 사용해서 센티미터(cm)와 인치(in)와 피트(ft)로 사람 신장의 단위의 관계를 보여주는 표를 작성하라. 범위는 150cm부터 2m이고 증가량은 5cm로 정한다.

14.7 엑셀을 사용해서 킬로그램(kg), 슬러그(slugs), 파운드(lb)로 사람 무게를 설명하는 질량 단위의 관계를 보여주는 표를 작성하라. 범위는 20kg부터 120kg이고 증가량은 5kg으로 정한다.

14.8 엑셀을 사용해서 Pa와 psi로 압력 단위의 관계를 보여주는 표를 작성하라. 범위는 1000~10,000Pa이고 증가량은 500Pa로 정한다.

14.9 엑셀을 사용해서 Pa와 psi로 압력의 단위의 관계를 보여주는 표를 작성하라. 범위는 10kPa부터 100kPa이고 증가량은 5kPa로 정한다.

14.10 엑셀을 사용해서 와트와 마력으로 힘의 단위의 관계를 보여주는 표를 작성하라. 범위는 100W부터 10,000W이고, 1000W까지의 증가량은 100W로 정하고 10,000W까지의 증가량은 1000W로 정한다.

14.11 7장에서 설명했듯이 엔지니어는 차량의 움직임에 있는 공기 저항을 주의 깊게 연구하고 있다. 또한, 자동차의 항력은 차를 풍동 안에서 실험해본 후에 정해진다. 풍동 안의 대기 속도가 바뀌면서 자동차의 항력을 측정한다. 자동차의 실험 데이터는 일반적으로 항력계수라고 부른다. 다음 공식에서 정의된다.

$$C_d = \frac{F_d}{\frac{1}{2}\rho V^2 A}$$

여기서,

C_d = 항력계수(단위 없음)
F_d = 측정한 항력(N)
ρ = 공기 밀도(kg/m^3)
V = 풍동 안의 대기 속력(m/s)
A = 자동차의 앞면(m^2)

A는 자동차 면적의 앞면을 뜻하며 대략 면적은 자동차의 앞면 사각형 윤곽의 가로와 세로를 곱하고 0.85를 곱한다. 이 면적이 자동차의 앞에서 볼 때 보이는 면적일 것이다. 0.85는 둥근 모서리, 범퍼 아래의 빈 공간 등을 계산하기 위해서 사용된다. 다른 예를 들으면, 스포츠카인 경우에는 대표적인 계수값이 0.27~0.38 사이에 있고 세단형 자동차는 0.34~0.5 사이에 있다.

대기 저항을 압도하기 위해서 필요한 힘은 다음과 같이 계산된다.

$$P = F_d V$$

여기서,

P = 힘(watts)

Table-1 Power requirement (kW)

Car speed (m/s)	Ambient Temperature (C) 0	5	10	15	20	25	30	35	40	45
15	2.0	2.0	2.0	1.9	1.9	1.9	1.8	1.8	1.8	1.7
20	4.8	4.7	4.7	4.6	4.5	4.4	4.3	4.3	4.2	4.1
25	9.4	9.3	9.1	8.9	8.8	8.6	8.5	8.4	8.2	8.1
30	16.3	16.0	15.7	15.4	15.2	14.9	14.7	14.4	14.2	14.0
35	25.9	25.4	24.9	24.5	24.1	23.7	23.3	22.9	22.6	22.2

Table-2 Power requirement (hp)

	0	5	10	15	20	25	30	35	40	45
15	2.7	2.7	2.6	2.6	2.5	2.5	2.5	2.4	2.4	2.3
20	6.5	6.4	6.2	6.1	6.0	5.9	5.8	5.7	5.6	5.6
25	12.6	12.4	12.2	12.0	11.8	11.6	11.4	11.2	11.0	10.8
30	21.8	21.4	21.1	20.7	20.3	20.0	19.7	19.4	19.0	18.7
35	34.7	34.0	33.4	32.9	32.3	31.8	31.2	30.7	30.2	29.8

문제 14.11

그리고

1마력(hp) = 746W

이 문제는 자동차의 속력과 공기 온도에 따라서 힘의 요구사항이 어떻게 변하는지 알기 위해서다. 자동차의 항력의 계수가 0.4, 넓이가 1890mm, 높이가 1458mm일 때 압도하기 위한 힘을 구하라. 대기 속력의 범위를 15m/s < V < 35m/s로 놓고, 대기 밀도 범위를 $1.11\text{kg/m}^3 < \rho < 1.29\text{kg/m}^3$로 정한다. 주어진 대기 밀도 범위는 0°~45°C와 일치한다. 대기 밀도를 온도와 연결시키기 위해서 이상적인 기체법을 사용해도 된다. 결과를 마력하고 kilowatts로 보이고 속력과 대기 온도 함수의 힘 소비량에 대해서 논의하라.

14.12 다음 그림에 있는 캔틸래버 광선은 발코니에 작용되는 짐을 받쳐주기 위해서 사용된다. 광선의 중앙선 편향은 다음 공식에서 주어진다.

$$y = \frac{-wx^2}{24EI}(x^2 - 4Lx + 6L^2)$$

여기서,

y = x 위치에서 주어진 편향(m)
w = 분포된 짐(N/m)
E = 탄력성의 계수(N/m^2)
I = 면적의 두 번째 모멘트(m^4)
x = 보기와 같은 받침으로부터의 거리(x)
L = 광선의 길이(m)

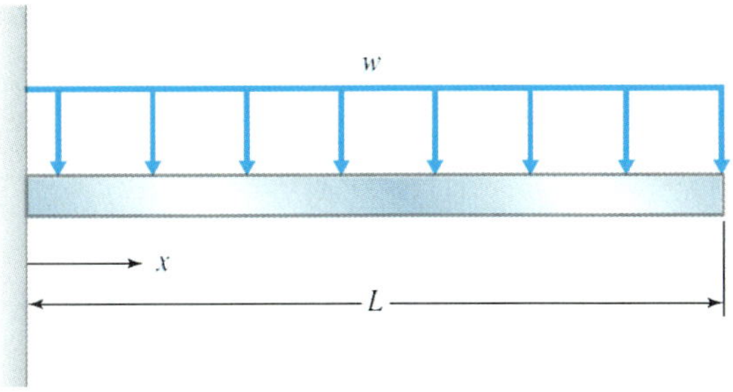

문제 14.12

엑셀을 이용해서 탄력성의 계수가 E=200GPa와 $I = 99.1\times10^6\text{mm}^4$, 광선의 길이가 5m인 편향을 그려라. 광선은 10,000N/m의 부하를 운반할 수 있다. 광선의 최대 편향을 구하라.

14.13 돌출부나 연장된 표면은 공학 어플리케이션에서 냉각을 강화시키기 위해서 사용된다. 예를 들어서 오토바이나 잔디 깎는 기계의 엔진 머리, 전자 제품의 연장된 표면, 방의 냉·온방 제품의 열을 교환하는 돌출 튜브 등이 있다. 다음 그림과 같이 100°C(T_{base}=100°C)의 표면의 열을 냉각시켜주는 직사각형의 알루미늄 돌출부를 보자. 주위의 온도는 20°C이다. 알고 싶은 점은 돌출부의 온도가 길이에 따라서 바뀌는 온도와 그 온도의 변동을 그리는 것이다. 긴 지느러미의 경우 지느러미의 온도 분포는 다음 공식으로 계산한다.

$$T - T_{ambient} = (T_{base} - T_{ambient})e^{-mx}$$

여기서,

$$m = \sqrt{\frac{hp}{kA}}$$

h = 열전도 계수(W/m^2·K)
p = 돌출부의 perimeter 2*(a+b), (m)
A = 돌출부의 교차부분(a*b), (m^2)
k = 돌출부 재료의 열전도율(W/m·K)

다음 데이터를 이용해서 지느러미의 온도 분포를 그려라. k=168W/m·K, h=12W/m^2·K, a=0.05m, b=0.01m. 0.01m의 증가량을 사용하여 x의 값을 0부터 0.1m까지 변화시켜라.

문제 14.13

14.14 Huebscher라는 사람이 같은 크기의 원형 도관과 직사각형 도관의 관계를 보여주는 공식을 개발했다.

$$D = 1.3\frac{(ab)^{0.625}}{(a+b)^{0.25}}$$

여기서,

D = 같은 크기의 원형 도관의 지름(mm)

a = 직사각형 도관의 한쪽 면 크기(mm)

b = 직사각형 도관의 다른 면 크기(mm)

엑셀을 사용해서 다음과 같이 원형과 직사각형 도관의 관계를 보이는 표를 작성하라.

	Length of One Side of Rectangular Duct(length a), mm				
Length b	100	125	150	175	200
400	207				
450					
500					
550					
600					

14.15 Pitot 튜브란 풍동 안에서 모델을 지나치는 대기의 속도를 측정하기 위해서 사용되는 도구이다. 대기 속도는 다음 공식으로 계산된다.

$$V = \sqrt{\frac{2P_d}{\rho}}$$

여기서,

V = 대기 속도(m/s)

P_d = 역학 압력(Pa)

ρ = 대기 밀도(1.23kg/m^3)

엑셀을 사용해서 역학 압력을 500~800Pa까지 범위로 잡고 대기 속도를 나타내는 표를 작성하라. 증가량은 50Pa로 잡는다.

14.16 엑셀을 사용해서 예제 7.1을 풀어라. 주어진 모양의 면적을 구하기 위해서 사다리꼴 공식을 사용했다는 점을 상기하라.

14.17 20장에서 경제성 공학을 배울 것이다. 엑셀을 사용해서 5년 동안 매달 자동차의 대출금을 확인할 수 있는 표를 작성하라. 매달 지불은 다음 공식을 계산한다.

$$A = P\left[\frac{\left(\frac{i}{1200}\right)\left(1+\frac{i}{1200}\right)^{60}}{\left(1+\frac{i}{1200}\right)^{60}-1}\right]$$

여기서,

A = 매달 지불액($)

P = 대출금($)

i = 이자율(예, 7, 7.5,⋯, 9)

	Interest Rate				
Loan	7	7.5	8	8.5	9
10,000					
15,000					
20,000					
25,000					

14.18 Sutterland라는 사람이 온도의 함수로 대기의 점도율을 평가할 수 있는 상호관계를 개발했다. 공식은 다음과 같다.

$$\mu = \frac{c_1 T^{0.5}}{1+\frac{c_2}{T}}$$

여기서,

μ = 점도율($\text{N/s}\cdot\text{m}^2$)

T = 온도(K)

$c_1 = 1.458\times10^{-6}\dfrac{\text{kg}}{\text{m}\cdot\text{s}\cdot\text{K}^{1/2}}$

c_2 = 110.4K

온도의 함수로 대기의 점도율을 범위가 0℃(273.15K)부터 100℃(373.15K)이고 증가량은 5℃로 정한 표를 작성하라. 다음 보이는 스프레드시트처럼 온도의 함수로 점도율의 값을 보여주는 그래프를 작성하라.

14.19 11장에서 풍속 냉각지수에 대해서 배웠다. 몸에서 나오는 열의 전도율은 춥고 바람 부는 날에 증가한다고 했다. 쉽게 말해서 춥고 바람 부는 날에는 열을 더 소모한다. 풍속 냉각지수 인덱스는 바람 속도와 대기 온도의 효과를 결합한 것이다. 춥고 바람 부는 날에 추가적으로 소모

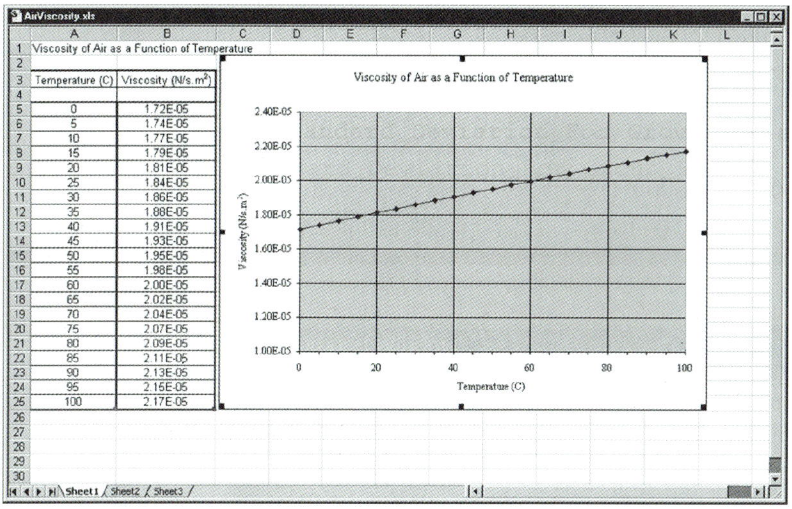

Temperature (C)	Viscosity (N/s.m²)
0	1.72E-05
5	1.74E-05
10	1.77E-05
15	1.79E-05
20	1.81E-05
25	1.84E-05
30	1.86E-05
35	1.88E-05
40	1.91E-05
45	1.93E-05
50	1.95E-05
55	1.98E-05
60	2.00E-05
65	2.02E-05
70	2.04E-05
75	2.07E-05
80	2.09E-05
85	2.11E-05
90	2.13E-05
95	2.15E-05
100	2.17E-05

문제 14.18

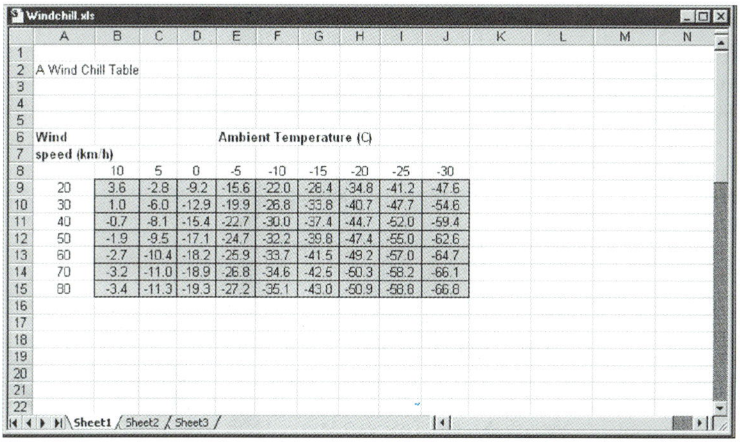

Wind speed (km/h)	Ambient Temperature (C) 10	5	0	-5	-10	-15	-20	-25	-30
20	3.6	-2.8	-9.2	-15.6	-22.0	-28.4	-34.8	-41.2	-47.6
30	1.0	-6.0	-12.9	-19.9	-26.8	-33.8	-40.7	-47.7	-54.6
40	-0.7	-8.1	-15.4	-22.7	-30.0	-37.4	-44.7	-52.0	-59.4
50	-1.9	-9.5	-17.1	-24.7	-32.2	-39.8	-47.4	-55.0	-62.6
60	-2.7	-10.4	-18.2	-25.9	-33.7	-41.5	-49.2	-57.0	-64.7
70	-3.2	-11.0	-18.9	-26.8	-34.6	-42.5	-50.3	-58.2	-66.1
80	-3.4	-11.3	-19.3	-27.2	-35.1	-43.0	-50.9	-58.8	-66.8

문제 14.19

하는 몸의 열을 설명해준다. 풍속 냉각지수는 경험적으로 결정되며, 풍속 냉각의 인덱스를 계산하는 상호관계는

$$WCI = (10.45 - V + 10\sqrt{V})(33 - T_a)$$

여기서,

WCI = 풍속 냉각 인덱스(kcal/m^2·h)
V = 대기 속도(m/s)
T_a = 주위 대기 온도(°C)

33은 섭씨로 몸의 표면 온도를 나타낸다. 가장 자주 사용되는 풍속냉각 온도 $T_{equivalent}$(°C)는 $T_{equivalent} = 0.045(5.27V^{0.5} + 10.45 - 0.28V) \times (T_a - 33) + 33$이고, V는 km/h로 나타낸다.

주위 대기온도의 범위는 $-30°C < T_a < 10°C$이고, 대기 속도는 $20km/h < V < 80km/h$인 풍속냉각 온도를 나타내는 표를 다음과 같이 작성하라.

14.20 [그림 14.10]에 주어진 데이터 값을 사용하고 차트로 복사하라.

14.21 엑셀을 이용하여 주어진 데이터를 차트로 작성하라. 두 개의 다른 y축을 사용하라. 온도 변화의 범위 0~100℃와 바람세기의 범위 0~12kmph

를 사용하라.

Time (P.M.)	Temperature (℃)	Wind Speed (kmph)
1	24	4
2	27	5
3	29	8
4	29	5
5	26	5
6	24	4
7	21	3
8	20	3

14.22 엑셀을 이용하여 펌프 데이터에 대해서 차트로 작성하라. 두 개의 다른 y축 값을 사용한다. 0~42m 펌프의 양정에 대한 값과 0~100범위의 효율에 대한 값을 사용하라.

Flow Rate (GPM)	Head of Pump(m)	Efficiency (%)
0	36	0
2	35.8	10
4	35	30
6	33.8	50
8	32	70
10	30	80
12	27.4	79
14	24.2	72
16	20.6	50
18	16.6	30

14.23 주어진 실험 조건을 사용하여, miles per gallon과 gallons per mile 두 가지 조건에 대한 연료 소비량을 차트로 나타내어라.(단, V는 시간당 차의 주행거리 속도이며, 주어진 조건은 $30 \le V \le 70$이다.)

연료 소비량(1갤런 당 주행거리)

$$= \frac{1050 \times V}{910 + V^{1.88}}$$

14.24 10cm×10cm 종이를 가지고, 각 모서리의 부분을 $x$cm×$x$cm로 자르고 그 면을 접는 방법으로 만들 수 있는 가장 큰 크기는 무엇인가? 이것을 해결하기 위해 엑셀을 이용하라.

힌트: 10cm×10cm 종이의 각 모서리를 $x$cm×$x$cm로 자르면서 얻어지는 크기는 $V = (10-2x)(10-2x)x$로 주어진다.

14.25 엑셀을 이용하여 다음 연산들을 수행하라.

$$[A]=\begin{bmatrix} 4 & 2 & 1 \\ 7 & 0 & -7 \\ 1 & -5 & 3 \end{bmatrix},\ [B]=\begin{bmatrix} 1 & 2 & -1 \\ 5 & 3 & 3 \\ 4 & 5 & -7 \end{bmatrix}$$

$$[C]=\begin{Bmatrix} 1 \\ -2 \\ 4 \end{Bmatrix}$$

a. $[A]+[B]=?$

b. $[A]-[B]=?$

c. $3[A]=?$

d. $[A][B]=?$

e. $[A]\{C\}=?$

14.26 엑셀을 이용하여 다음 방정식을 풀어라.

$$\begin{bmatrix} 1 & 1 & 1 \\ 2 & 5 & 1 \\ -3 & 1 & 5 \end{bmatrix}\begin{Bmatrix} x_1 \\ x_2 \\ x_3 \end{Bmatrix}=\begin{Bmatrix} 6 \\ 15 \\ 14 \end{Bmatrix}$$

14.27 엑셀을 이용하여 다음 방정식을 풀어라.

$$\begin{bmatrix} 7.11 & -1.23 & 0 & 0 & 0 \\ -1.23 & 1.99 & -0.76 & 0 & 0 \\ 0 & -0.76 & 0.851 & -0.091 & 0 \\ 0 & 0 & -0.091 & 2.31 & -2.22 \\ 0 & 0 & 0 & -2.22 & 3.69 \end{bmatrix}\begin{Bmatrix} T_1 \\ T_2 \\ T_3 \\ T_4 \\ T_5 \end{Bmatrix}$$

$$=\begin{Bmatrix} (5.88)(20) \\ 0 \\ 0 \\ 0 \\ (1.47)(70) \end{Bmatrix}$$

14.28 주어진 데이터 값들에 대해서 가장 적합한 방정식을 찾고, 실제 데이터와 예측된 y값을 비교하라.

x	0	1	2	3	4	5	6	7	8	9	10
y	10	12	15	19	23	25	27	32	34	36	41

14.29 주어진 데이터 값들에 대해서 가장 적합한 방정식을 찾고, 실제 데이터와 예측된 y값을 비교

하라.

x	0	1	2	3	4	5	6	7	8
y	5	8	15	32	65	120	203	320	477

14.30 주어진 데이터 값들에 대해서 가장 적합한 방정식을 찾고, 실제 데이터와 예측된 y값을 비교하라.

x	0	5	10	15	20	25	30	35	40	45	50
y	100	101.25	105	111.25	120	131.25	145	161.25	180	201.25	225

CHAPTER

15

MATLAB

MATLAB®은 넓은 분야의 공학적 문제들을 해결할 수 있는 수학적 소프트웨어이다. MATLAB이 사용되기 전에 공학자들은 공학 문제들을 해결하기 위하여 직접 컴퓨터 프로그램을 작성했다. 아직까지 공학자들은 복잡한 공학 문제들을 해결하기 위해 컴퓨터 코드를 작성하지만, 소프트웨어에 내장된 함수의 이점을 이용한다. MATLAB 역시 우리가 직접 프로그램을 작성하는 데 사용할 수 있는 다목적인 소프트웨어이다.

Source: NASA

이 장에서는, 공학 문제를 해결하는 데 있어서 MATLAB의 사용방법에 관해 논의할 것이다. MATLAB은 오늘날 대부분의 대학 실험실에서 이용할 수 있는 수학적 소프트웨어이다. MATLAB은 행렬 문제들을 해결하기 위한 목적으로 만들어졌으며, 이러한 문제들을 처리할 수 있는 강력한 도구이다. 현재, MATLAB의 전체적인 기능들에 대해서 설명하고 있는 좋은 책들이 많이 존재한다. 이 책에서의 주된 목적은 기본적인 연산을 수행할 수 있도록 필요한 기본 지식을 소개하는 것이다. 여러 분야의 공학 교육을 통해서, 다양한 공학 문제들을 해결하기 위한 MATLAB의 효율적인 사용방법에 대해서 배우게 될 것이다. 14장에서 살펴보았듯이, 전자스프레드 시트와 MATLAB과 같은 수학적 소프트웨어가 사용되기 전까지는 공학자들이 공학 문제들을 해결하기 위해서 직접 컴퓨터 프로그램을 작성하였다. 아직까지 공학자들이 복잡한 문제들을 해결하기 위해서 컴퓨터 코드를 작성하지만, MATLAB과 같이 계산적 도구를 이용할 수 있는 소프트웨어에 내장된 함수들의 이점을 이용할 수 있다.

MATLAB 역시 우리가 직접 프로그램을 작성하는 데 사용할 수 있는 다목적인 소프트웨어이다. 이 장에서는 MATLAB의 기본적인 구성에 대해서 살펴볼 것이다. MATLAB에 데이터와 수식을 입력하는 방법과 대표적인 공학 계산을 다루는 방법에 대해서 설명할 것이다. 그뿐만 아니라, MATLAB의 수학적, 통계적, 논리적 기능들에 대해서도 설명할 것이다. MATLAB을 이용한 공학 분석의 차트결과도 이 장에서 설명한다. 마지막으로, MATLAB의 curve fitting과 symbolic capabilities에 대해서 짧게 논의할 것이다. Symbolic mathematics는 문제를 풀기 위한 숫자들보다 기호들의 사용을 참조한다. MATLAB은 다양한 공학 문제들을 풀기 위해서 사용할 수 있는 단지 다른 하나의 툴이라는 점을 강조하기 위하여 14장에 나와 있는 예제들을 사용할 것이다.

15.1 MATLAB-Basic Ideas

기본적인 개념설명으로 시작한다. 이 장의 내용을 잘 이해한다면, 여러 공학문제를 해결하기 위해서 MATLAB을 사용할 수 있을 것이다. 우리가 사용하는 새로운 소프트웨어들과 마찬가지로 MATLAB도 고유한 언어와 용어를 가지고 있다. 전형적인 MATLAB 창이 [그림 15.1]에 나와 있다. 기본값으로 설정된 MATLAB 창의 기본 구성은 [그림 15.1]에 화살표와 숫자로 나타나 있다.

1. **Menu bar**: 화면 구성을 바꾸거나 작업을 저장시킬 수 있는 명령들을 포함한다.
2. **Current Folder**: 현재 활성화된 경로를 보여주며, 경로를 바꿀 수 있다.
3. **Current Folder window**: Shows all files, their types, sizes, and descriptions in Current Directory.
4. **Move, Minimize, Resize or Close a tool**: 이 아이콘(↗)을 클릭하면 창이 밖으로 이동할 것이다.
5. **Command Window**: MATLAB의 명령과 변수들을 입력하는 곳이다.
6. **Command History Window**: 이전의 MATLAB 명령이 사용된 시간과 날짜를 보여준다. 뿐만 아니라 현재 활성화된 명령의 내용들도 보여준다.

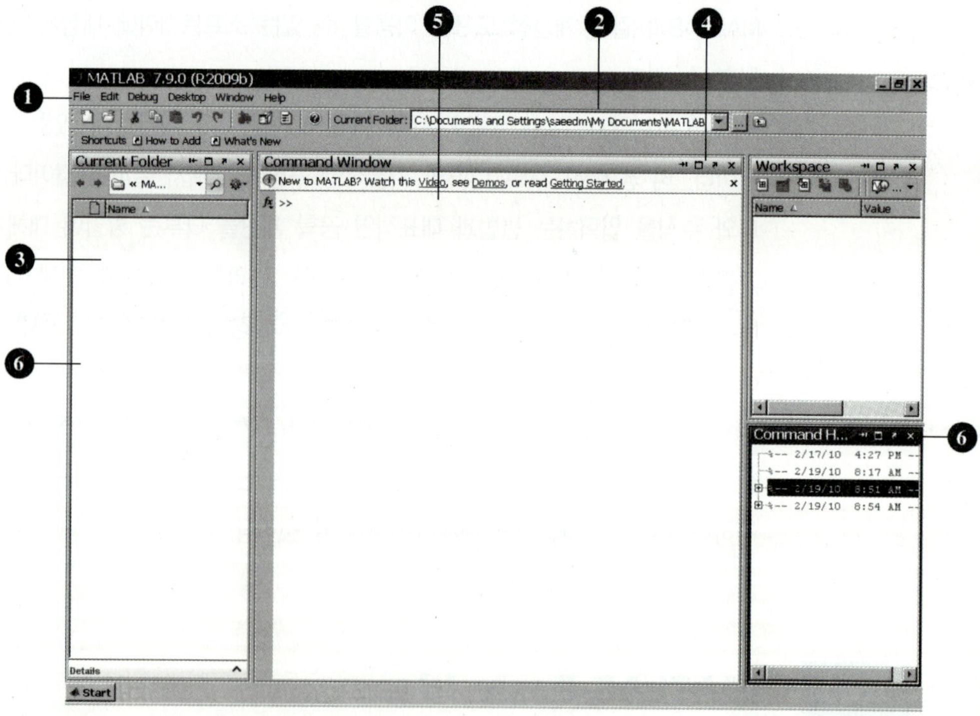

그림 15.1 MATLAB 기본 설정 화면

[그림 15.1]에서 보았듯이, 기본 설정된 MATLAB은 Current Folder, Command Window, workspace, Command History와 같이 네 가지 창으로 나누어진다. Command Widow 창 안에 명령어를 입력한다. 예를 들어, 변수들의 값을 할당할 수 있다. Command History window는 이전의 MATLAB 명령이 사용된 시간과

날짜를 보여준다. 그뿐만 아니라 현재 활성화된 명령의 내용도 보여준다. Command History window 창에 존재하는 이전에 사용된 명령들을 Command window 창으로 이동시킬 수 있다. 이러한 작업을 하기 위해서 마우스 포인터를 원하는 명령어 위에 놓고, 왼쪽 버튼을 클릭한 상태에서 Command History 창에 있는 명령어를 Command Window 창으로 이동시킨다. 대신에, 위쪽 화살표 키를 이동시킬 때, 이전에 실행된 명령어가 다시 화면에 나타날 것이다. 현재 Command Window에 나와 있는 명령어들에 대해서 복사, 붙여 넣기 명령을 할 수 있을 뿐만 아니라 편집해서 다시 사용할 수도 있다. Command Window 내용을 확실히 하기 위해서 **clc**를 입력한다.

[그림 15.2]와 같이 변수들 또는 정의된 행렬 성분들에 대해서 값을 할당할 수 있다. 변수 x의 값 5를 할당하기 위해서 >> 표시 뒤에 **x = 5**를 입력한다. [표 15.1]에 MATLAB의 기본 연산 과정이 나와 있다.

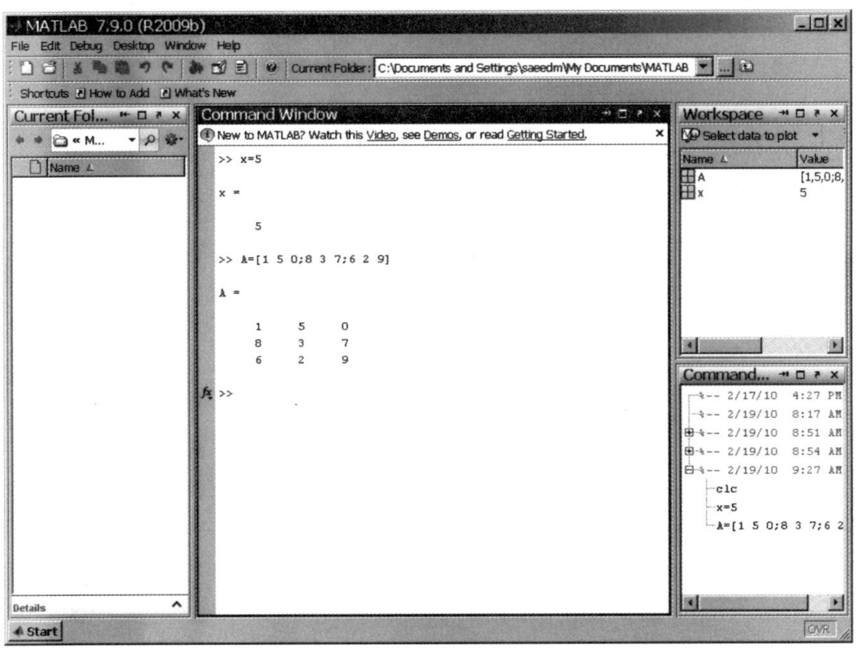

그림 15.2
변수 또는 행렬 성분의 값을 할당하는 예

표 15.1 MATLAB 기본 스칼라 연산

Operation	Symbol	Example: $x=5$ and $y=3$	Result
Addition	+	x+y	8
Subtraction	−	x−y	2
Multiplication	*	x*y	15
Division	/	(x+y)/2	4
Raised to a power	^	x^2	25

14.7에서 설명하였듯이, 여러 가지 다른 형태의 물리적 변수들에 대해서 배우게 될 것이다. 이러한 변수들은 명백한 하나의 값이나 크기를 가지고 있다. 예를 들어, 시간은 2시간과 같이 하나의 값으로써 설명된다. 하나의 명백한 값으로 표현되는 이러한 물리적 변수들은 스칼라(scalars)라고 부른다. 반면, 만약 차량의 속도를 설명해야 한다면 그것의 진행 방향과 얼마나 빠른지의 대한 설명밖에 할 수가 없다. 크기와 방향을 가진 이러한 물리적 변수들은 벡터(vectors)라고 부른다.

그뿐만 아니라, 두 가지 이상의 정보를 정확히 설명하기 위하여 사용되는 다른 기호들이 있다. 예를 들어, 다층의 주차장에 주차된 자동차의 위치를 설명해야 한다면, 자동차가 몇 층에(z 좌표) 있는지, 어느 구역과 어느 열에(x, y 좌표) 세워져 있는지를 설명해야 한다. 행렬은 여러 개의 값이 필요한 상황을 설명하기 위하여 자주 쓰인다. 일반적으로 행렬은 숫자, 변수 또는 수학적 조건들의 배열이다. 예를 들어, MATLAB에서 행렬 $[A]$를 정의하는 방법은 다음과 같다.

$$[A] = \begin{bmatrix} 1 & 5 & 0 \\ 8 & 3 & 7 \\ 6 & 2 & 9 \end{bmatrix}$$

```
A = [1 5 0; 8 3 7; 6 2 9]
```

행렬성분들은 **[ ]** 안에 정의되고, 빈 문자로 구분된다. 각 행의 성분들은 세미콜론 **;**으로 구분된다. 이 밖에, [표 15.2]에 명령 형식 옵션들에 대해서 나와 있다.

18.5절에서 좀 더 자세하게 행렬대수를 다룰 것이다. 만약, 행렬대수에 대한 사전지식이 충분하게 없다면 행렬을 처리하는 MATLAB 예제를 학습하기 전에 18.5절을 참고하면 된다.

표 15.2 Format 명령 옵션들

MATLAB Command	How the Result of x=2/3 is Displayed	Explanation
`format short`	0.6667	Shows four decimal digits-default format.
`format long`	0.66666666666667	Shows 14 decimal digits.
`format rat`	2/3	Shows as fractions of whole numbers.
`format bank`	0.67	Shows two decimal digits.
`format short e`	6.6667e-001	Shows scientific notation with four decimal digits.
`format long e`	6.666666666666666e-001	Shows scientific notation with 14 decimal digits.
`format hex`	3fe5555555555555	Shows hexadecimal output.
`format +`	+	Shows +, -, or blank based on whether the number is positive, negative, or zero.
`format compact`		It suppresses the blank lines in the output.

format, disp, fprintf 명령

MATLAB은 계산된 결과를 보여주기 위해서 사용할 수 있는 많은 명령을 제공한다. MATLAB **format** 명령은 일정한 형태의 값으로 표시하게 해준다. 예를 들어, `x=2/3`으로 정의한다면, MATLAB에서는 `x=0.6667`로 표시할 것이다. 기본값으로써, 소수점 4자리까지 표시된다. 더 많은 소수점 자리까지 표시하기 원한다면, **format long**을 입력한다. 다시 `x`를 입력한다면, x의 값은 `x=0.66666666666667`과 같이 소수점 14자리까지 표시된다. [표 15.2]와 같은 형태로 x의 값을 나타낼 수 있는 많은 방법을 이용할 수 있다. 여기서 한 가지 중요한 점은 MATLAB의 `format` 명령은 계산이 수행될 때 사용되는 숫자에는 영향을 주지 않고, 오직 화면에 나타나는 값에 대해서만 영향을 준다.

disp 명령은 문자 또는 값을 나타내기 위해서 사용된다. 예를 들어, **x=[1 2 3 4 5]**를 **disp(x)** 명령을 이용하면 `1 2 3 4 5`로 나타난다. 또 다른 명령 `disp('Result=')`는 `Result=`로 표시된다. 원하는 문자를 표시하고자 할 때에는 ''안에 문자를 입력해야 한다는 점을 주의해야 한다.

fprintf는 출력 명령으로, 다양한 사용 방법을 제공한다. 원하는 문자나 숫자를 출력하기 위해 사용할 수 있고, 탭과 줄 바꿈을 삽입하기 위한, **\n**, **\t**와 같은 특수한 형태의 문자도 사용할 수 있다. fprintf 사용 명령의 사용 예제는 다음과 같다.

예제 15.1

MATLAB Command 창에 아래와 같이 입력한다.

```
X = 10
fprintf('The value of x is %g \n', x)
```

MATLAB에선

The value of x is 10과 같은 형태로 나타난다.

예제 15.1에 대한 Command Window 화면이 아래 [그림 15.3]과 같이 나와 있다.

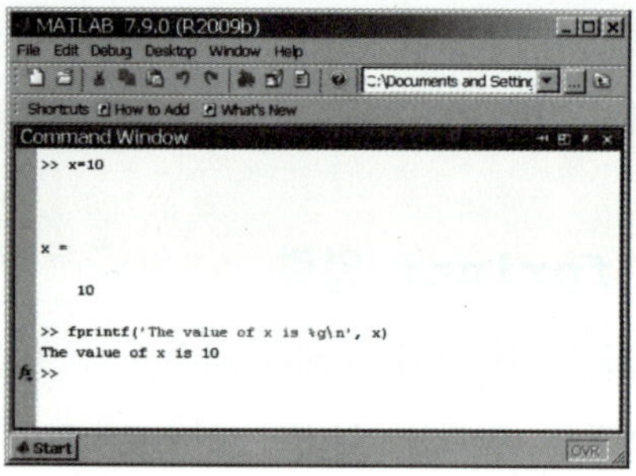

그림 15.3 예제 15.1의 Command Window 화면

텍스트와 서식 코드가 작은따옴표에 둘러싸여 있는 것에 주의해야 한다. 또한, %g는 숫자 형문자로서 x의 값인 10으로 대체된다. MATLAB은 \n이 나올 때까지 출력을 생성하지 않는 것 또한 유의해야 한다.

이 밖에 disp와 fprintf 명령의 다른 기능들에 대해서 뒤의 예제를 통해 살펴볼 것이다.

MATLAB 작업 저장하기

save your_filename 명령을 사용하여 작업내용을 저장할 수 있다. your_filename은 작업공간에 할당할 수 있는 이름이다. 차후에, **load your_filename** 명령을 사용하여 메모리로부터 파일을 불러올 수 있다. 많은 파일들을 만든 후에는 **dir** 명령을 사용하여 디렉터리에 있는 내용을 볼 수 있다.

변수의 범위 설정

데이터를 만들고, 분석하고, 그래프로 나타낼 때 숫자들의 범위를 지정해주는 것이 편리하다. 데이터의 범위를 만들거나, 행 matrix를 만들기 위해서는 시작값과 증가값, 종료값 세 가지를 지정해주어야 한다. 예를 들어, Command Window에 0부터 100까지 변수 x의 범위를 만들 때(단, 25씩 증가한다; 0 25 50 75 100) 다음과 같이 입력한다.

```
x = 0 : 25 : 100
```

MATLAB 언어에서, 범위는 콜론 **:**을 이용하여 시작값과 증가값, 종료값으로 정의된다. 다른 예로써, 다음과 같이 입력하면

```
Countdown = 5 : -1 : 0
```

행 matrix의 값들은 5 4 3 2 1 0으로 계산된다.

MATLAB에서 수식 작성

전에도 말했듯이, 공학자들은 다양한 문제들을 분석하기 위해서 주위 환경에 적용되는 물리적, 화학적 규칙들을 나타내는 공식을 사용한다. 공학 공식을 입력하고 결과를 계산하기 위해서 MATLAB을 사용할 수 있다. 공식을 입력할 때, 연산 명령을 수행하기 위해서 괄호를 사용한다. 예를 들어, MATLAB Command Window에서, `count=100+5*2`를 입력한다면 곱셈을 먼저 수행하고 100에 10을 더하여 변수 count의 값은 110을 가진다. 그러나 만약, 덧셈 연산이 먼저 수행되길 원한다면 100과 5를 `count=(100+5)*2`와 같이 괄호로 묶어준다. 계산된 연산값은 210이다. [표 15.3]에 MATLAB 기본 연산에 대해서 나와 있다.

원소 대 원소 연산(Element by Element Operation)

MATLAB은 기본 스칼라(산술) 연산뿐만 아니라, 원소 대 원소 연산과 매트릭스 연산을 제공한다. [표 15.4]에 MATLAB에서 원소 대 원소 연산을 위한 기호가 표시되어 있다. 원소 대 원소 연산을 위한 기호들에 대한 이해를 위해 직선 경로를 따라 달리는 다섯 선수의 질량(kg)과 속도(m/s)를 측정하고 기록했다고 가정하자: **m**=**[60 55 70 68 72]**, **s**=**[4 4.5 3.8 3.6 3.1]**. 질량 **m**의 배열과 속도 **s**의

배열에는 각각 5개의 원소가 있다. 지금은 각 주자의 운동량(momentum)의 크기를 결정하는 것에 관심이 있다고 가정한다. 다음에 제시되는 방법처럼 MATLAB의 원소 대 원소 곱셈연산을 이용하면 각 주자의 운동량을 계산할 수 있다: **momentum=m.*s**이다. 연산의 결과, **momentum=[240 247.5 266 244.8 223.2]**이다. (.*)은 원소 대 원소 연산에서 곱셈 기호이다.

원소 대 원소 연산에 대한 이해를 높이기 위해 MATLAB의 커맨드 창에 **a=[7 4 3 −1]**과 **b=[1 3 5 7]**을 입력하고 다음 연산을 시도해본다.

표 15.3 MATLAB의 기본 연산

Operation	Symbol	Example: x=10 and y=2	z, the Result of the Formula Given in the Example
Addition	+	z=x+y+20	32
Subtraction	−	z=x−y	8
Multiplication	*	z=(x*y)+9	29
Division	/	z=(x/2.5)+y	6
Raised to a power	^	z=(x^y)^0.5	10

표 15.4 MATLAB 원소 대 원소 연산

Operation	Arithmatic Operation	Equivalent Element by Element Symbol for the Operation
Addition	+	+
Subtraction	−	−
Multiplication	*	.*
Division	/	./
Raised to a power	^	.^

```
>>a+b
ans = 8 7 8 6
>>a-b
ans = 6 1 -2 -8
>>3*a
ans = 21 12 9 -3
>>3.*a
ans = 21 12 9 -3
>>a.*b
```

```
ans = 7 12 15 -7
>>b.*a
ans = 7 12 15 -7
>>3.^a
ans = 1.0e+003*
  2.1870 0.0810 0.0270 0.0003
>>a.^b
ans = 7 64 243 -1
>>b.^a
ans = 1.0000 81.0000 125.0000 0.1429
```

다음 예제도 스스로 해본다.

예제 14.1 (재인용)

이 예제는 평균 공기의 밀도가 온도에 따라서 달라지는 것을 보여준다. 뿐만 아니라, MATLAB의 원소 대 원소 연산(element by element operation)을 사용한다. 평균 대기의 밀도는 온도의 함수이고 다음과 같은 이상적인 기체의 법칙을 사용해서 평균을 낼 수 있다.

$$\rho = \frac{P}{RT}$$

여기서,

$P =$ 평균 대기의 압력(101.3kPa)

$R =$ 기체의 상수와 그 대기의 값은 $286.9\left(\frac{\mathrm{J}}{\mathrm{kg \cdot K}}\right)$

$T =$ 대기 기온은 Kelvin(K)

MATLAB을 사용하여 0°C(273.15K)에서 50°C(323.15K)까지 5°C씩 증가하는 함수로 대기의 밀도를 보여주는 표를 만들고 싶다.

MATLAB Command Window에서, 아래와 같은 명령어를 입력한다.

```
>> Temperature = 0:5:50;
>> Density = 101300./((286.9)*(Temperature+273));
>> fprintf ('\n\n');disp(' Temperature(C)
     Density(kg/m^3)');disp([Temperature',Density'])
```

위에 나와 있는 세미콜론 **;**은 MATLAB의 자동화면 표시기능을 사용하지 않도록 한다. 만약 마지막 부분에 세미콜론 없이 **Temperature = 0:5:50**의 형태로 입력한다면, MATLAB에선 온도의 값들을 행으로 표시할 것이다.

```
Temperature =
     0    5   10   15   20   25   30   35   40   45   50
```

./ 은 각각의 온도값들에 대해서 나눗셈 연산을 실행하도록 지시하는 원소 대 원소 연산(element by element operation)이다.

disp 명령에서 **Temperature'**와 **Density'** 같은 변수 위의 프라임 기호나 하나의 인용 부호는 변수들의 값이 표시되기 전에 열과 행 형식으로 저장된 온도와 밀도의 값을 변화시킬 것이다. 행렬 연산에서 행을 열로 바꾸는 것을 전치행렬이라고 부른다. 예제 14.1의 최종 결과값은 [그림 15.4]와 같다. 온도와 밀도의 값들이 열로 나타난 것과 `fprintf`와 `disp` 명령어 사용방법에 대해서 유의해야 한다.

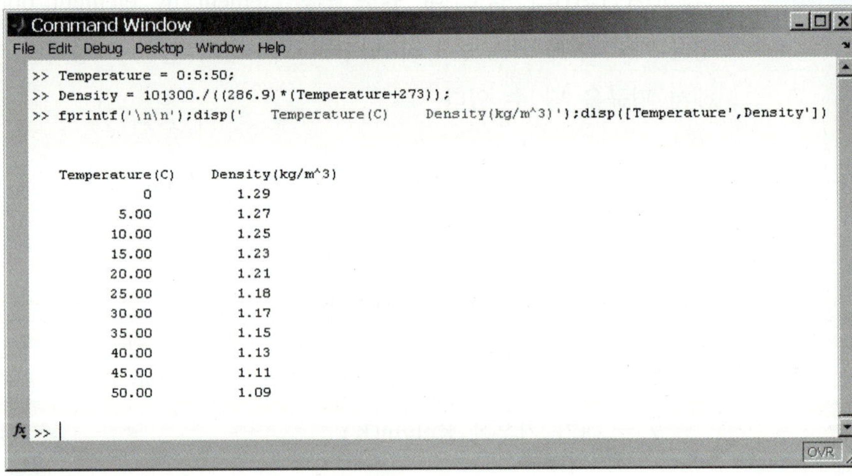

그림 15.4 예제 14.1의 결과(재인용)

행렬 연산

MATLAB은 행렬 연산에 필요한 많은 도구를 제공한다. [표 15.4]는 이러한 예들을 보여주고 있다. 15.5에서 행렬 연산에 관한 좀 더 자세한 부분을 설명할 것이다.

표 15.5 MATLAB 행렬 연산들의 예제

Operation	Symbols or Commands	Example: A and B are Matrices Which You Have Defined
Addition	+	A+B
Subtraction	−	A−B
Multiplication	*	A*B
Transpose	*matrix name'*	A′
Inverse	inv(*matrix name*)	inv(A)
Determinant	det(*matrix name*)	det(A)
Eigenvalues	eig(*matrix name*)	eig(A)
Matrix left division (uses Gauss elimination to solve a set of linear equations)	\	See Example 15.5

예제 14.2 (재인용)

MATLAB을 이용해서 [표 15.6]에 나와 있는 것처럼 얻은 이자와 예금한 금액의 관계를 나타내는 표를 작성하라.

[표 15.6]과 같은 표를 작성하기 위해서, 다음과 같은 명령어들을 입력한다.

```
>> format bank
>> Amount = 1000:250:3000;
>> Interest_Rate = 0.06:0.01:0.08;
>> Interest_Earned = (Amount')*(Interest_Rate);
>> fprintf('\n\n\t\t\t\t\t\t\t Interest
   Rate');fprintf('\n\t Amount\t\t);...
fprintf('\t\t %g', Interest_Rate);fprintf('\n');
   disp([Amount',Interest_Earned])
```

표 15.6 얻은 이자와 예금한 금액의 관계

Dollar Amount	Interest Rate 0.06	0.07	0.08
1000	60	70	80
1250	75	87.5	100
1500	90	105	120
1750	105	122.5	140
2000	120	140	160
2250	135	157.5	180
2500	150	175	200
2750	165	192.5	220
3000	180	210	240

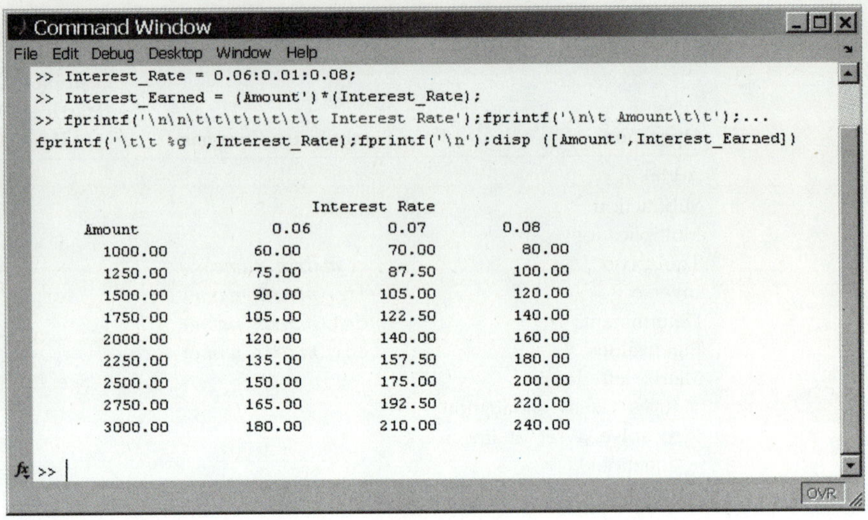

그림 15.5 예제 14.2의 명령어와 결과(재인용)

마지막 명령어 줄에서, **...**(생략부호)는 계속되는 명령어가 있음을 의미한다. fprintf와 disp 사용방법에 대해 유의하라. 예제 14.2(재인용)의 최종 결과는 [그림 15.5]와 같다.

15.2 MATLAB 함수의 사용

MATLAB은 데이터를 분석하는 데 사용할 수 있는 다양한 고유 함수들을 제공한다. 이전 장에서 배웠듯이 고유함수는 각도의 사인, 코사인뿐만 아니라 데이터 점들의 총 값, 평균값, 표준편차와 같은 값을 계산하는 공식들과 같은 표준 함수를 의미한다. MATLAB의 함수는 수학, 삼각법, 통계, 논리 함수들을 포함한 다양한 분야에서 사용할 수 있다. 이 장에서는 일반적으로 쓰이는 함수들에 대해서 살펴볼 것이다. MATLAB은 다양한 명령어들과 함수들에 대한 정보를 얻을 수 있도록 도움말 메뉴를 제공한다.

도움말 버튼은 current directory 좌측에 ?로 표시되어 있다. 그뿐만 아니라 명령어 이름에 명령어 사용방법을 배우기 위해서 **help**를 입력할 수 있다.

[표 15.7]에 일반적으로 사용되는 MATLAB 함수들의 올바른 사용방법과 설명이 나와 있다. 예제 15.2를 참고하여 [표 15.7]의 내용을 확인하라.

예제 15.2

변수 Mass에 입력된 값들은 MATLAB의 고유함수들을 설명하기 위해서 사용된다. Mass=[102 115 99 106 103 95 97 102 98 96]. [표 15.7]의 Result of the Example에 각각의 고유함수들이 적용된 결과값이 나와 있다.

MATLAB의 더 많은 함수들의 예제는 [표 15.8]에 나와 있다.

표 15.7 공학 분석에 사용할 수 있는 MATLAB 함수들

Function	Description of the Function	Example	Result of the Example
`sum`	It sums the values in a given array.	`sum(mass)`	1013
`mean`	It calculates the average value of the data in a given array.	`mean(mass)`	101.3
`max`	It determines the largest value in the given array.	`max(mass)`	115
`min`	It determines the smallest value in the given array.	`min(mass)`	95
`std`	It calculates the standard deviation for the values in the given array.	`std(mass)`	5.93
`sort`	It sorts the values in the given array in ascending order.	`sort(mass)`	95 96 97 98 99 102 102 103 106 115
`pi`	It returns the value of π, 3.14151926535897...	`pi`	3.14151926535897...
`tan`	It returns tangent value of the argument. The argument must be in radians.	`tan(pi/4)`	1
`cos`	It returns cosine value of the argument. The argument must be in radians.	`cos(pi/2)`	0
`sin`	It returns sine value of the argument. The argument must be in radians.	`sin(pi/2)`	1

표 15.8 MATLAB 함수의 다른 예

Function	Description of the Function
`sqrt(x)`	Returns the square root of value x.
`factorial(x)`	Returns the value of factorial of x. For example, factorial(5) will return: (5)(4)(3)(2)(1)=120.
Trigonometric Functions	
`acos(x)`	This is the inverse cosine function of x. It is used to determine the value of an angle when its cosine value is known.
`asin(x)`	This is the inverse sine function of x. It is used to determine the value of an angle when its sine value is known.
`atan(x)`	This is the inverse tangent function of x. It is used to determine the value of an angle when its tangent value is known.

continued

표 15.8 MATLAB 함수의 다른 예(계속)

Exponential and Logarithmic Functions	
`exp(x)`	Returns the value of e^x.
`log(x)`	Returns the value of the natural logarithm of x. Note that x must be greater than 0.
`log10(x)`	Returns the value of the common (base 10) logarithm of x.
`log2(x)`	Returns the value of the base-2 logarithm of x.

예제 14.4 (재인용)

[표 15.9]에 주어진 물의 밀도 데이터들의 평균(산술 평균)과 표준편차를 MATLAB을 사용해서 계산하라. 데이터 집합의 표준편차 값이 무엇을 나타내는지를 확인하기 위해서는 19장의 19.4를 참조하라.

표 15.9 예제 14.4의 데이터(재인용)

Group A Findings	Group B Findings
$\rho(kg/m^3)$	$\rho(kg/m^3)$
1020	950
1015	940
990	890
1060	1080
1030	1120
950	900
975	1040
1020	1150
980	910
960	1020

예제 14.4에 대한 최종 결과값은 [그림 15.6]과 같다. 이 결과값의 MATLAB 명령어는 아래와 같다.

```
>> Density_A = [1020 1015 990 1060 1030 950 975 1020 980 960];
>> Density_B = [950 940 890 1080 1120 900 1040 1150 910 1020];
>> Density_A_Average = mean(Density_A)
Density_A_Average =
   1000.00
>> Density_B_Average = mean(Density_B)
Density_B_Average =
   1000.00
```

```
>> Standard_Deviation_For_Group_A = std(Density_A)
Standard_Deviation_For_Group_A =
    34.56
>> Standard_Deviation_For_Group_B = std(Density_B)
Standard_Deviation_For_Group_B =
    95.22
>>
```

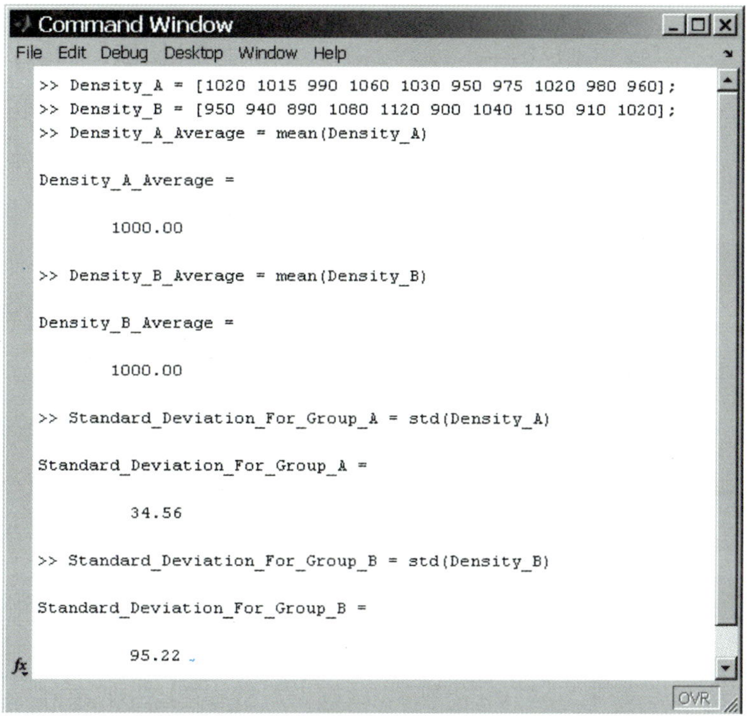

그림 15.6 예제 14.4에 대한 MATLAB Command Window(재인용)

루프제어—*for*와 *while* 문

프로그램을 짤 때, 한 줄 혹은 블록 설정된 컴퓨터 코드를 여러 번 실행해야 할 때가 있다. MATLAB은 이러한 상황을 위해 *for* 명령어와 *while* 명령어를 제공한다.

***for* 루프** *for* 루프를 사용하면 한 블록의 코드를 명시된(정해진) 횟수만큼 실행할 수 있다. *for* 루프의 사용법은 다음과 같다.

```
for index = start-value : increment : end-value
   a line or a block of your computer code
end
```

예를 들어, 함수 $y=x^2+10$에 대하여 x값 22.00, 22.50, 23.00, 23.50 그리고 24.00에 대응하는 값을 측정하려 한다고 가정하자. 이 연산의 결과인 y값은 494.00, 516.25, 539.00, 562.25 그리고 586.00이다. 이 예를 위한 MATLAB에서의 코드문은 다음과 같다.

```
x = 22.0;
for i = 1:1:5
     y=x^2+10;
     disp([x',y'])
     x = x + 0.5;
end
```

위의 코드문에서 *for* 지수(index)는 정수이고 초기치는 1, 증분은 1, 최종치는 5이다.

While 루프 *while* 루프를 사용하면 명시된 조건이 이루어질 때까지 한 블록의 코드를 실행할 수 있다. *while* 루프의 사용법은 다음과 같다.

```
while controlling-expression
  a line or a block of your computer code
end
```

while 문에서 논리적인 조건이 참이면 한 줄의 또는 블록 설정된 코드가 실행될 것이다. 앞의 예를 *while* 문을 이용하여 표현하면 다음과 같다.

```
x = 22.0;
while x <= 24.00
        y=x^2+10;
        disp([x',y'])
        x = x + 0.5;
end
```

위 예에서 같거나 작음을 의미하는 < = 기호는 관계 혹은 비교 연산자라 한다. MATLAB의 논리 연산자와 관계 연산자는 다음 내용에서 다루었다.

MATLAB의 논리 연산자와 관계 연산자 사용

이 Part에서는 다양한 조건을 시험해 볼 수 있는 몇 가지 논리 연산자들에 대해서 살펴볼 것이다. MATLAB의 논리 연산자와 설명은 [표 15.10]에 나와 있다.

표 15.10 MATLAB 논리 연산자

Logical Operator	Symbol	Description
and	&	TRUE, If both conditions are true
or	|	TRUE, If either or both conditions are true
not	~	FALSE, If the result of a condition is TRUE, and TRUE, If the result of a condition is FALSE
exclusive or	xor	FALSE, If both conditions are TRUE or both conditions are FALSE, and TRUE, If either condition is true
any		TRUE, If any element of vector is nonzero
all		TRUE, If all elements of vector is nonzero

MATLAB에서는 다양한 인수들의 상대적 크기를 시험해 볼 수 있는 관계 연산자와 비교 연산자를 제공한다. 이러한 관계 연산자들은 [표 15.11]에 나와 있다.

표 15.11 MATLAB의 관계 연산자와 설명

Relational Operator	It's Meaning
<	Less than
< =	Less than or equal to
= =	Equal to
>	Greater than
> =	Greater than or equal to
~=	Not equal to

조건문—*if, else*

프로그램을 작성할 때, 한 블록의 코드가 한 조건 혹은 여러 조건이 충족되는지에 따라 실행 여부가 결정될 때가 있다. MATLAB은 이러한 상황을 위해 *if* 명령어와 *else* 명령어를 제공한다.

***If* 문** *if* 문은 가장 간단한 형태의 조건 제어이다. *if* 문에서는 *if* 문 뒤에 따라 나오는 표현이 참이면 한 블록의 코드를 실행할 수 있다. *if* 문의 사용법은 다음과 같다.

```
if expression
  a line or a block of your computer code
end
```

예를 들어, 다음과 같은 시험점수의 집합이 있다고 하자: 85, 92, 50, 77, 80, 59, 65, 97, 72, 40. 60점 아래의 점수는 불합격을 의미한다고 코드를 작성하려고 한다. 이 예의 MATLAB 코드는 다음과 같다.

```
scores = [85 92 50 77 80 59 65 97 72 40];
for i=1:1:10
  if scores (i) <60
     fprintf('\t %g \t\t\t\t\t FAILING\n', scores (i))
  end
end
```

***If, else* 문** *else* 문은 *if* 문 뒤의 조건식이 참이 아닐 경우 다른 코드 문을 실행시킨다. 위의 예에서 불합격되는 점수뿐만 아니라 합격되는 점수 또한 나타내고자 한다고 가정해보자. 그러면 다음과 같이 코딩을 바꿀 수 있다.

```
scores = [85 92 50 77 80 59 65 97 72 40];
for i=1:1:10
     if scores (i) >=60
       fprintf('\t %g \t\t\t\t\t PASSING\n', scores (i));
     else
       fprintf('\t %g \t\t\t\t\t FAILING\n', scores (i))
     end
end
```

MATLAB의 command 창에서 위의 예를 직접 해보자.

MATLAB은 *if* 문과 *else* 문과 같이 쓸 수 있는 *elseif* 명령어도 제공한다. 이에 대한 설명은 MATLAB의 도움메뉴에서 *help elseif* 라고 입력하여 찾아 학습하기 바란다.

예제 14.5(재인용)

[그림 15.7]에 있는 수송관은 조절(점검) 밸브에 연결되어 있고 이 밸브는 압력이 20kPa에 도달하면 열린다. 여러 시간에 걸쳐서 압력을 읽고 기록했다. MATLAB의 논리 함수를 이용해서 점검 밸브의 열림과 닫힘 상태의 리스트를 작성하라.

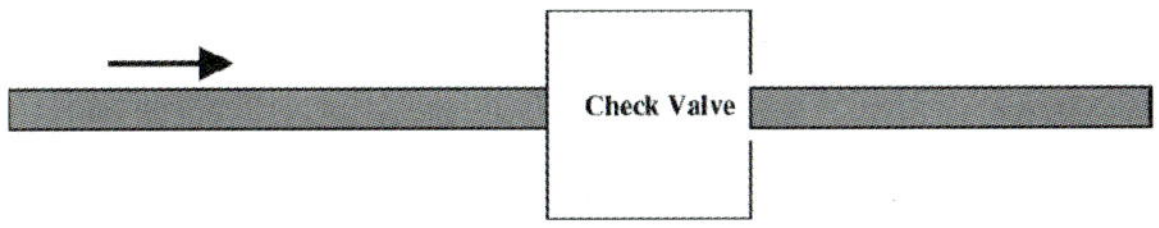

그림 15.7 예제 14.5에 대한 개요도 (재인용)

[그림 15.8]에 예제 14.5(재인용)에 대한 해결방법이 나와 있으며, 입력된 명령어는 아래와 같다.

```
>>pressure=[20 18 22 26 19 19 21 12];
>>fprintf('\t Line Pressure (kPa) \t Valve Position\n\n');
for i=1:8
if pressure(i) >=20
fprintf('\t %g \t\t\t\t\t OPEN\n',pressure(i))
else
fprintf('\t %g \t\t\t\t\t CLOSED\n',pressure(i))
end
end
```

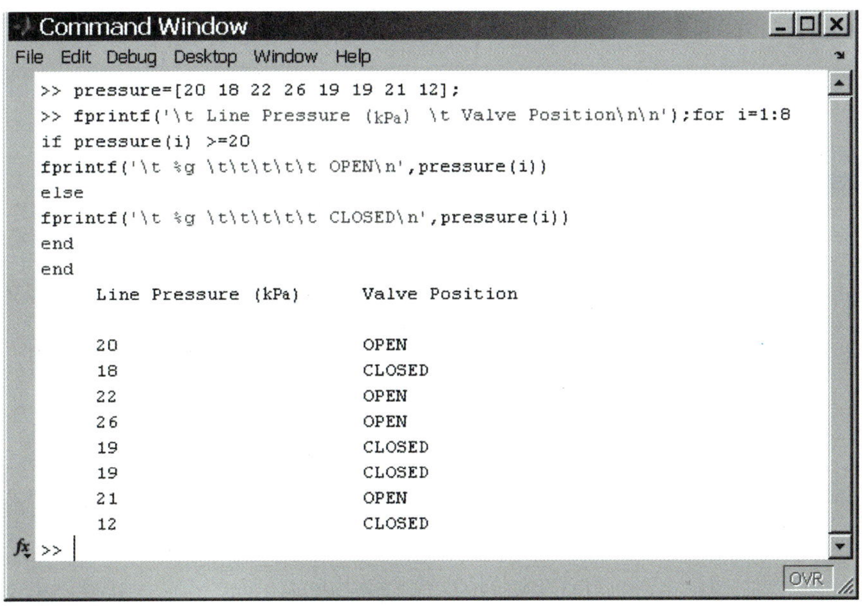

그림 15.8 예제 14.5의 결과(재인용)

M-file

앞서 설명한 대로, MATLAB의 command 창에 변수들을 입력하고 명령을 내려서 간단한 연산을 할 수 있다. 그러나 줄의 수가 긴 프로그램을 짤 때는 M-file을 사용한다. M-file은 *.m* 확장자가 붙기 때문에 M-file이라 불린다. Text Editor나 MATLAB의 Editor/Debugger를 이용하여 M-file을 생성할 수 있다. M-file을 생성하기 위해 M-file Editor를 열어 **File→New→Blank** M-File의 경로를 따라 들어가면 프로그램을 입력할 수 있는 새 창이 열린다. 프로그램을 입력할 때, MATLAB에서 창의 왼편에 줄 번호를 할당하는 것을 볼 수 있다. 줄 번호는 프로그램을 디버깅할 때 꽤 유용하게 쓰인다. 파일을 저장하려면 간단하게 **File→Save As...**의 경로를 따라 클릭하고 파일 이름을 입력한다. 파일의 이름은 반드시 글자로 시작해야 하며 밑줄부호나 숫자와 같은 문자를 포함해도 된다. 파일이름은 MATLAB의 명령어와 같지 않아야 하는 것에 주의해야 한다. 파일이름이 MATLAB 명령어에 사용되었는지 보려면 MATLAB의 command 창에 **exist('file-name')**를 쳐보면 된다. 프로그램을 실행하려면 **Debug→ Save File and Run**의 경로를 따라 클릭한다(또는 **F5**키를 누른다). 처음 프로그램을 실행했을 때 프로그램에서 에러가 발생하는 것에 낙심해서는 안 된다. 지극히 정상적이다. 오류들을 찾아내기 위해 Debugger를 사용할 수 있다. 디버깅 옵션에 대해서 더 자세히 알려면 MATLAB command 창에 *help debug*를 치면 된다.

예제 15.3

파스칼이 7살일 때, 1, 2, 3,⋯, n의 합을 구하기 위해 공식 $\frac{n(n+1)}{2}$을 찾아냈다고 한다. 어느 날 선생님께서 파스칼에게 1부터 100까지의 합을 구해보라고 했고, 파스칼은 몇 분 만에 답을 구했다. 파스칼은 다음과 같은 방법으로 문제를 해결했다고 한다. 먼저, 다음과 같이 한 줄에 1부터 100까지 적는다.

1 2 3 4 .... 99 100

그리고 다음 줄에 그 숫자들을 역순으로 적는다.

100 99 98 97 .... 2 1

그리고서 파스칼은 두 줄의 수를 더해 값이 101인 100개의 동일한 값을 얻었다.

101 101 101 101 .... 101 101

파스칼은 또한 그 결과를 2로 나누어야 한다는 것을 알았다.—1부터 100까지 두 번 적었기 때문이다.—구해진 정답은 $\frac{100(101)}{2} = 5050$이다. 나중에 파스칼은 이 방법을 공식화하여 $\frac{n(n+1)}{2}$을 만들어냈다.

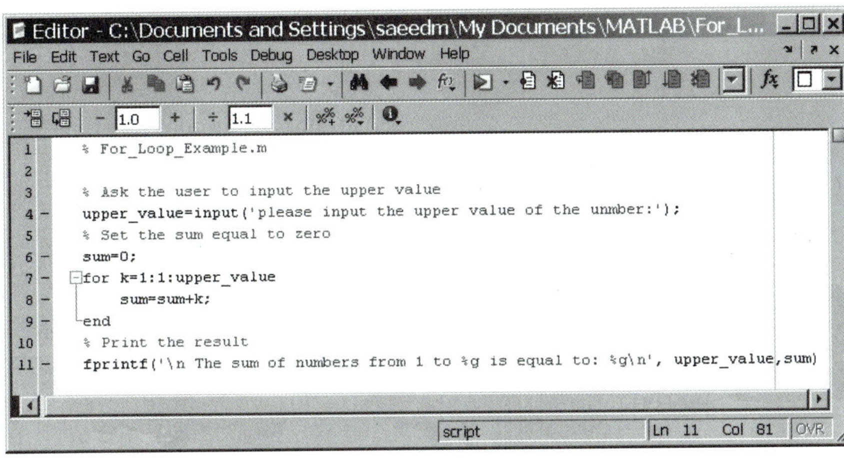

그림 15.9 예제 15.3의 M-file

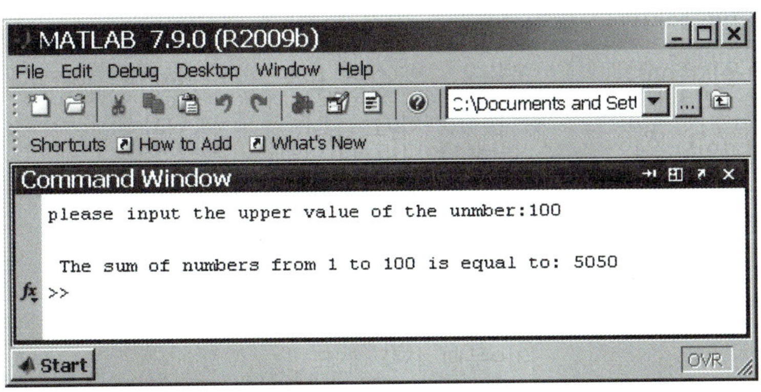

그림 15.10 예제 15.3의 결과

이제 M-file을 이용하여 사용자에게 n값을 입력하게 하여 1부터 n까지의 합을 구하는 프로그램을 짜려고 한다. 프로그램을 흥미롭게 짜기 위해 파스칼의 공식을 사용하지 않을 것이다. 대신에, *for* 루프를 사용하여 문제를 해결할 것이다. [그림 15.9]에 있는 것처럼 MATLAB의 에디터를 사용하여 **For_Loop_Example.m**이라는 이름의 프로그램을 만든다. 프로그램에서 %기호는 주석을 의미한다. %기호 다음에 나오는 text는 MATLAB이 주석으로 처리할 것이다. 또 프로그램에서 커서의 위치를 나타내는 Line(Ln)과 Column(Col) 번호를 알 수 있다. Line과 Column 번호는 에디터 창의 오른쪽 하단에서 볼 수 있다. Line과 Column 번호를 알면 프로그램을 디버깅할 때 매우 유용하다. 프로그램을 실행하려면 **Debug → Save File and Run**을 클릭한다. [그림 15.10]에 그 결과가 나와 있다.

15.3 MATLAB을 이용한 그래프

MATLAB에서는 차트를 생성하기 위한 다양한 방법을 제공한다. 예를 들어, $x-y$ 차트, 열 차트 또는 히스토그램, 곡선 차트, 평면 차트 등을 만들 수 있다. 14장에서 말했듯이, 공학 학생들이나 공학자들이 가장 많이 쓰는 차트가 $x-y$ 차트이므로 이 장에서는 $x-y$ 차트를 생성하는 방법에 대해서 설명할 것이다.

예제 15.4

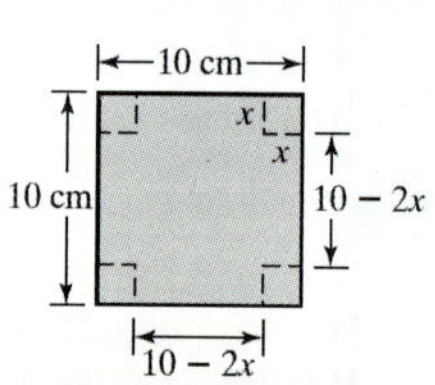

그림 15.11
예제 15.4의 10cm×10cm 시트

10cm×10cm 종이를 가지고, 각 모서리의 부분을 $x$cm×$x$cm로 자르고 그 면을 접는 방법으로 만들 수 있는 가장 큰 크기는 무엇인가? [그림 15.11]을 참고하라. 이 문제를 해결하기 위해서 MATLAB을 이용하라.

10cm×10cm 종이의 각 모서리를 $x$cm×$x$cm로 자르면서 얻어지는 크기는 $V=(10-2x)(10-2x)x$로 주어진다. 또한, $x=0$이고 $x=5$일 때 크기는 0이 될 것이다. 또한, 0.1과 같은 적은 증가값으로 하고, x값의 범위는 0부터 5로 만들 수 있다. 종이 크기의 최댓값을 얻기 위해서 크기와 x의 값을 대비해서 나타낸다. MATLAB에서 명령어 입력은 아래와 같이 한다.

```
>> x = 0:0.1:5;
>> volume = (10-2*x).*(10-2*x).*x;
>> plot (x,volume)
>> title ('Volume as a function of x')
>> xlable ('x (cm)')
>> ylable ('Volume (cm^3)')
>> grid minor
>>
```

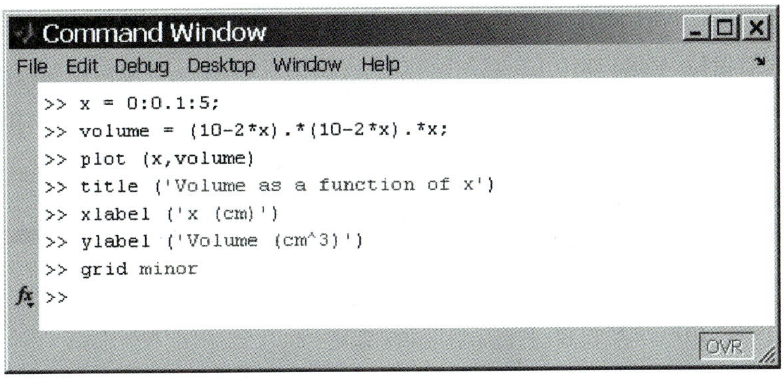

그림 15.12 예제 15.4에 대한 MATLAB Command Window

예제 15.4에 대한 MATLAB Command Window가 [그림 15.12]에 나와 있으며, 크기와 x와의 관계 그래프는 [그림 15.13]에 나타나 있다.

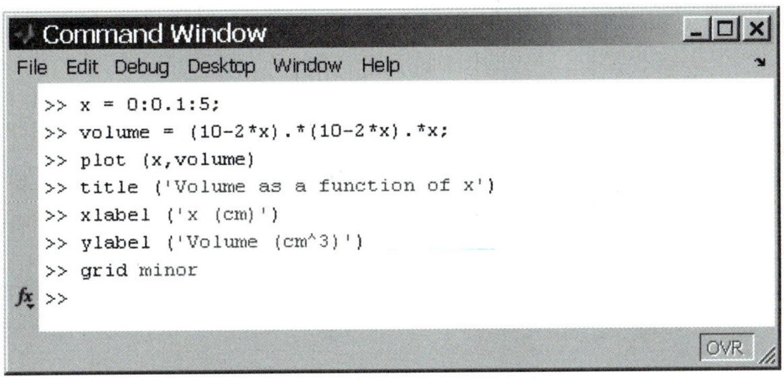

그림 15.13 예제 15.4에 대한 크기와 x의 관계 그래프

데이터를 그래프로 나타낼 때 일반적으로 사용되는 MATLAB 명령들에 대해서 논의할 것이다. **plot(x,y)** 명령은 **y**값 대 **x**값을 나타낸다. **plot(x,y,s)** 명령을 통해서 다양한 선의 형태와 차트 기호 또는 색상을 사용할 수 있다. 여기서 **s**는 특정한 선의 형태나 기호 또는 색상을 정의할 수 있는 문자열이다. **s**는 [표 15.12]에 나와 있는 값들 중에서 하나의 값을 가질 수 있다.

표 15.12 MATLAB의 선과 기호의 특성들

s	Color	**s**	Data Symbol	**s**	Line type
b	Blue	.	Point	-	Solid
g	Green	O	Circle	:	Dotted
r	Red	x	*x*-mark	-.	Dash-dot
c	Cyan	+	Plus	--	Dashed
m	Magenta	*	Star		
y	Yellow	s	Square		
k	Black	d	Diamond		
		v	Triangle(down)		
		^	Triangle(up)		
		<	Triangle(left)		
		>	Triangle(right)		

예를 들어, **plot(x,y,'k*-')**와 같이 입력하면, MATLAB은 각 데이터 위치 점에 *****의 표시와 함께 검은색 선을 사용한 그래프를 나타낼 것이다. 만약, 선 색상을 지정하지 않는다면 그래프의 색상은 자동으로 지정된다.

title('text') 명령을 사용하면, 그래프 맨 위의 지점에 차트 제목을 추가할 수 있다. **xlabel('text')** 명령은 **x**-축의 제목을 만들 수 있고, **x**-축 아래에 괄호형태로 표시될 것이다. 마찬가지로, **ylabel('text')** 명령도 **y**-축의 제목을 삽입한다. 격자 선을 삽입하기 위해선 **grid on**(또는 **grid**) 명령을 입력한다. **grid off** 명령은 격자 선을 제거할 것이다. [그림 15.13]과 같이 작은 격자 선들을 삽입하기 위해선 **grid minor** 명령을 입력한다.

일반적으로, 그래프 특성 편집기를 사용하는 것이 편리하다. 예를 들어, 곡선을 얇게 하거나 색상을 바꾸거나 데이터 점들을 표시하기 위해서는 곡선 위에 마우스 포인터를 놓고 왼쪽 버튼을 더블 클릭한다. 단, 먼저 picking 모드가 활성화되어있어야 한다. picking 모드를 활성화하기 위해선 프린트 아이콘 옆에 있는 화살표를 클릭해야 한다. 선을 더블 클릭한 후에, line과 marker 편집 창이 보일 것이다. [그림 15.14]와 같이 선 두께를 0.5에서 2로 증가시키고, 색상은 검정으로, 데이터 위치 점의 표시 모양은 다이아몬드로 설정하였다. 새롭게 설정된 화면은 [그림 15.15]와 같다.

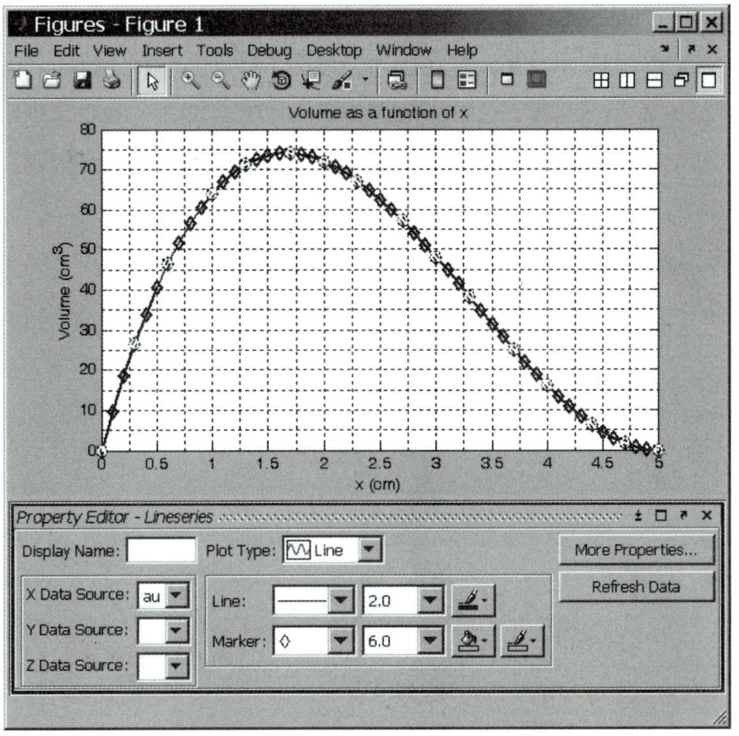

■ **그림 15.14** MATLAB 선 영역 편집기

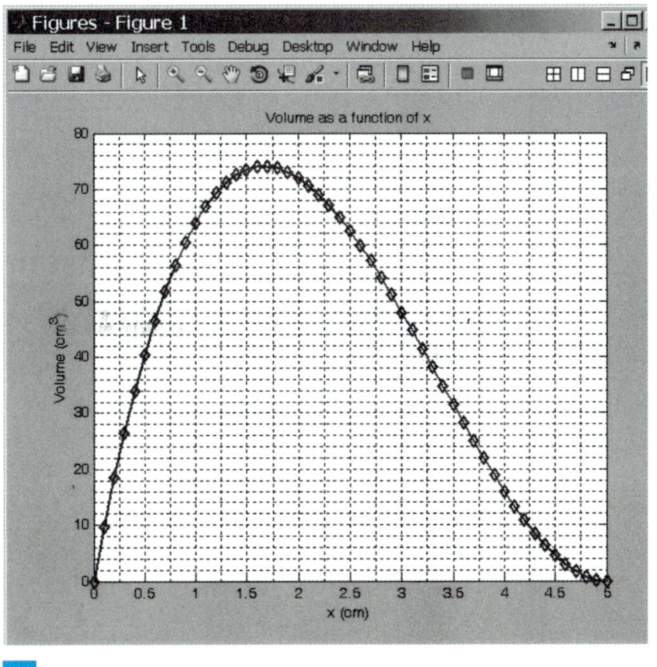

■ **그림 15.15** 예제 15.4의 수정된 그래프

다음으로, **Insert** 옵션의 **Text Arrow**을 선택하여 데이터 최댓값을 표시하는 화살표를 추가할 것이다([그림 15.16] 참조). 그리고 "**Maximum** volume occurs at x=1.7cm"와 같이 입력하면 [그림 15.17]과 같이 입력한 문자가 추가된다.

글자 크기와 스타일, 제목, 축의 이름도 변경할 수 있다. 이와 같은 작업들을 하기 위해서 수정하고자 하는 영역을 선택한 후 메뉴 바의 **Edit**를 선택한 다음 **Figure Object Properties**를 선택한다. 그리고서 [그림 15.18]에 나와 있는 Property Editor를 사용해서 선택한 영역을 수정할 수 있다. 예제 15.4의 차트 제목과 x, y축 이름의 글자 크기와 두께를 수정하였다. 수정된 결과는 [그림 15.19]에 나와 있다.

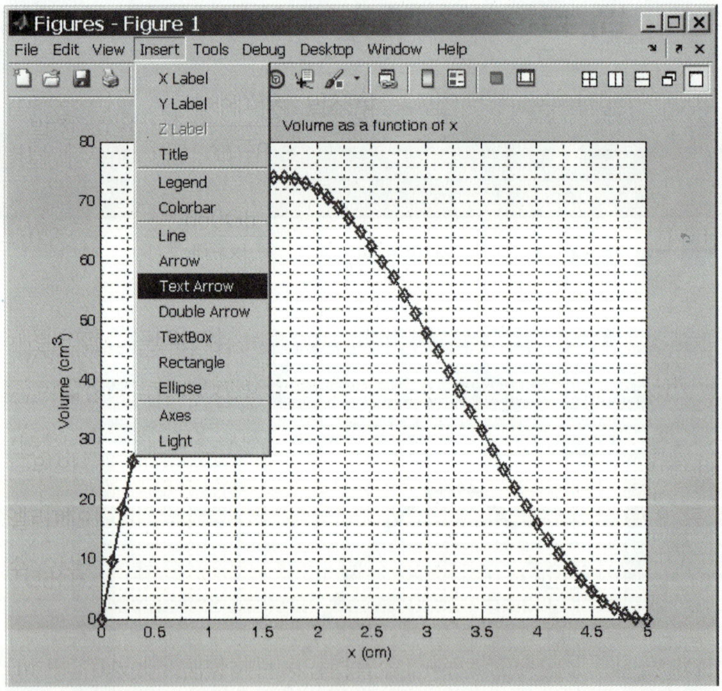

그림 15.16 Insert Text Arrow 옵션을 사용, 화살표와 문자를 그래프에 추가할 수 있다.

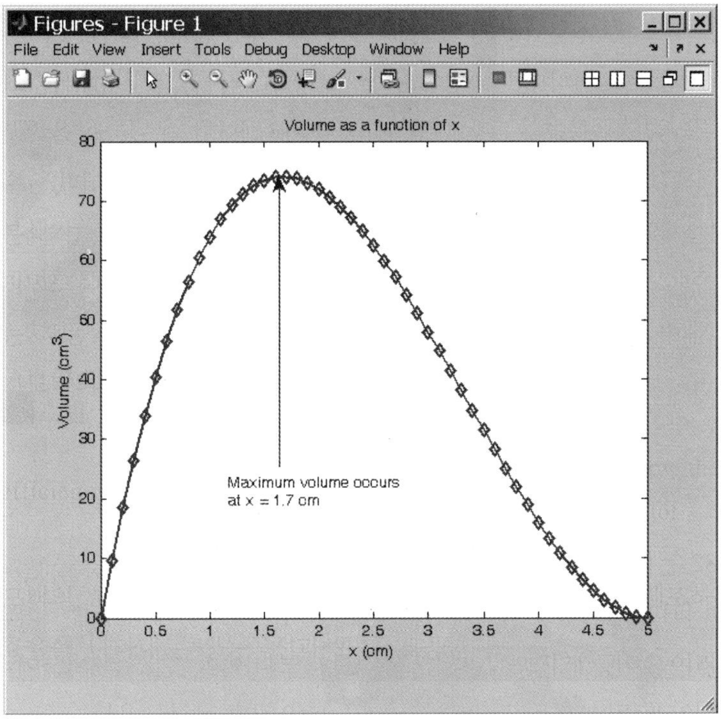

그림 15.17
예제 15.4의 결과값

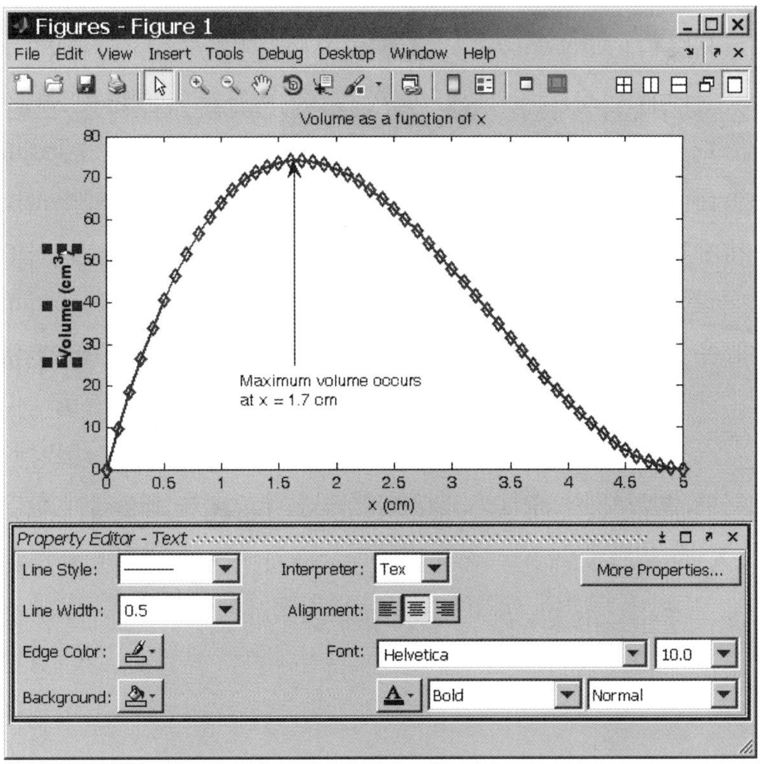

그림 15.18
MATLAB's Text Property Editor

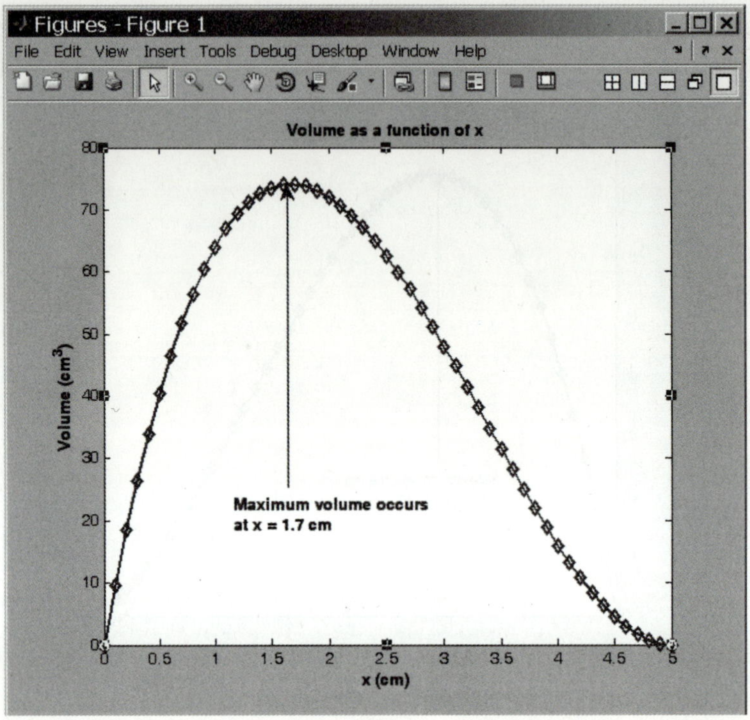

그림 15.19
예제 15.4의 결과

MATLAB을 이용해서 곡선 그래프나 평면 그래프와 같은 다양한 종류의 그래프를 나타낼 수 있다. x, y축의 값도 변경할 수 있다. 예를 들어, MATLAB의 **loglog(x,y)** 명령은 x, y축에 대해서 the base-10 logarithmic scales(기본 10 대수 기수법)를 사용한다. **loglog(x,y)** 명령은 logarithmic axes를 사용한 것을 제외하고 **plot(x,y)** 명령과 동일하다. **semilogx(x,y)** 또는 **semilogy(x,y)** 명령은 오직 x축 또는 y축에 대해서만 the base-10 logarithmic scales(기본 10대수 기수법)를 사용한 그래프를 생성한다. 마지막으로, **Hold** 명령은 동일한 차트상에 하나 이상의 데이터 집합을 그래프로 나타낼 때 사용할 수 있다.

MATLAB, Excel 또는 다른 그리기 소프트웨어를 사용하여 공학 차트를 작성할 때, 반드시 각 축의 대한 적당한 단위와 이름을 포함해야 한다. 그뿐만 아니라, 차트가 나타내고 있는 것을 설명해주는 제목과 총합계의 수치를 반드시 포함해야 한다. 하나 이상의 데이터 집합이 동일한 차트상에 작성되었을 때는 다른 데이터 집합들에 대해서 사용되는 기호를 표시해주는 목록이나 범례를 포함해야 한다.

예제 14.6 (재인용)

예제 14.1의 결과를 이용해서 공기 밀도의 값을 온도의 함수로 나타내도록 그래프를 작성하라. MATLAB의 Command Window와 온도의 함수로 나타낸 공기 밀도의 그래프는 각각 [그림 15.20]과 [그림 15.21]과 같다.

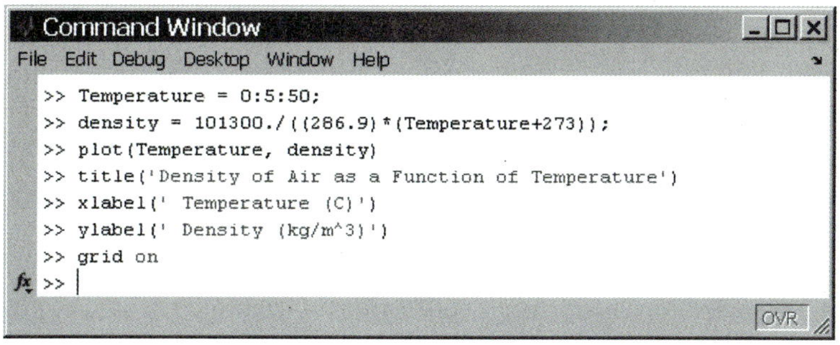

그림 15.20 예제 14.6에 대한 Command Window(재인용)

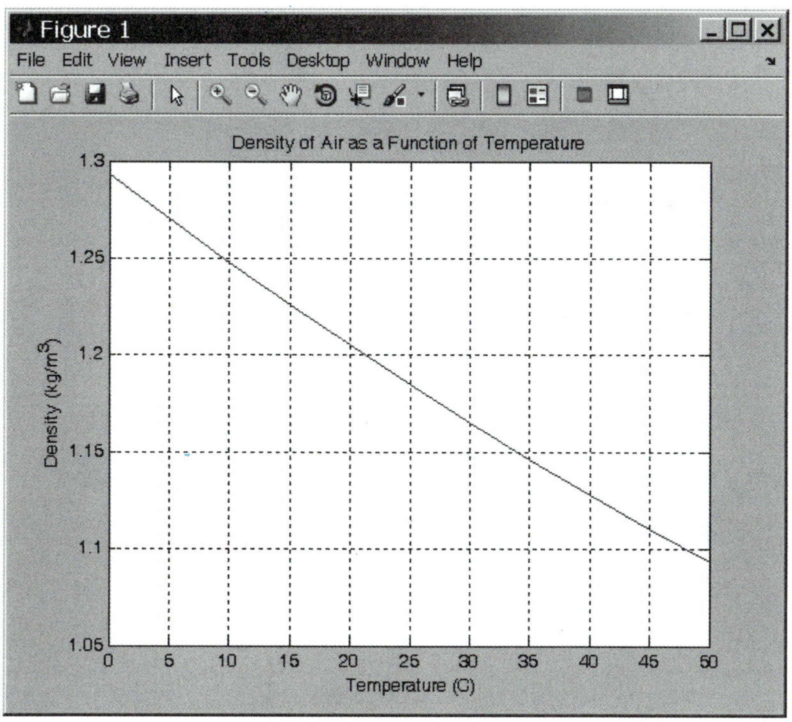

그림 15.21 예제 14.6에 대한 공기 밀도의 차트(재인용)

15.4 엑셀 파일과 다른 파일을 MATLAB으로 가져오기

때때로, 엑셀과 같은 다른 프로그램에서 만들어진 파일을 추가적인 분석을 위하여 MATLAB으로 가져오는 작업은 편리할 수 있다. [그림 15.22]에 나와 있는 엑셀 파일을 MATLAB으로 가져오는 방법에 대해서 설명할 것이다. 이 엑셀 파일은 예제 15.4의 x값과 대응하는 크기값을 2열로 나타낸다. 이 파일을 MATLAB으로 가져오기 위해선 메뉴 바의 **File**을 선택하고 다시 **Import Data**를 선택한 후 적절한 디렉터리를 찾아 원하는 파일을 연다. [그림 15.23]과 같이 Import Wizard window가 나타나며, 여기서 "Create vectors from each column using column names"를 선택한다. Wizard는 데이터를 가져와서 `x`와 `volume` 변수로 각 데이터를 저장시킬 것이다.

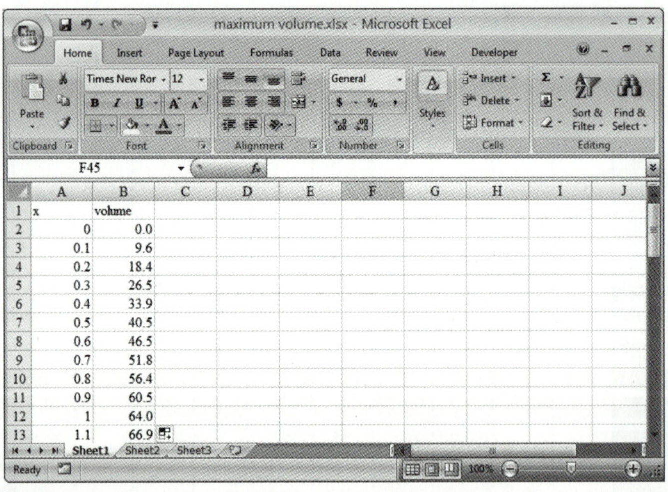

그림 15.22 예제 15.4에서 사용된 엑셀 데이터 파일

차트 제목은 'volume as a function of x'라 하고, [그림 15.24]와 같이 MATLAB 명령어를 입력한다. 그래프 결과는 [그림 15.25]와 같다.

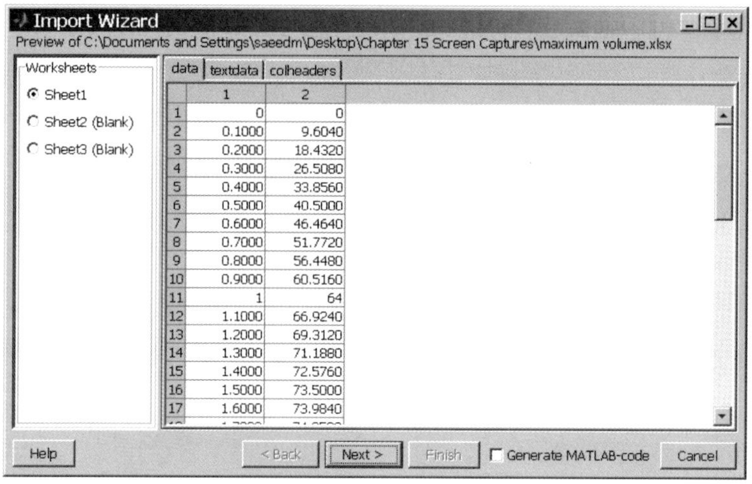

그림 15.23
MATLAB's Import Wizard

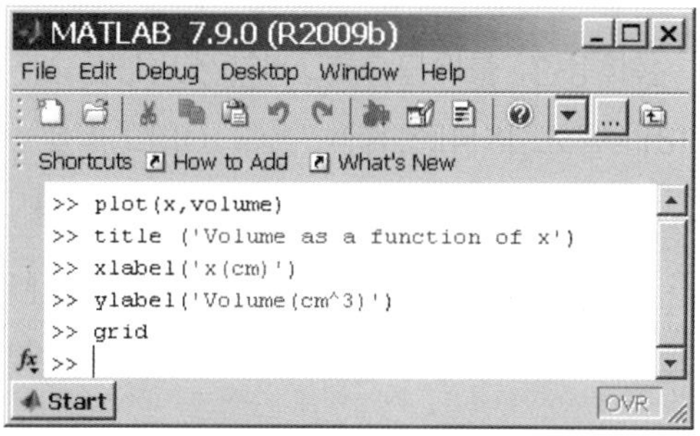

그림 15.24
그림 15.25에 나와 있는 차트에서 유도된 명령어

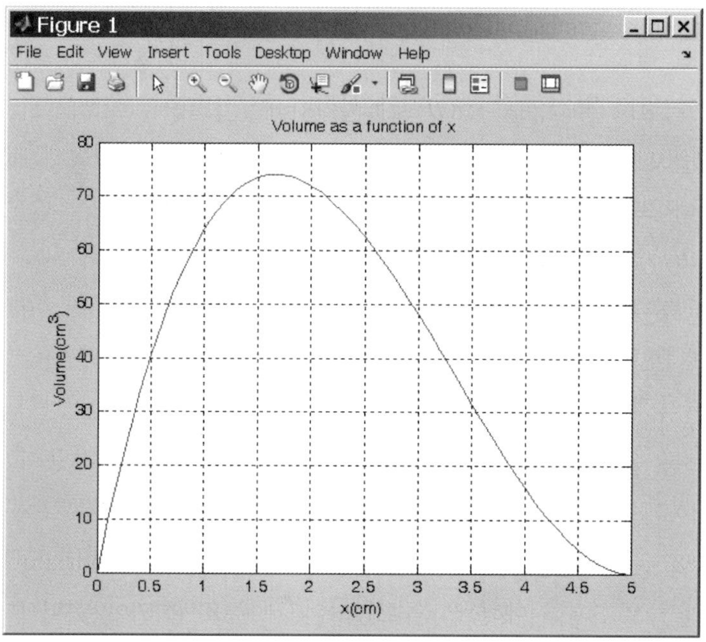

그림 15.25
엑셀 파일에서 가져온 데이터를 사용한 volume과 x의 그래프

15.5 MATLAB을 이용한 행렬 계산

처음에 설명하였듯이, MATLAB은 행렬 계산과 처리작업을 위한 다양한 도구들을 제공한다. [표 15.4]에서는 이러한 기능의 예들을 보여준다. 다음 예들을 통해서 MATLAB의 행렬 계산 명령어에 대해서 설명할 것이다.

예제 15.5

MATLAB을 이용하여 다음과 같은 연산을 수행하시오.

$$[A]=\begin{bmatrix}0 & 5 & 0\\ 8 & 3 & 7\\ 9 & -2 & 9\end{bmatrix},\ [B]=\begin{bmatrix}4 & 6 & -2\\ 7 & 2 & 3\\ 1 & 3 & -4\end{bmatrix},\ \{C\}=\begin{Bmatrix}-1\\ 2\\ 5\end{Bmatrix}$$

(a) $[A]+[B]=?$

(b) $[A]-[B]=?$

(c) $3[A]=?$

(d) $[A][B]=?$

(e) $[A]\{C\}=?$

(f) determinant of $[A]$

답은 [그림 15.26]에 나와 있다. 이 예제를 확인하면서 MATLAB 명령에 의한 응답 내용은 일반 글씨체로 나와 있고, 사용자가 입력해야 하는 정보는 굵은 글씨체로 나와 있는 것을 유의해야 한다.

```
>> A=[0 5 0;8 3 7;9 -2 9]
A =
   0  5  0
   8  3  7
   9 -2  9
>> B=[4 6 -2;7 2 3;1 3 -4]
B =
   4  6 -2
   7  2  3
   1  3 -4
>> C=[-1; 2; 5]
C =
```

```
   -1
    2
    5
>> A+B
ans =
    4  11  -2
   15   5  10
   10   1   5
>> A-B
ans =
   -4  -1   2
    1   1   4
    8  -5  13
>>3*A
ans =
    0  15   0
   24   9  21
   27  -6  27
>>A*B
ans =
   35  10  15
   60  75 -35
   31  77 -60
>>A*C
ans =
   10
   33
   32
>>det(A)
ans =
  -45
>>
```

그림 15.26
예제 15.5의 해답

예제 15.6

많은 공학 문제의 공식들은 1차 선형 방정식 구조로 가져오게 되었다. 수학과 공학 수업에서 배우게 되겠지만, 1차 선형 방정식을 해결하려는 방법은 많이 존재한다. 주어진 1차 선형 방정식을 행렬 $[A]$의 역의 값(미지수의 계수)과 이것을 행렬 $\{b\}$ (방정식 우측에 있는 값)와 곱하는 방식의 Gauss 소거를 사용하여 풀어라.

여기서는 1차 선형 방정식의 문제를 MATLAB을 이용하여 해결하는 방법을 보여줄 것이다.

$$2x_1 + x_2 + x_3 = 13$$

$$3x_1 + 2x_2 + 4x_3 = 32$$

$$5x_1 - x_2 + 3x_3 = 17$$

여기서, 행렬 $[A]$의 계수와 우측 열의 행렬 $\{b\}$는 다음과 같다.

$$[A] = \begin{bmatrix} 2 & 1 & 1 \\ 3 & 2 & 4 \\ 5 & -1 & 3 \end{bmatrix},\ \{b\} = \begin{Bmatrix} 13 \\ 32 \\ 17 \end{Bmatrix}$$

우선 이 문제를 해결하기 위해서 나눗셈 연산자 \를 행렬에 사용할 것이다. 나눗셈 연산자는 Gauss 소거 방식을 사용하여 문제를 해결할 수 있다. 다음으로, **inv** 명령어를 사용하여 문제를 해결한다.

```
>> A = [2 1 1;3 2 4;5 -1 3]
A =
   2  1  1
   3  2  4
   5 -1  3
>> b = [13;32;17]
b =
   13
   32
   17
>> x = A\b
x =
   2.0000
   5.0000
   4.0000
>> x = inv(A)*b
x =
   2.0000
   5.0000
   4.0000
```

결과값 $x_1 = 2$, $x_2 = 5$, $x_3 = 4$를 각 방정식에 대입하여 풀면, 모두 만족하는 것을 알 수 있다.

$$2(2)+5+4=13,\ \ 3(2)+2(5)+4(4)=32,\ \ 5(2)-5+3(4)=17$$

15.6 MATLAB을 이용한 Curve Fitting

14.8에서, curve fitting의 개념에 대해 살펴보았다. MATLAB에서는 다양한 curve fitting 옵션들을 제공한다. 예제 14.11을 사용하여 데이터 점들의 집합에 적합한 방정식을 얻기 위하여 MATLAB을 사용하는 방법을 보여줄 것이다. 예제 14.11(재이용)에서, 주어진 n개의 다항식에 가장 적합한 계수($c_0, c_1, c_2, \ldots, c_n$)를 결정하는 **POLYFIT(x, y, n)** 명령을 사용할 것이다.

$$y = c_0 x^n + c_1 x^{n-1} + c_2 x^{n-2} + c_3 x^{n-3} + \cdots + c_n$$

예제 14.11(재인용)

[표 15.13]의 데이터 점들의 집합에 가장 적합한 방정식을 구하라.

14.8에서 y와 x 사이의 관계를 나타내는 데이터 점들의 그래프는 2차 방정식이다. 주어진 데이터에 적합한 2차 다항식의 계수를 구하기 위해서 아래와 같은 명령어를 입력할 것이다. 예제 14.11에 대한 MATLAB Command Window 화면은 [그림 15.27]에 나와 있다.

```
>> format compact
>> x=0:0.5:3
>> y = [2 0.75 0 -0.25 0 0.75 2]
>> Coefficients = polyfit(x,y,2)
```

표 15.13 A Set of Data Points for Example 14.11 (재인용)

X	Y
0.00	2.00
0.50	0.75
1.00	0.00
1.50	−0.25
2.00	0.00
2.50	0.75
3.00	2.00

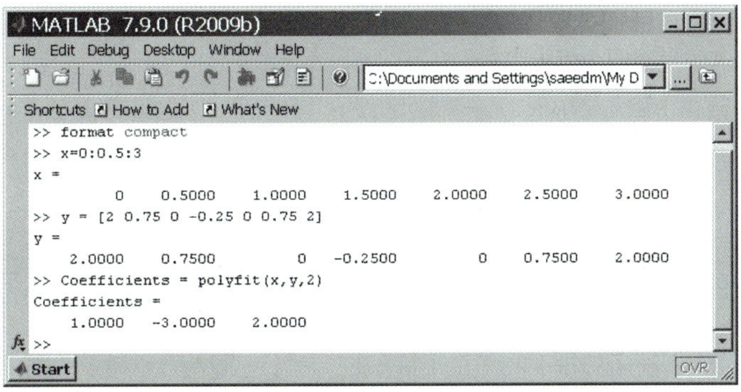

그림 15.27 예제 14.11의 Command Window(재인용)

polyfit 명령어 실행으로, $c_0 = 1, c_1 = -3, c_2 = 2$와 같은 계수값들을 가진다. 그러므로 2차 방정식은 $y = x^2 - 3x + 2$이다.

15.7 MATLAB을 이용한 기호 수학

이전 Part에서는 수치적인 값들을 이용하는 공학 문제들을 해결하기 위한 MATLAB 사용방법에 대해서 알아보았다. 이번 Part에서는 MATLAB의 기호 특성들에 대해서 설명할 것이다. 기호 수학의 이름에서 알 수 있듯이 문제와 답은 수치적 값을 대신하는 x와 같은 기호를 사용하여 나타낸다. 예제 15.7과 15.8을 통해서 MATLAB의 기호 특성들에 관해 설명할 것이다.

예제 15.7

MATLAB 기호 연산을 수행하기 위해서 [표 15.14]에 나와 있는 함수들을 사용할 것이다.

$$f_1(x) = x^2 - 5x + 6$$

$$f_2(x) = x - 3$$

$$f_3(x) = (x+5)^2$$

$$f_4(x) = 5x - y + 2x - y$$

표 15.14 MATLAB 기호 연산의 예

Function	Description of the Function	Example	Result of the Example
sym	It creates a symbolic function.	F1x=sym('x^2−5*x+6') F2x=sym('x−3') F3x=sym('(x+5)^2') F4x=sym('5*x−y+2*x−y')	F1x=x^2−5*x+6 F2x=x−3 F3x=(x+5)^2 F4x=5*x−y+2*x−y
factor	When possible, it factorizes the function into simpler terms.	factor(Fx1)	(x−2)*(x−3)
simplify	It simplifies the function.	simplify(F1x/F2x)	x−2
expand	It expands the function.	expand(F3x)	x^2+10*x+25
collect	It simplifies a symbolic expression by collecting like coefficients.	collect(F4x)	7*x−2*y
solve	It solves the expression for its roots.	solve(F1x)	x=2 and x=3
ezplot(f, min, max)	It plots the function f in the range of min and max.	ezplot(F1x, 0, 5)	See Figure 15.28

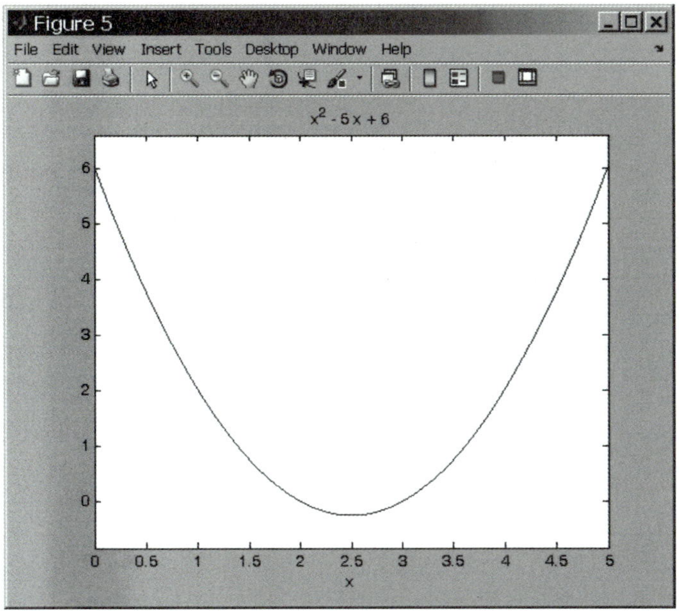

그림 15.28 예제 15.7의 `ezplot` 함수: [표 15.14]의 마지막 줄을 참고하라.

연립 1차 방정식의 풀이(solution of simultaneous linear equation)

1차 방정식의 해를 얻기 위해 MATLAB 기호들을 어떻게 사용하는지를 보여줄 것이다.

예제 15.8

다음 3개의 1차 방정식과 함께 알 수 없는 3개의 값(x, y, z)을 구하라.

$$2x + y + z = 13$$

$$3x + 2y + 4z = 32$$

$$5x - y + 3z = 17$$

`solve` 명령은 기호 수학 방정식을 해결하기 위해 사용된다. `solve` 명령은 다음과 같은 형태로 입력된다. **solve('eqn1', 'eqn2',……, 'eqn')**. 이 명령을 사용하기 위해 먼저 아래와 같이 각 방정식을 정의해줘야 한다.

```
>>equation_1 = '2*x+y+z=13';
>>equation_2 = '3*x+2*y+4*z=32';
```

```
>>equation_3 = '5*x-y+3*z=17';
>>[x,y,z] = solve(equation_1,equation_2,equation_3)
```

주어진 해는 $x=2$, $y=5$, $z=4$이다. [그림 15.29]에 예제 15.8에 대한 MATLAB Command Window가 나와 있다.

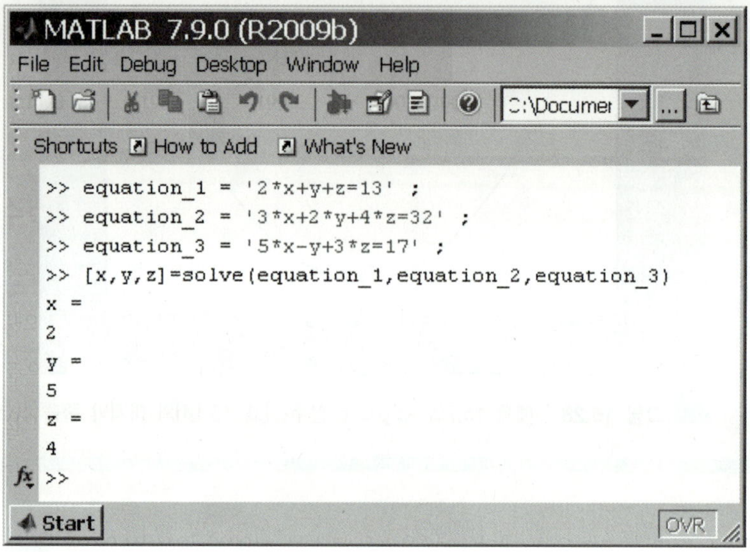

그림 15.29 예제 15.8에 다룬 1차 방정식들의 결과

이 장 첫 부분에서 말했듯이, 다양한 범위의 문제들을 해결하기 위한 MATLAB의 특성에 대해서 다루고 있는 책들이 많이 존재한다. 이 장에서는 여러분이 기본적인 연산을 수행할 수 있도록 기본적인 개념을 소개하는 데 목적을 두었다. 차후 다른 분야의 공학 교육을 통해서, 다양한 범위의 공학 문제들을 해결하기 위한 MATLAB의 효율적인 사용 방법에 대해서 좀 더 배우게 될 것이다.

요약

이 장에서는 다음을 학습했으며, 다음 내용들을 숙지해야 한다.

- MATLAB은 공학 문제들을 해결하기 위해서 사용될 수 있는 도구이다. 게다가, 차트 형태로 분석 결과를 나타낼 수 있다. 직접 작성한 수식을 입력할 수 있으며 MATLAB이 가지고 있는 고유함수도 이용할 수 있다.
- MATLAB 파일의 내용을 편집하는 방법
- MATLAB의 고유함수를 사용하는 방법
- 다른 데이터 파일들을 MATLAB으로 가져오는 방법
- MATLAB을 이용해서 적절한 공학 차트를 만드는 방법
- MATLAB을 이용한 행렬 연산을 수행하는 방법
- MATLAB curve fitting 특성의 이해
- MATLAB 기호 수학 특성(symbolic mathematics capabilities)의 이해

연습문제

15.1 MATLAB Help 메뉴를 이용하여, 다음 함수들이 어떻게 사용되는지 확인하라. 간단한 예를 만들고, 함수의 알맞은 사용방법에 대해 설명하라.

a. ABS(X)
b. TIC, TOC
c. SIZE(x)
d. FIX(x)
e. FLOOR(x)
f. CEIL(x)
g. CALENDAR

15.2 10장에서 액체의 기압과 작은 마을에서 급수탑의 역할을 배웠다. MATLAB을 사용해서 급수탑 안에 지상 물의 높이와 급수탑 받침대에 있는 파이프라인의 물 기압의 관계를 보여주는 표를 작성하라. 관계의 공식은

$$P = \rho g h$$

여기서,

P = 급수탑의 받침대의 물 기압은 N/m^2
ρ = 물의 밀도는 kg/m^3(ρ =1000kg/m^3)
g = 중력에 의한 가속도(g =9.81m/s^2)
h = 지상에서의 물의 높이(m)

물의 높이가 10m씩 증가할 때 급수탑의 받침대에 위치하고 있는 파이프의 수압을 N/mm^2로 보여주는 표를 작성하라. 또 수압(N/mm^2)과 높이(m)를 비교하라. 급수탑의 받침대에 위치하고 있는 파이프의 수압이 800kPa이기 위해서는 급수탑의 물의 높이가 얼마가 되어야 하는가?

15.3 10장에서 설명했듯이 점성율은 액체의 흐름도를 말한다. 다음의 상호관계에서 물의 점성율을 결정할 수 있다.

$$\mu = c_1 10^{\left(\frac{c_2}{T-c_3}\right)}$$

여기서,

$\mu \equiv$ 점도율($N/s \cdot m^2$)
$T \equiv$ 온도(K)
$c_1 \equiv 2.414 \times 10^{-5} N/s \cdot m^2$
$c_2 \equiv$ 247.8K
$c_3 \equiv$ 140K

MATLAB을 사용해서 온도 함수에 대응하는 물의 점성율을 나타내는 표를 작성하라. 온도의 범위는 0°C(273.15K)에서 100°C(373.15K)로 정하고 5°C 증가한다. 또 온도 함수에 대응하는 점성율의 값을 보여주는 그래프를 그려라.

15.4 MATLAB을 이용하여, 섭씨와 화씨로 온도 단위의 관계를 보여주는 표를 작성하라. 온도의 범위는 −50°C부터 150°C이고 증가량은 10°C로 정한다.

15.5 MATLAB을 이용하여 센티미터(cm)와 인치(in)와 피트(ft)로 사람 신장의 단위의 관계를 보여주는 표를 작성하라. 범위는 150cm부터 2m이고 증가량은 5cm로 정한다.

15.6 MATLAB을 이용하여 킬로그램(kg), 슬러그(slugs), 파운드(lb)로 사람 무게를 설명하는 질량 단위의 관계를 보여주는 표를 작성하라. 범위는 20kg부터 120kg이고 증가량은 5kg로 정한다.

15.7 MATLAB을 이용하여 Pa와 psi로 압력 단위의 관계를 보여주는 표를 작성하라. 범위는 1,000Pa부터 10,000Pa이고 증가량은 500Pa로 정한다.

15.8 MATLAB을 이용하여 Pa와 psi로 압력의 단위의 관계를 보여주는 표를 작성하라. 범위는 10kPa부터 100kPa이고 증가량은 0.5kPa로 정한다.

15.9 MATLAB을 이용하여 와트와 마력으로 힘의 단위의 관계를 보여주는 표를 작성하라. 범위는 100W부터 10,000W이고 1,000W까지의 증가량은 100W

로 정하고 10,000W까지의 증가량은 1000W로 정한다.

15.10 14장에서 설명했듯이 엔지니어는 차량의 움직임에 있는 공기 저항을 주의 깊게 연구하고 있다. 또한, 자동차의 항력은 차를 풍동 안에서 실험해본 후에 정해진다. 풍동 안의 대기 속도가 바뀌면서 자동차의 항력을 측정한다. 자동차의 실험 데이터는 일반적으로 항력계수라고 부른다. 다음 공식에서 정의된다.

$$C_{\mathrm{d}} = \frac{F_{\mathrm{d}}}{\frac{1}{2}\rho V^2 A}$$

여기서,

C_{d} = 항력계수(단위 없음)
F_{d} = 측정한 항력(N)
ρ = 공기 밀도(kg/m^3)
V = 풍동 안의 대기 속력(m/s)
A = 자동차의 앞면(m^2)

A는 자동차 면적의 앞면을 뜻하며 대략 면적은 자동차의 앞면 사각형 윤곽의 가로와 세로를 곱하고 0.85를 곱한다. 이 면적이 자동차 앞에서 볼 때 보이는 면적일 것이다. 0.85는 둥근 모서리, 범퍼 아래의 빈 공간 등을 계산하기 위해서 사용된다. 다른 예를 들으면 스포츠카인 경우에는 대표적인 계수값이 0.27~0.38 사이에 있고 세단형 자동차는 0.34~0.5 사이에 있다.

대기 저항을 압도하기 위해서 필요한 힘은 다음과 같이 계산된다.

$$P = F_{\mathrm{d}} V$$

여기서,

P = 힘(W)

그리고

1 마력(hp)=746W

이 문제는 자동차의 속력과 공기 온도에 따라서 힘의 요구사항이 어떻게 변하는지 알기 위해서다. 자동차의 항력의 계수가 0.4, 넓이가 1890mm, 높이가 1458mm일 때 압도하기 위한 힘을 구하라. 대기 속력의 범위를 15m/s < V < 35m/s로 놓고, 대기 밀도 범위를 1.11kg/m^3 < ρ < 1.29kg/m^{3}로 정한다. 주어진 대기 밀도 범위는 0°C~45°C와 일치한다. 대기 밀도를 온도와 연결시키기 위해서 이상적인 기체법을 사용해도 된다. 결과를 마력하고 kilowatts로 보이고 속력과 대기 온도의 함수의 힘 소비량에 대해서 논의하라.

15.11 다음 그림에서 있는 캔틸래버 광선은 발코니에 작용되는 짐을 받쳐주기 위해서 사용된다. 광선의 중앙선 편향은 다음 공식에서 주어진다.

$$y = \frac{-wx^2}{24EI}(x^2 - 4Lx + 6L^2)$$

여기서,

y = x 위치에서 주어진 편향(m)
w = 분포된 짐(N/m)
E = 탄력성의 계수(N/m^2)
I = 면적의 두 번째 모멘트(m^4)
x = 보기와 같은 받침으로부터의 거리(m)
L = 광선의 길이(m)

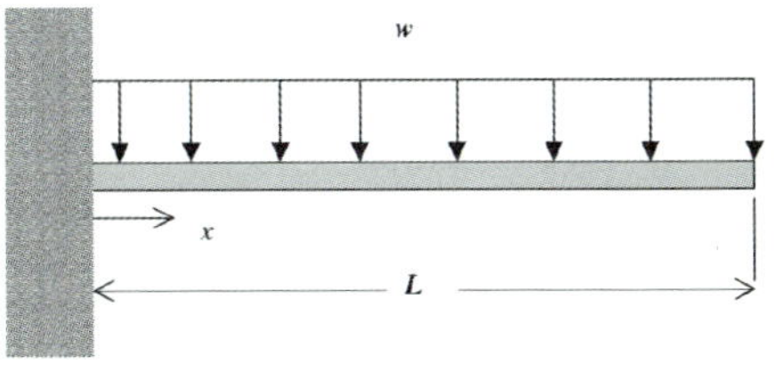

문제 15.11

MATLAB을 이용해서 탄력성의 계수가 E = 200GPa, $I = 99.1 \times 10^6$mm^{4}와 광선의 길이가 5m인 편향을 그려라. 광선은 10,000N/m의 부하를 운반할 수 있다. 광선의 최대 편향을 구하라.

15.12 돌출부나 연장된 표면은 공학 어플리케이션에서 냉각을 강화시키기 위해서 사용된다. 예를 들어서 오토바이나 잔디 깎는 기계의 엔진 머리, 전자 제품의 연장된 표면, 방의 냉·온방 제품의 열

을 교환하는 돌출 튜브 등이 있다. 100°C의 표면의 열을 냉각시키는 데 사용한 문제 14.13에서 설명한 직사각형의 알루미늄 돌출부를 보자. 주위의 온도는 20°C이다. 알고 싶은 점은 돌출부의 온도가 길이에 따라서 바뀌는 온도와 그 온도의 변동을 그리는 것이다. 긴 돌출부의 경우에 돌출부의 온도 분포는 다음 공식으로 계산한다.

$$T - T_{\text{ambient}} = (T_{\text{base}} - T_{\text{ambient}})\,e^{-mx}$$

여기서,

$$m = \sqrt{\frac{hp}{kA}}$$

h = 열전도 계수($W/m^2 \cdot K$)

p = 돌출부의 perimeter $2*(a+b)$, (m)

A = 돌출부의 교차부분 $(a*b)$, (m^2)

k = 돌출부 재료의 열전도율(W/m·K)

다음 데이터를 이용해서 지느러미의 온도 분포를 그려라. k=168W/m·K, h=12W/m^2·K, a=0.05m, b=0.01m. 0.01m의 증가량을 사용하여 x의 값을 0부터 0.1m까지 변화시켜라.

15.13 Huebscher라는 사람이 같은 크기의 원형 도관과 직사각형 도관의 관계를 보여주는 공식을 개발했다.

$$D = 1.3\,\frac{(ab)^{0.625}}{(a+b)^{0.25}}$$

여기서,

D = 같은 크기의 원형 도관의 지름(mm)

a = 직사각형 도관의 한쪽 면 크기(mm)

b = 직사각형 도관의 다른 면 크기(mm)

	Length of One Side of Rectangular Duct(length a), mm				
Length b	100	125	150	175	200
400					
450					
500					
550					
600					

MATLAB을 사용해서 원형과 직사각형 도관의 관계를 보이는 표를 작성하라.

15.14 Pitot 튜브란 풍동 안에서 모델을 지나치는 대기의 속도를 측정하기 위해서 사용되는 도구이다. 대기 속도는 다음 공식으로 계산된다.

$$V = \sqrt{\frac{2P_d}{\rho}}$$

여기서,

V = 대기 속도(m/s)

P_d = 역학 압력(Pa)

ρ = 대기 밀도($1.23kg/m^3$)

MATLAB을 사용해서 역학 압력을 500~800Pa까지 범위로 잡고 대기 속도를 나타내는 표를 작성하라. 증가량은 50Pa로 잡는다.

15.15 예제 7.1 문제를 해결하기 위해서 MATLAB을 사용하라. 주어진 모양의 면적을 결정하기 위해 사다리꼴 방법을 적용한 것을 기억하라. 주어진 데이터를 엑셀 파일로 만들고, 이 파일을 MATLAB으로 가져온다.

15.16 20장에서 경제성 공학을 배울 것이다. MATLAB을 사용해서 5년 동안 매달 자동차의 대출금을 확인할 수 있는 표를 작성하라. 매달 지불은 다음 공식을 계산한다.

$$A = P\left[\frac{\left(\frac{i}{1200}\right)\left(1+\frac{i}{1200}\right)^{60}}{\left(1+\frac{i}{1200}\right)^{60}-1}\right]$$

여기서,

A = 매달 지불액($)

P = 대출금($)

i = 이자율(예, 7, 7.5,⋯, 9)

	Interest Rate				
Loan	7	7.5	8	8.5	9
10,000					
15,000					
20,000					
25,000					

15.17 Sutterland라는 사람이 온도의 함수로 대기의 점도율을 평가할 수 있는 상호관계를 개발했다. 공식은 다음과 같다.

$$\mu = \frac{c_1 T^{0.5}}{1 + \frac{c_2}{T}}$$

여기서,

μ = 점도율(N/s·m^2)

T = 온도(K)

$c_1 = 1.458 \times 10^{-6} \left(\frac{\text{kg}}{\text{m} \cdot \text{s} \cdot \text{K}^{1/2}} \right)$

c_2 = 110.4K

온도의 함수로 대기의 점성율을 범위가 0℃(273.15K)부터 100℃(373.15K)이고, 증가량은 5℃로 정한 표를 작성하라. 또한, 온도의 함수로 점성율의 값을 보여주는 그래프를 작성하라.

15.18 11장에서 풍속냉각 지수에 대해서 배웠다. 풍속냉각지수는 경험적으로 결정되며, 풍속냉각 인덱스를 결정하기 위해서 일반적으로 사용되는 상호관계는 풍속냉각 온도 $T_{\text{equivalent}}$(℃)이고 다음과 같이 주어진다.

$$T_{\text{equivalent}} = 0.045(5.27V^{0.5} + 10.45 - 0.28V) \cdot (T_a - 33) + 33$$

주위 대기온도의 범위는 $-30°\text{C} < T_a < 10°\text{C}$이고, 대기 속도는 $5\text{m/s} < V < 20\text{m/s}$인 풍속냉각 온도를 나타내는 표를 작성하라.

15.19 MATLAB을 이용하여 다음 연산들을 수행하라.

$$[A] = \begin{bmatrix} 4 & 2 & 1 \\ 7 & 0 & -7 \\ 1 & -5 & 3 \end{bmatrix}, \ [B] = \begin{bmatrix} 1 & 2 & -1 \\ 5 & 3 & 3 \\ 4 & 5 & -7 \end{bmatrix},$$

$$\{C\} = \begin{Bmatrix} 1 \\ -2 \\ 4 \end{Bmatrix}$$

a. $[A]+[B]=?$

b. $[A]-[B]=?$

c. $3[A]=?$

d. $[A][B]=?$

e. $[A]\{C\}=?$

15.20 MATLAB을 이용하여, $[A]$와 $[B]$의 행렬식(determinant)을 계산하라. 어느 것이 단일 행렬인가?

$$[A] = \begin{bmatrix} 2 & 10 & 0 \\ 16 & 6 & 14 \\ 12 & -4 & 18 \end{bmatrix}, \ [B] = \begin{bmatrix} 2 & 10 & 0 \\ 4 & 20 & 0 \\ 12 & -4 & 18 \end{bmatrix}$$

15.21 MATLAB을 이용해서 주어진 방정식을 풀어라.

$$\begin{bmatrix} 10875000 & -1812500 & 0 \\ -1812500 & 6343750 & -4531250 \\ 0 & -4531250 & 4531250 \end{bmatrix} \begin{Bmatrix} u_2 \\ u_3 \\ u_4 \end{Bmatrix} = \begin{Bmatrix} 0 \\ 0 \\ 800 \end{Bmatrix}$$

15.22 MATLAB을 이용해서 주어진 방정식을 풀어라.

$$\begin{bmatrix} 1 & 1 & 1 \\ 2 & 5 & 1 \\ -3 & 1 & 5 \end{bmatrix} \begin{Bmatrix} x_1 \\ x_2 \\ x_3 \end{Bmatrix} = \begin{Bmatrix} 6 \\ 15 \\ 14 \end{Bmatrix}$$

15.23 MATLAB을 이용해서 주어진 방정식을 풀어라.

$$\begin{bmatrix} 7.11 & -1.23 & 0 & 0 & 0 \\ -1.23 & 1.99 & -0.76 & 0 & 0 \\ 0 & -0.76 & 0.851 & -0.091 & 0 \\ 0 & 0 & -0.091 & 2.31 & -2.22 \\ 0 & 0 & 0 & -2.22 & 3.69 \end{bmatrix} \begin{Bmatrix} T_1 \\ T_2 \\ T_3 \\ T_4 \\ T_5 \end{Bmatrix} = \begin{Bmatrix} (5.88)(20) \\ 0 \\ 0 \\ 0 \\ (1.47)(70) \end{Bmatrix}$$

15.24 MATLAB을 이용해서 주어진 방정식을 풀어라.

$$10^5 \begin{bmatrix} 7.2 & 0 & 0 & 0 & -1.49 & -1.49 \\ 0 & 7.2 & 0 & -4.22 & -1.49 & -1.49 \\ 0 & 0 & 8.44 & 0 & -4.22 & 0 \\ 0 & -4.22 & 0 & 4.22 & 0 & 0 \\ -1.49 & -1.49 & -4.22 & 0 & 5.71 & 1.49 \\ -1.49 & -1.49 & 0 & 0 & 1.49 & 1.49 \end{bmatrix} \begin{Bmatrix} x_1 \\ x_2 \\ x_3 \\ x_4 \\ x_5 \\ x_6 \end{Bmatrix} = \begin{Bmatrix} 0 \\ 0 \\ 0 \\ -500 \\ 0 \\ -500 \end{Bmatrix}$$

15.25 주어진 데이터 값들에 대해서 가장 적합한 방정식을 찾고, 실제 데이터와 예측된 y값을 비교하라. 우선 데이터를 그래프로 나타내어라.

x	0	1	2	3	4	5	6	7	8	9	10
y	10	12	15	19	23	25	27	32	34	36	41

15.26 주어진 데이터 값들에 대해서 가장 적합한 방정식을 찾고, 실제 데이터와 예측된 y값을 비교하라. 우선 데이터를 그래프로 나타내어라.

x	0	1	2	3	4	5	6	7	8
y	5	8	15	32	65	120	203	320	477

15.27 주어진 데이터 값들에 대해서 가장 적합한 방정식을 찾고, 실제 데이터와 예측된 y값을 비교하라. 우선 데이터를 그래프로 나타내어라.

x	0	5	10	15	20	25	30	35	40	45	50
y	100	101.25	105	111.25	120	131.25	145	161.25	180	201.25	225

15.28 [표 10.1(a)]에 주어진 힘-휘는 정도 자료값에 가장 적합한 방정식을 찾고, 실제 데이터와 예측된 힘의 값을 비교하라. 우선 데이터를 그래프로 나타내어라.

Force(N)	Spring Deflection(mm)
5	9
10	17
15	29
20	35

15.29 다음 표에 주어진 데이터는 파이프 내의 속도 분포를 나타낸다. 주어진 유속-방사상거리 데이터에 가장 적합한 방정식을 구하고, 실제 속도와 예측되는 속도를 비교하라. 우선 데이터를 그래프로 나타내어라.

Fluid Velocity(m/s)	Radial Distance(m)
-0.1	0
-0.08	0.17
-0.06	0.33
-0.04	0.42
-0.02	0.49
0	0.5
0.02	0.48
0.04	0.43
0.06	0.32
0.08	0.18
0.1	0

15.30 주어진 자료는 원료 가공 단계에서 시간에 따른 판금의 냉각온도를 도표로 나타낸 것이다. 주어진 온도-시간의 데이터에 가장 적합한 방정식을 찾고 실제 데이터와 예측된 온도값을 비교하라. 우선 데이터를 그래프로 그려라.

Temperature(°C)	Time(h)
900	0
722	0.2
580	0.4
468	0.6
379	0.8
308	1.0
252	1.2
207	1.4
172	1.6
143	1.8
121	2.0
103	2.2
89	2.4
78	2.6
69	2.8
62	3.0

15.31 command 창에 호출하면 킬로그램 단위로 입력된 질량값을 파운드 단위로 된 무게값으로 계산하는 Weight라는 이름의 함수를 작성하라.

15.32 Body Mass Index(BMI)는 비만도와 과체중인지

를 측정해주는 지수이다.

$$\text{computed from } BMI = \frac{mass(\text{in kg})}{[height(\text{in meter})]^2}$$

다음 그림과 같이 표를 생성할 수 있는 프로그램을 작성하라. BMI 값은 각 범위 18.5~24.9, 25.0~29.9, >30.0에서 정상, 과체중, 비만으로 측정된다.

	Mass(kg)						
Height(m)	50	55	60	65	70	75	80
1.5	22.2	24.4	26.7	28.9	31.1	33.3	35.6
1.6	19.5	21.5	23.4	25.4	27.3	29.3	31.3
1.7	17.3	19.0	20.8	22.5	24.2	26.0	27.7
1.8	15.4	17.0	18.5	20.1	21.6	23.1	24.7
1.9	13.9	15.2	16.6	18.0	19.4	20.8	22.2

문제 15.33부터 15.40까지는 각 줄을 MATLAB에 입력하여 결과를 보이는 문제이다. 만약 실행 중 에러가 발생할 시에는 이를 나타내라.

15.33
```
A = [3 1 0;4 0 1];
B = [-3 1 4;5 6 -1];
C = [A,B]
```

15.34
```
B = [1;0;-5;4];
D = B′
```

15.35
```
X = [4 5 -2 8];
Y = [2 0 1 10];
Z = (X<Y)
Z = Y(X~=Y)
```

15.36
```
i = 5
for k = 1:3:7
i = i+k;
end
value = i
```

15.37
```
A = [5 0 2];
B = [1 5 4];
C = B.^A
```

15.38
```
i = 10;
k = 2;
while k<4
i = i+k;
k = k+1;
end
value = i
```

15.39
```
A = [3 1 0;4 0 1];
B = [-3; 1; 4];
C = A*B
```

15.40
```
X = [0:1:5];
Y = X.^2+4;
plot(X,Y)
xlabel('X')
ylabel('Y')
```

PART

4

공학 설계 표현법

엔지니어, 기계 제작자, 기술자 그리고 관리자를 위한 정보 전달

Source: Harry Sieplinga/HMS Images/Image Bank/Getty Images

엔지니어들은 다른 사람들에게 유용한 정보 전달을 하기 위해 정해진 표준으로 기술 설계를 한다. 공학 설계는 제품의 모양, 치수, 제품의 제작과 조립 단계의 필요한 자원들과 같은 정보를 제공한다. 몇몇 공학 설계에서는 특별하게 상세설계를 하기도 한다. 예를 들어, 토목 엔지니어들은 토지 또는 경계, 정밀 사진, 건축 그리고 노선측량 설계에서 쓰고 있다. 이에 반해서, 전기전자 엔지니어들은 PCB 조립설계, PCB 천공계획 그리고 배선도 설계로 쓴다. 또한, 엔지니어들은 자신의 아이디어, 상황에 대한 분석 그리고 문제에 대한 해법을 전달하기 위해 기호나 표지를 사용한다. 이 책의 Part 4에서 우리는 공학 도해 표현, 공학 기호의 원리와 규칙을 소개할 것이다. 이러한 원리를 이해하는 것은 당신에게 정보를 효율적으로 전달하고 이해하도록 할 것이다.

CHAPTER

16 공학 설계와 기호

Engineering Fundamentals

위와 같은 휴대폰 설계도의 공학 설계는 엔지니어나 기술자에게 제품의 구상화를 제공하기 위해서 중요한 정보를 전달해준다. 설계에는 제품의 형상, 크기, 사용된 재료, 조립 단계와 같은 중요한 자료가 제공된다.

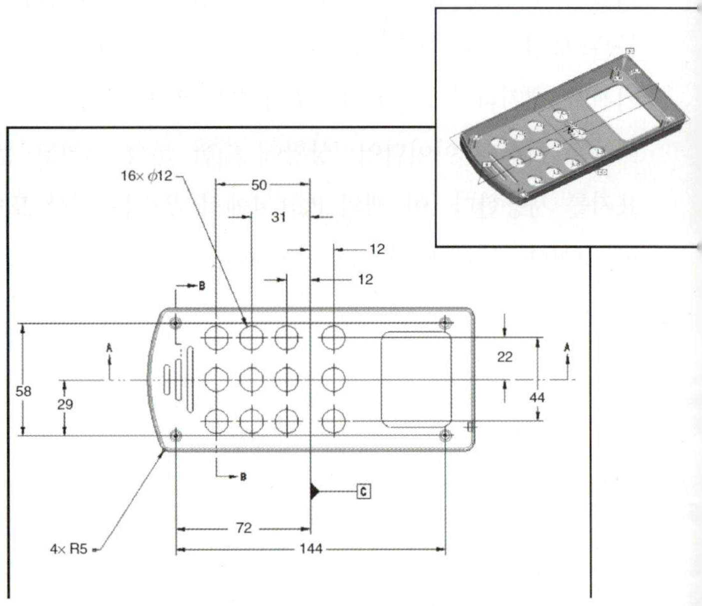

Source: From Lamit. Pro/Engineer 2001i, 1E. © 2001 Cengage Learning, a part Cengage Learning, Inc. Reproduced by permission. www.cengage.com/permissions.

엔지니어는 공학 설계라는 특수 설계를 이용하여 제품의 아이디어와 디자인 정보를 전달한다. 이러한 설계는 제품의 형상, 크기, 사용된 재료, 조립 단계와 같은 중요한 자료를 설명한다. 더구나 기술자는 엔지니어나 제도공이 제공한 공학 설계 자료를 이용하여 부품을 만든다. 설계는 여러 부품으로 구성된 복잡한 시스템을 조립법 안내서를 통해 단계별로 설명해준다. 이어지는 절에서는 공학 설계의 원리를 간단하게 소개한다. 또한, 공학 설계가 중요한 이유, 방법, 따라야 할 규정에 대해서 배울 것이다. 공학 기호(Symbol)와 표지(Sign)는 유용한 정보를 제공한다. 이러한 기호는 엔지니어의 생각, 문제를 해결하는 방법이나 어떤 상황에 대한 분석을 전달하기 위해서 쓰이는 일종의 언어이다. 이 장에서, 우리는 약정된 공학 기호에 대한 필요성을 논의하며 토목, 전기, 기계 공학에서 사용되는 일반적인 기호를 살펴볼 것이다. 이 장을 끝낸 후에 공학 설계와 기호에 관심이 더 있을 경우에는 교수님과 의논을 하여 더 자세하게 배울 수 있는 교과서를 알아보도록 하여라.

16.1 공학 설계의 중요성

어떤 작업을 쉽게 하기 위해서 제품을 새롭게 만들 아이디어를 떠올린 적이 있는가? 그 아이디어를 다른 사람에게 어떻게 전달했는가? 타인에게 아이디어를 명확히 보여주기 위해서 가장 먼저 한 일은 무엇이었나? 친구와 차 한 잔을 하면서 어떤 제품에 대한 아이디어를 보여주고 싶다고 상상해보라. 제품에 대한 설명을 한 후 더 자세한 설명을 하기 위해 그림 또는 설계도를 직접 그려서 보여줄 것이다. "그림은 1,000마디를 대신해준다."라는 말도 있지만, 공학에서의 그림은 그 이상의 말을 대신 표현해준다.

기술적인 그림이나 공학 설계는 다른 엔지니어나 기술자에게 자신이 제안한 제품을 시각화시켜주고 필요한 자료를 전달해준다. 더욱더 중요한 것은 제안한 제품의 크기를 알 수 있고 위, 옆 또는 앞에서 보여 지는 모습을 볼 수 있다. 또한, 이 도면은 제품에 사용될 재료를 명확히 지정해준다. 공학 설계를 그리거나 읽기 위해서는 모든 엔지니어, 제도공, 기술자가 따르는 기본 규칙을 배워야 한다. 다음 절에서 기본 규칙에 대해서 배워보겠다.

16.2 정사영도

정사영도(orthographic views)는 (설계도) 물체의 영상을 위, 앞, 옆에서 보여준다. 정사영도를 더 자세하게 설명하기 위해 [그림 16.1]에 있는 물체를 유리 상자 가운데에 넣었다고 하자. 물체의 모서리에서 유리 상자의 면으로 직선을 그리면 [그림 16.1]과 같은 윤곽이 보일 것이다. 이와 같은 윤곽은 수평, 수직, 측면에서 본 물체의 정사영도 투상이라고 한다.

다음은 유리 상자의 각 면을 열고 물체의 투상을 보자. 유리의 면을 펼쳐 배치하면 [그림 16.2]와 같다. 상대적인 위치는 윗면, 아랫면, 앞면, 뒷면, 오른쪽 면, 왼쪽 면으로 되어 있다.

그림에서 보듯이 윗면과 아랫면이 비슷하고, 앞면과 뒷면이 비슷하고, 오른쪽 면과 왼쪽 면이 비슷하다는 점을 알 수 있다. 그러므로 여섯 개의 그림(설계도)에 중복이 있으므로 모두 그릴 필요가 없다는 것을 알 수 있다. 물체를 설명하는 데 필요한 그림의 개수는 물체의 복잡한 정도에 따라 정해진다. 그러면 물체를 설명하기 위해 몇 개의 그림이 필요한가? [그림 16.1]에 있는 물체를 보여주기 위해서는 3개의 그림만 필요하므로 물체를 설명하기 위해서는 3면이면 충분하다. [그림 16.1]의 예를 보면 물체를 완벽하게 설명하기 위해서는 위, 앞, 오른쪽 면만 사용할 수 있다. 다수의 물체를 설명할 때 위, 앞, 오른쪽 면이 그림으로 가장 많이 사용된다. [그림 16.3]이 그 예이다.

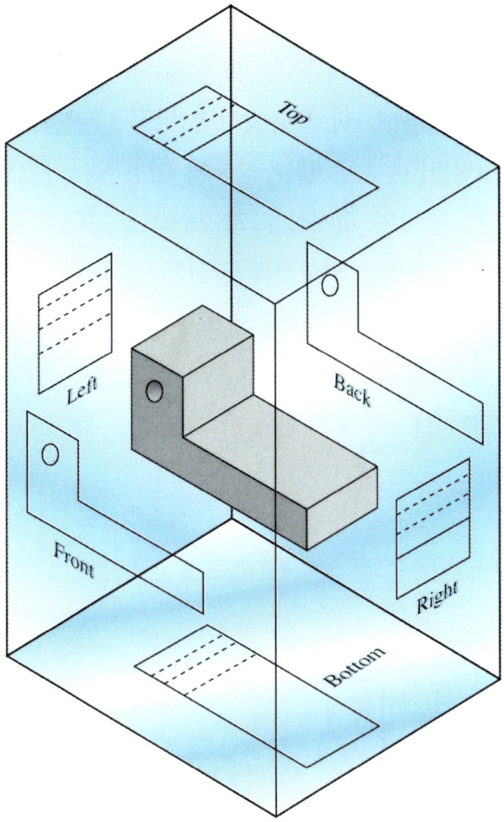

그림 16.1
수평, 수직, 측면으로의 물체의 정사영도 투상

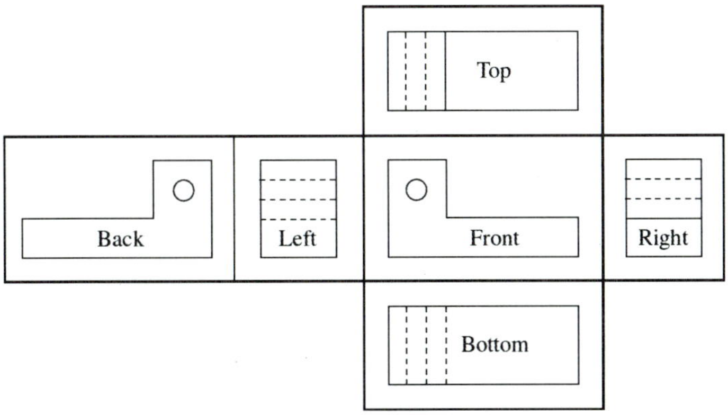

그림 16.2 위, 아래, 앞, 뒤, 오른쪽, 왼쪽 면의 상대적 위치

[그림 16.3]을 보면 정사영도에서 물체를 설명할 때 세 가지 선이 사용된다는 것을 알 수 있다: 외형선, 은선 또는 파선, 중심선. 정사영도에 있는 외형선은 한

면의 테두리 또는 두 면의 교차선을 나타낸다. 파선 또는 은선은 물체 안쪽의 원기둥형 구멍에 있는 평면의 테두리 또는 맨 끝의 경계선을 나타내거나 보이지 않는 두 면의 교차선을 나타낸다. 다르게 말하면 파선은 관찰자와(물체를 보고 있는 곳) 모서리 사이에 어떤 방해물이 있을 경우에 사용된다. [그림 16.3]에서 오른쪽 면을 보면 물체에 있는 구멍의 경계선을 보여주고 물체에서 두 면이 만나는 교차선도 보여준다. 이러한 방법으로 외형선과 파선은 교차선과 경계선을 보여준다. 정사영도에서 사용되는 세 번째 선인 중심선(또는 대칭선)은 구멍이나 원기둥의 중앙을 표시해준다. 파선과 중심선은 무늬가 다르다는 점을 확인하고 외형선, 파선, 대칭선의 예를 [그림 16.3]을 통해서 본다.

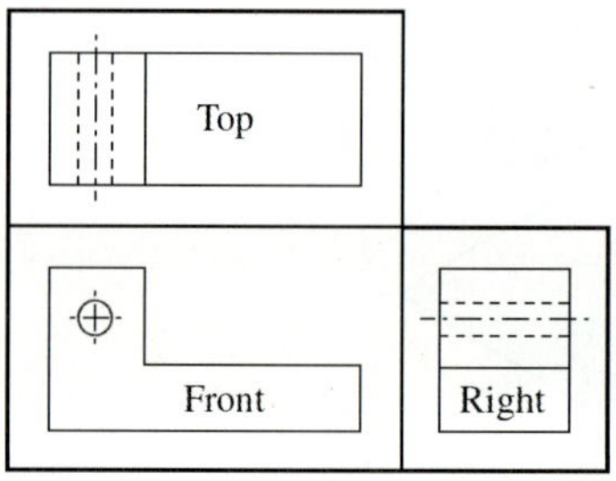

그림 16.3 물체의 위, 앞, 오른쪽 면

앞에서 배웠듯이 물체를 보여주기 위해 필요한 그림의 수는 물체의 복잡함에 따라 달라진다. 예를 들어서 볼트 와셔나 개스킷을 보여주기 위해서는 윗면과 볼트 와셔나 개스킷의 두께를 명시하면 된다. 볼트와 같은 물체는 두 개의 그림이 요구되며, [그림 16.4]에서 그 예를 볼 수 있다.

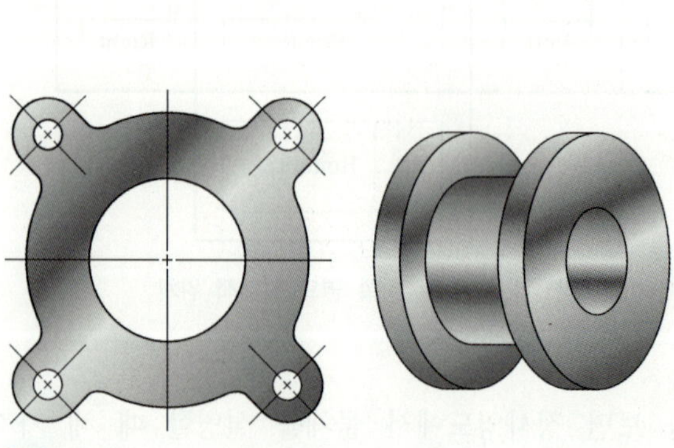

그림 16.4 하나 또는 두 개의 그림이 요구되는 물체의 예

예제 16.1 [그림 16.5(a)]에 있는 물체의 정사영도를 그려라.

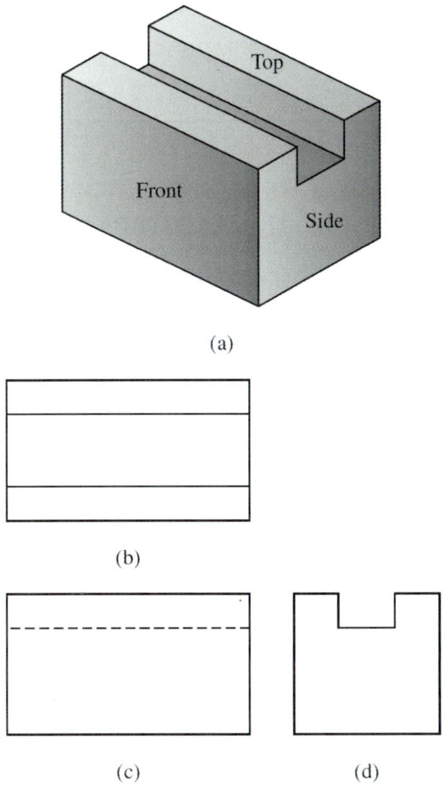

그림 16.5 물체와 그 정사영도: (a)물체, (b)윗면 그림, (c)앞면 그림, (d)옆면 그림

16.3 치수 기입과 공차법

공학 설계는 제품의 모양, 크기, 재료와 같은 자료를 제공한다. 앞의 절에서는 정사영도를 그리는 방법을 배웠지만 설계도에 그려진 제품의 실제 크기를 보여주는 방법은 배우지 않았다. 미국표준협회(ANSI)가 공학 설계의 치수 기입(dimensioning)과 공차법(tolerancing)의 기준을 세웠다. 모든 공학 설계는 치수, 공차, 제품 재료, 최종 표면 표시, 부품 번호와 같은 표기 등이 포함되어야 한다. 이러한 정보를 설계도에 표기하는 이유는 여러 가지가 있다. 기술자는 설계를 한 엔지니어나 제도공에게 제품의 크기, 공차, 재료에 대해서 질문할 필요 없이 설계를 통해서 작업을 할

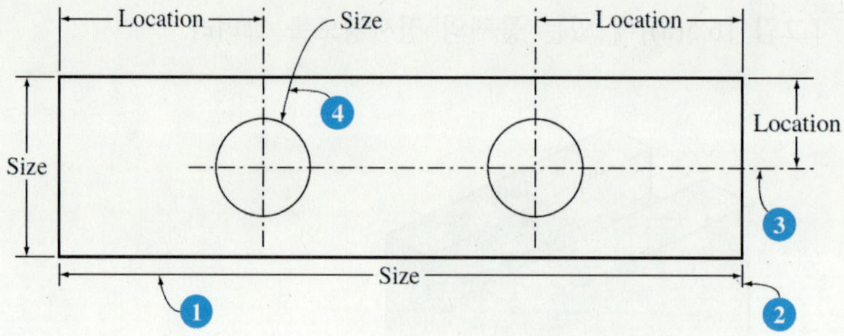

그림 16.6 치수 기입: (1)치수선, (2)연장선, (3)중앙선, (4)주축선

수 있어야 한다. 공학 설계에서 치수를 정할 때는 크기와 위치를 고려해야 한다. [그림 16.6]에서 보듯이, 제품의 길이나 넓이만 명시하는 것이 아니라 부품 안에 있는 구멍의 중앙 위치나 필릿의 중앙도 명시해야 한다. 또한, 설계는 치수선, 연장선, 중앙선, 주축선의 도움으로 치수를 잰다.

치수선은 물체의 크기, 즉 길이나 넓이를 알려준다. 기술자가 부품을 만들 때 재료의 크기를 알 수 있어야 하기 때문에 물품의 전반적인 치수를 보여줘야 한다. 연장선은 이름 그대로 치수나 위치가 지정되는 점에서 연장되는 선이다. 연장선은 서로 평행으로 그려지고 [그림 16.6]처럼 치수선 사이에 있다. 주축선은 원이나 필릿을 가리키는 화살표로서 크기를 명시한다. 설계는 일반적으로 Not to Scale(NTS)로 나타내므로 설계도의 축척도 명시되어야 한다. 치수가 아니더라도 모든 공학 설계에는 설계자의 이름, 설계 제목, 날짜, 눈금, 쪽 수, 설계 번호가 있는 자료 박스가 있어야 한다. 이와 같은 요소들은 설계도의 위쪽 또는 아래쪽의 우측에 있고, 그 예는 [그림 16.7]에 있다.

공학 도면에서 자주 나타나고 문제를 일으킬 수 있는 단점인 필릿에 대해서 알아보자. 필릿이란 물체의 둥근 모서리이고 크기와 원의 반지름은 설계에 명시된다. 설계에서 필릿의 크기가 명시되지 않는다면 기술자는 모서리를 둥글게 작업하지 않을 것이고 그에 따라서 필릿이 결여될 경우에는 부품에 문제 또는 오류가 생길 수 있다. 향후에 재료 수업에서의 역학을 배울 때 날카로운 모서리 또는 횡단면의 갑작스러운 감소가 있는 기계 부품이 부하를 받게 될 경우 날카로운 부위의 높은 압력 집중으로 인해서 고장 날 수 있다는 점을 배울 것이다. 이러한 부위의 압력을 낮추는 방법으로는 모서리를 둥글게 작업하고 횡단면을 점진적으로 감소시켜주는 것이 있다.

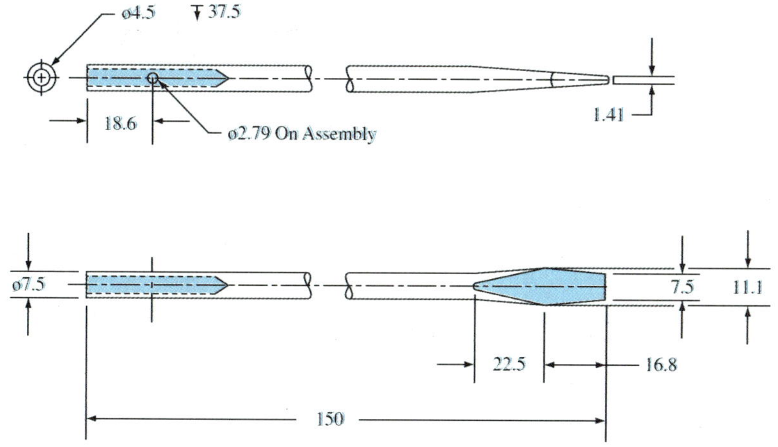

(a) The DRIVER detail drawing based on the engineer's sketch before an engineering change request (ECR) is issued. Notice the "o" in the lower-right corner. This indicates an original unchanged drawing. Dimension values in this figure are in millimeters.

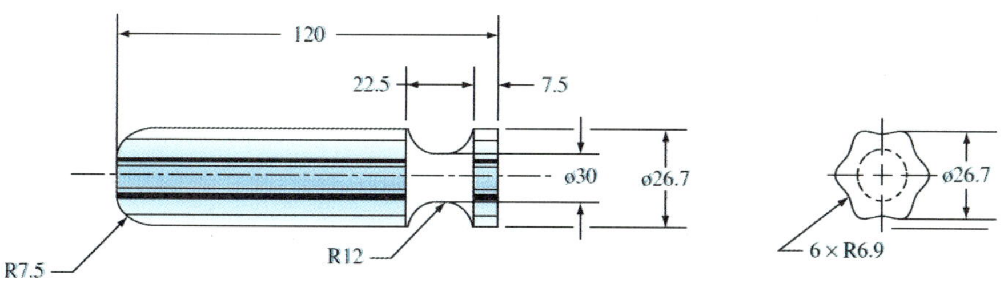

(b) Detail drawing of the HANDLE created from the engineer's sketch. Dimension values in this figure are in millimeters.

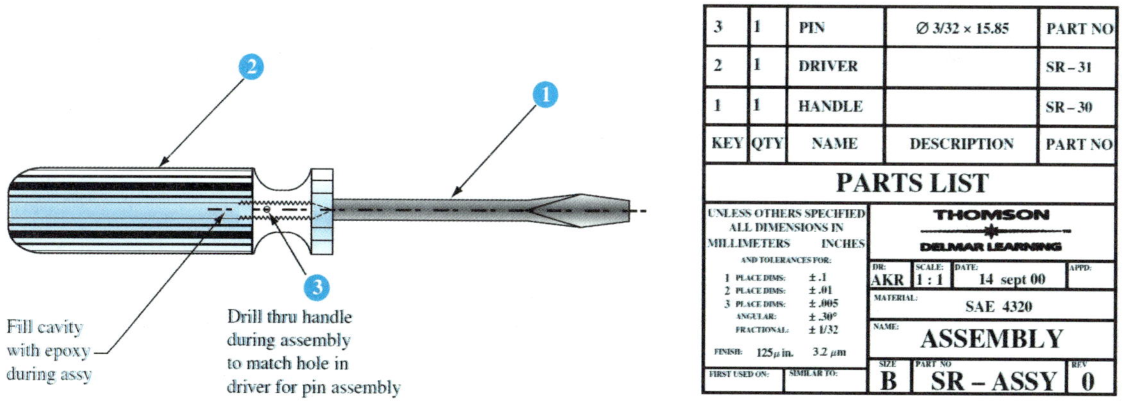

(c) Assembly drawing for the screwdriver.

1 in. = 2.5 cm

그림 16.7 공학 도면의 예

Source: From MADSEN. Engineering Drawing and Design, 4E. © 2007 Delmar Learning, a part of Cengage Learning, Inc. Reproduced by permission. www.cengage.com/permissions.

공학 제품은 여러 부품으로 만들어져 있다. 오늘날 세계적인 경제사회에서는 한 곳에서 만들어진 제품의 부품이 다른 곳에서 만들어진 부품과 조립이 쉽게 이루어져야 한다. 설계에서 치수를 명시할 때—예를 들어서 2.50cm—기계 부품의 실제 치수가 명시된 2.50cm와 얼마만큼 근접해야 다른 제품의 부품과 정확하게 일치하겠는가? 만약에 기계 부품의 실제 치수가 2.49cm나 2.51cm여도 모두 정확하게 일치하겠는가? 그렇다면 ±0.01cm의 공차를 설계의 치수에 명시해줘야 한다. 공차법은 폭이 넓은 주제로서 그 자체의 규칙과 기호가 있다. 앞에서 언급했듯이 공학 설계를 하거나 읽는 사람은 미국표준협회에서 설정한 공차법 기준을 따라야 한다. 여기서 간단하게 개념을 소개했고 실제 공학 설계의 작성을 계획하고 있다면 그 기준을 참고해야 한다.

예제 16.2 [그림 16.8]에 있는 물체를 정사영도에 치수를 보여라.

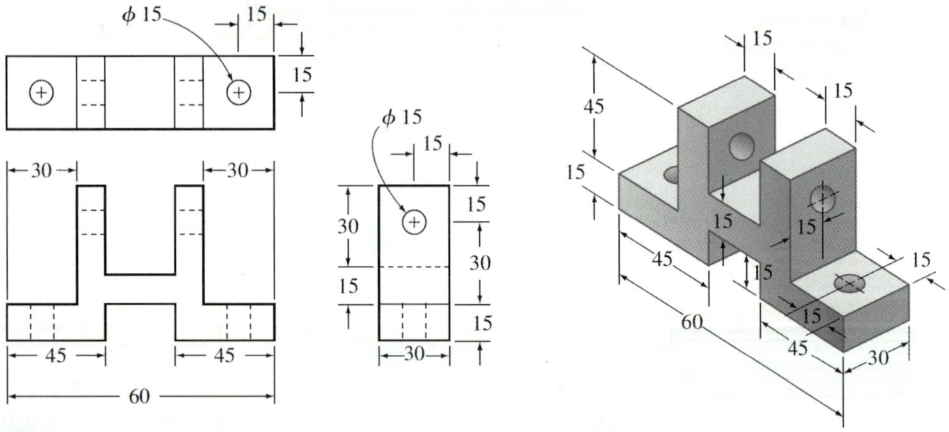

그림 16.8 물체와 그 치수(mm)

16.4 등측도

정사영도만으로 물체를 시각화하기 어렵다면 등측도도 그릴 수 있다. 등측도(isometric drawing)는 한눈에 물체를 3차원으로 볼 수 있다. 등측도는 다른 이름으로 기술적인 일러스트레이션이라고도 하고 부품 매뉴얼, 수리 매뉴얼, 제품 카탈로그에서 보여 지는 부품과 제품의 모습에 사용된다. [그림 16.9]는 등축도의 예이다.

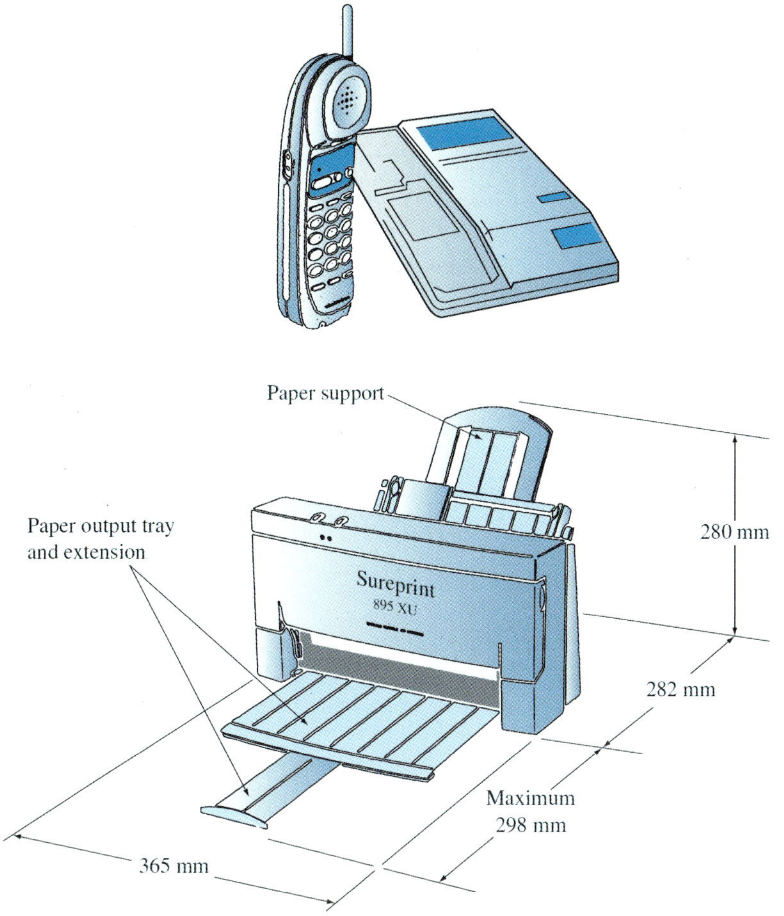

그림 16.9 등축도 설계의 예

정사영도처럼 등축도를 그리기 위해서는 특정의 규칙을 따라야 한다. [그림 16.10]에 있는 물체를 이용해서 물체의 등축도를 그리기 위한 단계를 배워보자.

단계 1 [그림 16.11(a)]처럼 넓이, 높이와 깊이의 축을 그려라. 등축 그리드는 넓이와 깊이 축으로 구성되어 있고 수평선으로부터 30°를 이루고 있다. 또 높이 축은 수평선과 90°를 이루고 있고, 깊이와 넓이 축과 각각 60°를 이루고 있다.

■ **그림 16.10** 등측도 설계를 위한 물체

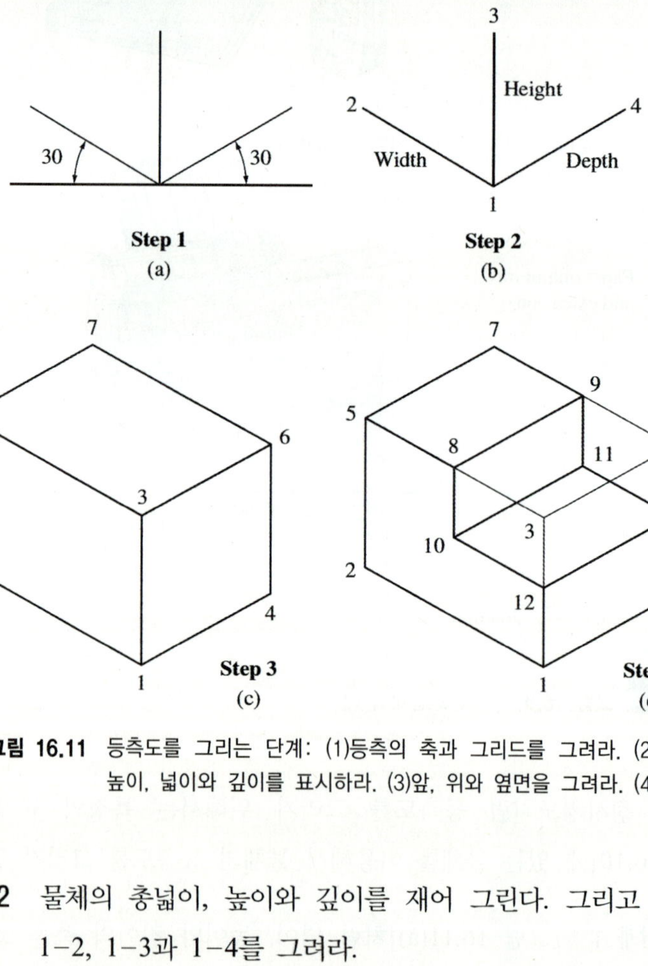

■ **그림 16.11** 등측도를 그리는 단계: (1)등측의 축과 그리드를 그려라. (2)등측 그리드에 물체의 높이, 넓이와 깊이를 표시하라. (3)앞, 위와 옆면을 그려라. (4)그림을 완성하라.

단계 2 물체의 총넓이, 높이와 깊이를 재어 그린다. 그리고 [그림 16.11(b)]처럼 1–2, 1–3과 1–4를 그려라.

단계 3 앞, 위와 옆면을 그려라. [그림 16.11(c)]처럼 선 2–5를 1–3과 평행하게 그리고, 선 4–6을 1–3과 평행하게 그리고, 선 3–5를 1–2와 평행하게 그리고, 선 3–6을 1–4와 평행하게 그리고, 선 5–7을 3–6과 평행하게 그리고, 선 6−7을 3−5에 평행하게 그려라.

단계 4 남은 선에 숫자가 표시된 것처럼 그림을 완성하라.

다음은 예제를 이용해서 물체의 등측도를 그리는 단계를 보여주겠다.

예제 16.3 [그림 16.12]에 있는 물체의 등측도를 그려라.

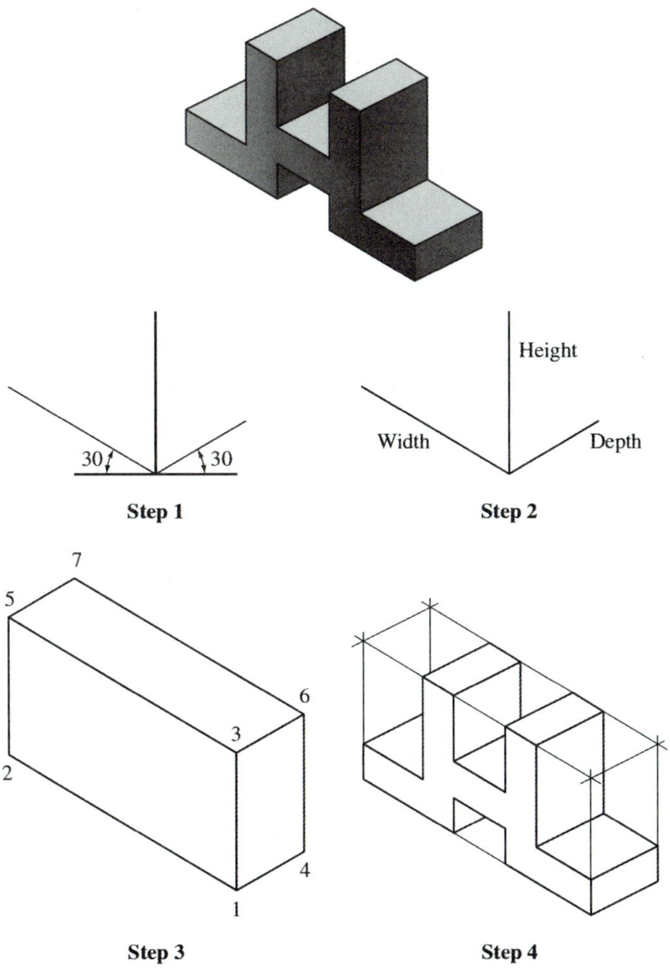

그림 16.12
예제 16.3의 물체의 정사영도와 등측도

16.5 단면도

단원 16.2에서 배웠듯이 파선(은선)은 보는 방향에서 보이지 않는 평면의 테두리 또는 두 평면의 교차선 또는 구멍의 끝을 표시하는 선이다. 물론 이런 경우는 앞에서도 언급했듯이 보는 사람과 테두리 사이에 방해물이 있을 경우이다. 그러나 복잡한 내부를 가진 물체는—예를 들면 여러 내부 구멍과 테두리—파선이나 정사영도를 사용한다면 구별하기 힘든 설계가 나올 것이다. 파선은 설계를 읽기 힘들게 만들 것이고 보는 사람이 물체의 내부를 시각화하기 매우 어려울 것이다.

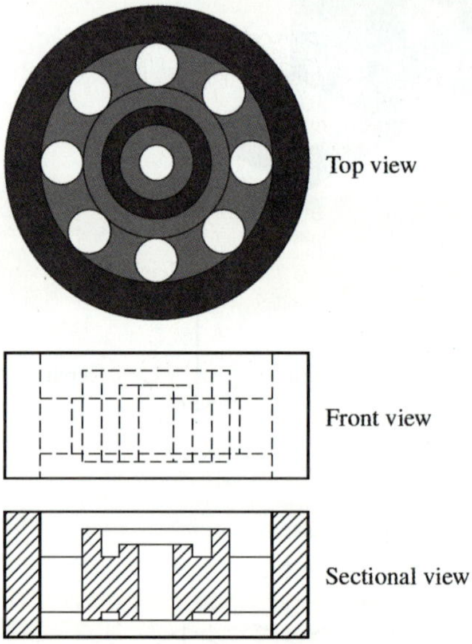

그림 16.13 복잡한 내부를 가진 물체

[그림 16.13]이 복잡한 내부를 가진 물체의 예이다. 이렇게 복잡한 내부를 가진 물체에는 단면도(sectional views)가 사용된다. 단면도는 물체의 내부를 나타내는 것으로 특정한 방향으로 가상의 절단을 만들어 물체 내의 입체 부분과 보이지 않는 부분을 명확하게 그려낸다.

단면도를 작성하기 위한 단계를 하나씩 보기로 하자. 단면도를 작성하기 위한 첫 번째 단계는 평면의 절단을 명시하고 보는 방면을 정한다. 보는 방면은 [그림 16.14]처럼 방향 화살표로 표시된다. 또한, 단면을 명시하기 위해서는 글자와 방향 화살표를 사용한다. 다음 단계는 단면도의 입체 부분과 보이지 않는 부분을 식별하고 드러낸다. 입체 부분은 평행한 사선으로 표시되는데, 이러한 입체 부분을 표시하는 방법을 교차 해칭(cross-hatching)이라고 한다. [그림 16.14]에 평면 절단, 방향 화살표, 식별 문자와 교차 해칭의 예가 있다.

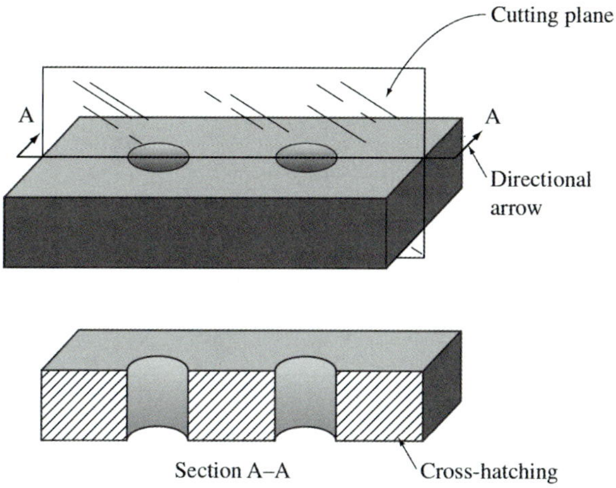

그림 16.14 물체의 단면도. 교차 해칭의 패턴도 부품이 만들어진 재료의 종류를 나타낸다.

물체 내부의 복잡함에 따라서 단면도를 보여주는 방법이 다르다. 자주 사용되는 단면 종류로는 완전 단면, 반 단면, 잘려진 단면, 회전 단면과 제거된 단면이 있다.

- 완전 단면도(full-section views)는 [그림 16.14]처럼 절단하는 평면이 물체를 완전하게 통과할 때 사용된다.
- 반 단면도(half-sectional views)는 대칭된 물체에 사용된다. 이러한 물체의 경우 반은 단면도로 설계하고 반은 외면도를 사용하는 것이 관습이다. 반 단면도의 가장 큰 장점은 한 눈에 물체의 내부와 외부를 동시에 볼 수 있다. [그림 16.15]가 반 단면도의 예이다.
- 회전 단면도(rotated section views)는 물체가 시각화하기 어려운 형태를 가지고 균일한 교차 단면을 가졌을 경우에 사용된다. 이럴 때 교차 단면을 90° 회전시키고 설계의 평면에 놓여진다. [그림 16.16]이 회전 단면도의 예이다.
- 제거된 단면(removed sections)은 회전 단면도와 비슷하지만, 설계에 회전된 단면이 놓여 지지 않고 제거된 단면이 설계에 인접해서 보여 진다. 이 단면은 여

러 교차 단면을 가진 물체에 많이 사용되고 단면의 여러 절단이 보여 진다. [그림 16.17]처럼 잘린 평면은 올바르게 표시되어야 한다.

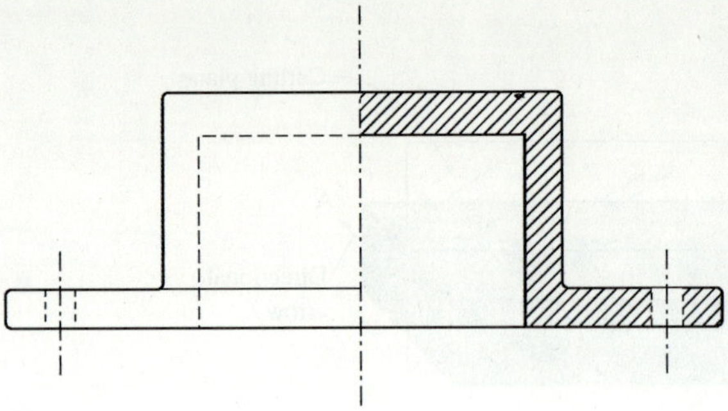

그림 16.15 반 단면도의 예

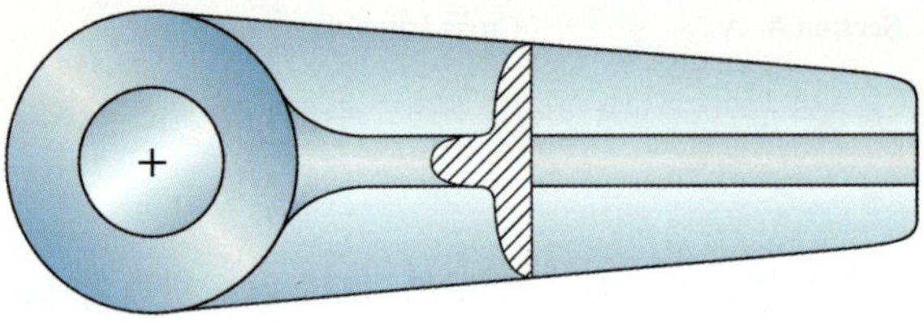

그림 16.16 회전 단면도의 예

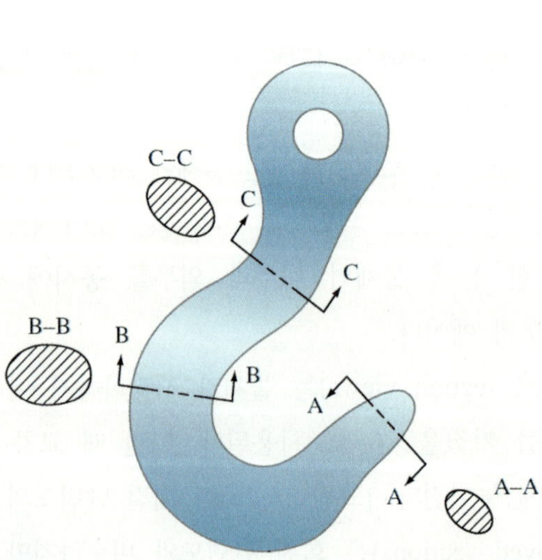

그림 16.17 제거된 단면을 가진 물체의 예

예제 16.4 [그림 16.18]의 물체에 절단하는 평면이 표시된 상태에서 단면도를 그려라.

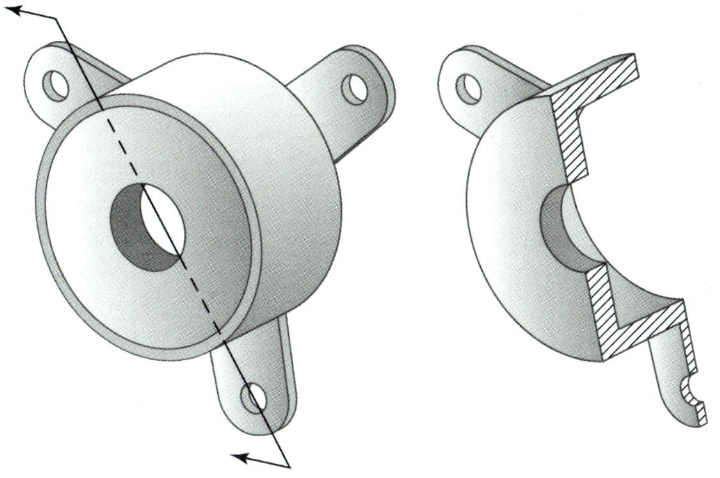

그림 16.18
예제 16.4에
사용되는 물체

16.6 토목, 전기, 전자 설계

우리는 상세 설계에 대해 추가로 논하고자 한다. 토목 엔지니어들이 지형, 경계, 건축 그리고 노선 측량을 위해서 하는 설계가 대표적인 상세 설계의 예라고 할 수 있다. [그림 16.19]는 그 대표적인 예를 보여주고 있다. 이러한 설계들을 만들기 위해서는 측량이 먼저 수행되어야 한다. 측량은 지형과 같은 것을 측정하는 것이다. 측량하는 동안 거리, 방향 그리고 입면도와 같은 정보가 측정되고 기록된다. 상세 설계의 또 다른 예로는 전기전자분야의 엔지니어들이 일반적으로 사용하는 PCB 조립도, PCB 드릴평면도, 배선도가 있다. [그림 16.20]은 전기전자 설계의 예를 보여준다.

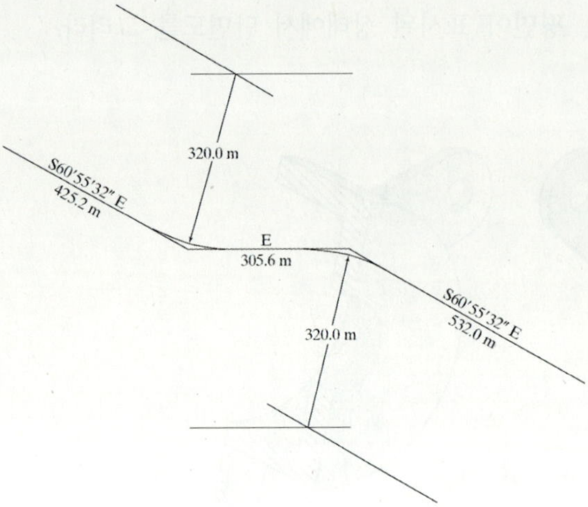

(a) Highway map construction lines

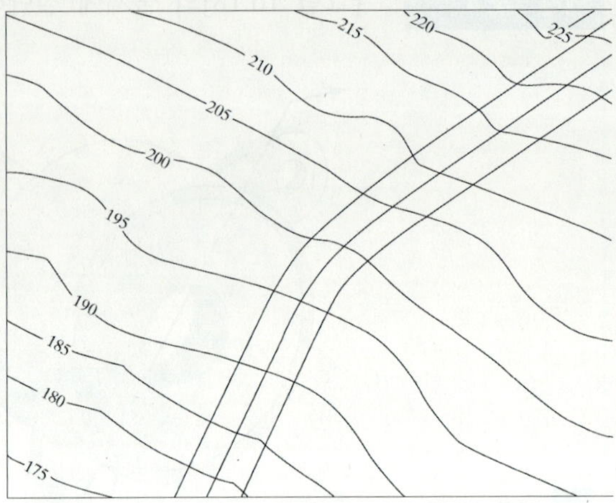

(b) Highway map

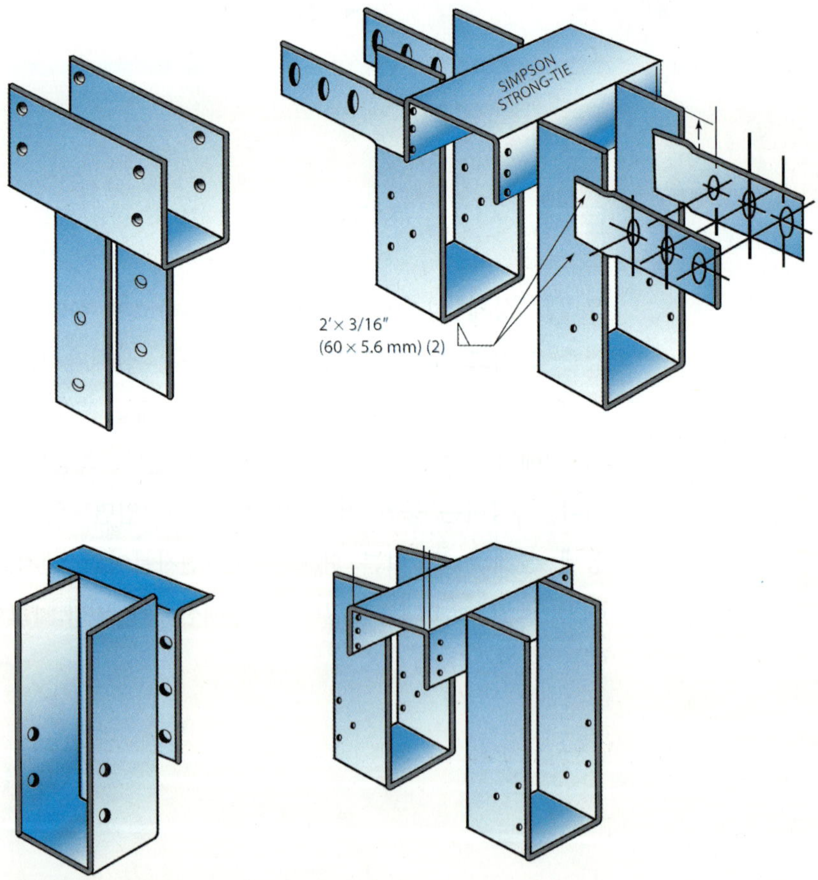

(c) Common manufactured metal beam connectors.
Source: Courtesy of Simpson Strong-Tie Company, Inc.

그림 16.19 토목 공학에서 사용되는 설계의 예. (a)도로지도 작도선, (b)도로지도, (c)일반 제조된 금속 빔 연결재

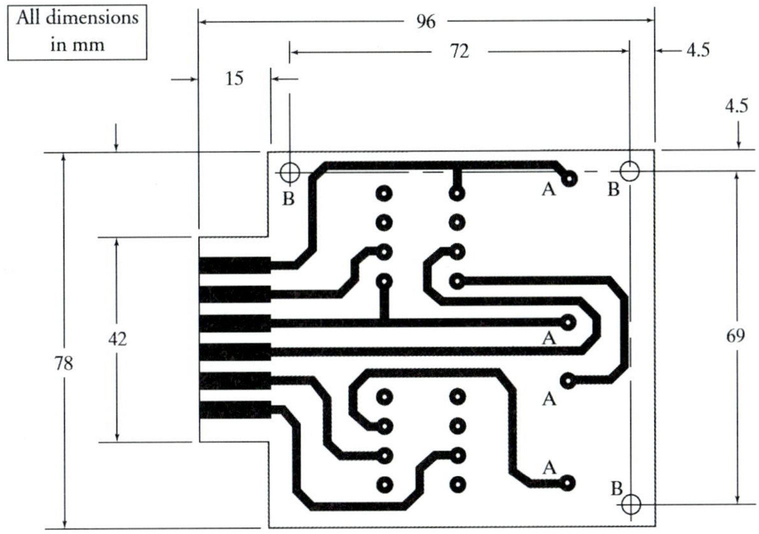

LTR	QTY	SIZE	REMARKS
NONE	16	0.1	PLATED THRU
A	4	0.15	PLATED THRU
B	3	4	

(a) A printed circuit board drill plan

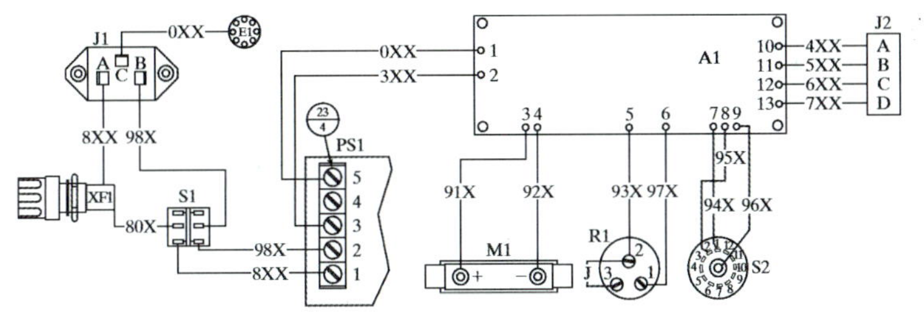

(b) A wiring diagram

그림 16.20 전기전자분야에서 사용되는 설계의 예. (a)PCB 드릴 평면도, (b)배선도

16.7 입체 모델링

최근에는 디자인 도구로 입체 모델링 소프트웨어(solid modeling software)를 급격히 많이 사용하고 있다. 공학 세계에서 AutoCAD, IDEAS, Pro-E와 같이 사용하기 쉬운 패키지가 일반적으로 많이 사용된다. 이 소프트웨어 도구를 이용함으로써 실제 물체와 모든 표면 및 크기를 분간할 수 없을 만큼 흡사하게 만들 수 있다.

이런 입체 모델링은 제품 생산을 하기 전에 제품을 만들기 위한 부품의 형태와 모양을 시각화시켜준다. 입체 모델링 소프트웨어는 부품이 실제로 만들어지고 조립되기 전에 컴퓨터 화면에서 부품을 조립해보고 실험해 볼 수 있다. 이러한 소프트웨어로 부품의 모양과 크기를 쉽고 간편하게 변경할 수 있다는 것이 큰 장점이다. 최종 디자인이 결정되면 부품을 바로 만들 수 있도록 컴퓨터로 만든 그림을 직접 컴퓨터 수치 제어(CNC)로 보낸다.

건축가 또는 엔지니어도 설계의 개념을 발표하기 위해서 입체 모델링을 사용한다. 예를 들어서 건축가는 제안하는 건물의 내부 또는 외부의 모델을 고객에게 선보일 때 이 소프트웨어를 사용한다. 디자인 엔지니어는 입체 모델링 소프트웨어를 사용해서 자동차, 배, 컴퓨터 등의 컨셉을 보여준다. 작업 또는 열전달에 투입되는 제품의 압력을 계산하거나 열의 분포를 계산하기 위한 추가적인 공학 분석을 실행하기 위해서도 입체 모델링을 사용한다. [그림 16.21]은 일반적으로 사용되는 소프트웨어로 만들어진 입체 모델링의 예이다.

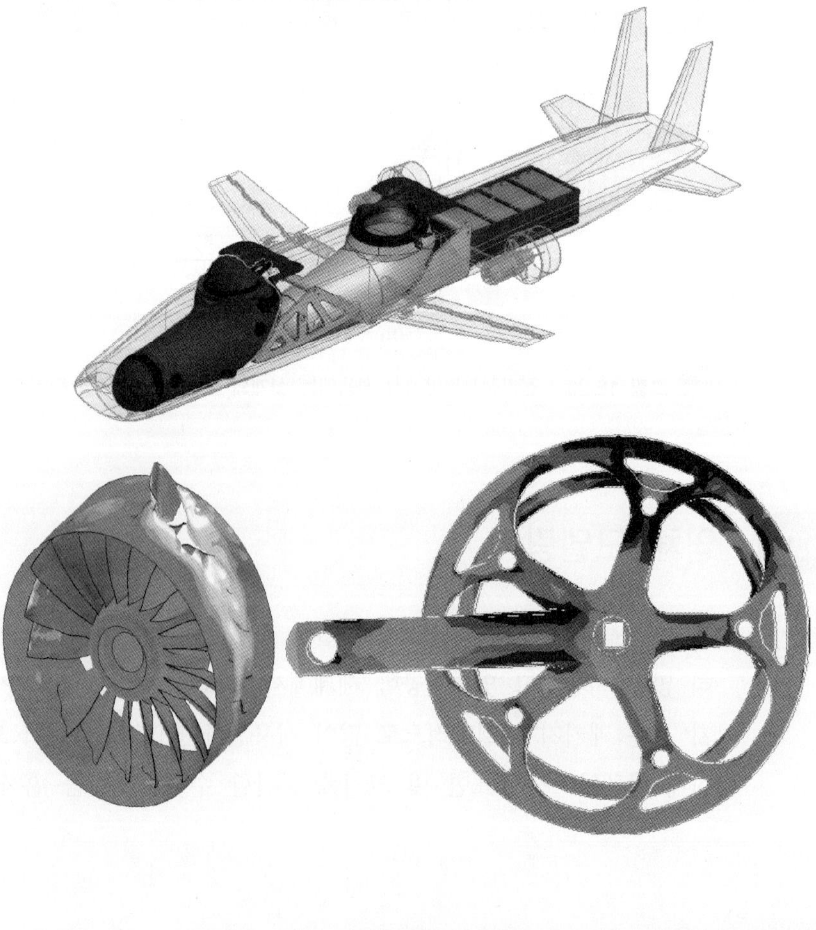

그림 16.21
컴퓨터가 생성한 입체모델의 예

이제는 입체 모델링 소프트웨어가 입체 모델을 생성시키는 과정을 간단하게 보겠다. 물체의 입체 모델을 생성하는 데 두 가지 방법이 있는데 상향식 모델(bottom-up modeling)과 하향식 모델링(top-down modeling)이다. 첫째로 상향식 모델링은 키 포인트를 정의한 후에 키 포인트에 대한 선, 영역, 체적을 정의한다. 키 포인트는 물체의 교점을 정의하기 위해서 사용된다. 상향식 모델링의 두 번째 단계로서 선은 물체의 모서리를 나타내기 위해서 사용된다. 다음은 생성된 선을 이용해서 영역을 만들어낸다. 예를 들어서 사각형을 만들기 위해서는 키 포인트 4개로 꼭짓점을 정의한 후에 키 포인트를 서로 연결해서 선을 정의하고 4개의 선이 만들어낸 영역인 사각형을 정의한다. 영역을 생성하는 방법이 몇 가지 더 있는데 (1)일정한 경로로 선을 드래그 함, (2)축을 이용해서 선을 회전시킴, (3)영역 필릿을 생성, (4)여러 선으로 스키닝 작업, (5)오프셋 영역 등이 있다. 영역 필릿 작업으로 다른 두 개의 평면과 접하는 일정한 반경을 가진 필릿을 생성할 수 있다. 스키닝 작업을 사용해서 여러 선을 부드러운 평면으로 만들 수 있다. 오프셋 명령은 이미 존재하는 영역을 오프셋해서 영역을 만들어낼 수 있다. 이 작업들은 [그림 16.22]에 있다.

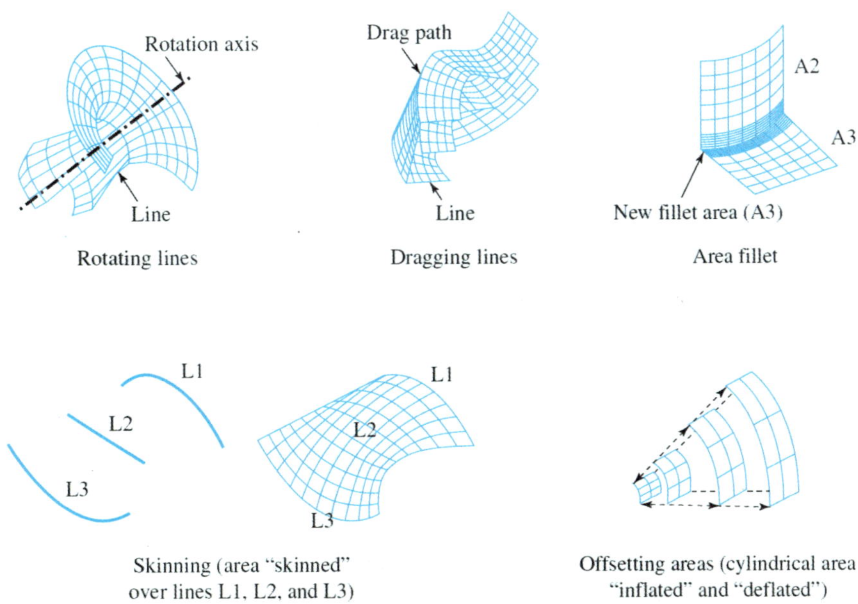

그림 16.22 영역을 생성하는 추가적인 방법

이렇게 생성된 영역을 모아서 체적을 생성하게 된다. 선을 영역으로 만드는 방법과 마찬가지로 영역을 하나의 선(노선)으로 드래그하거나 압출할 수 있고 선(회전축)을 이용해서 영역을 회전하면 체적이 생성된다. [그림 16.23]에 체적을 생성하는 작업의 예가 있다.

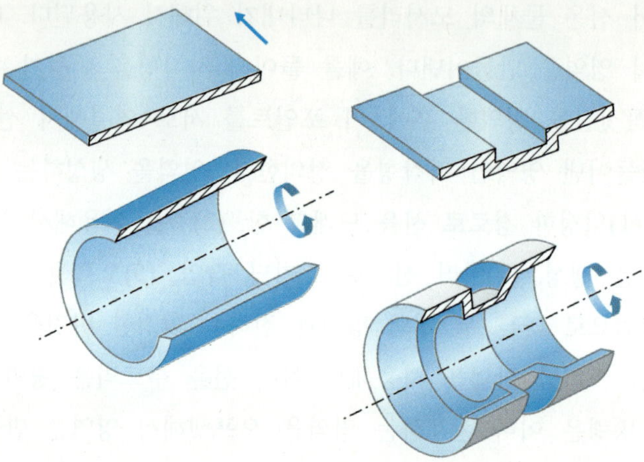

그림 16.23
체적을 생성하는 예

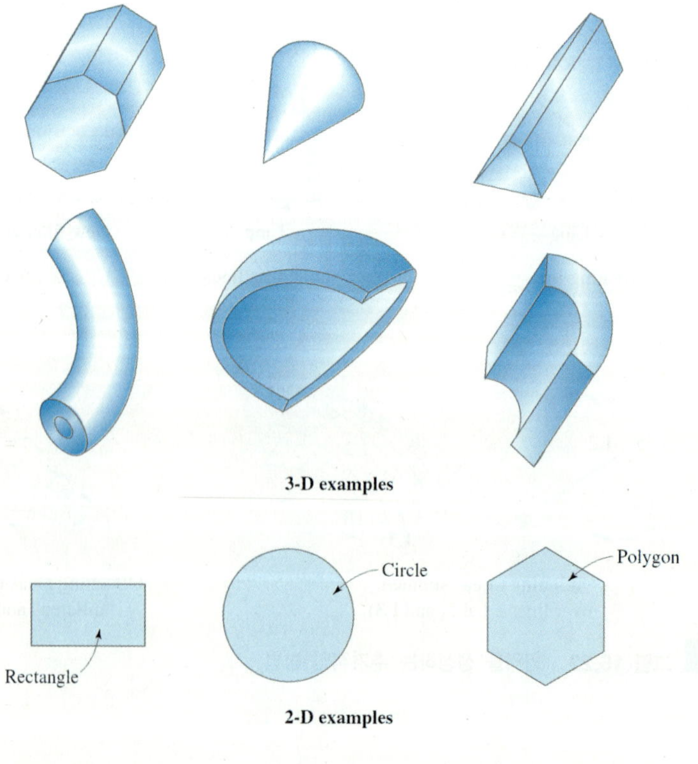

그림 16.24
2차원과 3차원 프리미티브의 예

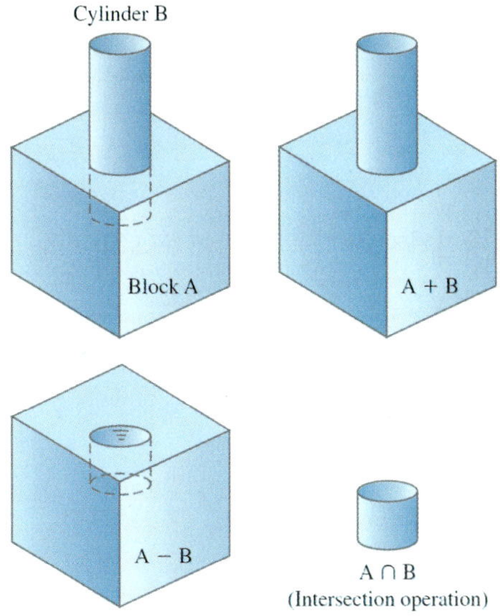

그림 16.25 결합(덧셈)과 뺄셈 작업의 예

하향식 모델링은 영역 또는 체적 프리미티브를 사용해서 평면 또는 3차원 입체 물체를 생성한다. 프리미티브는 간단한 기하학적인 모양이다. [그림 16.24]처럼 2차원 프리미티브에는 사각형, 원, 다각형이 있고, 3차원 체적 프리미티브에는 블록, 프리즘, 원기둥, 원뿔, 구가 있다.

영역이나 체적을 생성하는 또 다른 방법은 덧셈(결합) 또는 뺄셈 요소의 Boolean 연산을 이용해서 입체 모델을 생성할 수 있다. [그림 16.25]는 Boolean 연산의 예이다.

예제 16.5

앞에서 설명한 여러 작업을 이용해서 [그림 16.26]의 물체의 입체 모델을 생성하는 방법을 논의하라.

그림 16.26 예제 16.5의 물체

(a) [그림 16.26(a)]에 있는 열 흡수 장치의 입체 모델을 만들기 위해서 [그림 16.27]과 같이 먼저 앞면을 그린다. 이 프로파일을 가지고 표준 방향으로 밀어내면 [그림 16.26(a)]에 묘사한 열 흡수 장치처럼 입체 모델이 나온다.

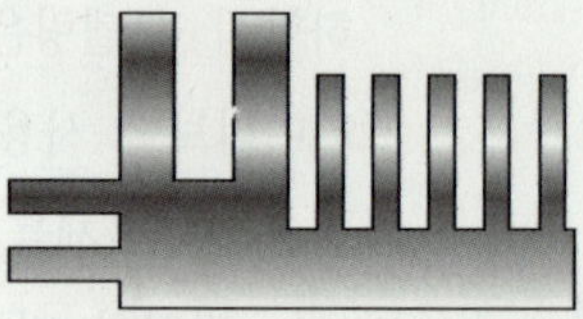

그림 16.27
정면

(b) [그림 16.26(b)]도 마찬가지로 다음과 같이 프로파일을 만든다. [그림 16.28]과 같이 프로파일을 만든다.

그림 16.28
선반의 프로파일

다음에는 [그림 16.29]와 같이 프로파일을 표준 방향으로 밀어낸다.

다음 블록과 구멍을 만든다. 구멍을 만들기 위해서는 먼저 두 개의 입체 원기둥을 만들고 Boolean 연산을 이용해서 블록에서 원기둥을 뺀다. 마지막으로 밀어내기 방법을 사용해서 두 블록을 붙여서 [그림 16.30]과 같이 모델을 완성한다.

그림 16.29 밀어낸 프로파일

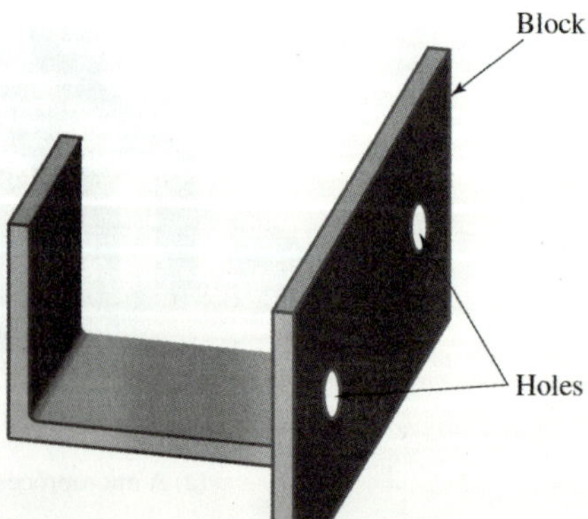

그림 16.30 선반의 입체 모델

16.8 공학 기호가 왜 필요한가?

[그림 16.31]의 기호는 엔지니어의 생각, 문제를 해결하는 방법이나 어떤 상황에 대한 분석을 전달하기 위해서 쓰이는 일종의 언어이다. 엔지니어가 되고자 하는 학생 여러분은 엔지니어가 자신들끼리 의사를 소통하는 도식적 방법을 배울 것이다. 이 절에서는 다른 엔지니어와의 효과적인 의사소통과 정보 전달을 위한 수단으로서 약정된 공학 기호에 대한 필요성을 논의할 것이다. 우리는 먼저 왜 공학 표지(Sign)나 기호(Symbol)가 필요한지에 대한 설명으로 시작하겠다. 이어서 토목, 전기 그리고 기계공학에서 쓰이는 몇 가지 일반적 기호에 대해 논의하겠다.

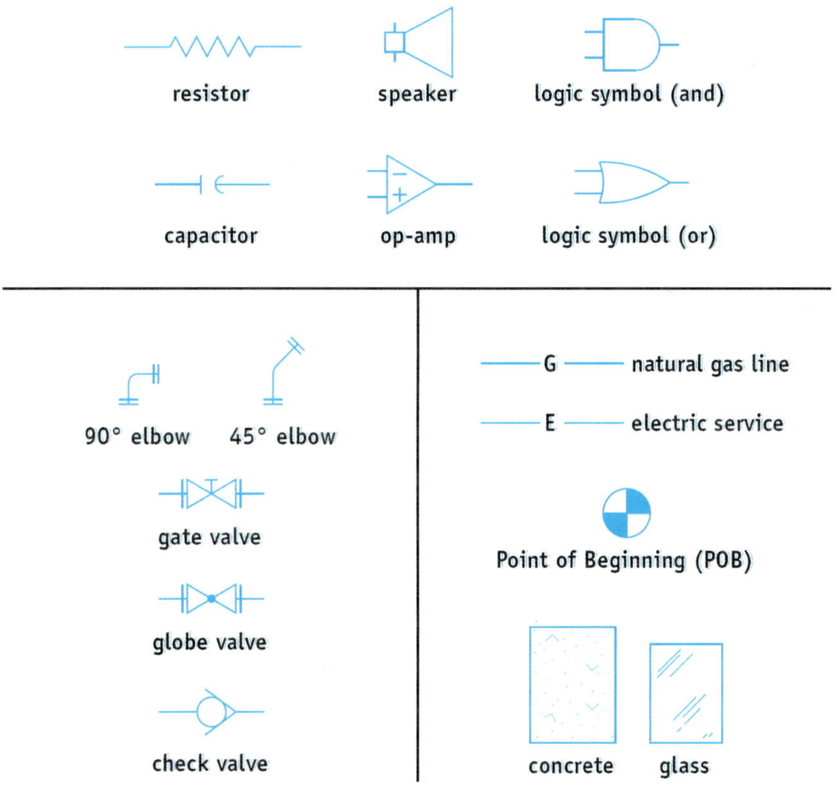

그림 16.31
다양한 정보 제공을 위한 공학 표지와 기호

여러분 대부분은 지금쯤이라면 운전면허증을 가지고 있거나 어쩌면 차를 가지고 있는 사람도 있을 것이다. 그렇다면 여러분은 이미 유용한 운전정보를 제공하는 약정된 교통 표지에 친숙할 것이다. 교통 표지의 몇 가지 예가 [그림 16.32]에 있다. 이러한 표지는 어떤 믿을만한 국가 및 국제 표준에 근거해, 효과적이고 또한 신속하게 정보를 전달하기 위해서 개발·설계되었다. 예를 들자면 빨간색 배경에 팔각형 형태를 띤 정지 표지는 차를 완전히 세우라고 알린다.

그림 16.32
교통표지의 예

전방에 빙결된 도로가 있을 수 있다고 알리는 표지는 또 다른 예로써 빙결된 도로의 상태 때문에 위험한 상황에 처할 수 있으니 천천히 가라는 경고다. 같은 정보가 여러분에게 다른 방식으로 전달될 수도 있다. 미끄러운 길을 가리키는 표지의 경우에 고속도로공사는 "이봐요, 조심해요! 길이 미끄러워 탈선할 수도 있어요."라고 쓴 푯말을 세울 수도 있고 또는 "이봐요, 조심해요! 길이 미끄러워 탈선할 수도 있어요."라고 운전자에게 경고하는 고출력 스피커를 설치해 둘 수도 있을 것이다. 정보를 전달하는 데 있어서 무엇이 가장 효과적이고 효율적이며 또 가장 저렴한 방법일까? 여러분은 앞의 예와 질문의 요지를 이해해야 한다. 도로나 교통에 대한 정보는 표지와 기호를 사용함으로써 값싸고 신속하며 효과적으로 전달될 수 있다. 물론, 이런 표지의 뜻을 이해하기 위해서는 운전면허 시험을 치르기에 앞서서 그것이 의미하는 바를 배우고 익혀야만 한다. 아마도 미래에는 기술의 새로운 진보 속에서 도로나 교통정보가 무선 디지털 형태로 직접 여러분의 차에 장착된 컴퓨터로 전달되고 동시에 차는 주어진 정보에 따라 반응하게 되는 단계에 이를 것이다. 이런 경우에 여러분은 표지의 의미를 굳이 알 필요가 있으며 또 과연 고속도로공사는 그런 표지를 세울 필요가 있을까?

16.9 토목, 전기, 기계 공학 분야의 일반 기호

앞서 살펴본 바와 같이 유용한 정보는 긴 문장, 구두, 도식, 기호 또는 이들의 논리적 조합처럼 여러 형태로 전달할 수 있다. 그러나 무엇이 가장 효과적인 방법일까? 여러분은 여러 공학 주제에 관해서 공부해감에 따라 새로운 많은 개념뿐만 아니라 엔지니어가 자신들끼리 의사소통을 하는 도식적 방법에 대해서도 배울 것이다. 이제 여러분은 유용한 정보를 제공하고 시간과 돈 그리고 공간을 절약하는 공학 표지나 기호에 대해서 배울 것이다. 이러한 기호나 표지는 엔지니어가 자신의 아이디어, 문제에 대한 해법, 어떤 상황에 대한 분석을 전달하기 위해서 쓰는 언어와 같은 것이다. 예를 들자면, 전기 엔지니어는 텔레비전이나 핸드폰, 컴퓨터와 같은 전기·전자 시스템을 구성하는 요소를 표현하기 위해서 여러 기호를 사용한다. 이런 공학 기호의 예가 [표 16.1]에 있다.

기계 엔지니어는 건물에서 배관의 네트워크 구조를 나타내거나 또는 공기 공급이나 회귀 도관(Duct) 그리고 냉난방 기기의 날개(Fan)의 배치를 보여주기 위해서 도식을 사용한다. [그림 16.33]은 HVAC 시스템 도면의 예를 나타낸다.

기호에 대한 더 많은 정보를 얻고자 한다면, 아래의 문서들을 보아라.

Graphic Electrical Symbols for Air-Conditioning and Refrigeration Equipment by ARI(ARI 130-88). Graphic Symbols for Electrical and Electronic Diagrams by IEEE(ANSI/IEEE 315-1975). Graphic Symbols for Pipe Fittings, Valves, and Piping by ASME(ANSI/ASME ASME Y32.2.2.3-1949(R 1988)).

Symbols for Mechanical and Acoustical Elements as Used in Schematic Diagrams by ASME(ANSI/ASME Y 32.18-1972(R 1985)).

표 16.1 공학 기호의 예

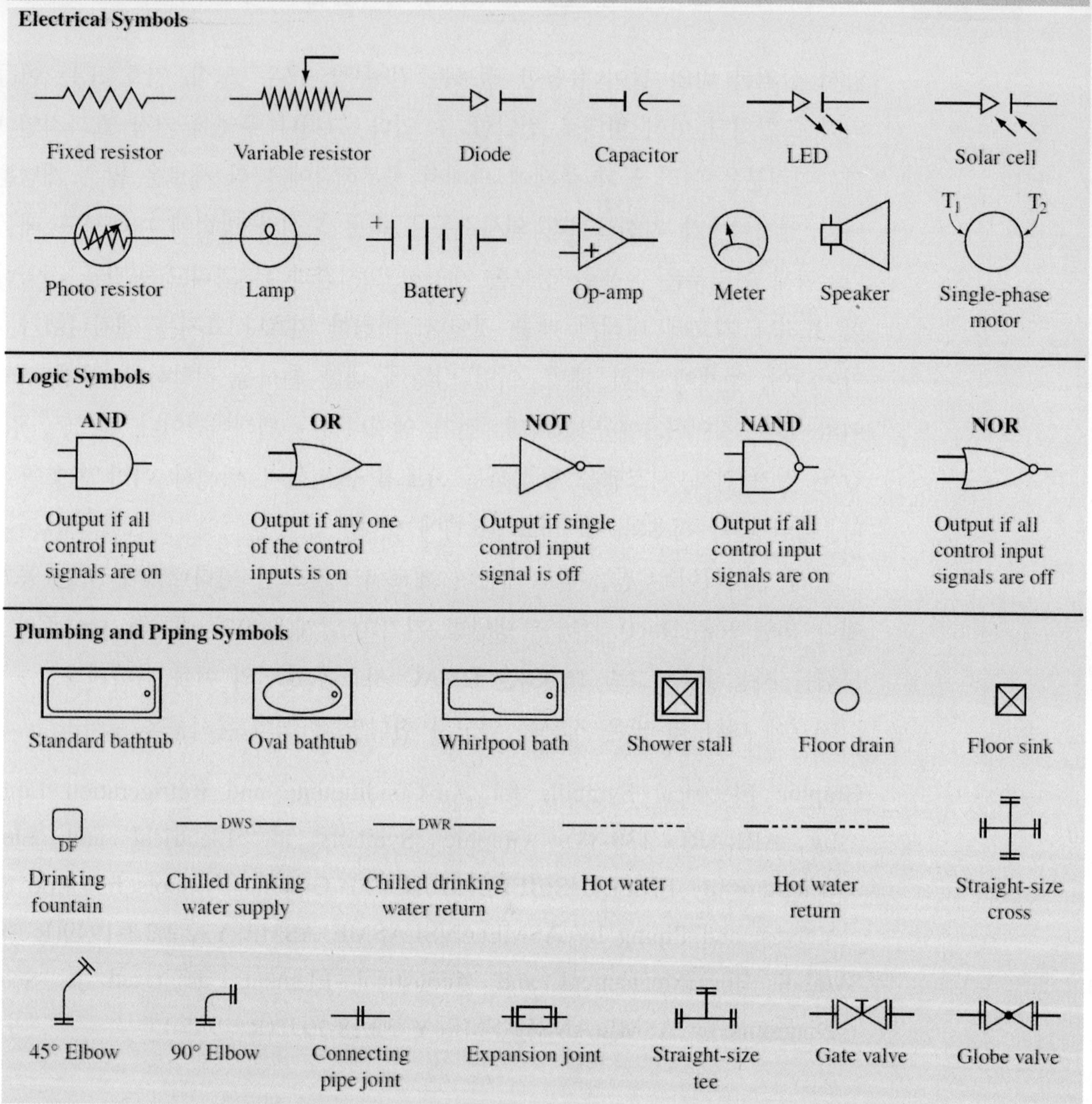

Source: © 1999 American Technical Publishers, Ltd.

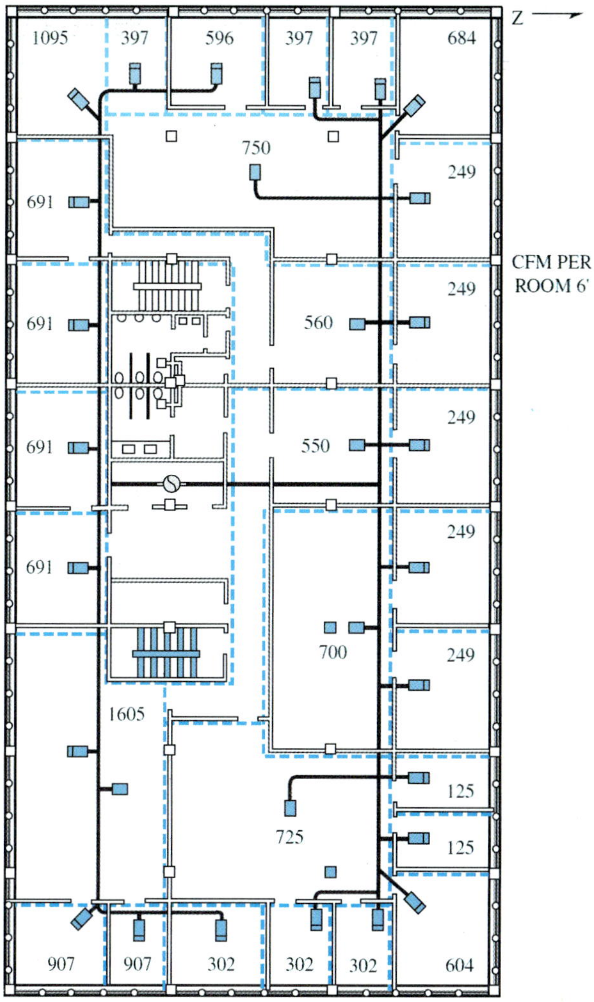

그림 16.33 짐칸의 설계와 도관의 작업 배치를 보여주는 단선 도관의 HVAC 시스템
Source: The Trane Company, La Crosse, WI

요약

이 장에서는 다음을 학습했다.

- 공학 설계의 상세 정보가 다른 엔지니어, 기술자, 조립자에게 정확하게 전달되는 것이 매우 중요하다.
- 정사영도, 등축도, 입체 모델링의 정확한 의미를 알 수 있다.
- 공학 설계의 기본 규칙들은 치수 보이기, 재료 크기 명시하기, 최종 표면 지시하기 등이 있다.
- 등축도와 단면도를 언제 사용하는지 알 수 있다.
- 단면도의 여러 가지의 유형을 알 수 있다.
- 입체 모델링은 컨셉을 확실하게 전달해야 하고 다른 부품과 조립이 가능하도록 검토해야 한다.
- 엔지니어 간의 의사소통에서 왜 공학 기호를 사용하고 필요로 하는지를 알아야 한다.
- 기술적인 도면을 이해하고 해석하기 위해서는 토목이나 전기, 기계공학에서 쓰는 일반기호에 정통해야 한다.

연습문제

16.1~16.10번까지는 물체의 윗면, 앞면, 오른쪽면의 정사영도를 그려라. 물체가 완전하게 설명되기 위해서 하나 혹은 두 개의 면만 보일 경우 명기하라.

16.1

Source: From MADSEN. *Engineering Drawing and Design*, 4E. © 2007 Delmar Learning, a part of Cengage Learning, Inc. Reproduced by permission. www.cengage.com/permissions.

16.2

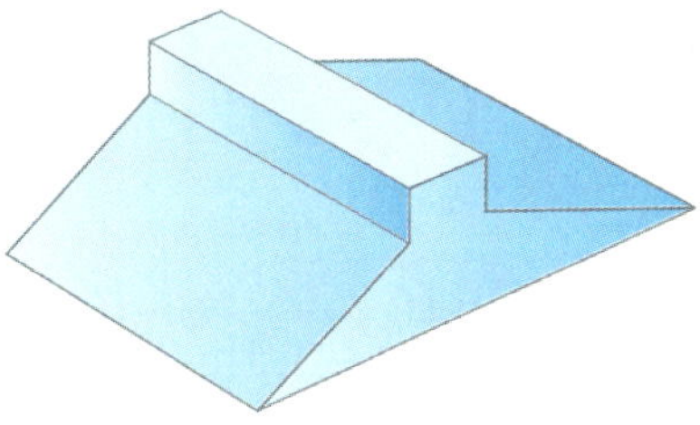

Source: From MADSEN. *Engineering Drawing and Design*, 4E. © 2007 Delmar Learning, a part of Cengage Learning, Inc. Reproduced by permission. www.cengage.com/permissions.

16.3

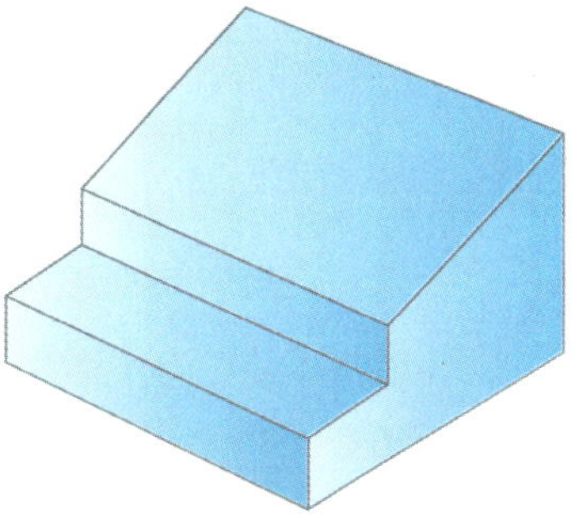

Source: From MADSEN. *Engineering Drawing and Design*, 4E. © 2007 Delmar Learning, a part of Cengage Learning, Inc. Reproduced by permission. www.cengage.com/permissions.

16.4

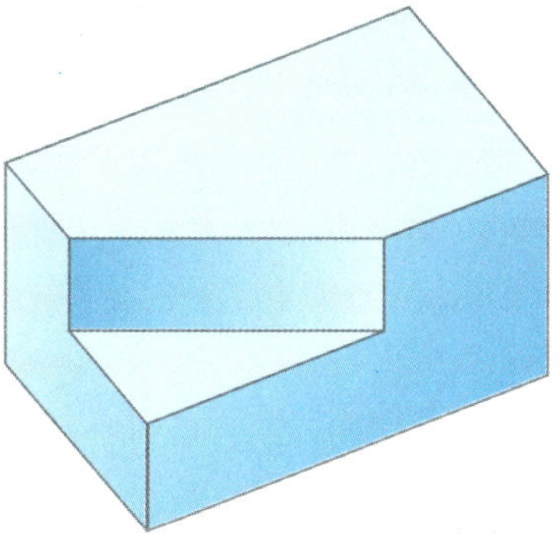

Source: From MADSEN. *Engineering Drawing and Design*, 4E. © 2007 Delmar Learning, a part of Cengage Learning, Inc. Reproduced by permission. www.cengage.com/permissions.

16.5

Source: From MADSEN. *Engineering Drawing and Design*, 4E. © 2007 Delmar Learning, a part of Cengage Learning, Inc. Reproduced by permission. www.cengage.com/permissions.

16.6

Source: From MADSEN. *Engineering Drawing and Design*, 4E. © 2007 Delmar Learning, a part of Cengage Learning, Inc. Reproduced by permission. www.cengage.com/permissions.

16.7

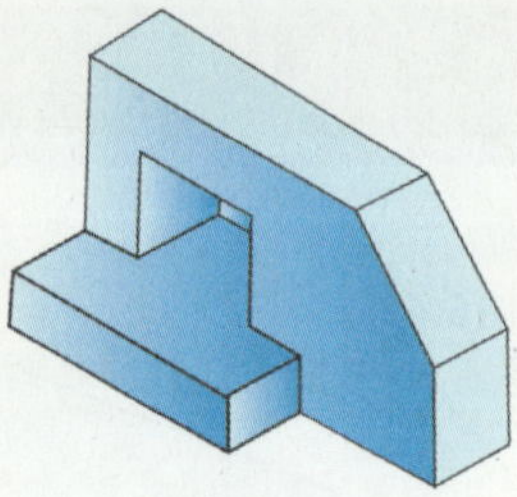

Source: From MADSEN. *Engineering Drawing and Design*, 4E. © 2007 Delmar Learning, a part of Cengage Learning, Inc. Reproduced by permission. www.cengage.com/permissions.

16.8

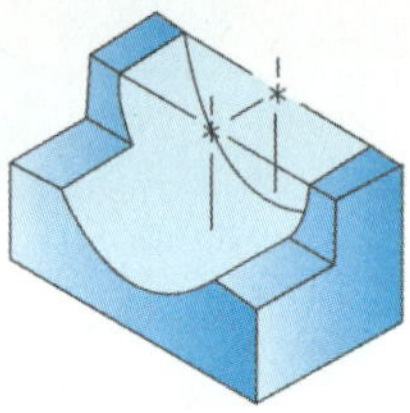

Source: From MADSEN. *Engineering Drawing and Design*, 4E. © 2007 Delmar Learning, a part of Cengage Learning, Inc. Reproduced by permission. www.cengage.com/permissions.

16.9

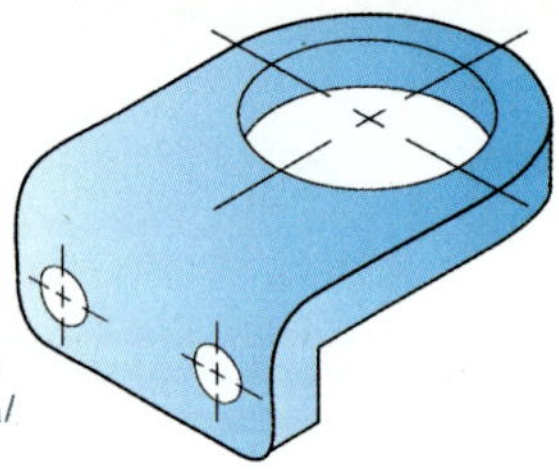

Source: From MADSEN. *Engineering Drawing and Design*, 4E. © 2007 Delmar Learning, a part of Cengage Learning, Inc. Reproduced by permission. www.cengage.com/permissions.

16.10

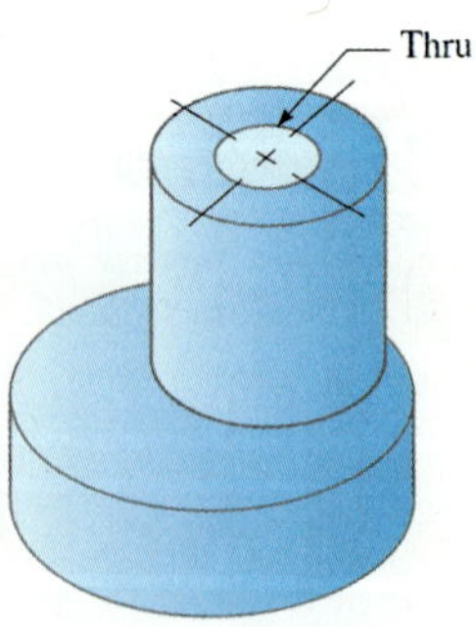

Source: From MADSEN. *Engineering Drawing and Design*, 4E. © 2007 Delmar Learning, a part of Cengage Learning, Inc. Reproduced by permission. www.cengage.com/permissions.

16.11

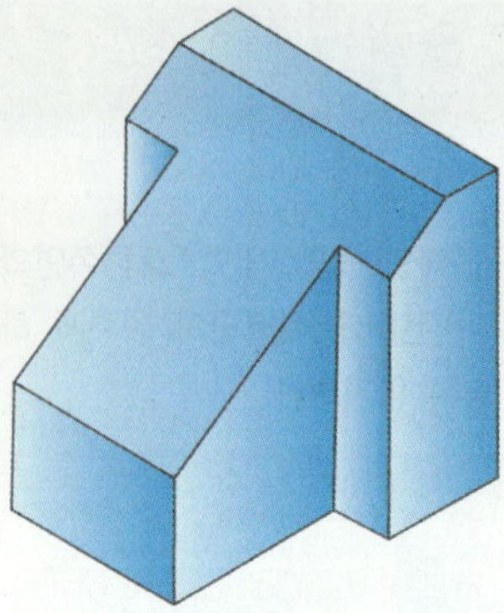

Source: From MADSEN. *Engineering Drawing and Design*, 4E. © 2007 Delmar Learning, a part of Cengage Learning, Inc. Reproduced by permission. www.cengage.com/permissions.

16.12

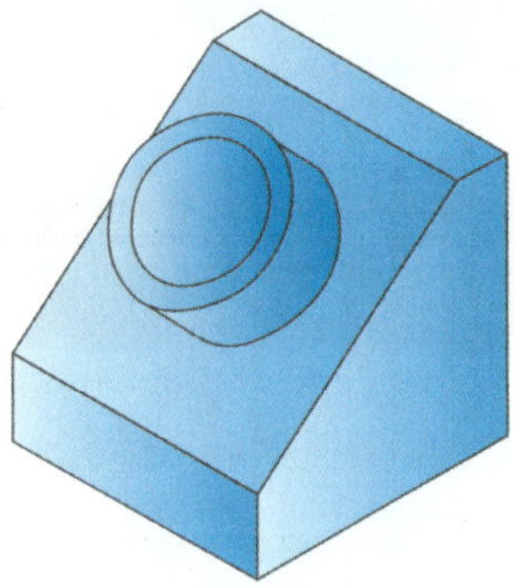

Source: From MADSEN. *Engineering Drawing and Design*, 4E. © 2007 Delmar Learning, a part of Cengage Learning, Inc. Reproduced by permission. www.cengage.com/permissions.

16.13

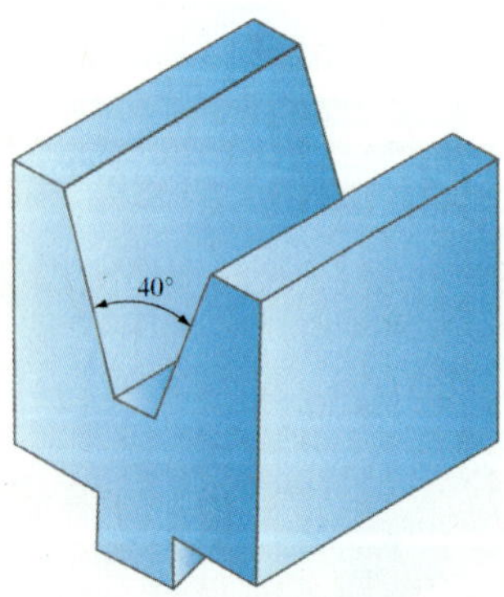

Source: From MADSEN. *Engineering Drawing and Design*, 4E. © 2007 Delmar Learning, a part of Cengage Learning, Inc. Reproduced by permission. www.cengage.com/permissions.

16.14

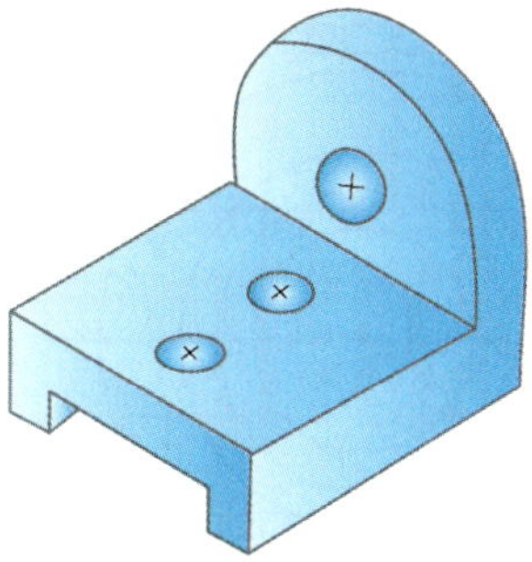

Source: From MADSEN. *Engineering Drawing and Design*, 4E.
© 2007 Delmar Learning, a part of Cengage Learning, Inc.
Reproduced by permission. www.cengage.com/permissions.

16.15

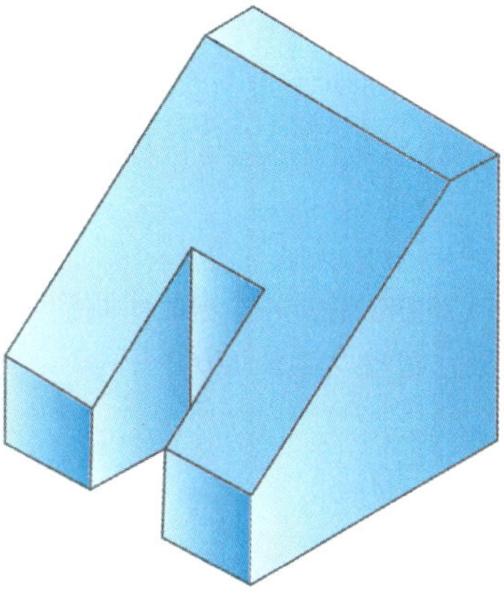

Source: From MADSEN. *Engineering Drawing and Design*, 4E.
© 2007 Delmar Learning, a part of Cengage Learning, Inc.
Reproduced by permission. www.cengage.com/permissions.

16.16

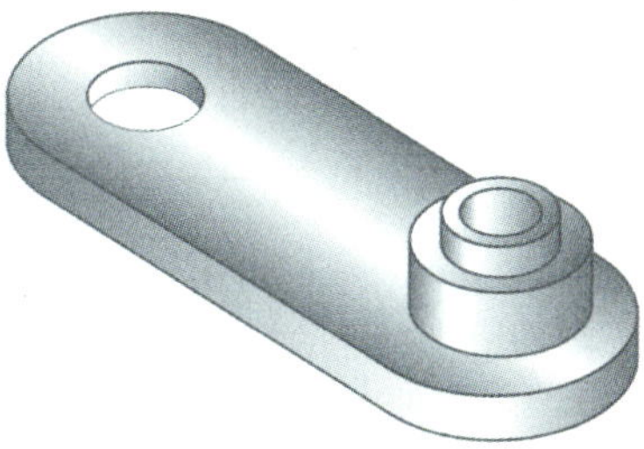

16.17

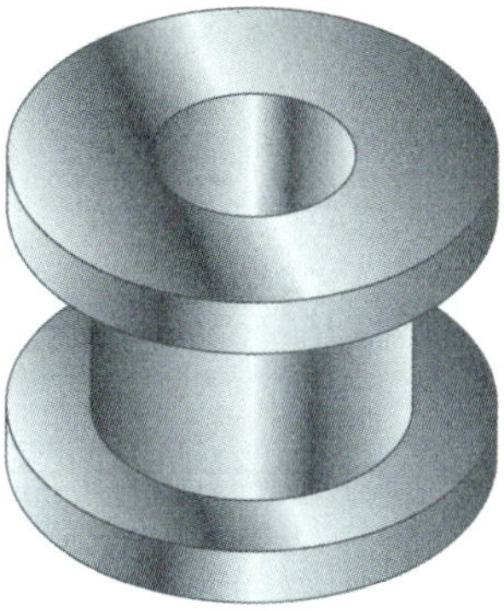

16.18

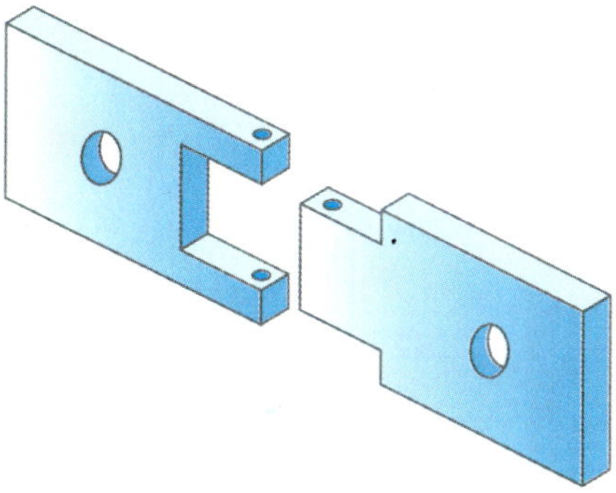

16.19

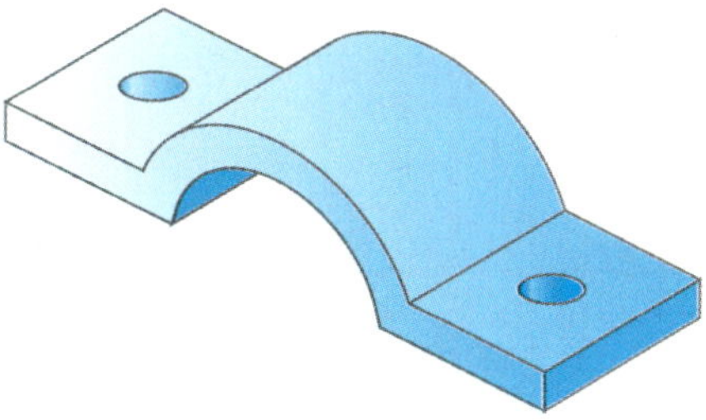

16.20번부터 16.23번까지는 그림에 있는 절단면을 이용해서 단면도를 그려라.

16.20

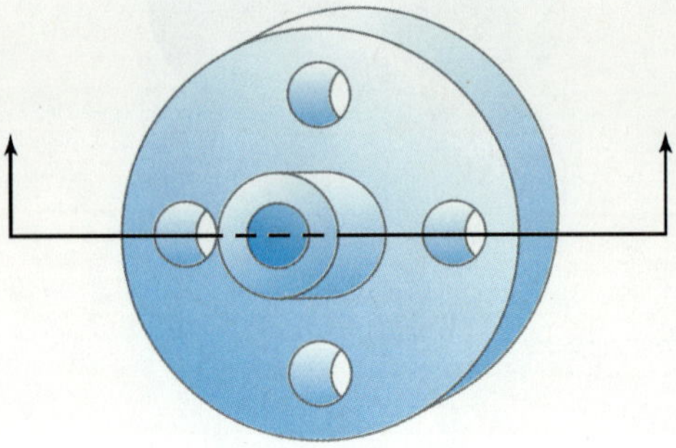

16.21

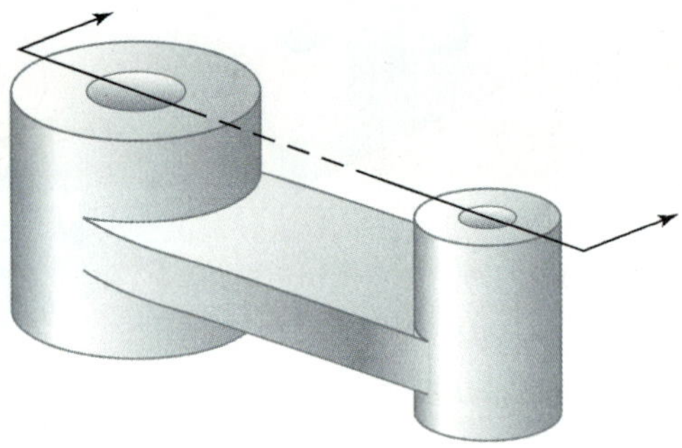

16.22

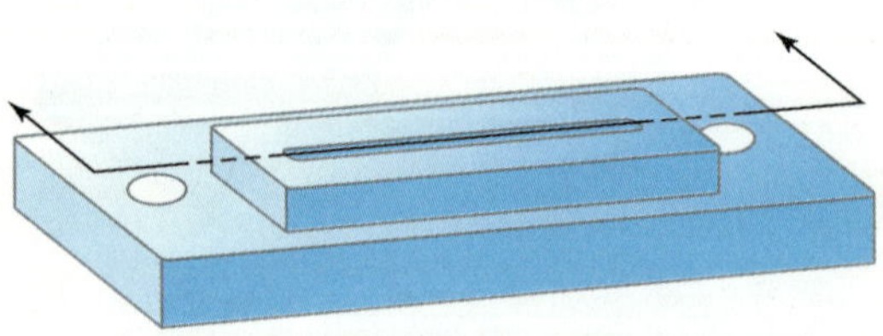

16.23

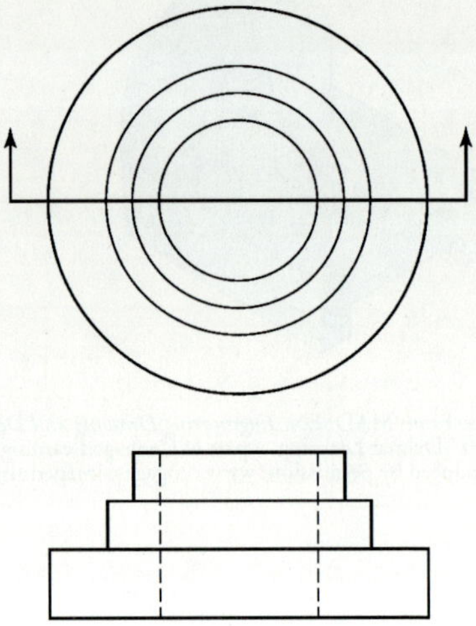

16.24번부터 16.28번까지는 이번 장에서 배운 규칙을 이용해서 그림에 있는 면의 치수를 보여라.

16.24

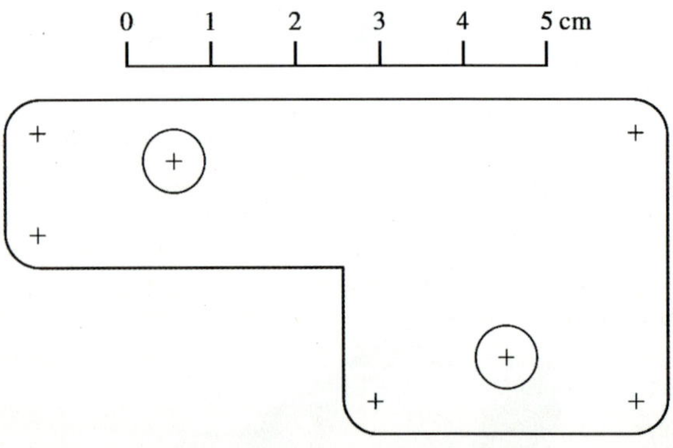

16.25

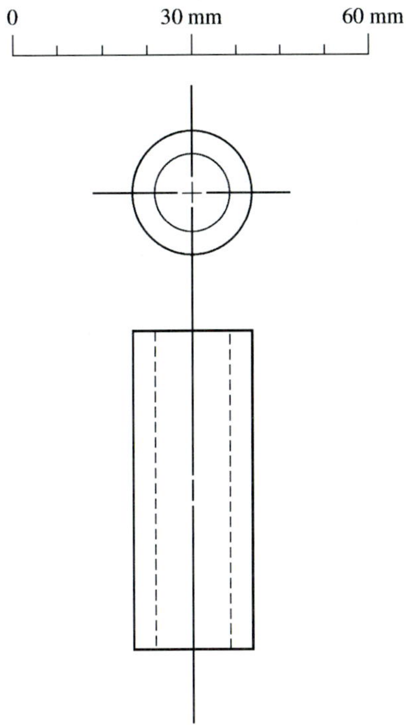

16.27

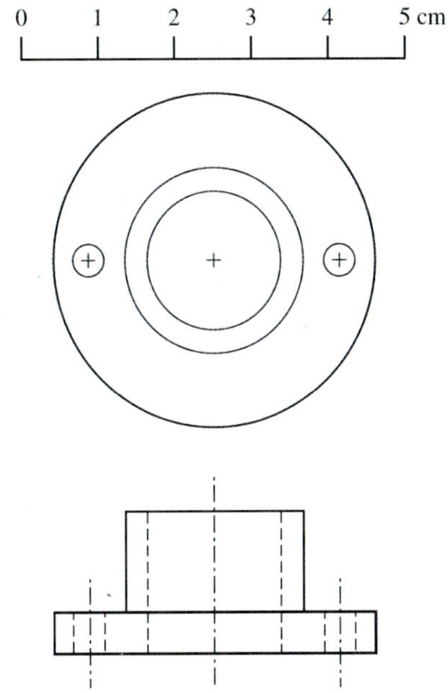

16.26

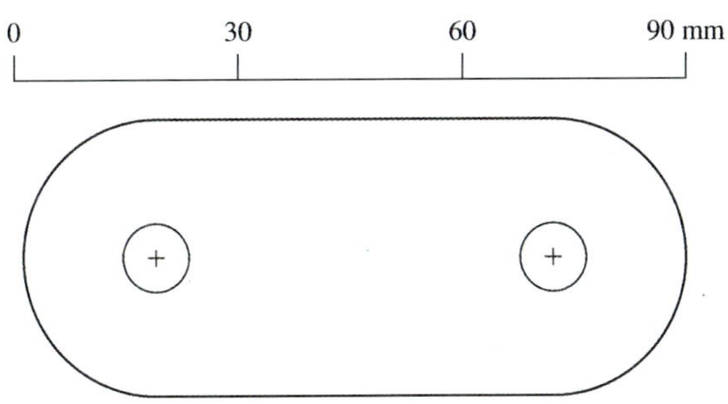

16.28

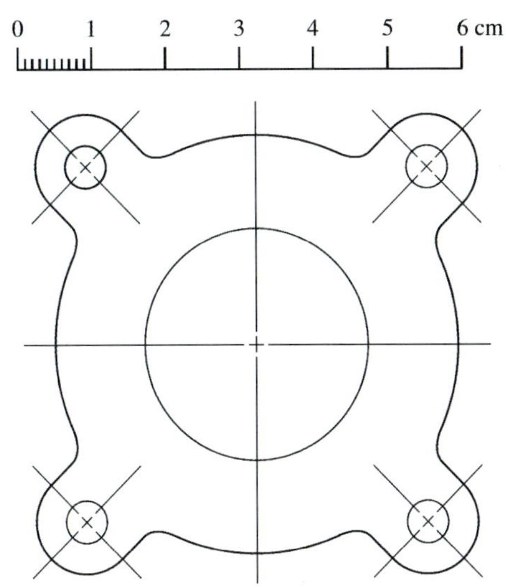

16.29번부터 16.32번까지는 물체의 정사영에 대한 면의 치수를 보여라.

16.29

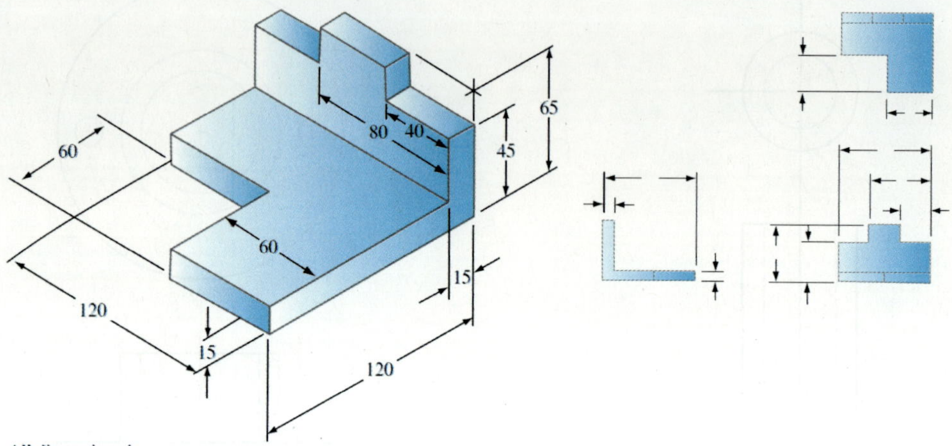

All dimensions in mm.

Source: From MADSEN. *Engineering Drawing and Design*, 4E. © 2007 Delmar Learning, a part of Cengage Learning, Inc. Reproduced by permission. www.cengage.com/permissions.

16.30

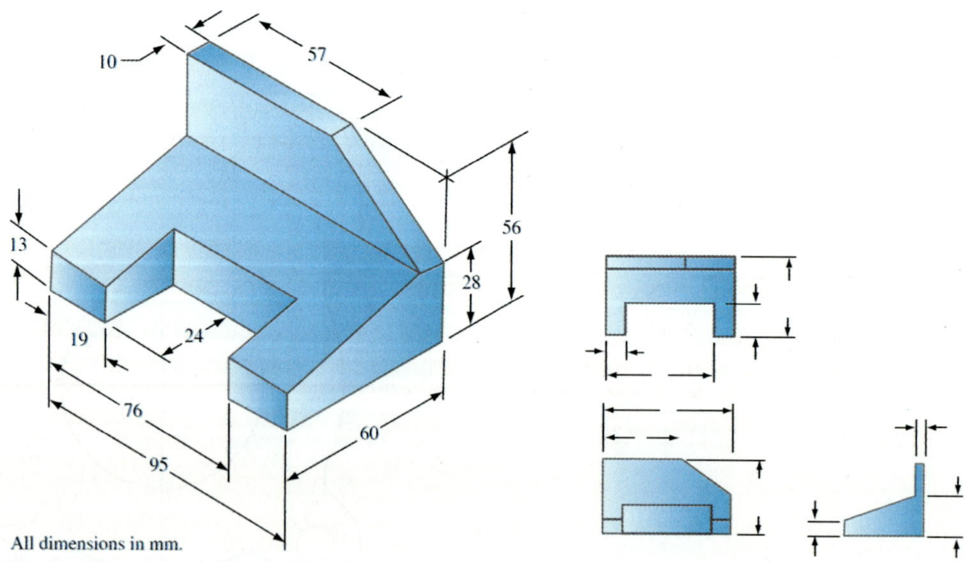

All dimensions in mm.

Source: From MADSEN. *Engineering Drawing and Design*, 4E. © 2007 Delmar Learning, a part of Cengage Learning, Inc. Reproduced by permission. www.cengage.com/permissions.

16.31

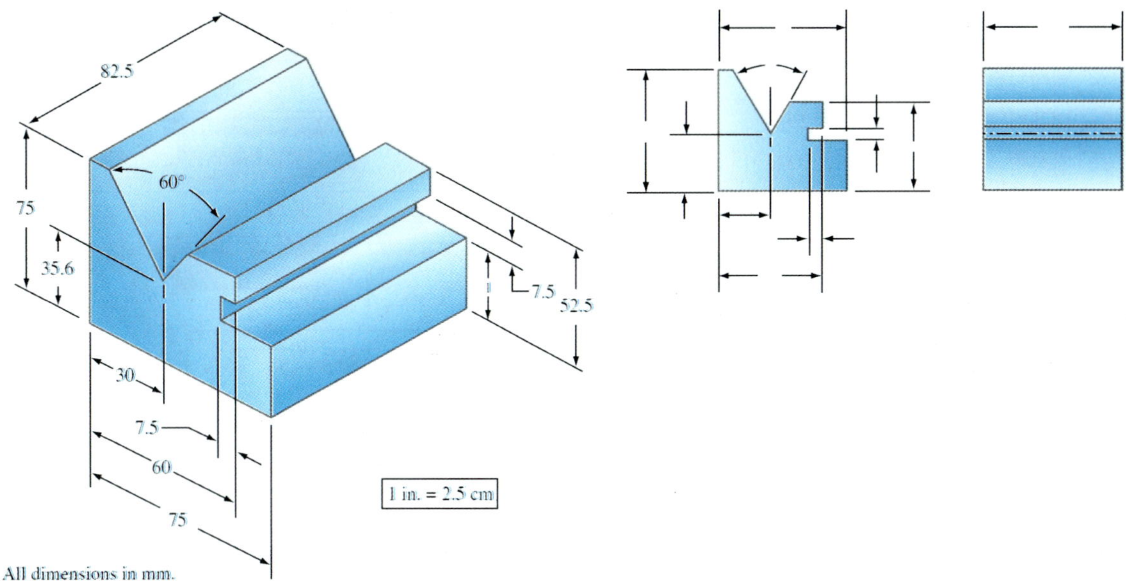

All dimensions in mm.

Source: From MADSEN. *Engineering Drawing and Design*. 4E. © 2007 Delmar Learning, a part of Cengage Learning, Inc. Reproduced by permission. www.cengage.com/permissions.

16.32

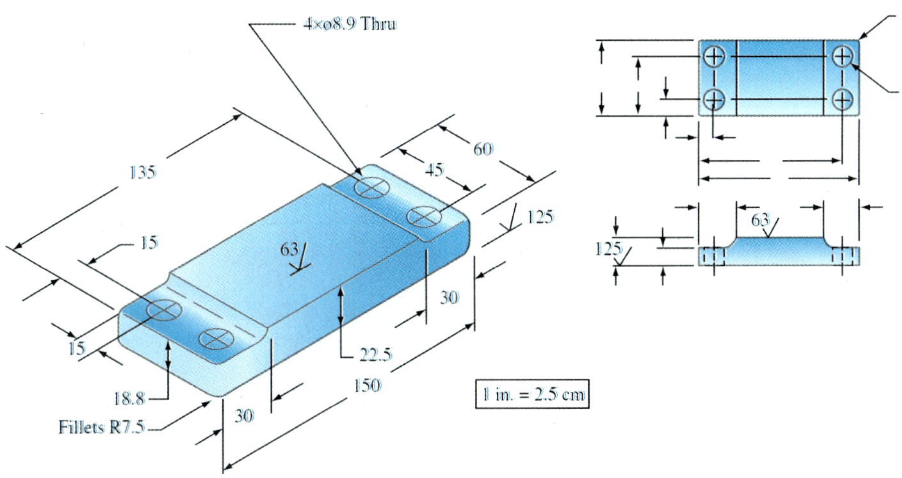

All dimensions in mm. Fillets R 3.75

Source: From MADSEN. *Engineering Drawing and Design*. 4E. © 2007 Delmar Learning, a part of Cengage Learning, Inc. Reproduced by permission. www.cengage.com/permissions.

16.33번부터 16.38번까지는 물체의 등축도를 그려라. 치수에 대한 필요한 측정을 하라.

16.33 텔레비전

16.34 컴퓨터

16.35 전화기

16.36 면도기

16.37 의자

16.38 자동차

16.39 16.4에서 설명한 단계를 따라 문제 16.4의 등축도를 그려라.

16.40 16.4에서 설명한 단계를 따라 문제 16.6의 등축도를 그려라.

16.41 16.4에서 설명한 단계를 따라 문제 16.7의 등축도를 그려라.

16.42 16.4에서 설명한 단계를 따라 문제 16.11의 등축도를 그려라.

16.43 16.4에서 설명한 단계를 따라 문제 16.13의 등축도를 그려라.

16.44번부터 16.48번까지는 주어진 물체의 입체 모델을 만드는 과정을 설명하라. 문제를 더 이해하기 위해서 예제 16.5를 참조하라.

16.44 선반

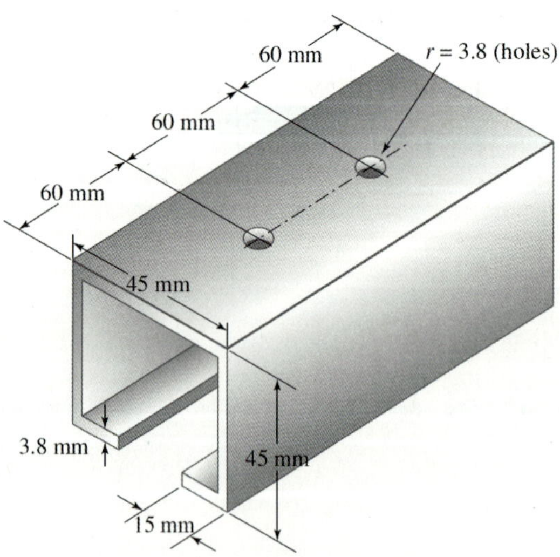

16.45 바퀴

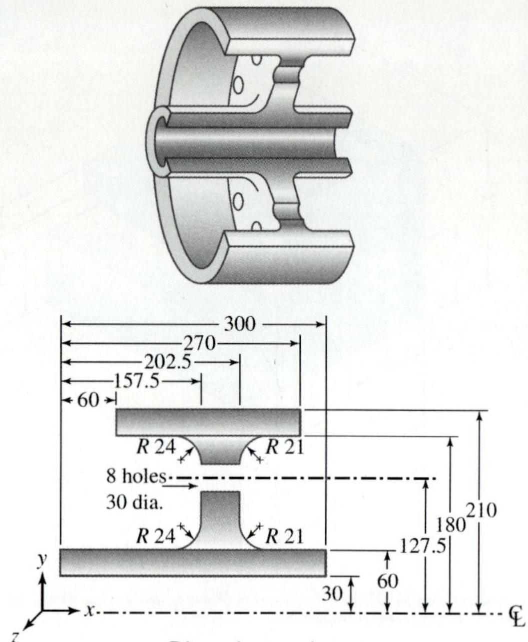

Dimensions are in mm.

16.46 파이프

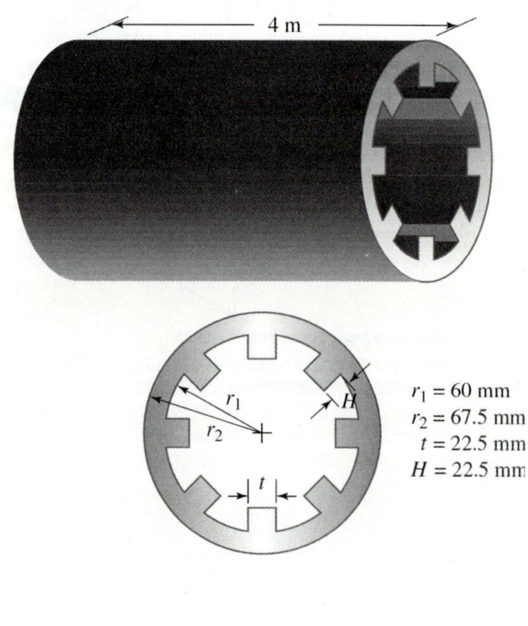

16.47 소켓

16.48 열교환기이고, 파이프가 모든 판을 뚫고 지나간다.

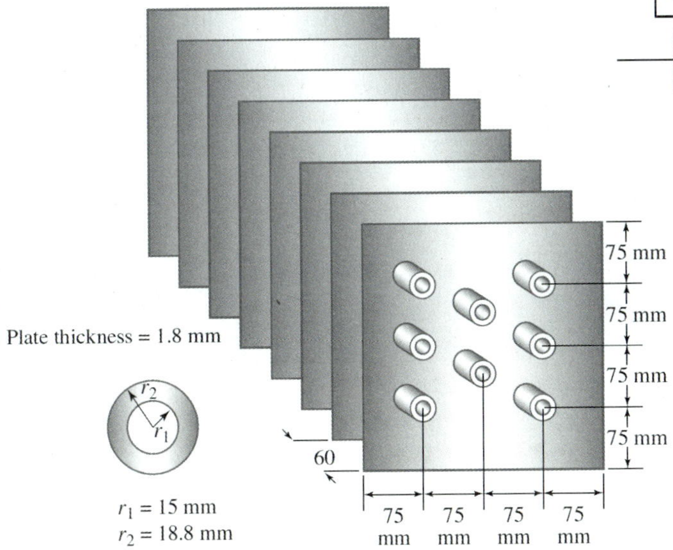

16.49 [표 16.1]을 이용해 아래의 그림에 있는 공학 기호를 확인하라.

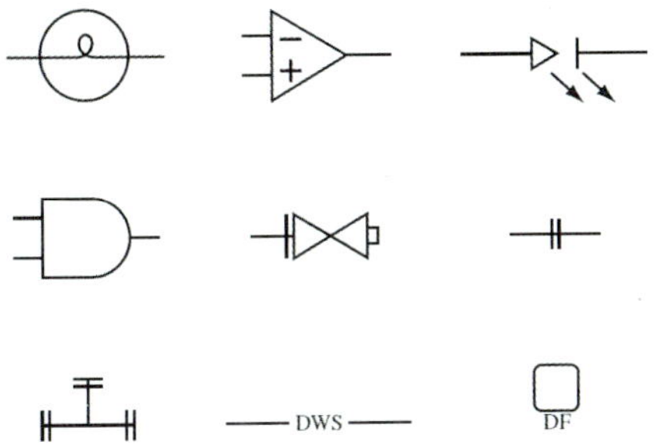

16.50 [표 16.1]을 이용해 아래 그림에 있는 논리 시스템의 구성 요소를 확인하라.

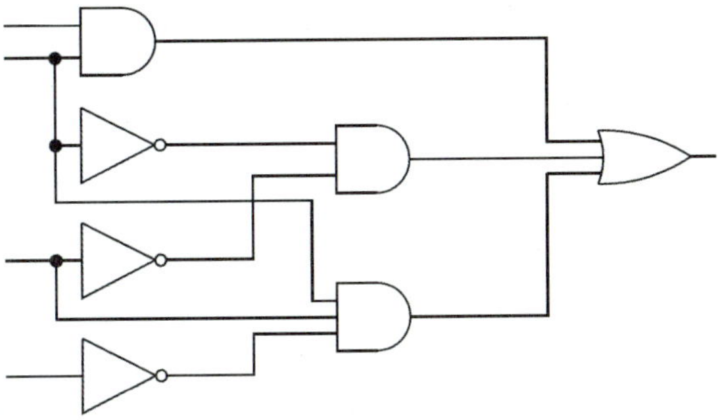

PART

5

공학 재료 선택

중요한 디자인 결정

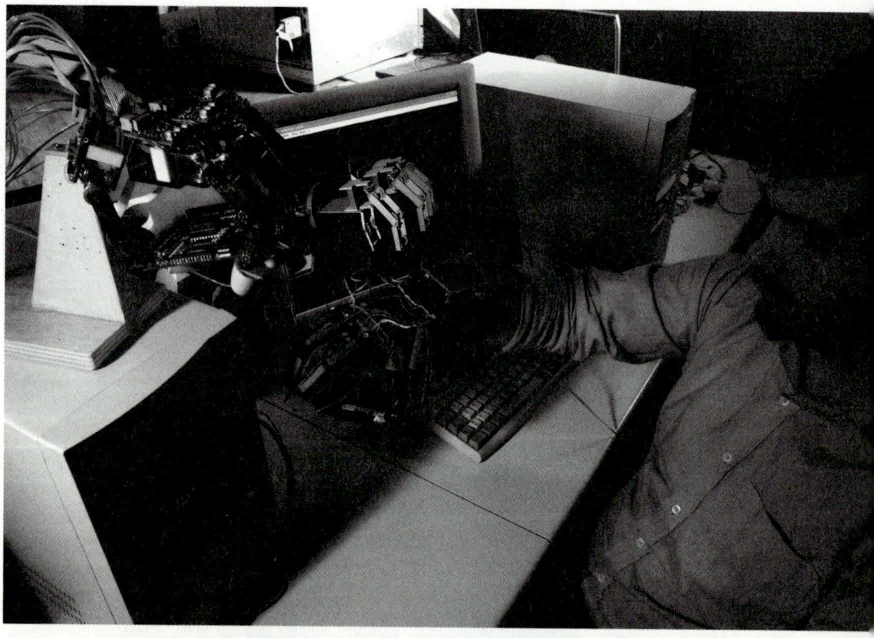

Source: Pasquale Sorrentino/Photo Researchers, Inc.

여러분이 기계, 장난감, 자동차 프레임 또는 구조를 디자인하는 엔지니어라면 재료 선택은 디자인에서 중요한 결정 사항이다. 이 장에서 우리는 금속, 합금, 플라스틱, 유리, 목재, 합성물 그리고 일반적으로 다양한 공학 응용에서 사용되는 재료들을 더욱 자세히 살펴볼 것이다. 또한, 우리는 설계 시 고려되는 재료의 기본적인 특징 중 일부에 대하여 논할 것이다.

Chapter 17 공학 재료

CHAPTER 17

공학 재료

순수한 알루미늄은 부드럽고 비교적 낮은 인장강도(Tensile strength)를 가진다. 따라서 알루미늄을 더 강하고 용접도 잘되며 부식하기 쉬운 환경에 대한 저항력을 높아지게 하기 위해서는 다른 금속과 함께 합금을 만들어준다. 합금 알루미늄과 같은 경금속은 낮은 비중(강철에 비해)과 높은 무게 대 강도비율(Strength-to-weight ratio)을 갖기 때문에 여러 구조물 및 항공우주산업의 응용제품 분야에 사용된다.

1장에서 논의했듯이, 엔지니어는 일상생활에 필요한 수백만 가지의 제품과 부대설비를 설계한다. 차량, 컴퓨터, 항공기, 의류, 장난감, 가전용품, 수술 장비, 냉난방 장비, 건강관리 장비, 여러 제품을 만드는 데 쓰는 공구와 기계류 따위가 바로 그것이다. 또 엔지니어는 건물, 댐, 고속도로, 발전소, 대중교통 시스템의 건설을 설계하고 감독한다.

설계 엔지니어로서 여러분이 기계 부품, 장난감, 차의 형틀 또는 구조물 중 무엇을 설계하건 간에 재료의 선택은 중요한 설계의 결정 요소이다. 어떤 특정 응용제품의 재료를 고르는 데 있어서 엔지니어가 고려해야 할 요소는 수없이 많다. 몇 가지 예를 들자면 비중(Density), 극한강도(Ultimate Strength), 유연성(Flexibility), 절삭성(Machinability), 내구력(Durability), 열팽창(Thermal Expansion), 전기 및 열전도율(Electrical and Thermal Conductivity) 그리고 부식에 대한 저항성(Resistance to Corrosion)과 같은 재료의 속성을 고려한다. 또 재료에 대한 비용과 구매의 용이성도 고려한다. 엔지니어는 항상 새로운 응용제품에 대해 더 가볍고 강한 성질을 갖는 진보된 재료를 적용할 방법을 찾는다.

이번 장에서는, 여러 공학 응용제품에서 일반적으로 사용되는 재료에 대해 좀 더 자세히 살펴보겠다. 또한, 설계에서 고려되는 재료의 물리적 기본 성질에 대해서도 논의할 것이다. 우리는 금속이나 합금, 플라스틱, 유리, 목재 그리고 시간이 지나면서 고화(Solidify)하는 콘크리트와 같은 종류처럼 여러 고체 재료를 고찰할 것이다. 또 공기나 물처럼 생활의 영위뿐만 아니라 공학에서도 중요한 역할을 하는 기본 유체에 대해 좀 더 자세히 연구할 것이다. 여러분은 음식물 가공, 주행 동력기구 또는 안락한 승차감을 제공하기 위해 차량용 타이어 속에서 공기가 수행하는 중요한 역할을 단 한 번이라도 생각해본 적이 있는가? 아마도 여러분은 물을 공학 재료로 생각해본 적이 없을 테지만, 살기 위해서 물이 필요할 뿐만 아니라 증기나 수력 발전소에서 전기를 만들기 위해서도 필요하다. 그리고 재료를 절단하기 위해서 톱과 같은 구실을 하는 고압의 물을 사용하기도 한다.

17.1 재료 선택

설계 엔지니어는 어떤 제품에 사용할 재료를 선택할 때 종종 다음과 같은 질문을 던지곤 한다. 즉, 예상 부하(Load)에 대해 실험에서 얼마나 강해야 하는가? 만약 실험에서 실패했다면, 실패하지 않기 위해서는 얼마나 안전하게 부하를 지탱해야 하는가? 자체 온도가 변하면 재료는 어떻게 반응하는가? 자체 온도가 올라가도 보통 조건에서와 마찬가지로 여전히 강할까? 자체 온도가 증가할 때 얼마나 팽창할 것인가? 얼마나 무겁고 또 유연한가? 그 충격흡수(Energy-absorbing) 속성은 어떤가? 부식성이 있는가? 어떤 화학제품에 대해서는 어떻게 반응하는가? 얼마나 비싼가? 열을 효과적으로 발산하는가? 전류에 대해서 전도체 또는 절연체로서 작용하는가?

여기서 단지 몇 가지 근본적인 질문만 제시했다는 점을 다시 한 번 언급한다. 만약 어떤 응용제품의 상세한 사항까지 고려했다면 우리는 추가적인 질문을 할 수 있었을 것이다. 예를 들어 생체공학과 관련한 응용제품을 만들게 되어 신체이식 부위에 대한 재료를 고르는 경우라면 재료가 인체에 유해한가? 살균이 되는가? 신체의 유체와 접촉하게 되었을 때 부식하거나 성능이 저하되지 않는가? 등을 포함해 추가로 더 많은 요소를 고려해야만 한다. 사람의 몸은 역동적이다 보니 또 재료가 기계적 충격이나 피로에 대해서 어떻게 반응하는가? 접촉 표면에서 적절한 충격분산을 보장하는 뼈처럼 신체 이식부위의 기계적 속성이 그런 호환성이 있는가? 이러한 것이 특정 응용제품에 대한 적절한 재료를 찾기 위한 추가적인 특정 질문의 예이다.

이제부터 재료의 속성과 비용은 중요한 설계 요소라는 것을 명확히 해야 한다. 그렇지만 재료의 속성을 더욱 잘 이해하기 위해서는 먼저 물질의 상태를 이해해야 한다. 우리는 물질의 상태에 대해 9장에서 논의했다. 복습 및 앞으로의 연결과 편의를 도모하기 위해서 다시 한 번 간단히 물질의 상태를 설명하겠다.

물질의 상(Phases): 고체, 액체, 기체, 플라즈마

9장에서 논의했듯이, 주위를 둘러보면 여러 가지 꼴이나 형태로 존재하는 물질을 발견할 것이다. 또한, 조건이 바뀌거나 환경이 변할 때 물질의 형태도 변할 수 있다는 것을 알게 될 것이다. 또 모든 고체, 액체, 기체 그리고 생물은 물질로 구성되어있고 그 물질 자체는 다시 원자와 화학 원소로 구성되어 있다고 설명했다. 지금까지 106가지의 화학 원소가 알려져 있다. 비슷한 특성을 갖는 원자들은 함께 묶여 화학 원소의 주기율표에서 표현된다. 원자는 우리가 전자, 양성자, 중성자라고 부르는 훨씬 더 작은 조각으로 구성된다. 아직 화학을 배우지 않았다면 여러분의 첫 화학 시간에 이런 것을 더 자세히 배울 것이다. 여러분 중 일부는 화학공학을 전공하기로 했을지도 모르겠고 또 그런 경우라면 화학을 공부하는 데 많은 시간을 보내야 할 것이다. 그러나 지금은 원자가 모든 물질의 기본 구성 요소라는 사실을 반드시 기억하라. 원자는 분자를 만들어내기 위해서 자연적 또는 실험 환경에 따라서 결합을 한다. 예를 들자면, 이미 잘 알고 있는 바와 같이 물 분자는 2개의 수소와 1개의 산소 원자로 구성되어 있다. 한 잔의 물은 수백만에 수백만을 곱한 만큼의 똑같은 물 분자로 이루어진다. 분자는 주어진 물질의 미세한 특성적 속성을 갖는 가장 작은 부분이다.

물질은 자신의 고유 및 주변 조건에 따라 네 가지 상태로 존재할 수 있다. 고체, 액체, 기체 또는 플라즈마가 바로 그것이다. 우리가 매일 마시는 물을 생각해 보자. 이미 알고 있듯이 어떤 조건에서 물은 우리가 얼음이라고 부르는 고체형태로 존재한다. 표준기압에서는 온도가 섭씨 0도 이하로 유지되는 한 고체 형태로 존재한다. 표준기압에서 얼음을 가열하고 이에 따라 그 온도를 변화시킨다면 얼음은 녹아서 액체 형태로 바뀔 것이다. 평균 해면의 표준압력에서 물을 계속 가열할 경우 온도가 섭씨 100도에 다다를 때까지는 액체상을 유지한다. 실험을 좀 더 진행하여 액체 상태의 물에 열을 더 가해줄 수 있다면 궁극적으로 액체상의 물은 그 상태가 액체에서 기체로 바뀐다. 이러한 물의 상태를 우리는 일반적으로 증기라고 부른다. 만약 여러분이 섭씨 2,000도가 넘는 훨씬 높은 온도로 물을 가열할 수 있다면, 물 분자를 그 원자들로 나눌 수 있고, 결국 원자는 우리가 플라즈마라고 부르는 자유 전자와 핵으로 부서진다는 사실을 알게 될 것이다.

일반적으로 재료의 기계적, 열 물리적 속성은 그 상에 달려있다. 예를 들자면 일상의 경험에서 보듯이 얼음의 비중은 액체상의 물과 다르다(얼음 조각은 액체상의 물에 뜬다). 그리고 물의 비중은 증기의 비중과 서로 다르다. 더 나아가 동일한 상에 있는 재료 속성도 그 온도와 주변 압력에 따라 달라질 수 있다. 예를 들어 표준기압에서 섭씨 4도에서 섭씨 100도까지의 온도 범위에 있는 액체상의 물이 갖는 비중을 관찰한다면, 온도가 올라갈수록 그 비중은 감소하는 사실을 알아낼 것이다. 따라서 재료의 속성은 그 상뿐만 아니라 온도나 압력에 달려있다. 이것은 재료를 고를 때 명심해야 할 또 다른 중요한 사실이다.

17.2 재료의 전기, 기계 그리고 열 물리적 속성

지금까지 설명해왔듯이, 어떤 응용제품을 위해 재료를 고를 때 엔지니어로서 수많은 재료의 속성을 고려할 필요가 있다. 일반적으로 재료의 속성은 세 가지 부류로 나누어진다. 전기, 기계 그리고 열 물리적 속성이 바로 그것이다. 전기나 전자 응용제품에 있어서 재료의 전기적 저항이 중요하다. 재료가 전류에 대해 얼마나 큰 저항을 제공하는가? 여러 기계, 토목 그리고 우주항공 공학의 응용제품에서 재료의 기계적 속성이 중요하다. 이러한 속성은 탄성 계수(Modulus of Elasticity), 가로탄성 계수(Modulus of rigidity), 인장 강도(Tensile Strength), 압축 강도(Compression Strength), 무게 대 강도 비율(Strength-to-Weight ratio), 탄성에너지 계수(Modulus of Resilience) 그리고 인성 계수(Modulus of Toughness)를 포함한다. 유체(액체나 기체)를 다루는 응용제품에서는 열전도율, 열용량, 점성, 증기압, 압축성과 같은 열 물리적 속성이 중요하다. 또한, 고체이건 유체이건 간에 재료의 열팽창은 중요한 설계 요소이다. 부식에 대한 저항성은 재료를 선택하는 데 있어 고려해야 할 또 하나의 중요한 요소이다.

재료의 속성은 재료가 어떻게 가공되었는지와 그 사용 기간, 정확한 화학적 구성 그리고 재료 내의 비동질성이나 결함 같은 많은 요소에 따라 다르다. 또한, 기온과 재료의 사용기간처럼 시간에 따라 함께 변한다. 재료를 판매하는 대부분의 회사는 생산한 재료의 중요한 속성에 대한 요망 정보를 함께 제공한다. 훈련을 할 때 엔지니어로서, 제조업자의 재료 속성치를 여러분의 설계 계산에 반드시 사용해야 하는 사실을 명심해라. 이 책이나 다른 책에서 주어진 속성치는 정확한 값이 아니라 전형적인 값으로만 사용되어야 한다.

앞 장에서 재료의 몇 가지 속성이 무엇을 의미하는지 설명했다. 이러한 속성과 우리가 지금까지 설명하지 않았던 속성의 의미가 아래에 요약되어 있다.

전기 저항(Electrical Resistivity) 전기 저항치는 전류에 대해 재료가 갖는 저항을 측정한 값이다. 예를 들자면, 플라스틱이나 세라믹은 전형적으로 높은 저항을 갖는다. 반면에 금속은 전형적으로 낮은 저항을 갖고 가장 좋은 전기 전도체는 은과 구리이다.

비중(Density) 비중은 단위 부피당 질량으로 정의된다. 이는 재료가 주어진 부피에 대해 얼마나 조밀한가에 대한 측정치이다. 예를 들어 강철이 7850kg/m^{3}의 비중을 갖고 알루미늄 합금의 평균 비중이 2700kg/m^{3}인 것을 비교해 보면 알루미늄은 대략 강철의 1/3에 해당하는 비중을 가진다.

탄성 계수(Modulus of Elasticity, Young's Modulus) 탄성 계수는 재료를 잡아당겼을 때(인장력에 대한 실험) 얼마나 쉽게 늘어나는지 또는 밀었을 때(압축력에 대한 실험) 얼마나 잘 움츠러드는지에 대한 측정치이다. 이 탄성 계수가 클수록 재료를 늘이거나 움츠러들게 하는 데 필요한 힘이 더 커진다. 예를 들자면, 알루미늄 합금의 탄성 계수는 70~79GPa의 범위에 있는 데 반해 강철의 탄성 계수는 190~210GPa의 범위를 가진다. 그러므로 강철은 알루미늄 합금보다 3배 정도 딱딱하다.

강성 계수(Modulus of Rigidity, Shear Modulus) 강성 계수는 재료가 얼마나 쉽게 꼬이거나 전단 변형을 할 수 있는지에 대한 측정치이다. 또 강성 계수는 전단 탄성계수(Shear Modulus)라고도 불리는데 그 값은 전단 변형에 대한 주어진 재료의 저항을 나타낸다. 엔지니어는 비틀리는 회전력을 받는 축이나 연결봉에 쓰일 재료를 고를 때 사용한다. 예를 들자면, 알루미늄 합금의 강성 계수 또는 전단 탄성계수는 26~36GPa의 범위에 있는 데 반해 강철의 강성 계수는 75~80GPa의 범위에 있다. 그러므로 강철은 전단력에 있어 알루미늄보다 거의 3배 정도 강하다.

인장 강도(Tensile Strength) 재료 시편(A Piece of Material)의 인장 강도는 직사각형 형태의 막대기나 실린더형 시료가 파손되지 않고 지탱할 수 있는 최대 인장 부하를 측정하여 결정한다. 재료의 인장 강도 또는 극한 강도는 시료의 단위 단면당 최대 인장력으로 나타내어진다. 그 시료의 강도를 검사할 때 적용하는 인장 부하는 천천히 증가한다. 검사의 아주 초기 수준에서는 재료가 신축적으로 변형하는데 이는 부하가 제거되면 재료는 원래의 크기나 형태로 아무 항구적 변형 없이 돌아간다는 뜻이다. 재료가 이러한 신축적 행위를 보이는 지점을 항복점(Yield Point)이라고 부른다. 항복력은 재료가 어떤 영속적인 변형 없이 버틸 수 있는 최대 부하를 나타낸다. 어떤 공학 설계 응용제품에서는 (특히 부서지기 쉬운 재료를 포함한) 항복 강도는 인장 강도로 사용된다.

압축 강도(Compression Strength) 어떤 재료는 인장보다 압축에 더 강인하다. 콘크리트가 그 좋은 예이다. 재료 시편의 압축 강도는 실린더나 입방체 형태의 시료가 부서지지 않고 지탱할 수 있는 최대 압축 부하를 측정함으로써 결정된다. 재료의 극한 압축 강도는 시료의 단위 단면적당 최대 압축력으로 나타낸다. 콘크리트는 10~70MPa 범위의 압축 강도를 가졌다.

탄성에너지 계수(Modulus of Resilience) 탄성에너지 계수는 아무 영속적 손상을 입지 않은 채 기계적 에너지를 흡수하는 데 있어서 얼마나 효과적인지를 보여주는 기계적 속성이다.

인성 계수(Modulus of Toughness) 인성 계수는 재료가 깨지기 이전에 과부하를 처리하는 능력을 나타내는 재료의 기계적 속성이다.

무게 대 강도 비율(Strength-to-Weight Ratio) 용어가 암시하듯이 재료의 강도 대 그 특정한 무게(재료의 단위 체적당 무게)의 비율이다. 엔지니어는 응용제품에 대해 재료의 그 강도 대 무게의 비율을 결정할 경우, 재료의 항복 강도나 극한 강도 둘 중의 하나를 사용한다.

열팽창(Thermal Expansion) 선형 팽창 계수는 온도가 변화에 대한 재료의 길이 변화(원래 길이와 비교)를 결정하는 데 쓰인다. 이것은 사용 기간 동안 비교적 큰 온도의 범위에 처할 것이 예상되는 제품이나 구조물을 설계할 때 고려해야 할 중요한 재료의 속성이다.

열전도율(Thermal Conductivity) 열전도율은 재료가 높은 온도로부터 낮은 온도 영역으로 열에너지(열)를 전달하는 데 있어서 얼마나 우수한지를 나타내는 재료의 속성이다.

열용량(Heat Capacity) 어떤 재료는 다른 재료보다 열에너지를 저장하는 데 있어서 우수하다. 열용량의 값은 재료 1kg의 양에 대해 온도를 1°C 올리는데 요구되는 열에너지의 양을 나타낸다. 큰 열용량 값을 갖는 재료는 열에너지를 저장하는데 우수하다.

점성, 기화 압력, 압축 체적 탄성 계수는 엔지니어가 설계에서 고려해야 할 추가적인 유체 속성이다.

점성(Viscosity) 유체의 점성값은 주어진 유체가 얼마나 쉽게 흐를 수 있는지에 대한 측정치로 표현한다. 점성의 값이 클수록 흐름에 대해 더 큰 저항을 갖는다. 예를 들자면, 파이프를 통해 물을 수송하는 것이 자동차 윤활유나 글리세린을 수송하는 것보다 더 적은 에너지가 요구된다.

기화 압력(Vapor Pressure) 같은 조건에서 낮은 기화 압력값을 가진 유체는 높은 값의 기화 압력을 가진 유체만큼 빨리 증발하지 못한다. 예를 들면, 물이 들어있는 증발 접시와 글리세린이 들어있는 증발 접시를 방에 나란히 놓았다면 글리세린에 어떠한 변화가 있기 훨씬 전에 물은 증발해서 사라질 것이다.

압축 체적 탄성 계수(Bulk Modulus of Compressibility) 유체의 압축 체적 탄성 계수는 유체가 얼마나 압축될 수 있는지를 나타낸다. 압력이 증가할 때 얼마나 쉽게 유체의 부피를 줄일 수 있는가? 예를 들자면, 10장에서 논의했듯이 $1m^3$의 물의 부피를 1% 줄이는데 즉, 다시 말하면 최종 부피를 $0.99m^3$로 만드는데 $2.24 \times 10^7 N/m^2$의 압력이 소요된다.

이 장에서 재료가 갖는 몇 가지 물리적 속성의 의미와 그 중요성에 대해 설명했다. [표 17.1]부터 [표 17.4]는 고체 재료의 몇 가지 속성을 나타낸다. 다음 절에서는 몇 가지 일반적 공학 재료의 응용제품과 그 화학적 구성을 살펴볼 것이다.

표 17.1 선택된 재료의 탄성 계수 및 강성 계수

Material	Modulus of Elasticity(GPa)	Shear Modulus(GPa)
Aluminum alloys	70–79	26-30
Brass	96–110	36–41
Bronze	96–120	36–44
Cast iron	83–170	32–69
Concrete(compression)	17–31	
Copper alloys	110–120	40–47
Glass	48–83	19–35
Magnesium alloys	41–45	15–17
Nickel	210	80
Plastics		
Nylon	2.1–3.4	
Polyethylene	0.7–1.4	

Continued

표 17.1 선택된 재료의 탄성 계수 및 강성 계수(계속)

Material	Modulus of Elasticity(GPa)	Shear Modulus(GPa)
Rock(compression)	40–100	
Granite, marble, quartz	20–70	
Limestone, sandstone	0.0007–0.004	0.0002–0.001
Rubber	190–210	75–80
Steel	100–120	39–44
Titanium alloys	340–380	140–160
Tungsten		
Wood(bending)	11–13	
Douglas fir	11–12	
Oak	11–14	
Southern pine		

Source: From Gere. Mechanics of Materials, 5E. ⓒ 2001 Cengage Learning, a part of Cengage Learning, Inc. Reproduced by permission. www.cengage.com/permissions.

표 17.2 선택된 재료의 비중

Material	Mass Density(kg/m^3)	Specific Weight(kN/m^3)
Aluminum alloys	2600-2800	25.5-27.5
Brass	8400-8600	82.4-84.4
Bronze	8200-8800	80.4-86.3
Cast iron	7000-7400	68.7-72.5
Concrete		
Plain	2300	22.5
Reinforced	2400	23.5
Lightweight	1100-1800	10.8-17.7
Copper	8900	87.3
Glass	2400-2800	23.5-27.5
Magnesium alloys	1760-1830	17.3-18.0
Nickel	8800	86.3
Plastics		
Nylon	880-1100	8.6-10.8
Polyethylene	960-1400	9.4-13.7
Rock		
Granite, marble, quartz	2600-2900	25.5-28.4
Limestone, sandstone	2000-2900	19.6-28.4
Rubber	960-1300	9.4-12.7
Steel	7850	77.0
Titanium alloys	4500	44.1
Tungsten	1900	18.6
Wood(air dry)		
Douglas fir	480-560	4.7-5.5
Oak	640-720	6.3-7.1
Southern pine	560-640	5.5-6.3

Source: From Gere. Mechanics of Materials, 5E. ⓒ 2001 Cengage Learning, a part of Cengage Learning, Inc. Reproduced by permission. www.cengage.com/permissions.

표 17.3 선택된 재료의 강도

Material	Yield Strength(MPa)	Ultimate Strength(MPa)
Aluminum alloys	35-500	100-550
Brass	70-550	200-620
Bronze	82-690	200-830
Cast iron(tension)	120-290	69-480
Cast iron(compression)		340-1400
Concrete(compression)		10-70
Copper alloys	55-760	230-830
Glass		30-1000
Plate glass		70
Glass fibers		7000-20,000
Magnesium alloys	80-280	140-340
Nickel	100-620	310-760
Plastics		
Nylon		40-80
Polyethylene		7-28
Rock(compression)		
Granite, marble, quartz		50-280
Limestone, sandstone		20-200
Rubber	1-7	7-20
Steel		
High-strength	340-1000	550-1200
Machine	340-700	550-860
Spring	400-1600	700-1900
Stainless	280-700	400-1000
Tool	520	900
Steel wire	280-1000	550-1400
Structural steel	200-700	340-830
Titanium alloys	760-1000	900-1200
Tungsten		1400-4000
Wood(bending)		
Douglas fir	30-50	50-80
Oak	40-60	50-100
Southern pine	40-60	50-100
Wood(compression parallel to grain)		
Douglas fir	30-50	40-70
Oak	30-40	30-50
Southern pine	30-50	40-70

Source: From Gere. Mechanics of Materials, 5E. ⓒ 2001 Cengage Learning, a part of Cengage Learning, Inc. Reproduced by permission. www.cengage.com/permissions.

표 17.4 선택된 재료의 열팽창 계수*

Material	Coefficient of Thermal Expansion(1/℃)×10^{6}
Aluminum alloys	23
Brass	19.1-21.2
Bronze	18-21
Cast iron	9.9-12
Concrete	7-14
Copper alloys	16.6-17.6
Glass	5-11
Magnesium alloys	26.1-28.8
Nickel	13
Plastics	
Nylon	70-140
Polyethylene	140-290
Rock	5-9
Rubber	130-200
Steel	10-18
High-strength	14
Stainless	17
Structural	12
Titanium alloys	8.1-11
Tungsten	4.3

*열팽창 계수의 실제값을 얻기 위해서는 표에 주어진 계수에 10^{-6}을 곱해야 한다.

Source: From Gere. Mechanics of Materials, 5E. © 2001 Cengage Learning, a part of Cengage Learning, Inc. Reproduced by permission. www.cengage.com/permissions.

17.3 몇 가지 일반적 고체 공학 재료

이번 절에서 간단히 몇 가지 고체 재료의 화학적 구성이나 일반적 응용제품에 대해 살펴볼 것이다. 우리는 경금속과 구리와 그 합금, 철과 강, 콘크리트, 목재, 플라스틱, 규소, 유리 그리고 재료의 복합물을 논의할 것이다. 여러분 대부분은 2학년이나 3학년에서 한 학기 동안 재료에 관한 수업을 들을 것이고 여러 물질의 원자 구조에 대해서 더 깊이 공부할 것이다. 이 절에서 우리의 의도는 여러분에게 재료와 그 응용제품에 대한 소개를 하는 것이다.

경금속

알루미늄, 티타늄 그리고 마그네슘은 그 작은 비중(강철에 비해서)때문에 일반적으로 경금속이라 불린다. 비교적 높은 무게 대 강도의 비율 때문에 경금속은 여러 구조물이나 항공우주산업 분야의 응용제품에 많이 쓰인다.

알루미늄과 그 합금은 철에 비해서 거의 3분의 1에 해당하는 비중을 갖는다. 순수 알루미늄은 아주 부드러워 주로 전자 응용제품이나 반사경, 얇은 호일(foil)을 만드는 데 쓰인다. 순수 알루미늄은 부드럽고 비교적 작은 인장 강도를 가지고 있으므로 강도와 용접성 및 부식 환경에 대한 저항력을 증가시키기 위해서 다른 금속과 합금을 이룬다. 알루미늄은 주로 구리(Cu), 아연(Zn), 마그네슘(Mg), 망간(Mn), 규소(Si) 그리고 리튬(Li)과 합금을 이룬다. The American National Standard Institute(ANSI)는 알루미늄 합금을 구별하기 위해 명칭 번호를 할당했다. 일반적으로 알루미늄과 그 합금은 부식을 견뎌낸다. 그들은 분쇄나 절삭이 쉽고 용접이나 땜질이 가능하다. 알루미늄 부품은 접착제로 붙일 수 있다. 또 좋은 전기나 열 전도체이므로 낮은 전기 저항과 높은 열전도율을 가진다. 알루미늄은 얇은 판이나 판금, 호일, 봉 그리고 전선으로 만들어지고, 창문틀이나 자동차 부품을 만들기 위해 압출성형 되기도 한다. 여러분은 이미 음료수 캔이나 주방의 알루미늄 호일, 홍차에 붙은 무 부식성 스테이플(staples), 건물 절연체 등과 같은 일상의 일반적 알루미늄 제품에 친숙할 것이다.

Source: Courtesy of Carroll Shelby Enterprises

Source: Steve Allen / Brand X Pictures / PictureQuest

넓은 범위의 제품들을 생산하는 데 쓰이는 가볍고 튼튼한 알루미늄 합금—높은 성능의 엔진으로부터 소다 캔에 이르기까지.

티타늄은 뛰어난 강도 대 무게의 비율을 가지고 있다. 티타늄은 400~600℃ 이상의 비교적 높은 온도가 예상되는 응용제품분야에 쓰인다. 티타늄 합금은 송풍기의 날개와 민항기/군용기의 가스 터빈 엔진용 압축펌프의 날개에 쓰인다. 사실, 티타늄 합금을 사용하지 않고는 민항기의 엔진 제작은 불가능했을 것이다. 알루미늄처럼 그 속성을 향상시키기 위해서 다른 금속과 합금을 시킨다. 티타늄 합금은 뛰어난 내부식성을 보인다. 티타늄은 강철의 절반쯤에 해당하는 비중을 가지기 때문에 알루미늄과 비교해서 좀 더 무겁고 알루미늄보다 훨씬 비싸다. 비교적 높은 강도 대 무게의 비율 때문에 티타늄 합금은 민수용이나 군용기 양쪽 모두의 기체(동체 및 날개)와 착륙 기어의 구성 요소를 만드는 데 사용된다. 티타늄 합금은 많은 제품에서 선택되고 있다. 여러분은 그 예를 골프채, 자전거 프레임, 테니스 라켓 그리고 안경테에서 찾을 수 있다. 또한, 뛰어난 내부식성 때문에 담수화 공장의 배관에 사용되어 왔다. 트러스 접합부(hip) 및 다른 이음부에 대한 대체는 티타늄이 현재 사용되고 있는 다른 응용분야의 예이다.

Source: Courtesy of Litespeed

Source: Courtesy of Seiko Corporation of America

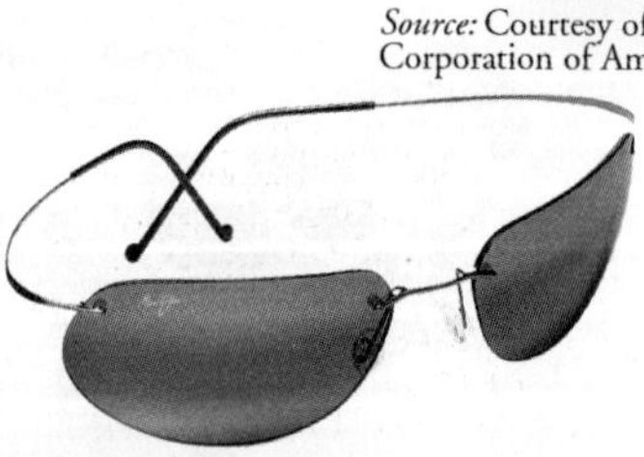

Source: Courtesy Maui Jim, Inc.

뛰어난 강도 대 무게의 비율과 부식에 대한 저항력 때문에 티타늄 합금은 넓은 범위의 제품을 생산하는 데 쓰인다.—자전거 프레임으로부터 안경테에 이르기까지

은과 같은 하얀 색을 지닌 마그네슘은 알루미늄처럼 보이는 또 다른 경금속이지만 그보다 더 가벼워 거의 1700kg/m^{3}의 비중을 갖는다. 순수 마그네슘은 구조물의 응용제품에 적합한 힘을 제공하지는 못하기 때문에 알루미늄이나 망간 그리고 아연과 같은 다른 원소와 합금을 시켜 그 기계적 성질을 향상시킨다. 마그네슘과

그 합금은 핵 응용제품이나 건전지, 항공우주산업 응용제품 그리고 다른 금속의 부식을 막는 희생 전극으로 일부 자동차부분에 쓰인다. 경금속의 기계적인 특성이 [표 17.1]부터 [표 17.4]를 통해 나타난다.

구리와 그 합금

구리는 좋은 전도체이고 이런 특성 때문에 가정 내 배선을 포함해 여러 전기적 응용제품에 두루 사용된다. 또한, 구리와 많은 구리 합금은 좋은 열전도체이고 이런 열에 대한 속성으로 인해 에어컨이나 냉장고에서 열 교환기 응용제품부분에 대한 좋은 재료로 선택되고 있다. 구리 합금은 관, 봉, 배관 부속이나 전열 응용제품에도 쓰인다. 구리는 그 속성을 바꾸기 위하여 아연, 주석, 알루미늄, 니켈 등과 같은 다른 금속과 합금을 만든다. 구리가 아연과 합금을 이루면 황동이라고 부른다. 이 황동의 기계적 성질은 구리와 아연에 정확한 구성비에 따라 결정된다. 청동은 구리와 주석의 합금이다. 구리는 알루미늄과도 합금을 이루고 알루미늄 청동이라고 부른다. 구리와 그 합금들은 급수관이나 열 교환기, 수압 브레이크 계통, 펌프, 나사 등에 쓰인다.

구리 합금으로 만들어진 제품의 예

Source: 2001 PhotoDisc, Inc.

철과 강

강철은 냉장고, 오븐, 식기 세척기, 세탁 및 건조기, 조리 용구와 같은 전기 응용 제품의 몸체와 건물 그리고 다리의 뼈대를 만드는 일반적인 재료이다. 강철은 약 2% 이하의 탄소와 철의 합금이다. 순수한 철은 연해서 구조물의 응용제품에 적합하지 않지만 아주 적은 양의 탄소 첨가가 철을 단단하게 하고 더 큰 강도와 같은 우수한 기계적 속성을 부여한다. 강철의 속성은 크롬, 니켈, 망간, 규소 그리고 텅스텐 같은 다른 원소를 첨가함으로써 변경할 수 있다. 예를 들자면, 크롬은 강철의 부식에 대한 저항을 증가시키기 위해 사용된다.

Source: Image Farm Inc/Picture Quest

Source: © Image Source/Electra Vision/Picture Quest

Source: 2001 PhotoDisc, Inc.

뛰어난 강도와 같은 기계적 속성 때문에 합금강은 넓은 범위의 응용제품에 사용된다.—구조물의 구성요소로부터 기계 부품에 이르기까지

일반적으로 강철은 세 가지 넓은 범주로 나누어질 수 있다. (1)대략 0.015~2%의 탄소를 보유한 탄소강, (2)최고 8%의 합금 원소를 보유한 저합금강 그리고 (3)8% 이상의 합금 원소를 보유하고 있는 고합금강이 바로 그것이다. 탄소강은 세계의

강철 소비의 대부분을 차지하고 따라서 차나 가전제품의 몸체에서 쉽게 볼 수 있다. 저합금강은 우수한 강도를 가졌고 주로 기계 또는 장비 부품 그리고 구조물의 응용제품으로 사용된다. 스테인레스강과 같은 고합금강은 약 10~30%의 크롬을 포함할 수 있고 35%까지 니켈을 포함할 수 있다. 18%의 크롬과 8%의 니켈을 포함하고 있는 18/8 스테인레스강은 주로 식탁용 식기류와 부엌용 제품에 사용된다. 마지막으로, 주철은 철과 2~4%의 탄소로 된 철의 합금이다. 철에 대한 추가적인 탄소의 첨가는 그 속성을 완전히 변화시킨다는 사실을 주지하라. 사실 주철은 잘 깨어지는 재료인 반면에 2% 미만의 탄소를 함유한 대부분의 철은 연성이다.

콘크리트

오늘날 콘크리트는 도로, 교량, 건물, 터널 그리고 댐의 건설에서 주로 쓰인다. 골재, 시멘트 그리고 물은 소위 콘크리트를 구성하는 세 가지 주요 성분이다. 골재는 자갈과 모래와 같은 재료를 일컫고 시멘트는 골재를 고정시키는 결합 재료를 일컫는다. 콘크리트를 만드는 데 사용되는 골재의 형태와 크기(고운 것부터 거친 것까지)는 대상 응용제품에 따라 변한다. 또한, 콘크리트를 만들 때 사용되는 물의 양은 그 강도에 영향을 미칠 수 있다. 물론, 콘크리트가 타설되고 완벽하게 모든 골재를 감쌀 수 있는 균일한 시멘트 반죽을 얻기 위해서는 충분한 물이 섞여야 한다. 콘크리트를 만드는 데 있어서 골재에 대한 시멘트량의 비율 또한 콘크리트의 강도와 내구력에 영향을 끼친다. 콘크리트의 양생 강도에 영향을 미칠 수 있는 또 다른 요소는 콘크리트가 타설될 때의 주변 온도이다. 추운 기후에서 콘크리트가 타설될 경우 시멘트에 염화칼슘이 첨가된다. 염화칼슘의 첨가는 주변의 낮은 온도의 영향에 대처하기 위해서 양생 과정을 더 빨리 진행시킬 것이다. 여러분은 아마도 새로 만들어진 콘크리트 자동차도로나 인도를 걸을 때 콘크리트가 부어진 후 얼마간 콘크리트 위에 물을 뿌리는 것을 보았을 것이다. 이것은 콘크리트가 굳을 때 콘크리트의 수축률을 조정하기 위해서다.

콘크리트는 인장 부하보다는 압축 부하에 훨씬 우수한 부서지기 쉬운 재료이다. 이런 사실 때문에 콘크리트는 부하 지탱 능력을 증가시키기 위해 특히 인장 부하가 예견되는 부위에 철근이나 얇은 금속 막대기들로 구성된 철망을 써서 강화된다. 콘크리트가 철망이나 철근이 배설된 형틀에 타설된다. 강화 콘크리트(Reinforce Concrete)는 기초나 바닥, 벽, 기둥에 사용된다. 다른 일반적 건축 방법은 프리캐스트 콘크리트(Precast Concrete)를 사용하는 것이다. 프리캐스트 콘크리트 상판, 벽돌과 구조물 자재는 주변 환경조건이 조절되는 공장 설비를 통해서 적은 비용과 적은 시간으로 제조된다. 그리고서 프리캐스트 콘크리트 부품은 설립될 건설 장소로 이동된다. 이런 실행 방법은 시간과 돈을 절약한다. 이미 언급했듯이 콘크리트는 인장 강도보다는 높은 압축 강도를 가졌다. 이러한 사실 때문에, 콘크리트는 다음과 같은 방법으로 압축 응력을 준다. 콘크리트가 철근이나 철망이 든 형틀에 타설되기 전에 강봉이나 철망을 신장시킨다. 콘크리트가 부어지고 충분한 시간이 경과한 다음 강봉이나 철망에 주어졌던 인장력을 풀어준다. 결과적으로 이런 공정은 콘크리트를 압축한다. 그러면 이 강현 콘크리트(Prestressed Concrete)는 인장 부하의 작용에 대해 그저 압축이 되지 않은 상태가 되는 압축된 스프링처럼 작용한다. 그러므로 강현 콘크리트는 그 부위가 완전하게 비압축된 상태가 될 때까지 아무런 인장력을 경험하지 못할 것이다. 콘크리트가 인장에 대해 약한 것이 이러한 방법을 쓰는 이유라는 것을 반드시 다시 한 번 주지해야 한다.

목재

역사를 통해 세계 곳곳에서 풍부했기 때문에 목재는 많은 응용제품에서 쓰인 재료였다. 목재는 재생이 가능한 자원이고 그 강도와 가공성이 좋아서 많은 제품을 만드는 데 쓰였다. 또한, 목재는 난로나 화로에서 연료로 사용되어 왔다. 오늘날 목재는 전화기용 전신주에서 이쑤시개에 이르기까지 많은 제품에 쓰이고 있다. 일반적인 목재 응용제품의 예는 단단한 나무 바닥재, 지붕의 틀, 가구의 틀, 벽체 지지물, 문짝, 장식물, 창문틀, 고급 차의 장식재, 치과 의사의 혀 누르는 장비, 빨래집게, 야구 방망이, 볼링 핀, 낚싯대 그리고 포도주 통([그림 17.1] 참조)을 포함한다. 또한, 목재는 여러 종이 제품을 만드는 데 쓰이는 주재료다. 강철 구조물은 녹에 민감하나 목재는 반면에 불타기 쉽고 흰개미나 썩는 현상에 약하다. 목재는 이방성(anisotropic) 재료인데 이는 그 속성이 방향에 종속적이라는 뜻이다. 예를 들자면, 여러분도 이미 알고 있듯이 축에 대한 부하에서(잡아당겨 질 때) 목재는 나뭇결에 대해 가로지르는 방향보다는 나란한 방향에서 더 강하다. 그러나 꺾일 때는 나뭇결에 수직 방향이 더 강하다. 목재의 속성은 또한 물기의 함유량에 달려있다. 낮은 물기를 함유할수록 목재는 더 강해진다. 목재의 비중은 보통 그 강도를 나타낸다. 경험적으로 볼 때 목재의 비중이 클수록 강도도 크다.

Source: © Tony Freeman/PhotoEdit

Source: Index Stock

Source: Picture Quest

건축에 쓰이는 콘크리트의 예

더 나아가, 옹이 같은 어떤 결함은 목재의 부하 지탱 능력에 영향을 미칠 것이다. 물론, 옹이의 위치나 그 크기가 강도에 직접 영향을 미칠 것이다.

재목은 주로 연한 목재와 단단한 목재로 분류된다. 연한 재목은 소나무, 전나무, 미송과 같이 솔방울 같은 열매(침엽수)를 갖는 나무로부터 얻는다. 반면에 단단한 재목은 넓은 잎사귀나 꽃을 갖는 나무로부터 얻어진다. 단단한 재목의 예는 호두나무, 단풍나무, 오크 그리고 너도밤나무 따위가 있다. 이런 재목을 연한 나무나 단단한 나무로 분류할 때는 주의해서 사용되어야 한다. 왜냐하면, 몇몇 단단한 목재에 속하는 것들이 연한 목재보다 더 무르기 때문이다.

그림 17.1
목재 제품의 예

플라스틱

20세기 후반에 플라스틱은 점점 더 많은 응용제품에 대한 재료로 선택되었다. 그것은 아주 가볍고 강하며 저렴한데다 여러 형태로 쉽게 만들어진다. 전 세계를 통틀어 매년 1억 톤 이상의 플라스틱이 생산된다. 물론 저렴하고 튼튼하며 일회용 재료에 대한 수요가 증가할수록 그 숫자도 커진다. 이미 식료품 봉투나 쓰레기봉투, 플라스틱 청량음료수 병, 가정용 세탁통, 비닐 판자벽, PVC 파이프, 밸브, 부속 기구와 같이 집안의 환경을 구성하는 데 널리 쓰이는 플라스틱 제품에 익숙할 것이다. 스티로폼 TM의 접시, 컵, 플라스틱 포크, 칼, 수저 그리고 샌드위치 가방은 매일 소비되는 플라스틱 제품의 다른 예이다.

중합체(Polymer)는 우리가 플라스틱이라고 부르는 것의 중심이다. 그것은 아주 큰 분자량을 갖고 사슬과 같은 구조를 가진 화학적 합성물이다. 플라스틱은 두 가지 범주로 나뉘는데 열경화성(Thermosets)과 열가소성(Thermoplastics)이 바로 그것이다. 어떠한 온도로 가열되면 열가소성은 주물을 만들 수 있고 또다시 주물이 될 수도 있다. 예를 들자면, 스티로폼 접시를 재생할 때 접시는 열이 가해져 컵이나 그릇 또는 다른 형태로 만들 수 있다. 반면에 열경화성은 열을 가해서 다른 모양으로 다시 주물을 만들 수 없다. 열경화성에 대한 가열은 다시 주물을 할 수 있도록 재료를 연하게 해주지 않는다. 대신 쉽게 부서진다.

플라스틱을 나누는 여러 분류 방법이 있다. 예로 그 화학적 구성이나 분자의 구조 또는 분자가 배열된 방법이나 그 비중에 근거해 나뉘기도 한다. 화학적 구성에 따른 예를 들자면, 폴리에틸렌, 폴리프로필렌, 폴리염화비닐, 폴리스티렌이 가장 일반적으로 생산되는 플라스틱이다. 식료품 가게에서 주는 봉투는 고밀도 폴리에틸렌(HDPE)으로 만들어진 제품의 예이다. 어쨌든 넓은 관점에서 보자면 폴리에틸렌과 폴리스티렌 같은 경우는 열가소성임을 주지하라. 보통 플라스틱 분자가 배열된 방법이 그 기계적 및 열에 대한 속성에 영향을 미칠 것이다.

낮은 생산비용 때문에 중합체를 바탕으로 한 제품들이 일상생활에 사용된다.

Source: Stockbyte

Source: 2001 PhotoDisc, Inc.

Source: 2001 PhotoDisc, Inc.

플라스틱은 비교적 작은 열 및 전기 전도율을 가지고 있다. 스티로폼 컵과 같은 어떤 플라스틱은 열전달을 훨씬 더 감소시켜주기 위해 그 안에 공기 홈을 갖도록 설계되었다. 플라스틱은 여러 금속 산화물을 사용해서 쉽게 색을 입힐 수 있다. 산화티타늄이나 산화아연은 얇은 플라스틱에 흰색을 주기 위해서 사용된다. 검은색 쓰레기봉투처럼 탄소는 얇은 플라스틱에 검은색을 주기 위해서 사용된다. 응용제품에 따라서 강성이나 유연성, 강화된 강도 또는 시간에 따른 플라스틱의 형태나 기계적 성질의 어떠한 변화도 배제하는 긴 수명과 같은 특별한 특성을 얻기 위해 중합체에 다른 첨가물이 더해진다. 다른 재료와 함께 플라스틱을 좀 더 강하고 내구성 있고 시간에 따른 변천을 조절할 수 있으며, 태양열에 의한 손상에 덜 민감하도록 할 뿐만 아니라 플라스틱을 통한 물이나 기체의 확산을 조절하기 위한 연구가 나날이 계속되고 있다. 마지막 항목은 플라스틱으로 포장된 음식의 유통 기간을 연장하고자 하는 목적을 가질 때 특히 중요하다. 여러분 중 화학 공학을 공부할 계획이 있는 사람은 중합체에 대해 학기 동안 훨씬 더 자세히 배울 것이다.

규소(Silicon)

규소는 트랜지스터나 여러 전자 및 컴퓨터 칩을 제조하는 데 아주 폭넓게 쓰이는 비금속성 원소이다. 순수한 규소는 천연 상태로 얻어지지 않고 모래나 바위에서 이산화규소의 형태로 발견되거나 알루미늄, 칼슘, 나트륨, 마그네슘과 같은 다른 원소들과 결합한 채 보통 규산염이라고 불리는 형태로 발견된다. 규소는 그 원자 구조 때문에 전기의 전도 속성이 전기 전도체나 전기 부도체(전류의 방해자) 둘 모두로 작동할 수 있도록 변하는 훌륭한 반도체이다. 또한, 규소는 강철과 황동에 어떤 원하는 특성을 주기 위해서 철과 구리와 같은 다른 원소들과의 합금 원소로 사용된다.

규소(Silicon)와 규소수지(Silicones)와 혼동하지 않도록 주의하라. 규소수지는 규소, 산소, 탄소 그리고 수소로 구성된 종합적인 복합물이다. 규소수지는 윤활유나 니스 그리고 방수용 제품에서 찾을 수 있다.

컴퓨터 칩
Source: Péter Gudella/Shutterstock

유리

유리는 음료수 잔 따위의 가정용품, 창, 전구, TV CRT 진공관, 화학약품 용기, 음료수나 맥주병 그리고 장식품([그림 17.2] 참조) 같은 제품에 주로 쓰인다. 유리의 구성은 그 응용제품에 따라 달라진다. 유리가 가장 널리 쓰이는 형태는 소다-석회-이산화규소 유리이다. 소다-석회-이산화규소 유리를 만드는 데 쓰이는 재료는 모래(규산), 석회암(탄산칼슘) 그리고 소다회(탄산나트륨)이다. 특정 응용제품에 있어서 원하는 특성을 만들기 위해 다른 재료가 첨가된다. 예를 들자면 유리병은 약 2%의 산화알루미늄을 갖고 있고 판유리에는 4%의 산화마그네슘을 포함하고 있다. 또한, 금속성 산화물은 유리에 여러 색을 주기 위하여 첨가된다. 예를 들자면 산화은은 유리에 누런 빛깔을 입히고, 산화구리는 유리 구성에 대해 얼마나 많은 양이 첨가되느냐에 따라 푸른 빛깔, 녹색 빛깔을 입힌다. 광학 유리는 아주 특별한 화학적 구성을 가지며 매우 비싸다. 광학 유리의 구성은 굴절률에 대한 지표와 빛의 분산 속성에 영향을 미친다. 전적으로 규산(이산화규소)만을 통해서 얻은 유리는 광학 섬유처럼 많은 산업에서 찾고 있지만, 모래가 1700°C 이상으로 가열되어야만 하기 때문에 제조하기에 너무 비싸다. 규산 유리는 열팽창에 대한 낮은 상관계수, 높은 전기 저항 그리고 자외선에 대해 높은 투명성을 가지고 있다. 규산이 열팽창에 대해 낮은 상관계수를 가지기 때문에 고온의 응용제품에 사용될 수 있다. 보통 일반 유리는 열팽창에 비교적 높은 상관계수를 가지고 있다. 그러므로 그 온도가 갑자기 바뀌면 온도의 상승과 함께 발생한 열응력에 따라 쉽게 부서질 수도 있다. 조리 기구용 유리는 열팽창에 대한 상관계수를 감소시키기 위하여 산화 붕소와 산화알루미늄을 포함한다.

그림 17.2
유리 제품의 예

유리 섬유 규산 유리 섬유는 오늘날 주로 얇은 유리나 플라스틱 섬유를 통한 정보나 음성, 영상의 전달을 다루는 과학 분야인 광학 섬유에 쓰인다. 구리 전선은 컴퓨터와 네트워크를 연결하는 원격 통신에 있어서 나날이 투명한 유리 섬유에 의해 대체되고 있다. 유리 섬유는 전형적으로 0.0125mm(12 미크론)의 외경과 0.01mm(10 미크론)의 내부 전송 핵 직경을 갖는다. 0.8~0.9m 또는 1.3~1.6m의 파장 범위 안에서 적외선 신호는 발광 다이오드 또는 반도체 레이저에 의해서 발생되고 유리 섬유 내부의 핵을 통해 이동한다. 이런 식으로 발생된 광학 신호는 다시 증폭할 필요 없이 100km나 되는 거리를 이동할 수 있다. 폴리메타크릴산메틸, 폴리스티렌 또는 폴리카보네이트로부터 만들어지는 플라스틱 섬유도 또한 광학 섬유로 쓰인다. 이런 플라스틱 섬유는 보통 유리 섬유에 비해서 싸고 더 유연하다. 그러나 비교해볼 때 플라스틱 섬유는 유리에 비해 더 큰 광학적 손실이 있기 때문에 더 큰 신호의 증폭이 요구된다. 이것은 주로 건물 내에서 컴퓨터의 네트워크를 구축하는 데 쓰인다.

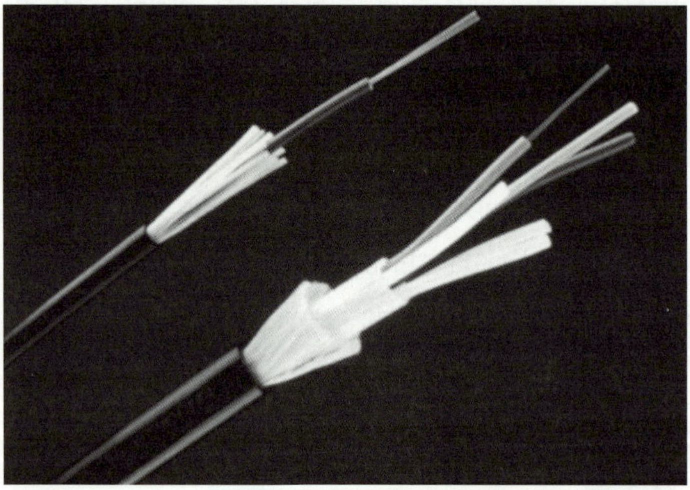

Corning이 만든 광학 섬유 케이블의 예

Source: Corning Cable Systems

복합물(Composites)

복합 재료는 무게가 가볍고 좋은 강도를 가지고 있어서 많은 제품이나 항공우주산업 응용제품에서 그 인기가 점점 증가하고 있다. 오늘날 군용기, 헬리콥터, 위성, 민간 항공기, 간이음식점의 탁자나 의자 그리고 많은 스포츠용품에서 이런 복합 재료를 찾을 수 있을 것이다. 복합 재료는 차체를 보수하기 위해서도 널리 사용된다. 복합 재료는 금속과 같은 전통적인 재료에 비해 더 가볍고 강해질 수 있다. 이런 이유 때문에 항공우주산업에 복합 재료가 폭넓게 쓰일 수 있다.

복합물은 둘 또는 그 이상의 재료를 결합해 각각의 재료보다 더 우수한 속성을 갖는 재료를 만들기 위해서 새롭게 만들어진다. 복합 재료는 두 가지 성분으로 이루어져 있다. 모체 재료(Matrix material)와 섬유질이 그것이다. 이런 섬유질은 알루미늄이나 다른 금속, 플라스틱 또는 세라믹 같은 모체 재료에 파묻힌다. 유리, 흑연 그리고 탄화규소 섬유질은 복합 재료를 구성하는 데 쓰이는 섬유질의 예이다. 섬유질의 강도는 모체 물질에 파묻힐 때 증가하고 이런 방식으로 탄생한 복합 재료는 더 가볍고 강하다. 게다가, 단일 재료에서 과중한 부하나 재료의 결함 때문에 금이 가기 시작하면 이런 결함은 결국 파손되는 지경까지 이르지만, 복합 재료에는 하나 또는 몇 개의 섬유질에 결함이 생기더라도 다른 섬유질이나 총체적인 재료에 있어서 필연적인 파손을 유발하지는 않는다. 더 나아가 복합 재료에서 섬유질은 예상되는 부하 방향으로 더 많은 강도를 주기 위하여 어느 한 방향이나 여러 방향을 지향할 수 있다. 그러므로 복합 재료는 어떤 특정 부하가 예상되는 응용제품을 위해 설계된다. 예를 들어 예상되는 부하가 단일축일 경우, 즉 한 방향으로만 적용된다면 모든 섬유질은 예상되는 부하 방향으로 정렬된다. 여러 방향의 부하가 예상되는 응용제품에 있어서는 여러 방향에서 모두 똑같이 강한 재료를 만들어주기 위하여 섬유질은 각각 다른 방향으로 정렬된다.

복합 재료를 창출하는 데 있어서 어떤 모체 재료를 쓰느냐에 따라 복합 재료는 3가지로 분류된다. (1)중합체 모체 복합물, (2)금속 모체 복합물, (3)세라믹 모체 복합물이 그것이다. 우리는 앞서 이미 금속과 플라스틱을 다루면서 모체 재료의 특성에 대해 논의했다.

17.4 몇 가지 일반적 유체 재료

유체는 액체와 기체 양쪽을 일컫는다. 공기와 물은 지구 상에 있는 가장 풍부한 유체이다. 이들은 삶을 살아가는 데 중요하고 또한 여러 공학 응용제품에도 쓰이고 있다. 우리는 다음에서 간단히 이를 논의할 것이다.

공기

우리는 삶을 영위하기 위해서 물과 공기가 필요하다. 공기는 언제나 쉽게 얻을 수 있기 때문에 공학과 관련해서 식품 가공의 냉각이나 가열 매개체, 건물의 안락한 온도 조절에 있어 장비를 켜고 끄기 위한 조절 매개체, 운전 동력 장치로 쓰인다.

자동차 바퀴의 압축된 공기는 차의 무게를 도로로 옮겨주는 부드러운 매개체를 제공한다. 양력과 항력(Lift and Drag Forces)에 대한 이해를 포함하여 공기의 속성과 공기가 어떻게 작용하는지를 이해하는 것은 많은 공학적 응용에 있어 중요하다. 공기가 어떤 조건에서 어떻게 작용하는지를 잘 이해하는 것은 더 좋은 비행기와 차량을 설계하도록 도와준다. 우리가 공기라고 부르는 지구의 대기는 약 78%의 질소와 21%의 산소 그리고 1% 미만의 아르곤으로 구성되어있다. [표 17.5]에서 보듯이 아주 작은 양의 다른 기체가 대기 중에 있을 뿐이다.

표 17.5 건조공기의 구성

Gases	Volume by Percent
Nitrogen(N_2)	78.084
Oxygen(O_2)	20.946
Argon(Ar)	0.934
Small amounts of other gases are present in atmosphere including:	
Neon(Ne)	0.0018
Helium(He)	0.000524
Methane(CH_4)	0.0002
Krypton(Kr)	0.000114
Hydrogen(H_2)	0.00005
Nitrous oxide(N_2O)	0.00005
Xenon(Xe)	0.0000087

이산화탄소, 이산화황, 산화질소를 포함해 대기 중에는 다른 기체가 존재한다. 또한, 대기는 수증기를 포함하고 있다. 이러한 기체의 농도 수준은 지형적 위치와 고도에 따라 달라진다. 또한, 지구의 대기는 높은 고도(10~50km)에 오존을 포함한다. 이러한 기체들은 비록 지구 대기에 있어 적은 부분을 차지하고 있지만 온도에 있어서 우리와 다른 생명체가 안락한 환경을 영위하도록 매우 중요한 역할을 수행한다. 예를 들자면 오존은 태양으로부터 도달하는 자외선 방사를 대부분 흡수하는데 이 자외선은 우리에게 유해할 수 있다. 이산화탄소는 식물이 삶을 지탱하는 중요한 역할을 한다. 그러나 만약 대기가 너무 많은 이산화탄소를 포함하게 된다면 지구가 방사를 통해 효과적으로 기온을 낮추는 작용을 막을 것이다. 대기 중에서 구름 형태인 수증기는 비나 눈의 형태로 바다로부터 육지로 물을 이동시킨다.

습도 공기 중에 있는 수증기의 양을 표현하는 두 가지 일반적인 방식이 있다. 절대 습도 또는 습도 비율과 상대 습도이다. 절대 습도는 건조 공기의 단위 질량당 수증기 질량의 비율로 정의되고 따라서,

$$\text{absolute humidity} = \frac{\text{mass of water vapor(kg)}}{\text{mass of dry air(kg)}} \tag{17.1}$$

사람이 안락하게 느끼는 환경 수준은 상대 습도에 의해서 잘 표현되는데 주어진 온도에서 공기가 보유할 수 있는 습기의 최대 양에 대한 공기 중의 수증기나 습기의 양으로 정의된다. 그러므로 상대 습도는 아래와 같이 정의된다.

$$\text{relative humidity} = \frac{\text{the amount of moisture in the air(kg)}}{\text{the maximum amount of moisture that air can hold(kg)}} \tag{17.2}$$

대부분 사람들은 상대 습도가 30~50% 어간일 경우 안락하게 느낀다. 공기 온도가 더 높이 올라가면 갈수록 공기는 포화 상태가 되기 직전까지 더 많은 수증기를 포함할 수 있다. 공기는 풍부하기 때문에 특히 말린 과일, 스파게티 면, 시리얼 그리고 수프 가루를 만들기 위한 식품 건조처리처럼 식품가공 분야에 주로 사용된다. 수분을 흡수하기 위해서 더운 공기를 식품 위로 이동시켜 재료로부터 수분을 제거하는 것이다.

또한, 공기 저항을 극복하기 위한 차량이나 바람의 부하를 견뎌내기 위한 건물을 설계할 때 주어진 압력과 기온에서 공기가 어떻게 작용하는가에 대한 이해는 매우 중요하다.

물

모든 생물체는 살기 위해서 물이 필요하다는 것을 이미 알고 있을 것이다. 물을 마시는 것뿐만 아니라 씻거나 세탁, 청소, 요리 그리고 화재로부터 보호하기 위해 사용한다. 이미 알고 있듯이 지구 표면의 2/3는 물로 덮여있다. 그러나 이 물 대부분은 바로 사용될 수 없다. 이 물은 소금과 다른 광물을 포함하고 있으므로 이를 먼저 제거해야 한다. 태양으로부터의 열복사는 물을 증발시킨다. 수증기는 구름을 형성하고 결국 알맞은 조건에서 다시 액체 상태의 물이나 눈으로 바뀌어 지상과 바다로 떨어진다. 강수량에 따라, 지상에서 일부는 흙 속으로 스며들고 일부는 초

목에 흡수되며 일부는 하천이나 강처럼 흘러 우리가 호수라고 부르는 자연 저수지에 모인다. 지표수라고 불리는 것은 저수지, 호수, 강 그리고 하천들이다. 반면에 지하수는 땅속으로 스며든 물을 일컫는다. 지표수나 지하수는 결국 바다로 돌아가고 물의 순환은 마감된다. 앞서 이야기한 바와 같이, 우리가 살기 위해서는 물이 필요하다는 것을 안다. 그러나 여러분이 아마 깨닫고 있지 못한 것은 물이 일반적 공학 재료로 여겨질 수 있다는 것이다. 물은 모든 증기 발전소에서 전기를 생산하기 위해서 쓰인다. 13장에서 설명했듯이, 열을 생성하기 위해 연료는 보일러 안에서 타고, 그 열은 차례로 액체 상태의 물에 가해져 물의 상태를 증기로 만든다. 이 증기는 터빈의 날개를 돌리면서 터빈을 통과하는데 이것이 실제로 터빈에 연결된 발전기를 가동시키고 전기를 창출한다. 낮아진 압력의 증기는 응축기에서 액화되고 보일러를 통해 다시 퍼올려 지면서 한차례의 순환을 마무리한다. 댐에 가둬진 액체 상태의 물은 전기를 만들기 위해 수력발전소에 있는 수력 터빈에 유도된다. 기계 엔지니어는 발전소를 설계할 때 액체 상태의 물이나 증기가 갖는 열 물리적 특성에 대해 이해가 필요하다.

또한, 우리는 과일, 채소, 밤, 목화, 나무 따위를 키우기 위해서 물이 필요하다. 관개 수로는 토목 엔지니어에 의해 농장이나 경작지에 물을 공급하기 위해 설계된다. 물은 절단 도구로도 사용된다. 수많은 식품가공 회사와 산업적 응용제품에서 물은 주로 냉각하고 씻어주는 자연력으로써 사용된다. 그러므로 물은 가내사용을 위해 가정으로 수송될 뿐만 아니라 많은 공학 응용제품에 사용된다. 여러분도 알다시피, 물의 속성에 대한 이해와 열에너지의 전달을 위해 물이 어떻게 사용될 수 있는가 또는 물을 한 장소에서 다음으로 보내기 위해서는 무엇이 필요한가에 대한 이해는 기계 엔지니어, 토목 엔지니어, 제조 엔지니어, 농업 엔지니어 등에게 반드시 필요하다. 우리는 Environmental Protection Agency(EPA)의 식수에 대한 표준을 3장에서 논의하겠다.

요약

이 장에서는 다음을 학습했다.

- 엔지니어는 재료의 특성(강도, 비중, 부식에 대한 저항력, 내구성, 인성, 기계가공의 용이성, 가공성)에 기초해 어떤 응용제품을 위한 재료를 선택한다는 것을 이해해야 한다. 더 나아가 비용은 중요한 선택 조건이 될 수 있다는 것을 이해해야 한다.
- 경금속이나 그 합금, 강철과 그 합금, 복합 재료 그리고 건축 자재인 콘크리트나 목재, 플라스틱 같은 기본 재료를 이용한 일반적 응용제품에 정통해야 한다.
- 공학에서 공기나 물과 같은 유체의 응용에 정통해야 한다. 여러분은 또한 공기의 구성과 습도라는 용어가 무얼 의미하는지에 대해 잘 알아야 한다.

연습문제

17.1 차에 사용되는 개별적 재료를 적어도 10가지 이상 확인하고 나열하라.

17.2 냉장고에 쓰이는 개별적 재료를 적어도 5가지 대라.

17.3 TV나 컴퓨터에 사용되는 개별적 재료를 적어도 5가지 이상 확인하고 나열하라.

17.4 건물 외부에 쓰이는 개별적 재료를 적어도 10가지 이상 나열하라.

17.5 창이나 문짝의 틀을 제조하는 데 쓰이는 개별적 재료를 적어도 5가지 이상 나열하라.

17.6 백열전구를 제조하는 데 쓰이는 재료를 나열하라.

17.7 가정에서 사용하는 플라스틱 제품을 적어도 10개 이상 확인하라.

17.8 커피나 찻잔으로 스티로폼, 종이, 유리, 스테인레스강 그리고 세라믹 재료를 쓸 경우 각각에 대한 장단점을 간략한 보고서로 작성하라.

17.9 우리는 매일 학교나 가정에서 종이류 제품을 널리 사용한다. 이런 종이류 제품들은 각기 다른 등급의 종이로 만든다. 펄프 목재는 종이류 제품을 만드는데 사용되는 주성분이다. 먼저 나무를 갈고 거기에 어떤 화학 물질을 넣어 함께 찌는 것이 일반적인 절차이다. 아래 등급의 종이 제품에 대해 그 구성과 처리 방법 그리고 미국에서의 연간 소비율을 고찰하라. 그리고 그에 대해서 간단한 보고서를 작성하라. 고찰을 위한 종이류 제품은 다음을 포함해야 한다.

a. 인쇄용지
b. 화장지
c. 반투명/기름종이
d. 종이봉투
e. 종이 상자용 판지
f. 종이 수건

17.10 여러분이 알고 있듯이, 지붕을 이는 데 쓰는 재료는 지붕 구조물을 통해 물이 침투하는 것을 막아준다. 오늘날 시장에서 넓은 범위의 지붕을 이는 제품을 구할 수 있다. 예를 들자면 아스팔트로 만든 지붕널은 마른 펠트에 뜨거운 아스팔트를 스며들게 하여 만든 것으로 일부에서 사용된다. 다른 경우를 예로 들자면 측백이나 아메리카 삼나무 같은 목재 지붕널을 사용하기도 한다. 캘리포니아의 많은 집은 지붕을 이는 재료로 서로 맞물리는 점토로 된 기와를 사용한다. 여러 지붕을 이는 재료의 속성이나 특성을 고찰하라. 여러분이 찾아낸 것을 간단한 보고서에서 논의하라.

17.11 접착제는 동일한 재료나 다른 재료로 만든 부품을 함께 붙이기 위해 널리 사용된다. 어떤 응용제품에 쓰일 접착제를 고를 때 고려해야 할 특성을 논의하라. 예를 들자면 접착제를 고를 때 엔지니어는 접착제의 서로 다른 재료에 대한 접착 능력이나 접착 시간, 사용 온도, 강도 등을 고려해야 한다. 천연 접착제, 열경화성 물질, 열가소성 물질, 인조 고무와 같은 여러 접착제의 장단점을 고찰하라.

17.12 여러분의 동네에 있는 가정용품 취급 점포(철물점/목공소)를 방문해서 집에서 쓰는 여러 형태의 절연 재료에 대한 정보를 수집하라. R-value(건축재의 단열성 능력값)의 관점에서 열에 대한 특성을 포함하여 여러 절연 재료의 특성과 장단점을 논의하는 간략한 보고서를 써라.

17.13 테니스 라켓, 자전거 틀, 골프채와 같은 스포츠 장비에 사용되는 티타늄 합금의 특성을 고찰하라. 여러분이 찾은 바를 담은 간단한 요약 보고서를 작성하라.

17.14 엉덩이나 다른 접합부를 대신하는 의학적 이식

장비에 쓰이는 티타늄 합금의 특성을 고찰하라. 여러분이 찾은 바를 논의하는 간단한 요약 보고서를 작성하라.

17.15 코발트-크롬 합금, 스테인레스강 그리고 티타늄 합금은 수술용 이식부로 일반적으로 쓰이는 세 가지 생체 적합재료이다. 이런 생체 적합재료의 사용을 고찰하고 각각의 장단점을 논하는 간단한 보고서를 작성하라.

17.16 Aluminum Association에 따르면 1998년에 1,020억 개의 알루미늄 캔이 생산되었고 이중 620개의 캔이 재생되었다. 캔 10개의 무게를 잰 뒤 그 평균 무게를 사용해 재생된 알루미늄의 전체 질량을 확인하라. 2009년에 얼마나 많은 캔이 생산되었는가?

17.17 이번 장에서 논의했듯이 어떤 기계 응용제품을 위한 재료의 선택에서 재료의 탄성 에너지 계수 값은 영속적 손상 없이 기계적 에너지를 얼마나 잘 흡수할 수 있는가를 보여준다. 재료의 다른 중요한 특성은 재료가 깨지기 전에 과부하를 처리하는 능력이다. 인성 계수가 그런 정보를 준다. 다음 재료가 갖는 인성 계수와 탄성 에너지 계수를 찾아보아라.

a. 티타늄
b. 강철

17.18 교량 건설에 쓰이는 재료의 특성에 대해 고찰하고 논의하라.

17.19 이번 장에서 논의했듯이, 항공우주산업 응용제품에 쓰일 재료를 고를 때 재료의 강도 대 무게의 비율은 중요한 기준이다. 다음 재료의 평균적인 무게 대 강도 비율을 계산하라.

a. 알루미늄 합금
b. 티타늄 합금
c. 강철

알맞은 값을 찾아보려면 [표 17.2]와 [표 17.3]을 사용하라.

17.20 평균으로 볼 때 티타늄 합금으로 만들어진다면 알루미늄 합금의 테니스 라켓은 얼마나 더 무겁겠는가? 테니스 라켓을 구해서 여러분의 분석을 실행하기 위한 적절한 측정을 하라.

17.21 인장 검사 기계는 탄성 계수나 인장 강도와 같은 재료의 기계적 성질을 측정하기 위해서 사용된다. 재료의 강도를 검사하기 위해 사용되는 검사 기계에 대한 정보를 얻기 위해 MTS Systems Corporation의 웹 사이트를 방문하라. 여러분이 찾은 바를 논의하는 간단한 보고서를 작성하라.

17.22 내시경 검사는 신체의 개방부로 불이 들어오는 광학 장비를 삽입하는 방법을 이용한 신체 내부의 의학적 검사를 일컫는다. 유리 섬유에 의한 내시경은 가시 파장 내에서 작동하고 두 가지 주요 요소로 구성된다. 한 요소는 검사할 부위를 비추는 섬유의 다발을 이루고 또 다른 요소는 내과 의사의 눈이나 모니터를 통해 검사 부위의 영상을 전송한다. 유리섬유 내시경이나 광섬유 내시경의 설계에 대해 고찰하고 여러분이 찾아낸 것을 간단한 보고서에서 논의하라.

17.23 반짝이는 고급 납유리로 된 식탁의 식기는 부의 상징으로 많은 사람이 찾아왔다. 이 납유리에는 주로 납일산화물이 들어있다. 납유리의 속성을 좀 더 자세히 고찰하고 여러분이 찾아낸 바를 논의하는 간단한 보고서를 작성하라.

17.24 여러분은 상표와 가게에 대한 정보가 인쇄된 식료품 가게의 봉투를 본 적이 있을 것이다. 플라스틱 봉투에 어떻게 글자가 인쇄되는지 고찰하라. 예를 들자면, 보편적인 방법은 잉크칠 처리를 하는 방법이고 다른 방법으로는 레이저나 열 전사를 사용한다. 여러분이 찾은 바를 간단한 보고서에서 논의하라.

17.25 테프론과 나일론은 많은 플라스틱 제품에 쓰이는 상표 이름이다. 이런 제품들의 실제 화학적 이름을 찾아보고 적어도 5개 이상 그들이 쓰이

는 예를 들어보아라.

17.26 다음 기본 목재 제품이 어떻게 만들어지는지 고찰하라.

a. 합판
b. 파티클 보드
c. 널빤지
d. 섬유판

여러분이 찾은 바를 간단한 보고서에서 논의하라. 또한, 일반적인 목재의 보전 방법에 대해 고찰하고 여러분이 찾은 바를 보고서에서 논의하라. 이 질문에서 방부재 처리한 목재의 생산과 사용 둘 모두에 있어서 환경적 영향은 무엇인가?

17.27 솜의 일반적 사용과 그 속성을 고찰하라. 여러분이 찾은 바를 간단한 보고서에서 논의하라.

17.28 여러분이 알고 있는 바와 같이 민간 수송기는 약 10,000m의 고도에서 운항한다. 그 고도에서 고도비행을 유지하기 위해 요구되는 힘은 공기저항이나 저항력에 달려있는데 이는 아래의 관계식으로 평가된다.

$$\text{power} = \frac{1}{2}\rho_{\text{air}} C_{\text{D}} A U^3$$

여기서 ρ_{air}는 주어진 고도에서 공기 밀도이고, C_{d}는 비행기의 저항 상관계수를 표현한다. A는 평면 도형의 면적이고, U는 비행기의 비행 속도를 나타낸다. 비행기는 항속으로 날고 있고 C_{d}도 일정하다고 가정하라. 비행기가 8,000m와 11,000m에서 운항 중일 때 각각 요구되는 힘의 비율을 구하라.

17.29 미국에서 1인당 일일 평균 물 소비량을 고찰하라. 개인과 공공 부분의 물 수요를 간단한 보고서를 통해 논의하라. 또한, 지형적 위치, 연중 시기, 하루 중 시간대 그리고 소비 유형에 따른 비용과 같은 요소에 대해 논의하라. 예를 들자면 이른 아침 시간대에 더 많은 물이 소비된다. 도시에 대한 급수 시스템을 설계할 때 토목 엔지니어는 모든 이런 요소들을 고려할 필요가 있다. 사람들의 예상 수명이 지난 수십 년 간 5년이 늘었다고 가정한다면 5,000만 명의 인구를 지원하기 위해서는 얼마나 많은 물이 추가로 필요한가?

17.30 반지가 손가락에 끼어 안 빠질 때, 대부분 사람들은 반지를 빼기 위한 윤활제로서 물이나 비누를 찾는다. 아주 옛날에는 동물의 지방이 마차의 차축에 쓰이는 일반적 윤활유였다. 기계 부품으로 옮겨가면, 여러분의 차 엔진 속에 있는 피스톤과 베어링은 윤활유를 필요로 하는 기계적 요소의 예가 된다. 윤활유는 마찰과 마모를 줄이기 위해 상대적인 움직임이 있는 부품 사이에 들어가는 물질이다. 윤활유는 주어진 상황에 적합한 특성을 가져야만 한다. 예로 액체 윤활유에 있어 점성은 중요한 특성 중의 하나이다. 인화점(Flash Point)과 발화점(Fire Point) 그리고 구름점(Cloud Point)과 유동점(Pour Point)은 윤활유를 고를 때 검사해야 할 또 다른 특성의 예다. 오늘날 기계적 요소 간에 마모와 마찰의 감소를 위한 석유화학 기반 윤활유의 사용에 대해 고찰하라. SAE 10W-40 oil과 흑연 같이 일반적으로 쓰이는 액체 석유화학기반 윤활유와 고체 윤활유가 갖는 특성과 그 응용에 대해 논의하고 간단한 보고서를 작성하라.

실험 Ⅶ

목적

다음 재료를 사용하여 달걀을 안전하게 운반하기 위한 운반체를 설계해보자. 4m의 높이에서 설계된 운반체를 떨어뜨릴 것이다. 설계하는데 주어진 시간은 30분이다.

재료

고무 밴드 4개, 접착테이프 900mm, 끈 6m, 종이 접시 2개, 스티로폼 컵 2개, 종이 2장(255mm×330mm), 빨대 4개, 작은 종이 집게 4개, 큰 종이 집게 4개, 날계란.

날계란이 깨지지 않고 낙하시간이 가장 긴 팀이 이긴다.

"한 번도 실수를 해보지 않은 사람은 한 번도 새로운 것을 시도한 적이 없는 사람이다."
— Albert Einstein(1879~1955)

PART

6

수학, 통계학, 경제성 공학

이들은 엔지니어에게 왜 중요한가?

Source: NASA

공학 문제들은 물리적 상황을 넓은 범위의 수리적 개념을 기반으로 하여 다양한 형태의 수리적 모델로 나타낸 것이다. 따라서 다수의 공학 문제들의 공식과 솔루션에 들어있는 수리적 개념들을 잘 이해하는 것이 필수적이다. 확률적 모델은 품질관리와 신뢰성의 문제를 해결하거나 고장분석을 수행하는 데 있어서 현업에 종사하는 엔지니어들이 흔히 사용하는 도구가 되고 있다. 토목 공학자들은 건축자재나 건축구조의 신뢰성을 연구하거나 방수설계를 위해 확률모델을 사용한다. 전기 공학자들은 신호처리나 음성인식 소프트웨어의 개발에 확률모델을 사용한다. 제조 공학자들은 그들이 제조하는 제품의 품질관리보증을 위해 통계학을 사용한다. 기계 공학자들은 재료나 기계부품의 고장을 연구하기 위해 통계학을 사용한다. 경제성의 요소 역시 공학 설계 의사결정에서 중요한 역할을 한다. 만약 제조하기에 너무 비싼 제품을 설계하게 된다면, 그 제품은 회사에 이익을 가져다주지만, 고객을 만족하게 하는 가격에 판매할 수 없을 것이다. 이 책의 마지막 부분에서 위와 같은 중요한 수리적, 통계적, 경제적인 개념들을 소개할 것이다.

CHAPTER

18

Engineering Fundamentals

공학 속의 수학

일반적으로 공학 문제들은 물리적 현상의 수리적 모델이다. 예를 들어, 정지시거와 같은 모델은 토목공학자들이 도로를 설계할 때 사용된다. 이 간단한 모델은 운전자가 위험을 감지하고 특정 속도에서 운행 중인 차량을 멈추는 데 필요한 거리를 측정한다. 미국 주도로 교통행정관 협회(AASHTO: American Association of State Highway and Transportation Officials)에서 제안하는 모델은 다음과 같다.

$$S = \frac{V^2}{2g(f \pm G)} + TV$$

이 때,

$S =$ 정지시거(m)

$V =$ 초속도(m/s)

$g =$ 중력 가속도, 9.81m/s^2

$f =$ 타이어와 도로 사이의 마찰계수

$G =$ 도로상태$\left(\frac{\%}{100}\right)$

$T =$ 운전자 반응시간(s)

Speed (kmph)	Speed (m/s)	Stopping Sight Distance (m)	Speed (kmph)	Speed (m/s)	Stopping Sight Distance (m)
0	0.0	0	45	12.5	55.4
5	1.4	3.8	50	13.9	64.6
10	2.8	8.2	55	15.3	74.4
15	4.2	13.2	60	16.7	84.8
20	5.6	18.8	65	18.1	95.9
25	6.9	24.6	70	19.4	106.6
30	8.3	31.4	75	20.8	118.8
35	9.7	38.4	80	22.2	131.6
40	11.1	46.8			

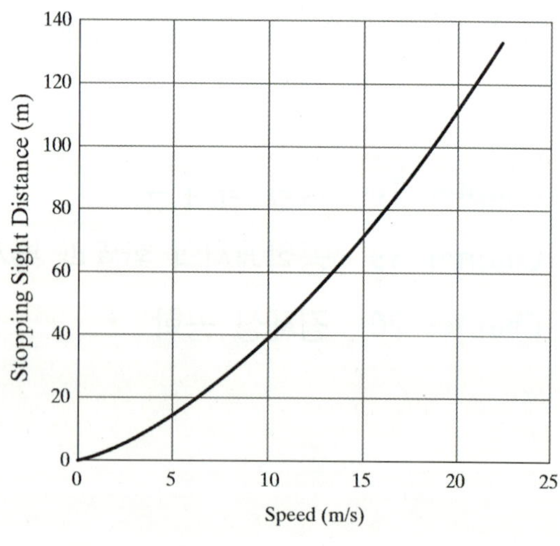

일반적으로 공학 문제들은 물리적 현상의 수리적 모델이다. 공학 문제들의 수리적 모델은 매우 다양한 형태를 보이고 있다. 어떤 공학 문제들은 선형 모델이지만, 다른 것들은 비선형 모델이 되기도 한다. 어떤 공학 문제들은 미분 방정식의 형태로 수식화되기도 하고, 어떤 것들은 적분의 형태를 보이기도 한다. 결국, 대부분의 공학 문제들은 선형대수방정식의 집합이 된다. 이러한 문제에서 공식으로부터 해를 잘 도출하기 위해서는 행렬대수를 잘 이해해야 한다. 그러므로 이 장에서는 공학 문제들을 해결하기 위해 일반적으로 사용되는 다양한 수리적 모델을 다룰 것이다. 먼저 정보를 전달하는 수단이자 다른 공학자들과 효과적으로 대화할 수 있게 하는 일반적인 수학적 기호들에 대한 필요성을 설명함으로써 이 장을 시작한다. 수학 기호들의 예시 또한 주어질 것이다. 다음으로, 그리스어 알파벳의 중요성과 공학 수식과 도면에서의 그 사용법을 다룰 것이다. 그다음 절에서는 단순선형모델과 비선형모델을 다룰 것이다. 그다음엔 행렬대수를 소개할 텐데 행렬대수의 고유한 용어와 규칙들도 함께 정의하고 설명할 것이다. 그리고서 미적분과 공학 문제 해결에 있어서 미적분의 중요성을 간단히 다룰 것이다. 미적분은 보통 두 영역으로 나뉜다: 미분학과 적분학. 마지막으로, 공학 문제를 공식화하는데 미분 방정식의 역할과 그 솔루션들이 제공될 것이다.

이 장의 목적은 앞으로 수학 수업에서 다룰 수리적 개념을 상세하게 설명하려는 것이 아니라 중요한 수리적 개념들에 초점을 맞추고 공학을 학습하는 데 있어서 왜 수학이 중요한지를 언급하고자 함이다.

18.1 수학 기호와 그리스어 알파벳

이미 알고 있듯이, 수학은 고유의 기호와 용어를 가지는 언어이다. 초등학교에서 더하기, 빼기, 나누기, 곱하기와 같은 대수연산기호들을 배웠다. 그다음엔 각도 기호들과 삼각법 기호 등을 배웠다. 앞으로 대학 4년 동안 추가적인 수학 기호들과 그 의미를 배울 것이다. 그 기호들이 의미하는 바와 다른 학생 혹은 강사와 대화할 때 적절하게 사용하는 법을 확실히 이해하고 있어야 한다. 몇몇 수학 기호들의 예가 [표 18.1]에 나와 있다.

표 18.1 수학 기호들

$+$	Plus or positive	$\|x\|$	Absolute value of x
$-$	Minus or negative	$\propto$	Proportional to
$\pm$	Plus or minus	$\therefore$	Therefore
$\times$ or $\bullet$	Multiplication	$\sum$	Summation
$\div$ or /	Division	$\int$	Integral
:	Ratio	!	Factorial, for example, $5!=5\times4\times3\times2\times1$
$<$	Less than		
$>$	Greater than	Δ	Delta indicating difference
$\ll$	Much less than	∂	Partial
$\gg$	Much greater than	π	Pi, its value 3.1415926...
$=$	Equal to	∞	Infinity
$\approx$	Approximately equal to	$^\circ$	Degree
$\neq$	Not equal to	()	Parentheses
$\equiv$	Identical with	[]	Brackets
$\leq$	Equal to or less than	{}	Braces
$\geq$	Equal to or greater than		

그리스어 알파벳과 로마자 숫자

수학과 공학 수업을 공부할 때 도면이나 수리 방정식, 수식에서 각도, 차원, 물리적 변수들을 표현하기 위해 그리스어 알파벳 문자가 흔하게 사용되는 것을 알 수 있다. 시간을 내어 이 문자들을 숙지하기 바란다. 이 부호들을 알면 장기적으로 볼 때 다른 학생들과 대화하거나 교수에게 질문할 때 시간이 절약될 것이다. 교수와 말할 때, ζ (zeta)가 "곱슬거리는 것"이라고 말하고 싶진 않을 것이다. 또 로마자 숫자 역시 과학이나 공학에서 어느 정도 사용되는 것을 볼 수 있을 것이다. 그리스어 알파벳과 로마자 숫자는 [표 18.2]와 [표 18.3]에 각각 나와 있다.

표 18.2 그리스어 알파벳

A	α	Alpha	N	ν	Nu
B	β	Beta	Ξ	ξ	Xi
Γ	γ	Gamma	O	o	Omicron
Δ	δ	Delta	Π	π	Pi
E	ε	Epsilon	P	ρ	Rho
Z	ζ	Zeta	Σ	σ	Sigma
H	η	Eta	T	τ	Tau
Θ	θ	Theta	Y	υ	Upsilon
I	ι	Iota	Φ	ϕ	Phi
K	κ	Kappa	X	χ	Chi or khi
Λ	λ	Lambda	Ψ	ψ	Psi
M	μ	Mu	Ω	ω	Omega

표 18.3 로마자 숫자

I	=1	XX	=20
II	=2	XXX	=30
III	=3	XL	=40
IIII or IV	=4	L	=50
V	=5	LX	=60
VI	=6	LXX	=70
VII	=7	LXXX	=80
VIII	=8	XC	=90
IX	=9	C	=100
X	=10	CC	=200
XI	=11	CCC	=300
XII	=12	CCCC or CD	=400
XIII	=13	D	=500
XIV	=14	DC	=600
XV	=15	DCC	=700
XVI	=16	DCCC	=800
XVII	=17	CM	=900
XVIII	=18	M	=1000
XIX	=19	MM	=2000

18.2 선형모델

선형모델은 넓은 범위의 공학적 현상들을 설명할 때 일반적으로 사용되는 가장 간단한 방정식의 형태이다. 이 장에서는 먼저 선형의 수리적 모델이 나타나는 몇 개의 공학적 문제를 예시로 다룰 것이다. 그리고서 선형모델의 기본적인 특징을 설명할 것이다.

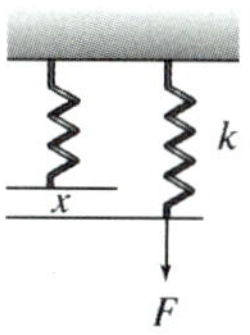

선형 스프링 10장에서 후크의 법칙에 대해서 다루었다. 후크의 법칙이란 탄성력을 넘어서면 스프링의 변형 정도는 작용한 힘과 비례하고 결과적으로 스프링에 작용하는 내력에 비례한다는 법칙이다. 그 공식은 다음과 같다.

$$F = kx \tag{18.1}$$

이 식에서,

$F =$ 탄성력(N)

k = 용수철 상수(N/mm)

x = 스프링의 변형 정도(mm)(k와 동일한 단위계 사용)

방정식을 분석하면 탄성력 F는 스프링이 얼마나 늘어나는지 혹은 압축되는지에 달려있음을 알 수 있다. 수학에서 F와 같은 변수를 종속변수라 한다. 탄성력은 스프링의 변형 정도 x에 따라 결정되기 때문에 종속변수라 부른다.

x (mm)	F (N)
0	0
5	10
10	20
15	30
20	40

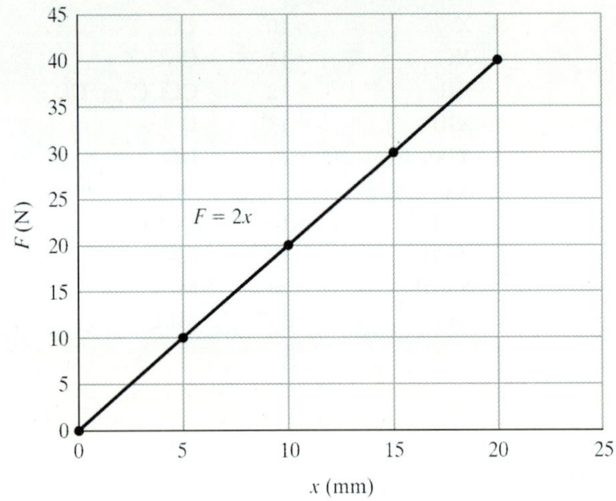

그림 18.1 스프링의 힘–변형 관계의 선형모델

[그림 18.1]과 같이 탄성 계수 $k=2$N/mm인 스프링에 작용하는 힘을 생각해보자. 스프링의 움직임을 설명하는 선형모델에서 계수 $k=2$N/mm는 선의 기울기를 의미한다. 2N/mm라는 값은 스프링이 추가로 1mm씩 늘어나거나 압축되거나 할 때마다 그 결과로 탄성력은 2N씩 변화될 것임을 말해준다. 더 나아가, $x=0$일 때, 탄성력 $F=0$임을 유의하라. 모든 스프링이 선형의 양식을 띠는 것은 아니다. 사실, 공학 예제에서 비선형 모델로 설명되는 양태를 띠는 많은 스프링을 볼 수 있다.

평면 벽을 가로지르는 온도 분포 평면 벽을 가로지르는 온도 분포는 벽을 따라서 온도가 어떻게 달라지는지 설명하는 선형 수리 모델의 또 다른 예이다. 평형상태를 유지한다는 가정하에서 벽의 두께를 가로지르며 온도가 어떻게 달라지는지를 의미하는 온도 분포는 다음과 같이 나타낼 수 있다.

$$T(x) = (T_2 - T_1)\frac{x}{L} + T_1 \tag{18.2}$$

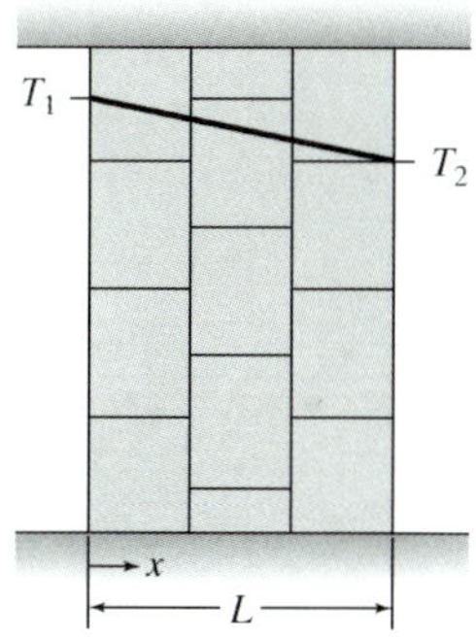

위 식에서,

$T(x)$ = 온도 분포(℃)

T_2 = 표면 2의 온도(℃)

T_1 = 표면 1의 온도(℃)

x = 표면 1로부터 거리(m)

L = 벽 두께(m)

이 선형모델에서 T는 종속변수이고 x는 독립변수이다. 변수 x를 독립변수라 하는데 상태 x가 온도에 따라 결정되지 않기 때문이다. 이제 T_1 = 68℃, T_2 = 38℃, L = 0.5m인 상황을 생각해보자. 이 조건에서 선형모델의 기울기는 [그림 18.2]와 같이 $(T_2 - T_1)/L = -60$℃이다. 주어진 조건에서 온도와 위치 간의 관계를 설명하는 선은 온도 축 68에서 절편을 이룬다(즉, $x = 0$, $T = 68$℃).

T_1 = 68°C
T_2 = 38°C
L = 0.5 m

x (m)	T (x)
0	68
0.1	62
0.2	56
0.3	50
0.4	44
0.5	38

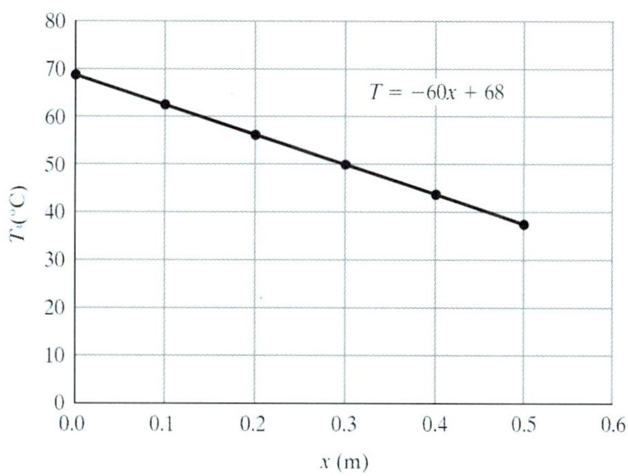

그림 18.2 벽을 가로지르는 온도 분포

종속변수와 독립변수 간에 존재하는 선형관계를 통해 많은 다른 공학적 현상을 설명할 수 있다. 예를 들어, 12장에서 설명했듯이 저항률은 전류가 흐르는 물질의 저항을 측정하는 척도이다. 저항값은 보통 1m^{2}의 공간과 1m의 길이를 가지는 센티미터 큐브나 실린더로 이루어진 샘플을 이용하여 측정된다. 샘플의 저항은 다음과 같다.

$$R = \frac{\rho \ell}{a}$$

위 식에서, ρ는 저항률, ℓ은 샘플의 길이, a는 샘플의 단면적이다. 여기에서 볼 수 있듯이 ρ와 a의 계수값을 가지면서 R과 길이 ℓ 간에 선형관계가 존재한다.

다양한 단위 간의 관계도 역시 선형적이다. 이 사실을 온도눈금의 예를 통해 설명하고자 한다. 11장에서 화씨와 섭씨의 두 가지 온도눈금 간의 관계를 다루었다. 그 관계는 다음과 같다.

$$T(°\mathrm{F}) = \frac{9}{5}T(℃) + 32 \tag{18.3}$$

[그림 18.3]과 같이 화씨 눈금과 섭씨 눈금으로 나타낸 온도범위 간의 관계를 그래프로 그려보았다. 선의 기울기는 9/5=1.8을 의미하고, 선은 화씨 축 32에서 절편을 이룬다(즉, $T(℃)=0$, $T(°\mathrm{F})=32$).

T (°C)	*T* (°F)	*T* (°C)	*T* (°F)
−40	**−40**	35	95
−35	**−31**	40	104
−30	−22	45	113
−25	−13	50	122
−20	−4	55	131
−15	5	60	140
−10	14	65	149
−5	23	70	158
0	**32**	75	167
5	**41**	80	176
10	50	85	185
15	59	90	194
20	68	**95**	**203**
25	77	**100**	**212**
30	86		

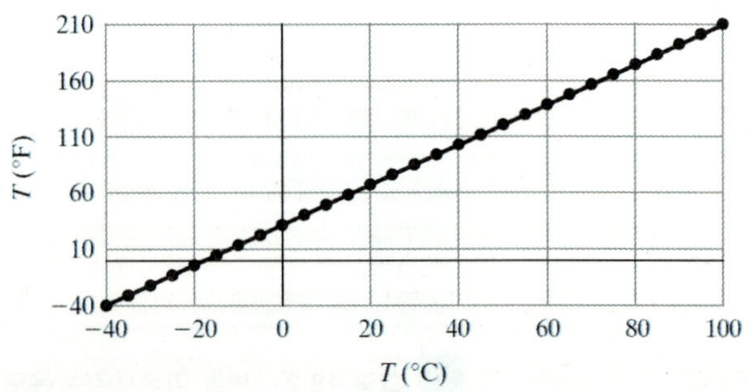

그림 18.3 화씨 눈금과 섭씨 눈금 간의 관계

선형방정식과 기울기

이제 공학적 현상들을 설명할 때 선형모델의 중요성을 깨달았을 것이다. 그러면 선형 모델의 몇 가지 기본적인 특징들을 알아보자. 알고 있듯이, 선형방정식의 기

본적인 형태는 다음과 같다.

$$y = ax + b \tag{18.4}$$

이 때,

$$a = \text{기울기} = \frac{\Delta y}{\Delta x} = \frac{\text{change in } y \text{ value}}{\text{change in } x \text{ value}}$$

$$b = y\text{절편}(x = 0\text{일 때 } y\text{값})$$

식 (18.4)는 [그림 18.3]에 나타나 있다. [그림 18.4]에서 y절편과 기울기는 양수라고 가정하였음을 유의하라. 선형모델의 기울기는 독립변수 x가 변할 때마다 종속변수 y가 얼마나 변하는지를 보여준다. 게다가 선형모델에서 기울기의 값은 항상 일정하다.

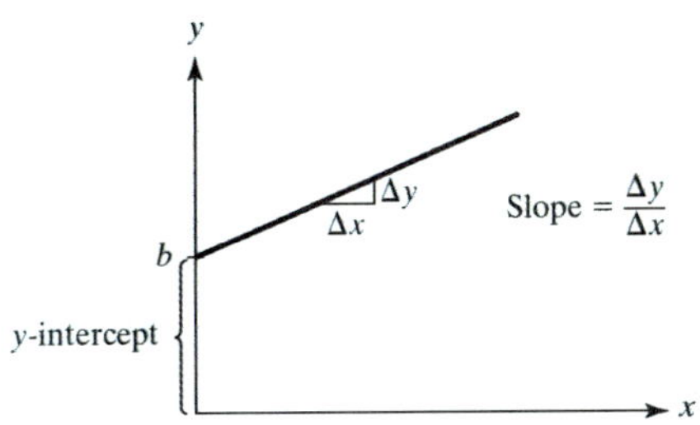

그림 18.4 선형모델

전에 다루었던 공학적 현상 예들의 모델과 식 (18.4)를 비교해보자: 스프링의 예에서, 기울기는 2이고 y절편은 0이다. 앞서 언급했듯이, 기울기 값 2N/mm는 스프링을 추가로 한 단위씩 늘릴 때마다 그 결과로 탄성력은 2N씩 증가한다는 것을 의미한다. 온도분포 모델에서는 기울기는 −60℃/m의 값을 가지고 y절편은 68℃의 값을 가진다. 온도눈금 모델에서는 식 (18.3)과 식 (18.4)를 비교할 때 T(°F)는 y에 그리고 T(℃)는 x에 대응함을 유의하라. 이 모델의 기울기와 y절편은 각각 9/5와 32이다. [그림 18.3]에 나타난 값들을 통해 쉽게 알 수 있을 것이다. 저 기울기는 온도눈금에서의 변화의 위치와 상관없이 5°C의 변화마다 대응하는 화씨 눈금의 변화는 9°F임을 보여준다.

$$a = \text{기울기} = \frac{\Delta y}{\Delta x} = \frac{\text{change in } y \text{ value}}{\text{change in } x \text{ value}} = \frac{\overbrace{(-31)-(-40)}^{9}}{\underbrace{(-35)-(-40)}_{5}}$$

$$= \frac{\overbrace{41-32}^{9}}{\underbrace{5-0}_{5}} = \frac{\overbrace{212-203}^{9}}{\underbrace{100-95}_{5}} = \frac{9}{5}$$

선형모델은 다른 형태와 다른 특징들을 가질 수 있다. [표 18.4]에 다양한 선형 모델의 특징들을 정리해 놓았다. 이를 반드시 주의 깊게 학습하자.

표 18.4 선형모델과 그 특징 요약

Linear Model		Characteristics
$y = ax + b$	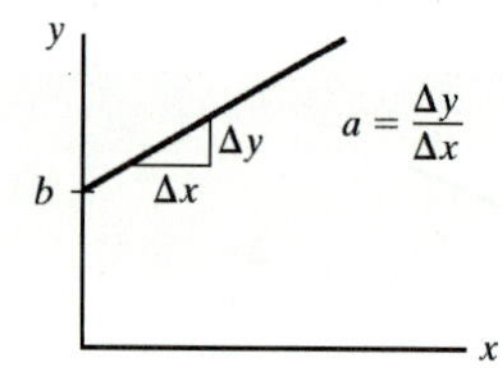	Slope a and y-intercept b.
$y = b$	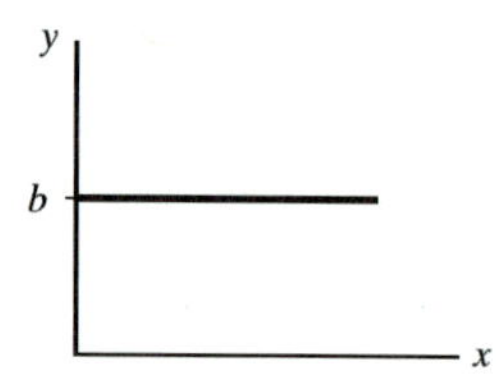	Slope zero, y-intercept b, and horizontal line going through point b on y axis.
$x = c$	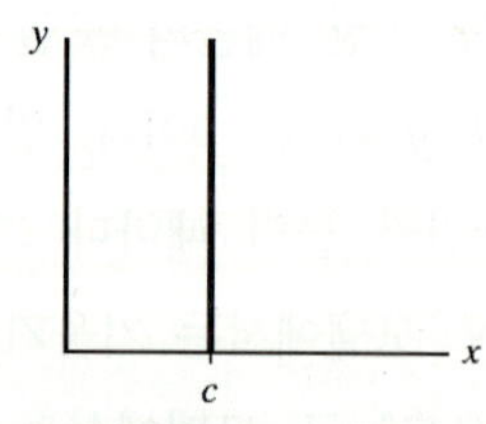	Undefined slope, x-intercept c, and vertical line going through point c on x axis.
$c_1x + c_2y = c_3$	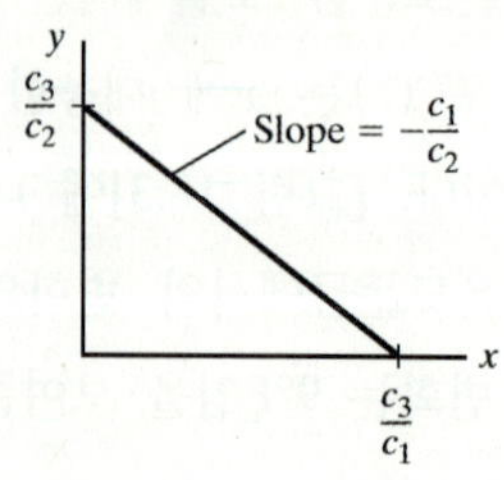	General form with x- and y-intercepts, slope $-c_1/c_2$, y-intercept c_3/c_2, and x-intercept c_3/c_1.

선형보간법

간혹, 대응되는 정확한 증분을 얻기 어려워 표에서 그 값을 찾아야 할 때가 있다. 이러한 상황을 해결하기 위해 [표 10.4(재인용)]에 나와 있는 고도에 따른 공기 밀도와 대기압의 변화를 살펴보자. 고도 7300m에서 날고 있는 비행기의 동력 소모를 측정하기를 원한다고 가정한다. 이를 산출하려면 그 고도에서의 공기 밀도가 필요하다. 따라서 [표 10.4]를 보게 된다. 그러나 고도가 7300m일 때의 공기 밀도값은 주어져 있지 않다. 표에 나와 있는 고도의 증분은 현재 상황과 맞지 않는다. 그러면 어떻게 할 것인가?

표 10.4 고도에 따른 표준 기압의 변화

Altitude(m)	Atmospheric Pressure(kPa)	Air Density(kg/m^3)
0(sea level)	101.325	1.225
500	95.46	1.167
1000	89.87	1.112
1500	84.55	1.058
2000	79.50	1.006
2500	74.70	0.957
3000	70.11	0.909
3500	65.87	0.863
4000	61.66	0.819
4500	57.75	0.777
5000	54.05	0.736
6000	47.22	0.660
7000	41.11	0.590
8000	35.66	0.526
9000	30.80	0.467
10,000	26.50	0.413
11,000	22.70	0.365
12,000	19.40	0.312
13,000	16.58	0.266
14,000	14.17	0.228
15,000	12.11	0.195

Source: Data from U.S. Standard Atmosphere(1962)

한 가지 방법은 이웃값인 7000m($0.590kg/m^3$)와 8000m($0.526kg/m^3$)의 값을 사용하여 7300m일 때의 공기 밀도를 추정하는 것이다. 고도 7000m에서 8000m까지의 공기 밀도값은 $0.590kg/m^3$에서 $0.526kg/m^3$까지 선형으로 변화할 것이라 가정할 수 있다. [표 10.4]의 그림과 같이 닮아있는 두 삼각형 ACE와 BCD를 이용하여 다음과 같은 선형보간법으로 7300m에서의 공기 밀도를 추정할 수 있다.

$$\frac{\overline{BC}}{\overline{AC}} = \frac{\overline{BD}}{\overline{AE}}$$

$$\frac{8000 - 7300}{8000 - 7000} = \frac{0.526 - \text{density of air @ 7300m}}{0.526 - 0.590}$$

위 식을 풀면 7300m에서의 공기 밀도 $\rho_{@7300} = 0.578\text{kg/m}^3$을 얻을 수 있다.

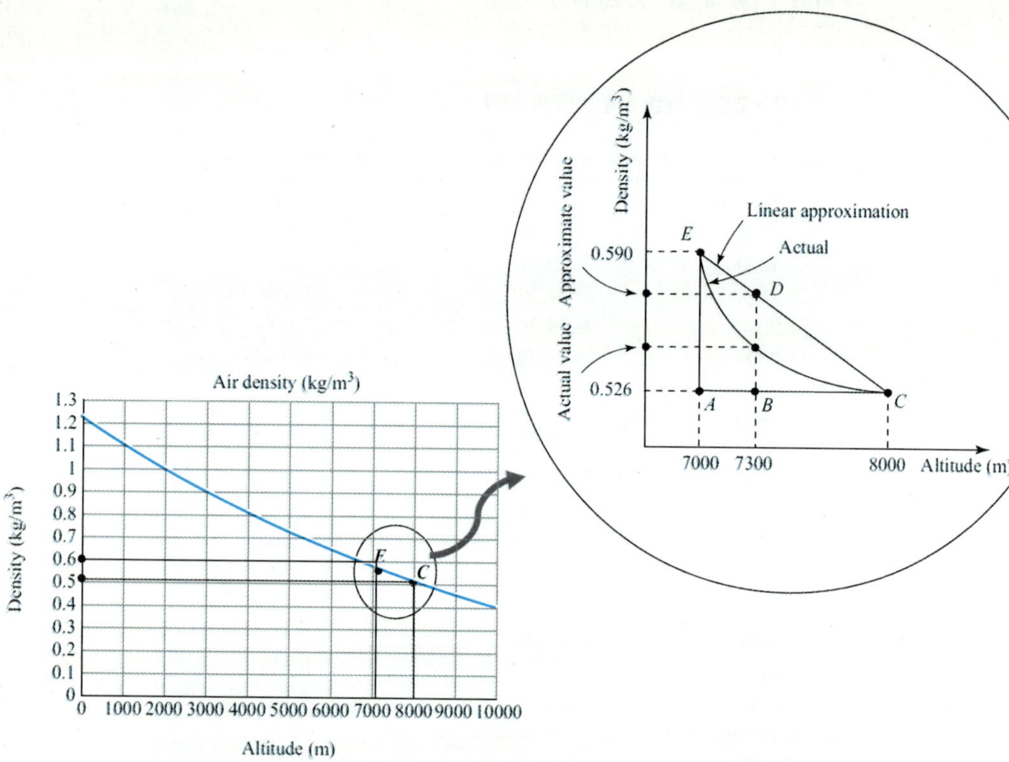

선형방정식의 시스템

때로는 공학 문제의 공식이 반드시 동시에 풀려야만 하는 선형방정식의 집합으로 이끈다. 18.5에서 이러한 문제의 일반적인 형태와 답을 얻는 과정을 다룰 것이다. 여기서는 두 개의 미지수가 있는 두 개의 방정식을 가지는 모델의 해를 구하기 위해 사용할 수 있는 그래프를 이용한 간단한 방법을 다룰 것이다. 예를 들면, 다음과 같이 x와 y 두 미지의 변수를 갖는 방정식이 있다고 하자.

$$2x + 4y = 10 \tag{18.5a}$$

$$4x + y = 6 \tag{18.5b}$$

식 (18.5a)와 식 (18.5b)는 [그림 18.5]에 나타나 있다. 두 선의 교차점은 x의 해인 $x=1$을 나타낸다. 왜냐하면 $x=1$에서 두 식 모두 동일한 y값을 갖기 때문이다. 그리고 나면 식 (18.5a)나 식 (18.5b) 중의 한 식에 x를 대체하여 넣고 풀면 $y=2$라는 값을 얻을 수 있다.

x	$(10-2x)/4$	$6-4x$
0	2.5	6
0.5	2.25	4
1	2	2
1.5	1.75	0
2	1.5	−2
2.5	1.25	−4
3	1	−6
3.5	0.75	−8
4	0.5	−10
4.5	0.25	−12
5	0	−14
5.5	−0.25	−16
6	−0.5	−18

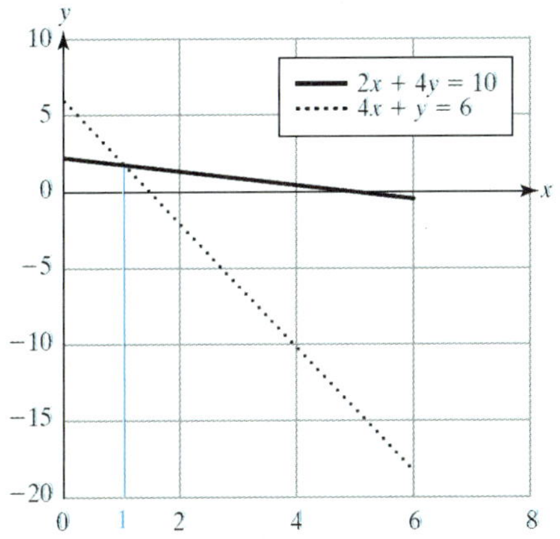

그림 18.5 식 (18.5a)와 식 (18.5b)의 그래프

18.3 비선형모델

많은 공학 현상에서 비선형모델은 종속변수와 독립변수 간의 관계를 설명하는 데 이용되는데 이는 실제 관계를 선형모델보다 더 정확하게 예측하기 때문이다. 이 절에서는 먼저 비선형의 수리적 모델에서 나타나는 몇 가지 공학 현상의 예를 다룬다. 그리고서 비선형 모델의 몇몇 기본적인 특징들을 설명할 것이다.

다항함수

파이프 내의 층류 속도 항공우주공학, 화학공학, 토목공학 또는 기계공학을 공부할 계획이 있다면 나중에 유체역학 강의를 듣게 될 것이다. 그 강의에서 여러 주제 가운데서도 파이프나 도관에서의 유체 흐름에 대해 배울 것이다. 파이프 내의 층류에

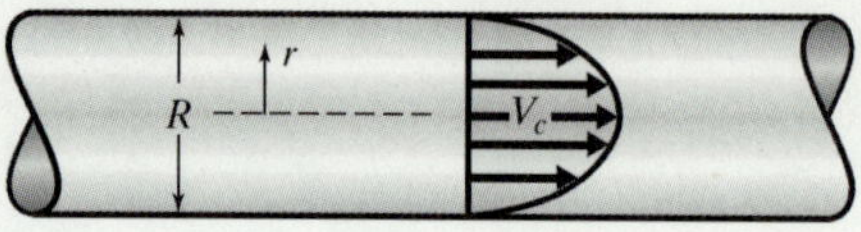

서는 속도분포(주어진 면에서 유속의 변화)가 다음과 같이 나타난다.

$$u(r) = V_c\left[1-\left(\frac{r}{R}\right)^2\right] \tag{18.6}$$

위 식에서,

$u(r)$ = 방사상거리 r에서의 유속(m/s)

V_c = 중앙선 속도(m/s)

r = 파이프 중심으로부터의 방사상거리(m)

R = 파이프의 반지름(m)

V_c = 0.5m/s이고, R = 0.1m일 때 속도분포는 [그림 18.6]에 나타나 있다. 그림을 통해서 속도방정식이 2차의 다항방정식이고 이런 유형의 모델은 기울기가 일정하지 않다(r에 따라 변화된다)는 것을 알 수 있다. 주어진 예에서, r이 0.01m씩 변할 때마다 종속변수인 u는 파이프의 어느 부분에서 변화를 측정하느냐에 따라 다른 변화량을 가진다.

r	$u(r)$
−0.1	0
−0.09	0.095
−0.08	0.18
−0.07	0.255
−0.06	0.32
−0.05	0.375
−0.04	0.42
−0.03	0.455
−0.02	0.48
−0.01	0.495
0	**0.5**
0.01	**0.495**
0.02	0.48
0.03	0.455
0.04	0.42
0.05	0.375
0.06	0.32
0.07	0.255
0.08	0.18
0.09	**0.095**
0.1	**0**

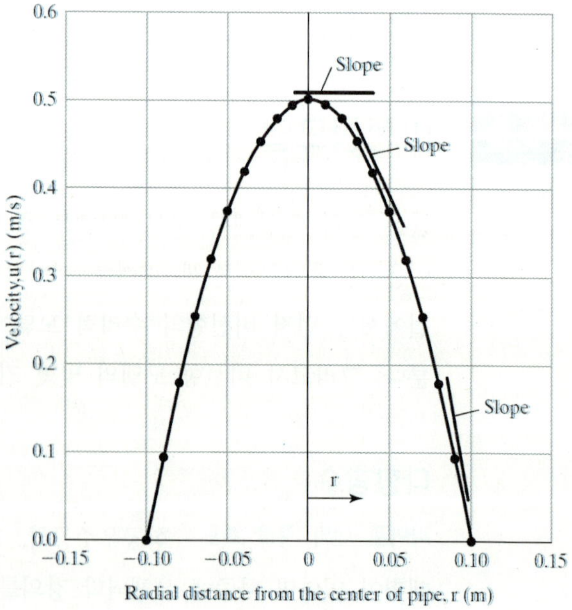

그림 18.6 파이프 내의 유속 분포의 예

$$\text{기울기} = \frac{\text{change in velocity value}}{\text{change in position value}} = \frac{\overbrace{(0.495)-(0.5)}^{-0.005}}{\underbrace{(0.01-0)}_{0.01}} \neq \frac{\overbrace{0-0.095}^{-0.095}}{\underbrace{0.1-0.09}_{0.01}}$$

정지시거 정지시거라 알려진 모델은 토목공학자들이 도로를 설계할 때 사용한다. 이 간단한 모델은 운전자가 위험을 감지하고 특정 속도에서 운행 중인 차량을 멈추기 위해 필요한 거리를 측정한다. 미국 주도로 교통행정관 협회(AASHTO: American Association of State Highway and Transportation Officials)에서 제안하는 모델은 다음과 같다.

$$S = \frac{V^2}{2g(f \pm G)} + TV \tag{18.7}$$

이 때,

S = 정지시거(m)

V = 초속도(m/s)

g = 중력 가속도, 9.81m/s^2

f = 타이어와 도로 사이의 마찰계수

G = 도로상태$\left(\frac{\%}{100}\right)$

T = 운전자 반응시간(s)

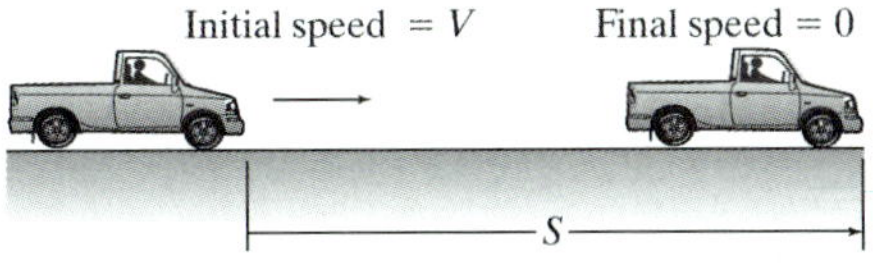

위 식에서 타이어와 도로 간의 마찰계수 f는 일반적으로 0.33이고 운전자 반응시간은 0.6~1.2초 사이이다. 하지만 도로를 설계할 때, 2.5초의 보수적인 값이 일반적으로 사용된다. 식 (18.7)의 분모에서 더하기(+)는 업그레이드를, 빼기(−)는 다운그레이드를 의미한다. 초속도에 따른 평면도로에서의 정지시거 그래프가 [그림 18.7]에 나와 있다(이 그래프에서는 $G=0$, $F=0.33$ 그리고 $T=2.5$초가 사용되었다). 이는 공학 현상을 설명하는 2차 다항함수의 또 다른 예이다.

Speed (kmph)	Speed (m/s)	Stopping Sight Distance (m)
0	0.0	0
5	**1.4**	**3.8**
10	**2.8**	**8.2**
15	4.2	13.2
20	5.6	18.8
25	6.9	24.6
30	8.3	31.4
35	9.7	38.8
40	11.1	46.8
45	12.5	55.4
50	**13.9**	**64.6**
55	**15.3**	**74.4**
60	16.7	84.8
65	18.1	95.9
70	19.4	106.6
75	20.8	118.8
80	22.2	131.6

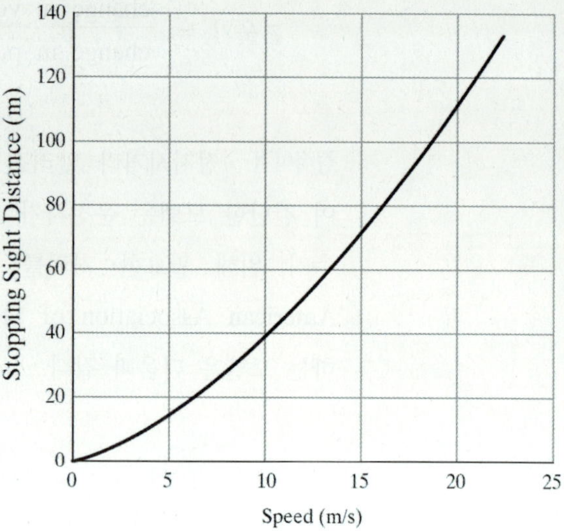

그림 18.7 차량운행속도 80kmph까지의 정지시거

또 이 모델에서 기울기가 일정하지 않은 점을 유의하라. 즉, 속도가 5kmph 변화할 때 종속변수 S는 어떤 속도범위에서 변화를 얻는지에 따라 다른 변화량을 보인다.

$$\text{기울기} = \frac{\text{change in stopping distance } S}{\text{change in speed } V} = \frac{\overbrace{(8.2)-(3.8)}^{4.4}}{\underbrace{(10-5)}_{5\text{ kmph}}} \neq \frac{\overbrace{74.4-64.6}^{9.8}}{\underbrace{55-50}_{5\text{ kmph}}}$$

여러 다른 공학 현상들도 2차의 다항함수로 나타낼 수 있다. 일정한 감속하에서 발사체의 궤도나 저항체의 전력소모, 견인력 또는 차량 움직임에 따른 공기저항 등이 2차식의 모델로 표현될 수 있다.

빔의 변형 캔틸레버 빔의 변형은 고차원의 다항모델이 사용되는 공학 현상의 예이다. [그림 18.8]에서처럼 캔틸레버 빔은 발코니 위의 중간하중을 지지하는데 사용된다. 빔의 중심선의 변형은 다음과 같이 4차의 다항방정식으로 나타난다.

$$y = \frac{-wx^2}{24EI}(x^2 - 4Lx + 6L^2) \tag{18.8}$$

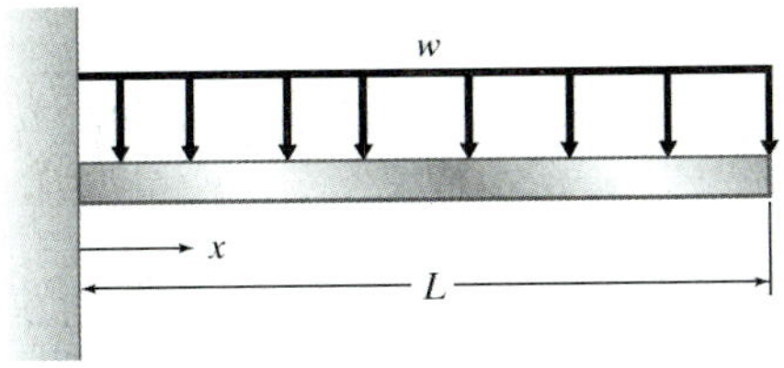

그림 18.8 캔틸레버 빔

위 식에서,

$y =$ 주어진 x 위치에서의 변형(m)

$w =$ 분포 하중(N/m)

$E =$ 탄성계수(N/m^2)

$I =$ 단면 2차 모멘트(m^4)

$x =$ 버팀대로부터의 거리(m)

$L =$ 빔의 길이(m)

1000N/m의 하중에서 길이가 5m이고 탄성계수 $E = 200\text{GPa}$, $I = 99.1\times10^6\text{mm}^4$인 빔의 변형이 [그림 18.9]에 나와 있다.

x (m)	y (m)	x (m)	y (m)
0	0	2.6	−0.01489
0.2	−0.00012	2.8	−0.01678
0.4	−0.00048	3	−0.01873
0.6	−0.00105	3.2	−0.02072
0.8	−0.00181	3.4	−0.02274
1	−0.00275	3.6	−0.02478
1.2	−0.00386	3.8	−0.02685
1.4	−0.00511	4	−0.02893
1.6	−0.00649	4.2	−0.03102
1.8	−0.00799	4.4	−0.03311
2	−0.00959	4.6	−0.03521
2.2	−0.01128	4.8	−0.03732
2.4	−0.01305	5	−0.03942

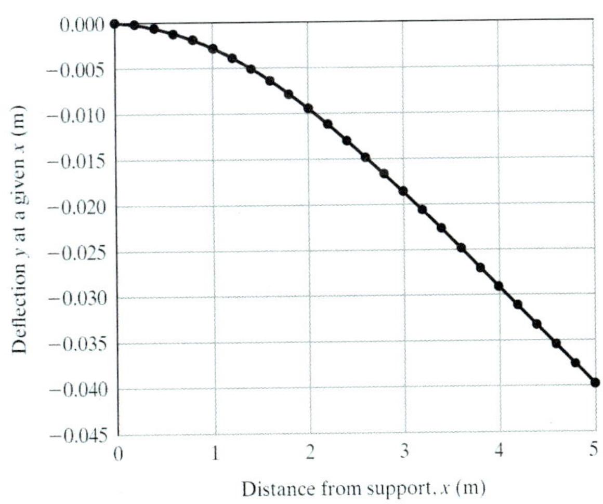

그림 18.9 캔틸레버 빔의 변형

이제 공학 현상을 설명할 때 다항모델의 중요성을 알았으니 다항모델의 몇 가지 기본적인 특징을 살펴보자. 다항함수(모델)의 일반적인 형태는 다음과 같다.

$$y=f(x)=a_0+a_1x+a_2x^2+a_3x^3+\cdots+a_nx^n \tag{18.9}$$

위 식에서 $a_0, a_1, \ldots, a_n$은 다른 값들로 치환될 수 있는 계수들이고, n은 항의 차수를 뜻하는 양의 정수이다. 층류속도나 정지시거의 예에서는 $n=2$이고, 빔의 변형은 4차의 다항함수로 나타난다.

선형모델과는 다르게 2차 혹은 높은 차수의 다항모델은 가변적인 기울기를 가진다. 그 의미는 독립변수 x의 값이 변화할 때마다 그에 대응하는 종속변수 y는 변화가 일어날 때 x의 범위가 어디에 있는지에 따라 변화한다는 것이다. 특정 x값에서 기울기를 보다 잘 나타내기 위해 [그림 18.10]에 나타난 것처럼 x값에 대응하는 곡선에 접선을 그린다. 다항함수의 또 다른 중요한 특징은 x축과 교차하는 지점에서 종속변수 y가 0의 값을 가진다는 것이다. 예를 들어, [그림 18.6]의 층류속도의 상황을 보면 종속변수인 속도 u는 $r=0.1$m와 $r=-0.1$m에서 0의 값을 가진다.

x	$f(x)=x^3-6x^2+3x+10$
−3	−80
−2	−28
−1	0
0	10
1	8
2	0
3	−8
4	−10
5	0
6	28

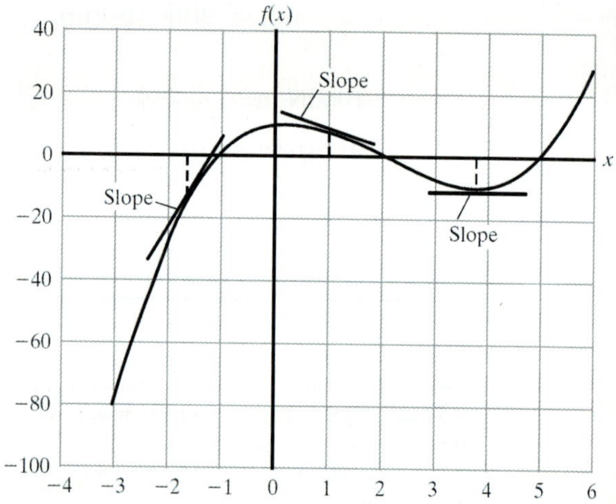

그림 18.10 3차 다항함수의 실근들

또 다른 예로 [그림 18.10]과 같이 $y=f(x)=x^3-6x^2+3x+10$인 3차 다항함수가 있다고 하자. 이 함수는 x축과 $x=-1$, $x=2$ 그리고 $x=5$에서 만난다. 이 점들은 다항함수의 실근이라 불린다. 모든 다항함수가 실근을 갖는 것은 아니다. 한 예로, $f(x)=x^2+4$인 함수는 실근을 갖지 않는다. [그림 18.11]에 나타난 것처럼 이 함수는 x축과 만나지 않는다. $f(x)=x^2+4=0$을 풀려면, $x^2=-4$인 x를 찾아야 하는데 이를 통해서도 x축과 만나지 않는 것이 명백한 것을 알 수 있다.

이 함수는 실근이 아닌 허근을 가진다. 상급 수학이나 공학 수업에서 허근에 대해 배울 것이다.

다음으로 다른 형태의 비선형 공학 모델들을 알아보자.

x	$f(x) = x^2 + 4$
−3	13
−2	8
−1	5
0	4
1	5
2	8
3	13

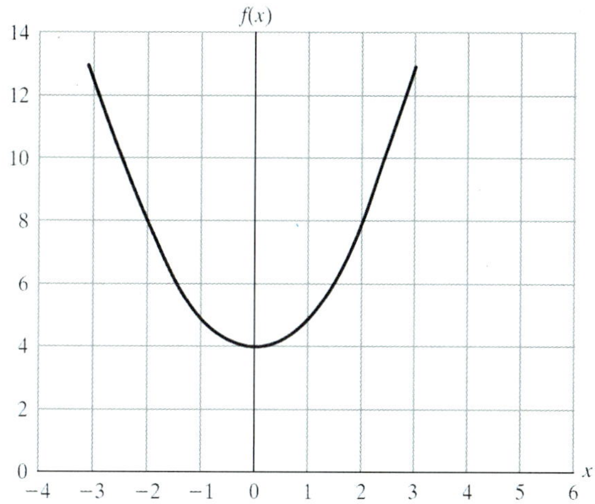

그림 18.11 허근을 가지는 함수

18.4 지수와 로그 모델

이 절에서는 지수와 로그 모델의 기본적인 특징들에 대해 다룰 것이다.

금속판 냉각 가열냉각 과정(유리나 금속과 같은 물질을 고온에서 가열한 뒤 강화시키기 위해 천천히 식히는 과정)에서 얇은 금속판(k = 열전도율 = 40W/m·K, ρ = density = 7800kg/m^3, c = 특정온도 = 400J/kg·K)이 900℃의 온도에서 가열된 뒤 열전달계수 h = 25W/m^2·K이고 온도가 35℃인 환경에서 냉각되었다. 각 금속판의 두께 L = 5cm이다. 1시간 후에 금속판의 온도를 알아내고자 한다.

항공우주공학, 화공학, 기계공학 또는 재료공학을 하고자 한다면 열전도 수업에서 솔루션을 발견하는 중요한 개념들을 배울 수 있을 것이다. 우선은 1시간 후에 금속판의 온도를 알아내기 위해 다음에 나오는 지수방정식을 사용한다.

$$\frac{T - T_{\text{environment}}}{T_{\text{initial}} - T_{\text{environment}}} = \exp\left(\frac{-2h}{\rho c L}t\right) \tag{18.10}$$

식 (18.10)에서 T는 시간 t에서 금속판의 온도를 나타낸다. 식 (18.10)을 이용하여 12분(0.2시간) 간격으로 금속판의 온도를 계산한다. [그림 18.12]에 그 결과에 따른 온도 분포가 나타나 있다.

Time (hr)	Temperature (°C)
0	900
0.2	722
0.4	580
0.6	468
0.8	379
1	308
1.2	252
1.4	207
1.6	172
1.8	143
2	121
2.2	103
2.4	89
2.6	78
2.8	69
3	62
3.2	57
3.4	52
3.6	49
3.8	46
4	44
4.2	42
4.4	40
4.6	39
4.8	38
5	38

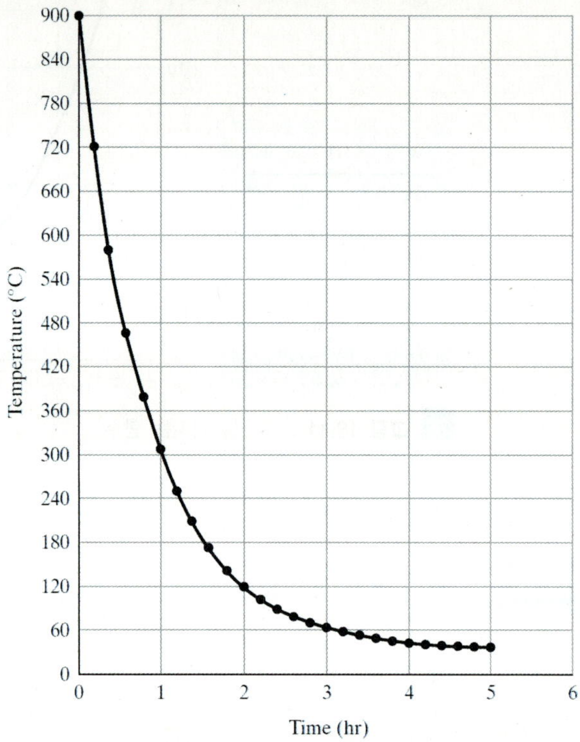

그림 18.12 금속판의 냉각

[그림 18.12]를 살펴보면 1시간 이후 금속판의 온도는 308℃이다. [그림 18.12]에서 보듯이, 처음 1시간 동안 금속판의 온도는 900℃에서 308℃로 떨어진다(온도가 592℃만큼 떨어졌다). 두 번째 1시간 동안은 308℃에서 121℃로 떨어지고(온도가 187℃만큼 떨어졌다), 세 번째 1시간 동안은 62℃로 떨어진다. 여기서 볼 수 있듯이, 냉각률은 처음에 더 높고 끝에는 더 낮다. 또한, 눈여겨볼 것은 온도가 냉각 과정의 끝을 향해 가면서 수평을 유지하기 시작한다는 것이다(4.6시간 후부터). 이는 지수함수의 가장 중요한 특징이다. 다시 말해서 독립변수의 값이 커지면 커질수록 종속변수의 값이 수평을 유지하기 시작한다는 것이다.

이제 지수함수가 의미하는 바가 무엇인지 보자. 지수함수의 가장 간단한 형태는 $f(x)=e^x$인데, 여기서 e는 추정값 $e=2.718281$을 가지는 무리수이다. 시각적인 도움과 e^x에 대한 보다 나은 이해와 비교를 위해 [그림 18.13]에 함수 2^x, e^x, 3^x을 그렸다. [그림 18.13]에서 e의 값이 어떻게 결정되고 나타나는지를 살펴보라. [그림 18.13]을 천천히 살펴보면서 함수의 추세와 특징들을 적어보라.

n	$\left(1+\frac{1}{n}\right)^n$
1	2.000000
2	2.250000
5	2.488320
10	2.593742
20	2.653298
50	2.691588
100	2.704814
200	2.711517
500	2.715569
1000	2.716924
2000	2.717603
5000	2.718010
10000	2.718146

As $n \to \infty$ 2.7182818285. . . .

x	$f(x)=2^x$	$f(x)=e^x$	$f(x)=3^x$
0	1	1.00	1.00
0.2	1.15	1.22	1.25
0.4	1.32	1.49	1.55
0.6	1.52	1.82	1.93
0.8	1.74	2.23	2.41
1	2.00	2.72	3.00
1.2	2.30	3.32	3.74
1.4	2.64	4.06	4.66
1.6	3.03	4.95	5.80
1.8	3.48	6.05	7.22
2	4.00	7.39	9.00
2.2	4.59	9.03	11.21
2.4	5.28	11.02	13.97
2.6	6.06	13.46	17.40
2.8	6.96	16.44	21.67
3	8.00	20.09	27.00
3.2	9.19	24.53	33.63
3.4	10.56	29.96	41.90
3.6	12.13	36.60	52.20
3.8	13.93	44.70	65.02
4	16.00	54.60	81.00

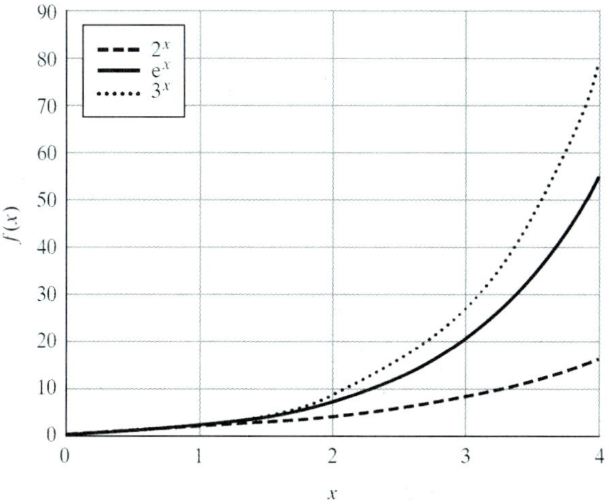

그림 18.13 함수 2^x, e^x, 3^x의 비교

지수함수는 [표 18.5]에 나온 예에서 설명하는 것처럼 중요한 특징들을 가진다. 예시 1에서는 지수함수의 증가율이 커질 때 지수모델의 변화를 보여준다. 예시 2는 증가율이 감소할 때의 변화를 보여준다. [표 18.5]에서 학습한 중요한 효과들을 유의하라. 앞으로 공학수업을 들을 때, 이러한 개념들에 대한 제대로 된 이해는 큰 도움이 될 것이다.

표 18.5 지수함수의 몇 가지 중요한 특징

Form of the Exponential Function	Characteristics
$f(x) = f_0 + a_0 e^{a_1 x}$ (Example 1)	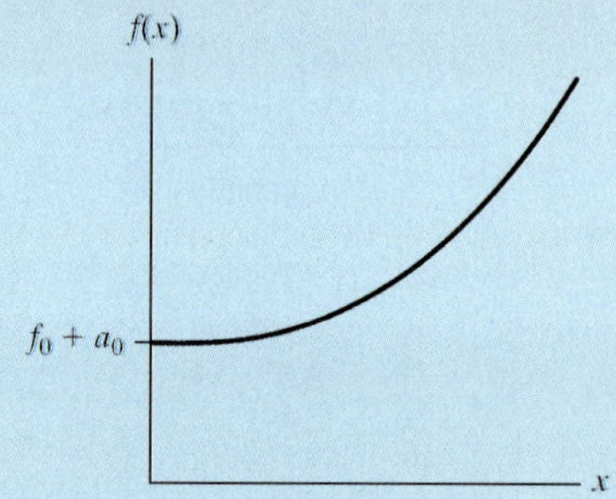
$f(x) = f_0 - a_0 e^{-a_1 x}$ for $f_0 > a_0$ (Example 2)	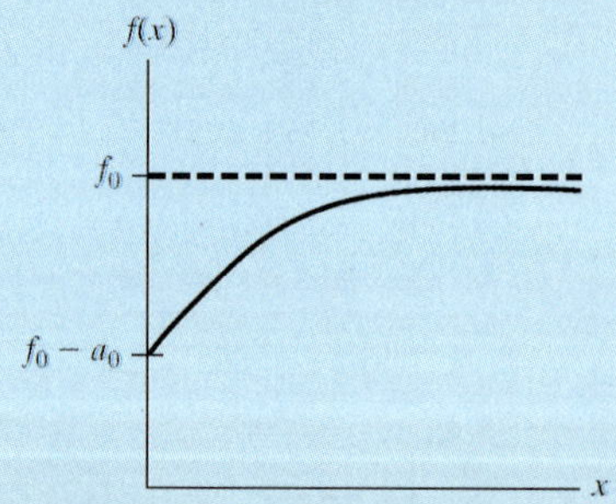

지수함수의 또 다른 흥미로운 형태는 $f(x) = e^{-x^2}$이다. 확률분포를 나타낼 때 이러한 형태의 지수함수를 볼 수 있다. 19장에서 확률분포에 대해 더 자세히 다룰 것이다. [그림 18.14]에 함수 $f(x) = 2^{-x^2}$과 $f(x) = e^{-x^2}$을 그래프로 나타냈다. 이러한 함수들은 종 모양의 형태를 가진다.

로그함수

이 절에서는 로그함수에 대해 다룰 것이다. 로그함수의 중요성을 보이기 위해 금속판의 냉각 예로 돌아가서 다른 질문을 던질 것이다.

x	$y=2^{-x^2}$	e^{-x^2}
−2.6	0.009	0.001
−2.4	0.018	0.003
−2.2	0.035	0.008
−2	0.063	0.018
−1.8	0.106	0.039
−1.6	0.170	0.077
−1.4	0.257	0.141
−1.2	0.369	0.237
−1	0.500	0.368
−0.8	0.642	0.527
−0.6	0.779	0.698
−0.4	0.895	0.852
−0.2	0.973	0.961
0	1.000	1.000
0.2	0.973	0.961
0.4	0.895	0.852
0.6	0.779	0.698
0.8	0.642	0.527
1	0.500	0.368
1.2	0.369	0.237
1.4	0.257	0.141
1.6	0.170	0.077
1.8	0.106	0.039
2	0.063	0.018
2.2	0.035	0.008
2.4	0.018	0.003
2.6	0.009	0.001

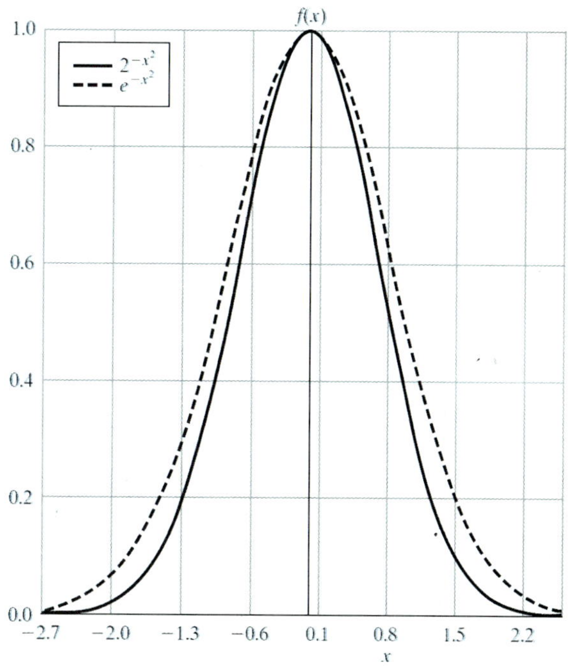

그림 18.14 $f(x)=2^{-x^2}$과 $f(x)=e^{-x^2}$의 그래프

금속판 냉각(재인용) 가열냉각과정에서 얇은 금속판(k = 열전도율 = 40W/m·K, ρ = density = 7800kg/m^3, c = 특정온도 = 400J/kg·K)이 900℃의 온도에서 가열된 뒤 열전달계수 h = 25W/m^2·K이고 온도가 35℃인 환경에서 냉각되었다. 각 금속판의 두께 L = 5cm이다. 금속판의 온도가 50℃에 도달하기까지 시간이 얼마나 걸리는지를 알아내고자 한다. 금속판의 온도가 50℃에 도달하기 위해 얼마나 걸리는지 알아내기 위해 다음의 로그방정식을 이용할 것이다.

$$t=\frac{\rho cL}{2h}ln\frac{T_i-T_f}{T-T_f}=\frac{(7800\,\mathrm{kg/m^3})(400\,\mathrm{J/kg\cdot K})(0.05\,\mathrm{m})}{(2)(25\,\mathrm{W/m\cdot K})}ln\frac{900-35}{50-35}$$

$$=12650\,\mathrm{sec}=3.5\,\mathrm{hr}$$

그런데 로그함수는 무엇을 의미하는가? 로그함수는 계산의 편의를 위해 정의되었다. 예를 들어, $10^x=y$라 하면 $\log y=x$라 할 수 있다. 기호 "log"는 10을 밑

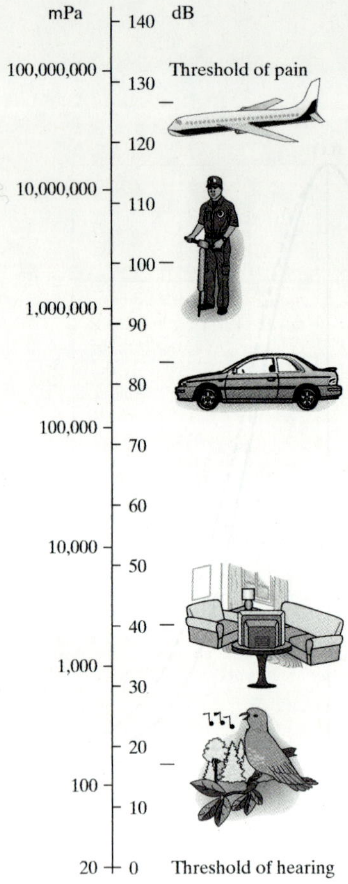

으로 하는 로그 혹은 상용로그라 한다. 어느 숫자든지 0의 차수를 가지면 1의 값을 가진다는 것을 알 것이다(즉 $10^0 = 1$). 상용로그의 정의를 이용하면 $\log 1 = 0$, $10^1 = 10$이고 $\log 10 = 1$, $10^2 = 100$이므로 $\log 100 = 2$, 이런 식인 것이다. 한편, $e^x = y$라 하면 $ln\ y = x$라 정의하고, 기호 ln을 e를 밑으로 하는 로그(또는 자연로그)라 할 수 있다. 더 나아가, 자연로그와 상용로그 간의 관계는 다음 $ln\ x = (ln\ 10)(\log x) = 2.302585 \log x$와 같다. 또 로그의 정의를 이용하면 공학 관계들을 단순화할 수 있는 다음 항등식들을 증명할 수 있다.

$$\log xy = \log x + \log y \quad \log \frac{x}{y} = \log x - \log y \quad \log x^n = n \log x$$

데시벨 척도 공학에서 소리의 크기는 일반적으로 데시벨 단위(dB)로 표현된다. 최소 가청치(건강한 사람이 들을 수 있는 가장 조용한 소리)는 20μPa(20×10^{-6}Pa)이다. 이것은 매우 작은 공기압력의 변화로 인해 일어나는 것임을 유의하라. 놀랍지 않은가! 가청범위의 다른 한쪽 끝은 들을 때 고통을 느끼는 한계치인데 대략 $100 \times 10^6 \mu$Pa의 압력변화로 나타난다. 가청범위(20μPa~$100{,}000{,}000\mu$Pa까지)를 숫자의 형태로 처리하기 위해 데시벨 단위에서는 dB$=20\log(I/20)\mu$Pa라고 정의하였다(I는 음원으로부터 발생하는 압력의 변화(μPa)를 의미한다). 예를 들면, 운행 중인 차($200{,}000\mu$Pa의 압력변화를 발생)에 대응하는 데시벨은 $20\log(200{,}000\mu\text{Pa}/20)\mu\text{Pa} = 80$dB이다. 옆의 그림에서는 일반적인 소리의 데시벨을 알 수 있다.

마지막으로, 공학을 공부할 때 도움을 줄 수 있는 몇 가지 추가적인 수리적 관계들은 다음과 같다.

$$x^n x^m = x^{n+m} \qquad (xy)^n = x^n y^n \qquad (x^n)^m = x^{nm} \qquad x^0 = 1\,(x \neq 0)$$

$$x^{-n} = \frac{1}{x^n} \qquad \frac{x^n}{x^m} = x^{n-m} \qquad \left(\frac{x}{y}\right)^n = \frac{x^n}{y^n}$$

18.5 행렬 대수

공학을 배우면서 나중에 알게 되겠지만, 기계, 비행기, 구조물의 진동, 구조시스템의 마디 굴절, 전기회로선의 전류 흐름, 배관망에서의 유체 흐름과 같은 많은 공학적 문제에 필요한 공식들은 선형 대수 방정식을 통해 한 번에 해결된다. 행렬 대수를 잘 이해하는 것은 이러한 모델의 수식과 해결에 필요하다. 다른 주제의 경우와 같이 행렬 대수는 자체 용어와 일련의 규칙을 따른다. 이번 단원에서는 행렬의 용어 및 행렬 대수에 대한 간략한 개요를 배워보겠다.

기본 개념

여러분이 공학 교육을 받는 동안, 다양한 특성의 물리적 변수에 대해서 배우게 될 것이다. 이러한 변수들은 명백한 하나의 값이나 크기를 가지고 있다. 예를 들어, 시간은 2시간과 같이 하나의 값으로써 설명된다. 하나의 명백한 값으로 표현되는 이러한 물리적 변수들은 스칼라(scalar)라고 부른다. 온도는 스칼라 변수의 또 다른 예이다. 반면, 만약 차량의 속도를 설명한다고 할 때 차량이 얼마나 빠른지는 물론 진행 방향까지도 설명할 수 있다. 이와 같이 크기와 방향을 모두 고려한 물리적 변수를 벡터(vector)라고 한다. 그뿐만 아니라, 두 가지 이상의 정보를 정확히 설명하기 위해 사용되는 다른 기호들이 있다. 예를 들어, 몇 개의 층으로 이루어진 주차장에 주차된 자동차의 위치를 설명하기 위해서는 자동차가 몇 층(z 좌표)에 있는지, 어느 구역과 어느 열에(x, y 좌표) 세워져 있는지를 나타내어야 한다. 행렬은 여러 개의 값을 갖는 상황을 설명해야 할 때 자주 사용된다. 행렬은 숫자, 변수 또는 수학적 용어의 배열이라 할 수 있다. 행렬을 구성하는 변수들의 수는 행렬의 요소라고 한다. 행렬의 크기는 행렬의 열과 행의 수로 정의된다. 행렬은 m열과 n행으로 구성되며 그 예는 다음과 같다.

$$[N] = \begin{bmatrix} 6 & 5 & 9 \\ 1 & 26 & 14 \\ -5 & 8 & 0 \end{bmatrix} \qquad \{L\} = \begin{Bmatrix} x \\ y \\ z \end{Bmatrix}$$

행렬 $[N]$은 요소가 숫자로 이루어진 3×3 행렬이고, $\{L\}$은 요소가 변수 x, y, z로 구성된 3×1 행렬이다. $[N]$은 정방행렬이라 하며, 행의 수와 열의 수가 똑같다. 행렬의 요소는 행과 열의 위치로 정의된다. 예를 들어, 행렬 $[N]$에서 첫 번째 행과 세 번째 열의 요소 9는 n^{13}이라 표현된다. 이 책에서는 행렬을 []와 {}와 같은 괄호 안에 굵은 글씨체로 표시한다. 예를 들어, $[N]$, $[T]$, $\{F\}$ 등으로 표시하고, 요소들은 소문자로 나타낸다. 괄호 {}는 열 행렬을 표현하기 위해 사용한다. 열 행렬은 하나의 열을 가지지만 많은 행을 가질 수 있는 행렬이다. 반면 행 행렬은 하나의 행을 가지지만 많은 열을 가질 수 있다. 다음은 열 행렬과 행 행렬의 예이다.

$$\{A\} = \begin{Bmatrix} 1 \\ 5 \\ -2 \\ 3 \end{Bmatrix} \qquad \{X\} = \begin{Bmatrix} x_1 \\ x_2 \\ x_3 \end{Bmatrix}$$

는 열 행렬의 예이고, 반면에

$$[C] = [5 \quad 0 \quad 2 \quad -3] \qquad [Y] = [y_1 \quad y_2 \quad y_3]$$

는 행 행렬의 예이다.

대각과 단위행렬(Diagonal and Unit Matrices) 대각행렬은 주대각선을 따라 요소를 가지는 행렬이다. 주대각선을 제외한 요소는 0이다. 다음은 4×4 대각행렬의 예이다.

$$[A] = \begin{bmatrix} 5 & 0 & 0 & 0 \\ 0 & 7 & 0 & 0 \\ 0 & 0 & 4 & 0 \\ 0 & 0 & 0 & 11 \end{bmatrix}$$

값이 5, 7, 4 그리고 11로 놓여 있는 대각선을 주대각선이라 한다. 단위행렬은 대각 행렬에서의 요소 값이 1로 구성되어 있는 행렬을 의미한다. 단위행렬의 예는 다음과 같다.

$$[I] = \begin{bmatrix} 1 & 0 & 0 & . & . & 0 & 0 \\ 0 & 1 & 0 & . & . & 0 & 0 \\ 0 & 0 & 1 & . & . & 0 & 0 \\ . & . & . & . & . & . & . \\ . & . & . & . & . & . & . \\ 0 & 0 & 0 & . & . & 1 & 0 \\ 0 & 0 & 0 & . & . & 0 & 1 \end{bmatrix}$$

행렬의 덧셈과 뺄셈

같은 크기의 각각의 다른 행렬은 더하거나 뺄 수 있다.—각 행렬은 행과 열의 수가 같아야 한다. $m\times n$의 행렬 $[A]_{m\times n}$과 같은 차원의 행렬 $[B]_{m\times n}$의 각 요소를 합함으로써 두 행렬을 합칠 수 있다. 아래와 같이 행렬의 뺄셈도 같은 규칙으로 구할 수 있다.

$$[A]\pm[B]=\begin{bmatrix}10 & 3 & . & . & 2\\ 5 & 1 & . & . & 0\\ . & . & . & . & .\\ . & . & . & . & .\\ 9 & 2 & . & . & 7\end{bmatrix}\pm\begin{bmatrix}2 & 12 & . & . & 8\\ 1 & 7 & . & . & 15\\ . & . & . & . & .\\ . & . & . & . & .\\ 4 & 55 & . & . & 10\end{bmatrix}$$

$$=\begin{bmatrix}(10\pm2) & (3\pm12) & . & . & (2\pm8)\\ (5\pm1) & (1\pm7) & . & . & (0\pm15)\\ . & . & . & . & .\\ . & . & . & . & .\\ (9\pm4) & (2\pm55) & . & . & (7\pm10)\end{bmatrix}$$

행렬의 곱셈

이번에는 스칼라 량의 행렬 곱과 다른 행렬 간의 곱을 하는 방법에 대해 알아보자.

스칼라 량의 행렬 곱 행렬 $[A]$를 5라는 크기의 스칼라 량과 곱한다고 한다면, 스칼라 량과 행렬의 각 요소를 곱하고, 크기는 원래 행렬의 크기와 같다. 예를 들어, 3×3의 행렬 $[A]$와 스칼라 5를 곱한다고 하자. 이 연산의 결과는 아래와 같이 행렬 $[A]$의 각 요소에 5를 곱한 3×3 크기의 행렬이 된다.

$$5[A]=5\begin{bmatrix}4 & 0 & 1\\ -2 & 9 & 2\\ 5 & 7 & 10\end{bmatrix}=\begin{bmatrix}20 & 0 & 5\\ -10 & 45 & 10\\ 25 & 35 & 50\end{bmatrix} \tag{18.11}$$

다른 행렬 간의 곱 스칼라 량은 어떤 크기의 행렬과도 곱할 수 있는 반면에, 행렬의 곱은 좌측 행렬 행의 수와 우측 행렬 열의 수가 같아야 계산을 할 수 있다. 예를 들어, 행의 수가 n인 좌측 행렬 $[A]$는 열의 수 n인 우측 행렬 $[B]$와 같으므로 $m\times n$의 행렬 $[A]$는 $n\times p$의 행렬 $[B]$와 곱할 수 있다. 게다가 연산의 결과인 행렬 $[C]$의 크기는 $m\times p$가 된다. 행렬의 곱은 다음과 같은 규칙을 따른다. 3×3의 행렬 $[A]$와 3×2의 행렬 $[B]$를 곱한다고 하자.

$$[A][B]=\begin{bmatrix}2&4&1\\1&6&5\\-2&3&8\end{bmatrix}_{3\times 3}\begin{bmatrix}7&23\\12&9\\16&11\end{bmatrix}_{3\times 2}=[C]_{3\times 2}$$

행렬 $[A]$에서의 행의 수는 행렬 $[B]$에서의 열의 수와 같고, 연산의 결과는 3×2 크기의 행렬이 된다는 점을 숙지하자. 행렬 $[C]$의 첫 번째 열의 요소는 다음과 같이 계산된다.

$$\begin{matrix}7\ 12\ 16\leftarrow\end{matrix}$$

$$[C]=\begin{bmatrix}2&4&1\\1&6&5\\-2&3&8\end{bmatrix}\begin{bmatrix}|&23\\\uparrow&9\\\uparrow&11\end{bmatrix}$$

$$=\begin{bmatrix}(7)(2)+(12)(4)+(16)(1)&c_{12}\\(7)(1)+(12)(6)+(16)(5)&c_{22}\\(7)(-2)+(12)(3)+(16)(8)&c_{32}\end{bmatrix}=\begin{bmatrix}78&c_{12}\\159&c_{22}\\150&c_{32}\end{bmatrix}$$

행렬 $[C]$의 두 번째 열의 요소는 다음과 같이 계산된다.

$$\begin{matrix}23\ \ 9\ \ 11\leftarrow\end{matrix}$$

$$[C]=\begin{bmatrix}2&4&1\\1&6&5\\-2&3&8\end{bmatrix}\begin{bmatrix}7&|\\12&\uparrow\\16&\uparrow\end{bmatrix}=\begin{bmatrix}78&c_{12}\\159&c_{22}\\150&c_{32}\end{bmatrix}$$

$$=\begin{bmatrix}78&(23)(2)+(9)(4)+(11)(1)\\159&(23)(1)+(9)(6)+(11)(5)\\150&(23)(-2)+(9)(3)+(11)(8)\end{bmatrix}=\begin{bmatrix}78&93\\159&132\\150&69\end{bmatrix}$$

만약 여러분이 더 큰 크기의 행렬을 다룬다면, 다른 열의 요소도 이와 유사한 방법으로 계산된다. 행렬의 곱에서는 아주 특별한 경우를 제외하고 교환법칙이 성립되지 않는다. 즉,

$$[A][B]\neq[B][A] \tag{18.12}$$

만약 단위행렬 $[I]$와 정방행렬 $[A]$의 경우라면 다음과 같이 성립된다.

$$[I][A]=[A][I]=[A] \tag{18.13}$$

예제 18.1 주어진 행렬: $[A]=\begin{bmatrix}0 & 5 & 0\\ 8 & 3 & 7\\ 9 & -2 & 9\end{bmatrix}$, $[B]=\begin{bmatrix}4 & 6 & -2\\ 7 & 2 & 3\\ 1 & 3 & -4\end{bmatrix}$, $\{C\}=\begin{Bmatrix}-1\\ 2\\ 5\end{Bmatrix}$일 때,

다음의 연산을 수행하라.

(a) $[A]+[B]=?$

(b) $[A]-[B]=?$

(c) $3[A]=?$

(d) $[A][B]=?$

(e) $[A]\{C\}=?$

(f) $[I][A]=[A][I]=[A]$임을 보여라.

이러한 문제를 해결하기 위해 앞에서 논의한 행렬의 연산규칙을 활용한다.

(a) $[A]+[B]=?$

$$[A]+[B]=\begin{bmatrix}0 & 5 & 0\\ 8 & 3 & 7\\ 9 & -2 & 9\end{bmatrix}+\begin{bmatrix}4 & 6 & -2\\ 7 & 2 & 3\\ 1 & 3 & -4\end{bmatrix}$$

$$=\begin{bmatrix}(0+4) & (5+6) & (0+(-2))\\ (8+7) & (3+2) & (7+3)\\ (9+1) & (-2+3) & (9+(-4))\end{bmatrix}=\begin{bmatrix}4 & 11 & -2\\ 15 & 5 & 10\\ 10 & 1 & 5\end{bmatrix}$$

(b) $[A]-[B]=?$

$$[A]-[B]=\begin{bmatrix}0 & 5 & 0\\ 8 & 3 & 7\\ 9 & -2 & 9\end{bmatrix}+\begin{bmatrix}4 & 6 & -2\\ 7 & 2 & 3\\ 1 & 3 & -4\end{bmatrix}$$

$$=\begin{bmatrix}(0-4) & (5-6) & (0-(-2))\\ (8-7) & (3-2) & (7-3)\\ (9-1) & (-2-3) & (9-(-4))\end{bmatrix}=\begin{bmatrix}-4 & -1 & 2\\ 1 & 1 & 4\\ 8 & -5 & 13\end{bmatrix}$$

(c) $3[A]=?$

$$3[A]=3\begin{bmatrix}0 & 5 & 0\\ 8 & 3 & 7\\ 9 & -2 & 9\end{bmatrix}=\begin{bmatrix}0 & (3)(5) & 0\\ (3)(8) & (3)(3) & (3)(7)\\ (3)(9) & (3)(-2) & (3)(9)\end{bmatrix}=\begin{bmatrix}0 & 15 & 0\\ 24 & 9 & 21\\ 27 & -6 & 27\end{bmatrix}$$

(d) $[A][B]=?$

$$[A][B]=\begin{bmatrix}0 & 5 & 0\\ 8 & 3 & 7\\ 9 & -2 & 9\end{bmatrix}+\begin{bmatrix}4 & 6 & -2\\ 7 & 2 & 3\\ 1 & 3 & -4\end{bmatrix}$$

$$= \begin{bmatrix} (0)(4)+\ \ (5)(7)+(0)(1) & (0)(6)+\ \ (5)(2)+(0)(3) & (0)(-2)+\ \ (5)(3)+(0)(-4) \\ (8)(4)+\ \ (3)(7)+(7)(1) & (8)(6)+\ \ (3)(2)+(7)(3) & (8)(-2)+\ \ (3)(3)+(7)(-4) \\ (9)(4)+(-2)(7)+(9)(1) & (9)(6)+(-2)(2)+(9)(3) & (9)(-2)+(-2)(3)+(9)(-4) \end{bmatrix}$$

$$= \begin{bmatrix} 35 & 10 & 15 \\ 60 & 75 & -35 \\ 31 & 77 & -60 \end{bmatrix}$$

(e) $[A]\{C\} = ?$

$$[A]\{C\} = \begin{bmatrix} 0 & 5 & 0 \\ 8 & 3 & 7 \\ 9 & -2 & 9 \end{bmatrix} \begin{bmatrix} -1 \\ 2 \\ 5 \end{bmatrix} = \begin{Bmatrix} (0)(-1)+\ \ (5)(2)+(0)(5) \\ (8)(-1)+\ \ (3)(2)+(7)(5) \\ (9)(-1)+(-2)(2)+(9)(5) \end{Bmatrix} = \begin{Bmatrix} 10 \\ 33 \\ 32 \end{Bmatrix}$$

(f) $[I][A] = [A][I] = [A]$임을 보여라.

$$[I][A] = \begin{bmatrix} 1 & 0 & 0 \\ 0 & 1 & 0 \\ 0 & 0 & 1 \end{bmatrix} \begin{bmatrix} 0 & 5 & 0 \\ 8 & 3 & 7 \\ 9 & -2 & 9 \end{bmatrix} = \begin{bmatrix} 0 & 5 & 0 \\ 8 & 3 & 7 \\ 9 & -2 & 9 \end{bmatrix} \text{ and}$$

$$[A][I] = \begin{bmatrix} 0 & 5 & 0 \\ 8 & 3 & 7 \\ 9 & -2 & 9 \end{bmatrix} \begin{bmatrix} 1 & 0 & 0 \\ 0 & 1 & 0 \\ 0 & 0 & 1 \end{bmatrix} = \begin{bmatrix} 0 & 5 & 0 \\ 8 & 3 & 7 \\ 9 & -2 & 9 \end{bmatrix}$$

전치 행렬

나중에 배우겠지만, 공학적 문제의 해결책을 수립할 때 행렬의 행을 다른 행렬의 열로 재배열하는 상황이 적절할 때가 있다.

일반적으로 $m \times n$ 크기의 행렬 $[B]$의 전치 행렬을 구하기 위해서는 행렬의 첫 번째 행은 $[B]^T$행렬의 첫 번째 열이 되고, 행렬 $[B]$의 두 번째 행은 $[B]^T$행렬의 두 번째 열이 되는 등 행렬 $[B]$의 m번째 행은 행렬 $[B]^T$의 m번째 열이 되어 결과적으로 $n \times m$ 크기의 행렬이 된다. 행렬 $[B]^T$를 행렬 $[B]$의 전치 행렬이라 한다.

가끔 열 행렬을 행 행렬로 변환하여 공간을 활용하기 위해 전치 행렬을 사용하기도 한다.—전치 행렬의 다른 용도. 행렬 U의 예를 보자.

$$\{U\} = \begin{Bmatrix} 7 \\ 4 \\ 9 \\ 6 \\ 12 \end{Bmatrix} \text{ by } [U]^T = [7\ \ 4\ \ 9\ \ 6\ \ 12]$$

이제 대칭 행렬의 정의를 알아보자. 대칭 행렬은 주대각선을 기준으로 요소가 대칭적으로 배열된 정사각행렬을 의미한다. 다음은 대칭 행렬의 예이다.

$$[A]=\begin{bmatrix} 1 & 4 & 2 & -5 \\ 4 & 5 & 15 & 20 \\ 2 & 15 & -3 & 8 \\ -5 & 20 & 8 & 0 \end{bmatrix}$$

예제 18.2

주어진 행렬은: $[A]=\begin{bmatrix} 0 & 5 & 0 \\ 8 & 3 & 7 \\ 9 & -2 & 9 \end{bmatrix}$와 $[B]=\begin{bmatrix} 4 & 6 & -2 \\ 7 & 2 & 3 \\ 1 & 3 & -4 \end{bmatrix}$일 때,

다음 연산을 구하시오: (a) $[A]^T=?$ 와 (b) $[B]^T=?$

(a) 앞서 설명하였듯이, 행렬의 첫 번째, 두 번째, 세 번째, ⋯, 그리고 m번째 행은 전치 행렬의 첫 번째, 두 번째, 세 번째, ⋯, 그리고 m번째 열로 각각 변환된다.

$$[A]^T=\begin{bmatrix} 0 & 8 & 9 \\ 5 & 3 & -2 \\ 0 & 7 & 9 \end{bmatrix}$$

(b) 유사하게,

$$[B]^T=\begin{bmatrix} 4 & 7 & 1 \\ 6 & 2 & 3 \\ -2 & 3 & -4 \end{bmatrix}$$

행렬식

지금까지 행렬의 필수용어와 기본 행렬 연산에 대해 알아보았다. 이번에는 행렬식이 무엇인가에 대한 정의를 알아보자. 다음의 연립방정식을 풀기 위한 해결책을 생각해보자.

$$a_{11}x_1 + a_{12}x_2 = b_1 \tag{18.14a}$$

$$a_{21}x_1 + a_{22}x_2 = b_2 \tag{18.14b}$$

식 (18.14a)와 (18.14b)를 다음과 같이 행렬 형태로 표현한다.

$$\overbrace{\begin{bmatrix} a_{11} & a_{12} \\ a_{21} & a_{22} \end{bmatrix}}^{[A]} \begin{Bmatrix} x_1 \\ x_2 \end{Bmatrix} = \begin{Bmatrix} b_1 \\ b_2 \end{Bmatrix}$$

x_1과 x_2해를 구하기 위해 먼저 식 (18.14b)에서 x_2를 x_1에 대해 풀고, 식 (18.14a)에 대입한다. 이러한 절차는 다음과 같다.

$$x_2 = \frac{b_2 - a_{21}x_1}{a_{22}} \quad \Rightarrow \quad a_{11}x_1 + a_{12}\left(\frac{b_2 - a_{21}x_1}{a_{22}}\right) = b_1$$

x_1의 풀이:

$$x_1 = \frac{b_1 a_{22} - a_{12} b_2}{a_{11}a_{22} - a_{12}a_{21}} \tag{18.15a}$$

식 (18.14a)나 (18.14b)에 x_1을 대입한 후, 다음을 얻는다.

$$x_2 = \frac{a_{11} b_2 - b_1 a_{21}}{a_{11}a_{22} - a_{12}a_{21}} \tag{18.15b}$$

식 (18.14a)와 (18.14b)로부터 도출된 해를 참고하면, 분모가 행렬 $[A]$의 주대각선에서의 계수의 곱을 대각선 외 계수의 곱으로 뺀 값임을 알 수 있다. $a_{11}a_{22} - a_{12}a_{21}$는 2×2 크기 $[A]$행렬의 행렬식(determinant)이고, 다음과 같이 표현된다.

$$\text{Det}[A] \text{ or } \det[A] \text{ or } \begin{vmatrix} a_{11} & a_{12} \\ a_{21} & a_{22} \end{vmatrix} = a_{11}a_{22} - a_{12}a_{21} \tag{18.16}$$

오직 정사각행렬의 행렬식만 정의되었다. 게다가, 행렬 $[A]$의 행렬식은 단일값이다. 즉, a_{11}, a_{22}, a_{12}, a_{21} 값을 $a_{11}a_{22} - a_{12}a_{21}$로 계산하여 단일값을 구한다.

3×3 행렬의 행렬식을 고려해보자.

$$[C] = \begin{bmatrix} c_{11} & c_{12} & c_{13} \\ c_{21} & c_{22} & c_{23} \\ c_{31} & c_{32} & c_{33} \end{bmatrix}$$

이러한 행렬은 다음과 같은 방식으로 계산된다.

$$\begin{vmatrix} c_{11} & c_{12} & c_{13} \\ c_{21} & c_{22} & c_{23} \\ c_{31} & c_{32} & c_{33} \end{vmatrix} = c_{11}c_{22}c_{33} + c_{12}c_{23}c_{31} + c_{13}c_{21}c_{32} - c_{13}c_{22}c_{31} - c_{11}c_{23}c_{32} - c_{12}c_{21}c_{33} \tag{18.17}$$

직접 전개(direct expansion)라는 단순한 절차를 통해 식 (18.17)과 같은 결과를 도출할 수 있다. 직접 전개는 다음과 같은 방식으로 진행된다. [그림 18.15]와 같이 먼저 행렬 $[C]$의 첫 번째와 두 번째 열을 세 번째 열 다음으로 위치시킨다. 그리고 실선 화살표를 따라 대각선 아래의 요소들을 곱한 값의 합에서 점선 화살표를 따라 대각선 아래의 요소들을 곱한 값의 합을 뺀다. [그림 18.15]에서 나타낸 이러한 절차는 식 (18.17)과 같이 행렬식의 결과를 나타낸다.

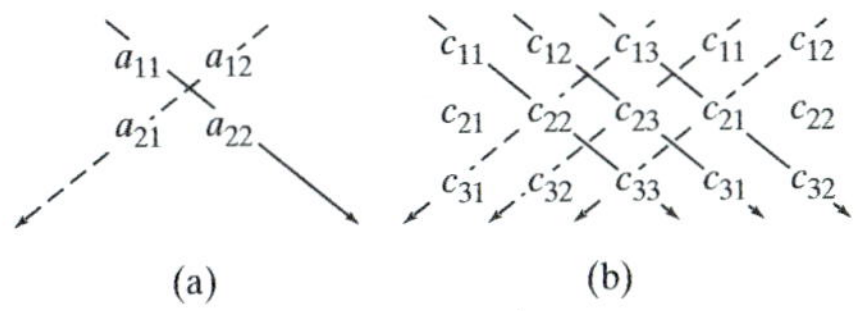

그림 18.15 (a) 2×2 행렬, (b) 3×3 행렬의 행렬식 계산을 위한 직접 전개절차

직접 전개의 절차는 높은 차원의 행렬식에서는 사용될 수 없다. 대신에 먼저 행렬식의 체계를 간소화하고—소행렬이라고 함—낮은 차원의 행렬식을 평가한다. 추후에 우리는 소행렬에 대한 공부를 할 것이다.

예제 18.3 주어진 행렬: $[A] = \begin{bmatrix} 1 & 5 & 0 \\ 8 & 3 & 7 \\ 6 & -2 & 9 \end{bmatrix}$ 일 때, $[A]$의 행렬식을 구하라.

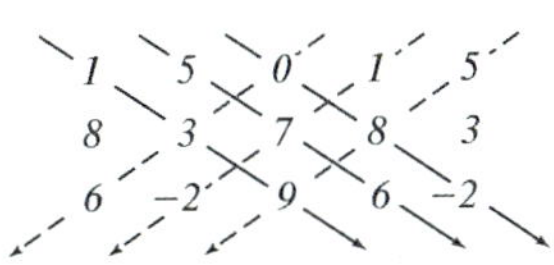

그림 18.16 예제 18.3의 직접 전개 방법

앞서 설명하였듯이, [그림 18.16]과 같이 행렬의 첫 번째와 두 번째 열을 세 번째 열 다음으로 위치시키고 실선 화살표를 따라 대각선 아래의 요소들을 곱한 값의 합에서 점선 화살표를 따라 대각선 아래의 요소들을 곱한 값의 합을 빼는 직접 확장 방법을 사용한다. 이 방법을 따르면 아래와 같은 결론을 도출할 수 있다.

$$\begin{vmatrix} 1 & 5 & 0 \\ 8 & 3 & 7 \\ 6 & -2 & 9 \end{vmatrix} = (1)(3)(9) + (5)(7)(6) + (0)(8)(-2) - (5)(8)(9) - (1)(7)(-2) - (0)(3)(6) = -109$$

행렬식이 0일 경우, 그 행렬은 특이 행렬(singular matrix)이라고 한다. 특이 행렬은 행렬에서 두 개 이상의 행의 요소가 같을 경우에 나타난다. 예를 들어, 행렬

$[A]=\begin{bmatrix}2 & 1 & 4\\2 & 1 & 4\\1 & 3 & 5\end{bmatrix}$가 있을 때, 첫 번째 행과 두 번째 행은 같다. 다음과 같이 행렬 $[A]$의 행렬식은 0이다.

$$\begin{vmatrix}2 & 1 & 4\\2 & 1 & 4\\1 & 3 & 5\end{vmatrix}=(2)(1)(5)+(1)(4)(1)+(4)(2)(3)$$
$$-(1)(2)(5)-(2)(4)(3)-(4)(1)(1)=0$$

또한, 특이 행렬은 두 개 이상의 행의 요소가 선형종속일 때도 나타난다. 예를 들어, 만약 $[A]$ 행렬의 두 번째 행에 7을 곱하면, 행렬 $[A]=\begin{bmatrix}2 & 1 & 4\\14 & 7 & 28\\1 & 3 & 5\end{bmatrix}$가 되고 이는 첫 번째 행과 두 번째 행이 선형종속을 따른다. 아래와 같이 새로운 행렬 $[A]$의 행렬식은 0이 된다.

$$\begin{vmatrix}2 & 1 & 4\\14 & 7 & 28\\1 & 3 & 5\end{vmatrix}=(2)(7)(5)+(1)(28)(1)+(4)(14)(3)$$
$$-(1)(14)(5)-(2)(28)(3)-(4)(7)(1)=0$$

연립 일차방정식

앞서 언급했듯이, 대부분 공학적 문제를 표현하려면 대수 방정식의 형태를 따른다. 앞으로 여러분은 선형방정식 집합 문제의 해결에 대한 다양한 방법론을 수학이나 공학 수업에서 배울 것이다. 이 절에서는 이러한 방법론 중 한 가지에 대해 알아보자.

가우스 소거법 먼저 예시를 통해 가우스 소거법에 대한 증명을 해보자. x_1, x_2, x_3의 세 변수를 갖는 3개의 연립 일차방정식이 있다고 가정해보자.

$$2x_1+x_2+x_3=13 \tag{18.18a}$$

$$3x_1+2x_2+4x_3=32 \tag{18.18b}$$

$$5x_1-x_2+3x_3=17 \tag{18.18c}$$

단계 1: 먼저 첫 번째 식 (18.18a)을 x_1의 계수인 2로 나눔으로써 시작한다. 이에 대한 연산은 다음과 같다.

$$x_1 + \frac{1}{2}x_2 + \frac{1}{2}x_3 = \frac{13}{2} \tag{18.19}$$

단계 2: 식 (18.19)에 식 (18.18b)에서 x_1의 계수인 3을 곱한다.

$$3x_1 + \frac{3}{2}x_2 + \frac{3}{2}x_3 = \frac{39}{2} \tag{18.20}$$

그리고 식 (18.18b)에서 식 (18.20)을 뺀다. 이 단계에서는 x_1을 제거할 것이다. 연산의 결과는 다음과 같다.

$$\begin{array}{r} 3x_1 + 2x_2 + 4x_3 = 32 \\ -\left(3x_1 + \dfrac{3}{2}x_2 + \dfrac{3}{2}x_3 = \dfrac{39}{2}\right) \\ \hline \dfrac{1}{2}x_2 + \dfrac{5}{2}x_3 = \dfrac{25}{2} \end{array} \tag{18.21}$$

단계 3: 유사한 방법으로 식 (18.18c)로부터 x_1을 제거하기 위해 식 (18.19)에 식 (18.18c)의 계수인 5를 곱한다.

$$5x_1 + \frac{5}{2}x_2 + \frac{5}{2}x_3 = \frac{65}{2} \tag{18.22}$$

그리고 식 (18.18c)에서 x_1을 제거하기 위해 위의 식을 뺀다. 연산의 결과는 다음과 같다.

$$\begin{array}{r} 5x_1 - x_2 + 3x_3 = 17 \\ -\left(5x_1 + \dfrac{5}{2}x_2 + \dfrac{5}{2}x_3 = \dfrac{65}{2}\right) \\ \hline -\dfrac{7}{2}x_2 + \dfrac{1}{2}x_3 = -\dfrac{31}{2} \end{array} \tag{18.23}$$

단계 1에서 단계 3까지 수행된 연산의 결과를 요약해보자. 이러한 연산들은 식 (18.18b)와 식 (18.18c)로부터 x_1을 제거하였다.

$$x_1 + \frac{1}{2}x_2 + \frac{1}{2}x_3 = \frac{13}{2} \tag{18.24a}$$

$$\frac{1}{2}x_2 + \frac{5}{2}x_3 = \frac{25}{2} \tag{18.24b}$$

$$-\frac{7}{2}x_2 + \frac{1}{2}x_3 = -\frac{31}{2} \tag{18.24c}$$

단계 4: 식 (18.24c)로부터 x_2를 제거하기 위해, 먼저 식 (18.24b)를 x_2의 계수인 $\frac{1}{2}$로 나눈다.

$$x_2 + 5x_3 = 25 \tag{18.25}$$

그리고 식 (18.25)에 식 (18.24c)의 x_2계수인 $\frac{-7}{2}$을 곱하고 식 (18.24c)를 뺀다. 연산의 결과는 다음과 같다.

$$\begin{array}{r} -\frac{7}{2}x_2 + \frac{1}{2}x_3 = -\frac{31}{2} \\ -\left(-\frac{7}{2}x_2 - \frac{35}{2}x_3 = -\frac{175}{2}\right) \\ \hline 18x_3 = 72 \end{array} \tag{18.26}$$

식 (18.26)의 양변에 18을 나누면,

$$x_3 = 4$$

지금까지의 단계의 결과를 요약하면,

$$x_1 + \frac{1}{2}x_2 + \frac{1}{2}x_3 = \frac{13}{2} \tag{18.27}$$

$$x_2 + 5x_3 = 25 \tag{18.28}$$

$$x_3 = 4 \tag{18.29}$$

단계 5: 이제 x_2와 x_3의 계산식에 역대입한다. x_3을 식 (18.28)에 대입하고 x_2를 구한다.

$$x_2 + 5(4) = 25 \quad \rightarrow \quad x_2 = 5$$

다음으로, 식 (18.27)에 x_3와 x_2를 대입하여 x_1을 구한다.

$$x_1 + \frac{1}{2}(5) + \frac{1}{2}(4) = \frac{13}{2} \quad \rightarrow \quad x_1 = 2$$

역행렬

이전 절에서 우리는 행렬의 더하기, 빼기 그리고 곱하기에 대해 알아보았지만, 행렬의 나누기에 대한 언급은 하지 않았음을 알 것이다. 그 이유는 나누기에 대한 연산이 정식으로 정의되지 않았기 때문이다. 대신 원래의 행렬에 역행렬을 곱함으로써 단위행렬을 구할 수 있다.

$$[A]^{-1}[A] = [A][A]^{-1} = [I] \tag{18.30}$$

식 (18.30)에서 $[A]^{-1}$는 $[A]$의 역행렬이라고 한다. 정사각행렬과 정칙행렬에서만 역행렬을 가질 수 있다. 이전 절에서 일차방정식 집합을 해결하는 방법으로 가우스 소거법에 대해 알아보았다. 역함수는 일차방정식의 집합을 해결하는 또 다른 방법이라 할 수 있다. 추후 수학이나 공학 수업을 들으면서 역함수를 계산하는 다양한 방법을 배울 것이다.

18.6 미적분학

일반적으로 미적분학은 두 분야(미분, 적분)로 구분된다. 이번 절부터 미분과 적분에 관련된 주요 개념을 알아보자.

미분

미분을 잘 이해하려면 공학적 문제에서 변화율(rate of change)을 알아야 한다. 변화율이란 독립변수에 따른 종속변수가 얼마나 변화하는가를 의미한다. 날씨 좋은 날에 드라이브를 간다고 상상해보자. 여러분은 차에 올라타서 엔진에 시동을 걸고 도로를 달리며 운전을 할 것이다. 일정한 속도로 주행하면서 경치를 즐기는 순간, 여러분은 차의 속도가 어떻게 변화되어 왔는지에 대한 공학적 호기심이 생길 것이다. 다시 말하자면, 여러분은 속도에 따른 시간 변화율, 자동차의 접선가속도에 대한 궁금증이 생길 수 있다.

위에서 정의했듯이, 변화율은 한 변수의 변화가 다른 변수에 얼마나 영향을 미치는지를 보여준다. 속도를 종속변수, 시간을 독립변수로 두는 예를 들어보면 자동차의 속도는 시간의 함수이기 때문에 속도는 종속변수라 할 수 있다. 반면에, 시간 변수는 속도에 종속되지 않으며, 따라서 이를 독립변수라 한다. 만약 시간을 통해 속도를 설명하는 함수가 정의되었다면 그 함수를 미분하여 가속도를 구할 수 있다. 위의 예와 관련하여 여러 가지 질문을 가질 수 있다.

연료 소비에 대한 시간 비율은 어떻게 되는가(liters per hour)?
연료 소비에 대한 거리 비율은 어떻게 되는가(kilometers per liter)?
정해진 위치에서 위치 변화에 대한 시간 비율은 어떻게 되는가(자동차의 속도 등)?

엔지니어는 제품이나 서비스를 설계하기 위해 변수의 변화율을 계산한다. 자동차를 설계하는 엔지니어는 상황을 예측하여 자동차를 만들기 위해 변화율의 개념을 잘 이해해야 한다. 예를 들어, 자동차 제조업자는 도시나 고속도로의 운전조건을 고려하여 리터당 킬로미터와 같은 특정 정보를 확인한다. 변수의 변화율을 다루는 추가적인 일상 속의 예는 다음과 같다.

오븐이 켜진 후에 시간에 따른 온도의 변화가 어떻게 되는가?
음료수를 냉장고에 넣어두고 난 후 시간에 따른 온도의 변화가 어떻게 되는가?

여기서 오븐과 냉장고를 설계한 엔지니어가 사양에 따른 제품의 기능을 설계하기 위해 변화율에 대한 개념을 다시 이해했다. 조립 라인에서 동선 및 제품의 이동은 변수의 변화율에 대한 상세한 이해를 요구하는 다른 예이다.

여러분이 미분 수업을 수강하면 2년 동안 미분에 대한 새로운 개념과 법칙에 대해 배울 것이다. 이러한 개념과 법칙을 확실히 이해하길 바란다. 미분 수업에서 배운 이러한 개념들이 실제 공학 문제에 적용되지 않을 수 있다고 생각되지만, 공학 수업에서 반드시 사용될 것이므로 안심하길 바란다. 이러한 몇몇 개념과 법칙이 [표 18.6]에 요약되어 있다. 다음 예제들은 이러한 미분 법칙들이 어떻게 적용되는지에 대한 증명을 한다. 이러한 예제를 통해 여러분에게 미분의 규칙들에 대한 완전한 설명이 아니라 이에 대한 소개를 하려는 것임을 유념하길 바란다.

표 18.6 미분 법칙과 개념 요약

	Definitions and Rules	Explanation
1	$f'(x) = \frac{df}{dx} = \lim_{h \to 0} \frac{f(x+h) - f(x)}{h}$	The definition of the derivative of the function $f(x)$.
2	If $f(x) = \text{constant}$ then $f'(x) = 0$	The derivative of a constant function is zero.
3	If $f(x) = x^n$ then $f'(x) = nx^{n-1}$	The Power Rule (see Example 18.5).
4	If $f(x) = a \cdot g(x)$ where a is a constant then $f'(x) = a \cdot g'(x)$	The rule for when a constant such as a is multiplied by a function (see Example 18.6).
5	If $f(x) = g(x) \pm h(x)$ then $f'(x) = g'(x) \pm h'(x)$	The rule for when two functions are added or subtracted (see Example 18.7).
6	If $f(x) = g(x) \cdot h(x)$ then $f'(x) = g'(x) \cdot h(x) + g(x) \cdot h'(x)$	The Product Rule (see Example 18.8).
7	If $f(x) = \frac{g(x)}{h(x)}$ then $f'(x) = \frac{h(x) \cdot g'(x) - g(x) \cdot h'(x)}{[h(x)]^2}$	The Quotient Rule (see Example 18.9).
8	If $f(x) = f[g(x)] = f(u)$ where $u = g(x)$ then $f'(x) = \frac{df(x)}{dx} = \frac{df(x)}{du} \cdot \frac{du}{dx}$	The Chain Rule.
9	If $f(x) = [g(x)]^n = u^n$ where $u = g(x)$ then $f'(x) = n \cdot u^{n-1} \cdot \frac{du}{dx}$	The Power Rule for a general function such as $g(x)$ (see Example 18.10).
10	If $f(x) = \ln \lvert g(x) \rvert$ then $f'(x) = \frac{g'(x)}{g(x)}$	The rule for natural logarithm functions (see Example 18.11).
11	If $f(x) = \exp(g(x))$ or $f(x) = e^{g(x)}$ then $f'(x) = g'(x) \cdot e^{g(x)}$	The rule for exponential functions (see Example 18.12).

예제 18.4

다음 상황에서 독립 변수와 종속 변수를 구하라: 물 소비량과 교통 흐름.

물 소비량의 경우, 물의 질량이나 부피는 종속 변수, 시간은 독립 변수이다. 교통 흐름의 경우, 자동차의 수는 종속 변수 그리고 시간은 독립 변수가 된다.

예제 18.5

$f(x) = x^3 - 10x^2 + 8$을 미분하라.

이 문제를 해결하기 위해 [표 18.6]의 법칙 3과 5의 $f'(x) = nx^{n-1}$을 사용하면 아래와 같다.

$$f'(x) = 3x^2 - 20x$$

예제 18.6

$f(x) = 5(x^3 - 10x^2 + 8)$을 미분하라.

이 문제를 해결하기 위해 [표 18.6]의 법칙 4의 $f'(x) = a \cdot g'(x)$을 사용한다. 주어진 문제에서 $a = 5$이고 $g(x) = x^3 - 10x^2 + 8$이라 하면, $f(x)$의 미분은

$$f'(x) = 5(3x^2 - 20x) = 15x^2 - 100x$$

예제 18.7

$f(x) = (x^3 - 10x^2 + 8) \pm (x^5 + 5x)$을 미분하라.

이 문제를 해결하기 위해 [표 18.6]의 법칙 5의 $f'(x) = g'(x) \pm h'(x)$를 사용한다.

$$f'(x) = (3x^2 - 20x) \pm (5x^4 + 5)$$

예제 18.8

$f(x) = (x^3 - 10x^2 + 8)(x^5 + 5x)$을 미분하라.

이 문제를 해결하기 위해 [표 18.6]의 법칙 6의 $f'(x) = g'(x) \cdot h(x) + g(x) \cdot h'(x)$를 사용한다. 주어진 문제에서 $h(x) = (x^5 - 5x)$이고 $g(x) = (x^3 - 10x^2 + 8)$이므로 $f(x)$의 미분은

$$f'(x) = (3x^2 - 20x)(x^5 - 5x) + (x^3 - 10x^2 + 8)(5x^4 - 5)$$

$$= 8x^7 - 70x^6 + 40x^4 - 20x^3 + 150x^2 - 40$$

예제 18.9

$f(x) = (x^3 - 10x^2 + 8)/(x^5 + 5x)$을 미분하라.

이 문제를 해결하기 위해 [표 18.6]의 법칙 7의 $f'(x) = [h(x) \cdot g'(x) - g(x) \cdot h'(x)]/[h(x)]^2$을 사용한다. 주어진 문제에서 $h(x) = (x^5 - 5x)$이고 $g(x) = (x^3 - 10x^2 + 8)$이라 하면, $f(x)$의 미분은

$$f'(x)=\frac{(x^5-5x)(3x^2-20x)-(x^3-10x^2+8)(5x^4-5)}{(x^5-5x)^2}$$

예제 18.10 $f(x)=(x^3-10x^2+8)^4$을 미분하라.

이 문제를 해결하기 위해 [표 18.6]의 법칙 9의 $f'(x)=n\cdot u^{n-1}\cdot\dfrac{du}{dx}$을 사용한다. 주어진 문제에서 $u=(x^3-10x^2+8)$이므로 $f(x)$의 미분은

$$f'(x)=4(x^3-10x^2+8)^3(3x^2-20x)$$

예제 18.11 $f(x)=ln\,|\,x^3-10x^2+8\,|$을 미분하라.

이 문제를 해결하기 위해 [표 18.6]의 법칙 10의 $f'(x)=g'(x)/g(x)$를 사용한다. 주어진 문제에서 $g(x)=x^3-10x^2+8$이므로 $f(x)$의 미분은

$$f'(x)=\frac{(3x^2-20x)}{x^3-10x^2+8}$$

예제 18.12 $f(x)=e^{(x^3-10x^2+8)}$을 미분하라.

이 문제를 해결하기 위해 [표 18.6]의 법칙 11의 $f'(x)=g'(x)\cdot e^{g(x)}$을 사용한다. 주어진 문제에서 $g(x)=x^3-10x^2+8$이므로 $f(x)$의 미분은

$$f'(x)=(3x^2-20x)e^{(x^3-10x^2+8)}$$

적분

적분은 공학 문제의 해결 및 수립에 있어 중요한 역할을 맡고 있다. 적분의 중요성에 대한 증명을 다음의 예를 통해 알아보자.

예제 18.13 7장에서 단면의 이차 모멘트라는 단면의 특성에 대해 공부했다. 단면 관성 면적 모멘트로도 알려진 이것은 재료가 얼마나 구부러질까에 대한 정보를 제공하므로 건축 설계 시 중요한 역할을 한다.

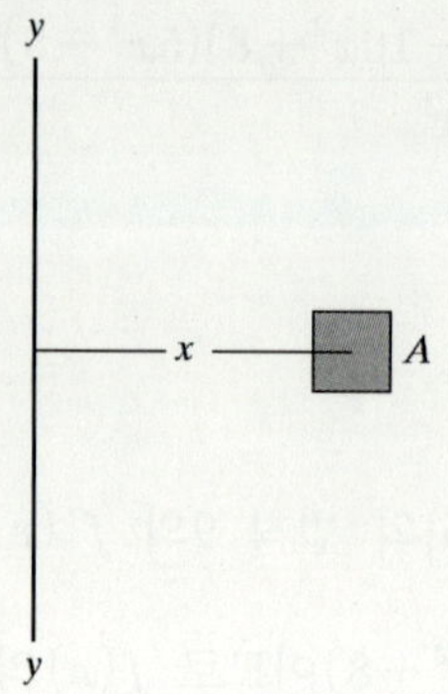

그림 18.17
$y-y$축으로부터 x만큼 떨어진 작은 면적 요소

[그림 18.17]처럼 $y-y$축으로부터 x만큼 떨어진 작은 면적 요소에 대한 단면 이차 모멘트는 다음과 같이 정의된다.

$$I_{y-y} = x^2 A \tag{18.31}$$

[그림 18.18]처럼 여러 개의 작은 면적 요소들의 합으로 확장시킬 수 있다. 그림과 같이 작은 면적 요소들이 축과 다른 거리상에 위치하는 경우에 있어서 식은 아래와 같이 확장될 수 있다.

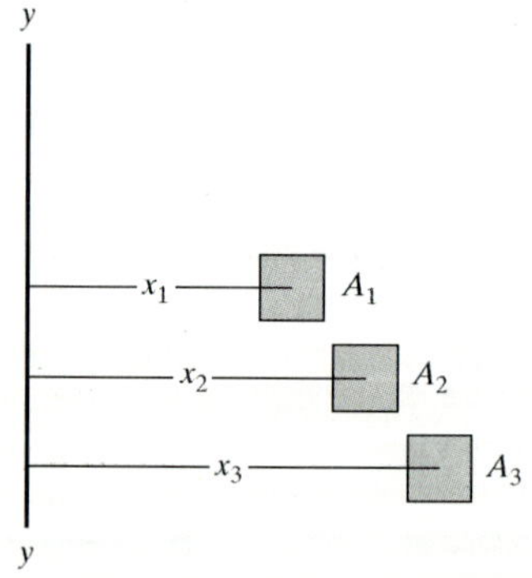

그림 18.18
3개의 작은 면적 요소들에 대한 단면 이차 모멘트

$$I_{y-y} = x_1^2 A_1 + x_2^2 A_2 + x_3^2 A_3 \tag{18.32}$$

비슷하게, 직사각형이나 원과 같은 어떤 단면에 대해 단면을 구성하는 작은 면적 요소들의 단면 이차 모멘트를 전부 더함으로써, 전체 면적의 단면 이차 모멘트를 구할 수 있다. 그러나 x^2A들을 모두 더해 주는 것 대신 적분을 취하여 연속적인 단면을 갖는 면적을 구할 수 있다. 결국, 적분 기호 $\int$은 덧셈을 뜻한 기호 S를 좀 더 크게 쓴 것일 뿐이다.

$$I_{y-y} = \int x^2 dA \tag{18.33}$$

여러분은 어떤 형태의 기하학적 도형이라도 주어진 식 (18.33)을 이용해 적분함으로써 그 도형의 관성 면적 모멘트를 구할 수 있다. 예를 들어, $y-y$ 축에 대한 단면 사각형의 공식을 도출해보자.

$$I_{y-y} = \overbrace{\int_{-w/2}^{w/2} x^2 dA}^{\text{step 1}} = \overbrace{\int_{-w/2}^{w/2} x^2 h dx}^{\text{step 2}} = \overbrace{h\int_{-w/2}^{w/2} x^2 dx}^{\text{step 3}} = \overbrace{\frac{1}{12} hw^3}^{\text{step 4}}$$

단계 1: 사각형의 전체 면적은 작은 면적 요소들의 합과 같다.

단계 2: ([그림 18.18]에서와 같이) $dA = hdx$로 치환한다.

단계 3: 상수 h를 적분 밖으로 보내서 단순화한다.

단계 4: 해 도출. 적분의 법칙에 대해서는 나중에 논의하겠다.

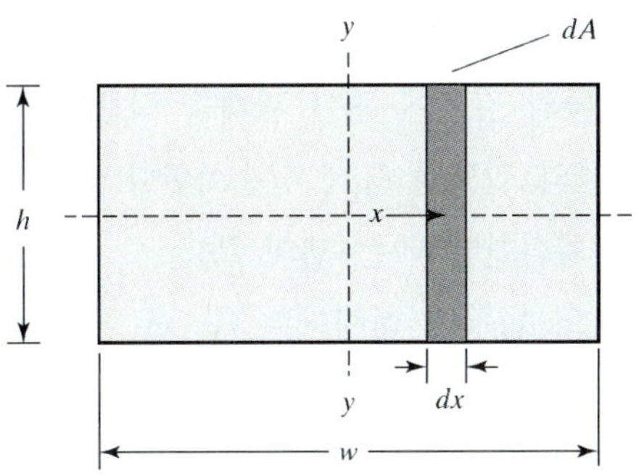

그림 18.19 이차 모멘트를 계산하기 위한 미분 요소

예제 18.14 여러분은 토목 엔지니어로써 댐에 저장되어 있는 물이 가하는 힘을 결정하는 작업을 할 수 있다. 우리는 10장에서 정수압의 개념에 대해 알아보았고, [그림 18.20]과 같이 깊이가 깊어짐에 따라 물의 압력은 증가하며 다음을 따른다.

$$P = \rho g y$$

여기서,

P = 수면 아래 거리 y에 위치한 물의 압력(Pa)

ρ = 물의 밀도(kg/m^3)

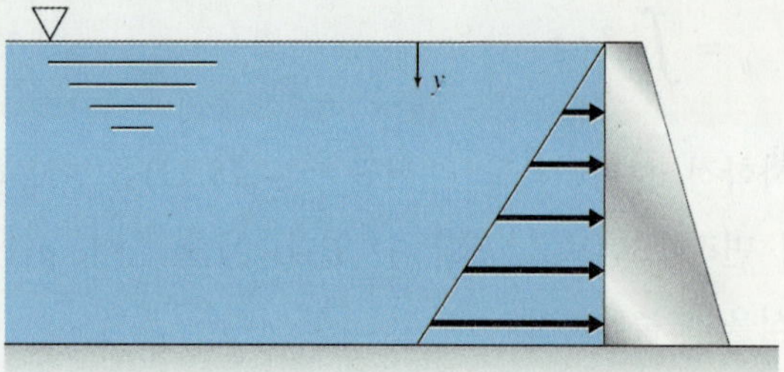

■ **그림 18.20** 깊이에 따른 압력의 변화

$g =$ 중력 가속도($g=9.81\text{m/s}^2$)

$y =$ 수면 아래의 거리(m)

물의 압력은 깊이에 따라 다르기 때문에 깊이의 영역에 따라 가해지는 알짜힘을 알아야 한다. [그림 18.21]에서 보듯이 깊이 y에 dA 지점에서의 작용하는 힘을 고려해보자.

다음과 같이 적분을 통한 절차로 전체 힘을 계산할 수 있다.

알짜힘 =

$$\overbrace{\int_0^H dF}^{\text{step 1}} = \overbrace{\int_0^H p\,dF}^{\text{step 2}} = \overbrace{\int_0^H \rho g y dA}^{\text{step 3}} = \overbrace{\rho g \int_0^H y dA}^{\text{step 4}} = \overbrace{\rho g w \int_0^H y dy}^{\text{step 5}} = \overbrace{\frac{1}{2}\rho g w H^2}^{\text{step 6}}$$

단계 1: 알짜힘은 물 속 모든 부분에서의 작은 힘들의 합과 같다.

단계 2: $dF = pdA$로 치환한다.

단계 3: 물의 압력과 물의 깊이에 관한 관계를 적용한다. $p = \rho g y$

단계 4: 상수인 g와 물의 밀도를 통해 단순화한다.

단계 5: $dA = wdy$로 치환한다.(w는 댐의 폭)

단계 6: 해 도출. 적분의 법칙에 대해서는 나중에 논의하겠다.

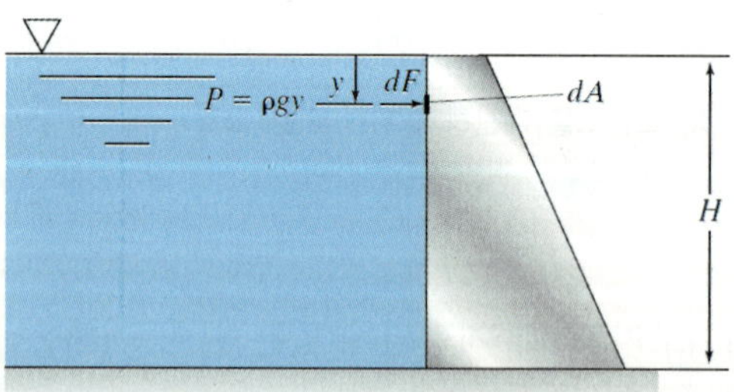

■ **그림 18.21** 수직 표면에 작용하는 압력에 의한 힘

우리는 공학응용에 있어서 적분을 더 다양한 분야에 적용할 수 있다. 여러분이 앞으로 적분 수업을 듣는다면, 적분에 관한 더 많은 개념과 법칙을 배울 것이다. 그때 이러한 개념과 법칙을 확실하게 이해하길 바란다. [표 18.7]에는 이러한 적분

의 개념과 법칙들이 정리되어 있다. 적분의 법칙들이 어떻게 활용되는지에 대한 예를 살펴보자. 이러한 예제를 통해 여러분에게 적분의 법칙들에 대해 완전히 설명하려는 것이 아니라 이에 대한 소개를 하려는 것임을 유념하길 바란다.

표 18.7 적분 법칙과 개념 요약

	Definitions and Rules	Explanation
1	$\int a dx = ax + C$	The integral of a constant a.
2	$\int x^n dx = \frac{1}{n+1} x^{n+1} + C$	True for $n \neq -1$(see Example 18.15).
3	$\int \frac{a}{x} dx = a\, ln\lvert x\rvert + C$	True for $x \neq 0$(see Example 18.18).
4	$\int e^{ax} dx = \frac{1}{a} e^{ax} + C$	The rule for exponential function.
5	$\int a \cdot f(x) dx = a \int f(x) dx$	When $a =$ constant (see Example 18.16).
6	$\int [f(x) \pm g(x)] dx = \int f(x) dx \pm \int g(x) dx$	See Example 18.17.
7	$\int [u(x)]^n u'(x) dx = \frac{[u(x)]^{n+1}}{n+1} + C$	The substitution method.
8	$\int e^{u(x)} u'(x) dx = e^{u(x)} + C$	The substitution method(see Example 18.20).
9	$\int \frac{u'(x)}{u(x)} dx = ln\lvert u(x)\rvert + C$	The substitution method.

예제 18.15

$\int (3x^2 - 20x) dx$를 계산하라.

우리는 [표 18.7]의 법칙 2와 6을 통해 이 문제를 해결할 것이다.

$$\int (3x^2 - 20x) dx = \int 3x^2 dx + \int -20x dx = 3\int x^2 dx - 20\int x dx$$

$$= 3\left[\frac{1}{2+1} x^3\right] - 20\left[\frac{1}{1+1} x^2\right] + C = x^3 - 10x^2 + C$$

예제 18.16

$\int 5(3x^2 - 20x) dx$를 계산하라.

이 문제를 해결하기 위해 [표 18.7]의 법칙 5의 $\int a \cdot f(x) dx = a \int f(x) dx$를 사용한다. 주어진 문제에서 $a = 5$이고 $f(x) = 3x^2 - 20x$이라 하면, 예제 18.15의

결과를 사용하여

$$\int 5(3x^2 - 20x)dx = 5(x^3 - 10x^2 + C)$$

예제 18.17

$\int [(3x^2 - 20x) \pm (5x^4 - 5)]dx$를 계산하라.

이 문제를 해결하기 위해 [표 18.7]의 법칙 6의 $\int [f(x) \pm g(x)]dx = \int f(x)dx \pm \int g(x)dx$를 사용한다.

$$\int [(3x^2 - 20x) \pm (5x^4 - 5)]dx = \int (3x^2 - 20x)dx \pm \int (5x^4 - 5)dx$$

$$= (x^3 - 10x^2 + C_1) \pm (x^5 - 5x + C_2)$$

예제 18.18

$\int \frac{10}{x}dx$를 계산하라.

이 문제를 해결하기 위해 [표 18.7]의 법칙 3의 $\int a/x\ dx = a\ \ln|x| + C$를 사용한다.

$$\int \frac{10}{x}dx = 10\ \ln|x| + C$$

예제 18.19

$\int [(x-1)(x^2 - 2x)]\,dx$를 계산하라.

이 문제를 해결하기 위해 [표 18.7]의 법칙 7을 사용한다. 주어진 문제에서 $u = x^2 - 2x$이고 $du/dx = 2x - 2 = 2(x-1)$이므로 $du = 2(x-1)dx$ 혹은 $du/2 = (x-1)dx$로 치환 할 수 있다.

$$\int [(x-1)(x^2 - 2x)]\,dx = \int u\frac{du}{2} = \frac{1}{2}\int u\,du = \frac{1}{2}\left(\frac{u^2}{2} + C\right)$$

$$= \frac{1}{2}\left[\frac{(x^2 - 2x)^2}{2} + C\right]$$

예제 18.20 $\int \left[(x-1)\, e^{(x^2-2x)} \right] dx$를 계산하라.

이 문제를 해결하기 위해 [표 18.7]의 법칙 8의 $\int e^{u(x)} u'(x) dx = e^{u(x)} + C$를 사용한다. 위의 예제에서 $u = x^2 - 2x$이고, $du/2 = (x-1)dx$이다. 이를 치환해서 풀면,

$$\int \left[(x-1)\, e^{(x^2-2x)} \right] dx = \frac{1}{2} \int e^u du = \frac{1}{2}(e^u) + C = \frac{1}{2}(e^{(x^2-2x)}) + C$$

18.7 미분방정식

많은 공학관련 문제 해결에는 경계조건과 초기조건으로 이루어진 미분방정식이 활용된다. 이름에서 알 수 있듯이 미분방정식은 함수들과 미분 식을 포함한다. 게다가 미분방정식은 매우 작은 부피나 질량에 대한 근본적인 자연의 법칙(이전에 기술하였던 법칙들)들을 응용하여 도출되었다. 미분방정식은 질량, 힘, 에너지와 같은 것들의 균형을 나타낸다. 경계조건은 설명하거나 해결하고자 하는 문제의 경계선에서 자연법칙에 따라 어떤 일들이 일어나는지에 대한 정보를 제공한다. 초기조건은 어떤 시스템에서 변화가 진행되거나 변화되기 전의 초기조건(시간 $t=0$)에 대한 정보를 알려준다. 미분방정식은 정확한 해를 구하는 것이 가능할 때 주어진 조건에서 움직이는 시스템에 대한 자세한 정보를 제공한다. 지배방정식, 경계조건, 초기조건과 해의 예가 다음 [표 18.8]에 있다.

예제 1에서 함수 Y는 위치변수 X로 나타내어지는 위치에 대한 빛의 굴절을 나타낸다. [표 18.8]과 같이 빛의 위치를 나타내는 변수 X는 0부터 L까지 변화한다. X는 왼쪽 지지점으로부터의 거리임을 유의하라. 빛에 작용하는 힘은 W를 통해 나타난다. 경계조건은 빛의 경계 부분에 어떤 일이 일어나는지 알려준다. 예제 1에서 지지대가 있는 $X=0$과 $X=L$에서 빛의 굴절은 0이다. 나중에 미분방정식 수업을 듣는다면 [표 18.8]에 주어진 내용으로 이 문제를 해결하는 방법을 배울 것이다. 해는 주어진 W에서 임의의 위치 X에서 빛이 어떻게 굴절되는지를 보여준다. 해에서 만약 X를 0 또는 L이라 하면 Y값은 0이 되는지 살펴보라. 예상했던 대로 해는 경계조건을 만족시킨다.

표 18.8 몇 가지 공학 예제들의 지배미분방정식과 경계조건들, 초기조건들 그리고 정확한 해

Problem Type	Governing Solution, Boundary Conditions or Initial Conditions	Solution
Example 1: The deflection of a beam. 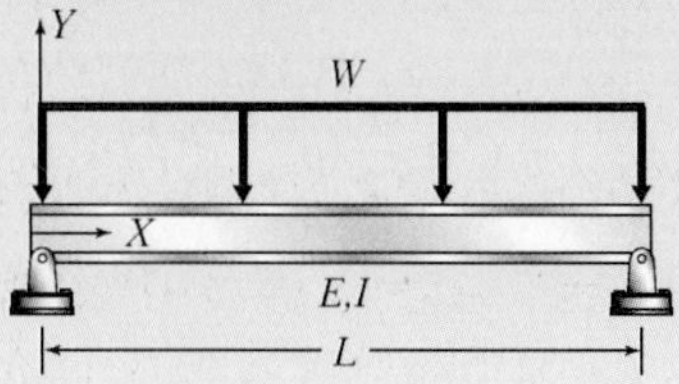	$EI\frac{d^2Y}{dX^2} = \frac{wX(L-X)}{2}$ Boundary conditions: at $X=0,\ Y=0$ and at $X=L, Y=0$	Deflection of the beam Y, as the function of distance X: $Y = \frac{w}{24EI}(-X^4 + 2LX^3 - L^3X)$
Example 2: The oscillation of an elastic system. 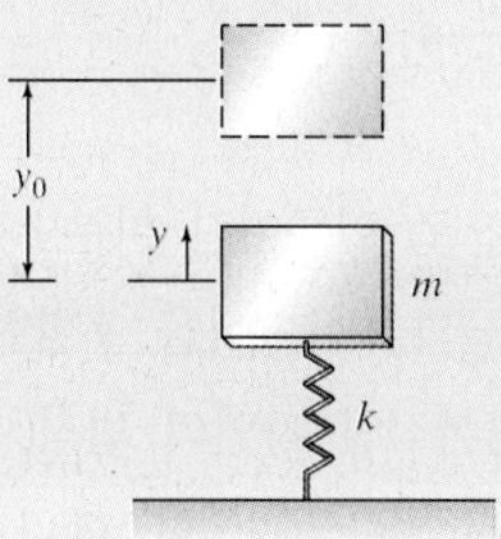	$\frac{d^2y}{dt^2} + \omega_n^2 y = 0$ where $\omega_n^2 = \frac{k}{m}$ Initial conditions: at time $t=0,\ y=y_0$ and at time $t=0, \frac{dy}{dt} = 0$	The position of the mass y, as the function of time: $y(t) = y_0 \cos \omega_n t$
Example 3: The temperature distribution along a long fin. 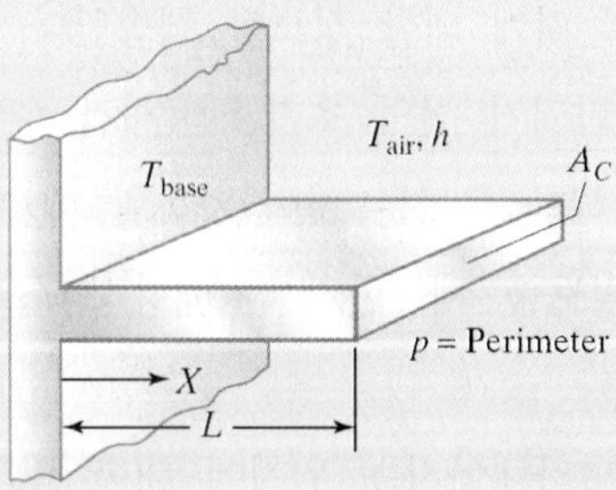	$\frac{d^2T}{dX^2} - \frac{hp}{kA_c}(T - T_{air}) = 0$ Boundary conditions: at $X=0,\ T=T_{base}$ as $L \to \infty,\ T=T_{air}$	Temperature distribution along the fin as the function of X: $T = T_{air} + (T_{base} - T_{air})e^{-\sqrt{\frac{hp}{kA_c}}X}$

예제 2를 위한 미분방정식은 주어진 질량에 대한 뉴턴의 제2법칙을 응용하여 도출되었다. 이 문제에서 초기조건은 시간 $t=0$일 때 물체를 y_0만큼 들어 올렸다가 그 물체에 어떠한 속도도 주지 않고 놓는다는 것을 뜻한다. 예제 2에 대한 해는 시간 t에 따라 변수 y로 나타내어지는 물체의 위치를 나타낸다. 그 물체는 주어진 코사인 함수에 따라 아래, 위로 요동칠 것이다.

예제 3에서 T는 베이스에 수직으로 서 있는 판에서 위치변수 X로 나타낸 지점에서의 온도를 나타낸다. X는 판의 베이스를 기준으로 잰 것임을 유의하라. 이 문제의 경계조건은 판의 베이스에서의 온도는 T_{base}이고 주어진 판이 아주 길다면 판의 끝에서의 온도는 공기 온도와 같음을 알려준다. 이 예제에 대한 해는 판의 길이에 따라 판의 온도가 어떻게 변하는지를 나타낸다.

이 장의 목적은 중요한 수학 모델 및 개념에 집중하고 공학 교육에서 왜 수학이 매우 중요한지 알려주는 데 있다는 것을 다시 한 번 기억하길 바란다. 더 자세한 내용은 여러분이 나중에 수강할 수학수업에서 다룰 것이다.

요약

이 장에서는 다음을 학습했다.

- 이 장에서 예시를 든 수학기호들에 익숙해지고 앞으로 수학이나 공학 수업을 들을 때 새로운 수학기호들을 배울 준비가 되어있어야 한다.
- 공학에서 그리스어 알파벳의 역할을 이해하고 공식에서 각도나 차원, 물리적 변수들의 중요성을 이해해야 한다. 또한, 그리스어 알파벳을 확실하게 외워서 다른 사람들과 효과적으로 대화할 수 있어야 한다.
- 공학 문제들과 그 솔루션을 설명하는 데 있어서 선형모델과 비선형 모델의 중요성을 이해해야 한다. 또한, 이 모델들에 정의된 특징들을 알고 있어야 한다.
- 많은 공학 문제들이 선형대수방정식의 집합으로 한 번에 해결될 수 있다. 그러므로 행렬대수학에 대한 제대로 된 이해가 필수적이다.
- 미적분학은 크게 두 가지 분야(미분, 적분)로 나누어짐을 알아야 한다. 또한, 미분은 한 변수가 변화함에 따라 다른 변수가 어떻게 변화하는지에 대한 비율을 이해하는 것을 다루는 것이고, 적분은 어떠한 것을 추가하거나 더하는 것과 관련이 있음을 알아야 한다.
- 미분방정식은 함수의 도함수를 포함하고 질량과 힘, 에너지 등의 균형을 나타낸다. 그리고 경계조건들은 설명하거나 해결하고자 하는 문제의 경계선에서 자연법칙에 따라 어떤 일들이 일어나는지에 대한 정보를 제공한다는 것을 알아야 한다. 초기 조건들은 어떤 시스템에서 변화가 진행되거나 변화되기 전의 초기조건에 대해 알려준다.

연습문제

18.1 세 개의 스프링의 힘–변형 관계가 다음 그림에 나와 있다. 각 스프링의 강직도(탄성계수)는? 어느 스프링이 가장 강직도가 높은가?

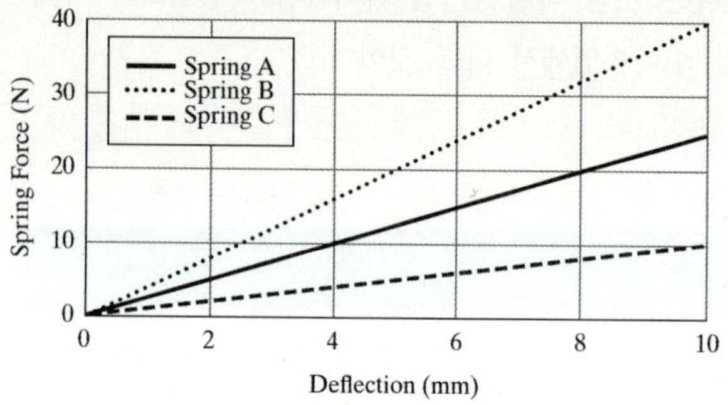

문제 18.1

18.2 다음 그림에서, 스프링 A는 선형 스프링이고 스프링 B는 $F = kx^n$으로 설명되는 특징을 가지는 강한 스프링이다. 각 스프링의 강직계수 k를 구하여라. 강한 스프링에서의 지수 n의 값은 얼마인가? 강한 스프링의 힘과 변형 간의 관계를 설명하고 선형 스프링과 어떻게 다른지를 설명하라.

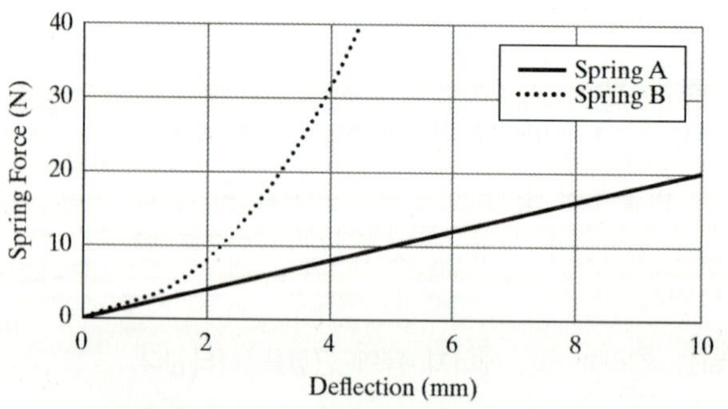

문제 18.2

18.3 다음 그림과 같이 호스로부터 나오는 물줄기(시간에 따른)의 위치를 설명하는 방정식은 다음과 같다.

$$x = x_0 + (v_x)_0 t$$

$$y = y_0 + (v_y)_0 t - \frac{1}{2} g t^2$$

위 관계식에서 x와 y는 위치좌표이고 x_0과 y_0은 호스 끝의 좌표이다. $(v_x)_0$와 $(v_y)_0$는 x와 y 방향으로 나오는 물의 초속도이며, $g = 9.81 \text{m/s}^2$이고 t는 시간이다.

시간에 대한 함수로 물줄기의 x와 y위치를 그려라. 또 시간에 대한 함수로서 물줄기의 경로를 그려라. 물줄기의 분속도를 계산하고 시간에 따른 함수로 이를 나타내어라.

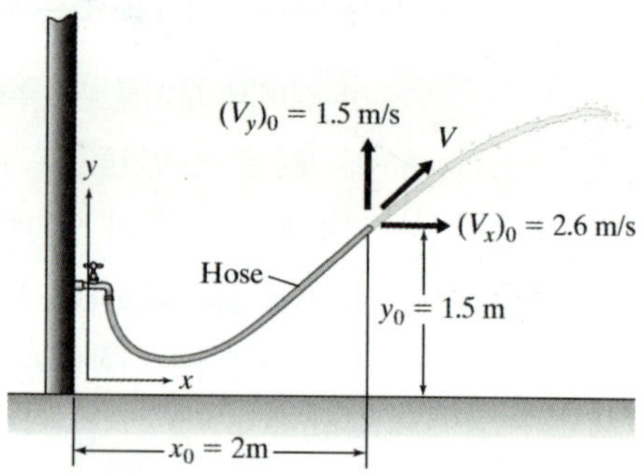

문제 18.3

18.4 12장에서 다양한 전자부품의 전력소모는 다음 힘에 대한 식을 통해 정의된다고 설명했다: $P = VI = RI^2$. 식에서 P는 Watts 단위의 힘이고, V는 전압, I는 amps 단위의 전류, R은 ohms 단위의 저항이다.

저항이 145ohms인 전자부품의 전력소모를 그려라. 전류값은 0~4amps까지 걸쳐있다. 부품을 흐르는 전류의 함수로서 힘의 변화를 그래프로 나타내어라.

18.5 광고판을 지탱하는 캔틸레버 빔의 변형식은 다음과 같다.

$$y = \frac{-Wx^2}{6EI}(3L - x)$$

위 식에서,

y = 주어진 위치 x에서의 변형(m)
W = 광고판의 무게(N)
E = 탄성계수(N/m^2)
I = 단면 이차 모멘트(m^4)
x = 버팀대로부터의 거리(m)
L = 빔의 길이(m)

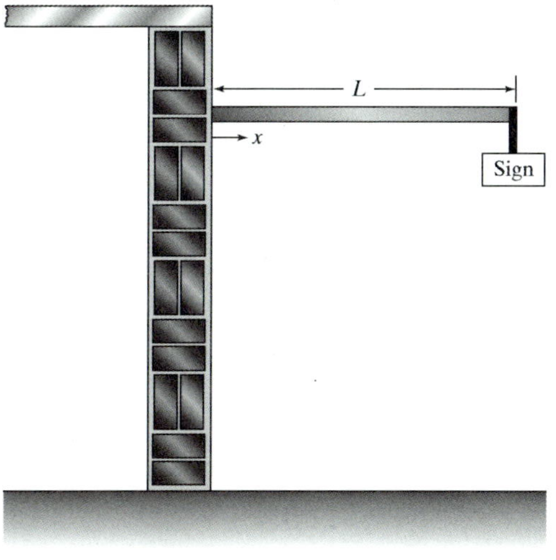

문제 18.5

빔의 길이가 3m, 탄성계수 $E = 200\text{GPa}$, $I = 1.2 \times 10^6 \text{mm}^4$이고 광고판의 무게가 1500N일 때 빔의 변형을 그래프로 나타내어라. 벽에서($x = 0$)의 변형의 기울기와 광고판을 지탱하는 빔의 끝($x = L$)에서의 기울기는 얼마인가?

18.6 이전 장에서 설명했듯이, 자동차에 미치는 항력은 풍동에 차를 놓고 실험을 통하여 알아본다. 자동차에 작용하는 항력은 다음과 같다.

$$F_d = \frac{1}{2} C_d \rho V^2 A$$

위 식에서,

F_d = 측정된 항력(N)
C_d = 항력계수(단위 없음)
ρ = 공기 밀도(kg/m^3)
V = 풍동 내의 공기 속도(m/s)
A = 자동차의 앞 면적(m^2)

공기저항을 이기기 위해 필요한 힘은 다음과 같이 계산된다.

$$P = F_d V$$

자동차의 앞 면적이 1,800,000mm^{2}이고 항력계수가 0.4 그리고 공기밀도가 1.227kg/m^{3}일 때 공기저항을 이기기 위해 필요한 힘(Watt)을 그래프로 나타내어라. 차의 속도는 0~30m/s까지 걸쳐 있다. 또, 속도에 대한 함수로서 필요한 힘의 변화량을 나타내어라.

18.7 세 가지 다른 물질의 냉각률이 다음 그림에 나와 있다. 각 물질의 냉각률을 설명하는 수리방정식은 지수함수의 형태 $T(t) = T_{\text{initial}} e^{-at}$이다. 이 관계식에서, $T(t)$는 시간 t에서 물질의 온도를, 계수 a는 열용량과 물질의 저항을 나타낸다. 각 물질의 처음 온도와 계수 a를 구하라. 어떤 물질이 가장 빨리 냉각되며, 그 물질의 a값은 얼마인가?

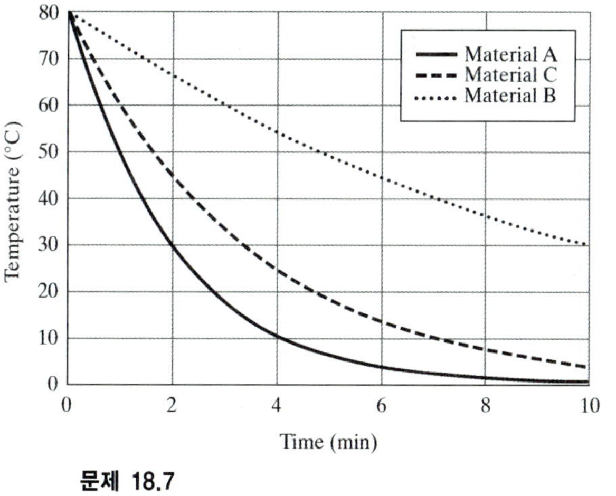

문제 18.7

18.8 이전 장들에서 설명한 것처럼, 핀이나 확장표면은 냉각을 향상시키기 위해 다양한 공학적 적용 분야에서 보통 사용된다. 흔한 예로 오토바이 엔진헤드, 잔디 깎기의 엔진헤드, 전자장비에 사용되는 방열체나 방을 덥히거나 차갑게 하는 데

쓰이는 핀 튜브 열교환기가 있다. 긴 핀에서 핀을 따라 나타나는 온도분포는 다음과 같다.

$$T - T_{\text{ambient}} = (T_{base} - T_{ambient})\, e^{-mx}$$

위 식에서,

$$m = \sqrt{\frac{hp}{kA}}$$

h = 열전달 계수(W/m^2·K)
p = 핀의 둘레 $2(a+b)$ (m)
A = 핀의 단면적 $(a*b)$ (m^2)
k = 핀 물질의 열전도도(W/m·K)

문제 18.8

종속변수와 독립변수는 무엇인가?

다음으로, 그림과 같이 온도가 100℃인 표면으로부터 열을 제거하는 데 쓰이는 사각형 단면에 알루미늄 핀이 있다고 하자. 주변온도는 20℃이다. 다음 자료를 이용해 핀 전체의 온도분포를 그래프로 나타내어라: k=180W/m·K, h=15W/m^2·K, a=0.05m이고 b=0.015m이다. x는 0~0.015m까지 걸쳐있다. 핀의 끝 부분 온도는 얼마인가? k의 함수로서 끝 부분의 온도를 그래프로 나타내어라. k값은 180~350W/m·K까지의 값을 가진다.

18.9 다음 연립 선형 방정식의 해를 구하기 위해 이 장에서 다룬 도해적 방법을 사용하여라.

$$x + 3y = 14$$
$$4x + y = 1$$

18.10 다음 연립 선형 방정식의 해를 구하기 위해 이 장에서 다룬 도해적 방법을 사용하여라.

$$-2x_1 + 3x_2 = 5$$
$$x_1 + x_2 = 10$$

18.11 계산기를 사용하지 않고 다음 문제의 답을 구하라. 만약 6^4이 대략 1300이라면, 6^8의 추정값은 얼마인가?

18.12 계산기를 사용하지 않고 다음 문제의 답을 구하라. log8=0.9라면, log64, log80, log8000 그리고 log6400의 값은 얼마인가?

18.13 함수 $y=x$, $y=10^x$ 그리고 $y=\log x$의 그래프를 그려라. x값은 1~3까지이다. $y=\log x$와 $y=10^x$이 $y=x$에 관하여 대칭을 이루는가? 만약 그렇다면 왜 그런가? 설명하라.

18.14 소음 측정기를 이용하여 다음 음원들을 측정하였다: 콘서트의 락밴드($100\times10^6\mu$Pa), 압축 공기식 드릴($2\times10^6\mu$Pa) 그리고 속삭임(2000μPa). 이 값들을 dB 값으로 전환하라.

18.15 비행기 이륙 시 대략 125dB 규모의 소음이 발생한다. 압력교란의 규모는 얼마인가(μPa)?

18.16 주어진 행렬들의 크기와 형식을 말하여라. 어떤 행렬인지에는 정사각행렬, 행 행렬, 대각행렬, 열 행렬, 단위행렬이 있다.

a. $\begin{bmatrix}3 & 2 & 0\\ 2 & 4 & 5\\ 0 & 5 & 6\end{bmatrix}$ b. $\begin{bmatrix}x\\ x^2\\ x^3\\ x^4\end{bmatrix}$ c. $\begin{bmatrix}4 & 0\\ 0 & 8\end{bmatrix}$

d. $[1 \quad y \quad y^2 \quad y^3]$ e. $\begin{bmatrix}1 & 0 & 0\\ 0 & 1 & 0\\ 0 & 0 & 1\end{bmatrix}$

18.17 다음과 같은 행렬들이 있다.

$$[A] = \begin{bmatrix}4 & 2 & 1\\ 7 & 0 & -7\\ 1 & -5 & 3\end{bmatrix}, \quad [B] = \begin{bmatrix}2 & 10 & 0\\ 4 & 20 & 0\\ 12 & -4 & 18\end{bmatrix}$$

$$\{C\} = \begin{Bmatrix}1\\ -2\\ 4\end{Bmatrix}$$

다음 계산을 수행하여라.

a. $[A]+[B]=?$
b. $[A]-[B]=?$
c. $3[A]=?$
d. $[A][B]=?$
e. $[A]+\{C\}=?$
f. $[A]^2=?$
g. $[I][A]=[A][I]=[A]$임을 보여라.

18.18 다음과 같은 행렬들이 있다.

$$[A]=\begin{bmatrix} 2 & 10 & 0 \\ 16 & 6 & 14 \\ 12 & -4 & 18 \end{bmatrix},\ [B]=\begin{bmatrix} 2 & 10 & 0 \\ 4 & 20 & 0 \\ 12 & -4 & 18 \end{bmatrix}$$

직접 확장을 통해 $[A]$와 $[B]$의 행렬식을 계산하라. 어느 행렬이 특이행렬인가?

18.19 다음 관계방정식을 가우시안 방법을 사용하여 풀어라.

$$x+3y=14$$
$$4x+y=1$$

18.20 다음 관계방정식을 가우시안 방법을 사용하여 풀어라.

$$-2x_1+3x_2=5$$
$$x_1+x_2=10$$

18.21 다음 관계방정식을 가우시안 방법을 사용하여 풀어라.

$$\begin{bmatrix} 1 & 1 & 1 \\ 2 & 5 & 1 \\ -3 & 1 & 5 \end{bmatrix}\begin{Bmatrix} x_1 \\ x_2 \\ x_3 \end{Bmatrix}=\begin{Bmatrix} 6 \\ 15 \\ 14 \end{Bmatrix}$$

18.22 13장에서 설명했듯이, 질량이 m이고 속도 V로 움직이는 물체는 다음과 같이 운동에너지를 가진다.

$$Kinetic\ Energy=\frac{1}{2}mV^2$$

속도의 함수로서 질량이 1500Kg인 자동차의 운동에너지를 그래프로 나타내어라. 속도는 0~35m/s(126kmph)에 걸쳐있다. 속도의 함수로서 자동차의 운동에너지 변화율을 구하고 그래프로 나타내어라. 이 변화율이 나타내는 것은 무엇인가?

18.23 13장에서 스프링이 원래 상태에서 당겨지거나 압축될 때 탄성에너지가 스프링에 저장되게 되는데, 이 에너지는 스프링이 늘어나지 않은 원래의 상태로 돌아갈 때 발생한다는 것을 배웠다. 스프링이 늘어나거나 압축될 때 스프링에 저장되는 탄성에너지는 다음과 같다.

$$Elastic\ Energy=\int_0^x F\,dx$$

$F=kx$로 설명되는 선형 스프링의 탄성에너지와 $F=kx^2$으로 설명되는 강한 스프링의 탄성에너지의 수식을 구하라.

18.24 [표 18.8]의 예 1에서, 주어진 해가 지배미분방정식과 경계조건을 만족시키는지 증명하라.

18.25 [표 18.8]의 예 3에서, 주어진 해가 지배미분방정식과 초기조건을 만족시키는지 증명하라.

18.26 10장에서 뉴턴의 중력법칙에 대해 다루었다. 또 중력에 의한 가속도에 대해서도 설명하였다. 지구 표면으로부터의 거리의 함수로서 중력에 의한 가속도를 그래프로 나타내어라. 거리는 수평선에서부터 5000m 상공까지 변화한다.

18.27 문제 18.26에서 지구 표면으로부터의 거리의 함수로서 80kg의 질량을 가지는 사람의 무게를 그래프로 나타내어라.

18.28 한 엔지니어가 자신이 제작 중인 컨테이너에 방사성물질을 보관하려고 한다. 설계의 한 부분으로, 두 보관 컨테이너의 표면적에 대한 부피의 비율을 측정해야 한다. 구형과 정사각형의 컨테이너에 대해 표면적에 대한 부피의 비율을 나타내는 곡선을 나타내어라. 그 비율 간의 차이를 보이는 또 다른 그래프를 그려라. 구형 컨테이너의 반지름과 정사각형 컨테이너의 한 면의 길이는 50cm부터 4m까지 변화한다.

18.29 10장에서 언급한 것처럼, 공학자들은 한 위치에서의 g값을 측정하기 위해 추를 사용한다. 중력에 따른 가속도를 측정하기 위한 공식은 다음과 같다.

$$g = \frac{4\pi^2 L}{T^2}$$

위 식에서 g는 중력에 의한 가속도(m/s^2), L은 추의 길이 그리고 T는 추의 진동주기(추가 완전히 한 사이클을 움직일 때 걸리는 시간)이다. 추의 길이가 2m일 때 0~2000m 고도 사이의 위치에서의 그래프를 그리고 T의 함수로서 g를 보여라.

18.30 디스크의 질량 관성 모멘트는 다음과 같다.

$$I = \frac{1}{2} m r^2$$

위 식에서 m은 디스크의 질량이고, r은 반지름이다. 7800kg/m^{3}의 밀도를 가지는 디스크일 때 r의 함수로서 I를 그래프로 나타내어라. r의 값은 10~25cm까지 변화한다.

18.31 18.2절에서 다룬 선형보간법을 이용하여 4150m에서의 밀도를 측정하라.

18.32 18.4절([그림 18.12] 참조)에서 다룬 금속판의 냉각에서 선형보간법을 이용하여 0.8hr일 때와 1.2hr일 때의 자료로부터 시간이 1hr일 때의 온도를 추정하라. 실제값인 308℃와 추정값을 비교하라. 오차율은 얼마인가?

18.33 [그림 18.7]의 정지시거 문제에서, 40kmph일 때와 48kmph일 때의 자료를 이용하여 속도가 44kmph일 때의 정지거리를 추정하여라. 식(18.7)로부터 얻은 실제값과 추정된 정지거리를 비교하여라. 오차율은 얼마인가?

18.34 표준압력에서 온도의 함수로서 공기밀도의 변화가 다음 표에 나와 있다. 선형보간법을 이용하여 27℃일 때와 33℃일 때의 공기밀도를 추정하여라.

Temperature(°C)	Air Density(kg/m^3)
0	1.292
5	1.269
10	1.247
15	1.225
20	1.204
25	1.184
30	1.164
35	1.146

18.35 U.S. 표준대기에서 공기 온도와 음속은 다음 표와 같다. 선형보간법을 이용하여 고도가 1,700m일 때와 11,000m일 때의 공기 온도와 그에 따른 음속을 추정하여라.

Altitude (m)	Air Temperature(K)	Speed of Sound(m/s)
500	284.9	338
1000	281.7	336
2000	275.2	332
5000	255.7	320
10,000	223.3	299
15,000	216.7	295
20,000	216.7	295

18.36부터 18.42까지의 문제는 아래 주어진 표의 자료를 이용하라.

Electricity Generation by Fuel, 1980~2030(billion kilowatt-hours)—Data from U.S. Department of Energy

Year	Coal	Petroleum	Natural Gas	Nuclear	Renewable/Other	
1980	1161.562	245.9942	346.2399	251.1156	284.6883	actual values
1990	1594.011	126.6211	372.7652	576.8617	357.2381	actual values
2000	1966.265	111.221	601.0382	753.8929	356.4786	actual values
2005	2040.913	115.4264	751.8189	774.0726	375.8663	actual values
2010	2217.555	104.8182	773.8234	808.6948	475.7432	projected values
2020	2504.786	106.6799	1102.762	870.698	515.1523	projected values
2030	3380.674	114.6741	992.7706	870.5909	559.1335	projected values

Source: Data from U.S. Department of Energy

18.36 2017년에 석탄으로부터 발전되는 전기량을 추정하여라.

18.37 2018년에 석유로부터 발전되는 전기량을 추정하여라.

18.38 2024년에 천연가스로부터 발전되는 전기량을 추정하여라.

18.39 2022년에 핵연료로부터 발전되는 전기량을 추정하여라.

18.40 2017년에 재생에너지 및 기타 자원으로부터 발전되는 전기량을 추정하여라.

18.41 선형보간법을 이용해 1987년과 비교하여 2007년에 석탄을 이용하여 발전되는 전기량의 변화율을 추정하여라.

18.42 선형보간법을 이용해 1987년과 비교하여 2007년에 발전되는 총 전기량의 변화율을 추정하여라.

CHAPTER

19 공학에서의 확률과 통계

엔지니어들은 신뢰성 문제나 품질관리를 다루고 결함분석을 수행하는 데 있어서 통계모델을 쓴다.

통계 모델은 품질관리와 신뢰성 및 실패 분석을 수행하는 공학자들에 의해 점차 널리 사용되고 있다. 토목 공학자들은 통계모델을 건축자재와 건축물의 신뢰성, 홍수방지 시스템 설계 및 수자원 관리와 같은 분야에 사용한다. 전자 공학자들은 통계모델을 음성인식 소프트웨어를 설계하기 위한 신호처리에 사용한다. 기계 공학자는 통계모델을 기계부품이나 재료의 결함 또는 실험을 설계하는 데 사용한다. 제조 공학자들은 통계를 사용하여 생산하는 물품의 품질 보증 및 관리에 사용한다. 위 예시들은 공학에서 왜 통계적 개념과 모델들을 이해하는 것이 중요한지 보여준다. 우리는 확률과 통계의 기본적 개념을 설명하는 것으로 이 장을 시작하려 한다. 그 후 우리는 도수 분포, 집중경향의 측정(평균, 중앙값), 자료 집합 안에서의 변동의 척도인 표준편차 그리고 정규 분포에 대해 논할 것이다.

19.1 확률—기본 개념

만약 교수에게 몇 명의 학생들이 수업에 등록되어있는지 묻는다면 그는 정확한 숫자 60명이라고 대답할 것이다. 반면에 여러분이 교수에게 내년이나 후년에 몇 명의 학생들이 수업을 수강하게 될지 물었다면 아마 명확한 대답을 하기가 어려울 것이다. 교수는 학생들이 수강하는 추세나 다른 몇몇 정보들을 바탕으로 대략적인 숫자만을 알 뿐 정확히 내년이나 후년에 몇 명의 학생들이 수업에 등록할지는 알 수 없다. 내년이나 후년에 수업에 등록할 학생은 임의의 수다. 공학에서는 이 같은 임의적인 상황을 다루는 경우가 많다. 예를 들어 토목 공학자들은 다리나 고속도로를 설계할 때 특정한 날에 몇 대의 자동차가 고속도로나 다리를 지나가는지 정확히 알 수 없다. 기계 공학자가 건물의 실내 온도를 적절히 유지하기 위한 냉난방 및 환기 시스템을 설계할 때도 1월의 어느 날 어느 정도의 난방이 필요한지 정확히 알 수 없다. 컴퓨터공학자는 네트워크를 설계할 때 특정한 날의 망 사용량을 정확히 알 수 없다. 이런 상황들을 해결하는 가장 좋은 방법은 확률 모형을 이용하여 예측하는 것이다.

확률에 관련된 것들을 나타내는 고유의 용어들이 있기 때문에 이 용어들에 익숙해지기 위한 시간을 갖는 것이 좋다. 확률에서 여러분이 매번 반복하는 실험을 시행(trial)이라 부른다. 실험 후 나온 값을 결과(outcome)라 부른다. 무작위 실험(random experiment)은 무작위의 결과가 나오는 것으로 정확한 예측이 불가능하다. 위 용어들에 대한 이해를 돕기 위해 휴대폰이 조립되는 제조라인을 예로 들어 보자. 여러분이 조립라인의 제일 끝에서 품질 검사를 수행하고 있으며 무작위로 선택된 휴대폰들의 전원을 켜고 끄는 일을 한다고 가정하자. 한 휴대폰을 선택하여 전원을 켜고 끌 때마다 여러분은 무작위의 실험을 수행하고 있는 것이다. 매번 휴대폰을 선택하여 그것이 양품인지 불량품인지 확인하는 것이 시행이다. 각 시행에서 나온 결과를 실험결과라 한다. 여러분이 하루에 200개의 휴대폰을 검사하고 5개의 불량품을 찾았다고 가정하자. 그러면 불량 휴대폰을 찾을 상대도수는 다음 식을 통해 0.025가 된다. 5/200=0.025. 일반적으로 같은 조건으로 실험을 n번 반복하여 특정 결과가 m번 도출된다면 상대도수는 m/n과 같다. n이 점점 커지면 특정한 실험결과 값이 나올 확률 $p=m/n$과 같다.

예제 19.1

정답이 하나뿐인 오지선다형 문제가 있다. 여러분이 시험 준비를 하지 않아 정답을 모를 때 정답을 고를 확률은 얼마인가?

$$p=\frac{1}{5}=0.2$$

만약 여러분이 스포츠를 즐긴다면 가끔 특정한 경기결과가 나올 확률을 공산으로 나타낸 것을 보았을 것이다. 예를 들어 여러분이 좋아하는 팀이 이길 공산이 1 대 2로 나타났다. "어떤 사건이 일어날 공산"의 뜻이 무엇일까? 어떤 사건이 일어날 공산은 특정사건이 일어날 확률/특정사건이 일어나지 않을 확률이다. 그러므로 여러분이 좋아하는 팀이 이길 확률이 0.33이라면 그 팀이 이길 공산은 0.33/0.66 =1/2 또는 1 대 2로 나타내어진다. 반면에 공산에 x 대 y로 나타났다면 해당 사건이 일어날 확률은 $x/(x+y)$와 같이 계산된다. 위 예제에서 확률 p는 $p=1/(1+2)=0.33$과 같이 계산된다.

고급 공학강의를 수강한다면 여러분은 특정결과에 대한 확률을 제공하는 수학적 모델들에 대해 배울 것이다. 이 장의 주목적은 확률과 통계에 대해 자세히 다루는 것이 아니라 여러분이 공학에서 확률과 통계의 중요성을 깨닫게 하는 것이다.

19.2 통계—기본 아이디어

통계는 데이터의 수집, 구성, 분석 그리고 해석을 다루는 과학의 한 분야이다. 통계학은 전체 데이터 중 일부를 활용하여 흔히 모집단이라고 불리는 많은 데이터의 특성을 도출하는데 사용되는 방법과 기술을 다룬다. 예를 들어 통계를 사용하면 선거에서 200만 명의 유권자가 투표할 결과를 단 1,000명의 유권자가 어떻게 투표할지에 대한 정보만을 수집하여 예측할 수 있다. 이 예에서 나타나는 것처럼 200만 명의 유권자에게 어떻게 투표할지를 직접 물어보는 것은 비현실적이고 불가능하다. 그러나 모집단에서 선택된 표본은 분명히 모집단의 특성을 나타내고 있을 것이다. 통계학에서 모집단은 반드시 사람만을 의미하는 것이 아니라 특정한 상황과 문제들에서 주어진 모든 데이터를 나타내는 것임을 유의하라. 예를 들어 한 회사에서 매일 15,000개의 나사를 생산한다면 생산한 나사들의 품질 검사를 할 때는 무작위로 500개의 나사만 선별해서 품질 검사를 수행할 것이다. 이 예제에서 15,000개의 나사는 모집단이고 500개의 선택된 나사는 표본을 나타낸다.

통계적 모델은 엔지니어들이 고장 분석, 신뢰성 문제, 품질 관리를 다루는데 흔히 사용되는 도구이다. 여러분은 통계학적 모델을 사용하기 위해 먼저 근본적인 개념을 완벽히 이해하는 것이 중요하다는 것을 알아야 한다. 다음 절은 그 중요한 개념들을 이해하기 위한 절이다.

19.3 도수 분포

책에서 반복해서 말했듯이 엔지니어는 문제해결사다. 엔지니어는 물리법칙, 화학법칙, 수학 등을 적용하여 수백만 개의 제품을 설계, 개발, 시험하고 생산된 제품들을 관리한다. 엔지니어들은 제품들이 어떻게 동작하고 얼마나 잘 만들어졌는지를 알기 위해 실험을 수행한다. 이러한 실험을 통해 특정 제품을 더 잘 설명할 수 있고 제공하는 서비스나 제품들의 품질을 나타내는 데이터를 모은다. 이전 절에서는 모집단과 표본들이 의미하는 바를 정의하였다. 일반적으로, 대부분의 통계적 분석은 모집단과 표본들을 찾으면서 시작한다. 모집단을 대표하는 표본을 정하고 표본에 대한 정보를 모았다면 얻은 데이터가 적절한 정보를 나타내고 결론을 도출할 수 있도록 잘 정리해야 한다. 이 과정을 이해하기 위해 다음 예제를 보자.

예제 19.2

26명의 학생이 수강하는 화학 개론의 시험 점수는 아래와 같다. 물론 여러분의 점수가 당연히 더 좋은 줄로 안다. 우리는 이 반의 시험 점수가 어떤지에 대한 몇 가지 결론을 도출해내고자 한다. 예제 19.2를 위한 시험 점수는 다음과 같다.

점수: 58, 95, 80, 75, 68, 97, 60, 85, 75, 88, 90, 78, 62, 83, 73, 70, 70, 85, 65, 75, 53, 62, 56, 72, 79

주어진 데이터(점수)만으로는 이 반의 점수가 얼마나 뛰어난지 쉽게 알 수 없다. 쉽게 데이터를 정리하는 방법 중 하나는 가장 높은 점수와 낮은 점수를 찾아내는 것이다. 그리고 [표 19.1]과 같이 일정한 간격이나 범위로(예를 들면 10점 간격) 데이터를 그룹화하는 것이다. 이를 흔히 묶음도수 분포라 한다.

표 19.1 예제 19.2의 묶음도수 분포

Scores	Range	Frequency
58, 53, 56	50–59	3
68, 60, 62, 65, 62	60–69	5
75, 75, 78, 73, 70, 70, 75, 72, 79	70–79	9
80, 85, 88, 83, 85, 87	80–89	6
95, 97, 90	90–99	3

이제 점수들이 [표 19.1]과 같이 정리되어 유용한 정보를 나타낸다. 예를 들어 3명은 성적이 매우 낮으며 3명은 성적이 꽤 높다. 더 나아가 9명의 학생이 평균 점수범위인 70~79점 범위에 포함되어 있다. 또 주어진 데이터 집합에서 평균점수 범위는 가장 높은 빈도수를 가진다. 또 다른 유용한 정보는 [표 19.1]과 같이 빈도수(해당 구간 안에 포함된 점수의 수)가 3, 5, 9로 증가했다가 다시 6에서 3으로 감소한다는 것이다. 점수의 범위와 빈도를 나타내는 다른 방법으로는 막대그래프(흔히 히스토그램이라 부른다.)를 이용한다. 주어진 범위에서 막대의 높이는 데이터의 빈도수를 나타낸다. 예제 19.2에 대한 히스토그램은 [그림 19.1]과 같다.

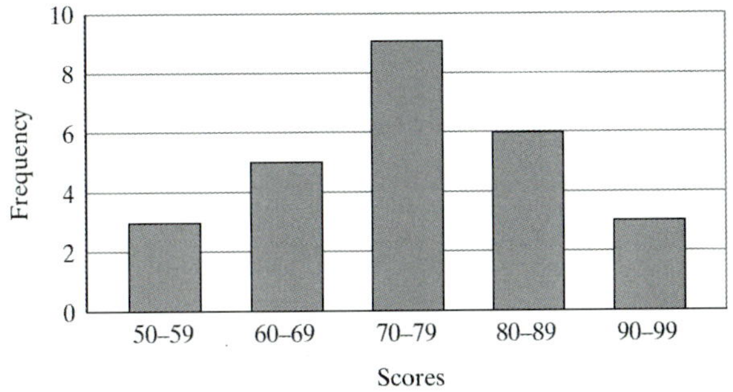

그림 19.1
[표 19.1]에 대한 점수 히스토그램

누적도수

누적도수의 계산을 통해서도 데이터를 구성할 수 있다. 누적도수는 주어진 범위 내에서 높은 점수 순으로 누적되는 학생 수를 나타낸다. 예제 19.2에서 계산된 누적도수가 [표 19.2]에 나와 있다. 여덟 명의 점수가 50에서 69 사이에 모여 있고, 학생 17명의 점수(학급의 과반수)가 평균과 평균 이하의 점수를 나타낸다.

표 19.2 예제 19.2의 누적도수 분포

Range	Frequency	Cumulative Frequency	
50–59	3	3	3
60–69	5	3+5=8	8
70–79	9	3+5+9=17 or 8+9=17	17
80–89	6	3+5+9+6=23 or 17+6=23	23
90–99	3	3+5+9+6+3=26 or 23+3=26	26

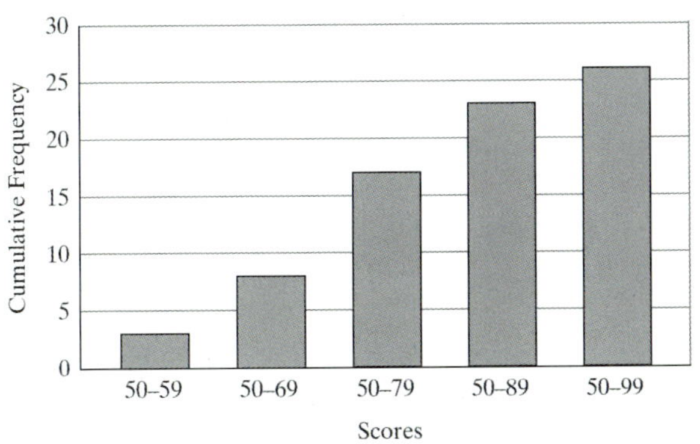

그림 19.2
예제 19.2의 누적도수 히스토그램

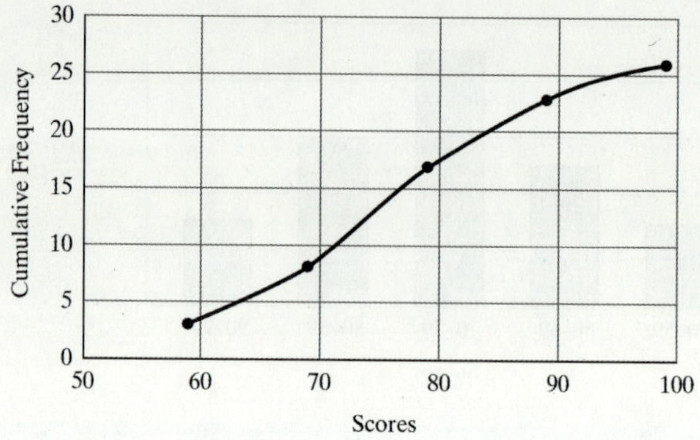

그림 19.3
예제 19.2의 누적도수 다각형

누적도수 분포는 [그림 19.2], [그림 19.3]과 같이 히스토그램이나 누적도수 다각형으로도 나타낼 수 있다. 위 그림들은 [표 19.2]의 내용과 같다. 그렇지만 어떤 사람들에게는 도표로 나타내는 것이 더 받아들이기가 쉬울 때가 있다. 엔지니어들은 명확하고 더 쉽고, 더 편리하게 정보를 전달하는 방법으로 도표를 이용한다.

19.4 집중 경향과 분산, 평균, 중앙값 그리고 표준편차의 측정

이 절에서는 주어진 데이터 집합에서 집중 경향과 변동을 찾아내는 몇 가지 간단한 방법들을 다루고자 한다. 모든 엔지니어는 실험 데이터와 실험 오차를 분석하기 위해 확률 및 통계학에 대한 기본적인 지식을 가지고 있어야 한다. 실험을 관찰하는 데 있어서 오류는 항상 있기 마련이다. 만약 결과값을 얻기 위해 몇몇 변수들의 값이 측정되었다면, 이러한 중간 측정값들의 오차가 결과값의 정확도에 얼마나 영향을 미치는지를 알아야 한다. 보통 2가지 종류의 관측 오차가 나타난다: 계통적 오차와 무작위 오차이다. 표준압력 하 해수면 위치에서 끓고 있는 순수한 물의 온도를 온도계로 측정하였더니 104℃로 읽혔다고 하자. 만약 온도계를 통한 이 측정값이 실험에 사용되었다면 그것은 계통적 오차이다. 따라서 계통적 오차는 부정확한 기구를 사용하였을 때 생겨나는 오차이며 고정 오차라고도 한다. 계통적 오차는 오차의 원인을 찾아낼 수 있고, 적절하게 눈금을 맞춘 기구를 사용함으로써 오차를 내지 않게 할 수 있다. 한편 무작위 오차는 측정 환경하에서 나타나는 예상치 못한 많은 변수에 의해 발생한다. 기기의 기계적 진동이나 전압선의 마찰 변화 혹은 습도는 실험 관측에 변동을 일으킨다. 이런 것들이 무작위 오차의 대표적 예라 할 수 있다.

수업 시간에 학생들이 두 그룹으로 나뉘어 20℃인 물의 밀도를 측정한다고 하자. 각 그룹은 10명의 학생으로 구성되어 있고 [표 19.3]과 같이 결과를 보고했다. 이 자료에 어떤 오류가 있는지 알아보고자 한다.

표 19.3 20℃에서 측정한 물의 밀도

Group A Findings	Group B Findings
$\rho(\mathrm{kg/m^3})$	$\rho(\mathrm{kg/m^3})$
1020	950
1015	940
990	890
1060	1080
1030	1120
950	900
975	1040
1020	1150
980	910
960	1020
$\rho_{avg} = 1000$	$\rho_{avg} = 1000$

먼저 각 그룹의 결과에서 평균(산술평균)을 구해보자. 각 그룹이 측정한 밀도의 평균은 부피당 1000kg/m^{3}이다. 평균만으로는 어떤 학생이 그룹에서 오차를 만들었는지 알 수 없다. 조사된 자료의 분산에 대한 정의가 필요하다. 분산을 구하기 위한 몇 가지 방법이 있다. 측정된 밀도의 평균으로부터 편차를 각각 구한 다음, 그것들을 다 합하여 그 평균을 구한다. [표 19.4]는 측정된 각각의 밀도에 대한 평균으로부터의 편차를 보여준다. 표에서 알 수 있듯이, 두 그룹 모두 편차의 합은 0이다. 이것은 우연의 일치가 아니다. 사실 어떤 표본이든 평균에 대한 편차의 합은 0이다. 이는 다음 식을 통해 쉽게 구할 수 있다.

$$\bar{x} = \frac{1}{n}\sum_{i=1}^{n} x_i \tag{19.1}$$

$$d_i = \left(x_i - \bar{x}\right) \tag{19.2}$$

표 19.4 평균으로부터의 편차

Group A			Group B		
ρ	$(\rho-\rho_{avg})$	$\lvert(\rho-\rho_{avg})\rvert$	ρ	$(\rho-\rho_{avg})$	$\lvert(\rho-\rho_{avg})\rvert$
1020	+20	20	950	−50	50
1015	+15	15	940	−60	60
990	−10	10	890	−110	110
1060	+60	60	1080	+80	80
1030	+30	30	1120	+120	120
950	−50	50	900	−100	100
975	−25	25	1040	+40	40
1020	+20	20	1150	+150	150
980	−20	20	910	−90	90
960	−40	40	1020	+20	20
	$\Sigma=0$	$\Sigma=290$		$\Sigma=0$	$\Sigma=820$

x_i는 측정값이고, $\bar{x}$는 평균, n은 측정값의 수 그리고 d_i는 평균에 대한 편차이다.

$$\sum_{i=1}^{n} d_i = \sum_{i=1}^{n} x_i - \sum_{i=1}^{n} \bar{x} \tag{19.3}$$

$$\sum_{i=1}^{n} d_i = n\bar{x} - n\bar{x} = 0 \tag{19.4}$$

따라서 자료의 평균으로부터 구해진 편차의 평균은 주어진 자료들의 퍼진 정도를 측정할 수 없다. 그렇다면 평균으로부터의 편차의 절댓값을 사용하면 어떨까? 편차의 절댓값을 이용하면 편차들의 평균을 구할 수 있을 것이다. [표 19.4]의 3번째 열에 그 결과가 나와 있다. 그룹 A의 편차의 평균은 29이고, 그룹 B의 편차의 평균은 82이다. 이를 통해 그룹 B가 그룹 A에 비해 더 퍼져있다는 것을 알 수 있다. 자료의 퍼진 정도를 구하는 다른 방법은 분산을 구하는 것이다. 각각의 편차에 대한 절댓값 대신에 편차의 제곱을 계산하여 평균을 구하면 된다.

$$\nu = \frac{\sum_{i=1}^{n} (x_i - \bar{x})^2}{n-1} \tag{19.5}$$

그러나 주어진 예제에서 분산을 구하게 되면 단위가 kg/m^{3}이 된다. 이러한 문제를 해결하기 위해 표준편차라 불리는 분산의 제곱근 값을 사용한다.

$$s = \sqrt{\frac{\sum_{i=1}^{n}\left(x_i - \overline{x}\right)^2}{n-1}} \tag{19.6}$$

여기서 표준편차를 구할 때, 왜 n 대신에 $n-1$을 사용하는지 간단히 설명하면 일반적으로 실험 반복횟수가 적거나 제한적이기 때문에 보수적인 값을 얻기 위해서라고 할 수 있다. 다시 [표 19.5]의 각 그룹에서 계산된 밀도에 대한 표준편차를 보자. 그룹 A는 그룹 B보다 표준편차가 작다. 이는 그룹 A에서 측정한 밀도는 평균($\rho = 1000\text{kg/m}^3$)에 가깝게 뭉쳐있는 반면에 그룹 B의 값들은 보다 퍼져있는 것을 보여준다. 또 표준편차는 주어진 데이터들의 빈도에 대한 정보도 제공한다. (19.5절에서 다뤄질) 정규 분포를 따르는 데이터에서는, 데이터의 68%가 (평균 $-s$)에서 (평균$+s$) 사이에 있고, (평균$-2s$)에서 (평균$+2s$) 사이에는 데이터의 95%가 속해있으며, 대부분의 데이터가 (평균$-3s$)에서 (평균$+3s$) 사이에 있다는 것을 알 수 있다.

표 19.5 각 그룹에 대한 표준편차

Group A	Group B
$(\rho-\rho_{avg})^2$	$(\rho-\rho_{avg})^2$
400	2500
225	3600
100	12,100
3600	6400
900	14,400
2500	10,000
625	1600
400	22,500
400	8100
1600	400
$\Sigma = 10{,}750$	$\Sigma = 81{,}600$
$s = 34.56(\text{kg/m}^3)$	$s = 95.22(\text{kg/m}^3)$

19.3절에서 묶음빈도 분포에 대해 배웠다. 묶음 분포의 평균은 아래와 같다.

$$\overline{x} = \frac{\Sigma(xf)}{n} \tag{19.7}$$

$x =$ 주어진 계급의 중앙값

$f =$ 계급 내에서 데이터 값의 발생 빈도

$n = \sum f =$ 데이터 값들의 총 개수

묶음 분포에 대한 표준편차는 다음과 같이 계산된다.

$$s = \sqrt{\frac{\sum(x - \bar{x})^2 f}{n-1}} \tag{19.8}$$

이제, 이 공식들의 사용에 대해 살펴보자.

예제 19.3

식 (19.7), 식 (19.8)을 이용하여 예제 19.2의 학급점수에 대한 평균과 표준편차를 구한다.

해를 찾아가면서 [표 19.6]과 [표 19.7] 그리고 [표 19.8]을 각각 살펴보자. 평균을 계산하기 위해 각 계급의 중앙값을 구한 다음 표와 같이 $\sum xf$ 값을 계산한다.

표 19.6 예제 19.3에 대한 데이터

Range	Frequency
50–59	3
60–69	5
70–79	9
80–89	6
90–99	3

표 19.7 계급의 중앙값과 $\sum xf$

Range	Frequency f	Midpoint x	xf
50–59	3	54.5	163.5
60–69	5	64.5	322.5
70–79	9	74.5	670.5
80–89	6	84.5	507
90–99	3	94.5	283.5
	$n = \sum f = 26$		$\sum xf = 1947$

표 19.8 표준편차의 계산

Range	Frequency f	Midpoint x	$\bar{x}$	$x-\bar{x}$	$(x-\bar{x})^2 f$
50–59	3	54.5	74.9	−20.4	1248.5
60–69	5	64.5	74.9	−10.4	540.8
70–79	9	74.5	74.9	−0.4	1.44
80–89	6	84.5	74.9	9.6	552.96
90–99	3	94.5	74.9	19.6	1152.5
					$\Sigma(x-\bar{x})^2 f = 3496$

식 (19.7)을 사용하면, 점수들의 평균은 다음과 같다.

$$\bar{x} = \frac{\Sigma(xf)}{n} = \frac{1947}{26} = 74.9$$

마찬가지로 식 (19.8)을 사용하여 [표 19.8]에 나온 것처럼 표준편차도 계산한다.

$$n = \Sigma f = 26$$

$$n - 1 = 25$$

$$s = \sqrt{\frac{\Sigma(x-\bar{x})^2 f}{n-1}} = \sqrt{\frac{3496}{25}} = 11.8$$

19.5 정규 분포

19.1절에서 통계적 실험과 그 결과가 무엇을 의미하는지에 대해 설명했다. 실험에서 나온 값을 실험결과(outcome)라 한다. 공학 현상 속에서 많은 실험결과를 가지는 실험들을 자주 수행하게 된다. 실험의 결과를 구성하기 위해 일반적으로 확률 분포를 사용한다. 확률 분포는 실험 결과가 일어나는 경우의 확률값을 나타낸다. 확률 분포에 대한 정의를 더 잘 이해하기 위해 예제 19.2를 살펴보자. 만약 우리가 학생들의 화학 시험 점수를 실험의 결과로 반영하는 실험을 한다면 각 계급의 빈도수를 26(점수값의 총 개수)으로 나누어 각 점수 계급의 확률값을 구할 수 있다. 예제 19.2의 확률 분포가 [표 19.9]에 나와 있다. [표 19.9]를 분석하면, 다른

확률 분포에서와 같이 확률값들의 합이 1임을 알 수 있다. 예제 19.2의 확률 분포를 도표로 나타내면 [그림 19.4]와 같다.

표 19.9 예제 19.2의 확률 분포

Range	Frequency	Probability	
50–59	3	$\frac{3}{26}$	0.115
60–69	5	$\frac{5}{26}$	0.192
70–79	9	$\frac{9}{26}$	0.346
80–89	6	$\frac{6}{26}$	0.231
90–99	3	$\frac{3}{26}$	0.115
		$\Sigma p=1$	

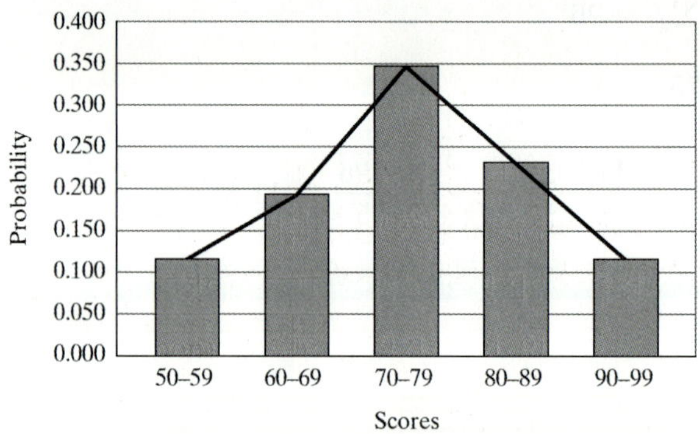

그림 19.4
예제 19.2 확률 분포의 도표

더 나아가 만약 일반 학생이 보통의 화학 시험을 본 거라면, 확률 분포를 이용해 내년의 유사한 시험에서 학생들이 어떤 점수를 받을지 예측할 수 있다. 때로는 보통의 수업이나 보통의 시험이라는 것을 정의하기는 어렵다. 그러나 이 시험에 더 많은 학생이 응시하고 이를 분석에 포함시킨다면, 나중에 있을 비슷한 시험의 결과를 예측하기 위해 현재 실험의 결과를 사용할 수 있을 것이다. 시험을 보는 학생 수가 많아지면 많아질수록(점수값이 많아질수록) [그림 19.4]에서 점수의 중앙값들을 연결한 선이 더 부드러워져서 종 모양의 곡선이 될 것이다. 이 개념에 대한 설명을 위해 다음 예제를 보자.

예제 19.4

생산시간 향상을 위하여 컴퓨터 조립라인의 감독이 다양한 단계에서 특정 컴퓨터 부품 조립에 걸리는 시간을 조사하였다. 그는 100명을 대상으로 다른 장소, 다른 날에 특정 부품을 조립하는 데 걸리는 시간을 측정하였다. 그의 측정기록은 다음 [표 19.10]과 같이 정리되었다.

표 19.10 예제 19.4를 위한 측정자료

Time That It Takes a Person to Assemble the Part(minutes)	Frequency	Probability
5	5	0.05
6	8	0.08
7	11	0.11
8	15	0.15
9	17	0.17
10	14	0.14
11	13	0.13
12	8	0.08
13	6	0.06
14	3	0.03

위의 자료를 바탕으로 사람들이 그 부품을 조립하는 데 걸리는 시간에 따라 확률을 계산하였다. 예제 19.4의 확률 분포는 [표 19.10]과 [그림 19.5]와 같이 나타낸다. 확률의 합이 1임에 유의하라. 또 각 시간의 중앙값들을 연결하면([그림 19.5]에서 보이는 것처럼) 근사적으로 종 모양의 곡선이 나타남을 유의하라. 측정점을 늘리고 시간 간격을 줄이면 확률분포곡선은 더 부드럽게 변한다. 종 모양의 곡선을 가진 확률 분포를 정규 분포라고 한다. 공학과 관련된 많은 실험의 확률변수는 정규 분포에 근사한다.

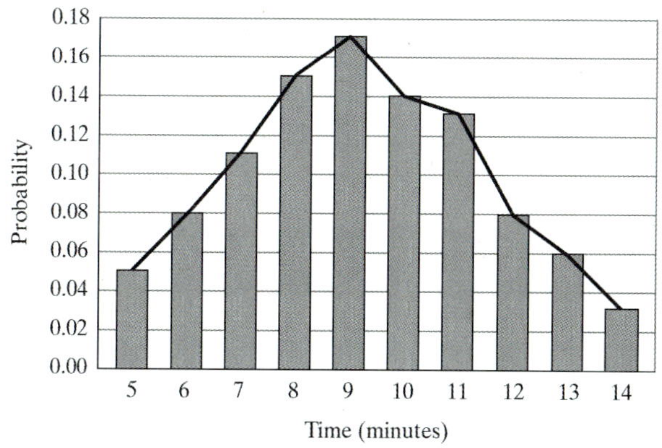

그림 19.5
예제 19.4의 확률분포를 나타낸 도표

정규분포곡선의 상세한 형태는 평균과 표준편차 값에 의해 결정된다. [그림 19.6]과 같이 표준편차가 작은 경우는 높고 좁은 곡선을 나타내며, 표준편차가 큰 경우는 낮고 넓은 곡선으로 나타난다. 정규 확률 분포가 실험에서 나올 수 있는 모든 결과값을 나타낼 수 있을지라도 주어진 정규분포곡선 밑의 넓이는 항상 1이 되어야 함을 유의하라. 또한, 정규 분포는 평균을 기준으로 대칭임에 유의하라.

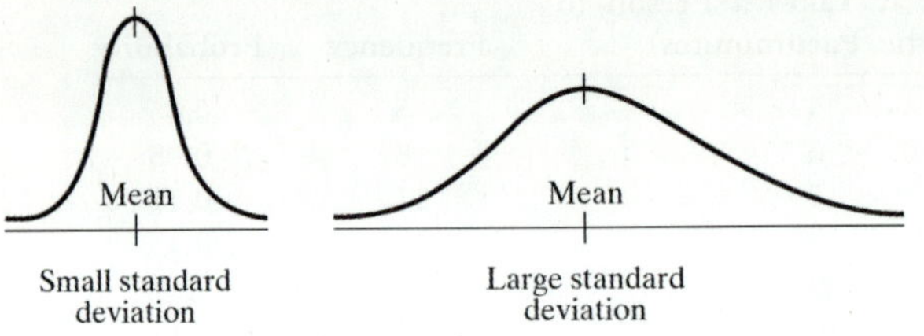

그림 19.6
평균과 표준편차에 따른 정규분포곡선의 형태

통계학에서 평균값은 0($\overline{x}=0$)이고, 표준편차는 1($s=1$)인 표준정규분포로 실험값들의 평균과 표준편차를 일반화시키는 것이 좀 더 쉽고 흔히 사용된다. 이렇게 표준정규분포로 변환하기 위해 다음 식 (19.9)와 같이 z *score*라 불리는 값을 정의한다.

$$z=\frac{x-\overline{x}}{s} \tag{19.9}$$

z는 평균으로부터의 표준편차를 의미한다. 정규분포곡선이나 표준 정규분포곡선을 나타내는 수학함수들은 상대적으로 복잡하고 여러분의 이해수준을 뛰어넘을 수도 있다. 이런 내용은 추후 통계학이나 공학과목에서 배울 것이다. [표 19.11]과 같이 엑셀을 이용하여 정규분포곡선 아래의 부분별 넓이를 나타내었다. 이 단계에서는 이 표를 이용하여 문제를 해결하는 법을 아는 것이 중요하다. 더 자세한 내용은 다음에 배우게 될 것이다. 예제 문제를 통해 어떻게 [표 19.11]을 사용하는지 살펴보자.

표 19.11 표준 정규분포곡선 아래의 넓이-아래 값들은 엑셀의 표준 정규분포함수를 사용하여 생성됨

표준 정규분포는 평균에 대해 대칭임을 유의하라.

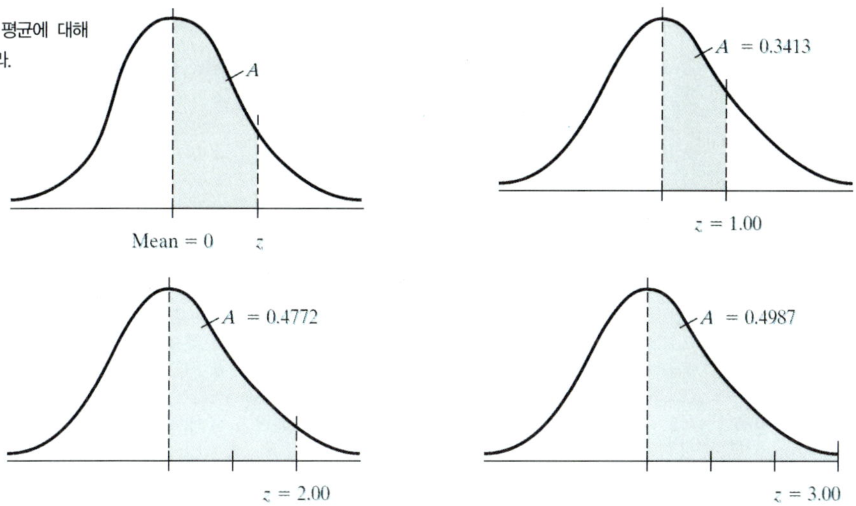

Z	*A*	*Z*	*A*	*Z*	*A*	*Z*	*A*	*Z*	*A*	*Z*	*A*	*Z*	*A*
0	*0.0000*	**0.51**	*0.1950*	**1.02**	*0.3461*	**1.53**	*0.4370*	**2.04**	*0.4793*	**2.55**	*0.4946*	**3.06**	*0.4989*
0.01	*0.0040*	**0.52**	*0.1985*	**1.03**	*0.3485*	**1.54**	*0.4382*	**2.05**	*0.4798*	**2.56**	*0.4948*	**3.07**	*0.4989*
0.02	*0.0080*	**0.53**	*0.2019*	**1.04**	*0.3508*	**1.55**	*0.4394*	**2.06**	*0.4803*	**2.57**	*0.4949*	**3.08**	*0.4990*
0.03	*0.0120*	**0.54**	*0.2054*	**1.05**	*0.3531*	**1.56**	*0.4406*	**2.07**	*0.4808*	**2.58**	*0.4951*	**3.09**	*0.4990*
0.04	*0.0160*	**0.55**	*0.2088*	**1.06**	*0.3554*	**1.57**	*0.4418*	**2.08**	*0.4812*	**2.59**	*0.4952*	**3.1**	*0.4990*
0.05	*0.0199*	**0.56**	*0.2123*	**1.07**	*0.3577*	**1.58**	*0.4429*	**2.09**	*0.4817*	**2.6**	*0.4953*	**3.11**	*0.4991*
0.06	*0.0239*	**0.57**	*0.2157*	**1.08**	*0.3599*	**1.59**	*0.4441*	**2.1**	*0.4821*	**2.61**	*0.4955*	**3.12**	*0.4991*
0.07	*0.0279*	**0.58**	*0.2190*	**1.09**	*0.3621*	**1.6**	*0.4452*	**2.11**	*0.4826*	**2.62**	*0.4956*	**3.13**	*0.4991*
0.08	*0.0319*	**0.59**	*0.2224*	**1.1**	*0.3643*	**1.61**	*0.4463*	**2.12**	*0.4830*	**2.63**	*0.4957*	**3.14**	*0.4992*
0.09	*0.0359*	**0.6**	*0.2257*	**1.11**	*0.3665*	**1.62**	*0.4474*	**2.13**	*0.4834*	**2.64**	*0.4959*	**3.15**	*0.4992*
0.1	*0.0398*	**0.61**	*0.2291*	**1.12**	*0.3686*	**1.63**	*0.4484*	**2.14**	*0.4838*	**2.65**	*0.4960*	**3.16**	*0.4992*
0.11	*0.0438*	**0.62**	*0.2324*	**1.13**	*0.3708*	**1.64**	*0.4495*	**2.15**	*0.4842*	**2.66**	*0.4961*	**3.17**	*0.4992*
0.12	*0.0478*	**0.63**	*0.2357*	**1.14**	*0.3729*	**1.65**	*0.4505*	**2.16**	*0.4846*	**2.67**	*0.4962*	**3.18**	*0.4993*
0.13	*0.0517*	**0.64**	*0.2389*	**1.15**	*0.3749*	**1.66**	*0.4515*	**2.17**	*0.4850*	**2.68**	*0.4963*	**3.19**	*0.4993*
0.14	*0.0557*	**0.65**	*0.2422*	**1.16**	*0.3770*	**1.67**	*0.4525*	**2.18**	*0.4854*	**2.69**	*0.4964*	**3.2**	*0.4993*
0.15	*0.0596*	**0.66**	*0.2454*	**1.17**	*0.3790*	**1.68**	*0.4535*	**2.19**	*0.4857*	**2.7**	*0.4965*	**3.21**	*0.4993*
0.16	*0.0636*	**0.67**	*0.2486*	**1.18**	*0.3810*	**1.69**	*0.4545*	**2.2**	*0.4861*	**2.71**	*0.4966*	**3.22**	*0.4994*
0.17	*0.0675*	**0.68**	*0.2517*	**1.19**	*0.3830*	**1.7**	*0.4554*	**2.21**	*0.4864*	**2.72**	*0.4967*	**3.23**	*0.4994*
0.18	*0.0714*	**0.69**	*0.2549*	**1.2**	*0.3849*	**1.71**	*0.4564*	**2.22**	*0.4868*	**2.73**	*0.4968*	**3.24**	*0.4994*
0.19	*0.0753*	**0.7**	*0.2580*	**1.21**	*0.3869*	**1.72**	*0.4573*	**2.23**	*0.4871*	**2.74**	*0.4969*	**3.25**	*0.4994*
0.2	*0.0793*	**0.71**	*0.2611*	**1.22**	*0.3888*	**1.73**	*0.4582*	**2.24**	*0.4875*	**2.75**	*0.4970*	**3.26**	*0.4994*
0.21	*0.0832*	**0.72**	*0.2642*	**1.23**	*0.3907*	**1.74**	*0.4591*	**2.25**	*0.4878*	**2.76**	*0.4971*	**3.27**	*0.4995*
0.22	*0.0871*	**0.73**	*0.2673*	**1.24**	*0.3925*	**1.75**	*0.4599*	**2.26**	*0.4881*	**2.77**	*0.4972*	**3.28**	*0.4995*
0.23	*0.0910*	**0.74**	*0.2704*	**1.25**	*0.3944*	**1.76**	*0.4608*	**2.27**	*0.4884*	**2.78**	*0.4973*	**3.29**	*0.4995*
0.24	*0.0948*	**0.75**	*0.2734*	**1.26**	*0.3962*	**1.77**	*0.4616*	**2.28**	*0.4887*	**2.79**	*0.4974*	**3.3**	*0.4995*
0.25	*0.0987*	**0.76**	*0.2764*	**1.27**	*0.3980*	**1.78**	*0.4625*	**2.29**	*0.4890*	**2.8**	*0.4974*	**3.31**	*0.4995*
0.26	*0.1026*	**0.77**	*0.2794*	**1.28**	*0.3997*	**1.79**	*0.4633*	**2.3**	*0.4893*	**2.81**	*0.4975*	**3.32**	*0.4995*
0.27	*0.1064*	**0.78**	*0.2823*	**1.29**	*0.4015*	**1.8**	*0.4641*	**2.31**	*0.4896*	**2.82**	*0.4976*	**3.33**	*0.4996*
0.28	*0.1103*	**0.79**	*0.2852*	**1.3**	*0.4032*	**1.81**	*0.4649*	**2.32**	*0.4898*	**2.83**	*0.4977*	**3.34**	*0.4996*
0.29	*0.1141*	**0.8**	*0.2881*	**1.31**	*0.4049*	**1.82**	*0.4656*	**2.33**	*0.4901*	**2.84**	*0.4977*	**3.35**	*0.4996*
0.3	*0.1179*	**0.81**	*0.2910*	**1.32**	*0.4066*	**1.83**	*0.4664*	**2.34**	*0.4904*	**2.85**	*0.4978*	**3.36**	*0.4996*

Continued

표 19.11 표준 정규분포곡선 아래의 넓이-아래 값들은 엑셀의 표준 정규분포함수를 사용하여 생성됨(계속)

Z	A	Z	A	Z	A	Z	A	Z	A	Z	A	Z	A
0.31	*0.1217*	**0.82**	*0.2939*	**1.33**	*0.4082*	**1.84**	*0.4671*	**2.35**	*0.4906*	**2.86**	*0.4979*	**3.37**	*0.4996*
0.32	*0.1255*	**0.83**	*0.2967*	**1.34**	*0.4099*	**1.85**	*0.4678*	**2.36**	*0.4909*	**2.87**	*0.4979*	**3.38**	*0.4996*
0.33	*0.1293*	**0.84**	*0.2995*	**1.35**	*0.4115*	**1.86**	*0.4686*	**2.37**	*0.4911*	**2.88**	*0.4980*	**3.39**	*0.4997*
0.34	*0.1331*	**0.85**	*0.3023*	**1.36**	*0.4131*	**1.87**	*0.4693*	**2.38**	*0.4913*	**2.89**	*0.4981*	**3.4**	*0.4997*
0.35	*0.1368*	**0.86**	*0.3051*	**1.37**	*0.4147*	**1.88**	*0.4699*	**2.39**	*0.4916*	**2.9**	*0.4981*	**3.41**	*0.4997*
0.36	*0.1406*	**0.87**	*0.3078*	**1.38**	*0.4162*	**1.89**	*0.4706*	**2.4**	*0.4918*	**2.91**	*0.4982*	**3.42**	*0.4997*
0.37	*0.1443*	**0.88**	*0.3106*	**1.39**	*0.4177*	**1.9**	*0.4713*	**2.41**	*0.4920*	**2.92**	*0.4982*	**3.43**	*0.4997*
0.38	*0.1480*	**0.89**	*0.3133*	**1.4**	*0.4192*	**1.91**	*0.4719*	**2.42**	*0.4922*	**2.93**	*0.4983*	**3.44**	*0.4997*
0.39	*0.1517*	**0.9**	*0.3159*	**1.41**	*0.4207*	**1.92**	*0.4726*	**2.43**	*0.4925*	**2.94**	*0.4984*	**3.45**	*0.4997*
0.4	*0.1554*	**0.91**	*0.3186*	**1.42**	*0.4222*	**1.93**	*0.4732*	**2.44**	*0.4927*	**2.95**	*0.4984*	**3.46**	*0.4997*
0.41	*0.1591*	**0.92**	*0.3212*	**1.43**	*0.4236*	**1.94**	*0.4738*	**2.45**	*0.4929*	**2.96**	*0.4985*	**3.47**	*0.4997*
0.42	*0.1628*	**0.93**	*0.3238*	**1.44**	*0.4251*	**1.95**	*0.4744*	**2.46**	*0.4931*	**2.97**	*0.4985*	**3.48**	*0.4997*
0.43	*0.1664*	**0.94**	*0.3264*	**1.45**	*0.4265*	**1.96**	*0.4750*	**2.47**	*0.4932*	**2.98**	*0.4986*	**3.49**	*0.4998*
0.44	*0.1700*	**0.95**	*0.3289*	**1.46**	*0.4279*	**1.97**	*0.4756*	**2.48**	*0.4934*	**2.99**	*0.4986*	**3.5**	*0.4998*
0.45	*0.1736*	**0.96**	*0.3315*	**1.47**	*0.4292*	**1.98**	*0.4761*	**2.49**	*0.4936*	**3**	*0.4987*	**3.51**	*0.4998*
0.46	*0.1772*	**0.97**	*0.3340*	**1.48**	*0.4306*	**1.99**	*0.4767*	**2.5**	*0.4938*	**3.01**	*0.4987*	**3.52**	*0.4998*
0.47	*0.1808*	**0.98**	*0.3365*	**1.49**	*0.4319*	**2**	*0.4772*	**2.51**	*0.4940*	**3.02**	*0.4987*	**3.53**	*0.4998*
0.48	*0.1844*	**0.99**	*0.3389*	**1.5**	*0.4332*	**2.01**	*0.4778*	**2.52**	*0.4941*	**3.03**	*0.4988*	**...**	...
0.49	*0.1879*	**1**	*0.3413*	**1.51**	*0.4345*	**2.02**	*0.4783*	**2.53**	*0.4943*	**3.04**	*0.4988*	**...**	...
0.5	*0.1915*	**1.01**	*0.3438*	**1.52**	*0.4357*	**2.03**	*0.4788*	**2.54**	*0.4945*	**3.05**	*0.4989*	**3.9**	*0.5000*

예제 19.5

데이터 집합의 표준 정규분포를 나타내는 [표 19.11]을 보면 대략 68%의 데이터가 $-s$부터 s에 포함되고 약 95%의 데이터가 $-2s$부터 $2s$ 안에 들어가 있다. 또 거의 모든 데이터가 $-3s$부터 $3s$에 포함된다.

[표 19.11]에서 $z=1$은 평균 위로부터 s까지를 의미하며 전체 표준 정규분포곡선 넓이의 34.13%를 차지한다. 반면에 $z=-1$은 평균 밑으로부터 $1s$까지를 의미하며 [그림 19.7]과 같이 총넓이의 34.13%를 차지한다. 따라서 표준 정규분포에서 약 68%의 데이터는 z값 -1에서 $1(-s\sim s)$ 사이에 포함된다. 이와 비슷하게 $z=-2$와 $z=2$(평균으로부터 아래위로 $2s$)는 각각 표준 정규분포곡선 밑넓이의 0.4772%를 차지한다. [그림 19.7]과 같이 약 95%의 데이터가 $-2s$에서 $2s$ 사이에 포함된다. 이와 같은 방법으로 99.7%($z=-3$일 때 $A=0.4987$, $z=3$일 때 $A=0.4987$), 즉 대부분의 데이터가 $-3s$와 $3s$ 사이에 포함된다.

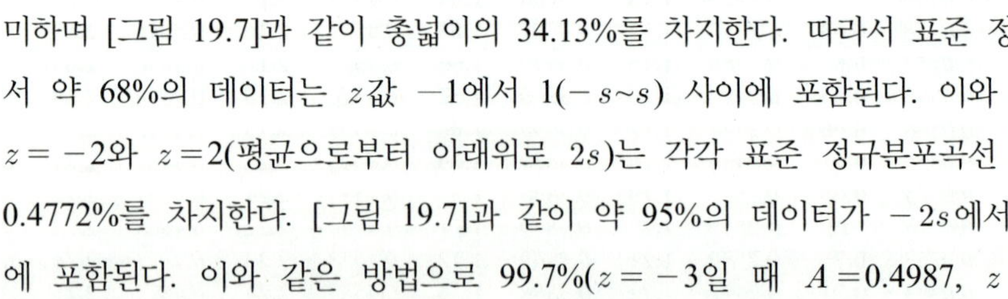

그림 19.7
예제 19.5에 대한 정규분포곡선 아래의 영역

예제 19.6

예제 19.4에서 평균과 표준편차를 계산하고 어떤 사람이 컴퓨터 부품을 조립하는데 걸리는 시간이 7분에서 11분 사이일 확률을 구하라. 문제를 푸는데 [표 19.12]를 참조하라.

표 19.12 예제 19.6을 위한 데이터

Time (minutes) x	Frequency f	xf	$x-\bar{x}$	$(x-\bar{x})^2 f$
5	5	25	−4.22	89.04
6	8	48	−3.22	82.95
7	11	77	−2.22	54.21
8	15	120	−1.22	22.33
9	17	153	−0.22	0.82
10	14	140	0.78	8.52
11	13	143	1.78	41.19
12	8	96	2.78	61.83
13	6	78	3.78	85.73
14	3	42	4.78	168.55
		$\Sigma xf = 922$		$\Sigma(x-\bar{x})^2 f = 515.16$

$$\bar{x} = \frac{\Sigma xf}{n} = \frac{922}{100} = 9.22 \text{ minutes}$$

$$s = \sqrt{\frac{\Sigma(x-\bar{x})^2 f}{n-1}} = \sqrt{\frac{515.16}{99}} = 2.28 \text{ minutes}$$

7분은 평균값(9.22)보다 작다. 그리고 7분에 대한 z값은 다음과 같이 계산된다.

$$z = \frac{x-\bar{x}}{s} = \frac{7-9.22}{2.28} = -0.97$$

[표 19.11]로부터 $A=0.3340$이다. 이와 비슷하게 11분은 평균값보다 크다. 따라서 11분에 대한 z값은 다음과 같이 계산된다.

$$z = \frac{x-\bar{x}}{s} = \frac{11-9.22}{2.28} = 0.78$$

[표 19.11]로부터 $A=0.2823$이다. 따라서 어떤 사람이 컴퓨터 부품을 조립하는데 걸리는 시간이 7분에서 11분 사이일 확률은 [그림 19.8]과 같이 $0.3340+0.2823=0.6163$이다.

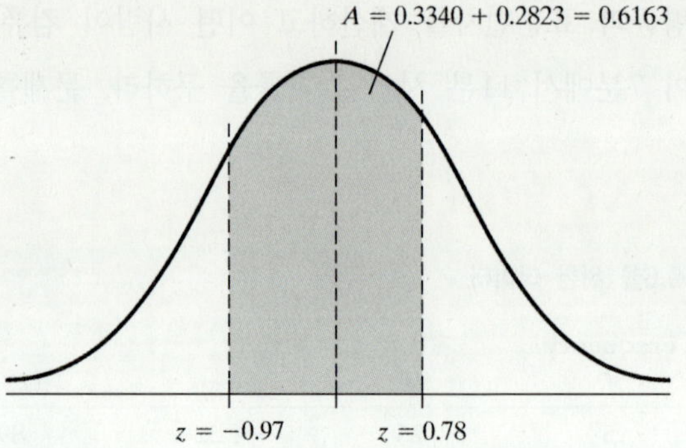

그림 19.8 예제 19.6에 대한 확률분포곡선 아래의 영역

예제 19.7 예제 19.4에서 어떤 사람이 컴퓨터 부품을 조립하는 데 10분 이상 걸릴 확률을 계산하라.

이 문제에서 z값은 다음과 같이 구해진다.

$$z = \frac{x - \overline{x}}{s} = \frac{10 - 9.22}{2.28} = 0.34$$

[표 19.11]로부터 $A = 0.1331$이다. 우리는 어떤 사람이 부품을 조립하는 데 10분 이상 걸릴 확률을 구하려고 한다. 다음 [그림 19.9]와 같이 $0.5 - 0.1331 = 0.3669$를 통해 해당 영역을 계산한다. 따라서 어떤 사람이 컴퓨터 부품을 조립하는 데 10분 이상 걸릴 확률은 대략 0.37이다.

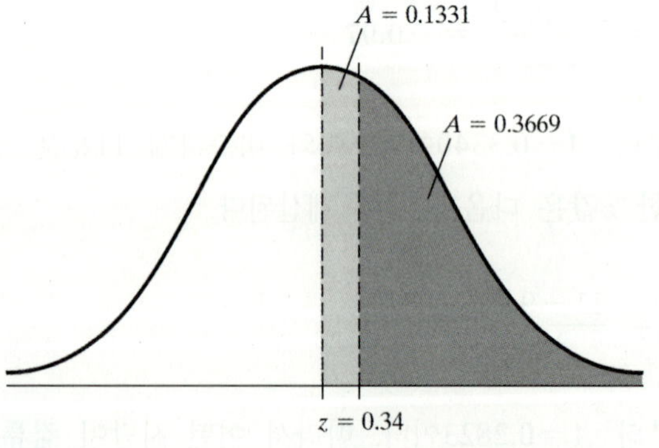

그림 19.9 예제 19.7에 대한 확률분포곡선 아래의 영역

끝으로 이 장의 목적은 자세한 통계적 지식을 제공하는 것이 아니다. 독자에게 공학에서 확률과 통계의 중요성을 깨닫게 하는 것임을 유의하라. 통계학 수업이나 고급공학 수업을 수강하면 더 많은 통계학적 개념과 관련된 모델들을 배우게 될 것이다.

요약

이 장에서는 다음을 학습했다.

- 다양한 공학과목에서 통계학의 중요성에 대해 이해하여야 한다.
- 확률과 통계의 기본 용어에 익숙해져야 한다.
- 도수 분포나 누적도수 분포 그리고 제공된 어떤 정보라도 이해할 수 있는 이해력을 갖추어야 한다.
- 통계학적인 중심 집중경향 측정과 변화를 잘 이해하여야 한다.
- 주어진 데이터들의 평균, 분산, 표준편차와 같은 기본적인 통계정보를 어떻게 계산하는지 알아야 한다.
- 정규 분포와 표준 정규분포가 무엇을 의미하는지 이해해야 한다.
- [표 19.11]을 어떻게 사용하는지 이해해야 한다.

연습문제

19.1 공학수업을 듣는 학생 30명의 시험점수가 다음과 같다. [표 19.1]과 비슷한 방법으로 데이터들을 구성하고 엑셀로 히스토그램을 작성하라.

점수: 57, 94, 81, 77, 66, 97, 62, 86, 75, 87, 91, 78, 61, 82, 74, 72, 70, 88, 66, 75, 55, 66, 58, 73, 79, 51, 63, 77, 52, 84

19.2 문제 19.1에서 누적도수를 계산하고 누적도수다각형을 그려라.

19.3 문제 19.1에서 식 (19.1), (19.6)을 사용하여 시험점수의 평균과 표준편차를 구하여라.

19.4 문제 19.1에서 식 (19.7), (19.8)을 사용하여 시험점수의 평균과 표준편차를 구하여라.

19.5 문제 19.1에서 확률분포를 계산하고 확률분포곡선을 그려라.

19.6 생산시간 향상을 위하여 휴대폰 부품 조립라인의 감독이 다양한 단계에서 특정 휴대폰 부품 조립에 걸리는 시간을 조사하였다. 그는 165명을 대상으로 각각 다른 장소, 다른 날에 특정부품을 조립하는 데 걸린 시간을 측정하였다. 그의 조사기록은 다음 표와 같다.

Time That it Takes a Person to Assemble the Part(minutes)	Frequency
4	15
5	20
6	28
7	34
8	28
9	24
10	16

데이터를 도표로 나타내고 평균과 표준편차를 구하여라.

19.7 문제 19.6에서 확률분포를 계산하고 확률분포곡선을 나타내어라.

19.8 다음의 평균과 분산 그리고 표준편차를 구하여라. 측정값은 아래 표와 같다.

Screw Length(mm)	Pipe Diameter(mm)
25.5	37.5
24.5	35.4
25.5	36.6
23.5	34.5
26.0	35.1
24.0	35.7
23.0	36.6
24.0	35.4
25.0	35.1
25.0	37.5

19.9 다음의 평균, 분산, 표준편차를 구하여라. 측정값은 아래 표와 같다.

2×4 Lumber Width(mm)	Steel Spherical Balls(mm)
105	10.0
106.5	9.5
103.5	10.5
108	11.0
106.5	10.0
102	9.0
102	8.5
109.5	10.5
100.5	9.5
108	9.0

19.10 다음에 슈퍼마켓에 갈 때 관리인에게 최소한 10개 이상의 시리얼 박스 무게를 측정해도 되는지 물어보라. 같은 상표와 같은 크기의 상자를 선택하여라. 관리자에게 수업의 과제라고 말하라. 시리얼 박스의 평균 무게와 분산 그리고 표준편차를 구하고 제조사가 상자에 적은 정보가 측정한 결과의 범위에 들어가는지 알아보라.

19.11 문제 19.10을 스프, 참치, 땅콩 캔과 같은 3개의 다른 물품으로 반복하여라.

19.12 좋아하는 프로야구팀 선수의 키와 나이, 몸무게에 대한 정보를 얻어라. 이를 바탕으로 키, 나이, 몸무게의 평균, 분산, 표준편차를 구하고 이에 대해 논의해보라. 만약 야구를 좋아하지 않는다면 축구팀과 같은 다른 스포츠팀의 정보를 이용하여 이 실험을 해보라.

19.13 예제 19.4에서 어떤 사람이 컴퓨터 부품을 조립하는 데 걸리는 시간이 5분에서 10분 사이일 확률을 구하라.

19.14 예제 19.4에서 어떤 사람이 컴퓨터 부품을 조립하는 데 걸리는 시간이 7분 이상일 확률을 구하라.

19.15 연습문제 19.6에서(정규 분포라 가정) 어떤 사람이 휴대폰을 조립하는 데 걸리는 시간이 5분에서 8분 사이일 확률을 구하라.

19.16 5명이 공기밀도를 측정하였다. 측정한 결과값은 다음 표와 같다. 공기밀도의 평균, 분산, 표준편차를 구하라.

Density of Air(kg/m^3)
1.27
1.21
1.28
1.25
1.24

19.17 5명이 엔진오일의 점성을 측정하였다. 측정한 결과값은 다음 표와 같다. 엔진오일 점성의 평균, 분산, 표준편차를 구하라.

Viscosity of Engine Oil($N \cdot s/m^2$)
0.15
0.10
0.12
0.11
0.14

19.18 표준 정규분포([표 19.11] 참조)에서 몇 %의 데이터가 $-1.5s$에서 $1.5s$까지의 범위에 들어가는가?

19.19 표준 정규분포([표 19.11] 참조)에서 몇 %의 데이터가 $-0.5s$에서 $0.5s$까지의 범위에 들어가는가?

19.20 미국의 다양한 지역에서 온 석탄의 발열량은 다음 표와 같다. 주어진 데이터의 평균, 분산, 표준편차를 구하라.

Coal from County and State of	Higher Heating Value(kJ/kg)
Musselshell, Montana	28,086
Emroy, Utah	31,540
Pike, Kentucky	34,983
Cambria, Pennsylvania	36,274
Williamson, Illinois	31,890
McDowell, West Virginia	36,286

Source: Babcock and Wilcox Company, *Stream: Its Generation and Use*.

19.21 미국의 다양한 지역에서 온 천연가스의 발열량은 다음 표와 같다. 주어진 데이터의 평균, 분산, 표준편차를 구하라.

Source of Gas	Heating Value (kJ/kg)
Pennsylvania	53,893
Southern California	53,275
Ohio	51,351
Louisiana	50,763
Oklahoma	46,892

Source: Babcock and Wilcox Company, *Stream: Its Generation and Use*.

19.22 전기 공학자가 효율적인 신제품 전구를 개발하였다. 전구의 수명을 예측하기 위해 135개의 새로 개발한 전구로 몇 시간 동안 켜져 있는지에 대한 실험을 하였고 다음과 같은 자료를 얻었다. 아래의 자료를 도표로 나타내고 평균과 표준편차를 구하여라.

Number of Hours the Light Bulb Functioned before Failing	Frequency
700	15
800	20
900	34
1000	28
1100	22
1200	16

19.23 연습문제 19.22에서 확률 분포를 구하고 확률분포곡선을 나타내어라.

19.24 연습문제 19.22에서(정규 분포라 가정) 전구의 수명이 800시간에서 1000시간 사이일 확률을 구하라.

19.25 연습문제 19.22에서(정규 분포라 가정) 전구의 수명이 1000시간 이상일 확률을 구하라.

19.26 연습문제 19.22에서(정규 분포라 가정) 전구의 수명이 900시간 이하일 확률을 구하라.

19.27 자동차회사에서 근무하는 기계 공학자가 수년 전 개발된 엔진의 성능을 시험하기 위해 조사를 시행하여 다음과 같은 자료를 얻었다. 아래의 자료를 도표로 나타내고 평균과 표준편차를 구하라.

km Driven before a Need for an Engine Maintenance	Frequency
70,000	12
80,000	17
90,000	22
100,000	33
110,000	42
120,000	30
130,000	24
140,000	15
150,000	11

19.28 연습•문제 19.27에서 확률 분포를 구하고 확률분포곡선을 나타내어라.

19.29 연습문제 19.27에서(정규 분포라 가정) 자동차의 엔진점검이 필요한 거리가 70,000km에서 90,000km일 확률을 구하라.

19.30 연습문제 19.27에서(정규 분포라 가정) 자동차의 엔진점검이 필요한 거리가 100,000km 이상일 확률을 구하라.

19.31 연습문제 19.27에서(정규 분포라 가정) 자동차의 엔진점검이 필요한 거리가 85,000km 이하일 확률을 구하라.

19.32 연습문제 19.27에서(정규 분포라 가정) 자동차의 엔진점검이 필요한 거리가 90,000km 이하일 확률을 구하라.

19.33 병입 공장에서 근무하는 공학자가 병입 시스템의 성능을 시험해보기 위해 다음과 같은 자료를 얻었다. 아래의 자료를 도표로 나타내고 평균과 표준편차를 구하라.

Milliliters of Water in the Bottle	Frequency
485	13
490	17
495	25
500	40
505	23
510	18
515	15

19.34 연습문제 19.33에서 확률 분포를 구하고 확률분포곡선을 나타내어라.

19.35 연습문제 19.33에서(정규 분포라 가정) 병이 500ml에서 515ml로 채워져 있을 확률을 구하라.

19.36 연습문제 19.33에서(정규 분포라 가정) 병이 495ml 이상으로 채워져 있을 확률을 구하라.

19.37 연습문제 19.33에서(정규 분포라 가정) 병이 500ml 이하로 채워져 있을 확률을 구하라.

19.38 연습문제 19.33에서(정규 분포라 가정) 병이 495ml 이하로 채워져 있을 확률을 구하라.

19.39 타이어 제조사에서 근무하는 화학자가 타이어의 성능을 시험해보기 위해 다음과 같은 자료를 얻었다. 아래의 자료를 도표로 나타내고 평균과 표준편차를 구하라.

Miles with Acceptable (Reliable) Wear	Frequency
30,000	15
35,000	20
40,000	34
45,000	32
50,000	22
55,000	16

19.40 연습문제 19.39에서 확률 분포와 확률분포곡선을 나타내어라.

19.41 연습문제 19.39에서(정규 분포라 가정) 타이어가 45,000km에서 55,000km까지 사용될 수 있을 확률을 구하라.

19.42 연습문제 19.39에서(정규 분포라 가정) 타이어가 50,000km 이상으로 사용될 수 있을 확률을 구하라.

19.43 연습문제 19.39에서(정규 분포라 가정) 타이어가 45,000km 이하로 사용될 수 있을 확률을 구하라.

19.44 연습문제 19.39에서(정규 분포라 가정) 타이어가 50,000km 이하로 사용될 수 있을 확률을 구하라.

Class Experiments–문제 19.45~19.50은 학급을 대상으로 한 실험이다.

19.45 선생님께서 허쉬 초콜릿이 들어있는 닫혀있는 가방을 들고 지나갈 것이다. 그러면 그 가방 안에든 초콜릿이 몇 개인지 어림잡아보고 종이에 적어라. 그러면 선생님께서 그 종이들을 걷고 그 결과를 학생들과 공유할 것이다. 그 후 독자는 선생님의 지도에 따라 자료를 정리하고 이들의 평균과 표준편차를 구하라. 또 확률 분포도 계산하라. 자료들의 분포가 정규 분포를 근사적으로 따르는가? 그리고 선생님께서 물어볼 수 있는 추가적인 질문에도 답하라.

19.46 선생님께서 한 지원자를 구하면 그의 키(cm)를 어림잡아보고 종이에 적어라. 그러면 선생님께서 그 종이들을 걷고 그 결과를 학생들과 공유할 것이다. 그 후 독자는 선생님의 지도에 따라 자료를 정리하고 이들의 평균과 표준편차를 구하라. 또 확률 분포도 계산하라. 자료들의 분포가 정규 분포를 근사적으로 따르는가? 그리고 선생님께서 물어볼 수 있는 추가적인 질문에도 답하라.

19.47 선생님께서 한 지원자를 구하면 그의 무게(kg)를 어림잡아보고 종이에 적어라. 그러면 선생님께서 그 종이들을 걷고 그 결과를 학생들과 공유할 것이다. 그 후 독자는 선생님의 지도에 따라 자료를 정리하고 이들의 평균과 표준편차를 구하라. 또 확률 분포도 계산하라. 자료들의 분포가 정규 분포를 근사적으로 따르는가? 그리고 선생님께서 물어볼 수 있는 추가적인 질문에도 답하라.

19.48 종이에 이번 학기에 이수하는 학점의 수를 적어라. 그러면 선생님께서 그 종이들을 걷고 그 결과를 학생들과 공유할 것이다. 그 후 이들의 평균과 표준편차를 구하라. 모든 자료들이 정규 분포를 따른다고 가정하고 어떤 학생이 이번 학기에 12~15학점을 이수할 확률을 구하라. 어떤 학생이 이번 학기에 12학점 이하를 이수할 확률 또한 계산하라.

19.49 종이에 현재 가지고 있는 돈의 액수를 적어라. 그러면 선생님께서 그 종이들을 걷고 그 결과를 학생들과 공유할 것이다. 그 후 독자는 선생님의 지도에 따라 자료를 정리하고 이들의 평균과 표준편차를 구하라. 모든 자료들이 정규 분포를 따른다고 가정하고 어떤 학생이 가지고 있는 돈이 $5~$10 사이일 확률과 어떤 학생이 $10보다 적은 돈을 가지고 있을 확률을 구하라.

19.50 종이에 자신의 허리둘레를 적어라(만약 자신의 허리둘레를 모른다면 선생님에게 허리둘레를 잴 자를 달라고 하라). 그러면 선생님께서 그 종이들을 걷고 그 결과를 학생들과 공유할 것이다. 그 후 독자는 선생님의 지도에 따라 자료를 정리하고 이들의 평균과 표준편차를 구하라. 모은 자료들이 정규 분포를 따른다고 가정하고 어떤 학생의 허리둘레가 850mm 이하일 확률과 어떤 학생의 허리둘레가 750mm~900mm 사이일 확률을 구하라.

CHAPTER 20

경제성 공학

경제성 연구는 제품·서비스 개발과 공학 디자인의 의사결정과정에서 중요한 역할이다.

Source: © Lightscapes Photography, Inc./CORBIS

3장에서 설명했듯이, 경제적인 요소는 공학 디자인을 결정하는 데 중요한 역할을 하고 있다. 제품 생산에 너무 많은 비용이 투자되면 소비자가 구매하기에 부적절할 것이고 회사에 이득이 없을 것이다. 회사들이 제품을 설계하고 서비스를 마련하는 이유가 생활을 편리하게 해주기 위한 것만이 아니라 돈을 벌기 위해서다. 이번 단원에서는 경제성 공학의 기초를 배울 것이다. 여기서 배우는 정보는 공학 프로젝트에서 사용되고 자동차나 집에 자금을 마련하거나 은행에서 돈을 입금/대출할 때도 사용된다. 이 단원에서 배우는 지식을 학자금 대여나 신용카드 지출을 결정하는 데 사용할 수도 있다. 그러므로 경제성 공학을 확실히 이해하고 앞으로의 자산 관리에 도움이 될 수 있기를 바란다.

20.1 자금 흐름도

자금 흐름도(Cash flow diagram)는 일정한 주기 동안 자금의 흐름과 수입을 그림으로 보여주는 도표이다. 자금 흐름도는 자금의 흐름이 이루어지는 시기, 자금 규모, 자금의 지출과 수입을 보여준다. 이는 타이밍 효과, 규모, 자금 규모의 방향을 알려주는 중요한 시각 도구이다. 자금 흐름도를 더 자세하게 보자면 자동차를 구매하고 싶다고 가정하자. 대학교 1학년에 재학 중이므로 현재 통장에 많은 돈이 있지 않을 것이고, 예를 들어서 통장에 $1200가 있다고 하자. 구매하고 싶은 자동차의 가격은 $15,500이고 세금과 그 외의 수수료를 추가하면 총 $16,880이다. 새로운 자동차를 구입하기 위해서 계약금 $1,000를 지급해야하므로 은행에서 대출받기로 한다. 은행에서는 잔액 $15,880를 이자 8%에 대출해주기로 해서 5년 동안 매달 $315.91를 납부하기로 결정했다. 뒤에서 매달 지출액을 계산하는 방법을 배우겠지만 여기서는 자금 흐름도를 그리는 방법을 배워보자. 이 자금 흐름도는 [그림 20.1]에 있다. 은행에서 대출해준 돈을 표시하는 화살표와 5년(60개월) 동안 은행에 갚는 돈의 화살표를 살펴본다.

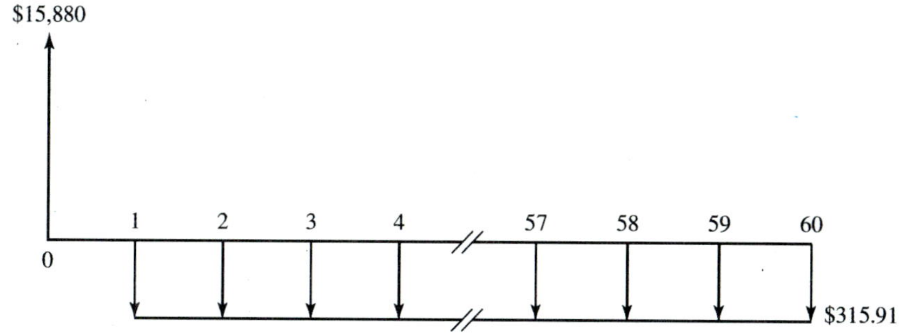

그림 20.1
대출금과 매달 갚는 지출액의 자금 흐름도

예제 20.1

가격이 $50,000인 기계의 구매와 유지보수비가 연간 $1000인 투자의 자금 흐름도를 그려라. 기계의 수입이 5년 동안 연간 $15,000가 이루어질 것이라고 예상되고 5년 뒤 기계의 잔존가치(salvage value)는 $8,000일 것이다.

[그림 20.2]가 이 투자의 자금 흐름도이고 이 표의 화살표를 확인해본다. 초깃값인 $50,000와 유지보수비는 화살표가 아래를 향하고 수입과 잔존가치의 화살표는 위를 향하고 있다.

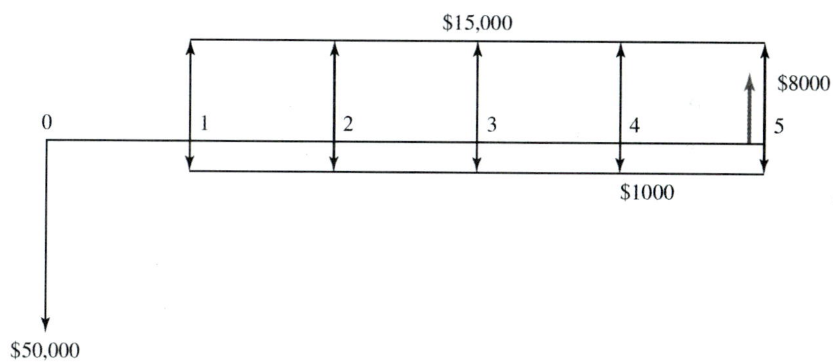

그림 20.2
예제 20.1의 자금 흐름도

20.2 단리와 복리

이자는 대출받은 돈을 갚을 때 추가로 갚는 돈이다. 단리(Simple Interest)는 초기에 대출받거나 예금한 금액에만 적용된다. 단리를 보면 매년 얻어지는 이자는 그 자체로 이자가 붙지 않는다. 예를 들어서 초기에 $100를 단리 6%에 예금하면 6년 뒤에 $136가 통장에 있게 된다. 일반적으로 p 만큼을 단리 i%로 n년 동안 예금하면 p 만큼의 최종 금액 F는 n년 말에는 다음과 같이 나온다.

$$F = P + (P)(i)(n) = P(1 + \ni) \tag{20.1}$$

예제 20.2

$1500를 7% 단리로 8년 동안 투자했다. 8년 말의 액수 F와 이자를 계산하라.

식 (20.1)을 사용해서 투자금의 미래의 금액을 계산하면

$$F = P(1 + ni) = 1500[1 + 8(0.07)] = \$2340$$

총 예금액의 이자는

$$\text{이자} = (P)(n)(i) = (1500)(8)(0.07) = \$840$$

표 20.1 복리의 효과

Year	Balance at the Beginning of the Year(dollars and cents)	Interest for the Year at 6%(dollars and cents)	Balance at the End of the Year, Including the Interest(dollars and cents)
1	100.00	6.00	106.00
2	106.00	6.36	112.36
3	112.36	6.74	119.10
4	119.10	7.14	126.24
5	126.24	7.57	133.81
6	133.81	8.02	141.83

단리는 자주 사용되지 않는다. 주로 예금을 대출받거나 은행에 투자한 돈에서 나오는 이자는 복리(compound interest)로 계산한다. 다음은 복리에 대해서 배우겠다.

복리

복리의 체계를 보면 초기 원금에서 나오는 이자도 이자를 모으게 된다. 원금에서의 복리 계산을 더 자세히 설명하기 위해 예를 들어보겠다. 6%의 연간복리를 계산하는 은행에 $100.00를 투자했다고 하자. 1년 말(또는 2년 초)에 $106.00가 예금계좌에 있을 것이다. 그러나 두 번째 해의 이자는 ($106.00)(0.06)=$6.36로 계

산된다. 이 계산은 첫해의 이자인 $6도 6%의 이자를 포함하기 때문에 그 자체만 36센트이다. 두 번째 해에 얻게 되는 이자는 $6.36가 될 것이기 때문에 2년 말에는 총 $112.36가 있게 된다. 세 번째, 네 번째, 다섯 번째, 여섯 번째 해의 이자와 총금액을 같은 방법으로 계산하게 되면 6년 말에는 총금액이 $141.83이다. 자세한 계산은 [표 20.1]을 참조하라. 6년 동안 $100.00를 투자해서 매년 6%의 단리인 경우와 6%의 복리인 경우를 비교해보자. 단리인 경우, 6년 후에 얻은 이자는 $36.00이고 복리인 경우에는 $41.83를 얻게 된다.

20.3 현재가의 미래가

현재가(원금) P를 n년 후에 i%의 연간복리로 미래가 F를 계산할 수 있게 공식을 개발할 것이다. [그림 20.3]에 이런 상황의 자금 흐름도가 있다. 단계별로 보여주기 위해서 매년 복리 효과를 [표 20.2]에 보여준다. [표 20.2]처럼 원금 P로 시작하면, 첫해 말에는 $P+Pi$ 또는 $P(1+i)$이다. 두 번째 해 동안은 $P(1+i)$가 이자를 모아서 $P(1+i)i$가 나오고, 이 이자를 두 번째 해에 시작한 $P(1+i)$에 더하면 총금액은 $P(1+i)+P(1+i)i$ 이다. $P(1+i)$를 인수분해하면 2년 말에는 $P(1+i)^2$달러가 생긴다. [표 20.2]를 보면 셋째, 넷째, 다섯째… 그리고 n번째 연도에 이자와 총금액이 어떻게 계산되는지 알 수 있다. 따라서 현재 예금 P와 n년 동안 얻어진 i% 연간복리에서 나오는 미래의 가치 F와의 관계는

$$F=P(1+i)^n \tag{20.2}$$

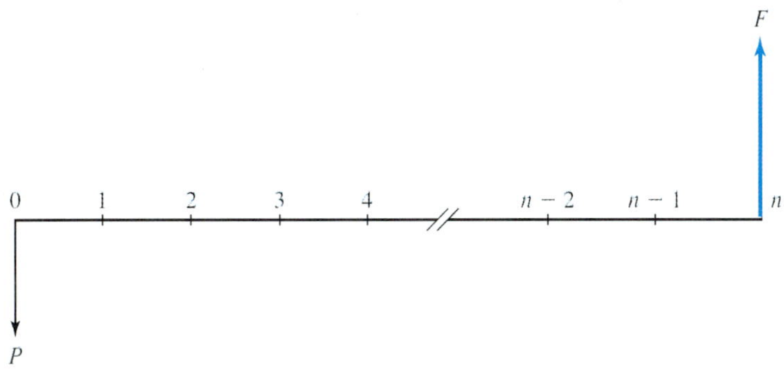

그림 20.3
오늘 은행에 투자한 예금의 미래가를 그린 자금 흐름도

표 20.2 현재가 P와 미래가 F와의 관계

Year	Balance at the Beginning of the Year	Interest for the Year	Balance at the End of the Year, Including the Interest
1	P	$(P)(i)$	$(P)+(P)(i)=P(1+i)$
2	$P(1+i)$	$(P)(1+i)(i)$	$(P)(1+i)+P(1+i)(i)=P(1+i)^2$
3	$P(1+i)^2$	$(P)(1+i)^2(i)$	$(P)(1+i)^2+P(1+i)^2(i)=P(1+i)^3$
4	$P(1+i)^3$	$(P)(1+i)^3(i)$	$(P)(1+i)^3+P(1+i)^3(i)=P(1+i)^4$
5	$P(1+i)^4$	$(P)(1+i)^4(i)$	$(P)(1+i)^4+P(1+i)^4(i)=P(1+i)^5$
.	......	....	....
n	$P(1+i)^{n-1}$	$(P)(1+i)^{n-1}(i)$	$(P)(1+i)^{n-1}+P(1+i)^{n-1}(i)=P(1+i)^n$

예제 20.3

오늘 예금한 \$1500를 8년 후 7% 연간복리의 미래 가치를 계산하라. 또 이 예금에서 얻어지는 이자를 계산하라.

예금한 \$1500의 미래가는 식 (20.2)의 P, i, n에 값을 입력하면 다음과 같이 나온다.

$$F = P(1+i)^n = 1500(1+.07)^8 = \$2577.27$$

예금 8년 동안 얻은 총 이자는 미래가와 현재가의 차이를 계산하면 된다.

$$\text{이자} = \$2577.27 - \$1500 = \$1077.27$$

여러 재무 협회는 1년에 한 번 이상 복리를 계산해서 이자를 납부한다. 예를 들어서 은행은 반년 또는 연 4회 또는 매달마다 복리를 계산해서 이자율을 줄 수 있다. 원금 P를 n년 동안 예금을 하고 얻는 이자는 매년 m주기(또는 m번)의 복리로 계산하면 원금 P의 미래값 F는

$$F = P\left(1+\frac{i}{m}\right)^{nm} \tag{20.3}$$

예제 20.4

예금 \$1500를 8년 후에 월 7% 복리의 미래가와 이 예금에서 얻어질 이자를 계산하라.

예금 \$1500의 미래가를 계산하기 위해서는 식 (20.3)의 P, i, m, n을 입력한다. 입력한 후 미래값을 계산하면

$$F = 1500\left(1+\frac{0.07}{12}\right)^{(8)(12)} = 1500\left(1+\frac{0.07}{12}\right)^{96} = \$2621.73$$

총 이자는

$$\text{이자} = \$2621.73 - \$1500 = \$1121.73$$

[표 20.3]에 예제 20.2, 20.3, 20.4의 결과를 비교하고 요약해놓았다. 예금 $1500의 단리, 연 복리, 월 복리에 대한 미래가의 차이점을 본다.

표 20.3 예제 20.2, 20.3, 20.4의 비교 결과

Example Number	Principal (dollars)	Interest Rate	Duration (years)	Future Value(dollars and cents)	Interest Earned(dollars and cents)
Example 20.2	1500	7% simple	8	2340.00	840.00
Example 20.3	1500	7% compounding annually	8	2577.27	1077.27
Example 20.4	1500	7% compounding monthly	8	2621.73	1121.73

20.4 실질이율

$100를 매달 6%의 복리계산으로 예금하면 1년 후에 식 (20.3)에 의해서 $106.16가 생긴다. 1년 동안 얻어진 $6.16는 1년 동안 예금 $100의 $6라고 하는 6%의 이자보다 높다. 혼동을 막기 위해서 이렇게 진술된 이자율을 명목이율(nominal interest rate)이라 하고, 실제 얻어진 이자율을 실질이율(effective interest rate)이라고 한다. 명목이율 i와 실질이율, i_{eff}는 다음과 같다.

$$i_{\text{eff}} = \left(1+\frac{i}{m}\right)^{m} - 1 \tag{20.4}$$

이 공식에서 m은 1년에 복리 기간 횟수이다. 이자의 복리 효과를 더 정확히 이해하기 위해서 예를 들어보자. 다음에 나열하는 이자 중 하나를 선택해서 $100를 연간 예금해보자. 6% 매년 복리, 6% 반년 복리, 6% 분기 복리, 6% 매달 복리, 6% 매일 복리. [표 20.4]는 각각의 복리 기간에 대한 1년 후의 총금액, 총이자 수입,

각 경우의 실질이율의 차이를 보여준다.

표 20.4 복리 기간 빈도수의 효과

Compounding Period	Total Number of Compounding Periods	Total Amount after 1 Year (dollars and cents)	Interest (dollars and cents)	Effective Interest Rate
Annually	1	$100(1+0.06)=106.00$	6.00	6%
Semiannually	2	$100\left(1+\frac{0.06}{2}\right)^2=106.09$	6.09	6.09%
Quarterly	4	$100\left(1+\frac{0.06}{4}\right)^4=106.13$	6.13	6.13%
Monthly	12	$100\left(1+\frac{0.06}{12}\right)^{12}=106.16$	6.16	6.16%
Daily	365	$100\left(1+\frac{0.06}{365}\right)^{365}=106.18$	6.18	6.18%

5가지 복리의 빈도수를 비교하면 1년 동안 $100의 예금에서 얻어진 이자의 차이는 적지만 원금과 예금의 기간이 증가할수록 가치는 상당해진다. 원금과 예금의 기간을 보여주기 위해서 다음 예제를 보자.

예제 20.5

다음에 나열하는 이자율 중 하나를 선택해서 10년 동안 예금계정에 $5000를 예금한 후에 얻어지는 이자를 계산하라. 6% 매년, 반년, 분기, 매달, 매일 복리. 결과는 [표 20.5]에 있다.

표 20.5 예제 20.5의 결과

Compounding Period	Total Number of Compounding Periods	Total Future Amount Using Eq.(16.8) (dollars and cents)	Interest (dollars and cents)
Annually	10	$5000(1+0.06)^{10}=8954.23$	3954.23
Semiannually	20	$5000\left(1+\frac{0.06}{2}\right)^{20}=9030.55$	4030.55
Quarterly	40	$5000\left(1+\frac{0.06}{4}\right)^{40}=9070.09$	4070.09
Monthly	120	$5000\left(1+\frac{0.06}{12}\right)^{120}=9096.98$	4096.98
Daily	3650	$5000\left(1+\frac{0.06}{365}\right)^{3650}=9110.14$	4110.14

예제 20.6

다음 명목이율에 해당하는 실질이율을 보여라. (a)7% 매년 복리, (b)16.5% 매달 복리, (c)6% 반년 복리, (d)9% 분기 복리.

식 (20.4)의 i와 m에 값을 입력해서 i_{eff}를 계산할 수 있다.

(a) $i_{\mathrm{eff}} = \left(1+\dfrac{i}{m}\right)^m - 1 = \left(1+\dfrac{0.07}{12}\right)^{12} - 1 = 0.0722 \text{ or } 7.22\%$

(b) $i_{\mathrm{eff}} = \left(1+\dfrac{0.165}{12}\right)^{12} - 1 = 0.1780 \text{ or } 17.80\%$

(c) $i_{\mathrm{eff}} = \left(1+\dfrac{0.06}{2}\right)^{2} - 1 = 0.0609 \text{ or } 6.09\%$

(d) $i_{\mathrm{eff}} = \left(1+\dfrac{0.09}{4}\right)^{4} - 1 = 0.0930 \text{ or } 9.30\%$

20.5 미래가의 현재가

5년 후에 대학교를 졸업할 때 소유하고 있는 자동차의 계약금을 $2000로 만들고 싶다고 하자. 오늘 6.5% 이자(매년 복리)의 예금증서에 얼마를 투자해야 하는가? 미래와 현재가의 관계는 앞에서 배웠고 식 (20.2)를 사용하면 된다. 식 (20.2)를 고쳐서 보면

$$P = \frac{F}{(1+i)^n} \tag{20.5}$$

이고, 식 (20.5)에 미래가 F, 이자율 i, 기간 n에 값을 입력하면

$$P = \frac{2000}{(1+0.065)^5} = \$1459.76$$

대학생으로서 이만큼의 돈은 적은 돈이 아니다. 차라리 매년 어느 정도의 돈을 모으는 것이 더 효율적일 것이다. 그러면 5년 동안 주어진 이자로 얼마만큼의 돈을 모아야 5년 후에 $2000를 모을 수 있겠는가? 다음 단원의 이 문제를 풀기 위해서 지불 또는 납부의 흐름을 다루는 공식에 대해서 배워보겠다.

20.6 납부 또는 연금 흐름의 현재가

이번 단원에서는 현재 총액, P와 미래의 일정한 납부 흐름, A의 관계를 만든 후에 그 관계를 이용해서 일정한 납부 흐름, A에서 미래 총금액 P로의 공식을 만들어보겠다. 앞으로 배우겠지만, 이 방법이 더 간편하게 사용될 것이다. 이 관계를 유도하기 위해서는 우선 은행에서 연 이자율 i에 P만큼의 돈을 빌렸다고 하고 [그림 20.4]처럼 매년 같은 금액, A를 n년 동안 갚기로 하자.

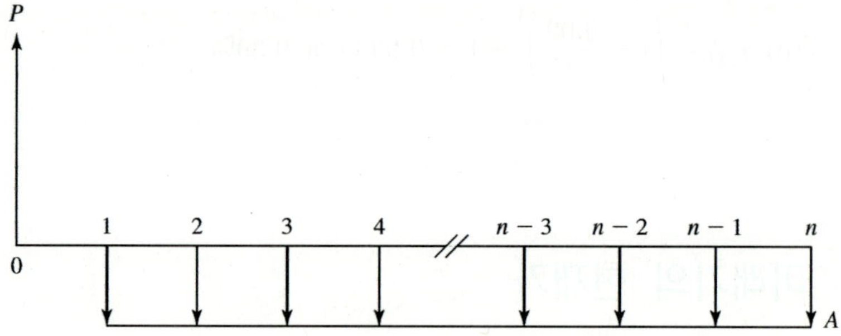

그림 20.4 빌린 돈의 총금액과 그 같은 금액의 지불 흐름의 자금 흐름도

P와 A 사이의 관계를 보이기 위해서는 각 미래 지불 금액을 따로 다루고 식 (20.5)를 이용해서 각 지불을 현재 일정한 값과 관련시킨다. 마지막으로 모든 결과를 더하면 다음과 같은 관계가 나온다.

$$P=\frac{A}{(1+i)}+\frac{A}{(1+i)^2}+\frac{A}{(1+i)^3}+\cdots+\frac{A}{(1+i)^{n-1}}+\frac{A}{(1+i)^n} \tag{20.6}$$

보다시피 식 (20.6)은 매우 복잡하기 때문에 간단하게 고쳐야한다. 식 (20.6)의 양쪽에 $(1+i)$를 곱하면 어떨까? 이 계산을 하면 다음과 같이 나온다.

$$P(1+i)=A+\frac{A}{(1+i)}+\frac{A}{(1+i)^2}+\frac{A}{(1+i)^3}+\cdots+\frac{A}{(1+i)^{n-2}}+\frac{A}{(1+i)^{n-1}} \tag{20.7}$$

이제 식 (20.7)에서 식 (20.6)을 빼면 다음과 같은 결과가 나온다.

$$P(1+i)-P = A + \frac{A}{(1+i)} + \frac{A}{(1+i)^2} + \frac{A}{(1+i)^3} + \cdots + \frac{A}{(1+i)^{n-2}} + \frac{A}{(1+i)^{n-1}}$$

$$-\left[\frac{A}{(1+i)} + \frac{A}{(1+i)^2} + \frac{A}{(1+i)^3} + \cdots + \frac{A}{(1+i)^{n-1}} + \frac{A}{(1+i)^n}\right] \tag{20.8}$$

식 (20.8)의 오른쪽을 간단하게 정리하면

$$P(1+i) - P = A - \frac{A}{(1+i)^n} \tag{20.8b}$$

그리고 식 (20.8)의 왼쪽을 간단하게 정리하면

$$P(i) = \frac{A\big((1+i)^n - 1\big)}{(1+i)^n} \tag{20.8c}$$

식 (20.8c)의 양쪽을 i로 나누면

$$P = A\left[\frac{(1+i)^n - 1}{i(1+i)^n}\right] \tag{20.9}$$

식 (20.9)는 총금액 P의 현재가와 등가지불(equivalent uniform series payment) A의 관계를 보여준다. 식 (20.9)를 다음과 같이 바꿔서 A를 P에 대해서 보일 수 있다.

$$A = \frac{P(i)(1+i)^n}{(1+i)^n - 1} = P\left[\frac{(i)(1+i)^n}{(1+i)^n - 1}\right] \tag{20.10}$$

20.7 등가지불의 미래가

등가지불의 미래가를 계산하는 공식을 만들기 위해서는 미래가와 현재가의 관계를 보여주는 식 (20.2)에 식 (20.9)를 A에 관해 고쳐서 식 (20.2)에 P에 관해서 입력한다. 이 과정은 단계별로 설명되어 있다. 식 (20.2)는 미래가와 현재가의 관계를 보여준다.

$$F = P(1+i)^n \tag{20.2}$$

식 (20.14)는 균일한 흐름(uniform series)과 현재가의 관계를 보여준다.

$$P = A\left[\frac{(1+i)^n - 1}{i(1+i)^n}\right] \tag{20.9}$$

식 (20.2)를 A에 관해서 식 (20.7)의 P에 입력하면

$$F = P(1+i)^n = \overbrace{A\left[\frac{(1+i)^n - 1}{i(1+i)^n}\right]}^{P}(1+i)^n \tag{20.11}$$

식 (20.11)을 간단하게 정리하면 미래가 F와 예금 A의 균일한 지불의 관계를 다음과 같이 보여준다.

$$P = A\left[\frac{(1+i)^n - 1}{i}\right] \tag{20.12}$$

그리고 식 (20.12)를 다시 정리하면 F에 대한 식 A를 얻게 된다.

$$A = F\left[\frac{i}{(1+i)^n - 1}\right] \tag{20.13}$$

이제 필요한 모든 식을 만들었으니 앞에서 고려했던 문제로 돌아가자. 5년 후에 졸업할 때 자동차를 구매하는 데 필요한 계약금 \$2000를 만들기 위해서 연리 6.5%의 연간복리로 5년 동안 매년 얼마를 모아야 하는가? 식 (20.13)을 이용해서 매년 예금을 계산하면 다음과 같은 결과를 얻게 된다.

$$A = 2000\left[\frac{0.065}{(1+0.065)^5 - 1}\right] = \$351.26$$

오늘 \$1459.76를 예금하는 것보다 5년 동안 매년 \$351.26를 모으는 방법이 훨씬 더 효율적인 방법이 될 것이다.

식 (20.9), (20.10), (20.12), (20.13)은 지불과 수입의 균일한 흐름이 매년 실행될 때 사용되는 공식이다. 그러면 다음 질문은 매달 지불하는 경우이다. 예를 들

어서 자동차 또는 집 대출금이 매달 이루어진다. 지금까지 발견한 공식을 이용해서 현재가 P와 균일한 지불 또는 수입 A와의 관계가 같은 빈도수로 1년에 한 번 이상 이루어지는 경우를 보자. 빈도수는 1년에 복리로 계산된다. 이러한 경우에는 식 (20.9)가 다음과 같이 매년 복리로 계산되는 빈도수 m을 포함하면

$$P = A\left[\frac{\left(1+\frac{i}{m}\right)^{nm}-1}{\frac{i}{m}\left(1+\frac{i}{m}\right)^{nm}}\right] \tag{20.14}$$

식 (20.14)를 얻기 위해서 i, i/m, n, nm에 식 (20.9)를 입력했다. 식 (20.14)를 다시 P에 관한 A 식으로 고치면

$$A = P\left[\frac{\left(\frac{i}{m}\right)\left(1+\frac{i}{m}\right)^{nm}}{\left(1+\frac{i}{m}\right)^{nm}-1}\right] \tag{20.15}$$

같은 방법으로 식 (20.12)와 (20.13)도 A가 같은 복리 계산으로 1년에 한 번 이상 이루어지는 경우로 정리하면

$$F = A\left[\frac{\left(1+\frac{i}{m}\right)^{(m)(n)}-1}{\frac{i}{m}}\right] \tag{20.16}$$

$$A = F\left[\frac{\frac{i}{m}}{\left(1+\frac{i}{m}\right)^{(m)(n)}-1}\right] \tag{20.17}$$

마지막으로 균일한 흐름에서 빈도가 복리와 다를 경우에는 우선 i_{eff}를 균일한 흐름의 빈도에 맞춰서 계산해야 한다.

예제 20.7

졸업할 때 자동차의 계약금 \$2000를 5년 동안 모으는 문제로 돌아가자. 매달 6.5% 복리로 예금하는 경우를 생각해보자.

예금은 식 (20.17)로부터 계산되고 그 결론은

$$A = F\left[\frac{\frac{i}{m}}{\left(1+\frac{i}{m}\right)^{nm}-1}\right] = 2000\left[\frac{\frac{0.065}{12}}{\left(1+\frac{0.065}{12}\right)^{(12)(5)}-1}\right] = \$28.29$$

5년 동안 매달 \$28.29를 모으는 경우가 매년 \$351.26를 5년 동안 모으는 것보다 더 효율적이고, 오늘 단번에 \$1459.76를 모으는 것보다 훨씬 효율적이다.

예제 20.8

매달 8% 복리로 \$10,000 대출을 5년 동안 매달 지불하는 경우를 계산하라.

매달 지불을 계산하기 위해서는 식 (20.15)를 사용하라.

$$A = P\left[\frac{\left(\frac{i}{m}\right)\left(1+\frac{i}{m}\right)^{nm}}{\left(1+\frac{i}{m}\right)^{nm}-1}\right] = 10{,}000\left[\frac{\left(\frac{0.08}{12}\right)\left(1+\frac{0.08}{12}\right)^{60}}{\left(1+\frac{0.08}{12}\right)^{60}-1}\right] = \$202.76$$

예제 20.9

이 예제는 균일한 흐름에서 빈도와 복리의 빈도가 다를 때 어떻게 해야 하는지 보여준다. 앞서 말했듯이, 먼저 균일한 흐름에서의 빈도수에 대응하는 i_{eff} 값을 구해야 한다. 다음과 같이 3달에 한 번씩 1년 동안 \$2000의 예금을 하는 상황이라 하자. (a) 이자는 분기별 복리로 18%이다. (b) 이자는 월 복리로 18%이다. 1년 후에 각 상황에 따른 예금액의 미래가치를 비교해보아라.

답을 구할 때, 예금에 대한 이자가 매달 말에 발생하거나 다음 달 초에 발생함을 유의하라. (a)상황의 경우, 예금의 빈도는 복리 빈도와 대응된다. 결과적으로 계산된 미래가치는 다음과 같다.

$$F = 2000(F/A,\ 4.50\%,\ 4) = 2000\left[\frac{(1+0.045)^4-1}{0.045}\right] = \$8{,}556.38$$

(b)에서 예금 빈도가 4회인 반면 복리 빈도가 12회이다. (b)상황과 (a)상황이 얼마나 다른지 알기 위해서는 [표 20.6]을 참고하여 각 달의 처음과 끝의 잔고를 확인해야 한다.

(b)상황에서 1년 말에 예금의 미래가치는 (a)상황일 때의 미래가치 \$8,556.38보다 약간 높은 \$8,564.99이다.

표 20.6 예제 20.9에서 각 달의 처음과 끝의 잔고

Month	Balance at the Beginning of Months (dollars and cents)	Interest for the Month at 1.5%(dollars and cents)	Balance at the End of the Month (dollars and cents)
1	0.00	0.00	0.00
2	0.00	0.00	0.00
3	0.00	0.00	0.00
4	2000	30.00	2030.00
5	2030.00	30.45	2060.45
6	2060.45	30.90	2091.35
7	2000+2091.35=4091.35	61.37	4152.72
8	4152.72	62.29	4215.01
9	4215.01	63.22	4278.23
10	2000+4278.23=6278.23	94.17	6372.40
11	6372.40	95.58	6467.98
12	6467.98	97.01	6564.99
	2000+6564.99=8,564.99		

다른 방법으로는 먼저 예금 빈도수에 맞는 i_{eff}를 구한 다음, 미래가치를 구하는 것이 있다. 그 과정은 다음과 같다.

$$i_{\text{eff}} = \left(1 + \frac{0.045}{3}\right)^3 - 1 = 0.0456$$

$$F = 2000(F/A,\ 4.56\%,\ 4) = 2000\left[\frac{(1+0.0456)^4 - 1}{0.0456}\right] = \$8,564.02$$

20.8 경제성 공학 분석의 요약

[표 20.7]과 [표 20.8]에 지금까지 배운 경제성 공학의 식이 요약되어있다. 다음에 식의 정의가 주어져 있다.

P = 현재가 또는 현재 금액 − 총금액(\$)

F = 미래가 또는 미래 금액 − 총금액(\$)

A = 균일한 지불 금액 또는 균일한 수입 금액($)

i = 명목이율

i_{eff} = 실질이율

n = 년 수

m = 연간 복리계산 횟수

표 20.7 매년 i 복리 또는 균일한 지불 A가 매년 이루어질 때 사용되는 식의 요약

To Find	Given	Use This Formula	Interest-Time Factor
F	P	$F=P(1+i)^n$	$(F/P, i, n)=(1+i)^n$
P	F	$P=\frac{F}{(1+i)^n}$	$(P/F, i, n)=\frac{1}{(1+i)^n}$
P	A	$P=A\left[\frac{(1+i)^n-1}{i(1+i)^n}\right]$	$(P/A, i, n)=\left[\frac{(1+i)^n-1}{i(1+i)^n}\right]$
A	P	$A=P\left[\frac{(i)(1+i)^n}{(1+i)^n-1}\right]$	$(A/P, i, n)=\left[\frac{(i)(1+i)^n}{(1+i)^n-1}\right]$
F	A	$F=A\left[\frac{(1+i)^n-1}{i}\right]$	$(F/A, i, n)=\left[\frac{(1+i)^n-1}{i}\right]$
A	F	$A=F\left[\frac{(i)}{(1+i)^n-1}\right]$	$(A/F, i, n)=\left[\frac{(i)}{(1+i)^n-1}\right]$

[표 20.7]의 네 번째 열에 있는 이자－시간 계수는 여러 자금 흐름도의 같은 값을 낼 때 사용되는 긴 공식을 쉽게 정리한 것이다. 예를 들어서 현재 원금의 등가지불을 사용할 때

$$A=P\left[\frac{(i)(1+i)^n}{(1+i)^n-1}\right]$$

$A=P(A/P,\ i,\ n)$을 사용할 필요 없이 다음 식을 사용한다.

$$(A/P,\ i,\ n)=\left[\frac{(i)(1+i)^n}{(1+i)^n-1}\right]$$

이 예에서 $(A/P,\ i,\ n)$은 이자－시간 계수(interest-time factor)라고 하고, A의 P에 관한 n년 동안 i%의 이자율이라고 읽는다. P를 이자－시간 계수 $(A/P,\ i,\ n)$

와 곱하는 방법으로, 현재 원금 P가 주어졌을 때 A를 구할 때 사용된다. 예를 들어서 [표 20.9]에 $i=8\%$일 때 이자－시간 계수의 값이 나와 있다.

다른 이자율에 대한 이자－시간 계수는 엑셀을 사용해서 만들 수 있다. 1년에 한 번 이상의 복리인 이자－시간 계수를 알기 위해서는 엑셀 표 또는 대다수의 경제성 공학의 책 부록에 있는 표를 이용한다. 우선 명목이율 i를 복리횟수 m으로 나누고 나온 결과를 앞에서 언급한 표에서 찾는다. 다음은 년 수 n을 복리횟수 m과 곱하고 나온 결과를 횟수로 사용해서 이자－시간 계수에서 찾는다. 예를 들어 4년간 매달 18% 복리로 계산하면 1.5%의 이자율 표(18/12=1.5)를 이용하고 횟수는 48(4×12=48)을 이용한다.

표 20.8 ***i*가 매년 *m*번 계산되고 균일한 *A*가 같은 빈도수로 계산될 때 사용되는 식의 요약**

To Find	Given	Use This Formula
i_{eff}	i	$i_{\text{eff}}=\left(1+\frac{i}{m}\right)^{m}-1$
F	P	$F=P\left(1+\frac{i}{m}\right)^{nm}$
P	F	$P=\frac{F}{\left(1+\frac{i}{m}\right)^{nm}}$
P	A	$P=A\left[\frac{\left(1+\frac{i}{m}\right)^{nm}-1}{\frac{i}{m}\left(1+\frac{i}{m}\right)^{nm}}\right]$
A	P	$A=P\left[\frac{\left(\frac{i}{m}\right)\left(1+\frac{i}{m}\right)^{nm}}{\left(1+\frac{i}{m}\right)^{nm}-1}\right]$
F	A	$F=A\left[\frac{\left(1+\frac{i}{m}\right)^{(m)(n)}-1}{\frac{i}{m}}\right]$
A	F	$A=F\left[\frac{\frac{i}{m}}{\left(1+\frac{i}{m}\right)^{(m)(n)}-1}\right]$

표 20.9 i = 8%에 관한 이자-시간 계수

n	$(F/P, i, n)$	$(P/F, i, n)$	$(P/A, i, n)$	$(A/P, i, n)$	$(F/A, i, n)$	$(A/F, i, n)$
1	1.08000000	0.92592593	0.92592593	1.08000000	1.00000000	1.00000000
2	1.16640000	0.85733882	1.78326475	0.56076923	2.08000000	0.48076923
3	1.25971200	0.79383224	2.57709699	0.38803351	3.24640000	0.30803351
4	1.36048896	0.73502985	3.31212684	0.30192080	4.50611200	0.22192080
5	1.46932808	0.68058320	3.99271004	0.25045645	5.86660096	0.17045645
6	1.58687432	0.63016963	4.62287966	0.21631539	7.33592904	0.13631539
7	1.71382427	0.58349040	5.20637006	0.19207240	8.92280336	0.11207240
8	1.85093021	0.54026888	5.74663894	0.17401476	10.63662763	0.09401476
9	1.99900463	0.50024897	6.24688791	0.16007971	12.48755784	0.08007971
10	2.15892500	0.46319349	6.71008140	0.14902949	14.48656247	0.06902949
11	2.33163900	0.42888286	7.13896426	0.14007634	16.64548746	0.06007634
12	2.51817012	0.39711376	7.53607802	0.13269502	18.97712646	0.05269502
13	2.71962373	0.36769792	7.90377594	0.12652181	21.49529658	0.04652181
14	2.93719362	0.34046104	8.24423698	0.12129685	24.21492030	0.04129685
15	3.17216911	0.31524170	8.55947869	0.11682954	27.15211393	0.03682954
16	3.42594264	0.29189047	8.85136916	0.11297687	30.32428304	0.03297687
17	3.70001805	0.27026895	9.12163811	0.10962943	33.75022569	0.02962943
18	3.99601950	0.25024903	9.37188714	0.10670210	37.45024374	0.02670210
19	4.31570106	0.23171206	9.60359920	0.10412763	41.44626324	0.02412763
20	4.66095714	0.21454821	9.81814741	0.10185221	45.76196430	0.02185221
21	5.03383372	0.19865575	10.01680316	0.09983225	50.42292144	0.01983225
22	5.43654041	0.18394051	10.20074366	0.09803207	55.45675516	0.01803207
23	5.87146365	0.17031528	10.37105895	0.09642217	60.89329557	0.01642217
24	6.34118074	0.15769934	10.52875828	0.09497796	66.76475922	0.01497796
25	6.84847520	0.14601790	10.67477619	0.09367878	73.10593995	0.01367878
26	7.39635321	0.13520176	10.80997795	0.09250713	79.95441515	0.01250713
27	7.98806147	0.12518682	10.93516477	0.09144810	87.35076836	0.01144810
28	8.62710639	0.11591372	11.05107849	0.09048891	95.33882983	0.01048891
29	9.31727490	0.10732752	11.15840601	0.08961854	103.96593622	0.00961854
30	10.06265689	0.09937733	11.25778334	0.08882743	113.28321111	0.00882743
31	10.86766944	0.09201605	11.34979939	0.08810728	123.34586800	0.00810728
32	11.73708300	0.08520005	11.43499944	0.08745081	134.21353744	0.00745081
33	12.67604964	0.07888893	11.51388837	0.08685163	145.95062044	0.00685163
34	13.69013361	0.07304531	11.58693367	0.08630411	158.62667007	0.00630411
35	14.78534429	0.06763454	11.65456822	0.08580326	172.31680368	0.00580326
36	15.96817184	0.06262458	11.71719279	0.08534467	187.10214797	0.00534467
37	17.24562558	0.05798572	11.77517851	0.08492440	203.07031981	0.00492440
38	18.62527563	0.05369048	11.82886899	0.08453894	220.31594540	0.00453894
39	20.11529768	0.04971341	11.87858240	0.08418513	238.94122103	0.00418513
40	21.72452150	0.04603093	11.92461333	0.08386016	259.05651871	0.00386016
41	23.46248322	0.04262123	11.96723457	0.08356149	280.78104021	0.00356149
42	25.33948187	0.03946411	12.00669867	0.08328684	304.24352342	0.00328684
43	27.36664042	0.03654084	12.04323951	0.08303414	329.58300530	0.00303414
44	29.55597166	0.03383411	12.07707362	0.08280152	356.94964572	0.00280152
45	31.92044939	0.03132788	12.10840150	0.08258728	386.50561738	0.00258728
46	34.47408534	0.02900730	12.13740880	0.08238991	418.42606677	0.00238991
47	37.23201217	0.02685861	12.16426741	0.08220799	452.90015211	0.00220799
48	40.21057314	0.02486908	12.18913649	0.08204027	490.13216428	0.00204027
49	43.42741899	0.02302693	12.21216341	0.08188557	530.34273742	0.00188557
50	46.90161251	0.02132123	12.23348464	0.08174286	573.77015642	0.00174286

예제 20.10

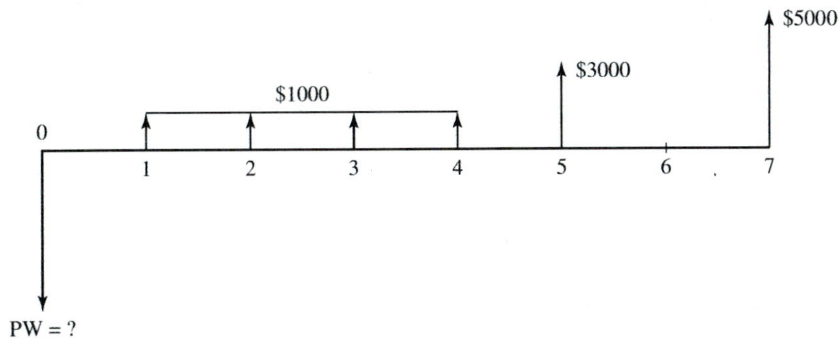

그림 20.5 예제 20.10의 자금 흐름도

[그림 20.5]에 있는 자금 흐름도의 현재가는 무엇인가? 달리 말하면 그림과 같이 예금을 찾기 위해서는 오늘 은행에 지불할 금액을 구하여라. 이자율은 매년 8% 복리이다.

주어진 자금 흐름도의 현재가는 다음 식에서 구해진다.

$$PW = 1000(P/A, 8\%, 4) + 3000(P/F, 8\%, 5) + 5000(P/F, 8\%, 7)$$

[표 20.8]에서 이자-시간 계수를 찾으면

$$(P/A, 8\%, 4) = 3.31212684$$

$$(P/F, 8\%, 5) = 0.68058320$$

$$(P/F, 8\%, 7) = 0.58349040$$

$$PW = (1000)(3.31212684) + (3000)(0.68058320) + (5000)(0.58349040)$$

$$PW = \$8271.32$$

그러므로 오늘 8% 이자인 예금계좌에 $8271.32를 넣으면 4년 후에는 $1000를 찾을 수 있고, 5년 후에는 $3000, 7년 후에는 $5000를 찾을 수 있다.

20.9 가장 현명한 대안—의사결정

지금까지는 일반적으로 돈, 시간, 이자율의 관계를 배웠다. 이제는 공학의 배경에서 이러한 관계를 배워보겠다. 지금 다니고 있는 회사에서 구매할 에어컨을 선택해야 하는 지시가 내려졌다고 하자. 철저하게 조사한 결과 선택의 폭을 10년의 역사를 가진 에어컨 두 개로 좁혔다. 이자율이 8%라고 할 때 가장 좋은 대안을 결정하라. [표 20.10]에 추가정보가 주어져 있고, [그림 20.6]에 각 선택의 자금 흐름도가 주어져 있다.

많은 옵션 중에서 가장 경제적인 선택을 내리기 위한 세 가지 방법은 (1)현재가 또는 원가 분석(cost analysis), (2)연간가(annual worth) 또는 원가 분석, (3)미래가 또는 원가 분석. 이 방법을 적용하면 모두 같은 결론을 내려주기 때문에 한 가지 방법만 사용해보겠다. 그러나 이 과정의 자세한 내용을 보기 위해서 뒤에 나올 문제에 모두 적용해볼 것이다.

표 20.10 에어컨을 선택하기 위한 데이터

Criteria	Alternative A	Alternative B
Initial cost	$100,000	$85,000
Salvage value after 10 years	$10,000	$5000
Operating cost per year	$2500	$3400
Maintenance cost per year	$1000	$1200

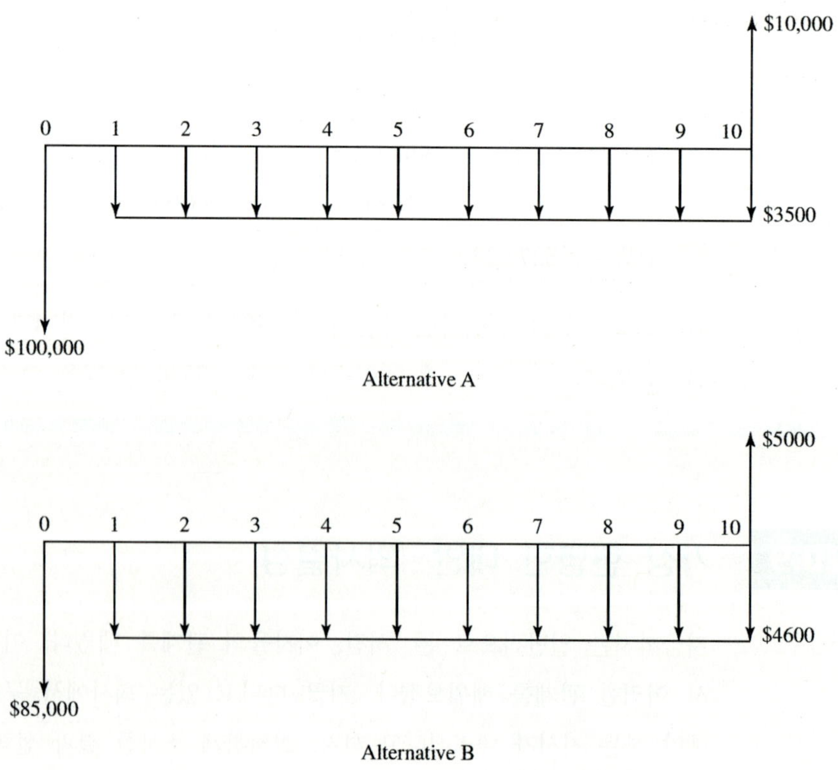

그림 20.6
예제의
자금 흐름도

현재가 또는 원가 분석 이 방법을 이용해서 총 현재가 또는 각 대안의 원가를 계산한 후에 가장 낮은 현재가 또는 가장 높은 현재가나 수익을 선택할 수 있다. 이 방법을 사용하기 위해서는 모든 자금 흐름도의 현재등가 계산부터 시작한다. 앞의 예제를 보면 현재가 분석의 적용은

대안 A:

$$PW = -100{,}000 - (2500+1000)(P/A,\ 8\%,\ 10) + 10{,}000(P/F,\ 8\%,\ 10)$$

[표 20.8]에서 $i = 8\%$일 때 시간－이자 계수를 찾을 수 있다.

$$PW = -100{,}000 - (2500+1000)(6.71008140) + (10{,}000)(0.46319349)$$

$$PW = -118{,}853.35$$

대안 B:

$$PW = -85{,}000 - (3400+1200)(P/A,\ 8\%,\ 10) + 5000(P/F,\ 8\%,\ 10)$$

$$PW = -85{,}000 - (3400+1200)(6.71008140) + 5000(0.46319349)$$

$$PW = -113{,}550.40$$

연간 유지비용, 작용비용, 에어컨의 잔존가치를 포함한 모든 미래자금흐름의 현재등가를 계산했다. 앞의 분석에서 마이너스 기호는 원가를 표시하며, 대안 B가 더 낮은 현재가를 가지고 있기 때문에 대안 B로 결정한다.

연간가 또는 원가 분석 이 방법을 사용해서 각 대안의 동등한 연간가 또는 원가 분석을 계산한 후에 가장 낮은 연간가 또는 가장 높은 연간가나 수입을 선택한다. 예제에 연간가 분석을 적용하면

대안 A:

$$AW = -(2500+1000) - 100{,}000(A/P,\ 8\%,\ 10) + 10{,}000(A/F,\ 8\%,\ 10)$$

$$AW = -(2500+1000) - (100{,}000)(0.14902949) + (10{,}000)(0.06902949)$$

$$AW = -17{,}712.65$$

대안 B:

$$AW = -(3400+1200) - 85{,}000(A/P,\ 8\%,\ 10) + 5000(A/F,\ 8\%,\ 10)$$

$$AW = -(3400+1200) - 85{,}000(0.14902949) + 5000(0.06902949)$$

$$AW = -16,922.35$$

이 방법을 사용해서 모든 자금 흐름의 동등한 연간가를 구하고 대안 B가 더 낮은 연간비용이기 때문에 대안 B로 결정한다.

미래가 또는 원가 분석 이 방법은 각 선택의 미래가 또는 원가를 계산해서 가장 낮은 미래가 또는 가장 높은 미래가나 수입을 선택한다. 미래가 분석의 예는 다음과 같다.

대안 A:

$$FW = +10,000 - 100,000(F/P,\ 8\%,\ 10) - (2500 + 1000)(F/A,\ 8\%,\ 10)$$
$$FW = +10,000 - (100,000)(2.15892500) - (2500 + 1000)(14.48656247)$$
$$FW = -256,595.46$$

대안 B:

$$FW = +5000 - 85,000(F/P,\ 8\%,\ 10) - (3400 + 1200)(F/A,\ 8\%,\ 10)$$
$$FW = +5000 - (85,000)(2.15892500) - (3400 + 1200)(14.48656247)$$
$$FW = -245,146.81$$

선택 B가 더 낮은 미래가를 가졌기 때문에 대안 B로 결정한다. 어떤 방법을 사용하던 대안 B가 경제적으로 더 효율적인 옵션이라는 결론이 나왔다. 또한, 각 대안에서 사용한 방법은 모두 이자－시간 관계(계수)와 관련되어 있다. 예를 들어,

대안 A:

$$PW = AW(P/A,\ 8\%,\ 10) = (-17,712.65)(6.71008140) = -118,853.32$$

또는

$$PW = FW(P/F,\ 8\%,\ 10) = (-256,595.46)(0.46319349) = -118,853.34$$

대안 B:

$$PW = AW(P/A,\ 8\%,\ 10) = (-16,922.35)(6.71008140) = -113,550.40$$

또는

$$PW = FW(P/F,\ 8\%,\ 10) = (-245,146.81)(0.46319349) = -113,550.40$$

20.10 엑셀 재무 함수

엑셀 재무 함수를 이용하여 경제성 공학 문제들을 해결할 수 있다. [표 20.11]에는 엑셀 재무 함수의 예와 그 기능에 대하여 나와 있다. 예시된 문제들을 풀 때, 엑셀에서 사용되는 용어와 변수기호에 주의하라.

예제 20.11

은행은 신용카드 소지자인 여러분에게 13.24%의 복리를 매달 부과하려 한다. 여러분에게 $4,000의 카드빚이 있다고 가정하자. 신용카드 명세서상의 월 지급 최소 금액은 $20.00이다. 빚에 대한 이자가 카드값에 다시 청구되기 이전에 이를 상환하는 것이 낫다는 것을 깨달았다고 한다면, 최소 지급금액으로 당신의 빚을 완전히 갚는데 시간이 얼마나 걸릴까? 만약 당신이 매달 $50.00씩 상환한다면 빚을 갚는 데 걸리는 시간은 얼마인가?

이 문제는 식 (20.14) 또는 식 (20.15)를 사용하여 n 값을 시행착오법으로 구하거나 아니면 그보다 더 좋은 방법으로, 엑셀의 NPER 함수를 이용하여 해결할 수 있다. 이 함수는 이율, 매달 균등한 지불금액 그리고 지금 알고 있는 현재 가치를 줌으로써, 투자해야 하는 기간에 관한 값을 알려준다.

최소 지불금액인 $20.00로는 **=NPER(0.1324/12, -20, -4000)**에서 106.19개월 또는 8.85년의 결과값을 알 수 있다.

매달 $50.00의 지불금액으로는 **=NPER(0.1324/12, -50, -4000)**에서 57.66개월 또는 4.8년의 결과값을 알 수 있다.

이 이야기의 교훈은 "빚에 발을 들이지 마라. 하지만 만약 여러분이 그랬다면, 최대한 빨리 빚을 갚아라!"라는 것이다.

결론적으로, 한 학기 과정의 경제성 공학 수업은 분명히 들을 가치가 있다. 여러분 중 반드시 들어야 할 사람도 있을 것이다. 경제성 공학을 한 학기 동안 배우면서 경제성 공학의 수익률 분석, 비용편익분석, 종합물가인상, 채권, 감가상각법, 납세 후 선택의 기준 평가, 위험과 불확실성 등을 포함한 돈—시간 관계의 원리를 더 상세하게 배울 것이다.

표 20.11 엑셀의 재무 기능과 이를 활용한 예시

Formula	Equation Number	Excel Financial Function	Example/ Section	How to Use Excel to Solve the Example Problem
$F=P(1+i)^n$ $F=P(1+i/m)^{nm}$ F Future value (Future worth) i Interest per year (%) m Interest compounding frequency n Period (years) P Present value (Present worth)	*(20.2)* *(20.3)*	***=FV(Rate, Nper, Pmt, Pv, Type)*** FV Future value (Future worth) Rate Interest rate per period Nper Total number of payment periods in an annuity Pmt Payment made each period Pv Present value (Present worth) Type Number 0 or 1 and indicates when payments are due. If type is omitted, it is assumed to be 0. (0: at the end of the period, 1: at the beginingof the period) Investment or payment is described as negative number and income is described as positive number.	*Example 20.3* *Example 20.4*	=FV(0.07,8,,−1500) =2,577.28 =FV(0.07/12,8*12,,−1500) =2,621.74
$i_{eff}=\left(1+\frac{i}{m}\right)^m-1$ i_{eff} Effective interest rate per year (%) i Normal interest per year (%) m Interest compounding frequency	*(20.4)*	***=EFFECT(Nominal interest per year, Npery)*** Npery Number of compounding periods per year	*Example 20.6a* *Example 20.6c*	=EFFECT(0.07,12) =7.23% =EFFECT(0.06,2) =6.09%
$P=\frac{F}{(1+i)^n}$ P Present value (Present worth) i Interest per year (%) n Period (years) F Future value (Future worth)	*(20.5)*	***=PV(Rate, Nper, Pmt, Fv, Type)*** PV Present value (Present worth) Rate Interest rate per period Nper Total number of payment periods in an annuity Pmt Payment made each period Fv Future value (Future worth) Type Number 0 or 1 and indicates when payments are due. If type is omitted, it is assumed to be 0.	*Section 20.5*	=PV(0.065,5,,2000) =−1,459.76

Continued

표 20.11 엑셀의 재무 기능과 이를 활용한 예시(계속)

Formula	Equation Number	Excel Financial Function	Example/Section	How to Use Excel to Solve the Example Problem
$A = F\left[\frac{i}{(1+i)^n - 1}\right]$	(20.13)	**=*PMT(Rate,Nper,Pv,Fv,Type)*** PMT Payment for a loan based on constant payments and a constant interest rate	*Section 20.7*	=PMT(0.065,5,0,2000) =−351.27
$A = P\left[\frac{\left(\frac{i}{m}\right)\left(1+\frac{i}{m}\right)^{nm}}{\left(1+\frac{i}{m}\right)^{nm} - 1}\right]$	(20.15)	Rate Interest rate per period Nper Total number of payment periods in an annuity	*Example 20.7*	PMT(0.065/12,5*12,0,2000) =−28.30
$A = F\left[\frac{\frac{i}{m}}{\left(1+\frac{i}{m}\right)^{(m)(n)} - 1}\right]$	(20.17)	Pv Present value (Present worth) Fv Future value (Future worth) Type Number 0 or 1 and indicates when payments are due. If type is omitted, it is assumed to be 0. (0: at the end of the period, 1: at the beginingof the period)	*Example 20.8*	=PMT(0.08/12,5*12,10000) =−202.76
A Annuity, or Payment for a loan based on uniform payments and a constant interest rate i Interest per year (%) n Period (years) m Interest compounding frequency F Future value (Future worth) P Present value (Present worth)		Investment or payment is described as negative number and income is described as positive number.		
		Data for the Example in Section 20.9 Alternative A Initial cost 100,000 Salvage value after 10 years 10,000 Operating cost per year 2,500 Maintenance cost per year 1,000 Alternative B Initial cost 85,000 Salvage value after 10 years 5,000 Operating cost per year 3,400 Maintenance cost per year 1200	*Example 20.10* *Section 20.9*	=PV(0.08, 4,1000)+PV(0.08,5,0,3000)+PV(0.08,7,0,5000) =−8,271.33 PW =−100000−PV(0.08,10,−(2500+1000))+PV(0.08,10,0,−10000) =−118,853.35 AW =−(2500+1000)−PMT(0.08,10,−100000)−PMT(0.08,10,0,−10000) =−17,712.65 FW =10000−FV(0.08,10,0,−100000)−FV(0.08,10,−(2500+1000)) =−256,595.47 PW =−85000−PV(0.08,10,−(3400+1200))+PV(0.08,10,0,−5000) =−113,550.41 AW =−(3400+1200)−PMT(0.08,10,−85000)+PMT(0.08,10,0,−5000) =−16,922.36 FW =5000−FV(0.08,10,0,−85000)−FV(0.08,10,−(3400+1200)) =−245,146.81

지금까지는 경제성 공학의 아주 기본적인 내용만 소개했다. 이 절을 마치며, 다음에 더 배우게 될 몇 가지 중요한 개념들의 정의를 소개한다.

보증

국가, 지방 도시는 학교, 고속도로, 컨벤션 센터, 경기장과 같은 다양한 프로젝트를 수행할 때 많은 돈이 필요하다. 이러한 돈은 보증을 이용하여 충당한다. 이러한 보증은 법인 회사조차도 회사 설비를 확장하거나 현대화하기 위해 이용한다. 많은 종류의 보증이 있으나 근본적으로 보증은 투자자가 그들이 얻을 이득의 답례로 정부나 회사에 주는 대출금일 뿐이다. 보증을 이용할 때, 보증서에는 만기일, 액면가 그리고 이자율이 기재되어 있다.

감가상각

자산(기계, 자동차 그리고 컴퓨터)은 시간이 지남에 따라 그 가치가 떨어진다. 예를 들어, 오늘 회사에서 산 2,000달러의 컴퓨터는 3~4년 동안 그 가치가 계속 유지되지 않는다. 그래서 회사들은 세금 수입 전에 이러한 기자재에 대하여 가치 삭감을 사용한다. 감가상각을 하는 데에는 얼마나 많이 그리고 얼마나 오랫동안 사용되었느냐에 따른 규칙과 지침에 의해 이뤄진다. 감가상각방법의 예는 정액법(Straight Line Method)에 의한 방법, 수정된 가속 비용 회수 시스템(Modified Accelerated Cost Recovery System, MACRS) 방법이 있다.

수명—주기 비용

공학에 있어, 수명—주기 비용은 수명기간 동안 구조, 서비스, 제품과 관련 있는 모든 비용의 합을 살펴보아야 한다. 예를 들어, 만약 당신이 교량이나 고속도로를 설계하고 있다면 초기 명세와 평가, 기본설계, 상세설계, 계획, 건설, 운영, 유지 그리고 처리와 관련 있는 비용을 고려해야 할 필요가 있다.

요약

이 장에서는 다음을 학습했다.

- 공학 분야의 결론을 내릴 때 경제성은 매우 중요한 역할을 하고 있다. 그러므로 경제성 공학의 기초를 잘 이해하면 공학뿐 아니라 인생의 재무 활동에 아주 큰 도움이 될 것이다.
- 돈, 시간, 이자율 간의 관계를 알 수 있고 그 관계가 어떻게 유도되는지 알 수 있다. 또한, [표 18.6]과 [표 18.7]에 요약된 경제성 공학의 공식을 이용해서 문제를 풀 수 있다.

연습문제

20.1 다음 현재 예금의 미래가를 계산하라.

a. $10,000를 매년 6.75%의 복리로 10년 후

b. $10,000를 방법 분기 6.75%의 복리로 10년 후

c. $10,000를 방법 매달 6.75%의 복리로 10년 후

20.2 문제 20.1의 예금에서 얻어진 이자를 계산하라.

20.3 지금부터 4년 후에 $5,000를 모으기 위해서 오늘 얼마를 예금해야 하는가? 은행은 매달 6.75%의 복리로 계산한다.

20.4 지금부터 4년 후에 $5,000을 모으기 위해서 매달 얼마씩 예금해야 하는가? 은행은 매달 6.75%의 복리로 계산한다.

20.5 주어진 명목이율에 해당하는 실질이율을 구하라.

a. 매달 6.25%의 복리

b. 매달 9.25%의 복리

c. 매달 16.9%의 복리

20.6 엑셀 또는 스프레드시트를 사용해서 $i=6.5\%$와 $i=6.75\%$의 경우를 [표 20.8]처럼 이자-시간 계수 표를 만들어라.

20.7 엑셀 또는 스프레드시트를 사용해서 $i=7.5\%$와 $i=7.75\%$의 경우를 [표 20.8]처럼 이자-시간 계수 표를 만들어라.

20.8 엑셀 또는 스프레드시트를 사용해서 $i=8.5\%$와 $i=9.5\%$의 경우를 [표 20.8]처럼 이자-시간 계수 표를 만들어라.

20.9 엑셀 또는 스프레드시트를 사용해서 $i=8.5\%$의 매달 복리 계산을 [표 20.8]처럼 이자-시간 계수 표를 만들어라.

20.10 신용카드를 사용할 때 잔액을 제때 지불하지 않으면 매달 이자가 붙는다. 지불하지 않은 잔액에 매달 1.25%의 이자가 붙을 경우 명목이율과 실질이율을 구하여라. 또 본인 신용카드의 실질이율을 계산해 보아라.

20.11 새로운 자동차를 구매하기 위해서 $15,000의 대출금을 받았고 4년 동안 대출금을 갚기로 한다. 매달 9%의 복리로 갚는다면 매달 갚아야 할 지불액은 얼마인가?(이 문제를 매달 이자율 $i=6\%$, $i=7\%$ 그리고 $i=8\%$로 풀어라.)

20.12 매달 6.75% 복리로 매월 $100를 예금하면 5년 후에 얼마가 생기는가?

20.13 $1000의 예금이 다음의 이자율인 경우, 얼마 후에 2배가 되겠는가?

a. 연리 6%의 연간복리

b. 연리 7%의 연간복리

c. 연리 8%의 연간복리

d. 만약에 $1000가 아닌 $5000를 예금하면 (a)−(d)인 이자율인 경우에 금액이 2배로 되는 기간이 달라지는가? 다시 말해서 금액을 2배로 늘리는 기간을 계산하는데 초기 금액이 변수가 되는가?

다음은 금액을 2배로 늘리는 기간을 계산하는데 은행에서 사용하는 규칙을 확인하라. 은행에서 사용하는 규칙은

$$\text{금액을 2배로 늘리는 기간} \approx \frac{72}{\text{interest rate}}$$

20.14 인턴사원으로서 펌프를 위한 모터를 선택해야 하는 임무를 받았다고 하자. 모터 카탈로그를 검색한 결과 1.5kW와 관련된 모터 2개를 선택했다. 추가로 모은 정보는 아래 표에 있다. 펌프는 매년 4200시간 작동하는 것으로 예상된다. 전기 회사를 다녀온 결과 전기의 평균 가격은 kWh당 11센트로 정했다. 여기서 주어진 정보를 보고 어떤 모터를 구매할지 추천하라.

Criteria	Motor X	Motor Y
Expected useful life	5 years	5 years
Initial cost	$300	$400
Efficiency at the operating point	0.75	0.85
Estimated maintenance cost	$12 per year	$10 per year

20.15 아래의 그림에서 주어진 자금 흐름의 등가 현재가는 얼마인가? 이때 $i=8\%$.

20.16 아래의 그림에서 주어진 자금 흐름의 등가 미래가는 얼마인가? 이때 $i=8\%$.

20.17 아래의 그림에서 주어진 자금 흐름의 등가 연간가는 얼마인가? 이때 $i=8\%$.

20.18 아래의 그림에서 주어진 자금 흐름의 등가 현재가, 연간가, 미래가는 각각 얼마인가? 이때 $i=8\%$.

20.19 아래의 프로젝트를 고려 중이다. 만약 각각의 프로젝트가 동일한 수입을 얻는다면 선택되는 대안을 찾아라. 이때, $i=8\%$이고 기간은 15년.

	Project X	Project Y
Initial cost	$55,000	$80,000
Annual operating cost	$15,000	$10,000
Annual maintenance cost	$6,000	$4,000
Salvage value at the end of 15 years	$10,000	$15,000

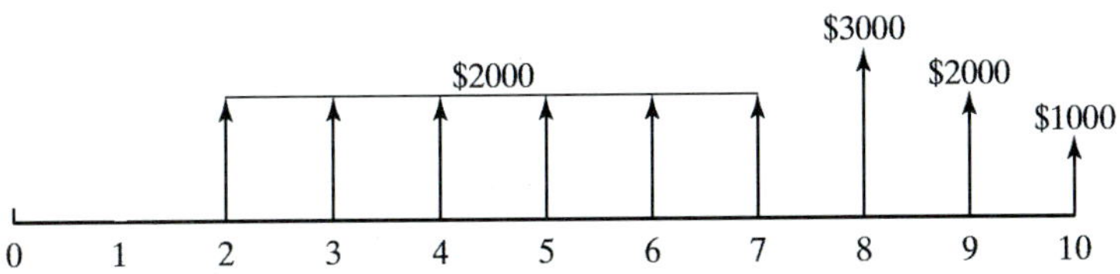

문제 20.15

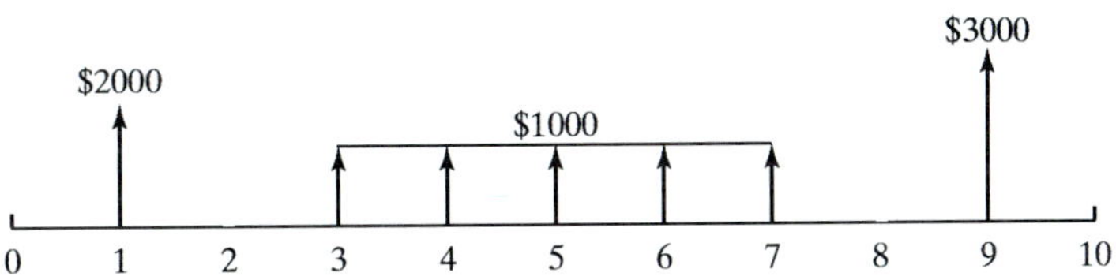

문제 20.16

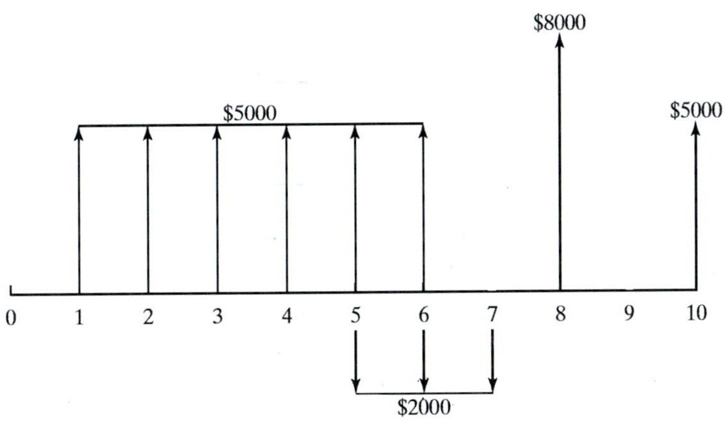

문제 20.17

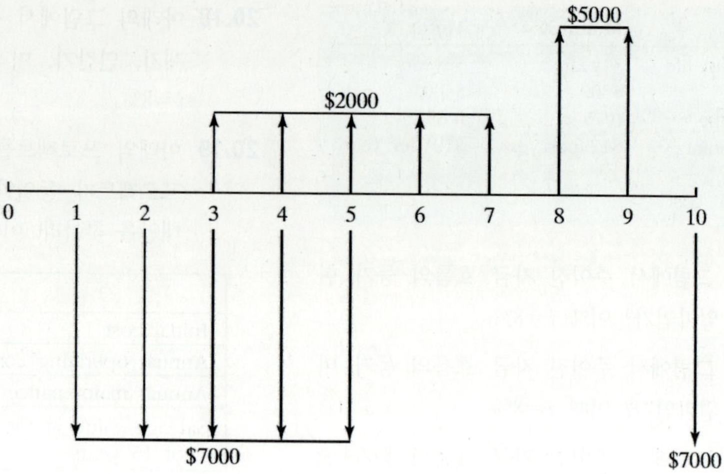

문제 20.18

20.20 새 차를 구입하기 위해 최근에 은행으로부터 연 8%의 명목이자율로 대출금 15,000달러를 빌렸다고 가정하자. 대출금은 60개월 내에 지불해야 한다. (a)월별 지불액을 계산하라. (b)대출을 할 때 대출 이자율은 연 4.5%라고 하자. 이때, 당신이 지불해야 할 실질이자율은 얼마인가?

20.21 당신이 일하는 회사에서 $8,000,000의 돈을 8%의 이자로 빌렸다고 가정하고, 이 대출금은 아래 표와 같이 7년 동안 갚아야 한다면 마지막 해에 갚아야 할 돈은 얼마인가?

Year	Amount
1	$1,000,000
2	$1,000,000
3	$1,000,000
4	$1,000,000
5	$1,000,000
6	$1,000,000
7	$?

20.22 자동차를 구매하기 위해 $12,000를 대출받으러 은행 두 군데를 방문하였다. 은행에서는 두 가지 대안을 주었다. 첫 번째 은행은 $2595.78를 6년 동안 연말에 지급하고 첫 해 말에 첫 번째 상환을 해야 한다. 두 번째 은행에서는 $198.87의 돈을 매달 상환해야 한다. 첫 번째 상환일은 첫 달의 말일이다. 이 두 은행의 이자율은 얼마인가? 어떤 은행의 조건이 더 좋은가?

20.23 만약 아래와 같은 현금흐름도가 주어진다면 X의 값은 얼마인가? 이자율 i=8%로 측정하라.

20.24 한 회사에서 다음 표와 같이 10년간의 현금흐름을 가질 것으로 예상되는 프로젝트에 투자할 기회를 얻었다. 만약 회사에서 연간 최소 8%의 수익을 이 투자로 거두려고 한다면 이 프로젝트에 투자할 것인가?

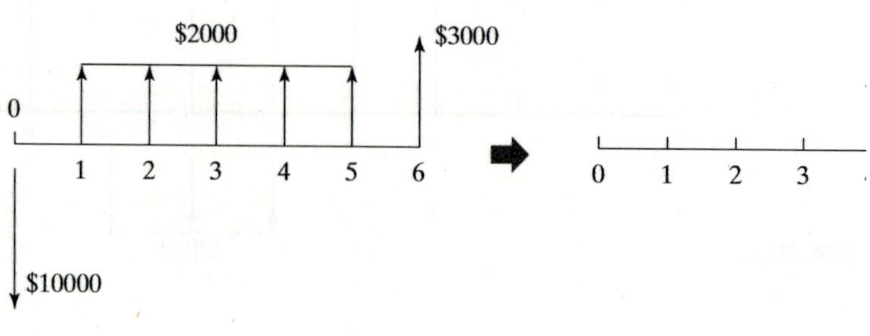

문제 20.23

Initial investment	$10,000,000
Income	$3,000,000
Labor cost	$400,000
Material cost	$150,000
Maintenance cost	$80,000
Utility cost	$200,000

20.25 한 회사가 기계를 구입했는데 기계 부품을 업그레이드하기 위해 6, 7, 8년 말에 각각 $2000를 지불해야 하는 계약을 했다. 업그레이드에 사용될 비용을 고려하여 회사는 이자율 $i=6\%$로 계좌에 같은 금액인 X를 5년 연속 매년 말에 예금하기로 하였다. 첫해 말에 첫 예금액을 입금한다고 가정하면 X의 값은 얼마인가?

20.26 여러분의 자동차 대출금은 8%의 이자율로 매달 빠져나간다. 몇 달 후에 당신의 대출금이 반액이 되겠는가?

20.27 20.15의 문제에 주어진 현금흐름도에서 미래의 가치와 동등한 현재의 가치는 어느 정도인가? $i=8\%$로 추정하라.

20.28 20.16의 문제에 주어진 현금흐름도에서 미래의 가치와 동등한 현재의 가치는 어느 정도인가? $i=8\%$로 추정하라.

20.29 20.17의 문제에 주어진 현금흐름도에서 미래의 가치와 동등한 현재의 가치는 어느 정도인가? $i=8\%$로 추정하라.

20.30 문제 20.18에 제시된 현금흐름은 다음 그림과 같이 6, 7, 8, 9, 10년 말에 동일한 금액(X)를 가지는 등가현금흐름으로 대체될 수 있다. X 값은 얼마인가?

20.31 문제 20.15에 제시된 현금흐름은 다음 그림과 같이 5~10년 말에 동일한 금액(X)를 가지는 등가현금흐름으로 대체될 수 있다. X값은 얼마인가?

20.32 문제 20.16에 제시된 현금흐름은 9~10년 말에 동일한 금액(X)를 가지는 등가현금흐름으로 대체될 수 있다. X값은 얼마인가?

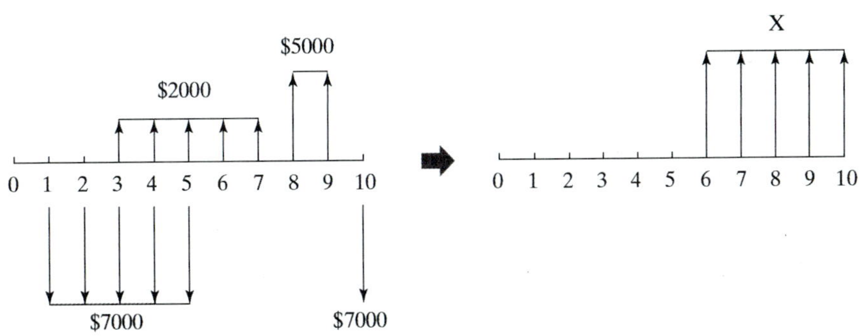

문제 20.30

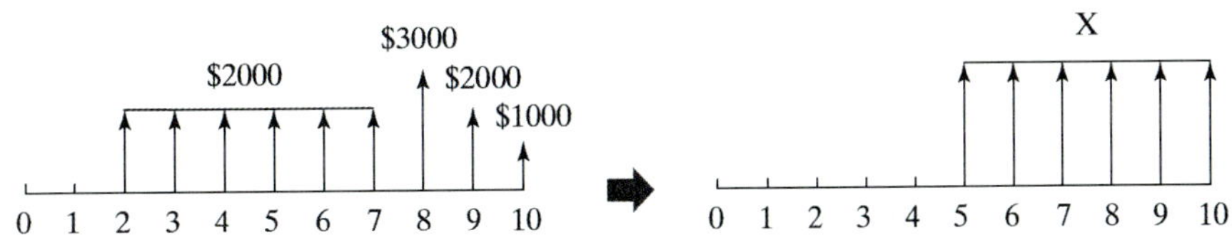

문제 20.31

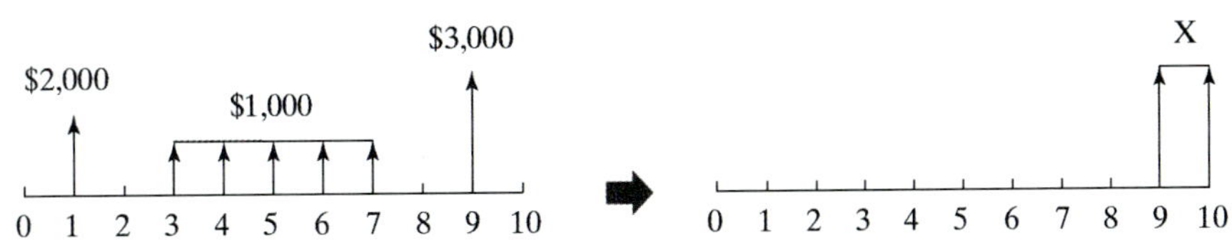

문제 20.32

20.33 문제 20.1을 엑셀로 풀이하라.

20.34 문제 20.3을 엑셀로 풀이하라.

20.35 문제 20.4를 엑셀로 풀이하라.

20.36 문제 20.5를 엑셀로 풀이하라.

20.37 문제 20.11을 엑셀로 풀이하라.

20.38 문제 20.15를 엑셀로 풀이하라.

20.39 문제 20.16을 엑셀로 풀이하라.

20.40 문제 20.17을 엑셀로 풀이하라.

20.41 문제 20.18을 엑셀로 풀이하라.

20.42 문제 20.19를 엑셀로 풀이하라.

20.43 문제 20.21을 엑셀로 풀이하라.

20.44 문제 20.22를 엑셀로 풀이하라.

20.45 문제 20.23을 엑셀로 풀이하라.

20.46 문제 20.24를 엑셀로 풀이하라.

20.47 문제 20.25를 엑셀로 풀이하라.

20.48 문제 20.26을 엑셀로 풀이하라.

20.49 문제 20.31을 엑셀로 풀이하라.

20.50 문제 20.32를 엑셀로 풀이하라.

"모두들 세상을 바꾸려 들지만, 스스로를 바꾸려는 생각은 하지 않는다."

— Leo Tolstoy(1828~1910)

APPENDIX

A Summary of Formulas Discussed in the Book

Traffic flow: $q = \frac{3600n}{T}$

average speed $= \frac{\text{distance traveled}}{\text{time}}$

average acceleration $= \frac{\text{change in velocity}}{\text{time}}$

volume flow rate $= \frac{\text{volume}}{\text{time}}$

angular speed: $\omega = \frac{\Delta\theta}{\Delta t}$

the relationship between linear and angular speed: $V = r\omega$

angular acceleration $= \frac{\text{change in angular speed}}{\text{time}}$

density $= \frac{\text{mass}}{\text{volume}}$

specific volume $= \frac{\text{volume}}{\text{mass}}$

specific gravity $= \frac{\text{density of a material}}{\text{density of water@4°C}}$

specific weight $= \frac{\text{weight}}{\text{volume}}$

mass flow rate $= \frac{\text{mass}}{\text{time}}$

mass flow rate = (density)(volume flow rate)

linear momentum: $\vec{L} = m\vec{V}$

spring force(Hooke's law): $F = kx$

Newton's second law: $\Sigma F = ma$

Newton's law of gravitational attraction: $F = \frac{Gm_1m_2}{r^2}$

weight: $W = mg$

hydrostatic pressure: $P = \rho gh$

buoyancy: $F_B = \rho Vg$

stress-strain relation (Hooke's law): $\sigma = E\varepsilon$

Temperature conversion:

$T(℃) = \frac{5}{9}(T(°F) - 32)$ $T(°F) = \frac{9}{5}(T(℃) + 32)$

$T(K) = T(℃) + 273.15$ $T(°R) = T(°F) + 459.67$

Fourier's law: $q = kA\frac{T_1 - T_2}{L}$

Newton's law of cooling: $q = hA(T_s - T_f)$

radiation: $q = \varepsilon\sigma AT_s^4$

coefficient of thermal linear expansion: $\alpha_L = \frac{\Delta L}{L\Delta T}$

coefficient of thermal volumetric expansion:

$\alpha_v = \frac{\Delta V}{V\Delta T}$

Coulomb's law: $F_{12} = \frac{kq_1q_2}{r^2}$

Ohm's law: $V = RI$

electrical power: $P = VI$

kinetic energy $= \frac{1}{2}mV^2$

change in potential energy $= \triangle PE = mg\triangle h$

elastic energy $= \frac{1}{2}kx^2$

conservation of mechanical energy:

$$\triangle KE + \triangle PE + \triangle EE = 0$$

conservation of energy—first law of thermodynamics:

$$Q - W = \triangle E$$

$$\text{power} = \frac{\text{work}}{\text{time}} = \frac{\text{(force)(distance)}}{\text{time}} \text{ or power} = \frac{\text{energy}}{\text{time}}$$

$$\text{efficiency} = \frac{\text{actual output}}{\text{required input}}$$

$$\text{standard deviation: } s = \sqrt{\frac{\sum_{i=1}^{n}(x_i - \bar{x})^2}{n-1}}$$

The Greek Alphabet

A	α	alpha	N	ν	nu
B	β	beta	Ξ	ξ	xi
Γ	γ	gamma	O	o	omicron
$\triangle$	δ	delta	Π	π	pi
E	ε	epsilon	P	ρ	rho
Z	ζ	zeta	Σ	σ	sigma
H	η	eta	T	τ	tau
Θ	θ	theta	Y	υ	upsilon
I	ι	iota	Φ	ϕ	phi
K	κ	kappa	X	χ	chi or khi
Λ	λ	lambda	Ψ	ψ	psi
M	μ	mu	Ω	ω	omega

Some Useful Trigonometric Relationships

Pythagorean relation:

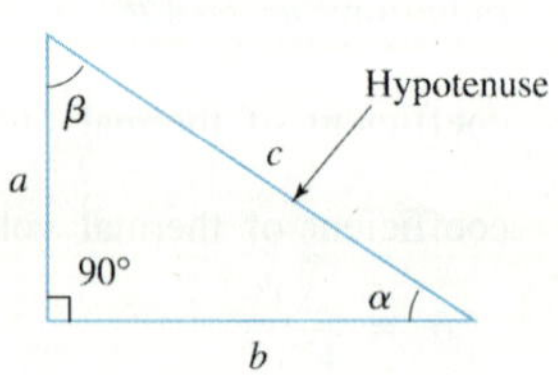

$$a^2 + b^2 = c^2$$

$$\sin \alpha = \frac{\text{opposite}}{\text{hypotenuse}} = \frac{a}{c}$$

$$\sin \beta = \frac{\text{opposite}}{\text{hypotenuse}} = \frac{b}{c}$$

$$\cos \alpha = \frac{\text{adjacent}}{\text{hypotenuse}} = \frac{b}{c}$$

$$\cos \beta = \frac{\text{adjacent}}{\text{hypotenuse}} = \frac{a}{c}$$

$$\tan \alpha = \frac{\sin \alpha}{\cos \alpha} = \frac{\text{opposite}}{\text{adjacent}} = \frac{a}{b}$$

$$\tan \beta = \frac{\sin \beta}{\cos \beta} = \frac{\text{opposite}}{\text{adjacent}} = \frac{b}{a}$$

The sine rule:

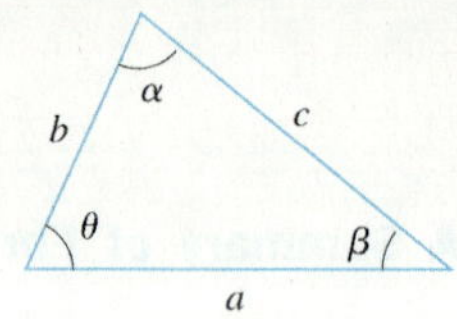

$$\frac{a}{\sin \alpha} = \frac{b}{\sin \beta} = \frac{c}{\sin \theta}$$

The cosine rule:

$$a^2 = b^2 + c^2 - 2bc(\cos \alpha)$$

$$b^2 = a^2 + c^2 - 2ac(\cos \beta)$$

$$c^2 = a^2 + b^2 - 2ba(\cos \theta)$$

Some other useful trignometry identities:

$$\sin^2\alpha + \cos^2\alpha = 1$$

$$\sin 2\alpha = 2 \sin \alpha \cos \alpha$$

$$\cos 2\alpha = \cos^2\alpha - \sin^2\alpha = 2\cos^2\alpha - 1 = 1 - 2\sin^2\alpha$$

$$\sin(-\alpha) = -\sin \alpha$$

$$\cos(-\alpha) = \cos \alpha$$

$$\sin(\alpha + \beta) = \sin \alpha \cos \beta + \sin \beta \cos \alpha$$

$$\sin(\alpha - \beta) = \sin \alpha \cos \beta - \sin \beta \cos \alpha$$

$$\cos(\alpha + \beta) = \cos \alpha \cos \beta - \sin \alpha \sin \beta$$

$$\cos(\alpha - \beta) = \cos \alpha \cos \beta + \sin \alpha \sin \beta$$

$$\theta = \frac{S_1}{R_1} = \frac{S_2}{R_2}$$

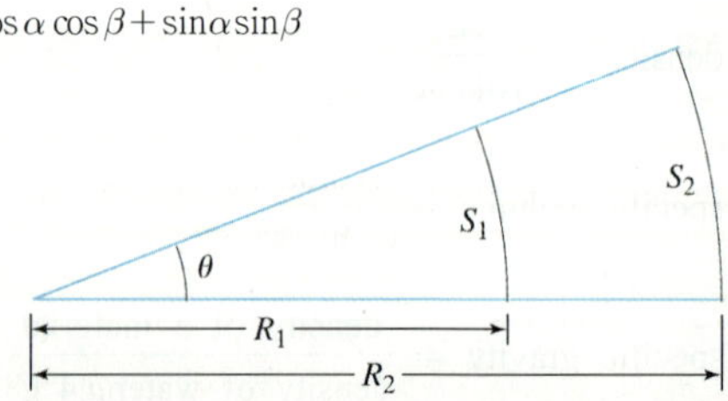

Some Useful Mathematical Relationships

$\pi = 3.14159...$

$2\pi = 360$ degrees

1 radian $= \frac{180}{\pi} = 57.2958°$

1 degree $= \frac{\pi}{180} = 0.0174533$ rad

$x^n x^m = x^{n+m}$ $\quad (xy)^n = x^n y^n$

$(x^n)^m = x^{nm}$ $\quad x^0 = 1 (x \neq 0)$

$x^{-n} = \frac{1}{x^n}$ $\quad \frac{x^n}{x^m} = x^{n-m}$ $\quad \left(\frac{x}{y}\right)^n = \frac{x^n}{y^n}$

log = logarithm to the base 10(common logarithm)

$10^x = y$ $\quad \log\ y = x$ $\quad \log\ 1 = 0$

$\log\ 10 = 1$ $\quad \log\ 100 = 2$ $\quad \log\ 1000 = 3$

$\log xy = \log x + \log y$

$\log \frac{x}{y} = \log x - \log y$

$\log x^n = n \log x$

$e = 2.71828...$

ln = logarithm to the base e (natural logarithm)

$e^x = y$ $\quad \ln y = x$

$\ln x = (\ln 10)(\log x) = 2.302585 \log x$

Some Useful Area Formulas

Triangle $\quad A = \frac{1}{2}bh$

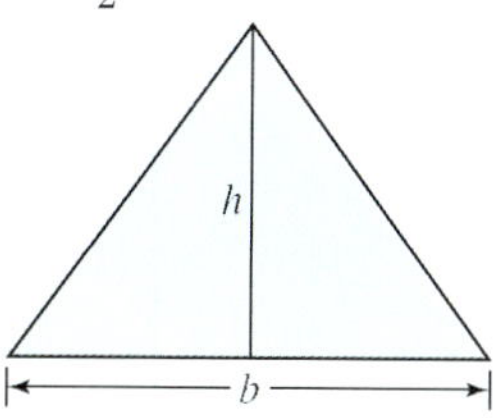

Rectangle $\quad A = bh$

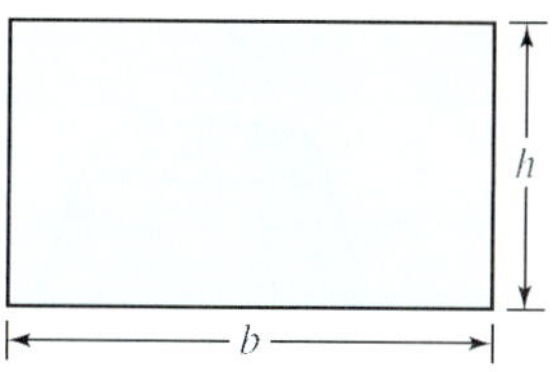

Parallelogram $\quad A = bh$

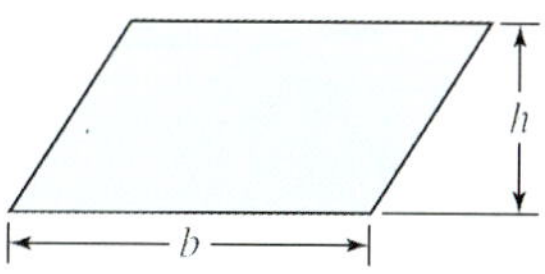

Trapezoid $\quad A = \frac{1}{2}(a+b)h$

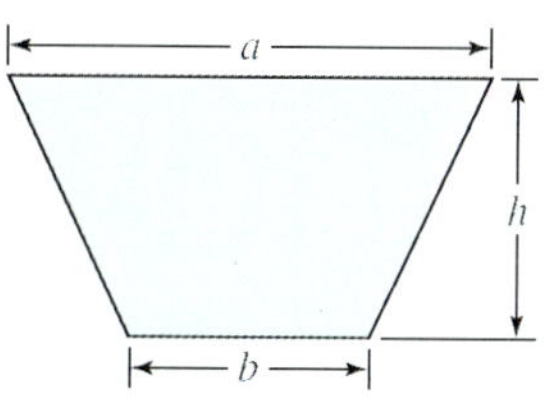

n-sided polygon $\quad A = \left(\frac{n}{4}\right) b^2 \cot\left(\frac{180°}{n}\right)$

Circle $\quad A = \pi R^2$

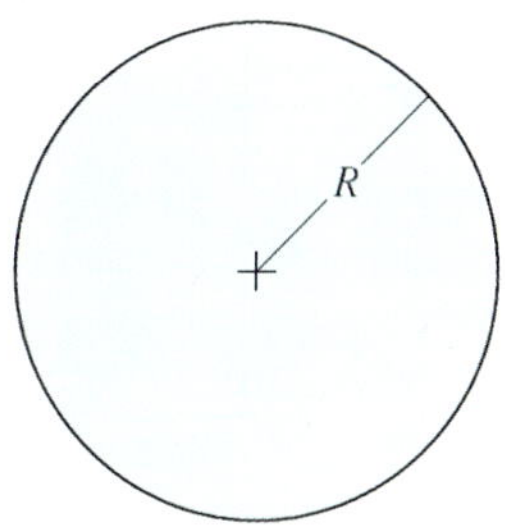

Ellipse $\quad A = \pi ab$

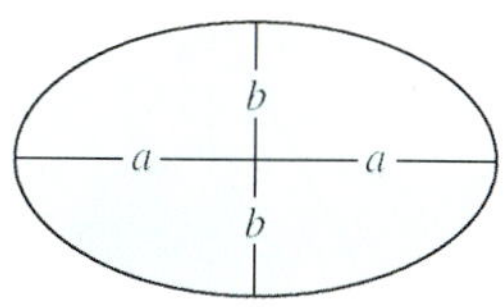

Cylinder $A = 2\pi Rh$

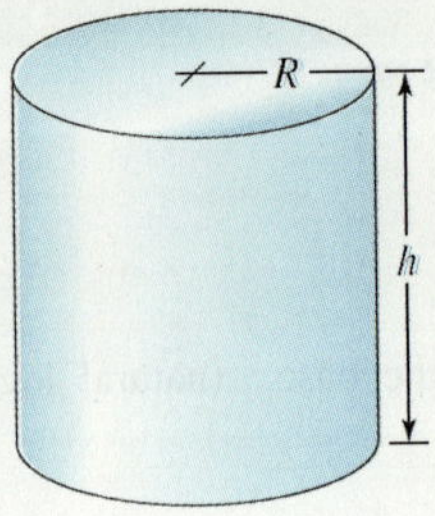

Sphere $A = 4\pi R^2$

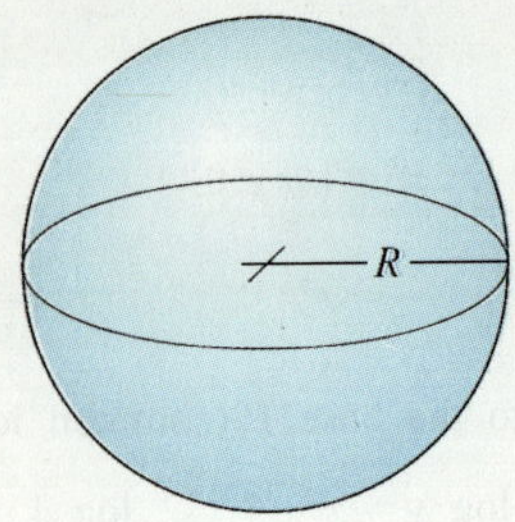

Right circular cone $A = \pi Rs = \pi R\sqrt{R^2+h^2}$

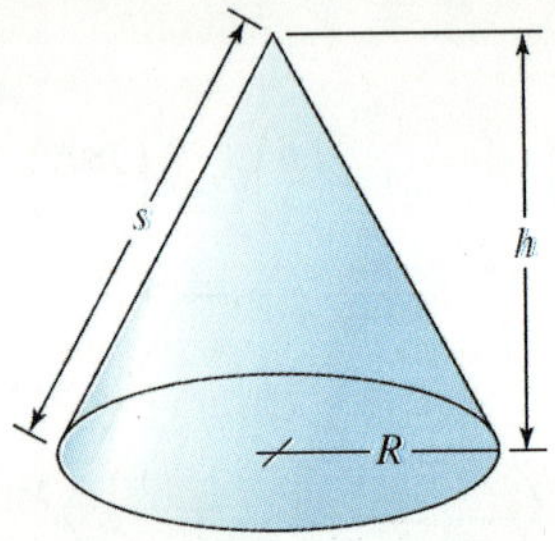

Trapezoidal rule:

$$A \approx h\left(\frac{1}{2}y_0 + y_1 + y_2 + \cdots + y_{n-2} + y_{n-1} + \frac{1}{2}y_n\right)$$

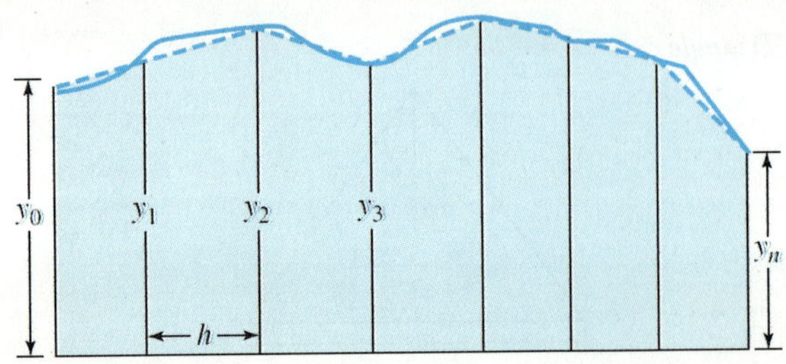

Some Useful Volume Formulas

Cylinder $V = \pi R^2 h$

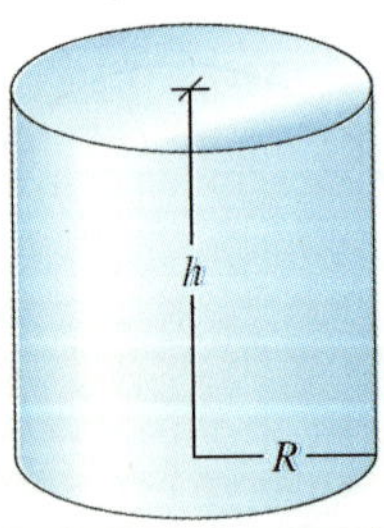

Section of a cone $V = \frac{1}{3}\pi h(R_1^2 + R_2^2 + R_1 R_2)$

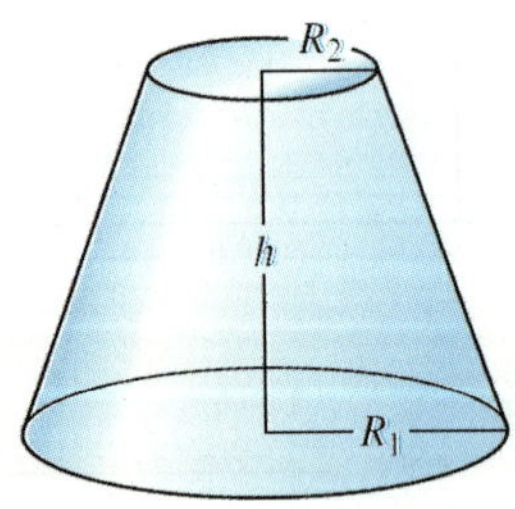

Right circular cone $V = \frac{1}{3}\pi R^2 h$

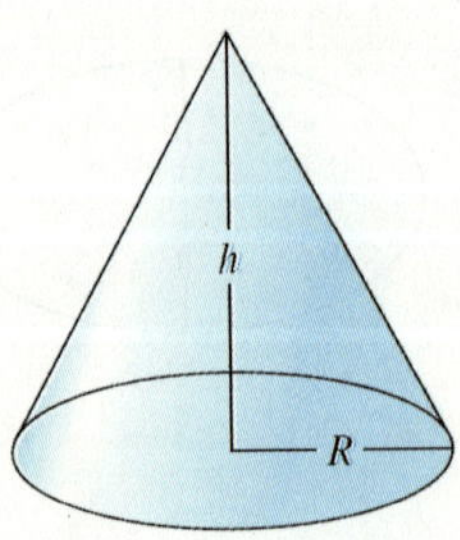

Sphere $V = \frac{4}{3}\pi R^3$

Section of a sphere $V = \frac{1}{6}\pi h(3a^2 + 3b^2 + h^2)$

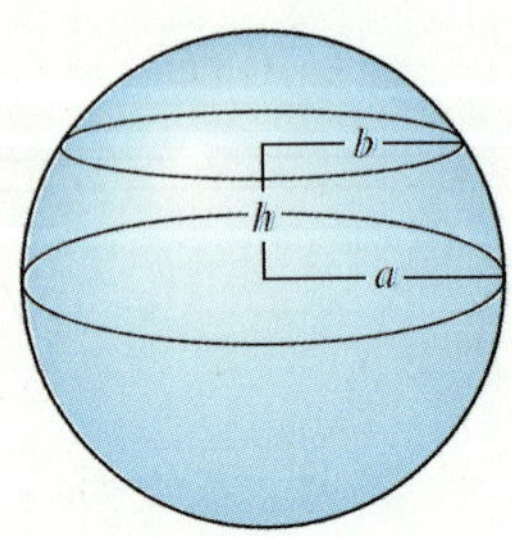

INDEX

영문

PRINCIPAL UNITS USED IN MECHANICS

Quantity	International System (SI)			U.S. Customary System (USCS)		
	Unit	Symbol	Formula	Unit	Symbol	Formula
Acceleration (angular)	radian per second squared		rad/s^2	radian per second squared		rad/s^2
Acceleration (linear)	meter per second squared		m/s^2	foot per second squared		ft/s^2
Area	square meter		m^2	square foot		ft^2
Density (mass) (Specific mass)	kilogram per cubic meter		kg/m^3	slug per cubic foot		$slug/ft^3$
Density (weight) (Specific weight)	newton per cubic meter		N/m^3	pound per cubic foot	pcf	lb/ft^3
Energy; work	joule	J	$N \cdot m$	foot-pound		ft-lb
Force	newton	N	$kg \cdot m/s^2$	pound	lb	(base unit)
Force per unit length (Intensity of force)	newton per meter		N/m	pound per foot		lb/ft
Frequency	hertz	Hz	s^{-1}	hertz	Hz	s^{-1}
Length	meter	m	(base unit)	foot	ft	(base unit)
Mass	kilogram	kg	(base unit)	slug		$lb\text{-}s^2/ft$
Moment of a force; torque	newton meter		$N \cdot m$	pound-foot		lb-ft
Moment of inertia (area)	meter to fourth power		m^4	inch to fourth power		$in.^4$
Moment of inertia (mass)	kilogram meter squared		$kg \cdot m^2$	slug foot squared		$slug\text{-}ft^2$
Power	watt	W	J/s ($N \cdot m/s$)	foot-pound per second		ft-lb/s
Pressure	pascal	Pa	N/m^2	pound per square foot	psf	lb/ft^2
Section modulus	meter to third power		m^3	inch to third power		$in.^3$
Stress	pascal	Pa	N/m^2	pound per square inch	psi	$lb/in.^2$
Time	second	s	(base unit)	second	s	(base unit)
Velocity (angular)	radian per second		rad/s	radian per second		rad/s
Velocity (linear)	meter per second		m/s	foot per second	fps	ft/s
Volume (liquids)	liter	L	$10^{-3}\ m^3$	gallon	gal.	$231\ in.^3$
Volume (solids)	cubic meter		m^3	cubic foot	cf	ft^3

SELECTED PHYSICAL PROPERTIES

Property	SI	USCS
Water(fresh) weight density mass density	 9.81 kN/m^3 1000 kg/m^3	 62.4 lb/ft^3 1.94 $slugs/ft^3$
Sea water weight density mass density	 10.0 kN/m^3 1020 kg/m^3	 63.8 lb/ft^3 1.98 $slugs/ft^3$
Aluminum(structural alloys) weight density mass density	 28 kN/m^3 2800 kg/m^3	 175 lb/ft^3 5.4 $slugs/ft^3$
Steel weight density mass density	 77.0 kN/m^3 7850 kg/m^3	 490 lb/ft^3 15.2 $slugs/ft^3$
Reinforced concrete weight density mass density	 24 kN/m^3 2400 kg/m^3	 150 lb/ft^3 4.7 $slugs/ft^3$
Atmospheric pressure(sea level) Recommended value Standard international value	 101 kPa 101.325 kPa	 14.7 psi 14.6959 psi
Acceleration of gravity (sea level, approx. 45° latitude) Recommended value Standard international value	 9.81 m/s^2 9.80665 m/s^2	 32.2 ft/s^2 32.1740 ft/s^2

SI PREFIXES

Prefix	Symbol	Multiplication factor
tera	T	10^{12} = 1 000 000 000 000
giga	G	10^{9} = 1 000 000 000
mega	M	10^{6} = 1 000 000
kilo	k	10^{3} = 1 000
hecto	h	10^{2} = 100
deka	da	10^{1} = 10
deci	d	10^{-1} = 0.1
centi	c	10^{-2} = 0.01
milli	m	10^{-3} = 0.001
micro	μ	10^{-6} = 0.000 001
nano	n	10^{-9} = 0.000 000 001
pico	p	10^{-12} = 0.000 000 000 001

Note: The use of the prefixes hecto, deka, deci, and centi is not recommended in SI.